国家科学技术学术著作出版基金资助出版

冶金渣资源化科学技术：选择性析出分离原理及应用

隋智通　娄太平　李辽沙　著

U0382846

科 学 出 版 社

北　京

内 容 简 介

本书基于冶金物理化学及冶金凝固理论，系统地阐述了选择性析出分离的学术思想及其在复合矿冶金渣资源化过程中的应用。全书共分 9 章，即绪论、选择性析出分离技术的理论基础、含钛高炉渣中钛的资源化增值、含钛渣增值利用技术、钒渣深加工利用技术、硼渣利用技术、铜渣中铜/铁同步回收利用、铬渣解毒新技术以及冶金渣理论基础，内容侧重于介绍选择性析出分离技术及其在含钛高炉渣、钛渣、钒渣、硼渣、铜渣及铬渣等复合矿冶金渣资源化过程中的应用，同时收集并整理了关于冶金渣的相关理论和数据。

本书对冶金及材料领域的科技人员有参考价值，也可作为冶金工程专业的教学参考书。

图书在版编目(CIP)数据

冶金渣资源化科学技术：选择性析出分离原理及应用 / 隋智通，娄太平，李辽沙著. —北京：科学出版社，2022.10

ISBN 978-7-03-067514-9

Ⅰ. ①冶… Ⅱ. ①隋… ②娄… ③李… Ⅲ. ①冶金渣-资源化-分离-研究 Ⅳ. ①TF111.17②X757

中国版本图书馆 CIP 数据核字(2020)第 258234 号

责任编辑：王喜军　陈　琼 / 责任校对：樊雅琼
责任印制：吴兆东 / 封面设计：壹选文化

科 学 出 版 社 出版
北京东黄城根北街 16 号
邮政编码：100717
http://www.sciencep.com

北京九州迅驰传媒文化有限公司 印刷
科学出版社发行　各地新华书店经销

*

2022 年 10 月第 一 版　　开本：787×1092　1/16
2022 年 10 月第一次印刷　　印张：37 3/4
字数：895 000

定价：228.00 元
(如有印装质量问题，我社负责调换)

序

隋智通教授等的又一著作《冶金渣资源化科学技术：选择性析出分离原理及应用》将于科学出版社出版发行，我向他们表示祝贺。

冶金渣是我国大宗固废之一，每年有上千万吨的排放量，造成巨大的资源浪费和严重的环境污染，资源化刻不容缓。尤其是冶炼复合矿排放的复合矿冶金渣中赋存许多价值高、应用广的战略性关键金属，是特殊的二次资源，多年来已累积堆放渣数千万吨。这类渣成分复杂、性质特殊、分散分布、回收困难。虽然国家、企业一直关注并大力资助复合矿冶金渣资源化的技术研发，但尚未有效地分离、回收与利用其中的有价组分。因此，深度开发和利用复合矿冶金渣的意义重大，任务艰巨，势在必行。

节约资源和保护环境是基本国策。隋智通教授带领的科研团队自 20 世纪 90 年代起，坚持在复合矿冶金渣资源化的理论与实践两方面开展研究，首次研发出符合我国资源特点、具有独立知识产权、应用范围广泛的选择性析出分离技术。这是一项资源综合利用的关键技术，也是一条产业化前景明朗的技术途径，可对构建资源节约、环境友好型社会有所贡献。

该书详细介绍选择性析出分离技术应用于六类复合矿冶金渣资源化的实验研究和部分已经产业化项目的实践效果，以及与之相关的科学依据与理论基础。该书的特点在于：理论密切联系实际，每个实例都包含理论分析、实验研究与应用效果三部分；旁征博引，实例中不仅有理论推导、演算，多种实验检测，还配合显微技术观察、作用机理模拟等多方面、多视角的分析论证；继往开来，书中各章的综述部分能够较客观全面地评述以往的成果、现状与对未来的展望；引经据典，书中引述大量前人的著作、论文与数据，相互对比参照，供读者查询。

希望该书能使该领域的研究工作者与工程技术人员受到裨益，得到启发，开发出水平更高、适用性更强的复合矿冶金渣资源化技术，取得更大的进步，做出更大的贡献。

中国工程院院士 张懿

2022 年 6 月

前　言

冶金二次资源综合利用及绿色清洁技术的研发多年前就引起国内外学术界的高度重视。1994 年美国矿物、金属和材料学会(The Minerals，Metals & Materials Society，TMS)在美国加利福尼亚州召开的"第二届 21 世纪冶金国际研讨会"(Second International Symposium on Metallurgical Processes for the Year 2000 and Beyond)上，将循环再生、废物处理及环境问题(recycling, waste treatment and environmental issues)列为"21 世纪冶金"的重要研发领域。大会主旨演讲之一就是"人造资源冶金"(Metallurgy for Man-Made Resources)。笔者参加了此届会议，颇受启发，并庆幸涉足该领域相关的研发已有些年头。近年来，随着工业化加剧，地球加速变暖，自然资源逐渐枯竭，生态环境日渐恶化，从而促使人们对环境、资源问题愈加关注，进一步推动政府对环境、资源相关的行业严加监管，而冶金工业则首当其冲。

我国矿产资源品种齐全、储量丰富、分布广泛，但贫矿多、富矿少，多元共、伴生有价组分的复合矿居多、单一矿偏少。众所周知，还原熔炼低品位多元复合矿的工艺流程冗长、技术条件苛刻，大部分共、伴生有价组分随脉石成分进入复合矿冶金渣。冶金渣的排放量巨大，且其中有价组分尚未有效回收利用，既浪费宝贵资源又严重污染环境。因此，当务之急是加大复合矿冶金渣资源化的研究力度，尽早开发出具有独立知识产权、符合我国国情的绿色分离清洁技术。

笔者从事复合矿冶金渣资源化的研究多年，起初由渣的矿物组成与形态切入，扬长补短，发扬液态熔渣高温度、高活性、高能量之所长，弥补凝渣中有价组分的分散、细小和连体之所短，并取得效果。受此启发，笔者首次提出"复合矿冶金渣中有价组分选择性析出"的学术思想，并研发出相关的选择性析出分离技术。这项技术的运作是先采用冶金工艺去改变渣的性质，完成渣的功能转换，使之成为满足选矿工艺要求的人造矿，再实施多种选矿技术，从矿中分选出富含有价组分的精矿。该技术是冶金与选矿联合、跨学科交叉的共性关键技术。技术的特点是：适应性强，适用于各类复合矿冶金渣中有价组分的回收利用；体系完善，技术整体由选择性富集、长大与分离三个环节相互关联构成；选冶结合，技术充分利用熔渣"三高"的有利时机，完成选择性富集与长大之后，再选择性分离出富含有价组分的精矿；产业化前景明朗，可兼顾资源、规模与效益三方面的优势。

本书基于冶金物理化学及物理学凝固理论，阐述在应用选择性析出分离技术处理复合矿冶金渣时的相关原理与实践效果，内容涵盖渣中有价组分富集反应热力学条件的解析与控制、富集相析出与长大动力学机制的探讨与阐释、析出相与基体相间界面特征的观察与展示、复合矿冶金渣资源化范围的延伸与拓宽，以及规范技术运作条件的具体分析等诸多方面。

本书内容源于笔者和研究团队 30 多年来所发表的百余篇学术论文及研究生学位论文，也包括研发过程中收集的文献资料。全书共分 9 章，其中，第 1 章提出选择性析出分离的学术思想，第 2 章阐述选择性析出分离技术的原理，第 3～8 章分别介绍选择性析出分离技术在含钛高炉渣、钛渣、钒渣、硼渣、铜渣及铬渣等六类复合矿冶金渣资源化过程中的实际应用，第 9 章简述冶金渣的基础理论与相关的文献数据。

笔者在研究过程中，有幸得到石启荣、胡壮麒、樊政炜、常鹏、綦炽、车荫昌、陈厚生、陈东辉、傅文章、文书明、刘亮、张开坚与张林楠等诸位先生的鼓励、支持与帮助，在此表示诚挚的谢意。

由于笔者水平有限，书中不妥之处在所难免，敬请读者批评指正。

隋智通

2022 年 5 月 8 日于沈阳

目 录

第1章 绪 论

中国金属矿产资源品种齐全、储量丰富、分布广泛，但贫矿多、富矿少，多元共、伴生有价组分的复合矿居多，单一矿偏少，矿物呈现贫、散、杂、细、难选的特点。许多战略性关键矿产资源(如稀土、钒、钛、铬、镍、钴)多赋存于复合矿中，独立矿床少。采用现行选冶工艺处理多元复合矿时，主体金属的提取与共、伴生有价组分的回收未能兼顾。矿中共、伴生有价组分多为过渡元素或稀土元素，与氧(或硫)亲和力强，生成的氧(或硫)化物化学稳定性高，在火法还原熔炼过程中不易被还原进入金属相，大部分随同脉石成分进入渣相，成为富含共、伴生有价组分的复合矿冶金渣，被视作不可利用的固废而丢弃，不仅浪费宝贵资源，而且严重污染环境、占用土地。事实上，冶金二次资源综合利用受到国内外学术界高度重视。1994 年 TMS 在美国加利福尼亚州召开的第二届"21 世纪冶金"国际研讨会上，将循环再生、废物处理及环境问题列为"21 世纪冶金"的重要研究领域，大会主旨演讲之一就是"人造资源冶金"。隋智通教授参加了此届会议，颇受启发，于是在国内该领域开展了广泛的研究与技术开发，并取得诸多成果[1-4]。

我国矿物资源的特点是：贫矿多、富矿少，多元共、伴生有价组分的复合矿居多、单一矿偏少。众所周知，冶炼低品位复合矿的工艺流程冗长，技术难度大，技术指标偏低，废弃物排放量大，致使环境污染严重。例如，高炉冶炼钒钛磁铁矿生产 1t 铁水排放的高炉渣可达 400~600kg，其中 TiO_2 质量分数为 0.16%~22%，而冶炼普通铁矿的渣量多在 300kg 左右。普通高炉渣的资源化已超过 95%，而 TiO_2 质量分数约 20%的含钛高炉渣至今尚未有效回收利用，每年随渣丢弃的 TiO_2 超过 100 万 t。有色金属复合矿冶炼过程排放的渣量更大，如火法铜冶炼工艺用的精矿品位偏低，生产 1t 铜水时排放含铜、铁的炉渣 2~3t[4]。因此，当务之急是加大对复合矿冶金渣二次资源综合利用的研究力度，立足我国复合矿资源，尽早开发出具有独立知识产权、适合国情的绿色清洁技术。隋智通针对我国复合矿冶金渣中的有价组分研发出选择性析出分离技术，应用它可回收利用复合矿冶金渣中的有价组分，如含钛高炉渣中的钛，熔分渣中的钛，铜冶炼渣中的铜与铁，含钒钢渣中的钒等，实现复合矿冶金渣的资源化。期望本书能为相关技术的深化与完善提供有价值的科学依据，促进复合矿冶金渣资源综合利用的产业化。

1.1 复合矿冶金渣

1.1.1 复合矿及复合矿冶金渣的特征

矿石中共存的矿物称为矿物组合，矿物组合中的矿物若属于同一成因和同一成矿期形成的就称为共生矿物，相反，成因和成矿期不同的则称为伴生矿物。

赋存共生、伴生矿物的多元矿称为复合矿，如攀西钒钛磁铁矿、丹东硼镁铁矿、包头含稀土铁矿、贵溪铜矿等。复合矿的矿物成分复杂，经选矿工艺产出的精矿中共、伴生有价组分在火法还原熔炼过程中绝大部分随同脉石成分进入渣相，成为富含共、伴生有价组分的复合矿冶金渣。

复合矿冶金渣既是二次资源也是矿，是一种富含战略性关键矿产资源的人造矿。复合矿中的共、伴生有价元素的经济价值通常高于主体金属，故称为有价组分。大部分有色金属矿属于多金属共生的复合矿，提取主体金属后的冶金渣也属于复合矿冶金渣。

复合矿冶金渣与普通冶金渣的主要差别如下：后者基本不含有价组分，绝大部分用作建筑辅助材料消耗掉；但前者既不适于用作建筑材料，又难以采用单一的选矿或冶金工艺从中分离出有价组分，它属于难处理渣。从复合矿冶金渣中回收有价组分不仅技术难度大、成本高，而且社会与经济效益难以兼顾，资源与环境矛盾也十分突出。加之国外复合矿冶金渣数量少，更无先进的处理技术可借鉴或引进，复合矿冶金渣往往作为无用的固体废物被丢弃。当前，国家大力倡导循环经济，鼓励矿冶学科研发出先进的绿色清洁技术，目标之一就是从复合矿冶金渣中将有价组分赋存的矿物相经济、高效地分离出来，作为新型的矿物原料循环再利用。2018 年 7 月 6 日，科技部正式发布国家重点研发计划"固废资源化"等 12 项重点专项，推进资源全面节约和循环利用。虽然现已开发出从复合矿冶金渣中分离、分选出有价组分的一些相关技术，但应用的范围还不广，实现产业化的还不多，大部分复合矿冶金渣仍然堆积存放，已累积数千万吨。因此，研发出经济、高效地分离出复合矿冶金渣中有价组分，适合国情的绿色清洁技术，势在必行，时不我待。

1.1.2　现行选冶工艺处理多元复合矿冶金渣

1. 概况

我国蕴藏量丰富的复合矿中，大部分共、伴生有价组分的品位低，分散于多种矿物相中，且矿物相的嵌布粒度细小，呈现贫、散、杂、细、难选的特点。典型多元复合铁矿的化学组成见表 1.1。

表 1.1　典型多元复合铁矿化学组成(质量分数，单位：%)

多元复合铁矿	TFe	CaO	SiO_2	Al_2O_3	MgO	B_2O_3	TiO_2	V_2O_5	REO_x	F	Nb_2O_5
丹东硼镁铁矿	30.00	0.40	15.00	1.50	24.00	7.00	0	0	0	0	—
攀西钒钛磁铁矿	33.40	5.82	18.42	9.18	5.00	0	11.45	0.33	0	0	—
包头含稀土铁矿	48.00	8.78	4.81	0.22	1.00	0	0.29	0	2.73	5.89	0.06

注：TFe 指全铁，REO_x 指稀土氧化物

当前我国处理多元复合矿采用的选冶工艺流程如图 1.1 所示。

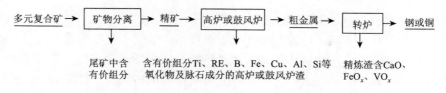

图 1.1　选冶工艺处理多元复合矿的流程

由图 1.1 知，现行选冶工艺处理多元复合矿的流程是，先采用矿物分离技术将矿中主体金属富集在精矿中，其中有价组分则分布在精矿与尾矿两种产物中。精矿经高炉(或鼓风炉)还原熔炼时，有价组分少部分熔入主体金属，大部分随脉石进入冶金渣。典型高炉(或鼓风炉)渣的化学成分见表 1.2。

表 1.2　典型高炉(或鼓风炉)渣化学成分(质量分数，单位：%)

高炉(或鼓风炉)渣	CaO	SiO$_2$	Al$_2$O$_3$	MgO	B$_2$O$_3$	TiO$_2$	V$_2$O$_5$	REO$_x$	F	Nb$_2$O$_5$
B 渣	5～10	5～35	5～10	35～45	12～15	0	0	0	0	0
Ti 渣	27～28	22～25	14～15	7～8	0	12～22	0.32	—	—	—
RE 渣	37～40	30～34	7～9	7～8	0	0	0	3.5～4.5	5～6	1～2

例如，攀西钒钛磁铁矿的原矿中约含 11.4%TiO$_2$，选矿过程使得其中 75%铁、53%钛与 80%钒进入铁精矿，剩余约 47%钛则以钛铁矿形式赋存于尾矿中，其品位低、嵌布粒度细、物相种类多，难选别。即便经多种选矿技术联合处理尾矿，得到含 46.6%～48.4%TiO$_2$的钛精矿，也仅回收了其中 2.4%的钛，这表示在尾矿选钛流程中丢掉了原矿中 40%以上的钛。之后高炉冶炼钒钛磁铁矿的铁精矿时，铁精矿中 95%钛进入高炉渣(渣中约含 20%TiO$_2$)，其余 5%钛和 76%钒熔入铁水，显然，钒钛磁铁原矿中一多半的钛又留在高炉渣中。

由上例可知，现行选冶工艺处理钒钛磁铁矿时，其中铁、钒的回收率较为理想，而钛的则低。原因是现行冶金流程旨在获得主体金属铁，理论上就无法兼顾其中有价组分的提取与回收。因此，其绝大部分随渣而弃。为此需要针对我国复合矿资源的特殊性，开发出适合国情、有独立知识产权、可经济、高效地从渣中分离出有价组分的绿色清洁技术，实现多元复合矿的全组分回收，无污染，零排放。

2. 从复合矿冶金渣中分离出有价组分的方法

1) 分离方法

分离方法多种多样，如火法冶金、湿法冶金、化学分离、选矿等技术。其中采用选矿技术分离复合矿冶金渣中有价组分为首选，因为它的处理量大、成本低、设备配套、环境污染较轻。曾经有采用选矿工艺分离渣中有价组分的尝试，但技术指标不理想，这与渣中有价组分特殊的性质及形态密切相关，需要根据其特殊性开发出有针对性的分离技术。

2) 选择性析出分离技术的研发

20 世纪 90 年代，隋智通曾参与并完成国家自然科学基金资助的重点项目"硼铁矿资源综合利用研究课题"——含硼渣的物理化学性质和热力学参数研究，在实验过程中观察到有趣的现象[4]：硼提取率与渣中含硼组分的析出形态密切相关。若渣中含硼组分以隧安石$(2MgO \cdot B_2O_3)$主晶相析出，则渣的活性高，硼的提取率也高；反之，若以非晶态(玻璃态)存在，则渣的活性低，硼的提取率也低。这种明显的差别源于渣中含硼组分或呈晶态或呈非晶态，即两种形态间的相互竞争。显然，促进渣中含硼组分以晶态析出，抑制非晶态生成是改善硼渣活性、提高硼提取率的关键。受此启发，隋智通萌生"复合矿冶金渣中有价组分选择性析出"的学术思想，并特别关注熔渣冷却过程含硼组分的物相演变、物理特征与其化学活性之间的关系，探索含硼组分析出形态的选择性。基于此，隋智通在后续的系列研究中逐渐理解与掌握渣中有价组分选择性析出的原理和规律。在国家多个部门及相关企业的大力资助下，经多年努力与多方合作，经过理论分析与科学实践的不断融合，逐步构建并完善选择性析出分离技术。围绕该技术应用于复合矿冶金渣中有价组分的分离利用共有两部分研究内容。

(1) 理论上，以冶金物理化学与熔体凝固理论为基础，针对有价组分的性质与特征，预设赋存有价组分的目标相，分析并优化目标相生成、富集、析出和长大的热力学与动力学条件。

(2) 实践上，通过调控并优化熔渣的物理化学性质及外部环境参数，促进渣中目标相生成、富集、析出与长大，使得经历缓冷得到的凝渣兼备三个特点：①渣中矿物相数目少，目标相成分简单；②目标相中有价组分的富集度高；③目标相晶粒粗大，且与基体相间界面清晰，利于单体解离。这三个特点为后续采用选矿工艺从凝渣中分离出目标相创造了十分有利的条件。

总体而言，选择性析出分离技术就是基于冶金物理化学原理与方法来改变熔渣中目标相的分布与形貌，再借助选矿工艺与设备分离出改性凝渣中的目标相。因此，它是冶金与选矿两种技术相结合，经学科交叉衍生出的一种选冶联合的新型分离技术。

1.2   选择性析出分离技术处理复合矿冶金渣

无论熔炼精矿排放的冶炼渣还是精炼粗金属的精炼渣，它们在火法冶金过程中均具备重要的冶金功能，包括调控金属液中各元素的化学反应，如脱碳、脱磷、脱氧、脱硫等；吸纳非金属夹杂物、净化金属液；减少金属液的热损失并防止它吸纳有害气体等。因此，熔渣是实现冶炼优质金属、高产、低耗的重要条件。正因为冶金渣承载着冶炼过程的冶金功能，国内外冶金学者与工程技术人员都十分关注渣的作用原理与效果，在理论与应用方面皆有大量著作与研究成果的报道[5-22]。与此相反，完成冶金功能之后排放出炉体的渣多数情况作为建材辅料使用甚至丢弃，鲜见继续关注、跟踪研究熔渣冷却过程中结构、性质及功能演变方面的报道。

对普通冶金渣的处理这样做合理合规，但对于富含有价组分的复合矿冶金渣则不然。虽然有价组分在冶炼过程中未必发挥了相关的冶金功能，但排放后渣中有价组分的性质及形态则直接关系后续的分离与利用，十分重要。换言之，冶金渣在排放后如何向材料功能转换，转变成可用又好用的材料，则是渣中有价组分能否有效分离的关键。

冶金渣的功能转换是新概念，亦是新课题，需要研究与其相关的理论和转换的客观规律，为应用选择性析出分离技术提供科学依据。

1.2.1 渣的功能转换

众所周知，处理大宗矿物最有效的方法是"选"，即选矿分离。前人也曾尝试过，但效果不佳。分析其原因倒不是选矿工艺不完善、不适用，而是人造矿的性质和形态与天然矿截然不同，使得它不适用、不好用。复合矿冶金渣属于人造矿，渣中有价组分的性质、物相组成及形态十分独特，可简单归纳为三个主要特征：分散、细小和连体。

(1) 分散是指渣中有价组分往往不是赋存于一种矿物相中，而是分散在多种矿物相中。

(2) 细小是指这些含有价组分矿物相的嵌布粒度非常细小(通常为 $10\mu m$ 左右)。

(3) 连体是指含有价组分的矿物相与基体脉石相致密连接，界面不清晰。当磨矿机械破碎它时往往不是沿界面破裂而是穿晶断裂，造成复合矿冶金渣的可选性差，属极难处理矿。采用单一的选矿方法直接处理它，分离有价组分效果自然差。显然，改变人造矿不利于分离分选的三个特征，使它满足选矿工艺对矿石性质与形态的要求是解决问题的核心。

1. 技术路线

技术出路源于技术思路。思路就是问题出在哪儿就去哪儿找出路。人造矿的性质与形态可人为地改变，就从人造矿的矿物性质与形态切入，扬长避短。扬长就是充分发扬液态熔渣处于高温度、高活性、高能量的"三高"之所长；补短就是弥补渣中有价组分细小、分散和连体之"三短"，抓住时机，扬所长，补所短，使之满足选矿工艺对矿的要求。这就是冶金渣的功能转换，也是选择性析出分离技术处理复合矿冶金渣的技术路线。

具体做法是，首先充分利用熔渣从炉内刚放出"三高"时的机会，通过人为调控热渣的温度、成分与环境气氛压力等物理化学因素，在化学势梯度的驱动下促使有价组分选择性地转移到人工预设的目标相中，完成"选择性富集"；然后人为调节熔渣冷却过程的冷却速度、气氛及热处理制度，促进渣中目标相晶体"选择性长大"，并弱化其与渣基体相间的连接，弥补"三短"；最后将经历上述富集、长大改性处理的凝渣经破碎、磨矿、解离、分级与选别，完成渣中目标相的"选择性分离"，得到两种产物，即富集了有价组分的精矿和剩余的尾矿。因此，实施选择性析出分离技术是先用冶金工艺完成熔渣"富集-长大"的功能转换，再用选矿工艺将改性渣中的有价组分分离出来。

2. 技术的适用性

基于以上的技术思路，在完成一系列的基础理论分析与多种实验研究之后，隋智通首次研发出可改变复合矿冶金渣中有价组分的物相特征，实现功能转换的方法——选择性析出分离技术。该技术由"选择性富集""选择性长大""选择性分离"三部分构成，它也是功能转换的三项具体步骤。

选择性析出分离技术符合综合利用复合矿冶金渣的三条基本要求：①可回收渣中的有价组分，处理过程和规模可与工业化生产同步和匹配；②是一项实现复合矿冶金渣由冶金功能向材料功能转换、可操作的工艺流程；③是一项将大宗冶金固废从源头减量、资源化增值利用、兼顾经济与社会效益的绿色清洁技术。

自然，它也有局限性，其应用范围仅限于火法冶炼过程排放的高温熔渣。因为渣的功能转换必须在高温熔体的介质中运作，对已冷却至常温的冷渣，需要再加热至熔融状态才可实施选择性富集与长大。这样做虽然也可行，但失去了现场熔渣"三高"的优势，重熔新增了巨大的能量消耗，降低了经济效益，弱化了选择性析出分离技术的竞争力，未能满足基本要求的第③条，因此不可取。

3. 技术的选择性

目标矿物相是指经改性处理后的复合矿冶金渣中至少含一种伴生或共生的有价组分矿物相，它有利用价值，简称目标相或富集相(enrichment phase，EP)，它是选择性析出分离的对象。

选择性析出分离技术的目标是从组成复杂的人造矿中将目标金属或其化合物选择性地提取出来，或者相反，将杂质或其化合物选择性地分离出去，选择性是关键。

选择性析出分离技术由选择性富集、选择性长大和选择性分离三部分组成，各自的特点如下。

(1) 选择性富集的目标是富集，即人为地、有选择地调整熔渣的物理化学性质及外部环境条件，促使分散在多种矿物相中的有价组分向预设的目标相转移，实现有价组分由分散向集中的转变。

(2) 选择性长大的目标是长大，即人为地、有选择地优化熔渣的状态及外部环境，促进生成的目标相长大和粗化，达到选矿工艺对解离的粒度要求($>40\mu m$)，实现目标相从细小到粗大的转变，有利于后续分选效率的提升。

(3) 选择性分离的目标是分离，与天然矿不同，人造矿中有用矿物相的构成、形态及其与基体相间的连接等特征均随改性处理的条件改变而变化。为此，需要鉴别人造矿工艺矿物的特征，研究矿中目标相的磨矿解离条件，确定矿中目标相分选的工艺流程，实现目标相的高效分离。

虽然选择性富集、长大与分离三方面的技术目标和实施条件各不相同，但三者相互关联，构成选冶联合的整体技术。从学科角度理解，富集与长大涉及高温冶金过程，分离则属于常规选矿领域；从技术角度看，分离出有价组分是终极目标，而富集与长大是为分离创造有利条件的辅助技术环节。

1.2.2　适合我国国情的绿色清洁分离技术

处理具有我国资源禀赋特点的多元复合矿冶金渣，采用的技术必须适合国情，以下先分析三种传统分离技术用于处理多元复合矿冶金渣时可能存在的利与弊。

(1) 火法冶金技术：技术成熟，分离效率高，处理量较大，但高温耗能大，操作条件苛刻，处理成本较高，要求待分离的目标矿物相中有价组分的品位高，才可能达到较高的性价比。

(2) 湿法冶金技术：技术成熟，分离效率高，回收率高，但化工原料的耗量大，成本高，处理能力较小，二次环境污染严重，要求待分离的目标矿物相中有价组分的品位也高。

(3) 选矿技术：技术成熟，分离效率高，成本低，处理量大，设备配套，但要求渣中物相组成简单，种类少，有价组分尽可能多地赋存于目标矿物相中，并且粒度要足够粗大，相界面清晰，才有利于矿物相的分离分选。对于有价组分嵌布粒度细小又嵌布分散的复合矿冶金渣，直接采用选矿工艺去分离，效果明显不佳。

从上述三种传统分离技术的对比可见，前两种技术对渣中有价组分的品位要求往往高于复合矿冶金渣中的实际含量，运行的成本也较高，不宜采纳。与前两种技术相比较，选矿技术可采纳，但并不适于直接应用，务必在分选前解决渣中有价组分分散与细小的问题。若完成渣中有价组分赋存状态由分散到集中、由细小到粗大两个转变后再实施选矿工艺，则分离效果会明显改善。

选择性析出分离技术作为辅助技术，与现行选冶分离技术相结合，可以构建一种无污染、零排放、全组分综合回收复合矿冶金渣中有价组分的绿色分离清洁技术，它的技术构架是：

绿色分离清洁技术 = 现行选冶分离(主体)技术 + 选择性析出分离(辅助)技术

采用绿色分离清洁技术的工艺流程见图1.2。

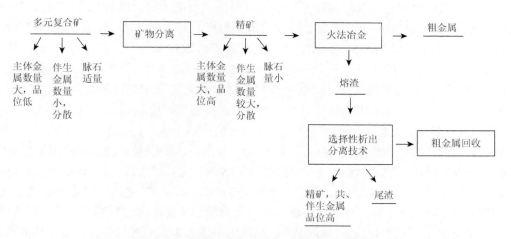

图1.2 多元复合矿全组分绿色分离清洁技术的流程

1.3 浅析选择性析出分离技术的应用

高钛型高炉渣是典型的复合矿冶金渣，数量大、价值高、综合利用难度大、回收效果不理想。自1970年7月攀钢高炉冶炼钒钛磁铁矿成功以来，"从高炉渣中提钛"的研发项目从未间断过，但成效却不明显[3, 23-25]。为此，我们选取高钛型高炉渣作为选择性析出分离技术的应用实例，阐述渣的处理状况与分离渣中钛的产业化前景，以及应用选择性析出分离技术的理论依据、实验室及半工业规模扩大试验的实践效果等，详细研究内容可参见第 3 章。

1.3.1　高钛型高炉渣处理现状

在世界范围，钒钛磁铁矿亦是储量最大、分布最广的多元复合矿，目前仅俄罗斯与中国采用高炉工艺熔炼钒钛磁铁矿。俄罗斯下塔吉尔钢铁公司和丘索夫钢铁厂的高炉渣中 TiO_2 质量分数低于 10%，与普通高炉渣同样用作建材辅料。攀钢高炉渣属高钛型，不适合用作建材辅料。渣中主要含钛相为钙钛矿和钛辉石，嵌布粒度细小、难分离。经多年实践，高钛型高炉渣的处理状况可简单归纳为三种类型。

(1) 有规模、有效益，但未回收渣中钛。有规模指日处理渣量与日排放渣量相匹配，有效益指兼顾经济与环境效益，未回收渣中钛指处理过程未涉及渣中钛的分离回收。

(2) 可回收渣中钛，有效益，但规模小，与日排放渣量不匹配，扔得多、用得少，其象征意义大于实用意义。

(3) 可回收渣中钛，但规模有限，经济与环境效益未兼顾，也未能产业化推广应用。以下简单综述高钛型高炉渣处理的三种状况。

1. 有规模、有效益，但未回收渣中钛

攀枝花钢城集团公司利用高钛型高炉渣开发出新型矿渣棉、高钛重矿渣碎石、矿渣砖、混凝土等多种矿渣建材产品，形成矿渣利用的系列产品和生产技术。目前已经形成年产矿渣碎石 120 万 m^3、矿渣砂 60 万 m^3、水泥及矿渣复合微粉 30 万 t、彩色路面砖 15 万 m^3 和石油支撑剂 1 万 t 的生产体系，日处理渣量达到 1 万 t 以上，每年创经济效益 1000 万元以上[23, 24]。攀钢与重庆大学、北京建筑材料科学研究总院水泥科学与新型建筑材料研究所、重庆水泥厂、重庆建筑科学研究院合作，在实验室研究基础上，用 TiO_2(质量分数)为 24.3% 的高炉渣，在重庆水泥厂年产 45 万 t 水泥生产线上生产出 325 号(高炉渣掺量 40%)和 425 号(高炉渣掺量 30%)的矿渣水泥 700t 以上，其品质达到同号矿渣水泥的国家标准[25]。含钛高炉渣中组成矿物多为熔点高、结晶能力较强的物相，现场自然冷却或水淬急冷的矿渣中活性的无定形物质数量少，因而较难形成硅酸二钙(C_2S)矿物，属稳定型矿渣。如果作为水泥掺合料加入，掺量过高，则使水泥强度降低。因而国家建材标准规定，矿渣中的 TiO_2(质量分数)应小于 10%。王怀斌等[26]在混凝土中掺入 20%～30% 的高钛型高炉渣微粉，观察其早期强度低于纯水泥基准混凝土，后期强度则高于或相当于纯水泥基准混凝土。黄双华等[27]研究攀钢高钛重矿渣，得到高钛重矿渣混凝土，符合技术指标，经济指标优良，是新型建筑材料，在土木工程中作为普通混凝土和钢筋混凝土均有巨大的推广空间。周旭等[28]通过对高钛型高炉渣的性质研究及用于混凝土的试验表明，高炉渣结构稳定，其碎石用作混凝土骨料的抗压强度及劈拉强度稍高于普通碎石。

将高炉渣用作混凝土骨料、道渣、硅酸盐水泥、微晶铸石板、釉面砖、卫生瓷板、耐

碱玻璃纤维及焊条涂料等的研究工作均已取得较大进展,但目前主要还是用作碎石铺路及混凝土骨料[25]。谭克锋等[29]通过采用 80℃湿热养护并掺入适量煅烧石膏和粉煤灰的工艺后,高钛型高炉渣的活性被充分激发出来。当采用破碎的慢冷渣作为粗集料、水淬粒化渣作为细集料时,制成的实心砖和混凝土空心砌块强度分别达到 MU15 和 MU10,且筑成的墙体材料耐久性能指标及高钛型高炉渣的放射性指标均满足国家要求。

重庆市硅酸盐研究所将含钛高炉渣经中间池炉调整工艺,采用直接浇注法或离心成型法成功研制出微晶玻璃板材、管材和异型铸件等产品[25]。

攀枝花环业冶金渣开发有限责任公司利用渣中 TiO_2 可提高熔体的表面张力和黏度、增强纤维的化学稳定性、有利于形成长纤维的特性,开展高钛型高炉渣制取新型矿渣棉技术研究,并以 TiO_2 质量分数大于 15%的高炉渣为主要原料生产新型矿渣棉,改善了传统矿渣棉纤维短、脆性大及不能应用于潮湿、高温环境的缺陷,拓宽了矿渣棉产品的应用领域[30]。

四川建材研究所、四川轻工研究所和攀钢研究院用含钛高炉渣与当地陶土配料制作的陶瓷墙、地砖及釉面砖、彩色路面砖的性能指标也达到了国际同类产品的先进水平;又用渣制作微晶铸石,比普通铸石热稳定性和抗冲击性及耐化学腐蚀和耐磨性更高[25]。周芝林等[31]运用正交试验方法调整胶结料中的原料(水泥、石膏、熟石灰、粉煤灰、磨细水淬钛矿渣)及胶结料与水淬钛渣砂、慢冷钛渣石之比,以水淬钛渣砂和慢冷钛渣石取代普通混凝土配料中的砂和石,生产出满足 GB 8239—1997(现已被 GB/T 8239—2014 代替)要求的混凝土空心砌块。敖进清等[32]以高钛型高炉渣为主要原料,采用蒸养工艺,生产 MU15矿渣砖。采用重矿渣为骨料、水淬渣砂为集料,生产出高标号矿渣砖,在符合相关国家标准的基础上,矿渣砖中矿渣的掺量达到 80%以上。孙希文等[33]、戴亚堂等[34]以钛矿渣为骨料,粉煤灰、石灰为胶凝材料,制得 MU10 矿渣砖,并通过工业试验,确定生产配方及工艺流程。此外,还开发出 MU15 钛矿渣实心砖制品,成本低、强度高,符合国家建筑材料标准,可实际应用,有广泛的市场应用前景。

张巨松等[35]用攀枝花硫酸法生产钛白粉过程中生成的三种副产品(含钛较高的提钛渣、含钛石膏与低品位铝矾土)制备高硅贝利特硫铝酸盐水泥,其烧结温度低,凝结时间与强度介于硅酸盐水泥和快硬硫铝酸盐水泥之间。实验表明,含 TiO_2 较高的原料(提钛渣、含钛石膏)未对高硅贝利特硫铝酸盐水泥产生类似对硅酸盐水泥的影响。李胜等[36]以攀钢提钛渣和工业氧化铝为原料,采用浇注成型法制备六铝酸钙-镁铝尖晶石多孔材料,研究烧结温度和尾渣加入量对六铝酸钙-镁铝尖晶石材料性能与显微结构的影响。朱洪波等[37]以提钛渣为原料制备性能优良、无氟无污染的超低硫钢用精炼脱硫剂和 MU15免烧砖、MU10 蒸养砖。

以上处理方式虽然均不失为一种利用含钛高炉渣的途径,但未回收渣中钛是钛资源的巨大浪费,有悖国家的产业政策,只能作为一种现时的而非长远的利用方法。

2. 可回收渣中钛,有效益,但规模小,与日排放渣量不匹配

攀枝花钢城集团公司利用高炉渣成功生产出含钛 50%～59%、含硅 30%～39%的钛硅合金。经济、高效、稳定地应用钛硅合金是提高含钛钢种竞争力的重要手段,因此需寻求

具备实力的研究机构从理论上利用高钛型高炉渣在生产钛硅合金过程中所产生的大量尾渣(每生产 1t 合金约产生 4.5t 尾渣)，尾渣含 Al_2O_3 60%左右实现产业化。攀枝花市重点科技项目[1] "高炉渣中钙钛矿富集长大与选择分离技术" 在实验室也获得重大进展，通过选矿方法，钙钛矿精矿中钛的品位达到 45%，尾矿也有望得到有效利用，经济和环保效益明显，但受行业限制，尚未产业化。

攀钢研究院、重庆大学、重庆铝厂开发含钛高炉渣制取硅钛复合合金，目前用含钛高炉渣制取的硅钛复合合金有硅钛铁和硅钛铝合金，前者使用 75%的硅铁作还原剂，采用硅热法获得 19%～23%Ti、42%～44%Si、20.2%Fe 的硅钛铁合金[25]。

攀钢研究院、重庆大学、重庆铝厂在工业铝电解槽上用高炉渣与 Al_2O_3 制得 Si-Ti-Al 中间合金，含 1.26%～3.0%Ti、0.5%～1.8%Si、0.45%～1.36%Fe 的硅钛铝合金。Ti 回收率为 66%，可用于制造高强度铝合金。此方法虽然回收部分 Ti，但耗电量较大，成本较高，难以商业化[25]。

邹星礼和鲁雄刚[38]采用固体透氧膜法，以经 1150℃预烧 2h 成型的含钛高炉渣为阴极，氧化锆管内碳饱和铜液为阳极，将两者置于 $CaCl_2$ 熔盐中，在 1100℃、电解电压为 3.5～4.0V 的条件下高温熔盐电解 2～8h 直接制得钛硅合金。对电解产物的分析表明：含钛高炉渣电解还原后的产物为 Ti_xSi_y 系合金。汪朋等[39]研究用等离子熔融还原含钛高炉渣提钛渣的组成和水化性能，并与 CA50(625)和 Secar71 水泥进行对比。结果表明，提钛渣中铝酸一钙(CA)和二铝酸钙(CA_2)为易水化相，具有一定水化活性，虽然水化强度与 CA50(625)以及 Secar71 水泥还存在一定差距，但随着养护时间延长，强度逐步增大，为提钛渣制备含尖晶石的铝酸钙水泥提供了理论依据。

攀钢集团用含钛高炉渣制取 $TiCl_4$ 的技术路线分两步进行。第一步在矿热炉上进行高炉渣的高温选择性碳化，使大部分 TiO_2 转化为 TiC，制得碳化渣；第二步将制得的碳化渣在沸腾炉中进行低温选择性氯化，在低温下通入氯气使钛转变为 $TiCl_4$，同时控制渣中钙、镁等杂质尽可能不被氯化，实现低温选择性氯化，得到粗 $TiCl_4$[40]。$TiCl_4$ 是制取海绵钛和氯化法钛白的主要原料，氯化残渣经水洗后用作烧制硅酸盐水泥的原料。Ti 的回收率为 93%以上，但受大型化生产耗能高、水洗氯化残渣耗水量大等因素限制，尚未工业规模生产[41]。用含钛高炉渣液态掺碳，还原碳化 TiO_2 可行，碳化工序能耗降低约 40%，生产效率提高约 30%。熔融碳化渣在空气中冷却，TiC 极少被氧化，形成含 TiC 及黄长石的碳化渣，以氯为氯化剂，采用连续加料和连续排渣的流化床，在低于 987K 的温度下，选择氯化 TiC 制取 $TiCl_4$ 工艺可行。TiC 的氯化率＞95%，赋存于黄长石的氧化钙及氧化镁的氯化率分别小于 6%及 3%。

3. 可回收渣中钛，但规模有限，经济与环境效益未兼顾，也未能产业化推广应用

回收渣中钛的代表性工艺是湿法提钛，攀钢研究院、中南大学均有相关项目开发。湿法冶金温度低、易操作、回收率高，但运行成本高、环境压力大、处理规模有限。

陈启福等[42]最初用于实验室的酸解条件是：浓度为 93%的硫酸与一定粒度的高炉渣在 220℃左右反应后，于 70℃左右热水浸出，浸出液加入一定量的 $NH_4Al(SO_4)_2$，冷却至 5℃左右结晶回收 $NH_4Al(SO_4)_2$，母液水解后得偏钛酸沉淀，烘干制得 TiO_2，提钛后的废

液用 P207 萃取回收 Sc。制备出 TiO$_2$ 质量分数为 99% 的钛黄粉。由于渣中 TiO$_2$ 品位太低，生产每吨钛白粉的成本相当于用高钛渣生产钛白粉的 2~3 倍，且产品的质量不高，仍未实现工业化生产。

使用废浓硫酸酸解高炉渣提取 Ti、Al 和 Mg[43]，高炉渣经球磨机粉磨至 200 目 (0.074mm)，固相法酸解时将浓酸按酸渣比为 10：4 混合、加热、升温引发反应。反应完成后，用水浸取，浸取温度为 60℃，并控制加水量。钛液含 TiO$_2$ 46g/L，水解条件如下：TiOSO$_4$ 浓度为 46g/L，酸比值为 3.08，晶种加入量为 1.68%，水解时间为 1.6h。将水解后的沉淀于 900℃ 煅烧，得硫酸法钛白，成本约 10170 元/t。该工艺将液相法和固相法结合酸解含钛高炉渣，降低浓硫酸用量，生产成本低。但渣中钛品位低，工艺过程中钛的回收率低，高炉渣单耗达到 5.7t，硫酸单耗 5.5t，成本高，且废液污染环境，待改进。用稀盐酸处理高炉渣的方法(专利号：CN13036799A)将水淬含钛高炉渣与稀盐酸共磨成为含水细渣，加入 32%~40% 的浓盐酸加热，再在 80~110℃ 酸解 6~20h，滤除 SiO$_2$ 后蒸馏去掉盐酸，在 0.2% 草酸液中水解，得偏钛酸，煅烧得 TiO$_2$。用稀盐酸处理高炉渣的方法(专利号：CN1099434A)将高炉渣粉碎至 75~100μm，用磁选法选出铁粉，除铁后的高炉渣用 10%~14% 的盐酸按固液比 1：8~1：10 于常温浸取 0.5~1.0h，过滤后的残渣二次浸取，滤液静置 48h，滤液中的硅胶凝聚、压滤，滤饼用 10%~14% 盐酸洗涤，再用自来水洗，直至滤液的 pH＞6，滤干的滤饼在低于 100℃ 条件下烘干得硅胶。母液和洗液沸腾水解 2h，得偏钛酸沉淀，24h 后过滤、干燥、煅烧得硅钛白。上述各湿法提钛工艺的特点如下。

(1) 硫酸法：用浓硫酸，成本较高；固相法加热 200℃ 以上，反应结团严重，浸取难，需严格控制加水量及浸取温度，以避免硅胶产生及钛的早期水解发生。

(2) 盐酸法：使用较高浓度盐酸浸取，设备的腐蚀不容忽视，除硅过程较长，设备利用率低。直接水解获得的硅钛白产品纯度差，使用范围受限。

无论硫酸法还是盐酸法提钛，均存在水解后废酸造成二次污染的问题。自 20 世纪 70 年代起，攀钢研究院、长沙矿冶研究院、重庆大学及昆明工学院等单位曾多次试验、实践，采用选矿方法直接处理攀钢高炉渣，回收渣中钛，但分离效果不佳。

综上，除了直接用作建材已经产业化之外，至今尚无有规模、有效益、回收渣中钛三者兼顾的技术推广应用，回收渣中钛仍处于研发阶段。

1.3.2 分离渣中钛的产业化前景

鉴于对上述三类处理状况的综述，进一步审视含钛高炉渣综合利用的技术研发，应该按技术的可行性及其经济效益来评估，具体的评估标准可归纳为三条：①回收钛的技术可行、成熟且可操作；②回收钛技术的适用范围广，可在工业规模上应用，且渣的处理量与排放量匹配；③实施回收钛技术的经济与社会效益明显，前者表明技术的运行成本低、效率高，后者表示实施过程不污染环境、不浪费资源。如果按上述三条标准来考核研发技术的可行性及其经济效益，显然会产生疑问，复合矿冶金渣的资源化还可能、可行吗？答案是肯定的。

1. 可行的出路源于正确的思路

无论科学试验还是工程实践，无论其中存在怎样复杂的问题，只要分析问题的思路正确，认识对路，就有可能找到解决问题的出路。所谓正确的思路就是分析问题与解决问题。对问题的分析要准确无误，切中要害，不盲从；而解决问题的办法应切实可行，不脱离实际，不盲动。确切地说，就是通过科学的理性分析，准确地找出不利因素和有利条件，抓住问题的症结，对症下药，尽可能地避开不利因素，或者使它的影响、作用削减到最小，与此同时，人为地促进有利因素最大化，使事物向有利方向转化。说起来这是一种思维的哲理，但也确实是科学研究的指南。

就目前状况而言，分离渣中钛应用前景比较明朗的技术至少有六种：①硅热法制备硅钛铁合金；②等离子炉制备硅钛合金；③熔融电解法制取硅钛铝合金；④湿法提钛；⑤高温碳化-低温氯化制取 $TiCl_4$；⑥选矿法回收渣中钛。

应该指出，采用上述任何一种分离技术时，或因分离成本高，或因产业规模小，或因净效益不明显，即便仅占了其中的一项，最终亦难形成稳定工程化、可持续产业化的技术。因此，考核分离渣中钛应用技术时，上述三条评估标准应该是缺一不可的。

本书的选择性析出分离技术基于选冶联合的技术思路来考虑分离渣中钛的可行性及其经济效益，它属于第⑥种[1]。具体的运作过程是按照科学研究的指南去推进的：首先从宏观与微观两个层面上分析该技术的可行性与存在的问题，然后探讨解决这些问题的办法。高钛型高炉渣作为应用的典型实例，运作过程是先虚后实，虚就是先查阅相关的文献，以前人的工作、结论作为参考，逐次地分析、分离渣中钛可能出现的各类问题，设计用选择性析出分离技术去解决这些问题的可行性及方案，既不盲目也不盲动；实就是进入实践环节，有针对性地逐一开展各种类型的试验、检验，结果出来之后还要仔细地检查、分析，客观地对比、评估，最后才可能得出审慎的结论。以下从宏观与微观两个层面上分析应用选择性析出分离技术的可行性与存在的问题。

2. 宏观的可行性与存在的问题

在产业化的宏观层面上分离渣中钛存在的问题主要涉及四个方面。

(1) 资源方面，实施选择性析出分离技术分离渣中钛，必须回收利用渣中钛，实现资源化。

(2) 环境方面，实施选择性析出分离技术分离渣中钛的全流程的各环节均不得加重环境污染。

(3) 效益方面，选择性析出分离技术的实施效果须反映成本低、设备简单、操作安全稳定、社会效益和经济效益兼备的特色。

(4) 规模方面，选择性析出分离技术是物理选矿与化学(火法)冶金两种技术的联合，两种技术的日处理量皆须达 1 万 t 以上，可与高炉整体排放的渣量相匹配，规模可随企业的产能扩展同步扩大。

从宏观上评估，该技术可解决四个方面的问题，提钛的产业化前景是现实的，也是明朗的。

3. 微观的可行性与存在的问题

从渣中钛微观禀赋的层面上分析,应用选择性析出分离技术的可行性及存在的问题如下。

1) 赋存状态与分离成本的关系

渣中含钛物相的赋存状态或简单或复杂,直接影响分离成本。钛的赋存状态越简单则越有利于分离它,越复杂则越不利;若赋存状态简单,则分离方法亦简单,容易实施,成本低。

2) 影响含钛物相赋存状态的因素

影响含钛物相赋存状态的因素至少包括以下四个方面。

(1) 渣中生成含钛物相的化学反应与含钛物相的赋存状态密切相关。生成含钛物相的化学反应越单一,产物越少,则含钛物相的赋存状态越简单;生成含钛物相的化学反应越曲折(多重、多元反应),产物越多且复杂,则含钛物相的赋存状态越复杂(指物相种类、成分、形貌等)。

(2) 渣中含钛物相的种类直接受渣的化学组成及含量影响。若渣的化学组成不同,则渣中含钛物相的种类不可能完全相同;组成渣的化学成分越多,则渣中含钛物相的种类越多、越复杂;渣的化学组成中钛的含量越高,则渣中含钛物相的种类可能越多,渣的物相构成亦越复杂。

(3) 含钛物相中钛的价态决定含钛物相的构成与数量。若渣中钛的价态单一,仅存在一种价态,只有一种含钛物相,则含钛物相的构成简单。若渣中钛呈现多种价态共存,即多种价态同时存在,则含钛物相的构成复杂,因为价态不同的钛离子将分布于不同种类的含钛物相中。例如,高钛型高炉渣属于还原性渣,渣中 Ti^0、Ti^{2+}、Ti^{3+}、Ti^{4+} 四种价态共存,其结果是,钛赋存于五种含钛物相中,则渣中含钛物相的构成必然十分复杂。

(4) 含钛物相中钛的价态受反应体系所处环境(气氛)中的氧的化学势(简称氧势)控制。若环境气氛的氧势高,则渣中钛的价态高;若氧势低,则钛的价态低。反应体系所处环境的氧势可表示为

$$\mu = \mu^{\ominus} + RT \lg p_{O_2}$$

式中, p_{O_2} 为反应体系所处环境中氧的分压; $\mu^{\ominus}$ 为标准状态下氧的化学势。通常火法冶炼过程反应体系所处的环境可简化为氧化、还原与碳化三种情况,其对应的氧分压 p_{O_2} 分别如表 1.3 所示。

表 1.3 四种状态对应的氧分压 p_{O_2}

氧分压 p_{O_2} /bar	状态
10^0	标准状态($p_{O_2} = 10^5\text{Pa} = 1\text{bar} \approx 1\text{atm}$)
	氧化状态(满足选择性析出分离技术要求的条件)
10^{-10}	还原状态(现行高炉炼铁工艺的还原条件)
10^{-20}	碳化状态(满足高温碳化-低温氯化技术要求的条件)

3) 高炉冶炼钒钛磁铁矿过程中熔渣的状态

高炉炼铁属于典型的还原熔炼工艺，炉内还原气氛对应的氧分压 p_{O_2} 为 $10^{-10} \sim 10^{-8}$bar。鉴于炉内温度高、气/固及气/液逆向对流的运行特点，熔渣在还原气氛的体系中接近化学平衡状态，钛的四种价态 Ti^0、Ti^{2+}、Ti^{3+}、Ti^{4+} 共存(碳和氮与钛之间的化学键为共价键，呈 Ti^0 价)，不同价态的钛离子赋存于渣中不同的含钛物相中。经实验抽取渣样的检测结果表明，高炉渣中存在五种含钛物相：钙钛矿、攀钛透辉石、富钛透辉石(又称巴依石)、镁铝尖晶石与碳氮化钛(Ti(C, N))。同时渣中含钛物相的成分可能随渣的化学成分改变而变化，当渣中 TiO_2 含量增加时，高钛型高炉渣中的黄长石相可能消失，但基体相仍然为钛辉石[21]。

综上可知，微观层面上存在的问题是，高钛型高炉渣中钛分布于五种含钛物相中，直接采用选矿工艺去逐个地分离各含钛物相显然既烦琐效果又差，不可行。应用选择性析出分离技术完成渣中钛的选择性富集和选择性长大的"两个转化"之后，再用选矿技术去分离改性渣中的富钛相，效果就全然不同了。既然是这样，新的问题又出现了，如何实现渣中钛的"两个转化"？这需要详细地分析高炉冶炼过程渣中发生的化学反应，并基于冶金物理化学理论去指导、去分析、去实验，才有可能找到解决"两个转化"问题的答案。

4. 渣系的状态

反应体系可简略地分为还原、氧化与碳化三种状态，各状态中含钛物相的变化特点如下。

1) 还原状态

还原状态时渣中钛赋存于如下五种含钛物相中，如表 1.4 所示[21, 44]。

表 1.4　五种含钛物相的化学式及钛的相应价态

含钛物相	化学式及钛的相应价态
钙钛矿	$CaTi^{4+}O_3$
攀钛透辉石	$m(CaO \cdot MgO \cdot 2SiO_2) \cdot n[CaO \cdot (Al, Ti^{3+})_2O_3 \cdot SiO_2]$
富钛透辉石	$(Ca_{0.84}Mg_{0.87})(Ti^{2+}_{0.41}Fe_{0.14}V_{0.02})(Si_{0.85}Al_{0.95})_2O_6$
镁铝尖晶石	$(Mg, Fe, Ca)(Al, Ti^{3+})_2O_4$
碳氮化钛	$Ti^0(C, N)$

还原渣中含钛物相的特点是：钛的四种价态 Ti^0、Ti^{2+}、Ti^{3+}、Ti^{4+} 在渣中可共存，而不同价态的钛又分别赋存五种含钛物相中，其结果是渣中钛的分布非常分散，含钛物相的构成也十分复杂，各含钛物相的钛含量又高低不等。因此，还原渣中含钛物相多，钛含量各不相同，采用选矿工艺分别分离渣中钛，效率低，不可行。

2) 氧化状态

氧化状态时渣中仅存在三种含钛物相：钙钛矿、钛辉石和尖晶石。渣中只存在 Ti^{4+} 一种价态，绝大部分钛赋存于钙钛矿，而钛辉石和尖晶石中钛含量很低。采用选矿技术只需分离渣中的钙钛矿，既有利又有效。显然，采用选矿工艺分离氧化渣中的钙钛矿，效率高，可行。

3) 碳化状态

碳氮化钛是碳化状态渣中主要含钛物相，碳氮化钛中钛含量很高，但渣中数量少，需要在高炉渣中额外添加数量可观的碳与渣中钛反应才生成。此外，碳氮化钛熔点很高，其结晶粒度微细(几微米)，晶粒长大的幅度很小，采用选矿工艺去分离渣中碳氮化钛，效率非常低，但碳氮化钛适合采用高温碳化-低温氯化制取 $TiCl_4$ 的技术路线分离。

5. 渣系状态与分离钛可行性的关系

由上述三种渣的状态与渣中含钛物相间关系的分析可知：渣系处于气氛两端的状态，碳(氮)化或氧化，即低氧势或高氧势时，渣中只存在 Ti^0 或 Ti^{4+} 一种钛离子，含钛物相的种类少，构成简单，钛的分布较集中，有利于分离；而处于气氛中间的还原状态，氧势居中，渣中存在四种钛离子，含钛物相种类多，构成复杂，钛的分布很分散，不利于分离，成本高。

综上可归纳如下。

(1) 碳化状态。渣系处于低氧势的碳化范围，渣中只存在 Ti^0 一种钛离子，赋存于含钛物相碳氮化钛中，适合采用高温碳化-低温氯化制取 $TiCl_4$ 技术。

(2) 氧化状态。渣系处于高氧势的氧化范围，渣中只存在 Ti^{4+} 一种钛离子，赋存于含钛物相钙钛矿中，适合采用选冶联合的选择性析出分离技术。

(3) 还原状态。渣系处于氧势居中的还原范围，钛的四种价态共存，赋存于五种物相中，分布非常分散，分离钛的成本必然抬高，目前尚无适用的技术。

1.3.3　分析两种渣中钛分离技术

由 1.3.2 节分析可知，化学方法可改变渣中钛的赋存状态，物理方法能改变渣中钛的形态特征。充分发挥高温放渣时"三高"的有利条件，调控环境的物理化学因素，改善渣中钛的赋存状态与形态特征，可提升渣中钛的分离效果。

1. 高温碳化-低温氯化制取 $TiCl_4$ 技术

(1) 高炉渣先在矿热炉内进行高温碳化，制得碳化渣，包含 TiC。

(2) 将制得的碳化渣在沸腾炉内进行低温选择性氯化，得到粗 $TiCl_4$。$TiCl_4$ 是处于钛市场三岔口的关键产品，它既可作为制备氯化法钛白的原料，又可作为生产海绵钛的原料，市场适应性强，转向快，可随市场的需求调整产品的结构。

高温碳化-低温氯化技术具有产业化前景，但生产规模的大型化有待改善，能耗需大幅降低，尤其在氯化物残渣处理方面尚待全面、深入地研究和改进，以避免含氯残渣对环境的污染。

2. 分离渣中钛的选择性析出分离技术

选择性析出分离技术是选冶联合的方法，其中物理选矿和化学冶金皆属成熟技术，设备配套，处理量大，成本低廉，有可能成为分离渣中钛的实用技术。

选冶联合的方法就是先用冶金工艺改变渣中含钛物相的性质及分布特征，使得渣中绝大部分钛富集到一种含钛物相中并析出长大，再采用选矿工艺分离出富钛相，具体运作可分为三个步骤。

(1) 用化学冶金的方法实现熔渣中钛赋存状态的转化，即从分散到集中的转变，促使分散在各含钛物相中的钛富集到一种含钛物相——目标相里，实现钛的集中、富集。

(2) 用物理冶金的方法促进熔渣中目标相结晶粒度从细小到粗大的转变，实现目标相的长大并粗化，渣中夹带的金属铁也得到再聚集、沉降。

(3) 完成钛的集中、长大两个转化后得到改性渣，采用选矿工艺从改性凝渣中将目标相分离出来，得到人造钛精矿、金属铁与尾矿三种产品。

综上，选择性析出分离技术处理高钛型高炉渣综合利用的全流程可分为先冶金、后选矿、再使用三个阶段。

1) 先冶金

先冶金阶段的目标是用冶金方法实现熔渣中钛的选择性富集与长大两个转化：利用高炉排放熔渣时"三高"的有利时机，先完成富钛载体——钙钛矿相的选择性富集；再在熔渣冷却过程中，抓住钙钛矿为初晶相，优先析出且结晶周期长的时机，调控热处理制度，促进其长大。

(1) 如何实现渣中钛组分的选择性富集？

分散在多种矿物相中的钛发生转移，集中富集到钙钛矿一相中的目标如何实现？驱动渣中钛转移的依据是什么？首先基于物理化学理论中的勒夏特列原理，改变平衡体系的条件，如温度 T、压力 P、组分浓度 C，平衡就向着减弱这种改变的方向移动。按化学反应等温方程：

$$\Delta G = \Delta G^{\ominus} + RT \ln J = -RT \ln K + RT \ln J$$

式中，ΔG 为化学反应的吉布斯自由能变化，由它可判断恒温、定压条件下反应的方向；$\Delta G^{\ominus}$ 为化学反应标准吉布斯自由能变化，是标准条件下反应方向的判据，也是表征反应完全程度的物理量。由 $\Delta G^{\ominus} = -RT \ln K$ 可确定平衡常数 K，K 值越大表示反应完全程度越高，反应进行得越彻底。J 为化学反应产物与反应物的数量之比，可人为改变渣组成来设置 J 的数值。当化学反应体系达到平衡态时，$\Delta G = 0$，$J = K$。

按化学反应等温方程，调整 K 与 J 的关系，可人为改变 ΔG，控制化学反应向人为预期的方向进行。改变化学反应方向的状态参数有三个，即压力、温度与组成，调控三个状态参数可促进渣中钛向生成钙钛矿的反应方向推进，也就是向 $CaO + TiO_2 \longrightarrow CaTiO_3$ 方向进行，生成尽量多的钙钛矿相，实现渣中钛的选择性富集的目的。

以下从理论层面阐述调控压力、温度与组成三个参数，推进钛选择性富集的化学反应。

①调控体系中氧分压 (p_{O_2})。

a. 氧分压 (p_{O_2}) 为 $10^{-10} \sim 10^{-8}$bar，体系处于还原状态，熔渣中钛分散地赋存于五种含钛物相中。

b. 氧分压 (p_{O_2}) 为 10^0bar，体系处于氧化状态，渣中钛的走向如下[45]。

$Ti^{2+} \rightarrow Ti^{4+} \rightarrow (TiO_2)$，低价钛 Ti^{2+} 被氧化为高价钛 Ti^{4+}，进入钙钛矿相，相关反应为

$$\text{TiO} + \frac{1}{2}\text{O}_2 =\!=\!= \text{TiO}_2, \quad \Delta G^{\ominus} = -425942 + 103.4T, \quad \text{kJ/mol}$$

$\text{Ti}^{3+} \rightarrow \text{Ti}^{4+} \rightarrow (\text{TiO}_2)$，低价钛 Ti^{3+} 被氧化为高价钛 Ti^{4+}，也进入钙钛矿相，相关反应为

$$\text{Ti}_2\text{O}_3 + \frac{1}{2}\text{O}_2 =\!=\!= 2\text{TiO}_2, \quad \Delta G^{\ominus} = -379544 + 97T, \quad \text{kJ/mol}$$

$\text{Ti}^{4+} \rightarrow \text{Ti}^{4+} \rightarrow (\text{TiO}_2)$，生成的 TiO_2 与渣中 CaO 反应生成富钛相——钙钛矿相，相关反应为

$$\text{CaO} + \text{TiO}_2 =\!=\!= \text{CaTiO}_3, \quad \Delta G^{\ominus} = -79900 - 3.35T, \quad \text{kJ/mol}$$

由此可知，提高体系氧分压促使反应平衡向低价钛氧化为 TiO_2 移动，同时又向 TiO_2 生成 CaTiO_3 移动，促进了渣中钛向钙钛矿相转移，从而推进了选择性富集的进程。

c. 氧分压（p_{O_2}）为 10^{-20}bar，存在固体碳时，体系处于碳化状态。

渣中钛的走向：$\text{Ti} \rightarrow \text{Ti}^0 \rightarrow \text{TiC}$，TiC 生成反应：$\text{Ti} + \text{C} =\!=\!= \text{TiC}$

综上所述，调控体系氧分压可直接影响渣中钛的走向，使钛分别赋存于不同的含钛物相中。

②调控体系的温度（T）。

熔渣中钙钛矿相生成反应[22]为

$$(\text{CaO}) + (\text{TiO}_2) =\!=\!= \text{CaTiO}_3(\text{s}), \quad \Delta G^{\ominus} = \Delta H^{\ominus} + T\Delta S^{\ominus} = -79900 + 3.35T, \quad \text{kJ/mol}$$

由此可知，钙钛矿生成反应为放热反应，温度升高，正向反应趋势减弱。但反应的标准焓变 $\Delta H^{\ominus}$ 负值很大，在很宽的温度范围内，$\Delta G^{\ominus}$ 的负值仍然很大，生成反应仍可正向进行。从反应动力学方面考虑，温度越高动力学阻力越小，越有利于生成反应正向进行。故升高温度的净效果有利于钙钛矿相的生成，推进选择性富集的进程。

③调控渣的组成（C_i）。

熔渣组成包括渣中各组分的含量及渣碱度，它的作用反映在渣中钙钛矿的生成反应。由熔渣中生成钙钛矿反应可知，提高渣中（CaO）活度 $a_{(\text{CaO})}$，即增大渣的碱度，将推进钙钛矿相生成反应；提高渣中（TiO_2）活度 $a_{(\text{TiO}_2)}$，即增大渣中（TiO_2）含量，也促进钙钛矿相生成反应。

综上，促进钙钛矿生成反应正向推进的有利因素是：提高 p_{O_2}、T 及 $a_{(\text{CaO})}$ 和 $a_{(\text{TiO}_2)}$，一言以蔽之，促进钙钛矿生成反应的条件为"四高"：高温度、高氧势、高钛含量及高碱度。

④调控工艺条件促进渣中两个转化。

以上从热力学原理的层面定性地分析促进钙钛矿相生成反应的热力学参数（压力、温度与组成），但落实到工业生产的层面上，将优化的热力学参数转换为工艺流程中的操作条件更有实际意义。以下逐一分析促进渣中两个转化的工艺条件及其可操作性。

a. 喷吹：高炉放渣入渣罐后，借助喷枪向熔渣中喷吹富氧空气，提高渣系的氧势，促进渣中 Ti^0、Ti^{2+} 和 Ti^{3+} 氧化为 Ti^{4+}，完成多价态共存向单一价态 Ti^{4+} 的转变，提高渣中（TiO_2）的浓度。与此同时，喷吹促进渣中氧化反应，释放大量热能，提升渣温，降低渣黏度，改善渣中钛离子迁移与富集的动力学条件。

b. 添加：在喷吹过程向渣中添加碱性氧化物 CaO（如高碱度炼钢渣），提高（CaO）浓度，也就提高了渣碱度，促进钙钛矿相生成反应正向进行，同时同步消化掉另一冶金固废——炼钢渣。

c. 缓冷：优化反应器（渣罐）的结构，强化保温性能，确保喷吹结束后反应器中熔渣缓慢冷却，促进钙钛矿相的析出与长大，为后续选择性分离创造有利条件。

⑤调控工艺条件对熔渣中钛离子形态的影响。

众所周知，渣系氧势关系渣中钛离子的价态，而渣碱度则关系渣中钛离子的形态，也就是渣中离子吸纳或放出 O^{2-} 直接影响熔渣中钛离子的形态。

a. 氧分压直接关系钛离子价态。渣中 $\lg(Ti^{3+}/Ti^{4+})$ 与 $\lg p_{O_2}$ 呈线性函数关系。

b. 温度影响熔渣中钛离子的比值 Ti^{3+}/Ti^{4+}，即钛离子的分布[46]。温度高，Ti^{3+} 稳定，Ti^{3+}/Ti^{4+} 增大，在 TiO_x 含量低时更明显；同时温度还影响熔渣的结构，一个 Ti^{4+} 与四个 O^{2-} 配位呈四面体结构，而一个 Ti^{3+} 与六个 O^{2-} 配位呈八面体结构。

c. 含钛硅酸盐熔渣中聚合负离子间竞争 O^{2-} 反应可改变钛离子的赋存形态：

$$(TiO_4^{4-}) + \frac{7}{2} (Si_2O_5^{2-}) \longrightarrow \frac{7}{2} (Si_2O_6^{4-}) + (Ti^{3+}) + \frac{1}{4} O_2$$

该反应是下述两反应的耦合：

$$(TiO_4^{4-}) \longrightarrow (Ti^{3+}) + \frac{7}{2} (O^{2-}) + \frac{1}{4} O_2 \tag{1.1}$$

$$\frac{7}{2} (O^{2-}) + \frac{7}{2} (Si_2O_5^{2-}) \longrightarrow \frac{7}{2} (Si_2O_6^{4-}) \tag{1.2}$$

反应(1.1)相当于熔渣碱度降低，发生负离子(TiO_4^{4-})放出(O^{2-})的解聚反应；反应(1.2)相当于熔渣碱度提高，发生负离子($Si_2O_5^{2-}$)吸纳(O^{2-})的聚合反应，渣中比值($Si_2O_6^{4-}$)/($Si_2O_5^{2-}$)增大，相当于 Ti^{4+}/Ti^{3+} 降低[45]；Ti^{3+} 增多。

(2) 如何实现渣中钛富集相的选择性长大？

熔渣中钛富集相——钙钛矿的析出与长大属于形核、长大、粗化的物理过程：形核系指钙钛矿生成反应析出钙钛矿相晶核；长大系指钙钛矿相晶核不断长大；粗化系指长大的钙钛矿晶体不断粗化。

熔渣中细小 $CaTiO_3$ 晶体的曲率半径小，熔点下降较多，不可能稳定存在，发生重新熔化分解反应 $CaTiO_3 \longrightarrow (Ca^{2+}) + (TiO_3^{2-})$；释放的($Ca^{2+}$)和($TiO_3^{2-}$)向邻近较大 $CaTiO_3$ 晶体扩散并析出在较大晶体上，使较大晶体变得更粗大，此即粗化现象。这种大颗粒吞并细小晶体的现象称为奥斯特瓦尔德熟化(Ostwald ripening)[47]。粗化可伴随在钙钛矿相析出、形核与长大的过程中。氧化喷吹使熔渣温度升高，黏度减小，促进(Ca^{2+})和(TiO_3^{2-})扩散；同时，氧化降低渣的熔化性温度[46]，扩大 $CaTiO_3$ 相析出的温度区间，促进渣中钙钛矿相选择性长大、粗化。

2) 后选矿

后选矿阶段的目标是，经选择性富集、长大、粗化的改性渣中，钙钛矿相可富集渣中 80% 以上的钛，并且大部分长大的晶体尺寸 $>40\mu m$，这些指标充分满足选矿对解离的要求，即用选矿方法可以从改性凝渣中分选出富钛精矿、贫钛尾矿和夹带铁三种产物，其中富钛精矿与贫钛尾矿主要化学组成见表 1.5。

表 1.5　富钛精矿与贫钛尾矿主要化学组成(质量分数，单位：%)

名称	TFe	FeO	TiO$_2$	Cr$_2$O$_3$	SiO$_2$	Al$_2$O$_3$	CaO	MgO	S	P
富钛精矿	2.23	2.43	45.30	0.087	5.92	8.77	33.90	2.01	0.15	0.0002
贫钛尾矿	3.23	4.27	9.84	0.023	33.00	10.40	27.60	7.30	0.04	0.0130

3) 再使用

再使用阶段的目标是，采用湿法冶金工艺处理富钛精矿，制备出用作生产氯化法钛白粉的金红石型富钛料（表 1.6），贫钛尾矿可作水泥掺合料等建筑辅料。

表 1.6 富钛料产品的主要化学成分(质量分数，单位：%)

名称	富钛料	名称	富钛料
TiO_2	95.23	Al_2O_3	2.65
CaO	0.071	SiO_2	0.82
MgO	0.054	Fe_2O_3	1.17

1.3.4 应用选择性析出分离技术的半工业规模扩大试验效果

半工业规模扩大试验的目标是，在半工业规模开展扩大试验，通过实践检验理论分析的正确性以及工程实施的可行性。以下简述选择性析出分离技术在冶金、选矿与使用三个方面的实践效果。

1. 冶金实践的效果

2005～2006 年在西昌新钢业有限责任公司的高炉($200m^3$)上完成冶炼钒钛磁铁矿排放含钛高炉渣、选择性富集长大半工业规模的扩大试验(23 次)。试验中渣罐每次盛装熔渣约 1.5t，渣中约含 $16\%TiO_2$，经检测，改性渣样中物相组成为钙钛矿、尖晶石与透辉石三相，获取实践效果的具体参数如下。

1) 选择性富集效果的量化指标为富集度

富集度(%) = 赋存于钙钛矿相中的钛量(质量分数，%)/渣中总钛量(质量分数，%)

原渣中钙钛矿相中钛的富集度为 48%，经选择性富集处理后的改性渣中钛的富集度升到 75%～85%。

2) 选择性长大效果的量化指标为平均晶粒度

$$平均晶粒度 = 钙钛矿相晶粒的平均尺寸(\mu m)$$

原渣中钙钛矿相的平均晶粒度约 $10\mu m$，经选择性长大处理后的改性渣中平均晶粒度提升到 $40\sim80\mu m$。

半工业规模扩大试验结果验证了理论分析的正确与试验条件设置的合理。强化渣罐保温效果后明显减缓熔渣自然冷却速度(<1℃/min)，技术指标(富集度、平均晶粒度)达到上述优化的目标。试验过程还意外发现：渣中夹带铁滴的聚集、沉降加速，可回收大部分渣中夹带铁，并且沉铁中钒含量高于铁水约一倍。与实验室实验相比较，半工业规模扩大试验的渣罐容量大，盛渣量多，运行过程热稳定性好，冶金改性指标更优，表明规模越大，渣量越多，改性效果越佳，客观地证明实施冶金改性措施的工程化前景明朗。

2. 选矿实践的效果

改性高炉渣的矿物分离分选可以采用重选、浮选等工艺方法。

(1) 重选：采用摇床分级入选，开路实验的结果是精矿品位为 35.2%TiO_2，尾矿品位为 9.3%TiO_2，钛回收率为 68.2%(2004 年由东北大学完成)。

(2) 浮选：闭路实验(2006 年由昆明理工大学完成)。

①5kg 规模改性渣样，实验室浮选结果见表 1.7。

表 1.7　5kg 改性渣样浮选结果

产物名称	产率/%	品位/%	回收率/%
精矿	15.26	40.04	38.54
中矿	28.07	15.17	26.66
尾矿	56.67	9.84	34.80
合计	100.00	16.88	100.00

②1.5t 级半工业规模扩大试验渣样，实验室浮选结果是精矿品位为 34.1%TiO_2，尾矿品位为 10.1%TiO_2，钛回收率为 38.2%。

(3) 非常规处理的浮选闭路实验结果(2009 年由中国地质科学院矿产综合利用研究所完成)是精矿品位为 45.29%TiO_2，尾矿品位为 9.84%TiO_2，钛回收率为 51.0%[48]。

3. 使用的实践效果

在使用的实践方面，针对不同的使用目的，研发出三种实用技术。

(1) 富钛料制备技术。实验室研究结果表明：使用选择性分离得到的富钛精矿(45.29%TiO_2)，采用湿法冶金方法可制备出生产氯化法钛白需要的富钛料，其中，TiO_2 质量分数＞92%，杂质 CaO+MgO 质量分数＜0.1%，钛的总回收率＞80%，富钛料中 TiO_2 为金红石型。

(2) 实用建材技术。实验室研究结果表明：用贫钛尾矿(9.84%TiO_2)可以制备墙体砖与水泥掺合料等建筑辅助材料。

(3) 沉铁技术。实验室研究结果表明：渣中夹带金属铁数量占渣量的 3%～8%，其波动受制于高炉冶炼的操作状况，渣中夹带金属铁总量的 60%以上可以沉降回收。

选择性析出分离技术是针对我国复合矿资源特点，在国家多部门与企业的大力资助下，经广泛的产学研交流合作及研发团队历经 30 余年的不懈努力开发出来的。它具有独立知识产权，是处理复合矿冶金渣的创新技术，也是共性关键技术。应用它回收高钛型高炉渣中的钛取得了上述阶段性的实践成果[49-52]。另外，该技术应用于钛渣[53]、硼渣[54]、铜渣[55]及铬渣[56]均获得良好的效果。

参 考 文 献

[1]　隋智通，张力，娄太平，等. 冶金渣中有价金属的绿色分离技术[C]. 昆明：2003 年全国矿产资源高效开发和固体废物

处理处置技术交流会学术会议论文集，2003：356-358.

[2] 李博，王华，胡建杭，等. 从铜渣中回收有价金属技术的研究进展[J]. 矿冶，2009，18(1)：44-48.

[3] 马家源. 高炉冶炼钒钛磁铁矿理论与实践[M]. 北京：冶金工业出版社，2000.

[4] Sui Z T，Zhang P X，Lou H L，et al. Studies on the behaviour of boron containing in the metallurgical slag[C]. Shenyang: Proceedings of Sino-American International Technology Transfer Symposium，1995：17-18.

[5] 张鉴. 冶金熔体和溶液的计算热力学[M]. 北京：冶金工业出版社，2007.

[6] 谢刚. 冶金熔体结构和性质的计算机模拟计算[M]. 北京：冶金工业出版社，2006.

[7] 蒋国昌. 冶金/陶瓷/地质熔体离子簇理论研究[M]. 北京：科学出版社，2007.

[8] 毛裕文. 冶金熔体[M]. 北京：冶金工业出版社，1994.

[9] 陶东平. 液态合金和熔融炉渣的性质：理论·模型·计算[M]. 昆明：云南科技出版社，1997.

[10] 吴铿. 泡沫冶金熔体的基础理论[M]. 北京：冶金工业出版社，2000.

[11] Ban Y，Hino S. Chemical Properties of Molten Slags[M]. Tokyo：Iron and steel Institute of Japan，1991.

[12] Chipman C. Thermodynamic Properties of Blast Furnace Slags[M]. New York：Physical Chemistry of Process Metallurgy，1961.

[13] King T B. Physical Chemistry of Melts[M]. London：Institution of Mining and Metallurgy，1953.

[14] Lumsden J. Thermodynamics of Molten Salts Mixture[M]. London：Academic Press，1966.

[15] Masson C R，Jamieson W D，Mason F G. Physical chemistry of processes metallurgy[C]. London：The Richardson Conference，1974.

[16] Mysen B O. Structure and Properties of Silicate Melts[M]. Amsterdam：Elsevier，1988.

[17] Richardson F D. Physical Chemistry of Melts in Metallurgy[M]. London：Academic Press，1974.

[18] Turkdogan E T. Physicochemical Properties of Molten Slags and Glasses[M]. London：The Metals Society，1983.

[19] Eitel W. The Physical Chemistry of Silicates[M]. Chicago：University of Chicago Press，1954.

[20] Waseda Y，Toguri J M. The Structure And Properties Of Oxide Melts[M]. Singapore：World Scientific Publishing Co. Pte. Ltd.，1989.

[21] 杜鹤桂. 高炉冶炼钒钛磁铁矿原理[M]. 北京：科学出版社，1996.

[22] 特克道根 E T. 高温工艺物理化学[M]. 魏季，傅杰，译. 北京：冶金工业出版社，1988.

[23] 余韵. 粒化高炉钛矿渣制作矿渣微粉研究[J]. 攀枝花科技与信息，2007，32(1)：9-11.

[24] 吴胜利. 高钛高炉渣综合利用的研究进展[J]. 中国资源综合利用，2013，31(2)：39-43.

[25] 攀枝花资源综合利用办公室. 攀枝花资源综合利用科研报告汇编：第七卷[M]. 攀枝花：攀枝花资源综合利用办公室，1987.

[26] 王怀斌，范付忠，郝建璋，等. 高钛高炉渣在混凝土中的作用机理[J]. 钢铁钒钛，2004，25(3)：48-53.

[27] 黄双华，陈伟，孙金坤，等. 高钛高炉渣在混凝土材料中的应用[J]. 新型建筑材料，2006，33(11)：71-73.

[28] 周旭，李江龙，罗崇理. 高钛高炉渣碎石用做砼骨料的研究[J]. 钢铁钒钛，2001，22(4)：43-46.

[29] 谭克锋，李玉香，潘宝风. 高钛型高炉渣生产墙体材料技术研究[J]. 西南科技大学学报(自然科学版)，2005,20(2)：34-38.

[30] 李兴华，蒲江涛. 攀枝花高钛型高炉渣综合利用研究最新进展[J]. 钢铁钒钛，2011，32(2)：10-14.

[31] 周芝林，谭克锋，潘宝凤. 利用攀钢钛矿渣生产混凝土空心砌块的试验研究[J]. 西南科技大学学报，2003，18(3)：43-46.

[32] 敖进清，郝建璋，王怀斌，等. 大掺量高钛型高炉渣实心砖的研制[J]. 钢铁钒钛，2007，28(2)：57-62.

[33] 孙希文，张建涛，杨志远，等. 高钛型建筑矿渣砖的研制[J]. 新型建筑材料，2003，30(3)：5-7.

[34] 戴亚堂，谭克锋，周芝林. 钛矿渣微观结构及其实心砖的开发[J]. 西南科技大学学报，2003，18(3)：39-42.

[35] 张巨松，隋智通，申延明，等. 含钛尾矿制备高硅贝利特硫铝酸盐水泥的研究[J]. 钢铁钒钛，2004，25(3)：41-47.

[36] 李胜，李友胜，李鑫，等. 利用提钛尾渣制备六铝酸钙-镁铝尖晶石多孔材料[J]. 耐火材料，2010，44(2)：100-103.

[37] 朱洪波，王培铭，张继东，等. 利用攀钢提钛高炉矿渣制砖[J]. 新型建筑材料，2010，37(6)：31-33.

[38] 邹星礼，鲁雄刚. 攀枝花含钛高炉渣直接制备钛合金[J]. 中国有色金属学报，2010，20(9)：1829-1835.

[39] 汪朋，韩兵强，韩彦蕾，等. 攀钢高炉渣提钛后尾渣水化性能研究[J]. 硅酸盐通报，2008，27(6)：1208-1211.

[40]　谭若斌. 含钛高炉渣的生产和应用[J]. 钒钛，1994(2)：1-11.

[41]　李有奇，柯昌明，侯世喜，等. 碳热法还原攀钢高钛高炉渣工艺研究[J]. 硅酸盐通报，2007，16(3)：447-451.

[42]　陈启福，张燕秋，方民宪. 攀钢含钛高炉渣提取 TiO$_2$ 及 Sc$_2$O$_3$ 的研究[J]. 钢铁钒钛，1991，2(3)：30-35.

[43]　彭兵，易文质. 攀枝花钢铁公司高炉渣综合利用的一条途径[J]. 矿产综合利用，1997(6)：21-26.

[44]　王喜庆. 钒钛磁铁矿高炉冶炼[M]. 北京：冶金工业出版社，1994.

[45]　Tranell G，Ostrovski O，Jahanshahi S. The equilibrium partitioning of titanium between Ti^{3+} and Ti^{4+} valency states in CaO-SiO$_2$-TiO$_x$ slags[J]. Metallurgical and Materials Transactions B，2002，33(1)：61-67.

[46]　Tranell G，Jahanshahi S. Equilibria of Ti between Ti^{3+} and Ti^{4+} valency states in CaO-SiO$_2$-TiO$_x$ slags[J]. Metallurgical and Materials Transactions B，2002，33：61-67.

[47]　Flemings M C. Solidfication Processing[M]. New York：McGraw-Hill Book Company，1974.

[48]　傅文章. 高钛型高炉渣选择性析出选钛的分离分选技术研究开发[R]. 成都：中国地质科学院矿产综合利用研究所，2009.

[49]　隋智通，娄太平，付念新，等. 从含钛渣中分离钛组分的方法：CN1253185A[P]. 2000-05-17.

[50]　隋智通，付念新，娄太平，等. 从含钛高炉渣中分离出富钛料与夹带铁的方法及所用设备：CN101905327A[P]. 2010-12-08.

[51]　隋智通，张力，付念新，等. 从含钛高炉渣中分离生产富钛料的方法：CN1952188[P]. 2007-04-25.

[52]　刘晓华，宿建平，盖国胜，等. 一种用含钛原料制备钛白复合材料的方法 CN101168449[P]. 2008-04-30.

[53]　隋智通，张力. 利用高钛熔渣生产人造金红石的方法：CN1919740[P]. 2007-02-28.

[54]　隋智通，张培新. 硼渣中提取硼的新方法：CN1115302[P]. 1996-01-24.

[55]　隋智通. 从铜冶炼渣中分离铁与铜两种组分的方法：CN101100708[P]. 2008-01-09.

[56]　隋智通，石玉敏，都兴红. 工业废渣高温还原解毒铬渣新方法：CN101138670[P]. 2008-03-12.

第2章 选择性析出分离技术的理论基础

如 1.2.2 节所述，选择性析出分离技术由选择性富集、选择性长大和选择性分离三个连续的技术环节构成。本章分别阐述富集、长大和分离三个技术环节的原理及其应用条件，为选择性析出分离技术应用于各种类型复合矿冶金渣，并从中将有用(或有害)组分有效地分离出来提供基础的理论依据与技术支撑。

2.1 选择性富集

随着熔体与凝固理论逐步发展完善，熔体物理化学性质数据不断积累健全，特别是20 世纪 70 年代以来，计算机技术引入冶金熔体性质与结构的模拟，进一步促进了熔体和凝固理论的深化与理解，提高了理论计算的准确性与精确度，指导人为调控熔渣及其环境的物理-化学状态与条件，促进选择性析出分离技术尤其是渣中选择性富集的实践效果，有利于后续富集相的长大与分离，最终实现复合矿冶金渣的资源化。选择性富集的核心目标是渣中富集相的选择性及最大化。

(1) 选择性的目的是促进有价组分尽量多地赋存于富集相中，尽量少地余留在非富集相中。因此，选择性富集工艺是针对渣中特定有价组分选择性设计的。

(2) 最大化是指渣中富集相生成数量的最大化，选择性富集尽可能地促进富集相中赋存有价元素的数量接近平衡状态的极限值，也就是最大化。

2.1.1 富集相的选择与富集度的定义

构成选择性析出分离技术的三个环节中选择性富集是第一步，它的功能是促进渣中有价组分从分散状态向富集相集中转变，也就是使尽量多的有价组分集中到富集相一种物相中。因此，富集相的选择是运行选择性富集的首项任务。富集相是渣中有价组分选择性富集的载体，可以是原渣中已存在的相，也可能原渣中并不存在，须在选择性富集过程中形成的新相(如高钛渣中的金红石相)，但它是渣中有价组分全部或大部分选择性富集其中的物相。富集相可以是单一氧化物(MO)，亦可能是复合氧化物(MO·NO)，为便于分析，定义富集相为复合氧化物。

富集度 = 富集相中有价组分的数量/渣中有价组分的总量

富集度是描述富集相状态的物理量，也是表征有价组分选择性富集过程效率的指标。富集度高表示选择性富集过程的效率高，富集相设计合理。因此，富集度也是评估选择性富集过程的参数。例如，冶炼钒钛磁铁矿生成的含钛高炉渣中有 10%~24%TiO$_2$，这些钛分散地分布在渣中多种物相中，为此选择渣中富集度最高的钙钛矿相作为富集相，经选择性富集处理后钙钛矿相的富集度可由原渣的 48%提高到 80%或更高。

2.1.2　选择富集相的依据

选择的富集相应涵盖下述七条。

1. 富集相中有价组分的富集度最高——最小活度积与最大析出量

通常，富集相是组成冶金凝渣的矿物相之一，这表明熔渣中存在析出富集相的条件。大部分冶金渣是多元氧化物，富集相的生成反应为

$$(MO)+(NO)=\!=\!=(MO\cdot NO)(s) \tag{2.1}$$

生成反应的平衡常数 K 为

$$K = \frac{a_{MO\cdot NO}}{a_{MO}\cdot a_{NO}}$$

式中，(MO)表示熔渣中的有价组分(useful component)，也称有价组分；(NO)表示熔渣中的反应物(reactant)；(MO·NO)表示反应生成的产物(product)，即富集相；a_{MO} 表示熔渣中(MO)的活度，a_{NO} 表示熔渣中(NO)的活度，$a_{MO\cdot NO}$ 表示富集相的活度，活度积为 $a_{MO}\cdot a_{NO}$。冷却过程中，当富集相析出时 $a_{MO\cdot NO}=1$，平衡常数则为 $K=1/(a_{MO}\cdot a_{NO})$。由 K 可知，反应平衡时，生成富集相反应的热力学驱动力越大，生成富集相反应的活度积 $a_{MO}\cdot a_{NO}$ 越小，生成反应进行得越充分，富集相的富集度越高，富集相析出量越大，选择性富集过程也越有效。这就是"最小活度积与最大析出量"的理论依据。例如，在 1700K 时，熔渣中钙钛矿相生成反应的活度积 $a_{CaO}\cdot a_{TiO_2}$ 约 0.902×10^{-3}，理论上基体相中残留的钛量<15%，钙钛矿相钛的富集度>85%，宜选作富集相。同时，渣中碳氮化钛相中 TiO_2 质量分数尽管高达 95.74%，但钛的富集度不到 4%(表 2.1)，则不宜选作富集相。

表 2.1　含钛高炉渣中各物相的 TiO_2 质量分数及物相中钛的富集度(单位：%)

参数	钙钛矿	富钛透辉石	攀钛透辉石	尖晶石	碳氮化钛
富集度	48.02	5.69	37.87	1.08	3.98
TiO_2 质量分数	55.81	23.61	15.47	7.22	95.74

2. 富集相中有价组分的含量应尽量高

若渣中含有价组分的物相不止一种，则选择有价组分含量高的物相作为富集相，以便于后续富集相的高效分离与利用。例如，含钛高炉渣中存在五种含钛物相，其中钙钛矿相中 TiO_2 质量分数较高且富集度最高(表 2.1)，宜选作富集相。富集相的化学组成应尽量简单、杂质少，有价组分在该富集相中的含量应尽量高。对有价组分含量较低的熔渣体系，当有价组分未能生成以自身化学组成为主的独立物相时，多数情况该组分在渣冷凝过程中选择性地固溶到其他与之物性相容(近)的物相中。其中，固溶量最大的物相可选择作为富集相。

3. 富集相为初晶相——析晶温度区间最宽

通常，渣中生成富集相的反应是放热反应，在冷却过程反应的热力学趋势增大，即反应物的活度积随温度降低逐渐变小，富集相将不断从熔渣中析出并逐渐长大，直至渣中有价组分耗尽。例如，含钛高炉渣中富集相——钙钛矿相的生成反应$(CaO)+(TiO_2)=\!=\!=CaTiO_3(s)$是放热反应，$\Delta G^{\ominus}=-79900-3.35T$，反应物的活度积 $a_{CaO} \cdot a_{TiO_2}$ 随温度降低逐渐变小(表 2.2)。

表 2.2　钙钛矿相生成反应的活度积 $a_{CaO} \cdot a_{TiO_2}$ 随温度的变化

温度/K	活度积 $a_{CaO} \cdot a_{TiO_2}$	温度/K	活度积 $a_{CaO} \cdot a_{TiO_2}$
1500	0.41×10^{-3}	1700	0.90×10^{-3}
1600	0.63×10^{-3}	1800	1.25×10^{-3}

在冷却过程中熔渣的组成沿相图中液相线变化直至转熔点。若富集相为初晶相，则富集相的析出路径与时间较其他相要相对长些，析晶温度区间亦相对宽些，这有利于富集相由熔渣中析出与长大。例如，含钛高炉渣中钙钛矿相为初晶相，在冷却速度恒定时它的析出时间相对较长，析晶温度区间亦相当宽，超过百余摄氏度；特别是氧化处理后熔渣氧势升高，相图中的液相线延长，转熔点降低百余摄氏度[1]，有利于钙钛矿相充分析出与长大。

4. 熔渣组成的调质空间要宽阔

实现富集最大化，对熔渣组成进行调质处理(加入添加剂)十分必要。熔渣的调质空间越宽阔，对选择添加剂种类与数量越有利，富集效果越佳。例如，向含钛高炉渣中添加钢渣，一则废物利用，二则提高渣中 CaO 活度，促进富集相 $CaTiO_3(s)$ 生成反应平衡向增大富集相的方向移动，提高它的富集度。

5. 变价元素的价态一致，即价态统一

含过渡元素和稀土元素氧化物的复合矿冶金渣(表 1.2)中，这些元素往往多种价态共存，且共存形式依工艺条件的不同而变化。当熔渣凝固时，不同价态的离子将依据最小自由能原理分别赋存于不同的物相中，这是渣中有价组分"分散"的主要原因。若改变"分散"就需要对熔渣改性处理，其目的是促使多种价态共存的有价元素离子转变为价态一致，即同一元素离子的价态相同，并赋存于同一物相中，这称为价态统一。例如，含钛高炉渣中的钛中，Ti^0、Ti^{2+}、Ti^{3+}、Ti^{4+}四种钛离子共存，其中仅 Ti^{2+} 为单一的正离子，Ti^{3+} 和 Ti^{4+} 均缔合成负离子 TiO_3^{3-} 和 TiO_4^{4-}，故三种价态离子"分散"地赋存于三种物相中。但价态统一后，绝大部分钛进入富集相——钙钛矿一种物相中，"分散的钛"转变为"集中的钛"。

6. 分离优先

选择性析出分离技术实施效果取决于最后一步的选择性分离，之前的富集与长大步骤均为最后的分离创造有利条件。因此，富集相的选择必须优先满足最后分离的要求。例如，铜

冶炼渣中铁质量分数高达 40%，是有价组分，但铁主要赋存于铁橄榄石(FeO·SiO$_2$)与磁铁矿(Fe$_3$O$_4$)两种物相中，前者数量大，约占渣中铁的 2/3，若从铁橄榄石中分离出铁的技术难度大，效果差，则不可取。从分离优先考虑，首选易分离的磁铁矿作为富集相。

7. 利于工业规模实施

实施选择性析出分离技术的目的是经济、高效地从复合矿冶金渣中分离出富含有价组分的富集相，采用的工艺过程必须简单、便于操作、成本低、有规模，有利于工业规模实施，并兼顾经济和社会两种效益。如第 1 章所述，选择性析出分离技术是辅助工艺，必须与现行主体金属的提取工艺相配合，不干扰，不冲突，相辅相成，相向而行。

上述七条是设计富集相的依据，但并非要求七条兼顾，具体情况具体分析，各条的针对性未必完全一致，需因时因地制宜。

2.1.3　富集相的生成反应

选择富集相应符合上述七条依据，这既取决于富集相自身的化学性质，又与熔渣的化学组成、外部环境及体系中多元多相化学反应之间密切相关。为此，下面分别讨论这些影响富集相生成反应的因素。

渣系中富集相生成属于多元多相化学反应，$\Delta G^{\ominus} = -RT \ln K$ 表征化学反应的驱动力，$\Delta G^{\ominus}$ 负得越多，K 越大，则反应进行得越充分。式(2.2)表示富集相生成反应的等温方程[2]：

$$\Delta G = \Delta G^{\ominus} + RT \ln J = RT \ln \left(\frac{J}{K} \right) \tag{2.2}$$

式中，J 表示温度与压力给定的任意时刻(非平衡状态)体系中反应物(MO 和 NO)与产物(MO·NO)之间的数量关系，$J = a_{\text{MO·NO}} / (a_{\text{MO}} \cdot a_{\text{NO}})$，$J$ 的数值可以人为调整；平衡常数 K 仅为温度与压力的函数，在温度与压力给定的反应达到平衡时，它数值恒定。ΔG 为富集相生成反应的吉布斯自由能变化，它是表征实际(非标准)状态下反应推进程度的物理量，ΔG 负得越多，反应的驱动力越大，进行得越充分，在给定温度与压力时，可由 ΔG 判定反应进行的方向。影响熔渣体系中多元多相化学反应方向与限度的三个热力学参数分别为温度、压力和熔渣组成，这三个热力学参数可以人为地设定或调整。为此，通过调控渣系中各组分间化学反应的方向与限度，实现富集相的选择性与最大化。

2.1.4　富集相生成反应方向与限度的调控

基于勒夏特列原理[2, 3]可以促进化学平衡向有利于富集相生成方向移动。也就是，处于平衡状态的体系受外界作用时将发生移动，移动方向是尽可能地削弱由外界作用引起的变化。依据式(2.2)，通过调控体系的 J/K、温度及压力就可以改变反应的方向，使之向有利于生成富集相的方向移动，还可以改变化学反应的限度，促进渣中有价元素向富集相转移，增大富集相的生成量，完成富集的最大化。

1. 组分活度

基于式(2.2)，通过改变 J 可以改变 J/K，改变 ΔG 的数值及符号，从而改变反应的方向，或正向进行，或逆向进行。

(1) 若 $J = K$，则 $\Delta G = 0$，富集相生成反应达到平衡状态。

(2) 若 $J < K$，则 $\Delta G < 0$，反应偏离平衡状态，根据勒夏特列原理，平衡将向减小反应物活度或增大产物活度的方向即正向反应的方向移动。

(3) 若 $J > K$，则 $\Delta G > 0$，反应偏离平衡状态，平衡将向增大反应物活度或减小产物活度的方向即逆向反应的方向移动。

例如，当实施选择性富集改性处理含钛高炉渣时，选择钙钛矿相为富集相。为促进选择性富集，采取加入富含(CaO)的钢渣以提高熔渣的二元碱度 $w(CaO)/w(SiO_2)$，同时喷吹富氧空气使渣中低价钛(Ti^{2+} 和 Ti^{3+})转变为高价钛(Ti^{4+})，实现钛的价态统一，提高(TiO_2)活度。

2. 温度

体系温度升或降可改变平衡常数 K 及 J/K，从而改变反应的方向与限度。

(1) 当温度提高时，对吸热反应($\Delta H > 0$)，K 增大，反应限度扩大，产物数量增多，有利于反应正向进行；相反，则抑制反应正向进行。

(2) 当温度降低时，对放热反应($\Delta H < 0$)，K 增大，反应限度扩大，产物数量增多，有利于反应正向进行；相反，则抑制反应正向进行。

例如，含钛高炉渣中富集相——钙钛矿相的生成反应为放热反应。显然，降低温度有利于钙钛矿相生成，实际上，为了使熔渣中钛组分尽量地富集到钙钛矿相，采取缓慢冷却措施是有效的。

3. 压力

(1) 当压力降低时，对于增容反应即气体产物化学计量系数大于气体反应物化学计量系数的反应，K 增大，反应限度扩大，产物数量增多，有利于反应正向进行；相反，则产物数量减少，抑制反应正向进行。

(2) 当压力提高时，对于减容反应即气体产物化学计量系数小于气体反应物化学计量系数的反应，K 增大，反应限度扩大，产物数量增多，有利于反应正向进行；相反，则产物数量减少，抑制反应正向进行。

2.2　选择性长大

2.2.1　熔体凝固过程中物相的结晶

1. 新相析出的驱动力

凝固指从液态向固态转变的相变过程。控制凝固过程可以改变材料的组织、结构、缺陷及物相长大粗化的特征。冶金渣是一种复杂体系，通常由五六种或更多种氧化物相组成，并含有某些硫化物、氟化物和氯化物等。冶金熔渣在凝固过程中一些矿相先析出，一些矿相后析出。如果对熔渣改性处理并控制凝固条件，可以选择性地促进某一种矿相的析出与长大。

按热力学第二定律，在等温等压条件下，过程总是沿体系自由能降低的方向一直进行到最低值，即最小自由能原理。在等温等压条件下，液相和析出固相的自由能 G_L 和 G_S 可分别表示为

$$G_L = H_L - TS_L, \quad G_S = H_S - TS_S \tag{2.3}$$

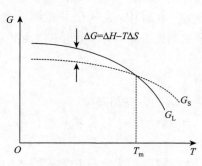

图 2.1　熔渣中某矿相液、固相自由能
随温度的变化

式中，H_L 和 H_S 分别为液相和析出固相的焓；S_L 和 S_S 分别为液相和析出固相的熵；T 为体系的温度。液态下离子排列秩序比固态更无序，因此液相熵 S_L 大于固相熵 S_S，即液态下的矿相自由能 G_L 随温度变化的曲线较陡，见图 2.1。由图可知，由于 G_L 与 G_S 两曲线的曲率不同而交于某点，其对应的温度 T_m 为固液平衡温度。当温度低于 T_m 时，固相自由能低于液相自由能，固相是稳定的。因此，只有体系所处温度低于某矿相的 T_m，液相的离子之间才可能结合生成固态矿相。通常，将实际析出温度(T)与固液平衡温度(T_m)之间的温度差称为过冷度，可表示为

$$\Delta T = T_m - T \tag{2.4}$$

相反，当温度高于 T_m 时，液相自由能低于固相自由能，液相稳定。图 2.1 表明，矿相析出的热力学条件是固相自由能(G_S)低于液相自由能(G_L)，即 $G_S < G_L$，这时液、固两相自由能差 $\Delta G = G_L - G_S$ 大于零，构成了矿相析出的驱动力。在过冷度不大时，液相和固相比热容可视作近似相等，可认为 $\Delta H = H_L - H_S$ 和 $\Delta S = S_L - S_S$ 与温度无关，驱动力 ΔG 可表示为[4]

$$\Delta G = \frac{\Delta H_m \Delta T}{T_m} \tag{2.5}$$

式中，ΔH_m 为摩尔相变潜热；T_m 为固液平衡温度；ΔT 为过冷度。可以看到，只有在存在过冷($\Delta T \neq 0$)的条件下，才能满足这一热力学条件。因此，液相过冷是矿相析出的必要条件。过冷度 ΔT 越大，则液、固两相自由能差 ΔG 越大，矿相析出的驱动力也越大。

2. 体系相平衡的条件

1) 化学势
冶金渣通常由多种组元构成。在多元体系中，组元 i 的化学势可表示为

$$\mu_i = \left(\frac{\partial G}{\partial n_i} \right)_{T,p,\sum n_j} \tag{2.6}$$

式中，G 为体系的吉布斯自由能；T 为体系温度；p 为体系压强；n_j 为组元 j 的物质的量；$\sum n_j$ 为总的物质的量。如果体系是理想溶液，组元 i 的摩尔化学势可表示为

$$\mu_i(T,p) = \mu_{0i}(T,p) + RT \ln x_i \tag{2.7}$$

式中，$\mu_{0i}(T,p)$ 为 1mol 纯组元 i 在温度 T 和压力 p 下的吉布斯自由能；x_i 为组元 i 的摩尔分数。

2) 相平衡条件

在相平衡时，同一组元在共存各相中的化学势必须相等，即对于 k 个元素含 q 个相的体系，等温等压下体系的化学平衡条件是

$$\begin{cases} \mu_1^{(1)} = \mu_1^{(2)} = \cdots = \mu_1^{(q)} \\ \mu_2^{(1)} = \mu_2^{(2)} = \cdots = \mu_2^{(q)} \\ \qquad\qquad \vdots \\ \mu_k^{(1)} = \mu_k^{(2)} = \cdots = \mu_k^{(q)} \end{cases} \tag{2.8}$$

2.2.2　凝固过程新相结晶的基础理论

实验表明，相变是在熔体中某些小区域内结晶原子的近程规则排列瞬时转变为固态下远程规则排列的突变过程，此过程称为形核过程，而新相开始形成的小区域称为核心。新相形核后，开始从这个小区域扩张，称这个过程为长大过程。冶金熔渣中矿相的结晶过程是由形成晶核和晶核生长这两个基本过程构成的。

1. 新相形核

自然界液相中结晶出固相，通常从形成固相的结晶核心开始，当结晶核心形成后，结晶核心在热力学势的推动下释放出结晶潜热而长大，直至液相全部转变为固相。结晶核心的形成可分为两类：一类为均质形核，即新相晶核由均匀熔体内一些离子团直接形成，不受杂质粒子或外表面的影响；另一类为非均质形核，即新相晶核由熔体内通过依附某些杂质或外表面不均匀形成。

1) 均质形核(自发形核)

由于能量涨落，熔体中某些小区域内时聚时散的近程规则排列的结晶离子团可能成长为固体晶粒，称为胚芽或晶胚。晶胚内部离子以晶体呈规则排列，其外层离子与熔体中不规则排列的离子接触构成界面。因此，在一定的过冷度下，熔体中能量有两方面变化：一方面，液相向固相的相变导致体系的吉布斯自由能减少，液固两相体积吉布斯自由能之差成了结晶的驱动力；另一方面，新界面的出现引起体系吉布斯自由能增加，成为相变的阻力。设小晶体为球形，半径为 r。形成这样一个小晶核引起体积吉布斯自由能的减少为[4]

$$\Delta G_V = -\frac{4}{3}\pi r^3 \Delta G \tag{2.9}$$

新界面的出现引起界面吉布斯自由能的增加为

$$\Delta G_f = 4\pi r^2 \sigma \tag{2.10}$$

式中，ΔG 为单位体积旧相和新相之间的吉布斯自由能之差；σ 为新旧两相界面能。式(2.9)和式(2.10)表明，体积吉布斯自由能的变化总是负值，与 r^3 成正比，而界面吉布斯自由能的变化总是正值，与 r^2 成正比。则体系吉布斯自由能的变化 ΔG_Σ 为

$$\Delta G_\Sigma = \Delta G_V + \Delta G_f = -\frac{4}{3}\pi r^3 \Delta G + 4\pi \sigma r^2 \tag{2.11}$$

图 2.2 给出体系吉布斯自由能的变化随尺寸 r 的变化。可出现一个最大临界半径值，这个临界半径通过令 $\partial \Delta G_\Sigma / \partial r = 0$ 得到

$$r^* = -\frac{2\sigma}{\Delta G} \tag{2.12}$$

由图 2.2 可看到，当 $r < r^*$ 时，小晶体长大会导致 ΔG_Σ 升高，它倾向于重熔回熔体中；当 $r > r^*$ 时，小晶体长大导致 ΔG_Σ 下降，它倾向于继续长大；而当 $r = r^*$ 时，小晶体长大与熔解处于动态平衡。临界半径所对应的体系吉布斯自由能变化称为临界晶核生成焓，也称形核功，可表示为

$$\Delta G^* = \frac{16\pi \sigma^3}{3\Delta G^2} \tag{2.13}$$

图 2.2 体系吉布斯自由能的
变化与 r 的关系

利用式(2.5)和式(2.12)，式(2.13)可表示为

$$\Delta G^* = \frac{4}{3}\pi r^{*2}\sigma = \frac{16\pi \sigma^3 T_m^2}{3\Delta H_m^2 \Delta T^2} \tag{2.14}$$

可见，临界半径越大，形核功也就越大，形核功是临界晶核表面能的 1/3，即液体中离子团能量涨落达到晶核表面能的 1/3 时就可以形成晶核。由式(2.14)还可看到，$\Delta G^* \propto 1/\Delta T^2$，则 ΔT 大，ΔG^* 就小，晶核容易形成。因此液态近程有序的离子团是形成晶核的基础，而过冷度是形成晶核的驱动力。

2) 非均质形核

实际上，冶金熔渣内存在大量高熔点的固体杂质(或者器壁)可作为形核的基底，当新相晶核和固/液界面被晶核与外来固相之间的固/固界面部分取代时，由于晶核的总界面能降低，明显降低了临界形核的能量。在一个平面的夹杂物上形成一个球缺的固体晶核(图 2.3)，其中，θ 代表晶体在夹杂物表面的润湿角，

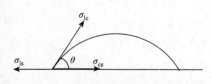

图 2.3 球缺的固体晶核示意图

σ_{lc}、σ_{ls}、σ_{cs} 分别代表晶体与液相、液相与夹杂物相、晶体与夹杂物相间的界面能。当

液相、晶体与夹杂物相达到平衡时，存在关系

$$\cos\theta = \frac{\sigma_{ls} - \sigma_{cs}}{\sigma_{cs}} \tag{2.15}$$

因此，形成这样一个球缺小晶核引起体积吉布斯自由能的减少为

$$\Delta G_V = -\frac{1}{3}\pi r^3 \left(2 - 3\cos\theta + \cos^3\theta\right)\Delta G \tag{2.16}$$

式中，r 为球缺小晶核的半径。新界面的出现引起界面吉布斯自由能的增加为

$$\Delta G_f = 2\pi r^2 \sigma_{lc}\left(1 - \cos\theta\right) + \pi r^2 \left(\sigma_{cs} - \sigma_{ls}\right)\left(1 - \cos^2\theta\right)$$

利用式(2.15)，上式可写为

$$\Delta G_f = \pi r^2 \sigma_{lc}\left(2 - 3\cos\theta + \cos^3\theta\right) \tag{2.17}$$

则体系析出一个新相而导致的体系吉布斯自由能的变化为

$$\Delta G_\Sigma = \Delta G_V + \Delta G_f = \left(-\frac{1}{3}\pi r^3 \Delta G + \pi r^2 \sigma_{lc}\right)\left(2 - 3\cos\theta + \cos^3\theta\right) \tag{2.18}$$

由 $\partial\Delta G_\Sigma / \partial r = 0$ 给出临界半径为

$$r^* = -\frac{2\sigma_{lc}}{\Delta G}$$

上式表明，非均质形核的临界半径与均质形核时相同。将上式代入式(2.18)，就得到相应的临界形核功 ΔG_F^* 为[4]

$$\Delta G_F^* = f(\theta)\Delta G^* \tag{2.19}$$

式中，ΔG^* 为均质形核功；$f(\theta)$ 表示为

$$f(\theta) = \frac{1}{4}(2 + \cos\theta)(1 - \cos\theta)^2 \tag{2.20}$$

可见，由于与润湿角相关的 $f(\theta)$ 总小于 1，在相同的过冷度下，非均质形核的临界形核功 ΔG_F^* 比均质形核功 ΔG^* 小，有利于新相的形核。

2. 形核速度

形核速度定义为单位时间、单位体积内形成晶体核心的数目。形核速度取决于由 n 个离子组成临界尺寸的晶胚的数目 N_n^*，也取决于液相中离子通过固/液界面向晶胚上吸附，并使晶胚尺寸继续长大的吸附速度 dn/dt，临界晶胚可以长大，也可以变小，以便减小体系的吉布斯自由能。只有晶胚维持长大，该晶胚才能称为晶核。形核速度 I 可表示为

$$I = N_n^* \frac{dn}{dt} \tag{2.21}$$

设由 N 个单离子和 n 个离子组成临界晶核数 N_n 的混合体系与只由单离子组成的体系间的吉布斯自由能差为

$$\Delta G_m = N_n \Delta G_n^* - T\Delta S_n \tag{2.22}$$

式中，ΔG_n^* 为临界晶核形核焓；ΔS_n 为出现临界晶核数 N_n 而导致体系混合组态的熵变，该熵变可表示为

$$\Delta S_n = k \ln \frac{(N + N_n)!}{N!N_n!} \tag{2.23}$$

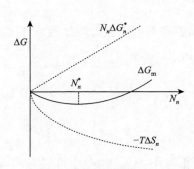

图 2.4　体系焓、体系熵和体系吉布斯自由能
变化随临界晶核数的变化曲线示意图

式(2.22)等号右边的第一项代表产生临界晶核数 N_n 而导致体系的焓变，可以看到焓变与 N_n 成正比。图 2.4 给出了体系焓、体系熵和体系吉布斯自由能变化随临界晶核数 N_n 的变化示意图。由图可知，体系最低的吉布斯自由能变化对应着临界晶核数 N_n^*。由 $\partial \Delta G_m / \partial N_n = 0$，并考虑到 $N \gg N_n$，可给出临界晶核数为

$$N_n^* = N \exp\left(-\frac{\Delta G_n^*}{kT}\right) \tag{2.24}$$

1) 均质形核速度

考虑离子的吸附速度 dn/dt [4]，可给出均质形核的新相形核速度为

$$I = \frac{DN_0}{a^2} \exp\left(-\frac{\Delta G^*}{kT}\right) = \frac{DN_0}{a^2} \exp\left(-\frac{16\pi\sigma^3 T_m^2}{3k\Delta H_m^2 T \Delta T^2}\right) \tag{2.25}$$

式中，I 为形核速度；D 为扩散系数；T 为热力学温度；k 为玻尔兹曼常数；a 为离子间距；N_0 为单位体积内的离子数，$N_0 = 1/a^2$。由 Stokes-Einstein 方程得

$$D = \frac{kT}{3\pi a \eta} \tag{2.26}$$

式中，η 为黏度。利用式(2.26)，则均质形核的新相形核速度可写为

$$I = \frac{kTN_0}{3\pi a^3 \eta} \exp\left(-\frac{16\pi\sigma^3 T_m^2}{3k\Delta H_m^2 T \Delta T^2}\right) \tag{2.27}$$

式(2.27)表明，降低黏度，有利于提高形核速度。

2) 非均质形核速度

利用式(2.19)和式(2.25)，非均质形核的新相形核速度 I_F 可表示为

$$I_F = \frac{DN_0}{a^2} \exp\left(-\frac{\Delta G_F^*}{kT}\right) = \frac{kTN_0}{3\pi a^3 \eta} \exp\left(-\frac{16\pi\sigma^3 T_m^2}{3k\Delta H_m^2 T \Delta T^2} f(\theta)\right) \tag{2.28}$$

虽然非均质形核的形核焓比均质形核的形核焓小得多，但还不能确认非均质形核速度一定比均质形核速度高，因为非均质形核还取决于异相形核中心的数量。实际上，冶金熔渣内存在的大量高熔点固体颗粒是高温析出矿相的异相形核中心。因此，实际冶金熔渣的凝固过程中非均质形核速度总比均质形核速度要快得多。非均质形核使临界过冷度大幅度减小，形核温度大幅提高。因此，冶金熔渣凝固过程中矿相析出并不需要获得大的过冷度。

3. 新相晶核的长大

新相晶核的长大是相关离子及离子团不断从液相转移到固相的过程。控制长大过程的是热扩散、物质扩散和界面反应等因素。熔体中矿相晶体长大速度可表示为

$$U = \frac{kTf}{3\pi a^2 \eta}\left[1 - \exp\left(-\frac{\Delta H_m \Delta T_x}{kT}\right)\right] \tag{2.29}$$

式中，f 为晶体表面可接收分子或离子的有效格位分数。一般情况，当 $\Delta H_m < 2kT_m$ 时，$f = 1$；当 $\Delta H_m > 4kT_m$ 时，$f = 0.2\Delta T_x$，$\Delta T_x = 1 - T/T_m$ 为约化过冷度。式(2.29)表明，黏度显著影响晶核的生长速度，黏度小有利于晶体生长。

2.2.3　凝固过程中物相的粗化

由固体(或液体)的表面现象可知，表面为平面(曲率半径为无穷大)时，表面张力无任何作用。当表面具有一定曲率时，表面张力将使表面的两侧产生压力差，该压力差与曲率半径成反比，曲率半径小时，表面张力的作用将十分显著。设某一表面为球面，球的内侧为固体，外侧为液体，表面是半径为 r 的圆弧。在平衡状态下，由表面张力所产生的附加压力差是

$$\Delta p = \frac{2\sigma}{r} \tag{2.30}$$

式中，σ 为固/液界面能。可见固相曲率引入压力，使得固相具有较高的自由能。当体系的熔点降低时，由温度和压力变化引起固/液两相平衡中液相自由能的变化为

$$\Delta G_L = V_L \Delta p - S_L \Delta T_r \tag{2.31}$$

式中，G_L、V_L、S_L 分别为液相摩尔自由能、体积与熵；ΔT_r 为因固相曲率造成的温差；Δp 为因固相曲率造成的固相附加压力；因为液相附加压力 $\Delta p = 0$，所以式(2.31)变为

$$\Delta G_L = -S_L \Delta T_r \tag{2.32}$$

而固/液两相平衡中固相自由能的变化则写为

$$\Delta G_S = V_S \Delta p - S_S \Delta T_r \tag{2.33}$$

式中，G_S、V_S、S_S 分别为固相摩尔自由能、体积与熵。将式(2.30)代入式(2.33)得

$$\Delta G_S = V_S \frac{2\sigma}{r} - S_S \Delta T_r \tag{2.34}$$

固/液两相平衡时，$\Delta G_L = \Delta G_S$，将式(2.32)和式(2.34)代入其中得

$$-S_L \Delta T_r = V_S \frac{2\sigma}{r} - S_S \Delta T_r \tag{2.35}$$

由式(2.35)得

$$\Delta T_r = -\frac{2V_S \sigma}{r\Delta S} = -\frac{2T_L V_S \sigma}{r\Delta H_m} \tag{2.36}$$

式中，$\Delta S = S_L - S_S$；T_L 为平衡液相线温度；r 为固相曲率半径；ΔH_m 为摩尔相变潜热，且 $\Delta S \approx \Delta H_m / T_L$。利用关系 $V_S = 1/\rho_S$（ρ_S 为固相密度），式(2.36)可表示为[4]

$$\Delta T_r = -\frac{2T_L\sigma}{\rho_S\Delta H_m r} \tag{2.37}$$

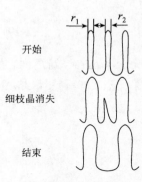

图 2.5　枝晶粗化模型

由式(2.37)可知，固相曲率半径越大，ΔT_r 越大，固相晶体平衡的熔点越低。据此 Kattamis 等提出了枝晶粗化模型[5]，在晶体结晶过程中不可避免地将出现枝晶粗细不均匀的情况，如图 2.5 所示。设两个枝晶臂的曲率半径分别为 r_1 和 r_2，且 $r_1 > r_2$，它们之间的距离为 λ_2，由式(2.37)可知，曲率作用使晶体熔点降低，并且较细枝晶 r_2 的熔点降低比较粗枝晶 r_1 大（$\Delta T_{r_2} > \Delta T_{r_1}$）。

图 2.6(a)给出枝晶表面曲率半径对液相线温度的影响及引起液相中溶质浓度梯度的变化。设与 r_1 和 r_2 接触的液体浓度分别为 $C_L^{r_1}$、$C_L^{r_2}$，而且 $C_L^{r_1} > C_L^{r_2}$，因此，在粗枝晶与细枝晶之间存在着浓度梯度，其结果是溶质从粗枝晶前沿向细枝晶前沿扩散，对应细枝晶重新熔化，结晶物质向粗枝晶扩散迁移，使粗枝晶长大变粗。这样在粗细枝晶间形成一对扩散偶(图 2.6(b))，其溶质流的密度可表示为

$$J = -D_L\frac{C_L^{r_1} - C_L^{r_2}}{\lambda_2} \tag{2.38}$$

式中，D_L 为溶质在液相中的扩散系数。

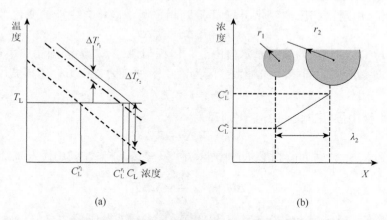

(a)　　　　　　　　　　　(b)

图 2.6　枝晶曲率半径与液相线温度关系及液相中溶质浓度梯度变化示意图

2.2.4　等温过程非平衡状态新相结晶动力学

2.2.1 节中的结晶理论描述平衡条件下的状态，而对于非平衡条件下的结晶理论研究尚不完善。冶金熔体的凝固过程通常是复杂的、非平衡条件下的凝固，因此，有必要了解与认识熔渣中物相在非平衡条件下的析出与长大。

1. 等温过程熔渣中新相结晶的热力学

1) 分析熔渣中物相析出的驱动力

冶金熔渣是多种组分构成的复杂体系，熔渣体系中的有价组分或物相的数量相对较少，可视其为溶质，故熔渣是溶质形成的稀溶液，同时将高温熔渣视作理想的稀溶液。设 x_0 为溶质在温度 T、压强 p 下溶液中的饱和摩尔分数，当溶质的浓度 $x<x_0$ 时，该溶质(矿相)将不析出；只有当 $x>x_0$ 时，该溶质(矿相)才能析出。当 $x=x_0$ 时，溶液中溶质的化学势与其析出固相的化学势等值，溶质的化学势可表示为[4]

$$\mu = \mu_0(p,T) + RT \ln x_0$$

式中，$\mu_0(p,T)$ 为温度 T 和压强 p 下纯矿相溶质的化学势；R 为气体常数。当矿相溶质的浓度 $x>x_0$ 时，溶液处于过饱和的非平衡状态，矿相溶质的化学势可表示为

$$\mu' = \mu_0(p,T) + RT \ln x$$

此刻溶质在溶液中的化学势大于其在晶体中的化学势，差值为

$$\Delta\mu = \mu - \mu' = -RT \ln(x/x_0) = -RT \ln(C/C_0) \tag{2.39}$$

式中，C 为矿相的质量浓度；C_0 为矿相析出时的饱和质量浓度。同样得到矿相溶质由液相转变为晶相所引起的吉布斯自由能变化：

$$\Delta G = -RT \ln(C/C_0) \tag{2.40}$$

式(2.40)可视作熔渣中矿相析出的驱动力。

2) 吉布斯-汤姆孙关系

熔渣中析出的矿相通常属于离散的颗粒状晶体，这些析出晶体在式(2.37)和式(2.40)呈现的驱动力作用下将长大。因此，有必要了解具有一定曲率的晶体颗粒的固/液平衡规律。对一个理想的稀溶液体系，设矿相晶体的平均半径为 r，平衡状态下由表面张力所引起的附加压力差可由式(2.30)描述。等温平衡条件下，组元 i 在液相和固相中的化学势可分别写为

$$\mu_i^L = \mu_{0i}^L(p_0,T) + RT \ln x_L$$

$$\mu_i^S = \mu_{0i}^S(p_0,T) + RT \ln x_S + V_S\Delta p$$

式中，x_L 和 x_S 分别为组元 i 在液相和固相中的摩尔分数；p_0 为液相中的压强；V_S 为组元 i 晶体的摩尔体积。在平衡体系中，$\mu_i^L = \mu_i^S$，可得

$$\mu_{0i}^L(p_0,T) + RT \ln x_L = \mu_{0i}^S(p_0,T) + RT \ln x_S + \frac{2V_S\sigma}{r} \tag{2.41}$$

假设 x_S 为一常数，并设定当 $r \to \infty$ 时，$x_L \to x_{0L}$，那么由式(2.41)可得

$$\mu_{0i}^L(p_0,T) + RT \ln x_{0L} = \mu_{0i}^S(p_0,T) + RT \ln x_S$$

由上式和式(2.41)可得

$$\frac{x_L}{x_{0L}} = \exp\left(\frac{2V_S\sigma}{RTr}\right) \tag{2.42}$$

利用关系 $x_{L}/x_{0L} = C(r)/C(\infty)$ ，其中， $C(r)$ 为矿相晶体平均半径为 r 时液相中溶质 i 的平衡浓度， $C(\infty)$ 为矿相晶体平均半径为无穷大时液相中溶质 i 的平衡浓度，则式(2.42)可写为

$$\frac{C(r)}{C(\infty)} = \exp\left(\frac{2\Omega_{S}\sigma}{kTr}\right) \tag{2.43}$$

式中， Ω_{S} 为矿相溶质的体积。通常存在 $2\Omega_{S}\sigma/(kTr) \ll 1$ 的关系，因此式(2.43)可近似写为

$$\frac{C(r)}{C(\infty)} = 1 + \frac{2\Omega_{S}\sigma}{kTr} \tag{2.44}$$

式中， k 为玻尔兹曼常数。式(2.44)即著名的吉布斯-汤姆孙关系[6]。

3) 扩散控制的颗粒粗化动力学

速度定律起源于平均场模型，此模型能有效地描述粒径为 r 的颗粒的扩散，周围介质具有平均粒径 $\bar{r}$ 相应的浓度。那么，经典的 LSW①粗化动力学方程可写为[7, 8]

$$\frac{dr}{dt} = \frac{2D\Omega_{S}\sigma C(\infty)}{kTr}\left(\frac{1}{\bar{r}} - \frac{1}{r}\right) \tag{2.45}$$

由式(2.45)可以看到，颗粒存在一个临界尺度 $r_{c} = \bar{r}$ 。当 $r < r_{c}$ 时， $dr/dt < 0$ ，表明该颗粒随着时间的延长在缩小，即处在溶解消失的过程；当 $r > r_{c}$ 时， $dr/dt > 0$ ，表明该颗粒随着时间的延长在长大；当 $r = r_{c}$ 时， $dr/dt = 0$ ，表明该颗粒随着时间的延长不变，即溶解与长大处于动态平衡状态。利用式(2.45)，可得到颗粒平均尺寸演化的速度定律为[8]

$$\bar{r}^{3} - \bar{r}_{0}^{3} = k_{0}t \tag{2.46}$$

式中， k_{0} 为粗化常数，可表示为

$$k_{0} = \frac{8D\Omega_{S}\sigma C(\infty)}{9kT} \tag{2.47}$$

2. 熔渣中矿相晶体析出的数学模型

当矿相溶质的浓度满足 $C > C_{0}$ 时，矿相溶质析出为矿相晶体。那么，在某一温度下，将有多少矿相溶质变为矿相晶体？为此，引入一个物理参数——析出体积转变分数 χ 。非平衡过程熔渣中矿相析出体积转变分数 χ 仅为时间 t 和温度 T 的函数。析出体积转变分数 χ 的定义为：温度恒定时，熔渣中 t 时刻矿相晶体的体积分数与体系达到平衡态时该矿相晶体的体积分数之比，即[9-11]

$$\chi(t,T) = \frac{f(T,t)}{f(T,\infty)} \tag{2.48}$$

式中， $f(T,t)$ 为温度 T 时 t 时刻矿相的体积分数； $f(T,\infty)$ 为体系达到平衡态时该矿相的体积分数。由式(2.40)可知，随着矿相溶质的析出，其在熔体中的浓度在减少，并趋向于其饱和浓度，相应的驱动力也减小。当矿相溶质的浓度达到其饱和浓度时，析出停止。式(2.48)可有如下数学形式：

$$\chi(t,T) = 1 - \exp\left[-\kappa(t + t_{0})^{q}\right] \tag{2.49}$$

---

① 由 Lifshitz、Slyozov 和 Wagner 提出的扩散控制长大的粗化动力学，简称 LSW 理论。

式中，$\kappa = \kappa(T)$ 为只与温度有关的常数；q 为指数因子；t_0 为时间参数。

3. 沉淀相析出沉淀颗粒的长大动力学模型

1) 非平衡体系沉淀相析出沉淀颗粒的长大动力学模型

对于一个析出沉淀系统，其中母相 α 相为 B 组元在 A 组元中的固溶体，析出相 β 相几乎由纯 B 组元构成。设析出沉淀为球形，β 相的转变分数为 χ，其定义与前面的定义相同。设想系统中存在许多球形沉淀，且沉淀相间距离远大于沉淀半径。假设对应 χ 时系统状态为准平衡态，且沉淀颗粒的平均半径为 $\bar{r}$，这时 β 相曲面外侧母相中 B 原子的平衡浓度为 $C(\bar{r}, \chi)$，则由吉布斯-汤姆孙关系(式(2.44))可给出

$$\frac{C(\bar{r}, \chi)}{C(\infty, \chi)} = 1 + \frac{2\Omega_s \sigma}{kT\bar{r}} \tag{2.50}$$

式中，$C(\infty, \chi)$ 为对应于 χ 准平衡态时的平均浓度；σ 为 α 与 β 相间的界面能；Ω_s 为 B 离子的体积。考虑图 2.7 中半径为 r 的一个球形沉淀，并以其中心为圆点建立球坐标，该球表面外侧 α 相中溶质离子的浓度 $C = C(r, \chi)$。它与 r 的关系也可近似由吉布斯-汤姆孙关系(式(2.44))给出

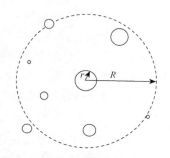

$$\frac{C(r, \chi)}{C(\infty, \chi)} = 1 + \frac{2\Omega_s \sigma}{kTr} \tag{2.51}$$

在远离此球形沉淀的地方应有 $C = C(\bar{r}, \chi)$。以此球形沉淀为中心、半径为 R 的球面上(图 2.7 虚线所包围的部分)，可近似认为析出反应不造成溶质浓度梯度，则基体中由曲率引起的溶质离子扩散的总流量可表示为

图 2.7　球形沉淀颗粒分布示意

$$J = -4\pi R^2 D \cdot \frac{\mathrm{d}C}{\mathrm{d}R} \tag{2.52}$$

式中，D 为溶质的扩散系数。假设这些流入的离子可近似用于其中心处的球形沉淀长大，β 相的析出反应使形核速度和体积分数变化，导致中心球自身也在增大，设其线性生长速度为 u，于是有

$$4\pi r^2 \frac{\mathrm{d}r}{\mathrm{d}t} = 4\pi r^2 u - 4\pi R^2 D \cdot \frac{\mathrm{d}C}{\mathrm{d}R} \tag{2.53}$$

式(2.53)可写为

$$-\frac{\mathrm{d}R}{R^2} = \frac{D}{r^2 \left(\dfrac{\mathrm{d}r}{\mathrm{d}t} - u \right)} \cdot \mathrm{d}C \tag{2.54}$$

取边界条件 $R = r$ 处，$C = C(r, \chi)$；$R \to \infty$ 处，$C = C(\bar{r}, \chi)$。将式(2.54)积分得

$$\frac{\mathrm{d}r}{\mathrm{d}t} - u = \frac{D}{r} \left[C(\bar{r}, \chi) - C(r, \chi) \right] \tag{2.55}$$

由式(2.50)和式(2.51)得

$$C(r, \chi) = C(\infty, \chi) + \frac{2\Omega_s \sigma C(\infty, \chi)}{kTr}$$

$$C(\bar{r}, \chi) = C(\infty, \chi) + \frac{2\Omega_s \sigma C(\infty, \chi)}{kT\bar{r}}$$

将上两式代入式(2.55)中，可推导出非平衡熔渣系等温条件下沉淀颗粒半径随时间变化的动力学方程为[9, 12]

$$\frac{\mathrm{d}r}{\mathrm{d}t} - u = \frac{2D\Omega_s \sigma C(\infty, \chi)}{kTr}\left(\frac{1}{\bar{r}} - \frac{1}{r}\right) \tag{2.56}$$

由式(2.56)可以看到，当生长速度 u 为零(体系处于平衡态)时，$\chi \to 1$，上述方程就变为熟知的粗化动力学方程(式(2.45))。令 $\mathrm{d}r/\mathrm{d}t = 0$，则由式(2.56)得到

$$\frac{ukT\bar{r}}{2D\Omega_s \sigma C(\infty, \chi)}r^2 + r - \bar{r} = 0$$

解上述方程，可得到一个颗粒的临界尺度为[9]

$$r_c = \frac{D\Omega_s \sigma C(\infty, \chi)}{ukT\bar{r}}\left(\sqrt{1 + \frac{2ukT\bar{r}^2}{D\Omega_s \sigma C(\infty, \chi)}} - 1\right) \approx \left(1 - \frac{ukT\bar{r}^2}{2D\Omega_s \sigma C(\infty, \chi)}\right)\bar{r} \tag{2.57}$$

显然，这个临界尺度要小于颗粒的平均半径 $\bar{r}$。结合式(2.56)可知：当 $r < r_c$ 时，$\mathrm{d}r/\mathrm{d}t < 0$，说明该颗粒随时间延长而缩小，即处在溶解消失的过程；当 $r > r_c$ 时，$\mathrm{d}r/\mathrm{d}t > 0$，说明该颗粒随时间延长而长大；当 $r = r_c$ 时，$\mathrm{d}r/\mathrm{d}t = 0$，说明该颗粒随时间的延长不变，即溶解与长大达到平衡态。对近平衡态，即 $\chi \to 1$，$u \to 0$，则有 $r_c \to \bar{r}$，这正是近平衡态沉淀粗化的结果。

2) 非平衡体系沉淀相颗粒平均尺寸演化的速度定律

对于 $\bar{r}$ 随时间的变化，可取 $\mathrm{d}\bar{r}/\mathrm{d}t - u$ 为最快的颗粒生长速度，即

$$\frac{\mathrm{d}\bar{r}}{\mathrm{d}t} - u = \left(\frac{\mathrm{d}r}{\mathrm{d}t} - u\right)_{max} = \frac{D\Omega_s \sigma C(\infty, \chi)}{2kT\bar{r}^2} \tag{2.58}$$

式(2.58)可改写为[9, 12]

$$\frac{\mathrm{d}\bar{r}^3}{\mathrm{d}t} = 3\bar{r}^2 u + k(\chi) \tag{2.59}$$

式中，$k(\chi) = \frac{3}{2} \cdot \frac{D\Omega_s \sigma C(\infty, \chi)}{kT}$。显然，粗化常数 $k(\chi)|_{\chi=1}$ 与 k_0 表达式前面的数值有所不同，这主要是式(2.58)采用了简化处理，并未考虑颗粒的粒度分布。当生长速度 u 为零(体系处于平衡态)时，$\chi \to 1$，即由方程(2.59)可得到熟知的沉淀颗粒平均半径的立方与时间呈线性关系，这正是在体积分数不变时粗化的行为特征。u 不为零的非平衡情况下，可存在以下三种情况。

(1) 形核速度为零。

设沉淀相晶粒平均半径为 $\bar{r}$，则

$$\chi = \varepsilon \cdot N \cdot \frac{4}{3}\pi\bar{r}^3 \tag{2.60}$$

式中，ε 为比例常数；N 为沉淀相晶粒在时间为 t 时的总数。对式(2.60)两边求导可得

$$\frac{\mathrm{d}\chi}{\mathrm{d}t} = \varepsilon \cdot \frac{\mathrm{d}N}{\mathrm{d}t} \cdot \frac{4}{3}\pi\bar{r}^3 + 4\pi\varepsilon N\bar{r}^2\frac{\mathrm{d}\bar{r}}{\mathrm{d}t} \tag{2.61}$$

根据晶体形核速度和生长速度的定义，即 $I = \mathrm{d}N/\mathrm{d}t$ ，$u = \mathrm{d}\bar{r}/\mathrm{d}t$ ，则方程(2.61)可表示为

$$\frac{\mathrm{d}\chi}{\mathrm{d}t} = \frac{4}{3}\varepsilon I \pi \bar{r}^3 + 4\pi\varepsilon N\bar{r}^2 u$$

利用式(2.60)和上式，可得

$$\frac{\mathrm{d}\chi}{\mathrm{d}t} = \frac{4}{3}\varepsilon I \pi \bar{r}^3 + \frac{3\chi}{\bar{r}}u$$

如果析出沉淀相形核速度 I 为零，则由上式可得到生长速度 u 近似表示为

$$u = \frac{\bar{r}}{3\chi} \cdot \frac{\mathrm{d}\chi}{\mathrm{d}t} \tag{2.62}$$

将式(2.62)代入式(2.59)可得

$$\frac{\mathrm{d}\bar{r}^3}{\mathrm{d}t} = \frac{\bar{r}^3}{\chi} \cdot \frac{\mathrm{d}\chi}{\mathrm{d}t} + k(\chi)$$

上式可表示为[9, 12]

$$\frac{\mathrm{d}}{\mathrm{d}t}\left(\frac{\bar{r}^3}{\chi}\right) = \frac{k(\chi)}{\chi} \tag{2.63}$$

(2) 形核速度不为零。

其实，在推导非平衡条件下晶体生长过程时并未涉及形核速度的影响。由此可知，方程(2.59)应是非平衡条件下晶体生长的普适表述。若已知自身生长速度 u（由过饱和浓度驱动）与时间或过饱和浓度的关系，任何时刻晶粒的平均半径可由方程(2.59)给出。

理论上可以给出粗糙界面生长动力学规律，见图 2.8。图中 ΔG 为液/固相之间的吉布斯自由能差，q 为质点由液相转移到固相的扩散活化能，$\Delta G + q$ 为质点由固相迁移到液相所需的活化能，λ 为界面层厚度。质点由液相向固相的迁移速度 $\tilde{u}_{\mathrm{L}\to\mathrm{S}}$ 应等于界面的质点数目 n 乘以跃迁频率 ν_0，并符合玻尔兹曼能量分布定律，即

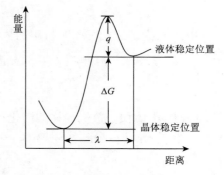

图 2.8　液/固相界面能垒示意图

$$\tilde{u}_{\mathrm{L}\to\mathrm{S}} = n\nu_0 \exp\left(-\frac{q}{kT}\right)$$

质点从固相到液相的迁移速度 $\tilde{u}_{\mathrm{S}\to\mathrm{L}}$ 应为

$$\tilde{u}_{\mathrm{S}\to\mathrm{L}} = n\nu_0 \exp\left(-\frac{\Delta G + q}{kT}\right)$$

因此，质点从液相到固相的净迁移速度 $\tilde{u}$ 为

$$\tilde{u} = \tilde{u}_{\mathrm{L}\to\mathrm{S}} - \tilde{u}_{\mathrm{S}\to\mathrm{L}} = n\nu_0 \exp\left(-\frac{q}{kT}\right)\left[1 - \exp\left(-\frac{\Delta G}{kT}\right)\right] \tag{2.64}$$

晶体生长速度以单位时间内晶体长大的线性长度来表示，因此也称线性生长速度，它等于单位时间迁移的质点数目除以界面质点数目 n，再乘以质点间距 λ，即

$$u = \frac{\tilde{u}}{n}\lambda = \lambda v_0 \exp\left(-\frac{q}{kT}\right)\left[1 - \exp\left(-\frac{\Delta G}{kT}\right)\right] \tag{2.65}$$

那么，将式(2.40)代入式(2.65)可得

$$u = \lambda v_0 \exp\left(-\frac{q}{kT}\right)\left(1 - \frac{C_0}{C}\right) = u_0\left(1 - \frac{C_0}{C}\right) \tag{2.66}$$

式中，$C_0 = C(\infty, 1)$，$C = C(\infty, \chi)$；$u_0 = \lambda v_0 \exp\left(-\frac{q}{kT}\right)$。这样，粗化常数可写为

$$k(\chi) = k_0 \frac{C}{C_0} \tag{2.67}$$

其中，$k_0 = \frac{3}{2} \cdot \frac{D\Omega_s \sigma C(\infty, 1)}{kT}$。将式(2.66)和式(2.67)代入方程(2.59)得

$$\frac{\mathrm{d}\bar{r}^3}{\mathrm{d}t} = 3\bar{r}^2 u_0\left(1 - \frac{C_0}{C}\right) + k_0 \frac{C}{C_0} \tag{2.68}$$

根据质量守恒定律，应严格存在下面的关系：

$$C(1 - f_0\chi) + f_0\chi = C_0(1 - f_0) + f_0 \tag{2.69}$$

式中，f_0 为沉淀相平衡时析出的体积分数。由式(2.69)可得

$$\frac{C_0}{C} = \frac{1 - f_0\chi}{1 - f_0 + \dfrac{f_0}{C_0}(1 - \chi)} \tag{2.70}$$

(3) 小体积分数沉淀相的演化动力学方程。

若 $f_0\chi \ll 1$，那么 $\chi \to 1$ 和 $C \to C_0$，则式(2.70)可近似表示为

$$C = C_0 \frac{1 - f_0 + \dfrac{f_0}{C_0}(1 - \chi)}{1 - f_0\chi} \approx C_0\left[1 - f_0 + \frac{f_0}{C_0}(1 - \chi)\right](1 + f_0\chi)$$

由上式可近似得到关系

$$C(\infty, \chi) = C(\infty, 1) + f_0(1 - \chi)$$

因而有

$$\frac{C}{C_0} = \frac{C(\infty, \chi)}{C(\infty, 1)} = \left[1 + \frac{f_0}{C(\infty, 1)}\right] - \frac{f_0\chi}{C(\infty, 1)}$$

将式(2.67)和上式代入方程(2.63)中，得[9, 12]

$$\frac{\mathrm{d}}{\mathrm{d}t}\left(\frac{\bar{r}^3}{\chi}\right) = \frac{k_1}{\chi} - k_2 \tag{2.71}$$

式中，$k_1 = k_0\left[1 + \dfrac{f_0}{C(\infty, 1)}\right]$；$k_2 = \dfrac{k_0 f_0}{C(\infty, 1)}$。

2.2.5 非等温过程非平衡沉淀相结晶动力学

1. 沉淀相晶体析出的数学模型

非等温过程晶体的结晶复杂。这里仅考虑冷却速度恒定条件下沉淀相析出体积转变分数的变化情况。冷却速度定义为

$$\alpha = \frac{\mathrm{d}T}{\mathrm{d}t} \tag{2.72}$$

基于式(2.48)，可定义以恒定冷却速度 α 冷却过程中沉淀相析出体积转变分数为

$$\chi = \frac{f(\alpha, T)}{f(0, T)}$$

式中，$f(\alpha, T)$ 为温度 T 和冷却速度 α 时沉淀相析出的体积分数；$f(0, T)$ 为温度 T 和冷却速度为零(体系处于化学平衡态)时沉淀相析出的体积分数。事实上，上式可近似由式(2.48)形式直接给出。由式(2.72)可得到

$$t + t_0 = \frac{T + T_0}{\alpha} \tag{2.73}$$

将式(2.73)代入式(2.49)中，则[13, 14]

$$\chi = \frac{f(\alpha, T)}{f(0, T)} = 1 - \exp\left(-\frac{c}{\alpha^q}\right) \tag{2.74}$$

式中，$c = \kappa (T + T_0)^q$ 为仅与温度相关的参数；q 为指数因子。上述推导只是形式化的。因为式(2.74)仅适用于析出温度 T_c 以下的情况，所以 c 可写为

$$c = \frac{\beta(T)}{T_c - T} \tag{2.75}$$

式中，$\beta(T)$ 为仅与温度相关的参数。

2. 沉淀相晶体析出长大的数学模型

1) 形核速度为零

仍采用 2.2.4 节的方法给出沉淀相颗粒长大的数学模型。考虑形核速度为零的情形，利用方程(2.63)和式(2.72)，有

$$\frac{\mathrm{d}}{\mathrm{d}T}\left(\frac{\bar{r}^3}{\chi}\right) = \frac{k(\chi)}{\alpha \chi}$$

对上式两边积分，有

$$\alpha \bar{r}^3 = \chi \int_{T_c}^{T} \frac{k(\chi)}{\chi} \mathrm{d}T$$

式中，T_c 为沉淀相析出温度。利用式(2.74)的形式，上式可写为

$$\alpha \bar{r}^3 = \left[1 - \exp\left(-\frac{c}{\alpha^q}\right)\right] \int_{T_c}^{T} \frac{k(\chi)\mathrm{d}T}{\left[1 - \exp\left(-\dfrac{c}{\alpha^q}\right)\right]} \tag{2.76}$$

可见，当 $\alpha \to 0$ 时，体系处于近平衡态，由式(2.76)可得

$$\alpha \bar{r}^3 = \int_{T_c}^{T} k(\chi)\mathrm{d}T = A(T)$$

显然，当 $\alpha \to 0$ 时，$\alpha \bar{r}^3 = A(T)$ 趋于一个有限值，并且只与温度相关。一般情况，可假设式(2.76)右侧的积分近似为 $A(T)$，式(2.76)形式上可写为

$$\alpha \bar{r}^3 = A(T)\left[1 - \exp\left(-\frac{c}{\alpha^q}\right)\right] \tag{2.77}$$

式中，q 为指数因子；$c = c(T)$ 为参数。基于式(2.75)，$c(T)$ 可写为

$$c(T) = \frac{\omega(T)}{T_c - T} \tag{2.78}$$

其中，$\omega(T)$ 为仅与温度相关的参数。

2) 形核速度不为零

仍采用 2.2.4 节的方法给出沉淀相颗粒长大的数学模型。考虑形核速度不为零的情形，粒子的演化由方程(2.68)描述。将式(2.70)代入其中，得

$$\frac{\mathrm{d}\bar{r}^3}{\mathrm{d}t} = \frac{3\bar{r}^2 u_0 f_0 (1 - C_0)}{C_0(1 - f_0) + f_0(1 - \chi)}(1 - \chi) + k_0 \frac{C_0(1 - f_0) + f_0(1 - \chi)}{C_0(1 - f_0\chi)} \tag{2.79}$$

再将式(2.74)代入式(2.79)，有

$$\frac{\mathrm{d}\bar{r}^3}{\mathrm{d}t} \approx B \exp\left(-\frac{c}{\alpha^q}\right) + K \tag{2.80}$$

式中，

$$B = \frac{3\bar{r}^2 u_0 f_0(1 - C_0)}{(1 - f_0)C_0 + f_0(1 - \chi)}, \quad K = k_0 \frac{C_0(1 - f_0) + f_0(1 - \chi)}{C_0(1 - f_0\chi)}$$

当 $f_0 \ll 1$ 时，B 和 K 均可近似地表示为仅与温度有关的函数，即 $B = B(T)$，$K = K(T)$。对于以恒定速度 $\alpha = \mathrm{d}T/\mathrm{d}t$ 冷却的体系，方程(2.80)可写为

$$\alpha \frac{\mathrm{d}\bar{r}^3}{\mathrm{d}T} = B(T)\exp\left(-\frac{c}{\alpha^q}\right) + K(T)$$

对上式进行积分，可得

$$\alpha \bar{r}^3 - \alpha \bar{r}^3\big|_0 = \int_{T_c}^{T} B(T')\exp\left(-\frac{c(T')}{\alpha^q}\right)\mathrm{d}T' + \int_{T_c}^{T} K(T')\mathrm{d}T'$$

上式可改写为

$$\alpha \bar{r}^3 = H(T) + Q(T)\exp\left(-\frac{h(T)}{\alpha^q}\right) \tag{2.81}$$

式中，T_c 为析出温度；$H(T) = \alpha \bar{r}^3 \big|_0 + \int_{T_c}^{T} K(T') \mathrm{d}T'$；$Q(T)$ 形式上写为

$$Q(T) \exp\left(-\frac{h(T)}{\alpha^q}\right) = \int_{T_c}^{T} B(T') \exp\left(-\frac{c(T')}{\alpha^q}\right) \mathrm{d}T'$$

其中，$Q(T)$ 为与温度相关的函数。基于式(2.78)的形式，$h(T)$ 具有形式

$$h(T) = \frac{\chi(T)}{T_c - T} \tag{2.82}$$

式中，$\chi(T)$ 为仅与温度相关的参数。

2.3　选择性分离

选择性分离是接续选择性富集与选择性长大之后，复合矿冶金渣资源化最后、也是最关键的环节，决定全流程的最终效果，可谓胜负在此一举。

2.3.1　矿物分离技术的功能

我国矿产资源的特点是贫矿多、富矿少，复合矿多、单一矿少，这种状况极大地推动了选矿技术的发展进步[15, 16]。针对各类矿石、多种多样的复杂矿物特点，已经构建成完整的矿物加工体系，众多的选矿方法(如重选、磁选、浮选)逐步成熟、完善。每种选矿方法的基本原理、工程设备、工艺操作各具特色，针对性强，已经普遍应用于各种类型矿石的分离分选。当然，这些方法也是实现复合矿冶金渣资源化必不可少的关键技术。

(1) 重选：利用矿物原料颗粒密度的差别，在介质流中选别。人造矿中目标相与基体矿物间的密度差越大，则分选的效果越佳。通常在密度差别＞1g/cm³ 时采用重选分离更有利、有效。

(2) 磁选：利用矿物原料颗粒磁性的差别，在不均匀磁场中选别，适合处理目标相与基体矿物间磁性差异明显的原料。

(3) 电选：利用矿物原料颗粒电性的差别，在高压电场中选别，适合处理目标相与基体矿物间有明显电性差异的原料。

上述三种选别方法均受到矿物原料固有性质(密度、磁性、电性)的限制，对于性质差别不明显的矿物相，其选择性降低，因此这些方法的应用范围受到一定程度的限制。

(4) 浮选：利用各种矿物原料颗粒表面对水的润湿性(疏水性或亲水性)的差异进行选别。但润湿性并非矿物原料的固有性质，润湿性实际可变。为此借助浮选药剂的作用，可人为调控颗粒表面对水的润湿性，增强了选择性，拓宽了应用范围，扩展了适用性。原理上，通过对药剂种类、数量及工艺设计的选择优化，浮选法可分选多种矿物，用途广泛。同时，它也是分离人造矿中有价组分的有效方法。但是，浮选法对氧化物的分选效果不如它对硫化物的分选效果明显，需要充分的前期准备，如优化磨矿工艺，筛选各种浮选药剂，实施有针对性的浮选措施，以期改善对氧化物的浮选效果。

(5) 化学选：针对不同矿物化学性质的差异，用化学方法或化学与物理相结合的方法选别、分离和回收原料中的有用成分。化学选联合物理选，构成一种联合的选矿流程，适用性强，分离效果好，可处理成分复杂、难选的细粒级氧化矿物。选择性析出分离技术与化学选作业接近，也是将化学冶金与物理选矿相结合的一种联合流程。

很明显，上述众多的选矿方法都是针对天然矿中目标相的分离分选构建的。复合矿冶金渣是一种人造矿，它与天然矿间的明显差别是它的矿物性质是人为可改变的。选择性析出分离技术就是着眼于冶金熔渣"三高"的特殊性，采用化学冶金工艺促进渣中有价组分选择性地集中到预设的目标相——富集相中，并且其粒度明显长大，与基体相间的连接也可弱化[17]，呈现出独特的性质，预期这种新型人造矿可以分离分选成精矿。但问题是并无先例可循，预期的目标可以达到吗？答案是确定的，下面予以分析。

2.3.2　选矿方法的应用

选择性析出分离技术处理复合矿冶金渣的第一步是选择性富集与长大，即将渣中分散的有价组分集中到富集相并促其长大，渣的工艺矿物特征也随之改变。为此，在接续的矿物加工之前必须掌握渣的工艺矿物特征改变，据此才可能确定解离与选别的工艺流程及条件。因此，对于人造矿，工艺矿物、解离与选别三个环节缺一不可、相互关联。也就是说，首先需要弄清楚人造矿的工艺矿物特征，基于此确定磨矿解离的工艺条件，为之后的选别提供高解离的单体，分选出高品位的精矿。

1. 人造矿的工艺矿物

基础工艺矿物研究借助化学成分分析、显微镜下观察、X射线衍射(X-ray diffraction, XRD)分析、矿物定量、矿物能谱分析和电子探针分析以及矿物结晶粒度测定等手段，查明人造矿的物质组成以及有价组分的赋存状态和分布。

1) 人造矿与天然矿的差异

(1) 相界面。与天然矿相比，人造矿的成矿时间极短，故人造矿距离平衡态较远，矿物相晶化不充分，它与基体相间界面欠清晰，在破碎、磨矿作业时呈沿晶界断裂的概率小，穿晶断裂的概率大。

(2) 组成、晶体结构及性质。在熔渣改性过程中，人造矿中矿物的化学组成、晶体结构及相应的光学性质等均产生变化，比已知的天然同类矿的化学成分更复杂，磨矿解离更困难，可分选性更差，是全新的体系。

2) 改性渣与未改性原渣的差异

经选择性富集与长大处理后的改性渣中，物相组成及数量均发生变化，分散的有价组分已绝大部分转移到富集相，同时其嵌布粒度明显增大，这些变化均有利于后续的磨矿、分级与单体解离。

2. 人造矿的磨矿解离工艺

把握人造矿工艺矿物特征，结合粒度分布的检测，可以确定磨矿解离工艺的条件。这包括：①人造矿中富集相的富集度、数量和粒度；②富集相的可磨解离性；③经磨矿解离实验测定人造矿的磨矿粒度组成；④磨矿产品中的泥级含量等。

3. 人造矿的选别工艺

选择性分离人造矿中的有价组分，必须从其基本物质组成及工艺性质出发，既要参考天然同类矿物的选别工艺，又要与其有所区别，研发出适合人造矿组成及性质的选别工艺。

1) 矿物组成及性质的差异

(1) 磁性差异：人造矿中不同矿物组分间存在磁性差异，可采用磁分选技术分别选出铁和比磁化系数较高的脉石矿物。

(2) 细泥：细泥在矿浆中易覆盖在粗粒矿物表面形成无选择性凝结，矿泥微粒比表面积大，吸附药剂能力强，造成吸附的药剂选择性变差，从而导致浮选状况恶化，浮选速度减慢，技术指标下降，回收率降低，药剂消耗量增大。为减少矿泥的影响，对人造矿经不同磁场选别后，在物料入浮前进行脱泥处理。

2) 阶段磨矿→阶段磁选→脱泥流程

通过多段闭路磨矿分级、阶段磁选和脱泥逐步提升入浮物料中有价组分的品位。

3) 浮选工艺

(1) 对入浮物料进行浮选药剂(捕收剂、调整剂、抑制剂等)种类和用量的选择与优化。

(2) 入浮物料浮选粗选→解絮分散处理，浮选药剂有选择絮凝作用，形成絮团使粗精矿粒度组成"上移"，必须解絮脱泥。

(3) 浮选粗精矿精选解絮→选择性脱泥，提高粗精矿的产率、有价组分的品位及回收率。

(4) 浮选精矿的选钛试验，从入浮物料中选出精矿。

4) 人造矿的选矿工艺

阶段磨矿→阶段磁选→选择性脱泥→浮选粗选→解絮分散处理→选择性脱泥→浮选精选。

5) 中矿处理

中矿绝大多数以不同程度的连生体存在，所以在中试和工业生产时应返回阶段磨矿→阶段磁选→脱泥流程，使之闭路循环，进一步提高有用矿物的回收率。

6) 天然矿与人造矿

(1) 处理天然矿物。改变天然矿中目标相的物理化学状态十分困难，故要适应它。选矿技术就是针对不同天然矿特殊性处理发展起来的系列方法：适应天然矿的物理状态，采用各种磨矿制度、筛分、解离、密度差、电性差、磁性差等；适应天然矿的化学状态，选用各种选矿药剂、制度、电化学方法等。

(2) 处理非天然的人造矿物。改变人造矿中目标相的物理化学状态比较容易，不必被动地适应它，可以改造它，手段是采用冶金技术改变目标相的物理化学状态。

参 考 文 献

[1] 娄太平，李玉海，李辽沙，等. 含 Ti 高炉渣的氧化与钙钛矿结晶研究[J]. 金属学报，2000，36(2)：141-144.

[2] 黄希祜. 钢铁冶金原理[M]. 3 版. 北京：冶金工业出版社，1981.

[3] Francis J. A textbook of physical chemistry[J]. Journal of Chemical Education，1974，51(6)：A345.

[4] 胡汉起. 金属凝固原理[M]. 北京：机械工业出版社，2000.

[5] Flemings M C. Solidfication Processing[M]. New York：McGraw-Hill Book Company，1974.

[6] Porter D A，Easterling K E. Phase Transformations in Metals and Alloy[M].Wokingham：Van Nostrand Reinhold Co. Ltd.，1981.

[7] 徐祖耀，李麟. 材料热力学[M]. 北京：科学出版社，2000.

[8] Lifshitz I M，Slyozov V V J. The kinetics of precipitation from supersturated solid solutions[J]. Journal of Physics & Chemistry of Solids，1961，19(1)：35-50.

[9] 娄太平. 含钛高炉渣富钛相选择性富集和长大研究[R]. 沈阳：东北大学，1999.

[10] 娄太平，李玉海，李辽沙，等. 含钛炉渣中钙钛矿相析出动力学研究[J]. 硅酸盐学报，2000，28(3)：255-258.

[11] Wagner C. Theorie der alterung von niederschlägen durch umlösen(Ostwald-reifung)[J]. Ztschrift für Elektrochemie，Berichte der Bunsengesellschaft für physikalische Chemie，1961，65(7-8)：581-591.

[12] 娄太平，李玉海，马俊伟，等. 等温过程含 Ti 炉渣中钙钛矿相弥散颗粒长大研究[J]. 金属学报，1999，35(8)：834-836.

[13] Erukhimovitch V，Baram J. Discussion of "an analysis of static recrystallization during continuous，rapid heat treatment"[J]. Metallurgical & Materials Transactions A，1997，28(12)：2763-2764.

[14] Bratland D H，Grong O，Shercliff H，et al. Modelling of precipitation reactions in industrial processing[J]. Acta Materialia，1997，45(1)：1-22.

[15] 卢寿慈. 矿物颗粒分选工程[M]. 北京：冶金工业出版社，1990.

[16] 国家自然科学基金委员会. 冶金与矿业科学[M]. 北京：科学出版社，1997.

[17] 华觉明. 中国大百科全书·矿冶卷(矿冶史部分)[M]. 北京：中国大百科全书出版社，1984.

第 3 章　含钛高炉渣中钛的资源化增值

3.1　概　　述

钒钛磁铁矿中以有价元素铁、钒、钛为主，还含有钴、镍、铬、钪、镓等元素，是一种多元共、伴生铁矿。Fe、Ti 紧密共生，V 以类质同象赋存其中。世界上钒钛磁铁矿分布很广，储量巨大。我国钒钛磁铁矿资源丰富，主要在攀枝花-西昌地区，远景储量为 100 余亿 t，占全国总储量的 90%以上，其次在承德和马鞍山地区。我国攀西的钒钛磁铁矿中 TiO_2 占全国钛储量的 94.2%，V_2O_5 占 69.2%，是提取钒的主要原料，占世界钒制品 88% 的份额。随着地球上金红石、钛铁矿等天然钛资源逐渐减少，从钒钛磁铁矿选铁尾矿中提取钛精矿，经电炉冶炼得到高钛渣作为生产钛制品的数量日益增多。

1. 钒钛磁铁矿中的有价元素

攀西钒钛磁铁矿资源中元素的赋存状况如下[1-3]。

(1) Fe：主要赋存于钒钛磁铁矿中(占矿石全铁的 70%~80%)，其余分布于钛铁矿中，少量在硫化物矿和脉石(<5%)中。铁分别包含在主晶磁铁矿、客晶钛铁矿和尖晶石的晶格中。

(2) Ti：钒钛磁铁矿石中含 10%~12%TiO_2。主要含钛矿物为钛铁晶石、片状钛铁矿和粒状、结状钛铁矿。前两种与磁铁矿形成固溶体，紧密共生，粒度极细，形成钛磁铁矿。钛铁矿和钒钛磁铁矿中 TiO_2 占 TiO_2 总量的 90%~99%。脉石中仅少量 TiO_2 以细微的钛铁矿包体存在。

(3) V：80%~98%钒以类质同象赋存于钒钛磁铁矿中，仅少量(0.5%~18%)分布在钛铁矿及脉石中。

(4) Cr：Cr^{3+}取代磁铁矿中 Fe^{3+} 以类质同象存在于钒钛磁铁矿中。少量脉石中的 Cr_2O_3 以类质同象形式进入普通辉石晶格，或存在于脉石中的钛磁铁矿微细片晶中。

(5) Sc：主要以类质同象赋存于脉石和钛铁矿中。

(6) Co、Cu、Ni 除以硫化物形式存在外，还有相当数量分布在钛磁铁矿和脉石中。硫化物中 Co、Cu、Ni 的赋存状态较简单，以黄铜矿、镍黄铁矿、硫钴矿、硫镍钴矿等独立矿物形式出现。在钛磁铁矿、钛铁矿和脉石中，以类质同象、微细的硫化物包体存在。

(7) 铂系元素：矿石中 95%的铂系元素赋存于硫化物中。

由上可见，主要矿物中均富含有价组分。钛磁铁矿中含 Fe、Ti、V、Cr 及部分 Co、Ni，钛铁矿中含 Ti、Fe、Sc，硫化物中含 Co、Ni、Cu 及 Pt、Sc、Te 等。这些有价组分均可从主要矿物的精矿中提取。

2. 钒钛磁铁矿的主要化学成分

选矿工艺可对钒钛磁铁矿石中的钛磁铁矿、钛铁矿和硫化物三种主要工业矿物进行选分。经破碎、磨矿及分选后得到钒钛磁铁精矿(简称铁精矿)、钛精矿和硫钴精矿三种产品，流程如图 3.1 所示，产品的主要化学成分[1-3]见表 3.1。

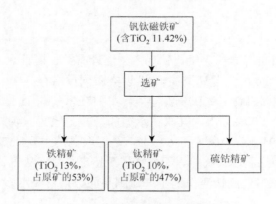

图 3.1　钛在选矿过程中的走向

表 3.1　各种选矿产品的主要化学成分(质量分数，单位：%)

名称	TFe	TiO$_2$	V$_2$O$_5$	Co	Ni	S	SiO$_2$	Al$_2$O$_3$	MgO	CaO	P$_2$O$_5$
原矿	31.30	11.42	0.31	0.017	—	0.51	19.36	6.06	6.26	5.81	0.018
铁精矿	51.55	12.88	0.561	0.0164	0.0159	—	5.01	4.80	3.67	1.53	—
钛精矿	32.43～32.95	46.58～48.35	0.068	0.019			1.29～4.02	1.34～2.71	4.8～5.53	0.72～2.29	—
硫钴精矿	53.67	0.28	—	0.30	0.23	34.28	2.00	0.85	0.55	0.28	

3. 钒钛磁铁矿中钛的走向

钒钛磁铁矿经选矿与冶炼工艺处理后，矿中钛分布到铁精矿、钛精矿、二次尾矿和高炉渣中。由于不同矿区开采出的钒钛磁铁矿成分不同，各选场的选矿工艺也有差异，原矿中钛在三部分之中的分布比例随矿区与选场的不同出现一些波动。下面以攀钢公司采用选冶工艺处理攀西钒钛磁铁矿为例，来解析钒钛磁铁矿中钛的走向。

1) 矿中钛的走向

首先，攀西钒钛磁铁矿的原矿中约含 11.42%TiO$_2$。在选矿流程，原矿中约 75%铁、约 53%钛与 80%钒进入铁精矿，留在尾矿中的钛约 47%，主要赋存于钛铁矿中。尾矿经多种选矿技术联合处理后得到含 46.6%～48.4%TiO$_2$ 的钛精矿，因尾矿成分复杂、钛含量低、物相多、嵌布粒度细、选分效率低，故仅回收了原矿中 2.4%的钛，这表示在尾矿选钛流程中丢掉了 40%以上的矿中钛。按当前分离技术评估尾矿选钛流程抛出的二次尾矿中的钛，再回收几乎不具备经济价值。

2) 渣中钛的走向

在高炉冶炼铁精矿的流程，精矿中 95%钛进入高炉渣(渣中约含 20%TiO$_2$)，5%钛和 76%钒溶入铁水。显然，钒钛磁铁矿中 50%以上的钛留在高炉渣中，这部分是潜在的钛资源，有巨大的利用价值。自 20 世纪 70 年代起，未间断从含钛高炉渣中分离钛的研究。

4. 含钛高炉渣是大宗固废

我国钒钛磁铁矿储量超过 100 亿 t，是巨大的多元复合矿资源，仅攀钢、承钢等六家高炉冶炼钒钛磁铁矿的钢铁企业每年生产的铁水近 3000 万 t。同时排放含钛高炉渣接近 1500 万 t，渣中含 300 多万 t TiO$_2$，相当于全国一年的钛白消费量。这样大宗并非废物的固废白白扔掉，不仅浪费资源，而且污染环境。

各钢铁企业使用钒钛磁铁矿的铁精矿因产地不同，成分各异，排放的高炉渣中 TiO$_2$含量也不一样。例如，攀钢使用攀西高钛的铁精矿，渣中钛含量高，属高钛型。河北地区钒钛磁铁矿中钛含量低，承钢的渣中钛含量就低，属低钛型。原西昌新钢业炼铁厂的高炉渣中钛含量介于两者之间，属中钛型。

各钢铁企业高炉冶炼钒钛磁铁矿的工艺流程、操作条件不尽相同，每产出 1t 铁水排放的渣量也不等，高者 600~700kg，低者 400~500kg[3, 4]。即使同一座高炉，不同炉期渣量也不同。因此，高炉渣的成分、数量都不是恒量，以上给出的数据是大概率的统计平均值，仅供参考。

高炉冶炼铁精矿排放的高炉渣中均存在结晶性强的多种含钛物相[5]，并且渣中钛弥散地分布在多种含钛物相中。如前所述，常规的选矿方法难以将它有效地分离出来，又不能像普通高炉渣那样大量用于生产矿渣水泥，至今全国已累积几千万吨堆积在渣场[6]。

自 20 世纪 70 年代起，国家就投入人力、物力开展利用这一独特资源的研究，并且在高炉渣制备建筑材料方面已取得丰硕成果[7-9]，但是未能回收渣中钛。显然，工业规模上经济、合理地利用高炉渣中钛仍然是一个技术难题[10, 11]。为此，针对渣中钛的综合利用，开展基础理论研究，寻求有效的利用技术十分必要。

5. 变废为宝的增值技术

选择性析出分离技术就是针对我国复合矿中有价组分的回收利用，在国家多部门与企业的大力资助下，经产学研广泛交流合作，以及本书研发团队历经 30 余年不懈努力开发出来的。它是处理复合矿冶金渣的创新技术，具有我国独立知识产权，并分别应用于高、中、低三种类型高炉渣中钛的分离，均取得阶段性的实践成果。例如，应用于西昌中钛型高炉渣制得的富钛精矿中含 45.3%TiO$_2$，回收率为 42.3%，其效果相当于回收了原矿中 22%以上的钛资源，为进一步分离渣中钛的产业化提供了有价值的技术支撑。

3.2　含钛高炉渣的性质

3.2.1　含钛高炉渣中的物相

1. 渣的物相特征

攀枝花钢铁公司与北京科技大学等单位系统地研究了高炉渣的矿物组成及钛在各矿物相中的分布和赋存状态[3,4]，其典型成分见表 3.2。

表 3.2　含钛高炉渣的典型成分(单位：%)

组分	质量分数	组分	质量分数
V_2O_5	0.22	MnO	0.45
TiO_2	24.40	MgO	8.20
SiO_2	17.60	CaO	20.30
Al_2O_3	14.60	TFe	8.48
Cr_2O_3	0.015	Sc	0.0034
Ga_2O_3	0.0015		

高炉冶炼铁精矿的过程中，矿中钛、硅、钙、镁、铝等氧化物未被还原，构成稳定的终渣。它在 1200～1400℃逐渐凝固，其中玻璃相很少。生产现场称高钛型高炉渣为熔化性温度高的短渣，它在高温时流动性好，但渣中高熔点、结晶性强的矿物相一旦析出，渣的流动性立即变差，对应渣从液态到固态的温度区间只有 20～30℃。含钛高炉渣呈灰黑色，有多孔泡沫状构造特征，局部为微孔状(肉眼观察为块状结构)，矿物结晶微细，尤其发育骸晶或雏晶；常以嵌晶结构为主，在晚期结晶的较粗粒的攀钛透辉石中，常嵌布早期结晶矿物的微粒集合或单体，局部呈填充结构[3,4]。

2. 渣中含钛物相

组成高炉渣的矿物[10,11]分别为钙钛矿、攀钛透辉石、富钛透辉石、镁铝尖晶石、板镁尖晶石，以及少量碳化钛、氮化钛、铁珠和石墨，碱度低时可见到黑钛石。渣中以攀钛透辉石和钙钛矿为主，富钛透辉石和铝镁尖晶石其次。这些矿物相在渣中的结晶顺序为：Ti(C, N)→少量一期镁铝尖晶石→钙钛矿→二期镁铝尖晶石→富钛透辉石→攀钛透辉石。渣中大部分为结晶性强的高熔点矿物，组成复杂，特征如下[10]。

(1) 钙钛矿是渣中含量仅次于攀钛透辉石的钛酸盐矿物，质量分数为 15%～30%，熔点为 1970℃。钙钛矿在渣中随 TiO_2 量的增加而增多，是较早析出的含钛物相。其构造式为$(Ca, Mg, Fe^{2+}, Mn, Ti^{2+})(Ti^{4+}, Ti^{3+}, Al)O_3$。绝对硬度值 $H = 713kg/mm^2$，硬度级 $H_0 = 6.25$，相对密度 $D = 4.1$。平均比磁化率为 $18.66 \times 10^{-6} C \cdot G \cdot S \cdot Mcm^3/g$。钙钛矿析出过程受冷却速

度影响极大，快冷时大部分结晶呈骨架状、树枝状及雪花状等骸晶连体；缓冷时结晶多呈半自形、自形、浑圆状、柱状和块状晶。现场渣中钙钛矿相呈微细状，粒度约 $10\mu m$。钙钛矿通常均匀分布在硅酸盐矿物基体相中，并与尖晶石连生。薄片中有黄、褐色，突起高，反光下呈灰白色。折射率极高，$N = 2.370\pm0.005$，反射率(绿光)$R = 16\sim17$。在分离的单体中，钙钛矿主要为淡黄及淡紫色两种，其中淡紫色的钙钛矿含低价钛。钙钛矿的化学性质稳定，不溶于一般的酸碱，矿物化学式计算结果为

$$(Ca_{0.93}\,Mg_{0.04}\,Al_{0.03}\,Fe_{0.01})_{1.01}(Ti_{0.94}\,Al_{0.04}\,Si_{0.02})_{1.00}\,O_3$$

(2) 攀钛透辉石是渣中最主要的造渣矿相，可占矿物总量一半以上，析出最晚，析晶温度最低($1200\sim1300\,℃$)，较均匀地充填在其他矿物相间。绝对硬度值 $H = 833\,kg/mm^2$，硬度级 $H_0 = 6.58$，相对密度 $D = 3.34$。平均比磁化率为 $19.25\times10^{-6}\,C\cdot G\cdot S\cdot Mcm^3/g$。矿物呈无色至浅黄色，具环带及砂钟构造，最高干涉色一级黄白。主要形状为不规则粒状，少量呈短柱状，结晶尺寸悬殊，一般为 $0.04\sim0.25\,mm$。攀钛透辉石中的 TiO_2 质量分数为 15% 以下，是人工条件下透辉石($CaMgSi_2O_6$)的变种，可看作透辉石中混入 10% 以上 $CaTiAl_2O_6$ 分子而呈类质同象。攀钛透辉石矿物化学式计算结果为

$$(Ca_{0.96}\,Mg_{0.53}\,Ti_{0.46}\,Fe_{0.04}\,M_{0.01})_{2.00}(Si_{1.28}\,Al_{0.72})_{2.00}O_6$$

(3) 富钛透辉石(巴依石)属硅铝酸矿物，占 6%～10%，其析晶温度高于攀钛透辉石但低于钙钛矿。相对密度 $D = 3.44$。平均比磁化率为 $29.1\times10^{-6}\,C\cdot G\cdot S\cdot Mcm^3/g$。矿物主要呈半自形、自形柱状和板柱状结晶，常呈现中部残缺不全的羽状和燕尾状骸晶及不规则碎片等，粒度变化较大。薄片中有黄褐色、棕色，突起高，多色性强。富钛透辉石是攀钛透辉石中含过剩 TiO_2、Al_2O_3、MgO 和 FeO 而生成的一种辉石型矿物，其中固溶的 $CaTiAl_2O_6$ 分子达 34%。目前尚无准确的构造式，仅给出两个参考式：

$$(Ca_{0.35}\,Mg_{0.66}\,Ti_{0.45}\,Fe_{0.03}\,Mn_{0.01})_{2.00}[(Si_{0.93}\,Al_{0.84}\,Ti_{0.23})_{2.00}O_6]$$

和

$$Ca_{1.00}(Mg_{0.55}\,Fe_{0.142}\,Ti_{0.31})(Si_{1.22}\,Al_{0.32}\,Fe_{0.073}\,Ti_{0.39})_{2.00}O_6$$

(4) 镁铝尖晶石是高熔点矿物，质量分数为 4%～6%。呈粒状单体或集合体，自形或半自形八面体结晶，少数为钝角状及浑圆状。先期结晶者晶形完整，后期结晶常与钙钛矿连生，较均匀地嵌布于晚结晶的矿物中或粒间。现场渣中尺寸为 $0.02\sim0.06\,mm$。绝对硬度值 $H = 121\,kg/mm^2$，硬度级 $H_0 = 7.46$，相对密度 $D = 3.65$。平均比磁化率为 $207.55\times10^{-6}\,C\cdot G\cdot S\cdot Mcm^3/g$。薄片中常呈绿蓝等色，反光下呈黑灰色，突起高。构造式为

$$(Mg,\ Fe^{2+},\ Mn)(Al,\ Ti^{4+},\ Ti^{3+})O_4$$

(5) 黑钛石(安诺石)是钛含量最高的钛酸盐矿物，但量很少，仅渣碱度低时可见到。通常呈细长柱状、针状或短柱状自形晶。尺寸为 $0.008\,mm\times0.08\,mm\sim0.02\,mm\times0.25\,mm$。绝对硬度值 $H = 565\,kg/mm^2$，硬度级 $H_0 = 5$，相对密度 $D = 3.81$。平均比磁化率为 $10.34\times10^{-6}\,C\cdot G\cdot S\cdot Mcm^3/g$。薄片中为黑色或黑褐色，呈长柱状或针状，其化学式为 $m(M^{2+}Ti_2O_5)\cdot n(M_2^{3+}\cdot TiO_5)$，其中 M^{2+} 为 Fe^{2+}、Ti^{2+}、V^{2+}、Mn^{2+}、Mg^{2+}，M^{3+} 为 Ai^{3+}、Ti^{3+}、V^{3+}、Cr^{3+} 等，因上述二价或三价阳离子半径近似，故可类质同象相互取代，形成复杂的固溶体。矿物化学式计算结果为

$$(Mg_{0.62} Al_{0.24} Ca_{0.03} Fe_{0.05})_{0.94}(Ti_{1.88} V_{0.04} Si_{0.02})_{1.94}O_5$$

(6) TiC、TiN 及其固溶体是还原 TiO$_2$ 生成的高温矿物。粒度仅为 0.002～0.005mm。TiC 为灰白色，均质体。多呈粒状或集合体，分布在铁珠周围，并与石墨共生。TiN 反射色为黄、鲜黄，呈正方形、长方形或粒状分布。Ti(C, N)固溶体呈玫瑰色、橙黄色等，反射率低于金属铁，高于钙钛矿。一般质量分数约 1%，粒度仅为 0.002～0.005mm。相对密度 $D = 5.2$，具有铁磁性。矿物化学式计算结果为：Ti$_{1.99}$(C$_{1.34}$N$_{0.66}$)$_{2.00}$，其中 TiC 分子占 67%。

(7) 铁珠和石墨：渣中还有少量铁珠和石墨。铁珠与渣紧密相关，Ti(C, N)含量越高，渣中带铁越多。碳常包裹在金属铁珠中，呈不定形态，也有少量独立存在碳呈鳞片状集合体，表面包裹着 Ti(C, N)的微粒形成环礁状。各矿物化学式、粒度及各种物理参数列于表 3.3。

表 3.3　含钛高炉渣中各矿物相的物化性质

矿物名称	化学式	形状与粒度/mm	物理参数		
			相对密度	绝对硬度值/(kg/mm^2)	平均比磁化率/(×10^{-6}C·G·S·M cm^3/g)
攀钛透辉石	(Ca$_{0.96}$ Mg$_{0.53}$ Ti$_{0.46}$ Fe$_{0.04}$ M$_{0.01}$)$_{2.00}$(Si$_{1.28^-}$Al$_{0.72}$)$_{2.00}$O$_6$	粒状 0.04～0.25	3.34	833	43.57～10.04
富钛透辉石	(Ca$_{0.35}$ Mg$_{0.66}$ Ti$_{0.45}$ Fe$_{0.03}$ Mn$_{0.01}$)$_{2.00}$ [(Si$_{0.93}$ Al$_{0.84^-}$Ti$_{0.23}$)$_{2.00}$O$_6$]	柱状、板状 0.02～0.06	3.44	—	45.12～18.63
钙钛矿	(Ca$_{0.93}$ Mg$_{0.04}$ Al$_{0.03}$ Fe$_{0.01}$)$_{1.01}$(Ti$_{0.94}$ Al$_{0.04}$ Si$_{0.02}$)$_{1.00}$O$_3$	纺锤状、树枝状 0.005～0.01	4.1	713	38.94～8.94
黑钛石	(Mg$_{0.62}$ Al$_{0.24}$ Ca$_{0.03}$ Fe$_{0.05}$)$_{0.94}$(Ti$_{1.88}$ V$_{0.04}$ Si$_{0.02}$)$_{1.94^-}$O$_5$	柱状、树枝状 0.008～0.08	3.81	565	17.6～7.24
镁铝尖晶石	(Mg$_{1.007}$ Fe$_{0.018}$ Ca$_{0.010}$ Mn$_{0.005}$)$_{1.040}$(Al$_{1.741}$ Ti$_{0.131^-}$Si$_{0.032}$ V$_{0.008}$ Cr$_{0.001}$)$_{0.913}$ O$_4$	八面体 0.02～0.06	3.65	121	214～183
碳氮化钛	Ti$_{1.99}$(C$_{1.34}$ N$_{0.66}$)$_{2.00}$	质点状 0.002～0.005	5.2	—	—

3. 渣中钛的分布

攀钢研究院用能量色散 X 射线谱(X-ray energy dispersive spectrum，EDS，简称能谱)分析含钛高炉渣中主要矿物相化学组成，见表 3.4[4]。

表 3.4　含钛高炉渣主要矿物能谱分析结果(质量分数，单位：%)

矿物名称	CaO	SiO$_2$	TiO$_2$	MgO	Al$_2$O$_3$	V$_2$O$_5$	MnO	FeO	S
攀钛透辉石	25.80	33.35	13.96	8.73	16.36	0.08	0.74	0.02	0.55
富钛透辉石	26.41	29.15	19.49	8.07	15.81	0.41	0.61	0.05	—
钙钛矿	41.04	1.99	53.94	0.34	1.56	1.12	—	—	—

显微镜观察渣中各矿物相的质量及 TiO_2 在各物相中的分布率，见表 3.5[5]。

表 3.5　含钛高炉渣中各矿物相质量分数及 TiO_2 质量分数和分布率(单位：%)

矿物名称	质量分数	各矿物中 TiO_2 质量分数	TiO_2 总质量分数	TiO_2 分布率
钙钛矿	20.7	55.81	11.553	48.02
攀钛透辉石	58.9	15.47	9.112	37.87
富钛透辉石	5.8	23.61	1.369	5.69
镁铝尖晶石	3.6	7.22	0.260	1.08
Ti(C, N)	1.0	95.74	0.957	3.98
铁珠	8.7	—	—	—
石墨	0.2	—	—	—

综上可见，钛在渣中分布十分离散，多种矿物相中均含钛，矿物相间连生，关联复杂，且粒度不均。钛含量较多的矿物(如 TiC、TiN 或 Ti(C, N)及钙钛矿相)熔点高、粒度细小(<10μm)，分选时破碎-解离效果较差，是迄今未能分离和利用渣中钛的重要原因之一。

3.2.2　渣中钙钛矿和辉石相的晶体取向关系与界面

鲜见有关含钛高炉渣中钙钛矿和基体间结晶取向关系与界面的报道。实施选择性析出分离技术分离渣中钙钛矿相时，须掌握渣中物相间的界面状态，郭振中等[12, 13]对此进行了细致的研究。

1. 钙钛矿与辉石的晶体取向

1) 晶体取向分析

在一个两相或多相组成的系统中，通常由于各相结晶顺序不同，各相之间在几何学上形成某种特定的取向关系。目前用电子显微技术来测量取向关系，就是通过计算最佳晶界，寻找最近原子的方法和计算叠加在一起的衍射斑点夹角，利用极图来确定这种取向关系。以 $CaTiO_3$ 和 $CaMgSi_2O_6$ 两相为例，首先建立正交坐标系 xyz，引入 $CaTiO_3$ 单胞，$CaTiO_3$ 单胞的 a、b、c 轴分别与正交坐标系的 x、y、z 轴重合，而且将 $CaTiO_3$ 单胞沿 x、y、z 三个方向扩展，形成 $CaTiO_3$ 原子的背底；其次引入 $CaMgSi_2O_6$ 的单胞(先只引入一个单胞)，让 $CaMgSi_2O_6$ 单胞的 a、b、c 轴分别与正交坐标系的 x、y、z 轴重合；再次针对 $CaMgSi_2O_6$ 单胞中的任意一个原子 A，从 $CaTiO_3$ 原子的背底中找出离该原子最近的 $CaTiO_3$ 原子 B，求出它们之间的距离 d；当 $d<2r$ 时(r 为原子半径，r 取适当值，保证 $CaMgSi_2O_6$ 单胞中的任意一个原子都不可能同时与两个 $CaTiO_3$ 原子相交)，求出原子 A 和 B 相交的体积，用同样的办法求出 $CaMgSi_2O_6$ 单胞中的每个原子与离它们最近的 $CaTiO_3$ 原子之间的相交体积，将所有这些体积求和，得到在这种取向时总的相交体积；最后，在三维空间中旋转 $CaMgSi_2O_6$ 单胞(由于 $CaTiO_3$ 单胞为面心立方，$CaMgSi_2O_6$ 单胞只需分别绕正交坐标系的

x、y、z 轴在 0°～90°旋转即可)，求出不同取向时总的相交体积，并取其最大值时的取向为最佳取向。

在透射电镜中利用电子衍射花样可以方便地测定两相的取向关系。其基本原理是：当两相之间有某种特定的取向关系时，如 $[U_1 V_1 W_1]//[U_2 V_2 W_2]$ 时，将晶体 1 转到特定的 $[U_1 V_1 W_1]$ 晶带轴时，由于晶体 2 的 $[U_2 V_2 W_2]$ 晶带轴与晶体 1 的 $[U_1 V_1 W_1]$ 晶带轴平行，此时将得到这两个晶带合成的电子衍射花样。而 $(h_1 k_1 l_1)//(h_2 k_2 l_2)$，在其电子衍射花样中表现为 $(h_1 k_1 l_1)$ 晶面产生的衍射斑与 $(h_2 k_2 l_2)$ 晶面产生的衍射斑在同一方向上。利用这一原理结合得到的电子衍射花样即可确定两相的取向关系。当然，实验中有时可能得到的不是最简化的某种取向关系，再利用两相的极图所对应的晶带和晶面极点重合原理，从极图上查出两相相应最简化的取向关系。

2) 晶体取向关系的电子衍射图谱分析

从结晶学角度考察钙钛矿与辉石两种矿物界面关系，在透射电镜下采用双倾台对钙钛矿与辉石两种矿物界面进行了大量的电子衍射花样分析。由于辉石的晶体结构复杂，属单斜晶系，与钙钛矿叠加在一起的衍射花样用人工计算标定工作量非常大，为此在衍射斑点标定过程中采用计算机模拟标定。实验结果表明：在钙钛矿与辉石两种矿物之间并没有真正严格的取向关系，通过衍射花样标定，仅能找到一些取向近似平行的晶带轴和晶面。

下面是不同晶带轴下拍到的系列两相合成的电子衍射花样照片及对应的计算机模拟标定结果。

图 3.2 是钙钛矿[7 2 4]晶带轴与辉石[3 1 0]晶带轴合成的电子衍射花样和相应的该晶带轴的电子衍射花样的模拟标定结果。

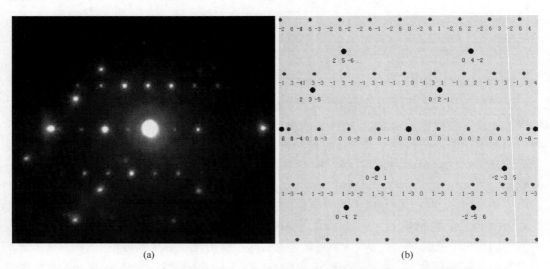

(a)　　　　　　　　　　　　　　　　　(b)

图 3.2　钙钛矿[7 2 4]晶带轴与辉石[3 1 0]晶带轴合成的电子衍射花样(a)与标定结果(b)

根据上述模拟标定结果可知，在钙钛矿与辉石两种矿物之间有如下近似的晶体取向关系：

$$[7\ 2\ 4]_{\text{钙钛矿}}//[3\ 1\ 0]_{\text{辉石}}；\ (\overline{2}\ \overline{1}\ 4)_{\text{钙钛矿}}//(0\ 0\ 1)_{\text{辉石}}$$

同理，通过钙钛矿[4 4 7]晶带轴与辉石[3 1 2]晶带轴、钙钛矿[1 2 1]晶带轴与辉石[2 3 1]晶带轴和钙钛矿[9 1 12]晶带轴与辉石[2 1 0]晶带轴等模拟标定结果可知，在钙钛矿与辉石两种矿物之间还有如下近似的晶体取向关系：

$$[4\ 4\ 7]_{钙钛矿}//[3\ 1\ 2]_{辉石}；\ (1\bar{1}0)_{钙钛矿}//(\bar{2}03)_{辉石}$$

$$[1\ 2\ 1]_{钙钛矿}//[2\ 3\ 1]_{辉石}；\ (1\bar{1}1)_{钙钛矿}//(2\bar{1}\bar{1})_{辉石}$$

$$[9\ 1\ 12]_{钙钛矿}//[2\ 1\ 0]_{辉石}；\ (11\bar{3})_{钙钛矿}//(1\bar{2}\bar{3})_{辉石}$$

为了确定两相间最简化的取向关系，按照上面实验与模拟的标定结果，用[1 2 1]$_{钙钛矿}$//[2 3 1]$_{辉石}$，(1$\bar{1}$1)$_{钙钛矿}$//(2$\bar{1}$$\bar{1}$)$_{辉石}$将钙钛矿与辉石的晶带和晶面极图叠加，分别见图3.3和图3.4。

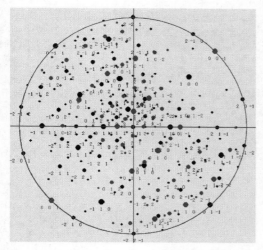
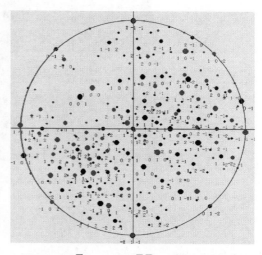

图3.3 [1 2 1]$_{钙钛矿}$//[2 3 1]$_{辉石}$晶带合成极图 　　图3.4 (1$\bar{1}$1)$_{钙钛矿}$//(2$\bar{1}$$\bar{1}$)$_{辉石}$晶面合成极图

在极图中并未找到钙钛矿与辉石在低指数晶带轴之间和晶面之间平行的取向关系，在晶带极图中仅找到[3 1 $\bar{2}$]$_{钙钛矿}$与[$\bar{1}$ 1 3]$_{辉石}$、[2 1 2]$_{钙钛矿}$与[2 1 0]$_{辉石}$、[2 0 1]$_{钙钛矿}$与[3 1 $\bar{3}$]$_{辉石}$极点基本重合；在晶面极图中仅找到(2 1 $\bar{2}$)$_{钙钛矿}$与($\bar{1}$ 3 $\bar{2}$)$_{辉石}$、(0 1 $\bar{2}$)$_{钙钛矿}$与($\bar{3}$ 2 0)$_{辉石}$、(2 1 2)$_{钙钛矿}$与(3 2 $\bar{1}$)$_{辉石}$极点基本重合。由此表明：[3 1 $\bar{2}$]$_{钙钛矿}$//[$\bar{1}$ 1 3]$_{辉石}$、[2 1 2]$_{钙钛矿}$//[2 1 0]$_{辉石}$、[2 0 1]$_{钙钛矿}$//[3 1 $\bar{3}$]$_{辉石}$；(2 1 $\bar{2}$)$_{钙钛矿}$//($\bar{1}$ 3 $\bar{2}$)$_{辉石}$、(0 1 $\bar{2}$)$_{钙钛矿}$//($\bar{3}$ 2 0)$_{辉石}$、(2 1 2)$_{钙钛矿}$//(3 2 $\bar{1}$)$_{辉石}$并非低指数的晶带轴和晶面。在钙钛矿相与基体辉石相之间不存在严格意义上的最简化取向关系，只有上述近似的取向关系。从晶体生长的角度分析，当两相物质不在同一区域形核并长大时往往不存在简单的取向关系；而其中一种物质依附于另一种物质形核并长大时，通常易形成较简单的取向关系，由此得出钙钛矿与辉石无简单取向关系的结论是合理的[12]。

2. 钙钛矿与辉石的界面观察

1)扫描电镜断口

图3.5为原渣的扫描电镜断口形貌。由图可见，基体辉石相中有大量小解理面，还有微小气孔洞；钙钛矿相上有解理台阶，还有形状规整的圆形空洞，未发现沿某一相断裂，从断口形貌上看，均呈典型的解理断裂特征。根据断口形貌特征可推知，原渣中辉石发育

不完善，有一定数量的气孔；钙钛矿和辉石在外力作用下破碎的力学性能相近，这样两相以沿相界断裂方式发生断裂的概率就很小；镁铝尖晶石相与辉石在外力的作用下破碎的力学性能差异较大，有可能发生沿某一相界断裂，断口形貌上规整的圆形空洞是镁铝尖晶石相与辉石相脱离解离的结果。从断口形貌上还可以清楚看到钙钛矿的立体形貌，从形貌看，由于钙钛矿形状复杂，它与基体辉石连接的相界面复杂。

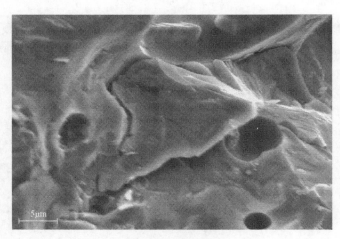

图 3.5　原渣的扫描电镜断口形貌

2) 透射电镜高分辨像

图 3.6 观察到钙钛矿与辉石两相界面区域的透射电镜高分辨像。电子束入射方向平行辉石的[2 1 1]晶带轴，从高分辨像的精细结构的差异上可以将它分为三个区域，如图中的 A、B、C 所示。三个区域之间的界面清晰可见，C 标出了相界面所在的位置。界面在原子尺度上光滑，在两相区域上没有晶格畸变。相界面平均宽约 1nm。可见，两相界面是简单的，没有其他元素富集，也没有玻璃相过渡。

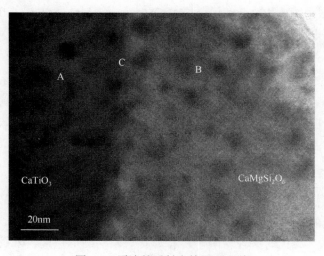

图 3.6　原渣的透射电镜界面形貌

以上观测结果表明：①钙钛矿相与辉石相并非严格的结晶取向关系，但有近似关系，为$[31\bar{2}]_{钙钛矿}$//$[\bar{1}1\bar{3}]_{辉石}$、$[212]_{钙钛矿}$//$[210]_{辉石}$、$[20\bar{1}]_{钙钛矿}$//$[31\bar{3}]_{辉石}$；$(21\bar{2})_{钙钛矿}$//$(\bar{1}3\bar{2})_{辉石}$、$(01\bar{2})_{钙钛矿}$//$(\bar{3}20)_{辉石}$、$(212)_{钙钛矿}$//$(32\bar{1})_{辉石}$；②通过透射电镜观察，钙钛矿相与辉石相的界面简单、干净，无其他物质富集。

3.2.3　含钛高炉渣性质研究简述

莫培根和陈钧珊[14]于 1964 年首次研究高钛型高炉渣 $CaO\text{-}SiO_2\text{-}TiO_2\text{-}Al_2O_3\text{-}MgO$，其质量分数如下：$TiO_2$，15%～35%；$Al_2O_3$，15%；$MgO$，10%；$w(CaO)/w(SiO_2) = 0.6～1.6$。在 1313～1494℃下还原，考察渣温度、组成、TiO_2 和碳含量对渣熔化性温度及黏度的影响，以及高温还原条件下钛渣的矿物组成、性质与高炉冶炼工艺间关系。

Жило[15]讨论了含钛五元高炉熔渣 $CaO\text{-}SiO_2\text{-}TiO_2\text{-}Al_2O_3\text{-}MgO$ 的氧化状态，不同价态钛氧化物相对含量、碱度以及添加剂 CaF_2 含量对熔渣黏度、熔化性温度的影响。

刘焕明等[16]于 1992 年采用郑文升和邹元爔[17]渣-金(Sn)平衡方法，测定含钛五元渣系 $CaO\text{-}SiO_2\text{-}TiO_2\text{-}Al_2O_3\text{-}MgO$ 中 TiO_2 组分活度、活度系数及其随组成变化的研究结果。选取的平衡体系为石墨坩埚-熔渣-$Sn_{(l)}$-CO(101.3kPa)，平衡时间为 3h。计算 a_{TiO_2} 的平衡反应为

$$(TiO_2) + 2C = [Ti]_{Sn} + 2CO\,(g)$$

式中，C 活度与 CO 压力为定值，测量锡液中溶解钛的浓度，由平衡常数求解 a_{TiO_2}，得出的结论与 Benesch[18]、Morizane 等[19]的结果相差较大。原因是渣中 TiO_2 质量分数较高(10%～40%)及 TiC(s)生成。尽管实验平衡时间控制在 3h，但体系仍未达到平衡。显然，过量石墨存在及有 TiC(s)生成的状况下，用该方法测含钛渣中 TiO_2 的活度有待商榷。

Morizane 等[19]于 1999 年发表了钛氧化物在高炉渣中一些热力学性质的研究结果。实验采用 C-Fe(C 饱和)-TiC 与 Fe(C 饱和)-渣-气平衡技术。通过测定与 TiC(s)平衡、被碳饱和铁液中 Ti 的溶解度，先计算 Ti 在碳饱和 Fe-C-Ti 合金中的活度系数，再利用 Fe(C 饱和)-渣-气体系内各平衡反应的平衡常数及相关测定值解联立方程，最终得出熔渣中 TiO_2 的活度 a_{TiO_2} 及活度系数 γ_{TiO_2}。为确定体系是否达到平衡，研究者采用双向平衡技术，即事先将被碳饱和的 Fe-C 合金中熔入过量的金属钛，再将此合金置于石墨坩埚内作为参照体系，该体系内金属钛与石墨反应生成 TiC(s)，溶解钛含量亦随之减少。平衡时，该参照系内合金相的钛含量一定与待测体系 C-Fe(C 饱和)-TiC 内的钛含量一致。

Bahri[20]于 1997 年报道了高炉渣中钛氧化物热力学性质的研究结果。采用气-渣-金属平衡技术(方法与文献[19]基本相同)测定含钛五元渣系热力学性质。实验以 CO 为还原气，采用 MgO 坩埚，温度为 1773K。通过实验数据计算渣中 TiO_2、$TiO_{1.5}$ 的活度，并结合文献数据推算高炉条件下可能出现钛的碳、氮化物比例。由结果知，TiO_2、$TiO_{1.5}$ 的活度几乎与渣中总钛量成正比。这与文献[18]和[19]的结论一致。

Tranell 等[21]研究了五元渣系 $CaO\text{-}MgO\text{-}Al_2O_3\text{-}SiO_2\text{-}TiO_x$ 中钛的热力学行为，并于

1997 年公布其研究结果。实验采用渣-气平衡技术，氧位由 $CO-CO_2-Ar$ 混合气体控制；TiO_2 质量分数为 7%～21%；二元碱度 $w(CaO)/w(SiO_2) = 0.55～1.25$。研究结果表明：添加 MgO 可使熔渣中 Ti^{3+}/Ti^{4+} 减小，Al_2O_3 几乎不起作用；随着 Ti^{3+}/Ti^{4+} 的增大，Ti^{3+}/Ti^{4+} 与氧位之间由正比例关系逐步变为 0.21 ± 0.1 次方关系；$\gamma_{TiO_{1.5}}/\gamma_{TiO_2}$ 几乎不随氧位改变，但对碱度极敏感；TiO_x 质量分数低于 14% 时，其含量增加则降低 Ti^{3+}/Ti^{4+}，若继续增大含量，则 Ti^{3+}/Ti^{4+} 变化不明显，可能的原因是高 TiO_x 含量时生成钛的复合负离子。

黄振奇和杨祖磐于 1987 年报道关于 MgO、碱度对含钛高炉渣中 CaO 活度的影响[22]。实验采用文献[17]的方法，采用五元渣系 $CaO-SiO_2-TiO_2-Al_2O_3-MgO$，温度为 1500℃，平衡时间为 80min。研究结果如下：CaO 的活度 a_{CaO} 与 MgO 浓度间呈抛物线关系，而与碱度呈直线关系。借此计算 $CaO-SiO_2-MgO$ 伪三元系($w(TiO_2) = 25\%$，$w(Al_2O_3) = 15\%$)中 CaO 的等活度曲线。

刘焕民等[23]于 1993 年发表了关于含钛高炉渣中 CaO 活度的研究结果。与文献[22]相同，采用文献[17]的方法及含钛五元渣系 $CaO-SiO_2-TiO_2-Al_2O_3-MgO$，实验测定了渣中 CaO 活度，确定了渣中 CaO 活度与活度系数随 TiO_2 浓度及 MgO 浓度间变化的规律。其定性结论与文献[22]基本一致，由于实验平衡时间为 180min，较文献[22]的结果可信度高。

3.2.4　含钛熔渣的电导率

交流阻抗是一种电化学方法，可用于研究固态或液态的离子导体、半导体、离子-电子混合导体及介电材料的性质。王淑兰等[24, 25]利用交流阻抗方法测量含钛高炉渣及 $CaO-MgO-SiO_2-TiO_2-Al_2O_3$ 五元合成渣在 1653～1733K 内电导率的变化。从中提取冷却过程熔渣中离子行为的信息。渣的成分见表 3.6。

表 3.6　高炉渣与合成渣的成分(质量分数，单位：%)

渣	TiO_2	SiO_2	Al_2O_3	MgO	CaO	FeO
高炉渣	20.67	21.34	14.27	8.20	27.80	6.35
合成渣	26.00	21.40	13.50	9.04	30.00	—

1. 含钛高炉渣

将 5% 的萤石作为助剂加入含钛高炉渣中，提高渣的流动性。盛装渣的坩埚放入电炉内恒温带，通氩气置换炉内空气后升温，并保持炉内氩气压力高于外压，防空气渗入。升温速度为 10℃/min。升温至 1733K，保温 1h，使渣充分熔化。转动升降装置，下降电极，当电极接触渣面时，电阻突降，准确控制电极插入渣中液面深度为 15mm。用 1255HF 高频率响应分析仪和 1286 型电化学接口测量不同频率时熔渣的阻抗。

图 3.7 为熔渣电导率测量结果。从图中可以看出，熔渣电导率随温度下降而减小的速度约从 1690K 时加快，表明此刻熔渣导电能力发生变化。高温下取熔渣样，并在金相显微镜下观察形貌可知：含钛高炉渣中钙钛矿在 1693K 开始析出，减少了渣中主要导电离

子 Ca^{2+} 的数目；碱性氧化物的减少使熔渣中简单 Si—O 离子聚合成复杂的 Si—O 聚合离子体，导致熔渣黏度增加。硅酸盐熔渣中电导率 κ 与黏度 η 间存在关系：$\kappa^n\eta =$ 常数，$n>1$。上述两因素使熔渣电导率下降，加剧了熔渣电导率随温度降低而下降的趋势。当渣温度从 1733K 降至 1663K 时保温。保温期间连续测渣电导率表明：保温过程熔渣电导率先减少、后增加，如图 3.8 所示。在 $A\text{-}B$ 段电导率逐渐下降，B 点达到最小；$B\text{-}C$ 段电导率急剧回升，在 C 点达到最大值；$C\text{-}D$ 段电导率维持不变。与 1653K 保温结果类似，但电导率开始减少的时间提前了 30min。将 1703～1733K 内电导率随温度变化的数据按 Arrhenius 关系拟合，得到

$$\ln\kappa = 14.212 - 0.02482/T$$

式中，κ 的单位为 S/cm，求得离子迁移活化能为 206kJ/mol。

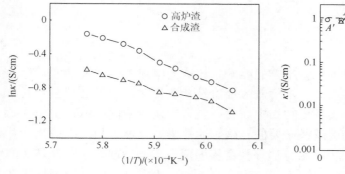

图 3.7　熔渣电导率与温度关系

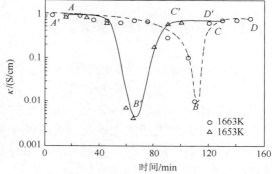

图 3.8　恒温过程中熔渣电导率随时间变化关系

电导率测量结合金相显微镜观察表明：在温度降至 1693K 时，含钛高炉渣中已有少量呈星点分布的钙钛矿析出，这与文献[26]和[27]结论一致。表明含钛高炉渣在 1663K 时保温时间 1.5h，达到最大析出率，与本节 B 点 110min 比较一致。析出钙钛矿反应为：$Ca^{2+}+TiO_3^{2-}$ ====== $CaTiO_3$。由熔渣理论知，熔渣中酸性氧化物 SiO_2 与 O^{2-} 结合成较大的聚合阴离子团 SiO_4^{4-} 和 $Si_2O_7^{6-}$ 等，而碱性氧化物 CaO、MgO 等离解出 O^{2-} 和较小的 Ca^{2+}、Mg^{2+}，Ca^{2+} 和 Mg^{2+} 是主要的导电离子。渣中析出钙钛矿消耗 Ca^{2+}。按渣成分计算，原渣中 CaO 和 SiO_2 质量分数分别为 27.8%和 21.3%，属于碱性渣(二元碱度为 27.8/21.3)。当渣中析出钙钛矿后，CaO 含量减少，熔渣逐渐显酸性。TiO_2 作为两性氧化物在析出钙钛矿时消耗掉一部分，剩余的 TiO_2 和 Al_2O_3 在酸性逐渐增强的熔渣中呈现碱性，可按下式离解：TiO_2 ====== $Ti^{4+}+2O^{2-}$，Al_2O_3 ====== $2Al^{3+}+3O^{2-}$，离解反应的推进使得渣中 Al^{3+} 和 Ti^{4+} 的数量逐渐增多，电导率逐渐增大。当离解反应接近平衡时，Al^{3+} 和 Ti^{4+} 的数量达到最大，这相当于图 3.8 中的 C 点。在 $C\text{-}D$ 段，由于接近平衡，渣中离子浓度不变，电导率也基本稳定在最终数值上。在 1653K 下保温时电导率的变化规律与 1663K 时一致，但电导率下降到其最低值的保温时间约为 65min(图中 B' 点)，比 1663K 时提前 45min。文献[26]和[27]的研究表明，温度越低，钙钛矿达到最大析出量所需的时间越短，这与本节测定的电导率变化规律一致。

2. 合成渣

研究同样条件下合成渣电导率随温度变化，1730～1733K 电导率与温度关系为

$$\ln \kappa = 8.557 - 0.01586/T$$

计算得到其离子迁移活化能为 132kJ/mol。这表明在每个温度，含钛高炉渣的电导率均高于合成渣，因为它含 5%CaF$_2$，流动性好；同时还含 6.35%铁氧化物，导电能力也较强。金相显微镜观察，温度为 1693K 时合成渣中钙钛矿已开始析出。

3.3　含钛高炉渣中钛的选择性富集

3.3.1　渣中钛的选择性富集

高炉冶炼钒钛磁铁矿时将依据冶金工艺的要求设计渣的组成、性质及功能，但从高炉渣口排出后熔渣的冷却过程则无须考虑渣的性质及功能变化，也不必调控，其结果是渣中钛自然地、弥散分布于多种矿物相中。然而当考虑从渣中回收钛，实施选择性富集时，调控熔渣的性质及功能就是必要的。隋智通等为此开展了相关的研究，并取得一些重要进展[28, 29]。影响渣中钛组分选择性富集的两个重要物理化学条件是渣的组成(添加剂)与环境气氛的氧位，但鲜见有相关研究的报道。李辽沙等[30-32]系统地研究了五元渣 CaO-MgO-SiO$_2$-TiO$_x$-Al$_2$O$_3$ 中钛选择性富集的路径与相关理论基础，结果可归纳如下。

1. 熔渣组成对钛选择性富集的影响

实现渣中钛组分选择性富集的关键是改变凝渣的结构与物相组成，促使散布于各矿物相中的钛最大限度地转移出来，并进入富钛相——钙钛矿相中。钙钛矿析出反应与吉布斯自由能变化为

$$(\text{TiO}_2)+(\text{CaO}) \Longrightarrow \text{CaTiO}_3(\text{s})\,，\quad \Delta G^{\ominus} = -79900 - 3.35T\ (25\sim1400℃)$$

$$\Delta G = \Delta G^{\ominus} + RT \ln J = -RT\left[\ln K + \ln\left(a_{\text{CaO}} \cdot a_{\text{TiO}_2}\right)\right] \tag{3.1}$$

式中，$K = \exp(-\Delta G^{\ominus}/(RT))$ 为标准状态平衡常数。常压下，给定温度时的活度积 $a_{\text{CaO}} \cdot a_{\text{TiO}_2}$ 决定渣中钙钛矿析出热力学趋势 ΔG。因此，凡能促使 $a_{\text{CaO}} \cdot a_{\text{TiO}_2}$ 增大的热力学条件均促进钙钛矿析出反应的正向进行，反之，不利于钛富集。因此，实现含钛高炉渣中钛最大限度地富集于钙钛矿相，热力学上就是最大限度地提高其生成反应的活度积 $a_{\text{CaO}} \cdot a_{\text{TiO}_2}$。然而，活度积 $a_{\text{CaO}} \cdot a_{\text{TiO}_2}$ 与熔渣的氧位、二元碱度、组成及其凝固过程等因素密切相关。只有清楚活度积 $a_{\text{CaO}} \cdot a_{\text{TiO}_2}$ 与各相关因素的内在关系，才有可能对渣

系进行合理的调控，促使熔渣中钛组分最大限度地转移。由式(3.1)可知，增大(TiO_2)与(CaO)的活度可促进反应正向进行，利于钛组分选择性富集。为此，研究熔渣组成等因素对(TiO_2)与(CaO)活度的影响，掌握渣中各组分对a_{CaO}与a_{TiO_2}的作用规律。根据熔渣碱度与(CaO)活度相关的原理，可用碱度表征a_{CaO}[14]。生产现场常用渣中$w(CaO)/w(SiO_2)$表示二元碱度，但含大量(TiO_2)的渣偏酸性，不宜采用。事实上，渣中组分的酸、碱行为随环境不同而改变，客观地确定a_{CaO}与熔渣组成间关系和调控冶炼工艺条件密切相关。同样，a_{TiO_2}也关系钛组分选择性富集的条件，在强碱性渣中(TiO_2)呈酸性，其作用与a_{CaO}互逆。因此，掌控影响a_{CaO}、a_{TiO_2}与熔渣组成关系的因素十分必要，如下分别分析讨论。

1) 碱度与a_{CaO}、a_{TiO_2}关系

李辽沙等[30-32]采用文献[17]的方法，分别测定富钛五元熔渣 $CaO\text{-}MgO\text{-}SiO_2\text{-}TiO_x\text{-}Al_2O_3$ 中CaO、TiO_2和Ti_2O_3的活度a_{CaO}、a_{TiO_2}和$a_{Ti_2O_3}$。实验结果表明：二元碱度$w(CaO)/w(SiO_2)$对a_{CaO}、a_{TiO_2}和$a_{Ti_2O_3}$的影响明显，并且增大二元碱度有利于增加钙钛矿相的析出量[26,33]。(Al_2O_3)也在高碱度渣中显酸性，且随$w(Al_2O_3)$的增加，a_{CaO}降低，而a_{TiO_2}、$a_{Ti_2O_3}$相应升高，但程度相对小些。五元渣中(TiO_2)显酸性，这与文献[21]的结论相近。在组成 9%～25%(TiO_2)内，降低$w(TiO_2)$引起a_{TiO_2}的下降幅度与a_{CaO}的上升幅度大致相当，即活度积$a_{CaO} \cdot a_{TiO_2}$基本不随$w(TiO_2)$改变，这表明可在较大范围内调整渣的组成，而不会明显减少钙钛矿析出量。在富钛的高炉渣中，$w(MgO) > 8\%$时渣中 MgO 对 CaO 活度的贡献与$w(MgO) < 8\%$时的状况不同，即a_{CaO}随$w(MgO)$增加稍有降低，而a_{TiO_2}、$a_{Ti_2O_3}$则略有升高。因渣中组分的变化可影响a_{CaO}，每种组分对碱度的贡献不容忽视，皆须考虑。实验确定五元渣系的有效碱度$\overline{R}$可表示为

$$\overline{R} = \frac{w(CaO) + w(MgO)}{w(SiO_2) + 0.5w(Al_2O_3) + 0.58w(TiO_2)} \tag{3.2}$$

式(3.2)为富钛还原渣的碱度公式。为考察其可靠性，将测得的a_{CaO}与$\overline{R}$对应关系示于图 3.9。由图知，a_{CaO}与$\overline{R}$呈线性关系，拟合a_{CaO}可近似地表示为

$$a_{CaO} = 0.02011\overline{R} - 0.00849 \tag{3.3}$$

事实上，熔渣中所有组分均对a_{TiO_2}有影响，其中二元碱度$w(CaO)/w(SiO_2)$最明显。令S_{TiO_2}作为所有组分影响a_{TiO_2}效应的总和，表示为

$$S_{TiO_2} = -\left[w(CaO)/w(SiO_2) - 1 \right] - 8.57w(MgO) + 5.71w(TiO_2) + 4.29w(Al_2O_3)$$

显然，上式中熔渣二元碱度$w(CaO)/w(SiO_2)$的影响在所研究范围内起主导作用。将实验得到的a_{TiO_2}对S_{TiO_2}作图，见图 3.10。由图可知，a_{TiO_2}与S_{TiO_2}呈直线关系。据此可得出a_{TiO_2}与熔渣组成的定量关系式如下：

$$a_{TiO_2} = 0.01603 S_{TiO_2} + 0.00595 \tag{3.4}$$

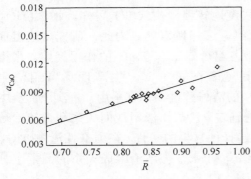

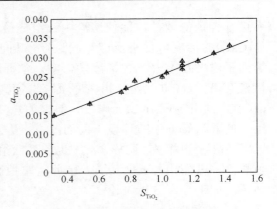

图 3.9　a_{CaO} 与熔渣碱度的关系　　　　　　　图 3.10　a_{TiO_2} 与熔渣组成的关系

2) 二元碱度

图 3.11、图 3.12 分别为二元碱度 $w(CaO)/w(SiO_2)$ 与钙钛矿析出量和 $a_{CaO} \cdot a_{TiO_2}$ 的实验曲线。由曲线知，钙钛矿析出量和 $a_{CaO} \cdot a_{TiO_2}$ 分别与二元碱度的对应规律一致，说明 $a_{CaO} \cdot a_{TiO_2}$ 可以客观反映钙钛矿的析出能力。事实上，当熔渣冷却至钙钛矿析晶的临界温度时，由钙钛矿析出反应(3.1)的平衡常数知，熔渣中 $a_{CaO} \cdot a_{TiO_2}$ 仅为温度 T 的函数，$a_{CaO} \cdot a_{TiO_2}$ 越大，钙钛矿析出的热力学趋势越大，析出的总量越多。理论上，$a_{CaO} \cdot a_{TiO_2}$ 与钙钛矿析出量的关系在热力学上是严格对应的。实验给出 $a_{CaO} \cdot a_{TiO_2}$ 与钙钛矿析出量间的近似关系为

$$a_{CaO} \cdot a_{TiO_2} = 4.825 \times 10^{-6} \phi_{CaTiO_3} + 1.333 \times 10^{-4} \qquad (3.5)$$

式中，ϕ_{CaTiO_3} 为析出钙钛矿相的体积分数。由式(3.5)可算出：$a_{CaO} \cdot a_{TiO_2}$ 每增加 1×10^{-5}，ϕ_{CaTiO_3} 增大 2.07%。显然，钙钛矿的析出量对 $a_{CaO} \cdot a_{TiO_2}$ 变化十分敏感。

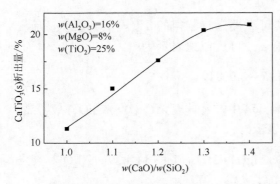

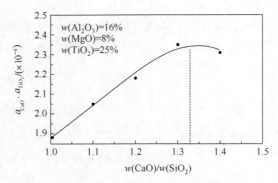

图 3.11　钙钛矿析出量与二元碱度的关系　　　　图 3.12　$a_{CaO} \cdot a_{TiO_2}$ 与二元碱度的关系

由图 3.11、图 3.12 可看出，当 $w(CaO)/w(SiO_2) < 1.3$ 时，$a_{CaO} \cdot a_{TiO_2}$ 与钙钛矿的析出量随二元碱度增加直线上升，当达到 1.3 后(可称 1.3 为临界值)，曲线变得平缓，钙钛矿的析出量几乎不再随二元碱度增大而增加，$a_{CaO} \cdot a_{TiO_2}$ 值还略有下降。

李玉海等[33, 34]对现场渣的研究也观察到类似现象，其临界值为 1.25，这与 1.3 的差

别可能由熔渣成分不同所致，用式(3.2)比较，文献[33]中的 $\bar{R}$ 为 0.87，略高于五元渣系的 0.83。由此看出，尽管结果存在差异，但适当增加二元碱度促进钙钛矿的析出是一致的。结合图 3.9、图 3.10 可知，控制二元碱度为 1.3～1.33(对应的五元碱度为 0.83 左右)，钙钛矿析出量已达到最大值，之后继续增加二元碱度，钙钛矿析出量无明显变化。

3) 五元碱度

钙钛矿的析出量反映钛组分选择性富集的效果。对于钛含量不同的体系，不宜用钙钛矿的析出量来表征钛的富集程度。比如，TiO_2 分别为 25%和 21%的熔渣，钙钛矿的析出量均为 20%(体积分数)，则前者富集的钛量占渣中总钛量的 46.3%，而后者为 55%，相差近 10 个百分点。显然，用富集的钛量与渣中总钛量之比描述钛选择性富集的程度更合理。为表征渣中钛组分富集的程度，定义富集度 ω_{CaTiO_3} 为

$$\omega_{CaTiO_3} = \frac{\phi_{CaTiO_3}}{\phi_{CaTiO_3,max}}$$

式中，ϕ_{CaTiO_3} 为渣中析出钙钛矿的体积分数；$\phi_{CaTiO_3,max}$ 为体系中全部钛折合成钙钛矿所应有的体积分数。显然，富集度 ω_{CaTiO_3} 在数值上等于富集于钙钛矿中的钛与渣中总钛量之比。实验分析表明，凡能促使 a_{CaO} 随其含量增大而上升的组分在熔渣中显碱性，如 MgO；反之，显酸性，如 TiO_2。渣中任一组分含量的改变皆使得(CaO)与(TiO_2)的活度随之改变，其幅度与组分的酸、碱性强弱和改变量有关。组分对 a_{CaO} 与 a_{TiO_2} 的影响也决定其对渣中钛富集度的影响程度。因此，前述任一组元的影响最终均体现在熔渣碱度(或 a_{CaO})的变化上。鉴于此，应考虑通过 a_{CaO} 建立熔渣组成与钛富集度的关系。

本质上，a_{CaO} 与钛富集度的关系即熔渣碱度与钛富集度的关系，而碱度可由熔渣组成表征，所以碱度与钛富集度的关系也代表熔渣组成与钛富集度的关系，它也反映 a_{CaO} 与钛富集度的关系。图 3.13 给出了熔渣五元碱度与钛富集度的关系曲线。由曲线看出，ω_{CaTiO_3} 与熔渣五元碱度呈规律性对应，经回归处理给出近似关系为[30]

$$\omega_{CaTiO_3} = \left[1 - 0.9385\exp\left(-\frac{\bar{R} - 0.6}{0.411}\right)\right] \times 100\% \tag{3.6}$$

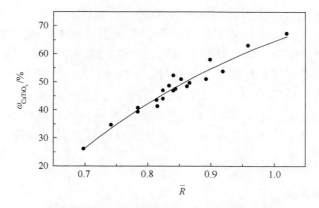

图 3.13　熔渣五元碱度与钛富集度的关系

式(3.6)表明，渣中钛的富集度是五元碱度的单调递增函数，只有当五元碱度趋于无穷大时，钛富集度趋近其最大理论值 100%。事实上，不可能通过无限增大五元碱度的方式来达到此目的，因为高炉渣的五元碱度为 0.7～0.75，受其他条件的制约，添加剂总量不能超过 20%(质量分数)，即便添加剂全部为 CaO，$\bar{R}$ 也只可能调整到 1.2 左右，加之对调质渣须考虑熔化性温度、黏度等诸多因素，真正较易于实现的最大碱度范围 $\bar{R} = 0.9～1.1$。根据式(3.2)中各组元对 $\bar{R}$ 影响的关系，若不考虑其他因素，则加入的添加剂中碱性氧化物应尽量多，酸性氧化物(尤其 SiO_2)应尽量少，只添加碱性组分最好。假定原渣成分为：$w(CaO) = 25.50\%$；$w(SiO_2) = 25.50\%$；$w(TiO_2) = 25.00\%$；$w(Al_2O_3) = 16.00\%$；$w(MgO) = 8.00\%$。加入 16% CaO 调质后，渣中 $w(TiO_2) = 21.55\%$，其他组分含量相应变为：$w(CaO) = 35.78\%$；$w(SiO_2) = 21.98\%$；$w(Al_2O_3) = 13.79\%$；$w(MgO) = 6.90\%$；$\bar{R} = 1.03$，代入式(3.6)，预测可能出现 $\omega_{CaTiO_3} = 67.0\%$。如加入 8% CaO 作为添加剂，可同法得出 $\omega_{CaTiO_3} = 52.2\%$。显然尽可能提高熔渣碱度是增大钛富集度的关键。由于碱度提高的上限受体系所能容纳的最大添加剂量制约，若将 20% 作为其可容纳上限，则 ω_{CaTiO_3} 的最大值约 75%。需要指出的是，前述所有讨论均指氧位为 $p_{O_2} = 10^{-14}$ kPa 的五元渣系，ω_{CaTiO_3} 并不包括将渣中低价钛转化为高价钛所产生的贡献。实际上，由于还原渣氧位低，渣中含有较多低价钛，可因氧位提高变为高价钛而使实际的 ω_{CaTiO_3} 高于式(3.6)的预测值，但这并不妨碍用式(3.6)对熔渣成分进行合理调整与结果的预测。

由前述可知，渣中钛的富集度随二元碱度增大而上升，但钙钛矿的析出量则在二元碱度达到某一定值时不再增大，甚至略有下降[35]，其所对应五元碱度的临界值约 0.83。这说明熔渣碱度大于临界值后，渣中钛的浓度降低(富集度分母项变小)是富集度随碱度上升的主要原因。实际上，过高增大碱度，钙钛矿析出热力学趋势增大的同时渣熔化性温度也提高，缩小了钙钛矿析晶温度区间，增大了钙钛矿析晶时熔渣的黏度，不利于钙钛矿粗化。鉴于碱度大于临界值后，渣中钛富集度增大的主因是添加剂稀释了渣中的(TiO_2)，而非钙钛矿析出量增加，如果将熔渣碱度调整到临界值附近，再用中性添加剂(萤石)将渣中(TiO_2)稀释，以此增加钛的富集度，其效果更优。因萤石可降低渣的熔化性温度与黏度，拓宽钙钛矿的析晶温度区间，故有利于钙钛矿析出、长大。因此，加入中性添加剂，不仅能提高钛富集度，而且能改善传质条件，一定程度上又能增大钙钛矿析出量。在临界碱度附近，钙钛矿析出量处于随碱度由大变小的过渡区，钛富集度随碱度增大迅速减弱，继续增大碱度产生的富集度增加，是由渣中(TiO_2)被稀释引起的。如果将碱度调至稍低于临界值(约 0.8)，加入中性添加剂，所产生的富集度增量应优于碱度大于或等于临界值的情况。另外，由于中性添加剂作为第六组元出现在熔渣中对碱度基本无影响，其提高钛富集度的作用机制与其他组元不同，主要是在降低钛浓度的同时，改善熔渣传质条件，拓宽钙钛矿析晶温度区间。

2. 熔渣氧位对钛选择性富集的影响

1) 渣氧化与钛富集

熔渣氧化反应提高氧位，使渣中 Ti^{2+}、Ti^{3+} 转化为 Ti^{4+}，增大 TiO_2 活度，有利于渣中钛选择性富集于钙钛矿相并析出。实验渣样组成见表 3.7，温度为 1773K 与 1723K[30]。

表 3.7　渣样组成(质量分数，单位：%)

样品	CaO	SiO$_2$	TiO$_2$	MgO	Al$_2$O$_3$	Fe$_2$O$_3$	$w(\text{CaO})/w(\text{SiO}_2)$
1$^\#$	25.50	25.50	25.00	8.00	16.00	0.00	1.0
2$^\#$	26.71	24.29	25.00	8.00	16.00	0.00	1.1
3$^\#$	27.82	23.18	25.00	8.00	16.00	0.00	1.2
4$^\#$	28.83	22.17	25.00	8.00	16.00	0.00	1.3
5$^\#$	29.75	21.25	25.00	8.00	16.00	0.00	1.4

　　图 3.14 中两条曲线分别代表氧化渣和还原渣的碱度与钙钛矿析出量(体积分数)的关系。曲线 a 代表充分氧化试样与钙钛矿析出量的关系，曲线 b 则表示未氧化的还原渣试样与钙钛矿析出量的关系。由于所测样经缓冷(1℃/min)得到(过程可视作热力学准平衡)，样品中钙钛矿的析出量可近似看作最大析出量。由曲线可知，氧化后渣样中钙钛矿析出量较氧化前提高 5～8 个百分点(体积分数)，占氧化前析出总量的 30%～40%。说明氧化后 TiO$_2$ 在钙钛矿相的富集程度显著增大(各渣样中钛总量相同，钙钛矿析出的增量即钛富集度的增量)，且这种趋势随渣碱度的升高而增大。由钙钛矿析出反应(3.1)可知，增大 TiO$_2$ 的活度 a_{TiO_2}，可以增加钙钛矿的析出量。熔渣氧化可使低价钛变为高价钛，熔渣内进行的氧化反应可能有

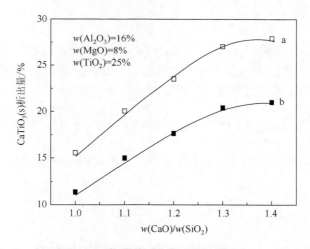

图 3.14　氧化前后钙钛矿析出量比较

$$(\text{TiO}) + \frac{1}{2}\text{O}_2 = (\text{TiO}_2)，\quad \Delta G^{\ominus}_{1,1773\text{K}} = -242.9\,\text{kJ/mol}$$

$$(\text{TiO}_{1.5}) + \frac{1}{4}\text{O}_2 = (\text{TiO}_2)，\quad \Delta G^{\ominus}_{2,1773\text{K}} = -103.9\,\text{kJ/mol}$$

$$\text{TiN(s)} + \text{O}_2 = (\text{TiO}_2) + 1/2\text{N}_2，\quad \Delta G^{\ominus}_{3,1773\text{K}} = -455.2\,\text{kJ/mol}$$

$$TiC(s) + 2O_2 \Longrightarrow (TiO_2) + CO_2, \quad \Delta G_{4,1773K}^{\ominus} = -860.0 \text{ kJ/mol}$$

上述反应均使熔渣中 TiO_2 活度增大并促进反应(3.1)的正向进行。由上述反应的标准吉布斯自由能变化可知，上述氧化反应的热力学趋势均很大，平衡时渣中的钛几乎完全转变为(Ti^{4+})，从而增大 TiO_2 活度并促进钙钛矿相析出反应的进行。

2) 熔渣氧位与 ω_{CaTiO_3} 关系

上述讨论表明，还原渣氧位低，使得实际的 ω_{CaTiO_3} 高于式(3.6)的预测值，因氧位与熔渣组成对 ω_{CaTiO_3} 的作用机制不同。提高熔渣氧位可使渣中低价钛转变为高价钛，从而增加钙钛矿析出的热力学趋势，提高钛组分的富集度 ω_{CaTiO_3}。渣中低价钛总量随冶炼工艺条件变化而波动，但炉况稳定时，波动不大。按文献[33]所列矿物相中钛含量衡算，渣中低价钛含量在 7.6%左右，约占渣中钛总量的 30%，这部分低价钛氧化必然会大幅度提高钛组分的富集度 ω_{CaTiO_3}。由热力学数据[36]可计算出，当熔渣与空气氧位平衡时，渣中 $a_{TiO_2}^2 / a_{Ti_2O_3} \approx 10^5$，可认为此时渣中钛氧化物基本是 TiO_2，(TiO_2)的活度会因此增大为

$$a_{TiO_2,氧化} = a_{TiO_2} + \Delta a_{TiO_2} = \gamma(x_{TiO_2} + \Delta x_{TiO_2}) \tag{3.7}$$

式中，γ 为(TiO_2)活度系数，其数值不随(TiO_2)含量变化[19, 21]；a_{TiO_2}、x_{TiO_2} 为渣氧化前(TiO_2)的活度与摩尔分数；Δa_{TiO_2}、Δx_{TiO_2} 为渣中(TiO_2)因氧化而产生的活度与摩尔分数增量。如前所述，氧化前渣中低价钛大致为钛总量的 30%，可算出 $\Delta x_{TiO_2} = 0.43 x_{TiO_2}$，则有 $\Delta a_{TiO_2} = \gamma \Delta x_{TiO_2} = 0.43 \gamma x_{TiO_2} = 0.43 a_{TiO_2}$。将其代入式(3.7)，得 $a_{TiO_2,氧化} = 1.43 a_{TiO_2}$。因氧化前后钛总量未变，近似认为熔渣氧化后的碱度或氧化钙活度不变，可得

$$a_{CaO} \cdot a_{TiO_2,氧化} = 1.43 a_{CaO} \cdot a_{TiO_2}$$

显然，氧化前后，熔渣 $a_{CaO} \cdot a_{TiO_2}$ 增加至 1.43 倍。由前述讨论，钙钛矿析出量也相应增加至 1.43 倍。由于氧化并未改变渣中钛的总量，钛组分富集度同样增加至 1.43 倍。因此，氧化后熔渣中钙钛矿的富集度与五元碱度的关系近似为[30]

$$\omega_{CaTiO_3} = 1.43 \times \left[1 - 0.9385 \exp\left(-\frac{\overline{R} - 0.6}{0.411} \right) \right] \times 100\% \tag{3.8}$$

对于五元渣系，氧化后钛组分富集度可由式(3.8)预测。显然，熔渣氧化后钛组分富集度提高幅度较大。

3. 熔渣静态氧化动力学

在高炉内强还原气氛下，当熔渣平衡的氧位约为 $10^{-14}kPa$ 时，渣中低价钛(Ti^{2+}、Ti^{3+})氧化物质量分数可高达 8%，约占熔渣中钛氧化物总质量分数的 30%。前期研究表明：当其他条件不变时，熔渣中低价钛含量会显著影响凝渣的矿物组成及钛的分布。低价钛主要赋存于非钙钛矿相中，如何使其在熔渣冷却过程中选择性地富集于钙钛矿相，对钛富集度的影响举足轻重。由热力学数据[30]估算可知：若将还原性钛渣氧化并达到与空气中氧位平衡，则渣中低价钛氧化物几乎全部转变为 TiO_2，可增大(TiO_2)活度 a_{TiO_2}，促进钛组分最大限度地富集于钙钛矿相。

钙钛矿析出过程须维持足够高的渣温[26, 33]，而高温熔渣冷却速度快，这就要求熔渣

氧化须在钙钛矿析晶前尽快完成。为此有必要考察氧化过程的动力学规律及内在机制，为合理控制氧化过程提供科学依据。考虑到还原性富钛熔渣中含 Ti、Fe、V 等多种变价离子元素，氧化不仅涉及相界面反应、界面与基体内的传质、反应耦合等内在机理性问题，而且包括氧化对熔渣性质的影响等[37-39]。

1) 熔渣静态氧化

选定渣样成分见表 3.8。配制前将分析纯试剂烘干(453K 保温 3h)，置于加盖的光谱纯石墨坩埚内，并在高频感应炉中于 1500℃左右熔化，保温 1h 后淬冷。

表 3.8　渣样组成(质量分数，单位：%)

样品号	Fe_2O_3	CaO	SiO_2	TiO_2	MgO	Al_2O_3
A	0.00	28.83	22.17	25.00	8.00	16.00
B	4.00	27.68	21.28	24.00	7.68	15.36
C	8.00	26.52	20.39	23.00	7.36	14.73

实验温度为 1713～1823K，采用氧浓差电池测定渣氧位，浓差电池构造如下：

$$Pt \mid (slag) \mid ZrO\text{-}CaO \mid Mo, \ MoO_2 \mid Pt$$
$$p_{O_2,Slag} \qquad\qquad p_{O_2,MoO_2}$$

参比极：$O_2(p_{O_2, \text{ref.}}) + 4e = 2O^{2-}$

待测极：$2O^{2-} = O_2(p_{O_2, \text{ in slag}}) + 4e$

电池反应：$O_2(p_{O_2, \text{ref.}}) = O_2(p_{O_2, \text{ in slag}})$ 　　　　　(3.9)

式中，p_{O_2} 为探头局域渣中与氧化物达平衡的氧分压，例如，参与反应

$$2(TiO_{1.5}) + 1/2\ O_{2(\text{in slag})} = 2(TiO_2), \quad 2(FeO) + 1/2 O_{2(\text{in slag})} = (Fe_2O_3) \qquad (3.10)$$

则由反应(3.9)可得

$$\Delta G = RT \ln \left(\frac{p_{O_2, \text{ in slag}}}{p_{O_2, \text{ref.}}} \right) = -nEF = -4EF$$

平衡氧分压可写为

$$p_{O_2} = p_{O_2, \text{ref.}} \cdot \exp\left(-\frac{4EF}{RT} \right) \qquad\qquad (3.11)$$

利用不同温度下 $E\text{-}t$ 实验数据计算出对应条件下的 $p_{O_2, \text{in slag}}$ 并表示在图 3.15(a)～(d)中(见图中的数据点，且 $p_{O_2, \text{in slag}}$ 的下标已略去，以下同)。

2) 熔渣中低价钛的氧化机理

氧在渣相的传输与渣中变价离子的价态变化直接相关，传输过程可表示如下。

(1) 气相中的氧经过气相边界层(气膜)到达渣/气界面。

(2) 在渣/气界面发生氧化反应，界面上低价离子的价态升高：

$$4(Fe^{2+}) + O_{2,(\text{on interface})} = 2\ (O^{2-}) + 4(Fe^{3+})$$

$$4(Ti^{3+}) + O_{2,(\text{on interface})} = 4(Ti^{4+}) + 2(O^{2-})$$

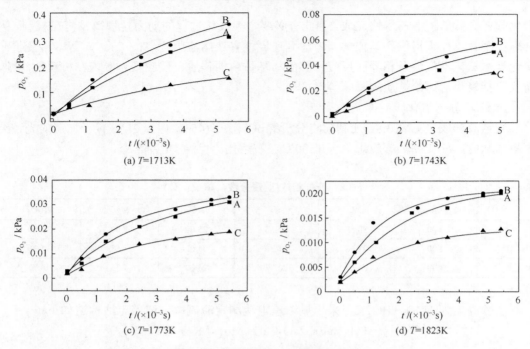

图 3.15　氧分压 p_{O_2} 与时间 t 的关系

A、B、C 渣样组成见表 3.8

(3) 界面反应生成的高价离子(Ti^{4+}、Fe^{3+})向熔渣基体扩散；同时基体中的低价离子(Ti^{3+}、Fe^{2+})向渣/气界面迁移。

一般认为，第(1)、(2)两步的速率远较第(3)步快[40-42]，故假定整个过程的速率受第(3)步控制，即渣中变价离子经熔渣边界层的双向扩散成为限速环节。由于化学势梯度的驱动，可变价离子在熔渣中分别做定向迁移，并通过反应不断进行氧的交换，构成了氧在渣中的间接输运过程。为区别于氧的渗透过程，雀部实和木下[43]将其解释为氧经界面传入基体的化学传氧机理，并定义该方式传输的氧为化学溶解氧。为便于讨论，将上述可变价离子的定向扩散等效地表示为氧向熔渣基体的净迁移。

3) 熔渣氧化的动力学方程

随着氧不断地向基体传输，渣中高价离子与低价离子的浓度比不断增大，而与其平衡的氧位所对应的平衡氧分压，即反应(3.10)的局域平衡氧分压亦不断增大。插入熔渣中的氧浓差电池探头测得的电动势随时间的变化，即局域平衡氧分压随时间的变化，表示渣的氧化性随时间的变化。因此，用实验测得的局域平衡氧分压随时间的变化描述氧在渣中传输过程的速率，即渣中低价钛的氧化速率。由此可得到熔渣静态氧化的表观速率方程为[30]

$$\frac{\mathrm{d}p_{O_2}}{\mathrm{d}t} = \frac{k_d A}{V}(p_{O_2}^* - p_{O_2}) = \frac{k_d}{h}(p_{O_2}^* - p_{O_2})$$

式中，$p_{O_2}^*$ 为渣/气界面的氧分压，kPa；p_{O_2} 为与渣中局域高、低价氧化物平衡的氧分压，

kPa；k_d 为氧传质系数，m/s；V 为熔渣体积，m^3；A 为渣/气界面面积，m^2；h 为熔渣池深度($h = V/A = 0.02m$)，m。积分上式得

$$\ln\frac{p_{O_2}^* - p_{O_2}}{p_{O_2}^* - p_{O_2,t=0}} = -\frac{k_d}{h}t \tag{3.12}$$

由式(3.12)可得 $p_{O_2} = p_{O_2}^* - (p_{O_2}^* - p_{O_2,t=0}) \cdot e^{-\frac{k_d}{h}t}$，其中 $p_{O_2,t=0}$ 为时间 $t = 0$ s 时的平衡氧分压，kPa。$p_{O_2}^*$ 可用实验数据 p_{O_2} 随时间变化关系外推到 $t \to \infty$ 时求得。$-\ln\left[(p_{O_2}^* - p_{O_2})/(p_{O_2}^* - p_{O_2,t=0})\right]$ 与时间 t 基本呈直线关系，且斜率为 k_d/h。再由不同温度时的斜率求得相应的 k_d。基于曲线近似为直线，由直线斜率求出 Arrhenius 表观活化能。相应的 k_d 和表观活化能 E 列于表 3.9 中。

表 3.9　样品的 k_d 和 E

样品	$k_d/(\times 10^6 m/s)$				$E/(kJ/mol)$
	1713K	1743K	1773K	1823K	
A	4.01	4.88	5.84	7.91	156.9
B	6.78	7.84	9.54	11.77	115.5
C	3.91	4.44	5.24	6.46	112.4

由表 3.9 可知，表观活化能的数量级表明氧化过程处于扩散速度控制范围，氧在熔渣中的扩散传输是熔渣氧化过程的限制性环节，该结果与文献[44]的结果 142～167kJ/mol 一致。由结果可知，当熔渣中不存在铁氧化物时，氧在渣中的传输阻力大；当渣中铁氧化物质量分数为 4%时，氧在熔渣中传输的表观活化能明显降低。但铁氧化物含量进一步增加时，表观活化能降低不再明显。

4) 熔渣氧化与反应耦合

如前述，渣基体内的高温氧化反应速度远快于扩散速度，相对于扩散而言，氧化反应处于瞬时与局域平衡状态[42]。伴随渣中氧的传输与化学反应的进行，熔渣的氧位相应升高。图 3.16 给出 1723K 实验测定淬火渣样(样品 B)中不同价态的变价氧化物 FeO_x 与 TiO_x 的摩尔分数比 $x_{TiO_2}/x_{TiO_{1.5}}$、$x_{FeO_{1.5}}/x_{FeO}$ 与时间关系，其增大方向与熔渣氧位的增加方向一致。由图看出，随着氧位的提高(时间的推移)，熔渣中高价氧化物的含量相应增大，$x_{TiO_2}/x_{TiO_{1.5}}$ 与 $x_{FeO_{1.5}}/x_{FeO}$ 也逐步增大。尽管二者增大速率不完全相同，但变化是协同的，对应不同的时间或氧位，$x_{TiO_2}/x_{TiO_{1.5}}$ 与 $x_{FeO_{1.5}}/x_{FeO}$ 皆有一确定值与之对应，表明熔渣中可变价氧化物间存在耦合作用。由于传输方向上存在氧的化学势梯度，渣基体内可变价氧化物在双向传输过程中通过以下化学反应进行氧的交换：

$$7n(Fe^{3+}) + 7n/2(O^{2-}) \Longrightarrow 7n(Fe^{2+}) + 7n/4O_{2,(in\ slag)} \tag{3.13}$$

$$7n(Ti^{3+}) + 7n/4O_{2,(in\ slag)} \Longrightarrow 6n(Ti^{4+}) + (Ti_nO_{(3n+1)}^{2(n+1)-}) + (n/2-1)(O^{2-}) \tag{3.14}$$

$$7n(Ti^{3+}) + 7n(Fe^{3+}) + (3n+1)(O^{2-}) \Longrightarrow 7n(Fe^{2+}) + 6n(Ti^{4+}) + (Ti_nO_{(3n+1)}^{2(n+1)-}) \tag{3.15}$$

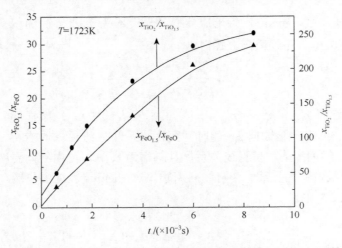

图 3.16　$x_{FeO_{1.5}}/x_{FeO}$，$x_{TiO_2}/x_{TiO_{1.5}}$ 与时间关系

在上述三个反应中，反应(3.15)是前两个反应的耦合[45]，不同价态离子的相对含量受平衡制约。由于渣/气界面的氧位明显高于渣基体的氧位，在铁氧化物存在情况下，作为主要传氧载体的(Fe³⁺)[46, 47]从界面扩散进入基体，发生反应(3.13)，进而诱发反应(3.14)。反应(3.13)改善了反应(3.14)的供氧条件，加速 Ti³⁺ 的氧化，而反应(3.14)的加速又有利于反应(3.13)的正向进行，这种相互关联效应可视作可变价铁离子与渣中低价钛氧化反应间的耦合。显然，这种作用有利于渣中低价钛的氧化，净效果表现为反应(3.15)。耦合作用使得渣中可变价离子含量的变化具有协同性，使得不同时间的氧位对应于不同的氧化状态，熔渣的氧位与其氧化状态逐一对应。淬火样的化学分析结果表明，在氧化开始(1723K)时，含铁氧化物为4%的熔渣中亚铁的含量比低价钛的含量高出近2倍多，由渣/气界面传入基体的氧大部分作用于亚铁的氧化，只有小部分作用于低价钛的氧化。由于渣/气界面面积为定值，在相同浓度梯度下单位时间进入基体的氧量一定，因而熔渣含铁时钛的氧化速率应比不含铁时要低，但实验事实表明：铁能改善氧传输的动力学条件，加速熔渣中低价钛的氧化。

综上所述，还原性渣中变价铁离子对于熔渣氧化作用举足轻重，其作用机制可简单归纳为：Fe^{2+} 在高氧位的渣/气界面被氧化为 Fe^{3+}，Fe^{3+} 在氧位梯度的推动下进入氧位相对较低的渣基体，使基体氧位升高，从而产生耦合反应将渣中低价钛氧化为 Ti^{4+}。由于耦合反应，进入基体的 Fe^{3+} 也部分被还原为 Fe^{2+}，Fe^{2+} 在渣/气界面氧位梯度的推动下，由基体返回界面并被再次氧化，从而完成渣中氧传输与氧化的一个循环。如此往复，渣基体氧位逐步上升，渣中低价钛逐步被氧化为高价钛，最终达到平衡。因此，整个氧化过程包括氧的传输与反应耦合两个关键步骤，其中变价铁离子的作用最为重要。

4. 熔渣动态氧化动力学

如前所述，由于氧的扩散是渣氧化的限速环节，改善氧传质条件将是加速低价钛氧化的有效途径，而向熔渣吹氧则是改善氧传质的动态氧化方式。实验结果表明，吹氧使供氧强度增大，加速渣中低价钛的氧化，进而证实前述的氧化机理：氧的传输为渣氧化过程的限制性环节。动态氧化过程也可近似由式(3.12)来描述。氧化开始时氧分压很低，即 $p_{O_2,t=0} \approx 0$，因此由式(3.12)可给出：$p_{O_2} \approx p_{O_2}^* - p_{O_2}^* \mathrm{e}^{-k_d t/h}$，由此可得到[30, 31]

$$\frac{\mathrm{d}p_{O_2}}{\mathrm{d}t} = k \cdot k_d p_{O_2}^* \cdot \mathrm{e}^{-k \cdot k_d t}$$

显然，氧化速率随时间呈指数规律衰减。式中 $k = 1/h = A/V$ 与供氧条件或强度有关(若供氧部分的熔渣体积小，氧扩散界面相对大，则供氧强度就相对大)，显然，可将 k 定义为与供氧强度相关的系数。对于静态氧化，渣/气界面面积小，且恒定不变，气相中氧分压相对低($p_{O_2} \approx 21\mathrm{kPa}$)，所以供氧强度不大；相反，对于动态氧化，氧分压较大($p_{O_2} \approx 100\mathrm{kPa}$)，且氧气以气泡形式弥散于熔渣中，渣/气界面面积大，加之剧烈搅动，使界面不断更新，动态供氧强度远大于静态供氧强度，其氧化速率也较快。可以认为，动态氧化与静态氧化的主要差异是供氧强度的不同，氧位与时间关系也服从上述指数衰减规律。动态氧化可大幅提高熔渣氧位，增加钙钛矿析出量，使钛的富集度提高 30%～40%。钙钛矿的增量析出规律与熔渣氧位的增大规律一致，因此可用熔渣氧位表征钙钛矿的相对析出量，推断其析出趋势的强度以及可能的最大析出量，并由此控制氧化及钙钛矿的析出终点。

3.3.2　促进渣中钛富集的调控因素

含钛高炉熔渣性质直接影响渣中钛的选择性富集，为此，李玉海[33]研究各类添加剂对熔渣性质的作用，称为熔渣调控或熔渣改性处理，实验研究结果如下。

1. 碱性添加剂

1) CaO 对熔渣黏度与熔化性温度的影响

图 3.17 给出了 CaO 加入量对改性熔渣黏度的影响。由图可见，随 CaO 加入量提高，熔渣黏度增大。以 1460℃为例，CaO 加入量小于 4%时，黏度约 0.15Pa·s，6%时增到 4.2Pa·s 左右。在 1320～1440℃，黏度曲线各有一个"鼓包"或"平台"，并随着 CaO 加入量增加而向高温方向移动。分析表明，"鼓包"或"平台"的温度区域正是钙钛矿相析晶的区域，渣熔化性温度指 45°斜线与 η-t 曲线切点所对应的温度。随着 CaO 或钢渣加入量的增加，渣的熔化性温度明显提高，见图 3.18。

2) CaO 对钙钛矿晶体形貌的影响

图 3.19 为 CaO 不同加入量并以 0.5℃/min 冷却后改性渣样中钙钛矿的晶体形貌[26]。由图可见，CaO 加入量较低(图 3.19(a))时，钙钛矿晶体呈粗大树枝晶形貌，纺锤形晶体平行排列，有些还平行连生。根据结晶理论，当晶体生长过程存在溶质再分配时，若溶质在固/液界面前沿的富集导致结晶相的结晶开始温度降低，则使二次枝晶根部产生颈缩，甚至二次枝晶熔断脱落。随 CaO 加入量增加，钙钛矿晶体尺寸减小，超过 6%后，晶体尺寸显著减小。晶体形貌主要是块状等轴晶(图 3.19(b))。CaO 加入量高时渣碱度高、

黏度大，不利于溶质扩散，晶体生长受限制，不宜发育成粗大的枝晶。此外，高碱度时渣的熔化性温度高，在冷却过程中流动能力减弱较早，晶体粗化困难，钙钛矿呈细小等轴枝晶形貌。

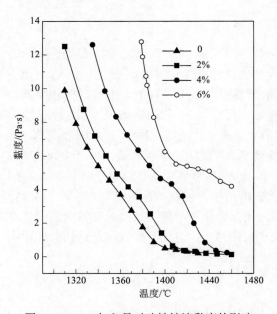

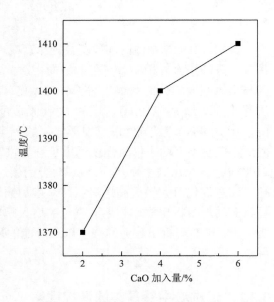

图 3.17　CaO 加入量对改性熔渣黏度的影响　　　　图 3.18　CaO 加入量对渣熔化性温度的影响

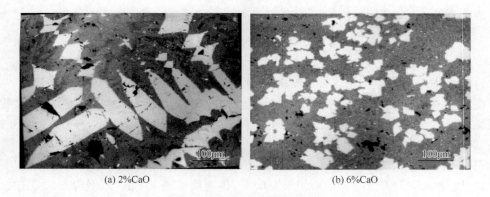

(a) 2%CaO　　　　　　　　　　　　　　　(b) 6%CaO

图 3.19　不同 CaO 加入量的渣样中钙钛矿的晶体形貌

3) CaO 对熔渣中钙钛矿析出长大的影响

图 3.20 为 CaO 加入量对 0.5℃/min 冷却时改性渣中钙钛矿相体积分数的影响[33]，可以看出，当 CaO 加入量增至 4%时，钙钛矿相体积分数由 17%增加至 20%，当 CaO 加入量超过 4%时，钙钛矿相体积分数趋缓。

图 3.21 为 CaO 加入量对 0.5℃/min 冷却时改性渣样中钙钛矿的平均晶粒尺寸的影响，可以看出，当 CaO 加入量小于 4%时，随 CaO 加入量增加，晶粒尺寸稍有减小，而 CaO

加入量超过 4%后，晶粒尺寸急剧减小，由 4%时的 75μm 减小到 8%时的 15μm。可见，熔渣碱度过高导致渣黏度增大，不利于溶质扩散，限制钙钛矿晶体生长和粗化。

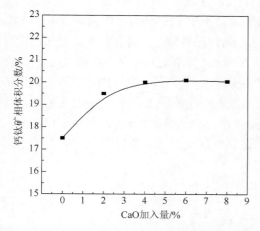

图 3.20 CaO 加入量对钙钛矿相体积分数的影响　　图 3.21 CaO 加入量对钙钛矿平均晶粒尺寸的影响

渣中 CaO 含量提高促进钙钛矿析出反应(3.1)向右移动，在 1400℃，生成 1mol 钙钛矿释放出约 80kJ 热量。如果渣中钙钛矿质量分数为 20%，则释放的潜热可使渣温提高约 107℃。熔渣是由多种简单离子 Ca^{2+}、Mg^{2+}、Ti^{3+}、Al^{3+}、O^{2-}和络合负离子 SiO_4^{4-}、TiO_4^{4-}、AlO_2^- 组成的离子集合体。各种离子静电矩和价态不同，形成不同的矿物相基元。由 3.2.3 节的结果可知，渣中组分 TiO_2 为两性氧化物，它在熔渣中有两种离子结构：一种是四配位四面体(以 Ti(4)表示)，它作为网络形成体呈酸性；另一种是六配位八面体(以 Ti(6)表示)，它作为网络修饰体呈碱性。两者在渣中的比例随渣成分而变。当 $w(CaO)/w(SiO_2)$ 为 1 时，Ti(4)和 Ti(6)的比例相同，SiO_2 增多，则 Ti(6)增加，而 CaO 增多，则 Ti(4)增多。在渣中加入 CaO 使 Ti(4)增多，有利于形成呈酸性的 TiO_4^{4-}，促进钙钛矿相的形成。

2. 钢渣

1) 攀钢钢渣的化学成分(表 3.10)

钢渣碱度 $w(CaO)/w(SiO_2)≈6.2$。碱度高，氧化性强，作为添加剂可提高熔渣的碱度及氧化性。

表 3.10 攀钢钢渣的化学成分(单位：%)

成分	质量分数	成分	质量分数
CaO	53.3	MgO	7.7
SiO_2	8.6	MnO	2.1
TiO_2	1.4	V_2O_5	2.7
Al_2O_3	0.4	TFe	15.3

2) 钢渣对熔渣黏度和熔化性温度的影响

图 3.22 为钢渣加入量对熔渣黏度的影响。由图 3.22 可见，钢渣加入量由 0 增至 4% 时，两黏度曲线几乎重合，加入量提高到 8%～11%，曲线右移，黏度增大。钢渣加入量为 14%，黏度显著增大。以 1460℃为例，钢渣加入量小于 11%时黏度约为 0.2Pa·s；14% 时黏度增到 4.5Pa·s 左右。低于 1440℃且钢渣加入量小于 11%时，钢渣加入量增加，黏度也增加，但幅度不大，而超过 14%时黏度很大。显然，钢渣加入量不能超过 11%。在 1320～1440℃，钢渣加入量为 14%时，黏度曲线也有一个"鼓包"，由渣中钙钛矿相结晶释放的潜热所致。渣的熔化性温度随钢渣加入量的变化曲线见图 3.23。由图可知，改性渣的熔化性温度随钢渣加入量增加迅速增高，加入 4%钢渣时熔化性温度约 1360℃，钢渣加入量为 14%时熔化性温度可达 1420℃。熔化性温度升高，渣黏度增大，不利于钙钛矿析出和长大。

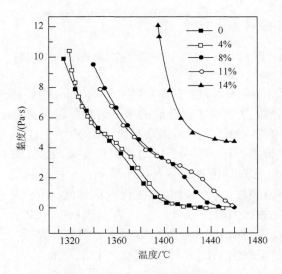

图 3.22　钢渣加入量对渣黏度的影响　　　　图 3.23　钢渣加入量对渣的熔化性温度的影响

3) 钢渣对钙钛矿晶体形貌的影响

图 3.24 为钢渣加入量对 0.5℃/min 冷却后的改性渣样中钙钛矿晶体形貌的影响。由图可见，当钢渣加入量较低(图 3.24(a))时，钙钛矿晶体呈粗大树枝或块状晶形貌。随钢渣加入量增加，钙钛矿晶粒尺寸减小，当钢渣加入量达到 14%时，不利于溶质扩散，抑制晶体生长，不能发育成粗大晶体(图 3.24(b))。此外，渣碱度高则熔化性温度高，冷却过程流动性差，晶体粗化难，钙钛矿呈细小等轴晶形貌。

4) 钢渣对熔渣中钙钛矿析晶的影响

图 3.25 为钢渣加入量对 0.5℃/min 冷却时改性渣样中钙钛矿相体积分数的影响。可见，钢渣加入量由 0 增至 8%时，钙钛矿相体积分数由 17%增加至约 27%，效果显著。继续增大钢渣加入量，钙钛矿相体积分数变化幅度不明显。图 3.26 为以 0.5℃/min 冷却的改性渣样中钙钛矿的平均晶体尺寸随钢渣加入量的变化。可以看出，随钢渣加入量增加，钙钛矿

平均晶粒尺寸呈线性减小，由不加钢渣时的 86μm 减小到钢渣加入量为 14%时的 25μm。在碱度相近条件下，对比纯 CaO 和钢渣对钙钛矿相结晶的作用。加 4%CaO(二元碱度约 1.25)的改性渣样中钙钛矿相体积分数为 20%，而加 8%钢渣(二元碱度约 1.23)的改性渣样中钙钛矿相体积分数为 27%，钢渣促进钙钛矿相析出的作用明显优于 CaO。钢渣氧化性比高炉渣强，其中铁氧化物含量约 20%，与高炉渣混合后，钙钛矿析出量增大，钛富集度也增加，见图 3.27[30]。钢渣加入量越多，氧化性越大，ω_{CaTiO_3} 也越大。图中实线是根据图 3.25 的数据结合五元碱度(式(3.2))绘制的，虚线是氧位 $p_{O_2} = 10^{-14} kPa$ 的预测曲线。可见图中实线结果高出预测结果的幅度随钢渣加入量增加而增大。当钢渣加入量为 14%时，钛富集度较渣低氧位时上升约 15 个百分点，钢渣平衡氧位在 $p_{O_2} = 10^{-6} kPa$ 左右，加之添加剂量有限，显然，全部由钢渣提高氧位来完全氧化低价钛不充分。

(a) 4%钢渣　　　　　　　　　　　　(b) 14%钢渣

图 3.24　不同钢渣加入量时钙钛矿晶体形貌

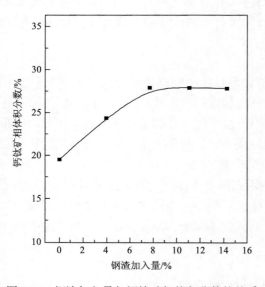

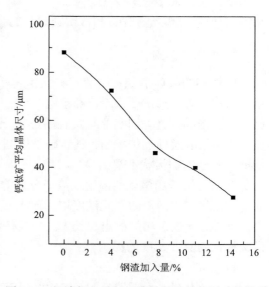

图 3.25　钢渣加入量与钙钛矿相体积分数的关系　　图 3.26　钢渣加入量与钙钛矿平均晶体尺寸的关系

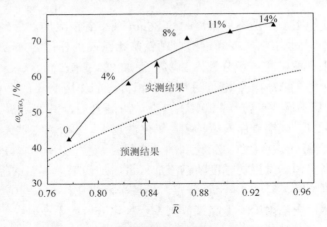

图 3.27　添加不同量钢渣时碱度与富集度的关系

5) 添加钢渣时的化学反应及热力学分析

钢渣化学组成中不仅含大量游离 CaO，还含有 Fe_2O_3，高温下，熔渣中发生如下反应：

$$(TiO)+(Fe_2O_3) \rule[0.5ex]{2em}{0.4pt} (TiO_2)+2(FeO)，\quad \Delta G^{\ominus}=-95900-55.51T，\text{J/mol}$$

$$(Ti_2O_3)+(Fe_2O_3) \rule[0.5ex]{2em}{0.4pt} 2(TiO_2)+2(FeO)，\quad \Delta G^{\ominus}=-49400-61.94T，\text{J/mol}$$

热力学上，钢渣与高炉渣混合后，渣中 Fe^{3+} 氧化 Ti^{2+} 使之转变成 Ti^{4+} 的反应进行得较完全，图 3.27 的实验结果给予证实。另外，从表 3.10 可以看到，钢渣的 MgO 含量高，Al_2O_3 含量却低。因此，加入钢渣后，促进生成尖晶石的化学反应：

$$Mg^{2+}+2AlO_2^- \rule[0.5ex]{2em}{0.4pt} Al_2O_3 \cdot MgO$$

实际上，攀钛透辉石和富钛透辉石均为透辉石的有限固溶体，溶质 $CaTiAl_2O_6$ 中钛含量可变。尖晶石属于较早析出矿相，在攀钛透辉石和富钛透辉石析出之前就消耗掉部分 Al_2O_3，使生成攀钛透辉石和富钛透辉石的强度降低，有利于 TiO_2 向钙钛矿相富集。

3. 中性添加剂

矿物相的晶体形貌、粒度及矿物相间联结关系直接影响选择性分离磨矿时的矿物相单体解离度。从选矿要求看，颗粒粗大、粒度分布相近的矿物较易选别。矿物颗粒结晶完整，呈自形晶，且与其他晶粒接触的边缘(界面)平坦光滑，有利于破碎、磨矿和分选。相反，如果结晶条件控制不当，钙钛矿易以细小枝晶析出。粒度大小不均，与其他矿物交错相嵌，甚至为锯齿状不规则界面，均不利于选矿分离。

含钛高炉渣的熔化性温度受渣成分影响表现在两个方面：一方面是随 TiO_2 含量增加而提高，另一方面是随二元碱度增大而提高。因此，添加一些助熔剂可降低熔渣黏度，改善流动性，促进矿相的析出和长大。李玉海[33]研究添加萤石和氧化锰(MnO)对熔渣中钙钛矿选择性富集及黏度的影响。

1) 萤石

萤石的化学成分见表 3.11。实验结果[48-50]表明，加入萤石可有效降低渣黏度及熔化性温度，其作用效果对低碱度渣明显强于较高碱度渣。

表 3.11 萤石的化学成分(单位: %)

成分	质量分数	成分	质量分数
CaF_2	64.06	Al_2O_3	1.25
SiO_2	31.28	$FeO+Fe_2O_3$	0.15

攀钢高炉渣为高碱度渣,添加萤石对黏度的作用表明,在 1450℃,萤石加入量增加,黏度减小,该结果与文献[27]、[51]、[52]相似。萤石加入量为 3%时,熔化性温度降低 12℃。

(1) 萤石对熔渣黏度的影响。

图 3.28 为熔渣黏度与萤石加入量的关系。可见,在 1420℃以上,萤石加入量为 2%,渣黏度明显降低;但随着萤石加入量增加,渣黏度变化不明显。在 1400℃以下,随着萤石加入量增加,渣黏度变化很显著,尤其是在 1260~1300℃。从上述黏度-温度曲线获得渣的熔化性温度,见图 3.29。由图可知,随着萤石加入量增加,渣熔化性温度明显降低。当萤石加入量由 0 增加到 6%时,渣的熔化性温度降低多约 60℃。

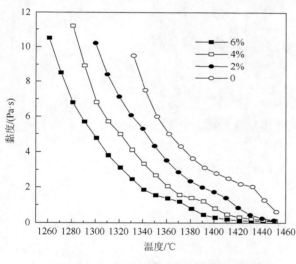

图 3.28 萤石加入量对渣黏度的影响

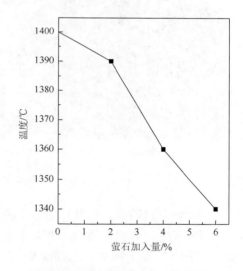

图 3.29 萤石加入量对渣溶化性温度的影响

按熔渣结构理论分析(见第 9 章),渣黏度取决于 Si—O 聚合离子团的复杂程度。Si—O 聚合离子团越大,渣黏度越大。聚合离子团的大小取决于 O/Si,O/Si 为 4 时,聚合离子团最简单。渣中加入 CaF_2 后,氟离子半径(1.25Å)与氧离子半径(1.36Å)相近,易发生取代,使 Si—O 聚合离子团解聚。CaF_2 降低熔渣黏度的机理有两种可能性:一种是氟离子取代氧离子,使 Si—O 聚合离子团解聚;另一种是硅酸盐离子被不稳定的 CaF^+ 屏蔽。同样,对于 Ti—O 聚合离子团,也发生相似的反应[33]。所以氟离子同氧离子一样,破坏渣中 Si—O 聚合离子团,有利于渣中复杂 Si—O 聚合离子团结构趋向简单,降低渣的黏度及熔化性温度。

(2) 萤石对钙钛矿结晶形貌的影响。

图 3.30 给出萤石加入量对 0.5℃/min 冷却后改性渣样中钙钛矿晶体形貌的影响。加

入 2%萤石时钙钛矿晶体呈块状等轴晶，颗粒较小，析出密度较大，出现连晶区域，见图 3.30(a)；当萤石加入量增到 4%时，钙钛矿晶体形貌除块状等轴晶外，尚有向枝晶发育的倾向，枝晶不发达，有些枝晶根部产生颈缩，见图 3.30(b)；当萤石加入量达 6%时，钙钛矿晶体发育成粗大的枝晶，有些二次枝晶根部也产生颈缩。从菱形块状晶体排列及其取向关系可推断，它由二次枝晶产生熔断脱落而形成。整体上看，钙钛矿晶形完整，基本呈自形晶，与基体矿物间的界面圆整，清晰界面有利于钙钛矿单体解离，见图 3.30(c)。对萤石加入量与渣中剩余液相黏度关系的分析表明，萤石加入量增加，剩余液相黏度减小，有利于钙钛矿的离子团扩散。钙钛矿属于立方晶系，具有择优生长方向，当液相黏度较低时，有利于其择优生长，易于长成枝晶。当液相黏度较大时，扩散受阻，限制择优生长，晶体发育不良，表现为细小的块状等轴晶形貌。另外，对于添加钢渣、萤石的现场高炉渣，钙钛矿结晶过程中不可避免地向相界面前沿排出低熔点溶质，使其在固/液界面前沿富集，导致液相线温度下降，使固/液界面前沿产生成分过冷。萤石加剧成分过冷，促使钙钛矿形成枝晶，在晶体生长过程中粗化，甚至熔断脱落。

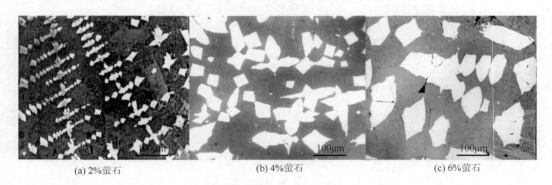

图 3.30　萤石加入量对晶体形貌的影响

(3) 萤石对钙钛矿结晶行为的影响。

实验表明，加入工业萤石使熔渣黏度和熔化性温度降低，在相同熔化温度下，渣处于液态时间长，利于钙钛矿结晶长大。图 3.31 为萤石加入量对 0.5℃/min 冷却的改性渣样中钙钛矿平均晶粒尺寸的影响。可见，萤石加入量提高，钙钛矿平均晶粒尺寸显著增大，从加入 2%萤石时的 34μm 增加到加入 6%萤石时的 110μm。继续增加萤石加入量，幅度增加趋缓。

渣中 TiO_4^{4-} 离子团扩散是钙钛矿晶体生长的限速环节。加入萤石解聚复杂的 Ti—O 聚合离子团，有利于钛离子团扩散，促进钙钛矿晶体生长与粗化。另外，随着萤石加入量增加，渣熔化性温度明显降低，使得熔体处于液态的温度区间扩大，延长钙钛矿相晶体生长、粗化的时间。

2) MnO

渣中加入 MnO 可使硅酸钙溶解度增大，缩小多相区，使离子团趋向简单，渣黏度及熔化性温度降低。本部分研究渣中加入 MnO 对改性渣黏度、熔化性温度及钙钛矿结晶的影响[26, 27]。

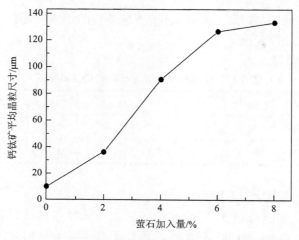

图 3.31　萤石加入量对钙钛矿平均晶粒尺寸的影响

(1) MnO 对渣黏度的影响。

MnO 加入量与改性渣黏度的关系见图 3.32。可看出，1400℃以上时 MnO 加入量对黏度影响不明显；MnO 加入量为 2%时，渣黏度降低显著；MnO 加入量为 4%时，渣黏度继续降低，熔化性温度随之降低，见图 3.33。当 MnO 加入量为 6%时，渣黏度与熔化性温度升高。MnO 加入量在 2%~4%为宜。

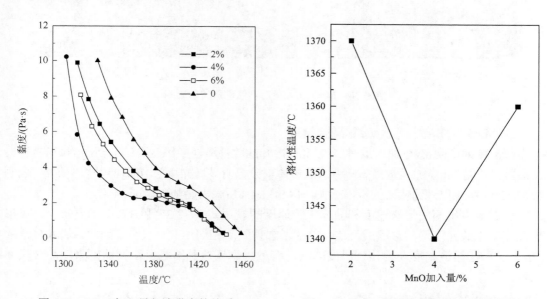

图 3.32　MnO 加入量与渣黏度的关系　　　　　图 3.33　MnO 加入量对熔化性温度的影响

渣中氧含量高有助于 Si—O 聚合离子团简单化。金属离子半径 r 与静电势 I 间关系见表 3.12。由表可见，Mn^{2+} 的性质与 Ca^{2+} 相近，MnO 是较强的碱性氧化物。改性渣中 MnO 加入量小于 4%时，Mn^{2+} 半径大、静电势小，MnO 易电离而释放 O^{2-}，破坏 Si—O

聚合离子团，促使渣黏度降低。但 MnO 按质量分数的加入量超过 4%时，可能存在悬浮的 MnO 颗粒使渣黏度升高。

表 3.12　金属离子半径 r 与静电势 I 间关系

参数	Ca^{2+}	Mn^{2+}	Ti^{2+}	Fe^{2+}	Mg^{2+}	Ti^{3+}	Al^{3+}	Ti^{4+}	Si^{4+}
离子半径 r	0.99	0.80	0.76	0.75	0.65	0.69	0.50	0.68	0.39
静电势 I	0.70	0.83	0.86	0.87	0.93	1.38	1.06	1.85	2.51

(2) MnO 对熔渣中钙钛矿形貌的影响。

图 3.34 为 MnO 加入量对 0.5℃/min 冷却后改性渣样中钙钛矿晶体形貌的影响。可见，分别加入 2%、4%和 6%的 MnO 时，钙钛矿晶体基本呈粗大的块状等轴晶，粒度可达到 100μm，晶形完整且与基体矿物间的界面圆整，易于单体解离，加入量(质量分数)以 2%~4%为宜。

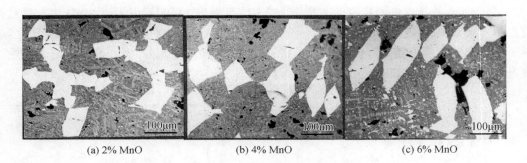

(a) 2% MnO　　　　　(b) 4% MnO　　　　　(c) 6% MnO

图 3.34　MnO 加入量对钙钛矿形貌的影响

(3) MnO 对熔渣中钙钛矿结晶的影响。

图 3.35 为不同 MnO 加入量对 0.5℃/min 冷却的改性渣样中钙钛矿结晶情况的影响[26, 33]。由图可见，随 MnO 加入量提高，钙钛矿相体积分数明显增加，平均晶粒尺寸也长大。表明添加 MnO 明显促进钙钛矿的析出长大，但超过 4%后长大趋势则略减。

由熔渣中矿相的形核速度和晶体生长速度的表达式(式(2.27)和式(2.29))可知：晶体形核速度与生长速度均与黏度成反比，黏度增加抑制矿相的结晶、长大。因此，加入少量的 MnO 可引起熔渣黏度及熔化性温度降低，有效提高钙钛矿结晶量，钙钛矿平均晶粒尺寸也增大。

3) 三氧化二铬(Cr_2O_3)

付念新等研究添加 Cr_2O_3 和铬渣对含钛熔渣中钙钛矿相选择性富集及长大的影响[35, 53, 54]。

(1) Cr_2O_3 对熔渣中钙钛矿结晶的影响。

图 3.36 是原渣与加入 3%Cr_2O_3 的渣中钙钛矿结晶形貌，由图知，加入 Cr_2O_3 明显促进钙钛矿析出，结晶量增加，晶粒粗化，呈粗大的十字晶或块状等轴晶，平均晶粒尺寸增大。

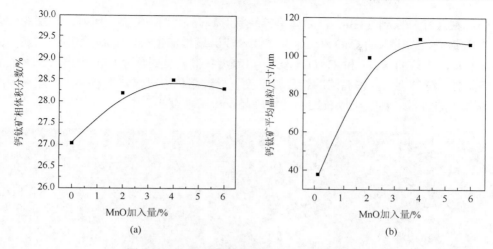

(a)　　　　　　　　　　　　　　　　　(b)

图 3.35　MnO 加入量对钙钛矿结晶情况的影响

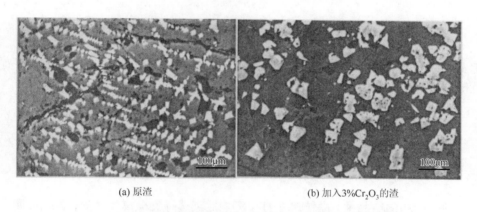

(a) 原渣　　　　　　　　　　　　　　(b) 加入 3%Cr$_2$O$_3$ 的渣

图 3.36　原渣与加入 3%Cr$_2$O$_3$ 的渣中钙钛矿结晶形貌

(2) Cr$_2$O$_3$ 对钙钛矿微观特征的影响。

XRD 分析表明：加入 Cr$_2$O$_3$ 后钛渣主要矿物组成未变，但 MgAl$_2$O$_4$ 衍射峰消失，含铬尖晶石 Mg(Al$_{1.5}$Cr$_{0.5}$)$_2$O$_4$ 衍射峰变强，它是 Cr^{3+} 进入尖晶石晶格取代部分 Al^{3+} 的类质同象固溶体。扫描电镜观察显微结构并分析各元素分布表明：加入 Cr$_2$O$_3$ 使钙钛矿结晶量增加，晶粒粗化，富钛透辉石析出量减少、攀钛透辉石析出量增多。高炉渣中部分 Al$_2$O$_3$ 和 MgO 形成少量熔点较高的第一期尖晶石，析出仅晚于 TiC、TiN 及其固溶体，但早于钙钛矿，其余 Al$_2$O$_3$ 和 MgO 则分别与 SiO$_2$、CaO、TiO$_2$ 形成富钛透辉石和攀钛透辉石。

(3) 铬渣。

铬渣是天然铬铁矿生产金属铬和重铬酸盐时排放的废渣，其中富 CaO、贫 SiO$_2$，并残存一定量 Cr$_2$O$_3$。实验研究表明，含钛高炉渣中加入铬渣后钙钛矿的结晶量和晶粒尺寸均有提高，如图 3.37(a)所示。加入 10%铬渣时结晶量和晶粒尺寸提高，晶体呈较大的聚合十字晶；铬渣加入量为 20%时，结晶量和晶粒尺寸明显提高，晶体呈粗大十字晶或等轴晶，自形程度大，如图 3.37(b)所示；当铬渣按质量分数加入量为 30%时，结晶量未增加，但晶粒尺寸降低到 35.3μm，晶体呈碎块状等轴晶，如图 3.37(c)所示。差别的原因是加入 10%铬渣时，带入的 CaO 和 Cr_2O_3 较少，渣碱度增加也小，Cr_2O_3 作用不明显；加入 20%铬渣时，带入的 CaO 和 Cr_2O_3 较多，渣碱度提高，促进钙钛矿的析出与长大；加入 30%铬渣时，渣碱度大，提高渣的熔化性温度，导致熔化渣时过热度较小，未能减少渣凝固过程晶核的数量，钙钛矿以较细小的等轴晶析出，粒度小。

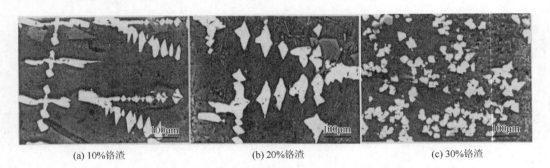

(a) 10%铬渣　　　　　　　　(b) 20%铬渣　　　　　　　　(c) 30%铬渣

图 3.37　铬渣加入量对熔渣中钙钛矿相结晶的影响

综上，铬渣废物再利用，既能发挥残余 Cr_2O_3 作用，又能弥补 CaO 不足，可有效促进钙钛矿的析出长大。

3.4　含钛高炉渣中钙钛矿相的选择性长大

3.4.1　熔渣中钙钛矿相的结晶

渣中钙钛矿相的结晶量、晶粒尺寸直接影响后续选择性分离的效果，而结晶量、晶粒尺寸均受温度条件(热处理制度)影响。为此，文献[26]和[33]研究了热处理制度优化。

1. 钙钛矿相结晶区域

现场高炉渣中加入 11%钢渣和 6%萤石，不但降低渣黏度，而且降低渣的熔化性温度。本节拟实验研究这种改性渣中钙钛矿相的结晶区间，据此确定合理的热处理条件。改性渣在 1470℃保温并充分熔化，以 1℃/min 冷却至不同温度后冷淬取样，渣样的 XRD 谱见图 3.38，从 1470℃高温降到 1430℃时的 XRD 谱中几乎是玻璃衍射峰，无晶相析出。降到 1420℃时开始出现钙钛矿晶体的衍射峰。随着温度降低，钙钛矿晶体的衍射峰不断增强，表明结晶量增加，晶粒粗大。在 1240~1350℃出现镁铝尖晶石。随即降至 1050℃时亦未观察到富钛透辉石和攀钛透辉石相，且出现部分玻璃相，光学显微镜观察也证实了上述结果。由此可初步确认钙钛矿开始析晶温度约 1420℃。这与文献[26]报道"高炉渣中钙钛矿的开始析晶(结晶)温度为 1400℃左右"的差异可能是由渣化学组成不同引起的。实验还表明，1200℃以下仍然继续有钙钛矿结晶。表明以一定速度冷却的熔渣是一个非平衡体系，仍存在析出趋势。从图 3.38 可看到，在 1050~1250℃仍有大量的非晶态相。

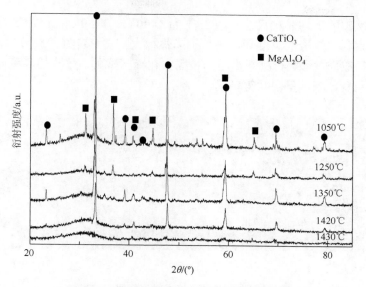

图 3.38　渣样降到不同温度时的 XRD 谱

2. 熔渣的温度(过热度)与结晶行为

图 3.39 为熔渣的温度与钙钛矿结晶量的关系。实验表明，当熔渣的温度为 1430℃并以 1℃/min 冷却到室温时，钙钛矿的结晶量(质量分数)约 23.6%；而熔渣的温度为 1470℃时，钙钛矿的结晶量可达 29.6%。由此可见，提高熔渣的温度，有利于提高钙钛矿的结晶量。图 3.40 为熔渣的温度与钙钛矿平均晶粒尺寸的关系。表明熔渣的温度为 1430℃，再以 0.5℃/min 冷却到室温时，钙钛矿的平均晶粒尺寸仅 38.6μm；而熔渣的温度为 1470℃时，钙钛矿的平均晶粒尺寸可达 110μm。因此，提高熔渣的温度，扩展钙钛矿的析晶区间，

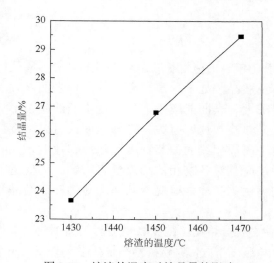

图 3.39　熔渣的温度对结晶量的影响

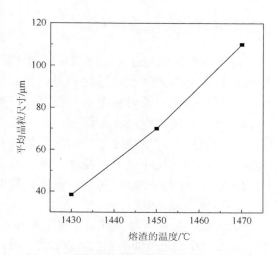

图 3.40　熔渣的温度对平均晶粒尺寸的影响

有利于提高钙钛矿的平均晶粒尺寸。图 3.41 为 1430℃、1450℃、1470℃时渣样的光学显微形貌，可观察到，熔渣的温度高，钙钛矿晶体粗大，发育良好，有等轴晶、短柱状晶，部分晶体有明显取向关系，可推断出是由枝晶粗化而形成的。熔渣的温度低时，钙钛矿晶体细小，发育不良，基本呈块状等轴晶。

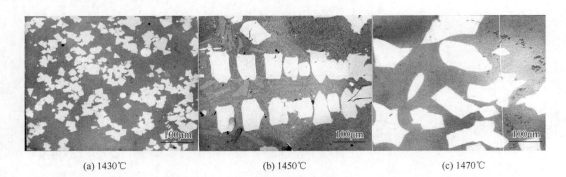

(a) 1430℃　　　　　　　　　　(b) 1450℃　　　　　　　　　　(c) 1470℃

图 3.41　不同熔渣的温度时渣样的显微形貌

攀钢现场高炉凝渣中含 15%左右的细小钙钛矿晶体。在 1430℃熔化炉渣时过热度较低，按晶体的组织遗传性，原有的钙钛矿晶体并未完全熔化，而是裂解为更小的晶体残片，这些残片弥散于熔体中，一旦温度低于钙钛矿的结晶开始温度，钙钛矿就在这些小晶体上竞相生长。由于晶粒尺寸大致相同，按粗化理论，当体积分数不变时，晶体的粗化是通过大晶粒吞并小晶粒实现的，晶粒尺寸比较均匀，粗化困难。因此，过热度较低时，这些物相的原始状态未全部破坏，钛组分未完全从中解离出来，致使钙钛矿结晶量减小。显然，欲使钙钛矿充分析出并长大，熔渣的温度应不低于 1450℃，1470℃时效果更佳。

3. 冷却速度与结晶行为

晶体生长速度对晶体大小和形貌均有显著影响。快速生长时晶体往往较小，形貌呈细长、极度弯曲的片状或针状、树枝状晶体及骸晶，处于远离平衡态的晶体表面能较大。相反，缓慢生长时每个晶体都可以长得很大，表面能较小，处于近平衡的完善形态。晶体生长速度受过冷度影响，而过冷度又与冷却速度有关。冷却速度大时过冷度大，冷却速度小时过冷度小。实际固相线对平衡固相线的偏离程度可随冷却速度增加而增大。冷却速度不仅影响晶体大小、形貌，而且对各物相的结晶量有影响。为促进钙钛矿析出量增加，获得粗大、晶形完整的钙钛矿晶体，研究冷却速度对钙钛矿结晶行为的影响十分必要。

取熔渣的温度均为 1470℃，保温 40min 使之充分熔化。图 3.42 为连续冷却时钙钛矿相结晶量与冷却速度间关系。可以看出，随冷却速度增大，钙钛矿结晶量减小，0.5℃/min 时钙钛矿结晶量(质量分数)可达 29%～30%，而 2℃/min 时钙钛矿结晶量减小到 25%～26%，5℃/min 时仅 24%。图 3.43 为钙钛矿相平均晶粒尺寸与冷却速度间关系，可以看出，钙钛矿的平均晶粒尺寸随冷却速度的增大而显著减小，当冷却速度为 0.5℃/min 时平均晶粒尺寸达 110μm，冷却速度超过 1℃/min 以后平均晶粒尺寸减小的幅度较大，而 5℃/min 时仅 54μm。

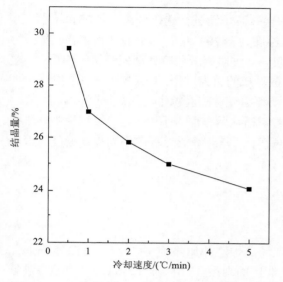
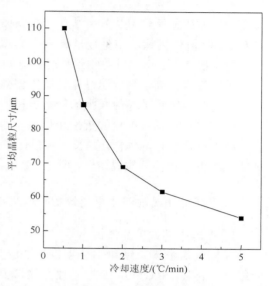

图 3.42　冷却速度对钙钛矿相结晶量的影响　　图 3.43　冷却速度对钙钛矿相平均晶粒尺寸的影响

　　根据玻璃形成动力学理论，晶体的形核与生长速度均随熔体黏度降低而增大，当冷却速度较快时熔体黏度也迅速增大，使得 Ca^{2+}、TiO_3^{2-} 输运困难，降低了晶体形核与生长速度，不仅结晶量减小，晶体来不及生长与粗化，结晶亦细小。由渣口刚排放的炉渣温度高，冷却速度大，进入渣罐后冷却速度减小。因此，须研究先快冷再缓冷时钙钛矿的结晶规律。

　　图 3.44 为 1470℃分别快速冷却(10℃/min)至 1430℃、1420℃、1400℃后再以 0.5℃/min 速度缓冷渣样的显微形貌。可见，快冷至 1430℃再缓冷的渣样中钙钛矿晶粒尺寸较粗(图 3.44(a))，随着快冷所至温度降低，钙钛矿晶粒尺寸不断减小。当快冷至 1420℃再缓冷时钙钛矿晶粒尺寸减小更明显。原因是钙钛矿在 1420~1430℃开始析出时，晶粒数量多，尺寸相当，尽管之后的冷却速度减小，晶体粗化仍然较难。因此快冷达到的最低温度须不低于钙钛矿开始析晶温度，否则引起晶粒细化。

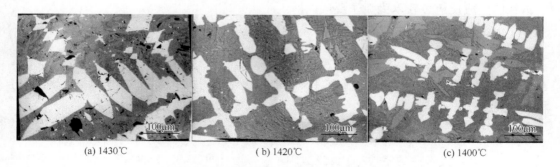

(a) 1430℃　　　　　　　　(b) 1420℃　　　　　　　　(c) 1400℃

图 3.44　先快冷再缓冷时渣样的显微形貌

3.4.2 熔渣中钙钛矿相析出长大的动力学

对钙钛矿相平均晶粒尺寸大于 30μm 的含钛高炉渣进行选矿分离在经济和技术上才是合理的。渣中钙钛矿相是较早析出相(析晶温度为 1420℃左右)，提高钙钛矿相晶体尺寸已取得进展[55-57]，但仍须寻求最佳热处理制度，通过对熔渣缓冷处理使钙钛矿相粗化。娄太平等研究含钛高炉渣等温过程钙钛矿相弥散颗粒的长大过程，确定影响长大的因素，并给出描述弥散钙钛矿晶粒长大的动力学模型及渣中钙钛矿晶粒生长的规律[26, 51]。

确定熔渣中钙钛矿相的析出和长大动力学，需从两方面入手：一是等温过程中非平衡态时渣中钙钛矿相晶体析出、长大和粗化的规律；二是非等温过程中不同冷却速度时渣中钙钛矿相析出和长大的规律。

1. 等温非平衡过程渣中钙钛矿的结晶行为

1) 熔渣中钙钛矿晶体析出

在氩气保护下，铁坩埚分别盛入 20g 现场高炉渣并加热到 1470℃，恒温 40min 充分熔化，再以 20℃/min 冷却速度分别降到选定的温度(1370℃、1350℃、1320℃)进行等温处理，并在不同时间取水淬样，观察、分析钙钛矿相晶体析出过程及微观形貌特征。图 3.45 给出 1350℃淬火渣样的微观形貌。可以看出：熔渣冷却到 1350℃恒温 10min 时，已有相当数量呈细小弥散的短柱状晶、块状晶和十字状晶存在的枝晶段(图 3.45(a))。这些枝晶段随时间长大和粗化(图 3.45(b)和(c))。时间达到 200min 时钙钛矿相枝晶段明显粗大(图 3.45(d))，呈弥散的短柱状晶、块状晶和十字状晶存在的枝晶段。由图 3.46 可见，钙钛矿的析出体积分数 f 随保温时间延长在增加，表明熔渣并未达到平衡。钙钛矿的析出体积分数 f 是温度和时间的函数，即 $f = f(T, t)$。由式(2.48)给出析出体积转变分数 $\chi(t, T) = f(T, t)/f(T, \infty)$，其中，$f(T, \infty)$ 为体系达到平衡态时钙钛矿析出的体积分数。实验测定 $\chi(t, T)$ 的时效变化，见图 3.46。由图可见，开始时不同温度下钙钛矿相的析出体积转变分数均不为零，表明钙钛矿相在快速冷却过程已有析出，但体积分数较小；在 0～60min，晶粒生长较快，随后体积生长率接近常数(这是近平衡态时颗粒粗化的特征)。60min 之后，析出体积转变分数几乎为 1，即此时体系已接近平衡态。熔渣中钙钛矿生成反应可表示为离子反应，即

$$(\text{Ca}^{2+}) + (\text{TiO}_4^{4-}) \Longrightarrow \text{CaTiO}_3(\text{s}) + (\text{O}^{2-}) \tag{3.16}$$

由反应(3.16)并结合实验结果可知，熔渣中钙钛矿相析出反应即 Ca^{2+} 和 TiO_4^{4-} 扩散缔合为 CaTiO_3，表明渣中钙钛矿相形核不难。渣中钙钛矿的析出体积转变分数 χ 可近似用方程(2.49)描述为

$$\chi(t, T) = 1 - \exp\left[-\kappa(t + t_0)^q\right]$$

式中，κ 为与温度有关的常数；q 为指数因子；t_0 为时间参数。根据实验结果拟合不同温度时的参数见表 3.13[26, 51]。

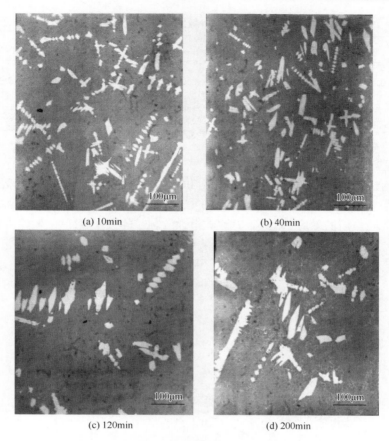

(a) 10min　　　　　　　　(b) 40min

(c) 120min　　　　　　　　(d) 200min

图 3.45　1350℃钙钛矿相结晶过程

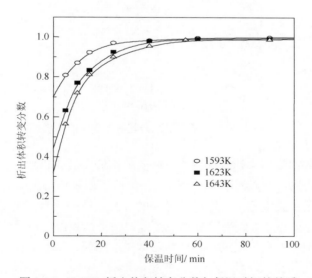

图 3.46　$CaTiO_3$ 析出体积转变分数与保温时间的关系

表 3.13　由实验数据模拟的参数

温度/K	$\kappa\,/(\times10^{-2}\mathrm{min}^{-q})$	q	t_0/min
1593	1.96	1.27	25.50
1623	2.09	1.27	13.50
1643	2.10	1.27	9.90

2) 钙钛矿析出长大动力学

图 3.47 给出熔渣中钙钛矿相颗粒平均等积圆半径三次方 $\bar{r}^3$ 与 χ 之比随等温时间的变化。结果表明：钙钛矿在析出过程，晶粒的生长是由析出反应与颗粒间相互吞并(奥斯特瓦尔德熟化)共同作用的效应。此外，钙钛矿相弥散颗粒的数密度(单位体积内晶粒的数目)与 $\bar{r}^3/\chi$ 呈正比关系，由图可知，其数密度随等温时间单值减小，表明在等温阶段钙钛矿相的形核率接近零，即在冷却过程中形核已基本完成。

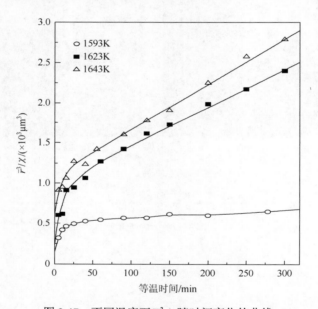

图 3.47　不同温度下 $\bar{r}^3/\chi$ 随时间变化的曲线

熔渣在等温过程中体系未达到平衡态，钙钛矿相析出反应仍然进行。生长机理如前所述，随着钙钛矿相析出，枝晶周围 Ca^{2+} 和 TiO_4^{4-} 浓度因消耗而降低，其他离子或离子团的浓度相应增大，故枝晶长大受阻。但随着时间的延长，枝晶一旦穿过 Ca^{2+} 和 TiO_4^{4-} 的贫化层，可继续生长，且在枝晶生长受阻处形成颈缩。由于颈缩部位曲率半径较小，表面张力使其熔点下降，易于重熔变得更细，甚至断颈。与之相邻、曲率半径较大的枝晶稳定，颈缩熔化产生的离子向其扩散，使之长大、变粗，形成如图 3.45 所示的弥散枝晶段。

由于冷却过程钙钛矿晶核已形成，恒温时形核率的影响可忽略。钙钛矿相平均晶粒尺寸变化可由式(2.63)和式(2.67)描述，即

$$\frac{\mathrm{d}}{\mathrm{d}t}\left(\frac{\overline{r}^{3}}{\chi}\right) = \frac{k(\chi)}{\chi} = \frac{k_{0}}{\chi}\frac{C(\infty,\chi)}{C(\infty,1)} \tag{3.17}$$

实验结果表明：熔渣中钙钛矿相在 1643K、1623K 和 1593K 达平衡时的体积分数分别为 7.3%、7.7%和 8.5%，所占体积分数较小，对应于体积转变分数为 χ 的浓度可近似表示为

$$C(\infty,\chi) = C(\infty,1) + f_{0}(1-\chi)$$

式中，f_0 为熔渣中钙钛矿相在平衡态时的体积分数；$C(\infty,1)$ 为钙钛矿分子在熔渣中的平衡浓度。将上式代入式(3.17)，可写成式(2.71)形式[51]，即

$$\frac{\mathrm{d}}{\mathrm{d}t}\left(\frac{\overline{r}^{3}}{\chi}\right) = \frac{k_{1}}{\chi} - k_{2}$$

式中，$k_{1} = k_{0}\left[1 + \dfrac{f_{0}}{C(\infty,1)}\right]$；$k_{2} = \dfrac{k_{0}f_{0}}{C(\infty,1)}$；$k_{0} = \dfrac{3}{2}\cdot\dfrac{D\Omega_{\mathrm{S}}\sigma C(\infty,1)}{k_{\mathrm{B}}T}$。式(2.71)表明，$\mathrm{d}(\overline{r}^{3}/\chi)/\mathrm{d}t$ 与 $1/\chi$ 呈线性关系，这与由图 3.46 和图 3.47 确定的变化关系基本一致，见图 3.48。

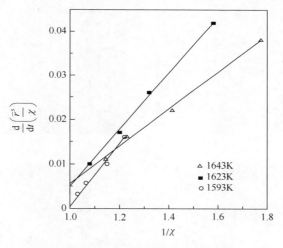

图 3.48　$\overline{r}^{3}/\chi$ 的变化率与 $1/\chi$ 的关系

2. 变温非平衡过程渣中钙钛矿的结晶行为

实验采用现场高炉渣配加 11%钢渣和 6%萤石。电炉中铁坩埚分别盛入 20g 渣，加热到 1470℃，保持 40min 充分熔化后再分别以 0.5℃/min、1℃/min、3℃/min、5℃/min、7℃/min 速度冷却到所选定温度时淬水取样，保留结晶组织，整个过程在氩气保护下进行。

1) 钙钛矿相析出及形貌特征

在熔渣冷却过程的不同时刻、不同温度取样，观察微观形貌，分析钙钛矿相晶体析出过程及形貌特征。从图 3.49 给出冷却速度为 5℃/min、不同温度淬火时试样的微观形貌，可看出：熔渣冷却到 1400℃时，已有相当数量的呈细小树枝状的钙钛矿相雏晶析出，见图 3.49(a)。这些枝晶纵横交错，枝晶间距很小，晶体析出具有方向性，并在某一方向

析出稍快，晶体尺寸增加较大，表现出微观不均匀特征。此外，图中还存在较大的枝晶，这表明在钙钛矿相析晶温度高于 1400℃时，那些较早析出的枝晶就演化为较大的枝晶。图 3.49(b)为 1340℃时渣样的显微形貌，可看出，当熔渣冷却到 1340℃时，局部区域的钙钛矿相晶体长大速度较快，枝晶变得较粗大，枝晶间距明显增大。但大部分区域钙钛矿相枝晶尺寸仍然较细小，枝晶间距小。图 3.49(c)为 1300℃时渣样的显微形貌，可看出，当熔渣冷却到 1300℃时，约半数钙钛矿相已长成较粗大的枝晶或枝晶段，枝晶间距大，还有一些细小枝晶的间距比原来增加较多。图 3.49(d)为 1200℃时渣样的显微形貌，可看出，当熔渣冷却到 1200℃时，绝大多数钙钛矿相已经发育成较粗大的晶体。晶体形貌不再呈明显树枝状，而是排列整齐的十字晶或块状等轴晶，这是由枝晶生长、粗化演变过来的，仍然残存部分细小的枝晶。

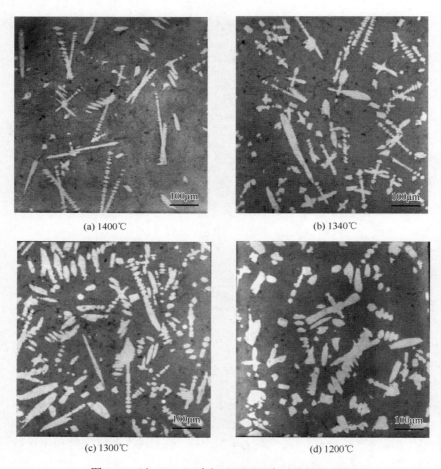

(a) 1400℃　　　　　　　　　　　　　(b) 1340℃

(c) 1300℃　　　　　　　　　　　　　(d) 1200℃

图 3.49　以 5℃/min 冷却于不同温度时渣样的形貌

　　图 3.50 给出了熔渣中钙钛矿相随冷却速度在不同温度时的平均等积圆直径。由图看到，在相同温度时冷却速度小的平均等积圆直径大。在 1300～1400℃钙钛矿相晶体生长较快(其结果与文献[26]一致)，低于 1200℃时钙钛矿相晶体生长缓慢。图 3.51 给出钙钛

矿相体积分数随冷却速度变化曲线,可看出,在相同温度时,冷却速度小则体积分数大,体积分数增加较快的温度区域仍为 1300~1400℃。但从结晶量和晶粒长大趋势看,钙钛矿相在 1200℃以下析出反应仍然存在,说明整个体系处于非平衡态,仍然存在向平衡态转化的趋势。

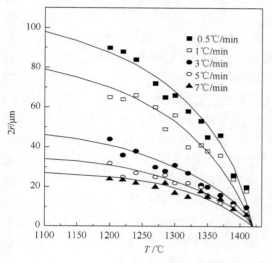

图 3.50　平均等积圆直径随冷却速度的变化　　　　图 3.51　体积分数随冷却速度的变化

众所周知,由于过冷,熔体中产生大量钙钛矿相晶核,并且只有尺寸大于临界半径的晶核才可能继续长大,而小的晶核会重新熔化,使体系自由能降低。目前尚未能直接观察到钙钛矿相晶核的生成过程,但从图 3.49(a)~(d)渣样中均有细小枝晶(其中包括一些淬火时的二次析晶)可推知,在熔渣凝固的各阶段,随着局域浓度的变化和过冷度的增加,当环境满足形核要求时,不断有新的钙钛矿相晶核产生。由上述实验、渣成分和熔体结构可推测,熔渣中钙钛矿相形核不困难。首先,除了钙钛矿相的自发形核,熔渣中含有 1%左右的高熔点 Ti(C, N),它总以弥散的固体质点存在,成为钙钛矿异相结晶的核心;其次,炉渣中加入 11%钢渣(约增加 6%CaO),提高了 Ca^{2+} 和 TiO_4^{4-} 浓度,也有利于形核。因此,只要过冷度适宜,钙钛矿相可迅速形核。

2) 钙钛矿相形核与生长

当稳定晶核形成后,随着温度不断降低,这些晶核开始长大。根据过程显微形貌观察与分析可知,钙钛矿相晶体的生长为一个相邻晶粒不断聚合、细小晶体熔化消失和粗大晶体进一步粗化的过程。当温度由 1470℃降到 1400℃的初期,渣中已存在大量网络状树枝锥晶,它由无数微小的晶核发育成众多微晶,并沿着一定的结晶取向排列而成,如图 3.49(a)所示。这些微晶由相同化学成分(主要为 Ca、Ti 和 O)的内部空间格子构成,沿着相同的方向平行排列,有些还平行连生。晶体生长具有空间不连续性,即晶体的生长先发生在局部。沿着某些方向上晶体优先生长,发育较快,而其他方向的生长较缓慢,非常细小。随着时间推移,一些生长缓慢的细小枝晶重新熔化,产生离子结构单元 Ca^{2+}、TiO_4^{4-} 或者

CaO·TiO$_2$晶核(线核、面核)甚至微晶形式，通过界面配布于优先生长的晶体上可占据的位置，进一步长大，枝晶间距变宽，如图 3.49(b)所示。同时，熔体中析出 CaO·TiO$_2$ 的区域 Ca^{2+}和 TiO$_4^{4-}$ 贫化，造成局部离子浓度梯度，使附近的 Ca^{2+}和 TiO$_4^{4-}$ 向已析出晶体区域扩散迁移，提供结晶物质。随着温度进一步降低，继续有新的晶核产生及细小晶体的生长或者重新熔化，同时优先生长的、尺寸较大的晶体通过与相邻晶体的聚合或从熔体中获得 Ca^{2+}和 TiO$_4^{4-}$ 而继续长大。聚合的方式通常是较小的晶体逐渐消熔，为较大晶体的生长提供物质。因此原来呈树枝状的晶体逐渐变成断续状连接的十字晶或等轴晶，但整体看仍呈树枝状，如图 3.49(c)所示。随着时间的继续推移，上述细小晶体不断析出、熔化、消失，较粗大晶体不断长大、粗化的过程继续进行，如图 3.49(d)所示。与此同时，熔体中供给钙钛矿相结晶的 Ca^{2+}和 TiO$_4^{4-}$ 浓度逐渐减小，而其他矿物相(如攀钛透辉石、富钛透辉石)在结晶条件成熟后也不断有晶体析出，与钙钛矿相争夺物质，对钙钛矿相的析出产生抑制作用。继续冷却虽然钙钛矿相仍有析出，但增加不明显。高炉渣加入钢渣(约 6%CaO)后，提高碱度和氧位，优化钙钛矿相结晶条件，容易由树枝状晶体发育成排列整齐的十字晶或块状等轴晶。这与钙钛矿相的结构单元(Ca^{2+}、TiO$_4^{4-}$ 或晶核、微晶等)在固/液界面上的配布有关。在晶体生长过程，结构单元从多方迁移、配布到钙钛矿相晶体的角顶及晶棱，比从单一方向给一晶面配齐结构单元容易得多。因此角顶、晶棱部位的结晶物质浓度相对大于晶面部位，使得角顶、晶棱部位优先长大，由枝晶最终转化为排列整齐的十字晶或块状等轴晶。

3. 钙钛矿相长大、析出动力学

1) 钙钛矿相长大动力学

上述实验结果已表明，在钙钛矿相析出过程中，粗化作用使最初的树枝状钙钛矿相晶体快速演化为棒状晶、块状晶和十字状晶等弥散的枝晶段，每一个枝晶段均可视为一个钙钛矿相的晶粒。冷却速度对钙钛矿相晶粒尺寸影响较大，图 3.52 给出实验测定的钙钛矿相晶粒平均等积圆半径的三次方与冷却速度 $\alpha(\alpha = \mathrm{d}T/\mathrm{d}t)$ 乘积在不同温度时随冷却速度 α 变化曲线。可看到，当 $\alpha \to 0$ 时，$\alpha\bar{r}^3$ 趋于一个有限值。而当 α 增加时，$\alpha\bar{r}^3$ 迅速减小，并随 $\alpha \to \infty$ 而趋于零。对于相同冷却速度，处于低温时的晶粒尺寸较处于高温时明显增大。经过对实测数据的分析，这些弥散枝晶段平均等积圆半径三次方 $\bar{r}^3$ 与冷却速度 α 的乘积随 α 的变化近似满足方程(2.77)，即

$$\alpha\bar{r}^3 = A(T)\left[1 - \exp\left(-\frac{c}{\alpha^q}\right)\right]$$

式中，$A(T)$ 为 α 等于零时 $\alpha\bar{r}^3$ 值，仅为温度的函数；q 为指数因子；c 为参数。由图 3.52 实验结果拟合的各参数分别近似为[26, 52]

$$q = 0.675, \quad c = 1.34\exp\left(-\frac{1.44}{1693 - T}\right) \tag{3.18}$$

由此可知，钙钛矿相在析出过程中始终伴随粗化现象，因此，适当控制冷却速度，使新生的晶核在粗化过程被吞并，可促进晶粒的长大。

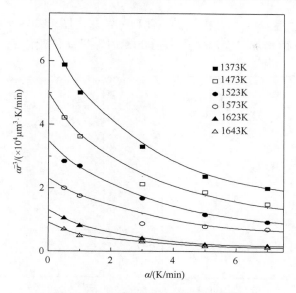

图 3.52　$\alpha\bar{r}^3$ 值随冷却速度变化曲线

2) 钙钛矿相析出动力学

实验表明,冷却速度 α 对钙钛矿相体积分数的影响明显,见图 3.51。随冷却速度减小,体积分数增大。当 $\alpha\to 0$ 时,体积分数趋于有限值,这说明体系接近平衡状态,钙钛矿相析出的体积分数达到最大值。当 $\alpha\to\infty$ 时,体积分数趋于零,即足够快的冷却速度可抑制钙钛矿相析出。也可看到,对相同的冷却速度,低温时钙钛矿相的体积分数较高温时大。从上面的分析可知,钙钛矿相析出反应通过 Ca^{2+} 和 TiO_4^{4-} 扩散、缔合为 $CaO\cdot TiO_2$ 来实现。式(3.17)可等价地视作钙钛矿相的形核与长大由渣中 $CaO\cdot TiO_2$ 的扩散控制。渣中含部分高熔点的 TiC 和 TiN,总以弥散的固体质点存在,易成为钙钛矿相的结晶核心,故渣中钙钛矿相形核较容易。由实验知,适当降低冷却速度可提高钙钛矿相结晶量,其变化规律近似由式(2.74)描述,即

$$\chi = \frac{f(\alpha,T)}{f(0,T)} = 1 - \exp\left(-\frac{c}{\alpha^q}\right)$$

式中,$f(\alpha,T)$ 为温度 T 和冷却速度 α 时渣中钙钛矿相的体积分数;$f(0,T)$ 为温度 T 和冷却速度为零时(体系处于平衡态)渣中钙钛矿相的体积分数;c 为只与温度相关的参数;q 为指数因子。c 和 q 可由下式确定:

$$\ln\left[-\ln(1-\chi)\right] = -q\ln\alpha + \ln c$$

图 3.53 给出了 $\ln\left[-\ln(1-\chi)\right]$ 随 $\ln\alpha$ 的变化曲线。可见,在 1373K 和 1643K 时,曲线斜率基本一致,两曲线很靠近。由本实验结果拟合确定:

$$q = 0.407 , \quad c = 1.58\exp\left(-\frac{1.32}{1693-T}\right) \tag{3.19}$$

由上述实验拟合的结果可推得钙钛矿相析出时温度约 1693K。图 3.54 给出了不同温

度熔渣中平衡(冷却速度 $\alpha \to 0$)时钙钛矿相体积分数。由图可知，平衡熔渣中钙钛矿相体积分数随温度的降低而增加，当温度约为 1000℃时，钙钛矿相体积分数可达 27%。

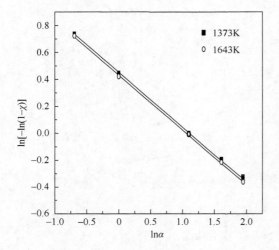

图 3.53　$\ln[-\ln(1-\chi)]$ 与 $\ln\alpha$ 的关系　　　图 3.54　平衡时钙钛矿相体积分数随温度的变化

3.4.3　熔渣中氧化反应对钙钛矿析出长大的影响

可通过选择高温氧化方式提高熔渣氧位，氧化低价钛并转移进钙钛矿相，打破原有的平衡，改善析晶过程，达到提高钛富集度和钙钛矿晶粒尺寸的目标。不仅钙钛矿的结晶行为与熔渣氧位直接相关，而且渣黏度、化学组成和熔化性温度均随氧位而变。因此，还原性渣氧化反应是提高渣氧位并改变渣物理化学性质的重要方法。

1. 氧化渣中钛的赋存与相界面特征

基于含钛高炉渣中钛组分选择性析出的系列研究结果[58-60]，氧化改性可使渣中钛组分选择性富集于钙钛矿相并长大和粗化，有利于后续采用选矿方法将钙钛矿分离出来[61]。但之前有关氧化改性处理的研究皆集中于钙钛矿相富集与长大[62-67]，对氧化后渣矿物相组成、相间界面结合力与相结构变化及其影响因素的研究较少，这些信息的学术价值和实际意义很重要。

郭振中等研究了含钛高炉渣氧化后钙钛矿相与基体相的结晶取向和界面状态[12, 13]。1420℃向熔渣喷吹空气 10min 后取淬火渣样，其 XRD 谱确定渣中主要物相为：$CaTiO_3$、$Ca(Mg, Al)(Si, Al)_2O_6$ 和 $MgAl_2O_4$。其中辉石晶体学参数为：$a = 0.973nm$，$b = 0.891nm$，$c = 0.525nm$，$\beta = 105.5°$，并显示，氧化后原渣中攀钛透辉石和富钛透辉石几乎消失，并以一种与富钛透辉石和攀钛透辉石晶体结构相近的透辉石相出现。图 3.55 为氧化后渣样的背散射电子形貌，与氧化前比较，钙钛矿相(能谱分析 A)明显长大；基体上只有一种衬度区域(能谱分析 B)；分布有颜色较暗、尺寸较小的镁铝尖晶石相(能谱分析 C)，数量较少；上述各相能谱分析结果见表 3.14。对图 3.55 和表 3.14 分析表明，渣中钛组分主要赋存在钙钛矿相，基体相钛含量明显低[12]。图 3.56 为氧化后渣样的扫描电镜断口形貌。能谱分析证明图中白亮相为钙钛矿，大小不等，暗色的基体相为辉石。

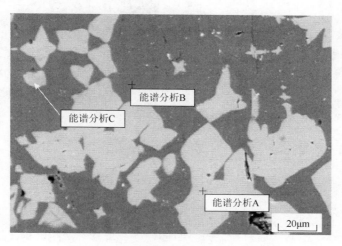

图 3.55　氧化后渣样的背散射电子形貌

表 3.14　不同物相区域元素组成(质量分数，单位：%)

区域	O	Mg	Al	Si	Ca	Ti	总计
钙钛矿	34.40	0	0	0	28.80	36.80	100.00
基体	53.14	7.50	10.97	15.06	9.63	3.70	100.00
镁铝尖晶石	51.73	12.96	35.31	0	0	0	100.00

断口形貌呈典型的解理断裂特征：①氧化后辉石发育较完善，呈良好的解理断口，并有大量小解理面与微小气孔洞；②钙钛矿相界面复杂，呈锯齿状；③从断口形貌可看出两相均为穿晶断裂，两者界面结合强度大于各自的强度，在外力作用下沿相界断裂方式的概率很小。

这样的断裂特征必将在后续的选择性分离即选矿的磨矿环节造成单体解离困难。基体辉石与钙钛矿相界面的形貌见图 3.57。图显示相界面干净，未发现过渡相或其他析出物，氧化并未改变两相界面的连接状态。为解析基体辉石相与钙钛矿相的相界关系，测定了氧化后样品中辉石与钙钛矿的取向关系，并根据测得的辉石与钙钛矿在不同带轴得到的电子衍射花样，模拟标定结果确定辉石与钙钛矿之间呈现如下取向关系[12]：

$$[1\,1\,3]_{钙钛矿}//[6\,5\,7]_{辉石}(1\,2\,\overline{1})_{钙钛矿}//(\overline{2}\,1\,1)_{辉石}$$

$$[0\,0\,1]_{钙钛矿}//[4\,3\,2]_{辉石}(1\,0\,0)_{钙钛矿}//(\overline{1}\,\overline{2}\,1)_{辉石}$$

显然，氧化后样品中辉石与钙钛矿的取向关系与氧化前样品的取向关系特点相近，即两相间不存在最简化的取向关系。

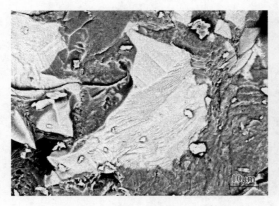

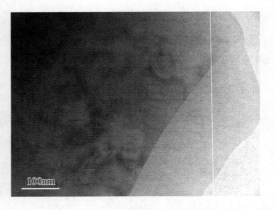

图 3.56　氧化后渣样的扫描电镜断口形貌　　　　图 3.57　基体辉石与钙钛矿相界面的形貌

2. 熔渣静态氧化

1) 热重分析氧化过程

图 3.58 给出空气中原渣质量随温度及时间的变化曲线。从图可见，前 20min，随温度升高原渣质量减少，500℃时原渣质量最少，因为氧化初始一些挥发物蒸发，以及渣中残留少量碳的氧化反应，生成 CO 或 CO_2 气体逸散掉而使原渣质量减少。但 20~70min，原渣质量迅速增大，70min 后原渣质量基本不变。原渣中夹杂微铁珠在较高温时氧化是中期原渣质量增加的主要因素[26, 27]。

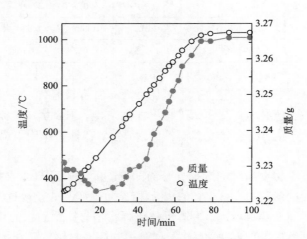

图 3.58　原渣质量随温度及时间变化曲线

2) 氧化对钙钛矿结晶的影响

图 3.59 为原渣和氧化渣分别以 1℃/min 和 7℃/min 速度冷却过程中，不同温度时取样测得钙钛矿体积分数的结果。由图可见，氧化渣中钙钛矿析晶温度为 1370℃，比原渣析晶温度 1420℃低 50℃。因原渣中高熔点 TiC、TiN 固体颗粒可有效降低成核位垒，在较低过冷度下形成钙钛矿晶体，即渣中钙钛矿呈非均匀形核。而氧化渣中 TiC、TiN 固体颗粒

因氧化消失，导致渣中钙钛矿呈均匀形核，需要在大过冷度下才能结晶。因此，氧化渣中钙钛矿析晶温度较原渣明显降低。此外，由图还可看到，冷却速度对钙钛矿析出影响显著。1℃/min 冷却时，氧化渣中钙钛矿最终的结晶量高于原渣；而以 7℃/min 冷却时，氧化渣中钙钛矿最终的结晶量却低于原渣。这表明 1℃/min 冷却可使体系接近化学平衡态，有足够时间析出；而 7℃/min 冷却速度较快，远离化学平衡态，析出时间不充分，结晶量低。

　　图 3.60 为原渣和氧化渣分别以 1℃/min 和 7℃/min 连续冷却过程不同温度时钙钛矿的平均等积圆直径(晶粒度)。可看到，相应温度上原渣的钙钛矿晶粒度比氧化渣的大。这是由于原渣中钙钛矿析晶温度高，在高温晶粒有较长时间粗化，并能够吞噬掉一些细小晶粒，尤其是一些刚刚形成的晶核，晶核数目减少有利于晶粒长大。而氧化渣中钙钛矿析晶温度低，不利于晶粒粗化，因此晶粒显得小。实验结果也表明，缓慢冷却有利于晶粒长大，而冷却速度较快导致熔体黏度迅速增大，使得构成钙钛矿的 Ca^{2+}、TiO_3^{2-} 输运困难，降低了晶体形核速度与长大速度，使晶体组织细小。实验上分别研究原渣与氧化渣两种试样的性质变化，但实际的现场熔渣氧化过程以原渣开始，以氧化渣终结。在冷却过程渣中钙钛矿相的析出从 1420℃ 开始，连续进行直至 1200℃ 以下仍未完全停止。

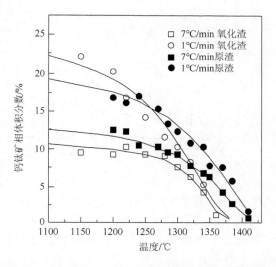
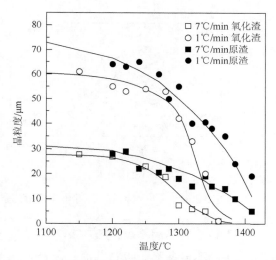

图 3.59　冷却速度对原渣和氧化渣中钙钛矿相体积　　图 3.60　冷却速度对原渣和氧化渣中钙钛矿晶粒度
　　　　　　分数的影响　　　　　　　　　　　　　　　　　　　　的影响

3. 熔渣动态氧化

　　向熔渣中鼓入空气的氧化方式称为动态氧化。张力[68]采用向熔渣中鼓入气泡的动态氧化方式研究熔渣中气/液相间氧化反应动力学规律及内在机制。

1) 动态氧化

　　图 3.61 为不同恒定温度时熔渣中各低价元素质量分数随鼓入空气氧化时间的变化曲线。由图 3.61(a)可见，渣中低价钛主要赋存于透辉石相，在高温被鼓入空气氧化时，低

价钛氧化物及少量 Ti(C, N)、TiC 和 TiN 高熔点化合物数量迅速减少。图 3.61(b)表明提高氧化温度，延长氧化时间，渣黏度降低，渣中悬浮微铁珠表面的 Ti(C, N)、TiC 和 TiN 氧化消失，有利于微铁珠聚合沉降，减少渣中单质铁质量分数；图 3.61(c)表明随着鼓入空气，渣氧位升高，渣中(FeO)被氧化为(Fe$_2$O$_3$)，而(FeO)质量分数降低。图 3.61(d)表明熔渣中(Fe$_2$O$_3$)可表征熔渣氧位[69]，(Fe$_2$O$_3$)质量分数高，渣氧位也高。由图可知，温度升高，时间延长，(Fe$_2$O$_3$)质量分数增加，渣氧位升高。

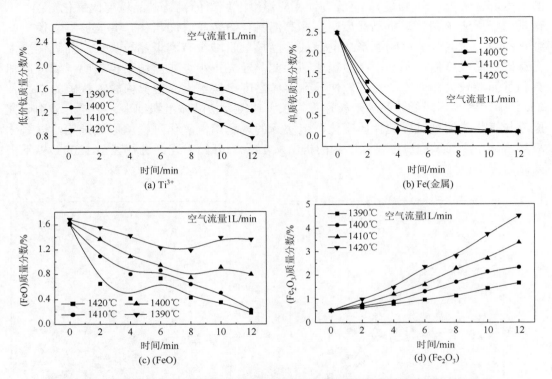

图 3.61　不同恒温条件下熔渣中低价元素或化合物质量分数随氧化时间的变化曲线

　　图 3.62 为不同空气流量下熔渣中低价元素或化合物质量分数随氧化时间的变化曲线。图 3.62(a)表明，随空气流量升高，供氧强度增大，传质条件改善，氧化反应速度加快，熔渣中低价钛质量分数快速减少；图 3.62(b)表明，空气流量增加，供氧强度增大，黏度降低，熔渣中单质铁沉降和氧化速度加快，铁质量分数迅速减少；图 3.62(c)表明，随着空气流量增加，供氧强度和搅拌强度增大，传质速度加快，(FeO)因氧化而质量分数降低；图 3.62(d)表明，供氧强度和搅拌强度增大，渣氧位升高，熔渣中(Fe$_2$O$_3$)质量分数不断增加。

2) 渣中钛氧化的动力学

　　利用图 3.61(a)中不同温度低价钛氧化速度随时间变化的实验数据，给出低价钛氧化反应速度与浓度的一级反应方程[70]为

$$(Ti^{3+})_t = (Ti^{3+})_0 e^{-k_{Ti}t} \tag{3.20}$$

式中，$(Ti^{3+})_t$ 为 $t = t$ 时三价钛含量；$(Ti^{3+})_0$ 为 $t = 0$ 时三价钛含量；k_{Ti} 为反应速率常数，仅为温度的函数。根据 Arrhenius 公式，反应速率常数近似满足关系：

$$\frac{d\ln k_{Ti}}{dT} = \frac{E}{RT^2}$$

式中，E 为低价钛氧化反应表观活化能，kJ/mol。利用上式和式(3.20)，并结合图 3.61(a) 的实验数据，可给出关系

$$\ln k_{Ti} = -\frac{55490}{T} - 30.35$$

由此得到低价钛氧化反应的表观活化能 E 为 461.1kJ/mol。依据文献[71]，当表观活化能小于 150kJ/mol 时组元的传质可能为控速步骤，文献[72]认为表观活化能大于 400kJ/mol 时过程由界面化学反应控制。综上，由表观活化能的数值及反应速度的特点，可确认渣中钛的氧化反应是由渣/气界面上氧与低价钛间化学反应速度所控制的。

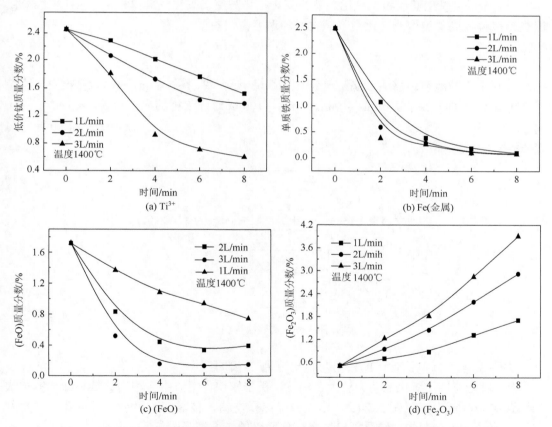

图 3.62　不同空气流量下熔渣中低价元素或化合物质量分数随氧化时间的变化曲线

3) 熔渣中铁氧化的动力学

本节用 Fe^{3+} 的生成速度来表征熔渣中铁的氧化动力学。利用图 3.61(b)给出不同温

度时渣中 Fe 氧化速度随时间变化的实验数据，Fe^{3+}氧化反应速度与浓度的一级反应方程可表示为

$$(Fe^{3+})_t = (Fe^{3+})_0 e^{-k_{Fe}t} \tag{3.21}$$

式中，$(Fe^{3+})_t$ 为时间 $t = t$ 时高价铁含量；$(Fe^{3+})_0$ 为 $t = 0$ 时高价铁含量；k_{Fe} 为反应速率常数。根据 Arrhenius 公式并结合图 3.61(b)实验结果，可得到关系

$$\ln k_{Fe} = -\frac{437300}{T} - 29.34$$

由此可得到 Fe 氧化反应的表观活化能 E 为 437.3kJ/mol。如前分析，由表观活化能数值可确定渣/气界面上氧与铁的化学反应为限速步骤。比较低价钛和低价铁氧化作用的表观活化能和反应速率常数，二者十分接近，表明 Fe 和 Ti 的氧化反应之间存在耦合反应，即

$$(Ti^{3+}) + (Fe^{3+}) \rule[0.5ex]{2em}{0.4pt} (Fe^{2+}) + (Ti^{4+}) \tag{3.22}$$

因此，用渣中(Ti^{3+})和(Fe^{3+})描述氧化动力学规律是等效的。

　　作为与空气氧化的对比，曾进行吹纯氧气来氧化含钛高炉渣的实验，结果表明，渣中单质铁、全铁、氧化亚铁和三氧化二铁的变化趋势与空气氧化时规律相似。但纯氧气氧化时熔渣氧位提高与温度升高比空气氧化时的速度更快些。

4. 动态氧化的扩大实验

　　在有上盖的渣包中盛渣 80kg，流程如图 3.63 所示[68]。图 3.64(a)～(d)为喷吹空气流量为 30L/min，时间分别为 2min、4min、8min、10min 时淬火样的显微形貌。

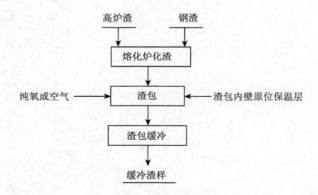

图 3.63　实验流程图

　　由图 3.64 可知，钙钛矿的析出与粗化分为三个阶段。

　　(1) 氧化前期：氧化驱动力较大，钙钛矿析出较快，熔渣中有相当数量呈细小树枝状的钙钛矿雏晶析出，见图 3.64(a)。这些枝晶纵横交错，枝晶间距很小，析出有一定的方向性。此外，还存在些由较早析出枝晶演化而来的较大枝晶。

　　(2) 氧化中期：氧化驱动力减小，钙钛矿析出趋缓，微小晶核消失，开始粗化，局部区域钙钛矿晶体长大速度较快，枝晶间距明显增大，但还有细小枝晶存在，枝晶间距也较小，见图 3.64(b)和(c)。

(3) 氧化后期：熔渣温度较低，黏度增大，钙钛矿析出趋于平缓。大多数钙钛矿相已长成粗大的晶体。晶体形貌不再呈明显枝晶，而是排列整齐的十字晶或块状等轴晶，尺寸进一步增大，可观察到有些相邻晶体并在一起，形成较大晶粒，见图 3.64(d)。

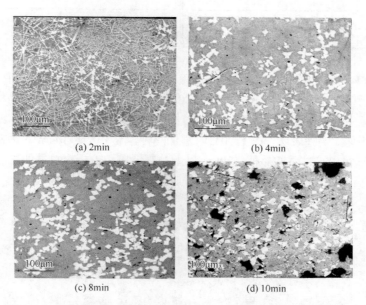

(a) 2min　　　　　　　　　　(b) 4min

(c) 8min　　　　　　　　　　(d) 10min

图 3.64　喷吹空气流量为 30 L/min 时不同时间的淬火样的显微形貌

　　渣包(罐)不同部位温度分布不均匀，钙钛矿显微形貌略有差异。渣包不同部位冷却速度也不同。渣罐中部和上部冷却速度较小，粗化时间较长，晶粒有较长时间粗化，并能够吞噬掉一些细小晶核，减少晶粒数目，钙钛矿尺寸较大，钙钛矿相为排列整齐的等轴晶。在渣罐的边缘、底部，散热快，冷却速度较快，熔体黏度增大，降低晶体形核与长大速度，晶体细小，尤其在渣罐边缘，钙钛矿呈细小枝晶析出。这些枝晶间距很小，而且枝晶的排列有一定的方向性，钙钛矿呈十字晶或等轴晶。在底部，钙钛矿细小枝晶已消失。

3.4.4　晶种对氧化渣中钙钛矿相析出的影响

　　熔渣冷却过程钙钛矿晶体析出经历形核与长大，其中控制形核方式是获得大晶粒的重要环节。王志猛[73]研究熔渣中添加晶种对钙钛矿相形核与长大的影响。

1. 晶种的影响

　　现场含钛高炉渣化学成分如表 3.15 所示。实验前将块状渣磨细，混合均匀。称取 500g 渣粉装入石墨黏土坩埚，置于电炉中升温至 1420℃并保持恒温 70min，在第 50min 时开始吹入氧气进行渣改性，吹氧时间为 12min，流量为 2L/min。恒温结束后以 1℃/min 速度冷却至 1200℃；在冷却过程加入晶种 0.5g。快速冷却至室温后取渣样抛光处理，用光学显微镜观察渣样中钙钛矿形貌。

表 3.15　含钛高炉渣化学组成(单位：%)

成分	质量分数	成分	质量分数
CaO	29.48	MgO	7.08
TiO$_2$	22.97	Fe$_2$O$_3$	2.81
SiO$_2$	21.41	MnO	0.95
Al$_2$O$_3$	12.80	其他	2.50

图 3.65 为晶种 TiO$_2$ 对氧化改性渣中钙钛矿相析出与长大的影响。从图中可见,添加 TiO$_2$ 晶种,钙钛矿相析出量增多;大多数粒度在 30μm 以上。在适宜温度加入晶种,增加晶核数量,有利于熔渣中钙钛矿相以此为中心析出、长大。因此,适宜晶种及加入温度可促进钙钛矿相的析出和粗化。实验表明,在 1390℃时添加晶种,渣中大于 30μm 的钙钛矿相占析出总量的 83.4%,而 1410℃时添加晶种,30μm 以上的钙钛矿相占析出总量的 73.3%。

(a) 未加晶种的渣　　　　　　　　　　　　　　　　(b) 加晶种的渣

图 3.65　晶种 TiO$_2$ 对氧化改性渣中钙钛矿相析出与长大的影响

2. 晶种类型对渣中钙钛矿相析出的影响

所选晶种为 A、B、C 三种类型,其化学组成如表 3.16 所示。

表 3.16　晶种成分(质量分数,单位：%)

晶种	TiO$_2$	CaO	SiO$_2$	Al$_2$O$_3$	MgO	Fe$_2$O$_3$	SO$_3$	MnO	其他
A	100.0	0	0	0	0	0	0	0	0
B	21.3	31.5	22.5	13.3	6.0	1.6	1.4	0.6	1.8
C	20.0	32.4	23.1	14.1	5.6	1.1	0.4	0.7	2.6

500g 高炉渣中加入渣总量 6%的复合添加剂,其中 CaO、CaF$_2$、Al$_2$O$_3$ 比例为 3:2:1。混合均匀后置于电炉中加热至 1420℃,恒温 70min 后以 1℃/min 速度冷却至 1200℃,自然冷却至室温,其间在 1390℃时分别加入晶种(A、B、C)0.5g。

1) 晶种 A

结果表明,随着晶种 A 的加入,钙钛矿相的析出量呈先增后降趋势。晶种加入量为 0.5g/500g 渣时,析出量达到最大值(27.7%);晶种加入量为 0.9g/500g 渣时,析出量最小

(21.9%)。因此，晶种加入量应适宜。表 3.17 为晶种 A 加入量对钙钛矿相粒度的影响。从表可见，晶种加入后钙钛矿相粒度也增大，并且粒度大于 30μm 的钙钛矿相占总量的比例呈增加趋势。未加晶种 A 时，30μm 以上钙钛矿相占析出总量的 72.38%；加入后占析出总量的 80% 左右，最好为 83.43%。

表 3.17　晶种 A 加入量对钙钛矿相粒度的影响(单位：%)

粒度/μm	A 加入质量/g					
	0	0.1	0.3	0.5	0.7	0.9
≤10	2.87	1.61	2.26	1.01	2.49	1.5
10～20	7.63	4.22	6.82	4.15	7.92	9.13
20～30	17.11	12.87	11.44	11.41	10.84	9.31
30～40	23.10	16.04	23.14	16.88	20.67	15.84
40～50	20.43	20.17	21.15	19.5	17.24	19.21
50～60	14.92	19.43	20.62	17.53	18.19	24.5
≥60	13.93	25.66	14.57	29.52	22.65	20.51
大于 30μm 粒度总和	72.38	81.30	79.48	83.43	78.75	80.06

2) 晶种 B

实验表明，随着晶种 B 的加入，钙钛矿相析出量呈先增后降趋势。加入量为 0.5g/500g 渣时，钙钛矿析出量达到最大值(24.7%)，加入量为 0.1g/500g 渣时，析出量最小(仅 19.7%)。表 3.18 为晶种 B 加入量对钙钛矿相粒度的影响。从表可见，晶种加入后钙钛矿相粒度增大。未加晶种 B 时，30μm 以上钙钛矿相占析出总量的约 72.4%，而加入晶种 B(0.1～0.7g/500g)后占析出总量的 75%，最好达到 82.97%。

表 3.18　晶种 B 加入量对钙钛矿相粒度的影响(单位：%)

粒度/μm	B 加入质量/g					
	0	0.1	0.3	0.5	0.7	0.9
≤10	2.88	2.8	1.96	1.62	3.13	3.12
10～20	7.63	9.76	5.28	5.51	9.34	10.93
20～30	17.11	11.49	11.89	9.9	13.95	25.26
30～40	23.1	22.02	16.49	19.73	24.42	27.16
40～50	20.43	21.61	16.8	16.5	19.23	20.25
50～60	14.92	14.58	18.74	18.74	14.24	9.06
≥60	13.93	17.74	28.84	28	15.69	4.22
大于 30μm 粒度总和	72.38	75.95	80.87	82.97	73.58	60.69

3) 晶种 C

规律同前，晶种 C 加入量为 0.5g/500g 渣时，钙钛矿的析出量达最大值为 28.6%，加入量为 0.3g/500g 渣时析出量最小为 21.5%。表 3.19 中，未加入晶种 C 时，30μm 以上钙钛矿相占析出总量的约 72.4%，加晶种 C(0.1～0.7g/500g)后占析出总量的约 70%，最佳 C 加入量 0.5g/500g 渣时占析出总量的 75.08%。

表 3.19　晶种 C 加入量对钙钛矿相粒度的影响(单位：%)

粒度/μm	C 加入质量/g					
	0	0.1	0.3	0.5	0.7	0.9
≤10	2.88	2.69	3.12	1.52	3.67	2.05
10～20	7.63	7.52	9.79	5.09	5.99	11.24
20～30	17.11	16.55	17.8	18.31	15.41	34.05
30～40	23.1	22.11	22.53	19.3	23.55	36.72
40～50	20.43	25.23	21.1	22.26	21.24	12.14
50～60	14.92	14.45	13.05	18.82	17.11	2.7
≥60	13.93	11.45	12.61	14.7	13.03	1.1
大于 30μm 粒度总和	72.38	73.24	69.29	75.08	74.93	52.66

3.4.5　半工业规模动态氧化试验及渣中金属铁的沉降

1. 动态氧化熔渣中钙钛矿的析出行为

王明玉等在 200m³ 高炉的生产现场完成半工业规模试验。采用浸入式氧枪向盛装约 1.3t 含钛高炉熔渣(下渣，约含 16%TiO₂)的渣罐中喷吹空气，流量为 1.67×10^{-2} m³/s，于 1350～1450℃氧化 20min 后以 1℃/min 冷却速度降至室温，取样分析[74-80]。试验用自制半球形渣罐(半径 $r = 1.0$m)，渣罐带保温上盖与双保温层罐体，可保持冷却过程罐中熔渣冷却速度低于 1℃/min。

1) 无添加剂试验

图 3.66 为动态氧化过程钛富集度与时间的关系。由图可知，随氧化时间的延长，钛的富集度逐渐提高。图 3.67 为渣样的显微形貌，其中，图 3.67(a)为原渣，图 3.67(b)～(d)分别为氧化 13min、20min 和 25min 的渣样。从图可见，原渣中大部分钙钛矿相为十字状、雪花状、树枝状雏晶，粒度细小，结晶趋向较强；氧化渣中钙钛矿主要呈块状等轴晶，晶粒明显长大。图像分析表明，氧化 13min、20min 和 25min 缓冷渣样中，钙钛矿粒径大于 30μm 的面积分数分别为 74.38%、85.90%和 85.02%。显然，氧化时间适当延长可促进渣中钙钛矿相长大，但一定时间后，随氧化时间延长，反而不利于钙钛矿的长大。

2) 有添加剂试验

图 3.68 为钛富集度与钢渣加入量的关系。由图可知，氧化时间一定，随钢渣加入量增大，钛的富集度逐渐变大。CaO 是钢渣主要成分，添加钢渣促进钙钛矿析出反应正向进行。图 3.69 为钛富集度与 Si-Fe 粉加入量的关系。由图可知，随 Si-Fe 粉加入量增大，钛的富集度也逐渐变大。表 3.20 是 Si-Fe 粉成分表。

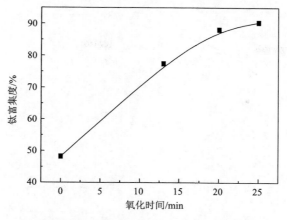

图 3.66　动态氧化过程钛富集度与时间的关系

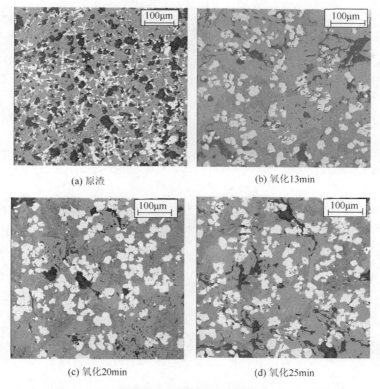

(a) 原渣　　　　　　　　　　　　　　　(b) 氧化13min

(c) 氧化20min　　　　　　　　　　　　(d) 氧化25min

图 3.67　渣样的显微形貌

表 3.20　Si-Fe 粉成分表(单位：%)

成分	质量分数	成分	质量分数
Si	74.4	P	0.2
Fe	24.5	其他	0.9

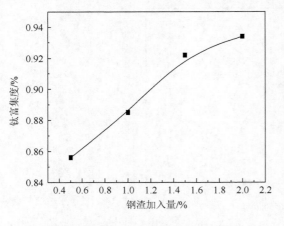

图 3.68　钛富集度与钢渣加入量的关系

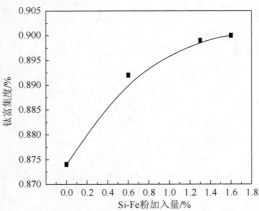

图 3.69　钛富集度与 Si-Fe 粉加入量的关系

　　图 3.70 为钛富集度随 Si-Fe 粉和钢渣加入量的变化关系。从图可见，随加入量增大，钛的富集度变大。与图 3.68 和图 3.69 比较，两种添加剂同时加时的富集效果比单一添加剂更好。图 3.71 为钢渣加入量与钙钛矿粒度的分布关系，可见随钢渣增多，钙钛矿晶粒尺寸变小。图 3.72 为 Si-Fe 粉加入量不同时熔渣温度与氧化时间的关系，可见随 Si-Fe 粉加入量增加，氧化时间延长，氧化放热使熔渣温度升高，但氧化时间过长，熔渣温度出现降低趋势。

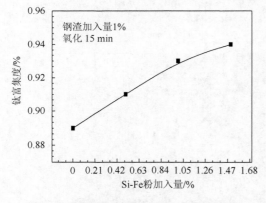

图 3.70　钛富集度与添加剂加入量的关系

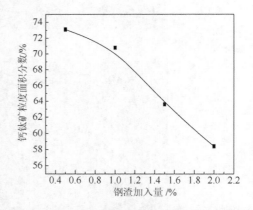

图 3.71　钢渣加入量与钙钛矿粒度分布的关系

　　由吨级半工业规模试验结果可知，在高炉生产现场实施含钛高炉渣的氧化改性，可以使渣中分散的钛组分绝大部分富集到钙钛矿相中，实现选择性富集与长大。这种处理方式不干扰高炉炼铁生产工艺，附加设备简单，易操作，无环境污染，处理成本低，可同步消化掉钢渣，以废治废。

2. 动态氧化熔渣的温度变化

　　图 3.73 是熔渣氧化过程温度变化[74]。可看出：氧化前期，熔渣温度高，氧化约 300s

时熔渣温度升 60℃左右，之后逐渐冷却。渣中还原态物质成分见表 3.21，由表可知，氧化放热导致熔渣温度升高。

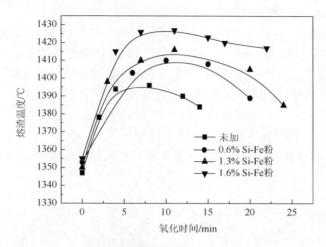

图 3.72　熔渣温度与氧化时间的关系

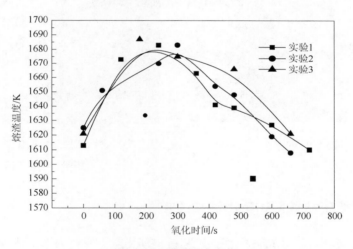

图 3.73　熔渣温度变化

表 3.21　熔渣中还原态物质成分(单位：%)

成分	质量分数	成分	质量分数
C	0.3	TiN	0.5
FeO	0.5	$TiO_{1.5}$	2.0
TiC	0.5	TiO	0.5

3. 动态氧化时渣中金属铁的沉降

冶炼钒钛磁铁矿的铁损占生铁量的 6%～7%[1]，渣中夹带铁又占铁损的 90%左右。原因是 TiN、TiC 固体颗粒聚集在渣/铁界面，或包裹铁珠，使渣/铁界面由不润湿转为润湿[3]，阻碍铁珠聚集、长大和沉降。因此，消除渣/铁界面的 Ti(C, N) 是减少渣中夹带铁的关键措施之一。渣中夹带铁有两种形态：一种是分布于渣表面或气泡附近的铁珠，直径大于 1mm，表面无 Ti(C, N) 包裹，是由渣流机械夹杂或气泡上升浮力而形成的；另一种是以弥散状态分布于渣中的细小铁珠，铁珠表面有条状或膜状固体 Ti(C, N)，它妨碍铁珠的聚合、长大和沉降[1]。当熔渣氧化时，铁珠表面 Ti(C, N) 被氧化掉，渣黏度减小，利于渣铁分离，铁珠沉降。喷吹空气氧化时，气流搅拌使熔渣处于运动状态，增大铁珠碰撞概率，有利于聚合、长大和沉降。图 3.74 为半工业规模试验时，罐底凝渣上表面光亮的铁珠形貌，尺寸为 3～4mm 到 1～2cm，可分离并回收。图 3.75 为电子显微镜照片。由图可见，在铁珠周围包裹着 Ti(C, N)。运动中铁珠聚合由三个因素导致[81]：一是液滴间相互碰撞聚合成大液滴沉降；二是大小液滴间扩散传质产生液滴合并和长大；三是搅拌加快铁珠运动，碰撞概率增大，加快熔渣内铁珠的沉降。

图 3.74　铁珠的形貌

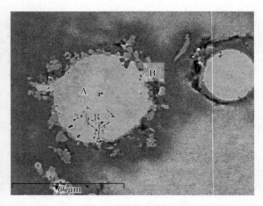

图 3.75　含钛高炉渣中铁珠的电子显微镜照片

A：铁珠，B：Ti(C, N)

3.4.6　氧化熔渣中钙钛矿相析出的动力学

王明玉[74]详细研究氧化熔渣中钙钛矿相析出动力学。原料为半工业规模试验氧化渣，经化学分析确知渣中已不含低价钛和铁，化学成分见表 3.22。

表 3.22　渣样成分(单位：%)

成分	质量分数	成分	质量分数
CaO	28.98	V_2O_5	0.22
MgO	6.21	Fe_2O_3	4.35
TiO_2	21.17	MnO	0.49
Al_2O_3	11.05	其他	0.38
SiO_2	27.15	—	—

(1) 冷却实验：称取一定量氧化渣，置于电阻炉内氩气保护下加热到 1450℃，保温

40min 充分熔化，分别以 0.5℃/min、1℃/min、3℃/min、5℃/min 的速度冷却，冷却过程中每降到选定的温度抽取水淬试样，研磨抛光，光学显微镜观察样中钙钛矿相形貌特征，图像分析仪测定钙钛矿相体积分数和平均晶粒尺寸。

(2) 等温实验：取氧化渣 200g 盛入坩埚，在氩气保护下加热到 1450℃，保温 40min 充分熔化，再以 20℃/min 的冷却速度分别降到选定的温度(1380℃、1350℃、1320℃)，约 5min 后开始计时，并分别在不同时间从坩埚中取样水淬。淬火样抛光处理，用光学显微镜观察样中钙钛矿相的形貌特征，图像分析仪测定钙钛矿相体积分数和平均晶粒尺寸。

1. 冷却过程钙钛矿相析出行为

1) 冷却过程渣中钙钛矿相的析出

图 3.76 为冷却速度为 5℃/min 时不同温度下淬火样的微观形貌。可看出：熔渣冷却到 1370℃时已开始有钙钛矿相晶体析出(图 3.76(a))，这些枝晶呈絮状、网状，枝晶间距很小，晶体析出具有很强的方向性，在某方向析出稍快，晶体尺寸增加较快，呈微观不均匀特征。随温度降低，钙钛矿析出量明显增加，局部区域开始出现尺寸较大的枝晶，枝晶间距也变大，但大部分区域钙钛矿枝晶仍呈细小树枝状的网状晶(图 3.76(b))。当温度降到 1290℃(图 3.76(c))时，约半数钙钛矿相已长成较粗大的枝晶段，枝晶间距较大，渣中已无细小网状晶。当熔渣冷却到 1230℃(图 3.76(d))时，绝大多数钙钛矿相已经发育成较粗大晶体，不再呈明显的枝晶，而呈排列整齐的块状等轴晶，尚残存部分细小枝晶。温度由

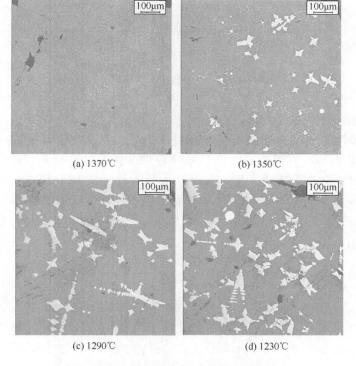

(a) 1370℃　　　　　　　　　　　(b) 1350℃

(c) 1290℃　　　　　　　　　　　(d) 1230℃

图 3.76　5℃/min 冷却时淬火样的微观形貌

1450℃降到1370℃时熔渣中已存在网络状树枝雏晶，它由多个微小的晶核发育成微晶，并沿着一定的结晶取向排列而成。这些微晶具有相同的化学组成和内部空间格子构型，沿着相同的方向平行排列，有些还平行连生。晶体的析出呈现空间不连续性特征，即晶体析出先发生在局部。

　　图 3.77 为不同冷却速度下渣中钙钛矿相体积分数随温度变化。可看出，在同一温度下冷却速度小时钙钛矿相体积分数大。由拟合曲线可见，随温度降低，钙钛矿相体积分数呈增加趋势，表明析出反应还在继续，体系仍处于非平衡态，存在向平衡态转化的趋势。氧化渣中钙钛矿相的析晶温度约1390℃，与娄太平等确定氧化渣中钙钛矿的析晶温度为1370℃相近[26, 52]。

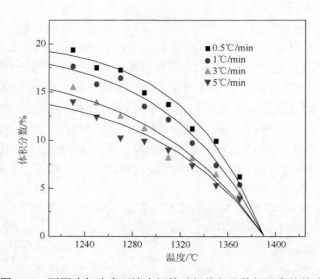

图 3.77　不同冷却速度下渣中钙钛矿相体积分数与温度的关系

2) 冷却过程渣中钙钛矿相析出动力学

　　图 3.78 为钙钛矿相体积分数与冷却速度的关系。由图可见，当 $\alpha \to 0$ 时，不同选定温度的体积分数趋于一有限值，表明体系接近平衡状态，钙钛矿相体积分数达到最大值。当 $\alpha \to \infty$ 时，体积分数趋于零，即足够大的冷却速度下钙钛矿相的析出受到抑制；相同的冷却速度，低温时钙钛矿相体积分数较高温时大。为获得非等温过程钙钛矿相结晶动力学的表述，利用 Erukhimovitch 和 Baram[82] 推导的玻璃晶化过程非等温动力学方程可近似给出

$$-\ln(1-\chi) = \frac{C}{\alpha^q}\exp\left[-\frac{1.052qE}{R(T_0-T)}\right] \tag{3.23}$$

式中，$\chi = f(\alpha, T)/f(0, T)$，其中，$f(\alpha, T)$ 为温度 T 和冷却速度 α 时钙钛矿相的体积分数，$f(0, T)$ 为温度 T 和冷却速度为零时(体系处于化学平衡态)钙钛矿相的体积分数；T_0 为渣中钙钛矿的析晶温度；E 为晶体的生长活化能；C 和 q 为常数；T 为热力学温度。化简式(3.23)就得到

$$\chi = 1 - \exp\left(-\frac{c}{\alpha^q}\right)$$

式中，$c = C\exp\left(-\dfrac{1.052qE}{R(T_0 - T)}\right)$。将上式两边取对数，从而方程改写成下述形式：

$$\ln[-\ln(1-\chi)] = -q\ln\alpha + \ln c \tag{3.24}$$

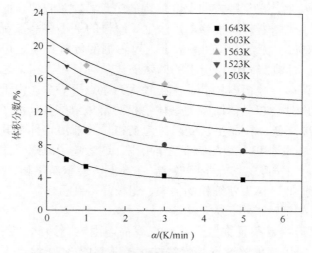

图 3.78　钙钛矿相体积分数随冷却速度的变化

图 3.79 给出 1503K 和 1643K，$\ln[-\ln(1-\chi)]$ 随 $\ln\alpha$ 的变化曲线。可以看出，两温度下曲线的斜率基本相同。由本实验数据拟合得到[74]

$$q = 0.356, \quad c = 2.07\exp\left(-\frac{10.72}{1663-T}\right)$$

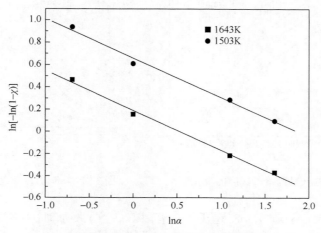

图 3.79　$\ln[-\ln(1-\chi)]$ 与 $\ln\alpha$ 的关系

3) 冷却过程渣中钙钛矿相的生长与粗化

实验表明，不同冷却速度显著影响析出钙钛矿晶体的尺寸，冷却速度低有助于钙钛矿晶体的长大与粗化。钙钛矿晶体生长是相邻颗粒不断聚合、细小晶体熔化消失和粗大晶体进一步粗化的过程。当熔渣温度降低到钙钛矿的析晶温度后，渣中开始出现网状雏晶(图 3.76(a))，它是由多个微小晶核发育成的微晶，并沿着一定的结晶取向排列。这些微晶具有相同的化学组成和内部空间格子构型。晶体生长呈现空间不连续性，即晶体生长先在体系的局部发生。在某些方向上晶体优先生长，发育较快，而其他方向的晶体生长较缓慢，非常细小。随着时间推移，一些生长缓慢的细小枝晶重新熔化，释放的 Ca^{2+} 和 TiO_4^{4-} 通过界面配布于优先生长的晶体上、可占据的位置，使之进一步长大，枝晶间距变宽(图 3.76(c))。熔渣凝固过程析出的钙钛矿枝晶有长短、粗细之分。细小的枝晶曲率半径小，熔点下降多；较粗的枝晶曲率半径大，熔点下降少。由于钙钛矿的析晶温度相对较高，当其析出时会在晶体周围的熔体中相对富集一些其他离子或离子团，从而导致 Ca^{2+} 和 TiO_4^{4-} 浓度降低，枝晶生长受阻。起初粗枝晶前沿熔体中其他离子或离子团的浓度高于细枝晶前沿的浓度，在浓度梯度作用下，这些离子或离子团由粗枝晶前沿向细枝晶前沿扩散。同时细枝晶的熔点下降较多，在高温下会重新熔化，产生的 Ca^{2+} 和 TiO_4^{4-} 由细枝晶向粗枝晶扩散，结果使细枝晶消失、粗枝晶得到粗化。

4) 冷却过程渣中钙钛矿相长大动力学

渣中钙钛矿相形状复杂且弥散分布，直观描述困难。为此，在保持钙钛矿晶粒体积不变的前提下，采用简单的球形晶代替柱状枝晶。图 3.80 给出不同冷却速度下钙钛矿平均晶粒尺寸与温度的关系。可以看出，冷却速度对于钙钛矿相长大的影响明显。相同温度时冷却速度越小，平均晶粒尺寸越大。图 3.81 给出 $\alpha \bar{r}^3$ 在不同温度时随冷却速度 α 的变化曲线。

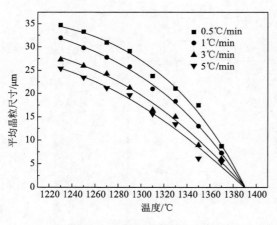

图 3.80　平均晶粒尺寸随冷却速度的变化

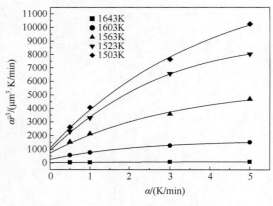

图 3.81　$\alpha \bar{r}^3$ 随冷却速度的变化曲线

从图可见，当 $\alpha \rightarrow 0$ 时，$\alpha \bar{r}^3$ 趋于一个有限值；当 α 增加时，$\alpha \bar{r}^3$ 增加。变化规律可由式(2.81)近似描述，拟合的结果有如下近似形式[74]：

$$\alpha \bar{r}^3 = A(T)\left(1 + \mathrm{e}^{-\frac{b}{\alpha^p}}\right) \tag{3.25}$$

式中，α 为冷却速度，K/min；$A(T)$ 为 $\alpha \rightarrow 0$ 时 $\alpha \bar{r}^3$ 的数值；p 为指数因子；b 为只与温度有关的参数。由实验结果拟合可得

$$p = -0.645, \quad b = -0.987\exp\left(-\frac{10.78}{1663-T}\right)$$

显然，式(3.25)表明在冷却的过程中形核率不为零，且影响较显著。实际上，变温过程中钙钛矿相的长大由两方面机制驱动：一方面是过饱和浓度导致晶粒自身的生长；另一方面是钙钛矿晶体与熔体间的界面使体系自由能升高导致的晶粒粗化。缓慢冷却有利于晶粒粗化，尤其在晶粒刚析出时，大的晶粒可以迅速吞噬掉一些刚刚形成的晶核，减少晶粒的数目，这与实验结果一致。

2. 等温过程钙钛矿相析出行为

图 3.82 为 1320℃等温淬火样的微观形貌。由图可见，恒温处理 5min 时，已有少量呈细丝状或羽毛状的钙钛矿晶体出现(图 3.82(a))，这些枝晶纵横交错，枝晶间距很小，晶体析出有一定方向性，在某一方向生长稍快，晶体尺寸增加较快，呈微观不均匀特征。随着时间延长，这些晶体长大和粗化，形状变为块状和十字状；当时间达到 110min 时，钙钛矿相枝晶明显长大(图 3.82(d))。

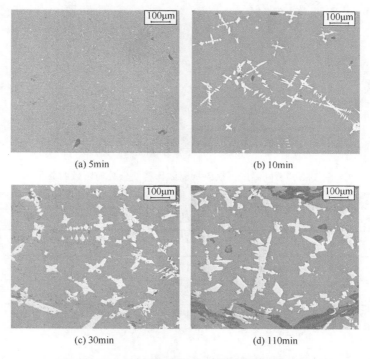

(a) 5min　　(b) 10min

(c) 30min　　(d) 110min

图 3.82　1320℃等温淬火样的微观形貌

1) 等温过程渣中钙钛矿相析出动力学

等温条件下钙钛矿析出动力学由式(2.48)近似描述，即 $\chi(t,T) = f(T,t)/f(T,\infty)$，其中，$\chi$ 为钙钛矿析出体积转变分数，$f(T,t)$ 为温度 T 时某 t 时刻钙钛矿相的体积分数，$f(T,\infty)$ 为体系达到平衡时钙钛矿相的体积分数。实验给出体积转变分数 χ 随时间变化，见图 3.83。由图可见，在等温开始时，不同温度下钙钛矿相析出体积转变分数均不为零。这表明，钙钛矿相在快速冷却过程中已开始析出。当时效约为 50min 时，体积转变分数近似 1，此时体系已接近平衡态。由扩散控制的钙钛矿等温析出过程中，体积转变分数与时间的关系可表达为式(2.49)的形式，即

$$\chi = 1 - e^{-k(t+t_0)^n}$$

式中，k 为动力学常数；n 为 Avrami 因子；t_0 为时间参数。根据实验结果拟合出了不同温度下的参数值，见表 3.23。Avrami 因子是反映形核率或晶体生长形态的参数，当生长过程受组元长程扩散控制时，若形核率为定值，则 $n=1.5$，本实验 $n=0.75$（小于 1.5），可能由于钙钛矿晶粒粗化作用，大晶粒吞并小晶粒，使得晶粒数量减少，导致 n 变小。

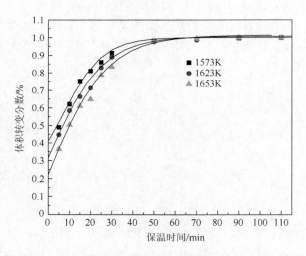

图 3.83 不同温度钙钛矿析出体积转变分数与时效的关系

表 3.23 由实验数据模拟的参数值

温度/K	k	n	t_0/min
1573	0.183	0.75	2.5
1623	0.158	0.75	1.5
1653	0.129	0.75	0.5

2) 等温过程渣中钙钛矿相长大动力学

图 3.84 给出不同温度下钙钛矿平均等积圆半径的三次方 $\bar{r}^3$ 与 χ 之比随等温时间的变

化[74]。从图可看出，恒温下初期晶粒生长较快，约 50min 后，体积生长速度逐渐变慢。这说明在钙钛矿析出初期，主要是晶体自身生长，后期是晶粒粗化。根据文献[51]，非平衡态下晶粒生长可近似由方程(2.59)描述为

$$\frac{\mathrm{d}\bar{r}^3}{\mathrm{d}t} = 3\bar{r}^2 u + k(\chi)$$

式中，u 为过饱和引起的线性生长速度；χ 为钙钛矿相析出体积转变分数；$k(\chi)$ 为 χ 粗化系数。按前面分析，钙钛矿相在快速冷却过程中已开始析出，可近似认为钙钛矿相的形核率为零，由式(2.63)描述。实验结果表明，钙钛矿相在 1653K、1623K 和 1593K 平衡时的体积分数分别为 9.05%、14.73% 和 16.32%，所占的体积分数较小，因此对应于体积转变分数为 χ 的浓度可近似为

$$C(\infty, \chi) = C(\infty, 1) + f_0(1 - \chi)$$

式中，f_0 为平衡态时钙钛矿相的体积分数；$C(\infty, 1)$ 为钙钛矿的平衡浓度；$C(\infty, \chi)$ 为 χ 准平衡态时钙钛矿的平衡浓度，则式(2.59)变为式(2.71)，即

$$\frac{\mathrm{d}}{\mathrm{d}t}\left(\frac{\bar{r}^3}{\chi}\right) = \frac{k_1}{\chi} - k_2$$

式中，$k_1 = k_0\left[1 + \frac{f_0}{C(\infty, 1)}\right]$，$k_2 = \frac{k_0 f_0}{C(\infty, 1)}$，$k_0 = \frac{3D\sigma\Omega_S C(\infty, 1)}{2k_B T}$。$\frac{\mathrm{d}}{\mathrm{d}t}\left(\frac{\bar{r}^3}{\chi}\right)$ 与 $\frac{1}{\chi}$ 关系见图 3.85[74]。

由图可见，该结果与预测的规律一致。显然，只要确定了 χ 随时间的变化规律，其颗粒的平均半径随时间的变化就可由方程给出。

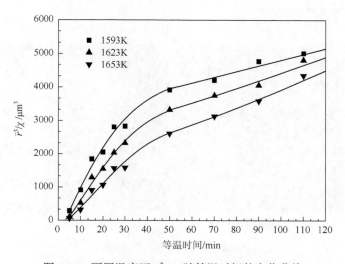

图 3.84　不同温度下 $\bar{r}^3/\chi$ 随等温时间的变化曲线

等温过程熔渣中钙钛矿相长大动力学可归纳为：氧化渣中钙钛矿相开始析晶温度为 1390℃；冷却速度越低，钙钛矿析出量越多、钙钛矿晶粒尺寸越大；在等温条件下钙钛矿相的长大为非平衡过程，即长大由其晶体自身生长和晶粒粗化两部分共同作用。

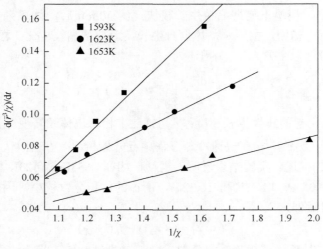

图 3.85　　$d(\overline{r}^3/\chi)/dt$ 与 $1/\chi$ 的关系

3.5　熔渣凝固过程的模拟

3.5.1　熔渣凝固过程钙钛矿相的分形特征

含钛高炉熔渣中钙钛矿相的析出形貌及分布特征较复杂，且受诸多因素影响，精确描述十分困难。但是其结晶形貌具有分形特征，见图 3.86。为此，夏玉虎等[83-86]探索应用分形几何理论来描述其形貌特征。

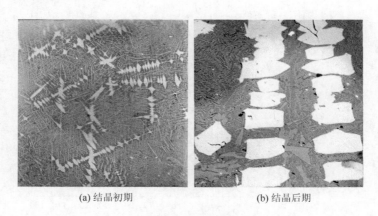

(a) 结晶初期　　　　　　　　　　　(b) 结晶后期

图 3.86　钙钛矿相的析出形貌

1. 分形理论简述

分形系指在一些简单空间上一些点的集合具有某些特殊的几何性质[87-93]，现实中分形大多数为近似意义上的随机分形，自相似维数和豪斯多夫(Hausdorff)维数通常难以求得。本节应用较为广泛、可操作性强的两种方法。

1) 周长面积法

将不规则图形比喻为小岛，则小岛周长 $L(\varepsilon)$ 与面积 $A(\varepsilon)$ 关系为 $[L(\varepsilon)]^{1/D} = a_D(\varepsilon)\sqrt{A(\varepsilon)}$。当 ε 固定时，比值 $a_D(\varepsilon) = [L(\varepsilon)/\sqrt{A(\varepsilon)}]$ 是常数，而与岛的大小无关。其中 ε 为相对测量码尺，它为绝对测量码尺 η 与岛的初始周长 L_0 之比值，即 $\varepsilon = \eta/L_0$。上式两边取对数得

$$\lg L(\varepsilon) = D\lg a_D(\varepsilon) + \frac{D}{2}\lg A(\varepsilon) = \text{const} + \frac{D}{2}\lg A(\varepsilon)$$

在某一固定码尺下，测定一系列岛的周长 $L(\varepsilon)$ 与面积 $A(\varepsilon)$，作 $\lg L(\varepsilon)$-$\lg A(\varepsilon)$ 图，测得直线斜率的 2 倍即分形维数 D。

2) 分布函数法

将特征物的直径记为 d，直径小于 d 的特征物概率(占总面积的百分数)为 $A(<d)$，若按直径的分布概率记为 $a(d)$，则有关系 $A(<d) = \int_0^d a(d)\mathrm{d}s$。如果是分形结构，则存在自相似。因此，分布概率与放大倍数无关，即对任意 $\lambda>0$，有 $A(<d) \propto A(<\lambda d)$ 成立，且满足幂函数 $A(<d) \propto d^D$，或写成等式 $A(<d) = A_0 d^D$，其中，A_0 为与结构有关的常数，D 为特征物的分形维数。D 反映了特征物的不均匀程度，D 越大，分布越不均匀；A_0 反映了特征物的相对含量，A_0 越大，特征物的相对含量越大，反之，特征物的相对含量越小。

2. 渣中钙钛矿相的分形特征

图 3.87 为含钛高炉渣中添加 4%钢渣时钙钛矿析晶的形貌。经过平滑去噪等滤波处理后，根据图像的灰度直方图法对图 3.87 进行二值化[83, 84]，如图 3.88 所示。

可看出，计算机自动处理后会有杂点和一些不理想的连接，见图 3.89。手动编辑处理后可获得钙钛矿的清晰图像，见图 3.90(a)。将钙钛矿晶粒的区域图像利用种子填充，可得到反映晶粒边界复杂形状的轮廓曲线，见图 3.90(b)。用周长面积法和分布函数法得到晶粒形状分形维数和晶粒直径分布分形维数。

图 3.87　添加 4%钢渣时凝渣中钙钛矿晶体形貌

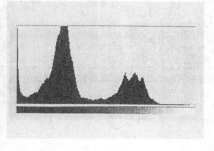

图 3.88　灰度直方图

图 3.89　自动二值化处理后的图

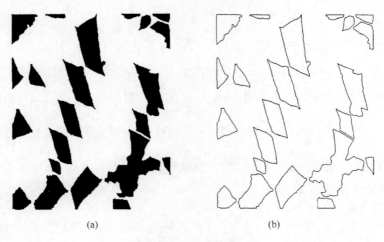

(a)　　　　　　　　　　　　(b)

图 3.90　图像分析

3. 影响钙钛矿相分形特征的因素

1) 熔渣碱度

图 3.91 为不同钢渣加入量时钙钛矿显微形貌。由图可见，随钢渣加入量提高，晶体尺寸变小，而且分布不均匀。钙钛矿分布分形维数和轮廓分形维数的变化见图 3.92。由图可知，钙钛矿分布分形维数和轮廓分形维数均随钢渣加入量增加而增大，说明钙钛矿的分布更不规则，轮廓也更复杂，由规则的块状等轴晶向细小的不规则枝晶发展。

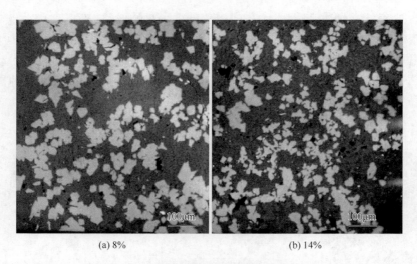

(a) 8%　　　　　　　　　　　(b) 14%

图 3.91　不同钢渣加入量时钙钛矿显微形貌

2) 渣熔化温度

图 3.93 为渣熔化温度不同时的显微形貌。可观察到，渣熔化温度低时，钙钛矿晶体细小，晶体发育不良，基本是块状等轴晶，见图 3.93(a)。渣熔化温度高时，钙钛矿晶体粗大，晶体发育良好，有等轴晶、短柱状晶，见图 3.93(b)。实际现场高炉渣中已含大量

近程有序排列的细小钙钛矿晶胚，当渣熔化温度低于结晶开始温度时，这些弥散分布的晶胚就形成钙钛矿晶核。当渣熔化温度较高时，原有钙钛矿相充分熔化，熔体成分均匀，冷却过程中不至于同时出现大量钙钛矿晶核，有利于晶体的长大与粗化，晶体发育良好。分布分形维数和轮廓分形维数均随渣熔化温度升高而减小，见图 3.94，说明钙钛矿的分布更规则，轮廓更清晰。

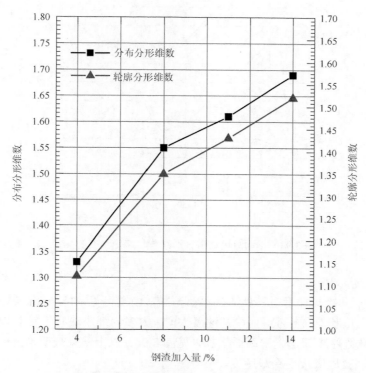

图 3.92　钙钛矿分形维数与钢渣加入量的关系

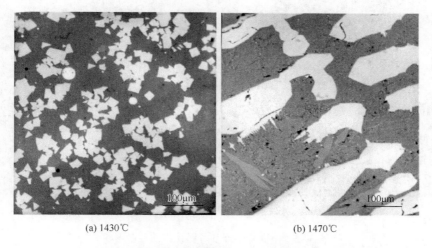

(a) 1430℃　　　　　　　　　　(b) 1470℃

图 3.93　不同熔化温度时渣样的显微形貌

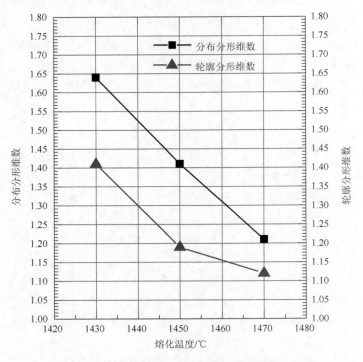

图 3.94　不同渣钙钛矿分形维数与熔化温度的关系

3) 冷却速度

图 3.95 为不同冷却速度时钙钛矿的显微形貌，由图可见，1℃/min 缓慢冷却时钙钛矿晶体多数为粗大块状及短柱状，而冷却速度大时，大多为细小块状等轴晶以及未充分粗化的枝晶。分形维数随冷却速度升高而增加，见图 3.96。以上结果表明，为使钙钛矿充分析出并长大粗化，应尽量减小冷却速度。

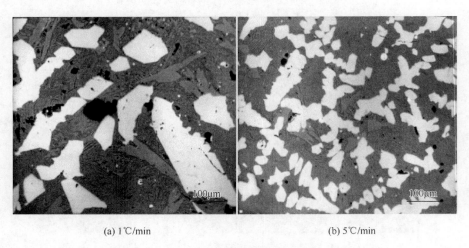

(a) 1℃/min　　　　　　　　　　　　　　(b) 5℃/min

图 3.95　不同冷却速度时钙钛矿的显微形貌

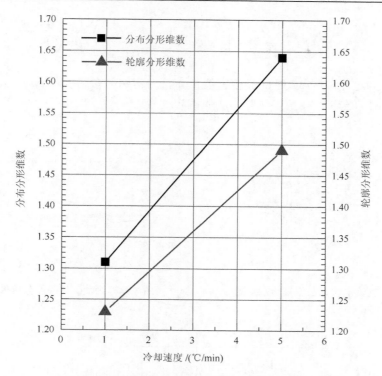

图 3.96 冷却速度与钙钛矿分形维数的关系

3.5.2 熔渣凝固过程钙钛矿相析晶行为的模拟

原位观察高温条件下熔渣凝固过程钙钛矿相析出、长大的显微形貌，技术上难度大，效果也差。因此，李晨曦等对熔渣中钙钛矿析晶的立体形貌进行模拟研究[94-96]。

1. 模拟熔渣中钙钛矿相析出的数学模型

1) 渣中钙钛矿相的空间模型

基于对熔渣凝固过程钙钛矿相生长特点及形貌特征的实验观测，假设熔渣中钙钛矿晶体以棱面枝晶方式生长，其枝晶三维结构可由图 3.97 示意描述，枝晶的分枝形貌见图 3.98。凝固过程钙钛矿在 1200~1420℃析出，铝镁尖晶石在 1050~1250℃析出，冷却到 1050℃时，攀钛透辉石和富钛透辉石仍未开始结晶，可认为其他矿相的析出不影响钙钛矿的形貌和析出过程。

2) 模拟渣中钙钛矿相形核

采用连续形核模型的正态分布曲线，模拟熔渣中钙钛矿的形核。冷却过程熔渣黏度 η 随温度 T 的变化见图 3.99。熔渣冷却至 1420℃时钙钛矿开始析出，随着过冷度 ΔT 增加，黏度逐渐增大，T_0 为熔渣黏度增加 50% 时的温度，这时的过冷度为 ΔT_0。假定钙钛矿在 1420℃~T_0 之间形核，并按正态分布形式分布：

$$n(\Delta T) = \frac{n_{\max}}{\sqrt{2\pi}\Delta T_\sigma} \int_0^{\Delta T} \exp\left[-\frac{1}{2}\left(\frac{\Delta T - \Delta T_N}{\Delta T_\sigma}\right)^2\right] \mathrm{d}(\Delta T)$$

式中，$n(\Delta T)$ 为过冷度为 ΔT 时的晶核密度；$n_{\max}$ 为初始晶核密度；ΔT_N、ΔT_σ 为正态分布曲线的中心值和偏差。$n_{\max}$、ΔT_σ 由实验确定，$\Delta T_N = \Delta T_0/2$。

图 3.97　钙钛矿枝晶三维结构示意图

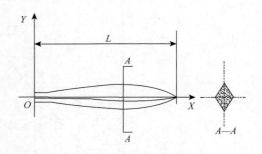

图 3.98　钙钛矿枝晶的分枝形貌示意图

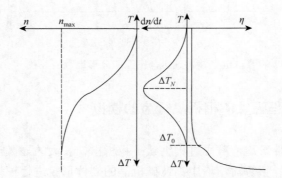

图 3.99　冷却过程熔渣黏度与温度关系示意图

3) 模拟渣中钙钛矿相生长

(1) 模拟钙钛矿枝晶尖端生长速度。

熔渣内任一点的冷却速度 α 都是时间的函数，可表示为 $\alpha = f_1(t)$。任一点的温度 T 与冷却速度 α 和时间 t 有关，利用上述的关系，温度可表示为如下形式：

$$T = f_2(\alpha, t) = f_2[f_1(t), t] \tag{3.26}$$

显然，温度仅是时间的函数，即 $T = f_3(t)$。利用平均等积圆半径随时间变化的关系(式(2.77))，即写为

$$\alpha \bar{r}^3 = A(T)\left[1 - \exp\left(-\frac{b(T)}{\alpha^p}\right)\right]$$

式中，$\bar{r}$ 为平均等积圆半径，并且

$$p = 0.675 , \quad b(T) = 1.34 \exp\left(-\frac{1.44}{1693 - T}\right)$$

由式(3.26)可获得平均等积圆半径随时间的增长率为

$$\frac{\mathrm{d}\overline{r}}{\mathrm{d}t} = \frac{\partial \overline{r}}{\partial \alpha}\frac{\partial \alpha}{\partial t} + \frac{\partial \overline{r}}{\partial T}\frac{\partial T}{\partial t} = \frac{\partial \overline{r}}{\partial \alpha}\frac{\partial \alpha}{\partial t} + \alpha \frac{\partial \overline{r}}{\partial t}$$

利用式(2.77)，可得到

$$\frac{\partial \overline{r}}{\partial \alpha} = -\frac{A(T)}{3\alpha^2}\left\{\frac{A(T)}{\alpha}\left[1 - \exp\left(-\frac{b(T)}{\alpha^p}\right)\right]\right\}^{-\frac{2}{3}}\left\{1 + \exp\left(-\frac{b(T)}{\alpha^p}\right)\left[\frac{pb(T)}{\alpha^p} - 1\right]\right\}$$

$$\frac{\partial \overline{r}}{\partial T} = -\frac{1}{3\alpha}\left\{\frac{A(T)}{\alpha}\left[1 - \exp\left(-\frac{b(T)}{\alpha^p}\right)\right]\right\}^{-\frac{2}{3}} \cdot \left\{\frac{\mathrm{d}A(T)}{\mathrm{d}T}\left[1 + \exp\left(-\frac{b(T)}{\alpha^p}\right)\right] + \frac{A(T)}{\alpha^p}\exp\left(-\frac{b(T)}{\alpha^p}\right)\frac{\mathrm{d}b(T)}{\mathrm{d}T}\right\}$$

式中，$\dfrac{\mathrm{d}b(T)}{\mathrm{d}T} = -\dfrac{1.9296}{(1693 - T)^2}\exp\left(-\dfrac{1.44}{1693 - T}\right)$。用差分代替微分，则

$$\frac{\mathrm{d}A(T)}{\mathrm{d}T} = \frac{A(T_2) - A(T_1)}{T_2 - T_1} , \quad \frac{\mathrm{d}\alpha}{\mathrm{d}t} = \frac{\alpha_2 - \alpha_1}{t_2 - t_1} \tag{3.27}$$

其中，T_1、T_2、α_1、α_2分别为时间为$t = t_1$、$t = t_2$时的温度、冷却速度；$A(T_1)$、$A(T_2)$分别为温度为T_1、T_2时的$A(T)$。熔渣温度、冷却速度根据温度场模拟结果计算，$A(T)$根据文献[29]的实验结果确定。钙钛矿的平均等积圆半径为$\overline{r}$，它的体积$V_{球} = 4\pi\overline{r}^3/3$。

钙钛矿以棱面枝晶方式生长，分枝的形貌近似于两个底面连在一起的棱锥。设棱锥的高度为H，底面边长为B，则棱锥的体积为$HB^2/3$。如果分枝的长度是$L = 2H$，其最大横截面的边长为B(图 3.98 中 A—A 截面)，则它的体积近似为$V_{枝晶} = LB^2/3$。假设枝晶生长过程中B可以用L表示，即$B = \omega L$，ω为常数，则钙钛矿枝晶的体积$V_{枝晶} = \omega^2 L^3/3$。钙钛矿分枝的体积增加率等于其等体积球体的体积增加率，即

$$\frac{\mathrm{d}}{\mathrm{d}t}\left(\frac{4}{3}\pi\overline{r}^3\right) = \frac{\mathrm{d}}{\mathrm{d}t}\left(\frac{\omega^2}{3}L^3\right)$$

因此枝晶尖端的生长速度为

$$\frac{\mathrm{d}L}{\mathrm{d}t} = \frac{4\pi\overline{r}^2}{\omega^2 L^2}\frac{\mathrm{d}\overline{r}}{\mathrm{d}t}$$

(2) 模拟枝晶形貌。

依据晶体学特性，晶体沿不同方向生长速度不同，枝晶尖端生长速度快，枝晶侧向生长速度慢。采用式(3.28)表示枝晶生长的各向异性：

$$V_{\mathrm{dendr}} = V_{\max}\left\{1 - (1-a)\left(\frac{4\theta}{\pi}\right)^b\right\} \tag{3.28}$$

式中，V_{dendr} 为枝晶侧向生长速度；V_{max} 为枝晶尖端生长速度；θ 为角度，$0 \leqslant \theta \leqslant \dfrac{\pi}{4}$；$a$、$b$ 为常数，$0 \leqslant a \leqslant 1$、$0 \leqslant b \leqslant 1$。用式(3.28)计算枝晶体积较麻烦，考虑实际应用方便和精度，可采用三次抛物线方程拟合晶体形貌，$X\text{-}Y$ 平面上枝晶为抛物线状，用三次抛物线方程表示 $X\text{-}Y$ 平面上的枝晶形貌：

$$Y = aX + bX^2 + cX^3 + d$$

式中，X 为沿晶轴方向的坐标；Y 为沿晶轴垂直方向的坐标；参数 a、b、c、d 由实验确定。

(3) 计算钙钛矿相结晶量。

熔渣中析出钙钛矿的体积占熔渣原始体积的百分数称为钙钛矿的结晶量。钙钛矿枝晶各分枝体积之和构成钙钛矿的体积：

$$V = \int_0^L 2Y^2 \mathrm{d}X = 2\int_0^L (aX + bX^2 + cX^3 + d)^2 \mathrm{d}X$$
$$= 2\left[d^2 L + adL^2 + \frac{a^2 + 2bd}{3} L^3 + \frac{ab + cd}{2} L^4 + \frac{2ac}{5} L^5 + \frac{bc}{3} L^6 + \frac{c^2}{7} L^7 \right]$$

4) 模拟温度场与晶体生长的耦合

假设在钙钛矿晶粒尺寸范围内温度均匀、冷却速度相同，热扩散速度远大于溶质扩散速度。采用加权平均法计算晶体生长处的温度和冷却速度。设相邻四个节点的温度分别为 T_1、T_2、T_3、T_4，见图 3.100。假定钙钛矿枝晶在图中"*"点形核并长大，这一点位于四个节点之间。采用加权平均法计算"*"点的温度 T^*。在图 3.100 中以"*"点为中心作矩形，矩形的宽和高分别为单元的尺寸 ΔX、ΔY，图中用实线表示。矩形与四个单元相交得到四个面积 A_1、A_2、A_3、A_4。"*"点的温度 T^* 根据四个点的温度和面积计算，即

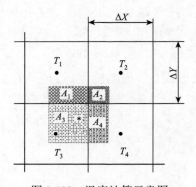

图 3.100　温度计算示意图

$$T^* = \frac{A_1 T_1 + A_2 T_2 + A_3 T_3 + A_4 T_4}{\Delta X \cdot \Delta Y}$$

同理，枝晶生长出的冷却速度为

$$\dot{T}^* = \frac{A_1 \dot{T}_1 + A_2 \dot{T}_2 + A_3 \dot{T}_3 + A_4 \dot{T}_4}{\Delta X \cdot \Delta Y}$$

式中，$\dot{T}^*$、$\dot{T}_1$、$\dot{T}_2$、$\dot{T}_3$、$\dot{T}_4$ 为"*"点的冷却速度和相邻四个节点的冷却速度。

研究发现，早期凝固析出的二次枝晶臂间距在凝固后期变大。定量分析认为，当枝晶臂粗细不均时，由于曲率对熔点的影响，那些曲率半径较小的枝晶臂熔点较低。设枝晶臂端为半球状，其液相线温度下降，见式(2.37)。两个枝晶臂的曲率半径分别为 r_1 和 r_2，且 $r_1 > r_2$，它们之间的距离为 λ_2，且与 r_1 和 r_2 接触的液体浓度分别为 $C_L^{r_1}$、$C_L^{r_2}$。其溶质从粗枝前沿向细枝前沿扩散，使粗细枝晶间形成一对扩散偶，其溶质流的密度可用式(2.38)描述。该溶质流密度与细枝晶处溶剂排走的密度相等，设细枝晶的溶解速度为 $\mathrm{d}r/\mathrm{d}t$，则溶剂从细枝晶排走的传质密度可表示为

$$J' = C_L^{r_2}(1-k)\frac{\mathrm{d}r}{\mathrm{d}t}$$

因为 $J = J'$，所以

$$C_L^{r_2}(1-k)\frac{\mathrm{d}r}{\mathrm{d}t} = -D_L\frac{C_L^{r_1} - C_L^{r_2}}{\lambda_2} \tag{3.29}$$

设 r_1 处液相成分与平衡液相成分 C_L 相近，即 $C_L^{r_1} = C_L$，又设 m_L 为液相线斜率，则

$$m_L = \frac{\Delta T}{\Delta C} = \frac{\Delta T_{r_2}}{C_L - C_L^{r_2}} \approx \frac{\Delta T_{r_2}}{C_L^{r_1} - C_L^{r_2}}$$

枝晶越小，ΔT_r 越大，即其熔点越低。将式(3.29)代入上式，得

$$C_L^{r_2}(1-k)\frac{\mathrm{d}r}{\mathrm{d}t} = -\frac{D_L}{\lambda_2}\frac{\Delta T_{r_2}}{m_L} = -\frac{D_L}{\lambda_2 m_L}\frac{2\sigma T_L}{\rho_s \Delta H_m r}$$

整理得到

$$C_L^{r_2}(1-k)\lambda_2 m_L \rho_s \Delta H_m r\mathrm{d}r = -2\sigma D_L T_L \mathrm{d}t$$

积分上式

$$\int_{r_0}^{0} C_L^{r_2}(1-k)\lambda_2 m_L \rho_s \Delta H_m r\mathrm{d}r = -\int_0^{t_c} 2\sigma D_L T_L \mathrm{d}t$$

得

$$\sigma T_L D_L t_c = \frac{1}{4}C_L^{r_2}(1-k)\lambda_2 m_L \rho_s \Delta H_m r_0^2 \tag{3.30}$$

式中，r_0 为凝固开始($t=0$)时的枝晶曲率半径；t_c 为熔化细枝晶所需的时间。设 $\lambda_2 = 2r_0$，代入式(3.30)，得

$$\sigma T_L D_L t_c = \frac{1}{16}C_L^{r_2}(1-k)m_L \rho_s \Delta H_m \lambda_2^3$$

故有

$$t_c = \frac{1}{16}\frac{\rho_s \Delta H_m m_L C_L^{r_2}(1-k)}{\sigma T_L D_L}\lambda_2^3$$

设 $C_L = C_L^{r_1} = C_L^{r_2}$，则上式变为

$$t_c = \frac{1}{16}\frac{\rho_s \Delta H_m m_L C_L(1-k)}{\sigma T_L D_L}\lambda_2^3$$

成分一定时，可写为

$$t_c = \beta\lambda_2^3 \tag{3.31}$$

式中，$\beta = \frac{1}{16}\frac{\rho_s \Delta H_m m_L C_L(1-k)}{\sigma T_L D_L}$。式(3.31)可粗略表示枝晶凝固时间与枝晶二次臂间距之间的关系。

5) 模拟钙钛矿相析出过程

模拟钙钛矿相析出过程的流程如下：首先输入基本参数，确定时间步长，调入温度场

模拟结果，然后根据温度和冷却速度模拟形核过程、计算枝晶生长速度/枝晶的二次臂间距/枝晶体积、作图。完成一次循环后增加一个时间步长，进入下一次循环，直至钙钛矿凝固结束。图 3.101 是模拟钙钛矿析出过程的流程图。假设钙钛矿枝晶仅由一次、二次分枝构成，模拟结果见图 3.102。

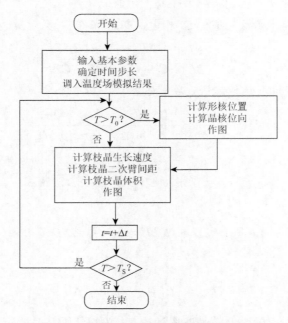

图 3.101　模拟钙钛矿析出过程的流程图

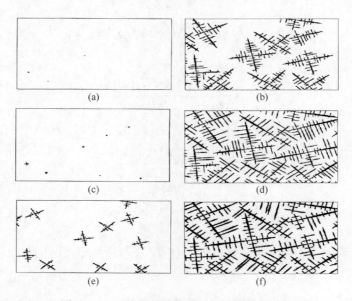

图 3.102　二维钙钛矿枝晶析出过程模拟结果

2. 模拟截面上钙钛矿相析出过程

直接观察钙钛矿枝晶的生长过程，实验难度大，对前面提出的模型及模拟方法亦难以直接验证。截面上的模拟组织是根据晶体立体形貌模拟结果得到的。从立体形貌到截面组织模拟不必作任何假设，仅通过数学推导即可获得模拟形貌特征。模拟不同工艺条件下截面上的凝固组织，有助于研究晶体的形成过程，了解晶体的全貌。为此模拟截面上钙钛矿晶体析出长大的过程。

1) 截面上钙钛矿析出过程

(1) 枝晶轴与截面的交点。

设钙钛矿枝晶的中心位于三维直角坐标系的原点 O 处，一次枝晶沿坐标轴的 X、Y、Z 方向生长。随机对枝晶取截面 π，截面与各坐标轴分别交于 P、Q、R 点，且 $OP = X_0$，$OQ = Y_0$，$OR = Z_0$，见图 3.103，则这一截面的平面方程为

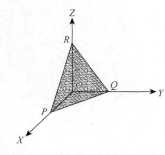

图 3.103　任一截面在坐标轴上截距

$$\frac{x}{X_0} + \frac{y}{Y_0} + \frac{z}{Z_0} = 1$$

写成标准方程为

$$Ax + By + Cz + D = 0 \tag{3.32}$$

式中，$A = Y_0 Z_0$；$B = X_0 Z_0$；$C = X_0 Y_0$；$D = -X_0 Y_0 Z_0$。

若已知一个矢量 $S = \{m, n, p\}$ 不为零矢量，通过已知点 $M_0(a, b, c)$ 且平行于矢量 S 的枝晶轴轴线的直线方程是

$$\frac{x - a}{m} = \frac{y - b}{n} = \frac{z - c}{p} \tag{3.33}$$

枝晶轴轴线与截面的交点坐标必须同时满足式(3.32)和式(3.33)。令式(3.33)中各项的比值为 t，于是有

$$x = a + mt，\quad y = b + nt，\quad z = c + pt \tag{3.34}$$

将式(3.34)代入式(3.32)，得

$$(Am + Bn + Cp)t + (Aa + Bb + Cc + D) = 0$$

若 $Am + Bn + Cp \neq 0$，则

$$t = -\frac{Aa + Bb + Cc + D}{Am + Bn + Cp}$$

将 t 值代入式(3.34)，即得到枝晶轴的轴线与截面的交点坐标，见图 3.104。为了清晰，图中未画出枝晶的形貌，只画出枝晶轴的轴线。在图 3.104 中，一次晶轴沿坐标方向。各一次晶轴上的二次晶轴与一次晶轴垂直，用实线表示。图中的粗实线三角形表示截面位置。

各一次晶轴、二次晶轴与截面的交点在图中用黑点表示。生长中的钙钛矿为棱面枝晶。采用上述方法可以计算出枝晶的棱边与截面的交点坐标。钙钛矿枝晶在三维直角坐标系中某一截面上的形貌见图 3.105。截面上的晶体位于三维坐标系中的同一平面上，但由于观察的方向不是沿着截面的法线方向，图 3.105 不是截面上真实晶体形貌，需要进行坐标变换才能显示出真实形貌。

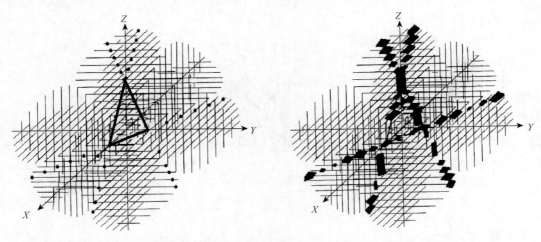

图 3.104　枝晶轴轴线与截面的交点　　　　图 3.105　截面上单个钙钛矿枝晶形貌

(2) 坐标变换。

假设新的三维直角坐标系的原点 O 位于平面 π 上，且新、旧坐标的原点之间的连线 OO' 垂直于平面 π，新坐标系的 Z' 轴沿 OO' 方向，见图 3.106，则新坐标系的 Z' 轴与旧坐标系 X、Y、Z 轴之间夹角的余弦为

$$\cos\alpha_3 = \frac{d}{X_0}, \quad \cos\beta_3 = \frac{d}{Y_0}, \quad \cos\gamma_3 = \frac{d}{Z_0}$$

式中，d 为新、旧坐标系的原点之间的距离，为

$$d = \frac{|D|}{\sqrt{A^2 + B^2 + C^2}}$$

设新的直角坐标系的 X' 轴位于截面 π 上，且过 O' 和 P 点，新坐标系的 X' 轴与旧坐标系的 X 轴之间夹角的余弦为

$$\cos\alpha_1 = \frac{\sqrt{X_0^2 - d^2}}{X_0}$$

新、旧坐标轴之间的夹角有 9 个，除上述 α_3、α_1、β_3、γ_3，另外 5 个夹角可由下式计算：

$$\cos^2\alpha_1 + \cos^2\beta_1 + \cos^2\gamma_1 = 1$$

$$\cos^2\alpha_2 + \cos^2\beta_2 + \cos^2\gamma_2 = 1$$

$$\cos\alpha_1\cos\alpha_2 + \cos\beta_1\cos\beta_2 + \cos\gamma_1\cos\gamma_2 = 0$$

$$\cos\alpha_3\cos\alpha_2 + \cos\beta_3\cos\beta_2 + \cos\gamma_3\cos\gamma_2 = 0$$

$$\cos\alpha_1\cos\alpha_3 + \cos\beta_1\cos\beta_3 + \cos\gamma_1\cos\gamma_3 = 0$$

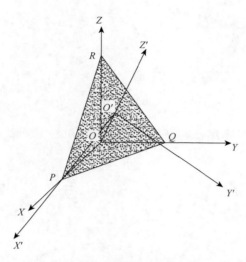

图 3.106　新、旧坐标系的相对位置

新坐标系的原点 O' 位于旧坐标的 (a_0, b_0, c_0) 点，它的坐标为

$$a_0 = d\cos\alpha_3, \quad b_0 = d\cos\beta_3, \quad c_0 = d\cos\gamma_3$$

进行坐标变换，假定旧坐标系中的任一点 (x, y, z) 在新坐标系中的坐标为 (x', y', z')，用旧坐标表示新坐标系的坐标变换公式为

$$x' = (x - a_0)\cos\alpha_1 + (y - b_0)\cos\beta_1 + (z - c_0)\cos\gamma_1$$

$$y' = (x - a_0)\cos\alpha_2 + (y - b_0)\cos\beta_2 + (z - c_0)\cos\gamma_2$$

$$z' = (x - a_0)\cos\alpha_3 + (y - b_0)\cos\beta_3 + (z - c_0)\cos\gamma_3$$

通过以上推导可知，如果在旧坐标系中枝晶轴的轴线(或棱边)与截面交点坐标 (x, y, z) 已知，便可计算出在新坐标系中的坐标 (x', y', z')。所有交点在 $z' = 0$ 的平面上，即坐标 $(x', y', 0)$。因此经过上述推导，实质上是将交点的三维坐标转化成 $z' = 0$ 的平面上的二维坐标。图 3.107 是坐标变换后的钙钛矿枝晶形貌，它是截面上钙钛矿枝晶的真实形貌。模拟出不同时刻的枝晶形貌就反映钙钛矿枝晶的析出过程。图 3.108 是截面上单个钙钛矿枝晶析出过程的模拟结果。根据单个钙钛矿枝晶析出过程的模拟方法，对位置不同、位向不一、大小各异的多个三维钙钛矿枝晶进行模拟，可得到整个截面上钙钛矿枝晶的析出形貌，模拟不同时刻某一截面上钙钛矿枝晶的析出形貌，可模拟出钙钛矿晶体的结晶过程。

2) 模拟结果与实验对比

用熔渣中钙钛矿相析出过程模拟的数学模型及本节的推导公式，模拟截面上钙钛矿析出过程，设冷却速度为 5℃/min，模拟结果见图 3.109。

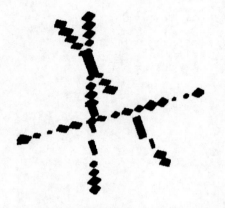

图 3.107　坐标变换后的钙钛矿枝晶形貌

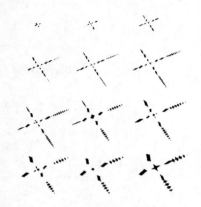

图 3.108　截面上单个钙钛矿枝晶析出过程

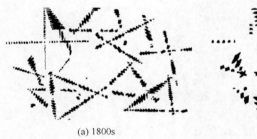

(a) 1800s　　　　　　　　　　(b) 2720s

图 3.109　不同凝固时间截面上钙钛矿晶体析出过程模拟结果

　　炉渣在 1470℃熔化并保温 20min，以 5℃/min 的冷却速度冷至指定的温度水淬，然后打磨、抛光，制得凝渣试样。试样截面上钙钛矿晶体形貌如图 3.110 所示，其凝固时间分别与图 3.109 对应。比较模拟与实验结果，可见两者基本一致，证明所提出的数学模型能真实反映熔渣中钙钛矿晶体析出的微观过程。

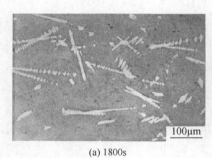
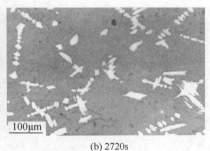

(a) 1800s　　　　　　　　　　(b) 2720s

图 3.110　不同凝固时间截面上钙钛矿晶体的形貌

3. 模拟影响钙钛矿相析出的因素

　　钙钛矿晶体形貌影响后续选择性分离环节的单体解离，单体解离效果决定渣中钛的收率及精矿中钛的品位，为此模拟影响钙钛矿晶体形貌及析出行为的因素。

1) 晶核数

结晶过程由晶体形核、长大和粗化构成。晶核数决定晶体的个数，当其他条件相同，晶核数分别为 N、$2N/3$ 时，模拟截面上钙钛矿晶体形貌如图 3.111(a)和(b)所示。由图可见，减少晶核数，钙钛矿晶粒尺寸明显加大，一次枝晶沿轴伸长，二次枝晶个数增多。减少晶核数，各个晶粒的生长空间增大，因此一次枝晶长度增加，晶粒尺寸增大。一次枝晶上的二次枝晶个数与一次枝晶长度有关，增加一次枝晶长度必然使二次枝晶个数增多。形核过程分为自发形核与非自发形核，渣中碳化钛、氮化钛是有效的异质晶核，实际结晶过程从异质晶核开始。

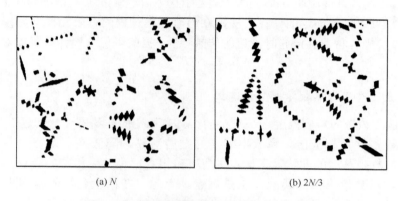

(a) N　　　　　　　　(b) $2N/3$

图 3.111　不同晶核数截面上钙钛矿晶体形貌

2) 冷却速度

模拟熔渣冷却速度为 3℃/min、1℃/min 时凝固结束截面上钙钛矿晶体形貌，见图 3.112(a)和(b)。图中显示降低冷却速度时，钙钛矿晶体的二次枝晶臂间距增大、二次枝晶个数减少、分枝粗化。因为熔渣冷却速度减慢，凝固时间延长，扩散更充分，钙钛矿结晶量较多，分枝较粗，所以二次枝晶臂间距增大、二次枝晶个数减少、分枝粗化。

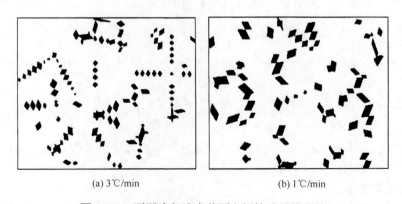

(a) 3℃/min　　　　　　　　(b) 1℃/min

图 3.112　不同冷却速度截面上钙钛矿晶体形貌

通过晶核数与冷却速度模拟可看到，凝渣截面中钙钛矿结晶形貌与真实凝固渣样截面中钙钛矿结晶的形貌(图 3.110)一致，表明：①含钛高炉渣中三维空间上钙钛矿晶体以棱面枝晶方式生长；②凝渣试样截面上钙钛矿呈现菱形、十字形、杆状等多种形貌，它是钙钛矿三维棱面枝晶某个分枝的截面，不是独立的晶粒；③含钛高炉渣中钙钛矿晶粒尺寸一般为几百至几千微米，晶轴间相互垂直，分枝间夹杂着随后凝固的其他矿物。

3.5.3 数值模拟熔渣凝固过程的传热行为

在钙钛矿晶体析出过程，热处理条件是钙钛矿能否长大与粗化的关键因素之一。它主要涉及渣熔化温度与冷却速度两方面，而后者受盛装设备(渣罐)散热状况的影响更为显著。

夏玉虎[84]应用传热理论的计算方法建立熔渣凝固过程的有限元模型，模拟渣罐的传热特性，获得实施各种保温措施时渣罐的传热特性，据此可优化设计渣罐的参数及相关的技术指标。

1. 熔渣凝固过程传热数学模型的建立

研究含钛高炉渣的凝固温度场是复杂的、具有相变的非稳态传热问题[97-105]。在凝固过程钙钛矿等多种晶相析出，释放出确定的结晶潜热，降低整个系统的冷却速度。材料的热物性参数是温度的非线性函数，在高温和相变过程发生相应的变化。如果考虑所有影响因素，对数值模拟是挑战，也是难点。为此，在精度允许的范围内，对凝固过程作些假设是必要、也是允许的[106-121]。假定研究物体的几何形状、材料分布和温度条件均是轴对称的，温度场也是轴对称的。物体圆周方向的温度梯度等于零，无热流，热流只存在于通过轴线的平面内。因此，轴对称温度场可化简为二维温度场。由于工程中渣罐的几何形状大多是圆形或椭圆形，本数学模型均采用圆柱坐标系。基本假设[84]如下：①所用材料均各向同性，熔渣和渣罐的密度不随温度变化；②熔渣瞬时充满渣罐后凝固，故熔渣初始温度为炉内排放渣的实际温度，渣罐的初始温度为出渣前的环境温度，且熔渣和渣罐的初始温度皆均匀；③不考虑液相、固相移动，即熔渣内部无对流换热，只有热传导；④熔渣与渣罐之间无间隙；⑤渣罐的外侧边界处与外界进行对流和辐射换热。

1) 传热微分方程

描述传热现象的微分方程称为传热微分方程,基于能量守恒定律给出传热微分方程的一般形式如下[97]：

$$\frac{\partial}{\partial x}\left(k\frac{\partial T}{\partial x}\right)+\frac{\partial}{\partial y}\left(k\frac{\partial T}{\partial y}\right)+\frac{\partial}{\partial z}\left(k\frac{\partial T}{\partial z}\right)+q_{\mathrm{v}}=\rho C\frac{\partial T}{\partial t}$$

式中，C 为比定压热容；q_{v} 为介质内能量生成速率；k 为导热系数；ρ 为质量密度；T 为热力学温度；t 为时间。

2) 熔渣的热焓和比热容

熔渣热焓是指单位质量的熔渣自 0℃起至加热熔化并过热到温度 T 时所吸收的全部热量[26, 122, 123]，即

$$\Delta H = \int_0^{T_m} C_S \, dT + L + \int_{T_m}^{T} C_L \, dT$$

式中，T_m 为熔渣的熔化温度；L 为熔渣的熔化热；C_S、C_L 分别为熔渣在固态、液态时的比热容。由于高炉渣是废弃物，其比热容、熔化热等相关数据匮乏，用上式进行理论计算较困难，可用试验方法或经验公式计算熔渣的热焓[84]。当温度为 1300～1450℃时，热焓与温度关系为

$$\Delta H = 1455 + 2.1 \times (T - 1300), \quad kJ/kg$$

当温度高于 1450℃时，

$$\Delta H = 1769 - 1.7 \times (T - 1450), \quad kJ/kg$$

式中，T 为熔渣的温度。因熔渣的凝固温度范围较宽，通常采用等效比热容方法计算热效应，它包括熔渣的真实比热容和熔化热，可用式(3.35)计算熔渣的等效比热容[84]。在 20～1350℃时，

$$C_{20}^{T} = \left[0.169 + 0.201T \times 10^{-3} - 0.277T^2 \times 10^{-6} + 1.39T^3 \times 10^{-9} \right. $$
$$\left. + 0.17T \times 10^{-4} \left(1 - \frac{w(CaO)}{w\left(\sum Oxide\right)} \right) \right] \times 4.1868 \tag{3.35}$$

在 1350～1600℃时，

$$C_{20}^{T} = \left[0.15T \times 10^{-2} - 0.478T^2 \times 10^{-6} - \left(1 - \frac{w(CaO)}{w\left(\sum Oxide\right)} \right) \times \frac{0.876}{0.016} \right] \times 4.1868 \tag{3.36}$$

式中，C_{20}^{T} 为 20℃～T 的等效比热容，$kJ/(kg \cdot K)$；$w(CaO)$ 为渣中氧化钙质量分数；$w\left(\sum Oxide\right)$ 为渣中除氧化钙外其他氧化物的质量分数。

依据纽曼-柯普定律的比热容加和性原理，一种由 n 种物质组成的混合物，其比热容等于所组成物质比热容加权之和，数学表达式为

$$m \cdot C = \sum_{i=1}^{n} m_i C_i \tag{3.37}$$

式中，m 为混合物的质量；m_i 为各组成物质的质量；C 为混合物的比热容；C_i 为各组成物质的比热容。熔渣由多种氧化物构成，其比热容可近似地视为其中各氧化物对比热容的贡献之和。每一种氧化物具有其相应的比热容，如果有 N 种化合物，其中第 i 种化合物的质量分数为 w_i，相应的摩尔质量为 M_i，摩尔比热容为 C_i，则熔渣的比热容可表示为

$$C = \sum_{i=1}^{n} \left(\frac{w_i}{M_i} \times C_i \right) \tag{3.38}$$

用式(3.38)可近似计算出由不同氧化物组成熔渣的比热容。表 3.24 给出含钛高炉渣的主要成分，各组分相应的平均比热容见表 3.25。

表 3.24　含钛高炉渣的主要成分(单位：%)[26]

组分	质量分数	组分	质量分数
CaO	25.22	V_2O_5	0.30
SiO_2	21.84	Fe_2O_3	0.01
TiO_2	21.02	Ti(N, C)	1.0
Al_2O_3	12.78	C	0.2
MgO	6.41	Fe	3.0
MnO	0.48	其他	7.74

表 3.25　各组分相应的平均比热容(单位：kJ/(mol·K))[26]

组分	平均比热容	组分	平均比热容
CaO	57	V_2O_5	190
SiO_2	73	Fe_2O_3	145
TiO_2	80	Ti(N, C)	56
Al_2O_3	134	C	24
MgO	54	Fe	40
MnO	60	其他	2

根据表 3.24、表 3.25 可计算出现场高炉渣的平均比热容为 1.07kJ/(mol·K)。

3) 有限元模型的建立

采用有限单元法计算温度场时，在空间域上，通常假设在一个单元内节点间的温度呈线性或双线性分布，根据变分公式推导节点温度的一阶常系数线性微分方程组。在时间域上，用有限差分法将它化成节点温度线性代数方程组的递推公式后，将各单元矩阵叠加起来，形成节点温度线性代数方程组，解之，即得到节点温度[109-115]。

(1) 温度场积分方程。

温度场有限元计算的基本方程可从泛函出发经变分计算求得，也可以从微分方程出发用权余法求得。对泛函求极值(数学上称为变分)可得到满足相应微分方程和边界条件的原函数，这种数学上的等价性可把泛函的变分计算用来代替微分方程的直接求解。由于在泛函中代入经过选择的插值函数，这种方法较灵活，变分计算相当于多元函数求极值，所以古典变分首先在弹性力学问题的求解中得到发展。由于微分方程的表达形式更广泛、普遍和成熟，与其相对应的泛函有些尚未找到，有些则可能不存在，所以在用泛函变分求解微分方程的方法出现后不久，有人就直接从微分方程出发来寻求级数形式的近似解析解，即权余法。权余法与泛函变分之间是互相独立、相辅相成的。它的处理形式与变分计算非常相似，所以有时也把权余法称为从微分方程出发的变分计算[101]。对于具有内热源和多种边界条件的轴对称温度场，该温度场的泛函为[101-103]

$$J[T(r,z)] = 2\pi \iint_D \left\{ \frac{kr}{2}\left[\left(\frac{\partial T}{\partial z}\right)^2 + \left(\frac{\partial T}{\partial r}\right)^2\right] - q_v rT + \rho rC\frac{\partial T}{\partial t}\right\}drdz$$

$$+ 2\pi \int_W h\left(\frac{T}{2} - T_f\right)rTds$$

式中，D 为积分区域面积；W 为对流和辐射换热边界。求使 J 取极值的函数 T 就是微分方程的解。

(2) 有限元法的总体合成[102-106]。

把每一个单元的单元矩阵按照单元的节点号码叠加起来，再令其和等于零，可以得到有限元数学模型在熔渣凝固温度场所满足的方程：

$$\begin{bmatrix} K_{11} & K_{12} & \cdots & K_{1,NZ} \\ K_{21} & K_{22} & \cdots & K_{2,NZ} \\ \vdots & \vdots & & \vdots \\ K_{NZ,1} & K_{NZ,2} & \cdots & K_{NZ,NZ} \end{bmatrix} \cdot \begin{bmatrix} T_1 \\ T_2 \\ \vdots \\ T_{NZ} \end{bmatrix} + \begin{bmatrix} C_{11} & C_{12} & \cdots & C_{1,NZ} \\ C_{21} & C_{22} & \cdots & C_{2,NZ} \\ \vdots & \vdots & & \vdots \\ C_{NZ,1} & C_{NZ,2} & \cdots & C_{NZ,NZ} \end{bmatrix} \cdot \begin{bmatrix} \dfrac{\partial T_1}{\partial t} \\ \dfrac{\partial T_2}{\partial t} \\ \vdots \\ \dfrac{\partial T_{NZ}}{\partial t} \end{bmatrix} = \begin{bmatrix} P0_1 \\ P0_2 \\ \vdots \\ P0_{NZ} \end{bmatrix}$$

上式可简写为[84]

$$[K][T] + [C]\left[\frac{\partial T}{\partial t}\right] = [P0] \tag{3.39}$$

式中，NZ 为温度场的节点总数；$[K]$为总的热传导矩阵，代表温度场的导热特性；$[C]$为总的热容矩阵，亦称变温矩阵，代表温度场的热容特性；$[P0]$为集中于节点的总热流量列矩阵，代表内热源产生的和边界交换的热流量；$[T]$为节点温度列矩阵；$[\partial T/\partial t]$为节点温度变化速率列矩阵。其中$[K]$和$[C]$均为稀疏的对称正定带状矩阵。

2.模拟结果的实验验证

为检验有限元数学模型在熔渣凝固温度场中的适用性，设计一组 10kg 熔渣凝固实验。

1) 熔渣凝固实验及实验结果[84]

实验用改性渣成分见表 3.26，实验装置见图 3.113。

表 3.26 改性渣的化学成分(单位：%)[26]

成分	质量分数	成分	质量分数
CaO	29.5	MnO	0.7
SiO$_2$	22.6	V$_2$O$_5$	0.6
TiO$_2$	21.3	TFe	3.12
Al$_2$O$_3$	12.3	其他	1.49
MgO	8.39	—	—

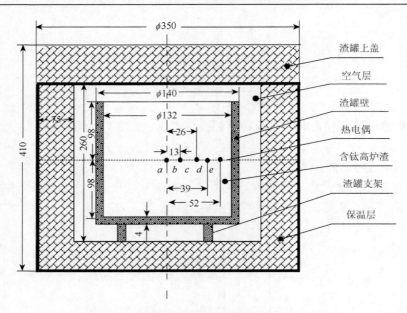

图 3.113 熔渣凝固实验装置示意图(单位：mm)

用石墨坩埚装入 10kg 改性渣，在感应炉中加热，升温至 1773K，待炉温均匀后取出坩埚，将熔渣倒入已备好的渣罐中，盖上盖，启动计算机测温系统记录温度。当系统温度降至 1500K 时结束实验。渣凝固温度区间为 1473～1713K，在此区间内，除钙钛矿相结晶外有极少量铝镁尖晶石析出，其密度取常数，比热容按式(3.35)和式(3.36)计算。实验材料的热物理性质见表 3.27[124-127]。

表 3.27 实验材料的热物理性质

材料名称	温度/K	密度/(kg/m³)	导热系数/(W/(m·K))	比定压热容/(J/(kg·K))
渣罐	600	7100	46.78	181.72
	900		41.3	188.57
	1100		43.99	606.24
	1300		35.97	584.16
	1400		69.64	573.12
	1500		63.41	475.29
保温层 (耐火黏土砖)	478	2100	1.0	820
	922		1.5	
	1478		1.8	
改性渣	—	3200	2.7	—
空气	400	0.8711	0.0338	1014
	600	0.5804	0.0469	1051
	800	0.4354	0.0573	1099
	1000	0.3482	0.0667	1141

续表

材料名称	温度/K	密度/(kg/m³)	导热系数/(W/(m·K))	比定压热容/(J/(kg·K))
空气	1200	0.2902	0.0763	1175
	1400	0.2488	0.0910	1207
	1600	0.2177	0.0106	1248

经整理，实测各节点温度与时间的关系如图 3.114 所示。其中心节点 a 的冷却曲线相对较平缓，最外侧节点 e 温度下降较快，渣罐内部各节点温度较均匀，最大温差不超过100K。历经 5h 后各节点温度由初始 1773K 降到 1500K 以下，最终趋于稳态，逐渐接近环境温度。

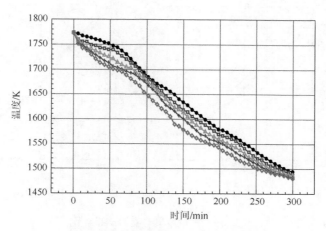

图 3.114　各节点温度与时间的关系

不同图例的曲线代表不同节点

2) 模拟结果与实验结果对比

由于最外层保温材料的辐射换热系数为 0.75，与环境进行对流和辐射换热，空气与保温材料及渣罐铸铁壁之间近似视为热传导。其初始条件和边界条件如表 3.28 所示，应用模拟程序 TDNS 对该系统进行计算，处理所得数据并与实验结果相对比，如图 3.115所示。

表 3.28　初始条件和边界条件

初始条件		对流换热特性	
改性渣初始温度/K	1773	对流换热系数/(W/(m²·K))	5
渣罐体系的初始温度/K	298	辐射换热系数	0.75
		周围空气温度/K	298

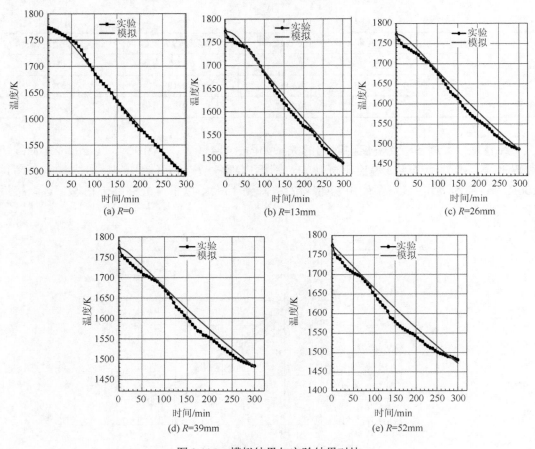

图 3.115　模拟结果与实验结果对比

　　从图中可看出，中心节点 a 的实测温度与模拟温度最接近，其他节点的实测温度与模拟温度间稍有差别。在 1700K 附近各节点的冷却曲线均呈现一个不明显的平缓冷却平台，原因为凝固过程钙钛矿及其他物相陆续析出，放出结晶潜热。实验结果表明：用 TDNS 程序计算改性渣的凝固温度场的模拟温度与实测温度基本一致，最大误差不超过 4%，TDNS 程序基本上可反映真实的熔渣凝固过程。

3.6　改性渣中钙钛矿相选择性分离

　　本节介绍学者对改性高炉渣中钙钛矿相选择性分离的研究结果[128-132]。

3.6.1　改性渣的工艺矿物

　　改性高炉渣由钙钛矿、攀钛透辉石、富钛透辉石、隐晶玻璃质(多钙辉石)、镁铝尖晶石和金属铁及硫化物等矿物相组成。与天然矿物相比较，其化学组分复杂、粒度细、磨矿解离难、分选性差，是一个新的矿物体系。因此，从改性高炉渣中分离钛，必须研发出适合其物质组成及工艺性质的选钛新工艺。

傅文章[128]详细研究了高炉原渣和改性高炉渣中钙钛矿相的工艺矿物与分离分选。

1. 试验原料

取四种渣样，攀钢高炉原渣(1#)、攀钢改性高炉渣(2#)、西昌改性高炉渣(3#)及 1972 年攀钢高炉渣(4#)，其化学成分见表 3.29。其中 4# 渣为上渣和下渣的平均值，碳质量分数高达 4.76%，1# 渣也含碳(质量分数)2.44%。碳具有高度分散性和吸附活性大的特点，会导致浮选的分选性变差。

表 3.29　高炉渣化学成分(质量分数，单位：%)

渣样	TFe	MFe	FeO	TiO$_2$	V$_2$O$_5$	Cr$_2$O$_3$	MnO	SiO$_2$	Al$_2$O$_3$	CaO	MgO	S	C
1#	2.28	0.20	2.62	22.2	0.28	0.02	1.14	24.5	12.1	28.4	7.41	—	2.44
2#	1.80	0.68	1.43	21.5	0.23	0.02	0.84	26.4	12.1	28.7	7.57	—	2.26
3#	5.51	2.78	3.51	16.3	0.33	0.03	1.55	28.4	12.6	26.7	5.87	0.09	3.01
4#	—	—	2.53	25.7	0.24	—	0.39	19.0	15.6	21.8	8.79	0.39	4.76

注：MFe 指磁性铁

经显微镜鉴定、XRD 分析、能谱分析和电子探针分析，改性高炉渣中主要矿物含量见表 3.30。

表 3.30　改性高炉渣各矿物相的含量(质量分数，单位：%)

渣样	钙钛矿	攀钛透辉石	富钛透辉石	多钙辉石	镁铝尖晶石	金属铁(硫化物)
2#	27.2	56.4	4.3	9.2	0.6	2.3
3#	20.5	54.8	0.7	21.1	2.6	0.3

高炉原渣和改性高炉渣中各矿物相的钛品位与分布见表 3.31。

表 3.31　高炉原渣和改性高炉渣中钛的分布(单位：%)

渣样	矿物名称	钙钛矿	攀钛透辉石	富钛透辉石	多钙辉石	镁铝尖晶石	金属铁	合计
1#	质量分数	26.00	55.20	5.30	7.50	1.50	4.50	100.00
	Ti 品位	34.10	6.13	14.50	1.03	0.64	—	
	分布	67.67	25.82	5.85	0.59	0.07	—	100.00
2#	质量分数	25.90	56.70	5.30	9.20	0.60	2.30	100.00
	Ti 品位	34.20	5.50	8.69	1.03	0.64	—	
	分布	70.67	24.87	3.67	0.76	0.03	—	100.00
3#	质量分数	20.50	54.80	0.70	21.10	2.60	0.30	100.00
	Ti 品位	34.20	5.13	8.98	0.14	0.64	—	
	分布	70.59	28.31	0.63	0.30	0.17	—	100.00

由表 3.31 知：攀钛透辉石数量大，降低其中 TiO_2 质量分数，提高钙钛矿中 TiO_2 质量分数，是高炉渣改性研究的重点之一，即高炉渣中的钛选择性富集于钙钛矿相。

2. 改性高炉渣中钙钛矿相的解离试验

1) 改性高炉渣的矿物工艺粒度

分别测定 1#~3# 渣的矿物工艺粒度，测定结果见表 3.32，粒度分布主要参数见表 3.33。根据渣样的显微镜鉴定和表 3.32、表 3.33 数据，归纳钙钛矿相粒度分布呈以下特点。

(1) 3# 渣钙钛矿结晶粒度相对较粗，且粒度较均匀。1# 渣粗粒钙钛矿少，多数呈微细粒状、鱼刺状、串珠状和树枝状集合体，细粒钙钛矿比例大，且粒度不均匀，不利于分离、分选。

(2) 2# 渣与 1# 渣相比，2# 渣中钙钛矿平均粒径提高约 2 倍，众数值提高约 2.8 倍，d_{75} 提高约 1.7 倍。

表 3.32　钙钛矿相粒度(单位：%)

占比		粒级/μm						
		100~70	70~60	60~50	50~40	40~30	30~20	<20
2#	各级	4.44	6.49	12.86	18.99	15.96	22.49	18.77
	累计	4.44	10.93	23.79	42.78	58.74	81.23	100.00
1#	各级	—	—	1.70	3.97	31.25	52.66	10.42
	累计	—	—	1.70	5.67	36.92	89.58	100.00
3#	各级		19.74	24.43	21.88	17.40	13.49	3.06
	累计		19.74	44.17	66.05	83.45	96.94	100.00

表 3.33　钙钛矿相粒度分布参数(单位：mm)

渣样	d_{75}	d_{50}	d_{25}	d_{max}	d_{min}	$d_{众}$	$\bar{d}$
2#	23.5	35	49.3	100	2	24/45	36.9
1#	14	17	23	60	2	16	18.4

脉石矿物指钙钛矿之外，攀钛透辉石、富钛透辉石、多钙辉石和镁铝尖晶石等其他矿物的总和。2# 渣和 1# 渣的脉石矿物粒度测定结果列于表 3.34，粒度分布参数见表 3.35。

表 3.34　脉石矿物工艺粒度(单位：%)

占比		粒级/mm						
		0.50~0.35	0.35~0.25	0.25~0.15	0.15~0.075	0.075~0.045	0.045~0.020	≤0.020
2#	各级	1.53	10.91	34.44	33.63	13.73	4.34	1.42
	累计	1.53	12.44	46.88	80.51	94.24	98.58	100.00
1#	各级	0.86	0.69	3.40	22.88	37.35	24.62	10.20
	累计	0.86	1.55	4.95	27.83	65.18	89.80	100.00

表 3.35　脉石矿物工艺粒度分布参数(单位：mm)

渣样	d_{75}	d_{50}	d_{25}	d_{max}	d_{min}	$d_众$	$\bar{d}$
2#	0.085	0.145	0.205	0.50	0.005	0.155	0.155
1#	0.036	0.055	0.080	0.50	0.005	0.060	0.070

表 3.32、表 3.33 数据与表 3.34、表 3.35 对比可清楚地看出：①改性后无论钙钛矿还是脉石矿物，粒度明显增大，脉石矿物工艺粒度、矿物粒径众数值及 d_{75} 均增长 1 倍多；②渣中脉石矿物工艺粒度较钙钛矿粒度粗大，改性前脉石矿物众数值约为钙钛矿的 3.8 倍，改性后为 3.4 倍左右；d_{75} 也是钙钛矿的 3.6 倍左右。

2) 改性高炉渣中钙钛矿磨矿解离的试验

上述改性高炉渣中钙钛矿粒度分布特征表明，若使得其磨矿解离度达到 80%，其磨矿粒度将很微细。天然钙钛矿的磨矿解离难易程度属于中等可磨解离性，但由改性高炉渣工艺矿物学研究可知，人造钙钛矿可磨解离性差许多。若 1#~3# 渣的钙钛矿磨矿解离均达到 80% 的单体，它们的磨矿粒度上限应分别为 10μm、20μm、30μm。为此，进行了渣中钙钛矿磨矿解离的验证试验，其结果见表 3.36。

表 3.36　改性高炉渣中钙钛矿磨矿解离试验结果

渣样	磨矿粒度上限/mm	占比/%					
		单体	≥3/4 单体	3/4~1/2 单体	1/2~1/4 单体	<1/4 单体	合计
1#	0.030	17.28	30.25	19.75	19.76	12.96	100.00
	0.020	41.76	20.93	17.76	11.12	8.43	100.00
2#	0.039	46.94	23.05	13.01	10.35	6.65	100.00
	0.020	77.63	7.50	5.62	5.15	4.10	100.00
3#	0.039	55.05	19.70	10.10	8.59	6.56	100.00
	0.030	80.89	6.90	5.16	4.03	3.02	100.00

由表 3.36 可见，3# 渣钙钛矿的单体解离度可达 80.89%，最高；1# 渣钙钛矿单体才能达 41.76%，最低，须深度细磨。2# 渣磨矿产品粒度见表 3.37，3# 渣磨矿产品粒度见表 3.38。

表 3.37　2#渣磨矿产品粒度组成(单位：%)

占比	粒级/mm									
	>0.020	0.020~0.015	0.015~0.012	0.012~0.010	0.010~0.008	0.008~0.006	0.006~0.004	0.004~0.003	0.003~0.001	<0.001
各级	3.56	7.27	8.27	7.89	10.10	12.20	13.80	7.33	16.70	12.88
累计	3.56	10.83	19.10	26.99	37.09	49.29	63.09	70.42	87.12	100.00

表 3.38 3#渣磨矿产品粒度组成(单位：%)

占比	粒级/mm									
	>0.030	0.030～0.025	0.025～0.020	0.020～0.015	0.015～0.010	0.010～0.006	0.006～0.004	0.004～0.003	0.003～0.001	<0.001
各级	3.50	7.53	16.20	17.60	21.80	11.20	7.70	3.85	6.86	3.76
累计	3.50	11.03	27.23	44.83	66.63	77.83	85.53	89.38	96.24	100.00

综上，由改性高炉渣工艺矿物学和渣中钙钛矿磨矿解离试验研究可知：2#渣磨矿产品中矿泥物料量很大，不可回收粒级产率占比很高。相比之下，3#渣磨矿产品中细泥物料量大幅度下降，不可回收粒级物料量大幅度减少。分离难易程度为：1#渣＞2#渣＞3#渣。

3) 磁选试验

矿泥(粒度<10μm)在矿浆中既易覆盖于粗粒矿物表面，又易形成无选择性的凝结；矿泥微粒比表面积大，表面能大，对药剂吸附能力强，使药剂吸附选择性变差，导致浮选速度变慢，选矿技术指标下降，产品质量差，回收率低，药剂消耗量大。为削弱矿泥的负面作用，傅文章[128]对改性高炉渣进行了阶段磨矿→阶段磁选→脱泥试验研究。原则工艺流程如图 3.116 所示，获得的试验技术指标见表 3.39。

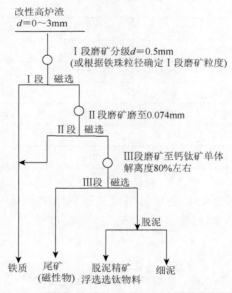

图 3.116 改性高炉渣磨矿→磁选→脱泥原则工艺流程图

表 3.39 改性高炉渣试验结果(单位：%)

名称	产率	TiO₂品位	TiO₂回收率	备注
铁质	5.34	7.85	2.58	不同高炉渣有差别
尾矿	14.48	12.13	10.79	尾矿

名称	产率	TiO₂ 品位	TiO₂ 回收率	备注
细泥尾矿	7.28	8.94	4.00	尾矿
脱泥精矿	72.90	18.44	82.63	浮选钛入浮物料
合计	100.00	16.27	100.00	—

浮选钛入浮物料化学分析结果见表 3.40，物料矿物组成见表 3.41，物料粒度组成见表 3.42。

表 3.40　浮选钛入浮物料化学成分(单位：%)

成分	质量分数	成分	质量分数
FeO	5.21	Al₂O₃	10.86
MFe	0.42	CaO	27.42
TiO₂	18.46	S	0.056
V₂O₅	0.36	MgO	5.73
SiO₂	27.57	P	0.026

表 3.41　浮选钛入浮物料矿物组成(单位：%)

矿物名称	质量分数	矿物名称	质量分数
钙钛矿	26.1	硫化物	1.4
钛辉石+镁铝尖晶石+多钙辉石等	72.3	铁板钛矿	0.2

表 3.42　浮选钛入浮物料粒度分析（单位：%）

占比	粒级/mm									
	>0.030	0.030~0.025	0.025~0.020	0.020~0.015	0.015~0.010	0.010~0.006	0.006~0.004	0.004~0.003	0.003~0.001	<0.001
各级	1.51	4.22	12.15	14.29	17.76	12.66	11.87	6.86	11.94	6.74
累计	1.51	5.73	17.88	32.17	49.93	62.59	74.46	81.32	93.26	100.00

改性高炉渣通过阶段磨矿、阶段磁选选别和脱泥后，既除去渣中的铁质和部分脉石矿物，又脱除微泥，有效地回收了渣中的钙钛矿，使其矿物质量分数由 20.5% 提高到 26.1%，钙钛矿的回收率为 92.8%，该结果表明分选效果较为理想。

基于上述试验与分析，可确定改性高炉渣阶段磨矿→阶段磁选→脱泥数质量流程，见图 3.117。

李大纲[129]利用显微镜分析了氧化改性含钛高炉渣中钙钛矿相的单体解离度。结果表明：钙钛矿相的颗粒既有单体，又有连生体，在磨矿粒度较大的情况下，连生体占绝大多数，随着磨矿粒度的提高，钙钛矿相的单体数量在增大，也就是说，磨矿粒度小的样品的钙钛矿相单体解离度大。由于改性的含钛高炉渣主要矿相为钙钛矿和硅灰石，钙钛矿的含量远小于硅灰石，在磨矿过程中，含量较大的矿相容易单体解离，只有当磨矿粒度小于钙钛

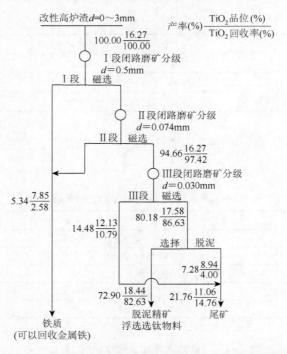

图 3.117　改性高炉渣阶段磨矿 → 阶段磁选 → 脱泥数质量流程图

矿相的结晶粒度时，钙钛矿才会有较大的单体解离度。图 3.118 给出了该样品在不同粒级下的单体解离度曲线，显示随着磨矿粒度的减小，钙钛矿相的单体解离度增大。按解理界面来分类，矿物解离有分散解离和脱离解离。分散解离是指粒度较粗的连生体颗粒被碎、磨成粒度小于其组成矿物晶体粒度的细粒，颗粒体积减小使该组成矿物部分地解离成单体。因不同矿物间的结合力未遭破坏，故粒度下降的破裂面穿切界面而过。脱离解离是指外力作用下的连生体各组成矿物沿共用边界相互分离，是理想的解离方式。实际破碎过程两种解离机理往往并存，各自所占的比例则因物料特性的不同而异。渣中钙钛矿相的解离以分散解离为主，要求钙钛矿相的晶粒度尽量大。

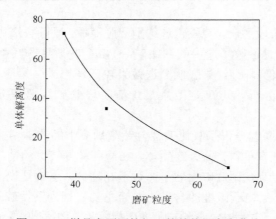

图 3.118　样品在不同粒级下的单体解离度曲线

马俊伟[130]亦采用 XRD、光学显微镜等研究 2#渣的矿物组成及质量分数，见表 3.43 和表 3.44。

表 3.43 矿物组成及成分

参数	钙钛矿	镁铝尖晶石	富钛透辉石	攀钛透辉石	金属铁	多钙辉石
质量分数/%	20~23	3~5	15~18	37~40	0.2	18~21
晶体粒度/μm	70~360	160~220	19×60~50×30	20~40	2~20	—

表 3.44 主要矿物相的化学组成(质量分数，单位：%)

名称	CaO	SiO_2	TiO_2	MgO	Al_2O_3	V_2O_5	MnO	FeO	S
攀钛透辉石	25.80	33.35	13.96	8.73	16.36	0.08	0.74	0.02	0.55
富钛透辉石	26.40	29.15	19.49	8.07	15.81	0.41	0.61	0.05	
钙钛矿	41.00	1.99	53.94	0.34	1.56	1.12	—	—	—

牛亚慧等[131]和李锐[132]用 X 射线荧光（X-ray fluorescence，XRF）分析 3#渣样成分 (表 3.45)和回收 TiO_2 价值。

表 3.45 高炉渣化学成分(单位：%)

成分	质量分数	成分	质量分数
CaO	29.80	Fe_2O_3	2.26
SiO_2	24.50	SO_3	1.10
TiO_2	19.80	MnO	0.95
Al_2O_3	11.80	其他	1.66
MgO	8.13	—	—

实验确定氧化改性高炉渣的最佳工艺条件为：5%CaF_2 添加剂、冷却速度 0.5℃/min，得到钙钛矿相的平均粒径为 48.46μm、最大粒径为 74.28μm、体积分数为 24.2%。

3.6.2　改性渣的重选分离

马俊伟[130]实验确定：钙钛矿与钛辉石的比磁化系数分别为 24×10⁻⁶cm³/g 和 16×10⁻⁶cm³/g，介于弱磁性和非磁性之间，用磁选难以有效分离。钙钛矿密度为 4.01g/cm³，钛辉石密度为 3.4g/cm³，二者有差异。以水作分选介质，则重选分选系数为 1.254，属难分选矿石，用分选精度高、运行稳定的 XYZ-1100×500 刻槽矿泥摇床，每次实验用样 100g。实验采用均匀试验设计法，从均匀性出发安排实验点在实验范围均匀分布，每点都具有代表性。采用筛分分级将原料分为 4 个粒级，结果如表 3.46 所示。不同粒级中品位差异较小，表明钙钛矿在各粒级中的分布量基本相同。

表 3.46 分级结果(单位：%)

粒级	产率		TiO_2 质量分数	TiO_2 分布率	
	各级	累计		各级	累计
150～100μm	29.31	29.31	20.01	30.90	30.90
100～75μm	29.90	59.21	19.31	30.42	61.32
75～38μm	30.07	89.28	18.41	29.16	90.48
<38μm	10.72	100.00	16.87	9.52	100.00

摇床重选实验原则流程见图 3.119。重选采用分级入选，各级别分别进行实验，结果见表 3.47。

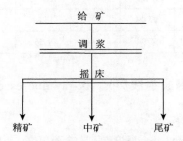

图 3.119 摇床重选实验原则流程

表 3.47 摇床重选流程指标(单位：%)

粒级	名称	产率		TiO_2 质量分数	回收率	
		绝对	相对		绝对	相对
150～100μm	精矿	8.28	28.25	35.08	15.32	49.58
	中矿	8.59	29.31	24.83	10.66	34.50
	尾矿	12.44	42.44	7.50	4.92	15.92
	合计	29.31	100.00	20.01	30.90	100.00
100～75μm	精矿	7.96	26.62	40.2	16.85	55.39
	中矿	10.74	35.92	16.42	9.13	30.01
	尾矿	11.20	37.46	7.67	4.44	14.60
	合计	29.90	100.00	19.31	30.42	100.00
75～38μm	精矿	6.35	21.12	42.78	14.31	49.06
	中矿	4.43	14.73	20.78	5.00	17.14
	尾矿	19.29	64.15	9.70	9.86	33.80
	合计	30.07	100.00	18.41	29.17	100.00
<38μm	精矿	0.93	8.68	41.67	2.04	21.41
	中矿	1.23	11.47	20.02	1.46	15.32
	尾矿	8.56	79.85	13.34	6.03	63.27
	合计	10.72	100.00	16.87	9.53	100.00

　　由表 3.47 可知，150～100μm 和 100～75μm 粒级可分别预先抛弃 12.44% 和 11.20% 的尾矿，得到的粗精矿品位较低是由于单体解离不完全，因此可再磨再选。75～38μm 粒级可以得到最终精矿和尾矿；<38μm 粒级由于颗粒较小，易形成矿泥，随水流失进入尾矿，致使尾矿品位偏高，但可得到较高品位的精矿。各级别均存在部分中矿。显微镜下观察表明：75～38μm 粒级单体解离度较高，可得到最终精矿；150～100μm 和 100～75μm 粒级粗精矿品位低是由于单体解离度低，尾矿大部分为单体解离的脉石颗粒。使用矿泥摇床重选选别可得到含 41.4%TiO₂、回收率为 33.2% 的精矿和含 9.33%TiO₂、回收率为 25.3% 的尾矿，同时尚有部分中矿待处理。或者将这部分中矿分配入精矿和尾矿，得到含 35.3%TiO₂、回收率为 68.2% 的精矿，同时得到含 9.29%TiO₂、回收率为 31.8% 的尾渣，前者可作提钛原料，后者可作水泥掺合料。存在中矿的主要原因是许多颗粒未单体解离，可再磨后用重选或浮选分离。综上，利用矿泥摇床重选选别可初步实现钙钛矿的分离。

　　牛亚慧等[131]和李锐[132]在浮选之前，首先开展了重选实验，预先去除一部分脉石，进一步提高精矿品位和回收率。取 74μm 改性渣 200g，进行重选，结果见表 3.48。

表 3.48　改性高炉渣重选实验(单位：%)

参数	精矿	中矿	尾矿
TiO₂ 质量分数	23.0	20.4	17.4
TiO₂ 回收率	30.6	37.0	32.4

　　由实验可见，钙钛矿相未能与其他脉石完全分离，重选精矿的品位不高，但精矿质量分数较尾矿提高了 5.6%。之后又用重选所得精矿进行浮选实验，即重选结合三次浮选，效果较理想。

3.6.3　改性渣的浮选分离

　　傅文章[128]在改性高炉渣工艺矿物学研究基础上，进行了系统的浮选试验。

1. 选钛药剂的选择

1) 捕收剂的选择

　　为选择捕收剂，进行浮选钙钛矿捕收剂的对比试验。采用以 F₉₆₈ 系列为重点的油酸、羟肟酸、氧化石蜡皂、C₇～₁₈氧化液蜡皂、石油磺酸钠、MOS、混合脂肪酸和 F₉₆₈ 系列(F₉₆₈-1～F₉₆₈-28)等捕收剂，试验流程如图 3.120 所示。不同捕收剂浮选钙钛矿的相对效果见表 3.49。基于捕收剂选钛性能对比试验，选择 F₉₆₈ 系列中 F₉₆₈-22～F₉₆₈-28 为浮选钙钛矿不同阶段、不同作业的捕收剂。F₉₆₈-22～F₉₆₈-24 浮选性能接近，既有选择性，捕收能力又强，适宜用在粗选阶段；而 F₉₆₈-25～F₉₆₈-28 捕收能力强，选择性又优于 F₉₆₈-22～F₉₆₈-24，适宜用在精选阶段。

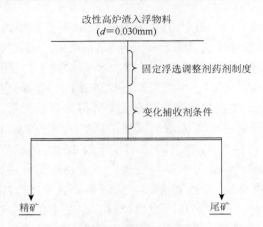

图 3.120　不同捕收剂浮选改性渣钙钛矿流程图

表 3.49　不同捕收剂浮选钙钛矿的相对效果

名称	主要性质	相对浮选效果
油酸	淡黄色至棕色油状物，不溶于水，易溶于煤油、醇类等有机物，遇碱则水解等	对改性高炉渣钙钛矿有捕收能力，选择性很差
羟肟酸	棕红色油状液物，难溶于水，溶于碱水和有机溶剂，有强烈的刺激性臭味	对改性高炉渣捕收能力较强，选择性虽好于油酸，但不够理想
氧化石蜡皂	棕色膏状物，总脂肪物含量为 60% 左右，易溶于热水	捕收性和选择性优于油酸
$C_{7\sim18}$ 氧化液蜡皂	高于 15℃时为淡黄色液体，总脂肪物含量为 60% 左右，易溶于热水	选择性要好于氧化石蜡皂，接近羟肟酸
石油磺酸钠	棕色膏状物，溶于热水	选择性近似油酸
MOS	棕色膏状物，有臭味，溶于热水	选择性和 $C_{7\sim18}$ 氧化液蜡皂近似
混合脂肪酸	淡黄色蜡状固体，有刺激性臭味，不溶于水，溶于酸性和有机介质	选择性差，反浮选效果不好
F_{968}-1～F_{968}-28	淡黄色、浅棕色到深棕色膏状物，溶于热水，起泡性能好	F_{968}-1～F_{968}-10 选择性略好于羟肟酸；F_{968}-11～F_{968}-20 选择性明显好于 $C_{7\sim18}$ 氧化液蜡皂；F_{968}-21～F_{968}-28 选择性相对最好

2) 调整剂的选择

进行矿浆 pH 调整剂试验，分别用 Na_2CO_3 和 H_2SO_4 调整矿浆 pH，做碱性、中性和酸性介质的浮选试验；之后进行水玻璃、六偏磷酸钠、CMC、草酸、氟硅酸钠、SSB、20S、FTA、改性纤维素、改性淀粉、糊精等调整剂探索性试验。最终确定以硫酸为矿浆 pH 调整剂，以水玻璃、SSB、草酸、改性纤维素、20S 和 FTA 为不同浮钛作业的调整剂，完成下述选钛试验。

2. 浮选钛粗选试验

1) pH 试验

矿浆 pH 是浮选的基础参数，首先选定硫酸为矿浆 pH 调整剂，之后完成矿浆酸碱性验证试验，流程见图 3.121，试验结果见表 3.50。由表知，矿浆酸碱度对浮选钛效果影响很大，pH 由 8.5 调到 5.6，精矿 TiO_2 品位变化不大，但回收率由 24.5% 升到 93.9%，尾矿中 TiO_2 品位由 17.9% 降到 8.84%。综合权衡，粗选矿浆以 pH = 6.0 为宜。

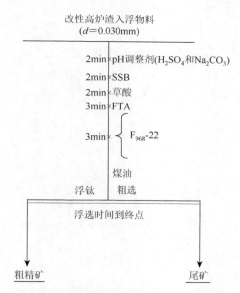

图 3.121　浮选钛粗选矿浆 pH 试验流程图

表 3.50　pH 影响试验结果(单位：%)

pH	名称	产率	TiO_2 品位	回收率
8.5	粗精矿	22.1	20.5	24.51
	尾矿	77.9	17.9	75.49
	合计	100.0	18.5	100.00
7.5	粗精矿	36.4	22.1	43.46
	尾矿	63.6	16.5	56.54
	合计	100.0	18.5	100.00
6.9	粗精矿	77.3	20.0	83.84
	尾矿	22.7	13.1	16.16
	合计	100.0	18.4	100.00
6.2	粗精矿	93.1	18.9	95.22
	尾矿	6.9	12.7	4.78
	合计	100.0	18.5	100.00
5.6	粗精矿	87.2	19.8	93.88
	尾矿	12.8	8.8	6.12
	合计	100.0	18.4	100.00

2) F$_{968}$-22 捕收剂用量试验

F$_{968}$-22 捕收剂用量试验流程见图 3.122，试验结果见表 3.51。表 3.51 表明，随着捕收剂用量的增加，精矿 TiO$_2$ 的回收率由 65.7%上升到 96.7%，而尾矿 TiO$_2$ 品位由 12.7%降至 8.66%，粗选阶段捕收剂 F$_{968}$-22 用量取 2500g/t。

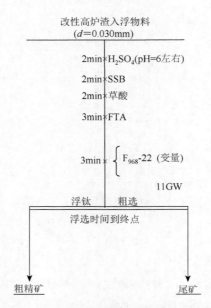

图 3.122　浮选钛粗选捕收剂用量试验流程图

表 3.51　F$_{968}$-22 捕收剂用量试验结果

F$_{968}$-22 用量/(g/t)	名称	产率/%	TiO$_2$ 品位/%	回收率/%	备注
1000	粗精矿	49.9	24.4	65.7	11GW 用量为 300g/t
	尾矿	50.1	12.7	34.3	
	合计	100.0	18.5	100.0	
1500	粗精矿	59.1	22.9	73.0	同上
	尾矿	40.9	12.2	27.0	
	合计	100.0	18.5	100.0	
2000	粗精矿	70.9	22.5	86.2	同上
	尾矿	29.1	8.8	13.8	
	合计	100.0	18.5	100.0	
2500	粗精矿	86.5	19.9	93.7	同上
	尾矿	13.5	8.63	6.3	
	合计	100.0	18.4	100.0	
3000	粗精矿	93.0	19.2	96.7	同上
	尾矿	7.0	8.7	3.3	
	合计	100.0	18.5	100.0	

3) SSB 用量试验

SSB 用量试验流程图见图 3.123，试验结果见表 3.52。表 3.52 表明，SSB 用量由 0.5kg/t 增到 1.8kg/t，尾矿产率由 11.1% 提高到 42.7%，其 TiO_2 品位由 12.0% 降低到 9.9%，对脉石抑制效果好，SSB 用量以 1.6kg/t 为宜。

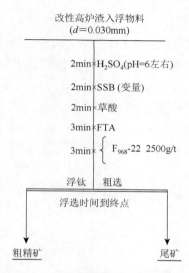

图 3.123　SSB 用量试验流程图

表 3.52　SSB 用量试验结果

SSB 用量/(kg/t)	名称	产率/%	TiO_2 品位/%	TiO_2 回收率/%	备注
0.5	粗精矿	88.9	19.2	92.8	粗选浮选到终点时间 4min46s
	尾矿	11.1	12.0	7.2	
	合计	100.0	18.4	100.0	
0.8	粗精矿	77.3	20.9	87.4	粗选浮选到终点时间 5min10s
	尾矿	22.7	10.2	12.6	
	合计	100.0	18.5	100.0	
1.2	粗精矿	69.5	22.3	83.9	粗选浮选到终点时间 5min30s
	尾矿	30.5	9.7	16.1	
	合计	100.0	18.4	100.0	
1.5	粗精矿	61.6	24.0	80.3	粗选浮选到终点时间 5min51s
	尾矿	38.4	9.47	19.7	
	合计	100.0	18.5	100.0	
1.8	粗精矿	57.3	24.8	77.0	粗选浮选到终点时间 6min18s
	尾矿	42.7	9.9	23.0	
	合计	100.0	18.5	100.0	

4) 其他调整剂用量试验

按以上方式还进行了粗选阶段草酸用量 500g/t、20S 用量 160g/t、FTA 用量 120g/t 试验。此外，还试验确定：捕收剂 11GW 适宜用量为 300g/t；粗选阶段浮选矿浆适宜浓度为 30%；粗选浮选时间以 6min 左右为宜。

3. 浮选粗选综合条件试验

浮选粗选综合条件试验流程如图 3.124 所示，试验结果见表 3.53。由表 3.53 知，浮钛粗选技术指标如下：粗精矿产率为 57.0%，TiO$_2$ 品位为 25.82%，TiO$_2$ 回收率为 79.8%。

图 3.124　浮选粗选综合条件试验流程图

表 3.53　浮选粗选综合条件试验结果(单位：%)

产品名称	产率	TiO$_2$ 品位	TiO$_2$ 回收率
粗精矿	57.0	25.82	79.8
尾矿	43.0	8.66	20.2
合计	100.0	18.40	100.0

粗精矿化学成分分析见表 3.54，粗精矿粒度组成见表 3.55。

表 3.54　粗精矿化学成分分析结果(单位：%)

成分	质量分数	成分	质量分数
TFe	4.24	Al$_2$O$_3$	9.82
FeO	5.00	CaO	28.79

续表

成分	质量分数	成分	质量分数
TiO$_2$	25.82	MgO	4.61
Cr$_2$O$_3$	0.05	S	0.13
SiO$_2$	21.65	P	0.025

表 3.55　粗精矿粒度组成分析(单位：%)

占比	粒级/mm									
	>0.074	0.074~0.045	0.045~0.030	0.030~0.025	0.025~0.020	0.020~0.015	0.015~0.010	0.010~0.008	0.008~0.004	<0.004
各级	3.96	7.95	15.48	20.11	13.38	14.51	13.18	7.98	1.87	1.58
累计	3.96	11.91	27.39	47.50	60.88	75.39	88.57	96.55	98.42	100.00

注：粗精矿进行粒度分析前，已经脱药使其粒度表面亲水，且进行了充分搅拌

　　浮选粗选尾矿化学成分分析结果见表 3.56，其矿物组成见表 3.57。

表 3.56　浮选粗选尾矿化学成分分析结果(单位：%)

成分	质量分数	成分	质量分数
TFe	4.13	Al$_2$O$_3$	12.41
FeO	5.43	CaO	25.34
TiO$_2$	8.66	MgO	7.23
Cr$_2$O$_3$	0.015	S	0.037
SiO$_2$	35.25	P	0.022

表 3.57　浮选粗选尾矿矿物组成(单位：%)

矿物名称	质量分数	矿物名称	质量分数
钙钛矿	5.5	硫化物+铁板钛矿	0.2
辉石族矿物+镁铝尖晶石等	94.3		

　　由表可知，浮钛粗选的选择性较好，且对钙钛矿的捕收性好，尾矿中钙钛矿质量分数为 5.5%，且呈贫连体存在，显然选别效果较理想。

　　4. 浮选粗精矿的精选试验

　　1) 浮选粗精矿的矿物组成
　　浮选粗精矿的矿物组成如表 3.58 所示，由于浮选药剂的絮凝作用，形成粗精矿絮团，团粒中有钙钛矿、钙钛矿与脉石矿物的连生体和裹带夹杂的微粒脉石矿物团粒。

表 3.58　浮选粗精矿的矿物组成(单位：%)

矿物名称	质量分数	矿物名称	质量分数
钙钛矿	41.6	硫化物+铁板钛矿	0.7
辉石族矿物+镁铝尖晶石等	57.7		

由表 3.58 知，入浮物料中脉石的去除率为 54.97%，钙钛矿的回收率为 90.82%，说明浮钛粗选药剂的絮凝作用既有利于回收钙钛矿，也裹带夹杂脉石。如何解絮降低脉石矿物含量，提高钛精矿中 TiO_2 品位，将于下面重点研究。

2) 浮选粗精矿解絮脱泥试验

进行解絮降低脉石矿物含量试验，经系列对比，确定图 3.125 为解絮脱泥原则工艺流程。采用粗精矿解絮 → 选择性分级脱泥除杂原则工艺流，取得的技术指标见表 3.59。

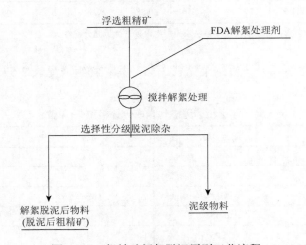

图 3.125　粗精矿解絮脱泥原则工艺流程

表 3.59　浮选粗精矿解絮 → 选择性分级脱泥试验(单位：%)

产品名称	产率	TiO_2 品位	TiO_2 回收率
脱泥后粗精矿	75.6	31.1	91.4
泥级物料	24.4	9.1	8.6
合计	100.0	25.8	100.0

表 3.59 表明，粗精矿解絮 → 选择性分级脱泥效果显著。

3) 粗精矿产品测试分析

脱泥后粗精矿产品的化学成分见表 3.60。

表 3.60　脱泥后粗精矿产品的化学成分(单位：%)

成分	质量分数	成分	质量分数
TFe	3.38	Al_2O_3	9.62
FeO	3.29	CaO	31.01

续表

成分	质量分数	成分	质量分数
TiO_2	31.33	MgO	4.55
Cr_2O_3	0.53	S	0.12
SiO_2	18.49	P	0.0046

由表 3.60 可知，脱泥后粗精矿中 TiO_2 和 CaO 质量分数升高，SiO_2、Al_2O_3 等质量分数降低，各矿物质量分数见表 3.61。

表 3.61　脱泥后粗精矿产品中各种矿物含量(单位：%)

矿物名称	质量分数	矿物名称	质量分数
钙钛矿	52.1	硫化物+铁板钛矿	0.8
辉石族矿物+镁铝尖晶石等	47.1	—	—

对比表 3.58 和表 3.61 可知，脱泥后粗精矿产品中钙钛矿的质量分数由脱泥前 41.6%上升到 52.1%；脱泥后粗精矿产品中脉石的质量分数由脱泥前 57.7%下降到 47.1%。

4) 脱泥后粗精矿的精选试验

脱泥后粗精矿的精选完成了精选药剂选择、精选流程结构及其他相关工艺条件等试验，所以确定以 H_2SO_4、20S 为调整剂，F_{968}-26 为捕收剂等浮钛精选药剂。

5) 精选试验技术指标

(1) 精选试验I技术指标。采用图 3.126 原则工艺流程进行精选试验I，获得的技术指标见表 3.62。

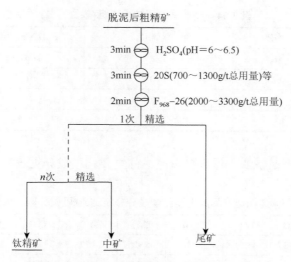

图 3.126　脱泥后粗精矿浮选精选原则工艺流程

表 3.62　精选试验Ⅰ技术指标(单位：%)

产品名称	产率	TiO$_2$ 品位	TiO$_2$ 回收率	备注
钛精矿	53.7	43.7	74.2	
中矿	14.1	25.1	11.2	3 次精选
尾矿	32.2	14.4	14.6	
合计	100.0	31.6	100.0	

(2) 精选试验Ⅱ技术指标。在总结精选试验Ⅰ的基础上，采用图 3.125 流程进行精选试验Ⅱ，技术指标见表 3.63。由表可知，精选试验Ⅱ不仅验证了精选试验Ⅰ，而且钛精矿品位有所提高。

表 3.63　精选试验Ⅱ技术指标(单位：%)

产品名称	产率	TiO$_2$ 品位	TiO$_2$ 回收率	备注
钛精矿	50.4	44.3	71.5	
中矿	18.8	24.2	14.5	3 次精选
尾矿	30.8	14.2	14.0	
合计	100.0	31.3	100.0	

(3) 精选试验Ⅲ技术指标。为了进一步提高钛精矿品位，在总结精选试验Ⅰ、Ⅱ的基础上，适当增加了调整剂用量，采用图 3.125 流程进行精选试验Ⅲ，所获得的技术指标见表 3.64。在浮选精选试验Ⅰ～Ⅲ基础上，经浮选钛精选技术条件的适当调整，就能进一步提高钛精矿的 TiO$_2$ 品位，达到 46%～48%。以下仅就浮选精选试验Ⅲ进行产品检测。

表 3.64　精选试验Ⅲ技术指标(单位：%)

产品名称	产率	TiO$_2$ 品位	TiO$_2$ 回收率	备注
钛精矿	48.4	45.3	69.9	
中矿	17.2	25.0	13.8	4 次精选
尾矿	34.4	14.8	16.3	
合计	100.0	31.3	100.0	

(4) 浮选精选钛产品性质。浮选精选产品的主要化学成分见表 3.65。

表 3.65　浮选精选产品的主要化学成分分析结果(质量分数，单位：%)

名称	TFe	FeO	TiO$_2$	Cr$_2$O$_3$	SiO$_2$	Al$_2$O$_3$	CaO	MgO	S	P
钛精矿	2.23	2.43	45.29	0.087	5.92	8.77	33.90	2.01	0.15	0.0002
钛中矿	2.64	3.10	25.01	0.041	24.86	10.45	28.62	6.91	0.13	0.0056
尾矿	3.23	4.27	14.82	0.023	32.98	10.40	27.57	7.30	0.04	0.0130

测试浮选精矿产品矿物组成，结果见表 3.66。

表 3.66　浮选精矿产品的主要矿物组成(质量分数，单位：%)

产品名称	钙钛矿	辉石族矿物+镁铝尖晶石等	硫化物+铁板钛矿
钛精矿	79.1	19.2	1.7
钛中矿	33.8	65.9	0.3
尾矿	13.8	86.1	0.1

脉石主要以辉石族矿物与钙钛矿连生体形式存在，单体脉石矿物很少；钛中矿中的钙钛矿主要以钙钛矿与脉石矿物连生体形式存在，单体钙钛矿少见，且多为微粒；尾矿中主要是钙钛矿的贫连体和小于 3μm 的微粒钙钛矿。

5. 浮选钛工艺流程

1) 工艺流程

由上述浮选钛系列试验，确定图 3.127 所示的浮选钛原则工艺流程。

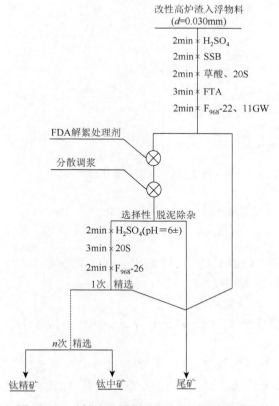

图 3.127　改性渣入浮物料浮选钛原则工艺流程

2) 浮选钛数质量流程

浮选钛各作业技术指标经系统计算，获得浮选钛数质量流程，见图 3.128。

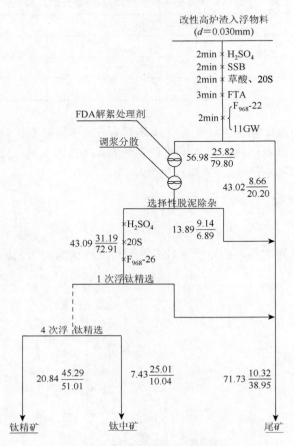

图 3.128　浮选钛数质量流程

6. 改性高炉渣选钛工艺流程

1) 工艺流程

经上述改性高炉渣阶段磨矿、阶段磁选和浮选钛工艺技术试验研究，确定改性高炉渣选钛原则工艺流程，如图 3.129 所示。

2) 改性高炉渣选钛数质量流程

通过改性高炉渣阶段磨矿、阶段磁选和浮选钛各作业指标计算，确定改性高炉渣选钛数质量流程，如图 3.130 所示。

综上，经选择性分离三组探索实验后，确定改性高炉渣选钛工艺条件：①对改性高炉渣进行阶段磨矿、阶段磁选选别和脱泥试验，既除去渣中的铁质和脉石矿物，又脱除微泥，从而有效地富集并回收了渣中的钙钛矿相，使钙钛矿质量分数由 20.5%提高到 26.1%，回收率为 92.8%；②基于浮选药剂的选择结果，进行入浮物料浮选粗选→解絮分散处理，

以及选择性脱泥 → 浮选精选的选钛试验，从入浮物料中选出了钛精矿，产率为 20.84%、TiO_2 品位为 45.29%、回收率为 51.01%；③进一步完善阶段磨矿 → 阶段磁选 → 选择性脱泥 → 浮选粗选 → 解絮分散处理 → 选择性脱泥除杂 → 浮选精选的选钛工艺，提高钛精矿产率为 15.19%、TiO_2 品位为 45.29%、回收率为 42.15%；④因矿中的钙钛矿绝大多数以不同程度的连生体存在，须返回三段磨矿，使之闭路循环；⑤在浮选精选试验 I ～III 的基础上，调整浮钛精选技术条件，提高钛精矿品位可达 46%～48%TiO_2。

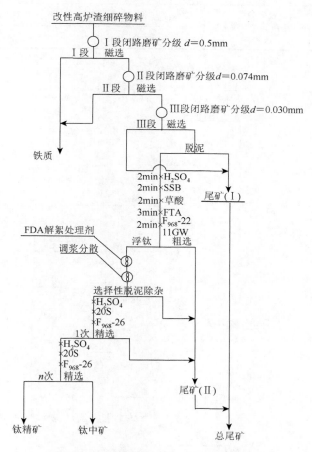

图 3.129　改性高炉渣选钛原则工艺流程

7. 改性含钛高炉渣浮选分离钛的简化工艺

马俊伟[130]研发一种方法，目标是探索有利于改性渣浮选分离钛工程化的简化工艺。

1) 浮选捕收剂

(1) 浮选捕收剂为 $C_{5\sim9}$ 羟肟酸。先用碳酸钠溶液将 $C_{5\sim9}$ 羟肟酸溶解，再用水稀释至所需浓度，碳酸钠与 $C_{5\sim9}$ 羟肟酸重量比为 1∶4。

(2) 浮选捕收剂为十二烷胺双甲基膦酸。在实验室合成，合成方法采用 Mannich 型反应[130]。其他化学药品及浮选药剂的名称、分子式、分子质量及纯度列于表 3.67。

表 3.67　试验用化学药品及浮选药剂

药剂种类	药剂名称	分子式	分子质量/(g/mol)	纯度
pH 调整剂	硫酸	H_2SO_4	99.0	分析纯
	氢氧化钠	NaOH	40.0	分析纯
捕收剂	油酸钠	$C_{17}H_{33}COONa$	304.5	化学纯
	烷基羟肟酸	$RCH_2COHNOH$	—	工业纯
	水杨羟肟酸	$C_6H_4OHCOHNOH$	153.0	工业纯
抑制剂	氟硅酸钠	Na_2SiF_6	188.1	分析纯
	硅酸钠(其水溶液又称水玻璃)	$Na_2O \cdot mSiO_2 \cdot xH_2O$	284.2	分析纯

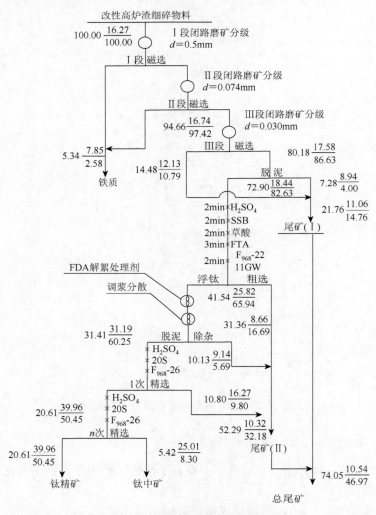

图 3.130　改性高炉渣选钛数质量流程

2) 浮选条件试验

寻求羟肟酸浮选钙钛矿的最佳条件。试验时先加硫酸搅拌 2min，调浆至 pH 为 6 左右，加水玻璃搅拌 3min，加羟肟酸搅拌 3min，而后浮选得钛精矿和尾矿。试验在 XFG-76 型 50mL 挂槽浮选机中进行，试验确定最优药剂用量如下：$C_{5\sim9}$羟肟酸为 300g/t，水玻璃为 200g/t，硫酸为 100g/t。

　　3) 开路流程试验

　　在粗选试验基础上，于 XFG-76 型 50mL 挂槽浮选机中进行了开路流程试验，粗选后进行扫选，流程见图 3.131，药剂制度与浮选工艺条件见表 3.68，试验结果见表 3.69。

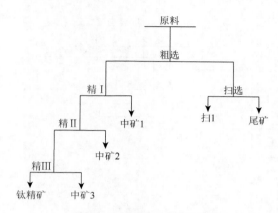

图 3.131　开路试验流程图

表 3.68　开路精选药剂制度与浮选工艺条件

作业	药剂名称	用量/(g/t)	搅拌时间/min	pH
粗选	硫酸	50	3	6.2
	水玻璃	70	2	
	$C_{5\sim9}$羟肟酸	200	8	
扫选	$C_{5\sim9}$羟肟酸	100	6	6.0
精 I	水玻璃	30	5	5.9
精 II	硫酸	50	5	5.5
精III	—	—	3	5.5

表 3.69　开路精选试验结果(单位：%)

产品名称	产率	TiO₂ 品位	回收率
钛精矿	17.1	38.9	29.2
中矿 1	33.3	20.2	29.5
中矿 2	13.4	27.7	16.4
中矿 3	6.5	25.3	7.2
扫 1	13.0	18.2	10.4
尾矿	16.7	10.0	7.3

4) 闭路流程

遵循等效分布原则，根据开路试验的结果对闭路浮选指标进行了模拟计算，设计闭路试验采用 1 次粗选、1 次扫选得最终尾矿；粗精矿进行 3 次空白精选，中矿 1、中矿 2 和中矿 3 顺序返回前一作业，见图 3.132。模拟计算结果表明，使用 $C_{5\sim9}$ 羟肟酸作捕收剂，水玻璃作抑制剂浮选改性高炉渣，由 22.8%TiO_2 的给矿得到 37.1%TiO_2 的钛精矿，回收率为 67.2%。

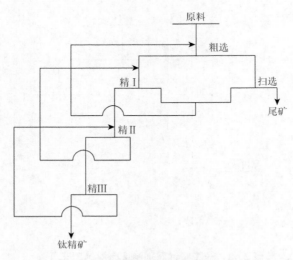

图 3.132　闭路试验流程图

8. 改性含钛高炉渣中钙钛矿的选择性分离研究

牛亚慧等[131]和李锐[132]研究改性高炉渣中钙钛矿的选择性分离。

1) 浮选剂的分离效果

根据浮选理论，能与 Ca^{2+}、Ti^{4+} 作用或是能通过表面电性与钙钛矿表面作用的捕收剂均可作为浮选钙钛矿的捕收剂。常见的氧化矿捕收剂有脂肪酸类、烃基硫酸酯类、磷酸酯类、烃基磷酸类、羟肟酸类等，此外一些螯合剂(如 8-羟基喹啉)也可以作为捕收剂[133]。本节选取三种典型并常用的氧化矿捕收剂进行实验研究。

(1) 选择捕收剂。

①油酸。

油酸为脂肪酸类捕收剂，主要用于浮选碱土金属的碳酸盐矿、金属的氧化矿和碳酸盐矿以及重晶石等[134]。从键合角度分析，油酸分子($CH_3(CH_2)_7CH = CH(CH_2)_7-COOH$)含有一个不饱和双键，键合种类属 O—O 型，O 既可与钛反应，又可与钙反应，对钙钛矿具有捕收作用。但实验显示，油酸未表现出明显的可浮性，且对矿物的选择性差，不耐硬水，对温度较敏感。油酸的提纯也较困难。

②油酸钠。

油酸钠较油酸易制得，在溶液中更易解离出油酸根离子，可吸附在钙钛矿表面，使矿物电位发生负移,起到捕收作用。实验结果表明,pH 为 9.3 时,精矿品位为 25.57%TiO$_2$,尾矿品位为 18.18%TiO$_2$,精矿回收率为 20.54%。采用红外光谱测试表明,油酸钠可在钙钛矿表面化学吸附。

③水杨羟肟酸。

实验研究水杨羟肟酸添加量对浮选精矿品位和回收率的影响,结果表明,添加量大于 800g/t 时精矿品位为 27.58%TiO$_2$,回收率随添加量增加也增大,尾矿品位为 15.48%TiO$_2$,显然水杨羟肟酸对钙钛矿有选择性,且捕收能力较强。进一步考察 pH 对捕收性影响表明,随着 pH 逐渐增大,精矿品位和回收率呈上升趋势;当 pH 为 11 时精矿品位为 34.62%TiO$_2$,回收率为 27.97%。

由溶液化学理论[135-137]可知,钙钛矿颗粒表面的 Ca 和 Ti 质点在水溶液中发生溶解和水化反应,生成各种羟基络合物。pH 为 4~11,$C_{5\sim9}$ 羟肟酸为负离子捕收剂,活性基团易与带正电的 $Ti(OH)^{3+}$ 和 $Ti(OH)_2^{2+}$、$Ti(OH)_3^+$ 结合,其作用方式为:矿物表面 Ti^{4+} 首先水解成 $Ti(OH)^{3+}$ 及 $Ti(OH)_2^{2+}$、$Ti(OH)_3^+$,然后羟肟酸与之作用生成羟肟酸钛表面螯合物。文献[138]和[139]表明,羟肟酸与 Ti^{4+}、Cu^{2+}、Fe^{3+} 和 Al^{3+} 等高价金属离子形成的络合物稳定性较强。钙钛矿表面主要为 Ti^{4+} 和 Ca^{2+},而钛辉石表面主要为 Ca^{2+} 和 Mg^{2+},因此 $C_{5\sim9}$ 羟肟酸对钙钛矿具有选择性捕收作用。

采用红外光谱测试表明,羟肟酸与钙钛矿表面作用后,C≡N、N≡O 官能团与钙钛矿表面的金属质点键合,证明水杨羟肟酸在钙钛矿表面化学吸附,故它是改性渣浮选较适宜的捕收剂。

(2) 选择抑制剂。

改性渣中脉石相主要是透辉石和铝镁尖晶石,本节将根据两矿物的性质并参照钛铁矿的浮选实践,研究以油酸钠和水杨羟肟酸为捕收剂时下述抑制剂对改性渣浮选的影响。

①水玻璃。

水玻璃($Na_2O\cdot SiO_2$)作调整剂时,既作为硅酸盐脉石矿物的抑制剂(有效地抑制石英、硅酸盐和铝硅酸盐矿物),又作为非硫化矿物(如萤石、磷灰石、白钨矿、重晶石、方解石)分解时的抑制剂,也是浮选中广泛使用的廉价矿泥分散剂。

分别研究油酸钠和水杨羟肟酸作为捕收剂时,水玻璃添加量对精矿品位与回收率的影响。实验结果表明:a. 用油酸钠作捕收剂,添加量为 600g/t、pH = 9.3,当水玻璃添加量为 100g/t 时,精矿品位为 29.56%TiO$_2$,回收率为 27.45%,尾矿品位为 16.77%TiO$_2$;b. 用水杨羟肟酸作捕收剂,当水玻璃添加量为 200g/t 时,精矿品位为 36.40%TiO$_2$,尾矿品位为 12.04%TiO$_2$;当水玻璃添加量为 100g/t 时,TiO$_2$ 回收率为 32.45%。

显然,水玻璃对脉石矿物具有抑制作用。在浮选条件下,SiO_3^{2-} 及单分子的硅胶 H_2SiO_3 并非最有效的成分;主导抑制作用的是亲水且带负电荷的硅胶粒子及硅酸氢根($HSiO_3^-$),它们可吸附在脉石表面,使矿物强烈亲水而起到抑制作用。

②CMC。

分别研究以油酸钠和水杨羟肟酸为捕收剂时 CMC 对改性渣浮选性能的影响。

实验结果表明:a. 油酸钠作捕收剂,CMC 添加量为 100g/t 时,精矿品位为 25.57%TiO$_2$,回收率为 35.34%,比未添加 CMC 时提高 7.89 个百分点;b. 水杨羟肟酸作捕收剂,CMC

添加量为 100g/t 时，精矿品位为 36.54%TiO_2，回收率为 38.75%。

③氟硅酸钠。

氟硅酸钠(Na_2SiF_6)对石英、长石、蛇纹石及电气石等硅酸盐矿物抑制作用良好。实验表明：a. 当油酸钠作捕收剂，氟硅酸钠添加量为 800g/t 时，精矿品位为 30.12%TiO_2，回收率为 36.24%，尾矿品位为 15.89%TiO_2；b. 当水杨羟肟酸作捕收剂，氟硅酸钠添加量为 600g/t 时，精矿品位仅 22.40%TiO_2，回收率为 22.78%。在矿浆 pH = 11 条件下，大部分氟硅酸钠与氢氧化钠反应产生硅酸沉淀，减弱抑制效果，精矿品位和回收率亦随之降低。综上，当油酸钠作捕收剂时氟硅酸钠添加量为 800g/t，当水杨羟肟酸作捕收剂时不添加氟硅酸钠。

④六偏磷酸钠。

六偏磷酸钠($(NaPO_3)_6$)可吸附溶液中钙、镁离子，软化硬水，对含钙、镁的脉石抑制作用也较好，对矿泥还有分散作用。六偏磷酸钠可吸附在矿物表面，增强矿物的亲水性，导致矿物表面负电位绝对值提高，是近些年来浮选工艺中较为广泛应用的抑制剂。

实验结果表明：a. 用油酸作捕收剂，六偏磷酸钠添加量为 600g/t 时，精矿品位为 34.13%TiO_2，回收率为 34.59%，尾矿品位为 13.10%TiO_2；b. 用水杨羟肟酸作捕收剂，六偏磷酸钠添加量为 400g/t 时，精矿品位为 41.36%TiO_2，回收率为 39.10%，尾矿品位为 12.97%TiO_2。显然，六偏磷酸钠促进钙钛矿的浮选。六偏磷酸钠有效抑制铝镁尖晶石的作用机理是，在水溶液中它可解离成负离子，活性强，可与溶液中 Mg^{2+} 或矿物表面晶格上的 Mg^{2+} 反应，生成稳定的六元环络合物或胶体，强度大且结合牢固，增加矿物表面亲水性导致的抑制作用。

(3) 选择起泡剂。

起泡剂为表面活性剂，可降低水表面张力，易形成泡沫，使浮选矿浆中矿物颗粒附着其上。

实验结果表明：①用油酸钠作捕收剂，起泡剂添加量为 80g/t 时，精矿品位为 36.48%TiO_2，回收率为 38.36%，尾矿品位为 12.36%TiO_2；②用水杨羟肟酸作捕收剂，起泡剂添加量为 80g/t 时，精矿品位为 42.43%TiO_2，回收率为 40.03%，尾矿品位为 12.11%TiO_2。

(4) 矿浆预处理。

矿浆预处理为浮选工艺中的重要环节，它将覆盖在有用矿物表面的矿泥洗掉，尽可能地暴露所选矿物，增加捕收剂与矿物的结合概率，达到提高精矿品位的目的。梁崇顺[140]采用 3000g/t 盐酸预处理 10min，脱泥后精矿品位大于 45%TiO_2，回收率为 90%以上。文书明[141]曾用混合试剂 Hc 预处理高钛型高炉渣并经一次粗选后，精矿品位可达到 30%～31%TiO_2，回收率为 33%～35%。

本节考察预处理时间对浮选结果的影响，分别以油酸钠和水杨羟肟酸为捕收剂。实验结果表明：①以油酸钠为捕收剂，预处理 2h，精矿品位为 39.78%TiO_2，回收率为 40.38%，尾矿品位为 12.05%TiO_2；②以水杨羟肟酸为捕收剂，预处理 3h，精矿品位为 45.45%TiO_2，回收率为 44.14%，尾矿品位为 10.38%TiO_2。由 XRD 分析表明，以水杨羟肟酸为捕收剂时，精矿中已无铝镁尖晶石，品位也较高；但以油酸钠为捕收剂时，精矿中不仅含钙钛矿，还含有透辉石和铝镁尖晶石。

2) 重选结合多段浮选的研究

采用重选使得精矿的品位提高了 5.06 个百分点,但尚未将钙钛矿与其他脉石完全分离。为此,用重选所得精矿再进行分段三次浮选。工艺流程见图 3.133,实验结果见表 3.70。

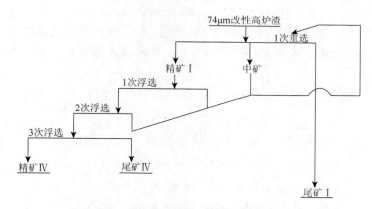

图 3.133 重选结合三次浮选实验工艺流程

表 3.70 重选结合三次浮选实验结果(单位:%)

捕收剂	精矿IV品位	尾矿IV品位	精矿IV回收率
油酸钠	42.13	11.01	39.97
水杨羟肟酸	48.78	8.73	44.27

由实验可知,以油酸钠为捕收剂时,重选结合三次浮选与两次浮选所得精矿品位相差不大,分别为 42.6%TiO_2 和 42.1%TiO_2;回收率反而有所降低,说明此条件下钙钛矿的选择性分离已接近 42.0%TiO_2 的上限。以水杨羟肟酸为捕收剂时,重选结合三次浮选与两次浮选所得精矿品位相差也不大,基本达到钙钛矿选择性分离的上限,即 48.0%TiO_2。

3.7 富钛料的制备

3.7.1 富钛精矿制备金红石型富钛料

重选结合三次浮选改性高炉渣得到富钛精矿,品位为 48.8%TiO_2,其中钙钛矿质量分数为 83%。牛亚慧等[131]和李锐[132]探索用 P_2O_5 焙烧它制备金红石型富钛料,研究结果如下。

1. 精矿 P_2O_5 焙烧反应

由于 P—O 键与金属的键合能力大于 Ti—O 键,通过添加 P_2O_5 改性剂可使 Ca^{2+}、Mg^{2+}、Al^{3+} 等优先与 P—O 结合而转化为磷酸盐,TiO_2 则作为独立相释放出来,相关的高温反应如下:

$$3CaO+P_2O_5 = Ca_3(PO_4)_2$$

$$3MgO+P_2O_5 = Mg_3(PO_4)_2$$

$$Al_2O_3+P_2O_5 = 2AlPO_4$$

$$18CaO+Al_2O_3+7P_2O_5 = 2Ca_9Al(PO_4)_7$$

在反应过程中，钙、镁等杂质氧化物均转化为可溶于磷酸的磷酸盐，而不溶于酸的 TiO_2 和 Al_2O_3、SiO_2 等杂质相可分离出去。然后碱浸除去硅酸盐等杂质，碱浸反应如下：

$$SiO_2+2NaOH = Na_2SiO_3+H_2O$$

$$Al_2O_3+2NaOH = 2NaAlO_2+H_2O$$

最后通过酸洗去除碱浸反应后生成的氢氧化物杂质，其反应如下：

$$Ca(OH)_2+2HCl = CaCl_2+2H_2O$$

$$Mg(OH)_2+2HCl = MgCl_2+2H_2O$$

$$Al(OH)_3+3HCl = AlCl_3+3H_2O$$

利用 $CaSO_4$ 的微溶性回收磷，与磷酸溶液分开，反应如下：

$$Ca_3(PO_4)_2+3H_2SO_4 = 3CaSO_4\downarrow+2H_3PO_4$$

2. 影响磷焙烧料酸浸的因素

取 10g 浮选精矿加少量 P_2O_5，压片、煅烧。煅烧后试样的 XRD 谱见图 3.134，已有 TiO_2 从钙钛矿相中分离出来，其中主要的杂质相为磷酸铝钙和未反应的钙钛矿，而磷酸铝钙可用磷酸浸出将其分离。

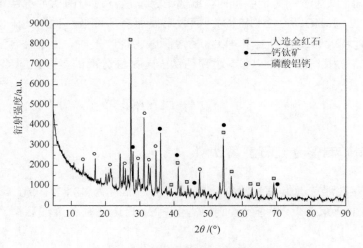

图 3.134　煅烧试样 XRD 谱

1) 酸浸温度

取 10g 焙烧后试样，在 H_3PO_4 浓度为 20%、固液比为 1:20、酸浸时间为 4h、碱浸温度为 90℃、碱浸时间为 2h、碱浓度为 60g/L 的条件下，考察酸浸温度对 TiO_2 品位的影响。结果表明，酸浸温度提高，TiO_2 品位渐增；酸浸温度为 90℃时，TiO_2 品位为 74.3%；酸浸温度为 100℃时，TiO_2 品位为 75.24%。酸浸温度不宜过高，90℃最佳。

2) 酸浓度

取 10g 焙烧后试样，酸浸温度为 90℃、固液比为 1∶20、酸浸时间为 4h、碱浸温度为 90℃、碱浸时间为 2h、碱浓度为 60g/L 的条件下考察 H_3PO_4 浓度对 TiO_2 品位的影响。结果表明，随着 H_3PO_4 浓度提高，TiO_2 品位呈先大后小趋势；H_3PO_4 浓度为 20%时 TiO_2 品位为 74.3%，最高。因此，确定实验的 H_3PO_4 浓度为 20%。

3) 酸浸时间

取 10g 焙烧后试样，酸浸温度为 90℃、固液比为 1∶20、H_3PO_4 浓度 20%、碱浸温度为 90℃、碱浸时间为 2h、碱浓度为 60g/L 的条件下考察酸浸时间对 TiO_2 品位的影响。结果表明，随着酸浸时间延长，TiO_2 品位逐渐增大，当酸浸时间大于 4h 时 TiO_2 品位基本不变，说明此时杂质相已基本溶解。因此，确定实验的酸浸时间为 4h。

3. 新型富钛料酸浸渣的碱浸条件

取 10g 焙烧后的试样，酸浸温度为 90℃、H_3PO_4 浓度为 20%、固液比为 1∶20、酸浸时间为 4h。

1) 碱浸温度

碱浓度为 60g/L 的条件下，考察碱浸温度对 TiO_2 品位的影响。结果表明，随着碱浸温度提高，TiO_2 品位逐渐增大；碱浸温度为 90℃时 TiO_2 品位为 74.3%；碱浸温度为 100℃时 TiO_2 品位为 75.10%；因此，确定实验的碱浸温度为 90℃。

2) 碱浓度

碱浸温度为 90℃、碱浸时间为 2h 条件下考察 NaOH 浓度对 TiO_2 品位的影响。结果表明，随着 NaOH 浓度增加，TiO_2 品位呈先大后小趋势，NaOH 浓度为 50g/L 时 TiO_2 品位最高(74.9%)；NaOH 浓度大于 60g/L 时 TiO_2 品位降低。过量 NaOH 与 TiO_2 反应生成 Na_2TiO_3。因此，确定实验的 NaOH 浓度为 50g/L。

3) 碱浸时间

碱浸温度为 90℃、NaOH 浓度为 50g/L 条件下考察碱浸时间对 TiO_2 品位的影响，结果表明，随碱浸时间延长，TiO_2 品位呈逐渐增大趋势，碱浸时间为 4h 时 TiO_2 品位为 81.9%；碱浸时间大于 4h 时 TiO_2 品位变化不明显，说明杂质已基本溶解，确定实验的碱浸时间为 4h。

将碱浸后的试样用 20%的盐酸溶液于 60℃的恒温水浴下酸洗、搅拌 2h，所得 TiO_2 品位可达 92.47%。取酸浸过滤后的溶液，加入适量 H_2SO_4 溶液并不断搅拌，在实验过程中可以看到烧杯中不断有絮状物析出，待絮状物不再析出时，过滤将固液分离，烘干滤渣。XRD 分析表明，滤渣为较纯硫酸钙，而液体为磷酸水溶液。

3.7.2　富钛精矿硫酸酸解制备富钛料

王明华等[142-145]提出用硫酸处理钙钛矿精矿制备富钛料的技术路线，同时采用废酸浸取待酸解精矿和粗富钛料(75.1%TiO_2)，以及废水浸取酸解产物和堆浸法处理酸解不溶残渣的辅助技术。钙钛矿精矿的主要化学成分见表 3.71。

表 3.71 钙钛矿精矿的主要化学成分(单位：%)

成分	质量分数	成分	质量分数
TiO_2	35.5	MgO	4.0
SiO_2	10.1	Al_2O_3	9.7
CaO	36.7	TFe	4.0

精矿球磨后粒度分级，实验原料取 74~110μm 粒度范围，实验用分析纯试剂。

1. 钙钛矿精矿与硫酸反应

$$CaTiO_3+2H_2SO_4 \Longrightarrow CaSO_4\downarrow+TiOSO_4+2H_2O$$
$$CaTiO_3+3H_2SO_4 \Longrightarrow CaSO_4\downarrow+Ti(SO_4)_2+3H_2O(H_2SO_4 过量)$$
$$CaO+H_2SO_4 \Longrightarrow CaSO_4\downarrow+H_2O$$
$$MgO+H_2SO_4 \Longrightarrow MgSO_4+H_2O$$
$$Al_2O_3+3H_2SO_4 \Longrightarrow Al_2(SO_4)_3+3H_2O$$
$$FeO+H_2SO_4 \Longrightarrow FeSO_4+H_2O$$

钙钛矿精矿酸解后加水浸取，大部分可溶性钛盐转入溶液，小部分未酸解钛留在残渣中。

2. 影响精矿中钛酸解率的因素

1) 粒度

实验条件如下：矿酸比为 1∶5，硫酸浓度为 98.3%，酸解温度为 80℃，考察粒度对钛酸解率影响。结果表明，随粒度减小，酸解率增加。精矿粒度小、表面积大，反应速度加快。

2) 硫酸浓度

实验条件如下：精矿粒度为 76μm，矿酸比为 1∶4，酸解温度为 80℃，考察硫酸浓度对钛酸解率影响。结果表明，硫酸浓度升高，钛酸解率增大。精矿为碱性混合物，与硫酸反应属酸碱反应，速度快，反应完全。

3) 酸解温度

实验条件如下：硫酸浓度为 90%，矿酸比为 1∶3.34，精矿粒度为 76μm，考察酸解温度对钛酸解率影响。结果表明，酸解温度升高，钛酸解率逐渐增大。酸解温度为 180℃时，钛酸解率最高达到 99%。

4) 矿酸比

酸解过程，硫酸用量多，酸解反应快，酸解率高。保持 $TiOSO_4$ 稳定需过量硫酸。表 3.72 列出矿酸比对精矿中钛酸解率及钛液指标的影响。

表 3.72　矿酸比对精矿中钛酸解率及钛液指标的影响

编号	用矿量/g	矿酸比	浸出液组成			酸解率/%
			TiO$_2$/(g/L)	有效酸/(g/L)	F 值	
1	50	1∶200	34.42	134.93	3.92	98.81
2	50	1∶1.81	38.00	106.40	2.80	98.76
3	50	1∶1.35	34.56	86.58	2.67	96.85
4	50	1∶1.24	34.78	62.60	2.49	95.30
5	50	1∶1.21	34.14	68.62	2.06	94.62
6	50	1∶1.14	25.68	38.52	2.04	86.47

综上，酸解精矿的优化条件为：矿酸比为 1∶1.21，酸解温度为 180℃，精矿粒度为 76μm，酸解时间为 4h 以上。

3. 影响酸解产物浸取的因素

浸取指用水或稀酸将酸解后产物中的可溶性钛盐(TiOSO$_4$)溶入液相，过滤除残渣得到钛液。浸取的钛提取率取决于酸解与浸取条件。取优化酸解条件：矿酸比为 1∶1.21，硫酸浓度为 90%，酸解温度为 180℃，酸解时间为 4h，研究钛提取率影响因素。

1) 液固比

实验条件如下：浸取温度为 25℃，酸解产物粒度为 76μm。结果表明，液固比增大时钛提取率呈直线增高。在液固比为 5 时，钛提取率达到 98%，钛液中 TiO^{2+} 浓度约 0.4mol/L。再加大水量，钛提取率不变。

2) 浸取时间

实验条件如下：液固比为 5∶1，浸取温度为 25℃，酸解产物粒度为 76μm。结果表明，浸取 90min，98% 以上的钛组分转入溶液。

3) 浸取温度

实验条件如下：浸取时间为 90min，酸解产物粒度为 76μm。结果表明，浸取温度为 60℃ 以上时钛离子已开始水解，使钛提取率降低；但低于 14℃ 时，溶解速度慢，钛提取率更低。

综上，酸解产物优化的浸取条件如下：固液比为 1∶5，浸取温度为 25～40℃，酸解产物粒度为 76μm，浸取时间大于 90min，钛提取率可达到 95%～98%。

4. 钛溶液的水解、提纯

钛液水解指常压或高压下加热钛液，使钛水解生成不溶于水的 H$_2$TiO$_3$ 沉淀，与可溶性杂质分离。钛液中杂质离子 Mg^{2+}、Al^{3+}、Fe^{3+}、Fe^{2+} 等的水解反应如下：

$$Mg^{2+}+2H_2O = Mg(OH)_2\downarrow+2H^+$$

$$Al^{3+}+3H_2O = Al(OH)_3\downarrow+3H^+$$

$$Fe^{3+}+3H_2O = Fe(OH)_3\downarrow+3H^+$$

$$Fe^{2+}+2H_2O \Longrightarrow Fe(OH)_2\downarrow+2H^+$$

钛液的水解反应如下：

$$TiOSO_4+2H_2O \Longrightarrow H_2TiO_3+H_2SO_4$$

成分不同的钛液，水解条件不同，产物的性能也不同[146-148]。水浸取后加生石灰过滤调节 F 值，经沉降过滤制备钛液的化学成分见表 3.73，稳定度为 200，铁钛比为 0.1。

表 3.73　钛液的化学成分

参数	TiO_2	CaO	MgO	Al_2O_3	SiO_2	TFe
质量浓度/(g/L)	38.04	0.868	2.176	7.27	0.98	3.86
离子摩尔浓度/(mol/L)	0.476	0.0155	0.0544	0.1425	0.0213	0.0689

5. 影响水解质量的因素

1) 钛液 TiO_2 浓度

(1) 考察 F 值为 1.4 时，钛液 TiO_2 浓度对水解开始时间的影响。由图 3.135 知，钛液 TiO_2 浓度为 40g/L 时水解开始时间为 1min；而钛液 TiO_2 浓度为 200g/L 时水解开始时间长达 10min。

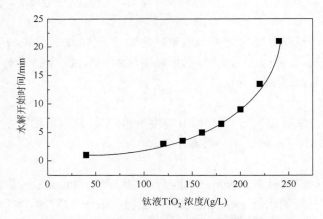

图 3.135　钛液 TiO_2 浓度对水解开始时间的影响

(2) 当 F 值为 1.4、水解 2h、钛液 TiO_2 浓度＞200g/L 时，水解生成偏钛酸的洗涤速度减慢，需要 20h 以上。因此，选择水解钛液 TiO_2 浓度时，既考虑产物的质量，又考虑水解率和钛液浓缩的合理性。本实验终产物用作氯化法钛白原料，无颜料性能要求，钛液无须浓缩，低 TiO_2 浓度钛液(38g/L 左右)直接水解，水解率较高且偏钛酸易水洗。

2) 钛液 F 值

(1) 钛液 F 值指溶液中 H_2SO_4 浓度与 TiO_2 浓度的比值，它影响水解速度、水解率和水解产物的结构。钛液 TiO_2 浓度相同时，F 值越大，其酸度越大，水解逆反应趋势越大，抑制水解反应，速度减慢，生成偏钛酸颗粒变细，回收率降低。钛液水解通常在 104～105℃ 煮沸条件下进行。

(2) 当钛液 TiO_2 浓度为 38g/L、水解 2h 时，钛液 F 值增加，水解开始时间延长。酸度越小，越有利于水解反应正向进行，缩短水解开始时间。但钛液 F 值过低，钛液稳定性下降，水解反应难控制，偏钛酸颗粒不均匀，呈胶状，不易过滤和洗涤。钛液 F 值以 $1.6\sim1.7$ 为宜。

(3) 钛液 F 值为 1.6、水解 2h 时钛水解率为 97% 以上，而钛液 F 值为 2.0 时钛水解率仅 85% 左右。钛液 F 值对产物纯度影响见图 3.136。由图可见，钛液 F 值增加，产物纯度也增加，当钛液 F 值为 1.6 时 TiO_2 质量分数为 75.1%，钛液 F 值为 2.0 时 TiO_2 质量分数达到 84.3%。

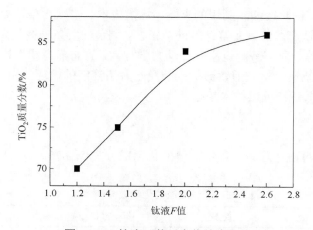

图 3.136　钛液 F 值对产物纯度影响

6. 偏钛酸的水洗

F 值为 1.6 时，沉淀出的偏钛酸料浆中含有相当数量的铁、铝等杂质，原因可能是偏钛酸沉淀吸附杂质；另外，当温度升高时，铝、铁氢氧化物沉淀趋势增大。水洗可除去 99% 的 Ca、Mg，60% 的 Fe 及硫酸等可溶性杂质，使偏钛酸净化，水洗产物中 TiO_2 质量分数可达 75.1%。适宜水洗条件如下：在真空条件下洗涤，温度为 $40\sim60℃$，4 倍体积去离子水洗涤 1h。

7. 偏钛酸的煅烧

偏钛酸沉淀含大量水及一定量的硫酸。煅烧可脱水、脱硫，生成 TiO_2。900℃ 煅烧得到的金红石型富钛料含 92%TiO_2。

8. 富钛料的酸洗提纯

利用水解废酸提高富钛料品位。1t 精矿生成 420kg 的 75.1%TiO_2 富钛料，按 1g∶40mL 的比例需要废酸 $16.8m^3$，水解实际仅产生 $6.91m^3$ 废酸。可使钛品位由 75.1% 提高到 86% 左右。废酸中加入 5%H_2SO_4 的实验表明，浸取温度为 40℃，浸取时间为 18h，浸渣中 TiO_2 质量分数上升至 95.23%(表 3.74)。

表 3.74 酸洗富钛料产品的主要化学成分(单位：%)

成分	质量分数	成分	质量分数
TiO_2	95.23	Al_2O_3	2.65
CaO	0.07	SiO_2	0.82
MgO	0.06	Fe_2O_3	1.17

3.7.3 含钛高炉渣硫酸酸解制备富钛料

刘晓华等[149-152]针对废酸未利用的弊端，均衡成本、二次污染及处理量等因素，提出用废稀硫酸酸解含钛高炉渣制备富钛料的新工艺，调节酸解条件并达到较高的酸解率；同时考察了 Mg、Al 等杂质在酸解过程中的动力学行为，且与前者相对比解释钛的特征酸解行为；还研究了高杂质含量硫酸钛液的水解及水解后溶液的循环使用，为优化水解条件、回收 Al_2O_3 及反应器设计提供技术依据。

1. 方法

高炉渣中的铁可磁选除去，除铁后渣的化学成分见表 3.75。

表 3.75 除铁后渣的化学成分(单位：%)

成分	质量分数	成分	质量分数
CaO	22.24	SiO_2	13.15
TFe	23.91	MgO	26.30
TiO_2	8.75	Al_2O_3	2.60

硫酸与高炉渣各组分的反应如下：

$$H_2SO_4 + CaO = CaSO_4 \downarrow + H_2O$$
$$H_2SO_4 + TiO_2 = TiOSO_4 + H_2O$$
$$3H_2SO_4 + Al_2O_3 = Al_2(SO_4)_3 + 3H_2O$$
$$H_2SO_4 + MgO = MgSO_4 + H_2O$$

加压条件下，渣中钛酸解率受反应温度、反应时间、渣酸比、物料粒度、硫酸浓度等因素影响。

2. 影响渣中钛酸解的因素

1) 渣酸比

渣酸比指渣质量(g)与浓硫酸(质量分数为 98%)体积(L)之比。实验条件如下：物料粒度为 77μm，硫酸浓度为 50%，反应温度为 100℃，反应时间为 8h。结果表明：加入硫酸瞬间反应放热，易使渣黏结在反应釜上，渣酸比较高时更严重，渣结团阻碍反应推进。适宜的渣酸比为 1：1.17～1：1.56，TiO_2 酸解率可达 85%～90%。

2) 反应温度

条件同上。结果表明，70～100℃酸解率急剧升高，100℃时可达 90%，继续升高反应温度后趋缓。

3) 反应时间

条件同上。酸解率随反应时间变化见图 3.137，8h 左右酸解率达到最大值后稍下降，10h 后平缓。TiO_2 酸解初期以 TiO^{2+} 形式存在，易水解生成偏钛酸沉淀，反应速度较快，但 TiO^{2+} 浓度低时反应速度变慢，直至 TiO_2 溶出与 TiO^{2+} 水解两反应接近平衡。为避免 TiO^{2+} 水解生成偏钛酸，反应时间以 8h 为宜。

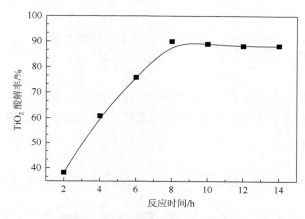

图 3.137　反应时间对酸解率的影响

4) 物料粒度

硫酸浓度为 50%，其余条件同上。结果表明，物料粒度细，比表面积大，利于 TiO_2 浸出反应。但物料粒度小于 77μm 加硫酸后瞬时反应速度较大，易固结，粒度以 77～100μm 为宜。

5) 硫酸浓度

物料粒度为 77μm，其余条件同上。结果表明，硫酸浓度高利于酸解反应，但硫酸浓度为 60%时受渣酸比限制溶液未能完全浸泡物料，反应不完全。当渣酸比低时硫酸浓度为 60%的酸解率可达 95%以上。

3. 影响渣中 TiO_2 与杂质酸解的因素

渣中 TiO_2 与杂质的酸解反应受渣酸比、硫酸浓度、反应时间、反应温度等因素影响。

1) 反应时间

图 3.138 为 TiO_2、Al_2O_3、MgO 的酸解率随反应时间变化：TiO_2 酸解率随反应时间延长而增加，10h 后趋缓。溶液中以 TiO^{2+} 形式存在的钛在反应后期水解生成偏钛酸沉淀。Al_2O_3、MgO 先于 TiO_2 反应，分别于 6h 和 4h 已达到反应平缓区。

2) 渣酸比

渣酸比对 TiO_2 及杂质酸解行为的影响是同步的。渣酸比高于 1：1.17 时，反应放热使渣结团，阻碍反应物反应推进；而渣酸比过低时耗酸大。

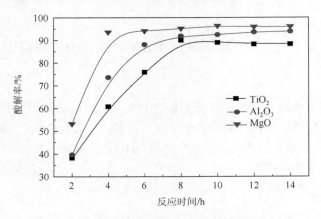

图 3.138　反应时间对 TiO_2 与杂质酸解的影响

3) 反应温度

反应温度对 TiO_2、Al_2O_3 和 MgO 的酸解率影响可分为两阶段，在 100℃ 以前，随反应温度提高，三者酸解率不同程度增加；在 100℃ 以后，反应温度对酸解率的影响不明显。

4) 物料粒度

物料粒度细有利于浸出反应，但小于 77μm 后酸解率变化不明显，物料太细易结团。

5) 硫酸浓度

硫酸浓度高有利于酸解，且杂质与 TiO_2 随硫酸浓度变化规律相似。

4. 酸解钛液水解制取水合 TiO_2

硫酸钛液水解制取水合 TiO_2 的生产技术成熟，但工艺复杂，影响因素多，本书拟探讨与水解相关的条件。硫酸钛液化学成分见表 3.76。

表 3.76　硫酸钛液的化学成分(单位：g/L)

成分	浓度	成分	浓度
TFe	80.21	Al_2O_3	23.73
TiO_2	31.08	MgO	8.32

酸解条件如下：渣粒度为 150 目，反应时间为 8h，反应温度为 110℃，渣酸比为 1∶1.56。取浓缩液回流加热，反应完成后将水合 TiO_2 沉淀过滤，分析 TiO_2 水解率。

含钛高炉渣酸解液浓缩得到的硫酸钛液中，TiO_2 浓度低，酸度系数低，杂质含量高。采用直接水沸法水解钛液制取 TiO_2，借助正交试验数据经优化得到的水解条件为：TiO_2 浓度为 101.50g/L，水解温度为 100℃，水解时间为 140min，酸度系数为 1.1，陈化温度为 20℃，陈化时间为 20h。将水解沉淀洗涤，并在 800~900℃ 煅烧除水，得到微黄 TiO_2 产物，化学成分如表 3.77 所示。

表 3.77　TiO$_2$ 产物化学成分(单位：%)

成分	质量分数	成分	质量分数
TiO$_2$	90.21	TFe	1.81
Al$_2$O$_3$	3.33	其他	2.67
MgO	1.98		

5. 水解后溶液用于循环酸解液

水解后的溶液作为循环酸解液，充分利用了废酸。原料中氧化铝与硫酸反应生成的硫酸铝经多次循环酸解可累积、浓缩，作化工原料。水解前溶液称为酸解溶液，水解后称为二次溶液，将其配入酸解溶液中进行二次酸解反应，之后二次水解。实验结果见表 3.78。

表 3.78　水解后溶液用于循环酸解的实验结果(单位：g/L)

溶液	TiO$_2$ 浓度	Al$_2$O$_3$ 浓度	MgO 浓度	TFe 浓度
一次酸解溶液	80.21	31.08	23.73	8.32
一次水解后溶液	2.25	30.58	22.56	8.17
二次酸解溶液	81.78	56.99	28.35	8.49
二次水解后溶液	2.10	55.11	28.44	8.22
三次酸解溶液	83.66	82.23	30.02	8.89
三次水解后溶液	2.89	82.10	28.12	8.05
四次酸解溶液	82.56	102.56	29.98	8.74
四次水解后溶液	2.78	102.31	27.45	8.14

由表可见，铝在溶液中不断富集，而镁达到一定浓度后不再增长。四次水解后的溶液浓缩得到硫酸铝的化学成分见表 3.79；酸解后残渣的化学成分见表 3.80。

表 3.79　硫酸铝的化学成分(单位：%)

成分	质量分数	成分	质量分数
Al$_2$O$_3$	16.5	TFe	0.3
TiO$_2$	1.5	其他	80.5
MgO	1.2		

表 3.80　含钛高炉渣提钛后残渣的化学成分(单位：%)

成分	质量分数	成分	质量分数
TFe	0.22	Al$_2$O$_3$	6.15
V$_2$O$_5$	24.4	Cr$_2$O$_3$	8.20
TiO$_2$	17.6	MgO	20.3
SiO$_2$	14.6	CaO	8.48

3.8　含钛高炉渣的利用

3.8.1　制备微晶玻璃

李彬等[153-157]用含钛高炉渣 $CaO\text{-}MgO\text{-}Fe_2O_3\text{-}Al_2O_3\text{-}SiO_2\text{-}TiO_2$ 制备 3 种玻璃。

(1) 分相玻璃具有乳光现象，呈不同颜色，具有中等强度，用途广泛。

(2) 黑色玻璃。基于对玻璃形成热力学、动力学、工艺及性能的探讨，研制出以尾矿为主料、含钛高炉渣作配料的黑色玻璃，其特点是成本低，耐酸碱性好，机械强度接近或优于同类产品，可作为建筑装饰材料和工艺品，调整成分还可用于瓶罐玻璃。

(3) 微晶玻璃。实验研究不同晶核剂 Cr_2O_3、TiO_2、ZnO 对玻璃晶化的影响，确定 Cr_2O_3、TiO_2、ZnO 的最佳含量和作用机理，其中 ZnO 具有改变晶体生长形态的作用，使微晶玻璃的晶体呈枝晶形态。添加 ZnO、Cr_2O_3、TiO_2 能明显降低玻璃晶化活化能，其中 ZnO 显著降低玻璃析晶温度。Cr_2O_3 与 Fe_2O_3 构成的复合晶核剂可促进晶化，制得高强度微晶玻璃。同时还研究尾矿添加量对微晶玻璃强度的影响，优化的尾矿添加量为 55%。

3.8.2　制备水泥

张巨松等[158-164]和申延明等[165, 166]用缓冷含钛改性高炉渣经重选分离后的尾矿作水泥掺合料。因尾矿(渣)中存在少量含钛物相，直接用作水泥时降低活性，且水凝性差。为此，研究 TiO_2、钙钛矿对水泥中硅酸二钙和无水硫铝酸钙性能的影响。结果表明：TiO_2 对硅酸二钙和无水硫铝酸钙及二者组成的复合矿物有明显的矿化、助熔及无定形化作用。同时，TiO_2 有利于温度升高时石膏分解。钙钛矿也具有同样的作用，但比 TiO_2 弱些。采用重选后的尾矿合成高硅贝利特硫铝酸盐水泥。研究了 TiO_2 对水泥矿物形成、抗压强度、凝结时间等性能的影响，以及有硫存在时强化 TiO_2 稳定硅酸二钙的作用，延缓高硅贝利特硫铝酸盐水泥的凝结。基于此，研究确定用提钛尾矿、低品位铝矾土、含钙钛矿的石膏等工业废弃物制备高硅贝利特硫铝酸盐水泥可行，其烧结温度低，性能(凝结时间、强度)介于硅酸盐和快硬硫铝酸盐水泥之间。

3.8.3　制备免烧免蒸砖

孔祥文等[167-171]研究用有机聚合物代替无机胶凝材料，配以添加剂，制备免烧免蒸新型墙体砖。分别以聚乙酸乙烯酯、聚乙烯醇、苯丙乳液、废聚苯乙烯改性乳液及无皂聚丙烯酸酯乳液等作为胶凝材料，研究制备含钛高炉渣免烧免蒸墙体砖的工艺条件，考察了免烧免蒸墙体砖的性能及有机聚合物乳液为胶凝材料的增强机理。研究发现：①组合碱氢氧化物-氧化物对含钛高炉渣的活性激发效果最好，$m(M(OH)_n)$：$m(M_mO_n)=0.75\sim$ 2.5，试样强度为 8.0～12.56MPa，辅以助激发剂可使试样强度增加到 12.27～14.83MPa；

②有机聚合物乳液作为胶凝材料制备免烧免蒸墙体砖时，聚合物乳液用量为 2%～10%，含钛高炉渣掺量可达到 85%～90%，成型压力为 30～35MPa，养护方式为自然养护，养护时间为 7 天；③以聚乙酸乙烯酯、聚乙烯醇和废聚苯乙烯改性乳液作胶凝材料制备免烧免蒸墙体砖的抗压强度在 30MPa 左右，成型压力约 35MPa；④以苯丙乳液为胶凝材料制备免烧免蒸墙体砖的抗压强度达到 37MPa，成型压力仅 30MPa，强度高，养护时间短；⑤将试样养护 120 天后抗压强度并未降低，表明随时间延长，聚合物乳液并未出现老化而失去粘接作用。

3.9 含钛高炉渣的资源化增值技术

随着国民经济快速发展与人民生活水平大幅提高，钛产品(钛白粉、海绵钛等)的市场需求猛增。我国钛矿储量约 2.2 亿 t，占全球总储量的 26.4%，位居世界之首，但钛主要赋存于钒钛磁铁矿中，它占我国钛矿储量的 95%(其余为钛铁矿和金红石)，是生产钛精矿的主要来源。但钒钛磁铁矿中钙镁含量高，可选性差，利用难度大，回收率低，致使国产钛精矿的数量尚不能满足市场需求，须依靠进口补缺。例如，2018 年国产钛精矿约 420 万 t，同比增长 10.5%，其中攀西地区产量为 324 万 t，占国内总产量的 77.1%；进口钛精矿为 312 万 t，钛精矿对外依存度约 44%。因此，为了立足国内，减少进口，必须在提高从选铁尾矿中选钛回收率的同时，还要加速从高炉渣中回收钛技术的研发，高炉渣数量大，对增加钛精矿产量意义重大。

3.9.1 选择性析出分离技术路线

通过上述各节的研究分析，总结选择性析出分离技术在含钛高炉渣资源化增值利用方面的应用，实施的方式见图 3.139。也就是人为地创造适宜的物理化学条件，使高炉渣中的含钛组分——钙钛矿相通过选择性富集、长大、分离三个技术环节转变为可利用的富钛精矿。

应用选择性析出分离技术的半工业规模扩大试验结果表明：

(1) 选择性富集环节可使高炉渣中钛总量的 80%富集到钙钛矿一种矿物相中；

(2) 选择性长大环节可使钙钛矿相的平均晶粒尺寸达到 40～60μm；

(3) 选择性分离环节中，上述改性渣经"阶段磨矿→阶段磁选→选择性脱泥→浮选粗选→解絮分散处理、选择性脱泥除杂→浮选精选"的选钛工艺处理后，可得到富钛精矿，其产率为 15.19%、品位为 45.29%TiO_2、TiO_2 回收率为 42.15%。在浮选精选试验的基础上，如果进一步对浮钛精选技术条件作适当调整，还有可能提高富钛精矿的 TiO_2 品位，达到 46%～48%。

实施选择性析出分离技术，呈现出不干扰现行高炉冶炼工艺流程、无须建特殊的处理设备、资金投入少、操作简单、稳定且安全的特点，不仅可消化掉大宗固废(高炉渣和钢渣)，分离出富钛精矿，补充钛市场需求，而且可以利用熔渣的潜热，节省能源，还能退还渣场的占地，改善环境，是一种绿色的关键增值技术。

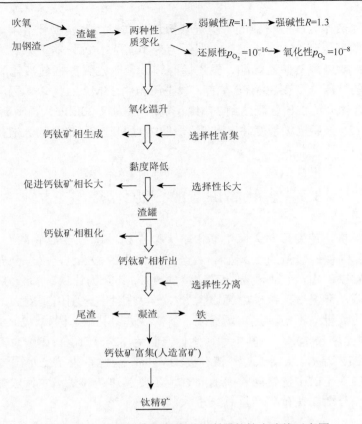

图 3.139　含钛高炉渣资源化增值利用的技术路线示意图

3.9.2　工程上实施的程序

在工业规模上实施选择性析出分离技术仅涉及两道工序：富集工序和分离工序。

(1) 富集工序。在高炉放渣时，首先混入渣量 1/10 或 1/8 的钢渣，混入的方式随意，可事先将钢渣放入空罐内再放热渣，也可在出热渣过程中边出渣边混入，还可以在随后的吹氧(或空气)过程随氧气喷入罐内。混入钢渣之后，向热渣中吹氧或空气十余分钟(以渣量而定)，喷吹操作结束后，将渣罐运到渣场自然冷却，持续十余小时(以渣罐容积和保温效果来确定)。最后从渣罐中将缓冷的凝渣坨倒出，转入分离工序。操作全部在渣罐内进行，与高炉前的放渣操作同步，不必建立独立车间，只需建一个操作平台，或兼用渣场已有(为渣罐喷石灰粉)的平台。

(2) 分离工序。将凝渣坨破碎、磨矿、解离、分选，最终得到富钛精矿、贫钛尾矿与含钒生铁 3 种产品。这道工序在选矿车间进行。

选择性析出分离技术应用于含钛高炉渣的研究及半工业规模扩大试验的结果表明：该技术可以将含钛高炉渣中大部分钛富集到钙钛矿(目标相)中，并实现富钛相的富集、长大和分离的技术目标，为高炉渣综合利用的工业化提供可行的途径。

参 考 文 献

[1] 杜鹤桂. 高炉冶炼钒钛磁铁矿原理[M]. 北京：科学出版社，1996.

[2] 隋智通. 从含钛高炉渣中分离钛组分的选择性析出分离技术[C]. 攀枝花：攀枝花高钛型高炉渣综合利用学术研讨会学术会议论文集，2006：30-36.

[3] 文书明. 含钛高炉渣选钛试验研究[C]. 攀枝花：攀枝花高钛型高炉渣综合利用学术研讨会学术会议论文集，2006：50-60.

[4] 王喜庆. 钒钛磁铁矿高炉冶炼[M]. 北京：冶金工业出版社，1994.

[5] 李英堂，田淑艳. 应用矿物学[M]. 北京：科学出版社，1995.

[6] 王宏民，盛世雄. 攀钢高钛型钒钛磁铁矿高炉冶炼十年[J]. 钢铁钒钛，1980(4)：8-20.

[7] 谭若斌. 含钛高炉渣的生产和应用[J]. 钒钛，1994(2)：1-11.

[8] 攀枝花资源综合利用办公室. 攀枝花资源综合利用科研报告汇编：第七卷[M]. 攀枝花：攀枝花资源综合利用办公室，1987.

[9] 陈启福. 攀钢高炉渣提取 TiO_2 及 Sc_2O_3 扩大试验[J]. 钢铁钒钛，1995，16(3)：64-68.

[10] 吴本羡. 攀枝花钒钛磁铁矿工艺矿物学[M]. 成都：四川科学技术出版社，1998.

[11] 周乐光. 工艺矿物学[M]. 2 版. 北京：冶金工业出版社，2002.

[12] 郭振中. 复合矿冶金渣中有价组分赋存状态、相界面及分离研究[D]. 沈阳：东北大学，2006.

[13] 郭振中，张力，李大纲，等. 氧化对含钛高炉渣含钛相演变规律的影响[J]. 东北大学学报(自然科学版)，2006，27(9)：1011-1013.

[14] 莫培根，陈钧珊. 高炉型钛渣的粘度、熔化性和矿物组成[J]. 金属学报，1964，7(4)：363.

[15] Жило Н. Л. Формирование и СвойстваДомеиных Щлаков[J]. Москва<<Металлургия>>，1974：39.

[16] 刘焕明，杜红，杨祖磐. 高炉型熔渣中 TiO_2 的活度[J]. 金属学报，1992，28(2)：B45.

[17] 郑文升，邹元燨. 碳化钙和金属铅、锡、银间的平衡[J]. 金属学报，1963，6：121.

[18] Benesch R. The equilibrium of reduction titanium oxides from blast-furnace slags of the $CaO-MgO-SiO_2-Al_2O_3-TiO_2$ system in liquid phase[J]. Thermochemica Acta，1989，152：447.

[19] Morizane Y，Ozturk B，Fruehan R J. Thermodynamics of TiO_x in blast furnace-type slags[J]. Metallurgical and Materials Transactions B，1999：29-43.

[20] Bahri O. Thermodynamics of TiO_x in blast furnace slags[C]. Warrendale：Symposium of Molten Slags，Fluxes and Slags'97 Conference，1997.

[21] Tranell G，Ostrovski O，Jahanshahi S. The thermodynamics of titanium in $CaO-MgO-SiO_2-Al_2O_3-TiO_x$ slags[C]. Warrendale：Symposium of Molten Slags，Fluxes and Slags'97 Conference，1997.

[22] 马家源. 高炉冶炼钒钛磁铁矿理论与实践[M]. 北京：冶金工业出版社，2000.

[23] 刘焕民，杜红，杨祖磐. 含氧化钛高炉型熔渣的 CaO 活度和碱度公式[J]. 钢铁，1993，28(4)：11.

[24] 王淑兰，李光强，都兴红，等. 交流阻抗谱法研究 β'-SiAlON 结合 SiC 陶瓷材料的性能[J]. 硅酸盐学报，2000，28(5)：479-482，486.

[25] 王淑兰，李光强，隋智通，等. 含 Ti 高炉渣冷却及析晶过程中电导率的变化[J]. 金属学报，1999，35(5)：499-502.

[26] 娄太平. 含钛高炉渣富钛相选择性富集和长大研究[R]. 沈阳：东北大学，1999.

[27] 娄太平，李玉海，李辽沙，等. 含 Ti 高炉渣的氧化与钙钛矿结晶研究[J]. 金属学报，2000，36(2)：141-144.

[28] 隋智通，付念新. 一种资源综合利用的增值技术[J]. 中国稀土学报，1998，16：731.

[29] Sui Z T，Zhang P X，Yamauchi C. Precipitation selectivity of boron compounds from slags[J]. Acta Materialia，1999，47(4)：1337-1344.

[30] 李辽沙. 五元渣(CMSTA)中钛选择性富集的基础性研究[D]. 沈阳：东北大学，2001.

[31] 李辽沙，娄太平，车荫昌，等. $CaO-SiO_2-Al_2O_3-MgO-TiO_x-FeO_y$ 体系氧化动力学[J]. 物理化学学报，2000，16(8)：708-712.

[32] 李辽沙，李光强，娄太平，等. 电动势法研究富钛渣中低价钛氧化过程动力学[J]. 金属学报，2000，36(6)：642-646.

[33] 李玉海. 含钛高炉渣中钙钛矿相选择性析出与长大[D]. 沈阳：东北大学，1999.

[34] 李玉海，娄太平. 热处理条件对钙钛矿相析出行为的影响[J]. 金属学报，1999，35(11)：1130-1134.

[35] 付念新. 含钛高炉渣中钛组分选择性析出[R]. 沈阳：东北大学，1997.

[36] 梁英教，车荫昌. 无机物热力学数据手册[M]. 沈阳：东北大学出版社，1993.

[37] 李辽沙，车荫昌，隋智通. 铁氧化物加速富钛还原渣氧化的机理(专集)[J]. 中国稀土学报，2000，18：241-243.

[38] 李辽沙，隋智通. 富钛氧化物体系中 $TiO_{1.5}$ 的氧化与反应耦合[J]. 化学通报，2001，7：439-442.

[39] 李辽沙，隋智通. TiO_2 选择性富集的物理化学行为[J]. 物理化学学报，2001，17(9)：845-849.

[40] Li Y, Lucas J A, Fruehan R J, et al. The chemical diffusivity of oxygen in liquid iron oxide and calcium ferrite[J]. Metallurgical and Materials Transactions B，2000，31(5)：1059-1067.

[41] Sun Y, Jahanshahi S. Redox equilibria and kinetics of gas-slag reactions[J]. Metallurgical and Materials Transactions B，2000，31(5)：937-943.

[42] Yang L X, Belton G R. Iron redox equilibria in CaO-Al₂O₃-SiO₂ and MgO-CaO-Al₂O₃-SiO₂ slags[J]. Metallurgical and Materials Transactions B，1998，29(8)：837-845.

[43] 雀部实，木下. Fe_2O_3 ぁるぃは $CaF2$ をす含有るの溶融 CaO-SiO₂-Al₂O₃ 系中の酸素透过度[J]. 铁と鋼，1979，12：1727.

[44] 永田和宏，佐多延博，後藤和弘. 溶融ステゲ，溶铁，钢材，耐火材料中の扩散系数[J]. 铁と鋼，1982，13：1698.

[45] 赵玉祥，沈颐身. 现代冶金原理[M]. 北京：冶金工业出版社，1993.

[46] 张力，李光强，娄太平，等. 高钛渣中钛组分的选择性富集与长大[J]. 金属学报，2002，38(4)：400-402.

[47] Li L S, Sui Z T. Study on the oxidation of Ti-enriched slag by electromotive force[J]. Acta Metallurgica Sinica，36：642-646.

[48] Li Y H, Ma J W, Lou T P, et al. New technique of recovery titanium component from waste slag[C]. Beijing: The fifth IUMRS International Conference on Advanced Materials，1999.

[49] 李玉海，娄太平，隋智通. 含钛高炉渣中钛组分选择性富集及钙钛矿结晶行为[J]. 中国有色金属学报，2000，10(5)：719.

[50] 李玉海，娄太平，隋智通. 含钛高炉渣中 CaO 和 MnO 对钙钛矿结晶的影响[J]. 钢铁研究学报，2000，12(3)：1-4.

[51] 娄太平，李玉海，马俊伟，等. 等温过程含 Ti 炉渣中钙钛矿相弥散颗粒长大研究[J]. 金属学报，1999，35(8)：835-837.

[52] 娄太平，李玉海，李辽沙，等. 含钛炉渣中钙钛矿相析出动力学研究[J]. 硅酸盐学报，2000，28(3)：255-258.

[53] 付念新，卢玲. 高钛高炉渣中钙钛矿相的析出行为[J]. 钢铁研究学报，1998，10(3)：70-73.

[54] 付念新，张力，曹洪杨，等. 添加剂对含钛高炉渣中钙钛矿相析出行为的影响[J]. 钢铁研究学报，2008，20(4)：13-17.

[55] 毛裕文，方文浜. 攀钢含钛高炉渣的改性处理II. 钙钛矿的结晶规律[C]. 广州：全国冶金物理化学学术会议，1994：493-497.

[56] 张勇维. 钛渣中钙钛矿相析出行为的研究[D]. 沈阳：东北大学，1997.

[57] 卢铃. 钛渣中钙钛矿相析出晶行为的研究[D]. 沈阳：东北大学，1996.

[58] 隋智通，郭振中，张力，等. 含钛高炉渣中钛组分的绿色分离技术[J]. 材料与冶金学报，2006，5(2)：93-97.

[59] 隋智通，张力，娄太平，等. 冶金渣中有价金属的绿色分离技术[C]. 昆明：2003 年全国矿产资源高效开发和固体废物处理处置技术交流会学术会议论文集，2003：356-358.

[60] Sui Z T, Lou T P, Zhang P X. Precipitating selectivity of boron and titanium components from the slags[C]. Scendai: Proceeding of 21th Japan Institute of Metals，1997：471-478.

[61] Sui Z T, Lou T P, Li Y H, et al. Precipitating behavior of perovskite phase in the slags[C]. Shengyang: Proceeding of the International Symposium on Metallurgy and Materials of Non-ferrous Metals and Alloys，1996：451-456.

[62] Sui Z T, Zhang L, Lou T P, et al. A novel technique to recovery value-nonferrous metal components from molten slags[C]. San Diego: Yazawa International Symposium，2003，1：681-692.

[63] Sui Z T, Zhang L, Lou T P. Green technology to produce a Ti-enrichment feedstock from waste slags[C]. Hamburg: Proceeding of 10th World Conference on Titanium，2003：789-798.

[64] Li Y H, Lou T P, Xia Y H, et al. Kinetics of non-isothermal precipitation process of the perovskite phase in CaO-TiO₂-SiO₂-Al₂O₃-MgO system[J]. Journal of Materials Science，2000，35(22)：5635-5637.

[65] Lou T P, Li Y H, Sui Z T. Kinetics of non-isothermal precipitate process of $CaTiO_3$ phase in CaO-TiO₂-SiO₂-Al₂O₃-MgO

system[C]. Nagoya：International Conference on Solid-Solid Phase Transformations'99，1999：24-28.

[66] Zhang L，Zhang L N，Sui Z T. Dynamic oxidation of the Ti-bearing blast furnace[J]. ISIJ International，2006，46(3)：458-465.

[67] Zhang L，Zhang L N，Sui Z T. Effect of perovskite phase precipitation on viscosity of Ti-bearing blast furnace slag under the dynamic oxidation condition[J]. Journal of Non-Crystalline Solids，2006，352(2)：123-129.

[68] 张力. 含钛渣中钛的选择性富集与长大行为[D]. 沈阳：东北大学，2002.

[69] 奥特斯. 钢冶金学[M]. 倪瑞明，等，译. 北京：冶金工业出版社，1997.

[70] 梁英教. 物理化学[M]. 北京：冶金工业出版社，1996.

[71] 赵俊学，张丹力，马杰，等. 冶金原理[M]. 西安：西北工业大学出版社，2002.

[72] 梁连科，车荫昌. 冶金热力学及动力学[M]. 沈阳：东北工学院出版社，1990.

[73] 王志猛. 含钛高炉熔渣中钙钛矿相析出长大研究[M]. 沈阳：东北大学，2011.

[74] 王明玉. 含钛高炉熔渣吹炼过程及析出相的研究[D]. 沈阳：东北大学，2005.

[75] 王明玉，张力，张林楠，等. 含钛高炉熔渣氧化过程温度变化匡算[J]. 过程工程学报，2005，5(4)：407-410.

[76] 王明玉，张林楠，张力，等. 渣罐底吹搅拌混合特性的模型研究[J]. 矿产综合利用，2005(5)：13-16.

[77] 王明玉，张力，张林楠，等. 含钛高炉渣中钛组分最佳富集相的选择[J]. 材料与冶金学报，2005，4(3)：175-177.

[78] 王明玉，隋智通，涂赣峰. 我国废旧金属的回收再生与利用[J]. 中国资源综合利用，2005(2)：10-13.

[79] Zhang L N，Zhang L，Wang M Y，et al. Research on the oxidization mechanism in CaO-FeO$_x$-SiO$_2$ Slag with high iron content[J]. Transactions of Nonferrous Metals Society of China，2005，15(4)：1-6.

[80] 王明玉，刘晓华，隋智通. 冶金废渣的综合利用技术[J]. 矿产综合利用，2003(3)：28-32.

[81] 徐祖耀. 相变原理[M]. 北京：科学出版社，1988.

[82] Erukhimovitch V，Baram J. Discussion of "an analysis of static recrystallization during continuous rapid heat treatment"[J]. Metallurgical and Materials Transactions A，1997，28(12)：2763-2764.

[83] 夏玉虎，娄太平，隋智通. 钙钛矿结晶形貌的研究[J]. 东北大学学报(自然科学版)，2001，22(3)：307.

[84] 夏玉虎. 含钛熔渣凝固过程的数值模拟[D]. 沈阳：东北大学，2001.

[85] Xia Y H，Lou T P，Sui Z T，et al. Computer simulation of phase separation in CaO-MgO-Fe$_2$O$_3$-Al$_2$O$_3$-SiO$_2$ glass[J]. Acta metallurgica Sinica(English Letters)，1999，12(5)：1119-1124.

[86] 夏玉虎，李彬，隋智通. CaO-MgO-Fe$_2$O$_3$-Al$_2$O$_3$-SiO$_2$玻璃分相与计算机模拟[J]. 东北大学学报(自然科学版)，1999，20(5)：511-514.

[87] Mandelbrot B B. Fractals：Form，Chance and Dimension[M]. San Francisco：Freeman，1977.

[88] Mandelbrot B B. The Fractal Geometry of Nature[M]. San Francisco：Freeman，1982.

[89] 徐新阳. 分形凝聚理论及计算机模拟研究[D]. 沈阳：东北大学，1995.

[90] 辛厚文. 分形理论及其应用[M]. 合肥：中国科学技术大学出版社，1993.

[91] 加凯依. 分形漫步[M]. 徐新阳，等，译. 沈阳：东北大学出版社，1994.

[92] 肯尼思·法尔科内. 分形几何-数学基础及其应用[M]. 曾文曲，等，译. 沈阳：东北大学出版社，1991.

[93] 刘小君. 表面形貌的分形特征研究[J]. 合肥工业大学学报(自然科学版)，2000，23(2)：236-239.

[94] 李晨曦. 含钛高炉渣中钙钛矿相析出行为计算机模拟[R]. 沈阳：东北大学，2000.

[95] 李晨曦，隋智通，李玉海，等. 凝渣截面上钙钛矿相形貌计算机模拟[J]. 钢铁，2001，36(9)：4-6.

[96] 李晨曦，王宏，隋智通. 截面上钙钛矿晶体形貌计算机模拟[J]. 沈阳工业大学学报，2002，24(1)：4-7.

[97] 帕坦卡. 传热和流体流动的数值方法[M]. 郭宽良，译. 合肥：安徽科学技术出版社，1984.

[98] 因克罗普拉，德威特. 传热基础[M]. 陆大有，等，译. 北京：宇航出版社，1987.

[99] 盖格，波伊里尔. 冶金中的传热传质现象[M]. 俞景禄，魏季和，译. 北京：冶金工业出版社，1981.

[100] 程尚模. 传热学[M]. 北京：高等教育出版社，1990.

[101] 姚仲鹏，王瑞君，张习军. 传热学[M]. 北京：北京理工大学出版社，1995.

[102] 郭宽良，孔祥谦，陈善年. 计算传热学[M]. 合肥：中国科学技术大学出版社，1988.

[103] 刘高瑛. 温度场的数值模拟[M]. 重庆：重庆大学出版社，1990.

[104] 孔祥谦，王传溥. 有限单元法在传热学中的应用[M]. 北京：科学出版社，1981.

[105] 施天谟. 计算传热学[M]. 陈越南，等，译. 北京：科学出版社，1987.

[106] 李瑞遐. 有限元法与边界元法[M]. 上海：上海科技教育出版社，1993.

[107] 陶文铨. 数值传热学[M]. 西安：西安交通大学出版社，1988.

[108] 贺友多. 传输理论和计算[M]. 北京：冶金工业出版社，1999.

[109] 俞昌铭. 热传导及其数值分析[M]. 北京：清华大学出版社，1981.

[110] 李荣华，冯果忱. 微分方程数值解法[M]. 北京：高等教育出版社，1980.

[111] Singh A K，Basu B. Mathematical modeling of macrosegregation of iron carbon binary alloy: Role of double diffusive convection[J]. Metallurgical and Materials Transactions B，1995，26(5)：1069-1081.

[112] Muojekwu C A，Samarasekera I V，Brimacombe J K. Heat transfer and microstructure during the early stages of metal solidification[J]. Metallurgical and Materials Transactions B，1995，26(2)：361-382.

[113] Seyedein S H，Hasan M. A three-dimensional simulation of coupled turbulent flow and macroscopic solidification heat transfer for continuous slab casters[J]. International Journal of Heat and Mass Transfer，1997，40(18)：4405-4423.

[114] John M，Krane M，Incropera F P. Solidification of ternary alloys-I. Model development[J]. International Journal of Heat and Mass Transfer，1997，40(16)：3827-3835.

[115] Bennon W D，Incropera F P. A continuum model for momentum，heat and species transport in binary solid-liquid phase change systems-I Model formulation[J]. International Journal of Heat and Mass Transfer，1987，30(10)：2161-2170.

[116] 张奇，许嘉龙，孙祖庆，等. 双辊薄带连铸工艺热传输的计算机模拟[J]. 钢铁，1992，27(12)：24-29.

[117] 大中逸雄. 计算机传热凝固解析入门：铸造过程中的应用[M]. 许云祥，译. 北京：机械工业出版社，1988.

[118] 陈卫德，郑贤淑，金俊泽. 铸锭凝固行为的数值模拟[J]. 金属学报，1996，10：1023-1026.

[119] 朱苗勇，萧泽强. 钢的精炼过程数学物理模拟[M]. 北京：冶金工业出版社，1998.

[120] 朱苗勇. 冶金反应器内流动和传热过程的数学物理模拟[D]. 沈阳：东北大学，1994.

[121] 程素森. 冶金热工中辐射传热过程理论研究和均热炉传输现象数值模拟研究及智能控制系统开发[D]. 沈阳：东北大学，1995.

[122] 李晨曦. 压力下真空密封铸造及矢性流函数-涡量法充型数值模拟[D]. 北京：北京科技大学，1998.

[123] Swaminathan C R，Voller V R. A general enthalpy method for modeling solidification processes[J]. Metallurgical and Materials Transactions B，1992，23：651-664.

[124] 陈家祥. 炼钢常用图表数据手册[M]. 北京：冶金工业出版社，1984.

[125] 李红霞. 耐火材料手册[M]. 北京：冶金工业出版社，2007.

[126] 杨世铭. 传热学基础[M]. 2 版. 北京：高等教育出版社，2004.

[127] 赵震南. 传热学[M]. 北京：高等教育出版社，2008.

[128] 傅文章. 高钛型高炉渣选择性析出钛的分离分选技术研究开发报告[R]. 成都：中国地质科学院矿产综合利用研究所，2009.

[129] 李大纲. 高炉渣中有价组分选择性析出与解离[D]. 沈阳：东北大学，2005.

[130] 马俊伟. 攀钢含钛高炉渣中钛组分选择性分离的研究[D]. 沈阳：东北大学，2000.

[131] 牛亚慧，都兴红，杨万虎，等. 改性高钛高炉渣的浮选性能[J]. 材料与冶金学报，2012(1)：13-17.

[132] 李锐. 含钛高炉渣的选择性分离[D]. 沈阳：东北大学，2013.

[133] 马俊伟，隋智通，陈炳辰. 钛渣中钙钛矿的浮选分离及其机理[J]. 中国有色金属学报，2002，12(1)：171-177.

[134] 张卯均，王淀佐. 选矿手册(第三卷)[M]. 北京：冶金工业出版社，2005.

[135] 刘邦瑞. 螯合浮选剂[M]. 北京：冶金工业出版社，1978.

[136] 王淀佐，胡岳华. 浮选溶液化学[M]. 长沙：湖南科学技术出版社，1988.

[137] 林江顺，高颖剑，张莱文. C5-9 羟肟酸浮选赤铁矿[J]. 有色金属，1999，51(3)：45-48.

[138] 朱玉霜，朱建光. 浮选药剂的化学原理[M]. 长沙：中南工业大学出版社，1987.

[139] 卢寿慈. 矿物浮选原理[M]. 北京：冶金工业出版社，1988.

[140] 梁崇顺. 攀枝花高炉渣选矿工艺矿物学性质研究[D]. 昆明：昆明理工大学，2000.

[141] 文书明. 高钛型高炉渣直接选钛技术升级及扩大试验研究阶段性报告[D]. 昆明：昆明理工大学，2008.

[142] 王明华. 改性含钛高炉渣制备富钛料的研究[D]. 沈阳：东北大学，2001.

[143] 王明华，都兴红，隋智通. H$_2$SO$_4$ 分解富钛精矿的反应动力学[J]. 中国有色金属学报，2001，11(1)：131-134.

[144] 王明华，黄振奇，都兴红，等. H$_2$SO$_4$ 分解钙钛矿的研究[J]. 矿冶工程，2000，20(4)：57-59.

[145] 王明华，黄振奇，申延明，等. 氯化钾对富钛溶液中铝离子的净化作用[J]. 矿产综合利用，2001(3)：12-14.

[146] 陈朝华. 钛白粉生产技术问答[M]. 北京：化学工业出版社，1998.

[147] van der Linde J，Lyklema J. Preparation and characterization of anatase powders[J]. Journal of the Chemical Society Faraday Transactions，1998，94(2)：295-300.

[148] 赵敬哲，王子忱，王莉玮，等. 超细多孔 TiO$_2$ 的制备及机理研究[J]. 高等学校化学学报，1994，15(11)：1686-1689.

[149] 刘晓华. 钛渣酸解提钛及原位凝渣保温层的研究[D]. 沈阳：东北大学，2003.

[150] 刘晓华，隋智通. 含 Ti 高炉渣的加压酸解[J]. 中国有色金属学报，2002，12(6)：1281-1284.

[151] 刘晓华，隋智通. 含钛高炉渣酸解动力学研究[J]. 金属学报，2003，39(3)：1108-1114.

[152] 刘晓华，王明玉，隋智通. 多孔凝渣材料合成的研究[J]. 矿产综合利用，2003(2)：24-27.

[153] 李彬. CaO-MgO-Fe$_2$O$_3$-Al$_2$O$_3$-SiO$_2$ 系玻璃及其相变的研究[D]. 沈阳：东北大学.

[154] 李彬，隋智通. CaO-MgO-Fe$_2$O$_3$-Al$_2$O$_3$-SiO$_2$ 玻璃晶化机理[J]. 物理化学学报，1998，14(7)：645-648.

[155] 李彬，隋智通. CaO-MgO-Fe$_2$O$_3$-Al$_2$O$_3$-SiO$_2$ 渣系玻璃晶化动力学[J]. 材料研究学报，1999，13(4)：412-415.

[156] 李彬，隋智通. 冷却速度和添加剂对 SiO$_2$-Al$_2$O$_3$-CaO(MgO-Fe$_2$O$_3$-Al$_2$O$_3$-Na$_2$O) 系玻璃分相的影响[J]. 材料科学与工艺，1997，5(4)：54-57.

[157] 李彬，齐琳琳，隋智通. 钛渣中 TiO$_2$ 作晶核剂对玻璃晶化的影响[J]. 中国有色金属学报，2000，10(1)：117-119.

[158] 张巨松. 用钛渣制备高硅贝里特硫铝酸盐水泥的研究[D]. 沈阳：东北大学，2006.

[159] 张巨松，李好新，隋智通. 高硅贝利特-硫铝酸盐水泥与矿渣复合的实验研究[J]. 沈阳建筑工程学院学报，2002，18(3)：36-38.

[160] 张巨松，李好新，隋智通. 氧化钛对无水硫铝酸钙形成的热分析实验研究[J]. 沈阳建筑工程学院学报，2002，18(3)：193-196.

[161] 张巨松，隋智通，等. 钙钛矿对无水硫铝酸钙形成的影响[J]. 东北大学学报，26(3)：278-281.

[162] 张巨松，申延明，隋智通. TiO$_2$ 对高硅贝利特-硫铝酸盐水泥熟料矿物形成的影响[J]. 新世纪水泥导报，2002(3)：17-19.

[163] 张巨松，隋智通，申延明，等. 含钛尾矿制备高硅贝利特硫铝酸盐水泥的研究[J]. 钢铁钒钛，2004，25(3)：41-47.

[164] 张巨松，李好新，隋智通. 高硅贝利特-硫铝酸盐水泥的热分析实验研究[J]. 沈阳建筑工程学院学报，2003，19(2)：143-147.

[165] 申延明. 利用攀钢含钛高炉渣制备建筑材料[D]. 沈阳：东北大学，2001.

[166] 申延明，吴静，张振祥. 利用粉煤灰烧制贝利特-硫铝酸盐水泥[J]. 水泥工程，2005(3)：20-22.

[167] 孔祥文. 有机聚合物改性含钛高炉渣免烧免蒸砖的研究[D]. 沈阳：东北大学，2005.

[168] 孔祥文，王丹，隋智通，等. 聚合物乳液改性含钛高炉渣免烧砖的研究[J]. 过程工程学报，2006，6(2)：314-318.

[169] Kong X W，Wang D，Sui Z T. New way of preparing non-autoclaved and unburned brick using the titania bearing BF-slag[C]. Shenyang: Proceeding of the Second International Symposium on Metallurgy and Materials of Non-ferrous Metals and Alloys，2004：141-145.

[170] 孔祥文，王静，王传胜，等. 无皂聚丙烯酸酯乳液的合成及稳定性研究[J]. 化学世界，2004，45(2)：81-83.

[171] 孔祥文，王丹，隋智通. 矿渣胶凝材料的活化机理及高效激发剂[J]. 中国资源综合利用，2004(6)：22-26.

第4章 含钛渣增值利用技术

4.1 含 钛 渣

4.1.1 高钛渣及含钛熔分渣

钒钛磁铁矿中钛与铁的氧化物间形成固溶体，难以用选矿方法分离出钛、铁。为此，国内相继开展用冶金或化工方法分离铁、富集钛的研究，并取得诸多有效的成果[1-4]。我国钛资源的94.2%赋存于攀西钒钛磁铁矿，而高品位的钛铁矿储量少。20世纪80年代就从选铁尾矿中分离出钛精矿(约47%TiO$_2$)，再经电炉炼出高钛渣，或经转底炉炼出含钛熔分渣，用它制备市场紧缺的人造金红石型富钛料，提升性价比，实现高效利用。为此，现将相关成果简述如下。

(1) 高钛渣。将钛精矿与固体还原剂(无烟煤或石油焦)混合制成球团后，在电炉中还原熔炼，产出高钛渣与生铁两种产品。电炉法的优点是生产流程短，设备处理能力大，处理"三废"较简单，尤其在电力丰富地区已迅速推广，是国内外普遍采用的技术。但高钛渣品位偏低(60%~75%TiO$_2$)，杂质含量偏高，尚不适合用作氯化法钛白的优质原料。

(2) 含钛熔分渣。针对国内焦煤紧缺及环保限制，已开发出多种非焦煤的直接还原技术，转底炉为其中之一。将钛精矿、煤粉与黏结剂按比例混合制成球团，在转底炉内快速还原为金属化球团，并于电炉内熔化及深还原，渣/铁分离后产出含钒铁水与含钛熔分渣。熔分渣(约含50%TiO$_2$)中钛的品位较低，不适宜用作氯化法钛白的原料。

国内天然金红石储量少，当务之急是提供新型富钛料，同时深化富集钛渣品位的相关理论。

4.1.2 高钛渣的工艺矿物

高钛渣成分复杂，导电性强，熔化性温度高(1580~1700℃)[1]。研究发现：渣中主要物相为黑钛石固溶体，还有钛铁晶石固溶体、钛铁矿、镁铝尖晶石、硅酸盐隐晶玻璃质、三氧化二钛(Ti$_2$O$_3$)、碳氮化钛(Ti(C, N))及金属铁夹杂。这些物相的结晶顺序为[2]：

Ti(C, N)→镁铝尖晶石→Ti$_2$O$_3$→黑钛石固溶体→钛铁晶石固溶体→钛铁矿→硅酸盐隐晶玻璃质

(1) 黑钛石固溶体：渣中质量分数为70%~85%，呈长柱状或针状。在反射光下多为斜方柱状，结晶能力强，晶体较大，黑色不透明，金刚光泽或半金刚光泽，显非均质性，呈黑白反射色。黑钛石固溶体密度为4.14~4.18g/cm^3，介电常数为81左右，无磁性或弱磁性，质脆，显微硬度为260~300kg/mm^2。

(2) 钛铁晶石固溶体：化学式为 $m[2(Fe, Mg, Mn)O·(Ti, V)O_2]·n[(Fe, Mg, Mn)O·(Fe, V)_2O_3]$，它是以钛铁晶石$(2FeO·TiO_2)$为晶格的固溶体，属等轴晶系。钛铁晶石固溶体不透明，弱磁性，密度为 $4.5\sim4.7g/cm^3$。

(3) 钛铁矿：化学式为$(Fe, Mg, Mn)O·(Ti, V)O_2$，属三方晶系，渣中质量分数少于 5%，出现于 FeO 含量高的钛渣中，多以镶边结构出现在黑钛石或钛铁晶石边缘，或以细针状从硅酸盐渣池中析出。

(4) 镁铝尖晶石：化学式为 $MgO·Al_2O_3$，属等轴晶系，在 FeO 质量分数低的钛渣中出现，质量分数为 1%~5%，粒度为 12~40μm，析晶较早。

(5) 三氧化二钛固溶体：化学式为 $Ti_2O_3·MgO·TiO_2$，属三方晶系，在渣中多以粒状或集合体分散于黑钛石之间，粒度为 5~15μm，相对硬度与黑钛石相近。

(6) TiC、TiN 及其固溶体：TiC 呈灰白色，均质体，多呈粒状或集合体，分布在铁珠周围。TiN 反射色为黄、鲜黄，呈正方形、长方形或粒状分布。Ti(C, N)系 TiC 与 TiN 的固溶体，呈玫瑰色、橙黄色等，反射率低于金属铁，熔点为 3140℃，是渣黏稠的主要原因。

4.2　高钛渣制取金红石型富钛料

高钛渣制取金红石型富钛料可采用钠化焙烧和选择性氧化-还原浸出工艺，实验研究结果如下。

4.2.1　钠化焙烧工艺

凌晨[5]研究高钛渣经钠化焙烧 → 酸浸 → 碱浸除杂的工艺，制取品位为 92%TiO_2 以上、CaO+MgO 质量分数为 1.5%以下的金红石型富钛料。

1. 实验程序

(1) 焙烧：高钛渣的化学成分见表 4.1，按确定的配比在高钛渣中加入钠盐(Na_2CO_3)，充分混匀后压制成块，置于坩埚，在电炉中加热到设置的温度，保持确定时间后冷却至室温。

表 4.1　高钛渣的化学成分(单位：%)

成分	质量分数	成分	质量分数
TiO_2	72.84	Al_2O_3	3.53
SiO_2	8.97	CaO	2.31
Fe_2O_3	5.13	MnO	1.37
MgO	4.68	SO_3	0.72

(2) 酸浸：钠化焙烧后试样放入恒温水浴锅的烧瓶中，按液固比 5∶1(单位为 mL/g，余同)，在 80℃下水浸 1h，抽滤烘干；再按液固比 5∶1，加入 15%的盐酸，在 90℃下酸浸 3h，抽滤烘干。

(3) 碱浸：烘干酸浸样按液固比 5∶1 加入 2mol/L 浓度的 NaOH，80℃碱浸 2h，抽滤烘干。

2. 钠化焙烧条件

根据渣中各物相与 Na_2CO_3 反应的标准吉布斯自由能变化与温度关系，温度高于 870℃时，渣中黑钛石固溶体及硅酸盐物相($CaSiO_3$ 除外)皆与 Na_2CO_3 反应，生成 Na_2TiO_3、Na_2SiO_3、$NaAlO_2$，以及 MgO、CaO、MnO、FeO 等相应的复合氧化物。以下分别阐释影响钠化焙烧效果的各种条件[6, 7]。

1) 钠盐

根据加钠盐两组的对比实验，考察钠盐的活化效果。图 4.1 为 880℃空气中焙烧 1h试样中物相组成的 XRD 分析。

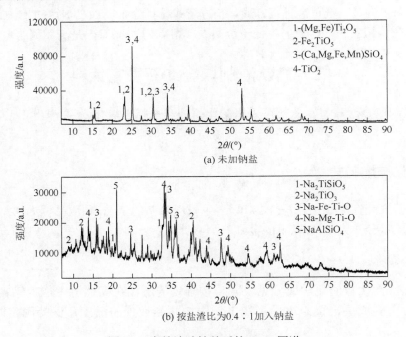

(a) 未加钠盐

(b) 按盐渣比为0.4∶1加入钠盐

图 4.1　高钛渣改性前后的 XRD 图谱

实验结果如下：①未加钠盐，相当于高钛渣的氧化焙烧，试样的主要物相是黑钛石 Me_3O_5($MgTi_2O_5$、$FeTi_2O_5$ 和 Fe_2TiO_5)和硅酸盐；②加钠盐焙烧试样中主要物相是黑钛石和新物相 $NaTiSiO_5$、Na_2TiO_3、$NaAlSiO_4$、Na-Fe-Ti-O($Na_2Fe_2Ti_6O_{16}$、$Na_{0.79}Fe_{0.8}Ti_{1.2}O_4$、$Na_{0.75}Fe_{0.75}Ti_{0.25}O_2$)、Na-Mg-Ti-O($Na_{5.4}Mg_{0.7}Ti_{1.3}O_6$、$Na_{0.9}Mg_{0.45}Ti_{1.55}O_4$、$Na_{0.68}Mg_{0.34}Ti_{0.66}O_2$)和 $CaTiO_3$ 等。

对比焙烧前后试样检测结果表明，试样中的物相与上述热力学预测并非完全一致。

2) 焙烧温度

图 4.2 为碱渣比为 0.4∶1 时，分别在 840℃、880℃、920℃、960℃下焙烧 1h 试样的 XRD 检测结果：840℃钠化焙烧后主要物相为 $CaTiO_3$、$NaAlSiO_4$、Me_3O_5、$Na_{0.9}Mg_{0.45}Ti_{1.55}O_4$、

$Na_2Fe_2Ti_6O_{16}$ 及 $Na_{0.79}Fe_{0.8}Ti_{1.2}O_4$；880℃钠化焙烧后物相中，$Me_3O_5$ 衍射峰减弱；920℃时，Me_3O_5 衍射峰消失，表明升高温度促进黑钛石固溶体与钠盐反应；880℃升到920℃过程，主峰位置向右微小偏移，说明钙钛矿衍射峰减弱，Na-Mg-Ti-O 和 Na-Fe-Ti-O 系化合物衍射峰增强，在衍射角 2θ 为 15°～20°，$Na_{5.42}Mg_{0.7}Ti_{7.3}O_{18}$ 相的衍射峰突然增强；840℃焙烧、酸-碱浸取后试样的 TiO_2 品位为 87.31%；920℃时 TiO_2 品位为 90.65%。

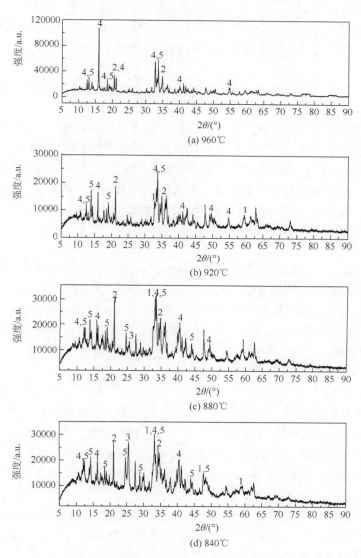

图 4.2　不同温度焙烧下高钛渣 XRD 对比图

1-$CaTiO_3$；2-Na-Al-Si-O；3-Me_3O_5；4-Na-Mg-Ti-O；5-Na-Fe-Ti-O

3) 碱渣比

考察焙烧温度为 880℃、焙烧时间为 1h、各种碱渣比条件对试样 TiO_2 品位的影响。

结果表明：不添加 Na_2CO_3 焙烧时，试样 TiO_2 品位为 78.05%；当碱渣比为 0.4：1 时，TiO_2 品位升至 88.48%；继续提高碱渣比，TiO_2 品位略有下降。显然，碱渣比为 0.4：1 时试样 TiO_2 品位达到最高值。

4）焙烧时间

考察焙烧时间对试样的 TiO_2 富集效果。焙烧温度为 880℃，碱渣比为 0.4：1，结果表明：焙烧时间为 0.5h 时，试样 TiO_2 品位为 87.78%；焙烧时间为 1h 时，试样 TiO_2 品位为 88.65%；焙烧时间再延长，试样 TiO_2 品位在 88.5% 波动，同时 TiO_2 回收率在 94% 左右。

综合权衡，适宜的钠化焙烧条件为：碱渣比为 0.4：1，焙烧温度为 920℃，焙烧时间为 1h。

3. 酸浸

钠化焙烧破坏渣中黑钛石固溶体与硅酸盐，生成系列的硅酸钠、铝酸钠等复合钠盐，但水浸后试样中仍有杂质及未反应的氧化物残留，需要用酸浸除去试样中非钛物相，进一步富集钛。按文献[7]～[13]报道，影响盐酸浸除杂质的各因素中，按作用程度排序为：

酸浸温度＞盐酸浓度＞酸浸时间＞液固比＞搅拌速度

以下实验分析盐酸浓度、酸浸温度和酸浸时间三个因素对酸浸后试样中 TiO_2 品位、钛回收率及主要杂质浸除率的影响。

1）实验条件

碱渣比为 0.4：1，焙烧温度为 920℃，焙烧时间为 1h，再于 80℃水浸 1h 后得到改性渣样；于烧瓶中将焙烧试样与 HCl 溶液混合，放置于已预设温度的恒温水浴锅中，搅拌并开始计时。浸出完成后，将浆料真空抽滤，液/固分离，浸出渣再按液固比 5：1 加入浓度 2mol/L 的 NaOH 溶液，80℃碱浸 2h，抽滤烘干。用 XRF 测定滤渣中 TiO_2 及杂质含量，并用 XRD 分析滤渣样的物相组成。

2）酸浸条件对钛品位及回收率的影响

（1）盐酸浓度。

图 4.3 为酸浸温度为 90℃、液固比为 5：1、酸浸时间为 3h 时，盐酸浓度对 TiO_2 品位及回收率的影响。由图可知，盐酸浓度由 5% 提高到 20%，TiO_2 品位从 77.98% 上升到 94.65%；继续提升盐酸浓度，TiO_2 品位仅小幅提高。盐酸浓度由 15% 提高到 25%，TiO_2 回收率从 96.28% 降至 91.10%。显然，盐酸浓度 20% 为最适宜条件。

（2）酸浸时间。

实验表明，盐酸浓度为 20%、液固比为 5：1、酸浸温度为 90℃时，酸浸时间对 TiO_2 品位与回收率影响不明显。酸浸时间由 1h 延长到 2h，TiO_2 品位在 94% 波动，TiO_2 回收率略有提高，故最适宜酸浸时间为 1h。

（3）酸浸温度。

图 4.4 为盐酸浓度为 20%、液固比为 5：1、酸浸时间为 1h 时，酸浸温度对 TiO_2 品位及回收率的影响。从图可知，酸浸温度由 60℃上升到 80℃时，TiO_2 品位从 77.44% 增加到 92.26%，回收率从 53.04% 上升到 90.50%。酸浸温度上升到 90℃时，TiO_2 品位为 94.17%，回收率为 93%。显然，最适宜酸浸温度为 90℃。

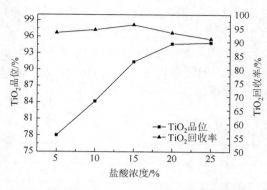 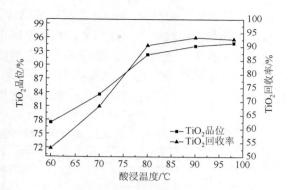

图 4.3　盐酸浓度对 TiO$_2$ 品位及回收率的影响(一)　图 4.4　酸浸温度对 TiO$_2$ 品位及回收率的影响(一)

3) 酸浸条件对杂质浸出效果的影响

(1) 盐酸浓度。

图 4.5 为酸浸温度为 90℃、液固比为 5∶1、酸浸时间为 3h 时，盐酸浓度对渣中杂质浸出率的影响。从图可知，盐酸浓度为 5% 时，Al$_2$O$_3$ 浸出率为 80% 以上；盐酸浓度为 15% 时，MgO 浸出率亦达最高值 74.42%。在盐酸浓度上升到 20% 时，CaO 和 Fe$_2$O$_3$ 浸出率分别达到 93.43% 和 89.30%；继续增加盐酸浓度，二者浸出率略有上升，但幅度不大。

(2) 酸浸时间。

盐酸浓度为 20%、液固比为 5∶1、酸浸温度为 90℃时，考察酸浸时间对杂质浸出率的影响：渣中 Ca 主要以硅酸盐形式存在，易被酸浸出；酸浸时间对 CaO、Al$_2$O$_3$、MgO 和 Fe$_2$O$_3$ 等杂质浸出率影响不明显，酸浸化学反应基本上 1h 内可完成。

(3) 酸浸温度。

图 4.6 为盐酸浓度为 20%、液固比为 5∶1、酸浸时间为 1h 时，酸浸温度对杂质浸出率的影响。由图可知，CaO、MgO 和 Fe$_2$O$_3$ 等杂质的浸出率均随酸浸温度上升而增加，

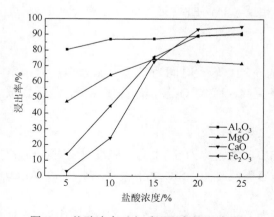 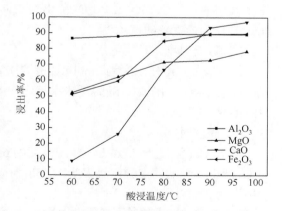

图 4.5　盐酸浓度对杂质浸出率的影响(一)　　　图 4.6　酸浸温度对杂质浸出率的影响(一)

Al₂O₃ 则不变。MgO 和 Fe₂O₃ 的浸出率随酸浸温度上升较慢，80℃后趋于平缓，但 CaO 浸出率随酸浸温度上升迅速增加，直到90℃后才趋平缓。

综上权衡，选择适宜的酸浸条件：盐酸浓度为20%，酸浸温度为90℃，酸浸时间为 1h，有利于渣中杂质浸出，TiO₂ 品位可达到94.65%，回收率为93.35%。但大部分 SiO₂ 及少量 Al₂O₃ 仍残留渣中(表4.2)，故考虑采用碱浸深度除杂。

表 4.2　酸浸后渣样的主要化学成分(单位：%)

成分	质量分数	成分	质量分数
TiO₂	81.93	MgO	0.09
Al₂O₃	0.12	CaO	0.35
SiO₂	15.1	Fe₂O₃	0.64

4. 碱浸

NaOH 可浸出渣中 SiO₂ 和 Al₂O₃，生成 Na₂SiO₃ 和 NaAlO₂ 进入溶液，Ti 仍留在渣相。但需加入过量碱抑制 Na₂SiO₃ 和 NaAlO₂ 水解反应。碱性试剂反应能力弱于酸性试剂，但其浸出的选择性则强于酸性试剂[14-19]。

1) 碱浸条件

酸浸后渣样成分见表 4.2。从表可知，酸浸后渣样中 MgO、CaO、Fe₂O₃ 等杂质质量分数明显下降，但 SiO₂ 质量分数仍然较高，尚存少量 Al₂O₃。

选取 NaOH 浓度 3mol/L，按液固比 5：1 加入恒温水浴锅中的烧瓶里，搅拌并升温到设定值时开始计时，反应结束后真空抽滤，去离子水洗涤、烘干后测定硅和铝的含量。

2) 影响碱浸脱硅铝的因素

(1) 碱浓度。

图 4.7 为碱浸温度为 80℃、液固比为 5：1、碱浸时间为 2h 时，NaOH 浓度对杂质浸出率的影响。由图可知，随 NaOH 浓度增加，渣中 SiO₂ 浸出率先增后略减，Al₂O₃ 浸出率先减后稍增。由于 SiO₂ 和 Al₂O₃ 浸出率走向相反，将两曲线交叉点对应的 NaOH 浓度 2mol/L 作为最适宜的碱浓度。

(2) 碱浸温度。

图 4.8 为 NaOH 浓度为 2mol/L、液固比为 5：1、碱浸时间为 2h 时，碱浸温度对杂质浸出率的影响。由图知，SiO₂ 浸出率趋于一条直线，而 Al₂O₃ 浸出率先增后减，故适宜碱浸温度为 65℃。

(3) 碱浸时间。

当 NaOH 浓度为 2mol/L、碱浸温度为 65℃、液固比为 5：1 时，碱浸时间对 SiO₂ 和 Al₂O₃ 浸出率影响的实验结果表明，2.5h 为适宜碱浸时间，SiO₂ 浸出率为 74.25%，Al₂O₃ 浸出率为 21.27%。

综上权衡，适宜的碱浸条件为：NaOH 浓度为 2mol/L，碱浸温度为 65℃，液固比为 5：1，碱浸时间为 2.5h。

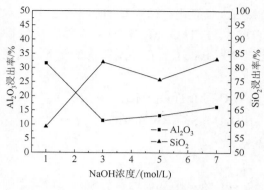

图 4.7　NaOH 浓度对杂质浸出率的影响(一)　　　图 4.8　碱浸温度对杂质浸出率的影响(一)

4.2.2　选择性氧化-还原浸出方法

加拿大 QIT 公司以酸溶性钛渣作为原料,开发出制备高品位钛渣(up-grade slag, UGS) 的氧化-还原浸取工艺,用作生产氯化法钛白的原料[20-22]。原理是通过氧化焙烧使渣中 Ti^{3+} 转化为 Ti^{4+}、Fe^{2+} 转化为 Fe^{3+},破坏黑钛石结构,并使部分脉石分解释放出 $CaSiO_3$ 和 SiO_2。 再还原焙烧使氧化渣中的 Fe^{3+} 转化为 Fe^{2+},改变渣中含铁物相的结构,最后酸浸、碱浸除 去杂质。

van Dyk 等[23]提出 "氧化-还原-酸浸" 富集钛渣的工艺,是将含 $86.20\%TiO_2$、粒度为 $106\sim850\mu m$ 的高钛渣在 850℃、含 $8\%O_2$ 的流化床中氧化 30min,随后 850℃还原 20min, 再用 $20\%HCl$ 沸腾浸除杂质,过滤、烘干得到含 $94.8\%TiO_2$ 的人造金红石。

van Dyk[24]分别采用煤基与气基两段流化床工艺,前者在 850℃、空气条件下氧化 3h 后,于 800℃煤基流化床还原 30min,焙烧产物经过 $20\%HCl$ 沸腾浸出 12h 后,可得钛品 位为 94%的产物;后者于气基流化床,通 $8\%O_2$ 富氧空气,850℃氧化焙烧 1.5h,再于 850℃、 CO 气氛中还原 10min,还原渣再酸浸除杂,产品钛品位可达 97.5%。

孙朝晖等[25]将高钛渣破碎后于 1050℃流态化焙烧 1h,再于 800℃、焦炉煤气还原 40min, 还原钛渣经高压酸浸,得到 $89.8\%TiO_2$、CaO+MgO 质量分数<1.5%的人造金红石。该工艺 高压酸浸时间长,对设备要求苛刻,尚处于实验室研究阶段。

刘宏辉[26]研发出高钛渣经氧化-还原焙烧、酸浸、碱浸工艺制备富钛料的新方法。

1. 高钛渣的氧化焙烧

1) 实验条件

粒度为 $125\sim425\mu m$ 的高钛渣在 100℃干燥 4h,称量 20g 放入电炉中氧化焙烧,温度 设定为 500℃、600℃、750℃、800℃、900℃、950℃、1000℃、1100℃。待温度升到设定 值后保温 2h,试样随炉冷却至室温,称量并计算氧化渣增重率。

2) 氧化过程物相的变化

在空气下,不同焙烧温度焙烧 2h 试样的 XRD 分析表明,700~750℃时少量黑钛石开始氧化，生成锐钛型 TiO_2；750～900℃时黑钛石大量氧化，锐钛型 TiO_2 消失；1000℃时氧化反应基本完成，渣物相组成为金红石(TiO_2)、$FeTi_2O_5$-$MgTi_2O_5$ 固溶体、赤铁矿(Fe_2O_3)、游离态 SiO_2 及硅酸盐。故适宜的氧化温度为 1000℃。在高温氧化条件下，高钛渣中的黑钛石及硅酸盐将发生如下化学反应[20, 27]：

$$(Ti, Mg, Fe)_3O_5 + O_2 \longrightarrow FeTi_2O_5 + MgTi_2O_5 + TiO_2$$

$$(Ca, Mg, Ti)SiO_3 + O_2 \longrightarrow CaSiO_3 + MgSiO_3 + SiO_2 + TiO_2$$

氧化后渣中的 CaO、MgO 与 SiO_2 形成复杂硅酸盐。

3) 氧化渣物相的显微形貌

空气中，125～425μm 的钛渣于 1000℃焙烧 2h，处理后钛渣的背散射及能谱线扫描见图 4.9。由图知，氧化钛渣中 A 相为金红石；C 相为 $FeTi_2O_5$-$MgTi_2O_5$ 固溶体，组成为 $[(Fe_{0.856}Al_{0.144})_2TiO_5]_{0.486}[(Mg_{0.827}Mn_{0.173})Ti_2O_5]_{0.514}$；B 相为硅酸盐，组成为 $[Mg_{0.18}Al_{1.40}Ca_{0.72}(SiO_3)]_3$。显然，Mg、Fe 主要赋存于固溶体，而 Ca、Si、Al 存在于硅酸盐。由图 4.9(b) 和(c)可知，硅酸盐及 $FeTi_2O_5$-$MgTi_2O_5$ 固溶体内存在铁离子迁移的孔洞，在渣粒外边缘区域，低价钛由外到内逐渐氧化成金红石致密层。由图 4.9(d)可见，渣粒边缘与内部嵌布的硅酸盐中存在铁离子向边缘迁移形成的富集区。

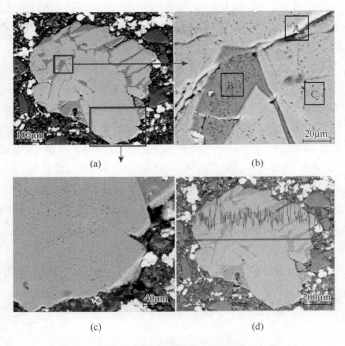

(a)　　　　　　　　　　　　　(b)

(c)　　　　　　　　　　　　　(d)

图 4.9　氧化钛渣背散射及能谱线扫描分析

4) 氧化焙烧动力学

图 4.10 为焙烧温度对钛渣增重率(增重的质量分数，%)的影响。由图知，在 500～600℃钛渣增重较小，只有少量 Ti^{3+}氧化，Fe^{2+}未氧化；在 600～900℃，Ti^{3+}和 Fe^{2+}急剧

氧化，增重明显；当温度高于 900℃后增重缓慢。采用动力学模式函数 Coats-Redfem 方程模拟氧化的动态热重曲线，确定初期 TiO_2 在产物层不断积累，增大了氧向未反应核的扩散阻力。695～800K 为第 I 阶段，氧化受界面化学反应控制；800～1000K 为第 II 阶段，受界面化学反应和扩散混合控制；1000～1200K 为第 III 阶段，受氧通过产物层的扩散控制。

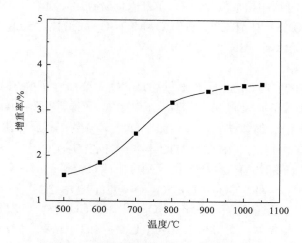

图 4.10　焙烧温度对钛渣增重率的影响

2. 氧化钛渣的还原焙烧

渣中 $FeTi_2O_5$-$MgTi_2O_5$ 固溶体耐酸性较强，即使高压酸浸后渣中仍含 3.18%Fe_2O_3 和 3.76%MgO。氧化钛渣经适宜的还原焙烧可使渣中 $FeTi_2O_5$-$MgTi_2O_5$ 固溶体转化为酸溶性较好的 $FeTiO_3$-$MgTiO_3$ 连续固溶体，有利于 Fe、Mg 杂质溶出[22]。下面实验研究还原条件及后续酸浸过程除杂的效果。

1) 还原焙烧

(1) 碳热还原。

空气中，1000℃焙烧 2h，取 75μm 氧化渣 30g，配入碳粉与黏结剂，混合均匀压块置于电炉中，通入氩气排净装置内空气，加热至设定温度，还原一定时间，随炉冷却得还原渣并分析物相组成；取 5g 还原渣置于高压反应釜中加入 20%盐酸 50mL，酸浸温度为 145℃并保温 7h，冷却后过滤、洗涤、干燥得到酸浸钛渣；将酸浸钛渣置于烧瓶，加入 8%NaOH 溶液 25mL，在 80℃恒温水浴中碱浸 90min，搅拌速度为 200r/min，冷却后过滤、洗涤、干燥得到碱浸渣样，分析还原温度、配碳量(钛渣/碳粉比，g/g)、还原时间等因素对杂质浸出率及 TiO_2 回收率的作用效果。

(2) CO(g)还原。

空气下，1000℃氧化 2h，得到氧化钛渣，分别取＜75μm、75～96μm、96～150μm、150～380μm 氧化渣 15g 置于电炉，通氩气排净装置内空气，加热至设定温度，停止氩气的同时通入 CO(g)，还原一定时间，随炉冷却至室温，得到还原钛渣，分析物相组成及显微形貌；取 5g 还原渣置于高压反应釜中，加入 20%盐酸 50mL，设定酸浸温度为 145℃并保温 7h，冷却后过滤、洗涤、干燥得到酸浸渣样，分析还原温度、还原时间、渣粒度等对杂质浸出率及 TiO_2 回收率的作用效果。

2）还原渣物相

以下利用 XRD 分析 CO(g)还原钛渣的物相。

（1）还原过程渣中物相变化。

温度低于 800℃时物相组成为金红石、$FeTi_2O_5$-$MgTi_2O_5$ 固溶体、SiO_2、硅酸盐；800～900℃时为金红石、钛铁矿（$FeTiO_3$）、$FeTi_2O_5$-$MgTi_2O_5$ 固溶体、SiO_2、硅酸盐；温度高于 900℃时为金红石、黑钛石、SiO_2、硅酸盐。

（2）还原渣中物相。

还原温度高于 700℃时，渣中无单质铁生成，铁主要赋存于 $FeTi_2O_5$-$MgTi_2O_5$ 固溶体，原因是其中 Mn、Al 等杂质阻碍 FeO 深化还原[28, 29]；还原温度为 800～900℃时，无单质铁生成，赤铁矿消失但出现钛铁矿，它由渣中赤铁矿与金红石反应生成[30]：

$$Fe_2O_3+CO+2TiO_2 \Longrightarrow 2FeTiO_3+CO_2$$

氧化渣中的铁板钛矿（Fe_2TiO_5）与金红石反应亦可生成钛铁矿：

$$Fe_2TiO_5+CO+TiO_2 \Longrightarrow 2FeTiO_3+CO_2$$

还原温度高于 900℃时，$FeTiO_3$ 转化为 $FeTi_2O_5$，或少量 TiO_2 被还原为 Ti_3O_5；由于 $FeTi_2O_5$、Ti_3O_5、$MgTi_2O_5$ 的结构相似，可形成 $FeTi_2O_5$-Ti_3O_5-$MgTi_2O_5$ 复杂固溶体。

（3）还原渣的形貌。

850℃氧化渣还原 2h 后形貌见图 4.11。经能谱分析知，A 相为金红石，组成为 $Ti_{0.994}Fe_{0.006}O_2$；B 相为含 Fe^{2+} 的 $MgTi_2O_5$-$FeTi_2O_5$ 固溶体，组成为$(Fe_{0.427}Mg_{0.487}Mn_{0.086})(Ti_{0.979}Al_{0.021})_2O_5$；C 相为硅酸盐，组成为$(Al_{0.279}Mg_{0.121}Ti_{0.106}Ca_{0.316})SiO_3$；D 为钛铁矿相，组成为$(Fe_{0.792}Mg_{0.208})Ti_{0.923}O_3$，其中固溶 6.7%MgO，酸解可除去 Fe^{2+}、Mg^{2+} 等杂质。由 XRD 及扫描电镜分析可知，Fe 主要赋存于钛铁矿及 $FeTi_2O_5$-$MgTi_2O_5$ 固溶体；Ti 赋存在 $FeTi_2O_5$-$MgTi_2O_5$ 固溶体、金红石及钛铁矿；Mg 则赋存于 $FeTi_2O_5$-$MgTi_2O_5$ 固溶体；硅酸盐中也含少量 MgO、SiO_2、CaO 和 Al_2O_3 杂质，还原焙烧后主要以硅酸盐或复杂铝硅酸盐存在。

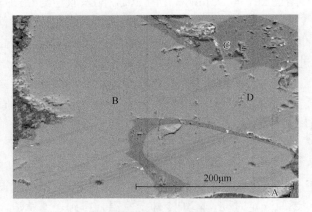

图 4.11　还原渣背散射电子形貌图及能谱分析

3. 影响 TiO_2 品位及杂质浸出率的因素

1) 还原温度

配碳量为 15g/0.25g,钛渣粒度为 75μm,还原时间为 100min。图 4.12 考察了还原温度对钛渣中 TiO_2 品位及回收率的影响。由图可知,还原温度为 750～900℃,TiO_2 回收率随温度升高略降,850℃时 TiO_2 品位高达 90.7%;当温度高于 900℃后,TiO_2 品位逐渐降低。

实验条件同上,图 4.13 考察了还原温度对杂质浸出率的影响。由图可知,还原温度升高至 850℃,SiO_2 浸出率约 54%,CaO 浸出率约 56%;其余少量杂质浸出率先升高,但高于 850℃之后迅速降低。

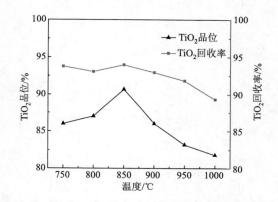

图 4.12　还原温度对 TiO_2 品位及回收率的影响(一)

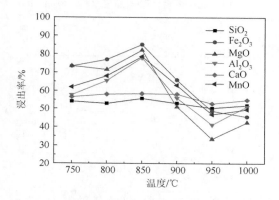

图 4.13　还原温度对杂质浸出率的影响(一)

2) 还原时间

配碳量为 15g/0.25g,钛渣粒度为 75μm,还原温度为 850℃。图 4.14 考察了还原时间对钛渣中 TiO_2 品位及回收率的影响。由图知,还原时间为 60min,钛渣 TiO_2 品位增到 89.70%,当还原时间大于 60min 时,TiO_2 品位保持在 90%左右。

实验条件同上,图 4.15 考察了还原时间对杂质浸出率的影响。由图知,还原时间延长至 30min,SiO_2 浸出率约 54.4%,CaO 浸出率约 57%。还原时间从 10min 延长至 30min,Fe_2O_3、MgO、Al_2O_3、MnO 等杂质浸出率逐渐升高。

3) 配碳量

钛渣粒度为 75μm,还原温度为 850℃,还原时间为 60min。图 4.16 考察了配碳量对 TiO_2 品位及回收率的影响。由图知,当配碳量从 15g/0g 提升到 15g/0.05g 时,TiO_2 品位提高幅度较大,TiO_2 回收率微升;当配碳量大于 15g/0.25g 时,TiO_2 品位在 89%左右,TiO_2 回收率不变。

实验条件同上,图 4.17 考察了配碳量对钛渣中 SiO_2、Fe_2O_3、MgO、Al_2O_3、CaO、MnO 等杂质浸出率的影响。图显示,杂质浸出率随配碳量增大逐渐提高,当配碳量大于 15g/0.25g 时,杂质浸出率增幅很小。配碳量对 SiO_2、CaO 浸出率影响不明显。

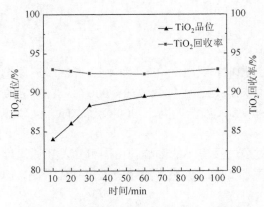

图 4.14　还原时间对 TiO_2 品位及回收率的影响

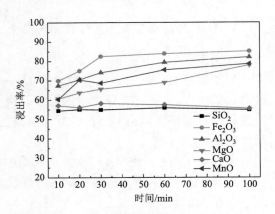

图 4.15　还原时间对杂质浸出率的影响(一)

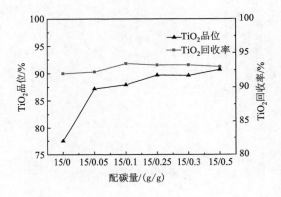

图 4.16　配碳量对 TiO_2 品位及回收率的影响

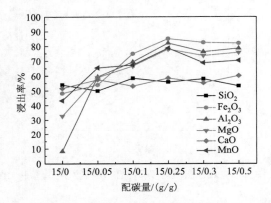

图 4.17　配碳量对钛渣中杂质浸出率的影响

4. 影响 CO(g)还原钛渣品位及回收率的因素

1) 还原温度

CO(g)流量为 2L/min，钛渣粒度为 150～380μm，还原时间为 120min。图 4.18 考察了还原温度对 TiO_2 品位及回收率的影响。由图知，还原温度升至 850℃，TiO_2 品位提高至 80.93%，之后品降至 76.16%；TiO_2 回收率在 95%左右。

实验条件同上，图 4.19 考察了还原温度对杂质浸出率的影响。由图知，随还原温度升高，Fe_2O_3、MgO、Al_2O_3、MnO 等杂质浸出率提高；但温度高于 850℃时又逐渐降低。CaO 浸出率为 47%左右，SiO_2 浸出率为 4%左右。

2) 还原时间及钛渣粒度

CO(g)流量为 2L/min，还原温度为 850℃。图 4.20 考察了还原时间及钛渣粒度对 TiO_2 品位的影响。由图知，还原时间延长至 60min，TiO_2 品位大幅提高至 84%，之后增长缓慢；钛渣粒度越小，TiO_2 品位越高。

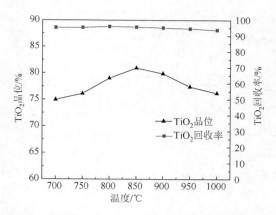

图 4.18　还原温度对 TiO_2 品位及回收率的影响(二)

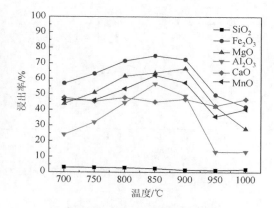

图 4.19　还原温度对杂质浸出率的影响(二)

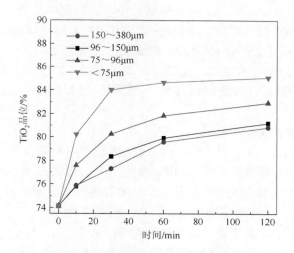

图 4.20　还原时间对 TiO_2 品位的影响

实验条件同上,图 4.21 考察了还原时间及钛渣粒度对渣中 SiO_2、Fe_2O_3、MgO、Al_2O_3、CaO、MnO 等杂质浸出率的影响。图显示,随还原时间延长,杂质浸出率提高,但 SiO_2、CaO 提高幅度较小;钛渣粒度<75μm 时杂质浸出率明显提高。

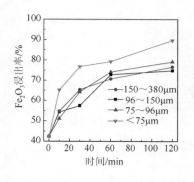

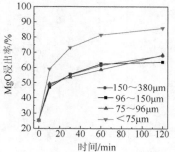

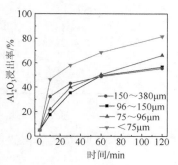

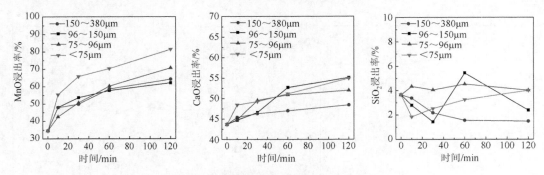

图 4.21　还原时间对杂质浸出率的影响(二)

5. 氧化-还原钛渣的酸浸行为

扫描电镜结合能谱分析表明：氧化-还原钛渣中杂质 Fe、Mg、Al、Mn 等主要赋存于 $FeTi_2O_5$-$MgTi_2O_5$ 固溶体中，Si、Ca 等在硅酸盐中。实验使用盐酸选择性浸出去除杂质，考察盐酸浓度、酸浸时间、液固比、酸浸温度与平均粒度对除杂的影响。

空气下，1000℃氧化 2h 得到氧化渣。取氧化渣 15g 置于电炉中，通氩气排净装置内空气后升温至 850℃，停止通氩气，以 2L/min 速度通入 CO(g)，还原 60min 后再通氩气排净装置内 CO(g)，随炉冷却至室温得氧化-还原渣。氧化-还原渣的酸浸实验结果与条件如下。

1) 盐酸浓度对除杂效果的影响

粒度为 109～250μm，液固比为 10∶1，酸浸温度为 145℃，酸浸时间为 7h。图 4.22 考察了盐酸浓度对 TiO_2 品位及回收率的影响。由图知，盐酸浓度提高到 20%时，TiO_2 品位增大到 80.43%，回收率为 97.5%左右；盐酸浓度高于 20%时，TiO_2 品位仍在 80.7%左右，TiO_2 回收率下降；盐酸浓度为 30%时，TiO_2 回收率为 90.6%。

实验条件同上，图 4.23 考察了盐酸浓度对 SiO_2、Fe_2O_3、MgO、Al_2O_3、CaO、MnO 等杂质浸出率的影响。由图知，盐酸浓度提高到 20%时，SiO_2 浸出率低且不变，CaO 浸

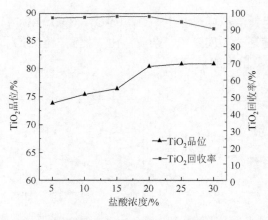

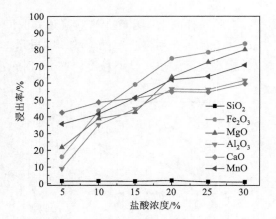

图 4.22　盐酸浓度对 TiO_2 品位及回收率的影响(二)　　　图 4.23　盐酸浓度对杂质浸出率的影响(二)

出率略增，Fe_2O_3、MgO、Al_2O_3、MnO 的浸出率提高；盐酸浓度为 30% 时，Fe_2O_3、MgO 浸出率大于 70%，Al_2O_3、MnO、CaO 浸出率为 50% 以上，SiO_2 浸出率低于 5%。最佳盐酸浓度为 20%。

2) 酸浸时间对除杂效果的影响

粒度为 109~250μm，液固比为 10∶1，酸浸温度为 145℃，盐酸浓度为 20%。图 4.24 考察了酸浸时间对 TiO_2 品位及回收率的影响。由图知，酸浸时间延长到 7h 时，TiO_2 品位提高至 80.93%，回收率为 97% 左右；延长酸浸时间至 12h，TiO_2 品位提高到 83.01%，回收率降低到 95%。

实验条件同上，图 4.25 考察了酸浸时间对 SiO_2、Fe_2O_3、MgO、Al_2O_3、CaO、MnO 等杂质浸出率的影响。由图知，酸浸时间延长至 9h，Fe_2O_3、MgO、MnO、Al_2O_3、CaO 等杂质浸出率增大，SiO_2 浸出率很小；延长酸浸时间到 12h，Fe_2O_3、MgO、MnO 等杂质浸出率缓慢增大，而 Al_2O_3、CaO 浸出率不变。

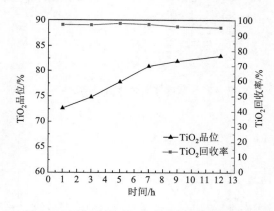

图 4.24　酸浸时间对 TiO_2 品位及回收率的影响　　图 4.25　酸浸时间对杂质浸出率的影响

3) 液固比对除杂效果的影响

粒度为 109~250μm，酸浸时间为 7h，酸浸温度为 145℃，盐酸浓度为 20%。图 4.26 考察了液固比对 TiO_2 品位及回收率的影响。由图知，液固比增至 8∶1 时，TiO_2 品位提高到 80%，TiO_2 回收率到 98.4%；持续提高液固比，TiO_2 品位仍在 80% 左右，TiO_2 回收率为 98.5% 左右。

实验条件同上，图 4.27 考察了液固比对 SiO_2、Fe_2O_3、MgO、Al_2O_3、CaO、MnO 等杂质浸出率的影响。由图知，当液固比增为 8∶1 时，Fe_2O_3、MgO、MnO、Al_2O_3 等杂质浸出率提高，SiO_2 浸出率低于 5%；当液固比为 8∶1~10∶1 时，Fe_2O_3、MgO、Al_2O_3、CaO、MnO 的浸出率分别为 73%、62%、54%、52.5%、60% 左右。

4) 酸浸温度对除杂效果的影响

粒度为 109~250μm，酸浸时间为 7h，液固比为 10∶1，盐酸浓度为 20%。图 4.28 考察了酸浸温度对 TiO_2 品位及回收率的影响。由图知，酸浸温度提高到 155℃，TiO_2 品位提高到 83%，TiO_2 回收率降到 94%；当酸浸温度为 165℃时，TiO_2 品位为 85.84%；继续升高温度，TiO_2 品位变化不大，但 TiO_2 回收率略降低。

实验条件同上，图 4.29 考察了酸浸温度对 SiO_2、Fe_2O_3、MgO、Al_2O_3、CaO、MnO 等杂质浸出率的影响。由图知，随酸浸温度升高，Fe_2O_3、MgO、Al_2O_3、CaO、MnO 等杂质浸出率逐渐提高；在 95～135℃，杂质浸出率均低于 50%，SiO_2 浸出率低于 5%；在 135～165℃，杂质浸出率继续提高；当酸浸温度高于 165℃时，Fe_2O_3、MgO、Al_2O_3、CaO、MnO 等杂质浸出率分别为 94.21%、93.50%、71.46%、61.61%、82.29%。高温时盐酸对设备腐蚀严重。

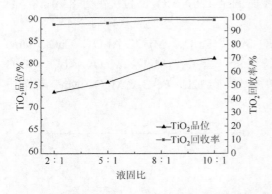

图 4.26　液固比对 TiO_2 品位及回收率的影响

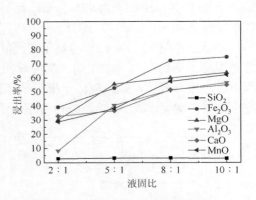

图 4.27　液固比对杂质浸出率的影响

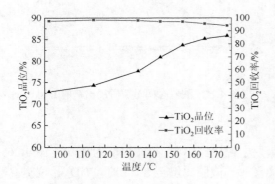

图 4.28　酸浸温度对 TiO_2 品位及回收率的影响(二)

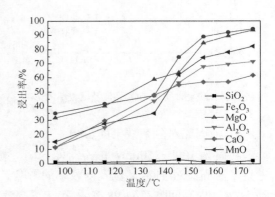

图 4.29　酸浸温度对杂质浸出率的影响(二)

5) 粒度对除杂效果的影响

酸浸时间为 7h，液固比为 10∶1，盐酸浓度为 20%，酸浸温度为 145℃。图 4.30 考察了渣平均粒度对 TiO_2 品位及回收率的影响。由图知，平均粒度为 60～120μm 时，TiO_2 品位降低，回收率缓慢提高；平均粒度大于 120μm 时，TiO_2 品位缓慢降低，回收率不变；当平均粒度为 58μm 时，TiO_2 品位为 87.06%。粒度小，TiO_2 品位提高，但粒度过小，粉化严重，未能满足原料粒度要求。

实验条件同上，图 4.31 考察了平均粒度对 SiO_2、Fe_2O_3、MgO、Al_2O_3、CaO、MnO 等杂质浸出率的影响。由图知，平均粒度增大到 210μm 时，Fe_2O_3、MgO、Al_2O_3、CaO、

MnO 等杂质浸出率分别下降到 49.16%、38.41%、17.23%、49.56%、40.74%。SiO$_2$ 浸出率低于 5%。

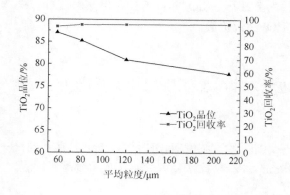

图 4.30　平均粒度对 TiO$_2$ 品位及回收率的影响　　　图 4.31　平均粒度对杂质浸出率的影响

6) 分析高钛渣氧化-还原焙烧-酸浸机理

(1) 酸浸反应。

高钛渣经氧化-还原焙烧后，渣中含钛物相为 TiO$_2$、FeTiO$_3$ 及 FeTi$_2$O$_5$-MgTi$_2$O$_5$ 固溶体，还可能含硅、钙、镁、铝等杂质物相形成的硅酸盐，如 CaSiO$_3$、MgSiO$_3$、CaAl$_2$SiO$_6$、MnSiO$_3$、Al$_2$O$_3$·2SiO$_2$ 及 SiO$_2$。渣中物相与盐酸可能的反应如下：

$$TiO_2+2HCl \longrightarrow TiCl_2O+H_2O$$
$$FeTiO_3+2HCl \longrightarrow FeCl_2+TiO_2+H_2O$$
$$FeTi_2O_5+2HCl \longrightarrow FeCl_2+2TiO_2+H_2O$$
$$Fe_2TiO_5+6HCl \longrightarrow 2FeCl_3+TiO_2+3H_2O$$
$$MgTi_2O_5+2HCl \longrightarrow MgCl_2+2TiO_2+H_2O$$
$$Ti_3O_5+2HCl \longrightarrow 2TiOCl+TiO_2+H_2O$$
$$MgTiO_3+2HCl \longrightarrow MgCl_2+TiO_2+H_2O$$
$$MnTi_2O_5+2HCl \longrightarrow MnCl_2+2TiO_2+H_2O$$
$$CaAl_2SiO_6+8HCl \longrightarrow CaCl_2+2AlCl_3+SiO_2+4H_2O$$
$$CaSiO_3+2HCl \longrightarrow CaCl_2+SiO_2+H_2O$$
$$MgSiO_3+2HCl \longrightarrow MgCl_2+SiO_2+H_2O$$
$$Al_2O_3·2SiO_2+6HCl \longrightarrow 2AlCl_3+2SiO_2+3H_2O$$
$$MnSiO_3+2HCl \longrightarrow MnCl_2+SiO_2+H_2O$$

(2) 分析结果。

氧化-还原焙烧后钛渣中以 FeTiO$_3$、FeTi$_2$O$_5$、MgTi$_2$O$_5$、MnTi$_2$O$_5$、MgTiO$_3$ 及硅酸形式存在的 Mg、Ca、Al、Mn、Fe 等杂质均溶于盐酸，部分残留的黑钛石耐酸性强，固溶其中的 Fe、Mg、Al、Mn 等杂质难浸出。

(3) 酸浸钛渣物相。

氧化-还原钛渣粒度为 109～180μm，液固比为 8∶1，盐酸浓度为 20%，165℃浸出 9h 得到酸浸钛渣，经 XRD 分析确定其主要物相为金红石、SiO_2 和硅酸盐，但酸解过程被酸溶出的 SiO_2、Al_2O_3 等杂质数量有限，制约 TiO_2 品位提高。

6. 酸浸钛渣的常压碱浸行为

拟考察碱浓度、碱浸温度、碱浸时间等因素对 TiO_2 品位及回收率影响，优化工艺并探讨机理[30, 31]。

1) 酸浸钛渣的常压碱浸条件

取酸浸钛渣 5g，成分见表 4.3，置于烧瓶中，加入给定浓度 NaOH 溶液 25mL，在不同设定温度水浴中浸出一定时间，搅拌速度为 200r/min。冷却后过滤、洗涤、干燥得到碱浸钛渣。

表 4.3　酸浸钛渣的化学成分(单位：%)

成分	质量分数	成分	质量分数
TiO_2	85.033	Al_2O_3	1.351
SiO_2	9.992	CaO	1.012
Fe_2O_3	0.925	MnO	0.375
MgO	0.918		

2) 影响常压碱浸效果的因素

(1) NaOH 浓度。

酸浸钛渣粒度为 109～180μm，液固比为 5∶1，碱浸温度为 80℃，碱浸时间为 90min，搅拌速度为 200r/min。图 4.32 考察了 NaOH 浓度对 TiO_2 品位及回收率的影响。由图知，NaOH 浓度由 4% 提高到 12% 时，TiO_2 品位由 87.06% 提高到 90.52%；NaOH 浓度提高到 20% 时，TiO_2 品位为 91.10%，TiO_2 回收率在 96% 左右。

实验条件同上，图 4.33 考察了 NaOH 浓度对杂质浸出率的影响。由图知，NaOH 浓

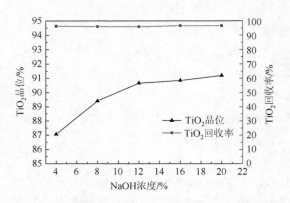

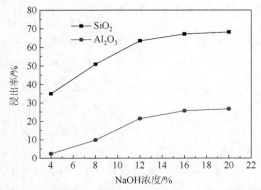

图 4.32　NaOH 浓度对 TiO_2 品位及回收率的影响　　图 4.33　NaOH 浓度对杂质浸出率的影响(二)

度由 4% 提高到 12% 时，SiO_2、Al_2O_3 浸出率由 34.93% 和 3.46% 提高到 63.56% 和 21.44%；继续增大 NaOH 浓度，SiO_2 和 Al_2O_3 浸出率增幅趋缓。最佳 NaOH 浓度为 12%。

(2) 碱浸时间。

酸浸钛渣粒度为 109~180μm，液固比为 5∶1，碱浸温度为 80℃，NaOH 浓度为 12%，搅拌速度为 200r/min。图 4.34 考察了碱浸时间对 TiO_2 品位及回收率的影响。由图知，碱浸时间 30min 延长至 90min 时，TiO_2 品位由 90.52% 提高到 92.28%；碱浸时间延长到 120min，TiO_2 品位提高到 92.50%。

实验条件同上，图 4.35 考察了碱浸时间对杂质浸出率的影响。由图知，碱浸时间由 30min 延长至 120min 时，SiO_2 和 Al_2O_3 的浸出率由 30.02% 和 6.85% 提高到 67.87% 和 34.05%。

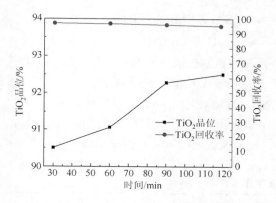

图 4.34　碱浸时间对 TiO_2 品位及回收率的影响

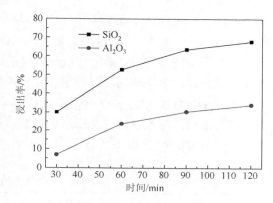

图 4.35　碱浸时间对杂质浸出率的影响

(3) 碱浸温度。

酸浸钛渣粒度为 109~180μm，液固比为 5∶1，碱浸时间为 90min，NaOH 浓度为 12%，搅拌速度为 200r/min。图 4.36 考察了碱浸温度对 TiO_2 品位及回收率的影响。由图知，随碱浸温度提高，TiO_2 品位逐渐提升，但回收率略降；碱浸温度为 95℃时，TiO_2 品位达到 92.80%。

实验条件同上，图 4.37 考察了碱浸温度对杂质浸出率的影响。由图知，碱浸温度提高，SiO_2 和 Al_2O_3 浸出率提高；碱浸温度为 95℃时，SiO_2 和 Al_2O_3 浸出率分别为 67.03% 和 33.85%。

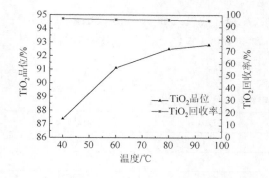

图 4.36　碱浸温度对 TiO_2 品位及回收率的影响

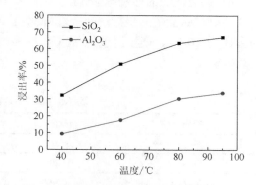

图 4.37　碱浸温度对杂质浸出率的影响(二)

由图 4.36 和图 4.37 知，酸浸钛渣加碱除杂时，碱浸温度越高，TiO_2 品位与杂质浸出率越高。

3) 酸浸钛渣的碱浸机理

酸浸钛渣中大部分 SiO_2 和 Al_2O_3 以复杂的硅酸盐或铝硅酸盐赋存，它在 NaOH 溶液中的溶解状况取决于它的形态、结晶度、NaOH 浓度和碱浸温度等因素。借鉴氧化铝生产过程 SiO_2 和 Al_2O_3 在 NaOH 溶液的溶出反应，分析碱浸除杂的机理，系列溶出反应如下：

$$SiO_2+2NaOH \longrightarrow 2Na^+ + 2SiO_3^{2-} +H_2O$$

$$Al_2O_3+2NaOH+3H_2O \longrightarrow 2Al(OH)_4^- +2Na^+$$

$$Al_2O_3 \cdot 2SiO_2 \cdot 2H_2O+2NaOH+5H_2O \longrightarrow 2Al(OH)_4^- +2Si(OH)_4+2Na^+$$

$$(Mg, Fe)_2SiO_4+2NaOH+H_2O \longrightarrow Na_2SiO_3+2(Mg, Fe)(OH)_2 \downarrow$$

$$Ca_2SiO_4+2NaOH+H_2O \longrightarrow Na_2SiO_3+2Ca(OH)_2$$

由溶出反应可看出：酸浸钛渣经碱浸后，可有效地除去渣中硅和铝。但 Al_2O_3 浸出率较低，这是碱液中硅酸钠与铝酸钠相互反应，生成沸石结构的沉淀所致[32]：

$$xNaAlO_2+yNa_2SiO_3+(m+y)H_2O \Longrightarrow Na_x[(AlO_2)_x(SiO_2)_y] \cdot mH_2O \downarrow +2yNaOH$$

沸石结构沉淀经过滤、洗涤后仍留在渣中，这是碱浸钛渣中含有少量 Na_2O 的原因。表 4.4 为液固比为 5：1、NaOH 浓度为 12%、于 95℃浸出 90min 得到碱浸钛渣的化学组成。

表 4.4 碱浸钛渣的化学组成(单位：%)

成分	质量分数	成分	质量分数
TiO_2	92.80	Al_2O_3	1.02
SiO_2	3.53	CaO	0.822
Fe_2O_3	0.42	MnO	0.188
MgO	0.388	Na_2O	0.54

XRD 分析表明：碱浸钛渣物相为金红石，未见 SiO_2、Al_2O_3 及铝硅酸盐的原因可能是含量太低，或以无定形状态存在。

4) 碱浸钛渣的酸洗除杂

对碱浸钛渣进一步酸洗除杂，酸洗实验条件为：搅拌速度为 200r/min，盐酸浓度为 10%，液固比为 10：1，酸浸温度为 80℃，酸浸时间为 30min，过滤、洗涤、煅烧得到富钛料，见表 4.5。

表 4.5 富钛料的化学组成(单位：%)

成分	质量分数	成分	质量分数
TiO_2	95.52	Al_2O_3	0.49
SiO_2	2.20	CaO	0.46
Fe_2O_3	0.34	MnO	0.15
MgO	0.17		

　　显然，酸洗后富钛料中，TiO_2 品位、晶型与 $CaO+MgO$ 质量分数均达到氯化法钛白原料的技术指标。

4.3　熔分渣制取金红石型富钛料

4.3.1　渣中金红石相选择性富集、析出与分离

　　何敏等[33, 34]研究熔分渣经氧化焙烧-酸浸-碱浸工艺处理，渣中金红石选择性析出规律如下。

1. 熔分渣氧化焙烧的物相组成

1) 原料

经 XRF 分析、XRD 分析以及能谱分析确定熔分渣成分，见表 4.6。

表 4.6　熔分渣分析结果(单位：%)

成分	质量分数	成分	质量分数
TiO_2	47.0	Fe_2O_3	5.7
SiO_2	17.0	MnO	0.9
Al_2O_3	14.0	SO_3	0.4
MgO	7.9	K_2O	0.4
CaO	6.5	Na_2O	0.2

2) 氧化焙烧试样

熔分渣含质量分数 47% 的 TiO_2 与 Mg、Ca 等多种氧化物组分。图 4.38 为 1450℃氧化焙烧熔分渣，并以 0.5℃/min 速度冷却至 1300℃，再空冷至室温试样的扫描电镜图。由图可见暗白色 A 相和灰色 B 相。能谱分析 A 与 B 物相的组成见表 4.7。

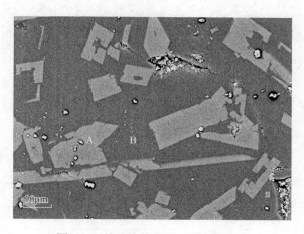

图 4.38　熔分渣氧化后扫描电镜图片

表 4.7　能谱分析结果(单位：%)

相	参数	O	Mg	Al	Si	Ca	Ti	Fe
A	质量分数	30.78	2.34	27.48	—	—	35.73	3.67
A	原子分数	49.97	2.50	26.45	—	—	19.37	1.71
B	质量分数	35.59	4.53	13.80	33.62	4.97	3.71	3.78
B	原子分数	50.69	4.24	11.66	27.28	2.82	1.76	1.55

结合表 4.7，再经 XRD 分析确定：A 相为黑钛石固溶体 $m[(Fe, Mg, Ti)O \cdot 2TiO_2] \cdot n[(Al, Ti)_2O_3 \cdot TiO_2]$，B 相为硅酸盐相，未检出金红石相。渣中镁、铝等离子与钛-氧离子团结合生成镁、铝钛酸盐相反应如下：

$$Al_2O_3 + TiO_2 \Longrightarrow Al_2O_3 \cdot TiO_2, \quad \Delta G^{\ominus} = -25300 + 3.93T$$

$$MgO + TiO_2 \Longrightarrow MgO \cdot TiO_2, \quad \Delta G^{\ominus} = -26400 + 3.14T$$

2. 添加 SiO_2 熔分渣的氧化焙烧

图 4.39 为添加 SiO_2 的熔分渣在 1450℃氧化后，并以 0.5℃/min 速度冷却至 1300℃，然后空冷样的扫描电镜图。由图可知：渣由亮白相(1 相)、灰白相(2 相)和黑相(3 相)组成。表 4.8 能谱分析结合 XRD 分析确定：1 相为金红石相；2 相为黑钛石固溶体 $m[(Fe, Mg, Ti)O \cdot 2TiO_2] \cdot n[(Al, Ti)_2O_3 \cdot TiO_2]$；3 相为硅酸盐相。

图 4.39　加 SiO_2 熔分渣氧化后扫描电镜图片

表 4.8　添加 SiO_2 渣样能谱分析结果(单位：%)

相	参数	O	Mg	Al	Si	Ca	Ti	Fe
1	质量分数	36.15	—	—	—	—	63.85	—
1	原子分数	62.89	—	—	—	—	37.11	—

续表

相	参数	O	Mg	Al	Si	Ca	Ti	Fe
2	质量分数	28.29	7.63	13.17	—	—	47.56	3.35
	原子分数	48.81	8.66	13.47	—	—	27.40	1.66
3	质量分数	40.00	5.05	13.90	32.31	3.69	5.05	—
	原子分数	54.70	4.55	11.27	25.16	2.01	2.31	—

按熔渣离子溶液模型[35, 36]推测,加入 SiO_2 增大渣中 SiO_4^{4-} 数量,促使黑钛石相中 Fe^{2+}、Mg^{2+}、Al^{3+}、Mn^{2+} 部分释放出来并进入硅酸盐相而产生金红石相。实验结果表明,渣中 SiO_2 加入量为 10%～16%时,渣中黑钛石、铁板钛矿、硅酸盐及金红石四相共存;SiO_2 加入量为 22%～28%时,金红石相为主,其余各相明显减少。

实验结果表明,随着 SiO_2 加入量增加,渣中金红石相的平均粒径逐渐增大;当 SiO_2 加入量达到 16%时,金红石相平均粒径达 35μm,最大为 51μm;继续增加 SiO_2 对金红石晶粒增长不显著,选择 SiO_2 加入量为 21%较为适宜。

3. 添加 P_2O_5 熔分渣的氧化焙烧

图 4.40 为 P_2O_5 加入量为 22%熔分渣的氧化焙烧扫描电镜图,表 4.9 为相应的能谱分析。由图表可知,白色 1 相为金红石相;黑色 2 相为磷酸盐与硅酸盐的复合杂质相,显然,加入 P_2O_5 的氧化反应促进钛进入金红石相,杂质进入磷硅酸盐复合相。图 4.41 与图 4.42 分别为 P_2O_5 加入量与金红石相体积分数及平均粒度的关系。由图表明,氧化过程 P_2O_5 与渣中杂质反应促进金红石相形成。PO_4^{3-} 与黑钛石中杂质离子 Mg^{2+}、Fe^{2+}、Mn^{2+}、Al^{3+} 的结合力远大于其与 $Ti_nO_{3n+1}^{2(n+1)-}$ 的结合力,使得杂质从中释放出来形成磷硅酸盐复合相,有利于钛富集于金红石相。

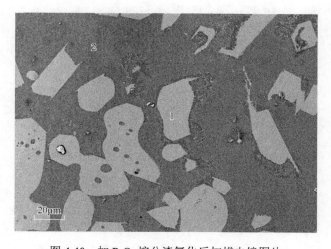

图 4.40　加 P_2O_5 熔分渣氧化后扫描电镜图片

表 4.9　添加 P₂O₅ 渣样能谱分析结果(单位：%)

相	参数	O	Mg	Al	Si	Ca	Ti	P	Fe
1	质量分数	36.44	—	—	—	—	63.56	—	—
	原子分数	63.18	—	—	—	—	36.82	—	—
2	质量分数	36.06	6.60	12.82	11.39	5.91	2.78	19.84	4.60
	原子分数	52.00	6.26	10.96	9.36	3.40	1.34	14.78	1.90

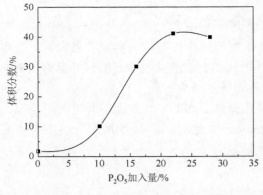 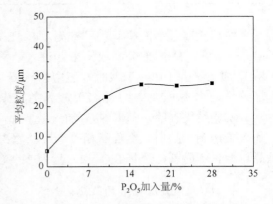

图 4.41　P₂O₅ 加入量对金红石相体积分数的影响　　图 4.42　P₂O₅ 加入量对金红石相平均粒度的影响

4. 熔分渣氧化焙烧过程金红石相的析出条件

盛装氧化熔分渣的坩埚放入电炉中，升温至 1450℃，恒温氧化 30min 后以给定速度冷却，其间冷却到选定温度时，用铜管取淬冷试样分析。图 4.43 为金红石相的平均粒度随冷却速度的变化。由图知，随着冷却速度增大，金红石相的平均粒度变小；当冷却速度为 5℃/min 时，金红石相析出量为 33.9%，平均粒度为 21.8μm；当冷却速度为 0.5℃/min 时，金红石相析出量达到 44.7%，平均粒度达 34.8μm。

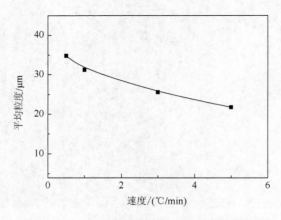

图 4.43　金红石相平均粒度随冷却速度变化曲线

　　图 4.44 与图 4.45 分别为氧化熔分渣的熔化性温度与金红石相体积分数及平均粒度间关系。由图知，熔化性温度为 1410℃时金红石相体积分数为 29.8%；熔化性温度为 1450℃时金红石相体积分数为 44.7%；熔化性温度超过 1470℃时金红石相的体积分数不变。

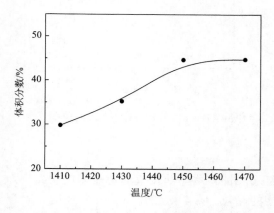

图 4.44　熔化性温度与金红石相体积分数关系　　　图 4.45　熔化性温度与金红石相平均粒度关系

5. 氧化熔分渣中金红石相析出、长大动力学

1) 金红石相析出动力学

　　冷却速度 α 对金红石相体积分数产生影响。图 4.46 可见，随着冷却速度 α 减小，体积分数增大；当冷却速度 $\alpha \to 0$ 时体积分数趋于有限值，表明体系接近化学平衡状态，体积分数也达到最大值。当 $\alpha \to \infty$ 时体积分数趋于零，表明冷却速度足够快可抑制金红石相的析出。降低冷却速度可提高金红石相析出体积转变分数 χ，其变化规律近似由方程(2.74)描述，即

$$\chi = \frac{f(\alpha, T)}{f(0, T)} = 1 - \exp\left(-\frac{c}{\alpha^q}\right)$$

式中，$f(\alpha, T)$ 为温度 T 和冷却速度 α 时金红石相的体积分数；$f(0, T)$ 为温度 T 和冷却速度为零(体系处于平衡态)时金红石相的体积分数；c 为只与温度相关的参数；q 为指数因子，c 和 q 可由下述方程确定：

$$\ln\left[-\ln(1-\chi)\right] = -q\ln\alpha + \ln c$$

　　图 4.47 给出 1613K 和 1713K 时，$\ln\left[-\ln(1-\chi)\right]$ 随 $\ln\alpha$ 的变化曲线。从图可见，在 1613K 和 1713K 时，两条曲线斜率相同，由实验结果拟合可得

$$q = 0.3387，\quad c = 1.531\exp\left(-\frac{4.523}{1718-T}\right)$$

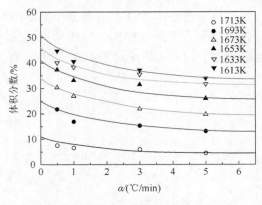

图 4.46　体积分数随冷却速度变化　　　　图 4.47　$\ln[-\ln(1-\chi)]$ 与 $\ln\alpha$ 的关系

2) 金红石相长大动力学

由于金红石相析出过程的粗化作用，金红石相晶体逐渐演化成球形晶和块状晶等弥散的晶段，每个球形晶段可视作一个金红石相的晶粒。图 4.48 给出不同冷却速度 α 时金红石相的平均粒度与温度关系。可见冷却速度 α 显著影响金红石相的长大；在相同温度下，冷却速度越小，金红石粒度越大；当 $\alpha = 0.5$℃/min 时金红石相的平均粒度可达 35μm。图 4.49 为实验测定金红石相晶粒平均等积圆半径的三次方与冷却速度 α 乘积（$\alpha\bar{r}^3$）在不同温度时随冷却速度 α 的变化曲线，从图可见，当 $\alpha \to 0$ 时，$\alpha\bar{r}^3$ 趋近于有限值；当 α 增大时，$\alpha\bar{r}^3$ 逐渐增大；当冷却速度相同时，低温段的晶粒尺寸明显较高温时大。拟合该结果得到如下关系式：

$$\alpha\bar{r}^3 = A(T)\left(1 + \mathrm{e}^{-\frac{b}{\alpha^p}}\right)$$

式中，α 为冷却速度，℃/min；$A(T)$ 为 $\alpha \to 0$ 时 $\alpha\bar{r}^3$ 的数值；p 为冷却速度因子；b 为只与温度有关的参数。由实验结果拟合得到

$$p = 0.71, \quad b = 1.15\exp\left(-\frac{44.19}{1718 - T}\right)$$

上述实验结果表明，缓慢冷却过程，局部浓度和过冷度均发生变化，当环境满足形核要求时，新晶核不断形成，在新晶核刚形成时，大晶核在粗化过程吞并掉新形成的小晶核，促进其晶粒长大。实际上，变温过程金红石相长大由两方面机制驱动：①过饱和浓度导致晶粒自身的生长；②金红石晶体与熔体间界面使体系自由能升高导致晶粒粗化。缓慢冷却有利于晶粒粗化，尤其在晶体刚析出时，大晶粒迅速吞噬掉一些刚形成的晶核，减少晶粒数目，这与实验结果一致。

6. 分离氧化熔分渣中的金红石相

氧化熔分渣中金红石相经选择性富集与长大后，金红石和硅酸盐(或磷酸盐)两相赋存，为高效地将金红石相分离出来，拟开展下述分离氧化熔分渣中金红石相的实验。

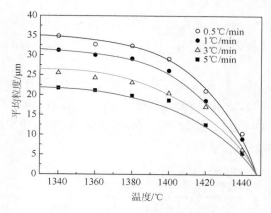

图 4.48　平均粒度随温度变化曲线

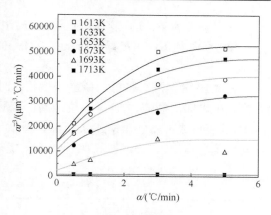

图 4.49　$\alpha \bar{r}^3$ 随冷却速度的变化曲线

1) 酸浸分离

(1) 用稀酸分离渣中含钛相的反应。

①稀盐酸：渣中金红石型 TiO_2 不溶于稀酸，但大部分杂质溶于稀酸，杂质与稀盐酸的系列反应如下：

$$CaO + 2HCl \longrightarrow CaCl_2 + H_2O$$

$$MgO + 2HCl \longrightarrow MgCl_2 + H_2O$$

$$Al_2O_3 + 6HCl \longrightarrow 2AlCl_3 + 3H_2O$$

$$FeO + 2HCl \longrightarrow FeCl_2 + H_2O$$

$$Fe_2O_3 + 6HCl \longrightarrow 2FeCl_3 + 3H_2O$$

$$MnO + 2HCl \longrightarrow MnCl_2 + H_2O$$

稀盐酸浸出后得到的过滤物中，TiO_2 品位提高。

②稀硫酸：渣中杂质与稀硫酸的系列反应如下：

$$CaO + H_2SO_4 \longrightarrow CaSO_4 + H_2O$$

$$MgO + H_2SO_4 \longrightarrow MgSO_4 + H_2O$$

$$Al_2O_3 + 3H_2SO_4 \longrightarrow Al_2(SO_4)_3 + 3H_2O$$

$$FeO + H_2SO_4 \longrightarrow FeSO_4 + H_2O$$

$$Fe_2O_3 + 3H_2SO_4 \longrightarrow Fe_2(SO_4)_3 + 3H_2O$$

$$MnO + H_2SO_4 \longrightarrow MnSO_4 + H_2O$$

③稀磷酸：渣中 Ca、Al、Mg、Fe 等杂质与稀磷酸反应生成系列磷酸盐进入液相，而金红石相则留于固相，从而达到钛与杂质分离的目的。

(2) 先酸浸、后碱浸、分离渣中钛的效果。

酸浸过程去除 CaO、Al_2O_3、MgO、FeO、Fe_2O_3、MnO 等杂质较充分，但仍有 SiO_2 等杂质残存固相渣中，故酸浸后再用 NaOH 处理，除杂反应如下：

$$SiO_2 + 2NaOH \longrightarrow Na_2SiO_3 + H_2O$$

$$Al_2O_3 + 2NaOH \longrightarrow 2NaAlO_2 + H_2O$$

试样均采用先酸浸、后碱浸方式，其余条件相同，但酸的种类不同。

酸浸条件如下：酸浸温度为 90℃，酸浓度为 20%，固液比为 1：20，酸浸时间为 4h。

碱浸条件如下：碱浸温度为 90℃，NaOH 浓度为 1.5mol/L，固液比为 1：20，碱浸时间为 6h。

表 4.10 为盐酸、硫酸、磷酸浓度相同时，经上述浸出条件处理后得到产物中的 TiO_2 品位。由表知，盐酸时 TiO_2 品位最高，硫酸其次，磷酸较差。硫酸在浸出过程与 CaO、MgO 反应形成 $CaSO_4$、$MgSO_4$ 沉淀，降低 TiO_2 品位。回收率方面，磷酸时 TiO_2 回收率最高，硫酸其次，盐酸最低。综合权衡，选磷酸为酸浸剂。

表 4.10　酸的种类对 TiO_2 品位和回收率的影响(单位：%)

参数	盐酸	硫酸	磷酸
TiO_2 品位	87.65	84.91	82.36
TiO_2 回收率	92.61	95.45	97.52

(3) 影响磷酸浸出效果的因素。

酸浸温度：酸浸时，固液比为 1：20，磷酸浓度为 20%，酸浸时间为 6h；碱浸时，NaOH 浓度为 1.5mol/L，固液比为 1：20，90℃保温 6h，酸浸温度对 TiO_2 品位与回收率的影响见图 4.50。由图可知，提高温度有利于去除杂质。当酸浸温度为 90℃时 TiO_2 品位为 82.36%，回收率为 96.5%；酸浸温度 90℃以上时 TiO_2 品位变化不大，但回收率下降较快，因而适宜酸浸温度为 90℃。

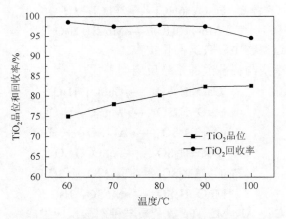

图 4.50　酸浸温度对 TiO_2 品位和回收率的影响

酸浸时间：酸浸时，固液比为 1：20，酸浸温度为 90℃，磷酸浓度为 20%；碱浸时，NaOH 浓度为 1.5mol/L，固液比为 1：20，90℃保温 6h。图 4.51 为酸浸时间对 TiO_2 品位和回收率的影响。实验结果表明，酸浸时间延长，TiO_2 品位随之增加，回收率却随之下降；在酸浸 4h 之前，TiO_2 品位增加较快，超过 4h 则品位增加趋缓，而回收率下降较迅速。故适宜酸浸时间为 4h。

固液比：酸浸时，酸浸温度为 90℃，酸浸时间为 4h，磷酸浓度为 20%；碱浸时，NaOH

浓度为 1.5mol/L，固液比为 1:20，90℃保温 6h。图 4.52 为固液比对 TiO$_2$ 品位和回收率的影响。从图见，TiO$_2$ 品位随固液比增加而增加，回收率则相反；当固液比大于 1:20 时 TiO$_2$ 回收率下降加快；当固液比较高时，矿浆黏度较大，不利于传质和杂质浸出；而固液比较低时，不利于废液处理及生产效率改善，故采用固液比为 1:20 适宜。

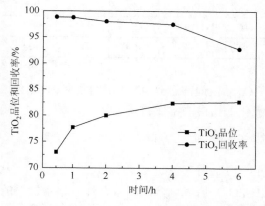

图 4.51　酸浸时间对 TiO$_2$ 品位和回收率的影响　　　　图 4.52　固液比对 TiO$_2$ 品位和回收率的影响

2) 影响碱浸的因素

(1) 碱浸温度与时间。

固液比为 1:20，碱浸时间为 0.5~8h，NaOH 浓度为 60g/L，考察碱浸温度与时间对 TiO$_2$ 品位和回收率的影响。结果表明，碱浸温度提高，TiO$_2$ 品位逐渐提高；碱浸时间小于 6h，TiO$_2$ 品位增加幅度较大，6h 后增幅减缓。因此，90℃碱浸 6h 适宜。

(2) NaOH 浓度。

固液比为 1:20，碱浸时间为 6h，碱浸温度为 90℃，考察 NaOH 浓度分别为 0.5mol/L、1mol/L、1.5mol/L、2mol/L 对 TiO$_2$ 品位和回收率的影响。结果表明，NaOH 浓度增加，TiO$_2$ 品位上升显著，回收率变化不大；当 NaOH 浓度为 1.5mol/L 以上时，TiO$_2$ 品位变化不大，回收率下降。选择 NaOH 浓度为 1.5mol/L 适宜。

(3) 固液比。

碱浸时间为 6h，碱浸温度为 90℃，NaOH 浓度为 1.5mol/L，考察固液比对 TiO$_2$ 品位和回收率的影响。结果表明，固液比越小，碱浸反应越快，当固液比为 1:20 时，TiO$_2$ 品位达到 82.36%，回收率为 97.5%。因此，选择固液比为 1:20 较为合适。

3) 多段浸出实验

(1) 采用酸浸-碱浸两段浸出实验条件。

酸浸：磷酸浓度为 20%，固液比为 1:20，酸浸温度为 90℃，酸浸时间为 4h。

碱浸：NaOH 浓度为 1.5mol/L，固液比为 1:20，碱浸温度为 90℃，碱浸时间为 6h。

熔分渣经酸浸-碱浸两段浸出后，NaOH 破坏玻璃相结构，反应脱去部分硅、铝杂质，但生成的 CaAl$_2$Si$_2$O$_8$、CaSiO$_3$、Ca$_2$SiO$_4$ 沉淀在未反应的渣核表面，阻碍碱浸充分进行，需要增加一次酸浸，将沉淀膜溶解掉，进而得到高品位金红石型富钛料。

(2) 采用酸浸-碱浸-酸浸三段浸出条件：先后两次酸浸条件相同，考察添加剂种类及用量对 TiO_2 品位和回收率的影响。结果如表 4.11 所示。

表 4.11　添加剂的种类及用量对于 TiO_2 品位和回收率的影响(单位：%)

参数	SiO_2 10%	SiO_2 16%	SiO_2 22%	SiO_2 28%	P_2O_5 10%	P_2O_5 16%	P_2O_5 22%	P_2O_5 28%
TiO_2 品位	65.4	71.1	81.0	80.6	80.4	88.5	92.7	91.9
TiO_2 回收率	—	—	94.9	94.0	94.3	95.4	94.1	93.8

经过酸浸-碱浸-酸浸三段浸出后，试样中 TiO_2 品位最高达到 92.7%，回收率为 94.1%。$CaO+MgO$ 质量分数小于 1.50%，可作为生产氯化法钛白的富钛料。

4.3.2　磷酸铵焙烧法

杨帆[37]研究采用熔分渣添加磷酸铵（$NH_4H_2PO_4$）后氧化焙烧制备金红石型富钛料的新工艺。

1. 熔分渣加入 $NH_4H_2PO_4$ 进行氧化焙烧的热力学

含钛熔分渣中添加 $NH_4H_2PO_4$ 氧化焙烧，可促使黑钛石固溶体中 Mg^{2+}、Fe^{2+}、Al^{3+}、Ca^{2+} 杂质与 $NH_4H_2PO_4$ 反应进入磷酸盐相，钛则富集于金红石相[38-40]。氧化焙烧过程发生的可能的系列化学反应列入表 4.12。经计算知，298～719K，标准状态下，渣中 $MgTi_2O_5$、Fe_2TiO_5、Al_2O_3、$CaSiO_3$、Fe_2O_3 等与 $NH_4H_2PO_4$ 反应生成磷酸盐的 $\Delta G^{\ominus}$ 均为负，反应可发生。719K 时，$NH_4H_2PO_4$ 开始分解出 P_2O_5；高于 1173K 时，FeO 氧化成 Fe_2O_3，Ti_3O_5 氧化成 TiO_2。

表 4.12　添加 $NH_4H_2PO_4$ 熔分渣氧化焙烧过程中发生的系列反应(单位：J/mol)

化学反应方程	$\Delta G^{\ominus}$
$2NH_4H_2PO_4 = P_2O_5 + 2NH_3(g) + 3H_2O(g)$	$626169 - 870.36T$
$3MgTi_2O_5 + 2NH_4H_2PO_4 = Mg_3(PO_4)_2 + 6TiO_2 + 3H_2O(g) + 2NH_3(g)$	$194624 - 808.98T$
$Fe_2TiO_5 + 2NH_4H_2PO_4 = 2FePO_4 + TiO_2 + 3H_2O(g) + 2NH_3(g)$	$177765 - 487.04T$
$Al_2O_3 + 2NH_4H_2PO_4 = 2AlPO_4 + 3H_2O(g) + 2NH_3(g)$	$330828 - 866.15T$
$3CaSiO_3 + 2NH_4H_2PO_4 = Ca_3(PO_4)_2 + 3SiO_2 + 2NH_3(g) + 3H_2O(g)$	$161888 - 824.37T$
$Fe_2O_3 + 2NH_4H_2PO_4 = 2FePO_4 + 2NH_3(g) + 3H_2O(g)$	$186655 - 495.87T$
$3MgTi_2O_5 + P_2O_5 = Mg_3(PO_4)_2 + 6TiO_2$	$-431545 + 62.38T$
$Fe_2TiO_5 + P_2O_5 = 2FePO_4 + TiO_2$	$-448402 + 383.32T$
$4FeO + O_2(g) = 2Fe_2O_3$	$-566920 + 241.96T$
$Al_2O_3 + P_2O_5 = 2AlPO_4$	$-296138 + 5.97T$
$3CaSiO_3 + P_2O_5 = Ca_3(PO_4)_2 + 3SiO_2$	$-472580 + 45.99T$
$2Ti_3O_5 + O_2(g) = 6TiO_2$	$-774365 + 222.23T$

2. 影响氧化熔分渣中金红石相选择性富集的因素

1) 实验条件

(1) 氧化焙烧：称取钛渣，按配比称取 $NH_4H_2PO_4$，混合均匀、压块后，装入坩埚，置于电炉恒温区，空气气氛下，以 5℃/min 速度升温至设定温度并保温一段时间后，以 5℃/min 速度冷却至室温，破碎、磨细，分析试样。

(2) 酸浸条件：按给定液固比称取氧化渣，与浓度为 20% 的磷酸溶液混合后置于 70℃ 水浴锅中，恒温搅拌 2h，过滤、洗涤、烘干、称重，分析残渣化学成分。

(3) 影响因素：熔分渣添加 $NH_4H_2PO_4$ 后氧化焙烧，黑钛石结构破坏，用酸浸出杂质。影响钛渣氧化焙烧-酸浸的主要因素有 $NH_4H_2PO_4$/钛渣质量比，焙烧温度、时间，磷酸浓度，酸浸温度、时间，液固比等，以下分别考察。

2) 影响物相结构及富集效果的因素

(1) $NH_4H_2PO_4$/钛渣质量比。

由 1200℃ 焙烧 3h 不同 $NH_4H_2PO_4$/钛渣质量比试样的 XRD 分析表明，$NH_4H_2PO_4$ 用量增加，Fe_2TiO_5 相衍射峰减弱，TiO_2 和 $AlPO_4$ 相衍射峰增强。出现 $AlPO_4$ 表明黑钛石结构已破坏，其中的钛转变为金红石，铝生成磷酸铝。

图 4.53 为 $NH_4H_2PO_4$/钛渣质量比对酸浸后钛富集效果的影响。由图可见，当 $NH_4H_2PO_4$/钛渣质量比为 0.1 时，TiO_2 品位为 56.2%；提高至 0.3 时 TiO_2 品位为 71.3%，回收率为 97.6%；0.5 时 TiO_2 品位及回收率变化不明显。选择 $NH_4H_2PO_4$/钛渣质量比为 0.3 适宜。

(2) 焙烧温度。

图 4.54 为焙烧温度对钛富集效果的影响。由图可见，焙烧温度为 1000℃ 时 TiO_2 品位为 55.5%，回收率为 97.6%；1300℃ 时 TiO_2 品位达到 73.9%，回收率为 97.3%；1400℃ 时 TiO_2 品位为 74.6%，回收率为 97.2%。固相中扩散控制气/固反应速率，升高温度加快离子迁移，促进焙烧反应。

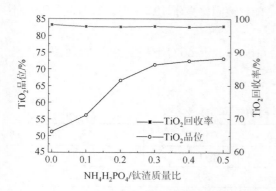

图 4.53　$NH_4H_2PO_4$/钛渣质量比对酸浸后钛富集效果的影响

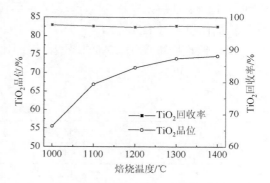

图 4.54　焙烧温度对钛富集效果的影响

(3) 焙烧时间。

实验结果表明，当焙烧时间为 1h 时 TiO_2 品位为 62.2%；延长至 2h，TiO_2 品位为 72.9%；3h 时 TiO_2 品位为 74.5%，回收率为 97%左右。显然，焙烧时间延长，固相扩散时间充分，2h 已足够反应。

综合权衡，适宜焙烧条件为 $NH_4H_2PO_4$/钛渣质量比为 0.3，焙烧温度为 1300℃，焙烧时间为 2h。

3. 酸浸除杂的影响因素

钛渣经 $NH_4H_2PO_4$ 氧化焙烧后，物相主要为金红石和硅酸盐(磷酸盐)玻璃，渣中硅、铝、镁、钙、铁和锰等杂质进入硅酸盐(磷酸盐)相，通过酸浸除杂，TiO_2 品位可达到 75%。因此，选择适宜的酸浸工艺，优化酸浸条件，提高除杂效果十分必要。

(1) 酸浸温度。

磷酸浓度为 20%，酸浸时间为 2h，液固比为 10∶1。实验结果表明，酸浸温度为 60℃时 TiO_2 品位为 72.9%，回收率为 97.6%；酸浸温度高于 60℃时 TiO_2 品位变化不明显，TiO_2 回收率也逐渐下降。由此，酸浸温度选择 60℃为宜。

(2) 酸浸时间。

磷酸浓度为 20%，酸浸温度为 60℃，液固比为 10∶1，考察不同酸浸时间的 TiO_2 品位及回收率的实验结果表明，酸浸时间延长，TiO_2 品位升高，但回收率下降。酸浸时间为 2h 时 TiO_2 品位为 60.9%，回收率为 97.3%。适宜酸浸时间选择 2h。

(3) 磷酸浓度。

酸浸温度为 60℃，酸浸时间为 2h，液固比为 10∶1，考察磷酸浓度对 TiO_2 品位及回收率的实验结果表明，磷酸浓度为 20%时 TiO_2 品位为 59.9%，回收率为 97.3%；磷酸浓度提高到 25%时 TiO_2 品位为 59.6%，回收率为 96.9%。适宜磷酸浓度为 20%。

(4) 液固比。

于 70℃酸浸 2h，考察液固比对 TiO_2 品位及回收率影响的实验结果表明，液固比由 5∶1 提高到 10∶1 时，TiO_2 品位增加，回收率缓慢下降；液固比大于 10∶1 时，TiO_2 品位变化不大，液固比以 10∶1 为佳。

氧化钛渣用浓度为 20%的磷酸，液固比为 10∶1，于 60℃下酸浸 2h，得酸浸钛渣成分如表 4.13 所示。

表 4.13 酸浸钛渣分析结果(单位：%)

成分	质量分数	成分	质量分数
TiO_2	74.99	MgO	1.05
SiO_2	19.88	CaO	0.12
Fe_2O_3	2.04	SO_3	0.07
Al_2O_3	1.78	K_2O	0.05

4. 酸浸钛渣加碱焙烧与碱浸除杂

1) 加碱焙烧可能性

酸浸钛渣中仍残留硅、铝杂质，加碱焙烧发生以下反应，有利于去除杂质，提高 TiO_2 品位[8]。

$$SiO_2+2NaOH = Na_2SiO_3+H_2O, \quad \Delta G^\ominus = -111569+38.08T$$

$$Al_2O_3+2NaOH = 2NaAlO_2+H_2O, \quad \Delta G^\ominus = -67802+49.99T$$

取不同 NaOH/钛渣质量比渣样，于 400℃焙烧 2h，XRD 分析表明，焙烧产物中主要物相是金红石和 Na_2SiO_3，后者可溶于水。

2) 焙烧条件

(1) NaOH/钛渣质量比。

实验考察 NaOH/钛渣质量比对钛富集效果影响的结果表明，当 NaOH/钛渣质量比为 0.1 时 TiO_2 品位为 78.2%；0.3 时 TiO_2 品位为 89.7%，回收率为 96.0%；0.5 时 TiO_2 品位、回收率亦缓慢下降。显然，NaOH 量增加，杂质浸出率高，TiO_2 品位亦高，采用 NaOH/钛渣质量比 0.3 适宜。

(2) 焙烧温度。

实验考察 NaOH/钛渣质量比为 0.3，焙烧时间为 4h，焙烧温度对钛富集效果影响的结果表明，焙烧温度为 300℃时 TiO_2 品位为 83.9%，回收率为 97.5%；400℃时 TiO_2 品位为 90.4%，回收率为 95.2%；500℃时 TiO_2 品位为 87.0%，回收率为 87.2%。显然，提升温度有助于 Na_2SiO_3 生成，但温度过高时破坏金红石相，致使 TiO_2 品位及回收率降低。采用焙烧温度 400℃适宜。

(3) 焙烧时间。

实验考察 NaOH/钛渣质量比为 0.3，焙烧温度为 400℃，焙烧时间对钛富集效果影响的结果表明，焙烧时间为 1h 时 TiO_2 品位为 82.4%，TiO_2 回收率为 95%左右；延长至 2h，TiO_2 品位达到 86.4%，回收率变化不明显；延长至 4h，TiO_2 品位为 90.4%。显然，焙烧时间充分，反应进行完全。选择焙烧时间 4h 为宜。

3) 碱浸条件

(1) 碱浸温度。

实验考察碱浸时间为 3h，液固比为 10∶1，碱浸温度对 TiO_2 品位及回收率影响的结果表明，碱浸温度为 60℃时 TiO_2 品位为 78.8%，回收率为 96.8%；高于 60℃时 TiO_2 品位提升较快，回收率逐渐下降；90℃时 TiO_2 品位为 90.0%，回收率为 94.7%。选择碱浸温度 90℃为宜。

(2) 碱浸时间。

实验考察碱浸温度为 90℃时，碱浸时间对 TiO_2 品位及回收率影响的结果表明，碱浸时间为 4h 时 TiO_2 品位为 89.8%，回收率为 94.8%；超过 4h 后品位不再增加，回收率下降。选择碱浸时间 4h 为宜。

(3) 液固比。

实验考察碱浸时间为 4h，碱浸温度为 90℃，液固比对 TiO_2 品位及回收率影响的结果表明，当液固比由 5∶1 增加到 10∶1 时，TiO_2 品位随之增加，回收率缓慢下降；当液固比大于 10∶1 时，TiO_2 品位及回收率变化不明显。选择液固比 10∶1 为宜。

5. 含钛熔分渣合理的除杂工艺条件

将 $NH_4H_2PO_4$ 与钛渣按质量比 0.3 混合，于 1300℃ 焙烧 2h 之后，用浓度为 20% 的磷酸，在液固比为 10∶1、60℃ 下酸浸 2h。然后将 NaOH 与酸浸后钛渣按质量比 0.3 混合，于 400℃ 焙烧 4h 后，在液固比为 10∶1、90℃ 下碱浸 4h，过滤后再一次酸浸，酸浸条件与第一次相同，最终得到的富钛料中 TiO_2 品位为 93.2%，回收率为 93.6%，CaO+MgO 质量分数小于 1.50%，可用作氯化法钛白的生产原料。

4.4　含钛渣制备氯化法钛白原料的新工艺

付念新[41]采用选择性析出分离技术处理熔分渣和高钛渣，制备氯化法钛白原料的新工艺是：首先将两种钛渣中的钛组分富集到金红石相，实现钛渣金红石化；然后分别采用重选法及化学法从金红石化钛渣中分离出人造金红石，其粒度为 30～70μm，TiO_2 品位为 90%～92%，甚至高达 95.52% 和 96.75%，CaO + MgO 质量分数小于 1.5%，预期可达到氯化法钛白原料的技术要求。以下简述两种钛渣金红石化及从中分离出人造金红石的新工艺。

4.4.1　熔分渣金红石化

1. 实验条件

采用 XRF、XRD、扫描电镜及能谱分析确定渣成分(表 4.14)及物相组成为黑钛石和硅酸盐。

表 4.14　熔分渣的化学成分(单位：%)

成分	质量分数	成分	质量分数
TiO_2	53.13	MnO	1.22
SiO_2	13.46	K_2O	0.25
Al_2O_3	12.72	Na_2O	0.18
CaO	5.81	SrO	0.06
Fe_2O_3	5.11	SO_3	0.29
MgO	7.56		

按一定比例将熔分渣与添加剂混匀，放入坩埚，置于电炉中，以 5℃/min 速度升温至

1430～1510℃并保温一段时间；通入氧气 20～30min 后以 1～5℃/min 速度冷却至室温；观察渣样形貌及物相。

研究添加剂种类与加入量、熔化性温度、冷却速度及氧气流量和供氧时间等因素对金红石相析出与结晶特点的影响。

2. 添加剂

1) 添加剂 P_2O_5

熔分渣+添加剂 P_2O_5，于 1480℃熔化、保温 30min，氧气流量为 1L/min，氧化 10min 后以 1.5～2℃/min 速度冷却至室温，取样分析结果见表 4.15。由表可知，当 P_2O_5 加入量为 0.6%～3%时未见金红石相析出；加入量增至 6%～12%时金红石相析出明显，晶粒尺寸为 20～40μm。

表 4.15　添加剂对金红石相结晶的影响(一)

样号	P_2O_5 加入量/%	保温温度/℃	冷却速度/(℃/min)	主要物相
1#	0	1480	2	H(黑钛石)
2#	0.6	1480	2	H
3#	1	1480	1.5	H
4#	3	1480	1.5	H
5#	6	1480	1.5	H+R(金红石)
6#	12	1480	1.5	H+R

2) 添加剂 SiO_2

熔分渣+添加剂 SiO_2，于 1480～1500℃熔化、保温 30min，氧气流量为 1L/min，氧化 10min 后，以 1～2℃/min 速度冷却至室温，取样分析结果见表 4.16。由表可知，SiO_2 加入量为 3%～10%时金红石相析出量少，超过 10%后析出量明显增多；SiO_2 加入量为 30%时渣中有大量金红石白色晶体。能谱分析确定白色块状晶体中 Ti 和 O 两元素质量比约 64∶35，接近 TiO_2 理论值。显然，添加 SiO_2 增加渣中 SiO_4^{4-}，破坏黑钛石结构，其中大部分 Mg^{2+}、Mn^{2+}、Fe^{2+}、Al^{3+} 杂质离子释放出来，进入硅酸盐相。这有利于渣中钛组分富集与金红石相析出。

表 4.16　添加剂对金红石相结晶的影响(二)

样号	SiO_2 加入量/%	保温温度/℃	冷却速度/(℃/min)	主要物相
7#	3	1500	2	H
8#	6	1500	2	H
9#	8	1500	1.5	H
10#	10	1500	1.5	H
11#	15	1500	1.5	H+R
12#	30	1480	1.0	R

3) 复合添加剂 P_2O_5+SiO_2

溶分渣+3%～18%P_2O_5 + 6%SiO_2，于 1500℃熔化、保温 30min，通入氧气 10min 后以 2℃/min 速度冷却至室温，取样分析结果见表 4.17。由表可知，复合添加剂数量较少时金红石相少；随着复合添加剂中 P_2O_5 加入量增至 12%，黑钛石转化为金红石相的量增多，晶粒尺寸增大，但仍有少量黑钛石存在；P_2O_5 加入量提高到 18%时，渣中钛组分完全以金红石析出，呈浑圆状，晶粒尺寸为 30～60μm，部分在长度方向接近 100μm。复合添加剂 P_2O_5 + SiO_2 明显降低渣的熔化性温度与黏度，有利于金红石析出、长大与粗化，复合添加剂的富集效果明显优于单一添加剂。

表 4.17　添加剂对金红石相结晶的影响(三)

样号	P_2O_5 加入量/%+SiO_2 加入量/%	保温温度/℃	冷却速度/(℃/min)	主要物相
13#	3+6	1500	2	H
14#	6+6	1500	2	H+R
15#	12+6	1500	2	R+H
16#	18+6	1460	2	R

4) 复合添加剂 CaO+SiO_2

熔分渣+4%CaO+4%～8%SiO_2，于 1500℃熔化、保温 30min，氧气流量为 1L/min，氧化 10min，以 0.3℃/min 速度冷却至室温，取样分析结果见表 4.18。由表可知，CaO+SiO_2 的富集效果劣于 P_2O_5+SiO_2。

表 4.18　添加剂对金红石相结晶的影响(四)

样号	CaO 加入量/%+SiO_2 加入量/%	保温温度/℃	冷却速度/(℃/min)	主要物相
17#	4+4	1500	0.3	H+R
18#	4+6	1500	0.3	R+H
19#	4+8	1500	0.3	R+H

3. 熔化性温度

熔分渣+12%P_2O_5+6%SiO_2，于不同温度下熔化、保温 30min，氧气流量为 1L/min，通 10min，以 1.5℃/min 的速度冷却至室温，结果见表 4.19。由表可知，在低于 1450℃熔化时金红石相析出量不如 1480～1500℃多。显然，熔化性温度升高有利于钛的富集与金红石相晶粒尺寸增大。

表 4.19　熔化性温度对金红石相结晶的影响(一)

样号	P_2O_5 加入量/%+SiO_2 加入量/%	保温温度/℃	冷却速度/(℃/min)	主要物相
20#-1	12+6	1450	1.5	H+R
20#-2	12+6	1480	1.5	R+H
20#-3	12+6	1500	1.5	R+H

4. 冷却速度

熔分渣+16%P$_2$O$_5$+6%SiO$_2$，于 1480℃熔化、保温 30min，氧气流量为 1L/min，通 10min，以 1～4℃/min 速度冷却至室温，结果见表 4.20。由表可知，冷却速度为 1～2℃/min 时金红石相平均晶粒尺寸为 30～60μm，而 3～4℃/min 时为 30～50μm，冷却速度降低有利于金红石晶粒尺寸长大。

表 4.20　冷却速度对金红石相结晶的影响(一)

样号	P$_2$O$_5$ 加入量/%+SiO$_2$ 加入量/%	保温温度/℃	冷却速度/(℃/min)	金红石尺寸/μm
21#-1	16+6	1480	1	30～60
21#-2	16+6	1480	2	30～60
21#-3	16+6	1480	3	30～50
21#-4	16+6	1480	4	30～50

5. 氧气流量和供氧时间

熔分渣+12%P$_2$O$_5$+6%SiO$_2$，于 1480℃熔化、保温 30min，氧气流量为 500～1500mL/min，供氧时间为 5～20min，以冷却速度为 1.5℃/min 冷却至室温，结果分别见表 4.21 和表 4.22。由表可知，氧气流量为 1000～1500mL/min 及供氧时间为 20min 时，金红石相数量较多，晶粒尺寸较大，为适宜的氧化条件。

表 4.21　氧气流量对金红石相结晶的影响(一)

样号	P$_2$O$_5$ 加入量/%+SiO$_2$ 加入量/%	保温温度/℃	氧气流量/(mL/min)	供氧时间/min	物相
22#-1	12+6	1480	500	15	H
22#-2	12+6	1480	800	15	H+R
22#-3	12+6	1480	1000	15	R+H
22#-4	12+6	1480	1500	15	R

表 4.22　供氧时间对金红石相结晶的影响(一)

样号	P$_2$O$_5$ 加入量/%+SiO$_2$ 加入量/%	保温温度/℃	氧气流量/(mL/min)	供氧时间/min	物相
23#-1	12+6	1480	1000	5	H
23#-2	12+6	1480	1000	10	H+R
23#-3	12+6	1480	1000	15	R+H
23#-4	12+6	1480	1000	20	R

4.4.2　高钛渣金红石化

1. 实验条件

钛精矿化学成分见表 4.23；还原剂无烟煤化学成分见表 4.24；黏结剂为糊精，钛精矿与还原剂混合造块。由电炉还原熔炼得高钛渣-Ⅰ化学成分见表 4.25。

表 4.23 钛精矿化学成分全分析结果(单位：%)

成分	质量分数	成分	质量分数
TiO_2	42.31	SO_3	0.71
Fe_2O_3	39.0	Na_2O	0.19
SiO_2	7.54	P_2O_5	0.17
MgO	4.04	K_2O	0.03
Al_2O_3	3.01	ZrO_2	0.03
CaO	2.14	NiO	0.02
MnO	0.76	ZnO	0.02

表 4.24 还原剂无烟煤化学成分(单位：%)

成分	质量分数	成分	质量分数
固定碳	72.18	灰分	17.81
S	1.042	挥发分	8.95
P	0.013		

表 4.25 高钛渣-Ⅰ化学成分(单位：%)

成分	质量分数	成分	质量分数
TiO_2	78.94	SO_3	0.21
Fe_2O_3	2.05	Na_2O	0.09
SiO_2	2.66	Nb_2O_5	0.10
MgO	10.8	K_2O	0.04
Al_2O_3	1.98	ZrO_2	0.32
CaO	0.61	Cr_2O_3	0.22
MnO	1.98		

XRD 分析表明：高钛渣-Ⅰ主要物相为黑钛石和硅酸盐，后者包括橄榄石、顽火辉石及硅质玻璃体。

2. 影响高钛渣金红石化的因素

高钛渣-Ⅰ与熔剂按确定比例配料、混匀，放入坩埚置于电炉中，以 5℃/min 速度升温至 1430～1510℃并保温一定时间，然后通入氧气，氧化 20～30min，结束后以 1～5℃/min 速度冷却至室温。改性高钛渣经研磨、抛光制样，用光学显微镜观察形貌，XRD 分析物相组成，化学法分析样成分，见表 4.26～表 4.28。

改性高钛渣中主要物相为灰黑色基底相和暗灰色块状或条状相。由能谱分析确认：基底相为硅铝酸盐辉石相，其中除 Si、Al 外还含 Mg、Ca 和 Fe 等杂质；块状或条状物相为黑钛石固溶体，结构式为 $m[(Fe, Mg, Ti)O \cdot 2TiO_2] \cdot n[(Al, Ti)_2O_3 \cdot TiO_2]$，其中含有 Ti^{2+}、Ti^{3+} 及 Ti^{4+} 及少量 Al、Mg 和 Fe 杂质。

表 4.26　改性高钛渣基底相的能谱分析(单位：%)

参数	O	Mg	Al	Si	Ca	Ti	Fe
质量分数	35.60	4.533	13.81	33.63	4.972	3.711	3.744
原子分数	50.69	4.249	11.66	27.28	2.826	1.765	1.530

表 4.27　改性高钛渣中黑钛石相能谱分析(单位：%)

参数	O	Mg	Al	Ti	Fe
质量分数	35.79	2.234	27.48	30.73	3.766
原子分数	49.97	2.506	26.45	19.37	1.704

表 4.28　改性高钛渣化学成分(单位：%)

成分	质量分数	成分	质量分数	成分	质量分数
TiO_2	71.25	Al_2O_3	3.95	MnO	0.86
FeO	8.51	MgO	3.87	Na_2O	0.21
SiO_2	4.26	CaO	1.96	P_2O_5	0.15

研究熔化性温度、添加剂种类与数量及冷却速度等因素对改性高钛渣中金红石相的影响。

3．添加剂

1) 添加剂 P_2O_5

添加剂 P_2O_5+改性高钛渣，于 1500～1510℃熔化、保温 30min，氧气流量为 1L/min，供氧时间为 20min，以 1.5～2℃/min 速度冷却至室温，凝渣分析结果见表 4.29。由表可知，P_2O_5 加入量为 0.5%时无金红石相析出；加入量为 1%～6%时金红石相析出较明显，但黑钛石相仍然居多；当加入量为 12%时以金红石相为主，晶粒尺寸为 20～40μm，黑钛石相残余量较少。

表 4.29　添加剂对金红石相结晶的影响(五)

样号	P_2O_5 加入量/%	保温温度/℃	冷却速度/(℃/min)	主要物相
1#	0	1480	2	H
2#	0.5	1500	2	H
3#	1	1510	1.5	H+R
4#	3	1510	1.5	H+R
5#	6	1510	1.5	H+R
6#	12	1510	1.5	R+H

2) 添加剂 SiO_2

添加剂 SiO_2+改性高钛渣，于 1510℃熔化、保温 30min，氧气流量为 1L/min，供氧时间为 20min，以 1.5～2℃/min 速度冷却至室温，凝渣分析结果见表 4.30。由表可知，当

SiO_2 加入量为 8%时，渣中黑钛石相为主，仅少量金红石相；当加入量为 15%时，金红石相为主，黑钛石相残余量较少。

表 4.30　添加剂对金红石相结晶的影响(六)

样号	SiO_2 加入量/%	保温温度/℃	冷却速度/(℃/min)	主要物相
7#	3	1510	2	H
8#	6	1510	2	H
9#	8	1510	1.5	H+R
10#	10	1510	1.5	H+R
11#	15	1510	1.5	R+H

3) 复合添加剂 P_2O_5+SiO_2

3%～16%P_2O_5+6%SiO_2+改性高钛渣，于 1500℃熔化、保温 30min，氧气流量为 1L/min，供氧时间为 20min，以 2℃/min 速度冷却至室温，凝渣分析结果见表 4.31。由表可知，SiO_2 加入量为 6%、P_2O_5 加入量为 12%时金红石为主晶相，平均晶粒尺寸为 30～50μm；P_2O_5 加入量提高到 16%，绝大部分为金红石相，平均晶粒尺寸为 30～70μm，部分可接近 110μm；渣中只存在金红石、玻璃相和 $CaFe(Si_2O_6)$。金红石相多呈浑圆状或集合椭圆状，分布均匀，玻璃相不含钛。

表 4.31　添加剂对金红石相结晶的影响(七)

样号	P_2O_5 加入量/%+SiO_2 加入量/%	保温温度/℃	冷却速度/(℃/min)	主要物相
12#	3+6	1500	2	H
13#	6+6	1500	2	H+R
14#	12+6	1500	2	R
15#	16+6	1480	2	R

4. 熔化性温度

12%P_2O_5+6%SiO_2+改性高钛渣，在不同温度熔化、保温 30min，氧气流量为 1L/min，20min 后以 1.5℃/min 速度冷却至室温，由表 4.32 凝渣分析结果知，1470℃时金红石析出量较少，1490～1500℃时金红石析出量较多，表明熔化性温度高有利于钛富集和金红石晶粒尺寸长大。

表 4.32　熔化性温度对金红石相结晶的影响(二)

样号	P_2O_5 加入量/%+SiO_2 加入量/%	保温温度/℃	冷却速度/(℃/min)	主要物相
16#-1	12+6	1470	1.5	H+R
16#-2	12+6	1490	1.5	R+H
16#-3	12+6	1500	1.5	R

5. 冷却速度

12%P_2O_5+6%SiO_2+改性高钛渣，于 1500℃熔化、保温 30min，氧气流量为 1L/min，

20min 后以不同冷却速度冷却至室温，凝渣分析结果见表 4.33。由表可知，冷却速度为 1～2℃/min 时金红石晶粒尺寸为 30～60μm；冷却速度为 3～4℃/min 时金红石晶粒尺寸为 30～50μm。显然，冷却速度慢有利于金红石相长大，但长大还不明显。

表 4.33　冷却速度对金红石相结晶的影响(二)

样号	P$_2$O$_5$ 加入量/%+SiO$_2$ 加入量/%	保温温度/℃	冷却速度/(℃/min)	金红石尺寸/μm
17#-1	12+6	1500	1	30～60
17#-2	12+6	1500	2	30～60
17#-3	12+6	1500	3	30～50
17#-4	12+6	1500	4	30～50

6. 氧气流量和供氧时间

12%P$_2$O$_5$+6%SiO$_2$+改性高钛渣，于 1500℃熔化、保温 30min，氧气流量为 800～1800mL/min，供氧时间为 5～20min 后以 1.5℃/min 速度冷却至室温，凝渣分析结果分别见表 4.34 和表 4.35。由表可知，增大氧气流量，延长供氧时间，有助于金红石富集和晶粒尺寸增大。

表 4.34　氧气流量对金红石相结晶的影响(二)

样号	P$_2$O$_5$ 加入量/%+SiO$_2$ 加入量/%	保温温度/℃	氧气流量/(mL/min)	供氧时间/min	物相
18#-1	12+6	1480	800	15	H
18#-2	12+6	1480	1000	15	H+R
18#-3	12+6	1480	1500	15	R
18#-4	12+6	1480	1800	15	R

表 4.35　供氧时间对金红石相结晶的影响(二)

样号	P$_2$O$_5$ 加入量/%+SiO$_2$ 加入量/%	保温温度/℃	氧气流量/(mL/min)	供氧时间/min	物相
19#-1	12+6	1480	1500	5	H
19#-2	12+6	1480	1500	10	H+R
19#-3	12+6	1480	1500	15	R
19#-4	12+6	1480	1500	20	R

4.4.3　重选法分离渣中金红石相

1. 金红石化熔分渣的一段重选分离

1) 实验条件

金红石化条件如下：于 1450℃保温 40min，熔分渣含 33.88%TiO$_2$。实验方法如下：渣样破碎、磨料，粒度为 200～300 目，加水混成浆料，在 LY-0.5 摇床完成重选分离，分选出精矿、中矿和尾矿，水浆料过滤、烘干，取样化学分析。

2) 实验结果

金红石化熔分渣的一段重选流程如图 4.55 所示，精矿和尾矿成分见表 4.36。精矿 TiO$_2$ 品位由 33.88%提高到 46.05%，但尾矿中 TiO$_2$ 品位仍较高；分离效果不佳的原因可能是晶粒尺寸偏小，硅酸盐脉石与细小金红石在磨矿时解离不充分。

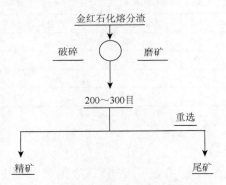

图 4.55　金红石化熔分渣重选流程

表 4.36　金红石化熔分渣重选精矿和尾矿成分(质量分数，单位：%)

名称	TiO$_2$	SiO$_2$	Al$_2$O$_3$	CaO	Fe$_2$O$_3$	MgO	MnO	K$_2$O	Na$_2$O	SrO	ZrO$_2$
精矿	46.05	21.95	16.20	5.078	4.929	4.324	0.970	0.213	0.156	0.060	0.029
尾矿	32.87	31.25	18.52	6.817	4.289	4.615	0.939	0.300	0.211	0.071	0.026

2. 金红石化高钛渣的两段重选分离

金红石化条件如下：于 1500℃保温 40min，TiO$_2$ 品位为 69.19%，经两段重选得到精矿、中矿和尾矿，流程见图 4.56，结果见表 4.37。一段重选精矿 TiO$_2$ 品位提高到 75.12%，二段重选精矿 TiO$_2$ 品位提高到 83.94%，但中矿和尾矿中 TiO$_2$ 含量仍较高，钛的回收率尚待进一步研究改善。

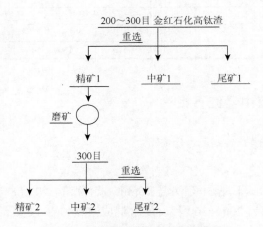

图 4.56　高钛渣两段重选实验流程

表 4.37　高钛渣两段重选实验结果(TiO$_2$质量分数，单位：%)

工序	精矿 1	中矿 1	尾矿 1
1 段重选	75.12	51.58	20.23
工序	精矿 2	中矿 2	尾矿 2
2 段重选	83.94	64.50	31.42

4.4.4　湿法分离渣中金红石相

湿法分离金红石相的流程为渣三段浸出：稀硫酸浸出→NaOH 浸出→稀盐酸浸出。

1. 金红石化熔分渣的湿法分离

1) 实验条件

金红石化条件如下：于 1450℃保温 40min，TiO$_2$质量分数为 37.95%。金红石化渣样经破碎、磁选除铁后研磨、过筛，随同溶液一起装入烧瓶并置于控温电热套中，在电动搅拌下浸取、过滤、固液分离、分析沉淀样成分，并进行 XRD 分析。实验过程固定浸出温度、浸出时间和固液比，考察不同酸、碱溶液浓度下三段浸出的分离效果。

2) 实验结果

(1) 稀硫酸浸出。三组渣样浸出结果见表 4.38。由表可知，硫酸浓度由 10%增到 20%时，TiO$_2$品位可由 54.52%提高到 67.58%，实验确定较合适的硫酸浓度为 20%。

表 4.38　稀硫酸浸出条件与结果

条件	A	B	C
固液比	1：20	1：20	1：20
硫酸浓度/%	10	15	20
浸出温度/℃	90~95	90~95	90~95
浸出时间/h	5~6	5~6	5~6
浸出产物 TiO$_2$品位/%	54.52	60.24	67.58

(2) NaOH 浸出。酸浸渣样 C 用 NaOH 浸出，除硅、铝杂质，结果见表 4.39。由表可知，NaOH 浓度由 30g/L 增至 60g/L 时，TiO$_2$品位由 75.56%提高到 83.78%。选择 NaOH 浓度 60g/L 较为适宜。

表 4.39　NaOH 浸出条件与结果

条件	C-1	C-2	C-3
固液比	1：20	1：20	1：20
NaOH 浓度/(g/L)	30	40	60
浸出温度/℃	90~95	90~95	90~95

条件	C-1	C-2	C-3
浸出时间/h	5～6	5～6	5～6
浸出产物中 TiO_2 品位/%	75.56	79.85	83.78

(3) 稀盐酸浸出。碱浸渣样 C-3 再用稀盐酸浸出，去除残留杂质。浸出条件见表 4.40。酸洗后渣样 TiO_2 品位由 83.78%提高到 91.52%，CaO+MgO 质量分数小于 1.50%，可满足氯化法钛白原料要求。

表 4.40　稀盐酸浸出条件

条件	值	条件	值
固液比	1：20	浸出温度/℃	90～95
盐酸浓度/%	20	浸出时间/h	5～6

综上，金红石化熔分渣经三段浸出湿法除杂后，大部分试样中 TiO_2 品位超过 92%，CaO 和 MgO 质量分数分别为 0.14%和 0.69%，可以满足氯化法钛白对富钛原料的技术要求。

2. 金红石化高钛渣的湿法分离

金红石化高钛渣共两种，分别为 76.88%TiO_2 和 71.25%TiO_2，分离工艺为 Ⅰ 和 Ⅱ 两种。渣样破碎、磁选除铁后研磨、过筛，随同溶液一起装入烧瓶并置于控温电热套中，电动搅拌下浸取，过滤、固液分离，分析沉淀样成分，并进行 XRD 分析。实验中，确定浸取条件(温度、时间和固液比)，拟考察酸、碱溶液浓度与浸出效果的关系。

(1) 分离工艺 Ⅰ：76.88%TiO_2 金红石化高钛渣→稀硫酸(或稀盐酸)浸出，结果见表 4.41。由表可知，金红石化高钛渣经浓度为 20%盐酸浸取 6h 后，TiO_2 品位提高至 82.68%；同样，金红石化高钛渣经浓度为 20%硫酸浸取 6h 后，TiO_2 品位提高到 83.96%，两者除杂效果相近。

表 4.41　高钛渣化学酸浸分离金红石

高钛渣 TiO_2 品位/%	酸浸条件	酸浸后 TiO_2 品位/%
76.88	H_2SO_4(20%)，固液比 1：20，80～90℃，6h	83.96
76.88	HCl(20%)，固液比 1：20，80～90℃，6h	82.68

(2) 分离工艺 Ⅱ：71.25%TiO_2 金红石化高钛渣→稀硫酸浸出→NaOH 浸出→稀盐酸浸出三段浸出，浸出条件见表 4.42。多次浸出试样中，TiO_2 品位均超过 90%，如 91.65%，个别试样甚至达到 95.52%和 96.75%，CaO 和 MgO 质量分数分别为 0.14%和 0.58%，可满足氯化法钛白原料要求。

表 4.42　金红石化高钛渣湿法分离实验条件

浸出步骤	浸出介质	介质浓度	固液比	浸出温度/℃	浸出时间/h
1	稀硫酸	15%～20%	1:20	80～90	5～6
2	NaOH	50～60g/L	1:20	80～90	5～6
3	稀盐酸	15%～20%	1:20	80～90	5～6

4.4.5　推荐工艺流程

依据上述实验结果，推荐从金红石化钛渣分离出金红石相的工艺流程如图 4.57 所示。

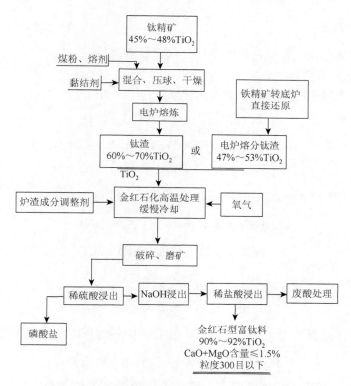

图 4.57　金红石化钛渣中分离出金红石相的推荐流程

4.5　低钙镁钛精矿制取富钛料

4.5.1　低钙镁钛精矿与高钛渣

1. 低钙镁钛精矿

陕西地区钒钛磁铁矿资源丰富，钙、镁等杂质含量低，利用已有的工艺技术[42, 43]，选出钛精矿成分见表 4.43。

表 4.43　低钙镁钛精矿化学成分(单位：%)

成分	质量分数	成分	质量分数
TiO$_2$	43.93	CaO	0.85
Al$_2$O$_3$	2.38	TFe	30.68
SiO$_2$	4.88	MnO	1.30
MgO	2.05		

低钙镁钛精矿中 Ti、Fe 以钛铁矿 FeTiO$_3$ 赋存；Mg 部分固溶于钛铁矿，部分固溶于硅酸盐，其余以铝镁尖晶石赋存；杂质 CaO、SiO$_2$、Al$_2$O$_3$ 赋存于硅酸盐，未出现游离态 SiO$_2$。

2. 低钙镁高钛渣

娄文博[44]研究用低钙镁钛精矿制备低钙镁高钛渣。

1) 制备高钛渣的热力学分析

电炉碳还原钛精矿制备高钛渣的系列化学反应[45, 46]如下：

$$FeTiO_3 + C = Fe + TiO_2 + CO$$

$$FeTiO_3 + 4/3C = Fe + 1/3Ti_3O_5 + 4/3CO$$

$$FeTiO_3 + 3/2C = Fe + 1/2Ti_2O_3 + 3/2CO$$

$$FeTiO_3 + 1/2C = 1/2Fe + 1/2FeTi_2O_5 + 1/2CO$$

$$FeTiO_3 + 4C = Fe + TiC + 3CO$$

$$FeTiO_3 + 2C = Fe + TiO + 2CO$$

$$FeTiO_3 + 3C = Fe + Ti + 3CO$$

$$Fe_2O_3 + 3C = 2Fe + 3CO$$

通常，电炉还原温度为 1600～1700K，钛精矿中各物相的还原顺序可表示为[47]

$$Fe_2TiO_5 \rightarrow Fe_2TiO_4 \rightarrow FeTiO_3 \rightarrow FeTi_2O_5$$

在还原、熔分过程，大部分铁可分离出去，钙、镁、铝等进入熔分钛渣，硅、锰、钒等部分进入渣，部分进铁水。在还原过程配碳量至关重要，它影响整个工艺流程的技术效果。

2) 配碳量

(1) 对高钛渣中 TiO$_2$ 与 FeO 的影响。

不同配碳量的高钛渣于 1500℃加热 1.5h，还原熔分 30min 后，冷却室温取样分析。XRD 分析表明，还原熔分渣中物相是亚铁板钛矿(FeTi$_2$O$_5$)和三价铁板钛矿(Fe$_2$TiO$_5$)；随配碳量增加，渣中主要物相不变；渣中镁、钙等杂质以重钛酸镁、硅酸镁、镁钛矿、镁铝尖晶石和钙钛矿等形式存在。实验结果表明，配碳量为 150：16 时，TiO$_2$ 品位为 68.8%，最高，而 FeO 质量分数为 8.25%，最低。当渣中 FeO 含量过低时，渣中低价钛氧化物如 Ti_3O_5、Ti_2O_3、TiO、TiC 数量增多，钛渣黏性骤升，渣、铁分离不充分，分离效果差，因此须控制高钛渣还原度适宜[48]。

(2) 对高钛渣中 TiO_2 品位与钙镁含量的影响。

实验结果表明，配碳量对 TiO_2 品位影响不明显，渣中 TiO_2 品位均高于 90%；$CaO+MgO$ 质量分数远低于 1.5%。

3) 熔分时间对高钛渣中 FeO 的影响

1500℃，配碳量为 150：16，考察高钛渣中 FeO 随时间变化的实验结果表明，熔分时间延长，渣中 FeO 质量分数下降，当熔分 20min 时，渣中残余 FeO 质量分数约 10%，达到还原工艺要求，高钛渣成分见表 4.44。

表 4.44　高钛渣成分(单位：%)

成分	质量分数	成分	质量分数
TiO_2	69.95	MnO	2.35
Fe_2O_3	9.17	MgO	1.91
SiO_2	9.75	CaO	1.68
Al_2O_3	4.25	Na_2O	0.26

4.5.2　高钛渣的氧化-还原焙烧

考察高钛渣在氧化-还原、酸浸、碱浸过程杂质行为，研发制备富钛料的新工艺。

1. 氧化焙烧作用及影响因素

1) 氧化焙烧反应

氧化焙烧渣中 Ti、Fe 由低价转至高价的系列反应如下：

$$4FeTiO_3 + O_2 \Longrightarrow 2Fe_2TiO_5 + 2TiO_2$$
$$4FeTi_2O_5 + O_2 \Longrightarrow 2Fe_2TiO_5 + 6TiO_2$$
$$6FeO + O_2 \Longrightarrow 2Fe_3O_4$$
$$4Fe_3O_4 + O_2 \Longrightarrow 6Fe_2O_3$$
$$TiO_2(\alpha) \Longrightarrow TiO_2(\beta)$$

2) 氧化温度对渣中 TiO_2 品位的影响

空气下氧化焙烧 2h，经酸浸、碱浸分离得试样。图 4.58 为氧化温度与试样中 TiO_2 品位和 $CaO+MgO$ 质量分数关系。由图可知，提高氧化温度，试样中 TiO_2 品位提升，$CaO+MgO$ 质量分数下降；当氧化温度为 1050℃时，TiO_2 品位可达到 97.08%，$CaO+MgO$ 质量分数降为 0.22%。不同氧化温度时试样的 XRD 分析表明，750℃时试样中出现 TiO_2、Fe_2TiO_5 相[49]；850℃时检测到 Mg_2SiO_4、$CaTi_2O_4$ 相。由文献[50]知：大部分 Ca 与部分 Mg 富集在硅酸盐相；950℃渣中发生 Fe_2TiO_5 分解反应：

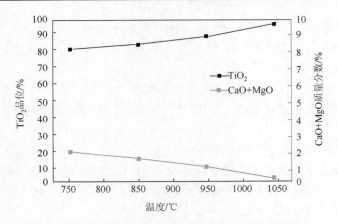

图 4.58　氧化温度与 TiO_2 品位和 CaO+MgO 质量分数关系

$$Fe_2TiO_5 \Longrightarrow Fe_2O_3 + TiO_2$$

1050℃时试样中出现 $MgTi_2O_5$、$Mg_{1.05}Ti_{1.95}O_5$、$Mg_{1.2}Ti_{1.8}O_5$ 等新相，试样中 TiO_2 品位可达到 97%，杂质质量分数降至 0.22%。显然，适宜的氧化温度为 1050℃。

3) 氧化时间对渣中 TiO_2 品位的影响

1050℃，空气氧化，经湿法分离后得到试样。不同氧化时间试样的 XRD 分析表明，试样中主要物相为金红石和铁板钛矿两种。图 4.59 为氧化时间与试样中 TiO_2 品位和 CaO+MgO 质量分数关系。由图可知：随氧化时间延长，试样中 TiO_2 品位逐渐升高，CaO+MgO 质量分数则降低。但氧化时间过长，结构复杂化，部分物相再次固溶，影响渣的酸溶性[22]。

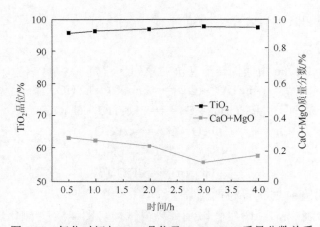

图 4.59　氧化时间与 TiO_2 品位及 CaO+MgO 质量分数关系

2. 氧化高钛渣的还原过程

1) 氧化高钛渣还原过程的化学反应

氧化高钛渣在还原过程可能发生的反应如下：

$$Fe_2O_3 + C \xrightarrow{\qquad} 2FeO + CO$$

计算渣中铁氧化物还原反应开始温度为 934.9K，钛氧化物还原反应开始温度为 1500K 左右，钙、镁、硅等氧化物还原反应开始温度为 2000K 左右。

2) 实验条件与结果

确保铁氧化物充分还原，设定 850℃，氩气保护，配碳量按理论值的一半计，即 30g 氧化高钛渣理论配碳量约 0.44g。图 4.60 为配碳量与还原产物中 TiO_2 品位和 $CaO+MgO$ 质量分数关系。由图知，随配碳量增加，产物中 TiO_2 品位变化不明显，但 $CaO+MgO$ 质量分数显著下降，最低 $CaO+MgO$ 质量分数可达 0.16%。确定适宜配碳量为 30∶0.44。

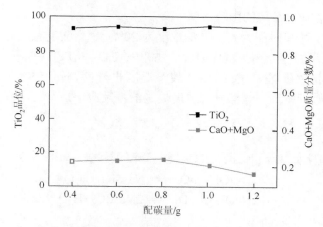

图 4.60　配碳量与 TiO_2 品位及 $CaO+MgO$ 质量分数关系

4.5.3　氧化-还原焙烧钛渣的酸-碱浸出

1. 氧化-还原焙烧钛渣的酸浸

高钛渣氧化-还原焙烧后，其结构由致密的包裹转化为疏松多孔型，同时渣中出现金红石相。接续的酸浸主要目的是将渣中可溶性杂质浸取分离，酸浸系列反应如下：

$$FeO + 2H^+ \xrightarrow{\qquad} Fe^{2+} + H_2O$$

$$Al_2O_3 + 6H^+ \xrightarrow{\qquad} 2Al^{3+} + 3H_2O$$

$$MgO + 2H^+ \xrightarrow{\qquad} Mg^{2+} + H_2O$$

$$CaO + 2H^+ \xrightarrow{\qquad} Ca^{2+} + H_2O$$

实验拟采用盐酸作为浸出剂，考察影响 TiO_2 品位的因素。

1) 盐酸浓度对 TiO_2 品位的影响

以氧化-还原焙烧后钛渣为原料，设定酸浸液固比为 10∶1，酸浸温度为 145℃，酸浸时间为 7h。XRD 分析表明，酸浸并未改变渣中物相组成，含钛物相仍以金红石为主。盐酸浓度较低时浸出试样中仍存在 $Fe_2Ti_3O_9$ 等；盐酸浓度增加，钛铁氧化物消失。实验结果表明，盐酸浓度为 20%时，试样中 TiO_2 品位为 83.17%，$CaO+MgO$ 质量分数为 0.47%；盐酸浓度持续增大，TiO_2 品位改变平缓。

2) 酸浸时间对 TiO_2 品位的影响

实验条件同上，考察酸浸时间对 TiO_2 品位的影响。试样的 XRD 分析表明，含钛物相仍以 TiO_2 和 $Fe_2Ti_3O_9$ 为主，并未见物相组成随酸浸时间变化。实验结果表明，酸浸 4h，样中 TiO_2 品位为 81.72%，$CaO+MgO$ 质量分数为 0.69%；酸浸 5h，样中 TiO_2 品位为 83.77%，$CaO+MgO$ 质量分数为 0.65%；延长酸浸时间，样中 TiO_2 品位达 85.93%，$CaO+MgO$ 质量分数为 0.61%；再延长酸浸时间，TiO_2 品位降至 83.17%，$CaO+MgO$ 质量分数为 0.47%。因此，确定酸浸时间 6h 适宜。

3) 酸浸温度对 TiO_2 品位的影响

实验条件同上，酸浸时间为 6h，盐酸浓度为 20%，考察酸浸温度对 TiO_2 品位的影响。实验结果表明：酸浸温度升高，试样中含钛物相以 TiO_2 和 $Fe_2Ti_3O_9$ 为主；当酸浸温度为 105℃时，出现少量偏钛酸铁($FeTiO_3$)；酸浸温度再升高，试样中 TiO_2 品位也升高，$CaO+MgO$ 质量分数则下降。显然升高温度促进酸浸反应，适宜的酸浸温度选为 145℃。

2. 酸浸渣的碱浸

酸浸后渣中仍残余以硅和铝为主的杂质，碱浸可除去。碱浸系列反应如下[37]：

$$2NaOH+SiO_2 =\!=\!= Na_2SiO_3+H_2O$$
$$2NaOH+Al_2O_3 =\!=\!= 2NaAlO_2+H_2O$$

1) NaOH 浓度对 TiO_2 品位的影响

碱浸时间为 2h，碱浸温度为 90℃，液固比为 5∶1，搅拌速度为 30r/min，NaOH 浓度分别为 4%、8%、12%和 16%。考察 NaOH 浓度对 TiO_2 品位的影响。实验结果表明，NaOH 浓度由 4%增到 8%，TiO_2 品位升高约 1%；NaOH 浓度增至 12%，TiO_2 品位达最高值；硅铝质量分数由 9.8%降至 3.5%。选择适宜 NaOH 浓度为 12%。

2) 碱浸温度对 TiO_2 品位的影响

实验条件同上，碱浸温度分别为 30℃、50℃、70℃和 90℃。实验结果表明，碱浸温度上升，TiO_2 品位升高，硅铝质量分数下降；当碱浸温度为 90℃时，TiO_2 品位达到最大值，硅铝质量分数仅 3.5%。

3) 液固比对 TiO_2 品位的影响

实验结果表明，液固比对渣中 TiO_2 品位影响较小，因此确定碱浸液固比为 1∶1。

4.6　高钛渣与熔分渣混合的除杂工艺

张亮[51]研究将不同种类钛渣混合，从原料端平衡杂质含量，以解决钙镁含量过高问题。不同种类渣相内的复杂物相之间相互反应，可能有利于将钙、镁释放出来并除去。表 4.45～表 4.47 分别为三种钛渣的 XRF 检测结果。由表可知，不同钛渣间成分差别较大，陕西钛渣主要成分为 TiO_2 和 Fe_2O_3，$CaO+MgO$ 质量分数仅 2.9%左右；攀西转底炉熔分渣主要成分为

TiO_2、Al_2O_3 和 SiO_2，CaO+MgO 质量分数为 14.3%左右；攀西电炉高钛渣 TiO_2 质量分数高，CaO+MgO 质量分数为 7%左右。

表 4.45　陕西钛渣 XRF 检测结果(单位：%)

成分	质量分数	成分	质量分数
TiO_2	43.93	MnO	1.29
Fe_2O_3	43.80	MgO	2.04
SiO_2	4.88	CaO	0.85
Al_2O_3	2.37		

表 4.46　攀西转底炉熔分渣 XRF 检测结果(单位：%)

成分	质量分数	成分	质量分数
TiO_2	50.40	CaO	6.51
Al_2O_3	14.40	Fe_2O_3	4.60
SiO_2	14.10	MnO	0.90
MgO	7.81	SO_3	0.58

表 4.47　攀西电炉高钛渣 XRF 检测结果(单位：%)

成分	质量分数	成分	质量分数
TiO_2	72.80	Al_2O_3	3.53
SiO_2	8.97	CaO	2.31
Fe_2O_3	5.13	MnO	1.37
MgO	4.68	SO_3	0.72

4.6.1　熔分渣与钛渣混合

1. 两种处理工艺

分别采用Ⅰ和Ⅱ两种工艺，考察两种工艺的除杂效果。

(1) 工艺Ⅰ：还原→熔分→氧化-还原→酸浸→碱浸。取攀西转底炉熔分渣与陕西钛渣各 25g，碳粉 3g，氩气气氛下还原、熔分后；于 1000℃空气下氧化 2h；再于 850℃用 CO(g)还原 2h；在 175℃，固液比为 5∶1，盐酸浓度为 30%，酸浸 9h；在 90℃，固液比为 3∶1，NaOH 浓度为 12%，碱浸 2h。

(2) 工艺Ⅱ：氧化→熔分→还原→酸浸→碱浸。取攀西转底炉熔分渣与陕西钛渣各 25g，于 1000℃空气下氧化、熔分；于 850℃用 CO(g)还原 2h；在 175℃，固液比为 5∶1，盐酸浓度为 30%，酸浸 9h；在 90℃，固液比为 3∶1，NaOH 浓度为 12%，碱浸 2h。

图 4.61 为混合钛渣采用两种工艺处理试样的 XRD 图。由图可知，处理后渣成分较复杂。

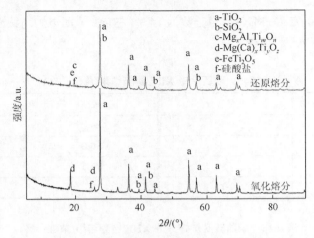

图 4.61 不同熔分方式钛渣 XRD 图

还原熔分条件下，黑钛石固溶体结构破坏，释放出多种物相，但依然存在少量亚铁板钛矿相($FeTi_2O_5$)。

氧化熔分条件下，黑钛石固溶体结构破坏，大部分 Ti^{3+} 氧化为 Ti^{4+}；Fe 及 Fe^{2+} 转化为 Fe^{3+}，生成 Fe_2O_3、Fe_2TiO_5，亚铁板钛矿中 TiO_2 向金红石型转化，TiO_2 品位提高，除杂效果明显，但损失部分铁。表 4.48 为两种处理工艺的 XRF 检测结果。

表 4.48 不同工艺处理钛渣的 XRF 检测结果(质量分数，单位：%)

工艺	TiO_2	Fe_2O_3	SiO_2	Al_2O_3	MgO	CaO
I	90.9	2.87	2.10	1.75	0.81	0.50
II	96.1	0.27	1.41	0.54	0.29	0.62

由表可知，氧化熔分与还原熔分两种工艺效果差别很大；工艺 II 浸除杂质效果好，TiO_2 品位高，钙镁含量低。高温氧化时黑钛石固溶体结构破坏，释放出游离态钙、镁生成的物相酸碱易浸出。

2. 两种混料比例

取不同比例的攀西转底炉熔分渣与陕西钛渣，混料后分别在 1000℃氧化 2h，氩气保护气氛下熔分；于 850℃用 CO(g)还原 2h；在 175℃，固液比为 5∶1，盐酸浓度为 30%，酸浸 9h；在 90℃，固液比为 3∶1，NaOH 浓度为 12%，碱浸 2h。

考察不同混料比例对 TiO_2 品位的影响。实验结果表明，混料比例为 1∶1 时，渣中主要物相为金红石相、硅酸盐相(Ca(Mg)AlSiO_4、Ca(Mg)SiO_4)、亚铁板钛矿相($FeTi_2O_5$)以及金属氧化物的固溶体；混料比例为 2∶1 时，渣中主要物相为金红石相、硅酸盐相(Ca(Mg)AlSiO_4、Ca(Mg)SiO_4)以及较明显的尖晶石相。表 4.49 为不同混料比例的 XRF 检测结果。由表可知，混料比例为 1∶1 时成分可满足氯化法钛白粉对生产原料的要求，但混料比例为 2∶1 时 TiO_2 品位为 87.8%，CaO+MgO 总量为 2.5%左右，不符合要求。

表 4.49 不同混料比例钛渣的 XRF 分析结果(质量分数,单位:%)

混料比例	TiO_2	Fe_2O_3	SiO_2	Al_2O_3	MgO	CaO
1:1	90.9	2.87	2.10	1.75	0.81	0.50
2:1	87.8	0.43	3.30	5.05	1.88	0.66

4.6.2 熔分渣与高钛渣混合

考察攀西转底炉熔分渣与攀西电炉高钛渣混料中配碳比例和酸浸温度影响的除杂效果。

1. 混料中的配碳比例

混料比例为 1:1,于 850℃还原 2h;在 175℃,固液比为 5:1,盐酸浓度为 30%,酸浸 9h;在 90℃,固液比为 3:1,NaOH 浓度为 12%,碱浸 2h。

XRD 分析表明:熔分阶段不配碳时主要物相为 TiO_2、硅酸盐及尖晶石;熔分阶段配碳后,主要物相除 TiO_2、硅酸盐及尖晶石外,还出现钛铁矿相,配碳比例高,钛铁矿相更明显。表 4.50 为不同配碳比例时钛渣 XRF 分析结果。

表 4.50 不同配碳比例时钛渣 XRF 分析结果(质量分数,单位:%)

配碳比例	TiO_2	SiO_2	Al_2O_3	CaO	MgO	Fe_2O_3
0	96.83	1.39	0.64	0.40	0.19	0.11
2%	96.77	0.96	0.65	0.41	0.27	0.17
4%	95.65	1.17	1.49	0.38	0.55	0.20

由表可知,熔分阶段配碳降低除杂效果,两种渣成分中铁质量分数平均为 4.87%,回收铁价值不高。因此,采取氧化熔分后还原,再酸碱浸出的工艺较适宜。

2. 酸浸温度

混料比例为 1:1,不配碳,熔分与氧化一步完成。1000℃,空气氧化 2h;850℃,CO(g)还原 2h;175℃,固液比为 5:1,盐酸浓度为 30%,酸浸 9h;90℃,固液比为 3:1,NaOH浓度为 12%,碱浸 2h。表 4.51 为酸浸温度与钛渣中元素质量分数关系。

表 4.51 不同酸浸温度下钛渣 XRF 分析结果(质量分数,单位:%)

酸浸温度/℃	TiO_2	SiO_2	Al_2O_3	CaO	MgO	Fe_2O_3
130	85.16	2.23	4.03	0.28	4.22	3.00
145	91.71	1.39	2.35	0.40	1.92	1.45
160	93.41	1.48	1.67	0.39	1.18	1.11
175	96.83	1.39	0.64	0.40	0.19	0.11

　　由表可知，酸浸温度升高，TiO_2品位增加；选择酸浸温度为160℃以上为宜。

　　综上实验效果表明，氧化熔分效果好，混料后终渣TiO_2品位提升到96.83%，CaO+MgO质量分数稳定在1.5%以下，满足氯化法钛白粉的原料要求。两渣中铁含量均较低，将熔分与氧化合二为一，既简化步骤，又节能降成本。

参 考 文 献

[1]　杜鹤桂. 高炉冶炼钒钛磁铁矿原理[M]. 北京：科学出版社，1996.

[2]　邓朝枢. 含钒电熔钛渣的物相组成[J]. 钢铁钒钛，1985(2)：22-29.

[3]　王喜庆. 钒钛磁铁矿高炉冶炼[M]. 北京：冶金工业出版社，1994.

[4]　张勇维. 钛渣中钙钛矿相选择性析出行为的研究[D]. 沈阳：东北大学，1997.

[5]　凌晨. 钛渣钠化焙烧除杂研究[D]. 沈阳：东北大学，2015.

[6]　董海刚. 高钙镁电炉钛渣制备优质人造金红石的研究[D]. 长沙：中南大学，2010.

[7]　刘娟. UGS渣生产工艺研究[D]. 昆明：昆明理工大学，2013.

[8]　路辉. 高品位人造金红石的制备研究[D]. 昆明：昆明理工大学，2010.

[9]　郭宇峰，肖春梅，姜涛，等. 活化焙烧-酸浸法富集中低品位富钛料[J]. 中国有色金属学报，2005，15(9)：1446-1451.

[10]　刘水石. 电炉钛渣活化焙烧酸浸除杂技术研究[D]. 长沙：中南大学，2010.

[11]　何静. 高钙镁电炉钛渣氧化焙烧行为及杂质分离研究[D]. 长沙：中南大学，2014.

[12]　Lasheen T A. Soda ash roasting of titania slag product from Rosetta ilmenite[J]. Hydrometallurgy，2008，93：124-128.

[13]　孙艳. 高钙镁钛铁矿制取高品质富钛料新工艺研究[D]. 昆明：昆明理工大学，2006.

[14]　Chen D S，Zhao L S，Qi T，et al. Desilication from titanium-vanadium slag by alkaline leaching[J]. Transactions of Nonferrous Metals Society of China，2013，23(10)：3076-3082.

[15]　彭容秋. 重金属冶金学[M]. 2版. 长沙：中南大学出版社，2004.

[16]　李洪桂. 湿法冶金学[M]. 长沙：中南大学出版社，2002.

[17]　路辉，谢刚，俞小花，等. 电炉钛渣碱浸除硅、铝机理研究[J]. 轻金属，2010(7)：53-57.

[18]　晋艳娥. 铝土矿碱浸脱硅的研究[D]. 西安：西安建筑科技大学，2010.

[19]　李俊翰. 攀钢含钛高炉渣中钛组分的分离提取研究[D]. 成都：成都理工大学，2010.

[20]　Borowiec K，Grau A E，Gueguin M，et al. Method to upgrade titania slag and resulting product：US，5830420[P]. 1998-11-03.

[21]　Borowiec K，Grau A E，Gueguin M，et al. TiO_2 containing product including rutile，pseudo- brookite and ilmenite：US，6531110[P]. 2003-03-11.

[22]　Guéguin M，Cardarelli F. Chemistry and mineralogy of titania rich slags. Part 1. Hemo-ilmenite，sulphate and upgraded titania slags[J]. Mineral Proessing and Extractive Metallurgy Review，2007，28(1)：1-58.

[23]　van Dyk J P，Vegter N M，Visser C P，et al. Benefication of titania slag by oxidation and reduction treatment：US，6803024[P]. 2004-10-12.

[24]　van Dyk J P. Process development for the production of beneficated titania slag[D]. Pretoria：Faculty Engineering University of Pretoria，1999.

[25]　孙朝晖，杨保祥，张帆，等. 一种提高钛渣TiO_2品位的方法：中国，CN1243840C[P]. 2004-10-27.

[26]　刘宏辉. 电炉钛渣氧化-还原浸出除杂制备富钛料的研究[D]. 沈阳：东北大学，2015.

[27]　路辉，谢刚，俞小花，等. 高钛渣氧化焙烧热力学分析[J]. 钢铁钒钛，2010，31(2)：37-41.

[28]　Vijay P L，Venugopalan R，Sathiyamoorthy D. Preoxidation and hydrogen reduction of ilmenite in a fluidized bed reactor[J]. Metallurgical and Materials Transactions B，1996，27(5)：731-738.

[29]　Gupta S K，Rajakumar V，Grieveson P. Kinetics of reduction of ilmenite with graphite at 1000 to 1100℃[J]. Metallurgical and Materials Transactions B，1987，18(4)：713-718.

[30]　杨成洁. 改性高钛渣中金红石相的分离研究[D]. 沈阳：东北大学，2008.

[31] 路辉, 谢刚, 俞小花, 等. 电炉钛渣碱浸除硅、铝与碱浸渣的预氧化焙烧动力学[J]. 过程工程学报, 2010, 10(3): 513-521.

[32] Mazzocchitti G, Giannopoulou I, Panias D. Silicon and aluminum removal from ilmenite concentrates by alkaline leaching[J]. Hydrometallurgy, 2009, 96(4): 327-332.

[33] 何敏. 改性高钛渣中金红石相析出、长大与分离研究[D]. 沈阳: 东北大学, 2013.

[34] 何敏, 娄太平, 都兴红, 等. 高钛渣中金红石相非等温过程析出动力学研究[J]. 钢铁钒钛, 2015, 36(5): 11-15.

[35] 张家芸. 冶金物理化学[M]. 北京: 冶金工业出版社, 2004.

[36] Bessinger D, Geldenhuis J M A, Pistorius P C, et al. The decrepitation of solidified high titania slags[J]. Journal of Non-Crystalline Solids, 2001, 282: 132-142.

[37] 杨帆. 由钛渣制备高品位富钛料的研究[D]. 沈阳: 东北大学, 2014.

[38] 张力, 李光强, 隋智通. 由改性高钛渣浸出制备富钛料的研究[J]. 矿产综合利用, 2002(6): 6-9.

[39] 张力, 李光强, 娄太平, 等. 高钛渣中钛组分的选择性富集与长大[J]. 金属学报, 2002, 38(4): 400-402.

[40] 张力, 李光强, 隋智通. 高钛渣氧化过程的动力学[J]. 中国有色金属学报, 2002, 12(5): 1069-1073.

[41] 付念新. 钛渣、熔分渣的金红石化及分离提取技术研究报告[R]. 沈阳: 东北大学, 2014.

[42] 张黎. 攀枝花钛铁矿制备高品位富钛料的新工艺研究[D]. 长沙: 中南大学, 2011.

[43] 邓国珠. 承德钛精矿在硫酸法生产钛白中的应用[J]. 稀有金属, 1990, 14(2): 136-137.

[44] 娄文博. 钛渣制备富钛料与铜渣提取有价铁的实验研究[D]. 沈阳: 东北大学, 2016.

[45] 魏寿昆. 冶金过程热力学[M]. 上海: 上海科学技术出版社, 1980.

[46] 叶大伦. 冶金热力学[M]. 长沙: 中南工业大学出版社, 1987.

[47] 都兴红, 解斌, 娄太平. 钒钛磁铁矿固态还原的研究[J]. 东北大学学报(自然科学版), 2012, 33(5): 685-688.

[48] 胡途. 钒钛磁铁精矿转底炉多层球还原基础研究[D]. 重庆: 重庆大学, 2013.

[49] 杨振声, 胡恒敏. 钒钛磁铁矿球团氧化焙烧的物相变化与提钒[J]. 烧结球团, 1985, 10(1): 31-34, 132.

[50] 王延忠, 曾桂生, 朱云, 等. 电炉熔炼钛精矿的热力学讨论[J]. 南方金属, 2004(3): 10-13, 24.

[51] 张亮. 钛渣制品高品位富钛料的实验研究[D]. 沈阳: 东北大学, 2017.

第 5 章　钒渣深加工利用技术

5.1　钒　　渣

5.1.1　钒资源概况

钒元素绝大部分蕴藏在钒钛磁铁矿、钒铀矿、铝土矿、磷岩矿、碳质页岩中。此外，石油中也赋存钒[1-5]。随着社会经济发展、科学技术进步，钒作为战略性关键矿产资源，在钢铁、化工、新材料、新能源、军工等诸多产业中的应用大幅扩展。

5.1.2　国内外钒生产状况

1. 钒产量

2020 年全球钒产量已达到 110409t[6]。当前，世界钒生产主要集中在中国、俄罗斯、南非和巴西。我国已成为世界钒资源储藏、生产、消费及出口第一大国，钒消费量约 65600t。2020 年，钒氮合金年产量 64500t，氮化钒铁产量 6749t；50 与 80 钒铁产量 38500t。攀钢、承钢及北京建龙重工、四川德胜、川威集团等是我国主要钒制品企业。

2. 钒原料

高炉冶炼钒钛磁铁矿精矿产出含钒铁水，经吹炼得到的富钒渣是主要提钒原料，2020 年钒制品的 87%。以此为钒源，而石煤、废催化剂、燃油灰渣、含钒钢渣、磷铁(生产黄磷的副产品)、氧化铝赤泥等其他钒原料占 13%。

5.2　含钒转炉渣中钒的选择性富集

高炉含钒铁水中的钒在转炉半钢吹钒的冶炼过程中大部分被氧化进入转炉钢渣，生成品位大于 $8\%V_2O_5$ 的富钒渣，而钢液中的残钒伴随后续的炼钢过程进入终渣，可得到品位 $2\%TiO_2$ 左右的低含钒转炉渣(简称含钒钢渣)。含钒钢渣提钒研究有焙烧-浸出、直接酸浸、直接碱浸、亚熔盐、电炉还原等多种工艺[7]。本节拟应用选择性析出分离技术富集含钒钢渣中的钒，得到人造富钒矿作为提钒的原料。

5.2.1　含钒转炉渣的物理化学性质

1. 含钒转炉渣的化学组成

表 5.1 给出国内外一些钢厂的含钒钢渣化学组成。

表 5.1　国内外典型含钒转炉渣的化学组成(质量分数，单位：%)

渣来源	V_2O_5	Al_2O_3	MnO	SiO_2	P_2O_5	CaO	S	MgO	TFe
中国攀钢	2.53	2.33	1.12	5.91	0.19	45.53	—	7.05	13.13
中国马钢	3.06	4.00	0.98	11.22	2.12	33.07	—	4.41	17.40
中国承钢	3.19	9.99	2.30	12.11	0.40	34.90	—	9.82	24.63
SSAB-26077(瑞典)	5.04	0.98	4.73	12.81	0.67	42.99	0.13	8.83	21.22
SSAB-26078(瑞典)	3.73	1.14	3.92	11.54	0.59	41.25	0.20	8.30	26.43
新西兰钢公司	5.09	1.82	0.28	6.59	1.24	50.80	—	7.06	25.00

由表 5.1 可知，国外含钒铁水或直接炼钢，或因工艺问题导致钢渣中钒含量较高。国内多采用先期吹钒获取富钒渣的半钢冶炼工艺，使得含钒钢渣中钒含量较低。

2. 含钒转炉渣物相组成及钒的分布特征

1) 马钢含钒转炉渣能谱分析

表 5.2 为马钢含钒转炉渣的主要物相构成。

表 5.2　马钢含钒转炉渣的主要物相构成(原子分数，单位：%)

基体物相	化学计量式	Al	Si	Ca	V	Fe	Mg	P
$Ca(Al, Fe)_2O_4$	$Ca_6Al_{8.5}Si_{1.1}FeO_{22}$	50.87	6.56	36.59	—	5.98	—	—
$2Ca(V, P)SiO_4$	$Ca_{14.7}Si_7VP_{0.7}O_{33}$	—	30.38	62.35	4.24	—	—	3.03
$2CaO \cdot (V, Si, Al)Fe_2O_3$	$Ca_{11}Al_3SiVFe_2O_{23}$	16.12	5.65	61.58	5.51	11.14	—	—
RO	$CaFe_{34}Mg_2O_{37}$			2.69	—	92.13	5.18	—
$(Mg, Fe)Al_2O_4$	$Mg_2FeAl_6O_{12}$	66.57			—	10.69	22.74	—
平均		15.45	8.15	34.00	2.45	35.50	3.52	0.77

注：其他相(包括基体相和数量少的相)简记作 RO 相

利用能谱和 XRD 分析确定含钒钢渣的物相组成。

(1) $Ca(Al, Fe)_2O_4$ 相，其以 $CaAl_2O_4$ 相(CA_2)为基体并固溶有少量的 $CaSiO_3$、Fe。

(2) 以 $2CaO \cdot SiO_2$ 相(C_2S)为基体，固溶 V、P 的 $Ca_2(V, P)SiO_4$ 相。

(3) 以 $2CaO \cdot Fe_2O_3$ 相(C_2F)为基体，固溶 V、Si、Al 的 $2CaO \cdot (V, Si, Al)Fe_2O_3$ 相。

(4) RO 相。

(5) $(Mg, Fe)Al_2O_4$ 相，为固溶 Fe 的镁铝尖晶石(MA)。

显然，钒主要赋存于 C_2S 和 C_2F 中。据相似相溶原理推断，C_2S 中钒以 V^{5+} 为主，$[VO_4^{3-}]$、$[PO_4^{3-}]$ 替代 Ca_2SiO_4 中部分 $[SiO_4^{4-}]$ 格位；而固溶于 C_2F 中的钒与 Fe^{3+}、Al^{3+} 的价态一致，以 V^{3+} 为主，替代 C_2F 中部分铝的格位。

2) 瑞典含钒转炉渣能谱分析

表 5.3 为瑞典 SSAB-26077 含钒转炉渣的主要物相构成，它的主要物相如下。

(1) RO 相。

(2) 固溶有 V、P 的 C_2S，即 $Ca_2(V, P)SiO_4$。

(3) 固溶有 V、Mn、Si 的 C_2F，即 $2CaO·(Fe, V)_2O_3$。

(4) 含 Mg 的铁酸镁复杂氧化物，即 $mMg(Mn)O·Fe_2O_3$。

表 5.3　瑞典 SSAB-26077 含钒转炉渣的主要物相构成(原子分数，单位：%)

基体物相	Mg	Si	Ca	P	V	Mn	Fe	Al
RO	15.53	5.23	18.25	—	—	7.28	51.56	2.15
$Ca_2(V, P)SiO_4$	1.63	25.20	65.26	2.13	5.75	—	—	2.16
$2CaO·(Fe, V)_2O_3$	1.02	8.06	53.25	—	2.26	8.96	26.45	—
$mMg(Mn)O·Fe_2O_3$	90.06	—	—	—	—	1.65	8.29	—

显然，两种含钒转炉渣的物相构成相近，钒主要固溶于(C_2S)与(C_2F)为基体的物相中。

5.2.2　含钒转炉渣中钒富集相的设定原则

含钒转炉渣缓慢冷却的析出过程近似热力学准平衡状态，伴随物质迁移的相变及演化进行得较为彻底，渣中钒分别赋存在以(C_2S)与(C_2F)为基体的物相中。实际上，炼钢现场的含钒转炉渣冷却速度快，相的析出与演化过程远远偏离热力学准平衡状态，渣中钒分布高度弥散，除赋存于上述两种物相外，渣中基体相及 CaO 相中也有钒分布[8]，并且赋存于不同渣相中钒的价态不同。按照富集相的设定原则，欲实现渣中钒选择性富集，必须满足：①渣中钒最大限度(>75%)地转移至富集相中并伴随析出，析出相的富集度应尽量高；②富集相中钒品位应该满足后续提钒要求。为此，富集相中以高于 $10\%V_2O_5$ 为宜。

1. 渣中钒的价态统一

为使得钢渣中钒转移至设计的富集相中，须统一渣中钒的价态，而钒价态与熔渣氧位直接相关。

(1) 由文献[9]知，1873K，生成(V_2O_5)三种化学反应的热力学数据如下。

①$V_2O_3(s)+O_2 =\!=\!= (V_2O_5)$。

$$\Delta G^\ominus = -248950 + 91.33T = -77888.9(\text{J/mol})$$

由 $\Delta G^\ominus = -RT\ln K$，得 $K = 148.4$。

②$(V_2O_4)+0.5O_2 =\!= (V_2O_5)$。

$$\Delta G^{\ominus} = -187240 + 89.28T = -20018.6(\text{J/mol})$$

由 $\Delta G^{\ominus} = -RT\ln K$，得 $K = 3.62$。

③$2VO(s)+1.5O_2 =\!= (V_2O_5)$。

$$\Delta G^{\ominus} = -646440 + 168.49T = -330858(\text{J/mol})$$

由 $\Delta G^{\ominus} = -RT\ln K$，得 $K = 1.69 \times 10^9$。

(2) 依据热力学数据计算钢渣中各种价态钒的分布。设定熔渣氧位 $p_{O_2}/p^{\ominus} = 10^{-8}$，代入以上各式，计算不同温度平衡时渣中各价态钒的活度比，如表 5.4 所示；空气下，熔渣氧位 $p_{O_2}/p^{\ominus} = 0.21$，计算得到不同温度平衡时渣中各价态钒的活度比，如表 5.5 所示。表 5.6 为马钢含钒转炉钢渣缓冷后渣中钒的物相组成。

表 5.4　不同温度时渣中各价态钒的活度比

活度比	温度/K									
	1873	1773	1673	1573	1473	1373	1273	1173	1073	973
$a_{V_2O_5}/a_{V_2O_4}$	—	—	—	—	0.01	0.03	0.10	0.47	2.83	24.46
$a_{V_2O_5}/a_{V_2O_3}$	—	—	—	—	—	—	—	0.02	0.22	3.93
$a_{V_2O_5}/a_{VO}^2$	—	0.02	0.24	4.63	133	6206	5.31×10^5	9.69×10^7	4.67×10^{10}	8.01×10^{13}

表 5.5　空气下不同温度时渣中各价态钒的活度比

活度比	温度/K									
	1873	1773	1673	1573	1473	1373	1273	1173	1073	973
$a_{V_2O_5}/a_{V_2O_4}$	1.66	3.27	6.99	16.39	43.48	125.00	500	∞	∞	∞
$a_{V_2O_5}/a_{V_2O_3}$	31.25	76.92	200.00	500.00	∞	∞	∞	∞	∞	∞
$a_{V_2O_5}/a_{VO}^2$	∞	∞	∞	∞	∞	∞	∞	∞	∞	∞

表 5.6　空气下马钢缓冷渣的相组成(原子分数，单位：%)

物相	化学式	Fe	Ca	Si	V	P	Mn	Mg	Al	S
C_2F	$Ca_8Fe_6AlO_{18.5}$	35.68	50.655	3.989	0.742	0.479	2.019	—	6.436	—
C_2S	$Ca_{14}Si_5VPO_{29}$	—	64.723	22.655	4.539	6.135	0.416	1.236	—	0.296
基体	$Ca_{2.6}Fe_{2.4}Si_{1.5}MgO_{10}$	30.395	33.682	18.644	—	—	0.712	12.739	3.618	0.210
平均		27.010	51.702	10.711	2.701	2.090	1.411	2.212	2.000	0.163

由表 5.6 可见，渣中不同价态钒仍分布于以 C_2S、C_2F 为基体的物相中，其中 C_2S 为基体的含钒相可富集渣中 80% 以上钒，但该相中钒品位低于 5%，不宜作为提钒原料，需

要对含钒转炉熔渣改性。为此拟预设富集渣中钒 90%以上的钒富集相，钒富集相中钒品位以达 10%以上为宜。

2. 钒富集相的预设

含钒转炉渣中 CaO 含量高，碱性强，钒与磷含量较低，主要固溶于其他物相中。五价钒与磷的氧化物在渣中均呈酸性，与 CaO 可形成钒磷酸钙(CPV)，预设它为钒富集相。为此选择加入改性剂，使之最大限度与 SiO_2 结合，生成无(或低)钒物相，促成渣中钒富集相生成，拟选择 Al_2O_3 作为改性剂，因为在探索实验中发现：Al_2O_3 改性的熔渣在缓冷过程中，约 1623K 时固溶钒和磷的物相(C_2S)先析出，它与(Al_2O_3)反应生成 CPVS 和钙铝黄长石(C_2AS)，反应如下：

$$(1/m)Ca_2SiO_4 \cdot mCa_3(V, P)_2O_8(s) + x(Al_2O_3) \longrightarrow Ca_3(V, P)_2O_8 \cdot nCa_2SiO_4(s) + xCa_2Al_2SiO_7(s) \quad (5.1)$$

式中，m、n 和 x 分别为摩尔计量系数，$n = 1/m - x$。显然，Al_2O_3 可与含钒 C_2S 中部分 SiO_2 和 CaO 结合成 C_2AS，同时生成以 CPV 为基体的钒富集相(CPVS)。理论上，若 Al_2O_3 加入量足够大，则 C_2S 中的钒可全部转移、富集于(CPVS)中，进而(CPVS)可设定为钒富集相。然而，当渣碱度足够高时，固溶于 CPV 中 Si 的量会大幅减少，钒富集相可设为 CPV。因此，拟实验探明以 Al_2O_3 作为改性剂的含钒钢渣中钒选择性富集的行为与规律。

5.2.3 含钒合成渣中加 Al_2O_3 改性及钒的选择性富集

分别采用两组低碱度合成渣($\bar{R}$ 分别为 3.0 和 2.2)作为实验渣系，成分见表 5.7。

表 5.7 二元碱度不同的两组合成渣试样($1^{#} \sim 7^{#}$)的化学组成(质量分数，单位：%)

碱度	渣样	CaO	SiO_2	Fe_2O_3	Al_2O_3	MgO	P_2O_5	V_2O_5
$\bar{R} = 3.0$	$1^{#}$	44.81	15.03	27.32	3.60	3.57	2.28	3.39
	$2^{#}$	38.45	12.91	27.20	12.32	3.50	2.30	3.32
	$3^{#}$	35.42	11.89	26.97	16.32	3.59	2.35	3.46
	$4^{#}$	31.93	10.70	26.97	21.12	3.48	2.33	3.47
$\bar{R} = 2.2$	$5^{#}$	41.25	18.78	27.15	3.67	3.46	2.25	3.44
	$6^{#}$	34.78	15.85	26.95	13.14	3.52	2.36	3.40
	$7^{#}$	32.14	14.57	26.98	17.13	3.45	2.29	3.44

加入 Al_2O_3 改性时，保持渣中其他组分相对含量不变，考察不同 Al_2O_3 含量对渣中钒富集的效果。实验发现，各渣样中主要物相的析出规律为：熔渣冷却到 1723K 左右，固溶少量钒和磷的 C_2S 先期析出；在 1723～1623K，C_2AS 生成；在 1623K 左右，固溶有 P、Si 的钒酸钙相(CPVS)析晶；在 1623K 以下，RO 相析出。

表 5.8 对应于渣样 $1^{#}$～$4^{#}$ 中各相成分的能谱分析结果。由表可知：渣样 $1^{#}$ 的化学组成接近现场渣成分，钒主要固溶于 C_2S，钒品位很低，未出现钒富集相 CPVS；渣样 $2^{#}$ 中 Al_2O_3 含量显著增加，与渣样 $1^{#}$ 相比，渣样 $2^{#}$ 固溶钒的 C_2S 比例大幅下降，其他各相总量

也减少，出现 C_2AS 和 CPVS，渣中钒明显地转移到 CPVS 中；渣样 3# 中主体相的种类无变化，但与渣样 2# 相比较，各相的比例及其中各元素的相对含量却发生变化，钒在 CPVS 中的富集度大幅提高；渣样 4# 中 Al_2O_3 含量进一步增大，C_2S 消失，C_2AS 大量生成，CPVS 的总量及钒在该相中富集度显著增加。

由此可见：在 $\bar{R}=3$ 时，随着渣中 Al_2O_3 加入量增加，C_2S 中钒浓度随该相总量的减少而变小，钒逐步转移并富集到 CPVS 中，钒富集度与品位也随之提升。

表 5.8　能谱分析渣样 1# ~ 4# 中各相的化学组成(单位：%)

渣样	相	组成(质量分数)							$\omega(P(s))$	$\omega(V(s))$
		MgO	Al_2O_3	SiO_2	P_2O_5	CaO	V_2O_5	Fe_2O_3		
1#	C_2S	1.31	—	26.30	5.40	61.34	5.65	—	44.1	85.8
	RO	3.71	21.73	14.51	—	36.70	0.74	22.61	55.9	14.2
2#	C_2S	—	—	23.90	12.40	57.60	6.10	—	22.8	42.0
	C_2AS	—	31.30	18.35	—	40.83	—	9.52	25.3	—
	CPVS	—	—	14.10	13.70	54.50	17.70	—	9.1	48.6
	RO	3.66	19.91	14.96	0.61	33.35	0.72	26.79	42.8	9.4
3#	C_2S	—	—	23.07	12.74	58.40	5.99	—	12.8	21.5
	C_2AS	—	30.93	17.70	—	39.76	—	11.61	30.8	—
	CPVS	—	—	13.62	13.21	54.21	18.96	—	13.3	70.4
	RO	3.93	22.21	13.55	0.46	35.35	0.70	23.80	43.1	8.1
4#	C_2AS	—	31.36	17.21	—	40.43	—	11.00	40.8	—
	CPVS	—	—	9.94	14.60	55.25	20.21	—	15.6	90.1
	RO	3.36	26.01	12.30	0.66	34.29	0.69	22.69	43.6	9.9

注：$\omega(P(s))$ 为渣中各相磷的富集度，$\omega(V(s))$ 为渣中各相钒的富集度

表 5.9 给出了渣样 5# ~ 7# 中各物相成分的能谱分析结果。由表可知：渣样 5# 中 Al_2O_3 含量很低，钒及杂质固溶 C_2S 中，RO 相以 C_2F 为主，其中含有一定量钒，但品位很低；渣样 6# 的 3 个主体相中，CPVS 为主要含钒相，该相富集了渣中 90% 左右的钒；渣样 7# 与渣样 6# 基本相同，各相中元素含量仅微小变化。由以上分析可知，当 $\bar{R}=2.2$ 时，含钒渣系中加入 Al_2O_3 不仅促进钒在 CPVS 中最大限度富集，而且钒的品位较高。

表 5.9　能谱分析渣样 5# ~ 7# 中各相的化学组成(单位：%)

渣样	相	组成(质量分数)							$\omega(V(s))$
		MgO	Al_2O_3	SiO_2	P_2O_5	CaO	V_2O_5	Fe_2O_3	
5#	C_2S	3.20	—	27.72	4.25	58.81	6.02	—	79.3
	RO	0.77	11.35	9.17	—	23.47	1.03	54.21	20.7
6#	C_2AS	1.49	24.46	22.18	—	44.50	—	7.37	0
	CPVS	—	1.84	14.54	10.75	59.45	13.42	—	91.3
	RO	2.89	1.46	0.86	—	3.22	0.96	90.61	7.8

续表

渣样	相	组成(质量分数)							$\omega(V(s))$
		MgO	Al$_2$O$_3$	SiO$_2$	P$_2$O$_5$	CaO	V$_2$O$_5$	Fe$_2$O$_3$	
7#	C$_2$AS	1.30	27.65	19.43	—	44.55	—	7.07	0
	CPVS	—	—	12.78	10.77	59.39	15.65	1.41	93.4
	RO	3.35	0.71	2.50	—	1.56	0.91	90.97	6.6

综上可知，对于低 $\bar{R}$ 含钒渣(或低含钒硅酸盐)系，CPVS 确是理想的钒富集相，Al$_2$O$_3$ 对该相的生成及钒的富集作用明显：①低 Al$_2$O$_3$ 含量(原渣)时，渣中的钒大部分固溶于 C$_2$S 中，但品位相对较低；②随渣中 Al$_2$O$_3$ 含量增加及渣温降低，生成 C$_2$S 趋势渐弱，而生成 C$_2$AS 趋势渐强。当温度进一步降至 1623K 附近时，先期析出的 C$_2$S 开始与(Al$_2$O$_3$)反应不断生成 C$_2$AS，使 C$_2$S 中的 Si 和 Ca 不断迁移至 C$_2$AS 中，导致 C$_2$S 中 V 和 P 逐渐浓缩，最终转变为钒富集相 CPVS，但该相中仍含有一定量的 Ca 和 Si；③继续增加(Al$_2$O$_3$)量，C$_2$AS 继续大量生成，致使 C$_2$S 最终消失。渣中过量的 Al$_2$O$_3$ 继续与 CPVS 中 Ca 和 Si 反应生成 C$_2$AS，使得 CPVS 中 Ca 和 Si 总量下降，钒品位随之提高。显然，渣中 Al$_2$O$_3$ 适度过量有利于 CPVS 中钒富集度的提升。

5.2.4　Al$_2$O$_3$ 的改性作用

由以上实验结果可知：经 Al$_2$O$_3$ 改性的熔渣在冷却过程，渣中 Ca、Si 和 V 等元素首先以 C$_2$S 析出；当温度降至 1623K 附近时，渣中(Al$_2$O$_3$)与先期析出的 C$_2$S 反应生成 CPVS 和 C$_2$AS。

1. Al$_2$O$_3$ 对含钒 C$_2$S 固溶体生成反应的作用

渣中含钒 C$_2$S 固溶体的生成反应如下：

$$(2+3m-2k)(CaO)+(SiO_2)+(m-k)(V_2O_5)+k(Ca_2P_2O_7)\longrightarrow Ca_2SiO_4\cdot mCa_3(V,P)_2O_8(s) \quad (5.2)$$

$$\Delta G = \Delta G^{\ominus} + RT\ln J$$

$$J = \frac{a_{Ca_2SiO_4\cdot mCa_3(V,P)_2O_8}}{a_{CaO}^{2+3m-2k}\cdot a_{SiO_2}\cdot a_{V_2O_5}^{m-k}\cdot a_{Ca_2P_2O_7}^{k}}$$

式中，k 为摩尔计量系数；Ca$_2$SiO$_4$·mCa$_3$(V, P)$_2$O$_8$(s)可视为单相纯物质，且其活度为 1(标准态)，则

$$\Delta G = \Delta G^{\ominus} + (m-k)RT\ln\frac{1}{a_{CaO}^3\cdot a_{V_2O_5}} + kRT\ln\frac{1}{a_{CaO}\cdot a_{Ca_2P_2O_7}} + RT\ln\frac{1}{a_{CaO}^2\cdot a_{SiO_2}}$$

由渣样 1# 与渣样 5# 的 Ca$_2$SiO$_4$·mCa$_3$(V, P)$_2$O$_8$(s)能谱分析数据可近似计算出 $m\approx0.2$，再根据表 5.8 和表 5.9 渣中各相磷和钒的分布，结合反应(5.2)计算磷和钒质量，近似得出 $k\approx0.1$，反应(5.2)简化为

$$2.4(CaO)+(SiO_2)+0.1(V_2O_5)+0.1(Ca_2P_2O_7) \Longrightarrow Ca_2SiO_4 \cdot 0.2(Ca_3VPO_8) \qquad (5.3)$$

$$\Delta G = \Delta G^{\ominus} + 0.1RT\ln\frac{1}{a_{CaO}^4 \cdot a_{V_2O_5} \cdot a_{Ca_2P_2O_7}} + RT\ln\frac{1}{a_{CaO}^2 \cdot a_{SiO_2}}$$

显然，反应(5.3)右侧各氧化物的活度积决定着(C$_2$S)生成的热力学趋势与平衡的量。由反应(5.3)可知，体系中 Al$_2$O$_3$ 对含钒 C$_2$S 生成反应的作用可归结为对其活度积 $a_{CaO}^2 \cdot a_{SiO_2}$ 和 $a_{CaO}^4 \cdot a_{V_2O_5} \cdot a_{Ca_2P_2O_7}$ 的影响。Ca$_2$SiO$_4 \cdot m$Ca$_3$(V, P)$_2$O$_8$(s) 在 1723K 附近大量生成，是高温析出相。图 5.1 为利用热力学数据库(Factsage 5.0)计算结果绘制的两组实验渣系中活度与活度积 a_{CaO}、a_{SiO_2}、$a_{V_2O_5}$、$a_{Ca_2P_2O_7}$、$a_{CaO}^2 \cdot a_{SiO_2}$ 和 $a_{CaO}^4 \cdot a_{V_2O_5} \cdot a_{Ca_2P_2O_7}$ 随 $w(Al_2O_3)$ 的变化曲线。

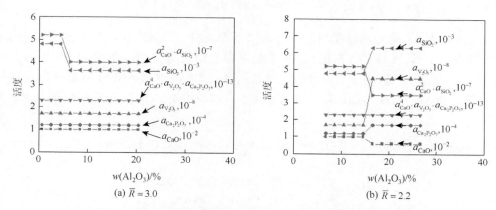

图 5.1　$\bar{R}$ 为 3.0 和 2.2 时活度与活度积随 $w(Al_2O_3)$ 变化的曲线(T = 1723K)

由图 5.1 知，当 $\bar{R}$ = 3.0 时，a_{CaO}、$a_{V_2O_5}$、$a_{Ca_2P_2O_7}$ 和 $a_{CaO}^4 \cdot a_{V_2O_5} \cdot a_{Ca_2P_2O_7}$ 随 $w(Al_2O_3)$ 变化曲线平行于横轴，说明 $w(Al_2O_3)$ 对 a_{CaO}、$a_{V_2O_5}$、$a_{Ca_2P_2O_7}$ 和 $a_{CaO}^4 \cdot a_{V_2O_5} \cdot a_{Ca_2P_2O_7}$ 无影响；当 $w(Al_2O_3)$ 在 6%～7%变化时，a_{SiO_2} 和 $a_{CaO}^2 \cdot a_{SiO_2}$ 有所下降。其中，$a_{CaO}^2 \cdot a_{SiO_2}$ 下降不到 30%，对 ΔG 影响甚小，$w(Al_2O_3)$ 的增加只微弱降低了 C$_2$S 生成的热力学趋势；当 $w(Al_2O_3)$＞7%后，其对 C$_2$S 生成热力学趋势已无明显影响。当 $\bar{R}$ = 2.2 时，$w(Al_2O_3)$ 由 10%增至 11%，a_{SiO_2}、$a_{V_2O_5}$ 和 $a_{Ca_2P_2O_7}$ 有所增大，$a_{CaO}^4 \cdot a_{V_2O_5} \cdot a_{Ca_2P_2O_7}$ 基本不变，a_{CaO} 和 $a_{CaO}^2 \cdot a_{SiO_2}$ 有所减少，其中 $a_{CaO}^2 \cdot a_{SiO_2}$ 减少不多，与 $\bar{R}$ = 3.0 时相类似。由此可见，Al$_2$O$_3$ 含量的增加对体系中含钒 C$_2$S 先期析出量的作用不明显。

2. Al$_2$O$_3$ 对含钒 CVPS 固溶体生成反应的作用

如前述，在 1623K 附近发生 CPVS 和 C$_2$AS 生成反应：

$$(1/m)Ca_2SiO_4 \cdot mCa_3(V, P)_2O_8(s)+x(Al_2O_3)\longrightarrow Ca_3(V, P)_2O_8 \cdot nCa_2SiO_4(s)+xCa_2Al_2SiO_7(s)$$

$$J = \frac{a_{Ca_3(V,P)_2O_8 \cdot nCa_2SiO_4} \cdot a_{Ca_2Al_2SiO_7}^x}{a_{Ca_2SiO_4 \cdot mCa_3(V,P)_2O_8}^{1/m} \cdot a_{Al_2O_3}^x}$$

式中，$n = 1/m-x$。为简化讨论，可将 $Ca_2SiO_4 \cdot mCa_3(V, P)_2O_8(s)$ 和 $Ca_3(V, P)_2O_8 \cdot nCa_2SiO_4(s)$ 视为单相纯物质，且其活度为 1(标准态)，则

$$\Delta G = \Delta G^{\ominus} + xRT \ln \frac{1}{a_{Al_2O_3}}$$

显然，CPVS 和 C₂AS 生成的热力学趋势与生成量随 $a_{Al_2O_3}$ 增加而增大。当渣中 Al_2O_3 含量增加时，$a_{Al_2O_3}$ 也随之增大，反应正向进行的热力学趋势也必然增大，平衡向有利于 CPVS 和 C₂AS 生成的方向移动，这与前面的实验结果吻合，即渣中 Al_2O_3 含量增加，CPVS 和 C₂AS 生成量渐增，先期析出的 C₂S 逐渐减少并最终消失。

3. Al_2O_3 对含钒 CPVS 固溶体中钒品位的影响

表 5.8 和表 5.9 的检测结果与前述讨论结果均表明，当渣中(Al_2O_3)含量超过某值时，先期析出的 C₂S 无法与 CPVS 和 C₂AS 平衡共存而最终消失。表 5.8 和表 5.9 的检测结果同时表明，当渣中(Al_2O_3)含量较高时，与之共存的 CPVS 中 Ca 和 Si 随着(Al_2O_3)含量升高而降低，钒品位提高的原因是 CPVS 中 Ca 和 Si 会继续与(Al_2O_3)反应生成 C₂AS 而降低，即

$$y(Al_2O_3)+Ca_3(V, P)_2O_8(s) \cdot nCa_2SiO_4 \Longrightarrow yCa_2Al_2SiO_7(s)+Ca_3(V, P)_2O_8(s) \cdot (n-y)Ca_2SiO_4(s) \quad (5.4)$$

$$J = \frac{a_{Ca_2Al_2SiO_7}^y \cdot a_{Ca_3(V,P)_2O_8 \cdot (n-y)Ca_2SiO_4}}{a_{Al_2O_3}^y \cdot a_{Ca_3(V,P)_2O_8 \cdot nCa_2SiO_4}}$$

式中，$n-y \geq 0$(y 为摩尔计量系数，$0 \leq y \leq n$)。若近似将 $a_{Ca_3(V,P)_2O_8 \cdot nCa_2SiO_4}$ 和 $a_{Ca_3(V,P)_2O_8 \cdot (n-y)Ca_2SiO_4}$ 视为相等，$Ca_2Al_2SiO_7(s)$ 视为单相纯物质(活度为 1)，则

$$\Delta G = \Delta G^{\ominus} + yRT \ln \frac{1}{a_{Al_2O_3}}$$

显然，$a_{Al_2O_3}$ 主导反应(5.4)的热力学趋势，影响 CPVS 的生成量，即影响钒在该相中的富集度。若(Al_2O_3)含量增大，则 $a_{Al_2O_3}$ 随之提升，有利于反应(5.4)的正向进行，促进 CPVS 生成，该规律与表 5.8 和表 5.9 的实验结果一致，也印证了上述推断的合理性。

综上可知，加入 Al_2O_3 的改性渣在冷却过程中，Al_2O_3 对 C₂S 先析出的影响不明显；当温度降低至 1623K 附近时，渣中(Al_2O_3)与先析出的 C₂S 反应生成 CPVS 和 C₂AS。硅酸盐高温熔体中 Al^{3+} 既可处于八面体配位，也可处于四面体配位，前者与熔体中碱土金属数量有关[10]；含钒熔渣冷却时，$[AlO_6]^{9-}$、$[AlO_4]^{5-}$、$[SiO_4]^{4-}$ 与 Ca^{2+} 生成(C₂AS)，使得渣中原有 C₂S 主晶相部分解体，其中 P、V 逐步释放出来，转移到 CPVS 中；随着(Al_2O_3)含量进一步增加，C₂S 逐渐消失，其中的钒几乎全部进入 CPVS 中；当渣中(Al_2O_3)过量时，随着 C₂S 消失，CPVS 中 Ca 和 Si 的比例也随渣中(Al_2O_3)含量增加而下降，CPVS 逐步转化为钒富集相 CPV[11]。

5.2.5　含钒合成渣中磷对 CPVS 相生成的影响

1. 含钒合成渣中磷含量对钒品位的影响

转炉炼钢时磷由钢液转入渣中，以 P^{5+} 赋存，当熔渣冷凝时，P^{5+} 与 V^{5+} 的行为相近，渣中磷对钒选择性富集的影响较大，为此，拟设计实验查明磷对 CPVS 相钒品位的影响。

表 5.10 模拟马钢渣设计实验用合成渣的配料组成。固定 Al_2O_3 质量分数为 20%，$V_2O_5+P_2O_5$ 质量分数为 5%，但 V/P 质量比不同，二者呈互逆变化，涵盖 Al_2O_3 改性后的组成范围。其中渣 1# 为不含磷的空白渣样。

将合成渣样置于不同坩埚内，放入 $MoSi_2$ 炉，在 1530℃ 充分熔化后水淬，得实验原渣。各取原渣 10g 置于不同坩埚，一起放入 $MoSi_2$ 炉，以 5℃/min 速度升温至 1530℃ 充分熔化并保温 30min，以 3℃/min 速度冷却到 1300℃ 保温 240min 后取淬冷样，用作研究渣样。

表 5.10　实验用合成渣的配料组成(质量分数，单位：%)

渣样	CaO	SiO₂	Fe₂O₃	MgO	Al₂O₃	V₂O₅	P₂O₅
1#	35.70	11.80	24.50	3.00	20.00	5.00	0.00
2#	35.70	11.80	24.50	3.00	20.00	4.00	1.00
3#	35.70	11.80	24.50	3.00	20.00	2.60	2.40

检测结果如下：

(1) 渣样 1# 的 XRD 图中出现了 $Ca_3(VO_4)_2$ 固溶体。经能谱分析表明，含钒钢渣不含 P_2O_5，经过 Al_2O_3 改性处理后得到的钒富集相为 $Ca_3(VO_4)_2$。

(2) 在渣样 2#、渣样 3# 的 XRD 图中出现了接近 $Ca_3(VO_4)_2$ 的衍射峰，结合能谱的分析结果可知，在渣样 2# 和渣样 3# 中绝大多数的 V 分别富集在以 $Ca_3(VO_4)_2$ 为基体的固溶体中。进一步分析确定，对含有磷的含钒钢渣，经过 Al_2O_3 改性处理后得到钒富集相 CPVS。

综上表明，含钒钢渣经 Al_2O_3 改性处理后，渣中的 P 和 V 绝大部分进入钒富集相 CPVS 中，并且原渣中的 V_2O_5/P_2O_5 的质量比近似等同于 CPVS 中 V_2O_5/P_2O_5 的质量比。由此可以推论，原渣中 P 的含量对钒富集相中 V 品位影响极为明显。

2. 不同 Al_2O_3 添加量时磷对钒品位的影响

实验固定渣中 V/P 质量比，二元碱度 $w(CaO)/w(SiO_2)\approx3$，探讨不同添加量改性剂 Al_2O_3 时渣中磷对钒选择性富集行为的影响。实验用渣的配料组成见表 5.11，所得合成渣的化学成分见表 5.7。其中，渣样 1# 参照马钢含钒转炉渣设计，渣样 2#、渣样 3#、渣样 4# 分别添加不同量 Al_2O_3。表 5.12 为四个实验样的凝渣中物相的能谱分析结果。

将渣样熔化后以 3K/min 速度冷却，在 1573K 保温 240min 后入水中淬冷。由表 5.12

知，不同 Al_2O_3 添加量的改性渣中 P 的走向、迁移及分布行为几乎完全一致；当 Al_2O_3 添加量足够高时(渣样 4#)，渣中 P 和 V 转移、富集至 CPVS 中可达到 95%甚至更高；由于 V、P 是原渣中固有的组分，且 V、P 走向一致，使得钒富集相 CPVS 中仍维持原渣中 V_2O_5/P_2O_5 的质量比，即钒富集相中的 V/P 质量比等同于原渣中的 V/P 质量比；显然，原渣中 V_2O_5/P_2O_5 质量比越高，V 在钒富集相中含量越高，品位越高，这与前述结论一致。

表 5.11　实验用含钒钢渣的配料组成(单位：g)

渣样	$CaCO_3$	SiO_2	Fe_2O_3	Al_2O_3	MgO	$(NH_4)_2HPO_4$	NH_4VO_3
1#	76.54	14.28	29.76	3.57	3.57	4.43	4.59
2#	76.54	14.28	29.76	13.57	3.57	4.43	4.59
3#	76.54	14.28	29.76	18.57	3.57	4.43	4.59
4#	76.54	14.28	29.76	23.57	3.57	4.43	4.59

表 5.12　能谱分析渣样中的物相组成(质量分数，单位：%)

渣样	构成相	MgO	Al_2O_3	SiO_2	P_2O_5	CaO	V_2O_5	Fe_2O_3
1# 基渣	C_2S	1.31	—	26.27	10.12	57.64	4.66	—
	基质	3.71	21.73	13.81	—	35.70	2.47	22.61
2#	C_2S	—	—	23.92	12.39	57.57	6.12	—
	C_2AS	—	31.29	18.35	—	40.83	—	9.53
	CPVS	—	—	14.07	13.71	54.51	17.71	—
	基质	3.66	19.91	14.96	0.61	33.35	0.72	26.79
3#	C_2S	—	—	23.07	7.74	63.21	5.98	—
	C_2AS	—	30.93	17.70	—	39.76	—	11.61
	CPVS	—	—	13.62	13.21	54.21	18.96	—
	基质	3.93	22.21	13.55	0.46	35.35	0.68	23.82
4#	C_2AS	—	31.36	17.21	—	40.43	—	11.00
	CPVS	—	—	9.94	14.60	56.25	19.21	—
	基质	3.36	26.01	12.30	0.66	34.29	0.69	22.69

基于上述检测结果确知：在渣冷却过程，熔渣中 P^{5+} 的迁移与富集行为与 V^{5+} 基本同步，与 Al_2O_3 添加量无关。原渣中的 V 与 P 基本固溶于 C_2S 中，添加 Al_2O_3 的改性渣中 P^{5+} 与 V^{5+} 一同由 C_2S 中逐步转移出来，进入富磷、富钒的(CPVS)相并析出。

5.2.6　新西兰现场钢渣中钒的选择性富集

使用新西兰钢公司提供现场速冷含钒钢渣，二元碱度 $w(CaO)/w(SiO_2) = 7.36$，化学组成见表 5.13。

表 5.13 新西兰钢公司含钒钢渣化学组成(单位：%)

成分	质量分数	成分	质量分数
Fe_2O_3	14.69	MgO	7.06
Al_2O_3	1.82	V_2O_5	5.10
SiO_2	6.59	TiO_2	2.17
FeO	10.65	P_2O_5	1.24
CaO	50.40	MnO	0.28

新西兰钢公司原渣的检测结果[11, 12]表明，钒主要分布于 C_2S 和基质相 RO 中，并且经能谱结果换算，C_2S 中含 1.60%V_2O_5，基质相含 3.78%V_2O_5。因此，拟将渣中钒选择性富集到设计的富集相 CPVS 或(CPV)中：首先调整渣系二元碱度为 3.0 左右，其次添加 Al_2O_3 改变渣成分与物相组成，研究其中 V 的富集行为。取新西兰含钒钢渣 200g，加入 20g SiO_2 和 40g Al_2O_3，混匀置于坩埚内，在 $MoSi_2$ 炉中加热至 1530℃，充分熔化，水淬成实验渣样。取烘干渣 10g 装入坩埚，置于 $MoSi_2$ 炉中升温至 1530℃保温，充分熔化。然后以 3℃/min 速度冷却至 1325~1250℃，保温 7min、30min 后迅速取出淬冷。

对上述样品的电子显微分析结果如下。

(1) 1250℃试样中四种主要物相：C_2AS、MA(尖晶石)、CPV 和 RO 相。据 CPV 能谱数据计算，该相中 $w(Ca)/w(V+P+Si) = 1.57$，接近 1.50，该相即 CPVS 固溶体，其中 $w(V_2O_5) / w(P_2O_5) \approx 3.78$，与原渣 $w(V_2O_5)/w(P_2O_5) = 4.1$ 相近，同时 C_2AS 和 MA 中几乎不含钒，表明渣中部分 V 和 P 以原有比例转入 CPVS 中。新西兰含钒钢渣中 P_2O_5 含量很低，使得富集于 CPVS 中的 V_2O_5 品位达到了 32.63%。

(2) 基质为高温熔体骤冷、未及结晶的玻璃相，含少量 V 及 Ti、Mn 等组分，其中的 V 亦可为 CPVS 继续生长提供物质基础。

(3) 经碱度调整与 Al_2O_3 改性的新西兰含钒钢渣中未出现 CA_2 而出现 MA，显然这与原渣中 MgO 含量高相关。MA 属最早析出相，其生成消耗部分 MgO 与 Al_2O_3，因而未生成 CA_2，也未影响渣中 V 的富集。显然，用 Al_2O_3 改性含钒钢渣，MgO 含量并不影响钒富集相的生成及渣中钒的富集。

上述实验结果表明，渣中 Ca、Mg、Si 和 Al 等元素的氧化物数量变化范围较大，对 Al_2O_3 改变钒的富集无实质性影响，可借此利用粉煤灰、铝土矿等廉价物作为 Al_2O_3 的改性剂。

5.3 改性含钒渣中钒富集相的选择性长大

5.3.1 析晶温度对改性渣中钒富集相析出的影响

将表 5.11 中渣样 3#(合成渣)充分熔化后水淬作为实验原渣，因制渣样时用刚玉坩埚，

原渣中 Al_2O_3 质量分数稍有升高，其余组分基本未变；原渣中三种关键组分的质量分数分别为 $Al_2O_3$20.57%、$V_2O_5$3.05%、$P_2O_5$2.01%。

采用熔渣梯度冷却→阶段保温→取样急冷的方式获得待检测渣样。称取 100g 原渣，等量装入 4 个刚玉坩埚，置于高温炉中升温至 1530℃，保温 30min 确保渣充分熔化，以 3℃/min 速度冷却至 1350℃并保温 30min 后，迅速取出第一个坩埚，急冷得到 1350℃待测样品；第二个坩埚冷却至 1325℃并保温 30min 后取出急冷，得到 1325℃待测样品；以此类推，同样获得 1300℃和 1275℃待测样品。

图 5.2 为四种待测样品的背散射电子形貌图，其相应的能谱分析见表 5.14。

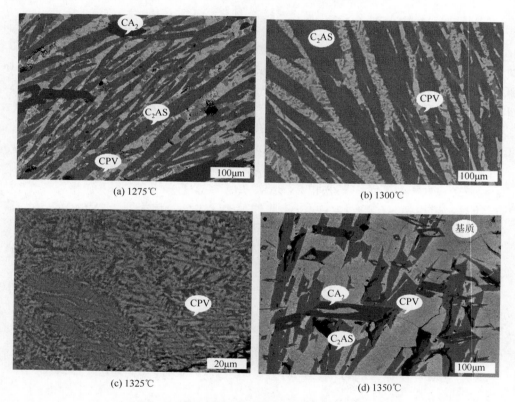

(a) 1275℃　　　　　　　　　　　　　　　　　(b) 1300℃

(c) 1325℃　　　　　　　　　　　　　　　　　(d) 1350℃

图 5.2　在四种温度急冷下样品的背散射电子形貌图

1350℃急冷样品主要析出相有长条状晶 C_2AS、斜方骸状 CA_2。此外，在已析出的 C_2AS 和 CA_2 的界面附近的基体上，有少许核化而形成的枝状或针状晶出现，结合 XRD 与能谱分析确定为 CPV，说明该温度已处于 CPV 的初晶区；当淬火温度降至 1325℃(图 5.2(c)) 时，在基质相内析出大量的 CPV 针状或枝状晶，说明此时已满足 CPV 大量析出的温度条件。进一步冷却至 1300℃(图 5.2(b)) 时，先期析出的 CPV 针状或枝状晶已经长大成为小块状晶，经能谱分析结果计算，该相含 V_2O_5 14.92%。当冷却至 1275℃(图 5.2(a)) 时，钒富集相 CPV 已长成为大的块状晶，经结果计算，其含有 23.87%V_2O_5。

表 5.14　淬冷后渣中各相的原子分数(单位：%)

原子组成	CPV(钒富集相)		基质	CA₂	C₂AS
	1300℃×30min	1275℃×30min	1300℃×30min		
O	34.66	31.71	37.87	39.75	38.55
Mg	—		1.03		
Al	2.58	—	19.51	43.89	19.73
Si	4.75	1.22	3.65	—	10.89
P	12.13	15.15	1.12	—	1.90
Ca	36.73	40.39	19.30	12.92	25.35
V	6.80	11.53	1.88	—	0.94
Fe	2.34	—	15.63	3.44	2.64

结合上述及其相关检测结果得到如下结论。

(1) 含钒钢渣加入大量 Al_2O_3 改性后，原钒赋存相 C_2S 消失，在高于 1350℃下 CA_2 和 C_2AS 先析出。1350℃附近为 CPV 初晶区，1250℃～1350℃适宜含钒钢渣中钒选择性富集。伴随析晶温度降低，CPV 中钒含量大幅增加，钒的富集度也明显升高。在 1275℃恒温操作可实现钒富集相 CPV 析出及长大。

(2) 1350℃左右在先期析出的 CA_2 和 C_2AS 界面上 CPV 呈现非匀相核化；基质中出现的 CPV 属匀相核化，二者差 25℃，表明钒富集相的非匀相核化容易，可在较小过冷度下结晶析出。

(3) 由于 CA_2 和 C_2AS 先析出，CPV 后析出，而且总量相对低，C_2AS 为主晶相，CPV 的粗化与长大必受其阻碍，在已结晶 CA_2 和 C_2AS 组织的间隙内长大，其晶粒尺寸及形貌也必然受控。基于此，需要合理调控熔渣冷却制度，抑制先期析出 CA_2 和 C_2AS 的过度长大，为后期析出的 CPV 留出生长空间。

5.3.2　保温时间对改性渣中钒富集相析出的影响

实验方法同上。两种析晶温度、不同保温时间下，各样品中 CPV 能谱分析结果见表 5.15。

表 5.15　两种析晶温度、不同保温时间时各样品中 CPV 相的能谱分析结果(原子分数，单位：%)

原子组成	1325℃					1250℃			
	5min	30min	60min	120min	240min	30min	60min	120min	240min
O	34.39	33.77	39.34	40.35	38.56	43.29	45.20	42.25	41.94
Si	7.77	6.52	5.68	2.22	—	6.01	2.73		
Ca	35.40	37.4	34.12	35.31	36.48	32.11	32.15	33.53	34.28
P	10.05	11.23	11.51	12.47	14.56	8.87	10.13	12.59	13.42
V	6.75	7.60	7.92	9.65	10.4	7.13	9.79	11.63	10.36
Fe	3.53	2.36	1.43	—		2.56	—		
Al	2.11	1.12							

实验结果如下：

(1) 各样品的 CPV 中，(P+V)含量随保温时间延长逐步增大，而 Si 等杂质的含量则逐渐减少，说明保温过程渣中 V 与 P 选择性地转移并生成 CPV，其热力学成因前面已详述。

(2) 在动力学上，V 迁移至 CPV 的变化率(单位时间的迁移量)随保温时间延长逐步衰减，V 的相间迁移速度较慢，延长保温时间有利于 V 在 CPV 中富集。但保温时间超过 240min 后，再延长保温时间对钒的富集作用已不明显。

(3) 由表 5.15 中 1250℃析晶样品的数据可看出，再延长保温时间还出现微贫化现象。原因是长时间保温，CPV 中 V 数量增加，基质中 V 数量减少，转移与析出的趋势逐渐衰减，而 P 转移至 CPV 中的趋势相对增强，数量增多而稀释 CPV 中 V 含量。

(4) 保温时间短于 120min 时，1250℃析晶温度得到的 CPV 中钒的富集品位更高。其原因是 CPV 的结晶开始温度在 1350℃附近，随着冷却过程的进行，不断从基质熔体中获得所需的 V，并排斥杂质，成为相对"洁净"物相，从而使 CPV 更趋纯净。

5.3.3　新西兰现场渣改性后渣中钒富集相的选择性长大

取新西兰钢公司含钒钢渣 200g，加入 20g SiO$_2$ 和 40g Al$_2$O$_3$，混匀置于刚玉坩埚内，在 MoSi$_2$ 炉中 1530℃下充分熔化，水淬成改性淬冷渣。将改性淬冷渣样装入刚玉坩埚，于 MoSi$_2$ 炉中升温至 1530℃，保温使之充分熔化后，以 3℃/min 速度分别冷却至 1275℃和 1250℃保温，保温时间为 7～300min，按不同保温时间分别由炉中取样，于室温下淬冷，得到待检测样。保温样品的扫描电镜图见图 5.3。

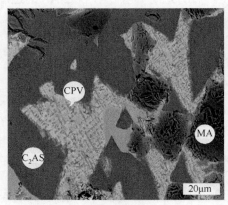 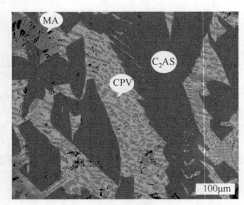

(a) 1275℃×7min　　　　　　　　　　　(b) 1250℃×30min

图 5.3　新西兰含钒钢渣改性后淬火样品的扫描电镜图

分析图 5.3 可得如下结果。

(1) 图 5.3(a)为 1275℃下保温 7min 急冷样，CPV 多为细条枝状晶，晶粒尺寸很小。

(2) 图 5.3(b)为 1250℃下保温 30min 急冷样，随保温时间延长，CPV 晶体明显长大，平均尺寸可达 100μm，二维形貌呈不规则片状，边界多弧形过渡。

(3) 分析 1250℃下不同保温时间样品中 CPV 晶体的尺寸表明，随保温时间延长，粒径≥20μm 的大颗粒比例增多。规律同其他熔渣系中钒选择性析出一样，提供足够的保温时间是钒富集相析出、长大的必要条件。

5.3.4　含钒合成渣改性后渣中钒富集相的选择性长大

1. 冷却速度与 CPV 核化及生长速率的关系

采用 5.3.1 节的改性合成渣作为实验用渣。将 10g 实验用渣装入刚玉坩埚，于 MoSi₂ 炉中升温至 1530℃，保温使之充分熔化后，以 0.5℃/min 速度冷却至 1275℃，保温时间为 30～240min，其间按确定时间间隔取样，急冷得待测渣样。同法得冷却速度分别为 1.5℃/min、3℃/min、5℃/min 且不同保温时间的待测渣样。据此研究冷却速度、保温时间与 CPV 结晶的动力学。图 5.4 是冷却速度为 0.5℃/min、5℃/min 时样品的背散射电子形貌图。

由图可以看出，CPV 结晶均呈小的块状或细小尚未及长大的枝状晶，尺寸与形貌均无明显差异。此结果预示，实际应用该工艺控制时，只要将不同区域熔渣冷却速度控制在 0～5℃/min，CPV 晶体均可长成相近的形貌。若超出此控制范围，即过冷度过大、冷却速度过快或类似情况，则可能出现细小的枝状、针状或羽毛状晶体。文献[13]和[14]对钙钛矿等物相在熔渣中的析出行为有类似的论述[6]。

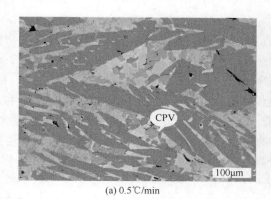

(a) 0.5℃/min　　　　　　　　　　(b) 5℃/min

图 5.4　不同冷却速度样品的背散射电子形貌图

2. 析晶温度与 CPV 选择性长大的关系

实验渣系与实验方法同上。熔渣以 3℃/min 的速度冷却，析晶温度分别控制在 1325℃、1300℃、1275℃和 1250℃，保温时间为 5～750min。图 5.5 表明 CPV 平均粒径与析晶温度和保温时间的关系。依据经典形核与生长理论[15-17]，由此图可归纳如下规律。

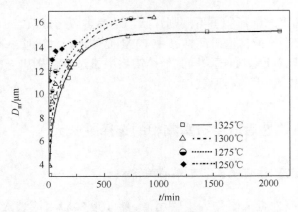

图 5.5　CPV 平均粒径与析晶温度和保温时间的关系

(1) CPV 晶体长大过程随保温时间延长可分为三个阶段：①保温时间 $t \leqslant 240min$ 为生长初始阶段，其间 CPV 平均粒径随保温时间延长几乎按线性规律快速长大；②保温时间 $240min < t \leqslant 500min$ 为生长过渡阶段，此阶段长大速率逐步下降；③保温时间 $t > 500min$ 为生长末段，其间 CPV 平均粒径随保温时间延长几乎不再变化。因此，最有效的 CPV 保温时间是 $t \leqslant 240min$ 的生长初始阶段，保温时间 $t > 500min$，对 CPV 的进一步长大已无意义。

(2) 对于四个析晶温度，CPV 的平均粒度均随保温时间的延长而增大，尤其在生长初始阶段。可认为在保温析晶前的熔体冷却过程中，由过冷度所导致的待析出组分的过饱和增大了晶体形核、生长的热力学驱动力，同时加速了其动力学过程。因此，当熔体以相对快的速率冷却到 CPV 析晶温度时，基质熔体中待析出的$[VO_4]^{3-}$、$[PO_4]^{3-}$等离子已处于过饱和状态，必然可加速 CPV 晶体的快速长大。

(3) 在 $t \leqslant 240min$ 的生长初始阶段，情况稍显复杂。首先，该时间段内，CPV 平均粒径与析晶温度有如下关系：$D_m(1250℃) > D_m(1275℃) > D_m(1300℃) > D_m(1325℃)$。产生这关系的根本原因在于，析晶温度越低，初始析出的 CPV 粒径越大，该初始粒径主导了上述关系。对此，可作如下分析：析晶温度越低，过冷度越大，过饱和度越大，形核驱动力越大，形核速率越大，则越易形成稳定晶核。因过冷度大产生的初晶环境的过饱和度大，利于 CPV 初始晶粒的迅速长大，故其析出的初始粒径就相对大。这可理解为过饱和度效应。此外，随着保温时间延长，相对低温析晶的过饱和度的优势效应不复存在，而对于高温析晶情况，因熔体黏度相对小，原子和离子扩散相对容易，固/液界面上的晶体生长阻力小，故生长速率相对更大。由图 5.5 看出：在 1275～1300℃保温最利于 CPV 晶粒的快速长大，是 CPV 析出、长大较为理想的温度区间。

(4) 在 $240min < t \leqslant 500min$ 的生长过渡阶段，伴随 CPV 的析出、长大，基质熔体中$[VO_4]^{3-}$、$[PO_4]^{3-}$等离子浓度下降，CPV 生长的驱动力减弱，平均粒径随时间推移增长渐缓。由图 5.5 看出，当保温时间超过 500min 后，CPV 晶体几乎停止生长。

由此可知，在实际操作过程，将 CPV 的析晶温度控制在 1275～1300℃、保温时间控制在 300～500min 内较为理想。

综上所述，对含钒合成渣和新西兰现场渣两种含钒钢渣物相组成的研究结果表明，两种渣的物相组成基本相似,故设定选择性富集过程的富集相为 CPVS 或 CPV,改性添加剂为 Al_2O_3。在熔渣富集过程,Al_2O_3 与先期析出的 C_2S 反应生成 CPV,将渣中钒的绝大部分富集其中,如改性后新西兰含钒钢渣富集相中 V_2O_5 品位达到 32.63%,含钒合成钢渣富集相中 V_2O_5 品位达到 23.87%。在改性渣冷却过程,控制富集相的析晶温度在 1275～1300℃,保温时间在 300～500min 内,富集相晶粒分布曲线呈现向大晶粒尺寸方向移动的效果。凝渣中大部分富集相晶体粒径分布在 40～100μm,达到选择性长大的目的,为后续选择性分离创造十分有利的分离分选条件。借鉴 3.6 节较成熟的选矿工艺流程,可以将改性凝渣中钒富集相有效分离出来,得到富钒精矿,其中 V_2O_5 品位为 15%～18%,明显高于钒渣。

5.4　钒渣钙化焙烧反应机理与条件

钒渣的化学成分与微观特征对后续提钒的技术指标影响显著。为此,了解和控制焙烧过程渣中化学反应、钒的分布和形貌、钙化焙烧温度和焙烧时间等基础条件十分必要。付念新等[18]详细研究了钒渣钙化焙烧反应的机理及其影响因素。

5.4.1　钒渣化学成分及物相

转炉吹炼钒渣的化学成分见表 5.16。借助电子显微镜及图像分析软件 CF2000mis,对钒渣中主要物相所占比例(物相面积与视场面积比)也进行了分析,结果见表 5.17。

表 5.16　钒渣成分(单位：%)

成分	质量分数	成分	质量分数	成分	质量分数
V_2O_5	13.74	CaO	9.42	MnO	7.16
Fe_2O_3	35.42	Al_2O_3	3.09	TiO_2	13.83
SiO_2	13.69	MgO	2.23	Cr_2O_3	0.66

表 5.17　钒渣主要物相组成(单位：%)

矿相	质量分数	矿相	质量分数
钒铁尖晶石	45～55	辉石	10～20
铁橄榄石	40～50	金属铁	10～15

5.4.2　影响钒渣焙烧熟料物相的因素

1. 焙烧温度

表 5.18 给出不同焙烧温度下熟料的 XRD 物相分析结果。

表 5.18　不同焙烧温度下熟料 XRD 物相分析结果

焙烧温度/℃	主要物相	次要物相
400~660	R_2O_3, $Fe_{0.07}V_{1.93}O_4$, $Ca_2V_2O_7$, $Mg(VO_3)_2$	$CaCO_3$, $Fe_{0.25}Mg_{0.25}Mn_{0.5}SiO_3$
400~700	R_2O_3, $Mg_2V_2O_7$, $Mn(VO_3)_2$	$CaCO_3$, $Ca(Mg, Ca)Si_2O_6$
400~740	R_2O_3, $Fe_{0.07}V_{1.93}O_4$, $Ca_2V_2O_7$	$CaCO_3$, Fe_2TiO_5
400~780	R_2O_3, $FeVO_4$, $Mn(VO_3)_2$, $CaMgV_2O_7$	Fe_2TiO_5
400~820	R_2O_3, Fe_2TiO_5, $CaMgV_2O_7$, $Ca_2V_2O_7$	SiO_2
400~860	R_2O_3, Fe_2TiO_5, $CaMgV_2O_7$, $Ca_2V_2O_7$	—
400~900	R_2O_3, Fe_2TiO_5, $CaMgV_2O_7$, $Ca_2V_2O_7$	$Al_{1.77}Ca_{0.88}Si_{2.23}O_8$, SiO_2
400~940	R_2O_3, Fe_2TiO_5, $Ca_2V_2O_7$, $CaMgV_2O_7$	$Al_{1.77}Ca_{0.88}Si_{2.23}O_8$, SiO_2, $Ca(Fe, Mg)(SiO_3)_2$

表中焦钒酸盐($Ca_2V_2O_7$、$CaMgV_2O_7$、$Mg_2V_2O_7$)或偏钒酸盐($Mg(VO_3)_2$、$Mn_2(VO_3)_2$)根据图谱由软件自动检索结果，但实际钒酸盐中还固溶 Ca、Mg、Mn 等元素。

2. 焙烧时间

表 5.19 给出焙烧温度为 880℃、钙钒比为 0.7、不同焙烧时间下熟料的 XRD 物相分析结果。由表可知，随焙烧时间延长，生成的钒酸盐数量增多，焙烧 3h 后，钒渣转化较彻底，未观察到残余尖晶石。

表 5.19　不同焙烧时间下熟料 XRD 物相分析结果

焙烧时间/h	主要物相	次要物相
2	R_2O_3, Fe_2TiO_5, $Ca_2V_2O_7$	SiO_2, $Al_{1.77}Ca_{0.88}Si_{2.23}O_8$
3	R_2O_3, Fe_2TiO_5, $Ca_2V_2O_7$	SiO_2, $Al_{1.77}Ca_{0.88}Si_{2.23}O_8$
4	R_2O_3, Fe_2TiO_5, $Ca_2V_2O_7$	SiO_2, $CaAl_2Si_2O_8$
5	R_2O_3, Fe_2TiO_5, $Ca_2V_2O_7$	SiO_2, Ca_2SiO_4

3. 钙钒比

表 5.20 表明，随着 $CaCO_3$ 加入量增多，$Ca_2V_2O_7$ 的生成量亦增大，以钙钒比 0.6~0.8 为宜。随钙钒比增大，硅酸盐相中 SiO_2 逐渐向 $CaAl_2Si_2O_8$ 和 Ca_2SiO_4 转移。

表 5.20　不同钙钒比条件下焙烧熟料 XRD 物相分析结果

钙钒比	主要物相	次要物相
0.5	R_2O_3, Fe_2TiO_5, $Ca_2V_2O_7$, $FeVO_4$	SiO_2
0.6	Fe_2TiO_5, R_2O_3, $Ca_2V_2O_7$	SiO_2, $CaAl_2Si_2O_8$(钙长石)
0.8	R_2O_3, Fe_2TiO_5, $Ca_2V_2O_7$, $Mn_2V_2O_7$, Fe_3O_4	SiO_2, Ca_2SiO_4
0.9	Fe_2TiO_5, R_2O_3, $Ca_2V_2O_7$	Ca_2SiO_4

4. 冷却速度

缓冷与快冷时焙烧熟料的形貌见图 5.6。图 5.6(a)渣中浅灰色大粒为钒酸盐凝聚相，面积大，表明缓冷过程熔化的钒酸盐有充足时间在渣粒间分布、扩散；图 5.6(b)渣中较明亮的为 R_2O_3 团聚晶体，其周边部分浅灰色为钒酸盐凝聚相，面积较窄且分散，表明快冷过程钒酸盐在渣粒间分布、扩散时间短。实验分析表明，快冷焙烧熟料的钒浸出率为 78.54%，远高于缓冷熟料的 52.36%。这表明快冷过程避开不溶性钒酸盐生成，有助于提高钒的浸出效果。

(a) 缓冷试样　　　　　　　　　　　　　　　(b) 快冷试样

图 5.6　缓冷与快冷焙烧熟料的形貌

5.4.3　钒渣钙化焙烧机理

1. 钒酸钙生成反应的热力学

在钒渣的钙化焙烧过程，并非钒铁尖晶石相直接与 $CaCO_3$ 反应，而是前者先氧化-分解生成高价钒(V^{4+}、V^{5+})产物后，再与 $CaCO_3$ 反应生成三种钒酸钙，各反应 $\Delta G^{\ominus}$ 与温度的关系如下：

$$V_2O_5+CaCO_3 = CaV_2O_6(偏钒酸钙)+CO_2,\ \Delta G^{\ominus}=27.44273-0.15324T \tag{5.5}$$

$$V_2O_5+2CaCO_3 = Ca_2V_2O_7(焦钒酸钙)+2CO_2,\ \Delta G^{\ominus}=83.54155-0.30996T \tag{5.6}$$

$$V_2O_5+3CaCO_3 = Ca_3V_2O_8(正钒酸钙)+3CO_2,\ \Delta G^{\ominus}=197.72855-0.47683T \tag{5.7}$$

显然，在 200～1200K，三个生成反应的 $\Delta G^{\ominus}$ 均呈现为负值，即温度升高有利于反应向前推进。实际上，钒渣的钙化焙烧过程不仅受反应温度影响，而且受反应时间、钒渣原始组分、物料钙钒比及粒度等多种因素的影响。因此，有必要多方面综合分析钒渣钙化焙烧过程的物相演变与反应机理。

2. 钒渣升温过程热分析

热重分析结果表明，①温度由 100℃升至 370℃时未显增重；②在 370～430℃失重率为 1.34%，可能由钒渣中少量易挥发杂质引起；③500℃左右开始失重并持续至 700℃，失重率为 0.74%，可能是钒铁尖晶石氧化-分解生成的 V_2O_5 与铁氧化物反应释放出 O_2 引发的失重；④700℃后逐渐增重直至 960℃，增重率为 1.52%，增重幅度大表明高温下氧化-分解反应激烈。

差热分析结果表明，①300～600℃呈现氧化放热反应的趋势；②350～450℃出现明显的吸热峰，峰谷在 412.3℃，这与热重曲线 370～430℃的失重相对应，可能是 CaO 中少量易挥发物所致；③在 580℃附近曲线出现上行拐点，表明氧化放热反应加速；④650～680℃曲线出现一平台，它对应钒铁尖晶石氧化-分解反应生成的 V_2O_5 熔化吸热效应，释放出的 V_2O_5 与 $CaCO_3$ 反应生成三种钒酸盐，反应如下：

$$Fe_2O_3 \cdot V_2O_5 \longrightarrow Fe_2O_3(R_2O_3) + V_2O_5 + CaCO_3 \longrightarrow CaV_2O_6 + Ca_2V_2O_7 + Ca_3V_2O_8 \tag{5.8}$$

⑤680℃后曲线上行明显，在 705.6℃呈现强烈的氧化放热峰顶；⑥705～960℃，下行的曲线在 880.7℃、907.9℃和 935.1℃分别出现三个吸热峰，是生成的钒酸盐熔化所致。

3. 钒渣钙化焙烧过程物相演变规律

基于化学反应热力学分析与钒渣热分析结果，可确定钙化焙烧过程的物相演变规律如下。

(1) 350℃，渣中夹杂的金属铁开始氧化反应，可持续到 700℃，氧化产物为 FeO 和 Fe_2O_3。

(2) 500～600℃，铁橄榄石与钒铁尖晶石均开始氧化-分解，两反应是重叠进行的：

$$2FeO \cdot SiO_2 + O_2 \longrightarrow Fe_2O_3 + SiO_2 \tag{5.9}$$

$$FeO \cdot V_2O_3 + O_2 \longrightarrow Fe_2O_3(R_2O_3) + V_2O_5 \tag{5.10}$$

随着温度提升，钒铁尖晶石氧化速度加快，产物为钒氧化物(V_2O_4 与 V_2O_5)和 R_2O_3，后者为以 Fe_2O_3 为基含 Mn^{3+}、Cr^{3+} 和 Al^{3+} 的固溶体。

(3) 600～750℃，$CaCO_3$ 开始与 V_2O_5(和 V_2O_4)反应生成(偏、焦、正)钒酸钙，其中固溶 Mn、Mg、Ti、Fe 等，由钙钒比等条件决定；同时 Fe_2O_3 或 R_2O_3 还可能与 V_2O_5 反应生成正钒酸铁($FeVO_4$)，并与 $CaCO_3$ 作用形成钒酸钙，这些反应或为叠加或为连贯反应：

$$V_2O_5 + CaCO_3 \longrightarrow CaV_2O_6 + CO_2$$

$$V_2O_5 + 2CaCO_3 \longrightarrow Ca_2V_2O_7 + 2CO_2$$

$$V_2O_5 + 3CaCO_3 \longrightarrow Ca_3V_2O_8 + 3CO_2$$

$$2FeVO_4 + CaCO_3 \longrightarrow CaV_2O_6 + Fe_2O_3 + CO_2 \tag{5.11}$$

(4) 780～900℃，钒铁尖晶石氧化-分解速度加快，在 800℃附近几乎完全被破坏，生成的钒酸钙数量增多；也有部分钒酸盐熔化，钒氧化物与硅酸盐作用也可出现液相，造成物料结块。因此，900℃左右为最佳焙烧温度。

(5) 900℃后，在钒氧化物残余情况下，CaO 可与硅酸盐作用发生硅钙反应，产物为硅酸钙盐。1000℃以上发生 $FeSiO_3$ 氧化-分解反应：

$$4FeSiO_3 + O_2 == 2Fe_2O_3 + 4SiO_2$$

4. 渣中硅酸盐相的行为

钒渣中起黏结作用的硅酸盐(铁橄榄石、辉石或玻璃体)数量占矿相总量的 40%～60%。钒铁尖晶石多数处于硅酸盐基体的包裹中，为促使钒铁尖晶石与氧接触，须破坏掉包裹的硅酸盐。当钒渣破碎的粒度较粗时，部分被包裹的尖晶石颗粒尚未完全氧化-分解掉。通常硅酸盐中铁和锰含量高，钒渣氧化迅速。相反，钙和镁含量高时，需要升高温度才会加速。

钒铁尖晶石氧化-分解生成的 V_2O_5 可于 650～680℃熔化，它流动性好，易浸入钒渣气孔和裂缝中与之反应，生成新的过渡相 V_3O_5：

$$3FeO+3V_2O_5 \Longrightarrow Fe_3O_4+2V_3O_5+2O_2 \tag{5.12}$$

$$2Fe_3O_4+3V_2O_5 \Longrightarrow 3Fe_2O_3+2V_3O_5+2O_2 \tag{5.13}$$

$$2V_2O_3+V_2O_5 \Longrightarrow 2V_3O_5+1/2O_2 \tag{5.14}$$

液相 V_2O_5 起氧化剂的作用，有助于钒渣氧化。实验数据表明，500℃时渣中就出现 Fe_2O_3，仅在熔化的 V_2O_5 形成之后渣中 Fe^{3+} 的数量才迅速增加。渗入钒渣中的 V_2O_5 也会与硅酸盐相反应，形成低熔物，造成焙烧物料的黏结；同时实验中检测到部分钒残留在硅酸盐中，难以酸浸而造成钒损。此外，本书亦详细地分析钙化焙烧熟料钒损的各种原因及对应措施[19-25]。

5.5　含钒铁水选择性氧化制取优质钒渣的新技术

高炉含钒铁水在转炉工序采用氧气、空气及氧化铁皮(矿)作为氧化剂制取钒渣[24-28]。因铁水钒低、硅高，由它制取的钒渣中也钒低、硅高。按现行提钒流程测算，渣中 V_2O_3 质量分数每提高 2%(一个质量等级)，钒收率可提高 3%，后续用钒渣生产 V_2O_5 排放的化工固废可减量 10%以上，钒渣生产成本降低 1500～2000 元/t。显然，提高钒渣质量的价值巨大。

本节针对渣中钒低、硅高的弊端，基于选择性氧化的技术思路，研发出含钒铁水脱硅保钒、生产钒高硅低优质钒渣的新工艺方法，其原理及应用简述如下。

5.5.1　钒渣的物化性质

1. 钒渣中的物相

钒渣由四种主要物相构成[29, 30]：钒铁尖晶石相、硅酸盐相、辉石和金属铁。钒铁尖晶石相中钒以 V^{3+} 赋存并固溶 Mn^{2+}、Fe^{2+}、Mg^{2+} 及 Fe^{3+}、Al^{3+}、Cr^{3+}、Ti^{3+} 等离子。硅酸盐相以橄榄石为主，通式为 $2MO·SiO_2$，其中 M 指 Mn^{2+}、Fe^{2+}、Mg^{2+} 等离子。铁橄榄石(Fe_2SiO_4)是其中的主体，为渣中最晚凝固的物相，因而它包裹早期析出的钒铁尖晶石相[31]，直接影响后续钒渣焙烧及钒浸出流程的钒收率。若钒渣中钙、镁含量较高，则生成偏硅酸盐相，如钙辉石和镁辉石。在钒渣后续氧化-钠化焙烧过程，辉石相颇难分解，其含量越高，钒的氧化率越低，钒焙烧转化率就越差。若渣中存在游离石英相，在焙烧时可与钠盐反应生成硅酸钠并黏结在焙烧产物表面，降低钒的浸出率。总之，渣中相伴钒的杂质始终干扰提钒流程，危害钒制品的质量[32]。

2. 影响钒渣品质的因素

渣中钒氧化物与杂质的数量决定标准钒渣的等级。吹炼钒渣过程，铁水中钒含量、氧化速率及钒收率等工艺参数均与钒渣等级、提钒产能和生产成本直接相关[33]。为此，以下逐项分析影响钒渣品质的各种因素。

1) CaO

钒渣氧化焙烧时，CaO 与钒氧化物反应生成不溶水的钒青铜，降低钒的转化率；钠化焙烧时，CaO 增加 Na_2CO_3 的用量，并导致熟料烧结，恶化焙烧工艺[34]；CaO 质量分数每增加 1%，V_2O_5 转化率降低约 8.03%[35, 36]。通常将渣中 V_2O_5/CaO 比作为评价钒渣品质的主要依据，比值越高，CaO 的影响越小；反之，则越大。故吹炼钒渣前必须设法降低铁水带渣与扒除铁水预脱硫生成的含 CaO 硫渣，避免其混入后续吹炼的钒渣中。

2) 铁

渣中金属铁在焙烧过程氧化放热，造成渣黏结，增加控制焙烧温度的难度；生成的 Fe_2O_3 与 V_2O_5 反应，直接降低钒渣品位。

3) 锰

渣中锰含量过高，熟料水浸时会生成含锰化合物的红褐色薄膜，增加后续过滤工序负荷[37]。

4) 磷

渣中磷以钙镁磷酸盐形式存在，在后续浸取钒时进入水浸液，大幅降低钒产品质量。

5) 硅

(1) 铁水[Si]质量分数高则渣中(SiO_2)质量分数增加，(SiO_2)质量分数与[Si]质量分数关系如下[38]：

$$(SiO_2)质量分数 = \{([Si]质量分数 - [Si]_{半钢}质量分数) \times (SiO_2 分子质量/Si 原子质量)\}$$
$$/(钒渣产率 + 冷却剂中 SiO_2 质量分数) = 71.42 \times [Si]质量分数 + 4.6 \quad (5.15)$$

如图 5.7 所示，铁水中[Si]氧化放热，温度快速升高，达到碳-钒转化温度后，[V]氧化不充分，并导致铁损增加及显著降低钒渣品位[39]，而半钢中钒高、碳低，又影响后续的炼钢工艺[40]。

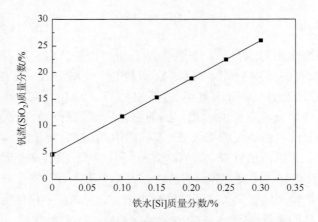

图 5.7　铁水[Si]质量分数对应钒渣(SiO_2)质量分数

(2) (SiO_2)是钒渣中的黏结相，形成铁、锰橄榄石和辉石(或透辉石)[31]，它包裹在钒铁尖晶石相周围，既阻碍焙烧氧化过程，又阻碍钠盐和氧向钒铁尖晶石内部扩散，降低钒收率。

(3) (SiO_2)影响钒渣碱度和黏度[38,41]，钒渣黏度与(SiO_2)质量分数呈负-正相关，(SiO_2)质量分数以 18.28%为转折点，超过它将有多余的游离(SiO_2)形成大尺寸络合负离子，增加渣黏度。

(4) 当渣中 $V_2O_5/SiO_2<1$ 时，(SiO_2)质量分数每上升 1%，钒收率下降 0.2%[38]。

6) 钛

钛的化学性质与硅相近，在转炉吹钒过程随硅一起氧化进入钒渣。渣中钛主要赋存于复杂尖晶石$(Fe^{2+}Mn^{2+}Mg^{2+})(Cr^{3+}V^{3+}Ti^{3+}Al^{3+}Fe^{3+})O_4$相，它的熔点高，先析晶，被硅酸盐相包裹，减缓焙烧过程氧化反应速率。钒渣中每增加 1%TiO_2，相应增加 1.8%FeO，增大 2.8%渣量，明显延缓钒向高价态转化。故渣中钛与硅同样是降低钒渣品位的有害组分[18]。

3. 钒渣中杂质来源及其危害

1) 危害

传统钒渣湿法提钒存在两个难点：一是直接用酸浸或碱浸方法难以将渣中钒彻底解离出来并氧化成高价可溶性钒；二是钒渣中 SiO_2 与碱反应生成可溶性硅酸盐，水解时析出胶质 SiO_2 沉淀，堵塞网孔，难过滤，并且随着溶液中硅量增加，浸出钒液的除杂负荷增大，钒损增加，钒收率降低[42]。

2) 来源

钒渣中 Si、Ti、Ca、Mg、Al、Fe 等杂质主要来自含钒铁水。现行吹炼钒渣工艺是在转炉中用纯氧气(强氧化剂)吹炼含钒铁水，这样深度氧化铁水的后果是，[Si]等杂质随同钒一起氧化进入钒渣，产生杂质含量高而钒含量低的劣质钒渣。这种恶果的根源是强氧化剂的无差别过度氧化。

3) 方法

既然问题出于氧化过度，解决的出路在于控制氧化程度，即掌控氧化反应的选择性。办法之一就是反其道而行之，用弱氧化剂替代强氧化剂对含钒铁水实施浅度氧化。利用[Si]等杂质与氧的亲和力比[V]略强的差异，用弱氧化剂有选择地氧化铁水中[Si]等杂质进入渣相，而[V]选择性地不被弱氧化剂氧化，继续留在铁水中。显然，其结果就是既除掉铁水中[Si]等杂质又保住[V]，一举两得，兼顾"脱硅和保钒"双重目标。

2010 年，隋智通首次提出"利用 CO_2 气体弱氧化的特点，选择性地氧化、分离掉含钒铁水中硅、钛等杂质但保住钒不被氧化的思路"，并于 2013 年 12 月立项《含钒铁水的脱硅保钒研究》[43]，确立了含钒铁水实施深、浅分段氧化制取低硅钛、高钒的优质钒渣技术[44-46]，并据此获准专利[45]。以下简述 $CO_2(g)$选择性氧化-脱硅保钒的理论依据与实验研究结果。

5.5.2　含钒铁水选择性脱硅保钒的理论基础

依据铁水中元素的物理化学性质及氧化反应的条件，调控氧化反应的选择性[47]。

1. $CO_2(g)$氧化含钒铁水中各元素的化学反应

表 5.21 给出标准状态下含钒铁水中各元素与 $CO_2(g)$ 反应的 $\Delta G^{\ominus}$ -T 关系[48]。

表 5.21　含钒铁水中各元素与 $CO_2(g)$ 反应的 $\Delta G^{\ominus}$ -T 关系(单位：J/mol)

含钒铁水中各元素与 $CO_2(g)$反应	标准吉布斯自由能变化
$CO_2(g)+0.5[Si] \Longrightarrow 0.5(SiO_2)+CO(g)$	$\Delta G^{\ominus} = -126475+22.39T$
$CO_2(g)+Fe(l) \Longrightarrow (FeO)+CO(g)$	$\Delta G^{\ominus} = 24890-31.55T$
$CO_2(g)+2/3[V] \Longrightarrow 1/3(V_2O_3)+CO(g)$	$\Delta G^{\ominus} = -1062105+24.35T$
$CO_2(g)+[C] \Longrightarrow 2CO(g)$	$\Delta G^{\ominus} = 143960-128.74T$
$CO_2(g)+[Mn] \Longrightarrow (MnO)+CO(g)$	$\Delta G^{\ominus} = -130484+41.30T$
$CO_2(g)+1/4[P]+3/8[Fe] \Longrightarrow 1/8(3FeO \cdot P_2O_5)+CO(g)$	$\Delta G^{\ominus} = -39156-13.45T$
$CO_2(g)+[Si] \Longrightarrow SiO(g)+CO(g)$	$\Delta G^{\ominus} = 266660-128.87T$
$CO_2(g)+2/3[Cr] \Longrightarrow 1/3Cr_2O_3+CO(g)$	$\Delta G^{\ominus} = -101930+26.452T$

2. 使用 $CO_2(g)$吹炼含钒铁水的特点

CO_2 是冶金生产排放的废气，选择它作为弱氧化剂吹炼含钒铁水，既废物利用，又优势突出。

(1) $CO_2(g)$吹炼含钒铁水过程，环境中各气相组分的平衡体积分数与温度关系如图 5.8 所示。

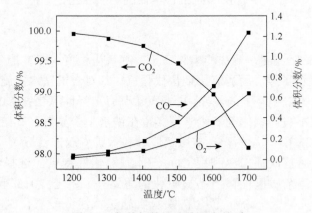

图 5.8　各种气体组分的平衡关系

(2) $CO_2(g)$的氧化能力弱于 $O_2(g)$和空气，选择它吹炼含钒铁水，可以大幅降低吹炼时的铁损，同时它转化为 $CO(g)$，提高转炉煤气的燃烧热值。

(3) 冶金企业 $CO_2(g)$丰富，回收成本低，常温常压下不燃烧也不助燃，性质稳定、安全，易储存。

(4) 用 $CO_2(g)$吹炼含钒铁水，不干扰现行工艺流程，也不影响后续炼钢的质量。

3. $CO_2(g)$吹炼含钒铁水的脱硅产物为 $SiO(g)$时氧化反应的热力学

1) 氧化反应类型

(1) 直接氧化。

直接氧化系指氧化剂($CO_2(g)$或 $O_2(g)$)直接氧化铁水中元素[M]，生成氧化物(M_xO_y)的反应(5.16a)和反应(5.16b)，尽管铁水中元素[M]氧化反应的 $\Delta G^\ominus$ (负值)的绝对值很大，热力学趋势很强，但铁水中[M]含量远低于[Fe]含量，铁氧化反应[Fe]+$CO_2(g)\longrightarrow$(FeO)+CO(g)的热力学趋势和动力学优势更强，优先在界面上形成(FeO)，(FeO)既氧化[M](反应(5.16c))，又按分配定律溶解进入铁水，生成的[O]同样作为氧化剂去氧化[M](反应(5.16d))，故称反应(5.16a)和反应(5.16b)为直接氧化，反应(5.16c)和反应(5.16d)为间接氧化：

$$气/金反应：x[M]+yCO_2(g) == (M_xO_y)+yCO(g) \tag{5.16a}$$

$$气/金反应：x[M]+y/2O_2(g) == (M_xO_y) \tag{5.16b}$$

(2) 间接氧化。

$$渣/金反应：x[M]+y(FeO) == (M_xO_y)+y[Fe] \tag{5.16c}$$

$$铁液反应：x[M]+y[O] == (M_xO_y) \tag{5.16d}$$

式中，[M]表示铁水中 C、Si、Ti、Al、Mn 和 V 等元素。

2) 氧化反应状态

$CO_2(g)$氧化铁水时，铁水中[M]处于非理想状态，须引入活度。同时，[Si]氧化反应产物有(SiO_2)与 $SiO(g)$两种。首先探讨产物仅为 $SiO(g)$时[Si]和[V]氧化反应的热力学条件。铁水底吹 $CO_2(g)$形成气泡上浮表面过程，$CO_2(g)$与铁水中[Si]、[V]发生下列氧化反应：

$$[Si]+CO_2(g) == SiO(g)+CO(g), \quad \Delta G^\ominus = 266660-125.87T \tag{5.17}$$

$$2/3[V]+CO_2(g) == 1/3(V_2O_3)+CO(g), \quad \Delta G^\ominus = -106210+24.35T \tag{5.18}$$

两反应组合给出：

$$[Si]+1/3(V_2O_3) == 2/3[V]+SiO(g), \quad \Delta G^\ominus = 372870-150.22T \tag{5.19}$$

反应(5.19)的吉布斯自由能变化为

$$\Delta G = \Delta G^\ominus + RT\ln\frac{\left(a_{[V]}\right)^{2/3}p_{SiO}}{a_{[Si]}p^\ominus\left(a_{(V_2O_3)}\right)^{1/3}} \tag{5.20}$$

设定式中 $p_{SiO}/p^\ominus = p_1$，实验用含钒生铁成分见表 5.22。1873K，铁水中[Si]等元素的相互作用系数[49]见表 5.23 和表 5.24。

表 5.22　实验用含钒生铁成分(单位：%)

成分	质量分数	成分	质量分数
C	4.41	S	0.044
Si	0.58	V	0.41
Mn	0.33	其他	94.165
P	0.061		

表 5.23　1873K 下各元素对硅的相互作用系数

系数	值	系数	值
e_{Si}^C	0.18	e_{Si}^S	0.056
e_{Si}^{Si}	0.11	e_{Si}^V	0.025
e_{Si}^{Mn}	0.002	e_{Si}^{Cr}	−0.0003
e_{Si}^P	0.11		

表 5.24　1873K 下各元素对钒的相互作用系数

系数	值	系数	值
e_V^C	−0.34	e_V^S	−0.028
e_V^{Si}	0.042	e_V^V	0.015
e_V^P	−0.041		

第 i 个元素的活度 a_i 及活度系数 f_i 之间的关系可表示为

$$a_i = f_i w[i]$$

式中，$w[i]$ 为第 i 个元素体系的质量分数，f_i 可表示为

$$\lg f_i = \sum_j e_i^j w[j]$$

其中，e_i^j 为第 j 个元素对第 i 个元素的相互作用系数；$w[j]$ 为第 j 个元素体系的质量分数。由上述数据可计算 a_i 及 f_i：

$$a_{[Si]} = f_{Si} \cdot w[Si]$$

$$a_{[V]} = f_V \cdot w[V]$$

$$\lg f_{Si} = e_{Si}^C w[C] + e_{Si}^{Si} w[Si] + e_{Si}^{Mn} w[Mn] + e_{Si}^P w[P] + e_{Si}^S w[S] + e_{Si}^V w[V]$$

$$\lg f_V = e_V^C w[C] + e_V^{Si} w[Si] + e_V^P w[P] + e_V^S w[S] + e_V^V w[V]$$

设定 $a_{(V_2O_3)} = 1$，$p_{CO_2} = p^\ominus$，平衡时 $\Delta G = 0$，式(5.20)可表示为如下温度关系：

$$\frac{19474.069}{T} = 7.8456 + 0.4067 w[C] + 0.0820 w[Si] + 0.0020 w[Mn] + 0.1373 w[P]$$

$$+ 0.0747 w[S] + 0.0150 w[V] - \frac{2}{3} \lg w[V] + \lg w[Si] - \lg p_1 \tag{5.21}$$

设定反应体系达到平衡，铁水中 $w[V]_{平} = 0.41\%$，$w[M]_{平}$ 也给定，当 $w[Si]_{平}$ 不同时，计算出平衡体系中 p_1 与 T 间关系，如表 5.25 所示。

表 5.25　铁水中 $w[M]_{平}$ 给定而 $w[Si]_{平}$ 改变时平衡体系中 $T\text{-}p_1$ 关系

序号	平衡时铁水成分/%						$T\text{-}p_1$ 关系
	$w[C]$	$w[Si]$	$w[Mn]$	$w[P]$	$w[S]$	$w[V]$	
1	4.41	1.0	0.33	0.061	0.044	0.41	$19474.069/T = 9.9979 - \lg p_1$
2	4.41	0.8	0.33	0.061	0.044	0.41	$19474.069/T = 9.8846 - \lg p_1$
3	4.41	0.6	0.33	0.061	0.044	0.41	$19474.069/T = 9.7432 - \lg p_1$
4	4.41	0.4	0.33	0.061	0.044	0.41	$19474.069/T = 9.5508 - \lg p_1$
5	4.41	0.2	0.33	0.061	0.044	0.41	$19474.069/T = 9.2333 - \lg p_1$
6	4.41	0.1	0.33	0.061	0.044	0.41	$19474.069/T = 8.9241 - \lg p_1$

　　根据表 5.25 的 T 与 $\lg p_1$ 关系作图 5.9。表 5.26 为 $w[V]_{平} = 0.41\%$ 时不同 $w[Si]$ 和 p_1 条件下钒的氧化转化温度 T。从图 5.9 和表 5.26 可知：①当 SiO(g)分压一定时，氧化转化温度 T 随铁水中 $w[Si]$ 降低而升高；②当铁水中 $w[Si]_{平}$ 一定时，氧化转化温度 T 随 SiO(g)分压降低而降低；③当 SiO(g)分压取极限值 1bar 时，在 $w[Si] = 0.1\% \sim 1.0\%$，氧化转化温度 T 皆在 1675℃以上，也就是铁水温度须高于 1675℃，铁水中钒($w[V] = 0.41\%$)才开始氧化。换言之，在铁水中 $w[Si] = 0.6\%$ 时，须 SiO(g)分压低于 0.001bar、温度低于 1255℃条件下，铁水中钒($w[V] = 0.41\%$)才开始氧化。

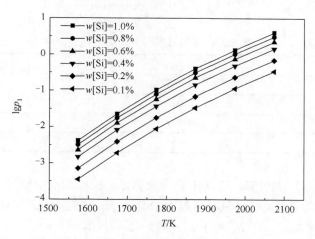

图 5.9　$w[V]_{平} = 0.41\%$ 时 $T\text{-}\lg p_1$ 关系图

表 5.26　铁水中 $w[V]_{平} = 0.41\%$ 而改变 $w[Si]$ 和 p_1 时钒的氧化转化温度 T

序号	含钒铁水成分/%				p_1/bar	$T\text{-}p_1$ 关系	$T/℃$
	$w[C]$	$w[Mn]$	$w[V]$	$w[Si]$			
1	4.41	0.33	0.41	1.0	1	$19474.069/T = 9.9979 - \lg p_1$	1675
2	4.41	0.33	0.41	0.8	1	$19474.069/T = 9.8846 - \lg p_1$	1697
3	4.41	0.33	0.41	0.6	1	$19474.069/T = 9.7432 - \lg p_1$	1726
4	4.41	0.33	0.41	0.4	1	$19474.069/T = 9.5508 - \lg p_1$	1766

序号	含钒铁水成分/%				p_1/bar	T-p_1 关系	T/℃
	$w[C]$	$w[Mn]$	$w[V]$	$w[Si]$			
5	4.41	0.33	0.41	0.2	1	$19474.069/T = 9.2333 - \lg p_1$	1836
6	4.41	0.33	0.41	0.1	1	$19474.069/T = 8.9241 - \lg p_1$	1909
7	4.41	0.33	0.41	0.6	0.1	$19474.069/T = 9.7432 - \lg p_1$	1540
8	4.41	0.33	0.41	0.6	0.01	$19474.069/T = 9.7432 - \lg p_1$	1385
9	4.41	0.33	0.41	0.6	0.001	$19474.069/T = 9.7432 - \lg p_1$	1255
10	4.41	0.33	0.41	0.4	0.01	$19474.069/T = 9.5508 - \lg p_1$	1413
11	4.41	0.33	0.41	0.2	0.01	$19474.069/T = 9.2333 - \lg p_1$	1461
12	4.41	0.33	0.41	0.1	0.01	$19474.069/T = 8.9241 - \lg p_1$	1510
13	4.41	0.33	0.41	0.1	0.001	$19474.069/T = 8.9241 - \lg p_1$	1360

设定 $p_{SiO} = 10^{-3} p^{\ominus}$ 和 $a_{(V_2O_3)} = 1$[50]，结合表 5.25，将数据代入式(5.21)，得

$$\lg \frac{\left(w[V]\right)^{2/3}}{w[Si]} = -\frac{19474.069}{T} + 12.705 \tag{5.22}$$

将 $w[V]_平 = 0.41\%$ 代入式(5.22)，计算不同温度时 $w[Si]_平$，见表 5.27。

表 5.27 不同温度时 $w[Si]_平$ 和 $w[V]_平$

T/K	$w[Si]_平$/%	$w[V]_平$/%
1623	0.503	0.41
1673	0.221	0.41
1723	0.101	0.41
1773	0.049	0.41

从表 5.27 和式(5.22)可知，铁水中硅优先氧化，仅在铁水中硅的实际浓度 $w[Si]$ 降低到 $w[Si]_平$ 时钒才开始氧化。铁水温度越高，$w[Si]_平$ 越低，钒越难氧化。利用表 5.25～表 5.27 数据，并假定 $p_{CO} = p_{SiO} = 10^{-3} p^{\ominus}$，$p_{CO_2} = p^{\ominus}$，脱硅反应如下：

$$[Si] + CO_2(g) \Longrightarrow SiO(g) + CO(g), \quad \Delta G = 266660 - 253.012T \tag{5.23}$$

3) 硅氧化产物为 $SiO(g)$ 时脱硅反应的机理

从温度和分压两种条件阐述脱硅产物为 $SiO(g)$ 时的脱硅反应机理。

(1) 温度。从反应(5.23)可看出，随着温度升高，脱硅反应的趋势增大，但实际高炉含钒铁水温度为 1300～1450℃，可调控的余地较小。

(2) 分压。从反应(5.23)可知，p_{CO_2} 越高，p_{CO} 和 p_{SiO} 越低，则脱硅反应的趋势越强，越有利于反应向脱硅方向推进。实际含钒铁水喷吹 $CO_2(g)$ 时可达到 $p_{CO_2} = p^{\ominus}$，但如何实现 p_{CO} 和 p_{SiO} 越低？答案很简单：在开放体系之下"喷吹 $CO_2(g)$ 的同一时刻 p_{CO} 和 p_{SiO} 就已经很低了"。理由是：向铁水中喷吹 $CO_2(g)$ 时形成的无数个小气泡在铁水中上浮，气

泡表面发生气/液间脱硅反应；反应开始前的瞬间，气泡里 $p_{CO_2}=p^{\ominus}$，而 $p_{CO}=p_{SiO}\approx 0$，此刻脱硅反应的趋势最大；随着气泡上浮，反应连续推进，p_{CO_2} 逐渐变小，p_{CO} 和 p_{SiO} 逐渐变大，反应趋势逐渐减弱，但这段上浮的时间很短暂，一旦气泡到达液面即破裂，反应则结束。然而不断喷吹新气泡，气泡不断地经历"上浮—破裂—结束"的循环。新 CO_2 气泡的环境特殊，泡内总处于 $p_{CO_2}=p^{\ominus}$、$p_{CO}=p_{SiO}\approx 0$ 的极限状态，CO_2 气泡表面发生氧化反应的一刻，气泡内 $p_{CO}=p_{SiO}\approx 0$ 的极限状态还相当于真空状态，随着 $CO_2(g)$ 不断上浮—破裂，泡内生成的 $CO(g)$ 和 $SiO(g)$ 被带走，它的功能恰似真空泵不断地抽空气泡中的 $CO(g)$ 和 $SiO(g)$，维持 $p_{CO_2}=p^{\ominus}$、$p_{CO}=p_{SiO}\approx 0$ 的极限状态，这也就创造了脱硅反应总处在 $p_{CO_2}=p^{\ominus}$、$p_{CO}=p_{SiO}\approx 0$ 的最有利状态。这种往复不断、一轮又一轮的循环就是气泡冶金原理。含钒铁水喷吹 $CO_2(g)$ 浅度氧化铁水中的硅就是应用气泡冶金原理的实例。

4. $CO_2(g)$ 吹炼含钒铁水的脱硅产物为 SiO_2 时脱硅反应的热力学

1) 脱硅反应

$$0.5[Si]+CO_2 \Longrightarrow 0.5(SiO_2)+CO(g), \quad \Delta G^{\ominus}=-126475+22.395T \tag{5.24}$$

平衡常数 K 为

$$\ln K = \ln\left[\left(\frac{a_{SiO_2}}{a_{[Si]}}\right)^{1/2}\frac{p_{CO}}{p_{CO_2}}\right]$$

由上式可知，适当增强炉渣碱度，降低 a_{SiO_2}，对脱硅反应有利；当然，气泡冶金降低 $CO(g)$ 分压，对脱硅反应亦有利。反应(5.24)的等温方程为

$$\Delta G = -126475+22.395T+RT\ln\left[\left(\frac{a_{SiO_2}}{a_{[Si]}}\right)^{1/2}\frac{p_{CO}}{p_{CO_2}}\right] \tag{5.25}$$

假定 $p_{CO}=10^{-3}p^{\ominus}$，$p_{CO_2}=p^{\ominus}$ 和 $a_{SiO_2}=1$，结合表 5.25～表 5.27 的数据，可给出反应(5.24)的吉布斯自由能变化 ΔG 为

$$\Delta G = -126475-41.1762T \tag{5.26}$$

2) 产物为 SiO_2 时的反应机理

(1) 温度。从反应(5.24)可知，随温度升高，脱硅反应趋势增强，有利于脱硅，但须抑制"过高温度大量脱碳，不利于后续炼钢"的负面作用。

(2) 分压。对比式(5.23)和式(5.26)可知，在同样条件下，与产物为 $SiO(g)$ 时比较，产物为 (SiO_2) 时的热力学趋势更大。喷吹 $CO_2(g)$ 时，达到 $p_{CO}\approx 0$，$p_{CO_2}=p^{\ominus}$ 和 $a_{SiO_2}=1$ 的极限状态，同样促进脱硅反应。

5. 含钒铁水中主要元素的平衡浓度

铁水喷吹 $CO_2(g)$ 时，CO_2 气泡与铁水中[C]的氧化反应如下：

$$[C]+CO_2(g) \Longrightarrow 2CO(g), \quad \Delta G^{\ominus}=143960-128.74T \tag{5.27}$$

1873K 下铁水中各元素对碳的相互作用系数见表 5.28。

表 5.28 1873K 下各元素对碳的相互作用系数

系数	值	系数	值
e_C^C	0.14	e_C^S	0.046
e_C^{Si}	0.08	e_C^V	−0.077
e_C^{Mn}	−0.012	e_C^{Cr}	−0.12
e_C^P	0.051		

利用表 5.23、表 5.24、表 5.28，并假定 $p_{CO} = p_{SiO} = 10^{-3}\,p^{\ominus}$，$p_{CO_2} = p^{\ominus}$ 和 $a_{V_2O_3} = 1$，可得到 $w[C]_{平}$、$w[Si]_{平}$ 和 $w[V]_{平}$ 满足关系：

$$\lg w[C]_{平} = \frac{7518.6713}{T} - 13.3572$$

$$\lg w[Si]_{平} = \frac{13926.9860}{T} - 13.4516$$

$$\lg w[V]_{平} = -\frac{8320.6246}{T} - 1.1198$$

根据上式计算不同温度时铁水中 $w[C]_{平}$、$w[Si]_{平}$ 和 $w[V]_{平}$，见表 5.29。

表 5.29 不同温度时的 $w[C]_{平}$、$w[Si]_{平}$ 和 $w[V]_{平}$

T/K	$w[C]_{平}/\%$	$w[Si]_{平}/\%$	$w[V]_{平}/\%$
1573	2.646×10^{-7}	2.525×10^{-3}	3.896×10^{-5}
1623	1.885×10^{-7}	1.347×10^{-3}	5.669×10^{-5}
1673	1.371×10^{-7}	7.464×10^{-4}	8.068×10^{-5}
1723	1.015×10^{-7}	4.280×10^{-4}	1.125×10^{-4}
1773	7.647×10^{-8}	2.532×10^{-4}	1.539×10^{-4}

从表中可知，含钒铁水喷吹 $CO_2(g)$，理论上由于工业应用时氧化时间有限、元素氧化顺序有先后，$CO_2(g)$ 的选择性效果将优先显现。

5.5.3 含钒铁水喷吹 $CO_2(g)$ 脱硅保钒的实践效果

含钒铁水提钒已有很多研究报道，如文光远[51]以氮气作为载气，向 1300℃含钒铁水中加入烧结矿作为脱硅、钛的氧化剂，萤石作为辅剂，结果表明，可同时氧化脱除硅和钛，改善铁水流动性，提高钒渣品位；林洁等[52]用 CaO 和 CaF_2 作为熔剂，向 1350℃含钒铁水吹氧气脱硅，供氧强度为 0.35~0.5L/(min·kg)，硅脱至 0.15%左右，但钒的氧化损失率在 10%左右。

霍首星等[53, 54]研究含钒铁水喷吹弱氧化剂 $CO_2(g)$的脱硅保钒效果。因含钒生铁中硅含量偏低，影响实验效果，故适量加入硅铁调节实验用生铁试样，其成分见表 5.22。因实验中产生的渣量少，难收集，故先加入捕集渣，增加渣量，便于分析渣成分变化，捕集渣成分为 $15\%CaO$、$70\%SiO_2$、$15\%Al_2O_3$。在电炉中熔化生铁与捕集渣，之后通 $CO_2(g)$吹炼(氧化)铁水，不同时刻抽取铁与渣的淬冷试样，考察温度、$CO_2(g)$流量和熔渣碱度等因素对脱硅保钒效果的影响。

1) 含钒铁水喷吹 $CO_2(g)$时各元素的氧化顺序

1400℃、$CO_2(g)$流量为 1L/min 吹炼时，铁水中各元素随时间的变化见图 5.10。由图知，吹炼时铁水中[Si]先氧化，[C]和[Mn]次之，[V]氧化晚，氧化反应前后铁水中[S]和[P]含量几乎不变。

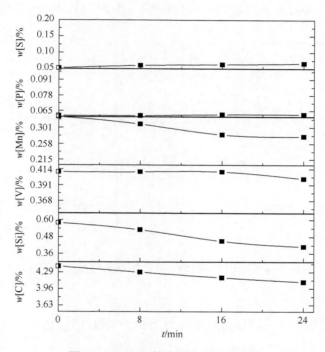

图 5.10　1400℃铁水成分随时间变化

2) 温度与通气时间

固定 $CO_2(g)$流量为 1L/min，图 5.11 考察了不同温度喷吹 $CO_2(g)$时，含钒铁水中 w[Si]和 w[V]的变化。由图可见，温度一定时，通气时间延长，铁水中 w[Si]逐渐降低；温度越高，脱硅程度也越大。最佳温度为 1450℃，脱硅率为 68.62%，钒氧化率仅为 0.73%。

3) $CO_2(g)$流量

图 5.12 给出了 1450℃、$CO_2(g)$流量不同时，铁水中 w[Si]和 w[V]的变化。由图可见，1450℃，$CO_2(g)$流量大，气泡多，气/液接触面积大，搅拌熔池增强，促进脱硅反应。最佳 $CO_2(g)$流量为 1.0L/min，但 $CO_2(g)$流量对 w[V]影响不明显。

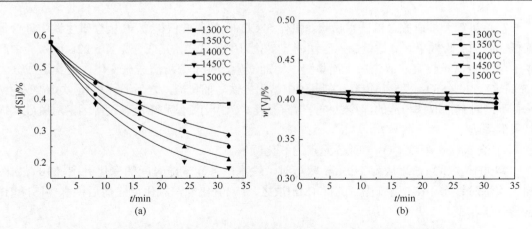

图 5.11　$CO_2(g)$流量为 1L/min、不同温度下 $w[Si]$ 和 $w[V]$ 随时间 t 的变化曲线

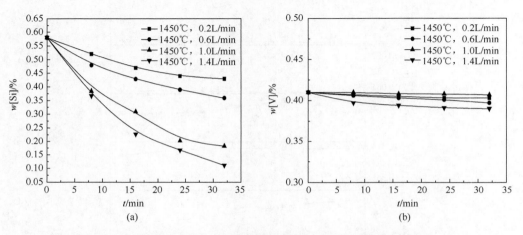

图 5.12　1450℃时不同 $CO_2(g)$ 流量铁水中 $w[Si]$ 和 $w[V]$ 的变化曲线

4) 搅拌

图 5.13 给出了 1450℃、$CO_2(g)$ 流量为 1L/min 时，搅拌对铁水中 $w[Si]$ 和 $w[V]$ 的影响。

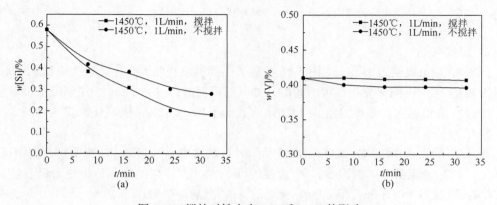

图 5.13　搅拌对铁水中 $w[Si]$ 和 $w[V]$ 的影响

从图可看出，搅拌使得铁水成分均匀，强化反应动力学条件，改善传质过程，提高脱硅反应速率，但对保钒的影响不明显。

5) 加入碱性溶剂

图 5.14 为加入 30g 碱性熔剂(62.5%CaO+37.5%CaF$_2$)代替捕集渣对铁水中 $w[Si]$ 和 $w[V]$ 的影响。由图可见，加碱性熔剂降低渣中 SiO$_2$ 活度，脱硅保钒效果十分明显。

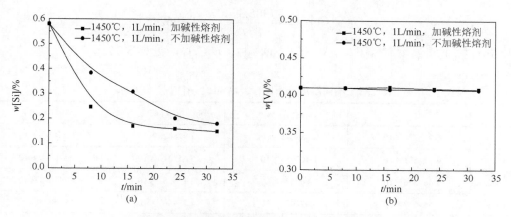

图 5.14　碱性熔剂对铁水中 $w[Si]$ 和 $w[V]$ 的影响

综上权衡，铁水喷吹弱氧化剂 CO$_2$(g)，脱硅保钒的最佳条件为：1450℃，CO$_2$(g)流量为 1L/min，吹管内径为 3mm，强度搅拌，加碱性熔剂。

5.5.4　CO$_2$(g)浅氧化含钒铬铁水脱硅保钒铬

1. 含钒铬铁水喷吹 CO$_2$(g)浅氧化脱硅保钒铬的热力学分析

李春柳[55]对含钒铬铁水喷吹 CO$_2$(g)浅氧化脱硅保钒铬进行了理论分析与实验研究。含钒铬铁水喷吹 CO$_2$(g)时，CO$_2$ 气泡与铁水中的[Cr]反应如下：

$$2/3[Cr]+CO_2(g) \Longrightarrow 1/3(Cr_2O_3)+CO(g), \qquad \Delta G^{\ominus}=-101930+26.452T \qquad (5.28)$$

1873K 下铁水中各元素对铬的相互作用系数见表 5.30。

表 5.30　1873K 下各元素对铬的相互作用系数

系数	值	系数	值
e_{Cr}^{C}	−0.0003	e_{Cr}^{S}	−0.011
e_{Cr}^{Si}	−0.12	e_{Cr}^{Cr}	−0.0003
e_{Cr}^{P}	−0.03		

利用表 5.23、表 5.24、表 5.28 和表 5.30，结合表 5.22 数据，并假定 $p_{CO}=p_{SiO}=10^{-3}\,p^{\ominus}$，$p_{CO_2}=p^{\ominus}$ 和 $a_{V_2O_3}=1$，可得到 $w[C]_{平}$、$w[Si]_{平}$、$w[V]_{平}$、$w[Cr]_{平}$ 满足关系：

$$\lg w[C]_{\text{平}} = \frac{7518.67133}{T} - 12.9538275$$

$$\lg w[Si]_{\text{平}} = \frac{13926.98595}{T} - 13.432426$$

$$\lg w[V]_{\text{平}} = -\frac{8320.62464}{T} - 1.116084$$

$$\lg w[Cr]_{\text{平}} = -\frac{7985.32407}{T} - 1.896245$$

按上式计算不同温度时 $w[C]_{\text{平}}$、$w[Si]_{\text{平}}$、$w[V]_{\text{平}}$、$w[Cr]_{\text{平}}$，见表 5.31。

表 5.31　不同温度下 $w[C]_{\text{平}}$、$w[Si]_{\text{平}}$、$w[V]_{\text{平}}$、$w[Cr]_{\text{平}}$

T/K	$w[C]_{\text{平}}$/%	$w[Si]_{\text{平}}$/%	$w[V]_{\text{平}}$/%	$w[Cr]_{\text{平}}$/%
1573	6.988774×10^{-7}	2.638442×10^{-3}	3.928828×10^{-5}	1.064785×10^{-5}
1623	4.772531×10^{-7}	1.407953×10^{-3}	5.652210×10^{-5}	1.526349×10^{-5}
1673	3.469746×10^{-7}	7.800676×10^{-4}	8.136552×10^{-5}	2.141401×10^{-5}
1723	2.569697×10^{-7}	4.472425×10^{-4}	1.134407×10^{-4}	2.945834×10^{-5}
1773	1.935628×10^{-7}	2.646131×10^{-4}	1.552215×10^{-4}	3.980211×10^{-5}

由表可见高温下喷吹 $CO_2(g)$ 时铁水中碳、硅、钒、铬氧化的平衡浓度。但实验在短时间内难以达到平衡状态，实际浓度略高于计算值。

2. 含钒铬铁水喷吹 $CO_2(g)$ 浅氧化脱硅保钒铬的影响因素

1) 温度

图 5.15 表示 $CO_2(g)$ 流量为 0.5L/min、不同温度时铁水中 $w[Si]$、$w[V]$、$w[Cr]$ 随喷吹时间的变化。从图可见，温度升高，$w[Si]$ 逐渐降低，1500℃最佳，此刻钒仅氧化4%，铬氧化10%。

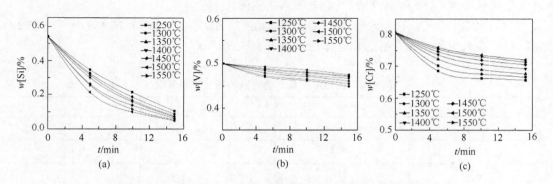

图 5.15　不同温度下 $w[Si]$、$w[V]$、$w[Cr]$ 随喷吹时间 t 的变化

2) 流量

图 5.16 为 1500℃、不同 $CO_2(g)$ 流量对铁水中 $w[Si]$、$w[V]$、$w[Cr]$ 的影响。由图可

见，$CO_2(g)$流量越大，脱硅程度越大，但 $CO_2(g)$ 流量过大导致喷溅，铁损高。$CO_2(g)$流量控制在 0.5L/min 适宜。

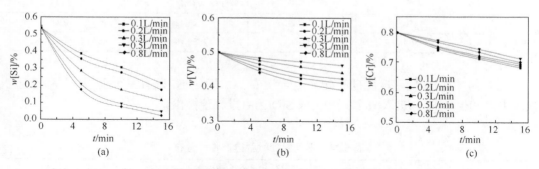

图 5.16　1500℃时不同 $CO_2(g)$流量对铁水中 $w[Si]$、$w[V]$、$w[Cr]$影响

综上，铁水喷吹弱氧化剂 $CO_2(g)$脱硅保钒的最佳条件为：1500℃，$CO_2(g)$流量为 0.5L/min，脱硅率高达 90%左右，而钒损失 4%左右，铬损失 10%左右。

5.5.5　含钒铁水脱硅过程硅的走向

实验过程中在排气管冷端收集到白色絮状物，检测证实为 SiO_2，它由脱硅产物 $SiO(g)$歧化反应生成。本节调控温度、碱度等参数，确定铁水脱硅过程硅的走向。

实验方案见表 5.32。

表 5.32　含钒铁水脱硅实验方案

实验方案	反应温度/℃	含钒生铁量/g	渣量/g	时间/min	$CO_2(g)$流量/(L/min)	初始熔渣配比/%		
						CaO	SiO_2	CaF_2
A	1350	310	40.2	20	1	38.74	55.32	5.94
B	1400	400.62	40.485	20	1	38.74	55.32	5.94
C	1400	489.28	36.6	20	1	15.42	69.69	14.89
D	1450	343	40.14	20	1	38.74	55.32	5.94
E	1500	281.43	30.1277	20	1	38.74	55.32	5.94

上述实验得到表 5.33 的结果。

表 5.33　含钒铁水脱硅实验结果

方案	反应温度/℃	反应 20min 后硅质量分数/%	反应后熔渣中氧化物质量分数/%	
			CaO	SiO_2
A	1350	0.490	29.03	42.74
B	1400	0.382	27.10	40.86
C	1400	0.387	14.16	67.54

续表

方案	反应温度/℃	反应20min后硅质量分数/%	反应后熔渣中氧化物质量分数/%	
			CaO	SiO$_2$
D	1450	0.302	27.42	40.27
E	1500	0.347	22.18	34.57

表 5.34 给出不同温度脱硅时硅的走向分布。由表可知，硅有三个去向：①残余含钒铁水中；②生成 SiO$_2$ 进入渣中；③生成 SiO(g) 由排气管排出。

表 5.34 不同温度时脱硅产物的分布

实验方案	反应温度/℃	SiO$_2$ 所占比例/%	SiO 所占比例/%
A	1350	49.92	50.08
B	1400	46.12	53.88
C	1400	43.13	56.87
D	1450	21.72	78.28
E	1500	72.17	27.83

由表 5.34 可见，方案 E 结果出现反常，原因是高温时 SiO(g) 可能发生歧化反应[55]：

$$2SiO(g) \Longrightarrow (SiO_2)+[Si]$$

图 5.17 显示温度与脱硅产物分布。图 5.18 表明部分硅以 SiO(g) 逸出、部分 (SiO$_2$) 进入渣中，其余留在铁水中。在 1350～1450℃，随着温度升高，生成 SiO(g) 量逐渐增多，而进入渣中 (SiO$_2$) 量逐渐减少，这是因为生成 SiO(g) 为吸热反应，而生成 (SiO$_2$) 为放热反应。碱度对脱硅产物影响见图 5.18。由图可见，酸性熔渣时铁水中 [Si] 转入渣相 (SiO$_2$) 少，碱度越大，[Si] 转入 (SiO$_2$) 越多，转成 SiO(g) 越少。碱度为 0.7 时转成 SiO(g) 的 [Si] 量比碱度为 0.22 时少 5.26%。

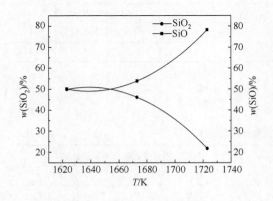

图 5.17 温度对脱硅产物分布的影响

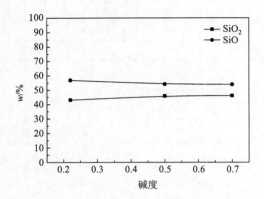

图 5.18 碱度对脱硅产物影响

5.5.6　二步法提钒新工艺——"先弱后强、分段氧化"

含钒铁水吹炼优质钒渣，可采用"先弱后强、分段氧化"的二步法新工艺，见图 5.19。

第一步，采用弱氧化剂 $CO_2(g)$ 对含钒铁水选择性浅度氧化，完成铁水中脱硅保钒的靶向氧化反应，得到低硅高钒纯净铁水及无钒硅渣，前者用作吹炼优质钒渣，后者可用作建材。

第二步，采用强氧化剂 $O_2(g)$ 对低硅高钒纯净铁水进行深度氧化，吹炼制得钒高硅低钒渣，钒品位高，而硅钛等杂质含量低。钒高硅低优质钒渣是高档提钒原料，可用于生产优质 V_2O_5 及后续的系列钒制品与钒合金。提钒后的半钢是低硅低钒优质铁水，有利于转炉脱磷，可用作冶炼特种钢的原料。

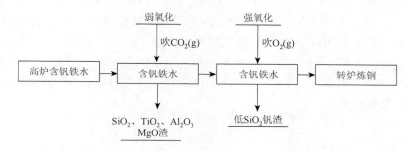

图 5.19　"先弱后强、分段氧化"的二步法提钒新工艺

5.6　钒氮微合金

工业上，钒氮微合金又称碳氮化钒，或钒氮合金，主要作为钢材的添加剂。最初美国钒公司发明两步法合成碳氮化钒[56, 57]。该工艺脱氧有效，也利于碳化，但流程长，不连续，效率低，成本高，投资大。

隋智通基于理论分析并实验发现：在氮气氛下，V_2O_3 还原-碳化生成的 $CO(g)$ 继续起间接还原作用，生成的 V_2C 可即刻氮化，同步转成碳氮化钒。因此，隋智通首次提出常压碳化-氮化、一步合成碳氮化钒的新工艺，推出了国际首创、具有独立知识产权的碳氮化钒制备新技术[58-62]，是提钒产业领域的重大技术突破，极大地带动我国钒产业的产品与绿色制造技术升级，打破国外垄断局面。该项技术目前已成为国际主流碳氮化钒生产制备技术，产量占比≥90%，彻底改变了中国钒合金产品的结构比例。据统计，自 2013 年起钒氮合金已成为国内第一大钒合金品种，对我国钢铁产业实现质量升级，实现大宗产品(钢筋)源头减量、节能减排起到了极大的支撑作用。

攀枝花钢铁(集团)公司基于上述方法，实现了碳氮化钒的商业化生产[63]，工艺流程如下：将粉末状三氧化二钒、碳粉和黏结剂混合均匀后压块、成型，再将成型的物料连续送入推板窑中，同时向推板窑通入氮气作为反应气和保护气，加热到 1000～1600℃，物料在该温度区间发生碳化与氮化反应，持续时间约 6h，由推板窑推出碳氮化钒前需要在保护气氛下冷却到 100～250℃，出炉后即得碳氮化钒产品。该产品为块状或颗粒状，表观密度大于 3000kg/m³，广泛用作含钒合金钢和其他含钒合金的添加剂。与钒铁相比，用碳氮化钒合金化可节约 20%～40%的钒，降低钢材生产成本。本节将详细介绍合成反应的机理和制备碳氮化钒的工艺条件。

5.6.1　常压碳化-氮化反应合成碳氮化钒

卢志玉等[64-67]详尽地研究了碳化-氮化反应的热力学、动力学及其影响因素。

1. V-C-N-O 和 V-C-O 系热力学

1) 钒的化合物

钒存在多种价态[68-73]，已知的钒氧化物有 VO、VO_2、V_2O_3、V_2O_5、V_3O_7、V_4O_7、V_4O_9、V_5O_9、V_6O_{11}、V_6O_{13} 等。在 VO_2 和 V_2O_5 之间的钒氧化物可用通式 V_nO_{2n+1}(n 为 2，3，4，6)表示，V_2O_3 和 VO_2 之间的钒氧化物用 V_nO_{2n-1}(n 为 3～9)表示，VO 和 V_2O_3 之间也存在钒氧化物。本节分析 V-C-N-O 和 V-C-O 系各物质的热力学数据，除特殊标注外均取自《无机物热力学数据手册》[49]，为便于讨论和计算，涉及钒碳化物和钒氮化物时均表述为化学计量化合物。

2) 钒氧化物碳化与氮化反应热力学

V_2O_3 碳热还原生成 V_2C 反应：

$$2V_2O_3(s)+5C(s) == 2V_2C(s)+3CO_2(g) \tag{5.29}$$

V_2C 氮化生成 VN 反应：

$$2V_2C(s)+2N_2(g) == 4VN(s)+2C(s) \tag{5.30}$$

由基础热力学数据确定，在标准状态下，钒氧化物的稳定性顺序为：$VO>V_2O_3>VO_2>V_2O_5$。$T<1000K$ 时，还原剂的还原能力为：$CO>H_2>CH_4>C$；$T>1400K$ 时，其还原能力为：$C>CH_4>NH_3>H_2>CO$。

高温时，C、CH_4 可将 V_2O_5 还原到碳化物，NH_3 可将其还原至氮化物。

3) V-C-O 系优势区图

由基础热力学数据计算并绘制 1700K 下 V-C-O 系优势区图，如图 5.20 所示，分析如下。

(1) 总压力（$p_t = p_{CO} + p_{CO_2}$）为 101325Pa 时，制取条件为 $\lg(p_{CO}^2/p_{CO_2})>7.8$，$\lg(p_{CO}/p_{CO_2})>2.8$，未进入 V_2C 的稳定区，自然无法制得 V_2C。

(2) 总压力为 101.325Pa 时，制取条件为 $\lg(p_{CO}^2/p_{CO_2})>7.8$，$\lg(p_{CO}/p_{CO_2})>5.8$，可制得 V_2C。

(3) 总压力为 0.101325Pa 时，制取 VC 条件为 $\lg(p_{CO}^2/p_{CO_2})>7.8$，$\lg(p_{CO}/p_{CO_2})>8.8$；制取 V_2C 条件为 $3.8<\lg(p_{CO}^2/p_{CO_2})<7.8$，$5.3<\lg(p_{CO}/p_{CO_2})<8.8$。

　　由以上分析可知,降低体系压力不仅使反应的起始温度降低,而且在标准压力下无法制备的 V_2C 在低压(真空)条件下亦可以制备出来。

　　4) 判断不同温度与压力条件下碳化反应生成的产物相

　　在 1300K 和 1700K 下,赋予总压力 $p_t = p_{CO} + p_{CO_2}$ 不同数值,计算平衡时的 p_{CO} 与 p_{CO_2},再计算横坐标 $\lg(p_{CO}/p_{CO_2})$ 与纵坐标 $\lg(p_{CO}^2/p_{CO_2})$,对照优势区图,判断可能生成的物相。表 5.35 为不同的 p_t 赋值时计算得到碳化反应可能生成的物相。由表显示,1700K,V_2O_3 在总压力 $p_t = 10^{-1}Pa$ 时,经碳热还原可制得 VC、V_2C。

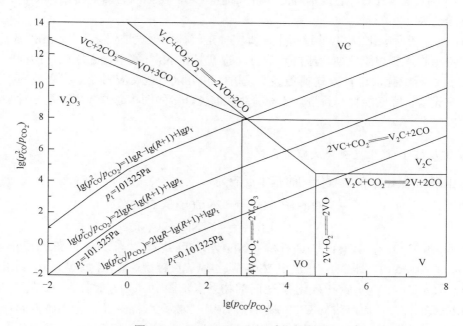

图 5.20　1700K 下 V-C-O 系优势区图

表 5.35　不同压力与温度条件下碳化反应的相关参数

p_t/Pa	$\lg(p_{CO}/p_{CO_2})$	$\lg(p_{CO}^2/p_{CO_2})$	温度/K	所处的优势区物相
101325	2.28	7.29	1300	V_2O_3
101.325	5.28	7.29	1300	VC
0.101325	8.53	7.54	1300	VC
101325	3.85	8.85	1700	VC
101.325	6.85	8.85	1700	VC
0.101325	6.61	5.62	1700	V_2C

2. V_2O_3 还原碳化反应的动力学

采用等温热重法和动态法研究 V_2O_3 还原碳化反应的动力学,结果如下。

(1) 等温动力学实验结果表明,V_2O_3 还原碳化的动力学机制随温度而变化,600～

950℃为扩散控制，950～1250℃为化学反应控制，高于1300℃为扩散与反应混合控制，还原碳化反应的表观活化能为200kJ/mol。

(2) 动态实验结果显示，还原碳化反应过程涉及许多中间产物的生成与消失。有单质碳存在时，产物 $CO(g)$ 可以间接还原 V_2O_3 为 V_2C，同时有效地改善反应体系的传质状况，对 V_2O_3 的还原碳化起重要作用。在1132～1224℃，实验测得反应表观活化能为195.4kJ/mol。

(3) 合成碳化钒可分解为两个反应：主反应 $5CO+V_2O_3 \longrightarrow V_2C+4CO_2$，同时发生碳的气化反应 $CO_2+C \longrightarrow 2CO$，它既消耗 CO_2，又提供 CO，明显改善碳的传质，促使还原反应速度持续提高。

(4) 真空还原碳化 V_2O_3 的过程中，真空抽走气体，极大地弱化了 $CO(g)$ 的还原作用。为此，考虑将还原与氮化两反应同步进行，也就是在 N_2 气氛下，还原碳化的同时对生成的 V_2C 又进行氮化，这种方式制备碳氮化钒，既可以缩短反应周期，提高效率，又可以避开真空设备，降低能耗与投资，还充分强化了 $CO(g)$ 的间接还原作用，是一种制备碳氮化钒的新工艺。

3. 常压碳化-氮化反应合成碳氮化钒

常压碳化-氮化制备碳氮化钒的基本反应为

$$V_2O_3(s)+5C(s) == 2VC(s)+3CO(g) \tag{5.31}$$

$$2VC(s)+N_2(g) == 2VN(s)+2C(s) \tag{5.32}$$

体系中 $V_2O_3(s)$、$C(s)$、$VC(s)$ 和 $VN(s)$ 四相可共存，当反应物料物质的量之比 $n_{V_2O_3} : n_{C+N} = 1:5$ 时，跟踪 N_2 气流中 V_2O_3 碳化-氮化反应途径时，物系点的运行轨迹如下。

(1) 图5.21为 V_2O_3 常压碳化-氮化时的物系点。图中 A 为起始物系点，随着 V_2O_3 还原碳化反应推进，还原产生的 $CO(g)$ 随 $N_2(g)$ 带出，物系点将由 A 点向 VC 方向移动，直至 VC 生成，见反应(5.31)。生成的 VC 与 $N_2(g)$ 反应生成 VN 和单质 C，新生成的单质 C 重新回到还原碳化的循环中，直至 V_2O_3 消耗殆尽，见反应(5.32)。

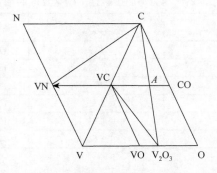

图5.21　V_2O_3 常压碳化-氮化时的物系点

(2) N_2 气氛下的 V-O-C-N 优势区见图5.22。由图可知，温度对碳化与氮化两反应的作用互为逆向。当温度提高时，VC 稳定区扩展，VN 稳定区缩小，有利于碳化反应，不利于氮化反应，反之亦然。如果同时增大氮气的分压(p_{N_2})，既扩展 VN 稳定区，又加快氮气流动，有利于氮化反应。因此，兼顾温度与氮气分压，可以实现高温、常压下碳化与氮化两反应的同步推进。

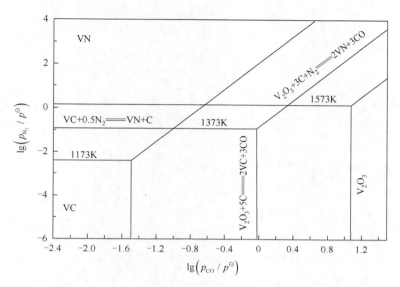

图 5.22　1173K、1373K、1573K 下的 V-O-C-N 优势区图

4. 影响钒氧化物碳化-氮化反应的因素

(1) 配碳量。配碳量的影响见图 5.23。由图可知，产物的氮含量与配碳量负相关；产物的外观色泽也从高配碳量时略带金属光泽的银灰色过渡到低配碳量的近似米黄色。

(2) 氮化温度。氮化温度的影响见图 5.24。由图可知，产物中氮含量随氮化温度升高而增加，但超过 1400℃后略降。1400℃时碳氮化钒产物中氮含量最高。

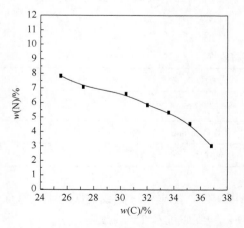

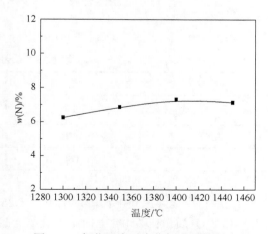

图 5.23　100gV$_2$O$_3$ 中配碳量对产物氮
含量的影响

图 5.24　氮化温度对产物氮含量的影响

(3) 氮化时间。氮化时间的影响见图 5.25。由图可知，1400℃时氮化时间对产物氮含量的影响不明显，故选 4h 为宜。

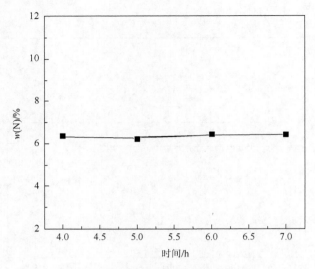

图 5.25　氮化时间对产物氮含量的影响

(4) 引入氢气可降低体系中氧分压，利于碳化反应，混入氢气的体积以 10%左右为宜。

(5) 高密度碳氮化钒的主要指标如下：$w(V) = 77\% \sim 82\%$、$w(N) = 11\% \sim 16\%$、$w(C) = 2\% \sim 7\%$。实验发现，适当调整工艺参数，使用偏(多)钒酸盐作为钒原料，同样可以达标。

5.6.2　合成碳氮化钒的工艺条件

于三三等[74-78]研究常压碳化-氮化一步法制碳氮化钒工艺条件的优化，实验如表 5.36 所示。

表 5.36　单因素实验条件

参数	值	参数	值
原料配比 $m_C/m_{V_2O_3}$	0.276	平均粒度/mm	1.25
温度/℃	1400	气体流量/(L/min)	1.5
时间/min	120	添加剂	无

(1) 原料配比。原料配比的影响见图 5.26。由图可知，配碳量过高或过低均不利氮化反应。C/V_2O_3 质量比为 0.276 时，产物氮含量最高，即配碳过量 15%为宜。

(2) 反应温度。反应温度对产物中碳与氮含量的影响见图 5.27。由图可知，约 1670K 时产物氮含量最高、碳含量最低。还原碳化为吸热反应，标准状态下，起始温度为 1378K；

相反，碳化钒氮化是放热反应。但是 N_2 的 $N \equiv N$ 键能约 941kJ/mol[79]，需要巨大能量断开 $N \equiv N$ 键，使活化的氮原子进入 VC_{1-x} 间隙相的八面体间隙中。从动力学层面，升温有利于氮原子活化，加快反应。

Wang 等[80]报道，以 V_2O_5 为原料合成 VN 时呈现类似的规律。Zhao 等[81]合成纳米 VN 时发现，在 1100~1300℃，VN 可分解并与碳反应生成 V_8C_7。

常压一步合成碳氮化钒实为碳化与氮化同时进行的耦合反应，其规律与碳热还原、氮化合成 SiAlON 相似[78, 82]。无论合成何种碳氮化物，在合成工艺过程中，保持氮气分压恒定的同时，务必控制反应体系的温度上限，平衡碳化与氮化反应的耦合度。

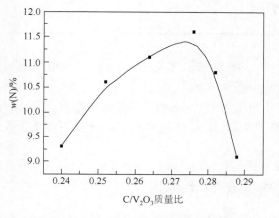

图 5.26 产物氮含量与原料配比的关系

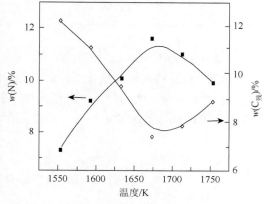

图 5.27 产物中碳、氮含量与反应温度的关系

(3) 反应时间。1673K 下，氮化反应时间对产物中氮含量的影响见图 5.28。由图可知，产物氮含量随反应时间延长呈增加趋势，120min 时氮含量最高。

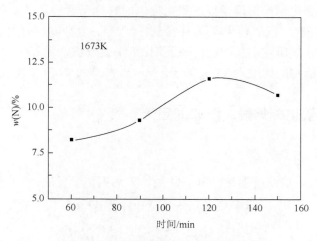

图 5.28 产物氮含量与反应时间的关系

(4) 添加剂。通过探讨添加剂对化学反应的催化作用，以期提高产物的氮含量。如

表 5.37 所示，除 $FeCl_3$ 外的添加剂均不同程度地提高氮含量，以 NH_4Cl 和 Fe 效果较好。其中 NH_4Cl 高温下分解为 NH_3 和 HCl 气体逸出时，在颗粒内留下大量气孔，增加比表面积，促进氮气吸附；而温度超过 823K 时，NH_3 可有效地分解出氮气和氢气，加速氮化反应。

表 5.37 产物氮含量与添加剂(加 1%)种类间的关系

添加剂种类	$w(N)/\%$	添加剂种类	$w(N)/\%$
无添加剂	11.9	CaO	12.9
$FeCl_3$	11.7	Fe	13.2
La_2O_3	12.2	NH_4Cl	13.6
$CaCO_3$	12.8		

文献[83]报道，含 Ca^{2+} 催化剂可促进 V_2O_3 的碳化与氮化反应。文献[84]报道催化剂 La_2O_3 促进 SiO_2 的碳化与氮化反应，产物 $w(N)$ 提高约 0.3%。

(5) 平均粒度。实验确定，原料颗粒的平均粒度为 1.25mm 时产物氮含量最高，但平均粒度从 1.25mm 降到 0.505mm 时，产物氮含量线性降低，平均粒度在 0.3mm 以下时氮含量最低。

5.7 从 HDS 失活催化剂中提钒

加工含硫原油时，普遍采用重油加氢脱硫(hydro desulfurization，HDS)技术，以降低重油中硫质量分数至 0.3%以下。但脱硫过程催化剂失活成为废催化剂，年排放量极大，既流失催化剂中钒、钼和镍等有价元素，又污染环境。急需研发出提取失活催化剂中有价元素的技术。废催化剂中钼、钒和镍等有价元素的硫化物不溶于无机酸或碱。先用过氧化氢将硫化物转化为氧化物，再用碱浸取氧化物中的有价元素，又受多种工艺条件的制约。低于 373K 时常压浸取，钒的转化率仅 80%左右，产品纯度与收率偏低，有待改善。

刘公召等[85-87]首次研发出从 HDS 失活催化剂中提取钒、钼和镍的新工艺及优化的工艺条件，并达到提取物的纯度为 V_2O_5 99%、MoO_3 97.8%、$NiSO_4 \cdot 7H_2O$ 99%的技术指标。

5.7.1 影响失活催化剂焙烧、浸取的因素

1. 焙烧反应

(1) 直接在空气中焙烧废催化剂时，发生如下系列化学反应：

$$CH_x+O_2(g) \longrightarrow CO_2(g)\uparrow+H_2O(g)\uparrow$$

$$4VOSO_4+O_2(g) = 2V_2O_5+4SO_3(g)\uparrow$$

$$2MoS_2+7O_2(g) = 2MoO_3+4SO_2(g)\uparrow$$

$$2NiS+3O_2(g) = 2NiO+2SO_2\uparrow$$

(5.33)

(2) 加碱焙烧废催化剂时，除上述化学反应外，还会发生如下主副反应。

$$主反应：Na_2CO_3 === Na_2O+CO_2$$
$$Na_2O+MoO_3 === Na_2MoO_4 \tag{5.34}$$
$$Na_2O+V_2O_5 === 2NaVO_3$$
$$副反应：Na_2O+Al_2O_3 === 2NaAlO_2$$
$$Na_2O+SiO_2 === Na_2SiO_3 \tag{5.35}$$
$$Na_2O+SO_3 === Na_2SO_4$$

由上可知，焙烧可以去除焙烧废催化剂残留的油分，为了提高 V、Mo 的氧化焙烧转化效果，工业生产时常对废催化剂首先进行预脱碳处理，其次使得硫化物转化为氧化物，再次钒和钼的氧化物与碱反应，废催化剂载体中的 Al_2O_3 和 SiO_2 也与碱反应生成 $NaAlO_2$ 和 Na_2SiO_3 并作为杂质进入浸取液中，造成产品纯度与收率偏低。

2. 影响焙烧的因素

1) 废催化剂的平均粒径

气/固非均相焙烧反应时，在催化剂的颗粒微孔中，内扩散的氧与催化剂进行氧化反应。实验表明，粒径减小，内扩散阻力减弱，焙烧速率加快，转化率提高。当平均粒径小于 0.061mm 时，钒的转化率可达到 90%以上。

2) 焙烧温度

焙烧温度低于 1023K 时，因内扩散系数与反应速率常数均较低，钒的转化率亦较低。但焙烧温度升至 1123K 时，产物中铝含量增高，不利于钒和钼的分离与提纯。

3) 配料比

按焙烧化学反应计量，碳酸钠与(V+Mo)的理论物质的量之比应为 1。考虑钒和钼硫化物的转化反应尽可能完全，避免副反应发生，碳酸钠应过量，以物质的量之比为 1.5～2.0 较适宜。

3. 影响浸取的因素

V_2O_5 呈两性行为，可用碱液浸取出来，但 NiO 和 Al_2O_3 残留渣中。浸取可用两种方式，加碱焙烧产物的热水浸取，或焙烧产物直接用碱液 $Na_2CO_3·H_2O$、$NH_4HCO_3·H_2O$ 和 $NH_3·H_2O$ 浸取。

1) 影响加碱焙烧产物水浸的因素

(1) 搅拌速度。搅拌速度为 600r/min 时最佳，钒的浸取率随搅拌速度增加而提升。

(2) 液固比。热水浸取时，液固比增加，钒浸取速率增大，浸取率升高。但液固比超过 7∶1(mL∶g)之后，钒浸取率升势变缓。

(3) 浸取温度与时间。提高热水浸取温度使焙烧产物的内扩散系数和液膜中的传质系数增加，浸取速率加快，钒浸取率升高。当浸取温度分别为 303K、323K、343K 和 363K 时，钒浸取率达到 90%所需的浸取时间分别为 14min、9min、4min 和 3min，依次缩短。$NaVO_3$ 在热水中溶解度较大，当液固比较高、浸取温度超过 343K 时，钒浸取率可达到 95%以上。

(4) 杂质浸取。加碱焙烧产物中生成的可溶性盐 $NaAlO_2$、Na_2SiO_3 和 Na_2SO_4 在用热水浸取时也随同钒和钼一起进入浸取液，铝是主要杂质，磷和硅含量较少[88]。

2) 影响直接焙烧产物碱浸的因素

直接碱浸焙烧产物时，V_2O_5 与碱反应生成可溶性钒盐进入溶液，五价钒酸盐因浸取液 pH 的不同[89, 90]，可为 VO_2。

(1) 液固比。液固比增加，钒浸取率升高。当液固比超过 10∶1 后，钒浸取率基本不变，碱液实际用量为理论用量的 3～5 倍时最佳。

(2) 浸取温度。浸取温度升高，内、外扩散速率加快，液/固表面反应速率亦提升，钒的浸取率增大。

(3) 碱液浓度。液固比为 10∶1 时，碱液浓度由 6%增加到 10%，钒浸取率升高。但碱液浓度过高，不仅碱耗量增加，而且过滤、洗涤均难操作。

(4) 浸取次数。浸取后期，浸取液中 $NaVO_3$ 和 Na_2MoO_4 浓度升高，碱液浓度下降，钒的浸取速率减缓，故采用多次浸取，钒浸取率可提高。

5.7.2　钒的分离与提纯

1. 实验条件

先除掉浸取液中杂质，再分别用 NH_4Cl 沉钒和浓硝酸沉钼。浸取液又分为水浸液和碱浸液两种，浓缩后其化学成分分别见表 5.38 和表 5.39。

表 5.38　水浸浓缩液的化学组成(单位：g/L)

元素或化合物	质量浓度	元素或化合物	质量浓度
V	21.39	Na	58.59
Mo	20.19	P	0.03
Si	0.61	Fe	0.046
Al	9.42	SO_4^{2-}	0.24

表 5.39　碱浸浓缩液的化学组成(质量浓度，单位：g/L)

元素或化合物	Na_2CO_3-H_2O 浸取	NH_4HCO_3-H_2O 浸取	$NH_3 \cdot H_2O$ 浸取
V	18.57	18.12	17.82
Mo	18.42	18.36	18.39
Si	0.12	0.09	0.11
Fe	0.023	0.030	0.01
Al	1.68	0.63	0.69
Na	87.64	—	—
P	0.03	0.03	0.03
SO_4^{2-}	0.23	0.22	0.22

2. 沉钒

除去浸取液中 Al、Si、P 等杂质后加入 NH_4Cl，它与 $NaVO_3$ 的沉钒反应如下：

$$NaVO_3 + NH_4Cl \Longrightarrow NH_4VO_3\downarrow + NaCl \tag{5.36}$$

298K 下 NH_4VO_3 的溶解度为 6.08g/L，加过量 NH_4Cl 促使沉钒反应完全。从表 5.38 和表 5.39 可知，水浸液中 Al 等杂质较多，影响沉钒效率及产品纯度。国内外研究水解沉钒或酸性铵盐沉钒较多[91, 92]，鲜见有关杂质对沉钒影响的报道。

3. 影响钒沉淀率的因素

(1) 温度。NH_4VO_3 在水中的溶解度随温度升高而增大[93]，故沉钒温度不宜过高。实验中沉钒时间为 1h、NH_4Cl 加入过剩量为 35g/L 条件下，低于 303K 时钒沉淀率可高达 98%。

(2) 母液中钒浓度。298K、沉钒时间为 1h、NH_4Cl 加入过剩量为 40g/L 条件下，当母液中钒浓度大于 20g/L 时，钒沉淀率可达到 96% 以上。

(3) NH_4Cl 加入过剩量。NH_4Cl 加入过剩量为 35g/L 时，钒沉淀率为 98% 以上，残液中钒浓度降至 0.2g/L 以下。

(4) 沉钒时间。沉钒反应 1h 之后，钒沉淀率可达 96% 以上，再延长时间则无明显增长。

(5) pH。加入 NH_4Cl 后溶液 pH 下降，未除尽的 AlO_2^- 可水解生成 $Al(OH)_3$ 沉淀，影响钒纯度，沉钒前母液 pH 应调节在 8.5～9.5。

4. 除磷

沉钒母液中磷含量不高，但沉钒后须在酸性环境(pH≤1)沉钼，磷与 MoO_4^{2-} 可形成杂多酸降低钼的沉淀率及品位。为此，在溶液中加入 MgO 和 NH_4Cl，生成的 $MgNH_4PO_4$ 沉淀被除去，反应如下：

$$Mg^{2+} + NH_4^+ + OH^- + HPO_4^{2-} \Longrightarrow MgNH_4PO_4\downarrow + H_2O \tag{5.37}$$

因 298K 时反应(5.37)的 $K_{sp} = 2.0\times10^{-13}$ 较小[94]，故沉磷完全。若溶液中磷以 PO_4^{3-}、HPO_4^{2-} 及 $H_2PO_4^-$ 形态存在，须控制适宜的 pH，才有利于除磷。

参 考 文 献

[1] 谭若斌. 国内外钒资源的开发利用[J]. 钒钛，1994(5)：4-11.

[2] Zhou J. Development of China vanadium industry, vanadium application technology[C]. Guilin: Vanadium International Technical Committee，2000：7-24.

[3] Moskalyk R R，Alfantazi A M. Processing of vanadium：A review[J]. Minerals Engineering，2003，16：793-805.

[4] Monakhov I N，Khromov S V，Chernousov P I，et al. The flow of vanadium-bearing materials in industry[J]. Metallurgist，2004，48(7-8)：381-385.

[5] 刘安华，李辽沙，余亮. 含钒固废提钒技术及展望[J]. 金属矿山，2003(10)：61-64.

[6] 陈东辉. 钒产业 2020 年年度评价[J]. 河北冶金，2020(12)：33-43.

[7]   叶国华，童雄，路璐. 含钒钢渣资源特性及其提钒的研究进展[J]. 稀有金属，2010，34(5)：769-775.

[8]   文永才，周家琮，杨素波，等. 钒钛转炉钢渣熔化特性的研究[J]. 钢铁钒钛，2001，22(3)：32-36.

[9]   李文超. 冶金与材料物理化学[M]. 北京：冶金工业出版社，2001.

[10] Preblinger H. Vanadium in converter slags[J]. Steel Research-Dusseldorf，2002，73(12)：522-525.

[11] Wu X R，Li L S，Dong Y C. Enrichment and crystallization of vanadium in factory steel slag[J]. Metallurgist，55(5-6)：401-409.

[12] Wu X R，Li L S，Dong Y C. Influence of P_2O_5 on crystallization of V-concentrating phase in V-bearing steelmaking slag[J]. ISIJ International，2007，47(3)：402-407.

[13] 娄太平，李玉海，李辽沙，等. 含钛炉渣中钙钛矿相析出动力学研究[J]. 硅酸盐学报，2000，28(3)：255-258.

[14] Hort M. Cooling and crystallization in sheet-like magma bodies revisited[J]. Journal of Volcanology & Geothermal Research，1997，76(3)：297-317.

[15] 姚连增. 晶体生长基础[M]. 合肥：中国科学技术大学出版社，1995.

[16] 郑燕青，施尔畏，李汶军，等. 晶体生长理论研究现状与发展[J]. 无机材料学报，1999，14(3)：321-332.

[17] Higgins M D. A crystal size-distribution study of the Kiglapait layered mafic intrusion，Labrador，Canada：Evidence for textural coarsening[J]. Contributions to Mineralogy and Petrology，2002，144(3)：314-330.

[18] 付念新，张林，刘武汉，等. 钒渣钙化焙烧相变过程的机理分析[J]. 中国有色金属学报，2018，28(2)：377-386.

[19] 尹丹凤，彭毅，孙朝晖，等. 攀钢钒渣钙化焙烧影响因素研究及过程热分析[J]. 金属矿山，2012(4)：91-94.

[20] 曹鹏，彭毅，付自碧，等. 一种钒渣钙化焙烧效果检验方法：CN103305684A[P]. 2013-09-18.

[21] 代大煜，郭铭模，杨继清，等. 钠化钒渣中碱溶钒的分离与价态测定[J]. 重庆大学学报(自然科学版)，1987，10(4)：13-21.

[22] 代大煜，郭铭模，徐铭熙，等. 钠化钒渣中钒的价态分析[J]. 重庆大学学报(自然科学版)，1989，12(6)：62-68.

[23] 宋文臣，李宏，张勇健，等. X射线光电子能谱分析钒渣熟料中钒的价态[J]. 冶金分析，2014，34(4)：27-31.

[24] 陈东辉，杨树德. 钒渣化学形成理论研究[J]. 河北冶金，1993(5)：32-40.

[25] 陈东辉，杨树德. 钒渣质量的系统评价[J]. 河北冶金，1993(1)：19-23.

[26] 佚名. 加快推进攀西战略资源综合开发[J]. 中国产业，2011(5)：9.

[27] 李丹柯. 含钒铁水钒氧化动力学研究[D]. 重庆：重庆大学，2009.

[28] 闫小满. 高钙钒渣氧化焙烧-碳酸钠浸出提钒的研究[D]. 重庆：重庆大学，2015.

[29] 孙迪. 含钒铁水钛、钒氧化的热力学分析[D]. 包头：内蒙古科技大学，2014.

[30] Werme A，Astrom C. Recovery of vanadium from hot metal-thermodynamics and injection applications [J]. Scandinavian Journal of Metallurgy，1986，15(6)：273-278.

[31] 张国平. 钒渣物相结构和化学成分对焙烧转化率的影响[J]. 铁合金，1991，22(5)：17-19.

[32] 徐松. 提高钒渣制取五氧化二钒浸出率的实验及机理研究[D]. 重庆：重庆大学，2014.

[33] Riedel E，Kähler J. Distribution and valence of the cations in the spinel system Fe_3O_4-Fe_2VO_4[J]. Hyperfine Interactions，1986，28(1-4)：729-732.

[34] 彭毅，谢屯良，周宗权. 高钙高磷低品位钒渣制取 V_2O_5 的研究[J]. 铁合金，2007，38(4)：18-23.

[35] 王金超. 钙对钒渣提钒的影响[J]. 四川有色金属，2004(4)：27-29.

[36] 胡益华. 关于钒渣质量对五氧化二钒生产效益的探讨[J]. 铁合金，1988，19(4)：15-18.

[37] 李新生. 高钙低品位钒渣焙烧-浸出反应过程机理研究[D]. 重庆：重庆大学，2011.

[38] 黄正华. 高硅铁水转炉提钒对钒渣质量的影响及对策[J]. 四川化工，2010，13(6)：35-40.

[39] 张景宜. 含钒铁水炼钢应用研究[J]. 河南冶金，2013，21(3)：12-14.

[40] 甄小鹏. 转炉提钒过程中碳、钒氧化的热力学和宏观动力学研究[D]. 重庆：重庆大学，2012.

[41] 张生芹，任正德，邓能运. SiO_2 对钒渣粘度的影响预测[C]. 昆明：2012年全国冶金物理化学学术会议专辑(上册)，2012：178-182.

[42] 高剑辉. 转炉提钒工艺对钒渣质量的影响[J]. 金属世界，2008(4)：8-11.

[43] 李长安，成刘，张丁山，等. 《含钒铁水的脱硅保钒研究》报告[R]. 沈阳：东北大学，2015.

[44] 隋智通，娄太平，王明华. 含钒铁水制备低硅钛型钒渣的方法：CN107312910B[P]. 2019-08-06.

[45] 隋智通, 娄太平, 王明华. 一种生产高钒低硅优质钒渣和低硅硫优质铁水的方法: CN109593916A[P]. 2019-04-09.

[46] 娄太平, 王明华, 李春柳, 等. 一种含硅、铬铁水脱硅保铬的方法: CN110157858A[P]. 2019-08-23.

[47] 解斌. 钒钛磁铁矿固态还原及含钒生铁脱保钒研究[D]. 沈阳: 东北大学, 2012.

[48] 黄希祜. 钢铁冶金原理[M]. 3 版. 北京: 冶金工业出版社, 2002.

[49] 梁英教, 车荫昌. 无机物热力学数据手册[M]. 沈阳: 东北大学出版社, 1994.

[50] 杨兆祥. SiO 的挥发及其对高炉冶炼的影响[J]. 东北工学院学报, 1963(6): 15-21.

[51] 文光远. 含钒钛铁水的预处理[J]. 重庆大学学报(自然科学版), 1999, 22(2): 115-122.

[52] 林洁, 王新华, 周荣章, 等. 含钒铁水预脱硅时硅与钒的分离[J]. 钢铁, 1989, 24(6): 14-19.

[53] 霍首星. 含钒硅铁水喷吹 CO_2 脱硅保钒实验研究[D]. 沈阳: 东北大学, 2016.

[54] 霍首星, 隋智通, 娄文博, 等. 含钒硅铁水 CO_2 脱硅保钒实验研究[J]. 材料与冶金学报, 2016, 15(3): 166-170.

[55] 李春柳. 含钒铬铁水喷吹 CO_2 浅氧化脱硅保钒铬研究[D]. 沈阳: 东北大学, 2019.

[56] Downing J H. Vanadium containing addition agent and process for producing same: US3334992A[P]. 1967-08-08.

[57] Merkert R F. Method of producing a composition containing a large amount of vanadium and nitrogen: US4040814A[P]. 1977-08-09.

[58] 隋智通. 从三氧化二钒制取碳化钒、氮化钒的研究总结报告[R]. 沈阳: 东北大学, 1999.

[59] 隋智通, 陈厚生, 卢志玉, 等. 一种钒氮微合金添加剂及制备方法: CN1480548P[P]. 2004-03-10.

[60] 隋智通, 付念新, 娄太平, 等. 钒(铁)碳氮化物的连续化生产方法及其设备: CN101717883A[P]. 2010-06-02.

[61] 隋智通, 付念新, 于三三, 等. 一种含碳或含氮化合物的连续化生产方法及其生产设备: CN1944243A[P]. 2007-04-11.

[62] Yu S S, Fu N X, Gao F, et al. Synthesis of vanadium nitride by a one step method[J]. Journal of Materials Science & Technology, 2007, 23(1): 43-46.

[63] 孙朝晖, 周家琮, 谢良屯, 等. 氮化钒的生产方法: CN1422800A[P]. 2003-06-11.

[64] 卢志玉. 高密度钒氮微合金添加剂制备研究[D]. 沈阳: 东北大学, 2005.

[65] 卢志玉, 罗冬梅, 陈厚生, 等. 真空碳热还原法制备高密度碳化钒[J]. 稀有金属, 2003, 27(1): 132-134.

[66] 卢志玉, 罗冬梅, 陈厚生, 等. 真空碳热还原法制备碳氮化钒的研究[J]. 稀有金属, 2003, 1(27): 193-195.

[67] Lu Z Y, Sui Z T, Huang Z Q, et al. Kinetic study on the carbon reduction of V_2O_3[C]. Nashville: The 129th TMS Annual Meeting & Exhibition, 2003: 13-16.

[68] 黄道鑫, 陈厚生. 提钒炼钢[M]. 北京: 冶金工业出版社, 2000.

[69] Wakihara M, Katsura T. Thermodynamic properties of the V_2O_3-V_4O_7 system at temperatures from 1400 to 1700K[J]. Metallurgical and Materials Transactions B, 1970, 1(2): 363-366.

[70] Alexander D G, Carlson O N. The V-VO phase system[J]. Metallurgical Transactions, 1971, 2(10): 2805-2811.

[71] Smith D L. Investigation of the thermodynamics of V-O solid solutions by distribution coefficient measurements in the V-O-Na system[J]. Metallurgical Transactions, 1971, 2(2): 579-583.

[72] Suito H, Gaskell D R. The thermodynamics of melts in the system VO_2-V_2O_5[J]. Metallurgical and Materials Transactions B, 1971, 2(12): 3299-3303.

[73] 刘光启, 马连湘, 刘杰. 化学化工物性数据手册(无机卷)[M]. 北京: 化学工业出版社, 2002.

[74] 于三三. 一步法合成碳氮化钒的研究[D]. 沈阳: 东北大学, 2009.

[75] 于三三, 都兴红, 李永锐, 等. 天然原料还原氮化合成 β'-SiAlON 反应动力学研究进展[J]. 耐火材料, 2006, 40(2): 126-132.

[76] 于三三, 付念新, 高峰, 等. 一步法合成碳氮化钒的研究[J]. 钢铁钒钛, 2007, 28(4): 1-5.

[77] 于三三, 付念新, 高峰, 等. 一步法合成碳氮化钒的动力学研究[J]. 稀有金属, 2008, 32(1): 84-87.

[78] 于三三. 硅铝氧氮系和碳氮钒系研究[D]. 沈阳: 东北大学, 2002.

[79] 王桂茹. 催化剂与催化作用[M]. 3 版. 大连: 大连理工大学出版社, 2007.

[80] Wang X T, Wang Z F, Zhang B G, et al. Fabrication of vanadium nitride by carbothermal nitridation reaction[J]. Key Engineering Materials, 2004, 280-283: 1463-1466.

[81] Zhao Z W，Liu Y，Cao H，et al. Synthesis of VN nanopowders via thermal processing of the precursor in N$_2$ atmosphere[J]. International Journal of Refractory Metals & Hard Materials，2008，26(5)：429-432.

[82] Moon J，Sahajwalla V. Investigation into the role of the Boudouard reaction in self-reducing iron oxide and carbon briquettes[J]. Metallurgical and Materials Transactions B，2006，37(2)：215-221.

[83] 戴维，舒莉. 铁合金冶金工程[M]. 北京：冶金工业出版社，1996.

[84] 李文超，庄又青，孙贵如. 稀土对 SiO$_2$ 碳热还原氮化制备 Si$_3$N$_4$ 机理研究[J]. 中国稀土学报，1996，14(2)：130-132.

[85] 刘公召. 重油加氢脱硫(HDS)失活催化剂中提取钒、钼、镍的研究[D]. 沈阳：东北大学，2002.

[86] 刘公召，隋智通. 从 PTA 残渣中回收醋酸钴和醋酸锰的研究[J]. 矿产综合利用，2001(3)：41-43.

[87] 刘公召，隋智通. 从 HDS 废催化剂中提取钒和钼的研究[J]. 矿产综合利用，2002(2)：39-41.

[88] 张兴和，傅炳星. 高硅高磷钠化钒渣水法提钒净化工艺的研究[J]. 钢铁钒钛，1987，8(1)：23-26.

[89] 无机化学编写组. 无机化学(下册)[M]. 北京：人民教育出版社，1978.

[90] 张传武. 离子交换净化沉钒废水[J]. 钢铁钒钛，1984，5(1)：81-86.

[91] 王金超，陈厚生. 多聚钒酸铵沉淀条件的研究[J]. 钒铁钒钛，1993，14(2)：28-31.

[92] 夏清荣. 高浓度钒液沉钒工艺研究[J]. 钢铁钒钛，1996，17(3)：46-50.

[93] 天津化工研究院. 无机盐工业手册(下册)[M]. 北京：化学工业出版社，1981.

[94] 王金超，陈厚生. 杂质对沉淀多钒酸铵的影响[J]. 钒钛，1990(1)：8-11.

第6章 硼渣利用技术

6.1 硼资源及利用

1. 硼镁铁矿

土耳其、俄罗斯、美国及意大利等国均蕴藏丰富的硼镁铁矿，但有关选矿、冶金等方面的技术均未见报道。我国硼矿资源丰富，按 B_2O_3 计约 3900 万 t，仅次于土耳其、美国和俄罗斯。硼矿中硼镁矿与硼镁铁矿共生的复合矿占我国硼矿总储量的 90%，但平均品位仅 8.27%B_2O_3。硼镁矿是优质硼原料，它只占我国硼矿总储量的 10%左右。经多年的开采，目前大多数矿山的保有可采储量几近枯竭，将陆续闭坑。因此，亟待寻求替代硼镁矿的新型硼资源，以缓解原料紧缺的严峻局面。

2. 我国硼矿资源

我国硼矿资源主要集中于辽宁和吉林两省，分布在辽宁东—吉林南的沉积变质型硼矿矿床中，硼镁矿和硼镁铁矿是主要的含硼矿物。辽宁以凤城翁泉沟储量最大，是亚洲第一大硼铁矿床，目前已探明储量为 2.8 亿 t，其中 B_2O_3 储量为 2184 万 t，占全国储量的 58%左右[1]。硼镁铁矿中硼镁石与磁铁矿共生，以铁为主，硼品位低，目前只使用铁、未用硼，这可谓是巨大的资源浪费。

3. 硼镁铁矿综合利用研究概况

关守忠和穆纯业[2]采用磁-重-分级流程、重-磁-重流程、磁-重-浮流程、磁-絮凝-重-分级流程等四种选矿方法分离铁与硼，结果表明：无论何种流程，当磨矿细度 320 目占 96%时，硼的回收率为 52%左右。曾邦任[3]研究阶段磨矿(磨矿细度 500 目占 97%)、阶段选别(单一磁选、磁浮联合流程)分离铁与硼的可行性，获得铁精矿品位为 62%～66%TFe，回收率为 82%～95%，硼精矿品位为 21%～27%B_2O_3，回收率为 71%～81%。但细磨成本高，且脱水困难，难以工业实施。赵庆杰等[4, 5]提出硼镁铁矿固相还原→熔化分离→熔分渣提硼的工艺，但还原时间长，配煤量高，工业实施有难度。张显鹏和席常锁[6]研究直接冶炼硼镁铁矿，结果表明，硼镁铁矿经焙烧后在电炉碳还原，还原时间、还原温度和炉渣碱度合适时可获得中碳低品位硼铁，但渣中 B_2O_3 含量较低，用作提硼原料亦难推广。刘素兰等[7]报道用硼镁铁矿作为原料，经熔融还原→熔态分离铁和渣→熔渣钠化→加压水浸→过滤、浓缩、结晶可制取硼砂。秦凤久和舒小平[8]研究硼镁铁矿制取硼砂的工艺。辽阳铁合金厂与东北大学合作采用矿热炉分离硼镁铁矿的铁与硼，结果表明渣中 B_2O_3 可富集到 17%，含 Fe 不足 1%，但电耗高，成本也高[9-11]。随着研发项目的不断深入，新工艺、新方法、新技术不断涌现，但高炉熔炼始终是其中最具产业化规模的工艺方法之一。高炉熔炼硼镁铁矿的问题焦点是如何高效回收铁的同时将硼、铀甚至镁也分离出来[9-11]。

"八五"期间，东北工学院(现东北大学)参与了高炉熔炼硼镁铁矿的研发项目[6, 12]，完成选矿、造块、13m³ 高炉硼铁分离、富硼渣提硼、含硼生铁应用等课题，并且通过了中试。结果表明：硼铁含硼 0.5%～1.3%(质量分数)，熔炼后矿中 70%以上硼、95%铀和几乎全部镁进入渣相，渣中 B_2O_3 质量分数为 8%～15%[13, 14]。从渣中提取硼成为重要的研究课题，自 20 世纪 80 年代起，东北大学就开展硼渣作为生产硼砂和硼酸原料可能性与可行性的研究。

(1) 可能性。研究与试验的结果表明：半工业规模试验产出的硼渣作为原料可以制备出硼砂和硼酸，但指标不理想。硼渣的活性偏低，影响制硼砂或硼酸的收率，是首先要解决的难题。

(2) 可行性。包含经济与环境效益以及产业化两层含义。

4. 复合矿冶金渣选择性析出分离技术

1993 年，隋智通参与并完成国家自然科学基金资助的重点项目"硼铁矿资源综合利用研究课题"——含硼渣的物理化学性质和热力学参数研究，在实验过程中观察到[15]：硼提取率与渣中含硼组分的析出形态密切相关。若渣中含硼组分以隧安石($2MgO \cdot B_2O_3$)主晶相析出，则硼的提取率高；反之，若渣中硼以非晶(玻璃)态存在，则硼的提取率低，原因是渣中晶态与非晶态间的相互竞争。显然，促进渣中含硼组分以晶相析出、抑制非晶相生成是改善硼渣活性、提高硼提取率的关键。受此启发，隋智通颇为关注熔渣冷却过程含硼物相的演变与其化学活性间的关系，探讨渣中含硼组分析出的选择性。基于此，在后续的系列研究中逐渐形成、充实并完善复合矿冶金渣中有价组分选择性析出分离技术的内涵。

6.1.1 硼矿

1. 硼酸盐矿物

硼酸盐矿物[16]为金属离子与硼酸根结合的化合物。矿物中金属离子主要有钙、镁、钠、锰、铁等，阴离子中除硼酸根及复杂络合阴离子外，常含其他络合阴离子。在晶体结构中，硼氧三角形$[BO_3]^{3-}$或硼氧四面体$[BO_4]^{5-}$单独与金属离子结合形成岛状结构硼酸盐，还以各种方式相互连接，组成环状、链状、层状、架状复杂络合阴离子。主要硼酸盐矿物的特征如下。

(1) 硼镁铁矿。分子式为$(Mg^{2+}, Fe^{2+})_2Fe^{3+}[BO_3]O_2$，为非化学计量固溶体，矿中铁原子数超过镁原子时，硼镁矿即成为硼镁铁矿。硼镁铁矿含 17.83%B_2O_3，晶体为斜方晶系，呈针状、纤维状、柱状，集合体常呈放射状或粒状块体，呈暗绿色或黑色，有暗淡的丝绢光泽，密度为 3.6～4.7g/cm³，莫氏硬度为 5.5～6，不溶于水。产于蛇纹石化白云石大理岩或镁矽卡岩中，常与磁铁矿、透辉石、金云母、镁橄榄石等共生。硼镁石、遂安石和含铁/镁的硼酸盐三者为硼镁铁矿的主要含硼矿物。硼镁铁矿中矿物种类多，属细粒不均匀嵌布、共生关系密切结构，选矿方法仅能初步分离出硼和铁，得到含硼铁精矿及硼精矿。

(2) 硼镁矿。硼镁石与遂安石为硼镁矿中两种主要含硼矿物，两者的差异是前者含结晶水。硼镁石若受热则脱掉结晶水，转化为遂安石(遂安石在水化变质过程中生成硼镁石，可双向反应，水化是条件)。此外，硼镁矿中亦含硅酸盐矿物。

(3) 硼镁石。分子式为 $Mg_2[B_2O_4(OH)](OH)$，含 41.38%B_2O_3，呈纤维状或针状集合晶型，丝绢光泽，白、灰、浅黄色，密度为 2.62～2.75g/cm^3，莫氏硬度为 3～4，不溶于水。

(4) 遂安石。分子式为 $Mg_2[B_2O_5]$，含 46.34%B_2O_3，呈束状、放射状、纤维状晶形，玻璃油脂光泽，白色、淡褐色，密度为 2.91～2.93g/cm^3，莫氏硬度为 5.9，不溶于水。

(5) 柱硼镁石。分子式为 $Mg[B_2O(OH)_6]$，含 42.46%B_2O_3，呈柱状、短柱状、纤维状晶形，玻璃光泽，无色、白色、灰白色，密度为 2.3g/cm^3，莫氏硬度为 3.5。

2. 硼镁铁矿的工艺矿物

(1) 磁铁矿。磁铁矿质量分数为 31.41%，主要以自形、半自形、它形粒状、细粒状和脉状结构嵌布。磁铁矿与硼铁矿、硼镁石连生关系密切，矿石中常见由细粒磁铁矿与硼铁矿、硼镁石组成的集合体颗粒，粗粒磁铁矿间隙中嵌布脉状硼镁石和细粒状硼铁矿，在蛇纹石和其他脉石矿物中也有细粒状及脉状磁铁矿。磁铁矿嵌布粒度相对较粗，74μm 以上占 54.77%，10μm 以下占 5.6%。

(2) 硼镁石。硼镁石质量分数为 13.22%，占硼总量的 89.01%。硼镁石以粗粒胶结、细粒和脉状结构产出。粗粒硼镁石中常见细粒的磁铁矿、磁黄铁矿、黄铁矿和蛇纹石包体，这部分硼镁石粒度为 74～589μm，约占总量的 53.87%，易与其他矿物有效分离；细粒硼镁石常和磁铁矿、硼铁矿形成矿物集合体嵌布于脉石中，这部分硼镁石粒度大多在 50μm 以下；在脉石中可见几十微米和几百微米的脉状硼镁石。

(3) 硼铁矿。硼铁矿质量分数为 4.61%，以粒状、叶片状、树枝状、脉状嵌布，也见揉皱结构的硼铁矿。硼铁矿与磁铁矿、硼镁石关系密切。在硼铁矿裂隙间常见细粒磁铁矿，也常见细粒磁铁矿包裹于硼铁矿中，或形成矿物集合体，使得硼、铁元素难以有效分离；粗粒、脉状硼铁矿常与蛇纹石等矿物共生，其间可见细粒和脉状硼镁石。硼铁矿嵌布粒度较细，粒度分布主要集中在 20～74μm。

(4) 蛇纹石。蛇纹石质量分数为 25.14%，粗粒蛇纹石以致密块状产出，细粒蛇纹石多与磁铁矿、硼铁矿、硼镁石组成矿物集合体。由于蛇纹石硬度较低，易碎、易泥化，微细粒蛇纹石通过静电作用吸附于硼镁石表面，从而降低浮选回收率，部分蛇纹石进入硼精矿中会降低精矿品位，所以磨矿过程应尽量避免过磨。

(5) 其他矿相。其他矿相质量分数如下：绿泥石 0.55%，长石 7.03%，赤黄铁矿 1.28%；闪石 2.673%，辉石 1.643%，云母 7.04%[1, 17]。

6.1.2　硼镁矿的加工

硼镁矿可用作硫酸分解法生产硼酸、碳碱法生产硼砂的原料。

1. 硫酸分解法生产硼酸

硫酸分解法是硼镁矿制取硼酸的主要方法。该工艺技术成熟，流程简单，被国内大多数硼酸厂采用。但存在效率低，产品质量差，母液缺少有效利用途径等不足。

硫酸分解法制硼酸的化学反应如下：

$$Mg_2B_2O_5 \cdot H_2O + 2H_2SO_4 == 2H_3BO_3 + 2MgSO_4 \tag{6.1}$$

反应后产物过滤，除去尾渣再进行结晶、脱水等作业即获得硼酸。

酸分解法制取硼酸分一步法与两步法。

(1) 一步法：用无机酸直接处理硼镁矿制备硼酸，工艺成熟、流程简单、设备投资少、操作容易，但对原料品位要求较高，对设备腐蚀严重，产品质量控制方面局限性较大，硼的收率低。

(2) 两步法：用硫酸、盐酸、硝酸处理工业硼砂(十水硼砂或五水硼砂)制备硼酸，其中硫酸分解法是我国采用较早的生产工艺。近年来，以硝酸处理十水硼砂和五水硼砂生产硼酸、联产硝酸钠的硝酸分解法工艺发展迅速，已成为我国两步法生产硼酸的主要工艺。

2. 碳碱法生产硼砂

碳碱法是将硼镁矿粉加入碳酸钠溶液中，通入石灰窑气(CO₂)碳解、过滤、水洗后用于碳解配料；滤液蒸发浓缩、冷却结晶、离心分离后得到硼砂。碳碱法流程短，硼砂母液可循环套用，碱利用率高，硼收率较高，适合我国低品位硼镁矿加工。

碳碱法制硼砂的反应如下：

$$6MgO \cdot B_2O_3 + 3Na_2CO_3 + CO_2 + 2H_2O == 3Na_2B_4O_7 + 4MgCO_3 + 2Mg(OH)_2 \tag{6.2}$$

碳解是碳碱法的关键，碳解率直接影响硼砂收率与生产成本。

6.1.3　硼镁铁矿的加工

1. 加工方法

仅采用选矿方法尚未分离出铁和硼的单一富矿。目前利用硼镁铁矿的主要工艺路线有火法分离、湿法分离和磁选分离三种。

(1) 火法分离工艺先炼铁后提硼，利用高炉冶炼和固相还原-熔化两种技术路线分离渣与铁，较适宜于使用低品位硼镁铁矿。

(2) 湿法分离工艺先浸取提硼，残渣作为炼铁原料，有盐酸浸取、有机溶剂萃取、硫酸浸取、盐析结晶一水硫酸镁等方法提硼，适宜于加工 B_2O_3 质量分数为 10%以上的富矿。

(3) 磁选分离工艺不受矿石品位限制。原矿经两段磨细、两段弱磁选、一段中磁选及筛分，选出硼精矿用于制硼砂，铁精矿可作为炼铁原料。

2. 选矿分离

选矿分离工艺可综合利用矿石中的铁、硼、铀。鉴于原矿结构特性，磨矿粒度 200 目占 90%时仍难以将磁铁矿和硼镁石有效分离。通过再磨再选、阶段磨矿、阶段选矿、抛尾与阶段选矿配合，采用磁、浮、重多种工艺联合可分选出铁精矿、硼精矿、品质铀精矿及少量的硼镁铁精矿[18, 19]。

3. 火法分离

火法分离工艺以高炉法和还原-熔化渣铁分离法为主。

1) 高炉法

"八五"期间曾研发以提硼为主，利用低品位硼铁矿的技术路线。"十一五"期间经高炉冶炼硼铁矿生产含硼生铁和硼渣，前者用于机械、冶金等行业，后者用 CO_2 碳解制取硼砂，碳解率为 77%～78%。用硫酸浸硼渣生产硼酸，硼浸出率大于 90%，经济效益较好，但存在生铁硫含量高、焦比高(1154kg/t)、渣中 B_2O_3 品位低且活性差、炉衬侵蚀严重等问题[7]。

2) 煤基渣铁分离还原法

低品位硼镁铁矿(B_2O_3 品位＜8.0%)经磁选得到 45%～55%TFe、10%～13%B_2O_3(质量分数)的硼铁精矿，与煤配料、造球后直接进入窑炉还原。炉中球团料层温度为 1250～1320℃，还原时间为 6h，得到金属化球团、富硼渣和残碳的混合物，经破碎筛分，将含硼砾铁(含 B＜1.0%、TFe≥88.0%)分离出去，余下粉料磨选出富硼渣和铁粉，富硼渣含 20.87%B_2O_3、2.32%TFe，是优质硼化工原料，砾铁可用于炼钢、铸造，硼与铁的回收率≥98%。

3) 硼铁矿直接冶炼硼铁合金

将硼铁矿中部分 B_2O_3 质量分数高的硼镁石用碳等强还原剂，在电炉内直接冶炼硼铁合金，炉渣(含 10%～15%B_2O_3)可部分代替硼酸用于生产无碱玻璃纤维，但生产含 12%B 的 $FeB_{12}C_{2.5}$ 合金时能耗偏高，硼回收率为 40%～50%[20]。

4) 放射性铀的分离与回收

翁泉沟硼镁铁矿经重选可得铀精矿(含 0.10%～0.15%U)作为提铀原料，含 0.002%U 的硼铁矿入高炉得含硼生铁(铀质量分数为 0.0002%)，铀含量低于国家标准，可直接使用[7]。

4. 湿法分离

硼铁矿湿法分离工艺[20]用酸先浸出硼，从浸出液中萃取硼酸，浸渣经磁选得到铁精矿。湿法分离可回收矿石中有价元素，硼、铁分离较彻底，但处理 1t 原矿耗酸 0.45t，盐酸严重腐蚀设备，工艺流程冗长，劳动条件差，环境污染严重。

6.2 硼渣结构与性质

6.2.1 硼渣典型成分及制品

开展硼渣基础研究与理论分析时积累了与熔渣结构和性质相关的文献和数据,本节给出文献和数据出处,供读者参考。

1. 硼渣组成

火法冶炼硼镁铁矿产生的硼渣均属还原性渣,典型高炉硼渣组成见表 6.1。

表 6.1 典型高炉硼渣的组成(单位：%)

组分	质量分数	组分	质量分数
B_2O_3	13.80	Al_2O_3	7.80
MgO	35.23	Fe	6.29
CaO	7.21	U	0.009
SiO_2	21.50		

2. 硼渣制硼酸

缓冷硼渣主要含硼物相为遂安石,硫酸浸出温度为 95～100℃,浸出时间约 1.5h,搅拌速度为 45r/min,液固比为 2.1∶19。按理论酸量 80%的条件,遂安石与酸反应生成硼酸和硫酸镁,平均酸解率为 90%,浸出液净化温度低于 27℃,直接得到硼酸晶体产品,技术指标为：硼酸 99.12%,硫酸盐 0.26%,FeO0.04%,水不溶物 0.03%,铀 0.047g/t；硼收率为 72%[20]。

3. 硼渣制硼砂

硼渣制硼砂有两条工艺路线：一是钠化焙烧硼渣在 0.5～0.6MPa 的压力下,经 8～10h 水浸,硼浸出率为 83%～87%,浸出液浓缩结晶得到硼砂；二是硼渣碳碱法制硼砂,主要反应如下：

$$2(2MgO \cdot B_2O_3) + Na_2CO_3 + 3CO_2 \longrightarrow Na_2B_4O_7(s) + 4MgCO_3 \tag{6.3}$$

硼渣 CO_2 碳解 12h,碳解率为 77%～78%,浸出液浓缩结晶得到硼砂,铀含量小于 1g/t,流程短,易工业化生产[20]。

6.2.2 含硼熔体结构

从学科范畴而论,含硼熔体属硅酸盐熔体(或玻璃)中的硼硅酸盐系列。

1. 硼硅酸盐熔体中硼的结构特点

硼硅酸盐熔体呈现近程有序、远程无序的结构特点，在近程有序的局部区域里因环境物理化学条件的改变可发生两类特征反应：一类是熔体中各类结构单元形成分立的低聚物之间可发生聚合反应，形成级次较高的聚合物，使得聚合度升高，能量降低，体系稳定，网络强化；另一类是随环境物理化学条件改变可发生逆向的解聚反应，级次较高的聚合物解聚为分立的低聚物，致使聚合度降低，能量升高，体系欠稳定，网络松弛[21]。

2. 硼硅酸盐熔体中硼-氧化学键与结构关系

1) 硼熔体结构

熔体中两种配位硼离子(三配位硼示为[3]B，$[BO_3]^{3-}$ 形成三角形，四配位硼示为[4]B，$[BO_4]^{5-}$ 形成四面体)可形成不同的物种，经各种形式的聚合构成各种分立的、环形的、链形的、层形和架形的硼氧骨架，硼氧骨架结构复杂多样[22-25]。

Richter 等[26]根据 X 射线研究结果认为：单个 $[BO_4]^{5-}$ 配位体不是平面结构，B^{3+} 被挤出平面，构成扁的 $[BO_4]^{5-}$ 四面体。

2) 硼(氧)反常性

熔体中硼的两种配位间可相互转换并引发性质的异常变化，称为硼(氧)反常。在高碱度熔体中加入碱或碱土金属氧化物，提供数量充足的游离氧 O^{2-} 与正离子 M^+，促进 $[BO_3]^{3-}$ 转变为带五个负电荷的 $[BO_4]^{5-}$，同时附近还有一个荷正电的 M^+ 来平衡负电荷，构成二维片状结构，网络连接程度增强，密度增大。因此，熔体中 $[BO_4]^{5-}$ 数目不可能超过由硼熔体组成确定的某一限度。理论上，达到 $[BO_4]^{5-}/([BO_3]^{3-}+[BO_4]^{5-})$ 为 1/5 的极限值时，不再形成 $[BO_4]^{5-}$，此刻黏度达到最大值。高碱度强化网络，使熔体致密化。这种现象与相同条件下硅酸盐熔体的变化规律相反，故称为硼(氧)反常性。

Krogh-Moe[23]认为：熔体中硼的两种配位状态之间 $[BO_3]^{3-} \cong [BO_4]^{5-}$ 关系导致硼(氧)反常。当网络形成体 $[BO_3]^{3-}$ 含量增加并超过一定限度时，熔体中 O^{2-} 明显不足，使得已增加的 [4]B 重新返回 $[BO_3]^{3-}$ 中，结构趋向疏松，黏度降低。

Svanson 等[27]和 Riebling[28]确定：当熔体中 B/Si＞2 时，B^{3+} 配位由 $[BO_3]^{3-}$ 变为 $[BO_4]^{5-}$。硼(氧)反常现象可归纳为表达式：$[BO_3]^{3-} \rightarrow [BO_4]^{5-} \rightarrow [BO_3]^{3-}$。

Riedl[29]认为：高温下熔体中并无硼(氧)反常现象，$[BO_3]^{3-}$ 仅在低温时才与氧结合成 $[BO_4]^{5-}$。Bray[30]采用拉曼光谱法实验研究结果表明：B^{3+} 由三配位变为四配位发生在 Na_2O 摩尔分数为 16% 时，而且在 Na_2O 摩尔分数为 13% 时四配位变为三配位。Krogh-Moe[23] 用 X 射线结构分析法研究碱硼酸盐熔体认为：纯硼熔体中 $[BO_3]^{3-}$ 是主要结构单元，它向各方向联结延伸。Furukawa 和 White[31]认为：碱硼酸盐熔体中主要结构单元是 $[BO_4]^{5-}$。

3. $CaO\text{-}SiO_2\text{-}B_2O_3$ 三元系中低硼熔体

^{11}B 核磁共振与量子化学计算以及 Gaussian03 程序模拟确定：$CaO\text{-}SiO_2\text{-}B_2O_3$ 三元系中硼浓度十分低时，硼的结构特点如下[32, 33]。

(1) [3]B 和 [4]B 两类配位有 6 种可能复合结构形式，如表 6.2 所示。

(2) CaO-SiO$_2$-B$_2$O$_3$ 三元系中优化的几何结构如表 6.3 所示，其中[4]B-4Si-Ca 表示[BO$_4$]$^{5-}$ 被[SiO$_4$]$^{4-}$围绕，一个配位的 Ca^{2+}靠近它时，硼第四键的负电荷被 Ca^{2+}平衡结构稳定。

表 6.2　模拟 CaO-SiO$_2$-B$_2$O$_3$ 系可能结构[34]

结构	σ(模拟的)	δ$_{ISO}$ 的 B 结构
[3]B-[3]B	−95.0	14.4
[3]B-1Si-2NBO	−95.0	14.4
[3]B-2Si-1NBO	−497.0	12.4
[3]B-3Si	−98.0	11.4
[4]B-3Si-1NBO-Ca	−110.0	−0.6
[4]B-4Si-Ca	−111.0	−1.6

注：NBO 代表一个非桥氧(no brige oxygen)

表 6.3　Gaussian 03 程序-量子化学计算优化几何结构

结构	化学键	键角/(°)	键长/Å
[3]B	B—O	—	1.369～1.373
	O—B—O	119.8～120.3	—
[3]B-3Si	B—O	—	1.370～1.371
	B—O—Si	129.0～129.2	—
	O—B—O	120.0	—
[4]B-4Si-Ca	B—O	—	1.406～1.514
	B—Ca	—	2.620
	Ca—O	—	2.1475
	O—Ca—O	143.6～146.3	—
	B—O—Si	124.2～142.8	—
	O—B—O	102.3～118.1	—

注：[4]B-4Si-Ca 表示硼掺入硅酸盐网络中，各向同性化学位移结果

4. CaO-SiO$_2$-B$_2$O$_3$ 三元系中高硼熔体

1) 硼熔体局部结构与组成关系

图 6.1 为 CaO/SiO$_2$ 比为 1.15 时各样品的 ^{11}B 魔角旋转核磁共振(magic-angle-spinning nuclear-magnetic-resonance，MAS NMR)谱，观察在 0～10ppm(1ppm = 10^{-6})的化学位移[33, 35]。Du 和 Stebbins[34]报道：Na$_2$O-B$_2$O$_3$-SiO$_2$ 系的 ^{11}B MAS NMR 谱在 0～10ppm 的两个峰分别为[3]B 和[4]B 峰值的信号。

图 6.2 显示[4]B 的相对分数 N_4 与 BO$_{1.5}$ 含量之间的关系。CaO/SiO$_2$ 比恒定时，N_4 随 BO$_{1.5}$ 含量增加而增大；N_4 随 CaO/SiO$_2$ 比增加而减小；BO$_{1.5}$ 含量增加，[4]B 数量增加，N_4 增大，BO$_{1.5}$ 活度系数增大。

2) 硼熔体局部结构与碱度关系

碱度采用理论光学碱度[35, 36]，由式(6.4)可计算：

$$\Lambda_{\text{th}} = \sum X_i \cdot n_i \cdot \Lambda_{\text{th},\,i} / \left(\sum X_i \cdot n_i \right) \tag{6.4}$$

式中，Λ_{th} 为纯物质的理论光学碱度(CaO 为 1，SiO_2 为 0.48，$BO_{1.5}$ 为 0.42)[37, 38]；X_i 为等值的阳离子分数；$\Lambda_{\text{th},\,i}$ 为离子 i 氧化物的理论光学碱度；n_i 为分子中的氧原子数，体系的 n_i 对 CaO 为 1、SiO_2 为 2、$BO_{1.5}$ 为 1.5。图 6.3 为 Λ_{th} 和[4]B 相对分数 N_4 间关系。Tanaka 等[35]报道：$CaO\text{-}SiO_2\text{-}B_2O_3$ 熔体 N_4 和 Λ_{th} 关系与文献吻合良好。

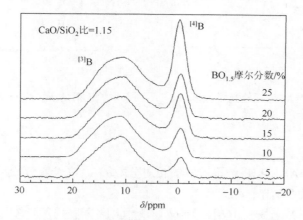

图 6.1　CaO/SiO_2 比为 1.15 时 ^{11}B MAS NMR 谱

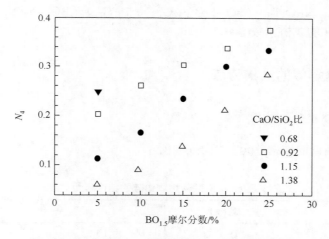

图 6.2　样品中 $BO_{1.5}$ 含量与[4]B 相对分数 N_4 间关系

3) 硼熔体局部结构与 $BO_{1.5}$ 活度系数的关系

(1) $\gamma_{BO_{1.5}}$ 与 N_4 关系如图 6.4 所示：在 CaO/SiO_2 比相近时，$\gamma_{BO_{1.5}}$ 随 N_4 增加亦增加。

(2) $\gamma_{BO_{1.5}}$ 表征硼的稳定性。$\gamma_{BO_{1.5}}$ 随 N_4 增加亦增加意味硼在熔体中不稳定，即[4]B 比[3]B 更不稳[35, 39-45]。

(3) Dell 和 Bray[30]提出硼硅酸盐系结构模型。结构由[3]B 变到[4]B，桥氧数增多，网络聚合加剧，能量提高，活度系数增大，硼更加不稳定。相反，由[4]B 变到[3]B，活度系数降低，桥氧数减少，网络解聚，能量降低，硼更稳定。

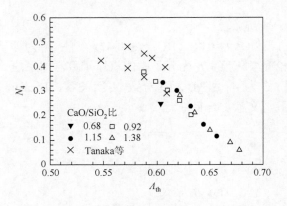

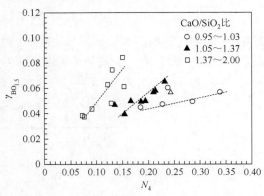

图 6.3 　[4]B 相对分数 N_4 与理论光学碱度 Λ_{th} 间的关系

图 6.4 　[4]B 相对分数 N_4 与 $BO_{1.5}$ 活度系数间的关系

4) [3]B 的非桥氧数

(1) 利用 ^{29}Si MAS NMR 结果计算的相对分数 Q^n，按式(6.5)可计算出 $[SiO_4]^{4-}$ 结合的非桥氧数(表示为 NBO/T_{Si})[35]：

$$NBO/T_{Si} = 4-([Q^0]\times 0+[Q^1]\times 1+[Q^2]\times 2+[Q^3]\times 3+[Q^4]\times 4) \qquad (6.5)$$

(2) 利用 ^{11}B MAS NMR 结果计算硼结合非桥氧数(表示为 NBO/T_B)如下：

$$NBO/T_B = CaO-0.5N_4\cdot BO_{1.5}-0.5\cdot i\cdot(1-N_4)\cdot BO_{1.5}/SiO_2 \qquad (6.6)$$

式中，i 为键合[3]B 的非桥氧数($i = 0\sim 3$)。

6.2.3　硼硅酸盐熔体的结构特点

1. 硅酸盐熔体中硅的结构单元

硅酸盐熔体中硅的结构单元[46]如表 6.4 所示。

表 6.4　硅酸盐熔体中硅的结构单元

Si/O 比	硅氧四面体	Si/O 比	硅氧四面体
1/2	Q_0	1/3.5	Q_3
1/2.5	Q_1	1/4.0	Q_4
1/3.0	Q_2		

表中，符号 Q 表示硅氧四面体，其中 Q 右下方数字表示四面体中桥氧数目，分别如下：岛状硅氧四面体用 Q_0 表示；二聚体硅氧四面体用 Q_1 表示；环或链状硅氧四面体用 Q_2 表示；片状硅氧四面体用 Q_3 表示；三维架状或网状硅氧四面体用 Q_4 表示。

显然，这与硅酸盐晶体中五种构型的硅氧四面体(Q_i)一致，但在硅酸盐晶体中只存在一种或两种构型，而硅酸盐熔体则是多种硅氧四面体构型 Q_i 的混合体。在硅酸盐熔体中可呈现出多种 Q_i 共存及分布的特征。前人用拉曼光谱研究 $CaO\text{-}B_2O_3\text{-}SiO_2$ 玻璃[37, 38, 41-43, 47-51]。

2. 结构因素-聚合阴离子团间关系

(1) 熔体中存在多种聚合阴离子团$[SiO_4]^{4-}$、$[Si_2O_7]^{6-}$、$[Si_6O_{18}]^{12-}$、$[SiO_3]_n^{2n-}$、$[Si_4O_{11}]_n^{4n-}$，这些阴离子团可能时分时合。

(2) 随着温度降低，聚合过程渐占优势后形成大尺寸阴离子团。

(3) 熔体中不同 O/Si 比对应确定的聚合阴离子团。当 O/Si 比为 2 时，熔体中含有大小不等的架状$[SiO_2]_n$聚集团(石英玻璃熔体)；随着 O/Si 比的增加，硅氧阴离子团不断变小，$[SiO_4]^{4-}$的连接方式可为架状、层状、带状、链状、环状；当 O/Si 比增至 4 时，硅氧阴离子团全部拆解为分立的岛状$[SiO_4]^{4-}$。

(4) 熔体中聚合阴离子团的聚合程度越低，越易析晶；聚合程度越高，析出对称性良好、远程有序的晶体则越困难。

3. 硼硅酸盐熔体组成

(1) 当硼酸盐熔体组成的 O/B 比变化时，熔体中的$[BO_3]^{3-}$可形成环状、链状、层状。根据实验，硼酸盐、硅酸盐、磷酸盐等形成玻璃的 O/B、O/Si、O/P 比皆具有最高限值，如表 6.5 所示。此限值表明：熔体中阴离子团只有以高聚合的歪曲链状或环状方式存在时，才能形成玻璃。

表 6.5　形成硼酸盐、硅酸盐等玻璃的 O/B 比、O/Si 比等的最高限值

与不同系配合的氧化物	硼酸盐 O/B 比	硅酸盐 O/Si 比	磷酸盐 O/P 比
Na_2O	1.8	3.40	3.25
K_2O	1.8	3.20	2.90
MgO	1.95	2.70	3.25
CaO	1.90	2.30	3.10
SrO	1.90	2.70	3.10
BaO	1.85	2.70	3.20

(2) 硼硅酸盐熔体中 $SiO_2/(SiO_2+B_2O_3)$比随碱度增加而降低，这是因为 B_2O_3 比 SiO_2 酸性更强，形成更多的 Si—O—B 键而使网络受损。

4. 硼硅酸盐熔体中的 Q_2/Q_3 比

碱和碱土金属离子优先与硼酸盐结构单元结合，在硼硅酸盐熔体中 Ca^{2+}优先结合 B^{3+} 形成 Ca—O—B 键，其依据如下。

(1) B_2O_3 比 SiO_2 酸性更强，碱和碱土金属离子优先与硼酸盐结构单元结合。

(2) 碱和碱土金属离子加入，提供更多的 O^{2-}形成非桥氧，促进解聚，导致 Q_2/Q_3 比[52]快速增加。

(3) 在硼硅酸盐熔渣中，Mg^{2+} 优先结合 B^{3+} 形成 Mg—O—B 键，故硼渣冷却过程遂安石为初晶相优先析出，这亦是硼渣选择性富集时选取遂安石为目标相的重要依据。

5. 硼硅酸盐熔体中片状 $[SiO_4]^{4-}$ 及 $[BO_4]^{5-}$

碱硼硅酸盐熔体中存在 Si—O—B 键，诸多研究者[44-46, 53, 54]建议：桥氧增加可能促进 Si—O—B 结构团形成。在熔体中 B_2O_3 含量低时以 $[BO_3]^{3-}$ 为主，仅在 B_2O_3 含量高时 $[BO_3]^{3-}$ 才转换为 $[BO_4]^{5-}$ [52]。

6. $CaO\text{-}SiO_2\text{-}B_2O_3$ 三元系中硅局部结构与组成关系

$CaO\text{-}SiO_2\text{-}B_2O_3$ 三元系中硅局部结构与 $BO_{1.5}$ 含量关系如下[55]。恒定 CaO/SiO_2 比时，随 $BO_{1.5}$ 含量增加，Si 桥氧数增加，这可以解释为 $BO_{1.5}$ 比 SiO_2 更酸，B^{3+} 吸引 O^{2-} 的能力比 Si^{4+} 强。渣中 $BO_{1.5}$ 含量增加时 Si 结合的非桥氧被 $BO_{1.5}$ 夺取，Si 结合的桥氧数量增加。

6.2.4 硼硅酸盐熔体热力学性质

1. 硼硅酸盐系相图

隋智通参与研究 1723K 下 $MgO\text{-}BO_{1.5}\text{-}SiO_2$ 相图(图 6.5)[56, 57]，测量 A、B、C、D、E、F 和 G 点组成。在氩气气氛下，采用石墨坩埚，于 1723K 时测定横跨两液相区的平衡共轭线，确定存在于 $SiO_2\text{-}BO_{1.5}$ 侧液相的匀相区，该区很窄，MgO 的摩尔分数小于 0.02；分别测定 $MgO\text{-}BO_{1.5}\text{-}SiO_2$ 渣与固体 $2MgO\cdot SiO_2$ 和 $MgO\cdot SiO_2$ 的平衡，确定液相线 AB、BC、CD 和 DE。

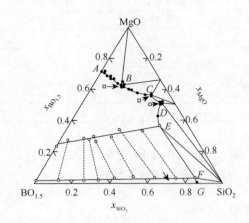

摩尔分数	A	B	C	D	E	F	G
$x_{BO_{1.5}}$	0.236	0.208	0.040	0.080	0.148	0.860	0.125
x_{MgO}	0.764	0.635	0.563	0.523	0.377	0.017	0
x_{SiO_2}	0	0.157	0.397	0.397	0.475	0.123	0.875

图 6.5　1723K 下 $MgO\text{-}BO_{1.5}\text{-}SiO_2$ 相图 $A\sim G$ 点组成

2. 热力学性质

1) 网络中聚合-解聚反应与热力学性质关系

按网络中聚合-解聚反应理解组分的热力学性质：网络中[3]B 以键合三桥氧为主，由[3]B 结构变到[4]B 时体系不稳定，$BO_{1.5}$ 活度系数增加，桥氧数增多，Si、B 网络聚合加剧，能量提高；相反，网络解聚，$BO_{1.5}$ 活度系数降低，桥氧数少，Si、B 与碱或碱土金属离子(Na^+、Ca^{2+}、Mg^{2+})结合，从激活状态到结合状态，能量降低，稳定性提高。活度系数与稳定性逆相关。

2) 硅硼局部结构与热力学性质关系

(1) 熔体中硅的局部结构。网络聚合加剧，体系能量提高，不稳定，硅的桥氧数增多，SiO_2 活度系数增加；相反，网络解聚加剧，体系能量降低，稳定，硅的桥氧数减少，SiO_2 活度系数降低；SiO_2 活度系数随 CaO/SiO_2 比降低而提高，随 $BO_{1.5}$ 含量的增加而增加，表示 Si 结合的桥氧数增加，相反，增加 CaO/SiO_2 比，解聚网络结构，SiO_2 活度系数降低。

(2) 熔体中硼的局部结构。随 $BO_{1.5}$ 含量增加，Si 结合的桥氧数增加，网络聚合加剧，SiO_2 活度系数增大；随 $BO_{1.5}$ 含量增加，$BO_{1.5}$ 活度系数亦增加；CaO/SiO_2 比提高，网络解聚加剧，能量降低，稳定，$BO_{1.5}$ 活度系数降低。

3. $BO_{1.5}$-SiO_2 二元熔渣热力学性质

1) 1723K 下 $BO_{1.5}$-SiO_2 二元熔渣热力学性质

在 $BO_{1.5}$-SiO_2 渣中活度呈现出对理想相当大的正偏离，表明渣中 $BO_{1.5}$ 和 SiO_2 间相互排斥作用较强，如图 6.6 和图 6.7 所示。

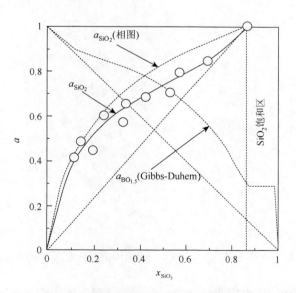

图 6.6　1723K 下与 $BO_{1.5}$-SiO_2 二元熔渣平衡的 $BO_{1.5}$ 与 SiO_2 活度

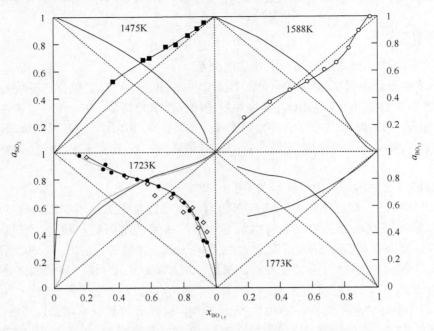

图 6.7　报道的 1475～1773K 下 SiO$_2$-BO$_{1.5}$ 二元熔渣组分活度

2) 1873K 下 BO$_{1.5}$-SiO$_2$ 二元熔渣热力学性质

(1) 诸多报道与先前二元熔渣的数据不一致，如图 6.8(a)所示[58, 59]。为此测量 1873K 下二元熔渣中组分活度系数，见图 6.8(b)[60]。1873K 下在 SiO$_2$-BO$_{1.5}$ 熔渣中组分 BO$_{1.5}$ 与 SiO$_2$ 活度呈现对理想相当大的负偏离，表明渣中 BO$_{1.5}$ 与 SiO$_2$ 之间的相互吸引作用较强。这与图 6.6 的正偏离恰巧相反。

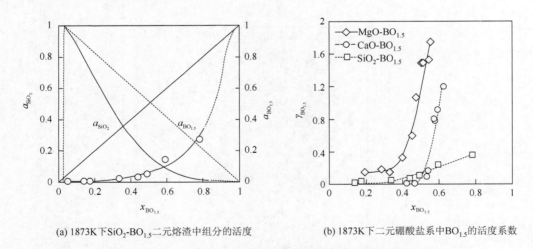

(a) 1873K下SiO$_2$-BO$_{1.5}$二元熔渣中组分的活度　　(b) 1873K下二元硼酸盐系中BO$_{1.5}$的活度系数

图 6.8　1873K 下 SiO$_2$-BO$_{1.5}$ 二元熔渣中组分的活度和活度系数

(2) Walrafen 等[61]的研究表明：1867K 是纯氧化硼熔体的临界温度(critical temperature)。

温度升高导致硼环显著畸变，独立硼环解体，解体的孤立$(BO_3)^{3-}$进入硅酸盐层结构之间，促进硼-硅组合，局部的相互作用从 B—O—B 变到 Si—O—B，形成新的网络结构，强化 $BO_{1.5}$ 与 SiO_2 间的吸引作用，导致 $BO_{1.5}$ 与 SiO_2 组分活度对理想状态呈负偏离。

4. MgO-$BO_{1.5}$ 二元熔渣的热力学性质

1) 1723K 下 MgO-$BO_{1.5}$ 二元熔渣的热力学性质

(1) 测量与 MgO-$BO_{1.5}$ 渣平衡铜液中硼和镁的含量，计算渣中 $BO_{1.5}$ 和 MgO 的活度(图 6.9(a))以及 $BO_{1.5}$ 和 MgO 的活度系数(图 6.9(b))。显然，MgO 含量升高，渣碱性增大，$BO_{1.5}$ 的活度系数降低，MgO 的活度系数升高[62, 63]。

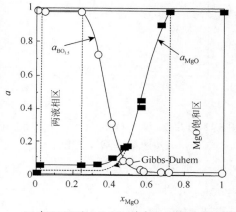

(a) 在1723K下MgO-$BO_{1.5}$渣中MgO和$BO_{1.5}$的活度　　(b) 1723K下MgO-$BO_{1.5}$渣中MgO和$BO_{1.5}$的活度系数

图 6.9　1723K 下 MgO-$BO_{1.5}$ 二元熔渣中组分的活度和活度系数

(2) 偏摩尔自由能 $\Delta\mu_{MgO}$ 和 $\Delta\mu_{BO_{1.5}}$，混合摩尔自由能 ΔG^{Mix} 按式(6.7)计算，如图 6.10 所示：

$$\Delta\mu_{MgO} = RT\ln a_{MgO}, \quad \Delta\mu_{BO_{1.5}} = RT\ln a_{BO_{1.5}}$$

$$\Delta G^{Mix} = x_{MgO}\Delta\mu_{MgO} + x_{BO_{1.5}}\Delta\mu_{BO_{1.5}} \tag{6.7}$$

(3) MgO 和 $BO_{1.5}$ 的 α-函数可按式(6.8)计算：

$$\alpha_{MgO} = \ln\gamma_{MgO}\big/\ln\gamma_{BO_{1.5}}^2, \quad \alpha_{BO_{1.5}} = \ln\gamma_{BO_{1.5}}\big/\ln\gamma_{MgO}^2 \tag{6.8}$$

在液相区相当大的组成范围，MgO 和 $BO_{1.5}$ 的 α-函数随 MgO-$BO_{1.5}$ 系组成而变化，见图 6.11。

(4) Darken[64]定义超稳定性(hyper stability)为 $-2RT\mathrm{d}(\ln a_{MgO})\big/\mathrm{d}x_{BO_{1.5}}$，MgO 的超稳定性在 $x_{MgO} = 0.5$ 有峰值(对应中间固相 $2MgO\cdot B_2O_3$)，如图 6.12 所示。当 $x_{MgO} < 0.5$ 时[65]，随 MgO 含量升高，超稳定性急剧增加并达到最大值；当 $x_{MgO} > 0.5$ 时，超稳定性变小，

网络解聚，相对简单的阴离子在熔体中占主导；当 $x_{MgO} = 0.5$ 时，超稳定性最高(峰值)，混合摩尔自由能 ΔG^{Mix} 最低，体系处于最稳定状态。

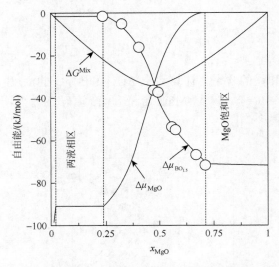

图 6.10　1723K 下 MgO-BO$_{1.5}$ 系中 MgO 和 BO$_{1.5}$ 的混合自由能与偏摩尔自由能　　　图 6.11　1723K 下 MgO-BO$_{1.5}$ 系中 MgO 和 BO$_{1.5}$ 的 α-函数(在均质液相区)

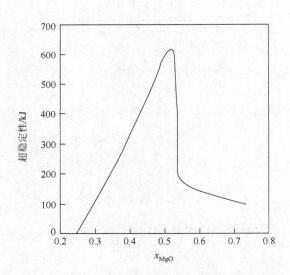

图 6.12　1723K 下 MgO-BO$_{1.5}$ 系在均质液相区中的超稳定性

2) 1873K 下 MgO-BO$_{1.5}$ 二元熔渣的热力学性质

相对固相标准态时 MgO 和 BO$_{1.5}$ 的活度变化如图 6.13 和表 6.6 所示，规律与 Huang 等[56]的结果相似，显然在临界温度(1867K)之上，高温导致硼环显著畸变，以致离子间的缔合强化。

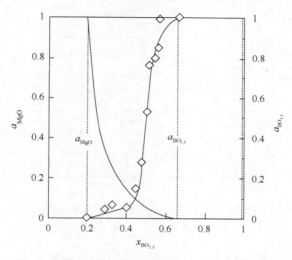

图 6.13　在 1873K 下 MgO-BO$_{1.5}$ 二元熔渣组分的活度

5. CaO-BO$_{1.5}$ 二元熔渣的热力学性质

1) 1873K 下 CaO-BO$_{1.5}$ 二元熔渣的热力学性质

相对固相标准态时，CaO-BO$_{1.5}$ 二元渣中 BO$_{1.5}$ 的活度与活度系数变化如表 6.6 和图 6.14 所示。

表 6.6　1873K 下 MgO-BO$_{1.5}$ 和 CaO-BO$_{1.5}$ 渣系的热力学性质[60]

$x_{BO_{1.5}}$ / %	x_{MgO}/%	x_{CaO}/%	$x_{B\ in\ Cu}$/%	$x_{Mg\ in\ Cu}$/%	$a_{BO_{1.5}}$	$\gamma_{BO_{1.5}}$
MgO-BO$_{1.5}$ 系						
28.22	71.78	—	0.30	0.58	0.040	0.140
32.53	67.47	—	0.50	0.56	0.062	0.190
39.80	60.20	—	0.50	0.42	0.058	0.146
45.37	54.63	—	1.20	0.24	0.145	0.320
47.18	52.82	—	2.50	0.20	0.281	0.596
50.18	49.82	—	5.50	0.45	0.536	1.068
51.05	48.95	—	9.30	0.27	0.767	1.502
53.97	46.03	—	10.00	0.16	0.804	1.489
55.37	44.63	—	11.00	0.39	0.854	1.542
56.77	43.23	—	14.00	0.18	0.995	1.753
CaO-BO$_{1.5}$ 系						
42.22	—	57.78	0.03	0.06	0.004	0.008
46.29	—	53.71	0.08	0.07	0.011	0.023
52.94	—	47.06	0.43	0.05	0.055	0.104

续表

$x_{BO_{1.5}}$ / %	x_{MgO}/%	x_{CaO}/%	$x_{B\ in\ Cu}$/%	$x_{Mg\ in\ Cu}$/%	$a_{BO_{1.5}}$	$\gamma_{BO_{1.5}}$
54.04	—	45.94	0.75	0.04	0.094	0.174
57.62	—	42.38	4.41	0.02	0.451	0.782
57.14	—	42.86	4.48	0.06	0.457	0.800
58.80	—	41.20	5.58	0.02	0.539	0.917
62.37	—	37.63	8.85	0.02	0.745	1.194

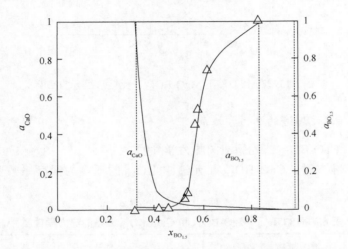

图 6.14　在 1873K 下 CaO-BO$_{1.5}$ 二元渣系组分的活度

2) 1823K 下 CaO-BO$_{1.5}$ 二元熔渣的热力学性质[60]

1823K 下 CaO-SiO$_2$ 二元渣中 SiO$_2$ 活度随渣中 CaO/SiO$_2$ 比增大逐渐减小。

1823K 下 CaO-BO$_{1.5}$ 二元渣中 BO$_{1.5}$ 活度系数随 CaO/SiO$_2$ 比增大逐渐升高。

6. MgO-BO$_{1.5}$-SiO$_2$ 三元熔渣的热力学性质

1) 1723K 下 MgO-BO$_{1.5}$-SiO$_2$ 三元熔渣中 SiO$_2$ 和 BO$_{1.5}$ 的活度

由 MgO-BO$_{1.5}$-SiO$_2$ 渣与石墨坩埚中银液平衡测定氧化物活度。渣中 MgO 和 BO$_{1.5}$ 物质的量之比恒定时，渣与碳饱和 Fe-B-Si-C 合金间硼的平衡分配比随 SiO$_2$ 含量增加而降低[56]。

2) 1873K 下 MgO-BO$_{1.5}$-SiO$_2$ 三元熔渣中 BO$_{1.5}$ 的热力学性质

(1) MgO-BO$_{1.5}$-SiO$_2$ 系中 BO$_{1.5}$ 等活度曲线呈现相当大的负偏差，即使少量 SiO$_2$ 对 BO$_{1.5}$ 活度的影响亦显著。含 5%～10%SiO$_2$ 的熔渣中，BO$_{1.5}$ 活度降至最低值；随着 SiO$_2$ 质量分数超过 30%，SiO$_2$ 的作用趋平缓。加入 SiO$_2$ 促进独立的硼环结构解体，局部作用从 B—O—B 变到 Si—O—B，BO$_{1.5}$ 和 SiO$_2$ 间作用的强化导致 BO$_{1.5}$ 和 SiO$_2$ 组分活度降低。

(2) BO$_{1.5}$ 浓度低时，碱土金属氧化物对(BO$_3$)$^{3-}$孤立结构单元的亲和力较大。BO$_{1.5}$ 浓度提高，形成更复杂的离子并最终产生聚合硼酸网络[60]。

7. CaO-BO$_{1.5}$-SiO$_2$ 三元熔渣的热力学性质

1) CaO-BO$_{1.5}$-SiO$_2$ 三元熔渣中 BO$_{1.5}$ 活度

根据化学平衡法测量 CaO-BO$_{1.5}$-SiO$_2$ 与 Cu-Si 合金平衡时 BO$_{1.5}$ 和 SiO$_2$ 热力学性质，见表 6.7。

表 6.7　1823K 下 CaO-BO$_{1.5}$-SiO$_2$ 系 BO$_{1.5}$ 和 SiO$_2$ 的热力学性质

序号	渣样				金属		活度		活度系数	
	$x_{BO_{1.5}}$	x_{CaO}	x_{SiO_2}	x_{CaO}/x_{SiO_2}	x_B	x_{Si}	$a_{BO_{1.5}}$	a_{SiO_2}	$\gamma_{BO_{1.5}}$	γ_{SiO_2}
101	0.056	0.461	0.483	0.96	1.14×10^{-4}	0.133	0.0025	0.485	0.044	1.01
102	0.108	0.445	0.446	1.00	2.38×10^{-4}	0.137	0.0051	0.512	0.047	1.15
103	0.174	0.420	0.406	1.04	4.15×10^{-4}	0.143	0.0086	0.552	0.05	1.36
104	0.225	0.394	0.381	1.03	6.41×10^{-4}	0.152	0.0128	0.615	0.057	1.61
105	0.062	0.488	0.450	1.08	1.06×10^{-4}	0.123	0.0024	0.425	0.039	0.94
106	0.104	0.475	0.421	1.13	2.30×10^{-4}	0.127	0.0052	0.452	0.049	1.07
107	0.143	0.463	0.394	1.18	3.78×10^{-4}	0.133	0.0082	0.486	0.058	1.24
108	0.196	0.455	0.349	1.3	6.08×10^{-4}	0.142	0.0127	0.547	0.065	1.57
109	0.058	0.502	0.441	1.14	1.18×10^{-4}	0.122	0.0027	0.421	0.047	0.95
110	0.103	0.488	0.409	1.19	2.29×10^{-4}	0.127	0.0051	0.448	0.05	1.10
111	0.155	0.475	0.369	1.29	3.56×10^{-4}	0.133	0.0077	0.490	0.05	1.33
112	0.192	0.467	0.341	1.37	5.13×10^{-4}	0.137	0.0109	0.517	0.057	1.51
113	0.065	0.541	0.393	1.38	0.99×10^{-4}	0.105	0.0024	0.329	0.037	0.84
114	0.108	0.532	0.360	1.48	2.02×10^{-4}	0.118	0.0047	0.397	0.043	1.10
115	0.158	0.509	0.333	1.53	3.32×10^{-4}	0.122	0.0076	0.419	0.048	1.26
116	0.201	0.492	0.307	1.60	5.54×10^{-4}	0.13	0.0122	0.467	0.061	1.52
117	0.101	0.542	0.357	1.52	1.60×10^{-4}	0.109	0.0039	0.347	0.038	0.97
118	0.165	0.511	0.324	1.58	4.31×10^{-4}	0.111	0.0103	0.357	0.063	1.10
119	0.229	0.494	0.277	1.79	7.31×10^{-4}	0.118	0.0107	0.398	0.074	1.44
120	0.302	0.464	0.234	1.98	1.17×10^{-4}	0.134	0.0254	0.492	0.084	2.10

(1) 1823K 下 CaO-BO$_{1.5}$-SiO$_2$ 三元渣中 BO$_{1.5}$ 的等活度曲线呈现相当大的负偏差。在 SiO$_2$ 质量分数为 15%～25%时，BO$_{1.5}$ 活度最高。即使少量 SiO$_2$ 对 BO$_{1.5}$ 活度的影响也十分明显，在两种熔盐渣系中，尽管阳离子种类不同，BO$_{1.5}$ 活度均呈明显负偏差。

(2) 1823K 下 CaO-BO$_{1.5}$-SiO$_2$ 三元渣中 BO$_{1.5}$ 的活度和活度系数[55, 60]随 BO$_{1.5}$ 含量增加而增加，对理想呈负偏差，见图 6.15(a)与(b)。

(3) 1823K 下 CaO-BO$_{1.5}$-SiO$_2$ 三元渣中 BO$_{1.5}$ 活度系数与碱度关系和 CaO-BO$_{1.5}$ 二元渣规律相似。

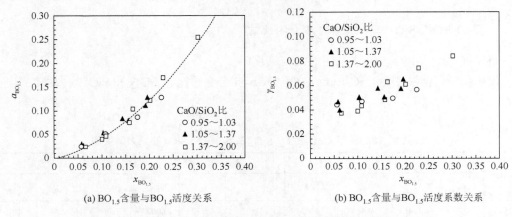

(a) BO$_{1.5}$含量与BO$_{1.5}$活度关系   (b) BO$_{1.5}$含量与BO$_{1.5}$活度系数关系

图 6.15　BO$_{1.5}$含量与 BO$_{1.5}$活度和活度系数的关系

2) CaO-BO$_{1.5}$-SiO$_2$ 三元熔渣中 SiO$_2$ 的活度和活度系数

(1) 渣中 BO$_{1.5}$ 含量增加，SiO$_2$ 活度增大，随着 CaO/SiO$_2$ 比增加，SiO$_2$ 活度略下降。

(2) 渣中 SiO$_2$ 活度系数随 BO$_{1.5}$ 含量增加而增大，随 CaO/SiO$_2$ 比增加而降低。

(3) SiO$_2$ 与 BO$_{1.5}$ 为网络形成体，BO$_{1.5}$ 含量高时两者呈竞争关系，促使 SiO$_2$ 活度系数增大；相反，CaO 为网络修饰体，CaO 与 SiO$_2$ 呈结合关系，促使 SiO$_2$ 活度系数下降。

3) 熔体中硅热力学性质与硅局部结构间关系

(1) BO$_{1.5}$ 含量增加促进 BO$_{1.5}$ 与硅酸盐网络结构的聚合，加剧排斥，使硅原子结合的桥氧数增加，能量提高，因此，加入 BO$_{1.5}$ 增大 SiO$_2$ 活度系数。

(2) 增加 CaO/SiO$_2$ 比，解聚网络结构，减少硅桥氧数，硅原子更稳定，SiO$_2$ 活度系数随 CaO/SiO$_2$ 比增加而降低。

(3) SiO$_2$ 活度系数增加，硅桥氧数增多，硅、硼间竞争强化，加剧网络聚合，能量提高，体系不稳定；SiO$_2$ 活度系数降低，硅桥氧数减少，硅、硼与碱或碱土金属离子(Na$^+$、Ca^{2+}、Mg^{2+})结合，硅、硼网络解聚，能量降低，体系稳定。

8. 1823K 下 CaO-SiO$_2$-CaF$_2$-BO$_{1.5}$ 四元熔渣中 BO$_{1.5}$ 活度系数

CaO/SiO$_2$ 比为 0.4～4，渣中 BO$_{1.5}$ 活度系数随 CaO/SiO$_2$ 比增加而降低，BO$_{1.5}$ 活度系数可表示为[66-69]

$$\ln \gamma_{BO_{1.5}} = -4.00R + 3.67 \tag{6.9}$$

6.3　高炉内冶炼过程硼的选择性富集行为

采用选择性析出分离技术资源化冶金渣时，须经选择性富集、长大与分离三步流程。本节重点分析高炉冶炼硼镁铁矿时控制硼在渣相和铁相间的分流与路径，优化渣中硼选择性富集的条件。

6.3.1　渣中硼的选择性富集

1. 高炉内硅迁移概述

1) 高炉冶炼工艺过程

高炉内从上至下的每个区域内不同位置上的反应进度、条件与环境如下。

(1) 位置。高炉内从上至下分区为炉喉→炉身→炉腰→炉腹→风口→炉缸。

(2) 反应。从上至下为间接还原→溶损反应+熔融滴下→直接还原→渣/铁分离。

(3) 功能。预备区(炉喉+炉身)→运作区(炉腰+炉腹+风口+炉缸)。

(4) 传质+反应。炉料干燥；$Fe_2O_3+Fe_3O_4$ 被还原为 FeO；FeO 被还原为 $Fe(l)$并渗碳；Mn、Si、P、S 等杂质元素逐步被还原进入 $Fe(l)$。

(5) 成渣。$SiO_2+MgO+CaO+Al_2O_3$ 等炉料中脉石成分伴随 FeO 等，在软熔与滴下带形成初渣，最终在炉缸完成 Si 等的直接还原与渣/铁间脱硫反应，形成终渣。

(6) 传热。上部为高炉风口区及其纵向往上上升的高温煤气与下降炉料逆流传热，主要保证热储备区热量充足，以此提供间接还原充分发展所需的热力学与动力学条件；下部主要为高炉风口区以下，旨在保证炉缸热量充沛、炉缸充分活跃、脱硫以及直接还原等反应得以顺利进行、渣铁流动性好、便于分离。

(7) 条件。高炉内从上至下氧化程度 O/Fe：炉喉 = 1.5，炉腰 = 1.0，炉腹下部至炉缸 = 0。

2) 高炉冶炼时原料中硅迁移的相关理论与实践

20 世纪 70 年代，采用解剖急速冷冻的高炉来考察纵深各部位元素的分布、赋存形态及其变化规律。经整理分析实测数据，对高炉中硅还原反应规律有了较清晰的认识：高炉铁水中[Si]含量从软熔带以下即不断增加，风口处达到最大值，继续下行[Si]含量则逐渐降低，而渣中(SiO_2)含量却不断攀升。实测结果与传统认识不相符的事实引发了冶金学者与工程技术人员浓厚的兴趣，他们纷纷开展高炉中与硅迁移途径及相关机制的基础研究，众多的文献报道[70-77]表明：焦炭还原(SiO_2)生成的 $SiO(g)$在上升过程中与铁滴相遇并反应，硅由气相转入铁相。风口区炭燃烧灰分内的 SiO_2被还原，生成的 $SiO(g)$与铁滴相遇后，被铁中碳还原进入铁相；同时，当含硅的铁滴穿过渣层时，部分铁滴中先前吸纳的硅可能又被渣中(FeO)和(MnO)氧化再进入渣相。炉腹上部到风口区的铁水和渣滴中硫含量均逐渐增高。当铁滴穿过渣层时硫含量再升高并达到极大值，而后又逐渐降低。Turkdogan[78]提出高炉内硅迁移的机理，确认高炉内生成的气态化合物 $SiO(g)$、$SiS(g)$对硅与硫的迁移起重要载体作用。

3) 高炉中 $SiO(g)$的还原过程

原料中(SiO_2)被碳还原生成 $SiO(g)$的反应如下：

$$(SiO_2)+C(gr)\longrightarrow SiO(g)+CO(g) \tag{6.10}$$

$$2SiO(g)+(CaS+FeS)+2C\longrightarrow 2SiS(g)+[Ca+Fe]+2CO(g) \tag{6.11}$$

特别在风口区，鼓入氧和蒸汽使炭剧烈燃烧，温度高达 1800℃，炭燃烧灰分中含大量 SiO_2 和硫，与炭接触良好，经还原反应生成的 $SiO(g)$、$SiS(g)$分压接近 1bar[79]。上行

SiO(g)及 SiS(g)与下落铁滴相遇并被铁中碳还原进入铁相：

$$SiO(g)+SiS(g)+[C]或 C(gr)\longrightarrow 2[Si]+[S]+CO(g) \tag{6.12}$$

2. 高炉冶炼时硅的迁移行为与特点

1) 硅迁移至渣相

高炉原料中硅迁移至渣相始于软熔带形成的渣滴，在滴落带下行时与焦炭或 CO(g) 相遇，渣中部分硅还原生成 SiO(g)进入气相，仍有部分熔渣滴落汇集于炉缸的渣相。

2) 硅转移至金属相

硅迁移至铁相有间接与直接两条途径。

间接迁移指发生在软熔带-滴落带纵向的迁移，它分为两步：①当渣滴下落时遇到焦炭或 CO(g)被还原成 SiO(g)，使得渣中硅先进入气相；②SiO(g)上行遇到铁滴，被铁中碳[C]还原，再由气相迁移到铁相，所以间接迁移是硅的长距离迁移。

直接迁移发生在炉缸的渣/铁界面上，焦炭或铁中碳[C]均可还原(SiO₂)，使得硅由渣相直接迁移到铁相，这是硅的短距离迁移。

直接迁移为渣液和铁液间的液/液相间反应；间接迁移为气相与液相(渣和铁)间的气/液相间反应，硅迁移的驱动力是氧化-还原反应。参照硅的迁移行为与特点来阐述高炉冶炼硼镁铁矿时硼的迁移规律、影响因素及迁移反应速率控制步骤等行为。

3. 高炉冶炼硼镁铁矿时硼的迁移行为与特点

1) 硼的迁移行为

高炉冶炼硼镁铁矿时，气相中有两种硼的气态化合物(BO(g)和 B₂O₃(g))存在[80]。硼的气态化合物是否也会呈现类似 SiO(g)的行为，并在硼的迁移过程中发挥载体作用？具体的迁移途径与条件如何？鉴于目前尚无高炉冶炼硼镁铁矿时炉体解剖的实测数据及相关报道，难以直接获取问题的答案。但是，基于硼与硅的基础化学性质相近，且在炉气中硅与硼的气态化合物同时存在，是否能借鉴硅的还原-迁移机理来推论硼的还原-迁移行为、途径、载体作用及影响因素，从而为控制硼在渣/铁间的走向、分布提供可能的技术思路，并进一步为冶炼品位与活性双高的硼渣及含硼铁水寻求可行的技术出路？

2) 硼与硅的基础化学性质相似

硼与硅化学性质相似的依据可从 Elingham 图、表 6.8 及相关文献中找到，归纳如下。

(1) 硼与硅氧化物的标准生成吉布斯自由能-温度关系相当接近。

(2) 硼与硅氧化物均属酸性氧化物，其理论光学碱度亦相近，两者在渣熔体中均呈现网络形成体行为。

(3) B₂O₃-SiO₂ 二元系相图中，整个组成范围内两者几乎完全互溶，高温下形成匀相熔体，活度随组成变化曲线均呈现负偏差且曲线对称；同样，在 MgO-B₂O₃-SiO₂ 三元系中 MgO 质量分数低(<0.4%)的范围内，两者亦完全互溶，形成匀相熔体。

3) 高炉冶炼硼镁铁矿过程硼与硅的行为和走向十分相似

(1) 高炉冶炼硼镁铁矿时，硼与硅均来自炉料(渣中硅部分来自焦炭灰)，且两者的数量相当，冶炼过程大部分硼与硅进入渣相，渣中硼与硅的迁移途径与含量亦较为相近。

(2) 高炉气相中既存在硅的气态化合物 $SiO(g)$，又有硼的气态化合物 $BO(g)$、$B_2O_3(g)$，且两者蒸气压数量级相当，可理解为气态硼化物在硼的迁移过程中发挥类似 $SiO(g)$ 的载体作用。

4. 高炉冶炼硼镁铁矿时硅、硼的来源

硼镁铁精矿中除铁之外，主要由 MgO、SiO_2、B_2O_3 三种非铁组分构成，CaO 与 Al_2O_3 数量少且在冶炼过程无明显变化，故分析组分间反应时不予考虑，仅解析 MgO、B_2O_3、SiO_2 三个组分的关系。三者化学反应的 $\Delta G^{\ominus}$-T 关系见表 6.8[18]。

表 6.8　硼镁铁精矿物相间化学反应的 $\Delta G^{\ominus}$-T 关系(单位：J/mol)

反应	1500K	1600K	1700K	1800K	1900K
$2MgO(s)+B_2O_3(l)=Mg_2B_2O_5(s)$(熔点为 1355 ℃)	−115105	−109955	−104805	−99655	−94505
$3Mg_2B_2O_5(s)=2Mg_3B_2O_6(s)+B_2O_3(l)$	−28335	−35665	−22995	−20325	−17655
$2MgO(s)+SiO_2(s)=Mg_2SiO_4(s)$(熔点为 1890 ℃)	−60735	−60304	−59873	−59442	−59011
$2MgO(s)+2SiO_2(s)=Mg_2Si_2O_6(s)$	−63900	−62600	−61460	−60240	−59020
$2Mg_2B_2O_5(s)+Mg_2SiO_4(s)=2Mg_3B_2O_6(s)+SiO_2(s)$	−26020	−23970	−21920	−19870	−17820
$2Mg_2B_2O_5(s)+Mg_2Si_2O_6(s)=2Mg_3B_2O_6(s)+2SiO_2(s)$	−22870	−21610	−20350	−19090	−17830
$T<673K$，硼镁石分解：$Mg_2[B_2O_4(OH)](OH)(s)=Mg_2B_2O_5(s)+H_2O(g)$					
$T>1173K$，蛇纹石分解：$2Mg_3[Si_2O_5](OH)_4(s)=2Mg_2SiO_4(s)+Mg_2Si_2O_6(s)+4H_2O(g)$					

表 6.8 中化学反应的特点如下。

(1) 在温度较低时硼镁石($Mg_2[B_2O_4(OH)](OH)(s)$)可分解出遂安石相($Mg_2B_2O_5$)；但低镁的遂安石相不及高镁的小藤石相($Mg_3B_2O_6$)化学稳定性高，它可再解离为高镁小藤石并释放出单相 $B_2O_3(l)$，故炉身部位炉料中可能有单相 $B_2O_3(l)$ 存在。

(2) 在温度较高时，蛇纹石($Mg_3[Si_2O_5](OH)_4(s)$)可分解出镁橄榄石(Mg_2SiO_4)与顽火辉石($Mg_2Si_2O_6$)。

(3) 在高炉冶炼温度范围内，遂安石和小藤石的化学稳定性均较高，不可能因受热而分解，释放出单相 $B_2O_3(l)$。

(4) 镁橄榄石与顽火辉石的化学稳定性亦较高，在冶炼温度范围皆不可能受热分解，释放出单相 $SiO_2(s)$；但它们与遂安石相间可分别生成高镁的小藤石及单相 $SiO_2(s)$。

(5) 在高炉冶炼温度范围，硼镁矿可解离出单相 $B_2O_3(l)$、$SiO_2(s)$、Mg_2SiO_4、$Mg_2Si_2O_6$、$Mg_3B_2O_6(s)$、$Mg_2B_2O_5(s)$ 等物相。表 6.8 中除 $H_2O(g)$ 外皆为纯凝聚相，8 个反应为纯凝聚相间反应，可以设定纯凝聚相的活度为 1，故 $\Delta G^{\ominus}$-T 关系可以反映上述各反应的热力学趋势。显然，各反应正向进行的驱动力 $\Delta G^{\ominus}$ 较强。

(6) 硼镁铁矿是含铁、镁硼酸盐与硅酸盐矿物的混合物，其中，硼镁石、遂安石和含铁/镁硼酸盐是硼镁铁矿的主要含硼矿物成分。硼镁铁矿经高炉还原熔炼将铁分离出去后，得到的硼渣主要由含镁硼酸盐和硅酸盐两种矿物相构成，其中钙、铝含量较少。

6.3.2　高炉内各区块与硅、硼迁移的相关反应

高炉熔炼硼镁铁矿时，原料中硅与硼的迁移从炉喉开始，经炉身、炉缸，终止于渣铁口。高炉内从上至下各区块位置上硅、硼迁移的途径与相关的反应分别如下。

1. 块状带

此区域 $T<800℃$，原料中各矿物相间可发生固相反应并形成部分低熔点化合物。

(1) $T<673K$ 时，炉料中硼镁石($Mg_2[B_2O_4(OH)](OH)(s)$)可分解：

$$Mg_2[B_2O_4(OH)](OH)(s)\!=\!=\!=Mg_2B_2O_5(s)+H_2O(g) \tag{6.13}$$

低镁遂安石相化学稳定性差，经歧化反应(6.14)解离出高镁小藤石($Mg_3B_2O_6$)及 $B_2O_3(l)$相：

$$3Mg_2B_2O_5(s)\!=\!=\!=2Mg_3B_2O_6(s)+B_2O_3(l) \tag{6.14}$$

三凝聚相间反应的 $\Delta G^{\ominus}$-T 关系显示正向热力学趋势较强，炉料中出现 $B_2O_3(l)$ 可改善各矿物相间接触，促进相间反应。在此区域的炉料中可存在四种硼化物：$Mg_2[B_2O_4(OH)](OH)(s)$、$Mg_2B_2O_5(s)$、$Mg_3B_2O_6(s)$和 $B_2O_3(l)$。$B_2O_3(l)$的熔点(450℃)低，挥发为 $B_2O_3(g)$的趋势强；挥发反应中 $B_2O_3(g)$蒸气压与温度关系可由式 $\lg\left[p_{B_2O_3}/p^{\ominus}\right]=6.742-16960/T$ 表示[81]。小藤石标准生成吉布斯自由能与温度关系为 $\Delta G^{\ominus}_{Mg_3B_2O_6}=-254.340+0.0639T(1123\sim1523K)$[18]。遂安石标准生成吉布斯自由能与温度关系为 $\Delta G^{\ominus}_{Mg_2B_2O_5}=-192.355+0.0515T(1123\sim1523K)$[18]。

(2) $T>1173K$ 时，炉料中蛇纹石可分解出镁橄榄石和顽火辉石：

$$2Mg_3[Si_2O_5](OH)_4(s)\!=\!=\!=2Mg_2SiO_4(s)+Mg_2Si_2O_6(s)+4H_2O(g) \tag{6.15}$$

在此区域炉料中可存在四种硅化物：$SiO_2(s)$、$Mg_3[Si_2O_5](OH)_4(s)$、$Mg_2SiO_4(s)$和 $Mg_2Si_2O_6(s)$[18]；上升炉气中的 $CO(g)$在 $400\sim600℃$时可发生析碳反应，即碳素溶损的逆反应：

$$2CO(g)\!=\!=\!=CO_2(g)+C(析碳) \tag{6.16}$$

2. 软熔带

(1) 在 $800\sim1200℃$，温度升高时固相反应生成的低熔点化合物将出现微区局部熔化，连续下落并逐渐升温使液相不断增多，成为熔融、流动的液相。在软熔带，上述 4 种硅化物和 4 种硼化物均可溶入液相，构成熔渣中的含硅、硼组分。液相的形成与滴落主要受相界面温度、局部氧位及相间接触状态三种因素影响[70]。

(2) 在 $1050\sim1200℃$，遂安石与 MgO 可生成小藤石：

$$Mg_2B_2O_5(s)+MgO(s)\!=\!=\!=Mg_3B_2O_6(s) \tag{6.17}$$

遂安石也可以与镁橄榄石及顽火辉石相中的 MgO 反应，置换出 $SiO_2(s)$：

$$2Mg_2B_2O_5(s)+Mg_2SiO_4(s)\!=\!=\!=2Mg_3B_2O_6(s)+SiO_2(s) \tag{6.18}$$

$$2Mg_2B_2O_5(s)+Mg_2Si_2O_6(s)\!=\!\!=\!\!2Mg_3B_2O_6(s)+2SiO_2(s) \tag{6.19}$$

(3) 碳气化反应又称碳素溶损反应：

$$CO_2(g)+C\longrightarrow2CO(g) \tag{6.20}$$

该反应属强吸热反应，升温可显著加快氧化铁还原及还原铁渗碳。温度低于 950℃时反应(6.20)不发生，称 950℃为气化阈值温度(threshold temperature)；在碳气化的同时可发生水煤气移动反应(反应(6.21))，但温度低于 700℃时该反应速率缓慢。

$$H_2O(g)+C\longrightarrow CO(g)+H_2(g) \tag{6.21}$$

(4) 随炉气上升的 $CO(g)$ 与下行的渣滴相遇时，渣中 $(SiO_2)_{slag}$ 可还原为 $SiO(g)$：

$$(SiO_2)_{slag}+CO(g)\longrightarrow SiO(g)+CO_2(g) \tag{6.22}$$

(5) 当 $(B_2O_3)(g)$ 随炉气上升遇到固相碳(或析出碳)时，可还原为 $BO(g)$：

$$(B_2O_3)(g)+C(gr)\longrightarrow2BO(g)+CO(g) \tag{6.23}$$

生成的 $CO(g)$ 可继续还原 $(B_2O_3)(g)$，发生反应：

$$(B_2O_3)(g)+CO(g)\longrightarrow2BO(g)+CO_2(g) \tag{6.24}$$

但反应(6.24)的热力学趋势远低于反应(6.23)，这是因为 $C(gr)$ 的还原能力较 $CO(g)$ 更强。

3. 滴落带

(1) 温度高于 1200℃，呈现气、固、液三相共存且逆向运动状态，各种化学反应、相间变化与热量交换均在逆向流动状态下进行。

(2) 铁滴下落流经焦炭床时，碳、硅、锰富集于铁相，而硫则转移至渣相。铁相的熔化温度在残存氧含量低时较高；铁中磷、硫含量降低熔化温度，而碳和硅则相反。

(3) 滴落带形成的初渣中 (FeO) 质量分数较高(15%~20%)，随着滴落过程温度的逐渐升高，渣中 (FeO) 质量分数因还原而降低，化学组成和物理性质亦不断变化，流动性随温度升高而增大。

(4) 滴落带熔铁与熔渣一同下落，气态硅、硼化物将随风口区焦炭燃烧生成的富含 $CO(g)$ 炉气协同上升，当上行的气流与下落的铁滴相遇时，发生气/液相间界面反应，促进气态硅、硼化物中的硅、硼转移到铁滴中。实测表明：滴落带铁滴中硅含量急速增高，可达 2%，这一结果证实 $SiO(g)$ 增硅的推论。

研究结果已表明[82]：在炉腹区铁滴经气相穿过渣层时，焦炭和煤矸石中硅和硫易转移到渣相，而锰、铁易转移到金属相。渣/金反应极快可解释为渣中铁滴被气薄膜包围促进蒸发-吸收的机制，该机制认为铁滴中的溶质引起界面扰动，强化了扩散的效果。

4. 焦炭回旋区——风口区

(1) 鼓风带入的氧和蒸汽使炭充分燃烧，温度骤升，$T>1800℃$，高温促进强吸热的氧化物还原反应；焦炭灰分(70%硅来源)中 S 及 SiO_2 活度高，且与 C 接触良好，部分硅、硫还原转化为 $SiO(g)$、$SiS(g)$[83]。

(2) 原料中硼化物(B_2O_3)挥发进入气相，风口区温度高，$B_2O_3(g)$蒸气压亦大，如1627℃时 $B_2O_3(g)$ 蒸气压可达 1300Pa[81]。

(3) 风口区 $T>1900℃$，铁液中硅质量分数最高，可达5%以上。死料堆部位的温度较低，硅质量分数亦较低。

(4) 风口区气态硅、硼的还原反应速率快，约60%的 $SiO(g)$ 可被铁滴中的碳还原进铁相，使得风口水平面处铁中[Si]、[B]质量分数最高，因此，高炉铁水中硅、硼质量分数的分布如下。

① 增硅、硼区。在风口水平面以上，以气态硅、硼还原进入铁水为主，铁水中[Si]、[B]质量分数不断升高，又称为铁水吸硅、硼区。

② 降硅、硼区。在风口水平面以下，由于氧的化学势渐升，氧化作用增强，铁水中[Si]、[B]质量分数不断减少，又称为硅、硼的氧化区。

(5) 风口区 $T>1620℃$，与碳接触的 SiO_2 可生成 SiC，并经由两条路径形成 $SiO(g)$：

$$SiO_2+SiC \longrightarrow 2SiO(g)+C \tag{6.25}$$

$$SiC+CO(g) \longrightarrow SiO(g)+2C \tag{6.26}$$

当风口区温度为1890℃时，$SiO(g)$ 的分压可达 1bar[79]。

5. 炉缸区

(1) 在风口区，焦炭和喷吹煤粉燃烧的灰分参与造渣，使渣中(Al_2O_3)和(SiO_2)含量明显升高，(CaO)和(MgO)含量较初渣与中渣时相对降低，流入炉缸的终渣成分和性质因而趋于稳定。

(2) 高硅铁水离开风口下落并穿过渣层时，发生脱硅、硼反应：

$$2(FeO)+[Si] \longrightarrow 2[Fe]+(SiO_2) \tag{6.27}$$

$$3(FeO)+2[B] \longrightarrow 3[Fe]+(B_2O_3) \tag{6.28}$$

铁水中硅、硼含量在风口水平面以下不再升高。

(3) 炉缸为渣-铁积聚区，温度不低于1350℃，是铁水与炉渣最终汇集之处，炉缸内焦炭将随渣铁的排放呈缓慢的沉浮运动，部分被挤入风口区燃烧气化。

(4) 在炉缸特殊环境中，硅、硼按直接迁移的途径运行，虽然渣/铁间硅、硼迁移的距离短，但渣/铁间相对静止，不如间接迁移途径时对流状态的动力学条件那样优越。

(5) 在炉缸区，渣/金间反应引发的元素转移始终涉及氧的交换，元素转移不仅受渣/金两相中组分的活度影响，而且受反应界面上氧位的作用，此作用的趋势可由渣/金界面上氧分压或氧活度来表征。

6.3.3　硅与硼的迁移途径

高炉冶炼硼镁铁矿时，软熔-滴落带的温度为1100～1350℃，炉料经软化、熔化与还原后形成液态渣与铁，并受到三种主要因素的影响：① 反应界面温度，液相温度不仅取决于初始原料的组成(如碱度)，而且取决于还原过程的推进程度，风口区温度可达到 1600℃以上；②局域氧分压，由上至下氧分压逐渐降低至风口，温度最高处碳的气化反应激烈，氧分压约 10^{-8}bar；③异相间接触可导致反应区域及流动状态的改变，液态渣与铁形成后，流动速度加快，明显改善相间接触，扩大反应区域，极大地促进还原反应的进程。

以下将重点解析高炉冶炼硼镁铁矿时硅与硼迁移的间接与直接两条途径。

1. 间接途径：硅与硼的迁移发生在炉腹软熔带-滴落带

高炉中硅与硼经间接途径迁移时，经历由液相至气相，再由气相进入渣与铁的液相，先后两步，迁移是从上至下沿"垂直线"的长距离移动。虽然距离长、持续时间长、反应空间大，但气/液拥有对流的优越动力学条件，迁移过程进展充分，是硅与硼进入液态渣与铁的主要途径，它占硅与硼最终迁移总量的 60%以上。反应生成的 $SiO(g)$、$BO(g)$、$B_2O_3(g)$ 与液态渣或铁反应时，反应速率受气相到液相表面的传质控制。三种气态化合物是硅与硼迁移的载体，在气/液间发挥桥梁作用。下面按硅与硼气态化合物生成与消耗的线路来解析间接途径运行的规律。

1) 炉料中硅与硼生成气态化合物进入气相

炉料中含硅、硼的物相与碳相遇时可被还原生成气态硅、硼化物 $SiO(g)$、$BO(g)$。

(1) 气态硅化物 $SiO(g)$ 的生成反应。

$$SiO_2(s)+C(gr)\Longrightarrow SiO(g)+CO(g)$$

反应的平衡常数为

$$K=\frac{x_{CO}\cdot p\cdot p_{SiO}}{a_{SiO_2}\cdot a_C} \tag{6.29}$$

式中，p 为总压力；x_{CO} 为气相中 $CO(g)$ 的压力分数；$a_{SiO_2}=1$、$a_C=1$ 分别为反应物 $SiO_2(s)$ 和 $C(gr)$ 的活度；p_{SiO} 为生成物 $SiO(g)$ 的分压。标准状态下各氧化物中氧的化学势由高至低的顺序为

$$SiO_2>FeO>CO_2(g)>CO(g)>SiO(g)>C>SiC$$

显然，$CO(g)$ 可氧化焦灰中的 SiC 生成 $SiO(g)$：

$$SiC(s)+CO(g)\Longrightarrow SiO(g)+2C(s)$$

反应的平衡常数为

$$K=\frac{p_{SiO}\cdot a_C^2}{p_{CO}\cdot a_{SiC}}=\frac{p_{SiO}\cdot a_C^2}{p\cdot x_{CO}\cdot a_{SiC}} \tag{6.30}$$

$T>1620℃$，p 为 3bar 时，原料中 $a_{SiO_2}=1$，初期渣中 a_{SiO_2} 仅 0.01，生成物 $SiO(g)$ 的分压 p_{SiO} 约 0.01bar[70]。1890℃时 $SiO(g)$ 蒸气压力可高达 1bar[79]。

SiO_2-SiC 系的平衡反应如下[40]：

$$2SiO_2(s)+SiC(s)\Longrightarrow 3SiO(g)+CO(g) \tag{6.31}$$

反应(6.31)涉及 $SiO(g)$ 和 $CO(g)$ 及三凝聚相 SiO_2、SiC 与 C 中的两个。在给定 $CO(g)$ 压力时，

该体系可视为伪二元系，涉及两个凝聚相和一个气相的平衡体系。体系中平衡线的交叉点为 SiO(g)和 CO(g)及三种凝聚相 SiO$_2$、SiC 与 C 平衡的零变系。由 $\Delta G^{\ominus}$-T 计算平衡体系中 p_{SiO} 与温度的关系。p_{CO} 分别为 1bar 和 4bar，渣中 a_{SiO_2} 分别为 1 和 0.1。

　　图 6.16 中曲线 a 和 c 的左侧区域凝聚相 SiO$_2$ 稳定；曲线 a 和 b 的右侧区域凝聚相 C 稳定；曲线 b 和 c 之间的区域凝聚相 SiC 稳定。图中虚线为渣中 SiO$_2$ 活度(相对于方石英)为 0.1 时平衡系 p_{SiO} 与温度的关系；图中实线为渣中 SiO$_2$ 活度为 1 时平衡系 p_{SiO} 与温度的关系。从动力学考虑，对于气态硅化物生成反应(6.31)，温度高、生成 SiO(g)的分压高、焦灰比表面积高皆促进反应速率的提升，尤其当焦灰表面存在液相渣润湿时更有利于加速反应。SiO(g)生成反应速率为

$$\frac{\mathrm{d}n_{SiO}}{\mathrm{d}t} = k \cdot p_{SiO}^{*} \cdot A_{AC} \tag{6.32}$$

式中，n_{SiO} 为 SiO(g)的物质的量；k 为速率常数；A_{AC} 为炭灰比表面积；p_{SiO}^{*} 为 SiO(g)的平衡分压。生成的 SiO(g)在风口区随气流上升时，受到多种物化条件特别是氧分压的影响。燃烧带温度高，有利于炭灰中的硅生成 SiO(g)和 SiS(g)，文献[78]研究了热炭灰中产生 SiO(g)和 SiS(g)的速率，图 6.17(a)给出了 SiO(g)和 SiS(g)转入液态渣与铁的速率，图 6.17(b)给出了 Si 和 S 的流失速率。

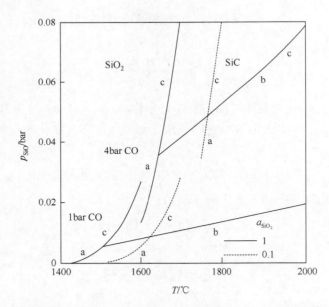

图 6.16　CO 分压为 1bar 和 4bar，SiO$_2$、SiC 和 C 活度均为 1，不同温度时 SiO(g)分压

(2) 气态硼化物 B$_2$O$_3$(g)的生成反应。

①炉料中的 B$_2$O$_3$ 易挥发为 B$_2$O$_3$(g)：

$$B_2O_3(l) = B_2O_3(g) \tag{6.33}$$

不同温度时 B$_2$O$_3$(g)平衡蒸气压数据见表 6.9。由表可知，温度越高，B$_2$O$_3$(g)蒸气压越大。

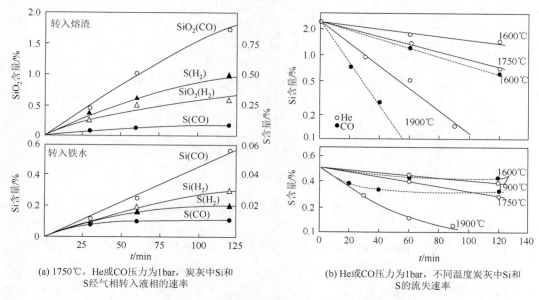

(a) 1750℃，He或CO压力为1bar，炭灰中Si和
S经气相转入液相的速率

(b) He或CO压力为1bar，不同温度炭灰中Si和
S的流失速率

图 6.17　炭灰中 Si 和 S 的流失速率与经气相转入液相的速率

表 6.9　$B_2O_3(g)$平衡蒸气压(单位：bar)

$B_2O_3(g)$的平衡蒸气压	$B_2O_3(l) \Longrightarrow B_2O_3(g)$[80]时 $p_{B_2O_3}$	$\lg\left(p_{B_2O_3}/p^{\ominus}\right)=6.742-16960/T$[81]时 $p_{B_2O_3}$
1500K	2×10^{-5}	2.7×10^{-5}
1600K	15×10^{-5}	14×10^{-5}
1700K	78×10^{-5}	58×10^{-5}
1800K	340×10^{-5}	650×10^{-5}
1900K	1300×10^{-5}	1800×10^{-5}

当 $B_2O_3(g)$ 与焦炭相遇时，可被还原成气态硼化物(BO)(g)：

$$(B_2O_3)(g)+C(gr)\longrightarrow 2(BO)(g)+CO(g)$$

反应的平衡常数为

$$K=\frac{x_{CO}\cdot p\cdot p_{BO}^2}{p_{B_2O_3}\cdot a_C} \tag{6.34}$$

由式(6.34)可知，生成 BO(g)的分压 p_{BO} 随温度升高而增大，见图 6.18。气态硼化物 BO(g)
生成反应的速率为

$$\frac{dn_{BO}}{dt}=k\cdot p_{BO}^*\cdot A_{AC} \tag{6.35}$$

式中，n_{BO} 为 BO(g)的物质的量；k 为速率常数；p_{BO}^* 为 BO(g)的平衡分压。可以看到，
速率随高温、高 BO(g)分压及较高的炭灰比表面积 A_{AC} 而升高，尤其在表面存在液相渣
润湿时。

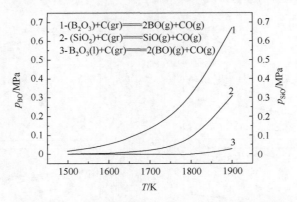

图 6.18　各反应平衡分压 p_{SiO}、p_{BO} 与温度的关系

②随炉料下落的 $B_2O_3(l)$ 液滴在软熔带与碳相遇时，亦可还原为气态硼化物(BO)(g)：

$$B_2O_3(l)+C(gr)\!=\!=\!=\!2(BO)(g)+CO(g)$$

生成 BO(g) 的分压 p_{BO} 随温度升高而增大，见图 6.18。气态硼化物 BO(g) 与 SiO(g) 的生成规律一致，其平衡分压随温度、碳活度($a_C=1$)和 $B_2O_3(g)$ 蒸气压增大而升高。

③原料中硼镁石解离出的遂安石相亦可被焦炭还原生成气态硼化物(BO)(g)：

$$Mg_2B_2O_5(s)+C(gr)\longrightarrow 2(BO)(g)+CO(g)+2MgO(s) \tag{6.36}$$

同样，小藤石相也可被焦炭还原生成气态硼化物(BO)(g)：

$$Mg_3B_2O_6(s)+C(gr)\longrightarrow 2(BO)(g)+CO(g)+3MgO(s) \tag{6.37}$$

(3) 渣中的硅与硼进入气相。

在软熔-滴落带滴落的渣中，硅、硼化物亦可被碳还原进入气相。

①当渣滴与焦炭床相遇时，渣中$(SiO_2)_{slag}$被碳还原生成气态硅化物(SiO)(g)：

$$(SiO_2)_{slag}+C(gr)\longrightarrow (SiO)(g)+CO(g)$$

反应的平衡常数为

$$K=\frac{p_{CO}\cdot p_{SiO}}{a_{SiO_2}\cdot a_C}=\frac{x_{CO}\cdot p\cdot p_{SiO}}{a_{SiO_2}\cdot a_C}$$

由此可知，生成 SiO(g) 的分压 p_{SiO} 随 T、a_C 和 a_{SiO_2} 增加而增大，见图 6.18。文献[40]研究石墨坩埚中盛硅铝酸钙熔体时 SiO_2 还原为 SiO(g) 的反应速率，它反比于气相中 p_{CO} 的二次方；这是可逆反应的滞后效应[82, 84]。

②当渣滴与焦炭床相遇时，渣中$(B_2O_3)_{slag}$亦可被碳还原生成气态硼化物(BO)(g)：

$$(B_2O_3)_{slag}+C(gr)\!=\!=\!=\!2(BO)(g)+CO(g)$$

平衡分压 p_{BO} 随 T 和 $a_{B_2O_3}$ 增加而增大，见图 6.18。

③$(B_2O_3)_{slag}$ 或 $(SiO_2)_{slag}$ 与炉气中的 CO(g) 相遇时，在渣/气界面上可被 CO(g) 还原[82, 84]：

$$(SiO_2)_{slag}+CO(g)\longrightarrow SiO(g)+CO_2(g)$$

$$(B_2O_3)_{slag}+CO(g)\longrightarrow 2BO(g)+CO_2(g)$$

第一个反应的平衡常数为

$$K = \frac{x_{CO_2} \cdot p \cdot p_{SiO}}{a_{SiO_2} \cdot p_{CO}} \tag{6.38}$$

1923K 下 $K = 4 \times 10^{-6}$。SiO(g)生成的速率为

$$\frac{dn_{SiO}}{dt} = k \cdot a_{SiO} \cdot p_{CO} \tag{6.39}$$

式中，n_{SiO} 为 SiO(g)的物质的量；k 为速率常数；p_{CO} 为 CO(g)的平衡分压。平衡分压 p_{SiO} 与 p_{BO} 随 T 和 a_{SiO_2}、$a_{B_2O_3}$ 增加而增大，见图 6.19。

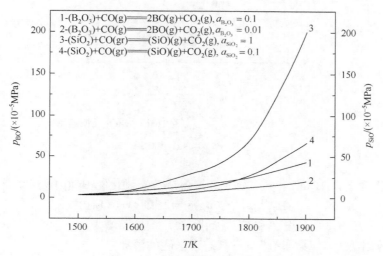

图 6.19　$a_{SiO_2} = 1$ 或 0.1，$a_{B_2O_3} = 0.1$ 或 0.01 时 p_{SiO}-T、p_{BO}-T 关系

④反应动力学机理的研究表明：还原反应(6.22)速率受渣/气界面上的化学反应控制。

Schwerdtfeger 和 Muan[85]研究表明：测量 CO-CO$_2$ 混合气的速率，还原反应速率受渣/气界面上的化学反应控制，与气膜层传质控制预测的速度相比慢得多。Hans 和 Marshall[86]研究 1500℃下 CO-CO$_2$ 混合气中 SiO$_2$ 球体还原的速率，对于含 0.5%~2.2%CO$_2$ 的 CO 气体，反应速率如图 6.20 所示。固体 SiO$_2$ 还原反应速率比焦炭中 SiO$_2$ 还原反应慢得多，这是因为多孔的焦炭与其中的 SiO$_2$ 充分接触。

Ozturk 和 Fruehan[87]研究 CO 与(SiO$_2$)$_{slag}$ 反应生成 SiO(g)的环节是涉及 SiO(g)形成机制中最慢的一环。CO 还原(SiO$_2$)$_{slag}$ 或纯 SiO$_2$(s)反应生成 SiO(g)的速率并未随传质系数增加而加快，表明生成反应速率不可能由气相传质步骤控制。Ozturk 和 Fruehan[88]得出反应速率与(SiO$_2$)活度和 CO(g)压力成正比，它是由渣/气界面上化学反应动力学控制的。1923K 时速率为 5.6×10^{-8} mol/(cm^2·s)，传质系数估计为 4.6cm/s。研究表明气/渣界面 CO 还原 (SiO$_2$)$_{slag}$ 形成 SiO(g)反应受化学反应动力学控制[89]。Schwerdtfeger 和 Muan[85]研究 CO 与纯 SiO$_2$ 反应生成 SiO(g)的速率与之前测量 CO-CO$_2$ 混合气的速率结果一致。Pomfret 和 Grleveson[82]测量 1773K 下 H$_2$ 和 CO-CO$_2$ 混合气还原(SiO$_2$)生成 SiO(g)的速率，结果表明：

H_2 还原条件下，$SiO(g)$ 远离固/气界面的气相传质是速率控制步骤，而 $CO(g)$ 还原条件下，气相传质不是速率控制步骤。

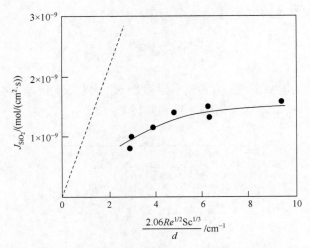

图 6.20 1500℃，$p_{CO} + p_{CO_2} = 1bar$ 时 SiO_2 还原速率

虚线为焦炭中 SiO_2 还原速率

在渣/气界面上，$(B_2O_3)_{slag}$ 被 $CO(g)$ 还原生成气态硼化物 $BO(g)$ 反应如下：

$$(B_2O_3)_{slag}+CO(g)\rlap{=}{=}2BO(g)+CO_2(g)$$

生成 $BO(g)$ 的分压 p_{BO} 随温度 T 和 B_2O_3 活度 $a_{B_2O_3}$ 增加而增大。

2) 硅与硼由气相转移至液相——气态硅与硼的消耗

(1) 上行气态硅化物与下落铁滴相遇时，硅化物被铁中碳[C]还原进入铁而消耗掉，研究证明：风口区焦炭燃烧灰分内 SiO_2 被还原生成的 $SiO(g)$ 在上升时与铁滴相遇，可被铁中碳[C]还原进入铁相，如图 6.21 所示。

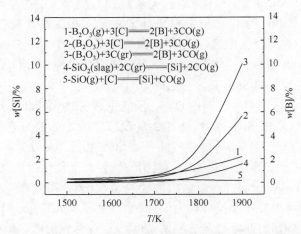

图 6.21 气态及渣中硅、硼化物被铁中碳还原进入铁相平衡含量

$$(\text{SiO})(g)+[C]\longrightarrow[Si]+CO(g)$$

反应的平衡常数为

$$K=\frac{p_{CO}\cdot a_{Si}}{p_{SiO}\cdot a_C}=\frac{p_{CO}\cdot f_{Si}[\%Si]}{p_{SiO}\cdot a_C} \tag{6.40}$$

式中，[%Si]为平衡时硅的质量分数；a_C 为铁滴中碳活度；f_{Si} 为硅活度系数：

$$\lg[\%Si]=\lg p_{SiO}-\lg f_{Si}+\lg a_C-\lg p_{CO}+\lg K \tag{6.41}$$

温度高、p_{SiO} 高、a_C 高、p_{CO} 低等因素皆有利于铁中硅含量增高。初期渣作用类似硅的沉降池，渣中(FeO)含量高、碱度高均促进碳还原使得铁滴中[%Si]增高。

温度高、p_{SiO} 高、接触充分、液滴小、反应时间长(软熔带长、气体流速慢)等因素均促进气态硅向铁滴转移，即 $SiO(g)\rightarrow[Si]$。

还原反应速率为

$$dn_{SiO}/dt=k\cdot p_{SiO}^*\cdot A_{G\text{-}L}$$

式中，n_{SiO} 为 SiO(g)的物质的量；k 为速率常数；$A_{G\text{-}L}$ 为气/金比表面积；p_{SiO}^* 为 SiO(g)平衡分压；SiO(g)被铁中碳[C]还原进入铁相的限速步骤是气相传质，反应速率受 SiO(g)传质到液相表面控制，速率随气相传质系数和 SiO(g)压力变化；而气/金界面上化学反应速率比较快，并非控制步骤[87]。在风口回旋区焦炭燃烧灰分中的 SiO_2 还原为 SiO(g)后与铁滴反应转入铁相中[Si]。

(2) 当上行气态硼化物$(B_2O_3)(g)$与下落铁滴相遇时，铁中碳[C]可将$(B_2O_3)(g)$还原进入铁水，如图 6.22 所示。

$$(B_2O_3)(g)+3[C]\Longrightarrow2[B]+3CO(g) \tag{6.42}$$

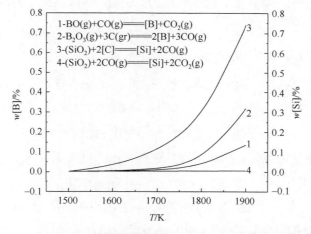

图 6.22　硅、硼化物被铁中碳与 CO 还原进入铁相平衡含量

(3) 上行气态硅化物(SiO)(g)与焦炭相遇时，可将它还原进铁相：

$$(\text{SiO})(g)+C(gr)\Longrightarrow[Si]+CO(g) \tag{6.43}$$

(4) 上行气态硼化物 $B_2O_3(g)$ 与焦炭相遇时，可将它还原进铁相，如图 6.22 所示。

$$B_2O_3(g)+3C(gr)\!\!=\!\!=\!\!2[B]+3CO(g) \tag{6.44}$$

计算 $B_2O_3(g)$ 被 $C(gr)$ 还原进入铁水后的平衡硼含量的结果均高于[C]还原时的平衡硼含量约一倍，原因是 $C(gr)$ 的还原能力强，两种碳的活度标准态亦不同，$a_{C(gr)} = 1$ 以纯石墨为标准态，而实际铁水中非饱和碳的活度 $a_{[C]} = f_C[\%C] = 19.8(f_C = 5.66)$ 以铁水中 $Henry[1\%]$ 为标准态。

(5) 上行的 $SiO(g)$ 及 $BO(g)$ 与 $CO(g)$ 相遇时，亦可被还原进入铁相：

$$SiO(g)+CO(g)\!\!=\!\!=\!\![Si]+CO_2(g) \tag{6.45}$$

$$BO(g)+CO(g)\!\!=\!\!=\!\![B]+CO_2(g) \tag{6.46}$$

(6) 在滴落带上行的 $SiO(g)$、$BO(g)$ 与初期渣相遇时，可被渣中高质量分数$(FeO)(15\%\sim20\%)$氧化，以(SiO_2)、(B_2O_3)形式进入渣相：

$$SiO(g)+(FeO)\longrightarrow(SiO_2)_{slag}+[Fe] \tag{6.47}$$

$$2BO(g)+(FeO)\longrightarrow(B_2O_3)_{slag}+[Fe] \tag{6.48}$$

原料中(B_2O_3)活度 $= 1$，初渣中(B_2O_3)活度 $= 0.01$，氧化-还原反应的方向取决于组分的活度、环境温度和气态组分压力。

(7) 在初期渣的渣/气界面上，$SiO(g)$ 与 $CO_2(g)$、$CO(g)$ 相遇亦可被氧化，以(SiO_2)形式进入渣相：

$$SiO(g)+CO_2(g)\longrightarrow(SiO_2)_{slag}+CO(g) \tag{6.49}$$

$$SiO(g)+CO(g)\longrightarrow(SiO_2)_{slag}+[C] \tag{6.50}$$

诸多研究[87, 90]结果表明：初期渣表面发生氧化反应，使得 $SiO(g)$进入渣相$(SiO_2)_{slag}$，反应的驱动力取决于反应物活度、温度和压力；$SiO(g)$与渣相反应的速率快，控制步骤为 $SiO(g)$通过气相边界层的扩散。

2. 直接途径：硅与硼的迁移发生在炉缸

(1) 铁滴穿过炉缸渣层，渣中硅或硼被铁中碳还原进入铁水，见图 6.21 及图 6.22。

$$(SiO_2)_{slag}+2[C]\!\!=\!\!=\!\![Si]+2CO(g) \tag{6.51}$$

$$(B_2O_3)_{slag}+3[C]\!\!=\!\!=\!\!2[B]+3CO(g) \tag{6.52}$$

(2) 渣中硅或硼亦可被炉缸区焦炭还原进入铁水，见图 6.21 及图 6.22。

$$(SiO_2)_{slag}+2C(gr)\!\!=\!\!=\!\![Si]+2CO(g) \tag{6.53}$$

$$(B_2O_3)_{slag}+3C(gr)\!\!=\!\!=\!\!2[B]+3CO(g) \tag{6.54}$$

(3) 炉缸区渣/金间硅氧化-还原反应的热力学与动力学[40, 70]。

①硅的热力学。

a. 渣/金间硅的平衡反应如下：

$$(SiO_2)_{slag}+2C(gr)\!\!=\!\!=\!\![Si]+2CO(g)$$

平衡时的[%Si]满足关系

$$\lg[\%Si] = 28700/T - 16.1 + \lg a_{SiO_2} - \lg f_{Si} + 2\lg a_C - 2\lg p_{CO} \tag{6.55}$$

b. 图 6.23 为工业实验数据[70]：当 $p_{CO} \approx 3 \sim 4\text{bar}$(相当氧活度为 $1.5 \times 10^{-6} \sim 2.5 \times 10^{-6}$)，炉缸区渣/金间活度比 $\lg(a_{SiO_2}/a_{Si})$ 随 $1/T$ 的变化表明，渣/金界面氧势高有利于铁中硅氧化。通过控制炉缸氧分压，如控制软熔带位置或风口喷吹铁矿粉，可以控制铁水中的硅含量。

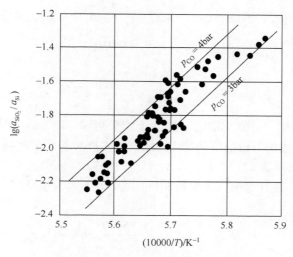

图 6.23　$\lg(a_{SiO_2}/a_{Si})$ 随温度变化

Turkdogan[78]研究表明：CO(g)分压为 1bar，铁水平均温度低于 1450～1550℃，渣/金间硅分配比[%Si]/(%SiO₂)随渣碱度增大而降低，直至反应(SiO₂)+2[C]══[Si]+2CO(g)达到三相平衡。

c. 非平衡态：炉缸渣/金间反应持续时间长，可能达到平衡态，[%Si]平为 0.1%～0.6%，实际铁水[%Si]约 0.8%。因滴落带铁滴温度高，流动好，渣中 a_{SiO_2} 高，铁中 a_C 高而 a_{Si} 低，故促进还原反应使得[%Si]高。尤其风口区，1800℃下，p_{SiO} 接近 1bar，SiO(g)被碳还原进入铁水并达到[%Si]最大值。但进入炉缸后，氧势升高，渣/金间反应使铁水中硅氧化转移到渣相。由于炉缸区渣/金间相对静止，流动差，渣/金间实际上处于非平衡态。按焦比为 600kg/t、焦炭含灰分 15%、灰分中 SiO₂ 质量分数 = 45%计算，全部硅还原转入铁中可达到[%Si] = 1.89%[70]。

②炉缸区渣/金间界面氧活度。

a. 渣/金间界面上硅的转移始终伴随着氧的交换，渣/金间元素的分配既取决于元素活度，也取决于界面上氧势。它可用氧分压 p_{O_2} 表示，也可用氧活度 a_O 表示。

$$[Si] + O_2 ══ (SiO_2) \tag{6.56}$$

反应(6.56)的平衡常数 K 为

$$K = a_{SiO_2}\big/\left(a_{Si} \cdot p_{O_2}\right), \quad \lg p_{O_2} = \lg(a_{SiO_2}/a_{Si}) - \lg K$$

式中，p_{O_2} 为 $O_2(g)$ 的平衡分压。

$$[Si] + 2[O] \Longrightarrow (SiO_2) \tag{6.57}$$

反应(6.57)的平衡常数 K 为

$$K = a_{SiO_2}\big/\left(a_{Si} \cdot a_{[O]}^2\right), \quad \lg a_{[O]} = -15520/T + 1/2(\lg a_{SiO_2} - \lg a_{Si})$$

可用渣/金界面上若干氧化-还原反应来定义 $a_{[O]}$：

$$C(gr) + O \Longrightarrow CO, \quad \lg a_{O,C} = \frac{87}{T} - 4.43 + \lg p_{CO} - \lg a_C \tag{6.58}$$

$$Mn + O \Longrightarrow MnO, \quad \lg a_{O,Mn} = -\frac{15050}{T} + 6.7 + \lg a_{MnO} - \lg a_{Mn} \tag{6.59}$$

$$Fe(l) + O \Longrightarrow FeO, \quad \lg a_{O,Fe} = -\frac{6320}{T} + 2.7 + \lg a_{FeO} - \lg a_{Fe} \tag{6.60}$$

基于各反应的数据，计算标准态下界面上的平衡氧活度 $a_{[O]平}$ 却各不相同，因缺乏相关界面的数据，只得做些假设进行估算，如用铁水温度表示炉缸实际温度；用渣层上的静压力表示渣/金界面上形成 CO 气泡压力 $p_{CO} = p_b + 0.32h + p_h$，其中，$p_b$ 为高炉绝对压力；h 为渣层高度(m)；p_h 为气泡成核需要的额外压力。通常，大型高炉中 p_b 为 3～4bar，p_{CO} 为 p_b 的 40%[70]。

$$Si + 2O \Longrightarrow SiO_2, \quad \lg a_{O,Si} = -\frac{15520}{T} - 6 + \frac{1}{2}\left(\lg a_{SiO_2} - \lg a_{Si}\right) \tag{6.61}$$

b. 图 6.24 为平衡时反应(6.61)对应的氧活度。由图可知，温度越高，各元素的平衡氧活度越高；元素对氧的亲和力越大，氧的活度就越低；炉缸铁水中硅可被渣中(FeO)或(MnO)氧化，碳/氧平衡的氧势低于铁/氧或锰/氧平衡的氧势；元素对氧的亲和力次序为：B＞Si＞Fe＞Mn，故 $a_{[B]平}$ 最低。

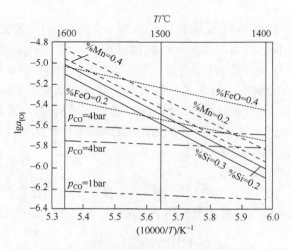

图 6.24 平衡时反应(6.61)对应的氧活度

　　图 6.25 为氧探头工业测量结果[91, 92]，表明可用渣/金间硅平衡(%SiO$_2$)$_平$/[%Si]$_平$来预测氧活度。平衡温度越高，铁水中对应的硅-氧活度积 $a_{Si} \cdot a_{[O]}^2$ 越大，渣中对应的 a_{SiO_2} 亦越大[70]。

　　c. 炉缸渣/金间氧化-还原反应的速率。温度高，[C]含量高、风压低、碱度低，则促进硅、硼由渣相向铁水迁移。但还原反应速率较慢，原因是渣/金界面上生成 CO 气泡新相较难，实际需要的 p_{CO} 远超过 CO 气泡的平衡值，因而阻滞硅、硼还原反应的进程。

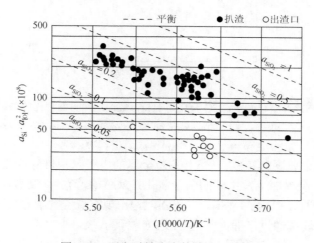

图 6.25　平衡时铁水中的硅-氧活度积

　　d. 炉缸渣/金界面氧势高，促进氧化反应，铁中硅、硼向渣转移的速率快，但渣中氧的传质是控制步骤[93]。渣/金间反应的净效果是铁中硅、硼降低，约为平衡值的 1/2 或 1/3，这种现象与高炉的工业实践结果一致；炉缸的渣/金反应强度无论时间上还是空间上均低于软熔带气/液间反应，因此，硅、硼直接迁移的贡献(<40%)远小于间接迁移[90]。

　　③SiO$_2$(固态或溶解渣中)被铁中碳的还原已有诸多报道[40]。炉内压力降低，还原速率加快，但 CO 气泡的成核难；还原速率直至铁中碳降低到 2%之后才趋于恒定；粗糙的固态 SiO$_2$ 加快还原速率。确定氧扩散流穿过边界层的速率控制还原反应速率，气泡成核与反应区传热均为非限速步骤，氧扩散流可表示为

$$J_0 = AD \cdot x(1-x) \cdot (C_0^s - C_0^g) / \delta \tag{6.62}$$

式中，A 为熔体中 SiO$_2$ 的表面积；x 和$(1-x)$分别为 SiO$_2$ 和气体接触的金属表面分数；D 为熔体中氧的扩散系数；δ 为扩散边界层的有效厚度；C_0^s 和 C_0^g 分别为氧在 SiO$_2$/金属熔体界面和 SiO(g)气/金属熔体界面上的浓度。

　　Turkdogan 等[84]认为：SiO$_2$ 被碳饱和铁液还原的速率随熔体中 SiO$_2$ 活度的增加而增大。图 6.26 为 1600℃、CO 分压为 1bar 时还原速率与面积比的关系即被碳饱和铁液还原速率与 SiO$_2$ 活度的关系。由图知，随着面积比 $r = S(渣/碳)/S(渣/金)$ 增大，SiO$_2$ 被还原的速率或者提高或者降低。Pomfret 和 Grieveson[82]认为：渣/金界面存在气泡时，界面化学反应(SiO$_2$)——→[Si]+2[O]是渣相中硅转移到铁相的限速步骤。

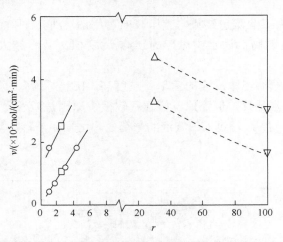

图 6.26　1600℃、CO 分压为 1bar，还原速率与面积比的关系
□-Kawai 等，▽-Turkdogan 等[84]，△-Yoshii 和 Tanimiura[94]

④石墨与渣及金属同时接触，通过石墨/金属的电子从渣转移到金属伴随两个连续的电极反应。在渣/石墨界面上发生碳的阳极氧化：$2C+2(O^{2-}) \longrightarrow 2CO+4e^-$；在渣/金界面上发生硅离子阴极还原：$Si^{4+}+4e^- \longrightarrow [Si]$。当 CO 气泡出现在渣/金结合部的石墨表面，硅经 CO 气泡由渣转移到金属是通过下面两个连续反应进行的[84]：

渣/气界面：$(SiO_2)+CO(g) \longrightarrow SiO(g)+CO_2(g)$

气/金界面：$SiO(g)+[C] \longrightarrow [Si]+CO(g)$

Pomfret 和 Grieveson[82]用实验数据估算这些反应的速率，得到速率常数与温度的关系(图 6.27)。图中 1480℃两条速率常数线与文献[95]的 SiO_2 还原一致。

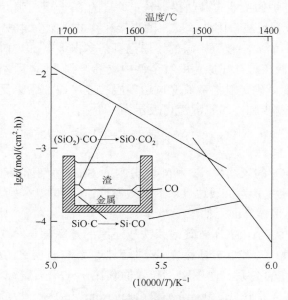

图 6.27　速率常数与温度的关系

(4) 炉缸渣铁间耦合反应特点。

①高炉内炉料停留总时间为 5～8h(与高炉容积相关)。其中 1～2h 完成由高价铁氧化物转变为 FeO 的气/固间还原反应:

$$Fe_2O_3+Fe_3O_4+2CO \longrightarrow 5FeO+2CO_2 \uparrow \qquad (6.63)$$

再用 1～2h 将一半或稍多的 FeO 以间接还原方式还原为金属 Fe;进入 $T>1000°C$ 高温区后,炉料升温、软化及熔融成渣,但仍有相当数量的液态 FeO 被固体碳以极快速度直接还原成铁水,并在滴落过程中吸收 Si、S 等元素:

$$4(FeO)+C+[C] \longrightarrow 4[Fe]+2CO_2 \uparrow \qquad (6.64)$$

②铁滴穿过炉缸渣层,以数秒的短暂时间进行渣/铁间氧化-还原反应及渣/铁成分调整,铁中[S]以极强的趋势转入渣相:

$$(CaO)+1/2[Si]+[S] \longrightarrow (CaS)+1/2(SiO_2) \qquad (6.65)$$

$$(CaO)+[Mn]+[S] \longrightarrow (CaS)+(MnO) \qquad (6.66)$$

若渣中(FeO)、(MnO)含量及铁中[Si]含量较高,将发生(FeO)还原为[Fe]、(MnO)还原为[Mn]以及[Si]氧化为(SiO_2)的伴随反应:

$$(MnO)+1/2[Si] \longrightarrow [Mn]+1/2(SiO_2) \qquad (6.67)$$

$$(FeO)+1/2[Si] \longrightarrow [Fe]+1/2(SiO_2) \qquad (6.68)$$

若渣中(FeO)、(MnO)含量及铁中[Si]含量均较低,而[Mn]、[Fe]含量较高,则发生[Mn]、[Fe]氧化为(MnO)、(FeO)反应:

$$[Mn]+1/2(SiO_2) \longrightarrow (MnO)+1/2[Si] \qquad (6.69)$$

$$[Fe]+1/2(SiO_2) \longrightarrow (FeO)+1/2[Si] \qquad (6.70)$$

③渣/铁间反应为耦合反应,即渣中某个离子(正或负)得到或失去电子成为铁液中不带电的中性原子的氧化-还原反应,与铁液中另一个不带电的中性原子失去或得到电子而成为渣中离子的氧化-还原反应,两个氧化-还原反应耦合。

基于渣相的离子性和金属相的非极性,元素从金属相转移到渣相或相反过程必然伴随反应物间的电子交换,这亦是耦合反应的特点。硫是典型非金属元素,若渣中(S^{2-})浓度不高,一旦渣接触铁,则铁中[S]将捕捉电子转入渣中:

$$[S]+2e^- = (S^{2-}) \qquad (6.71)$$

通常此电子可由 C 生成 CO 反应提供,即

$$C+(O^{2-}) = CO+2e^- \qquad (6.72)$$

渣中(O^{2-})浓度高,焦炭 C(gr)或铁中碳[C]可清除铁中[S]:

$$(CaO)+C+[S] = (CaS)+CO \qquad (6.73)$$

反应(6.73)由以下 3 个电化学反应组成:

$$(CaO) = (Ca^{2+})+(O^{2-})$$

$$(Ca^{2+})+[S]+2e^-\!=\!=\!=(CaS)$$

$$C+(O^{2-})\!=\!=\!=CO+2e^-$$

④碳提供自由电子的功能与金属元素相当。熔渣中生成 CO 新相气泡的过程是：渣中(O^{2-})需扩散到与碳接触的界面，在界面上某个活化中心与(O^{2-})反应并形成 CO 气泡核，气泡逐渐长大到足以克服外压力时才能穿过渣层逸出。在此过程生成 CO 气泡新相核最难，仅当反应界面活化中心的 p_{CO} 远高于 p_{CO} 平衡值时反应才可持续进行。

铁液中[S]捕捉自由电子进入渣相(S^{2-})的热力学趋势较强，当形成 CO 气泡受阻时铁液脱硫反应为驱动力。通常，化学上将一个不能自发进行的反应和另一个易于自发进行的反应耦合而构成的可以自发进行的反应称为耦合反应[40, 95]。

6.3.4　提高硼渣中硼品位的工艺条件

本节以间接与直接两条迁移途径作为切入点，讨论宏观上如何实施工艺条件，控制渣/铁两相间硼、硅的走向与分配，促使硼选择性富集到渣相。为此，探究高炉冶炼硼铁精矿过程中"弱化间接途径还原反应，强化直接途径氧化反应"的可行性及工艺条件，最终使硼镁铁矿中大部分硼富集到渣相，小部分留在铁相，产出富硼渣及贫硼铁。以下从物理化学因素与操作工艺条件两方面讨论提高渣中硼的品位[96]。

1. 物理化学因素

影响硼、硅迁移的物理化学因素也就是影响氧化-还原反应方向的因素。

(1) 温度。氧化放热，还原吸热。降低理论燃烧温度可抑制生成 SiO(g)、BO(g)的还原反应，使余留在渣中的(SiO_2)、(B_2O_3)含量升高，铁中[B]、[Si]含量降低；但铁水温度须适当，以确保炉况稳定、顺行。

(2) 炉内压力。增加热风压力，即提高炉内压力(总压力 p 或 p_{CO})可抑制生成 SiO(g)、BO(g)的还原反应，提高余留在渣中的(SiO_2)、(B_2O_3)含量，压力因素中内含氧位的概念。

(3) 氧位。高氧位抑制还原反应，促进氧化反应。提高氧位有利于铁中[B]、[Si]氧化使其含量降低，渣中的(SiO_2)、(B_2O_3)含量升高。

(4) 渣组成。若渣中碱性氧化物(如 CaO、MgO)含量高，则降低活度 $a_{B_2O_3}$、a_{SiO_2}，抑制还原，维持渣中(SiO_2)、(B_2O_3)高含量；但碱性氧化物数量必须适宜，以保持渣黏度与熔化温度低、流动性良好。

2. 操作工艺条件

高炉从上至下，按风口回旋区之上、风口回旋区及炉缸区三个区段来分析操作工艺条件的区域性。

1) 风口回旋区之上

改善原料状态是炉况顺行、稳定的必要条件：①原料成分稳定，熟料率高(>93%)，筛分率高，粒度适宜，减少炉尘量，改善料柱透气性；②炉料熔化温度(或软化与熔融温度)高，碱度高且波动小，则还原性能好；③使用低灰分、低硫焦炭，灰分中 a_{SiO_2} 接近 1，是铁水增硅、降硫的主要条件[76, 97, 98]；④优化炉料分布，控制通道参数和气体分布，减少悬料与结瘤，利于高炉稳定运行；⑤采用 Oelson 指数[83]，调控工艺条件；⑥扩大块状带区域，调整炉料模式，使软熔带下移，滴落带区间缩短，渣、铁滴下的路程缩短，减少高温区热量消耗，有利于抑制铁水增硅、增硼，强化冶炼，限制低温范围[97-103]。

2) 风口回旋区

(1) 提高炉顶压力。现代大型高炉炉顶压力高(120kPa)，风压高，p_{CO} 也高，可抑制 SiO(g)、BO(g)产生，降低煤气流速，改善气流分布，延长煤气停留时间，提高利用率，降低焦比，使炉况稳定、顺行[104-106]。

(2) 提高风量、风温。增加风量可提高冶炼强度，扩大中温区；提高风温可降低焦比、使软熔带位置下移，渣/铁物理热升高[107, 108]。

(3) 喷吹。渣面喷吹 FeO 或空气，提升氧位，可抑制硅、硼还原[77, 92, 93, 109]。喷吹低灰分煤粉可降低焦比，减小渣/焦间有效反应面积，降低理论燃烧温度，减少 SiO(g)、BO(g)挥发；可使用石灰石粉、烧结矿粉、瓦斯灰及炉尘等喷吹剂(粒度<3mm)，抑制焦灰中游离 SiO$_2$ 的还原[110-113]。

(4) 加湿鼓风。可调节理论燃烧温度，使炉缸温度分布均匀，高温区下移，降低软熔带高度。鼓风中水分每增加 1%，铁水中[Si]质量分数可降低 0.04%，p_{CO} 升高可抑制硅还原[91, 114]。

(5) 抑制高炉边缘煤气流。从软熔带，硼、硅开始进入铁水，其位置受炉料熔化温度、煤气流分布等因素影响。若采用大鼓风动能、中心发展型煤气流操作，可形成倒 V 形软熔带，滴落带空间因此相对压缩，有利于抑制硼、硅还原进铁水和提高炉缸温度。

(6) 提高冶炼强度，保持炉况稳定、顺行。高强度操作时，料速加快，炉缸单位面积通过的铁量增多，铁滴从形成到流出炉缸所经历的时间缩短，可减少硼、硅还原进入铁水的机会，有效降低铁水中硼、硅含量。冶炼低硼硅生铁须强调炉况稳定顺行，炉缸热储备处在炉况及操作允许的最佳水平。

3) 炉缸区

(1) 保证炉渣流动性好，脱硫能力强，a_{SiO_2} 低；适当提高渣碱度和保持较高的(MgO)质量分数(8%~10%[115]，13.0%~15.5%[116])，可使渣中 a_{SiO_2} 降低，提高脱硫能力；但碱度不宜过高，因为高碱度可升高熔化性温度和黏度，使流动性变差，易导致炉况不顺、炉缸堆积等问题。三元碱度为 1.30~1.50，调整渣中 $w(Al_2O_3)$ 与 $w(MgO)$ 比例也可以提高显热和改善渣流动性，但最终渣组成的选择是均衡各种因素的一种折中办法[117, 118]。

(2) 炉缸化学反应中氧位(氧分压 $\lg p_{O_2} = \lg(a_{SiO_2}/a_{Si})$)起决定作用，通过风口喷吹 FeO 或空气可保持渣/铁界面上氧充足，抑制渣中硼、硅还原，既降低焦比，又配合少渣炼铁。

(3) 实测炉缸铁水的硼平均含量为 0.50，接近计算的渣/铁平衡时硼含量(0.49)，表明与风口回旋区相比较，炉缸区氧位高、温度低，反应速率较慢，持续时间长，接近平衡状态。

6.4　高炉外熔渣冷却过程含硼物相的选择性长大

6.4.1　含硼熔渣中物相特征

6.3 节分析高炉内硅、硼迁移的机制，并基于此优化工艺条件，实现渣中硼组分选择性地富集到渣相。本节则侧重分析高炉外熔渣冷却过程中含硼组分析出行为与机理。

半工业规模试验及实验室研究中均发现：若渣中含硼组分以隧安石相析出，则结晶状态好，其化学活性高，硼提取率也高；相反，则低。显然，改善渣中硼提取率的关键是调控熔渣排放及其冷却过程，改善隧安石相选择性析出与长大的条件。

渣中遂安石相析出行为的研究可以从表象与机理两方面切入。表象就是从宏观现象观察起步，监控含硼熔渣放出温度、组成、冷却速度和添加剂等宏观条件，优化渣中遂安石相析出的热处理制度和工艺流程。与此同时，还需要从微观机理入手，探索渣中物相结构与性质关系，以及遂安石晶化、分形与枝晶长大等微观机制，充实选择性析出理论基础，积累相关的数据与素材[15]。通过机理研究来分析问题，追根溯源，揭示本质。

含硼熔渣由两种主要物相构成：镁硼酸盐(遂安石，$2MgO \cdot B_2O_3$)和镁硅酸盐(镁橄榄石，$2MgO \cdot SiO_2$)，其余含钙、铝的物相如钙铝黄长石($Ca_2Al_2SiO_7$)和硅酸钙(Ca_2SiO_4)数量很少，不予考虑。实验结果证实，冷却过程含硼熔渣中物相组成与形貌动态演变的规律是"先分相后析晶"，即便化学组成不同，冷却速度各异的熔渣在冷却过程中均有遂安石相析出。

三元系硼渣 B_2O_3-SiO_2-MgO 组成如下：$20\%B_2O_3$，$35\%SiO_2$，$45\%MgO$。

将分析纯试剂 B_2O_3、SiO_2、MgO 干燥脱水，研磨混匀后置于石墨坩埚，放入 1500℃ 的 $MoSi_2$ 炉内加热，待试样充分熔化，水中淬冷取样，XRD 鉴定样品为非晶态。非晶样以 10℃/min 速率加热至 800℃，1h 后取出，抛光、腐蚀、清洗和喷碳。利用 Philips SEM-505 扫描电镜观察原位加热过程渣样微观形貌[119]：300℃时出现液滴状分相；750℃开始析晶；900℃则形成枝晶状遂安石相。由此确定：熔渣冷却过程遂安石相的析晶特点是先分相后析晶；形貌特征为液滴状分相，如图 6.28(a)所示，之后遂安石相呈树枝状析晶，如图 6.28(b)所示。

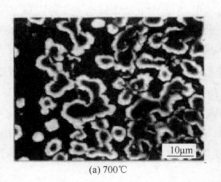
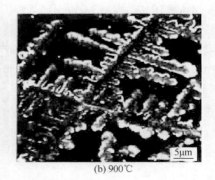

(a) 700℃　　　　　　　　　　　　　　(b) 900℃

图 6.28　不同温度熔渣中遂安石相的结晶形貌

为了认识与剖析含硼熔渣冷却过程先分相后析晶的现象,下面深入探讨硼硅酸盐熔体相变的基础理论及含硼熔渣分相与析晶的基本规律。

6.4.2　含硼熔渣的分相

含硼熔渣中既存在网络形成离子与网络修饰离子间争夺氧的竞争,也存在硅、硼离子间的竞争,导致不混溶的分相发生,其结果是,从熔体中分离出富含 MgO 的富硼相及余下的硅酸盐母相(富硅相)。

1. 简述

Greig[120]指出,分相通常发生在高硅和高硼熔体中,含硼熔渣属于低碱度酸性硼硅酸盐熔体。

1) 含硼熔渣中的分相现象

红外光谱确定,硼硅酸盐玻璃中加入 TiO_2 后出现的 $490cm^{-1}$、$533cm^{-1}$、$930cm^{-1}$ 和 $1265cm^{-1}$ 弱峰均属于[B_2O_3]基团的特征振动[121]。同时在 $540\sim590cm^{-1}$ 处出现[BO_3]$^{3-}$基团弯曲振动,$900\sim950cm^{-1}$ 处发生[BO_3]$^{3-}$基团对称伸缩振动,$1000\sim1260cm^{-1}$ 处出现[BO_3]$^{3-}$基团非对称伸缩振动[122]。这些特征均表明,硼硅酸盐玻璃中含有较多[BO_3]$^{3-}$和[B_2O_3]基团。含硼熔渣出现分相现象也预示结构中同样含有较多的[B_2O_3]和[BO_3]$^{3-}$基团,这些基团有利于 $2MgO\cdot B_2O_3$ 和 $3MgO\cdot B_2O_3$ 相的析出。

2) 分相的作用

分相促进后续的成核-析晶,分相产生的相界面为晶相的成核提供有利的成核位。诸多研究已证实:某些成核剂(如 P_2O_5)正是通过玻璃分相而促进后续结晶的[123, 124]。分相可导致两相中的一相(分散相)具有远高于母相(均匀相)的原子迁移率,促进晶相的成核。

2. 含硼熔渣分相的计算机模拟

1) 分相与分形

文献[123]和[124]报道,分相对熔体晶化过程的影响十分显著。采用静态与动态电镜观察含硼熔渣冷却过程先分相后析晶的现象时,发现分相的形貌具有分形特征,但含硼熔渣组成不同或组成相同但热处理条件不同,其形貌分形特征呈现明显的差异。因此,仅依据观察形貌特征来推断分相的形成机理显然不充分。本书基于分形理论并结合计算机模拟的方法,再现分相的动力学过程,同时与实验中的形貌观察相对照,依此探讨含硼熔渣分相的形成机理。

2) 分相的形貌

含硼熔渣在 800℃热处理时产生液滴状分相(图 6.28(a)),富硼相形貌呈现不规则的分支特点,具有分形特征[119]。采用面积-回转半径法[125]计算得富硼相的分形维数,见图 6.29。按不同半径(R_g)对应计算出其分形面积(N),作 $\ln N$-$\ln R_g$ 关系图,见图 6.30,直线斜率即分

形维数 D。用最小二乘法拟合测量结果得到三个样品的分形维数分别为：$D_1 = 1.92$，$D_2 = 1.90$，$D_3 = 1.87$。

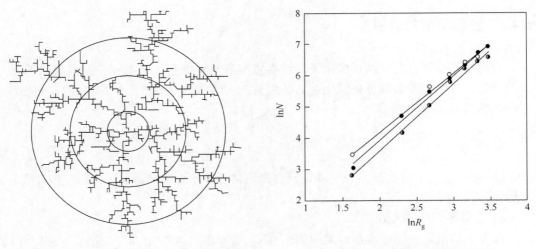

图 6.29　面积-回转半径法计算分形维数　　　　图 6.30　分相分形维数的计算

3) 分相的计算机模拟

采用热力学条件判断分相两种机理：若分相为核长大机理，则 $[(\partial^2 f / \partial^2 c)_{T, p} > 0]$；若分相为不稳分解机理，则 $[(\partial^2 f / \partial^2 c)_{T, p} < 0]$。但依据热力学条件判据来辨别分相机理相当困难，而从微观形貌来鉴别分相机理往往掌握的实验依据不够充分，曾引起诸多争议[126]，故尝试用计算机模拟分相。

(1) 计算机模拟。在各向同性溶液中，分相的最初阶段进行得很快，因此，若忽略振幅因子取极值时的波数 β_m 以外的波数矢量 β 成分，则在分相开始后不久的波动波长为 $2\pi / \beta_m$ 时，空间组成的变化方向、相位、振幅可用不规则的正弦波叠加来描述，尽管叠加过程复杂，但采用计算机模拟得到的结果比较简单。为此，应用计算机叠加波的振幅 $A(\beta)$ 和 $B(\beta)$，产生满足$(0, 1)$正态分布的随机函数，再由满足$(0, \pi)$均匀分布的随机函数生成初相角的值。β 的方向余弦为由满足$(-1, 1)$均匀分布的随机函数得到的三个数，如果这三个数的平方和不为 1，则进行归一化后作为方向余弦。浓度分布与正弦波数有关，采用 20 个正弦波的叠加即可达到预期目的。如果在(x, y, z)点处浓度大于 C_0，则在此点处打一个星号；如果在(x, y, z)点处浓度小于 C_0，则在此点处留下空白。如上所述，计算机模拟过程可用图 6.31 所示的框图来说明。图 6.32 为模拟结果，其分形维数为 1.91。

(2) 试探性模拟。对分相理论中各类模型分别进行试探性模拟，在众多模拟结果中唯有按不稳分解模型(图 6.32)得到的分形维数为 1.91，恰好与实测富硼相分形维数(1.87～1.92)相符合，同时将模拟的分相形貌与实测富硼相形貌(图 6.28(a))作对比，亦相似。因此，推断 $MgO\text{-}B_2O_3\text{-}SiO_2$ 渣中分相可能属于不稳分解机理。其特点是中心点与周围母液浓度起伏不大，波及范围较宽；负扩散，第二相为高度连续性蠕虫状连通结构。

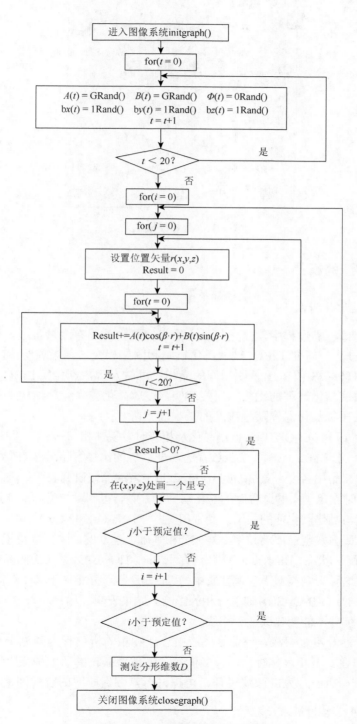

图 6.31　计算机模拟过程的框图

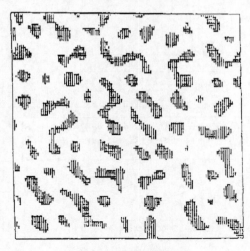

图 6.32　分相模拟结果

6.4.3　含硼熔渣的析晶

1. 硼硅酸盐熔体析晶

硼硅酸盐熔体析晶过程中，晶化与长大的研究国内外已有大量报道，简述如下。

梁敬魁和柴璋[127]研究 LiBO$_2$ 玻璃晶化机制和固态相变，结果表明：LiBO$_2$ 玻璃晶化首先析出的是与玻璃态中 B-O 基团相同的晶相；同时发现，新相 δ-LiBO$_2$ 具有[BO$_3$]$^{3-}$和[BO$_4$]$^{5-}$基团。玻璃晶化过程的比热容研究表明，玻璃晶化前先经历结构弛豫。LiBO$_2$ 玻璃主要为非均匀成核，晶化温度随颗粒度的减小而下降。

赵书清等[128]研究 3Li$_2$O·2B$_2$O$_3$ 玻璃晶化及相变时发现新相——α 相，并测定新相晶体学参数。柴璋等[129]测定 3BaO·3B$_2$O$_3$·2GeO 晶态与非晶态的比热容随温度的变化关系，同时测定了玻璃化温度和晶化温度。对 3BaO·3B$_2$O$_3$·2GeO 玻璃晶化研究表明：晶化温度随颗粒度减小而下降，同时测定了不同颗粒度的晶化动力学参数，得到颗粒度与晶化速度、晶化速度与温度、颗粒度与晶化活化能的关系。龚方田等[130]对 Na$_2$O-K$_2$O-CaO-ZnO-Al$_2$O$_3$-B$_2$O$_3$-SiO$_2$七元系玻璃晶化研究发现：玻璃晶化不是在分相基础上建立的，主要取决于 Al$_2$O$_3$ 含量，即 Al^{3+}在玻璃中的配位状态。Bhargava 等[131]研究了 BaO-TiO$_2$-B$_2$O$_3$ 系玻璃的晶化，指出晶化温度是不规则的，这种影响类似于玻璃性质中的硼(氧)反常，分相先于晶化。Kawamoto 等[132]探讨了 MoO$_3$ 对 Na$_2$O-B$_2$O$_3$-SiO$_2$ 玻璃分相的影响，结果表明，尽管加入 B$_2$O$_3$ 可降低黏度和玻璃转变温度，但并不能明显改变分相线。

由此可见，涉及冶金熔渣，特别是硼渣中含硼物相的析出行为鲜见于文献。为此，本节在研究硼渣中遂安石相晶化行为时，多借鉴含硼玻璃晶化的研究成果[133, 134]，也就是先分析渣中遂安石相析出行为的微观机理，再探讨影响硼提取率的宏观因素。

2. 硼渣中遂安石相析出过程

渣样分三组，21 个试样在极缓慢冷却过程中晶相析出的结果见图 6.33。

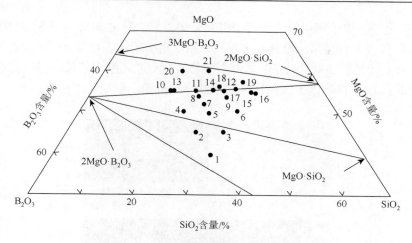

图 6.33　三元相图中硼提取率与组成关系

(1) 第一组渣样的组成在分三角形 $2MgO·B_2O_3$-$3MgO·B_2O_3$-$2MgO·SiO_2$ 中，解析熔渣极缓慢冷却时晶相析出的过程如下：

$L_0 \rightarrow L+2MgO·B_2O_3 \rightarrow L+2MgO·B_2O_3+3MgO·B_2O_3 \rightarrow 2MgO·B_2O_3+3MgO·B_2O_3+2MgO·SiO_2$

初晶相是遂安石，凝渣中含硼物相以遂安石相为主，其次为 $3MgO·B_2O_3$，采用 XRD 检测凝渣试样的结果[15, 56]与上述给出的析出规律一致。

(2) 第二组渣样的组成在分三角形 $2MgO·B_2O_3$-$2MgO·SiO_2$-$MgO·SiO_2$ 中，熔渣极缓慢冷却时晶相析出的过程如下：

$L_0 \rightarrow L+2MgO·SiO_2 \rightarrow L+2MgO·SiO_2+2MgO·B_2O_3 \rightarrow 2MgO·SiO_2+2MgO·B_2O_3+MgO·SiO_2$

初晶相为镁橄榄石，含硼物相为遂安石。XRD 检测凝渣物相组成与析出规律一致。

(3) 第三组渣样的组成在 $2MgO·B_2O_3$-$MgO·SiO_2$-SiO_2 三角形中，熔渣缓慢冷却时晶相析出的过程如下：

$L_0 \rightarrow L+2MgO·B_2O_3 \rightarrow L+2MgO·B_2O_3+MgO·SiO_2 \rightarrow 2MgO·B_2O_3+MgO·SiO_2+SiO_2$

初晶相是遂安石，XRD 检测凝渣物相组成与析出规律一致。

根据三组终渣物相测定结果[15, 119]：MgO-B_2O_3-SiO_2 三元系渣中化学组成落在 $2MgO·B_2O_3$-$2MgO·SiO_2$ 连线附近时，渣中大部分硼以遂安石相析出。

3. 硼渣中遂安石相析出动态过程的观察

利用原位电镜观察渣中含硼组分晶化和长大的动态过程[15, 119]。

非晶态渣样组成如下：45%MgO，20%B_2O_3，35%SiO_2。采用 JEM-100CX 扫描透射电镜观察，加速电压为 100kV。实验中采用加热试样台 EM-SHH 原位加热。

样品置于加热样品台送入透射电镜观察室，以 10℃/min 从室温加热至 900℃，观察整个晶化动态过程，Panasonic NV-M3000 摄像机同步进行动态记录。

初始样品呈均匀透明状，电子衍射图为晕环，证明样品为非晶态。电镜观察过程中发现引进的电子束辐射对渣中晶化过程有影响。为便于分析，以下将分别讨论电子束辐射较集中和电子束辐射不足两种区域中含硼组分的晶化动态过程。

(1) 研究电子束集中辐射区含硼组分晶化动态过程。图 6.34(a)～(d)为透射电镜观察电子束集中辐射区渣中含硼组分晶化动态过程。原位电镜的动态观察确定：在电子束集中辐射区，非晶样品加热到 300℃时在基体上形成液滴状分相；液滴状孤立体彼此碰撞进而长大结成连通状；遂安石晶体在分相的第二相基体上析出，继而析出小藤石相。

(a) 样品加热到300℃时，非晶态基体形成液滴状分相；
电子衍射谱表明样品处于非晶态

(b) 继续加热，在600℃退火6min，液滴状孤立体逐渐长大到一定
程度后彼此碰撞形成连通状结构，此时电子衍射谱仍为晕环，样
品是非晶态，进一步加热至700℃，分相继续进行但速度减缓

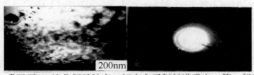

(c) 升温至800℃分相已结束，标定电子衍射谱确定：第二相基体
中析出遂安石；电子衍射谱可观察到衍射斑点，但不完整，表明
晶体发育还不完全，处于以晶核为中心的生长发育阶段

(d) 继续加热至900℃，析出更多的晶体并逐渐长大，电子
衍射环更为清晰，析出的晶体中还有少量小藤石

(e) 以10℃/min加热样品至约750℃时，在非晶态基体中
形成液滴状分相

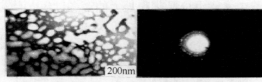

(f) 继续加热到800℃，液滴状孤立体长大并联结成连
通状，电子衍射谱仍为晕环，样品是非晶态

图 6.34　透射电镜动态观察结果

(2) 研究在电子束辐射不足区中的晶化动态过程。图 6.34(e)和(f)观察到在电子束辐射不足区，达到 750℃发生分相，之后液滴状孤立体彼此碰撞进而长大联结成连通状。

采用静态法和动态法研究渣中含硼组分晶化过程获得的显微形貌存在差异，原因是动态法试样面积与体积之比大，致使晶体成核及生长受面积影响，与静态法大块试样显微形貌产生差异。此外，试样在真空中热处理时的成核和生长动力学也有别于空气中的成核和生长状况。

Cahn 认为，分相玻璃的连通结构为不稳分解机理的证明，而第二相分离成孤立的球形体则属于成核长大机理[15]。但 Haller[126]认为，仅仅从最后的形貌来判断属于哪一种机理不充分，因为成核生长机理也会在分相达到平衡后粗化联结成连通状。采用动态研究表明，MgO-B$_2$O$_3$-SiO$_2$ 渣分相先形成孤立体，进而长大碰撞形成连通结构。Cahn 仅从形貌来鉴别分相机理依据不充分。因此，下面采用分形结合计算机模拟来配合实验观察结果，进一步探讨遂安石相的生长机制[15]。

4. 硼渣中遂安石相析出的计算机模拟

1) 遂安石相的分形特征

近年来，采用分形理论解析不同生长机制在诸多晶化研究中得到应用。实验的观察表明遂安石相生长具有分形特征，采用分形理论结合计算机模拟并配合实验观察来探讨遂安石的生长机制更客观。按面积-回旋半径法计算图 6.28(b)中遂安石晶相的分形维数 D 为 1.63。晶体生长机制存在多种模型，为此分别对每种模型进行试探性模拟，在得到多个模型的模拟结果中唯有依据扩散限制凝聚(diffusion-limited aggregation，DLA)模型[135-137]得到的分形维数为 1.62，恰与实测值 1.63 相近。此外，模拟遂安石相枝晶生长的形貌如图 6.35 所示，它也与观测结果(图 6.28(b))相似。因此，渣中遂安石相的枝晶生长可能是 DLA 机制。基于上述模拟与实验观测结果对比，可认为硼渣冷却时遂安石相的析晶过程是，先按不稳分解分相机理分离为富碱硼酸盐相与富硅氧相，再从富碱硼酸盐相析出遂安石相枝晶，该枝晶继续生长成遂安石晶体。

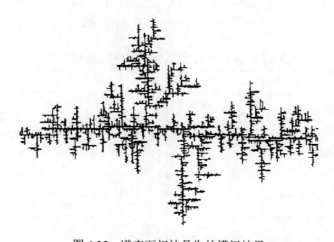

图 6.35　遂安石相枝晶生长模拟结果

2) 计算机模拟遂安石相枝晶生长

采用 Monte-Carlo 方法及改进的 DLA 模型对分形生长过程进行计算机模拟。模拟过程如下：在 640×480 的二维平面中心位置放置一个粒子代表初始晶核，引入参数 R_{max} 代表分形结构最远点到中心的距离，即最大有效半径。在 $R_{max} \leqslant r \leqslant R_{max}+10$ 内随机产生一个粒子，设粒子的位置坐标为(x, y)，粒子可以在 $r \leqslant (x^2+y^2)^{1/2}$ 内随机行走，直至碰上分形体，成为分形体的一分子。实际模拟过程时规定：每个粒子在移动过程中到达扩散区域边界三次而未能碰上分形结构的粒子被取消，再开始新的循环。详细模拟过程如图 6.31 所示。本书采用 8000 个粒子，模拟过程为 6h，结果如图 6.35 所示，分形维数为 1.62，分形特征和分形维数与实验观测相符合。

6.4.4　影响硼渣中遂安石相析出的因素

影响硼渣中遂安石相析出的宏观因素分为内在与外部两类，内在因素系指渣样自身的性质，如渣成分、化学稳定性、黏度、熔点、初晶相等，而外部因素指渣处理过程的外部条件，如温度、晶核剂、冷却速度等。以下分别讨论内在和外部两类因素与遂安石相析出的关系。

1. 硼渣化学性质

实验测量渣样化学组成与硼提取率及化学性质间的关系。

1) 硼渣的化学组成

(1) 实验室试样。工业硼渣中 CaO 与 Al_2O_3 的实际含量较低，故实验选取 MgO-B_2O_3-SiO_2 三元系渣作为试样，同时参照工业硼渣成分设计实验室试样组成，如表 6.10 和图 6.33 所示。实验室试样的组成大部分落在相图中两条近似平行线 $3MgO \cdot B_2O_3$-$2MgO \cdot SiO_2$ 与 $2MgO \cdot B_2O_3$-$MgO \cdot SiO_2$ 之间[138]。

(2) 半工业规模试验样为 CaO-MgO-Al_2O_3-B_2O_3-SiO_2 五元系，其化学组成为：$35\% \sim 45\% MgO$，$12\% \sim 15\% B_2O_3$，$20\% \sim 35\% SiO_2$，$2\% \sim 10\% Al_2O_3$，$2\% \sim 5\% CaO$。硼渣中主要物相为镁橄榄石、遂安石、发育不完全的硼酸盐及少量钙铝黄长石和其他物相[139]。

表 6.10　实验室试样组成(质量分数，单位：%)

编号	组成			编号	组成		
	MgO	SiO_2	B_2O_3		MgO	SiO_2	B_2O_3
1	40	30	30	8	53	22	25
2	45	25	30	9	54	26	20
3	45	30	25	10	55	15	30
4	50	20	30	11	55	20	25
5	50	25	25	12	55	25	20
6	50	30	20	13	55	18	27
7	52	23	25	14	55	21	24

续表

编号	组成			编号	组成		
	MgO	SiO$_2$	B$_2$O$_3$		MgO	SiO$_2$	B$_2$O$_3$
15	55	30	15	19	57	28	25
16	55	28	17	20	60	15	25
17	56	27	17	21	60	20	20
18	56	24	20	—	—	—	—

2) 硼渣化学组成的优化

硼渣组成与硼提取率呈非线性关系，用传统的统计回归方法去优化，效果不佳[199, 140-143]。为此采用人工神经网络(artificial neural network)结合遗传算法(genetic algorithm)优化渣组成为 54%MgO，35%SiO$_2$，11%B$_2$O$_3$，最优硼提取率可达到 91.1%，恰好位于图 6.33 中 2MgO·B$_2$O$_3$-2MgO·SiO$_2$ 连线上。人工神经网络是信息科学的成果，具有自学习、自组织、自适应以及很强的非线性函数逼近能力，是处理非线性体系的有力工具。非线性优化多采用梯度法和牛顿算法，但可能出现局部极小点。遗传算法是根据进化论的"优胜劣汰，适者生存"形成的优化算法，能够克服局部极小点，求得的是全局极小点。人工神经网络结合遗传算法优化渣组成的程序见文献[144]和[145]。

3) 化学组成与硼提取率关系

实验测定结果表明：三元渣系(图 6.33)中，试样组成落在 2MgO·B$_2$O$_3$-2MgO·SiO$_2$ 连线附近，硼提取率高；落在 3MgO·B$_2$O$_3$-2MgO·SiO$_2$ 连线附近，硼提取率也较高；离两条连线越远，硼提取率越低。试样 12 组成在 2MgO·B$_2$O$_3$-2MgO·SiO$_2$ 连线上，样中硼以 2MgO·B$_2$O$_3$ 晶相赋存，硼提取率高达 91.6%；试样 20 组成在 3MgO·B$_2$O$_3$-2MgO·SiO$_2$ 连线附近，样中硼以 3MgO·B$_2$O$_3$ 形式析出，硼提取率为 82.3%；试样 1 偏离连线较远，样中硼主要以玻璃相存在，硼提取率只有 66.9%[119]。

4) 硼化物化学稳定性与硼提取率关系

(1) 化学稳定性。五元系中硼化物分别为 2MgO·B$_2$O$_3$、3MgO·B$_2$O$_3$、2CaO·B$_2$O$_3$ 和 3CaO·B$_2$O$_3$，均为复合氧化物，按各硼化物的 $\Delta G^{\ominus}$ 定义其化学稳定性，由高到低的次序为

$$3CaO·B_2O_3 > 2CaO·B_2O_3 > 3MgO·B_2O_3 > 2MgO·B_2O_3$$

(2) 硼提取率。按硼提取率测定值从高到低的顺序，4 种硼化物排列为

$$2MgO·B_2O_3 > 2CaO·B_2O_3 > 3MgO·B_2O_3 > 3CaO·B_2O_3$$

显然，硼化物化学稳定性越高，越难以分解浸取，则硼的提取率越低。基于此，实施选择性析出分离技术处理硼渣时，预设富集相为遂安石有利于硼提取率提升[119]。

5) 硼渣碱度与硼提取率关系

渣中各氧化物的作用既由其数量又为其化学性质所确定[146-148]。此处碱度取物质的量之比 $n(MgO)/n(B_2O_3+SiO_2)$ 来表示，表 6.11 给出硼提取率与碱度间关系。参照图 6.33，位于 2MgO·B$_2$O$_3$-2MgO·SiO$_2$ 连线附近的试样的碱度约 2.0，属高碱度，有利于遂安石相析晶及硼提取率提升，但碱度应适宜，同时须考虑高炉顺行对炉料的要求。

表 6.11　不同化学组成渣样的硼提取率和碱度

编号	硼提取率/%	碱度	编号	硼提取率/%	碱度
1	66.9	1.1	12	91.6	2.0
2	73.4	1.2	13	88.8	2.0
3	75.4	1.3	14	88.9	2.0
4	80.4	1.6	15	91.1	2.0
5	88.0	1.6	16	91.7	2.0
6	86.8	1.6	17	91.6	2.0
7	87.4	1.8	18	89.2	2.0
8	89.6	1.8	19	82.7	2.1
9	89.5	1.9	20	82.3	2.4
10	88.6	2.0	21	74.1	2.4
11	91.2	2.0			

2. 硼渣黏度与析晶温度

黏度和析晶温度反映物质内部结构的外在属性，影响渣中硼化物的析晶[149-151]。探讨析晶条件、结晶规律与黏度间关系需要从物质内部的化学键特性、质点的排列状况等方面考虑。Mg^{2+}对硅氧键的O^{2-}可产生极化，弱化硅氧键间的相互作用，降低黏度，使得晶化过程离子迁移穿过相界面的扩散活化能的势垒也降低，促进成核与析晶，提高析晶速率且降低析晶温度[152-154]。晶体析出和长大不仅与黏度有关，也受先析晶物相的影响。渣中SiO_2含量偏高，冷却时镁橄榄石相先析晶，使渣的表观黏度提升，阻碍粒子迁移，抑制后续遂安石相的析出和长大。镁橄榄石最佳析晶温度为 1500～1200℃，而遂安石析晶温度为1000～1200℃。调控熔渣从 1500℃快速地冷却至 1200℃，越过镁橄榄石析出的最佳温度范围，直接进入 1000～1200℃，并恒温一段时间，既抑制镁橄榄石的析出，又促使遂安石晶体析出和长大[155]。

3. 温度对硼渣中遂安石晶化和硼提取率的影响

1) 形核速度和晶体长大速度

按玻璃形成理论，遂安石相的形核速度 I 和晶体长大速度 U 可分别表示为[156-159]

$$I = \frac{N_0 kT}{3a^3 \eta} \cdot \exp\left(\frac{-b \cdot \alpha^3 \beta}{\Delta T_r^2 T_r}\right) \tag{6.74}$$

$$U = \frac{fkT}{3\pi a^3 \eta}\left[1 - \exp\left(\frac{-\beta \Delta T_r}{T_r}\right)\right] \tag{6.75}$$

式中，f 为晶体表面可接收分子或离子的有效格位分数；a 为原子间距；N_0 为单位体积内原子数；k 为玻尔兹曼常数；b 为几何因子，球形晶核 $b = 16\pi/3$；T 为热力学温度；α、β为约化熔解焓，β 为 1～10；影响结晶过程两个重要无量纲参数中，T_r 为约化温度；ΔT_r 为约化过冷度；η 为黏度。

CaO-MgO-B$_2$O$_3$-SiO$_2$-Al$_2$O$_3$ 渣黏度与温度关系可用 Meerlender[160]提出的黏度公式表达：

$$\lg\eta = -1.56151 + 4289.18/(T-250.37) \tag{6.76}$$

2) 遂安石相形核和长大速度与温度关系[156-161]

遂安石相熔点为 1340℃，原子间距 $a = 1.23\times10^{-10}$m，玻尔兹曼常数 $k = 1.38\times10^{-23}$J/K，取 $\alpha = 1/3$，$\beta = 1$，$f = 0.2\Delta T_r$，将这些系数分别代入式(6.74)和式(6.75)得到图 6.36。由图可见，形核速度与晶体长大速度各自对应的最佳温度并不一致。仅在两条曲线重叠区域对应的温度区间(1000~1200℃)才可能兼具较高的形核与长大速度。其中 1100℃时析晶能力最强，高于 1200℃或低于 1000℃易形成玻璃。

3) 温度与硼提取率关系

组成为 49%MgO、20%B$_2$O$_3$、25%SiO$_2$、3%Al$_2$O$_3$ 及 3%CaO 的五元渣试样分别在不同热处理温度下恒温 1h 后快冷至室温，测定硼提取率，绘制热处理温度与硼提取率间关系(图 6.37)。从图可见，1100~1200℃时硼提取率最高，是最佳的热处理温度范围。XRD 分析 12 号试样主晶相为 2MgO·B$_2$O$_3$ 和 2MgO·SiO$_2$，晶化充分，硼提取率最高(91.6%)[159, 162]。

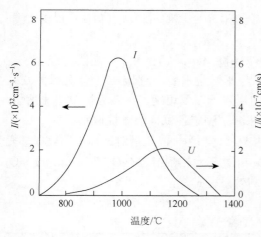

图 6.36　2MgO·B$_2$O$_3$ 形核速度和晶体长大速度与温度关系

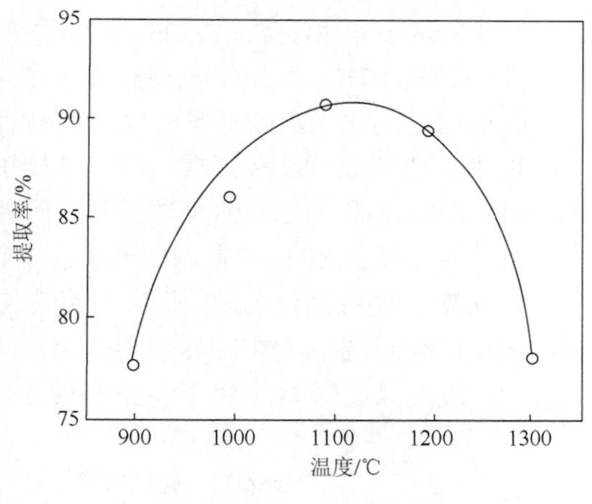

图 6.37　硼提取率与温度关系

4. 晶核剂对硼渣中晶化和硼提取率的影响

1) 综述晶核剂的作用

晶核剂影响硼渣中含硼组分的走向，促进晶相析出，改善硼提取率[162, 163]。为了解晶核剂在晶化过程的作用和机理，以及为硼渣中遂安石相选择性析出和长大寻求合适的晶核剂，晶核剂对玻璃系统晶化作用的相关报道简述如下。

袁彪等[164]研究 Li$_2$O-Al$_2$O$_3$-SiO$_2$-B$_2$O$_3$ 系玻璃纤维添加 TiO$_2$ 后内部均匀析晶，速度加快。MgO-Al$_2$O$_3$-SiO$_2$ 系加入 ZrO$_2$+TiO$_2$ 混合晶核剂促使尖晶石晶体在低温下大量析出[165]。

齐亚范和方敬忠[166]研究 Li$_2$O-Al$_2$O$_3$-SiO$_2$ 系玻璃中采用晶核剂的作用表明，TiO$_2$ 降低晶化温度，结晶速度快；ZrO_2 和 P_2O_5 提高晶化温度；TiO_2+ZrO_2 混合晶核剂促进低温下微晶形成。

徐闻天和王长文[167]研究 TiO_2 和 ZrO_2 晶核剂对 Li_2O-ZnO-Al_2O_3-SiO_2 系玻璃的晶化作用：高锌玻璃时不添加晶核剂就实现微晶化，低锌玻璃必须添加晶核剂才获得微晶玻璃。两种玻璃析晶前均出现分相现象，复合晶核剂 TiO_2+ZrO_2 的核化作用更强。袁彪[168]研究 TiO_2 和 ZrO_2 晶核剂对 MgO-Al_2O_3-SiO_2 系玻璃纤维的影响，晶核剂可降低晶体势垒，促进析晶。Hsu 和 Speyer[169, 170]研究 TiO_2 和 Ta_2O_5 晶核剂对 Li_2O-Al_2O_3-SiO_2 系玻璃的晶化作用。加入 Nb_2O_5 促进 $Li_2O \cdot Al_2O_3 \cdot 6SiO_2$ 玻璃分相。朱满康[171]研究 BaO 可显著增加 B_2O_3-La_2O_3-ZnO 玻璃网络中$[BO_4]^{5-}$数量，使网络更紧密、稳定，适量 BaO 明显提高玻璃晶化活化能。

综上所述，晶核剂的作用体现在：①降低晶化温度，促进析晶，如 TiO_2、SiC 等；②在玻璃中可呈现两种价态，成为价电子的授受者，促使局部能量变化，引起自发核化，如 Cr_2O_3；③降低晶化活化能，促进析晶，如 TiO_2、ZrO_2、CaF_2 和 Nb_2O_5；④改变网络结构，如 BaO。

2) 晶核剂 TiO_2 和 MO_x 的作用效果

由实验结果评估各类晶核剂的作用效果[119]，为优化渣中遂安石相析出和长大提供依据。

(1) 晶核剂 TiO_2 和 MO_x 与硼提取率关系。

样品编号与化学组成见表 6.12。晶核剂为 TiO_2 和 MO_x，后者为复合晶核剂。

取表 6.12 中试样 1 和试样 17 作为初始原料，经干燥脱水后，分别添加质量分数为 0%、1%及 3%的 TiO_2 及 MO_x，六个试样分别研磨混匀后置于石墨坩埚，在感应炉中快速熔化，空气中冷至室温，XRD 鉴定为玻璃态。用碳碱法分别测定各试样的硼提取率。

图 6.38 为两种晶核剂与硼提取率的关系。由图可见，两种晶核剂对试样 1 硼提取率提高的幅度影响明显。试样 17 组成落在 MgO-B_2O_3-SiO_2 三元相图中 $2MgO \cdot B_2O_3$- $2MgO \cdot SiO_2$ 连线上，复合晶核剂 MO_x 较 TiO_2 提高硼提取率的效果更显著。

表 6.12　样品编号与化学组成(质量分数，单位：%)

编号	组成			晶核剂	
	MgO	SiO_2	B_2O_3	TiO_2	MO_x
1	40	30	30	0	0
23	40	30	30	1	0
24	40	30	30	3	0
25	40	30	30	0	1
26	40	30	30	0	3
17	56	27	17	0	0
28	56	27	17	1	0
29	56	27	17	3	0
30	56	27	17	0	1
31	56	27	17	0	3

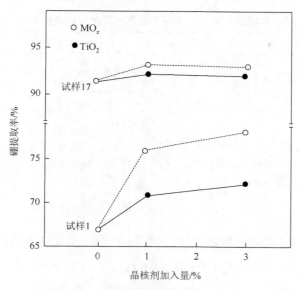

图 6.38　两种晶核剂与硼提取率的关系

(2) 晶核剂 TiO_2 和 MO_x 与微观形貌关系。

用偏光显微镜观察试样：试样 1 中无添加剂，玻璃相约占 80%，呈现细小晶粒(图 6.39(a))，晶化程度差；试样 1 中加入 TiO_2 后玻璃相减少至 20%以下，晶粒呈粗大状，且部分已集合成团状(图 6.39(b))；试样 1 中添加 MO_x 后玻璃相数量更少，晶粒明显变粗，晶体充满视场，晶核发育成形(图 6.39(c))；试样 17 添加晶核剂后晶化效果好，晶粒明显(图 6.39(d))。显然，晶核剂对微观形貌影响与硼提取率的规律一致。XRD 分析表明：加入晶核剂后大量晶体析出，主晶相为 $2MgO \cdot B_2O_3$ 和 $2MgO \cdot SiO_2$。

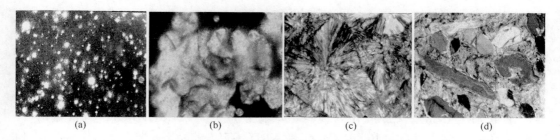

图 6.39　偏光显微镜观察试样晶化的微观形貌

(3) 晶核剂 TiO_2 和 MO_x 与晶化热效应关系。

依据差热分析（differential thermal analysis，DTA）晶化热效应评估晶核剂作用效果。表 6.13 为不同样品的初始晶化温度、晶化峰温度、晶化热效应和晶化时间。试样在 DTA 过程中产生的晶化热效应与放热峰面积相对应，晶化热效应越强，放热峰面积越大，玻璃相向晶相转变的数量越多。试样 1 未加晶核剂，以玻璃相为主，晶相少，DTA 过程由玻璃相向晶相转化的数量多，晶化热效应大。对于加晶核剂 TiO_2 的试样 24 和加晶核剂 MO_x 的试样 26，后者晶相比例更大。晶化程度高，晶化热效应低，相应的硼提取率亦高。

表 6.13　不同样品的初始晶化温度、晶化峰温度、晶化热效应和晶化时间

编号	初始晶化温度/℃	晶化峰温度/℃	晶化热效应	晶化时间/s
1	783	833	122	804
24	749	822	72	600
26	772	832	62	505

(4) 晶核剂 TiO_2 和 MO_x 与晶化活化能关系。

由晶化活化能评估晶核剂作用效果，晶化活化能可定量地表征玻璃的晶化能力。

根据 Kissinger 方程计算试样的晶化活化能 E：

$$\ln(T_p^2 / \alpha^2) = E / (RT_p) + \text{Const} \tag{6.77}$$

由 Kissinger 方程得到玻璃晶化峰温度 T_p 与 DTA 升温速度 α 的关系：

$$\ln(T_p^2 / \alpha) = E / (RT_p) + \ln(E / R) - \ln\upsilon \tag{6.78}$$

由 $\ln(T_p^2 / \alpha)$ 对 $1 / T_p$ 作图为直线，斜率为 E / R，试样晶化活化能计算结果如下：$E_{26} =$ 409kJ/mol，$E_{24} = 421$kJ/mol，$E_1 = 484$kJ/mol。可见晶核剂明显降低晶化活化能，有利于硼组分以晶相析出，改善硼提取率[138, 172]。

3) 各种晶核剂的作用效果

(1) 晶核剂的作用。

晶核剂可抑制玻璃相形成，促进析晶，调控渣中硼走向，提升硼提取率[173]，这些均为表观现象。深入研究晶核剂在渣中的行为和作用机理对选择晶核剂、优化提硼工艺具有指导意义。尽管诸多晶核剂如 TiO_2、ZrO_2、Cr_2O_3、CeO_2、La_2O_3、V_2O_5、CaF_2、SiC、MO_x 在不同玻璃体系的作用效果和行为走向已有研究报道[170, 174-180]，但对 $MgO-B_2O_3-SiO_2$ 渣系尚未见到相关研究。本部分重点研究晶核剂 TiO_2、ZrO_2、Cr_2O_3、CeO_2、La_2O_3、V_2O_5、CaF_2、SiC、Si_3N_4 和 MO_x 对 $MgO-B_2O_3-SiO_2$ 三元系及 $MgO-B_2O_3-SiO_2-Al_2O_3-CaO$ 五元系渣中含硼组分晶化动力学与晶化的作用效果，探讨晶核剂作用机理。

(2) 晶核剂与硼提取率关系。

选取晶核剂，跟踪它对三元及五元渣系的作用效果，筛选出改善硼渣活性的晶核剂。选取某厂五元系高炉渣作为原料，其化学成分为 11.21%B_2O_3、37.06%MgO、28.95%SiO_2、8.52%Al_2O_3、10.89%CaO，经 XRD 鉴定为非晶态。取上述渣原料，分别加入 2%的各种晶核剂，充分混匀后置于石墨坩埚，放入恒温 1660℃的 $MoSi_2$ 炉内，待试样充分熔化后取出淬冷，用碳碱法分别测定各试样的硼提取率与晶化活化能，如表 6.14 所示。

表 6.14　晶核剂与硼提取率和晶化活化能关系

指标	1	2	3	4	5	6	7	8	9	10	11
晶核剂	TiO_2	ZrO_2	Cr_2O_3	La_2O_3	CeO_2	V_2O_5	Si_3N_4	SiC	CaF_2	MO_x	未加
加入量/%	2	2	2	2	2	2	2	2	2	2	0

续表

指标	1	2	3	4	5	6	7	8	9	10	11
硼提取率/%	82.1	80.0	80.7	75.3	76.6	75.5	73.2	78.0	77.8	75.6	—
晶化活化能/(kJ/mol)	409	421	419	484	460	480	529	442	459	440	484

实验结果表明：大部分晶核剂均降低晶化活化能，促进晶相析出，提升硼提取率，仅 La_2O_3 和 V_2O_5 作用不明显，而 Si_3N_4 提高晶化活化能，降低硼提取率。

扫描电镜观察加入 TiO_2、Cr_2O_3、SiC、MO_x、CaF_2 的渣样，晶体析出量、晶粒度均增大。

DTA 表明：Cr_2O_3 和 SiC 对晶化温度作用不明显，但 ZrO_2 降低晶化温度 16℃，这表明 ZrO_2 降低渣黏度，增大形核和晶体长大速度，缩短析晶时间，提升硼提取率。

4) 实验研究晶化动力学

样品热处理方式分为两种：一种是在室温下以 10℃/min 升温至 800℃，等温退火 1h；另一种是两段热处理，即在 750℃等温退火 1h 后，再升温至 860℃恒温 30min。

红外光谱采用 KBr 压片法，在美国 Nicolet510P FT-IR Spectrometer 仪器上测量。

研究晶化动力学有两种方式：直接法借助高温显微镜观察与测量玻璃核化及晶体长大速度，但此法受仪器分辨率低及制样难的限制；DTA 法简要、方便，样品量少[119, 181-190]。

研究玻璃晶化动力学[181, 188]即应用 JMA(Johnson-Mell-Avrami)状态转变方程[189, 190]：

$$x = 1 - \exp[-(kt)^n] \tag{6.79}$$

式中，x 为在时间 t 时已相变部分的分数；n 为晶体生长指数，即 Avrami 指数；k 为反应速率常数，它与温度的关系可用 Arrhenius 方程表示：

$$k = A \exp\left(-\frac{E}{RT}\right) \tag{6.80}$$

其中，A 为频率因子；E 为晶化活化能；R 为气体常数；T 为热力学温度。

DTA 过程中，在给定升温速度时，温度与时间呈线性关系，即

$$T = T_0 + \Phi t \tag{6.81}$$

式中，T_0 为 $x = 0$ 时温度；T 为 t 时温度，这时反应速率常数 k 随温度而变：

$$k = A \exp\left[-\frac{E}{R(T_0 + \Phi t)}\right] \tag{6.82}$$

在温度为 T_p 时，x 达到最大值，即 $d^2 x / dt^2 = 0$。式(6.82)对 t 作二次微分，整理可得

$$\ln(T_p^2 / \Phi) = \frac{E}{RT_p} + \text{Const}$$

式中，T_p 为 DTA 曲线的峰值温度，随着升温速度加快，T_p 向高温方向移动。

根据 $\ln(T_p^2 / \Phi)$ 与 $1 / T_p$ 线性关系的斜率，可求出晶化活化能 E。

图 6.40 为 MgO-B₂O₃-SiO₂ 三元渣等速升温(6℃/min)DTA 曲线。整个分析过程仅一个放热峰，XRD 分析为 2MgO·B₂O₃ 晶相。

图 6.41 为各样品在不同升温速度时 $\ln(T_p^2/\Phi)$ 与 $1/T_p$ 关系，得到的直线用最小二乘法拟合，得到晶化活化能，见表 6.14。晶核剂 TiO₂、ZrO₂、Cr₂O₃、CeO₂、SiC、CaF₂、MO$_x$ 明显降低晶化活化能，说明晶核剂起弱化玻璃网络作用，有利于含硼组分晶相析出。La₂O₃ 和 V₂O₅ 基本无影响，Si₃N₄ 提高晶化活化能，增加玻璃网络稳定性，不易晶化[181-190]。

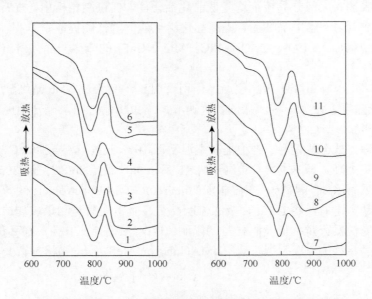

图 6.40　MgO-B₂O₃-SiO₂ 渣的等速升温(6℃/min)DTA 曲线

5) 晶核剂的作用机制

(1) TiO₂。高温时 TiO₂ 产生缺陷结构[191]，微晶核化速率高，在 DTA 曲线(图 6.40)上得到证实。TiO₂ 是网络中间体，高温度时 Ti⁴⁺ 主要以 $[TiO_6]^{8-}$ 形式存在，结构趋于疏松，黏度降低。提高形核与晶体长大速度，缩短晶化时间，结果与 Zdaniewski[176]的结论一致。

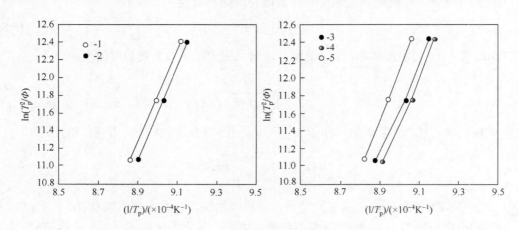

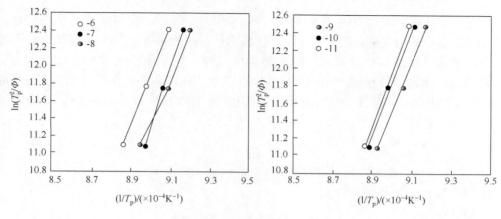

图 6.41 $\ln(T_p^2 / \Phi)$ 与 $1/T_p$ 关系

(2) ZrO_2。Zr^{4+} 为电场强度较大($Z / r^2 = 6.3$)的网络改性离子，对硅氧四面体的配位要求使得近程有序的范围增加，易产生局部积聚现象，玻璃皆易析晶。ZrO_2 是网络改性氧化物，作为晶核剂加入后降低含硼组分的晶化活化能，促进它以晶相析出。

(3) Cr_2O_3 和 CeO_2 在玻璃中以两种价态存在，易成为价电子的授受者，使玻璃中局部能量变化，引起自发核化[191, 192]，导致晶化活化能降低。

(4) MO_x 是含两种价态的晶核剂，可引起自发核化[22, 190]，降低晶化活化能。从 DTA 曲线也可看出，试样 10 放热峰的形状较尖锐，表明晶体长大速度较快。

(5) CaF_2。一般认为[193]，加入氟减弱玻璃结构，如 F^- 取代 O^{2-} 造成硅氧网络断裂，降低晶化活化能。

(6) V_2O_5 在玻璃中也存在两种价态，引起自发核化，但在硼渣中加入 V_2O_5 后并未降低晶化活化能，DTA 曲线与未加时相差不多，表明 V_2O_5 未能有效促进含硼组分的成核和晶体生长。

(7) La_2O_3 中 La^{3+} 电场强度较小($Z / r^2 = 1.4$)，是网络改性体，加入后未能有效地促进含硼组分以晶相析出，DTA 曲线较为平坦。

(8) SiC 使含硼组分晶化活化能降低的原因可能是 C^{4-} 取代 O^{2-} 造成硅氧网络断裂，从而降低网络的稳定性。

(9) Si_3N_4 中氮与硼结合比与硅结合容易，B—N 键比 Si—N 键更稳定[193]，作为晶核剂加入硼渣后，氮可能与硼结合，导致网络稳定性增强，引起晶化活化能提高。试样 7 的 DTA 曲线放热峰平坦，晶化受到抑制。

6) 晶核剂作用机理分析

分相→液滴相→液滴内成核并生长→连续相→错配度<15%→成核位→提供新相外延生长。成核从液滴相内部开始，分相促进成核，液滴内部分或全部转变成晶相。

TiO_2+ZrO_2 复合晶核剂使玻璃晶化活化能降低，晶化指数加大，析晶趋势增强。高温下 TiO_2 在玻璃熔体中溶解度较大，Ti^{4+} 在玻璃结构中以六配位 $[TiO_6]^{8-}$ 或四配位 $[TiO_4]^{4-}$ 存在，Ti^{4+} 以 $[TiO_4]^{4-}$ 掺入硅氧网络中，与硅氧四面体骨架结构的相容性好；但 Ti^{4+} 的电场强度大，当玻璃冷却时，它与 SiO_2 争夺 O^{2-} 形成 $[TiO_6]^{8-}$，析出的富 TiO_2 液滴在玻璃中溶解度小，更容易分相析出。ZrO_2 在玻璃中只有六配位 $[ZrO_6]^{8-}$，它与硅氧网络不相容，仅存在于网络之外的空穴中，起填隙作用，使玻璃结构趋于紧密。ZrO_2 对整体析晶不起主要作用，但通过促进玻璃分相间接地促进晶化过程。三元晶核剂 $ZrO_2+TiO_2+MgF_2$ 比 ZrO_2+TiO_2 复合晶核剂的热处理温度明显降低；晶化活化能和晶化指数均有所降低。MgF_2 起主要作用的是氟，氟促进分相并富集在液滴相中。分相产生大量小液滴作为晶核长大，增加了晶核密度[194]。

5. 渣的冷却速度

1) 过冷度——析晶驱动力

(1) 势垒。

析晶过程须克服熔体中结构单元重排的势垒，它包括形成晶核需建立新界面的界面能以及晶核长大成晶体所需质点扩散的活化能等。若这些势垒较大，当熔体冷却速度很快时，黏度增大，质点来不及进行有规则的排列，晶核形成和晶体长大难。析晶的关键是熔体的冷却速度。

(2) 临界冷却速度。

熔体冷却速度越小越易析晶，析晶需要时间，快冷来不及形核则熔体转变成玻璃。因此，析晶的实质就是熔体冷却产生可探测到晶体所需的临界冷却速度(冷却速度的上限)。熔体是否析晶的界线为 V^β / V。为保持形成给定晶体体积分数 $V^\beta / V = 10^{-6}$ 所需最小的冷却速度称为临界冷却速度 $(dT / dt)_c$。乌尔曼(Uhlmann)认为：均相形核可用 JMA 方程判断熔体析晶，由式(6.83)确定熔体中可检测出晶体的最小体积分数为 10^{-6}。

$$V^\beta / V = 1 / 3xIU^3t^4 = 10^{-6} \tag{6.83}$$

式中，V^β 为析出晶体体积；V 为熔体总体积；I 为形核速度；U 为晶体长大速度；t 为时间。计算一系列温度 T_i 或过冷度 ΔT_i 下形核速度 I_i 及晶体长大速度 U_i。把计算得到的 I_i、U_i 代入式(6.83)求出对应的时间 t_i，以过冷度 ΔT_i 为纵坐标、冷却时间 t_i 为横坐标，可作出 3T 图。

(3) 3T 图。

析晶驱动力(过冷度)随温度降低而增加，质点迁移率随温度降低而变小，因此 3T 曲线弯曲且出现头部突出，其中凸面部分为该熔点的物质在一定过冷度下形成晶体的区域，而凸面部分的外围是一定过冷度下形成玻璃体的区域。3T 曲线头部的顶点对应析出晶体体积分数为 10^{-6} 时的最短时间，见图 6.42。3T 曲线上任何温度下的时间对析晶体积分数不甚敏感，则临界冷却速度对析晶体积分数也不敏感。这时对该熔体求临界冷却速度才有普遍意义，析晶的临界冷却速度随熔体组成而变化。表 6.15 为几种化合物的临界冷却速度和熔融温度时的黏度。由表可判别熔体能否析晶：在熔点 T_m 时熔体黏度高，且黏度随温度降低骤增，将使析晶势垒升高，这类熔体不易析晶，在熔点附近黏度小的熔体易析晶。玻璃转变温度 T_g 与熔点间相关性 (T_g / T_m) 是判别能否析晶的标志。当 $T_g / T_m \approx 0.5$ 时，形成玻璃的临界冷却速度 $(dT / dt)_c$ 约 $10^6 ℃/s$。不同物质的熔点 T_m 和玻璃转变温度 T_g 间的相关性也可判别能否析晶。

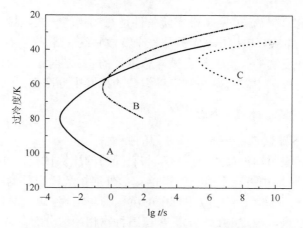

图 6.42　析晶体积分数为 10^{-6} 时不同熔点物质的 3T 图

A-T_m = 356.6K；　B-T_m = 318.8K；　C-T_m = 276.6K

表 6.15　几种化合物的临界冷却速度和熔融温度时的黏度

性能	SiO_2	GeO_2	B_2O_3	Al_2O_3	As_2O_3
T_m/℃	1710	1115	450	2050	280
η_{T_m} / (Pa·s)	107	105	105	0.6	105
T_g/T_m	0.74	0.67	0.72	约 0.5	0.75
$(dT/dt)_c$/(℃/s)	10^{-5}	10^{-2}	10^{-6}	10^{3}	10^{-5}

　　3T 图的作用如下：确定熔体的临界冷却速度；比较相同条件下各熔体析晶能力，临界冷却速度越大，该熔体越易析晶；确定熔体的最佳析晶条件。

　　2) 冷却方式

　　研究不同冷却方式时五元硼渣中遂安石相的析出[195]。实验渣样组成为 MgO40%、CaO7%、$SiO_2$29%、$Al_2O_3$8%、$B_2O_3$16%，考察渣中遂安石相析出过程，冷却采用分段冷却与连续冷却两种方式。

　　(1) 分段冷却：①熔渣快速冷却到 1300℃后保温 2h 再空冷，主晶相是镁橄榄石晶体和玻璃体；②快速冷却到 1200℃后保温 2h 再空冷，主晶相是镁橄榄石与遂安石晶体及少量玻璃体；③快速冷却到 1100℃，渣样呈玻璃体。

　　(2) 连续冷却：①冷却速度较低(<2.5℃/min)时有利于遂安石相析出和长大；②冷却速度加快(>2.5℃/min)时，熔渣黏度增高，不利于晶体长大与粗化，晶粒尺寸明显减小；③越过 1300℃镁橄榄石析晶温度，高速冷却(6℃/min)至 1200℃遂安石相析晶温度，再恒温，有利于遂安石相晶体粗化，恒温时间越长晶体越粗大。

6.4.5　硼渣中的挥发

1. 高炉渣中的挥发

　　高炉内碱金属的挥发已有大量研究并取得共识[40, 196-198]。有关含硼熔渣的挥发及挥发形式亦有实验室研究[199-206]，其中基础实验条件是在加热的管式电炉内，由下向上不断通入流动的保护气体，并从管口排出，实验是一个开放系统。结果显示：试样的失重与温度、时间成正比，气相挥发物的失重量约占试样总重量的 1/3。据此认为，在高炉冶炼硼镁铁矿的还原熔炼过程，精矿中硼、硅与镁三种组分的挥发十分严重。

2. 还原熔炼硼镁铁矿过程的挥发

1) 实验室条件下硼镁铁矿还原熔炼过程的挥发

在管式电炉中石墨坩埚内放置硼镁铁矿与石墨粉的压块试样，加热至设定温度，保护气体 Ar 在炉管内不断地由下向上流出管口，管口外连接一段很长的冷却管，气流中挥发物可不断地沉积管壁。实验结束后收集管壁的沉积物与坩埚内的渣和铁。检测渣、铁与沉积物的化学成分及重量，确定 Mg、Si 和 B 在三种物相中的分布。

炉管内为半封闭系统，检测精矿中 3.27%的 B_2O_3 还原为 $B_2O_3(g)$ 与 $BO(g)$ 进入气相，16.08%的 B_2O_3 还原进入铁相，剩余 80.65%的 B_2O_3 进入渣中；约 48%的 MgO 还原成 Mg(g) 进入气相，约 3%的 MgO 还原进入铁相，剩余 49%的 MgO 进入渣相；SiO_2 约 88%进入渣相，约 6%还原为 SiO(g) 进入气相，6%的 SiO_2 被还原进入铁相，显然挥发并不严重[207]。

2) 高炉冶炼硼镁铁还原过程的挥发现象

高炉冶炼条件下的挥发与实验室条件下的挥发现象截然不同，原因如下。

(1) 高炉冶炼时，风口通入的空气流上行，同时软熔带的液态还原产物(铁滴与渣滴)逆流下行，存在气/液间两相流动，高炉是封闭系统，炉内存在气、液、固三相物流的对流接触。

(2) 逆向对流时，SiO(g)和 $B_2O_2(g)$ 可被铁水中的碳还原转入铁滴中[Si]和[B]，Mg(g)可被渣滴中氧化铁氧化转入渣相(MgO)，铁滴与渣滴一并下行，挥发物进入液相的下行，极大地降低挥发物随气流上行并直接带出高炉造成的挥发损失。

(3) 挥发物由气态变为液态，沉积并附着在炉料上而随之下行，改变 Mg、Si、B 的走向；高炉内 Mg、Si、B 气相挥发物行为呈循环特点，效果类似碱金属的循环挥发行为，明显减少 Mg、Si、B 挥发损失；精矿中硼、硅与镁三种组分的挥发并不严重。

(4) 高炉内 Mg、Si、B 气相挥发物的行为与实验室的挥发环境截然不同，高炉冶炼硼镁铁矿时，Mg、Si、B 的挥发损失远低于实验室的挥发损失，两者的环境与条件差异明显，挥发特点与损失数量也迥然不同。因此，文献报道实验室研究硼镁铁矿还原过程 Mg、Si、B 挥发的规律与高炉冶炼的挥发现象明显不同。

6.4.6　渣中富硼相——遂安石选择性分离的实验研究

20 世纪末已有多位学者研究从硼镁铁矿分选富硼精矿作为提硼化工原料[207-214]，但鲜见从高炉冶炼硼镁铁矿的硼渣中提取硼的相关报道。

高峰[206]尝试用选择性析出分离技术处理硼渣，从中提取富硼的遂安石相，并研究相关工艺条件。硼渣经选择性富集与长大的改性处理后，渣中 B_2O_3 质量分数为 12.9%，主要物相为钙铝黄长石、遂安石和镁橄榄石，非晶态与其他物相的含量较低，其中遂安石相的平均粒度约 62μm。实验目标是采用浮选工艺分离出遂安石，得到富硼精矿。选取脂肪酸类与胺类作为渣中遂安石相的捕收剂，如油酸钠与十二胺，选取六偏磷酸钠作为镁橄榄石的抑制剂。

硼渣经破碎、筛分至 400 目，调矿浆浓度为 20%，pH 为 8～9，向浮选机中通入 O_2 并搅拌，分别加入不同数量的油酸钠，刮泡、过滤烘干，取样分析。由结果知，随着油酸钠用量增加，精矿的 B_2O_3 品位上升。油酸钠加入量为 5kg/t 时精矿中 B_2O_3 品位可达到 13.37%。同时，也探讨了十二胺的浮选效果，但不如油酸钠。总体而言，B_2O_3 品位提升幅度还不明显，分析其原因是渣中镁橄榄石相的干扰，为此尝试使用抑制剂降低镁橄榄石的可浮性。

六偏磷酸钠可与矿物表面的 Mg^{2+} 发生络合反应，抑制含镁矿物的可浮性。实验选取六偏磷酸钠作为抑制剂，分别加入不同量并调控其余浮选条件后，检测硼精矿中 B_2O_3 质量分数，确定精矿中 B_2O_3 品位与六偏磷酸钠加入量间关系。随着抑制剂加入量的增加，精矿中 B_2O_3 质量分数呈现先增大后减小的趋势。六偏磷酸钠加入量为 1.5kg/t 时，精矿中 B_2O_3 质量分数最高至 15.79%。同时也尝试用酸化水玻璃作为反浮选的抑制剂，但效果不佳。

综上，选择性分离硼渣中遂安石相的效果不够理想，有待进一步深入探讨。

参 考 文 献

[1]　李治杭，韩跃新，高鹏，等. 硼铁矿工艺矿物学研究[J]. 东北大学学报(自然科学版)，2016，37(2)：258-262.

[2]　关守忠，穆纯业. 硼铁矿综合利用的概述及看法[J]. 辽宁冶金，1985(1)：1-8.

[3]　曾邦任. 辽宁硼铁矿选矿研究[J]. 辽宁冶金，1989(2)：30-31.

[4]　赵庆杰. 硼铁矿选择性还原分离铁和硼[J]. 东北工学院学报，1990，11(2)：122-126.

[5]　赵庆杰，孟繁明，马仲彬. 预还原硼铁矿熔化分离铁和硼[J]. 东北工学院学报，1991，12(5)：464-470.

[6]　张显鹏，席常锁. 硼镁铁矿直接冶炼硼铁可行性研究[J]. 铁合金，1987，18(3)：14-17.

[7]　刘素兰，昊正平，冀春霖，等. 用硼镁铁矿制取硼砂的研究[J]. 东北工学院学报，1990，11(2)：139-143.

[8]　秦凤久，舒小平. 硼镁铁矿制取硼砂工艺矿物学研究[J]. 东北工学院学报，1990，11(5)：429-434.

[9]　李钟模. 我国硼矿资源开发现状[J]. 化工矿物与加工，2003，32(9)：38.

[10]　张贵岐. 松解助剂法综合利用硼铁矿及硼酸镁晶须的制备[D]. 大连：大连理工大学，2013.

[11]　刘然，薛向欣，姜涛，等. 硼及其硼化物的应用现状与研究进展[J]. 材料导报，2006，20(6)：1-4.

[12]　张显鹏，刘素兰. 高炉硼铁分离工艺是综合开发硼铁矿的可行方案[J]. 辽宁冶金，1990(1)：18-20，53.

[13]　张显鹏，崔传孟. 硼铁矿高炉铁硼分离试验[J]. 辽宁冶金，1991(4)：19-22，36.

[14]　郝庆然. 硼铁矿 13m³ 高炉铁硼分离的实践与分析[J]. 辽宁冶金，1993(1)：19-23.

[15]　张培新. 硼渣中含硼组分析出行为的研究[D]. 沈阳：东北大学，1994.

[16]　王翠芝，肖荣阁，刘敬党. 辽东硼矿的成矿机制及成矿模式[J]. 地球科学，2008，33(6)：813-824.

[17]　李艳军，高太，韩跃新. 硼铁矿工艺矿物学研究[J]. 有色矿冶，2006，22(6)：14-16.

[18]　余建文，韩跃新，高鹏. 含硼铁精矿还原过程中硼矿物的热力学行为[J]. 中国有色金属学报，2015，25(7)：1969-1977.

[19]　仲剑初，胡德生. 硼镁铁矿综合利用研究进展及开发前景[J]. 辽宁化工，1995，24(5)：20-23.

[20]　郑学家. 硼矿加工[M]. 北京：化学工业出版社，2009.

[21]　Kim Y，Morita K. Relationship between molten oxide structure and thermal conductivity in the CaO-SiO₂-B₂O₃ system[J]. ISIJ International，2014，54(9)：2077-2083.

[22]　邱关明，黄良钊. 玻璃形成学[M]. 北京：兵器工业出版社，1987.

[23]　Krogh-Moe J. The structure of vitreous and liquid boron oxide[J]. Journal of Non-Crystalline Solids，1969，1(4)：269-284.

[24] Du L S, Stebbins J F. Solid-state NMR study of metastable immiscibility in alkali borosilicate glasses[J]. Journal of Non-Crystalline Solids, 2003, 315(3): 239-255.

[25] 周亚栋. 无机材料物理化学[M]. 武汉: 武汉理工大学出版社, 2010.

[26] Richter H, Breitling G, Herre F. Struktur des glasigen B_2O_3[J]. Naturwissenschaften, 1953, 40(18): 482-483.

[27] Svanson S E, Forslind E, Krogh-Moe J. Nuclear magnetic resonance study of boron coördination in potassium borate glasses[J]. The Journal of Physical Chemistry, 1962, 66(1): 174-175.

[28] Riebling E F. Volume Relations in $Na_2O \cdot B_2O_3$ and $Na_2O \cdot SiO_2 \cdot B_2O_3$, melts at 1300℃[J]. Journal of the American Ceramic Society, 1967, 50(1): 46-53.

[29] Riedl E. Bemerkungen zu den vorstehenden ausführungen von M. Joerges und A. Berger: Simon, A.: Z. Elektrochem. 48, 33(1942)[J]. Spectrochimica Acta, 1941, 2: 266.

[30] Dell W J, Bray P J, Xiao S Z. ^{11}B NMR studies and structural modeling of $Na_2O \cdot B_2O_3 \cdot SiO_2$ glasses of high soda content[J]. Journal of Non-Crystalline Solids, 1983, 58(1): 1-16.

[31] Furukawa T, White W B. Raman spectroscopic investigation of sodium borosilicate glass structure[J]. Journal of Materials Science, 1981, 16(10): 2689-2700.

[32] Teixeira L A V, Tokuda Y, Yoko T, et al. Behavior and state of boron in CaO-SiO2 slags during refining of solar grade silicon[J]. ISIJ International, 2009, 49(6): 777-782.

[33] Sakamoto M, Yanaba Y, Yamamura H, et al. Relationship between structure and thermodynamic properties in the CaO-SiO2-$BO_{1.5}$ slag system[J]. ISIJ International, 2013, 53(7): 1143-1151.

[34] Tanaka Y, Benino Y, Nanba T, et al. Correlation between basicity and coordination structure in borosilicate glasses[J]. Physics & Chemistry of Glasses, 2009, 50(5): 289-293.

[35] Du L S, Stebbins J F. Solid-state NMR study of metastable immiscibility in alkali borosilicate glasses[J]. Journal of Non-Crystalline Solids, 2003, 315(3): 239-255.

[36] Duffy J A, Ingram M D. An interpretation of glass chemistry in terms of the optical basicity concept[J]. Journal of Non-Crystalline Solids, 1976, 21(3): 373-410.

[37] McMillan P. A Raman spectroscopic study of glasses in the system CaO-MgO-SiO2[J]. American Mineralogist, 1984, 69(6): 645-659.

[38] McMillan P. Structural studies of silicate glasses and melts-applications and limitations of Raman spectroscopy[J]. American Mineralogist, 1984, 69(6): 622-644.

[39] Richardson F D. Physical Chemistry of Melts in Metallurgy[M]. Salt Lake City: Academic Press, 1974.

[40] Hulburt H M. Physicochemical properties of molten slags and glasses[J]. Mechanics of Materials, 1984, 3(2): 169.

[41] Frantza J D, Mysen B O. Raman spectra and structure of BaO-SiO2, SrO-SiO2 and CaO-SiO2 melts to 1600℃[J]. Chemical Geology, 1995, 121(1-4): 155-176.

[42] Mysen B O, Frantz J D. Silicate melts at magmatic temperatures: In-situ structure determination to 1651℃ and effect of temperature and bulk composition on the mixing behavior of structural units[J]. Contributions to Mineralogy and Petrology, 1994, 117(1): 1-14.

[43] Tan J, Zhao S R, Wang W F, et al. The effect of cooling rate on the structure of sodium silicate glass[J]. Materials Science and Engineering: B, 2004, 106(3): 295-299.

[44] Miura Y, Kusano H, Nanba T, et al. X-ray photoelectron spectroscopy of sodium borosilicate glasses[J]. Journal of Non-Crystalline Solids, 2001, 290(1): 1-14.

[45] Wang S H, Stebbins J F. On the structure of borosilicate glasses: A triple-quantum magic-angle spinning [17]O nuclear magnetic resonance study[J]. Journal of Non-Crystalline Solids, 1998, 231(3): 286-290.

[46] Wang Z, Shu Q F, Chou K. Structure of CaO-B2O3-SiO2-TiO2 glasses: A Raman spectral study[J]. ISIJ International, 2011, 51(7): 1021-1027.

[47] Yano T, Kunimine N, Shibata S, et al. Structural investigation of sodium borate glasses and melts by Raman spectroscopy:

I. Quantitative evaluation of structural units[J]. Journal of Non-Crystalline Solids, 2003, 321(3): 137-146.

[48]　Akagi R, Ohtori N, Umesaki N. Raman spectra of K_2O-B_2O_3 glasses and melts[J]. Journal of Non-Crystalline Solids, 2001, 293: 471-476.

[49]　Mysen B O, Virgo D. Solubility mechanisms of water in basalt melt at high pressures and temperatures: $NaCaAlSi_2O_7 \cdot H_2O$ as a model[J]. Amercian Mineralogist, 1980, 65(11-12): 1176-1184.

[50]　Courrol L C, Tarelho L V G, Gomes L, et al. Time dependence and energy-transfer mechanisms in Tm^{3+}, Ho^{3+} and Tm^{3+}-Ho co-doped alkali niobium tellurite glasses sensitized by Yb^{3+}[J]. Journal of Non-Crystalline Solids, 2001, 284(1-3): 217-222.

[51]　Tsunawaki Y, Iwamoto N, Hattori T, et al. Analysis of CaO-SiO_2 and CaO-SiO_2-CaF_2 glasses by Raman spectroscopy[J]. Journal of Non-Crystalline Solids, 1981, 44(2-3): 369-378.

[52]　Meera B N, Ramakrishna J. Raman spectral studies of borate glasses[J]. Journal of Non-Crystalline Solids, 1993, 159(1-2): 1-21.

[53]　El-Egili K. Infrared Studies of Na_2O-B_2O_3-SiO_2 and Al_2O_3-Na_2O-B_2O_3-SiO_2 glasses[J]. Physica B: Condensed Matter, 2003, 325: 340-348.

[54]　Linard Y, Yamashita I, Atake T, et al. Thermochemistry of nuclear waste glasses: An experimental determination[J]. Journal of Non-Crystalline Solids, 2001, 286(3): 200-209.

[55]　Sakamoto M, Yanaba Y, Yamamura H, et al. Relationship between structure and thermodynamic properties in the CaO-SiO_2-$BO_{1.5}$ slag system[J]. ISIJ International, 2013, 53(7): 1143-1151.

[56]　Huang X, Asano K, Fujisawa T, et al. Thermodynamic properties of the MgO-$BO_{1.5}$-SiO_2 system at 1723K[J]. ISIJ International, 1996, 36(11): 1360-1365.

[57]　Huang X M, Ischak W G, Fukuyama H, et al. Activities of Fe-B-N and Fe-C-B systems by interstitial solution theory[J]. Tetsu-to-Hagane, 1995, 81(11): 1049-1054.

[58]　Wang Z C, Su Y, Tong S X. Activity of SiO_2 in $\{(1-x)B_2O_3 + xSiO_2\}$ determined by(slag + metal)equilibrium at the temperature 1723K, using(0.25Cu + 0.75Sn)as metal solvent[J]. The Journal of Chemical Thermodynamics, 1996, 28(10): 1109-1113.

[59]　Boike M, Hilpert K, Muller F. Thermodynamic activities in B_2O_3-SiO_2 melts at 1475K[J]. Journal of the American Ceramic Society, 1993, 76(11): 2809-2812.

[60]　Sunkar A S, Morita K. Thermodynamic properties of the MgO-$BO_{1.5}$, CaO-$BO_{1.5}$, SiO_2-$BO_{1.5}$, MgO-$BO_{1.5}$-SiO_2 and CaO-$BO_{1.5}$-SiO_2 slag systems at 1873K[J]. ISIJ International, 2009, 49(11): 1649-1655.

[61]　Walrafen G E, Samanta S R, Krishnan P N. Raman investigation of vitreous and molten boric oxide[J]. The Journal of Chemical Physics, 1980, 72(1): 113-120.

[62]　Huang X M, Fujisawa T, Yamauchi C. Thermodynamic properties of the MgO-$BO_{1.5}$ binary system at 1723K[J]. ISIJ International, 1996, 36(2): 133-137.

[63]　Fukuyama H, Tonsho M, Fujisawa T, et al. Activities in $NaO_{0.5}$-CO_2-$AsO_{2.5}$ slag and estimation of distribution ratio of as between the slag and molten copper[J]. Shigen-to-Sozai, 1993, 109(8): 601-606.

[64]　Darken L S. Thermodynamics of ternary metallic solutions[J]. Transacitions of the Metallurgical Society of AIME, 1967, 239: 80-96.

[65]　Zachariasen W H. The atomic arrangement in glass[J]. Journal of the American Chemical Society, 1932, 54(10): 3841-3851.

[66]　Teixeira L A V, Morita K. Removal of boron from molten silicon using CaO-SiO_2 based slags[J]. ISIJ International, 2009, 49(6): 783-787.

[67]　Yoshikawa T, Morita K. Thermodynamic property of B in molten Si and phase relations in the Si-Al-B system[J]. Materials Transactions, 2005, 46(6): 1335-1340.

[68]　Noguchi R, Suzuki K, Tsukihashi F, et al. Thermodynamics of boron in a silicon melt[J]. Metallurgical and Materials Transactions B, 1994, 25(6): 903-907.

[69]　Zaitsev A I, Litvina A D, Mogutnov B M. Thermodynamics of CaO-Al_2O_3-SiO_2 and CaF_2-CaO-Al_2O_3-SiO_2 melts[J]. Inorganic Materials, 1997, 33(1): 76-86.

[70] Sano N, Lu W K, Paul V R. Advanced Physical Chemistry for Process Metallurgy[M]. Salt Lake City: Academic Press, 1997.

[71] Tokuda M, Tsuchiya N, Ohtani M. Thermodynamical considerations on the transfer of Si in blast furnace[J]. Tetsu-to-Hagane, 1972, 58(2): 219-230.

[72] Tsuchiya N, Tokuda M, Ohtani M. Kinetics of silicon transfer from a gas phase to molten iron[J]. Tetsu-to-Hagane, 1972, 58(14): 1927-1939.

[73] Tamura K, Ono K, Nishida N. Effects of operating factors of blast furnaces on the contents of silicon and sulphur in pig iron[J]. Tetsu-to-Hagane, 1981, 67(16): 2635-2644.

[74] Yamagata C, Kajiwara Y, Suyama S. Transformation reaction of SiO_2 in coke ash under operating condition in blast furnace[J]. Tetsu-to-Hagane, 2009, 73(6): 637-644.

[75] Sugiyama T, Matsuzaki S, Sato H. Analysis of Si transfer reaction in the lower part of blast furnace by kinetics theory[J]. Tetsu-to-Hagane, 1992, 78(7): 1140-1147.

[76] 邓守强, 车传仁, 施月循. 控制硅还原的实验研究[J]. 东北工学院学报, 1991, 12(6): 559-565.

[77] 杜鹤桂, 丁跃华. 渣中 TiC 氧化规律[J]. 东北工学院学报, 1991, 12(6): 555-558.

[78] Turkdogan E T. Blast furnace reactions[J]. Metallurgical Transactions B, 1978, 9(2): 163-179.

[79] 包燕平, 冯捷. 钢铁冶金学教程[M]. 北京: 冶金工业出版社, 2008.

[80] 伊赫桑·巴伦. 纯物质热化学数据手册(下卷)[M]. 北京: 科学出版社, 2003.

[81] Soulen J R, Sthapitanonda P, Margrave J L. Vaporization of inorganic substances: B_2O_3, TeO_2 and Mg_3N_2[J]. The Journal of Physical Chemistry, 1955, 59(2): 132-136.

[82] Pomfret R J, Grieveson P. The kinetics of slag-metal reactions[J]. Canadian Metallurgical Quarterly, 1983, 22(3): 287-299.

[83] Kundu A L, Prasad S C, Prakash H S, et al. Strategies for the production of low silicon and low sulphur hot metal at Rourkela steel plant[J]. Transactions-Indian Institute of Metals, 2004, 57(2): 109-121.

[84] Turkdogan E T, Grieveson R, Beisler J F. Kinetic and equilibrium consideration for silicon reaction between silicate melts and graphite-saturated iron[J]. Transacications of the Metallurgical Society of AIME, 1963, 227: 1258-1265.

[85] Schwerdtfeger K, Muan A. Activities in olivine and pyroxenoid solid solutions of the system Fe-Mn-Si-O at 1150℃[J]. Transacicions of the Metallurgical Society of AIME, 1966, 236: 1152-1178.

[86] Hans W E, Marshall Jr W R. Evaporation from drops. Part 1[J]. Chemical Engineering Progress, 1952, 48(3): 141-146.

[87] Ozturk B, Fruehan R J. The reaction of SiO(g)with liquid slags[J]. Metallurgical Transactions B, 1985, 17(2): 397-399.

[88] Ozturk B, Fruehan R J. The rate of formation of SiO by the reaction of CO or H_2 with silica and silicate slags[J]. Metallurgical Transactions B, 1985, 16(4): 801-806.

[89] Ozturk B, Fruehan R J. Kinetics of the reaction of SiO(g) with carbon saturated iron[J]. Metallurgical Transactions B, 1985, 16(B): 121-127.

[90] Ozturk B, Fruehan R J. The reaction of SiO(g)with liquid slags[J]. Metallurgical Transactions B, 1986, 17(2): 397-399.

[91] 董广正. 3 号高炉长寿与强化冶炼的实践[J]. 梅山科技, 2005(B6): 13-15.

[92] 杜鹤桂, 张子平. 攀钢高炉渣铁氧势测定实验研究[J]. 钢铁钒钛, 1995, 16(3): 1-5, 29.

[93] 杜鹤桂, 沈峰满. Ti 在渣-Fe 间迁移过程的研究[J]. 金属学报, 1987, 23(2): 177-183.

[94] Yoshii C, Tanimiura T. The silica reduction between CaO-SiO₂ and carbon-saturated iron[J]. Tetsu-to-Hagane, 1965, 52(9): 1448-1451.

[95] 王筱留. 钢铁冶金学 炼铁部分[M]. 北京: 冶金工业出版社, 1991.

[96] 洪永刚. 铁水喷吹 CO_2 脱硅的试验研究[D]. 沈阳: 东北大学, 2012.

[97] Pandey B D, Yadav U S. Blast furnace performance as influenced by burden distribution[J]. Ironmaking & Steelmaking, 1999, 26(3): 187-192.

[98] 郑皓, 梁世标. 高炉生产使用喷洒 $CaCl_2$ 溶液的烧结矿的试验研究[J]. 南方钢铁, 1999(5): 21-24.

[99] 赵德义, 罗春平, 李守彬. 安钢 1 号高炉降低铁水含硅生产实践[J]. 河南冶金, 2003, 11(5): 26-29.

[100] 刘寿昌. 进口富锰矿冶炼高炉锰铁[Si]低原因的研究[J]. 铁合金, 2005, 36(4): 1-3.

[101] 吾塔，李维浩. 八钢 300m³ 级高炉低硅冶炼技术分析[J]. 新疆钢铁，2001(1)：11-13.

[102] 罗登武，刘元意. 莱钢降低生铁含硅的实践[J]. 钢铁，2002，37(6)：3-5.

[103] 周传典. 高炉炼铁生产技术手册[M]. 北京：冶金工业出版社，2002.

[104] 蔡保旺，高振峰，张晓冬，等. 生铁低[Si+Ti]冶炼的措施及实践[J]. 四川冶金，2005，27(5)：18-20.

[105] 吴家麟. 议行不宜合一[J]. 中国法学，1992(5)：26-32.

[106] 韩金玉. 天铁 700m³ 高炉低硅冶炼实践[J]. 天津冶金，2005(5)：3-4，17-54.

[107] 余治科，徐杨斌，王维. 120m³ 高炉低硅铁冶炼实践[J]. 河南冶金，2000，8(6)：30-31.

[108] 魏贤文. 南钢 4 号高炉降硅冶炼实践[J]. 炼铁，2001，20(S1)：47-49.

[109] 王文忠，车传仁. 一个新的设想：炉缸喷吹压缩空气(富氧空气)与炉外处理结合改善高炉-转炉工艺[J]. 炼铁，1985，4(4)：1-5.

[110] 春富夫，才野光男，奥村和男. Iron oxide injection into blast furnace：Powder injection test II[J]. Tetsu-to-Hagane，1983，69(12)：791.

[111] Takeda K，小西，行雄，等. Influence of grain size of ores on burden distribution in blast furnace[J]. Tetsu-to-Hagane，1985，71(4)：88.

[112] 春富夫，才野光男，丸岛弘也，等. Development of controlling technique for fine particles size sinter on gas distribution of blast furnace[J]. Tetsu-to-Hagane，1983，69(12)：792.

[113] 水野豊，细井信彦，元重，等. Tuyere injection test of iron oxide at Wakayama No. 4 Blast Furnace of Sumitomo Metal Industrie，Ltd[J]. Tetsu-to-Hagane，1984，70(4)：35.

[114] 李献琥. 湘钢 2#高炉的降硅冶炼[J]. 湖南冶金，1995，23(1)：46-49.

[115] 周文胜，吴国良. 八钢高炉冶炼低硅生铁的生产实践[J]. 新疆钢铁，2000(4)：32-34，38.

[116] 李马可. 首钢 4 号高炉高产、稳产低硅、低硫生铁的实践[J]. 钢铁，1995，30(1)：8-12.

[117] 何环宇，王庆祥，曾小宁. MgO 含量对高炉渣粘度影响的实验研究[J]. 武汉科技大学学报(自然科学版)，2002，25(4)：340-341，378.

[118] 陈淑芳，王雅军. 降低包钢铁水含硅量技术措施分析[J]. 冶金译丛，1999(4)：47-50.

[119] 张培新，罗冬梅，隋智通，等. 硼化物稳定性及热处理条件对硼提取率的影响[J]. 有色金属，1994(2)：52-55.

[120] Greig J W. Immiscibility in silicate melts：Part II[J]. American Journal of Science，1927(74)：133-154.

[121] 彭文世，刘高魁. 矿物红外光谱图集[M]. 北京：科学出版社，1982.

[122] 杨南如. 无机非金属材料测试方法[M]. 武汉：武汉工业大学出版社，1990.

[123] James P F，McMilan P W. Quantitative measurements of phase separation in glasses using transmission electron microscopy[J]. Physics and Chemistry of Glasses，1970，11(3)：59.

[124] Vogel W. Phase separation in glass[J]. Journal of Non-Crystalline Solids，1977，25(1-3)：170-214.

[125] Duan J Z，Li Y，Wu Z Q. Simulation of fractal-like structures in bilayer Pd-Si alloy films[J]. Solid State Communications，1988，65(1)：7-10.

[126] Haller W. Rearrangement kinetics of the liquid-liquid immiscible microphases in alkali borosilicate melts[J]. The Journal of Chemical Physics，1965，42(2)：686-693.

[127] 梁敬魁，柴璋. LiBO₂ 玻璃晶化与相变的研究[J]. 中国科学：数学 物理学 天文学 技术科学，1990(1)：105-112.

[128] 赵书清，梁敬魁，柴璋. 3Li₂O·2B₂O₃ 玻璃晶化及相变研究[J]. 科学通报，1990，35(4)：262-264.

[129] 柴璋，张金平，梁敬魁. 3BaO·3B₂O₃·2GeO₂ 非晶体晶化过程的研究[J]. 物理学报，1987，36(5)：684-690.

[130] 龚方田，周敖，张咏紫. 锌铝硼硅酸盐七元系玻璃微晶化过程探讨[J]. 特种玻璃，1986，3(3)：21.

[131] Bhargava A，Shelby J E，Snyder R L. Crystallization of glasses in the system BaO-TiO₂-B₂O₃[J]. Journal of Non-Crystalline Solids，1988，102(1-3)：136-142.

[132] Kawamoto Y，Clemens K，Tomozawa M. Effects of MoO₃ on phase separation of Na₂O-B₂O₃-SiO₂ glasses[J]. Journal of the American Ceramic Society，1981，65(5)：292-296.

[133] 范积伟，刘向洋，赵慧君，等. 压敏陶瓷研究的最新发展[J]. 中原工学院学报，2012，23(3)：29-33.

[134] 蔡舒，李建新，王冬梅，等. $CaO-P_2O_5-Na_2O-B_2O_3$ 溶胶-凝胶玻璃陶瓷体外磷灰石的形成和生物活性[J]. 稀有金属材料与工程，2011，40(S1)：40-43.

[135] 张培新，林红，郭振中，等. $MgO-B_2O_3-SiO_2$ 系晶化分形的计算机模拟[J]. 硅酸盐学报，1995，23(5)：55-58.

[136] 方芳，刘俊明. 扩散限制聚集模型[J]. 自然杂志，2004，26(4)：200-205.

[137] Witten T A，Sander L M. Energy flow-networks and the maximum entropy formalism[J]. Physical Review B，1983，27(9)：5686.

[138] 张培新，罗冬梅，隋智通，等. $MgO-B_2O_3-SiO_2$ 渣系组成对硼提取率的影响[J]. 中国有色金属学报，1994，4(2)：38-40，44.

[139] 郭学东. 钙化焙烧和钠化焙烧对高炉富硼渣活性的影响[D]. 呼和浩特：内蒙古工业大学，2013.

[140] Hopfield J J. Neural networks and physical systems with emergent collective computational abilities[J]. Proceedings of the National Academy of Sciences of the United States of America，1982，79(8)：2554-2558.

[141] Psaltis D，Sideris A，Yamanmura A A. A multilayered neural network controller[J]. IEEE Control Systems Magazine，1988，8(2)：17-21.

[142] Gish H. Robust discrimination in automatic speaker identification[C]. Albuquerque：International Conference on Acoustics，Speech，and Signal Processing，1990：289-292.

[143] Ichikawa Y，Sawa T. Neural network application for direct feedback controllers[J]. IEEE Transactions on Neural Networks，1992，3(2)：224-231.

[144] Zhang P X，Zhang Q Z，Wu L M，et al. Optimization of Composition of $MgO-B_2O_3-SiO_2$ slags using artificial neural networks and genetic algorithm[J]. Zeitschrift fur Metallkunde，1996，87(1)：76-78.

[145] Zhang P X，Lou H L，Sui Z T，et al. Effects of nucleation agents on efficiency of boron extraction from $MgO-B_2O_3-SiO_2$ slags[J]. Transactions of Nonferrous Metals Society of China，1994(4)：56-58.

[146] Davies M W. Physical chemistry of iron and steel manufacture[J]. International Materials Reviews，1972，17(1)：264.

[147] 郭贻诚，王震西. 非晶态物理学[M]. 北京：科学出版社，1984.

[148] Turkdogan E T. Physical Chemistry of High Temperature Technology[M]. Salt Lake City：Academic Press，1980.

[149] 崔传孟，刘素兰，张显鹏，等. 富硼渣粘度及熔化性温度的研究[J]. 东北大学学报，1994，15(6)：623-627.

[150] Renninger A L，Uhlmann D R. Small angle X-ray scattering from glassy SiO_2[J]. Journal of Non-Crystalline Solids，1974，16(2)：325-327.

[151] Onorato P I K，Uhlmann D R. Nucleating heterogeneities and glass formation[J]. Journal of Non-Crystalline Solids，1976，22(2)：367-378.

[152] 赵彦钊，殷海荣. 玻璃工艺学[M]. 北京：化学工业出版社，2006.

[153] 程金树，郑伟宏，楼贤春，等. MgO/ZnO 对锂铝硅系微晶玻璃性能的影响[J]. 武汉理工大学学报，2006，28(2)：4-6，13.

[154] Sharma S K，Simons B. Raman study of crystalline polymorphs and glasses of spodumene composition quenched from various pressures[J]. American Mineralogist，1981，66(1)：118-126.

[155] 林墨洲，郑伟宏，程金树，等. 锂铝硅微晶玻璃组成调整对黏度与析晶的影响[J]. 材料科学与工程学报，2010，28(3)：385-389.

[156] Uhlmann D R，Hays J F，Turnbull D. The effect of high pressure on crystallisation kinetics with special reference to fused silica[J]. Physics and Chemistry of Glasses，1966，1：159.

[157] Chen H S，Kimerling L C，Poate J M，et al. Diffusion in a Pd-Cu-Si metallic glass[J]. Applied Physics Letters，1978，32(8)：461-463.

[158] Renninger A L，Uhlmann D R. Small angle X-ray scattering from glassy SiO_2[J]. Journal of Non-Crystalline Solids，1974，16(2)：325-327.

[159] 张培新，隋智通，罗冬梅，等. $MgO-B_2O_3-SiO_2-Al_2O_3-CaO$ 中含硼组分析晶动力学[J]. 材料研究学报，1995，9(1)：66-70.

[160] Meerlender G. Beitrag zur Berechnung zweidimensionaler Konvektionsströmungen in kontinuierlich betriebenen Glasschmelzwannen[J]. Glastechnische Berichte-Glass Science and Technology，1974，47：251-259.

[161] 戴道生，韩汝琪. 非晶态物理[M]. 北京：电子工业出版社，1989.

[162] 李杰，程诚，路焱，等. 钠化富硼渣中硼化物析晶动力学分析与实验研究[J]. 功能材料，2012，43(14)：1869-1871，1875.

[163] Zhang P X，Sui Z T. Effect of factors on the extraction of boron from slags[J]. Metallurgical and Materials Transactions B，1995，26(2)：345-351.

[164] 袁彪，陈全庆，王民权. 玻璃纤维微结晶及其若干性能[J]. 硅酸盐学报，1988(5)：26-33.

[165] 余智初，朱永花，陈全庆. ZrO_2、TiO_2、Cr_2O_3、P_2O_5 晶核剂对 $MgO-Al_2O_3-SiO_2$ 系统玻璃纤维核化晶化过程的研究[J]. 硅酸盐学报，1988(6)：23-31.

[166] 齐亚范，方敬忠. 晶核剂对微晶玻璃核化和晶化的影响[J]. 特种玻璃，1991，8(2)：11-16.

[167] 徐闻天，王长文. $Li_2O-ZnO-Al_2O_3-SiO_2$ 系统玻璃微晶化的研究[J]. 武汉工业大学学报，1986，8(1)：31-37，115-116.

[168] 袁彪. 晶核剂对玻璃纤维分相和析晶的影响[J]. 玻璃纤维，1989(2)：1-6.

[169] Hsu J Y，Speyer R F. Crystallization of $Li_2O \cdot Al_2O_3 \cdot 6SiO_2$ glasses containing niobium pentoxide as nucleating dopant[J]. Journal of the American Ceramic Society，1991，74(2)：395-399.

[170] Hsu J Y，Speyer R F. Comparison of the effects of titania and tantalum oxide nucleating agents on the crystallization of $Li_2O \cdot Al_2O_3 \cdot 6SiO_2$ glasses[J]. Journal of the American Ceramic Society，1989，72(12)：2334-2341.

[171] 朱满康. BaO 对 $B_2O_3-La_2O_3-ZnO$ 玻璃结构和析晶的影响[J]. 硅酸盐通报，1993，12(1)：29-32，38.

[172] 张培新，隋智通，伍卫琼，等. 晶核剂对 $MgO-B_2O_3-SiO_2$ 渣系析晶行为的影响[J]. 硅酸盐学报，1994，22(3)：282-287.

[173] 张培新，娄海岭，隋智通. 添加晶核对硼渣中含硼组分性质影响的研究[J]. 稀有金属与硬质合金，1993，21(S1)：234-236，209.

[174] 陈全庆，王民权，李道平. $Li_2O-Al_2O_3-SiO_2-B_2O_3$ 系统玻璃纤维的核化晶化机理[J]. 硅酸盐学报，1988，16(3)：193-199.

[175] Vance E R，Hayward P J，George I M. Advances in ceramics[J]. Physics and Chemistry of Glasses，1986，27(2)：107.

[176] Zdaniewski W. DTA and X-ray analysis study of nucleation and crystallization of $MgO-Al_2O_3-SiO_2$ glasses Li_2O containing ZrO_2，TiO_2 and CeO_2[J]. Journal of the American Ceramic Society，1975，58(5-6)：163-169.

[177] Sawai I. Glass technology in Japan[J]. Glass & Ceramics，1962，12(12)：678.

[178] Doherty P E，Lee D W，Davis R S. Direct observation of the crystallization of $Li_2O-Al_2O_3-SiO_2$ glasses containing TiO_2[J]. Journal of the American Ceramic Society，1967，50(2)：77-81.

[179] Maurer R D. Crystal nucleation in a glass containing titania[J]. Journal of Applied Physics，1962，33(6)：2132-2139.

[180] Partridge G，Elyard C A，Budd M I. Glass-ceramics in substrate applications[M]//Glasses and Glass-Ceramics. Dordrecht：Springer Netherlands，1989：226-271.

[181] Weinberg M C. Interpretation of DTA experiments used for crystal nucleation rate determinations[J]. Journal of the American Ceramic Society，1991，74(8)：1905-1909.

[182] Ray C S，Huang W H，Day D E. Crystallization kinetics of a lithia silica glass-silica glass：Effect of sample characteristics and thermal analysis measurement techniques[J]. Journal of the American Ceramic Society，1991，74(1)：60-66.

[183] Hayward P J，Vance E R，Doern D C. DTA/SEM study of crystallization in sphene glass-ceramics[J]. American Ceramic Society Bulletin，1987，66(11)：1620-1626.

[184] Bansal N P，Doremus R H，Bruce A J，et al. Kinetics of crystallization of $ZrF_4-BaF_2-LaF_3$ glass by differential scanning calorimetry[J]. Journal of the American Ceramic Society，1983，66(4)：233-238.

[185] Sestak J. The applicability of DTA to the study of crystallization kinetics of glasses[J]. Physics and Chemistry of Glasses，1974，15(6)：137-140.

[186] Baró M D，Clavaguera N，Bordas S，et al. Evaluation of crystallization kinetics by means of DTA[J]. Journal of Thermal Analysis，1977，11(2)：271-276.

[187] Marotta A，Buri A，Valenti G L. Crystallization kinetics of gehlenite glass[J]. Journal of Materials Science，1978，13(11)：2483-2486.

[188] Dong D K，Ma F D，Yu Z X，et al. Kinetic study of the crystallization of $ZrY_4-BaF_2-LaF_3-AlF_3$ glasses[J]. Journal of

Non-Crystalline Solids，1989，112(1-3)：238-243.

[189]　Johnson W A，Mehl R F. Reaction kinetics in processes of nucleation and growth(Reprinted from Transactions of the American Institute of Mining & Metallurgical Engineers)[J]. Metallurgical and Materials Transactions A，2010，41A(11)：2713-2775.

[190]　Avrami M. Kinetics of phase change[J]. Journal of Chemical Physics，1939，8(12)：1103-1112.

[191]　邱关明，张希艳. 稀土光学玻璃析晶动力学研究[J]. 玻璃与搪瓷，1987，15(5)：1-7，47.

[192]　麦克米伦. 微晶玻璃[M]. 王仞千，译. 北京：中国建筑工业出版社，1988.

[193]　Wakasugi T，Tsukihashi F，Sano N. Thermodynamics of nitrogen in B_2O_3，B_2O_3-SiO_2，and B_2O_3-CaO systems[J]. Journal of the American Ceramic Society，1991，74(7)：1650-1653.

[194]　陆雷，赵莹，张乐军，等. 晶核剂及热处理对锂铝硅系微晶玻璃晶化和性能的影响[J]. 材料科学与工程学报，2008，26(3)：441-445，405.

[195]　战洪仁，樊占国，姜晓峰，等. 富硼高炉渣中遂安石相的析出行为[J]. 江苏大学学报(自然科学版)，2011，32(1)：47-50.

[196]　Shackelford J F，Studt P L，Fulrath R M. Solubility of gases in glass. II. He，Ne，and H_2 in fused silica[J]. Journal of Applied Physics，1972，43(4)：1619-1626.

[197]　Neudorf D A，Elliott J F. Thermodynamic properties of Na_2O-SiO_2-CaO melts at 1000 to 1100℃[J]. Metallurgical Transactions B，1980，11(4)：607-614.

[198]　Kaneko K，Maeda M，Sano N，et al. Removal of phosphorus and other impurities from cokes by heating and leaching[J]. Tetsu-to-Hagane，1979，65(5)：495-504.

[199]　Rao B K D P，Gaskell D D R. The thermodynamic properties of melts in the system MnO-SiO_2[J]. Metallurgical Transactions B，1981，12(2)：311-317.

[200]　Speiser R，Johnston H L，Blackburn P. Vapor pressure of inorganic substances. III. Chromium between 1283 and 1561 K[J]. Journal of the American Chemical Society，1950，72(9)：4142-4143.

[201]　Sinha A，Mahata T，Sharma B P. Carbothermal route for preparation of boron carbide powder from boric acid-citric acid gel precursor[J]. Journal of Nuclear Materials，2002，301(2-3)：165-169.

[202]　Ma R Z，Bando Y. High purity single crystalline boron carbide nanowires[J]. Chemical Physics Letters，2002，364(3-4)：314-317.

[203]　Jung C H，Lee M J，Kim C J. Preparation of carbon-free B_4C powder from B_2O_3 oxide by carbothermal reduction process[J]. Materials Letters，2004，58(5)：609-614.

[204]　Inghram M G，Porter R F，Chupka W A. Mass spectrometric study of gaseous species in the B[single bond]B_2O_3 system[J]. Journal of Chemical Physics，1956，25(3)：498-501.

[205]　Poter R F，Chupka M A，Ingiiram M G. Mass spectrometric study of gaseous species in the Si-SiO_2 system[J]. The Journal of Chemical Physics，1955，23(1)：216-217.

[206]　高峰. 硼镁铁矿中有价元素综合利用的实验研究[D]. 沈阳：东北大学，2017.

[207]　吴仁林. MgO 在高炉内的还原和挥发[J]. 河北冶金，1987(5)：9-12.

[208]　黄振奇，戴桓，刘赫亮，等. MgO 在高温的还原挥发现象[J]. 东北大学学报(自然科学版)，2002，23(4)：355-358.

[209]　黄振奇，戴桓，杨祖磐. 碳粉还原 MgO 的动力学：MgO 的还原挥发行为(Ⅱ)[J]. 东北大学学报(自然科学版)，2002，23(5)：444-446.

[210]　朱建光，朱玉霜. 黑钨与锡石细泥浮选药剂[M]. 北京：冶金工业出版社，1983.

[211]　李治杭，韩跃新，李艳军，等. 六偏磷酸钠对蛇纹石作用机理分析[J]. 矿产综合利用，2016(4)：52-55.

[212]　李艳军，韩跃新，朱一民. 硼镁石浮选特性研究[J]. 东北大学学报(自然科学版)，2007，28(7)：1041-1044.

[213]　刘双安. 凤城硼铁矿石选矿试验研究[J]. 金属矿山，2007(5)：47-50.

[214]　李治杭，韩跃新. 我国硼铁矿综合开发利用现状及其进展[J]. 矿产综合利用，2015(2)：22-25.

第7章 铜渣中铜、铁同步回收利用

7.1 铜 渣

我国铜矿约 73%为多元素共、伴生复合矿,铜平均品位约 0.87%(质量分数)。现有选矿技术可分选出金、银、钼、镍、钴、硫、铁、铅、锌等元素的矿物。后续铜冶炼可实现对其中银、金、铜、硫、硒和碲等元素回收,而铁等则进入冶炼渣中。因此每年产生 800 多万 t 铜冶炼渣,内含 400 多万 t 铁和近 1 万 t 铜。其中 TFe 平均质量分数>27%,接近铁矿石可采品位。此外还含有 Zn、Pb、Co、Ni 等多种有价金属,是可利用的矿物资源[1-4]。

目前,我国对铜冶炼渣中铜的利用率不超过 12%,铁则更低,除少部分作粗放式廉价利用外,大部分堆存渣场,不仅占地、污染环境,而且浪费资源,制约企业的可持续发展[5-7]。因此,回收利用这部分有价资源,社会、经济效益巨大,势在必行。

7.1.1 铜冶炼工艺及铜渣

铜冶炼工艺包括传统工艺(如鼓风炉熔炼、反射炉熔炼和电炉熔炼)和现代闪速熔炼[8]。Moskalyk 和 Alfantazi[9]对铜冶炼进行了详细归纳。近年来,熔池熔炼法(如诺兰达法(Noranda)、三菱法(Mitsubishi)、白银炼铜法、瓦纽科夫法(Vanyukov)、艾萨法(Isas)和奥斯麦特法(Ausmelt))受到重视。表 7.1 列出中国主要铜企业的冶炼工艺。

表 7.1 中国主要铜企业冶炼工艺[10]

生产厂	熔炼工艺	熔炼炉	铜锍成分/%	渣成分/%	炉渣贫化
江西铜业	闪速熔炼	奥托昆普	63Cu, 12Fe, 21S	1.5Cu, 39.9Fe	浮选/电炉
云南铜业	熔池熔炼	三菱转炉	60Cu, 14.8Fe, 22.9S	0.7Cu, 36Fe	电炉
中条山	熔池熔炼	奥斯麦特	58~62Cu	0.6~1.5Cu	电炉
金川	电炉熔炼	电炉	35~37Cu, 32~37Fe, 23~26S	0.5Cu, 42~45Fe	—
大冶	熔池熔炼	诺兰达	68~69Cu, 21~22Fe, 6S	4~5Cu, 42~45Fe	浮选
铜陵	闪速熔炼	奥托昆普	58Cu, 11.46Fe, 21.76S	1.2Cu, 40.61Fe	电炉

由表 7.1 知,不同冶炼工艺下赋存于渣中的 Cu、Fe 含量不同。例如,大冶有色金属公司的诺兰达渣中铜的质量分数高达 4%~5%,铁的质量分数高达 45%,转炉、闪速炉渣铜含量也高。此外,除火法熔炼渣外,每年还有相当数量的转炉渣和湿法炼铜浸出渣,累计存量已达 2500 多万 t。

7.1.2　典型铜渣的工艺矿物

研究发现，不同冶炼工艺的铜渣矿物构成相似，基本为铁橄榄石、磁铁矿、磁黄铁矿、铜锍相及一些脉石组成的无定形玻璃相[11]等。磁铁矿为初晶相，常以多边形的自形晶或胶状集合体存在；铁橄榄石发育成条柱状晶形；硫化物相最后凝固，大颗粒呈椭球状嵌布于其他相间，小颗粒则散布于铁橄榄石相内[12]。细小的铜锍相主要为 Cu_2S、FeS 和 $Cu_2O \cdot SiO_2$，即使升至高温也难以聚集沉降[13]。

(1) 磁铁矿，$Fe_3O_4(s)$[14]。纯 $Fe_3O_4(s)$ 的化学计量比为 FeO 31.03%(质量分数)、Fe_2O_3 68.97%(质量分数)；其 Fe^{3+} 与 Fe^{2+} 的理论物质的量之比为 2∶1。根据铁-氧系状态图[15]，在 1184K 以下，磁铁矿相以化学计量的 $Fe_3O_4(s)$ 形态存在，当温度高于 1184K 时，磁铁矿以非化学计量比的浮氏体($Fe_xO(s)$，$2/3 < x < 1$)形态存在。其物理性质如下[16]：等轴晶系，是由 Fe^{2+}、Fe^{3+}、O^{2-} 通过离子键而构成的复杂离子晶体，离子间的排列方式与尖晶石构型相似[16]。晶体常呈八面体或菱形十二面体，呈粒状或不规则状，若呈树枝状则称为柏叶石。莫氏硬度为 5.5～6.5，显微硬度为 500～600kg/mm^2，密度为 5.175g/cm^3，具有强磁性。晶格常数 $a=8.39$Å，居里点为 1133K，低温电阻率为 $10^{-2}\Omega \cdot cm$。颜色呈浅灰色，属高熔点矿物(熔点为 1870K)。磁铁矿相是熔渣中最早析出的结晶相，呈自形、半自形粒状及粒状集合体，以浸染状的形式较均匀地分布于铁橄榄石及基体中，粒度较均匀，大多分布在 0.04～0.15mm，一般不超过 0.2mm。磁铁矿与铜锍嵌布较密切，后者常沿前者周围及粒间分布。大多数磁铁矿相为独立体分布于玻璃相基体中，部分与铜锍复合包裹(造锍熔炼过程中，在低氧位下析出的 Fe_3O_4 较纯，当氧位提高后，特别是在与金属铜相平衡条件下，会有大量的 Cu_2O 伴随析出，即析出 $Cu_2O \cdot Fe_2O_3$[17])。

(2) 铁橄榄石，$Fe_2[SiO_4]$[18]。化学组成为 $2FeO \cdot SiO_2$，是铁-镁橄榄石系列中的一种。其物理性质如下：斜方晶系，晶体常呈短柱状或平行(100)的板状。莫氏硬度为 6.5，显微硬度为 600～700kg/mm^2。密度为 4.32g/cm^3，熔点为 1478K，强磁性。纯的铁橄榄石为棕色(矿物中为深灰色)，在空气中易氧化成黑色。呈半自形、它形粒状及集合体产出，有时呈片状、针状及串珠状。晶粒大小不一且粒度较细，结晶好的呈连续条柱状晶体，在长度方向有时可达数毫米，晶粒间隙为玻璃相。

(3) 磁黄铁矿。铜渣中磁黄铁矿以两种形态存在：一种嵌布于相变不完全的凝渣中，此类渣中铁橄榄石和磁铁矿含量少而晶粒细小；另一种呈微粒星点状嵌布于磁铁矿周围或脉石中，常与铜锍共生。

(4) 铜锍。锍是 FeS 在高温下与许多重金属硫化物形成的共熔体，FeS-MeS 共熔的特性是重金属矿物原料造锍熔炼的依据[19]。工业生产的铜锍中除主要成分 Cu、Fe 和 S 外，还含少量的 Ni、Co、Zn、Ag 和 Au。铜锍为 Cu_2S-FeS 共熔体，亮白色，是铜渣中最主要的铜矿物，以它形晶的粒状或粒状集合体产出，其嵌布特点如下：一是以块状和致密块状形貌为主，粒度粗大，内部常见网格状、微细片状的其他含铜固溶体，部分铜锍中包裹磁铁矿；二是以斑晶的形态零星嵌布在脉石中，斑晶的特征与块状铜锍相似，内部也常有其他含铜固溶体，主要呈圆球状，粒度为 0.5～2.0mm；三是以圆或不规则微粒呈浸染状嵌布于气孔周围或基体中，常与斑铜矿、辉铜矿、铜蓝、黄铜矿和磁黄铁矿等连生。渣中存在的各粒径的铜锍粒子多数为独立体，呈圆形、椭圆形或不规则状，一些被磁性氧化铁所包裹或与之相互嵌连生长，少量铜锍粒子附着于气泡表面。部分未聚集长大的铜锍粒子(<10μm)分散在玻璃相和铁橄榄石相中。

(5) 金属铜。呈它形粒状集合体，形状不规则，主要有蠕虫状、片状、树枝状、圆粒状和不规则粒状分布，粒径为 0.005～0.1mm。

(6) 黄铜矿，$CuFeS_2$。呈它形粒状及粒状集合体产出，常见于相变不甚完全的炉渣中。黄铜矿与磁黄铁矿、铜锍、磁铁矿一起呈星点状分布于基体中，少量以固溶体分离物的形式嵌布于铜锍中。粒度较细，一般为 0.005～0.03mm。此外还有无定形硅酸盐玻璃体和钙铁辉石等常见的矿物形式。

铜渣中大部分铁(约 70%)赋存于铁橄榄石相，平均体积分数约 40%；少部分在磁铁矿相中，平均体积分数约 20%。铜渣中的铜主要以铜的硫化物形式存在，其占比约 73%；其次为金属铜，占 20%左右；另有少量的氧化亚铜，其他形态的铜含量甚微。

7.1.3　分离铜渣中有价组分的相关技术

铜冶炼渣相组成复杂，含有价组分矿物晶粒细小，且呈弥散分布，尤其是渣中铁，至少散布于两种矿物相中。其中，铁品位很低的铁橄榄石是其主要赋存相，开发利用难度很大。尽管国内外开展了大量研究，但成效不显著[19-24]。总体上，主要采用选矿(浮选)、火法分离、湿法分离以及真空处理等方法回收渣中铜[25-28]，并附带回收锌、铅、金、银等；其次是用作除锈喷丸；国内还将其作为水泥添加料。目前铜渣资源化技术可分为三类。

1. 铜冶炼渣选矿(以浮选为主)分离

选矿分离包括浮选分离、磁选分离、重选分离。主要依据待选矿物与其他矿物间表面亲水、亲油、磁学性质、密度的差异，将待选矿物分离富集[29, 30]。

浮选法一直占据选矿领域的主导地位[31]，也应用于渣中铜的分离[32]，铜回收率较高，能耗低(较电炉贫化)，并可将 Fe_3O_4 及一些杂质从流程中除去后再返回熔炼工序，可大幅减少石英用量。铜浮选收率为 50%以上，所得铜精矿品位大于 20%，尾渣铜质量分数为0.3%～0.5%[33, 34]。但大量铁赋存于铁橄榄石相，无法通过浮选实现有效分离。

磁选是离散颗粒的物理分选技术。有色冶金渣中强磁组分有铁(合金)和磁铁矿[31]，铁、钴、镍相对集中在铁磁性矿物中，铜在非磁性矿物中。由于凝渣中铁呈多矿物分散分布，且弱磁性铁橄榄石在渣中占比大，采用磁选分离铜渣中铁的效果也不理想[35]。因而，铜冶炼厂在分选回收渣中金属铜的同时，产生大量的含铁尾渣。迄今尚未有铜冶炼厂用磁选方法同时回收渣中铁的报道。因铁橄榄石呈弱磁性，即便磁选分离得到的也只是铁品位很低的矿物。铜渣因其资源禀赋的特殊性，尚未能将铁有效分离回收。

重选法是根据渣中各种矿物相密度不同来分离的，在运动介质中按密度或粒度分选矿物[35]，重选的分离精度不如浮选。

综上，技术、经济和效益的对比显示，浮选分离技术在铜渣回收利用方面仍占主导。但实际效果有待改善。因为铜冶炼熔渣黏度大，晶粒迁移集聚难，导致含铜相晶粒细小，浮选铜的效率欠佳。另外，同步回收渣中铜、铁技术上难度更大，即便将磁选、重选和浮选结合起来，实际效果亦不理想。

2. 铜冶炼渣火法分离

返回重熔和还原造锍是铜渣火法分离的主要方式[36-38]。返回重熔是传统方法，回收的铜锍再返回主流程。针对渣中钴、镍的回收，采取在主流程之外的还原造锍。火法分离法已开发出多种工艺，它的选择取决于投资资金、场地、副产品、杂质等多种工程条件。

日本小名浜冶炼厂[39]、智利卡列托勒斯炼铜厂[4]仍在应用反射炉贫化法，它具有炉膛大、产量高、可熔化大块回炉料(尤其是处理不易破碎的废铸件)等优点，但随着转炉返渣量的增大，进入反射炉的 Fe_3O_4 和铜也相应增加，未充分还原的 Fe_3O_4 积聚在炉床上形成炉结，既缩短反射炉的使用寿命，又会使铜锍液位升高，影响放渣作业，增加铜的机械损失。

电炉贫化不仅可处理各种成分的炉渣，而且可以处理各种返料[40]。熔体中电流在电极间流动产生的搅拌作用促进渣中的铜粒子聚集长大。电炉贫化法投资小、周期短，可依靠炉内加入还原剂和脱硫剂而释放出的热能来处理高品位含铜回炉料[41]，但电耗及碳质电极材料消耗较高，需要向电耗更低、电极消耗更少的直流电炉改进[42]。

杜清枝[28]开发出炉渣真空贫化技术，使诺兰达富氧熔池炉渣 $1/2 \sim 2/3$ 渣层中铜的质量分数从 5%降低到 0.5%以下。真空贫化可迅速减少 Fe_3O_4 含量，降低渣的黏度和密度，提高渣/锍间界面张力，促进分离。真空条件可迅速排出渣中 SO_2 气泡，并迅速长大、上浮产生强烈搅拌作用，促进铜锍液滴碰撞聚合。然而该技术存在的主要问题是成本较高，操作较复杂。在直流电场作用下，铜锍液滴可产生电毛细运动，加速铜锍与渣相分离。江明丽和李长荣[43]给出直流电贫化的机理。实验表明，直流电促进渣中铜含量明显降低，短时间可将渣中铜质量分数降至 0.20%～0.30%。

熔池熔炼工艺已广泛应用并展现了良好前景[44]。该工艺流程短、备料工序简单、冶炼强度大、炉渣易贫化。

艾萨工艺具有现代、灵活、环保和低成本等特点，已在澳大利亚、美国、印度、中国等多国应用。产出的阳极铜品位可达到 98%，阴极铜品位达 99.99%，渣中铜质量分数低于 0.6%。

奥斯麦特工艺是一种可回收渣中铜、镍和钴的新熔炼工艺[45]。Hughes[46]对奥斯麦特工艺在铜渣中应用进行了详细介绍。

Tadeusz 等[47]研究了奥托昆普闪速熔炼贫化，贫化渣的铜质量分数可低于 0.6%。

火法分离回收渣中铜技术可行，并已在部分铜冶炼企业应用，但需改善其成本高和环境污染的弊端，才可能符合现代循环工业经济的模式。

3. 铜冶炼渣湿法分离

湿法分离技术包括直接浸出、间接浸出和细菌浸出等，适合处理低品位铜冶炼渣[48]。大量研究和生产实践已经证明：用硫酸浸出铜渣，大量"三废"对环境带来的污染等问题较难解决。细菌能够浸溶硫化铜，但缺点是反应速度慢、浸出周期长。生物冶金将在稀有和贵重金属冶金生产中发挥更加重要的作用[49-52]。

本质上，渣中铜、铁的可选性取决于其赋存的特征。若有价组分呈多物相赋存与弥散分布，就失去了可选性。因此，解决问题的思路是改变元素弥散分布于多个相中的禀赋，将多个物相中的有价组分转移到人为设计的一种富集相中，实现渣中铜、铁选择性富集、长大与分离的同步回收。这正是将选择性析出分离技术应用于铜冶炼渣，分离铜、铁组分的核心内容[53-55]。

选矿分离技术是回收铜渣中有价组分的首选方法[53-57]，但铜渣中铜、铁组分弥散分布于多个矿物相中，且嵌布粒度细小，可选性差。因此，问题的关键是能否改变铜渣的资源禀赋，让分散于多种矿物相中的有价组分集中到一个矿物相中，实现选择性富集；并且富集相在热处理过程可选性长大，成为可选性良好的人造矿供应后续的选择性分离。为此本章将分别探讨渣中铜、铁组分选择性富集、长大与分离相关的理论与技术问题[53-57]。

7.2　铜渣中有价组分的选择性富集

铜渣分为高铜渣和低铜渣两类。高铜渣中铜的质量分数为 0.5%以上，低铜渣中铜的质量分数小于 0.5%。渣中除铜含量不同外，其他组分含量大致相当。高铜渣中铁组分主要分布在铁橄榄石相、磁铁矿相、铜锍中的硫化铁相(FeS)和含铁硅酸盐相中，铜主要以铜锍形式存在。而低铜渣中铁组分主要分布在铁橄榄石相、磁铁矿相和含铁硅酸盐相中，铜含量低，可忽略不计。典型高、低铜熔渣的化学组成分别见表 7.2 和表 7.3。

表 7.2　高铜熔渣的化学组成(单位：%)

组分	质量分数	组分	质量分数
Cu	3.24	CaO	3.89
TFe	38.85	MgO	3.31
SiO_2	23.38	S	1.24
Al_2O_3	2.14		

表 7.3　低铜熔渣的化学组成(单位：%)

组分	质量分数	组分	质量分数
Cu	0.44	CaO	7.24
TFe	36.58	MgO	2.90
SiO_2	31.87	S	0.19
Al_2O_3	2.14		

由表 7.2 和表 7.3 可见，铜渣中铁、硅氧化物是主体物相。含铁物相在熔渣中的析出顺序为：磁铁矿相→铁橄榄石相→含铁的硅酸盐相。为实现渣中铜、铁组分的选择性

富集，需要构建驱动渣中铜、铁组分定向转移的化学势梯度，进行物相重构。鉴于原渣中磁铁矿是主要含铁矿物相，又是初晶相，可考虑将其作为渣中铁组分的富集相。

7.2.1　铜渣中有价组分选择性富集的热力学分析

1. 有价组分富集的途径

提高铜熔渣的氧位(或氧化性)可改变其化学组成及物相构成，从而实现渣中铁、铜有价组分选择性富集。为此，通过分析熔渣氧化过程各种反应的吉布斯自由能变化、Fe-S-O系、Cu-S-O系及Cu-Fe-S-O系优势区图，进而可探讨铁、铜有价组分选择性富集、析出的热力学与动力学条件及其行为、规律。

张林楠等[58-66]研究了铜渣中磁铁矿晶体析出的热力学。表7.4为典型铜渣的化学组成。

表 7.4　铜渣的化学组成(单位：%)

组分	质量分数	组分	质量分数
FeO	55.2	CaO	6.5
Fe_2O_3	8.4	Cu_2S-FeS	1.62
SiO_2	28.28		

通常，铜渣的熔化性温度约1200℃，在高于该温度向熔池中吹入氧化性气体时，渣中组分如FeO、FeS、Cu_2S等将发生氧化反应，产物(Fe_3O_4)及(Cu)达到饱和并析出。渣中各主要反应及其标准吉布斯自由能变化与温度关系[67]如下：

$$3(FeO)+\frac{1}{2}O_2 =\!=\!= (Fe_3O_4)，\quad \Delta G^{\ominus}=-376337+169.17T \tag{7.1}$$

$$\Delta G = \Delta G^{\ominus}+RT\ln J_a = -376337+169.17T+RT\ln\frac{a_{Fe_3O_4}}{(a_{FeO})^3\cdot(p_{O_2}/p^{\ominus})^{1/2}}$$

$$2(FeO)+\frac{1}{2}O_2(g)=\!=\!= (Fe_2O_3)，\quad \Delta G^{\ominus}=-330501+158.98T \tag{7.2}$$

$$\Delta G = \Delta G^{\ominus}+RT\ln J_a = -330501+158.98T+RT\ln\frac{a_{Fe_2O_3}}{(a_{FeO})^2\cdot(p_{O_2}/p^{\ominus})^{1/2}}$$

$$2(FeS)_{铳}+3O_2(g)=\!=\!= 2(FeO)+2SO_2(g)，\quad \Delta G^{\ominus}=-910671+158.13T \tag{7.3}$$

$$\Delta G = \Delta G^{\ominus}+RT\ln J_a = -910671+158.13T+RT\ln\frac{(a_{FeO})^2\cdot(p_{SO_2}/p^{\ominus})^2}{(a_{FeS})^2\cdot(p_{O_2}/p^{\ominus})^3}$$

$$2(Cu_2S)_{铳}+3O_2(g)=\!=\!= 2(Cu_2O)+2SO_2(g)，\quad \Delta G^{\ominus}=-804582+243.51T \tag{7.4}$$

$$\Delta G = \Delta G^{\ominus}+RT\ln J_a = -804582+243.51T+RT\ln\frac{(a_{Cu_2O})^2\cdot(p_{SO_2}/p^{\ominus})^2}{(a_{Cu_2S})^2\cdot(p_{O_2}/p^{\ominus})^3}$$

$$(Cu_2S)_{铳}+2(Cu_2O)=\!=\!= 6Cu(l)+SO_2(g)，\quad \Delta G^{\ominus}=35982-58.87T \tag{7.5}$$

$$\Delta G = \Delta G^{\ominus} + RT \ln J_a = 35982 - 58.87T + RT \ln \frac{(a_{\mathrm{Cu}})^6 \cdot (p_{\mathrm{SO_2}}/p^{\ominus})}{a_{\mathrm{Cu_2S}} \cdot (a_{\mathrm{Cu_2O}})^2}$$

$$4(\mathrm{Fe_3O_4}) + \mathrm{O_2(g)} =\!=\!= 6(\mathrm{Fe_2O_3}), \quad \Delta G^{\ominus} = -477654 + 277.2T \tag{7.6}$$

$$\Delta G = \Delta G^{\ominus} + RT \ln J_a = -477654 + 277.2T + RT \ln \frac{(a_{\mathrm{Fe_2O_3}})^6}{(a_{\mathrm{Fe_3O_4}})^4 \cdot (p_{\mathrm{O_2}}/p^{\ominus})}$$

$$(\mathrm{FeO}) + (\mathrm{Fe_2O_3}) =\!=\!= (\mathrm{Fe_3O_4}), \quad \Delta G^{\ominus} = -45845.5 + 10.63T \tag{7.7}$$

$$\Delta G = \Delta G^{\ominus} + RT \ln J_a = -45845.5 + 10.63T + RT \ln \frac{a_{\mathrm{Fe_3O_4}}}{a_{\mathrm{FeO}} \cdot a_{\mathrm{Fe_2O_3}}}$$

$$2(\mathrm{FeO}) + (\mathrm{SiO_2}) =\!=\!= 2\mathrm{FeO \cdot SiO_2}, \quad \Delta G^{\ominus} = 55850 - 40.58T \tag{7.8}$$

$$\Delta G = \Delta G^{\ominus} + RT \ln J_a = 55850 - 40.58T + RT \ln \frac{a_{\mathrm{2FeO \cdot SiO_2}}}{(a_{\mathrm{FeO}})^2 \cdot a_{\mathrm{SiO_2}}}$$

式中，$(\mathrm{FeS})_{\text{铳}}$ 为铜铳相中的 (FeS)；$(\mathrm{Cu_2S})_{\text{铳}}$ 为铜铳相中的 $(\mathrm{Cu_2S})$。

2. 渣中有价组分氧化反应的热力学条件

将表 7.4 的渣系组成，以及温度、氧分压等条件代入 Factsage 软件进行热力学平衡计算，进而绘制出反应(7.1)～反应(7.8)的 ΔG-T 曲线，分别见图 7.1 和图 7.2。由图 7.1、图 7.2 可见，温度高于 1473K 时，反应(7.1)～反应(7.7)均可顺利向右自发进行，但反应(7.8)难以自发进行。熔渣中铜、铁硫化物转化为氧化物 $(\mathrm{Cu_2O})$、$(\mathrm{Fe_3O_4})$ 和 $(\mathrm{Fe_2O_3})$ 的热力学趋势均非常大。此外，由图 7.1 可知，高温条件下，采用空气氧化或纯氧氧化，渣中 (FeO) 生成 $(\mathrm{Fe_3O_4})$ 反应比生成 $(\mathrm{Fe_2O_3})$ 反应的热力学趋势更大，说明高温下 $(\mathrm{Fe_3O_4})$ 更稳定或占优。此外，高温下反应(7.1)和反应(7.2)的吉布斯自由能变化皆随温度降低缓慢下降，趋势相同，并且 (FeO)、$(\mathrm{Fe_3O_4})$ 与 $(\mathrm{Fe_2O_3})$ 间的共存关系受反应(7.7)的平衡常数制约。

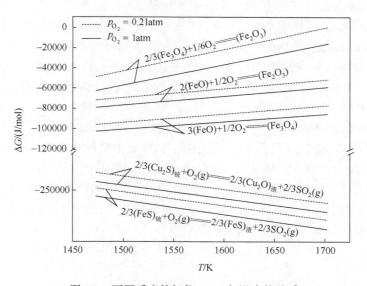

图 7.1　不同反应的氧位、ΔG 与温度的关系

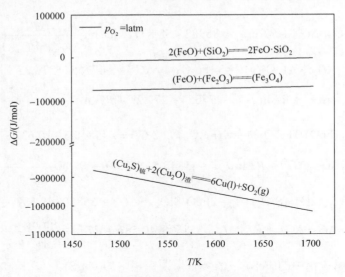

图 7.2　不同反应的 ΔG 与温度的关系

3. 渣中铁组分的富集

1) 熔渣中的独立反应

铜熔渣系氧化过程为多元多相反应，热力学上反应(7.1)～反应(7.8)共同平衡，它们决定体系中组分的行为与走向。其中，涉及 Fe^{2+} 氧化与磁铁矿相生成、析出的反应共 6 个，分别为反应(7.1)～反应(7.3)和反应(7.6)～反应(7.8)。但涉铁反应中，按吉布斯相律判断，只有 4 个是独立反应。为便于讨论，选取其中反应(7.1)、反应(7.3)、反应(7.7)和反应(7.8)为独立反应。

2) 铁组分的富集

原渣中铁主要赋存于铁橄榄石、磁铁矿和铜锍三相。由图 7.1 和图 7.2 中 ΔG-T 关系可知，伴随熔渣高温氧化将有大量 Fe^{2+} 转变成 Fe^{3+}，并在冷却过程中生成(Fe_3O_4)(反应(7.1)和反应(7.7))的趋势增强，从而促进渣中铁选择性富集于磁铁矿相并析出，而反应(7.8)生成铁橄榄石相则几乎不可能。此外，由反应(7.3)的 ΔG-T 关系可知，高氧分压下，渣中$(FeS)_{锍}$相的 Fe^{2+} 生成(FeO)的热力学趋势非常大，反应充分，生成的(FeO)必然富集于磁铁矿相中。

磁铁矿相为离子晶体，具有反式尖晶石型结构，即 $B[AB]O_4$ 型[16]。其中，$n(O^{2-})$：$n(Fe^{3+})$：$n(Fe^{2+}) = 4:2:1$。根据 Fe-O 系相图，当体系中氧的质量分数为 27.6%(即氧的原子分数为 57.14%)时，在 1273K 以下温度，Fe 与 O 更趋向于形成 $Fe_3O_4(s)$(与前述讨论结果一致)；但温度高于 1273K(实际的现场作业温度为 1473～1673K)时，Fe-O 系中的 $Fe_3O_4(s)$ 并非严格的化学计量化合物，而是以非化学计量的浮氏体$(Fe_3O_4(s))$形态存在。温度不同，$x_{Fe^{3+}}/x_{Fe^{2+}}$ 随之而变。反应(7.2)的平衡常数 K 为

$$K = \exp\left(\frac{\Delta G^{\ominus}}{RT}\right) = \frac{a_{Fe_2O_3}}{(a_{FeO})^2} \times \left(\frac{p_{O_2}}{p^{\ominus}}\right)^{-1/2} \tag{7.9}$$

由式(7.9)可见，渣系中不同价态铁氧化物活度商与平衡氧位相关。如前述，当体系氧位较低时，大部分铁以 Fe^{2+} 存在，若氧位升高，Fe^{3+} 浓度随之上升，且渣中 $x_{Fe^{3+}}/x_{Fe^{2+}}$ 受式(7.9)的平衡关系制约。温度确定时 K 为常数，则 $x_{Fe^{3+}}/x_{Fe^{2+}}$ 只由渣氧位单值决定。显然，$x_{Fe^{3+}}/x_{Fe^{2+}}$ 是熔渣氧位与温度的函数。但熔渣的氧化属于多元、多相反应，$x_{Fe^{3+}}/x_{Fe^{2+}}$ 与温度、氧位的关系必然由体系各反应最终的共同平衡所决定。

3) 独立反应的共同平衡

在熔渣高温氧化条件下，反应(7.1)、反应(7.3)、反应(7.7)和反应(7.8)可共同达到平衡。①氧化气氛下，反应(7.3)热力学趋势特别大，易于先期达到平衡，但该反应物量小，对熔渣氧化反应的整体平衡影响不大，为简化讨论，可暂不予考虑。②反应(7.8)的热力学趋势几乎为零，所以，主导渣中的独立反应只有两个，反应(7.1)和反应(7.7)，也可选择反应(7.1)和反应(7.6)。③处于磁铁矿析晶温度范围的熔渣中，Fe^{2+} 首先按反应(7.1)氧化成(Fe_3O_4)，当(Fe_3O_4)达到饱和后将以磁铁矿相析出。随熔渣持续氧化，$Fe_3O_4(s)$ 不断析出，渣中 $a_{Fe_3O_4}=1$(以拉乌尔定律为比较基础，纯物质为标准态)。由反应(7.7)平衡常数 $K^{\ominus}=\left[1/(a_{FeO}\cdot a_{Fe_2O_3})\right]_{\Psi}$ 可确定 $a_{FeO}\cdot a_{Fe_2O_3}$。显然，增大渣氧位，$a_{FeO}\cdot a_{Fe_2O_3}$ 增大，促进渣中 $Fe_3O_4(s)$ 相过饱和增量析出。因此，$a_{FeO}\cdot a_{Fe_2O_3}$ 可表征熔渣中 $Fe_3O_4(s)$ 析出的热力学驱动力。此外，由反应(7.7)的 $K^{\ominus}=\left[1/(a_{FeO}\cdot a_{Fe_2O_3})\right]_{\Psi}$ 可得到 $a_{FeO}=\left[1/(K^{\ominus}\cdot a_{Fe_2O_3})\right]_{\Psi}$。该式表明，在磁铁矿相饱和析出过程中，$a_{FeO}$ 与 $a_{Fe_2O_3}$ 成反比。显然，一旦渣中 $Fe_3O_4(s)$ 过饱和析出，$a_{FeO}\cdot a_{Fe_2O_3}$ 将与渣氧位无关，仅为温度函数。原因是，当 $Fe_3O_4(s)$ 饱和析出时，渣系增加了一个固相 $Fe_3O_4(s)$，必然减少一个自由度。下面详细分析反应体系的相关系。

4) $Fe_3O_4(s)$ 的析出行为

根据吉布斯相律，该体系因增加一个固相，故减少一个自由度，成为单变量系。处在该状态下体系，一旦温度确定，a_{FeO} 与 $a_{Fe_2O_3}$ 的关系就随之确定，与氧位无关。实际上，在熔渣氧化初始至(Fe_3O_4)达到饱和之前，伴随熔渣的持续氧化，氧位也会升高，渣中 Fe^{3+} 浓度随之增大，使得渣中(Fe_3O_4)浓度亦不断上升，最终达到饱和并析出磁铁矿相。然而，由于熔渣外部供氧及内部氧传输速率远低于磁铁矿析晶伴随的 Fe^{3+} 消耗速率，在磁铁矿相的饱和析出过程中，熔渣氧位不可能随外界氧分压增大而升高。实际的状况可能是，伴随熔渣的持续氧化与磁铁矿相的不断析出，渣中 Fe^{2+} 相对量及铁离子总量不断减少，直至无法满足磁铁矿相饱和析出的浓度要求。此时，如果继续氧化，熔渣中(Fe_3O_4)将达不到饱和态，$Fe_3O_4(s)$ 持续析出的平衡被打破，伴随供氧强度增加，熔渣的氧位方可上升，从而建立新的平衡。

5) 铁富集相磁铁矿的析出条件

对于确定的熔渣体系，温度决定渣中磁铁矿饱和析出需要达到的平衡氧位水平。

这点也可由以下推论给出：对于组成确定的熔渣体系，温度决定磁铁矿相在渣中的饱和溶解度或(Fe_3O_4)的饱和浓度。由反应(7.1)的平衡常数可知，该条件下(Fe_3O_4)的饱和浓度与其析出的氧位单值对应(因体系与温度确定，故熔渣氧化亚铁的活度也是确定的)，即磁铁矿饱和析出时所需达到的氧位。伴随熔渣氧化与 $Fe_3O_4(s)$ 的持续饱和析出，熔渣维持

$Fe_3O_4(s)$初晶时的恒定氧位，此时体系中铁氧化物间的定量关系由反应(7.7)的平衡决定。至此，基于反应(7.1)与反应(7.7)的讨论均给出一致的结果，即本质上熔渣温度决定磁铁矿相饱和析出过程所需要达到的最低氧位。显然，温度越高，达到磁铁矿饱和析出的氧位也越高。因此，磁铁矿等温饱和析出过程中，熔渣体系的氧位会维持在初始析出时所需要达到的水平。尽管如此，对于温度确定的熔渣体系，加大供氧强度，也必然会增强磁铁矿相增量析出的热力学趋势与动力学条件，加速磁铁矿的析出进程。

需要指出的是，在熔渣中(Fe_3O_4)饱和前的氧化过程中，Fe^{3+}与Fe^{2+}的数量改变总是此消彼长的。熔渣属于均相熔体、双变量热力学体系，$x_{Fe^{3+}}/x_{Fe^{2+}}$明显受控于渣系的温度T及氧位$\lg(p_{O_2}/p^{\ominus})$。通过对熔渣氧位、温度的调控，可选择性富集所期待的$x_{Fe^{3+}}/x_{Fe^{2+}}$；但是，当熔渣在氧化过程中出现磁铁矿相的饱和并析出时，体系由一相转变为两相，由双变量系变为单变量系。此刻$x_{Fe^{3+}}/x_{Fe^{2+}}$仅与温度相关，选择性富集所期望的$x_{Fe^{3+}}/x_{Fe^{2+}}$可通过调控温度实现。

6) 磁铁矿相析出量的最大化

在高的平衡氧分压下，伴随熔渣中Fe^{2+}向Fe^{3+}的大量转化，Fe^{2+}的总量下降，渣中(Fe_3O_4)会因此达到饱和而不断析出，$x_{Fe^{3+}}/x_{Fe^{2+}}$也随之上升并逐渐达到析出$Fe_3O_4(s)$相的理想计量比$x_{Fe^{3+}}/x_{Fe^{2+}} = 2$。显然，此刻熔渣的氧位及其氧化程度(氧化性)已完全满足$Fe_3O_4(s)$相饱和并析出的热力学条件，也可视为熔渣适度氧化或调控的终点。此时对熔渣继续供氧，反应(7.6)将进行完全，直至渣中Fe^{2+}消耗殆尽，这时会产生过氧化，已有的磁铁矿析出平衡被打破，熔渣氧位会随之增大，氧化反应则转由反应(7.6)主导，大量赤铁矿将伴随析出。显然，在熔渣处于磁铁矿析晶温度范围内，温度决定$Fe_3O_4(s)$相析出过程的氧位，所以，在$x_{Fe^{3+}}/x_{Fe^{2+}}$达到2之前，可通过提高氧分压，强化对熔渣的供氧强度而实现$Fe_3O_4(s)$的最大量析出。但是，当熔渣温度高于磁铁矿析晶温度时，熔渣氧化过程的氧位及控制问题须另当别论，对此作如下分析。

(1) 当熔渣温度高于磁铁矿析晶温度时，熔渣呈现为均匀的高温熔体，与前述磁铁矿相析出时对比，体系少了一个固相$(Fe_3O_4(s))$。按吉布斯相律，少一个固相，多一个自由度，熔渣为双变量热力学体系，即渣中$x_{Fe^{3+}}/x_{Fe^{2+}}$是T和p_{O_2}的函数，$x_{Fe^{3+}}/x_{Fe^{2+}} = F(T, p_{O_2})$。

(2) 欲在后续的熔渣冷却过程中实现$Fe_3O_4(s)$相的最大析晶量，需要控制熔渣的氧位，考虑析出相$Fe_3O_4(s)$中Fe^{3+}和Fe^{2+}的计量关系。对给定的析晶温度，理论上满足$x_{Fe^{3+}}/x_{Fe^{2+}} = F(T, p_{O_2}) = 2$最为合理。

Matousek[68]通过对铜渣氧位的研究，得到两种铜渣氧位的经验公式：

$$\lg p_{O_2} = 11.3 + 4.12\lg\left(x_{Fe^{3+}}/x_{Fe^{2+}}\right) + 0.10(\%SiO_2) - 29500/T \tag{7.10}$$

$$\lg p_{O_2} = 12.8 + 5.50\lg\left(x_{Fe^{3+}}/x_{Fe^{2+}}\right) - 0.99(\%CaO) - 29500/T \tag{7.11}$$

将原渣的化学分析数据(表7.3)代入式(7.10)和式(7.11)，可以计算出$x_{Fe^{3+}}/x_{Fe^{2+}} = 2$时的平衡氧位。上述两种方法计算结果列于表7.5中。

表 7.5　$x_{Fe^{3+}}/x_{Fe^{2+}} = 2$ 时平衡氧位与温度的关系

指标	1473K	1573K	1653K	1673K	1683K	1693K	1703K
平衡常数 K	2931	527	155	116	101	88	77
$\lg(p_{O_2}/p^{\ominus})^{*}$	−6.93	−5.44	−4.38	−4.13	−4.01	−3.89	−3.77
$\lg(p_{O_2}/p^{\ominus})^{**}$	−7.18	−5.90	−5.00	−4.78	−4.68	−4.57	−4.47

注：$\lg(p_{O_2}/p^{\ominus})^{*}$ 按理想状态拉乌尔定律计算；$\lg(p_{O_2}/p^{\ominus})^{**}$ 根据 Matousek 铜渣氧位公式计算

由表 7.5 看出，实现渣中铁选择性富集并以磁铁矿相析出，熔渣平衡氧位较易控制。在 1473～1703K，析出 $Fe_3O_4(s)$ ($x_{Fe^{3+}}/x_{Fe^{2+}} = 2$) 的氧位 $\lg(p_{O_2}/p^{\ominus})^{**}$ 为−7.18～−4.47。显然，它低于熔渣与大气平衡时的氧位，通过对熔渣吹空气或纯氧，完全可满足熔渣氧化改性的要求。

7) 铜锍相中的铁

熔渣中铁还赋存铜锍相(FeS)锍，硫化物与氧反应可按反应(7.12)进行，其 $\Delta G^{\ominus}$-T 关系见图 7.3。由图可见，在氧化性气氛下，液态锍中的(FeS)锍比(Cu₂S)锍更容易被氧化(该现象亦可从图 7.1 中看出)。因此，高铜熔渣氧化时，铜锍中的(FeS)锍首先按反应(7.3)发生氧化生成(FeO)，再按反应(7.1)氧化成 $Fe_3O_4(s)$。经计算，反应(7.3)和反应(7.1)的热力学趋势相近，表明熔渣高温氧化过程，渣内析出 $Fe_3O_4(s)$ 相，既可由铜锍中(FeS)锍氧化生成，也可由(FeO)氧化产生，前者更容易。

$$3/5(FeS)_{锍}+O_2(g)\Longrightarrow 1/5Fe_3O_4(s)+3/5SO_2(g), \quad \Delta G^{\ominus} = -362510+68.07T \tag{7.12}$$

图 7.4 为硫化物与氧化物反应的 $\Delta G^{\ominus}$-T 关系图。图中反应(7.13)的 $\Delta G^{\ominus}$ 为较大的正值，表明在铜渣高温氧化温度范围，生成金属铁的反应不可能发生：

$$(FeS)_{锍}+2(FeO)\Longrightarrow 3Fe(l)+SO_2(g), \quad \Delta G^{\ominus} = 258864-69.32T \tag{7.13}$$

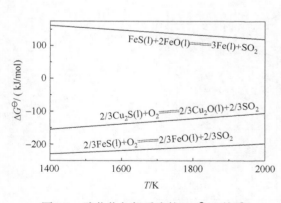

图 7.3　硫化物与氧反应的 $\Delta G^{\ominus}$-T 关系

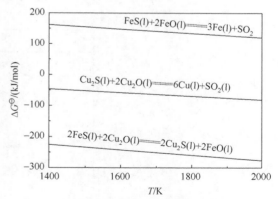

图 7.4　硫化物与氧化物反应的 $\Delta G^{\ominus}$-T 关系

4. 铜渣中铜组分的选择性富集

高铜渣中铜组分主要以铜锍(Cu_2S-FeS)的形式存在，在氧化性气氛下，可同时发生反应(7.3)和反应(7.4)。结合图 7.1、图 7.2、图 7.4 对比可知，当硫化物与氧化物共存时，铜渣中$(FeS)_{硫}$发生氧化反应的热力学趋势更强，只有当$(FeS)_{硫}$氧化耗尽之后，渣中$(Cu_2S)_{硫}$才可能发生反应(7.5)，生成金属铜。

5. Cu-Fe-S-O 优势区图

气/固反应中气体组分的化学势影响反应速率及反应进程。对于 Me-S-O 系，$O_2(g)$、$S_2(g)$、$SO_2(g)$甚至$SO_3(g)$的化学势影响反应的平衡常数和反应速率。在适宜的氧位和硫势条件下，Fe-S-O 系中的铁以 Fe_3O_4 形式存在；同理，Cu-S-O 系中的铜以金属铜形式存在。根据吉布斯相律，恒温下 Me-S-O 三元系可用气相中两组分的化学势绘图来表示热力学平衡关系。

叶国瑞[69]对 $\lg p_{O_2}$ - $\lg p_{S_2}$ 图的绘制及在铜冶炼中的应用进行了详细介绍，将 1573K 时绘制 Fe-S-O 系及 Cu-S-O 系的 $\lg p_{O_2}$ - $\lg p_{S_2}$ 图叠加，得到图 7.5 的 Fe-Cu-S-O 系 $\lg p_{O_2}$ - $\lg p_{S_2}$ 图。当温度为 1573K，$a_{Cu}=a_{Cu_2O}=1$、$a_{FeO}=a_{Fe_3O_4}=1$ 时，金属铜与 Fe_3O_4 相共存区域的 $\lg(p_{O_2}/p^{\ominus})$ 为$-8.98 \sim -4.03$，$\lg(p_{S_2}/p^{\ominus})$ 低于-5.62，未考虑 Fe_3O_4 一步氧化的情况。否则，金属铜相与 Fe_3O_4 相共存区域对应的 $\lg(p_{O_2}/p^{\ominus})$ 要降低些。在一定温度下，选择适当的氧位与硫势，可使渣中铜组分以金属铜存在，铁组分以磁铁矿相存在。

1) Cu-S-O 系

Cu-S-O 系相间平衡状态需要考虑以下单质及化合物：Cu(l)、$Cu_2O(s)$及 $Cu_2S(s)$，选择含铜熔渣的温度为 $1300 \sim 1700K$，计算 S_2、O_2 和 SO_2 之间的平衡。铜与不同物质间的反应如下：

$$2Cu+1/2O_2(g)\!=\!\!=\!Cu_2O, \quad K_1=(p_{O_2})^{-1/2}(a_{Cu})^{-2} \tag{7.14}$$

$$2Cu+1/2S_2(g)\!=\!\!=\!Cu_2S, \quad K_2=(p_{S_2})^{-1/2}(a_{Cu})^{-2} \tag{7.15}$$

$$Cu_2O+1/2S_2(g)\!=\!\!=\!Cu_2S+1/2O_2(g), \quad K_3=(p_{O_2})^{1/2}(p_{S_2})^{-1/2} \tag{7.16}$$

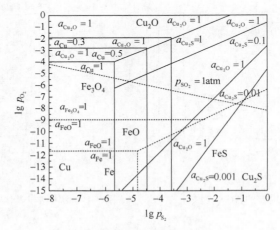

图 7.5　Fe-Cu-S-O 系 $\lg p_{O_2}$ - $\lg p_{S_2}$

各反应的平衡常数计算如下：

$$\lg K_1 = \lg K_f(\text{Cu}_2\text{O})$$

$$\lg K_2 = \lg K_f(\text{Cu}_2\text{S})$$

$$\lg K_3 = \lg K_f(\text{Cu}_2\text{S}) - \lg K_f(\text{Cu}_2\text{O}) = -\lg K_1 + \lg K_2$$

氧位及硫势计算如下：

$$\lg(p_{\text{O}_2})_1 = -2\lg K_1 - 4\lg(a_{\text{Cu}})$$

$$\lg(p_{\text{S}_2})_2 = -2\lg K_2 - 4\lg(a_{\text{Cu}})$$

$$\lg(p_{\text{O}_2})_3 = 2\lg K_3 + \lg(p_{\text{S}_2})$$

同时，对于 S-O 体系中 S_2、O_2 与 SO_2 之间的平衡反应：

$$1/2\,\text{S}_2(\text{g}) + \text{O}_2(\text{g}) \Longequal \text{SO}_2(\text{g}) \tag{7.17}$$

$$K_4 = p_{\text{SO}_2}(p_{\text{O}_2})^{-1}(p_{\text{S}_2})^{-1/2}$$

$$\lg(p_{\text{O}_2})_4 = -\lg K_4 - 1/2\lg(p_{\text{S}_2}) + \lg(p_{\text{SO}_2})$$

2) Fe-S-O 系

同理，对 Fe-S-O 系相间平衡，需要考虑以下单质及化合物：Fe(l)、Fe_2O(s)及Fe_2S(s)，选择含铜熔渣温度为 1300~1700K，计算 S_2(g)、O_2(g)和 SO_2(g)之间的平衡。铁与不同物质间的反应如下：

$$\text{Fe} + 1/2\text{O}_2(\text{g}) \Longequal \text{FeO}, \quad K_5 = (p_{\text{O}_2})^{-1/2}(a_{\text{Fe}})^{-1} \tag{7.18}$$

$$\text{Fe} + 1/2\text{S}_2(\text{g}) \Longequal \text{FeS}, \quad K_6 = (p_{\text{S}_2})^{-1/2}(a_{\text{Fe}})^{-1} \tag{7.19}$$

$$\text{FeO} + 1/2\text{S}_2(\text{g}) \Longequal \text{FeS} + 1/2\text{O}_2(\text{g}), \quad K_7 = (p_{\text{O}_2})^{1/2}(p_{\text{S}_2})^{-1/2} \tag{7.20}$$

各反应的平衡常数计算如下：

$$\lg K_5 = \lg K_f(\text{FeO})$$

$$\lg K_6 = \lg K_f(\text{FeS})$$

$$\lg K_7 = \lg K_f(\text{FeS}) - \lg K_f(\text{FeO}) = -\lg K_5 + \lg K_6$$

氧位及硫势计算如下：

$$\lg(p_{\text{O}_2})_5 = -2\lg K_5 - 2\lg(a_{\text{Fe}})$$

$$\lg(p_{\text{S}_2})_6 = -2\lg K_6 - 2\lg(a_{\text{Fe}})$$

$$\lg(p_{\text{O}_2})_7 = 2\lg K_7 + \lg(p_{\text{S}_2})$$

基于热力学文献[67, 69]计算出 1300~1700K 时 Cu-S-O 和 Fe-S-O 系平衡状态的相关数据，如表 7.6 和表 7.7 所示。

表 7.6　1300~1700K 时 Cu-S-O 系平衡状态数据($a_{\text{Cu}}=1$，$p_{\text{S}_2}=100\text{kPa}$，$p_{\text{SO}_2}=100\text{kPa}$)

T/K	$\lg K_1$	$\lg K_2$	$\lg K_3$	$\lg K_4$	$\lg(p_{\text{O}_2})_1$	$\lg(p_{\text{S}_2})_2$	$\lg(p_{\text{O}_2})_3$	$\lg(p_{\text{O}_2})_4 + 1/2\lg(p_{\text{S}_2})$
1300	2.979	3.579	0.600	10.717	−5.958	−7.158	1.200	−10.717
1400	2.474	3.18	0.706	9.680	−4.948	−6.360	1.412	−9.680
1500	2.000	2.828	0.828	8.781	−4.000	−5.656	1.656	−8.781
1600	1.704	2.521	0.817	7.995	−3.408	−5.042	1.634	−7.995
1700	1.468	2.251	0.783	7.302	−2.936	−4.502	1.566	−7.302

表 7.7　1300~1700K 时 Fe-S-O 系平衡状态数据（$a_{Fe}=1$，$p_{S_2}=100kPa$，$p_{SO_2}=100kPa$）

T/K	$\lg K_5$	$\lg K_6$	$\lg K_7$	$\lg K_4$	$\lg(p_{O_2})_5$	$\lg(p_{S_2})_6$	$\lg(p_{O_2})_7$	$\lg(p_{O_2})_4+1/2\lg(p_{S_2})$
1300	7.554	3.208	−4.346	10.717	−15.108	−6.416	−8.692	−10.717
1400	6.780	2.760	−4.020	9.680	−13.560	−5.520	−8.040	−9.680
1500	6.111	2.404	−3.707	8.781	−12.222	−4.808	−7.414	−8.781
1600	5.527	2.318	−3.209	7.995	−11.054	−4.636	−6.418	−7.995
1700	5.036	1.904	−3.132	7.302	−10.070	−3.808	−6.264	−7.302

7.2.2　高铜渣中铜、铁组分与氧位、硫势的关系

1. Cu-S-O 优势区图

对于质量分数大于 0.5%的高铜熔渣，需同时分析 Cu-S-O 系和 Fe-S-O 系的平衡状态图。依据表 7.6 和表 7.7，可同样绘出 1300K 和 1700K 下 Cu-S-O 系的相平衡状态图(图 7.6)。其中，实线对应 1300K，虚线则对应 1700K。由图看出，在 1300K 时，金属铜稳定存在的条件是 $\lg\left(p_{O_2}/p^\ominus\right)$ 低于−5.96、$\lg\left(p_{S_2}/p^\ominus\right)$ 低于−7.16；而在 1700K 时，其稳定存在的条件为 $\lg\left(p_{O_2}/p^\ominus\right)$ 低于−2.94、$\lg\left(p_{S_2}/p^\ominus\right)$ 低于−4.5。显然，熔渣温度升高，渣中铜以金属铜相存在时的氧位及硫势范围均拓宽。高铜熔渣中铁存在形式与氧位间关系与渣中铜相似，即 1300K 时渣中铁以 Fe_3O_4 存在时的 $\lg\left(p_{O_2}/p^\ominus\right)$ 为−11.11~−1.46，而 1700K 时其存在条件为 $\lg\left(p_{O_2}/p^\ominus\right)$ 为−5.61~−0.03，熔渣温度升高，氧位范围亦拓宽。

2. 渣中金属铜与磁铁矿相的共存条件

若同步分离高铜熔渣中铜、铁组分，需要综合考虑 Fe-S-O 系和 Cu-S-O 系优势区图，将两体系优势区图叠加，得到 Cu-Fe-S-O 系优势区图(图 7.7)。当 $a_{Cu}=a_{Fe}=1$ 时，反应 $1/2S_2+O_2\Longrightarrow SO_2$ 的平衡线绘制条件为 $p_{SO_2}=100kPa$。由图可知，在 1300~1700K，Cu-Fe-S-O 系中的金属铜与磁铁矿相共存区域随着温度升高而逐渐向高氧位、高硫势方向移动。通过对 Cu-Fe-S-O 系优势区图的分析，可得到 1300~1700K 金属铜与磁铁矿相共存区域的 $\left[\lg\left(p_{O_2}/p^\ominus\right),\lg\left(p_{S_2}/p^\ominus\right)\right]$ 分别为 [(−11.11，−5.958)，(−∞，−7.158)]$_{1300K}$；[(−9.49，−4.948)，(−∞，−6.36)]$_{1400K}$；[(−8.08，−4.00)，(−∞，−5.656)]$_{1500K}$；[(−6.84，−3.408)，(−∞，−5.042)]$_{1600K}$；[(−5.61，−2.936)，(−∞，−4.502)]$_{1700K}$。其中，(−∞，−7.158)表示硫势 $\lg\left(p_{S_2}/p^\ominus\right)$ 低于−7.158，余者类推。尽管随着温度升高，共存区域的氧位、硫势亦逐渐升高，但对铜熔渣系，无论采用空气氧化还是纯氧氧化，与之平衡的氧分压远远超出金属铜与磁铁矿相共存区域的氧分压，在此平衡下，当熔渣中磁铁矿的饱和析晶过程结束时，体系会因过氧化而脱离金属铜与磁铁矿相共存区，尤其在磁铁矿结晶开始温度之上。因此，与上述共存区域适宜氧分压对应的铜熔渣体系氧化程度的控制是实现同步分离渣中铜、铁组分的关键，这里包括氧化温度、氧化时间、氧分压及其供氧强度的合理控制。

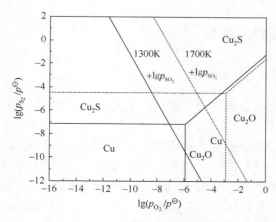
图 7.6　Cu-S-O 系的相平衡状态图

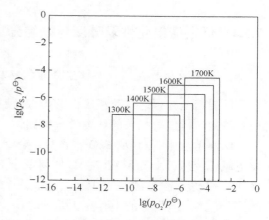
图 7.7　Cu-Fe-S-O 中铜与铁共存区氧位-硫势图

7.2.3　低铜渣中铁组分与氧位、硫势的关系

低铜熔渣中铜质量分数小于 0.5%，计算渣系氧位-硫势关系时，可不考虑 Cu-S-O 系，仅涉及 Fe-S-O 系在不同温度下的平衡状态。由表 7.6、表 7.7 可绘出 1300K 和 1700K 时 Fe-S-O 系的相平衡状态图(图 7.8)，图中虚线与实线分别对应 1300K、1700K 的条件。由图可知，在 1300K 时，Fe_3O_4 平衡存在的条件是 $lg\left(p_{O_2}/p^{\ominus}\right)$ 为 $-11.11 \sim -1.46$；而在 1700K 时 $lg\left(p_{O_2}/p^{\ominus}\right)$ 为 $-5.61 \sim -0.03$。在 $1300 \sim 1700K$，其重叠区间的 $lg\left(p_{O_2}/p^{\ominus}\right)$ 为 $-5.61 \sim -1.46$。

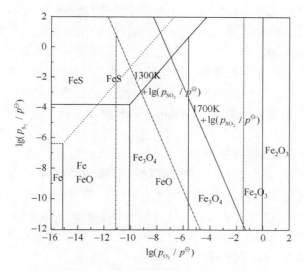
图 7.8　Fe-S-O 系的相平衡状态图

7.2.4　低铜渣氧化性及碱度与铁组分富集的关系

1. 铜渣氧化性及碱度与铁组分富集的热力学分析

低铜熔渣亦可通过对渣氧位的调控，使得适度氧化渣中的铁组分大部分转变为磁铁矿相并富集、析出。相关的热力学分析如下。

低铜熔渣中 SiO_2 及 FeO 含量高，凝渣中铁硅酸盐相占主导。在熔渣氧化初期，(FeO) 发生氧化反应(7.1)与反应(7.2)，使得渣中 Fe^{3+} 含量及 $x_{Fe^{3+}}/x_{Fe^{2+}}$ 随渣氧位上升而增大。将熔渣氧位控制在可满足渣中 $x_{Fe_2O_3}/x_{FeO}=1$ 的状态，理论上恰为析出磁铁矿相的 Fe^{3+} 与 Fe^{2+} 计量比。但由于渣中存在大量 SiO_2，以及渣氧位升高受磁铁矿相析出平衡的制约，仍有部分铁组分以硅酸盐形态析出。若氧化过程采用过高的氧位供氧，则伴随磁铁矿相持续饱和析出与渣中(FeO)活度不断降低，(Fe_2O_3) 活度亦持续增大，可能引发熔渣黏度快速增大，导致渣中传质困难，动力学上不利于磁铁矿相析出与长大。因此，旨在过度氧化以破坏含铁硅酸盐的举措可能对磁铁矿相的富集、析出产生负面效应。低铜熔渣高温氧化时，可考虑添加 CaO 或高 CaO 物料对渣改性。CaO 与渣中 SiO_2 结合成硅酸钙(或含少量铁)可最大限度地破坏铁橄榄石类含铁硅酸盐，促使渣中铁最大限度地富集于磁铁矿相并析出。

2. 铜渣氧化性及碱度与铁组分富集的实验研究[58]

1) 实验

基础渣的组成见表 7.3。渣中分别加入不同量的分析纯 CaO，使二元碱度分别达到 $w(CaO)/w(SiO_2)=0.23$(原渣)、0.4、0.6、0.8 和 1.0，得到不同碱度的实验渣样。分别采用吹纯氧或吹空气氧化，氧化时间控制在 6～30min，研究熔渣氧化程度、渣碱度对渣凝固过程磁铁矿相富集行为的影响。在熔渣氧化过程，采用两种方式取样分析、检测：①控制吹氧时间可得到不同氧化程度的熔渣，并在氩气保护下缓冷至不同温度时恒温，间隔确定时段取样，得到氧化程度不同的缓冷样；②在熔渣连续吹氧氧化过程中，每间隔确定时段取样并于水中淬冷，得到氧化熔渣的淬冷样，取样淬冷在氩气保护下进行。

2) 结果

(1) 氧化过程渣中磁铁矿相的富集。

图 7.9 为 1543K 下分别吹纯氧或空气氧化时熔渣(原渣)中 Fe^{3+} 含量随时间的变化。显然，熔渣吹纯氧的氧化过程接近平衡氧位时渣中 Fe^{3+} 质量分数约 31%，氧化平衡时间约 20min。按此前讨论，此时熔渣对应的氧位即熔渣中磁铁矿相最大饱和析出量的氧位(对应 $x_{Fe^{3+}}/x_{Fe^{2+}}=2$)。比较熔渣采用空气的氧化过程，要达到磁铁矿相最大饱和析出量的氧位，显然所需氧化时间须增加(由图中曲线外推)。

图 7.10 为 1543K 纯氧氧化时渣中磁铁矿相恒温析出量与氧化时间的关系。其中，曲线(1)为由化学分析得到的 Fe^{3+} 含量，并按照化学计量比计算出磁铁矿的理论含量随氧化时间的变化关系；曲线(2)为图像分析仪实际测定渣样中的磁铁矿相含量，二者之差由磁

铁矿在熔渣中的溶解度所致。将吹氧 20min 的析出量视为最大饱和析出量,低于理论计算值的部分即(Fe_3O_4)在该条件下的溶解度。显然,熔渣中处于饱和溶解态的(Fe_3O_4)大约占其总量的 1/2,该部分(Fe_3O_4)可在进一步冷却过程中因溶解度逐渐下降而呈过饱和态析出。这表明,熔渣在恒定的高温条件下无法获得磁铁矿相的最大析出量。表 7.8 为熔渣在不同冷却条件下凝渣中磁铁矿析出状况的对照。可见,与空白样相比,氧化后的熔渣在同样速度下冷却,析出的磁铁矿相中铁的富集度随熔渣氧化时间的延长可增大 3~4 倍。此外,氧化时间相同,经纯氧氧化的熔渣中的铁在磁铁矿中的富集度明显高于空气氧化。这说明氧化时间与氧化方式是促进磁铁矿相析出量增长的重要因素。

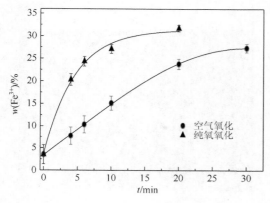

图 7.9　渣中 Fe^{3+} 含量与氧化时间关系　　图 7.10　磁铁矿析出量与氧化时间及 Fe^{3+} 含量关系

表 7.8　不同冷却条件磁铁矿析出状况的对比

冷却速度/(K/min)	氧化温度/K	D_{50}/μm	铁的富集度/%	氧化时间/min	氧化媒介
5(空白样)	1573	25	22	—	
5	1573	70	69	10	空气
5	1573	82	82	30	空气
5	1573	95	86	10	氧气
5	1573	95	94	20	氧气

注:D_{50} 为中位平均粒度,铁的富集度为铁在磁铁矿中的富集度

(2) 熔渣氧化性对磁铁矿相析出的影响。

实验发现,短时间氧化的熔渣冷却后,凝渣中磁铁矿相占主导,其次为少量的铁橄榄石相。若对熔渣进行长时间充分氧化,则凝渣中只观察到磁铁矿相,铁橄榄石相消失,这与前述热力学的讨论结果一致。

图 7.11 为 1633K 下经 6min 氧化的熔渣淬冷样中析出的初晶相磁铁矿背散射电子形貌照片;而图 7.12 则为 1483K 下经 6min 氧化的熔渣淬冷样开始有铁橄榄石相(图中羽状组织)析出的背散射电子形貌照片。显然,低氧化程度的熔渣先期析出相或初晶相

仍为磁铁矿，而铁橄榄石相为其后续析出相。对照图片及相应的析晶温度可看出，磁铁矿相的析出能力较强，其析出趋势远高于铁橄榄石相。该结果进一步说明，熔渣经高温氧化后，铁橄榄石相析出的条件被很大程度地抑制，渣中铁则大量以磁铁矿相富集、析出。图 7.13 为 1573K 下，熔渣经纯氧 20min 氧化的冷却渣样显微图片(其对应的背散射电子形貌照片见图 7.14)。表 7.9 是其背散射样的能谱面扫描(图 7.13 中区域 6、7)结果。渣中仅存两相，主晶相为磁铁矿相，基体相为含铁 3%左右的硅酸盐固溶体，而原有的铁橄榄石相已消失。由铁橄榄石生成反应的吉布斯自由能变化与温度关系可知，熔渣经充分氧化后，其生成的热力学条件被抑制。由表 7.9 可推算出，此时熔渣中约 94%的铁已富集于磁铁矿相并析出。

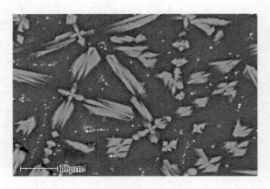

图 7.11　渣中磁铁矿初晶相背散射电子形貌

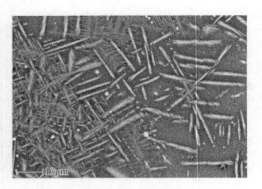

图 7.12　铁橄榄石相析出的背散射电子形貌

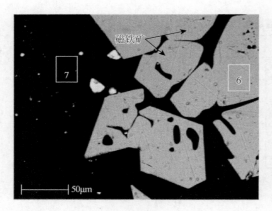

图 7.13　纯氧氧化后冷却渣显微图片(1573K)

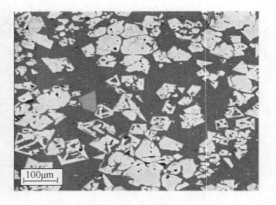

图 7.14　纯氧氧化后冷却渣背散射电子形貌(1573K)

表 7.9　能谱面扫描分析结果(原子分数，单位：%)

区域	O	Si	Ca	Fe	其他
6	63.30	—		36.70	—
7	64.24	22.10	3.66	3.15	6.85

(3) 熔渣碱度对磁铁矿相富集的影响。

前已述及,渣中 Fe^{3+} 含量代表渣的氧化程度及磁铁矿相的析出趋势与能力。内在机制在于,Fe^{3+} 含量高抑制了渣中铁橄榄石相生成的热力学条件,促使渣中铁富集于磁铁矿相并析出。基于同样原理,用 CaO 对熔渣改性,提高渣二元碱度,促进渣中 CaO 与 SiO_2 结合的趋势,抑制铁橄榄石相的生成,实现磁铁矿相析出的最大化。研究发现,同样的氧化过程,渣中 Fe^{3+} 含量与二元碱度间存在耦合关系,并直接影响磁铁矿相的富集与析出。

将 1573K 下不同二元碱度的熔渣分别在空气中氧化 10min,将测定的渣中 Fe^{3+} 含量与二元碱度 $w(CaO)/w(SiO_2)$ 作图 7.15。由图看出,渣二元碱度(或 CaO 加入量)对 Fe^{3+} 含量影响显著,直接影响铁在磁铁矿相的富集、析出。当供氧强度相同时,渣中 Fe^{3+} 含量随二元碱度增大而大幅上升,并于 $w(CaO)/w(SiO_2) = 0.8$ 左右达到峰值 $w(Fe^{3+}) = 23.5\%$,而原渣中 $w(CaO)/w(SiO_2) = 0.23$,$w(Fe^{3+}) = 16\%$,相当于空气氧化 20min 的效果。对照图 7.15 可见,伴随渣二元碱度的提高,Fe^{3+} 含量呈先增后减趋势;当渣二元碱度大于 0.8 后,Fe^{3+} 含量随二元碱度增加而下降。因铜渣为 SiO_2 含量高的低碱度渣,$w(CaO)/w(SiO_2)$ 约 0.2,随着熔渣二元碱度增加,渣量增大。根据渣系组成(表 7.4)可推算出二元碱度每提高 0.1,则渣量至少增加 3%,该结果必然导致渣中铁浓度下降,当渣量超过某个临界值时,上述结果将会出现。此外,原渣加入 CaO,氧化后为高碱度改性熔渣,不仅磁铁矿析出的热力学趋势大幅增强,而且熔渣黏度明显降低,这使得磁铁矿析晶过程的传质更加顺利,小晶粒的聚集与吞噬长大更加容易。图 7.16 为 $w(CaO)/w(SiO_2) = 0.8$ 时氧化后熔渣的缓冷照片,图中暗白色块状形貌的物相为磁铁矿。显然,它属于发育较为完整的自形晶,形貌、尺寸均比较理想,粒径为 50~100μm,有利于后续的选矿分离。

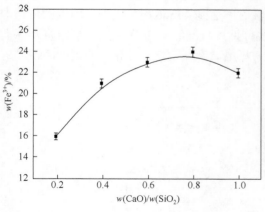 

图 7.15　渣中 $w(CaO)/w(SiO_2)$ 与 Fe^{3+} 含量关系　　图 7.16　$w(CaO)/w(SiO_2) = 0.8$ 的氧化缓冷渣照片
　　　　　　　　　　　　　　　　　　　　　　　　　　　　　　　(1K/min)

7.3　氧化性铜渣中磁铁矿相析出与长大的动力学

前已述及,通过对高温熔渣氧位的合理控制,使渣中含铜、铁的有价组分适度氧化,可以实现渣中铜、铁组分同步选择性富集，这在热力学上可行。但之后富集相的选择性析出时，其结晶形貌、尺寸、富集度等达到预期指标，还需要掌控富集相的析出行为、规律，以及析出环境中的各种影响因素。为此，本节研究铜熔渣中磁铁矿相析晶、长大过程的动力学行为。

7.3.1 等温过程中磁铁矿相的析出与长大

1. 动力学实验

表 7.4 的原渣经 1723K 高温熔化、纯氧氧化 20min 后淬冷得渣样。刚玉坩埚内渣样在电炉中升温至 1723K，保温 30min 充分熔化后以 20K/min 分别降至 1473～1633K 恒定温度，每隔 5min 从坩埚中取样、水淬并检测、分析。实验过程中恒温、取样均在氩气保护下，恒温时间约 40min，总计取样 7 次[58]。

2. 等温过程磁铁矿相的析出动力学

1) 磁铁矿相析出量

不同恒定温度时，渣中磁铁矿相体积分数 f 与恒温时间的关系见图 7.17。显然，恒温时间相同，恒定温度越低，磁铁矿相体积分数越大，而且这种增大趋势越明显。由于 (Fe_3O_4) 在熔渣中的溶解度随温度降低而变小，随温度降低磁铁矿生成且析出量逐渐增大，其间的增量即不同温度时溶解度之差，这与前述分析一致。由图 7.17 还可见，随着恒温时间的延长，磁铁矿相的析出量增加，且析出前期曲线的曲率相对大，表明析出速率快；中期曲线的曲率相对变小，析出速率迅速衰减；当恒温时间达到 40min 时，磁铁矿的析出量基本不变，表明已接近平衡态。由图 7.17 中各曲线可见，恒温约 0.5h 后磁铁矿析出量实际上已不再增加，接近平衡。显然，恒温时间合理，析晶温度适度低，可获得最大的磁铁矿析出量。

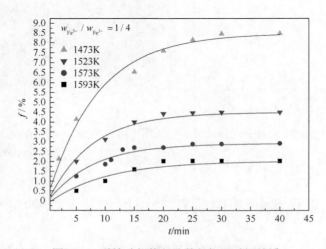

图 7.17 磁铁矿相体积分数与恒温时间关系

2) 磁铁矿相的相对转变分数

进一步探讨磁铁矿的等温析出与恒温时间关系，定义 x 为磁铁矿相的相对转变分数，即某时刻渣中磁铁矿相的体积分数与平衡时磁铁矿相的体积分数之比：

$$x = \frac{f(T,t)}{f(T,\infty)} \tag{7.21}$$

式中，$f(T,t)$ 为渣相中恒温温度 T、恒温时间 t 时所析出的磁铁矿相体积分数；$f(T,\infty)$ 为达到平衡时磁铁矿相的体积分数。将 x 对 t 作图 7.18，得到磁铁矿相的相对转变分数随时间变化曲线。由图可见，在恒温开始时，较低恒温的渣中磁铁矿相相对转变分数不为零。这说明磁铁矿相在恒温前的快速冷却过程已有析出，只是体积分数较小。恒温时间为 $0 \sim$ 10min，析晶较快，x 随 t 快速上升；恒温时间为 $10 \sim 30$min，x 随 t 逐步减缓；当恒温 30min 后，x 已接近 1；而恒温时间约 40min 时，x 几乎为 1。据此可认为，此刻磁铁矿的析出达到准平衡状态。磁铁矿相的相对转变分数 x 也可用 Avrami 方程[70]描述：

$$x = 1 - e^{-kt^n} \tag{7.22}$$

式中，k 为磁铁矿相的析出速率常数；n 为指数。利用式(7.22)，由图 7.18 的数据得出 $\ln[-\ln(1-x)]$ 对 $\ln t$ 的关系，见图 7.19。由图可见，1473K、1543K、1573K 时的曲线斜率基本相同，相应的拟合结果为 $n \approx 2.0$。而 1633K 时，$n = 2.5$。根据徐祖耀[71]对 Avrami 方程中 n 的解释，当 $n = 1.5 \sim 2.5$ 时，晶体析出、长大过程为扩散控制。借此可以认为，所述体系中磁铁矿相的析出是扩散控制。

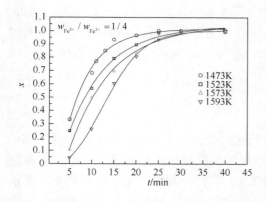

图 7.18　磁铁矿相对转变分数与恒温时间的关系　　　　图 7.19　$\ln[-\ln(1-x)]$ 与 $\ln t$ 的关系

3. 等温过程磁铁矿相的生长动力学

图 7.20 为等温过程磁铁矿相析出晶粒尺寸与恒温时间的关系。从图中看出，磁铁矿相平均粒径随恒温时间的延长而增大，平均粒径的立方 D_{50}^3 与恒温时间 t 呈直线关系，由此可认为，晶粒的生长源于晶粒的粗化过程[72]，晶粒尺寸与恒温时间的关系可表示为

$$D_{50}^3(t) - D_{50}^3(0) = k't \tag{7.23}$$

式中，k' 为晶粒生长速率常数；$D_{50}^3(0)$ 为 $t = 0$ 时磁铁矿相平均粒径的立方。

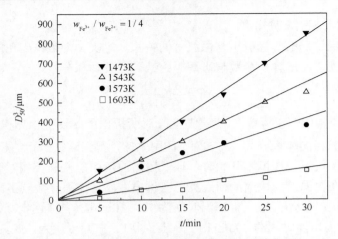

图 7.20　磁铁矿相析出晶粒尺寸与恒温时间的关系

7.3.2　冷却过程中磁铁矿相的析出与长大

1. 动力学实验

表 7.4 的原渣在 1723K 高温熔化后，分别经空气与纯氧氧化，得到氧化程度不同的实验用渣。测定渣样中 $w_{Fe^{3+}}/w_{Fe^{2+}}$ 分别为 1/1.8 和 1/4。

每次取 200g 渣样研磨均匀，装入刚玉坩埚内，在电炉内升温至 1723K，恒温 30min 使渣样充分熔化，再分别以 0.5K/min、1K/min、5K/min、10K/min 四种冷却速度冷却到 1273K，冷却过程中每隔 20K 从坩埚中取淬冷样。整个冷却、取样过程在氩气保护下进行。

2. 冷却过程磁铁矿相的析出动力学

1) 冷却过程磁铁矿相的析出

冷却过程中，从 1653K 开始磁铁矿相不断析出、长大，未观察到铁橄榄石独立相析出。实验考察了不同冷却速度下于不同温度时渣样中磁铁矿相析出的体积分数。实验结果表明，对于氧化较充分的熔渣($w_{Fe^{3+}}/w_{Fe^{2+}} = 1/1.8$)，伴随冷却过程磁铁矿相初期析出量较大，但随温度不断降低而减少，这与冷却初期渣氧化充分、磁铁矿强势析出的热力学趋势有关；对于氧化不充分的熔渣($w_{Fe^{3+}}/w_{Fe^{2+}} = 1/4$)，在整个温降区间，磁铁矿相析出趋势相对较弱，故随温度不断降低，析出量变化较缓慢。图 7.21 为析出磁铁矿相的体积分数 f 随冷却速度的变化曲线。由图可见，起始温度相同，冷却速度越小，析出的磁铁矿相体积分数越大；冷却速度相同，析晶温度越低，析出的磁铁矿相体积分数越大。这是由于温度越低，渣中 Fe_3O_4 的溶解度越小，析出磁铁矿相的量就越大。可明显看出，对于氧化较充分的熔渣($w_{Fe^{3+}}/w_{Fe^{2+}} = 1/1.8$)，相同的冷却速度和相同的温度下，磁铁矿相的析出量大于氧化不充分的熔渣。这同样是由高氧化程度熔渣中磁铁矿相析出的热力学趋势更大所致。

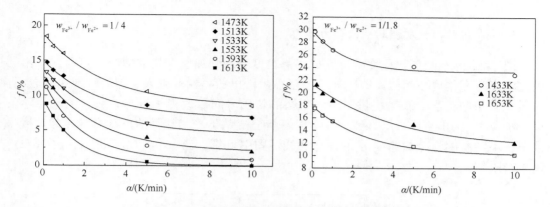

图 7.21　磁铁矿相体积分数随冷却速度的变化

2) 磁铁矿相的析出动力学

采用 Erukhimovitch 和 Baram 的[73]非等温晶化动力学模型：

$$-\ln(1-x') = \frac{C}{\alpha^n}\exp\left[-\frac{1.052nE}{R(T_0-T)}\right] \tag{7.24}$$

式中，$x' = f(\alpha,T)/f(0,T)$，其中，$f(\alpha,T)$ 为温度 T 和冷却速度 α 时磁铁矿相析出的体积分数，$f(0,T)$ 为温度 T 和冷却速度为零时(体系处于化学平衡态时)磁铁矿相析出的体积分数；T_0 为渣中磁铁矿的开始析晶温度；C 为常数；R 为气体常数；E 为晶体生长的表观活化能；T 为热力学温度。将式(7.24)化简就得到经典的 JMAK 方程①的形式[74]：

$$x' = 1-\exp\left(-\frac{k}{\alpha^n}\right) \tag{7.25}$$

式中，$k = C\exp\left[-\dfrac{1.052nE}{R(T_0-T)}\right]$。

将式(7.25)变化后取对数，k 和 n 可由式(7.26)确定：

$$\ln[-\ln(1-x')] = -n\ln\alpha + \ln k \tag{7.26}$$

利用式(7.26)，结合实验观测数据(图 7.21)可给出：对于 $w_{Fe^{3+}}/w_{Fe^{2+}} = 1/1.8$ 渣，拟合实验结果为

$$k = 4.48\exp\left[-\frac{699\times1.052n}{R(1720-T)}\right],\ \ n = 0.4 \tag{7.27}$$

分析给出晶体析出的表观活化能约为 0.699kJ/mol。对于 $w_{Fe^{3+}}/w_{Fe^{2+}} = 1/4$ 渣，拟合实验结果为

$$k = 7.3\exp\left[-\frac{1944\times1.052n}{R(1640-T)}\right],\ \ n = 0.5 \tag{7.28}$$

分析给出晶体析出表观活化能约为 1.94kJ/mol。由此得到结论：磁铁矿相的析出由熔体内的扩散传质过程控制。

---

① 由 Johnson、Mehl、Avrami 和 Kolmogorov 提出。

3. 冷却过程磁铁矿相的长大动力学

图 7.22 为不同氧化程度时磁铁矿相晶粒度随冷却速度变化的曲线。可看出，不同氧化程度时变化规律相似，即冷却速度越小，析出的晶粒度越大。因为冷却速度较小，为磁铁矿相的析出、长大提供了相对充裕的传质时间，改善了析出、长大的动力学条件。图 7.23 给出渣中 $w_{Fe^{3+}}/w_{Fe^{2+}} = 1/4$ 时，析出磁铁矿平均粒径的三次方与冷却速度 α 乘积在不同温度随冷却速度 α 的变化曲线。图中可见，当 $\alpha \to 0$ 时，$\alpha \bar{r}^3$（即 $\alpha(D_{50}/2)^3$）趋于有限值。

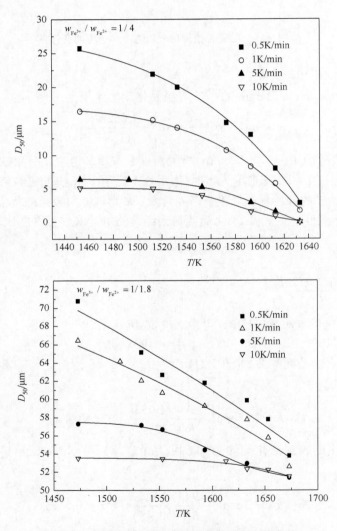

图 7.22　冷却过程磁铁矿晶粒度随温度变化曲线

当 α 增加时，$\alpha \bar{r}^3$ 迅速减小。这些晶体等积圆半径三次方与冷却速度的乘积可近似描述为[75]

$$\alpha \bar{r}^3 = A(T)\left[1 - \exp\left(-\frac{b}{\alpha^p}\right)\right] \tag{7.29}$$

式中，$A(T)$ 为 α 等于零时 $\alpha \bar{r}^3$ 的值(图中曲线外延到 α 等于零的值)，它仅为温度函数。由实验结果拟合得到：1453～1553K 下，$p = 0.7$，b 约为 0.4，超过此温度范围的 p 不恒定，随温度升高略有增加。显然，较低冷却速度可获得较大的晶粒度。实际上，变温过程中磁铁矿相的长大由两方面机制驱动：一是过饱和浓度导致晶粒自身生长；二是磁铁矿晶体与熔体间的界面吉布斯自由能的自发降低导致晶粒长大[76]。因此，缓慢冷却有利于晶粒粗化，尤其在晶粒刚析出时，大的晶粒可以迅速吞噬掉一些刚形成的晶核，减少晶粒的数目。

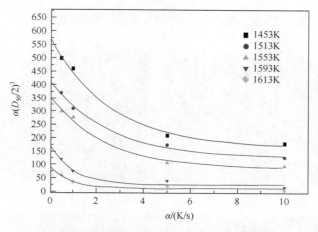

图 7.23　冷却过程磁铁矿 $\alpha(D_{50}/2)^3$ 随冷却速度变化

7.4　氧化性高铜渣中铜的析出行为

高铜原渣中磁铁矿相不含铜，但实验发现，在氧化改性铜渣析出的磁铁矿中赋存铜，说明氧化改性渣中铜以某种形态赋存于磁铁矿相并伴随其析出。

7.4.1　氧化时间对磁铁矿相中铜的作用

高铜渣的组成见表 7.2。图 7.24 为 1703K、空气氧化时氧化时间与磁铁矿相中铜质量分数的变化曲线。由图可知，随着氧化时间的延长，磁铁矿相中铜质量分数逐渐增加。图 7.25 为不同氧化时间条件下氧化改性渣的背散射电子形貌图像。从图 7.25(d)中随机选择 5 个磁铁矿相进行能谱分析，见表 7.10。从表可见，各点中铜质量分数十分接近。若源于机械夹杂则不同点的组成应不均匀。故推断，磁铁矿相中铜并非机械夹杂，而是某种形式的固溶。因此，直接采用选矿无法将铜分离出去。

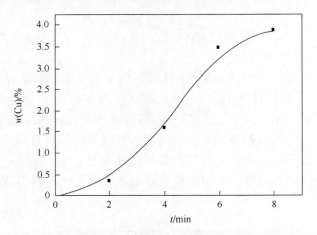

图 7.24　磁铁矿相中铜质量分数与氧化时间关系

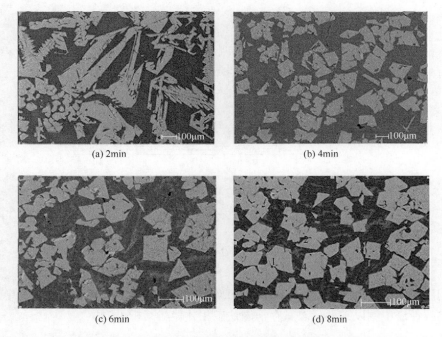

图 7.25　不同氧化时间条件下氧化改性渣的背散射电子形貌图像

表 7.10　Cu、Fe、O 元素组成(质量分数，单位：%)

成分	1	2	3	4	5	平均
Fe	67.952	67.959	67.938	67.948	67.967	67.953
O	25.124	25.144	25.113	25.119	25.201	25.140
Cu	3.866	3.859	3.861	3.865	3.866	3.863
其他	3.058	3.038	3.088	3.068	2.966	3.044

7.4.2　氧化温度对磁铁矿相中铜的作用

图 7.26 分别为 1673K、1703K，空气氧化 4min 时铜熔渣析出磁铁矿相中铜质量分数。经能谱分析可知，1703K 时磁铁矿中铜的质量分数比 1673K 时高约 1%。对磁选铁精矿慢速扫描的 XRD 分析发现，Fe_3O_4 与 $(Cu_{0.21}Fe_{0.79})(Cu_{0.705}Fe_{1.295})O_4$ 几乎在相同的位置出现峰值，并未发现其他含铜物相(如单质铜、铜锍、Cu_2O 或 CuO)存在。这也进一步证实，在渣改性过程，磁铁矿所含铜并非机械夹杂引起。

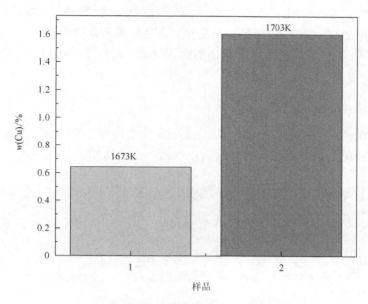

图 7.26　磁铁矿相中铜质量分数与氧化温度关系

鉴于原渣的磁铁矿相中不含铜，而熔渣氧化改性过程，渣中铜可转移到磁铁矿相，并随氧化温度升高、氧化时间延长而增加。依据溶质在溶剂晶格中所占据位置的不同，固溶体可分为填隙式和替位式两种。其中，填隙式固溶体指溶质的质点充填于溶剂晶格的间隙而形成的固溶体，且溶质的半径须小于溶剂；替位式固溶体指溶质的质点部分地替代溶剂的相应质点，并占据其位置而形成的固溶体[77]。因此铜固溶于磁铁矿中形成替位式固溶体。陈丹等[78]对电镀污泥水热合成掺杂 $Fe_3O_4(s)$ 的研究发现，重金属(如锌、镍、铬、铜、镁、锰)离子半径与 Fe^{2+} 半径较为接近[79]，可以进入 $Fe_3O_4(s)$ 的晶格中[80]。理论上，$Fe_3O_4(s)$ 的结构为 $B[AB]O_4$ 型，即 1/2 的 Fe^{3+} 在四面体间隙中，而 Fe^{2+} 与其余 1/2 的 Fe^{3+} 在八面体间隙中，其结构可以写成 $\left[Fe^{3+}\right]_t\left[Fe^{2+}Fe^{3+}\right]_O O_4$。原渣中铜质量分数为 3%~5%，由于反应温度较高，随着氧化时间的延长，铜锍相中的 Cu^+ 氧化成 Cu^{2+}，并部分地替代 $Fe_3O_4(s)$ 晶格中相应 A 质点(Fe^{2+})的位置，形成固溶体。

7.4.3　氧化的铜渣中铜、铁富集相的析出与长大

1. 强化选择性富集、析出的因素

由前面热力学分析可知，控制适宜的氧位和硫势，氧化渣中金属铜与磁铁矿两相可共存。通过弱磁选，强磁性的磁铁矿相可与硅酸盐杂质相分离，得到铁精矿；金属铜密度较大，可通过重选分离出去。为了促使渣中铁选择性富集于磁铁矿相，铜选择性富集于金属铜，并且富铜、富铁两相同时析出，应该强化以下因素：①选择适宜的氧位与硫势，使渣中的铁组分赋存于磁铁矿相，同时铜组分赋存于金属铜或白铜锍(Cu$_2$S)相；②适当提高熔渣温度，并选择适宜的调渣剂，降低熔渣黏度，以良好的流动性促进传质，推进氧化反应，加速选择性富集、长大，同时有利于析出的两相分离，为后续的选择性分离创造优化的解离、选分条件，实现同步回收铁与铜[81-85]。

2. 改性熔渣冷却过程磁铁矿相的析出

渣样于 1703K、空气氧化 12min 后以 2K/min 速度冷却至 1363K，其间每 20K 取淬冷样。由图 7.27 可见，渣中磁铁矿相先析出，伴随析出量增加，细小晶体向大晶体处聚集；

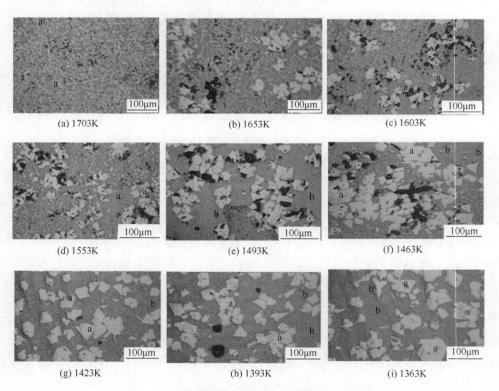

(a) 1703K	(b) 1653K	(c) 1603K
(d) 1553K	(e) 1493K	(f) 1463K
(g) 1423K	(h) 1393K	(i) 1363K

图 7.27　冷却过程改性渣样的淬冷金相形貌

a-磁铁矿相；b-镁铁橄榄石相

伴随温度降低，早期析出的较大晶体可与相邻的晶体聚合，进一步长大。镁铁橄榄石随后开始析出。由充分氧化的凝渣照片可看出，渣中仅存磁铁矿相和基体相，消失的铁橄榄石逐渐转成镁铁橄榄石相。

3. 熔渣氧化程度对磁铁矿相析出与长大的影响

于 1653K 下，实验考察熔渣氧化时间与析出磁铁矿相的平均粒径关系。实验结果表明，随着氧化时间的延长，磁铁矿相的粒径增大，氧化时间达 8min 时，粒径可达 80μm 左右，但氧化时间超过 8min 后，析出的磁铁矿粒径反而减小。原因在于：①随着熔渣氧化时间延长，磁铁矿相析出的热力学趋势增大，大量析出尚未长大的微小晶体，其数量及比表面积均随渣氧化程度升高而增加。但大比表面积、高界面吉布斯自由能自动降低热力学驱动作用，致使小晶体自动聚集而相互熔合、吞并，比表面积减小、晶体数量减少、晶体尺寸变大，长成饱满晶体；②过度延长氧化时间使渣中 Fe^{3+} 含量增加，渣的黏度大幅上升，阻碍析出相传质，小晶粒聚集且相互吞并、长大。上述实验结果表明，在晶体析出过程中，其生长是析出反应能力和颗粒间相互吞并能力(Ostwald 熟化)共同作用的结果[72, 86, 87]。

4. 氧化温度对磁铁矿相析出与长大的影响

1) 温度对熔渣黏度的影响

黏度影响渣中氧传输、氧化反应速率及磁铁矿相析出、长大。对组成确定的熔渣，黏度主要受控于温度及其氧化程度两方面因素。如前所述，温度高则黏度低，但熔渣过度氧化产生过量 Fe^{3+} 导致黏度急剧升高。因此，在控制熔渣不致过度氧化的前提下，黏度取决于渣温度，温度将直接影响磁铁矿相的析出与长大进程。

2) 温度对磁铁矿相平均粒径的影响

分别于 1593K、1623K、1653K 下，实验考察改性熔渣中析出的磁铁矿相体积分数与粒径。实验结果表明，氧化温度升高有利于磁铁矿相粒径增大，且总量亦增多。当氧化温度控制在 1653K 时，渣中磁铁矿相平均粒径约 80μm，体积分数约 50%。一般而言，对于碱性渣，当渣温度超过熔化性温度的拐点后，黏度将随温度升高出现突变(大幅下降)。而酸性渣则无此特性，其黏度始终随温度升高而缓慢降低。因铜渣中含大量 SiO_2，属于酸性渣，熔渣温度高、黏度低，有利于渣中氧的传输，加速氧化反应，增强磁铁矿相生成的热力学趋势。此外，熔渣黏度低，也有利于磁铁矿析出与长大。因此，铜熔渣氧化过程，提高反应温度及适度氧化，不仅析出更多的磁铁矿相，而且平均粒径达到 80μm，可满足后续选矿分离的要求。

3) 适宜的氧化工艺条件

如上所述，熔渣的氧化程度须合理控制，适当的氧化促进渣中磁铁矿相富集，氧化过度阻碍其析出与长大。鉴于已有的研究结果，通过提高熔渣碱度及温度可解决此矛盾。操作时观测熔渣黏度，若出现黏度突增，表明可能过度氧化，则以渣黏度突增前的操作参数作为该温度下熔渣适度氧化的控制指标。

7.5 铜渣中铜、铁富集相的选择性分离

7.5.1 氧化改性铜渣的工艺矿物

确定渣中铜、铁组分的赋存状态及主要物相粒径、形貌、分布与组成等特性，为合理制定磨、选矿工艺，实现渣中铜、铁组分的高效分离提供必要的依据。迄今，鲜见铜渣工艺矿物学的研究报道[88, 89]。曹洪杨[81]较为详细地研究了氧化改性前后铜渣的工艺矿物，现简述如下。

1. 铜熔渣氧化改性前后化学成分及矿物相组成的变化

1) 原渣的矿物相及其化学组成

图 7.28 为原渣的背散射电子形貌图像，从中可见，原渣中包含四种矿物相：白亮色的 Sp1 区域、长条形的灰色 Sp2 区域、灰白色的 Sp3 区域和黑色的基体 Sp4 区域。表 7.11 为各相应区域能谱分析结果。由此可确定各区域的矿物相：Sp1 区域由元素 Cu、S 和 Fe 组成，为铜锍相(Cu_2S-FeS)；Sp2 区域由元素 Fe、Si 和 O 等组成，为铁橄榄石相；Sp3 区域由元素 Fe 和 O 等组成，为磁铁矿相；Sp4 区域由元素 Si、O、Fe 和 Al 等组成，为含铁硅酸盐基体相。对照表 7.11 确定，原渣中铁散布于铁橄榄石、磁铁矿与含铁硅酸盐三个物相中，以铁橄榄石相为主，体积分数约 40%，磁铁矿相体积分数为 18%～19%，平均粒径为 20μm，其余为基体相。

图 7.28 原渣背散射电子形貌图像

表 7.11 原渣中不同物相区域元素组成(质量分数，单位：%)

区域	O	Fe	Mg	Si	Cu	S	Ca	Al
Sp1	—	14.805	—	—	52.780	32.415	—	—
Sp2	30.054	51.045	1.861	17.040				
Sp3	25.503	69.945						4.552
Sp4	44.778	8.556		29.326			8.674	8.666

2) 氧化改性渣的矿物相及其化学组成

图 7.29 为氧化改性渣的背散射电子形貌图像，由图可见，改性渣中主要存在灰白色的 Sp1 区域、黑色基体 Sp2 区域和亮白色圆点的 Sp3 区域，以及黑色基体上圆粒状或不规则颗粒状金属铜。表 7.12 为各相应区域能谱分析结果。由此可知：Sp1 区域主要由元素 Fe 和 O 等组成，为磁铁矿相；Sp2 区域主要由元素 O、Mg、Si、Al 和少量 Fe 组成，为辉石类基体相；Sp3 区域主要由元素 Cu、S、O 和 Fe 组成，为铜锍相(Cu_2S-FeS)。对铜渣改性前后作比较确定，经氧化改性后主要含铁物相为磁铁矿相，体积分数增加到 45%～46%，且平均粒径大于 40μm，原渣中的铁橄榄石相基本消失。基体相中铁的质量分数下降到 3%～4%，显然，经氧化改性后原渣中 90% 以上的铁均富集于磁铁矿相中。

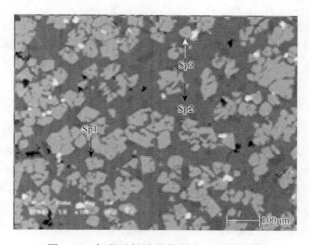

图 7.29　氧化改性渣背散射电子形貌图像

表 7.12　改性渣中不同物相区域元素组成(原子分数，单位：%)

区域	O	Fe	Mg	Si	Cu	S	Ca	Al
Sp1	51.742	42.860	2.385	—	—	—		3.013
Sp2	42.824	3.888	9.403	25.894		—	10.273	7.718
Sp3	22.445	3.691	7.086	6.548	35.818	22.748	—	1.664

2. 氧化改性铜渣中主要物相的形貌特征

磁铁矿为改性渣中主要含铁物相。其理论化学组成为：24.14%Fe^{2+}，48.28%Fe^{3+} 和 27.58% O^{2-}，高温下以非化学计量形式存在，即 $Fe_{3-x}O_4$($x<1$)。在改性渣中，磁铁矿呈大颗自形晶、半自形晶，多数呈现不等边四边形，有的呈树枝状、针状，粒度为 40～80μm，多数为独立体分布于基体中，部分与铜锍复合包裹，嵌布较密切。能谱分析表明，磁铁矿相含少量 Mg、Cu、Zn 和 Al 等杂质元素，导致其磁选精矿品位降低。

镁铁橄榄石[89]是改性渣的基体相。天然矿物中，镁铁橄榄石属辉石类，是造岩铁镁硅酸盐中重要的一类矿物，密度为 4.068g/cm³；化学成分为镁和铁的硅酸盐，颜色取决于元素铁，橄榄石是白色矿物；结晶特征为单斜晶系；晶体习性呈柱状、针状或短柱状，通常是针状结晶，微细。

铜锍多数为独立体，呈球形、椭球形或不规则状。有的铜锍粒子被磁性氧化铁包裹或相互嵌连生长，少量铜锍附着于气泡表面。部分未聚集长大的铜锍粒子($<0.003\mu m$)成群地分散在镁铁橄榄石相中。由氧化前后铜锍相中 Cu、Fe、S 和 O 元素含量变化可以看出，氧化后的铜锍相中铁含量降低，铜含量增加，逐渐转变成白铜锍，同时含有 $Cu_2O \cdot SiO_2$。

金属铜呈圆粒状或不规则颗粒状，部分单独嵌布在脉石中，也可以与磁铁矿相边缘连生，更细小的铜颗粒分布在气孔中。从能谱分析可知，金属铜中铜质量分数为 96.64%，铁质量分数为 3.36%。由于铜冶炼渣中铜含量相对于铁含量低得多，在熔渣氧化改性过程中，随氧化时间延长、氧位增高，磁铁矿相大量析出，造成渣黏度增大，降低细小金属铜颗粒间相互碰撞概率，阻碍铜颗粒的沉积。由于金属铜粒径为 0.0005～0.003μm，过于细小，难以解离，不宜直接重力选矿分离回收。

3. 改性铜渣的磨矿工艺特性

1) 主要矿物相的粒度特性

改性渣中矿物的粒度构成及分布特点对确定磨矿粒度和制定合理的选矿工艺十分重要。为此，在显微镜下对含铜矿物与磁铁矿的嵌布粒度进行统计，其中含铜矿物主要包括铜锍、白铜锍和金属铜等。粒度测试结果表明：①铜矿物的粒度均细小，部分聚集形成大的颗粒，较分散地嵌布于基体相中，或与磁铁矿相连接，大部分未聚集的小颗粒集中分布在一起，嵌布于基体相中；②磁铁矿相粒度比铜矿物大，分布较集中，缓冷改性熔渣中大部分粒径为 40～80μm，见表 7.13。欲使 80%以上磁铁矿相单体解离，磨矿粒度 61μm 需占 95%左右。

表 7.13　磁铁矿相粒度分布(单位：%)

项目	>100μm	100～80μm	80～60μm	60～40μm	40～20μm	<20μm
分布	12.12	14.54	28.41	30.41	10.20	4.32
累计	12.12	26.66	55.07	85.48	95.68	100.00

2) 磨矿时间与磁铁矿解离度的测定

磨矿是实现待选矿物单体解离的必要工序。磨矿减小固体物料尺寸，增大比表面积；同时，物料塑性变形吸收部分机械能，达到高能失稳状态，增大渣的反应活性[90]。根据热力学原理，物体比表面积增大也是其内能增大的过程，是非自发的，需要外界对其做功，因此磨矿是一个功能转换的过程[91]。磨矿作业的动力消耗和金属消耗均很大。通常电耗为 6～30kW·h/t，占选矿厂电耗的 30.75%，磨矿介质和衬板消耗达 0.430kg/t。将改性后渣样破碎、磨细，解离磁铁矿相。通过对不同磨矿时间的采样分析，得到不同磨矿时间改性渣的粒度分布曲线，见图 7.30。由图可见，磨矿时间为 20min、40min、60min 和 90min

所对应的平均粒径分别为 125.23μm、95.55μm、57.48μm 和 39.87μm。另根据改性渣的物相测定，磨矿粒度达 70μm 时，对平均粒径达 80μm 的磁铁矿而言，其解离已比较充分，基本可满足选矿分离要求。

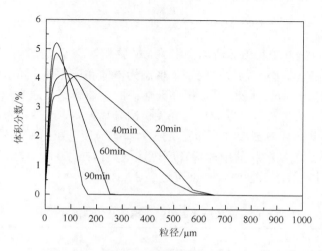

图 7.30　磨矿粒度分析

3) 改性渣中磁铁矿相的单体解离

改性熔渣属于人造矿，它与天然矿的主要差异表现在含有价组分矿物的分散、细小及高化学活性方面。改性渣中的铁可分散在磁铁矿、铁橄榄石、含铁硅酸盐固溶体、铜锍、赤褐铁及金属铁等多种矿物相中；铜则主要分散在铜锍、金属铜、氧化铜、氧化亚铜及铁(硅)酸盐中。"细小"是指渣中各种矿物相的结晶粒度较天然矿小得多。天然矿经历上亿年缓慢冷却而结晶长大，它处于热力学上的低能态和低化学活性。人造矿远达不到天然矿的缓冷程度和晶体尺度。"高化学活性"指熔渣处于高温熔融状态，又经历快速冷却，冷却得到的凝渣化学活性较高。之后在破碎磨细过程又通过塑性变形和晶格缺陷方式吸收部分机械能，达到高能的失稳状态，从而增大了渣中各矿物相的化学活性[92]。这反映在浮选流程中，各种矿物相均对捕收剂具有不同程度的吸附能力，故造成浮选效果不明显。

实验表明，氧化改性处理，原渣中有价组分可实现由分散到集中、由细小到长大的转变。渣中磁铁矿相的嵌布特征及形貌可以达到矿物相充分解离的要求。

4) 改性渣中磁铁矿相结晶过程与单体解离的关系

分别将样品磨至 74～45.8μm 和 45.8～38μm 两种粒级，制作光片，用显微镜观察、分析磁铁矿相的单体解离度。

(1) 改性处理对磁铁矿相单体解离的影响。实验发现，改性渣中磁铁矿相单体解离度好于原渣。表 7.14 为氧化改性前后渣中磁铁矿相的解离度状况。可看出，原渣中磁铁矿相的单体解离度仅为 38.7%，而改性渣中已达到 78.5%。

表 7.14　铜渣改性前后磁铁矿相解离度

样品	矿物名称	单体解离度/%
原渣	磁铁矿	38.7
改性渣	磁铁矿	78.5

(2) 磨矿粒度对磁铁矿相单体解离的影响。矿物相解离受其结构、性质及磨矿条件等多种因素制约。矿石碎、磨产物颗粒的基本形态为单体和连生体。随着磨矿粒度减小，单体和连生体数量将互为消长地升与降。提高天然矿的单体解离度通常从碎、磨工艺条件[93]切入。而改性渣属于人造矿，可以通过选择性析出分离技术，改变富集相的组成、形貌及相界面特性，提高其单体解离度[94-96]。表 7.15 为磨矿粒度与磁铁矿相的单体解离度关系，随磨矿粒度的减小，磁铁矿相的单体解离度迅速增大。在 60μm 粒级下改性渣解离度为72.2%，而在 42μm 粒级下改性渣解离度可达到87.5%。

表 7.15　磨矿粒度与磁铁矿相的单体解离度关系

磨矿产品粒级/μm	矿物名称	单体解离度/%
42	磁铁矿	87.5
60	磁铁矿	72.2

通常矿物解离分为脱离解离和分散解离[97]。实际破碎过程两种解离机理并存，各自所占比例则因物料特性的不同而有所差异。分散解离是因界面结合强度大于颗粒自身的结合强度，矿物的单体解离度随着磨矿粒度的减小而增大；而脱离解离是由于界面结合强度小于颗粒自身的结合强度，在较大的磨矿粒度下矿物单体解离度就很大，并且会随着磨矿粒度的减小而缓慢增加。改性渣在磨矿过程中脱离解离所占比例高于分散解离。

7.5.2　改性渣的选矿分离

1. 改性渣的重选分离

改性渣矿物组成主要为磁铁矿相、铜锍相和铁橄榄石相。磁铁矿密度为 5.175g/cm³，铁橄榄石密度为 4.32g/cm³，铜锍密度为 5.2g/cm³，脉石石英等密度为 2.6g/cm³，金属铜密度为 8.92g/cm³。磁铁矿相、铜锍相、金属铜及铁橄榄石相等与脉石相的重选分选系数分别为 2.61、2.63、4.95 和 2.08，均属于可选范围，重选工艺可行。据此，利用各矿物相的密度差，在浮选前加入重选工序以富集不同密度的矿物，去除对浮选不利的矿泥及体积大、质量较小的脉石等[81]。

根据改性渣粒度特征，使用 XYZ-1100x500 刻槽矿泥摇床，采用分级-重选流程，将改性渣细磨分级，分别调浆后重选，结果见表 7.16。

表 7.16　不同粒级改性渣的重选工艺指标

粒级/μm	产品名称	产率/%	TFe 品位	回收率/%
74	精矿	60.35	40.19	66.80
	中矿	12.17	34.79	26.33
	尾矿	27.48	20.5	6.87
	给矿	100.00	36.31	100.00
74～45.8	精矿	53.23	43.49	63.75
	中矿	10.74	29.66	8.78
	尾矿	36.03	27.69	27.47
	给矿	100.00	36.31	100.00
45.8～38	精矿	49.06	41.09	55.51
	中矿	11.33	30.51	9.52
	尾矿	39.61	32.05	34.97
	给矿	100.00	36.31	100.00

从表 7.16 可见，重选精矿品位随磨矿粒级的细化而提高，但磨矿粒度小于 45.8μm 后品位又下降；而精矿的回收率及产率均随磨矿粒级的细化而下降。这是因为改性渣中磁铁矿相的粒径主要分布在 40～70μm。磨矿越细，磁铁矿相的单体解离越好，增加精矿，品位也提高。但磨矿粒度小于渣中磁铁矿的粒径后，在磨矿过程中会因机械功导致的化学作用而产生胀裂，破坏原来晶粒的完整，粒度过细的晶粒在流水的搬运作用下富集到尾矿中，导致精矿品位降低。

鉴于各粒级精矿的品位不高，且产率相对较大，有必要对各粒级的精矿作二次重选，将二次重选精矿、中矿及尾矿列于表 7.17。从表可见，二次重选后各粒级的精矿品位均有提高，尤其 74～45.8μm 粒级，二次精矿中铁品位为 52.60%。进一步检测还发现，各级分选精矿中铁、铜的品位均较高，表明重选分离可实现渣中磁铁矿相、铜锍相与铁橄榄石相的分离。

表 7.17　重选精矿的二次重选工艺指标

粒级/μm	产品名称	产率(对作业)/%	TFe 品位	回收率(对作业)/%
74	精矿	64.78	46.53	74.80
	中矿	21.37	36.24	19.27
	尾矿	13.85	16.63	5.93
	给矿	100.00	40.19	100.00
74～45.8	精矿	30.55	52.60	36.94
	中矿	63.56	40.62	59.37

续表

粒级/μm	产品名称	产率(对作业)/%	TFe 品位	回收率(对作业)/%
74～45.8	尾矿	5.89	27.22	3.69
	给矿	100.00	43.49	100.00
45.8～38	精矿	32.01	45.37	35.34
	中矿	28.57	44.21	30.74
	尾矿	39.42	35.35	33.92
	给矿	100.00	41.09	100.00

2. 改性渣的磁选分离

氧化改性渣破碎、细磨至粒度小于 74μm 后，用标准筛分级，得到 74μm、45.8μm、38μm 不同粒级的待磁选物料。分别控制磁选管磁场强度为 46.9mT、62.5mT、78.1mT 和 93.8mT 进行磁选，考察磨矿粒度及磁场强度对磁选效果的影响。

1) 磨矿粒度

表 7.18 给出磁场强度为 78.1mT 时磨矿粒度与精矿 TFe 品位及回收率间关系。

表 7.18　精矿 TFe 品位、回收率与磨矿粒度间关系(单位：%)

指标	38μm	45.8μm	74μm
TFe 品位	45.24	48.46	41.36
回收率	87.75	92.22	87.17

由表可知，磁场强度相同，精矿中 TFe 品位随磨矿粒度减小而增大，但粒径小于 45.8μm 时规律相反。原因是磁铁矿相多与渣中其他矿物相形成包裹，包裹体的磁性相对弱化，并且粒度越大，弱化越明显，磁选时的抛尾量也越大，加之部分磁铁矿连带包裹相，致使精矿 TFe 品位及回收率均随磨矿粒度增大而降低。若磨矿粒度过细，则磁选时颗粒间易产生磁团聚，部分脉石颗粒可被裹挟在磁团或磁链中，造成对精矿的污染而降低品位。因此，须有针对性地确定磨矿粒度为 46μm 左右，才可能获得较高的精矿品位及回收率。

2) 磁场强度

实验发现，控制磁场强度为 78.1mT 时，产品的综合技术指标较为理想，精矿品位达 49%左右，回收率接近 95%，呈现随磁场强度增大，精矿 TFe 品位降低、TFe 回收率增加的现象。当磁场强度大于 78.1mT 时，精矿中 TFe 品位大幅降低。原因是磁场强度过高，使得渣中含铁较少的弱磁性物质颗粒也随同选入，导致精矿 TFe 回收率增加的同时 TFe 品位降低。实际操作中，确定磁场强度是否适度主要取决于待选物料自身的矿物特性及指标要求。

3. 改性渣的浮选分离

浮选实验发现，以油酸钠等为捕收剂的正浮选工艺处理改性铜渣中磁铁矿相的分离效果不理想，故尝试反浮选工艺的分离效果。

在浮选矿浆中石英的有效重力远低于铁矿物。此重力差可减轻浮选过程的混乱度，提高分选效果。董凤芝等[98]以十二胺为捕收剂、淀粉为抑制剂，在反浮选硫铁矿的工艺中确定十二胺的最佳温度为 328K。据此，确定铜渣中磁铁矿反浮选的试验条件如下：十二胺为捕收剂，可溶性淀粉为抑制剂，温度为 328K。实验结果列于表 7.19。由表知，可溶性淀粉抑制磁铁矿，十二胺反浮选石英效果明显，且可溶性淀粉加入量为 900g/t 时综合效果最佳。

从石英与磁铁矿在自然酸碱度时的溶液化学得知，在水溶液中石英发生如下反应致其表面荷负电：

$$SiO_2 + H_2O \longrightarrow H_2SiO_3$$
$$H_2SiO_3 \longrightarrow HSiO_3^- + H^+ \qquad\qquad (7.30)$$
$$HSiO_3^- \longrightarrow SiO_3^{2-} + H^+$$

而磁铁矿在水溶液中发生以下反应致其表面荷正电：

$$Fe_2O_3 + 3H_2O \longrightarrow 2Fe(OH)_3$$
$$Fe(OH)_3 \longrightarrow Fe(OH)_2^+ + OH^-$$
$$Fe(OH)_2^+ \longrightarrow Fe(OH)^{2+} + OH^- \qquad\qquad (7.31)$$
$$Fe(OH)^{2+} \longrightarrow Fe^{3+} + OH^-$$

阳离子捕收剂在水溶液中发生如下反应，以其阳离子作用于矿物：

$$RNH(CH_2)_3NH_3^+ \longrightarrow RNH(CH_2)_3NH_2 + H^+$$
$$2RNH(CH_2)_3NH_3^+ \longrightarrow \left(RNH(CH_2)_3NH_2\right)_2^{2+} \qquad\qquad (7.32)$$

表 7.19　可溶性淀粉加入量对反浮选效果的影响

十二胺加入量/(g/t)	可溶性淀粉加入量/(g/t)	给矿品位/%	产品名称	产率/%	TFe 品位/%	回收率/%
200	600	47.56	精矿	48.04	50.01	50.51
			尾矿	51.05	45.25	48.57
	900	45.01	精矿	58.36	47.38	61.43
			尾矿	34.87	41.20	31.92
	1200	40.77	精矿	78.00	41.61	79.61
			尾矿	16.78	39.93	16.43

此外，淀粉中存在大量—O—基和—OH 基，对铁矿物的吸附作用主要为氢键力和范德瓦耳斯力，易形成桥联作用，强化对铁矿物的抑制作用。淀粉在改性过程带一定量负电

荷，所以铁矿物表面电位影响淀粉的抑制效果。而淀粉与石英在自然酸碱度下荷电性质相同，不发生吸附作用，这是淀粉成为石英-磁铁矿分选体系抑制剂的直接原因[99]。

4. 改性渣重选-磁选-浮选联合的选矿分离

综上可见，单一的重选、磁选、浮选工艺各有其优势，对铜渣中磁铁矿的分离均有效果，但不理想。作为高炉冶炼原料，铁精矿品位低于55%不达标。为此，尝试将上述三种工艺联合，或许有可能改善分选效果。

将TFe品位为36.31%的改性渣细磨至74μm占92.47%，选择粒级为74～45.8μm作为给料，实验采用重选→磁选→浮选联合的工艺，各单元工序的分选参数与前述设定相同。

1) 改性渣重选分离

改性渣经二次重选分离得到铁精矿、中矿及尾矿的选分指标见表7.20。

表 7.20　改性渣的重选分离效果

粒级/μm	产品名称	产率/%	TFe 品位/%	回收率/%
	精矿	30.55	52.60	36.94
74～45.8	中矿	63.56	40.62	59.37
	尾矿	5.89	27.22	3.69
	给矿	100.00	36.31	100.00

2) 重选精矿及尾矿的磁选分离

由上述讨论知，重选精矿中磁铁矿相所占比例较高，将精矿再磁选可剔除其中非磁性及弱磁性杂质颗粒，从而选分出品位更高的铁精矿，结果如表7.21所示。仅通过一次磁选分离就达到精矿TFe品位为55.42%。

表 7.21　重选产品的一次磁选分离效果(单位：%)

给料	产品名称	产率	TFe 品位	回收率
	精矿	93.71	55.42	98.74
重选精矿	尾矿	6.29	10.60	1.26
	给矿	100.00	52.60	100.00
	精矿	75.16	41.16	76.16
重选中矿	尾矿	24.84	10.82	23.84
	给矿	100.00	40.62	100.00
	精矿	59.03	39.93	86.59
重选尾矿	尾矿	40.97	8.91	13.41
	给矿	100.00	27.22	100.00

3) 磁选精矿及尾矿的反浮选分离

在联合工艺流程中选择反浮选进一步降硅，以提高铁精矿品位。采用十二胺为捕收剂、可溶性淀粉为抑制剂的反浮选工艺，对磁选精矿及尾矿进行分离，实验条件同前，结果如表 7.22 所示。从表可知，反浮选可提高铁精矿平均品位 4%。

表 7.22　磁选联合反浮选的分离效果

十二胺加入量/(g/t)	可溶性淀粉加入量/(g/t)	给矿品位/%	产品	产率/%	铁品位/%	回收率/%
200	900	55.42	精矿	52.33	59.20	55.90
			尾矿	47.67	51.27	44.10
		10.60	精矿	23.18	15.97	34.92
			尾矿	76.82	8.98	65.08
		41.16	精矿	41.80	45.74	46.45
			尾矿	58.20	37.87	53.55
		10.82	精矿	15.63	16.11	23.27
			尾矿	84.37	9.84	76.73
		39.93	精矿	42.27	44.60	47.21
			尾矿	57.73	36.51	52.79
		8.91	精矿	14.19	14.23	22.66
			尾矿	85.81	8.03	77.34

再提高铁精矿品位可实施二次磁选，完整的联合选矿工艺为：重选→磁选→浮选→细磨→磁选。由此得到磁铁矿精矿主要化学组成见表 7.23。

表 7.23　联合选矿分离的铁精矿化学组成(单位：%)

成分	质量分数	成分	质量分数
Fe	60.610	Cu	0.454
O	25.578	Si	5.467
Mg	2.323	S	0.066
Al	3.946	其他	1.556

综上，采用重、磁、浮三者结合的联合选矿工艺：重选→磁选→浮选→细磨→磁选，可得到 TFe 品位为 60.61% 的铁精矿。对于高铜渣中的铜，在熔渣改性后亦可同步回收。

7.6　铜　渣　除　锌

铜渣中含杂质锌，娄文博[100]研究高温还原除锌，以期回收铜渣中铁，得到无锌的铁精矿，可用作高炉炼铁原料。铜渣中含 40.45%TFe、0.72%Zn 和 0.27%Cu。

7.6.1　铜渣中锌的存在形态

铜渣装入坩埚重熔，得到大块样品，其扫描电镜图片见图 7.31。图中白色区域(A、C、

D)为 Fe_3O_4 相，同时含有少量锌，结合 XRD 分析，推测 Zn、Cu 固溶磁铁矿相，化学式为 $(Cu_{0.5}Zn_{0.5})Fe_2O_4$。图中灰白色区域(B)主要物相为铁橄榄石，含少量锌、铜元素，推测化学式为 $(Cu_{0.5}Zn_{0.5})FeSiO_4$；图中黑色区域(E、F、G)主要物相为石英，含有少量锌、铜、钙、镁等元素，通过能谱并结合 XRD 分析，推测可能存在 $ZnSiO_3$。参照文献[101]工业火法制锌方法，实验拟将铜渣配碳，高温还原、挥发除锌。

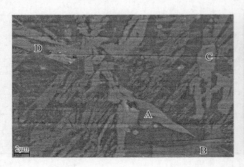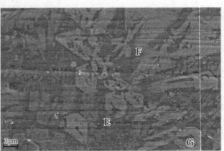

图 7.31　铜渣 SEM 图片

7.6.2　温度对除锌效果的影响

铜渣配碳粉 5%，还原 6h，观察温度对渣中锌质量分数的影响。实验温度为 800℃、900℃、950℃、1100℃、1150℃、1200℃。图 7.32 显示渣中锌质量分数随还原温度变化的曲线。由图见，随温度升高，渣中锌质量分数逐渐降低，并且在 950～1100℃下降明显。在 1200℃，渣中锌质量分数降至 0.1%左右。锌质量分数如此低，可以作为高炉原料。

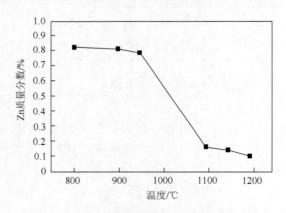

图 7.32　渣中锌质量分数随还原温度变化曲线

参 考 文 献

[1]　朱祖泽，贺家齐. 现代炼铜学[M]. 北京：科学出版社，2003.

[2]　李磊，王华，胡建杭，等. 铜渣综合利用的研究进展[J]. 冶金能源，2009，28(1)：44-48.

[3]　陈远望. 智利铜炉渣贫化方法概述[J]. 世界有色金属，2001(9)：56-62.

[4]　曹景宪，王丙恩. 中国铁矿的开发与利用[J]. 中国矿业，1994，3(5)：17-22.

[5]　周东美，刘小红，司友斌，等. 九华铜矿重金属污染调查及耐铜植物的筛选研究[C]. 北京：中国有色金属学会第六届学术年会论文集，2005：208-217.

[6]　王波，叶新才，程从坤，等. 铜陵地区矿山生态环境综合治理途径[J]. 长江流域资源与环境，2004，13(5)：494-498.

[7]　刘晓继，李军霞. 大冶市农业面源污染现状及对策[J]. 现代农业科技，2009(15)：287-288.

[8]　达文波特 W G. 铜冶炼技术[M]. 杨吉春，董方，译. 北京：化学工业出版社，2006.

[9]　Moskalyk R R，Alfantazi A M. Review of copper pyrometallurgical practice：Today and tomorrow[J]. Minerals Engineering，2003，16(10)：893-919.

[10]　Kapusta J P T. JOM world nonferrous smelters survey，part I：Copper[J]. JOM，2004，56(7)：21-27.

[11]　普仓凤. 炼铜炉渣中铜的浮选回收试验[J]. 采矿技术，2008，8(1)：42-44，48.

[12]　秦庆伟，黄自力，刘琼，等. 反射炉渣中铜铁的赋存状态研究[J]. 武汉科技大学学报，2008，31(5)：482-486.

[13]　Sridhar R，Toguri J M，Simeonov S. Copper losses and thermodynamic considerations in copper smelting[J]. Metallurgical and Materials Transactions B，1997，28(2)：191-200.

[14]　鲁伟明. 结晶学与岩相学[M]. 北京：化学工业出版社，2008.

[15]　黄希祜. 钢铁冶金原理[M]. 3 版. 北京：冶金工业出版社，2002.

[16]　高娃. 四氧化三铁的结构[J]. 化学教学，2001(8)：46.

[17]　彭容秋. 重金属冶金学[M]. 2 版. 长沙：中南大学出版社，2004.

[18]　南京大学地质学系. 结晶学与矿物学[M]. 北京：地质出版社，1978.

[19]　刀传仁. 有色金属提取冶金手册：铜镍[M]. 北京：冶金工业出版社，2000.

[20]　高惠民，余永富，朱瀛波，等. 大冶诺兰达炉渣结晶研究[J]. 金属矿山，2005(9)：63-65.

[21]　王珩. 炼铜转炉渣中铜铁的选矿研究[J]. 有色矿山，2003，32(4)：19-23.

[22]　黄明琪，雷贵春. 贵溪冶炼厂转炉渣选矿生产 10 年综述[J]. 江西有色金属，1998(2)：17-20.

[23]　凌云汉. 从炼铜炉渣中提取有价金属[J]. 化工冶金，1999(2)：220-224.

[24]　田锋，张锦柱，师伟红，等. 炼铜炉渣浮选铜研究与实践进展[J]. 矿业快报，2006，22(12)：17-19，30.

[25]　王玉香，赵通林. 瓦斯泥物料性质及选别方法的试验研究[J]. 鞍山钢铁学院学报，1995，18(3)：16-21.

[26]　孙培梅，魏岱金，李洪桂，等. 铜渣氯浸渣中有价元素分离富集工艺[J]. 中南大学学报(自然科学版)，2005，36(1)：38-43.

[27]　徐家振，金哲男，焦万丽. 生物法贫化铜熔炼炉渣[J]. 有色矿冶，2001，17(1)：28-30.

[28]　杜清枝. 炉渣真空贫化的物理化学[J]. 昆明工学院学报，1995，20(2)：107-110.

[29]　刘纲，朱荣. 当前我国铜渣资源利用现状研究[J]. 矿冶，2008，17(3)：59-63.

[30]　汤宏. 铜渣选矿试验的探讨[J]. 有色矿山，2001，30(5)：38-42.

[31]　凯利 E G，斯波蒂斯伍德 D J. 选矿导论[M]. 胡力行，等，译. 北京：冶金工业出版社，1989.

[32]　张荣良. 闪速炼铜转炉渣浮选尾矿综合利用的研究[J]. 江西有色金属，2001(1)：31-34.

[33]　孔胜武. 利用选矿工艺贫化诺兰达炉渣[J]. 有色冶炼，1999，28(5)：13-15.

[34]　师伟红，杨波，田锋. 某冶炼厂炼铜炉渣浮选铜试验探讨[J]. 有色金属，2006(2)：15-17，5.

[35]　东北工学院选矿教研室. 选矿知识[M]. 北京：冶金工业出版社，1974.

[36]　昂正同. 降低闪速熔炼渣含铜实践[J]. 有色金属(冶炼部分)，2002(5)：15-17.

[37]　赵俊学，张丹力，马杰，等. 冶金原理[M]. 西安：西北工业大学出版社，2002.

[38]　邢卫国. 铜转炉渣返回对反射炉熔炼的影响[J]. 有色金属(冶炼部分)，1997(6)：6-9.

[39]　Lifset R J，Gordon R B，Graedel T E，et al. Where has all the copper gone：The stocks and flows project，part 1[J]. JOM，2002，54(10)：21-26.

[40]　李样人. 降低电炉渣含铜的措施[J]. 矿冶工程，2003，23(3)：49-50.

[41]　周永益. 熔铜渣的贫化问题[J]. 有色矿冶，1988，4(5)：50-52.

[42]　魏国忠，吾特 W，叶国瑞. 直流矿热电炉中铜转炉渣的贫化[J]. 东北工学院学报，1989，10(4)：388-393.

[43]　江明丽，李长荣. 炼铜炉渣的贫化及资源化利用[J]. 中国有色冶金，2009，38(3)：57-60.

[44] 雷霆，王吉坤. 熔池熔炼：连续烟化法处理有色金属复杂物料[M]. 北京：冶金工业出版社，2008.

[45] Piret N L, Partners S. Cleaning copper and Ni/Co slags: The technical, economic, and environmental aspects[J]. JOM, 2000, 52(8): 18.

[46] Hughes S. Applying Ausmelt technology to recover Cu, Ni, and Co from slags[J]. JOM, 2000, 52(8): 30-33.

[47] Tadeusz K, Adam G, Janusz K. FeO as decopperization agent of slag from Outokumpu flash-smelting furnace[J]. World of Metallurgy, 2007, 60(1): 15-20.

[48] 刘维平，邱定蕃，卢惠民. 湿法冶金新技术进展[J]. 矿冶工程，2003，23(5): 39-42, 46.

[49] 刘媛媛. 铜矿峪低品位铜矿细菌浸铜研究[J]. 有色金属，2004(1): 51-55.

[50] 张雁生，覃文庆，王军，等. 中温嗜酸硫杆菌浸出低品位硫化铜矿[J]. 矿冶工程，2007，27(4): 25-30.

[51] 木子. 大有发展前途的生物冶金学[J]. 金属世界，2007(3): 55.

[52] 张才学，郑若锋，毛素荣，等. 低品位硫化铜矿微生物浸出研究[J]. 有色金属(选矿部分)，2007(4): 10-12, 17.

[53] 付念新，张力，曹洪杨，等. 添加剂对含钛高炉渣中钙钛矿相析出行为的影响[J]. 钢铁研究学报，2008，20(4): 13-17.

[54] 隋智通，郭振中，张力，等. 含钛高炉渣中钛组分的绿色分离技术[J]. 材料与冶金学报，2006，5(2): 93-97.

[55] 李大纲. 高炉渣中有价组分选择性析出与解离[D]. 沈阳：东北大学，2005.

[56] 廖荣华，陈德明，周玉昌. 攀钢高炉渣综合利用研究进展及产业化建议[J]. 攀枝花科技与信息，2006，31(4): 1-9.

[57] 殷志勇，张文彬，成海芳. 选冶联合回收冶金废渣中的有价元素[J]. 矿业快报，2007(1): 29-31.

[58] 张林楠. 铜渣中有价组分的选择性析出研究[D]. 沈阳：东北大学，2005.

[59] Zhang L N, Zhang L, Wang M Y, et al. Research on the oxidization mechanism in $CaO-FeO_x-SiO_2$ slag with high iron content[J]. Transactions of Nonferrous Metals Society of China, 2005, 15(4): 1-6.

[60] 张林楠，张力，王明玉，等. 铜渣贫化过程的显微结构变化研究[C]. Shenyang: Proceedings of the Second International Symposium on Metallurgy and Materials of Non-Ferrous Metals and Alloys, 2004: 435-439.

[61] Zhang L N, Zhang L, Wang M Y, et al. Research on the iron oxidization function in $CaO-FeO_x-SiO_2$ slag[C]. Shenyang: Proceedings of the Second International Symposium on Metallurgy and Materials of Non-Ferrous Metals and Alloys, 2004: 167-176.

[62] 张林楠，张力，王明玉，等. 铜渣贫化的选择性还原过程[J]. 有色金属，2005(3): 44-47.

[63] Zhang L N, Zhang L, Sui Z T. Influence mechanism of oxidization on the viscosity of molten $CaO-FeO_x-SiO_2$ system[C]. Wuhu: Proceedings of First Asian and Ninth China-Japan Bilateral Conferences on Molten Salt Chemistry and Technology, 2005: 253-256.

[64] Zhang L N, Zhang L, Sui Z T. Research on kinetic of carbon reducing process of molten $CaO-FeO_x-SiO_2$ system[C]. Wuhu: Proceedings of First Asian and Ninth China-Japan Bilateral Conferences on Molten Salt Chemistry and Technology, 2005: 253-256.

[65] Zhang L, Zhang L N, Sui Z T. Dynamic oxidation and coupling reaction of $CaO-SiO_2-Al_2O_3-MgO-TiO_x-FeO_y$ system[C]. Shenyang: Proceedings of the Second International Symposium on Metallurgy and Materials of Non-Ferrous Metals and Alloys, 2004: 524-528.

[66] 王明玉，张力，张林楠，等. 含钛高炉熔渣氧化过程温度变化匡算[J]. 过程工程学报，2005，5(4): 407-410.

[67] 伊赫桑 I. 纯物质热化学数据手册[M]. 程乃良，等，译. 北京：科学出版社，2003.

[68] Matousek J W. The oxidation mechanism in copper smelting and converting[J]. JOM, 1998, 50(4): 64-65.

[69] 叶国瑞. $logP_{O_2}-logP_{S_2}$ 图及其在铜冶炼中的应用[J]. 重有色冶炼，1980，9(Z1): 70-80.

[70] 郭贻诚，王震西. 非晶态物理学[M]. 北京：科学出版社，1984.

[71] 徐祖耀. 相变原理[M]. 北京：科学出版社，1988.

[72] 李玉海. 含钛高炉渣中钙钛矿相选择性析出与长大[D]. 沈阳：东北大学，2000.

[73] Erukhimovitch V, Baram J. Discussion of "an analysis of static recrystallization during continuous, rapid heat treatment" [J]. Metallurgical and Materials Transactions A, 1997, 28(12): 2763-2764.

[74] Sui Z T, Zhang P X, Yamauchi C. Precipitation selectivity of boron compounds from slag[J]. Acta Materialia, 1999, 47(4):

1337-1344.

[75]　娄太平，李玉海，李辽沙，等. 含 Ti 高炉渣的氧化与钙钛矿结晶研究[J]. 金属学报，2000，36(2)：144-148.

[76]　Bratland D H，Grong Ø，Shercliff H，et al. Modelling of precipitation reactions in industrial processing[J]. Acta Materialia，1997，45(1)：1-22.

[77]　李胜荣. 结晶学与矿物学[M]. 北京：地质出版社，2008.

[78]　陈丹，于义忠，朱化军，等. 电镀污泥水热合成掺杂的四氧化三铁[J]. 中北大学学报(自然科学版)，2009，30(3)：251-256.

[79]　梁敬魁. 粉末衍射法测定晶体结构[M]. 北京：科学出版社，2003.

[80]　胡为正，黄孝文，蒋金明. 西藏措勤县木质顶磁铁矿矿床地质特征及成因分析[J]. 资源调查与环境，2006，27(3)：200-208.

[81]　曹洪杨. 从铜渣中分离铁与铜的研究[D]. 沈阳：东北大学，2009.

[82]　曹洪杨，张力，付念新，等. 国内外铜渣的贫化[J]. 材料与冶金学报，2009，8(1)：33-39.

[83]　Cao H，Zhang L，Wang C. Study on selectively separating iron constituents in copper smelting slags[C]. San Francisco：Symposium on Extraction and Processing Division held at the TMS 2009 Annual Meeting and Exhibition，2009：863-866.

[84]　曹洪杨，付念新，王慈公，等. 铜渣中铁组分的选择性析出与分离[J]. 矿产综合利用，2009(2)：8-11.

[85]　曹洪杨，付念新，张力，等. 铜冶炼熔渣中铁组分的迁移与析出行为[J]. 过程工程学报，2009，9(2)：284-288.

[86]　张多默，肖松文，刘志宏，等. Ostwald 规则与湿法锑白晶型控制[J]. 中南工业大学学报(自然科学版)，2000，31(2)：121-123.

[87]　娄太平，李玉海，李辽沙，等. 含钛炉渣中钙钛矿相析出动力学研究[J]. 硅酸盐学报，2000，28(3)：255-258.

[88]　邓彤，凌云汉. 含钴铜转炉渣的工艺矿物学[J]. 中国有色金属学报，2001，11(5)：881-885.

[89]　牧野和孝. 物资源百科辞典[M]. 东京：日刊工业新闻社，2000.

[90]　阳健. 锌渣氧粉铟浸出的新工艺研究[D]. 南宁：广西大学，2008.

[91]　朱天乐. 对选矿工艺中矿物单体解离度的探讨[J]. 江苏地质，1994，18(2)：119-122.

[92]　黄云峰，王文潜，钱鑫. 机械化学及其在矿物加工中的应用[J]. 金属矿山，1999(5)：17-20.

[93]　韦德科，崔湘玲. 关于硫酸烧渣的利用及建议[J]. 云南冶金，2000，29(6)：4-7，12.

[94]　陈仲明. 矿物磨碎解离理论研究的进展[J]. 化工矿山技术，1995，24(6)：48-53.

[95]　王雅蓉，周乐光. 相界特征对矿物单体解离度的影响[J]. 东北大学学报，1996，17(3)：310-314.

[96]　王美丽，舒新前，朱书全. 煤岩组分解离与分选的研究[J]. 选煤技术，2004(4)：33-36，92.

[97]　周乐光. 工艺矿物学[M]. 2 版. 北京：冶金工业出版社，2002.

[98]　董风芝，宋振柏，马振吉，等. 硫铁矿烧渣回收铁精矿浮选工艺研究[J]. 金属矿山，2005(11)：68-71.

[99]　陈达，葛英勇. 改性淀粉对石英-磁铁矿浮选体系的影响[J]. 矿产综合利用，2006(6)：12-15.

[100]　娄文博. 钛渣制备富钛料与铜渣提取有价铁的实验研究[D]. 沈阳：东北大学，2016.

[101]　雷霆，陈利生，余宇楠. 锌冶金[M]. 北京：冶金工业出版社，2013.

第8章 铬渣解毒新技术

8.1 铬　　渣

铬盐是无机盐产品主要品种之一，应用领域十分广泛，涉及鞣革、颜料、木材防腐、电镀、制药、有机合成、染料、化学试剂、陶瓷、玻璃制版、催化剂、磁性材料、火柴、金属缓蚀、金属抛光等方面，在国民经济中起着重要作用。铬盐生产已有 200 多年历史，世界铬盐产能约 120 万 t/a(以 $Na_2Cr_2O_7·2H_2O$ 计，下同)，中国接近 40 万 t/a，其他主要生产国为美国、英国、俄罗斯、哈萨克斯坦、德国及日本，产量占世界总产量的 70%左右。发达国家为防止铬渣污染扩散，多将铬盐集中生产，如美国年产 17.2 万 t 铬盐的有 5 家企业。中国生产铬盐已有 60 余年，近 20 年来，中国铬盐生产高速发展，产量剧增，已成为铬盐生产大国。

铬渣是铬盐及铁合金等行业生产过程中排放的危险废弃物，是国际公认的 3 种高致癌物之一，也是美国环境保护署(Environment Protection Agency，EPA)公认的 129 种重点污染物之一，被列入联合国环境规划署《控制危险废物越境转移及其处置巴塞尔公约》列出的"应加控制的废物类别"中 45 类的 Y21 组别，以及我国《国家危险废物名录》中 HW21 组。铬渣中 Cr^{6+} 因具有很强的氧化性而具有很大的毒性，同时铬渣具有强碱性，因而对人类和环境造成极大威胁，被列为对人体危害最大的 8 种化学物质之一。商业部门统计全国有 10%的商品与铬盐有关，在我国现有生产技术条件下，生产 1t 金属铬将排出 7t 铬渣；生产 1t 重铬酸钠将排出 1.7~2.5t 铬渣。全国每年排出 60 余万 t 铬渣，历年尚未及处理的铬渣的积累堆存量已接近 600 万 t。

铬渣中所含的水溶性和酸溶性的 Cr^{6+} 对人、畜及农作物皆有害，已经对环境造成严重污染。因此，研究铬渣的处理方法，使其资源化、减量化与无害化已刻不容缓，成为当务之急。

生产铬盐的原料为铬铁矿，组成为 $FeO·Cr_2O_3$ 或 $Fe(CrO_2)_2$，是亚铬酸($HCrO_2$)形成的不溶性盐。天然铬铁矿为各种类型的铬尖晶石，通式为$(Fe, Mg)O·(Cr, Al, Fe)_2O_3$，可视为 $Fe(CrO_2)_2$、$Mg(CrO_2)_2$ 及 $Mg(AlO_2)_2$ 的类质同晶固溶体，除铬尖晶石外还含有其他岩相，铬尖晶石中含30%~55%Cr_2O_3，10%~20%FeO 和 Fe_2O_3，5%~20%Al_2O_3，10%~25%MgO，3%~12%SiO_2，1%~3%CaO。铬铁矿中铬以 Cr^{3+} 赋存，因此铬盐生产需要将铬铁矿中非水溶性的 Cr^{3+} 氧化为可溶性的 Cr^{6+}。早期采用硝酸钾在坩埚中高温氧化分解铬铁矿，所得铬盐以铬酸钾、重铬酸钾为主，之后改进以碳酸钾代替硝酸钾，在反射炉内氧化焙烧铬铁矿，再后来在铬铁矿与碳酸钾的混合物中加入石灰，形成至今普遍采用的石灰质填充料的焙烧工艺。20 世纪初，随着纯碱工业的发展，碳酸钾、铬酸钾及重铬酸钾等钾盐被相应的钠盐替代，焙烧设备也由反射炉发展为回转窑。此后，将钠质填料替代为白云石、石灰

石、石灰和部分返渣的复合填充料，以降低填料量和排渣量[1-4]。国内铬盐生产厂家均采用钙焙烧工艺，铬的总回收率仅为 76%，且因产生大量高毒性铬渣而面临巨大的环境压力。目前发达国家铬盐生产的先进工艺为无钙焙烧工艺，在铬铁矿氧化焙烧过程中用铬渣代替石灰填料，铬的总回收率可提高至 90%，铬渣降低至 0.8t/t 重铬酸钠，资源利用率提高，环境压力减轻，但仍未彻底消除铬渣毒性对环境的污染[5-10]。

8.2　铬渣的物相及其毒性

8.2.1　铬渣的物相及危害

铬渣呈黄、黑、赭等颜色，是最危险的固体废弃物之一，对生态环境造成持续性污染。我国铬盐各生产厂家的原料、工艺流程和操作条件基本相似，表 8.1 和表 8.2 列出几个铬渣排放厂家铬渣的主要成分、含量及物相组成[11]。

表 8.1　铬渣的化学成分及含量(质量分数，单位：%)

单位	CaO	MgO	Fe_2O_3	Al_2O_3	SiO_2	Cr_2O_3	Na_2CrO_4	Na_2CO_3	CrO_3	H_2O
沈阳某厂	26~28	28~30	10	6~8	8~10	4.5	0.9	—	—	—
长沙某厂	26~30	28~32	—	5~9	5~11	3~5	0.6	—	—	—
包头某厂	23~30	24~30	8~10	3.7~8	6~10	2~7	—	3.5~7	0.3~1.5	15~20
南京某厂	28.44	28.44	6.79	5.12	11.35	4.42	—	—	1.11	14~19

铬渣的物相组成对铬渣处理与资源化利用十分重要。从表 8.2 可知，铬渣中主要 Cr^{6+} 物相为四水铬酸钠、铬酸钙、铬铝酸钙和碱式铬酸铁，此外尚有部分 Cr^{6+} 包含在铁铝酸四钙、硅酸二钙固溶体中。赋存在铬渣内的含 Cr^{6+} 化合物因生产工艺的浸洗过程未能及时扩散至表面溶解，仍留在渣内；渣中的含 Cr^{6+} 化合物晶粒很小，或附着于其他颗粒表面，可被地表水、雨水缓慢溶解，并被硫离子、亚铁离子还原。包含在硅酸二钙及铁铝酸四钙固溶体中的 Cr^{6+} 位于晶格的点阵处，难溶解，也难以低温还原，长期堆放时，这部分 Cr^{6+} 将随硅酸二钙和铁铝酸四钙的水化而缓慢溶出，严重污染环境。

表 8.2　铬渣的物相组成

物相	分子式	质量分数/%	备注
方镁石	MgO	约 20	熟料原有
硅酸二钙	$2CaO \cdot SiO_2$	约 25	熟料原有
铁铝酸四钙	$4CaO \cdot Al_2O_3 \cdot Fe_2O_3$	约 25	熟料原有

物相	分子式	质量分数/%	备注
亚铬酸钙	$CaCr_2O_4$	5～10	熟料原有
铬尖晶石	$(Fe, Mg)Cr_2O_4$	5～10	熟料原有
铬酸钙	$CaCrO_4$	约 1	熟料原有
四水铬酸钠	$Na_2Cr_2O_4 \cdot 4H_2O$	2～3	浸取形成
铬铝酸钙	$4CaO \cdot Al_2O_3 \cdot CrO_3 \cdot 12H_2O$	<1	浸取形成
碱式铬酸铁	$Fe(OH)CrO_4$	<0.5	浸取形成
碳酸钙	$CaCO_3$	2～3	浸取形成
水合铝酸钙	$3CaO \cdot Al_2O_3 \cdot 6H_2O$	1	浸取形成
氢氧化铝	$Al(OH)_3$	1	浸取形成

　　我国自 1958 年生产铬盐起，曾有大量铬渣撒于河道、湖畔，用来杀钉螺，防止血吸虫病。虽然之后防疫部门考虑 Cr^{6+} 的污染而停用，但大部分铬渣仍露天存放，占危险废物堆存总量的 15%，且以每年 20 多万 t 的速度递增，严重危害地下水、河流和海域。2003 年全国十大环境违法案件的头条，就是重庆某公司堆放的铬渣给重庆市民及三峡库区的用水环境造成威胁。沈阳某厂堆存铬渣 20 多万 t，由于渣场未采取"三防"措施，造成污染面积达 $1.5 \times 10^5 m^2$，深度达 2m 左右，附近河水中 Cr^{6+} 浓度超过国家地表水允许浓度的 100 倍，致使水生生物被毒死，严重危及周边百姓健康。锦州某厂自 20 世纪 50 年代起堆放铬渣，污染井水，1982 年投资 421 万元修筑防渗墙，有所控制[12]。

　　铬为过渡金属变价元素，化合物中铬离子常见六价和三价，也有二价。金属铬无毒，Cr^{3+} 是人类不可缺少的微量元素；Cr^{6+} 为强氧化剂，剧毒，是主要的污染源。铬化合物中 Cr^{6+} 是致癌物质，能导致肺癌，Cr^{6+} 作为潜在致癌物的斜率因子为 42mg/(kg·d)(1kg 体重每天吸入 42mg)。大气中铬污染多为以三氧化铬(CrO_3)及其衍生物形成的气溶胶；水体中铬污染主要为水溶性铬酸钠、酸溶性铬酸钙等含 Cr^{6+} 对地下水、河流和海域等造成的污染。国家规定居住区大气中 Cr^{6+} 最大容许浓度为 $0.0015\mu g/m^3$[13]，居民生活饮用水中 Cr^{6+} 最大容许浓度为 0.05mg/L[14]。

8.2.2　国内外处置铬渣的概况

　　世界各国对铬渣的处理与资源化极为重视，并根据各自的特点开发出多种处理方法。美国等国主要将铬渣集中堆放，日本、俄罗斯、罗马尼亚等国研制用铬渣作为人造骨料、耐火材料及进行铬渣解毒的各种试验工作。我国在铬渣处理技术的深度和广度方面具有自身特色，如作为玻璃着色剂。总体而言，国内外处理及综合利用铬渣大致分为四类：固化法、还原法、络合法和生物法。

1.固化法

采用物理的或化学的方法，将铬渣固定或封闭在固体为基质的最终产物中，这种产物具有高抗渗透性。目前固化法分为熔融固化法和水泥固化法。

1) 熔融固化法

在高温下熔融铬渣，并将其中 Cr^{6+} 还原成 Cr^{3+}，成为固化玻璃，主要作为玻璃着色剂和玻化砖、钙镁磷肥、炼铁熔剂、铸石、人造骨料、铁铬合金、铬渣棉、磁料等。

(1) 作为玻璃着色剂和玻化砖。我国研究成功用铬渣代替铬铁矿作为玻璃着色剂，每 30t 玻璃料可耗用 1~2t 铬渣。日本用铬渣作为陶瓷着色剂，加入 20%的铬渣，成型后于 1230℃烧结为巧克力色陶瓷。俄罗斯将含铬砂金石渣作为玻璃着色剂。王志强等[15]利用 DTA、XRD、扫描电镜等手段，研究用冶炼碳铬浮渣(40%)、碎玻璃等原料于 1420℃熔制 1h，制得主晶相为透辉石、霞石及其固溶体的微晶玻璃。王永增[16, 17]利用 20%天津同生化工厂铬渣制粉，在电炉、隧道窑或辊底窑中 750~780℃烧结成彩釉玻化砖。利用 50%铬渣掺量制微晶玻璃建筑装饰板[18]，产品中可溶性铬残余量小于 0.25mg/kg，性能优于天然花岗石和大理石。杨光等[19, 20]以页岩、煤矸石为主，加入煤，在 900~1050℃窑温还原铬渣中 Cr^{6+}，制得红砖，经 5 年的大气、日晒条件跟踪检测，Cr^{6+} 的浸出浓度符合国家标准。匡少平和徐倩[21]利用自养煤矸石技术处理铬渣。唐景春[22]研究铬渣砖的毒性表明，制砖可封闭 Cr^{6+}，但浸泡 20 天 Cr^{6+} 含量稳定，碱性环境有利于 Cr^{6+} 的重新溶出。

(2) 作为钙镁磷肥。高炉法、电炉法、转炉法、平炉法可生产钙镁磷肥[23]。将铬渣和焦炭粉及其他物料按比例混合，高温下铬渣中 Cr^{6+} 还原，水淬料经干燥、粉碎制成磷肥制品。湖南铁合金厂、南京铁合金厂、天津同生化工厂等也分别以电炉法、高炉法生产钙镁磷肥。该法用渣量大、肥效高、不污染农田[24]。

(3) 作为炼铁熔剂。日本将铬渣加入生铁，并在转炉高温还原[25]。捷克将含 5%~15%Cr_2O_3 的铬渣通过硅热还原制备低碳 Fe-Cr 合金。锦州铁合金厂利用钒、铬浸出渣作为炼铁熔剂。济南裕兴化工总厂将铬渣作为炼铁烧结矿熔剂[26]。试验结果表明：①铬渣代替部分消石灰；②铬渣中 MgO 含量较高，对高炉冶炼造渣有益；③试验过程产生的水、气、渣中 Cr^{6+} 含量符合国家排放标准。任志国等[27]研究用铬渣作为熔剂，与磁铁精矿、焦粉混合制取烧结矿过程的解毒机理及各种工艺条件下烧结矿的矿物组成。李印碧和赵跃辉[28]用铬渣代替石灰石、白云石制备自熔性烧结矿，并在 13m³ 高炉含铬铸造生铁。刘大银等[29]采用铬渣烧结矿在 30m³ 高炉冶炼含铬生铁，渣中 Cr^{6+} 的还原率接近 100%，平均每 1t 铁消耗 2.298t 铬渣。曾祖德[30]提出将铬渣、石灰、焦粉和水混合配料，经搅拌、研磨后压制成块，再通过蒸汽养护或自然养护制成冷压块的新工艺。李祖树等[31]进行实验室模拟试验和 600m³ 高炉的工业试验，研究烧结-炼铁工艺中 Na_2CrO_4 和 CrO_3 还原的热力学行为，表明铬渣中 Na_2CrO_4、CrO_3 在 C、CO、Si 和 Fe 的作用下可完全还原成低价铬。刘锦华等[32]由实验室试验和 18m² 抽风带式烧结机试验结果证实，用铬渣作为熔剂制取自熔性烧结矿可彻底还原解毒，并且有效防止 Cr^{3+} 的再氧化。物相鉴定烧结矿中铬主要以铬尖晶石($MgO \cdot Cr_2O_3$)、铬铁矿($FeO \cdot Cr_2O_3$)和铬酸钙($CaCrO_4$)形式存在。在高炉中发生如下还原反应：

$$Cr_2O_3+3C \!=\!\!=\! 2Cr+3CO \tag{8.1}$$

$$MgO·Cr_2O_3+3C \!=\!\!=\! 2Cr+MgO+3CO \tag{8.2}$$

$$FeO·Cr_2O_3+4C \!=\!\!=\! Fe+2Cr+4CO \tag{8.3}$$

试验结果表明: 97%以上 Cr^{6+} 已解毒; 炼 1t 含铬生铁, 可处理 3.55t 干铬渣、2t 硫酸渣; 用铬硫两渣炼铁产生的水渣可制作水泥混合材[26]。扈文斌[33]成功地开发出铬硫两渣高炉炼铁新工艺。

(4) 作为铸石。铬渣可代替铬铁矿作为晶核剂生产铸石。例如, 沈阳新城化工厂在铬渣中加入硅砂、烟灰, 在 1450~1500℃的平炉中熔融铸型, 900℃结晶, 700℃退火, 缓冷而成铬渣铸石, 性能与灰绿岩铸石相同。铸石中的铬以尖晶石形态存在, 解毒彻底、稳定, 铬渣掺量为 40%左右。

(5) 作为人造骨料。将铬渣与粉煤灰或焦炭、黏土按一定比例混合, 在还原气氛下高温熔融, 缓冷制成铬渣骨料。日本化学德山工厂制成的人造骨料主要用于路面材、地面改良材、混凝土骨料等。我国苏州东升化工厂与苏州混凝土水泥制品研究院合作开展了铬渣制混凝土骨料试验, 不仅制作混凝土骨料, 还制成轻骨料、耐火骨料、耐酸碱骨料、耐磨骨料等。

(6) 作为铬渣棉。沈阳新城化工厂用铬渣与其他物料混合, 高温熔融, 再经压缩空气喷棉得铬渣棉。该法除毒较理想, 耗渣量大, 生产的铬渣棉质量与一般矿渣棉基本相同。朱新军[34]以湘乡铝铬渣和锦州铝铬渣作为原料, 用工业磷酸作为结合剂, 制得不同致密程度的铬刚玉砖, 耐高温、抗化学腐蚀、耐磨, 适合用作有色金属冶炼炉内衬耐火材料。

2) 水泥固化法

水泥固化法将铬渣粉碎, 加入一定量无机酸或硫酸亚铁、氯化铁、氯化钡等, 再加入适量水泥, 混合、搅拌、成型、凝固, 随着水泥的水化和凝结硬化过程, Cr^{6+} 被封固在水泥固化体内而不再溶出。国外大多用水泥固化体填海垫道。韩怀芬等[35]按粉煤灰:矿渣:铬渣:水泥 = 0.12:0.28:0.93:1, 水灰比为 0.25, 经搅拌、固化成型, 研究铬渣水泥固化及固化体浸出毒性。汪瀚等[36, 37]分析淋洗液中 Cr^{6+} 浓度, 测定淋出 Cr^{6+} 与填充铬渣质量分数, 并计算 Cr^{6+} 淋出速率, 研究铬渣与粉煤灰主混合体系中加入不同配料对铬渣中 Cr^{6+} 阻留效果的影响。张华和蒲心诚[38]使用碱矿渣水泥基材固化铬渣, 固化体抗压强度为 50MPa 以上, 且抗渗性能良好, Cr^{6+} 浸出率较低, 可用作建筑材料。陈俊敏等[39]研究铬渣作为水泥矿化剂的原理和方法, 并进行了经济和环境效益分析。霍冀川等[40, 41]研究铬渣矿物组成、胶凝性和用作混合材生产水泥的力学性能、保水性及压蒸安定性, 同时研究了铬渣、矿渣复合硅酸盐水泥物理性能和含铬渣水泥试样中水溶性 Cr^{6+} 浸出浓度。孙国峰等[42]通过对掺铬渣的水泥砂浆性能研究, 总结了铬渣的掺量及细度对水泥砂浆的凝结时间、流动性能、水化放热速度等主要技术指标的影响及变化规律。

2. 还原法

还原法处理铬渣, 按还原剂物相可分为液相还原、气相还原和固相还原三种类型。

1) 液相还原法

液相还原剂有硫酸亚铁、亚硫酸盐、碱金属硫化物或硫氢化合物等。南京铁合金厂、黄石无机盐厂、苏州东升化工厂、长沙铬盐厂将铬渣磨细后碱解，部分 Cr^{6+} 溶于水还原成 $Cr(OH)_3$ 回收。同时以 Na_2S 还原残渣中剩余的 Cr^{6+}，多余的 S^{2-} 在中性时用 $FeSO_4$ 沉淀为 FeS，从而固定到渣中。该法解毒彻底，渣中 Cr^{6+} 质量浓度小于 2mg/L。蒋建国[43]将铬渣粉碎后溶出、分离，用 Na_2SO_3 沉淀，pH = 5，固液比为 1∶3，溶出 5 次，溶出后的铬渣浸出毒性降低 84.3%。郑礼胜等[44]用 $FeSO_4$ 溶液将铬渣中 Cr^{6+} 还原成 Cr^{3+}，降低浸出毒性。梁兴中和孟丽贤[45]利用发酵味精生产废水与铬渣拌成渣浆，置于密闭容器中加热，排出过量水蒸气，控制表压为 5~7kg/m²、温度为 320~360℃，约 30min，Cr^{6+} 被还原成 Cr^{3+}，稳定性好。高怀友等[46]分析钡盐解毒铬渣的可行性，探讨模拟酸雨淋洗对解毒后铬渣溶出特性的影响。

2) 气相还原法

气体还原剂 H_2、CH_4、CO 等处理铬渣，稳定性好。例如，日本在 800℃，用含 N_2、H_2、CO_2 和 H_2O 的废气还原铬渣中 Cr^{6+}，并快速冷却到 200℃，防止重新氧化。俄罗斯利用天然气在回转窑内还原铬渣。黄本生等[47]研究 900℃用煤气还原不同配比的铬渣冷固结球团性能，还原后渣中 Cr^{6+} 质量浓度在 5mg/L 以下；1200℃还原后铬渣完全解毒，还原后球团可综合利用。高怀友等[48]探讨了烟道气处理铬渣的原理及工艺流程，评价实际应用时的经济可行性。

3) 固相还原法

固相还原法常用炭粉、木屑、稻皮、煤矸石、亚铁盐、钡盐等作为还原剂。俄罗斯利用铬渣制造彩色水泥[49]。日本将铬渣、黏土、焦粉在 1100℃高温下还原焙烧，熟料在空气中急冷，制品水溶性 Cr^{6+} 质量分数小于 0.01%；将铬渣与活性炭、锯末等在 400~1000℃下还原焙烧，烧后料水浸时只有微量的 Cr^{6+}；将铬渣与黏土 1260℃烧结 4h 制成青砖[50, 51]；将铬渣与过渡金属氧化物和黏土烧结制成磁化砖[52]。国内的相关研究及应用主要在如下方面。

(1) 含铬耐火材料。我国菱镁矿资源丰富，用铬渣与轻烧氧化镁合成高级镁质耐火材料，处理铬渣大，解毒效果好，工艺简单[53]。李殷泰等[54]以 80 目铬渣(20%~50%)与 180 目轻烧氧化镁(50%~80%)为主要原料，外加 2%~5%的矿化剂，经造球、1600℃煅烧 2h、冷却破碎，制得铬渣耐火材料，制品中 Cr^{6+} 残留量为 2~8mg/L。杨德安等[55]以铝热法生产金属铬的副产品——高碱铝铬渣与轻烧氧化镁为原料，按一定配比干混、压片，经 1300~1600℃保温 8h,制得以尖晶石为主晶相的低碱煅烧料$(MgO/(Al, Cr)_2O_3)$。于青等[56]利用铁合金厂的铬铁渣配 30%MgO，在 1500℃下烧制镁橄榄石-尖晶石耐火样砖，分析了铬铁渣的结构、化学成分及物相组成，研究了烧成制品的抗渣性能、收缩率及影响因素。

(2) 水泥[57, 58]。方荣利和金成昌[59, 60]以粉煤灰(或煤矸石)、石灰石、铬渣为原料，在隧道窑、轮窑或其他窑内 950~1100℃下煅烧，制备新型贝利特水泥，并对铬渣毒性去除机理、除毒效果及主要影响因素进行了研究。席耀忠[61]测定经高温窑炉烧成的铬渣水泥中 Cr^{6+} 去除率及毒性鉴别方法。付永胜和欧阳峰[62]研究铬渣作为水泥矿化剂的最佳工艺条件为：立窑法生产水泥，铬渣加入量为 2%，炉温控制在 1300～1400℃。该工艺使水泥强度提高 6%～10%，Cr^{6+} 还原率达 96.2%。王玉才[63]同样在立窑还原气氛下，用铬渣烧制水泥熟料，铬渣加入量应控制在 10% 以内。Kilau 和 Shah[64]研究酸性物质和酸雨侵蚀以浸出铬渣中的 Cr^{6+}。结果表明：铬渣中 CaO/SiO_2 和 MgO 的量影响 Cr^{6+} 浸出。当 $w(CaO)/w(SiO_2) > 2$ 时，渣中铬以 $CaO·Cr_2O_3$ 形式存在，可进一步氧化成 $CaCrO_4$，铬易溶解为 Cr^{6+} 进入环境中；当 $w(CaO)/w(SiO_2) = 1～2$ 时，可防止 Cr^{6+} 浸出；存在足够多的 MgO 时，生成 $MgO·Cr_2O_3$，也可防止 Cr^{6+} 浸出。

(3) 旋风炉附烧处理铬渣技术。旋风炉附烧处理铬渣技术是国内大量处理铬渣的工业方法[65]，在 20 世纪末期发展起来，工艺过程为：铬渣配煤，研磨到一定粒度，送入旋风筒燃烧，还原解毒 Cr^{6+}。熔渣经水淬固化成玻璃体，可作为建材或水泥掺合料。还博文[66]研究旋风炉附烧处理铬渣的还原过程机理。兰嗣国等[67, 68]研究铬渣熔融还原后生成玻璃体粒化解毒渣的稳定性和安定性。通过对解毒渣的物相结构、浸溶性和高温稳定性试验分析确定：解毒渣在 ≤500℃ 的条件下无反玻璃化倾向。跟踪铬渣在光照、避光、酸性(pH = 4)、碱性(pH = 9)等条件下 200 天，测定浸出 Cr^{6+} 质量浓度均小于 0.004mg/L，在自然环境中储放和用作建材均安定且安全。

(4) 微波辐照解毒新方法。近年来开展含铬废渣微波辐照解毒新方法的基础研究[69, 70]，考察微波功率、辐照时间、配比、煤渣量等对 Cr^{6+} 转化率的影响。经 XRD 分析表明，解毒渣中仅存在 Cr^{6+} 还原生成的 Cr^{3+}，Cr^{6+} 转化率为 99% 以上；浸出液中 Cr^{6+} 质量浓度小于 0.2mg/L，低于国家标准(1.5mg/L)。

3. 络合法

黑龙江低温建筑科研所和哈尔滨铬盐厂共同研发用 $FeSO_4$ 还原 Cr^{6+}，再加造纸废液中的木质素磺酸盐，使其与 Cr^{3+} 络合，生成铁铬木质素磺酸盐，该法解毒效果优于 Na_2S 还原法。

4. 生物法

俄罗斯一项研究表明：淤泥质土中某类有机质达到一定含量时，对 Cr^{6+} 有解毒作用[71]。我国利用铬酸盐还原菌的高效还原作用，使 Cr^{6+} 还原成 Cr^{3+}，应用于电镀含铬废水取得成效。但铬渣成分复杂，又呈碱性，在此极端环境下细菌生长繁殖较困难[72, 73]。2005 年 9 月，中南大学从铬渣堆埋场附近的淤泥中分离驯化出一株可在碱性介质(pH = 7～11)中还原高浓度(2g/L)Cr^{6+} 的菌株 Ch-1。用 Ch-1 菌在 25～40℃ 条件下喷淋铬渣堆，还原渣中 Cr^{6+}，并对 Cr^{3+} 沉淀物进行回收，已通过成果鉴定。

综合国内外处理及利用铬渣的诸多方法[11, 65, 74]，国外主要采用固化法[75-77]，但须加入大量水泥，消耗大，不适合我国国情。我国 20 余种铬渣资源化方法中，高温还原法以炭粉、木屑、稻壳、煤矸石、亚铁盐等为还原剂，高温还原解毒铬渣中 Cr^{6+}，最终以玻璃态或尖晶石形态存在，是铬渣资源化处理的首选方法，解毒彻底、稳定[24, 26, 67]。近年来，选择一些固体废弃物作为还原剂解毒铬渣，以废治废，已经成为高温还原解毒铬渣的发展方向。匡少平和徐倩[21]在自养免烧煤矸石砖原料中加入一定量的铬渣及其他辅料，利用自身碳热还原铬渣中 Cr^{6+}。方荣利等[60, 78]用粉煤灰(或煤矸石)、铬渣等工业废渣为原料，在隧道窑、轮窑或其他窑中，980～1100℃煅烧，生产出强度超过 32.5(R)标号的新型低温水泥——贝利特水泥，节约大量黏土和燃料，同时解毒铬渣。国外也有类似处理铬渣的报道[49, 50, 75-77]。近年来，积极探索资源化利用铬渣的新途径[21, 60]，选择工业废渣高温还原铬渣，并将终渣作为建材等工业原料，以废治废，不仅环境效益、社会效益和经济效益显著，而且成为处置铬渣的发展方向。

8.3　高温解毒铬渣的物理化学条件

石玉敏等[79-85]利用工业废渣 M(简称 M 渣)中残留的游离碳作为还原剂，对铬渣中水溶性 Na_2CrO_4 和酸溶性 $CaCrO_4$ 中的 Cr^{6+}高温解毒。以下借助冶金物理化学理论分析解毒铬渣时发生的化学反应，计算反应的吉布斯自由能变化 ΔG，并对 Na_2CrO_4 中 CrO_4^{2-} 的平衡转化率进行估算，判定铬渣的解毒程度，测定终渣中水溶性 Cr^{6+}浸出值，验证理论分析的正确性及解毒后铬渣的稳定性。同时，研究温度、铬渣质量分数等对 Na_2CrO_4 还原反应的影响，实验确定铬渣解毒的优化条件。

8.3.1　解毒铬渣的可能性

铬渣中含 Cr^{6+}化合物以水溶性 $Na_2CrO_4 \cdot 4H_2O$ 为主，伴有少量酸溶性 $CaCrO_4$[86, 87]。$Na_2CrO_4 \cdot 4H_2O$ 在 68℃时失去结晶水[88]，在原料 100℃烘干时结晶水已除掉。因此，本节所检测的均为 Na_2CrO_4(非 $Na_2CrO_4 \cdot 4H_2O$)中的 Cr^{6+}，M 渣与铬渣主要成分见表 8.3 和表 8.4。

表 8.3　M 渣的主要成分(单位：%)

成分	质量分数	成分	质量分数
CaO	26～28	Al_2O_3	8～10
SiO_2	23～25	MgO	6～8
TiO_2	20～22	C	0.3～0.5

表 8.4　铬渣的主要成分(单位：%)

成分	质量分数	成分	质量分数
MgO	28～30	Al_2O_3	6～8
CaO	26～28	Cr_2O_3	4.5
Fe_2O_3	8～10	Na_2CrO_4	0.9
SiO_2	8～10	$CaCrO_4$	0.3

文献[74]报道，高温条件下，Na_2CrO_4 在 1500℃可分解为 Na_2O 和 CrO_3，$CaCrO_4$ 在 1200℃以上将分解为 CaO 和 CrO_3。基于文献[89]数据将碳还原相关铬氧化物反应的 $\Delta G^\ominus$-T 关系绘于图 8.1。由图知，标准状态下，无论碳直接还原或 CO(g)间接还原，均可在很宽的温度范围将 CrO_3 还原为 Cr_2O_3。

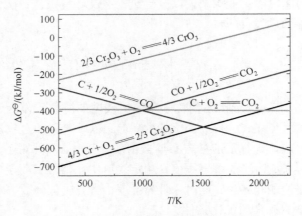

图 8.1   C、Cr 氧化物 Ellingham 图

8.3.2 解毒终渣的安全性

检验在环境中自然放置的终渣随时间延续时的安定性，将质量分数为 33%和 29%的铬渣分别加入 M 渣中，于 1330℃下还原 0.5h 后，将终渣破碎至粒度小于 5mm，在自然环境(避雨)中放置 16 周，测定 Cr^{6+} 的浸出值，见图 8.2。由图知，随着放置时间的延长，Cr^{6+} 浸出值无明显变化，表明终渣稳定，并未发生 Cr^{3+} 再氧化现象。进一步将质量分数为 23%的铬渣加入 M 渣中，于 1330℃下还原 2h，将终渣在自然环境中放置数月后，Cr^{6+} 浸出值仅为 0.063mg/L，远低于限定值 5mg/L。在该试验条件下，毒性 CrO_4^{2-} 的转化率达到 99.991%，与理论计算的 CrO_4^{2-} 最大转化率(99.998%)非常接近，表明终渣稳定，铬渣还原解毒彻底，未发生 Cr^{3+} 再氧化现象。

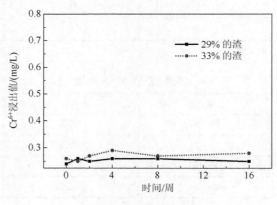

图 8.2   安定性试验

8.3.3　解毒还原反应的动力学条件

1. 铬渣解毒还原反应的动力学

M 渣解毒铬渣的实质为渣中碳高温还原铬渣中 Na_2CrO_4 与 $CaCrO_4$ 的系列反应：

$$3C(s)+2Na_2CrO_4(s)=\!=\!=2Na_2O(s)+Cr_2O_3(s)+3CO(g) \tag{8.4}$$

$$3CO(g)+2Na_2CrO_4(s)=\!=\!=2Na_2O(s)+Cr_2O_3(s)+3CO_2(g) \tag{8.5}$$

$$3C(s)+2CaCrO_4(s)=\!=\!=2CaO(s)+Cr_2O_3(s)+3CO(g) \tag{8.6}$$

$$3CO(g)+2CaCrO_4(s)=\!=\!=2CaO(s)+Cr_2O_3(s)+3CO_2(g) \tag{8.7}$$

$$C(s)+CO_2(g)=\!=\!=2CO(g) \tag{8.8}$$

铬渣解毒的系列化学反应涉及气/固、固/固等反应。在 1350℃，CO(g)分压低于 1bar 时，碳直接还原 Na_2CrO_4 反应为一级可逆反应[90]，以下依据实验数据予以证实。

不同温度下质量分数为 29%的铬渣与 M 渣反应 0.5～2h 后，将 $-\ln c_{Na_2CrO_4}$ 对时间 t 作图，见图 8.3。由图可知，在 1330℃、1350℃、1380℃下，$-\ln c_{Na_2CrO_4}$-t 皆呈直线，该实验证实铬渣与 M 渣的还原为一级反应，其速度公式可表示为

$$-\ln c_{Na_2CrO_4}=kt+B \tag{8.9}$$

式中，$k=k(T)$ 为反应速率常数；B 为常数。计算出反应的表观活化能 $E=64.41\text{kJ/mol}$。同样，测量 M 渣高温还原 $CaCrO_4$ 的实验结果表明，其反应机理与 Na_2CrO_4 相似，也为一级反应。

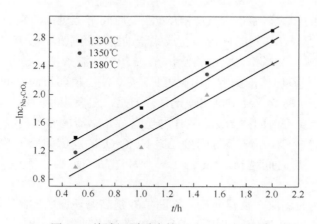

图 8.3　铬渣还原反应的 $-\ln c_{Na_2CrO_4}$-t 关系

2. 影响解毒还原反应的因素

1) 温度

本节从动力学角度分析温度对反应速率的影响。反应速率常数为

$$k=A\mathrm{e}^{-\frac{E}{RT}} \tag{8.10}$$

式中，R 为气体常数；E 为反应表观活化能；A 为指数前因子或频率因子。由式(8.10)可知，T 升高，k 增大，反应速率加快。反应表观活化能反映化学反应速率对温度的依赖性。反应表现活化能越大，温度变化引起的速率常数变化越大[91]。

　　铬渣质量分数分别为 28%、33%、38% 和 43%，将其分别在 1330℃、1380℃ 下进行还原反应 0.5h，终渣中 Cr^{6+} 的浸出值与温度关系如图 8.4 所示。由图可知，当反应时间相同时，反应温度升高则反应速率加快。

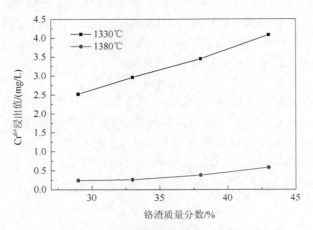

图 8.4　温度对铬渣还原反应的影响

2) 反应时间

$CO(g)$ 间接还原 Na_2CrO_4 为气/固反应。在静态条件下，完成气/固反应所需的时间稍长些。在工业规模的扩大试验中，气/固与气/液反应同时推进，$CO_2(g)$ 与 $CO(g)$ 搅动极大地促进还原反应进程，在较短时间内即完成铬渣的高温还原解毒反应。图 8.5 为 M 渣与质量分数分别为 17%、23% 和 29% 的铬渣，在 1350℃ 高温条件下，分别反应 0.5h、1.0h、1.5h 和 2.0h 时对 Cr^{6+} 浸出值的影响。由图可见，Cr^{6+} 浸出值随反应时间延长而减小，且反应时间为 0.5h 和 1.0h 的 Cr^{6+} 浸出值相差无几。但是，随反应时间延长，反应 1.0h 的 Cr^{6+} 浸出值降低明显；当反应时间达到 2h 后，3 种质量分数铬渣的 Cr^{6+} 浸出值均小于 0.1mg/L，显然，反应进行基本完全。但 $CO(g)$ 间接还原 Na_2CrO_4 的反应因受扩散限制，反应速率稍慢些。总体而言，反应时间越长，Na_2CrO_4 转化率越高，而 Cr^{6+} 浸出值就越低。

3) 粒度

$CO(g)$ 通过多孔的还原产物层向反应界面扩散是高温还原的控制环节。在多孔介质内，扩散组元在曲折的毛细孔道中，沿着大于直线的距离进行扩散。因此，反应物颗粒越小，有效扩散系数应越大，反应速率也就越大。图 8.6 为 1350℃ 反应 2h 的粒度试验结果。由图可见，铬渣的粒度小，$CO(g)$ 的内扩散速率增大，促进反应进行。

4) $CO(g)$ 流速

$CO(g)$ 还原 Na_2CrO_4 的气/固反应中，$CO(g)$ 穿过固相边界层的内扩散为控速步骤。增大 $CO(g)$ 分压、提高 $CO(g)$ 流速、扩展气/固接触界面均有效提高内扩散速率，加快 Na_2CrO_4 的还原反应。

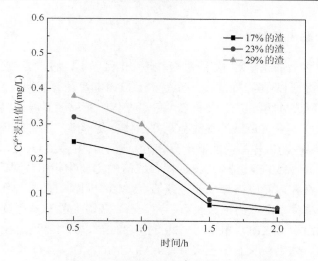

图 8.5　反应时间与 Cr^{6+} 浸出值关系

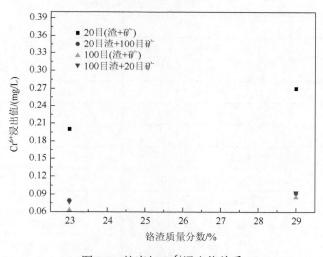

图 8.6　粒度与 Cr^{6+} 浸出值关系

5) 搅拌

在工业规模扩大试验过程，剧烈搅拌可极大地扩展气/固反应接触界面，加快反应速率。

8.3.4　铬渣解毒过程的物相变化

本节针对两种废渣组分繁多、结构复杂等特点，采用扫描电镜、XRD、能谱等测试技术，参照文献[92]~[94]，跟踪铬渣解毒前后物相组成、形貌结构与物化性质变化，深入认识铬渣解毒机理，进一步优化解毒条件。

1. 反应物及产物的物相组成

将质量分数为 23%的铬渣和 M 渣磨至粒度 20 目以下，按一定配比混匀，在 1300～1450℃下反应 2h，终渣以 10℃/min 冷却至室温。扫描电镜观察表明反应后终渣表面光泽、致密，渣内有熔体形成并将还原生成的 Cr^{3+} 包裹在内。随反应温度升高，终渣中菱形微晶逐渐增多。于 1450℃反应 2h 后的终渣呈正八面体、菱形十二面体等规则形状。1330℃、1350℃、1400℃下终渣随机样品的能谱十分相近，表明其主要由 O、Ca、Si、Al、Mg、Ti、Cr 等元素组成。分析 1350℃终渣的 XRD 图，终渣的主要物相组成见表 8.5。显然，原 M 渣的部分物相仍然存在，但原铬渣中的方镁石、铁铝酸四钙、硅酸二钙、铬酸钠、铬酸钙等含铬物相均分解消失，出现钙铝黄长石、钙长石、镁铬尖晶石及系列含铬类钙铝榴石等新物相，并且在钙铝榴石 XRD 图的 $2\theta = 29.77º$、$33.38º$、$57.47º$ 附近出现 Cr^{3+} 类质同象替代 Al^{3+} 的多种物相，钙铝黄长石中也夹杂 $Ca_2Al[Al(Si_{0.974}Cr_{0.026})O_7]$ 等物相。

表 8.5　终渣的主要物相组成

物相名称	分子式	$2\theta/(°)$
钙钛矿	$CaTiO_3$	33.24，47.58，59.08，59.30
透辉石	$MgTi_2O_4$	35.19，42.75，61.45
镁铝尖晶石	$MgAl_2O_4$	36.85，65.24，44.83，59.37，31.27
镁铬尖晶石	$MgCr_2O_4$	35.71，18.42，43.40，63.05
亚铬酸钙	$CaCr_2O_4$	39.00，48.97，67.82
含铬类钙铝榴石	$Ca_3(Cr_{0.5}Al_{0.5})_2(SiO_4)_3$	33.39，29.78，36.69
	$Ca_3(Cr_{0.35}Al_{0.65})_2(SiO_4)_3$	33.39，29.78，57.47
	$Ca_3(Cr_{0.25}Al_{0.75})_2(SiO_4)_3$	33.38，29.77，57.45
	$Ca_3(Cr_{0.15}Al_{0.85})_2(SiO_4)_3$	33.38，29.77，57.45，36.68，55.17
钙长石	$CaAl_2Si_2O_8$	28.03，27.78，27.89，21.98
钙铝黄长石	$Ca_2Al_2SiO_7$	31.42，52.10，29.13，36.95，
	$Ca_2Al[Al(Si_{0.974}Cr_{0.026})O_7]$	31.42，21.14，52.10，36.95

2. 终渣中含铬物相的形成及其稳定性分析

显然，仅由铬渣、M 渣及解毒后终渣的化学组成，尚难确定高温解毒后生成的 Cr^{3+} 以何种物相禀赋及其稳定性如何。为此，从含铬氧化物与 Cr^{3+} 间可能发生的反应以及形成的物相切入进行分析。

首先须确定铬渣还原后生成 Cr_2O_3 的分布与走向：分析 Al_2O_3-Cr_2O_3、MgO-Cr_2O_3、CaO-Cr_2O_3 二元系和 CaO-SiO_2-Al_2O_3、CaO-SiO_2-Cr_2O_3 三元系相图[95]可知，一部分 Cr_2O_3 可能形成 $CaO \cdot Cr_2O_3$ 复合氧化物，另一部分 Cr_2O_3 进入尖晶石类物相，生成 $MgO \cdot Cr_2O_3$，或完全类质同象取代 $MgO \cdot Al_2O_3$ 中的 Al_2O_3 生成 $MgO \cdot Cr_2O_3$。还可能在 CaO-SiO_2-Cr_2O_3

系物相被小部分 Al_2O_3 类质同象替代，形成含铝类钙铬榴石，但大部分被 Al_2O_3 类质同象替代形成 $Ca_3(Cr_{0.5}Al_{0.5})_2(SiO_4)_3$、$Ca_3(Cr_{0.35}Al_{0.65})_2(SiO_4)_3$、$Ca_3(Cr_{0.25}Al_{0.75})_2(SiO_4)_3$、$Ca_3(Cr_{0.15}Al_{0.85})_2(SiO_4)_3$ 等系列含铬类钙铝榴石；极少部分 Cr_2O_3 共熔到某些复合物中，如熔入钙铝黄长石 $Ca_2Al_2SiO_7$ 中形成 $Ca_2Al[Al(Si_{0.974}Cr_{0.026})O_7]$。

从晶体结构方面[95, 96]分析，镁铬尖晶石 $MgO·Cr_2O_3$ 晶体常呈八面体或八面体与菱形十二面体的聚合物，熔点高达 2180℃，结构致密。含铬类钙铝榴石晶体多呈菱形十二面体，熔点为 1200℃，结构较致密。因此，铬渣经 M 渣高温还原后，生成的含铬化合物结构致密，化学性质稳定，确保铬渣解毒的彻底性以及含铬化合物的化学稳定性。

3. 终渣物相随还原反应温度的变化

M 渣与质量分数为 23% 的铬渣分别于 1350℃、1400℃和 1450℃反应 2h，终渣的 XRD 分析表明：①1350℃的终渣主要由钙铝黄长石、钙钛矿、镁铝尖晶石、透辉石、亚铬酸钙等物相组成；②1400℃的终渣主要由钙铝黄长石、镁铝尖晶石及含铬类钙铝榴石等物相组成；③1450℃，反应温度高，终渣内镁铝尖晶石相明显增多，亚铬酸钙、含铬类钙铝榴石相也增加，而钙钛矿、透辉石相明显减少，钙铝黄长石相基本消失。显然，随着还原反应温度升高，熔点高、晶体结构更稳定的物相增加，Cr^{3+} 也稳定地赋存于这些化合物中，从而确保解毒后的终渣安全、稳定。

4. 终渣放置在自然环境中的形貌变化

M 渣与质量分数为 23% 的铬渣于 1330℃反应 2h 的终渣放置在自然环境中 60 天后，扫描电镜观察形貌显示，风化等原因导致表面光泽减退，外表面的 CaO、Al_2O_3 等氧化物与空气中 $O_2(g)$、$CO_2(g)$ 和 $H_2O(g)$ 缓慢地发生化学反应，使表面疏松多孔，但基体结构仍然致密、稳定。

8.4　工业规模试验铬渣的高温解毒及其稳定性

在实验室研究的基础上，又在生产现场进行了工业规模的扩大试验，以验证大量使用工业废渣高温解毒铬渣后，产出的终渣在自然环境中放置的安全性、稳定性及再利用的可靠性。试验结果表明：解毒后终渣放置在 pH = 3(强于酸雨 pH = 5.5 条件)环境中，并经受500℃返烧条件下的处理后，检测 Cr^{6+} 浸出值最高为 0.16mg/L，远低于限定值 1.5mg/L[97, 98]。

在生产现场盛装 50 余 t 的 M 渣，按不同配比与铬渣混合，解毒反应温度为 1200～1350℃，反应时间为 30～40min，将终渣在自然环境中冷却，取样分析终渣的相结构、放置时间、环境酸碱性、返烧温度对 Cr^{6+} 稳定性影响。

1. 铬渣解毒前后的 Cr^{6+} 浸出值

图 8.7 为铬渣质量分数分别为 2%、4%、6%时，经 M 渣解毒前后的 Cr^{6+} 浸出值对比，解毒后 Cr^{6+} 浸出值显著下降，解毒有效。

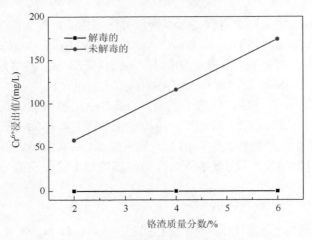

图 8.7　铬渣解毒前后 Cr^{6+} 浸出值

2. 放置时间对终渣 Cr^{6+} 浸出值的影响

放置时间对终渣中 Cr^{6+} 浸出值的影响见图 8.8。从图可见，放置时间延长，Cr^{6+} 浸出值依次升高；铬渣质量分数越大，终渣稳定性越差。但放置 8 周后浸出值几乎不变，16 周后质量分数为 6% 的终渣中 Cr^{6+} 浸出值仅为 0.012mg/L，远低于 1.5mg/L 的限定值，也低于我国和国际上饮用水标准[14]的限定值(0.05mg/L)。因此，质量分数小于或等于 6% 的铬渣解毒彻底，露天放置安全、稳定。

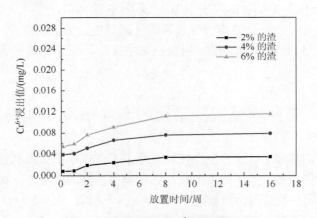

图 8.8　放置时间对 Cr^{6+} 浸出值影响

3. 环境的弱酸碱性对终渣 Cr^{6+} 浸出值的影响

按照《固体废物　总汞的测定　冷原子吸收分光光度法》(GB/T 15555.1—1995)中附录 B 的方法，分别用 pH = 3 的弱酸和 pH = 11 的弱碱性水溶液代替去离子水制备浸出液，测定终渣中 Cr^{6+} 浸出值，判定在弱酸、碱环境，尤其是酸雨环境中，终渣放置的稳定性。pH = 3 的弱酸性溶液[35, 99]由 SO_4^{2-} ：NO_3^- = 9：1(质量比)的酸母液加去离子水配制而成；pH = 11

的弱碱性溶液由 NaOH 水溶液稀释而成，试验结果见图 8.9。由图可知，终渣中 Cr^{6+} 浸出值随铬渣质量分数增加而依次增大，但 pH = 11 弱碱性水溶液与 pH = 7 中性水溶液的 Cr^{6+} 浸出值基本相同。因此，弱碱性环境对含 Cr^{6+} 终渣的浸出值影响甚微。pH = 3 弱酸性水溶液的 Cr^{6+} 浸出值高达 0.16mg/L，表明酸性环境对铬渣解毒稳定性影响明显。原因是酸性环境中，吸附或包裹在终渣中极少量未反应掉的 Cr^{6+} 可随终渣部分溶解而暴露出来。该结果与纪柱等[86]、潘金芳等[87]对化工铬渣中铬存在形态的研究结论相符。终渣在 pH = 3 水环境酸溶后 Cr^{6+} 浸出值仍然远低于国家标准的限定值，显然 pH = 5 左右酸雨环境中堆放解毒终渣亦是安全的。

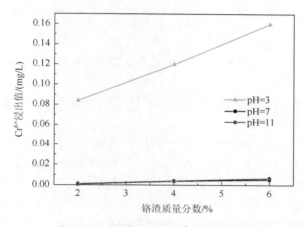

图 8.9　环境酸碱性对 Cr^{6+} 浸出值影响

4. 空气中返烧温度对终渣 Cr^{6+} 浸出值的影响

终渣在空气中加热(称返烧)到一定温度后，自然冷却至常温，测定 Cr^{6+} 浸出值，确定返烧温度对终渣稳定性的影响。从图 8.10 可见，当 $T \leqslant 500℃$ 时，Cr^{6+} 浸出值变化不明显，铬渣质量分数为 6% 的终渣中 Cr^{6+} 浸出值仍低于饮用水标准；当 $T \geqslant 700℃$ 时，终渣中 Cr^{6+} 浸出值明显升高；而 800℃ 时终渣 Cr^{6+} 浸出值为常温时的 120 倍以上。因此，始终置于 500℃ 以下，终渣安全、稳定，而 500℃ 以上则终渣呈亚稳定状态，出现 Cr^{6+} 浸出值回升现象，通常称作铬渣的"返黄"现象。液相还原法处理铬渣时的"返黄"现象主要源于渣中酸溶性铬酸钙的解毒不充分[100]；而固相还原法处理铬渣时，含铬固溶体的玻璃化程度降低，即反玻璃化倾向，导致包熔在固溶体中的 Cr^{6+} 重新溶出[67]。在进行工业规模的高温还原铬渣的扩大试验时，渣量大，操作条件不易严格控制，终渣冷却也较快，这使得部分液相渣未来得及结晶而形成玻璃体，并将微量尚未反应的 Cr^{6+} 包裹、封闭在内[12]。当终渣返烧到一定温度并较快冷却后，熔体呈现反玻璃化现象，使得包裹其中的 Cr^{6+} 释放出来，发生"返黄"现象。扫描电镜观测到，铬渣质量分数为 6% 的终渣在 500℃ 返烧 0.5h 时仍呈现固溶体状，结构致密，包裹在内的 Cr^{6+} 不易浸出；但 700℃ 返烧时，析出颗粒明显增多；而返烧到 800℃ 时已有大量颗粒出现，并开始发生解熔过程，结构变得不再致密，这与文献[67]的研究结果一致。

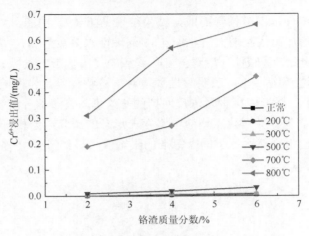

图 8.10　返烧温度对 Cr^{6+} 浸出值影响

8.5　利用解毒铬渣制造高掺量空心砌块

应用铬渣解毒后的终渣作为建材已得到国内外普遍关注[101]。例如，俄罗斯将解毒后铬渣制成彩色水泥，尤其是绿色的水泥[49]；日本将解毒铬渣与黏土混合烧制青砖[51]；国内亦将解毒铬渣制成微晶玻璃装饰板[15, 18]、玻化砖[16]、红砖[19, 20, 22]、水泥[57, 62]等。国家发改委在《当前优先发展的高技术产业化重点领域指南》中提倡从实施可持续发展战略考虑，必须发展新型墙体材料，近期产业化的重点是：砖类，以黏土多孔砖和空心砖为主导产品，大力发展大掺量废渣砖；砌块，以砼砌块为主导产品，重点发展利用工业废料和矿渣生产的承重砼空心砌块、各种非承重轻骨料砼空心砌块等产品，严禁使用实心黏土砖[102]。高掺量废渣空心砌块[103, 104]以粉煤灰[36, 37]、炉渣及其他废渣、水泥[104]、各种轻集料、外加剂、水等成分掺合制成，其中粉煤灰及各种废渣量不低于 70%。

本节研究利用解毒后的终渣开发出与粉煤灰、水泥、电石渣及磷石膏等工业废物常温固化材料，如制备出高掺量废渣空心砌块新墙体材料，其强度等级达到 MU7.5 要求[105]，可用于建筑物的承重墙空心砌块，并且可避免出现"返黄"现象。对空心砌块进行表面浸出率试验、浸出毒性试验、日晒/酸雨等环境理化性能检测的结果表明：空心砌块中 Cr^{6+} 浸出值远低于限定值(1.5mg/L)[98]，高掺量废渣空心砌块在自然环境中使用安全、安定，力学性能良好。

8.5.1　铬渣解毒后终渣制备空心砌块

1. 原料

由质量分数为 6%的铬渣经 M 渣高温解毒后得到终渣；Ⅱ级粉煤灰选自热电厂，主要成分见表 8.6；电石渣选自化工厂，主要成分见表 8.7；磷石膏选自化肥厂，主要成分见表 8.8。此外，还有工业水泥、32.5(R)以及某种特定的活化剂。

我国是燃煤发电大国，1997 年粉煤灰总排放量达 1.6 亿 t，目前利用率约 30%，主要用于筑路基和回填，建材行业所用不多。每年 1 亿多 t 未利用的粉煤灰储存于灰库，储存 1t 粉煤灰的建库费和运行费需 10～100 元。粉煤灰用于筑路受地区、时间的限制，使用不均衡，因此近年来将其用作建筑墙体及砖体材料的研究报道逐年增多。

表 8.6　粉煤灰的化学组成(单位：%)

成分	质量分数	成分	质量分数
SiO_2	57.2	MgO	3.3
Al_2O_3	24.3	K_2O	2.8
Fe_2O_3	6.68	Na_2O	1.3
CaO	2.2	SO_3	2.22

表 8.7　电石渣的化学组成(单位：%)

成分	质量分数	成分	质量分数
SiO_2	5.56	CaO	65.57
Al_2O_3	3.03	MgO	0.89
Fe_2O_3	0.64	其他	24.31

电石法制造聚氯乙烯、乙酸乙烯时，电石和水反应过程排出的电石渣呈浅灰色细颗粒沉淀物。每生产 1t 聚氯乙烯排出 2t 多电石渣[50]，渣含 60%～80%$Ca(OH)_2$，可替代石灰用作粉煤灰及炉渣的活化剂生产水泥、渣砖、筑路基材、漂白液及氯酸钾等。

磷矿石与硫酸作为制造磷酸或磷酸盐的原料，在生产过程排出磷石膏废渣，呈粉末状，颗粒直径为 5～15μm，主要成分为 $CaSO_4 \cdot 2H_2O$，质量分数为 70%左右，还含有少量磷、硅、铁、铝、镁等氧化物和氟化物[50]。一般每生产 1t 磷酸排出 4～5t 磷石膏，可用于土壤改良剂、制作石膏板和灰泥粉等建材，性能好、制品轻、成本低，可替代天然石膏或熟石膏，配合电石渣，共同激发粉煤灰或炉渣的活性[99]，但国内目前的磷石膏废渣利用率还不高，亟待开发利用。

表 8.8　磷石膏的化学组成(单位：%)

成分	质量分数	成分	质量分数
SO_3	40～43.7	Fe_2O_3	0.1～0.4
CaO	30～32	SiO_2	0.2～5.6
P_2O_5	0.3～3.2	Al_2O_3	0.03～0.5
F^-	0.2～0.9	MgO	0.1～1.2

2. 制备空心砌块

将铬渣解毒后的终渣、水泥及粉煤灰、电石渣、磷石膏按一定配比混合，加入高效活化剂轮碾、熟化，加水搅拌、成型，制备高掺量废渣空心砌块[15]。砌块制备工艺流程见图 8.11，并制成 4cm×4cm×4cm 固化体。

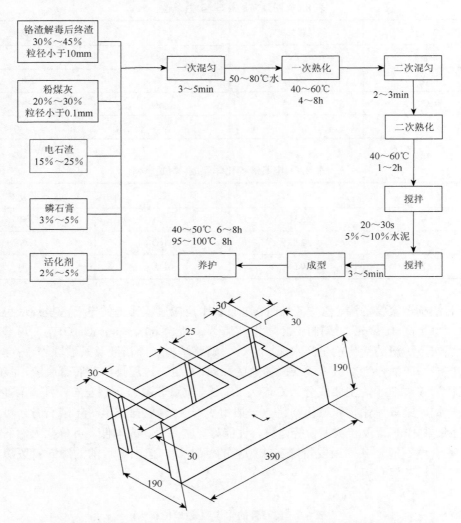

图 8.11　高掺量废渣空心砌块制备工艺流程及废渣砌块模具尺寸图(单位：mm)

8.5.2　空心砌块的 Cr^{6+} 表面浸出率及毒性分析

1. 砌块的 Cr^{6+} 表面浸出率

评价含毒害物质固化体的安全时，表面浸出率越低，安全性越高。浸出率又与固化体原料的活性有关，活性越高，胶结作用越强，固化体内的毒害物质浸出就越少。活性指常温和有水条件下原料与 $Ca(OH)_2$ 发生化学反应的能力。本节制备的高掺量废渣空心砌块的技术核心也就是利用和提高粉煤灰、含 Cr^{6+} 终渣的活性。粉煤灰、含 Cr^{6+} 终渣的主要活性反应是与水泥熟料水化生成的 $Ca(OH)_2$ 及与电石渣中 $Ca(OH)_2$ 反应生成的硅酸钙结晶 ($xCaO \cdot SiO_2 \cdot nH_2O$)，其反应如下：

$$SiO_2 + xCa(OH)_2 + (n-x)H_2O \Longrightarrow xCaO \cdot SiO_2 \cdot nH_2O \tag{8.11}$$

除上述反应外，粉煤灰及含 Cr^{6+} 终渣还与其他水化物发生系列复杂二次反应，生成水化硅酸钙和水化铝酸钙结晶：

$$(1.5 \sim 2.0)CaO \cdot SiO_2 + SiO_2 \longrightarrow (0.8 \sim 1.5)CaO \cdot SiO_2$$

$$3CaO \cdot Al_2O_3 \cdot 6H_2O + SiO_2 + mH_2O \longrightarrow xCaO \cdot SiO_2 \cdot mH_2O + yCaO \cdot Al_2O_3 \cdot nH_2O, \quad x \leqslant 2, \quad y \leqslant 3$$

$$Al_2O_3 + xCa(OH)_2 + mH_2O \longrightarrow xCaO \cdot Al_2O_3 \cdot nH_2O, \quad x \leqslant 3$$

$$3Ca(OH)_2 + Al_2O_3 + 2SiO_2 + mH_2O \longrightarrow 3CaO \cdot Al_2O_3 \cdot 2SiO_2 \cdot nH_2O \tag{8.12}$$

上述反应的水化物与水泥熟料的水化物基本相同，因此粉煤灰和含 Cr^{6+} 终渣的水化性能与水泥相似，两者在活性充分发挥的情况下可起到相同于水泥的胶结作用。

将原料配比和制备工艺相同的两组试块分别进行 3 天、7 天、28 天、56 天浸出周期的表面浸出率测量，结果列于表 8.9。由表可见，在浸泡初期，砌块的 Cr^{6+} 浸出率略高，因水分浸透到固化体中存在最大深度，在这个深度内，被固化的少部分 Cr^{6+} 逐渐浸出。而在浸泡后期，随着水化程度的加深，固化体产生更多凝胶，胶结作用增强，水分无法渗入固化体的更深之处，因此 Cr^{6+} 浸出率急剧减少，达到 10^{-8} 数量级，显然，高掺量解毒铬渣制备的空心砌块的长期抗表面浸出能力很强。

表 8.9　试块的 Cr^{6+} 表面浸出率(单位：$\times 10^{-5}g/(cm^2 \cdot d)$)

试块	0～3 天	4～7 天	8～28 天	29～56 天
1#	10.57	1.31	0.036	0.0042
2#	11.21	1.53	0.037	0.0038

2. 砌块的 Cr^{6+} 浸出毒性

测试原料配比和制备工艺相同的两组砌块的 Cr^{6+} 浸出值均在 0.0001mg/L 左右，表明解毒后的终渣与粉煤灰、电石渣、磷石膏等废渣掺合，制造出空心砌块的 Cr^{6+} 浸出值远低于限定值(1.5mg/L)。因此，使用解毒后铬渣制备的高掺量空心砌块即使在使用过程破碎至国家标准检测的粒径 5mm 以下，Cr^{6+} 浸出值仍然在安全范围。

8.5.3　日晒与酸雨环境对砌块中 Cr^{6+} 稳定性的影响

1. 日晒环境对砌块中 Cr^{6+} 稳定性的影响

将相同原料配比和制备工艺的两组砌块放置在实验室窗外进行曝晒(避雨)1 个月，分别进行水溶性浸出测试，结果分别为 0.00021mg/L 和 0.00026mg/L，表明曝晒砌块的 Cr^{6+} 浸出值略有增高。原因是解毒铬渣中的 Cr^{3+} 在长时间的曝晒过程少部分又被氧化成 Cr^{6+} 而增大了浸出毒性。但即便如此，曝晒后砌块中的 Cr^{6+} 浸出值仍远低于国家标准限定值，表明砌块的稳定性良好。

　　2. 酸雨环境对砌块中 Cr^{6+} 稳定性的影响

　　为判定高掺量空心砌块在酸雨环境中使用的稳定性，采用淋溶试验测定酸雨对砌块浸出毒性的影响。

　　用 SO_4^{2-} ∶ NO_3^- = 9∶1(质量比)的酸母液配制成 pH = 3 的弱酸性溶液[35, 99]，采用更接近自然降雨过程的间歇淋入法，保证砌块的反应时间。每次淋溶的模拟酸雨量为 250mL，每 24h 淋溶 1 次，一个月共淋溶 30 次，每 500mL 模拟酸雨收集淋溶样品 1 个，测定砌块的 Cr^{6+} 浸出值。图 8.12 为每 500mL 酸雨淋溶量对 Cr^{6+} 浸出值的影响。由图可知，初期 pH = 3 的弱酸淋溶液对砌块中 Cr^{6+} 的溶出行为影响较大，淋溶 10 次(5000mL)后，Cr^{6+} 浸出值仅为 10^{-3} mg/L 左右，远低于国家标准限定值。因此，在比 pH = 5 酸雨更弱的环境中，砌块的化学性质相对稳定，使用安全。

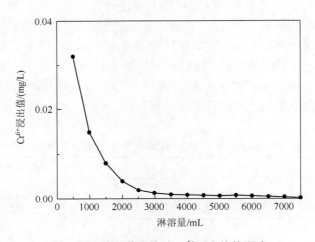

图 8.12　酸雨淋溶量对 Cr^{6+} 浸出值的影响

8.5.4　砌块理化性能指标

　　建材制品必须具有足够的致密性和强度以确保承受压力下性能的稳定，同时保证制品具有良好的机械固封作用。本节对砌块的密度、吸水率和抗压强度三个重要参数进行检验，测试结果如下：砌块密度为 983kg/m³、吸水率为 21.4%、抗压强度为 8.9MPa。强度等级达到 MU7.5 的要求，可用作建筑物的承重墙。但砌块的抗压强度较混凝土空心砌块仍稍微低些。这有待在现行工艺的基础上，对原料配比与制备工艺条件作进一步的改善。

　　针对铬渣中 Cr^{6+} 对人居与环境的极大危害，且现有的处理方法存在能耗大、成本高、解毒不够彻底、难以产业化等问题，本章基于冶金物理化学原理，选用 M 渣作还原剂解毒铬渣，并围绕高温还原反应的热力学、动力学及物相演化等方面，开展理论分析与实验研究，优化了相关的工艺条件。在实验室研究的基础上，又进行了工业规模的扩大试验，检验在生产现场进行解毒的可操作性，验证大量解毒后铬渣在自然环境中放置的安全性与稳定性。同时利用解毒终渣与粉煤灰、电石渣及磷石膏等工业废物制造了高掺量的空心砌块作为墙体材料，这符合国家发改委在《当前优先发展的高技术产业化重点领域指南》中提倡的产业政策。

　　本章提供的铬渣解毒方法工艺简单、成本低廉、解毒彻底、以废治废，终渣可作为建材原料，能够实现两种废渣的资源化，并满足危险固体废物及工业废渣处置无害化、资源化、减量化与综合利用的要求，是处理铬渣的一种有效途径。

参 考 文 献

[1]　李荫昌. 中国红矾钠生产现状与市场展望[J]. 无机盐工业，1997，29(3)：19-21.

[2]　李荫昌. 我国铬盐行业现状及发展浅议[J]. 无机盐工业，1995，27(2)：23-26.

[3]　张志华. 我国铬盐工业技术进步浅析[J]. 无机盐工业，1997，29(2)：20-23，49.

[4]　顾宗勤. 浅议我国铬盐行业的规划发展[J]. 化工技术经济，1999，17(3)：11-13.

[5]　Weber R，Rosenow B，Block H D，et al. Process for the preparation of sodium dichromate：US5273735[P].1993-12-28.

[6]　Kapland M A，Robinson M W Jr. Process for treating and stabilizing chromium ore waste：US4504321[P]. 1985-03-12.

[7]　Shaffer K，Arnold I. Alkali metal chromate production：US3819800(A)[P]. 1974-06-25.

[8]　张登亮，宋锋，石硕年，等. 无钙造粒焙烧铬盐生产工艺：CN1104258[P]. 1995-06-28.

[9]　纪柱. 铬铁矿无钙焙烧的反应机理[J]. 无机盐工业，1997，29(1)：18-21.

[10]　陈新. 从铬铁矿生产铬酸钠的二个新工艺[J]. 无机盐工业，1984，16(7)：15-17.

[11]　任庆玉. 铬渣的治理与综合利用[J]. 环境工程，1989，7(3)：50-55.

[12]　余宇楠. 国内外铬浸出渣治理方法概述[J]. 昆明冶金高等专科学校学报，1998，14(2)：48-51.

[13]　《环境科学大辞典》编辑委员会. 环境科学大辞典[M]. 北京：中国环境科学出版社，1991.

[14]　中国预防医学中心卫生研究所. GB 5749—1985. 生活饮用水卫生标准[S]. 北京：中国标准出版社，1985.

[15]　王志强，姚世民，高文元，等. 碳铬渣微晶玻璃的研制[J]. 大连轻工业学院学报，2000，19(2)：84-88.

[16]　王永增. 利用铬渣烧制彩釉玻化砖试验研究[J]. 冶金环境保护，2001(3)：29-32.

[17]　王永增. 含铬废渣质固体块长期稳定性试验和加速试验[J]. 冶金环境保护，2001(3)：26-28.

[18]　李有光，龚七一，秦德酬，等. 利用铬渣制造微晶玻璃建筑装饰板[J]. 环境科学，1994，15(6)：41-42.

[19]　杨光，程川，陈万志，等. 红砖法综合利用铬渣除毒效果研究[J]. 粉煤灰综合利用，1997，10(4)：22-25.

[20]　杨光，程川，陈万志，等. 页岩-煤矸石烧红砖法治理铬渣除毒效果研究[J]. 环境科学，1997，18(5)：75-76.

[21]　匡少平，徐倩. 利用自养煤矸石技术治理铬渣初步研究[J]. 环境工程，2003，21(5)：43-45，65.

[22]　唐景春. 铬渣制砖的毒性浸出及评价[J]. 干旱环境监测，2001，15(4)：195-196.

[23]　刘觉民. 用铬渣作熔剂直接入炉高炉法生产钙镁磷肥的研究[J]. 化肥工业，1989，16(2)：3-8.

[24]　丁翼. 铬渣治理工作回顾及经验教训[J]. 化工环保，1994，14(4)：210-215.

[25]　Mstsunaga H，Kiyota S，Kumagaya M. Reductive treatment of chromia-contg wastes in converters for reuse of pigiron：JP2001115[P]. 2001-04-24.

[26]　马书文. 铬渣治理与资源化综述[J]. 无机盐工业，1997，29(2)：19-22.

[27]　任志国，李寿宝，佟津. 磁铁精矿配加铬渣、钒渣生产烧结矿工艺研究[J]. 钢铁，1997，32(6)：9，10-14.

[28]　李印碧，赵跃辉. 铬浸出渣作高炉炼铁熔剂的试验[J]. 铁合金，1994，25(4)：34-37.

[29]　刘大银，周才鑫，唐秋泉，等. 铬渣烧结矿炼制含铬生铁工业化生产试验研究[J]. 环境科学，1994，15(5)：31-34，64.

[30]　曾祖德. 高炉法处理含铬废渣[J]. 湖南化工，1997，27(2)：41-43.

[31]　李祖树，徐楚韶，陈光碧. 烧结-炼铁工艺中 Cr 还原的研究[J]. 重庆大学学报(自然科学版)，1997，20(5)：119-124.

[32] 刘锦华，刘英杰，张惠棠. 铬渣烧结中铬酸离子的还原和再氧化[J]. 钢铁研究学报，1997(S1)：72-74.

[33] 扈文斌. 铬硫两渣高炉炼铁新工艺[J]. 无机盐工业，1991，23(1)：32-35.

[34] 朱新军. 铬刚玉砖的研制与应用[J]. 耐火材料，2002，36(1)：56.

[35] 韩怀芬，黄玉柱，金漫彤. 铬渣水泥固化及固化体浸出毒性的研究[J]. 环境污染治理技术与设备，2002，3(7)：9-12.

[36] 汪瀚，刘大银，刘先利，等. 铬渣与粉煤灰混合填埋固定六价铬的研究[J]. 地质勘探安全，2001，8(1)：35-39.

[37] 刘彬，汪瀚. 混合填充体系对铬渣中六价铬的阻碍作用[J]. 化工环保，2003，23(2)：63-66.

[38] 张华，蒲心诚. 碱矿渣水泥基铬渣固化体的性能研究[J]. 重庆环境科学，1999，21(3)：44-46.

[39] 陈俊敏，李刚，欧阳峰，等. 铬渣作水泥矿化剂的经济及环境效应分析[J]. 四川环境，2002，21(2)：34-36.

[40] 霍冀川，赵新玉，卢忠远. 微铬渣作水泥混合材的研究[J]. 西南工学院学报，2000，15(1)：50-52.

[41] 霍冀川，谭敏，曹卫东. 铬渣、矿渣复合硅酸盐水泥研究[J]. 矿产综合利用，2000(1)：41-44，46.

[42] 孙国峰，杨兴存，周芳，等. 铬渣对水泥砂浆性能影响的研究[J]. 山东建材，2001，22(1)：10-11.

[43] 蒋建国，王伟，范浩，等. 砷渣和铬渣的药剂稳定化研究[J]. 环境科学研究，1998，11(1)：30-31，35.

[44] 郑礼胜，王士龙，李建霞. 铬渣的稳定化研究[J]. 现代化工，1999，19(3)：31-32.

[45] 梁兴中，孟丽贤. 水蒸气转化法处理铬渣：CN85106006[P]. 1987-02-25.

[46] 高怀友，漆玉邦，李登煜. Ba^{2+}处理对减少堆置铬渣Cr^{6+}溶出的初步研究[J]. 农业环境与发展，1998，15(4)：25-26.

[47] 黄本生，李晓红，王里奥. 化工铬渣冷固结球团还原解毒实验研究[J]. 上海环境科学，2003，22(12)：911-915.

[48] 高怀友，漆玉邦，李登煜. 烟道气处理铬渣的原理及流程[J]. 农业环境与发展，1999，16(3)：33-34，48.

[49] 凯尔 F. 水泥——生产及性能[M]. 杨德骧，译. 北京：中国建筑工业出版社，1982.

[50] 杨慧芬，张强. 固体废物资源化[M]. 北京：化学工业出版社，2004.

[51] Aoki R，Sakamoto T，Ishida H. Black tiles of high strength and low porosity：JP63144159[P]. 1988-06-16.

[52] Aoki R，Mabe K，Suzuki T. Manufacture of magnetic tiles：JP03103356[P]. 1991-04-30.

[53] 孙春宝，孙加林. 含铬废渣的综合利用途径研究[J]. 环境工程，1997，15(1)：42-44.

[54] 李殷泰，高育军，方觉. 铬渣耐火材料及其制造方法：CN1068560[P]. 1993-02-03.

[55] 杨德安，戴彦良，谈家琪，等. 利用高碱铝铬渣合成镁铝铬尖晶石[J]. 硅酸盐通报，1998(6)：25-27.

[56] 于青，秦凤久，王文忠，等. 用铬渣生产镁橄榄石-尖晶石质耐火材料[J]. 耐火材料，1998，32(4)：195-197.

[57] 张敖荣. 铬渣烧制早强普通硅酸盐水泥[J]. 水泥工程，1998(5)：37-38.

[58] 张虹，郑礼胜，王士龙，等. 铬渣作混合材生产水泥的试验研究[J]. 水泥，1996(3)：29-31.

[59] 方荣利，金成昌. 铬渣的利用研究[J]. 矿产综合利用，1997(5)：40-44.

[60] 方荣利，金成昌. 去除铬渣毒性的研究[J]. 重庆环境科学，1998，20(1)：45-48，52.

[61] 席耀忠. 用铬浸渣烧硅酸盐水泥解毒的可行性探讨[J]. 环境科学，1991，12(5)：27-31，95.

[62] 付永胜，欧阳峰. 铬渣作水泥矿化剂的技术条件研究[J]. 西南交通大学学报，2002，37(1)：26-28.

[63] 王玉才. 用铬渣生产水泥熟料的试验[J]. 水泥工程，2000(2)：57-58.

[64] Kilau H W，Shah I D. Chromium-bearing waste slag：Evaluation of leachability when exposed to simulated acid precipitation[J]. ASTM International，1984，851：61-80.

[65] 兰嗣国，殷惠民，狄一安，等. 浅谈铬渣解毒技术[J]. 环境科学研究，1998，11(3)：53-56.

[66] 还博文. 旋风炉附烧铬渣的炉内过程[J]. 动力工程，1995，15(2)：5-14，63.

[67] 兰嗣国，张剑霞，还博文. 熔融还原解毒后铬渣的稳定性研究[J]. 环境工程，1997，15(1)：44-51.

[68] 兰嗣国，狄一安，王家贞，等. 解毒铬渣安全性研究[J]. 环境科学研究，1998，11(1)：53-56.

[69] 梁波. 含铬废渣微波辐照解毒应用基础研究[D]. 昆明：昆明理工大学，2002.

[70] 梁波，宁平，陈丽云. 微波辐照解毒铬渣影响因素的研究[J]. 环境科学研究，2005，18(2)：89-93.

[71] 李敬梅，李飒，王丽娟，等. 铬渣的物理力学性质及在工程应用中的研究[J]. 粉煤灰，2003，15(3)：25-27.

[72] 汪颖. 硫酸盐还原菌还原Cr^{6+}的研究[J]. 环境科学，1993，14(6)：1-4.

[73] 周海涛. 生物法处理含铬废水[J]. 环境科学与技术，1987，10(4)：35-37.

[74] 丁翼，纪柱. 铬化合物生产与应用[M]. 北京：化学工业出版社，2003.

[75]　Mollah M Y A，Tsai Y N，Hess T R，et al. An FTIR SEM and EDS investigation of solidification stabilization of chromium using portland cement type V and type IP[J]. Journal of Hazardous Materials，1992，30(3)：273-283.

[76]　Kindness A，Macias A，Glasser F P. Immobilization of chromium in cement matrices[J]. Waste Management，1994，14(1)：3-11.

[77]　Allan M L，Kukacka L E. Blast furnace slag-modified grouts for in situ stabili-zation of chromium-contaminated soil[J]. Waste Management，1995，15(3)：193-202.

[78]　方荣利，卢忠远，李维国，等. 利用工业废渣生产新型贝利特水泥的研究[J]. 水泥，1993(3)：1-5.

[79]　石玉敏. 工业废渣高温还原解毒铬渣及终渣资源利用的研究[D]. 沈阳：东北大学，2006.

[80]　Shi Y M，Du X H，Meng Q J，et al. Thermodynamics and kinetics of reduction reaction of chromium slag in solid phase[J]. Journal of Iron and Steel Research，2007，14(1)：12-16.

[81]　石玉敏，李俊杰，都兴红，等. 采用固相还原法利用工业废渣治理铬渣[J]. 中国有色金属学报，2006，16(5)：919-923.

[82]　Shi Y M，Du X H，Che Y C，et al. A study on the reduction of hexavalent chromium in chromium-containing slag by an industrial waste[C]. Beijing：Proceedings of the International Workshop on Modern Science and Technology，2006：89-94.

[83]　石玉敏，朱志宏，于淼，等. 铬渣的固相还原工业试验及稳定性研究[J]. 矿产综合利用，2006(1)：39-43.

[84]　石玉敏，朱志宏，都兴红，等. 固相还原法处理铬渣的研究及工业应用[J]. 耐火材料，2005，39(4)：288-291.

[85]　石玉敏，都兴红，隋智通. 碳高温还原解毒铬渣中 $CaCrO_4$ 的反应热力学研究[J]. 环境污染与防治，2007，29(6)：451-454.

[86]　纪柱，王承武，赵巧珍. 铬渣的物相组成及鉴定[J]. 无机盐工业，1981，13(6)：51-56.

[87]　潘金芳，冯晓西，张大年. 化工铬渣中铬的存在形态研究[J]. 上海环境科学，1996，15(3)：15-17.

[88]　司徒杰生. 无机化工产品——化工产品手册[M]. 4 版. 北京：化学工业出版社，2004.

[89]　梁英教，车荫昌. 无机物热力学数据手册[M]. 沈阳：东北大学出版社，1993.

[90]　韩其勇. 冶金过程动力学[M]. 北京：冶金工业出版社，1983.

[91]　李洪桂. 冶金原理[M]. 北京：科学出版社，2005.

[92]　梁汉东. 扫描电镜和 X 射线粉末衍射[M]. 徐州：中国矿业大学出版社，2002.

[93]　廖乾初，蓝芬兰. 扫描电镜分析技术与应用[M]. 北京：机械工业出版社，1990.

[94]　Ernest M L，Carl R R，McMurdie H F. Phase Diagrams for Ceramics[M]. Westerville：American Ceramic Society，1998.

[95]　马鸿文. 工业矿物与岩石[M]. 北京：地质出版社，2002.

[96]　马世昌. 化学物质辞典[M]. 西安：陕西科学技术出版社，1999.

[97]　国家环境保护局. GB 5085—1985. 有色金属工业固体废物污染控制标准[S]. 北京：中国标准出版社，1985.

[98]　国家环境保护局. GB 5085. 3—1996. 危险废物鉴别标准浸出毒性鉴别[S]. 北京：中国标准出版社，1996.

[99]　岑慧贤，王树功，仇荣亮，等. 模拟酸雨对土壤盐基离子的淋溶释放影响[J]. 环境污染与防治，2001，23(1)：13-15，26.

[100]　胡术刚，牛海丽，崔学奇. 含铬废渣的综合利用研究与应用[J]. 有色矿冶，2005，21(S1)：107-109.

[101]　梁爱琴，匡少平，白卯娟. 铬渣治理与综合利用[J]. 中国资源综合利用，2003(1)：15-18.

[102]　国家发展和改革委员会. 关于印发进一步做好禁止使用实心粘土砖工作的意见的通知[Z]. 2004-02-13.

[103]　闫振甲，何艳君. 工业废渣生产建筑材料实用技术[M]. 北京：化学工业出版社，2002.

[104]　黄玉柱，韩怀芬，熊丽荣. 水泥对铬渣无害化处理及固化体浸出毒性的研究[J]. 浙江工业大学学报，2002，30(4)：366-369.

[105]　河南建筑材料研究设计院. GB 8239—1997. 普通混凝土小型空心砌块[S]. 北京：中国标准出版社，1997.

第9章 冶金渣理论基础

本章介绍冶金渣基础理论与相关资料,提供给不甚熟悉冶金工艺的读者必要的专业知识以助其理解、应用冶金渣资源化科学技术——选择性析出分离技术。

如第1章所述,对复合矿冶金渣实施选择性析出分离技术的目的是将渣转化为人造矿,提供给后续的选择性分离使用。众所周知,材料的结构、性质与应用三方面关联密切,材料的性质取决于其结构,而材料的应用又基于其性质。第3~8章重点阐述六类冶金渣资源化技术及其应用条件,而本章则主要介绍与冶金渣结构和性质相关的基础理论。

本章的内容设置及叙述方式未必符合传统冶金渣的知识体系,但其针对性强,即围绕冶金渣资源化的主题,尽可能地理论联系实际,介绍与冶金渣资源化相关的基础理论。本章绝大部分素材取自前人的文献,并尽量标注其出处,以方便读者查阅。

9.1 熔渣结构与性质

众所周知,材料的宏观性质及应用与其化学组成、微观结构及组织密切相关。同样,液态熔渣的性质及其向固相转化的过程也与其微观结构等密不可分[1-19]。冶金熔渣归属于硅酸盐熔体的多元系,认识冶金熔渣的微观结构与宏观性质,首先从理解硅酸盐熔体的微观结构与宏观性质切入。

早在20世纪初人们就已经获取了硅酸盐化合物晶体中原子层次微观结构的诸多信息,证实硅酸盐化合物的晶体结构具有周期性及远程有序性。基于此,构建了晶体的基本结构单元——晶胞模型,并由它作周期性地重复,整合出晶体的精细微结构[20]。但硅酸盐熔体结构与其晶体相比较复杂许多,因为熔体中原子间的键合时刻发生着断裂与连接,各种类型离子又处于无规则、随机地移动中,在空间或时间上均处于无序状态,不可能用晶胞模型周期性重复的简单方式来复制和描述熔体结构。另外,借助仪器设备直接观察与测试来获取高温熔体精细结构的图像与信息目前尚难奏效[1, 6]。因此,借鉴硅酸盐晶体与硅酸盐玻璃微观结构和化学键方面的理论及研究成果,自然地成为人们认识硅酸盐熔体与冶金熔渣结构的可能且可行的途径之一,况且当温度接近熔点时,熔体与其晶体间(特别是熔体与其玻璃间)均呈现诸多相似、共通之处,这已为近年来快速进步的显微测试技术实验结果所证实[2, 8, 21, 22]。因此,认识与理解冶金熔渣的微观结构与性质亦可顺理成章地按照氧化物晶体、硅酸盐晶体、硅酸盐玻璃、硅酸盐熔体与冶金熔渣的层次,由浅入深、由简入繁,从微观到宏观,从特性到共性,循序渐进地认识与理解冶金熔渣的结构与性质。本章则按照这样的思路和顺序安排主体内容,并逐节铺展开来。

9.1.1 氧化物晶体结构

冶金熔渣是以二氧化硅为主并与其他多种氧化物混合形成的匀相熔体[4, 20, 23-26]，是多组分的复杂氧化物体系。冶金熔渣的结构及化学性质与组成渣的多种氧化物结构及化学性质密切相关。因此，先从简单氧化物的晶体结构与化学键切入。

1. 氧化物晶体化学键

按氧化物的晶体结构特征可分为下述三类晶体[15, 27, 28]。

(1) 离子晶体是正、负离子依靠离子键结合而成的晶体。离子晶体中正、负离子可呈最紧密堆积，配位数较大。故离子晶体的键能高(约 800kJ/mol)，熔点高，硬度大，强度高，质地脆。

(2) 原子晶体是晶体内相邻原子间靠共价键结合形成的空间网状结构。原子晶体的键能较高(约 400kJ/mol)，熔、沸点高，硬度大，导电性差，质地脆。

(3) 分子晶体是晶体内通过分子键结合起来的晶体。分子晶体的熔、沸点低，硬度小，导电性差，强度低。

实际晶体中并非单一的化学键，通常既有离子键又含共价键，称它为混合键化合物。

2. 氧化物晶体结构参数

按离子晶体处理时，纯氧化物的结构参数可归纳如下[27]。

(1) 离子半径，取自鲍林(Pauling)的单价离子半径。它是基于量子力学理论并参照 XRD 与摩尔折射率测定数据求得的。

(2) 配位数(coordination number，CN)，指晶体中与一个原子或离子最邻近的原子或异号离子的数目。

(3) 离子-氧参数 I，又称离子静电场强度(ion electrostatic field intensity)。它由离子间库仑力表示，定义如下：

$$I = \frac{2Z}{(r_c + r_o)^2} \tag{9.1}$$

式中，r_c 为正离子半径；r_o 为氧离子半径；Z 为正离子价态。I 可表征氧离子与正离子间的交互作用，其值越大则氧离子与正离子间的交互作用越强。

(4) 元素电负性 X_i，表示元素的原子核与电子云之间的相互作用。它表征原子核控制电子而形成负离子的能力；电负性值越大，越易形成负离子；化合物中两元素的电负性差异越大，越容易形成离子键(极性键(heteropolar bond))，相反，则容易形成共价键(非极性键(homopolar bond))。

(5) 键的离子性分数 i，表示化学键中离子键所占的比例。对于化合物 AB，键的离子性分数 i 与元素电负性 X_i 间的经验关系可表达为

$$i = 1 - \exp[-(X_A - X_B)^2/4] \tag{9.2}$$

(6) 离子的极化。晶体中正、负离子间的电子云可重叠，促使离子的外层电子云发生变形，改变正、负电荷中心重合的球形对称，产生偶极矩的现象称为极化作用。极化源自电子云重叠→电子云变形→电荷重心偏离→产生偶极矩。极化率表示被极化，而极化力表示主极化。

表 9.1 列出了各种氧化物晶体的结构参数，表中氧离子半径和电负性分别为 0.140nm 和 3.5，括号内为估算值。

表 9.1　各种氧化物晶体的结构参数

离子	r_c/nm	r_c/r_o	坐标编码	I	X_i	i/%
B^{3+}	0.020	0.14	3, 4	2.34	2.0	43
Be^{2+}	0.031	0.22	4	1.37	1.5	63
P^{5+}	0.034	0.24	(4)	3.30	2.1	39
Si^{4+}	0.041	0.29	4, 6	2.45	1.8	51
As^{5+}	0.047	0.36	(4, 6)	2.86	2.0	43
Al^{3+}	0.050	0.36	4, 5, 6	1.66	1.5	63
Ge^{4+}	0.053	0.38	4, 6	2.15	1.8	51
Li^{+}	0.060	0.43	4, 6	0.50	1.0	79
Fe^{3+}	0.060	0.43	(4, 6)	1.50	1.9	47
V^{4+}	0.061	0.44	(6)	1.98	1.6	59
Mg^{2+}	0.065	0.46	6	0.95	1.2	73
Cr^{3+}	0.065	0.46	(6)	1.43	1.6	59
Ti^{4+}	0.068	0.49	6	1.85	1.5	63
Sn^{4+}	0.074	0.53	(6)	1.75	1.8	51
Fe^{2+}	0.075	0.54	(6)	0.87	1.8	51
Ni^{2+}	0.078	0.56	(6)	0.84	1.8	51
Mn^{2+}	0.080	0.57	(6)	0.83	1.5	63
Co^{2+}	0.082	0.59	(6, 7)	0.81	1.8	51
Zn^{2+}	0.083	0.59	(6, 7)	0.80	1.6	59
In^{3+}	0.092	0.66	(8)	1.11	1.7	55
Na^{+}	0.095	0.68	6, 8	0.36	0.9	82
Cu^{+}	0.096	0.69	(8)	0.36	1.9	47
Ca^{2+}	0.099	0.71	7, 8, 9	0.70	1.0	79
Cd^{2+}	0.103	0.74	(8, 9)	0.68	1.7	55
Sr^{2+}	0.127	0.91	(8, 9)	0.56	1.0	49
Pb^{2+}	0.132	0.94	(8, 9)	0.54	1.8	51
K^{+}	0.133	0.95	6~12	0.27	0.8	84
Ba^{2+}	0.143	1.02	12	0.50	0.9	82
Cs^{+}	0.169	1.21	12	0.21	0.7	86

依据氧化物中键的离子性分数可以确定离子性与元素原子序数间关系，见图 9.1。该

图表明：碱或碱土金属氧化物中以离子键为主，相反，易于形成玻璃的准金属氧化物(如 SiO$_2$、B$_2$O$_3$、P$_2$O$_5$)中则以共价键为主。

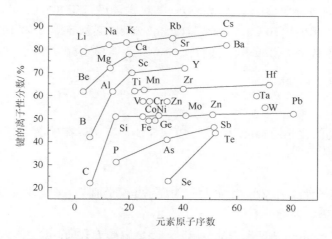

图 9.1　氧化物中键的离子性分数与元素原子序数关系

3. 氧化物晶体结构

氧化物晶体中的原子呈四种构型：三角形、四面体、八面体和立方体，各构型中 r_c/r_o 的最小值分别为：三角形 0.154(CN = 3)，四面体 0.225(CN = 4)，八面体 0.414(CN = 6)，立方体 0.732(CN = 8)。r_c/r_o 也表示氧离子密堆积留下的空隙中可插入正离子的最大尺寸[20, 29, 30]。

4. 氧化物分类

(1) 酸性氧化物，又称网络形成体(network former)，如准金属氧化物 SiO$_2$、B$_2$O$_3$、P$_2$O$_5$ 等，其形成网络结构的能力强，称其正离子为网络正离子或成网正离子，通常这些氧化物中网络正离子的 $I > 1.7$。

(2) 碱性氧化物，又称网络改性体(network modifier)。例如，碱或碱土金属氧化物加入熔体时释放出氧离子，破坏熔体网络结构。网络改性体中正离子与氧离子间的引力弱于网络形成体中的正离子，其 $I < 0.7$，称网络改性体中正离子为变网正离子或网络外离子。

(3) 两性氧化物，又称中性体(amophoteric)，如 TiO$_2$、Al$_2$O$_3$、Fe$_2$O$_3$ 等，它在熔体中的行为受环境制约。若酸性熔体中加入中性体则破坏网络结构，呈现网络改性体行为；相反，若在碱性熔体中加入中性体则促进网络结构形成，呈现网络形成体行为。两性氧化物中的正离子为中性正离子，其 I 介于 0.7～1.7。

9.1.2　硅酸盐晶体结构

1. 石英晶体结构

1) β 方石英的晶体结构

理想化 β 方石英的晶体结构与 ZnS 相似[7]，即 ZnS 晶体结构中 Zn 和 S 的位置均被 Si^{4+}

占据，O^{2-}占据Si^{4+}—Si^{4+}的中心位置，硅的配位数为4，氧的配位数为2。

2) SiO_2的同质异象体(polymorph)

SiO_2有三种同质异象体：石英(quartz，其稳定温度低于870℃)、鳞石英(tridymite，其稳定温度介于870～1470℃)、方石英(cristobalite，其稳定温度为1470～1713℃)。每种类型的同质异象体还存在α和β两种变体，各变体稳定温度不同。

2. 硅酸盐晶体

1) 化学键

硅酸盐化合物的化学通式可表示为xRO·ySiO$_2$，其中存在硅-氧(Si—O)与金属-氧(R—O)两种类型化学键[3, 4, 20]。

(1) 硅-氧(Si—O)键。

Si—O键的离子性约占50%，而硅与氧的离子半径分别为0.41Å与1.40Å，半径比r_{si}/r_o=0.29，据此可形成硅氧四面体配位。

当硅酸盐xRO·ySiO$_2$中的R为准金属时，准金属离子R^{z+}的电负性较大(>1.5)，离子半径较小，价态也较高，R^{z+}对O^{2-}的吸引力明显增强，使得R—O键强接近Si—O键强，而弱化了Si—O键。Si—O键的平均键长由1.62Å拉长到1.77Å，O—O键的平均键长由2.64Å缩短到2.50Å，呈现硅氧八面体配位，称为六氧硅酸盐。自然界六氧硅酸盐种类极少。

(2) 金属-氧(R—O)键。

硅酸盐xRO·ySiO$_2$中的R—O键以离子键为主，不同R的电负性差异很大，因而由R向连接硅的氧原子转移电子的数量变化较大，致使硅酸盐中R—O键的离子性变化较大。

2) 结构

(1) 结构特征。

硅酸盐为正离子和硅酸根离子(或硅氧四面体、离子簇)构成的晶体。其中，硅酸根离子可呈现不同构型，从简单的孤立$[SiO_4]^{4-}$到无限的三维骨架，均可能存在。

①硅酸根离子。各种类型硅酸根离子的结构形态呈现下述特征：几乎所有硅酸盐结构均由$[SiO_4]^{4-}$构成，不同聚合程度的$[SiO_4]^{4-}$可形成不同构型的硅酸根离子；$[SiO_4]^{4-}$可以共顶角连接成巨大的多聚体，即聚合程度不同的硅酸根离子可公用共同顶点(桥氧)的$[SiO_4]^{4-}$多于两个；$[SiO_4]^{4-}$不可以共边或共面。因此，可视$[SiO_4]^{4-}$为硅酸盐结构中规则的构造块。用NBO/T表示$[SiO_4]^{4-}$中的非桥氧$O^-(O_{nb})$(no bridge oxygen)，它是与结构相关的重要参数。硅酸根离子中存在两种类型氧，即桥氧和非桥氧。桥氧为连接两个$[SiO_4]^{4-}$所共有的氧，非桥氧为只与一个硅或$[SiO_4]^{4-}$连接的氧，也称端氧。硅氧比(Si/O)指桥氧与非桥氧的相对数目之比，是重要参数，由它确定硅酸根离子的结构形态。按Si/O的大小，硅酸根离子的结构形态可分为"岛""双聚体""链或环""层"与"架"五种构型。

硅酸根离子(或$[SiO_4]^{4-}$)的结构形态与Si/O间关系如表9.2所示。

②金属离子。硅酸盐中金属离子R^{z+}的半径较大，且价态偏低，只存在于四面体网络外的间隙(或空穴)中，得名网络外离子。准金属铝离子半径较小且电价不低，既可如金属离子那样存在硅酸根，亦可部分取代Si^{4+}进入四面体中，形成$[AlO_4]^{5-}$。

表 9.2　硅酸根离子结构形态与 Si/O 间关系

结构类型	Si/O	负离子	形状	$[SiO_4]^{4-}$共用 O^{2-}数目
岛状	1:4	SiO_4^{4-}	四面体	0
双聚体状	2:7	$Si_2O_7^{6-}$	双四面体	1
环状	1:3	$Si_3O_9^{6-}$	环	2
链状	1:3	$Si_2O_6^{4-}$	单链	2
链状	4:11	$Si_4O_{11}^{6-}$	双链	2.3
层状	4:10	$Si_4O_{10}^{4-}$	平面层	3
架状	1:2	SiO_2^0	骨架	4

(2) 基础结构单元。

$[SiO_4]^{4-}$是硅酸盐中的基础结构单元,四面体共用顶角相互连接,共用顶角的数目为 0、1、2、3、4 时可分别形成岛状、双聚体状、环状、单链状、双链状、层状、架状等不同结构类型的硅酸盐化合物。

①岛状。孤立的岛状$[SiO_4]^{4-}$不与其他$[SiO_4]^{4-}$连接,亦不含桥氧,它带的负电荷与硅酸盐中正离子的正电荷平衡。

②双聚体状。$[Si_2O_7]^{6-}$——桥氧连接两个$[SiO_4]^{4-}$构成双聚四面体。

③环状。由 3 个、4 个或 6 个$[SiO_4]^{4-}$相互共用两个顶角构成的硅酸盐,其结构为三环$[Si_3O_9]^{6-}$、四环$[Si_4O_{12}]^{8-}$或六环$[Si_6O_{18}]^{12-}$,通式为$[SiO_3]_n^{2n-}$,负电荷被硅酸盐中正离子平衡。

④单链。$[SiO_4]^{4-}$通过两个顶角的桥氧相互连接成无限长链,重复单元是$[SiO_3]^{2-}$,每个四面体剩余的两个非桥氧与正离子键合,并借助正离子再与另一平行的单链连接。

⑤双链。两个平行的单链通过桥氧连接成无限长双链,即$[SiO_4]^{4-}$交替地共用两个和三个桥氧而成。

⑥层状。$[SiO_4]^{4-}$的三个桥氧与另外三个$[SiO_4]^{4-}$连接,构成六方对称无限的二维网面,每个$[SiO_4]^{4-}$剩余的非桥氧与正离子键合,并通过正离子与其他平面连接。

⑦架状。$[SiO_4]^{4-}$通过四个桥氧与其他四面体连接,构成三维连续延伸的架状结构[5,20,27,30]。

9.1.3　硅酸盐熔体结构

自 20 世纪初,人们采用 XRD、中子衍射和各种光谱(如红外光谱、紫外光谱、核磁共振谱、拉曼光谱和穆斯堡尔谱)等实验技术对硅酸盐熔体结构开展了研究,如 Warren[31]、Wright 和 Leadbetter[32]的实验与分析方法,Wong 和 Angell[33]研究熔体结构的光谱技术等。

1. 石英熔体结构

石英是最简单的硅酸盐熔体,由现代实验技术与先进数据分析相结合的方法已经印证石英熔体结构呈现近程有序、远程无序的特征[34]。

$[SiO_4]^{4-}$ 间旋转角度的无序分布表明熔体中 $[SiO_4]^{4-}$ 之间不可能以边或面相连，只可能以顶角相连，形成向三维空间发展的架状结构。石英玻璃 XRD 谱呈现无明显的小角度衍射，表明石英熔体结构是连续的。

2. 硅酸盐晶体、玻璃与熔体间的结构差异

硅酸盐晶体、玻璃和熔体之间既有相似性，又各具自身特点[7, 15, 21, 30, 35, 36]。

1) 硅酸盐晶体

硅酸盐 $(xRO \cdot ySiO_2)$ 晶体中 $[SiO_4]^{4-}$ 有序地、周期性地排列，呈现近程有序、远程亦有序的特征。低价正离子 R^{z+} 占据晶体点阵的格位，晶体为组成确定的定比化合物，即化学计量化合物。

2) 硅酸盐玻璃

硅酸盐玻璃近程有序，远程并非完全无序(存在向完全无序状态过渡的趋势)，聚合度低、无序度高。玻璃在热力学上不稳定，但在动力学上属亚稳态；从物质结构上看，玻璃结构为宏观无序、均匀且连续，但微观有序、不均匀及不连续。宏观与微观不一致的原因是玻璃中存在近程有序的硅氧聚合多面体，远程却是随机地排列着。

3) 硅酸盐熔体

硅酸盐熔体呈近程有序、远程完全无序的稳定态，聚合度低于硅酸盐晶体，但无序度高于硅酸盐玻璃。碱土金属硅酸盐熔体的无序度比碱金属硅酸盐熔体更大。在温度、压力确定的条件下，熔体可达到热力学上的平衡态与动力学上的稳定态，其结构在微观上也随之达到相应的稳定、平衡状态。

3. 熔体结构

1) 硅酸盐熔体结构中化学键的特点

(1) Si—O 键。

硅酸盐熔体中 Si—O 键仍然是既有离子键成分又有共价键成分的混合键，呈现高键能、方向性特点。由于 Si^{4+} 电荷高、半径小，成键能力强且 Si—Si 间斥力居中等因素，$[SiO_4]^{4-}$ 成为最基本的结构单元。它通过顶角的桥氧相互连接起来扩展成三维网络结构，并且随连接状态可变。

(2) R—O 键。

熔体中 R—O 键以离子键为主。当网络改性体 R_2O 或 RO 进入熔体时，由于 R—O 键强较 Si—O 键弱许多，Si^{4+} 可将 R—O 键中的 O^{2-} 拉向自己周围，引发 Si—O 键的键强、键长、键角的变化。R^{z+} 半径大、电荷小，可使硅氧聚合多面体断裂，尺寸变小。

(3) 配位多面体。

硅酸盐熔体中 O^{2-} 的半径较网络正离子大，后者位于 O^{2-} 围成的多面体中心，形成几何多面体，称为配位多面体。它的稳定性由正、负离子的半径比来确定。硅酸盐熔体中网络外离子位于配位多面体的间隙中，它是由 $[SiO_4]^{4-}$ 按一定方式连接起来的、配位多面体的集合，呈现三维网络化结构[37]。

2) 硅酸盐熔体的结构特征

实验研究已确定，硅酸盐玻璃与熔体中离子间距离 r_{ij} 和离子氧配位数 N_{ij} 的测量结果几乎相同，玻璃态硅酸盐具有类石英结构为主的封闭结构(closed structure)，而熔融态硅酸盐则具有类方石英结构为主的开放结构(open structure)。玻璃与熔体中正、负离子的名称、行为与作用几乎相同，其网络结构的显著特征是近程有序、远程无序，因此下面分别从近程有序与远程无序两方面解析硅酸盐熔体结构的特征。

(1) 近程有序。

近程有序的特征体现于熔体中存在由正、负离子构成的规则四面体结构，其中正离子视其在熔体中行为与作用又分为网络正离子、网络外离子和中性正离子三类。

负离子可分为氧离子和硅酸根离子两类。

①氧离子。熔体中存在自由氧 $O^{2-}(O_f)$、桥氧 $O^o(O_b)$ 和非桥氧 $O^-(O_{nb})$。Liebou[3]报道熔体中自由氧数量非常少，可以忽略不计。假定熔体中自由氧数量为零，体系中桥氧和非桥氧的摩尔分数($[O_b]$和$[O_{nb}]$)可估算为[38]

$$[O_b] = \frac{[O/Si] - 2}{2}, \quad [O_{nb}] = \frac{4 - [O/Si]}{2} \tag{9.3}$$

②硅酸根离子。由网络正离子 Si^{4+} 与 O^{2-} 构成。熔体中可存在各种形式的硅酸根离子。若强调硅酸根离子的空间配置形式，称它为负离子多面体(团)、网络聚合多面体或配位多面体；若按熔体中形成硅酸根离子的聚合反应，又称它为聚合硅酸根离子或多聚体、聚合物。$[SiO_4]^{4-}$是硅酸根离子中最简单的形式，亦是构成硅酸盐熔体的基础结构单元。熔体中高价网络正离子 Si^{4+} 间尽量不靠近，以维持局域电中性。事实上，也正是 Si^{4+} 之间的中等斥力才使得硅氧四面体可以共用桥氧而相互连接并伸展，呈现硅酸根离子的多样性。

熔体中硅氧比关系硅酸根离子存在形式，不同硅氧比对应熔体中不同桥氧与非桥氧的相对数目，因而硅酸根离子的结构形式也不同。根据同一个硅氧四面体中桥氧与非桥氧的数目，可定义出五种结构形式的硅氧四面体，见表 9.3。

表 9.3　五种结构形式的硅氧四面体

Si/O 比	结构形式
1/2.0	全部桥氧连续架状 Q_4
1/2.5	桥氧+非桥氧连续层状 Q_3
1/3.0	桥氧+非桥氧链或环状 Q_2
1/3.5	桥氧+非桥氧双聚体状 Q_1
1/4.0	全部非桥氧岛状 Q_0

用符号 Q 表示硅氧四面体，其中 Q 右下方数字表示四面体中桥氧的数目，五种结构形式分别表示为：岛-Q_0，双聚体-Q_1，环或链-Q_2，层-Q_3，架-Q_4。

熔体中硅氧四面体与前述硅酸盐晶体中五种构型的硅氧四面体 Q_i 一致，但晶体中只

存在一种或两种 Q_i 构型，而熔体中则不止一种或两种，它是多种硅氧四面体构型 Q_i 的混合体，因此在硅酸盐熔体中呈现出多种 Q_i 共存及分布的特征[35, 36]，见表 9.4。

表 9.4　一维核磁共振实验得到的四面体分布(单位：%)

硅氧四面体构型	四面体分布			
	Q_0+Q_1	Q_2	Q_3	Q_4
$Li_2Si_2O_5$	6.4	22	57	14.6
$Na_2Ca_2Si_3O_9$	16±5	72±8	12±5	—
$Na_4CaSi_3O_9$	14±5	67±8	19±7	—
$CaSiO_3$	20±5	64±8	14±5	2±1
$CaMgSi_2O_6$	28±8	43±20	25±6	4±1

(2) 远程无序。

从表 9.3 与表 9.4 可知，其一维核磁共振分布呈现对称性。

Zhang 等[39]通过对比核磁共振实验中同一成分 $CaSiO_3$ 玻璃中四面体的分布结果(表 9.5)发现：二维核磁共振结果比一维时的分布结果更宽广，而且不对称，呈现二维各向异性。

表 9.5　$CaSiO_3$ 玻璃一维和二维核磁共振结果比较(单位：%)

核磁共振	Q_0	Q_1	Q_2	Q_3	Q_4
一维	—	18±3	63±4	19±4	—
二维	0.72±0.13	19.33±0.28	54.68±0.34	24.14±0.53	1.13±0.01

四面体 Q_i 不对称分布源自熔体中不仅存在各种 Q_i 的混合，而且各种 Q_i 间可发生相互反应[40]：

$$2Q_n = Q_{n+1}+Q_{n-1} \tag{9.4}$$

Zhang 等[39]曾试图按 Q_n 的浓度积计算平衡常数，计算公式如下：

$$K_n = [Q_{n-1}][Q_{n+1}]/[Q_n]^2 \tag{9.5}$$

实际上，各种四面体间不仅是非理想混合，而且相互作用。Mysen 等[40]曾指出：按 Q_n 的浓度计算得到的 K_n 不守恒。

You 等[41]提出的平衡常数计算公式更合理，如下：

$$K_n = \frac{[Q_{n-1}][Q_{n+1}]}{[Q_n]^2} \frac{\gamma_{n-1}\gamma_{n+1}}{\gamma_n^2} \tag{9.6}$$

4. 与硅酸盐熔体结构相关的参数

与网络结构相关的参数有若干种，其中主要的参数如下[30]。

(1) 网络正离子配位数。硅酸盐熔体中，高场强的网络正离子以氧配位体(coordination unit)或氧配位四面体形式存在，正离子的配位数通常由正/负离子的半径比估算。在硅酸盐熔体中 Si 总是 4 配位(极少数 6 配位)，B 是 3 或 4 配位，Al 和 Ge 是 4 或 6 配位。

(2) 聚合度(degree of polymerization)。它是表征网格连接紧密程度的参数(由聚合反应确定)。聚合度是非桥氧分布、键角分布、基团尺寸等因素的函数。聚合度不同，形成负离子的形式亦不同，各种聚合度的负离子在熔体中可并存。吴永全[7]曾将体系的聚合度称作四面体间(内)的有序度。

(3) 网络连接度(connectivity)。它是描述网络基础结构单元连接状态的参数(近邻的关联)。它与熔体的聚合度直接相关，也与非桥氧浓度与分布以及网络正离子配位数有关。

(4) 网络连接数(connectivity number)。它是指每个基础结构单元中桥氧键的平均数。网络连接数受熔体中非桥氧浓度与分布、网络正离子配位数、加入碱性氧化物后熔体的 Si/O 等因素影响。

(5) 键角与旋转。三维网络的变形通过键长、键角的改变以及绕网络结构单元轴的旋转来实现，它将引起熔体结构随机性变化。键角 $\angle O{-}Si{-}O$ 分布反映硅氧四面体内的有序度，键角 $\angle Si{-}O{-}Si$ 分布则反映硅氧四面体间的有序度。

(6) 网络维数(dimension)。网络空间的网络连接数与网络维数有关，但两者的物理意义有所区别。连接数表征每个网络结构单元内桥接负离子的桥氧键平均数，维数侧重描述网络空间中负离子的排列形式，如熔体中链状网络的网络维数为 1。硼酸盐熔体由硼氧三角形构成二维平面结构，网络维数为 2；而硅酸盐熔体由硅氧四面体构成三维网络结构，网络维数则为 3。

(7) 网络自由体积(free volume)。熔体中配位多面体形成的间隙体积称作网络自由体积，它对熔体中扩散及与体积相关的性质(如密度、折射率、热膨胀系数)影响大。

(8) 网络中程有序(nature of all intermediate range order)。由网络负离子构成的链或环可扩展、延伸超出近程有序区，称这样的结构为网络中程有序。目前尚无表示其特点的模型及证明其确凿存在的相关技术。

基本网络参数可以定量描述熔体网络特征[29]。

(1) X 指每个网络聚合多面体中非桥氧离子的平均数。

(2) Y 指每个网络聚合多面体中桥氧离子的平均数，又称为结构参数。Y 小，表示桥氧数量少，熔体解聚占优势、聚合处劣势，熔体的黏度小，网络外离子易于移动。

(3) Z 指每个网络聚合多面体中氧离子的平均数。

(4) R 指熔体中氧离子总数/网络正离子(Si)总数。

参数间关系如下：

$$X+Y=Z; \quad X+1/2Y=R; \quad X=2R-Z; \quad Y=2Z-2R \tag{9.7}$$

5. 硅酸盐熔体结构方面的实验研究概况

1) 石英玻璃

采用原子层次的径向分布函数(radial distribution function，RDF)分析技术[42]测量石英玻璃 RDF。RDF 的含义为在平均时间、距原点半径为 r 的圆圈内发现另一个原子的概率[43]。RDF $=4\pi r^2\rho(r)$ 是一维表达式，它给出非晶体系原子排列的定量信息，其中 $\rho(r)$ 称为径向密度函数[31]。图 9.2 的横坐标为组成元素的 Pauling 离子半径，由图知，第一个峰出现在 1.62Å，这与硅酸盐晶体中硅-氧距离十分接近。采用对函数法估算配位数，由第一个峰下的面积算出围绕每个硅原子的氧配位数为 4.2，显然，石英玻璃中存在硅氧四面体局域有序的结构单元。在 2.2Å 处原子密度几乎为零，表明半径为 2.2Å 的球形定域内无原子聚集，氧原子总与硅原子相互连接。配位数接近 4 相当于$[SiO_4]^{4-}$结构单元四顶角相互连接成三维网络结构；该结果与 β 方石英晶体结构中观察到的原子排序规律无明显差异[9]，因此，石英玻璃是以$[SiO_4]^{4-}$结构单元为主体的随机网络结构。

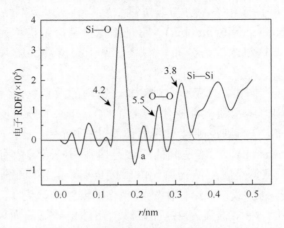

图 9.2　SiO_2 玻璃中最邻近区域电子 RDF

2) 硅酸盐熔体

(1) MgO-SiO_2 和 CaO-SiO_2 熔体。

图 9.3 为 SiO_2、MgO-SiO_2 和 CaO-SiO_2 熔体的干扰函数及电子 RDF 数据[44]。图 9.3(a) 中虚线表示用对函数法确定的初始结构参数及干扰函数；实线表示实验数据，两者几乎重

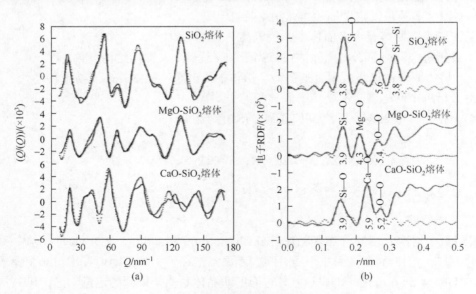

图 9.3　干扰函数和电子 RDF

合，可认为：由对函数法确定的结构参数接近实验值。图 9.3(b)中，峰下面积相当于配位数，Si—O 对的距离 $r_{ij} = 1.62\text{Å}$，配位数 $N_{ij} = 3.9$，证实熔体中$[SiO_4]^{4-}$客观存在。因此，可认为 $MgO\text{-}SiO_2$ 和 $CaO\text{-}SiO_2$ 熔体由$[SiO_4]^{4-}$与碱土金属离子的混合物构成，并且这种结构单元的连接在距离延长之后快速地衰减。

表 9.6 为 XRD 法测定 SiO_2、$MgO\text{-}SiO_2$ 和 $CaO\text{-}SiO_2$ 熔体中的近邻连接关系。表 9.7 给出 SiO_2、$MgO\text{-}SiO_2$ 和 $CaO\text{-}SiO_2$ 熔体中 Si—O、O—O、Si—Si、Ca—O、Mg—O 对近邻关联配位数 N_{ij} 与组成之间的关系[44]。

表 9.6　XRD 法测定硅酸盐熔体中的近邻连接关系

熔体	离子对	r_{ij}/nm	N_{ij}	$(\Delta r^2{}_{ij})^{1/2}/\text{nm}$
SiO_2 熔体	Si—O	0.162	3.8	0.0098
	O—O	0.265	5.6	0.0126
	Si—Si	0.312	3.9	0.0205
$CaO\text{-}SiO_2$ 熔体	Si—O	0.161	3.9	0.0127
	Ca—O	0.235	5.9	0.0171
	O—O	0.267	5.2	0.0206
	Si—Si	0.321	3.1	0.0264
$MgO\text{-}SiO_2$ 熔体	Si—O	0.162	3.9	0.0109
	Mg—O	0.212	4.3	0.0151
	O—O	0.265	5.4	0.0215
	Si—Si	0.316	3.3	0.0282

表 9.7　近邻关联配位数与组成关系

CaO 摩尔分数/%	温度/℃	Si—O	Ca—O	O—O	Si—Si
0	1750	3.8	0	5.6	3.9
34	1700	4.0	5.2	5.6	3.6
41	1600	3.8	5.4	5.4	3.4
45	1600	3.9	5.8	5.3	3.3
50	1600	3.9	5.9	5.2	3.1
57	1750	3.7	6.2	5.1	3.2
44	1700	4.1	4.1	5.7	3.5
51	1700	3.9	4.3	5.4	3.3
56	1790	3.8	4.4	5.3	2.9

注：每一个数值都包含±0.2 的实验不确定度

(2) $FeO-Fe_2O_3-SiO_2$ 熔体。

Waseda 等[21, 45-47]测量 $MO-SiO_2$ 熔体中离子间距离 r_{ij} 和正离子氧配位数 N_{ij} 的数据，见表 9.8。该结果与早期 XRD 研究结果一致，即玻璃态与熔融态硅酸盐中 Si—O、O—O 和 Si—Si 的 r_{ij} 和 N_{ij} 相同。如前所述，随着正离子价态和半径增大，正离子的氧配位数增大。Waseda 等[48]采用 ZrO_2 传感器监控 p_{O_2} 为 $2\times10^{-11}\sim2\times10^{-7}$bar，保持 Fe^{3+}/Fe^{2+} 比恒定，研究 $1523\sim1623$K 下 $FeO-Fe_2O_3-SiO_2$ 熔体中 SiO_2 质量分数为 22.55%～35%对近邻关联的影响，结果如图 9.4 所示。

表 9.8 二元硅酸盐熔体中离子间距离 r_{ij} 和正离子氧配位数 N_{ij}

体系	离子对	r_{ij}/Å	N_{ij}
SiO_2	Si—O	1.62	4
	O—O	2.65	6
	Si—Si	3.12	4
$Li_2O\cdot2SiO_2$	Li—O	2.08	4
$Na_2O\cdot2SiO_2$	Na—O	2.36	6
$K_2O\cdot2SiO_2$	K—O	2.66	7
$MgO\cdot2SiO_2$	Mg—O	2.16	5
$CaO\cdot2SiO_2$	Ca—O	2.41	7
$2FeO\cdot2SiO_2$	Fe—O	2.02	4
	Fe—O	2.05	6
	O—O	3.20	12
	Fe—Fe	3.15	12

图 9.4 中，圈点线表示原子对距离，实点线为相应配位的原子对，依图可归纳如下要点。

①硅原子周围最近邻氧配位数恒为 4，$FeO-Fe_2O_3-SiO_2$ 系的局部有序、基础结构单元为 $[SiO_4]^{4-}$。

②$[SiO_4]^{4-}$网络的聚合度降低意味着较简单硅酸盐负离子(如 $Si_2O_7^{6-}$ 链)的生成，在 SiO_2 质量分数超过 30%之后，聚合度接近恒定值。

③Fe—O 对的距离和配位数均随 SiO_2 质量分数增大而逐渐降低，当 SiO_2 质量分数超过 30%之后，距离和配位数近似为常数。Fe—O 对的如此变化相当于铁由氧八面体配位变化到氧四面体配位，但铁原子始终被局限在靠近非桥氧附近的位置，以保持电中性。

上述三点已被不同温度及氧分压的实验结果证实[49]。

(3) 铁酸钙熔体。

Suh 等[42]采用高温 XRD 研究非硅酸盐熔体结构时同样奏效。铁酸钙熔体 RDF 示于图 9.5。图中箭头所指为 Pauling[27]离子半径确定两对离子间的平均距离。RDF 中第一和第二峰相

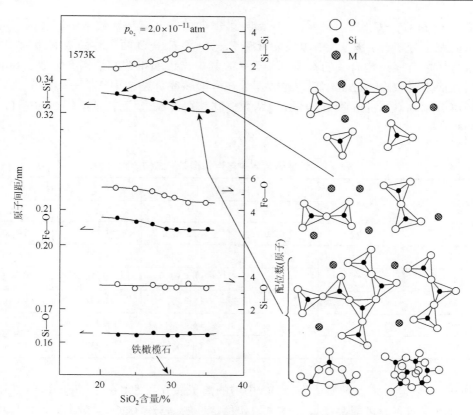

图 9.4　FeO-Fe₂O₃-SiO₂ 熔体加入 SiO₂ 对近邻关联影响

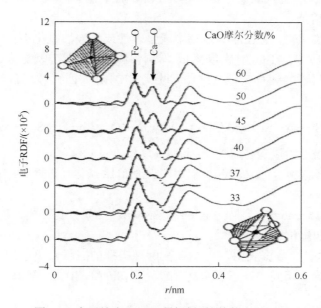

图 9.5　高于熔点 100K 时铁酸钙熔体的电子 RDF

当于 Fe—O 和 Ca—O 对。第一峰的尾部与第二峰重叠，这与硅酸盐熔体相同，源于两个峰未能完全分辨开。图 9.5 中虚线为最初 Fe—O 和 Ca—O 两个对函数的加合。铁酸钙熔体中与局域有序结构有关的参数列于表 9.9，其中与近邻相关的结构参数取自 Suh 等[50]的数据，而密度取自 Sumita 等[51]的数据，在硅酸铁晶体结构中 Fe^{2+}—O^{2-} 和 Fe^{3+}—O^{2-} 对的距离分别为 0.216nm 和 0.204nm，两数据间差别仅 5%，而在铁酸钙熔体中 Fe^{3+}/TFe 大于 90%[52]。

表 9.9　铁酸钙熔体中与近邻相关的结构参数

CaO 摩尔分数/%	密度/(g/cm³)	Fe—O 对		Ca—O 对	
		r_{ij}/nm	N_{ij}	r_{ij}/nm	N_{ij}
33	3.96	0.203	4.3±0.25	0.237	6.4±0.22
37	3.89	0.202	4.1±0.14	0.237	6.4±0.26
40	3.83	0.202	3.9±0.27	0.238	5.4±0.20
45	3.77	0.200	3.8±0.22	0.237	6.4±0.23
50	3.68	0.197	3.6±0.24	0.238	6.4±0.21
60	3.51	0.196	3.5±0.21	0.237	5.5±0.19

Eitel 和 Coudurier 等[53, 54]认为：CaO 中键的离子性分数为 0.6，而 Fe_2O_3 是 0.36，XRD 结果未给出任何有关可能存在聚合体类型和稳定性的信息。CaO 含量高时，熔体中可能形成如 FeO_4^{5-} 和 $Fe_2O_5^{4-}$ 的局域有序结构单元。CaO 含量低的区域仅可能存在简单的 FeO^+。

(4) 铝硅酸盐熔体。

Al_2O_3 为两性氧化物，它在渣与玻璃中或呈碱性或呈酸性氧化物行为，其特点如下[6]。

①硅酸盐熔体加入 Al_2O_3 时黏度降低，熔体中 Al^{3+} 与 6 个氧配位；向熔体中同时加入 Al_2O_3 和碱性氧化物 M_2O 时，Al_2O_3 可取代 SiO_2 进入四面体配位结构。该过程可表示为

$$—Si—O—Si—+MAlO_2 \longrightarrow —Si—O—Al—O—Si—+M^+ \tag{9.8}$$

M^+ 位于 Al—O 键附近，以保持电荷平衡。

Riebling[55]研究表明，铝硅酸钠熔体中 Al/Na 比<1 时，网络中$[SiO_4]^{4-}$和$[AlO_4]^{5-}$同时存在。

Mysen 等[40]、Iwamoto 等[56]及 Taylor 和 Brown[13]的研究均证实：在 Al/Na 比<1 的熔体中，Al 与 O 是四配位。

Mysen 等[40]的研究数据表明，可能存在两种类型的三维负离子单元，每种负离子单元的 Si/(Al+Si)比均不相同；在三维负离子单元中 Si/(Al+Si)比均随基体中 Si/(Al+Si)比的降低而减小。

②铝硅酸盐熔体的黏度与黏流活化能 E_η 随 Si/(Al+Si)比的降低而减小；同样，它也随正离子半径缩短和价态升高而减小，但正离子须满足 Al^{3+}四面体配位的电荷平衡。

Riebling[55]、Bottinga 和 Weill[57]、Cukierman 和 Uhlmann[58]解释此现象由 Al—O 键较 Si—O 键弱所引起。

Bockris 等[59]基于拉曼光谱数据推论：富 Si 球状结构单元可能是实际的流动单元，而 Al—O 键断开形成的流动单元则大部分来自熔体中富 Al 的结构单元。Riebling[55]认为：随着 Al/Na 比的增加并大于 1，熔体黏度与黏流活化能 E_n 的降低是由于 Al^{3+} 配位数由 4 变到 6 所致。Day 和 Rindone[60]研究折射指数、密度、摩尔折射率及红外吸收谱后也建议：过剩的 Al^{3+} 将取八面体配位。Kushiro 等[61, 62]研究化学式为$(NaAlSi_2O_6)$的熔体及岩浆时发现，随压力增大，黏度降低而密度升高是铝由四面体配位变到八面体配位伴随聚合度降低所致。Waff[63]建议：铝硅酸盐熔体由压力诱发的配位数改变与高压下硅酸盐和氧化物结晶时发生的变化类似。Lacy[64]考虑离子配位的几何与能量关系后认为：这类熔体中，Al 八面体配位 AlO_6 不稳定，但三个$[AlO_4]^{5-}$之间可存在缔合。Sharma[65]研究 1~40bar 压力下熔体淬火样的拉曼光谱：在整个压力范围 Al^{3+} 保持四面体配位，随压力变化 Si(Al)—O 键伸缩振动频率的移动是由于 Si(Al)—O—Si(Al)键角降低所致。

(5) 磷酸盐熔体。

Westman 等[66-69]研发出定量测定磷酸盐玻璃中负离子结构的荧光纸方法。van Wazer[70]综述了磷酸盐熔体的研究成果。Meadowcroft 和 Richardson[71]用淬火磷酸盐熔体试样确定磷酸盐玻璃的结构和热力学。磷酸盐离子中存在 O=P 双键限制它的横向连接能力，形成以 $P_nO_{3n+1}^{(n+2)-}$ 为主的磷酸盐负离子团。以下平衡反应表述不同链长度 n 的各类磷酸盐负离子可以共存的状态；

$$2P_2O_7^{4-} \Longrightarrow PO_4^{3-} + P_3O_{10}^{5-}, \quad K_n = (x_{n-1})(x_{n+1})/x_n^2 \tag{9.9}$$

$$2PO_4^{3-} \Longrightarrow P_2O_7^{4-} + O^{2-} \tag{9.10}$$

Flory[72]指出，当负离子团完全随机混合时，链长度分布仅随平均链长度 n 而变，它取决于 MO/P_2O_5 比，$n = 2/(MO/P_2O_5-1)$。链长度 n 聚合体摩尔分数的分布可表达为

$$x(P_nO_{3n+1}^{(n+2)-}) = \frac{1}{n\left(n-\dfrac{1}{n}\right)^{n-1}} \tag{9.11}$$

Kushiro[62]测定淬火磷酸钠和磷酸锌玻璃中含 n 个磷原子链上磷的分布发现：在链长度为 2~4 时，碱金属磷酸盐熔体中明显偏离。Richardson[11]指出：对于各种淬火磷酸盐熔体，平衡常数 K_n 随链长度 n 增加而增大。当 n 超过 4 时 $K_n = 1$，也就是当链的长度增大时，实际的分布与 Flory[72]给出的分布之间差异变小。

Duplessis[73]、Ohashi 和 Oshima[74]研究结果表明：在硅磷酸盐玻璃中长链磷酸盐链上的磷原子可能取代硅原子。Finn 等[75]采用荧光法研究硅磷酸盐玻璃溶解于水的特点发现：磷酸盐玻璃中加入 SiO_2 时平均链长度降低，解释为硅酸盐负离子进入磷酸盐链并水解所致。Kumar 等[76]采用红外吸收光谱研究淬火硅磷酸钠或钙熔体时并未发现存在 Si—O—P 键。

Ryerson 和 Hess[77]、Mysen 和 Virgo[78]基于二元与三元磷酸盐和硅磷酸盐中的相平衡关系，并结合荧光数据确定，当 SiO_2 熔体中加入 5%(摩尔分数)P_2O_5 时，熔体熔点由 1713℃

降至1250℃，SiO_2活度也明显降低。Tien和Hummel[79]采用红外衍射技术确定：在P_2O_5-SiO_2整个组成范围，P＝O和P—O—Si两种键同时存在，也就是P^{5+}共聚在SiO_2三维网络中。

Kushiro等[61, 62]指出：P_2O_5作用与文献[11]热力学数据一致，表明磷酸盐负离子对金属离子亲和力比硅酸盐负离子更强。当P_2O_5加入金属硅酸盐熔体中，配位非桥氧的金属离子将改变与硅的缔合，变为与磷离子缔合并形成聚合熔体，可表示为

$$3/2(\text{—Si—O—M—O—Si—})+PO_{2.5}=3/2(\text{—Si—O—Si—})+M_{1.5}PO_4 \qquad (9.12)$$

Mysen和Ryerson[80]质谱研究表明，P_2O_5进入铝硅酸盐熔体三维网络结构中，形成铝磷酸盐缔合物，这可表示为

$$3\,AlSi_3O_8^-\,(\text{熔体})+P_2O_5=2AlPO_4+8SiO_2+AlSiO_5^{3-}\,(\text{熔体}) \qquad (9.13)$$

(6) 含TiO_2硅酸盐熔体。

TiO_2-SiO_2二元系中，当TiO_2质量分数为19%～93%时存在液相不混溶区，富TiO_2一侧熔体可能存在六配位体[81]，富SiO_2一侧熔体可能存在四配位体。Tobin和Baak[82]和Chandrasekhar等[83]研究拉曼光谱显示：快冷熔体中存在分立的三维TiO_2和SiO_2网络。Iwamoto等[84]、Furukawa和White[85]、Mysen和Ryerson[80]研究拉曼光谱显示：快冷熔体中存在SiO_4^{4-}和TiO_4^{4-}两个单体与两类链单元$Si_2O_6^{4-}$和$Ti_2O_6^{4-}$，以及两种层单元$Si_2O_5^{2-}$和$(Si,Ti)_2O_5^{2-}$。分立的TiO_2聚合物与SiO_2聚合物竞争金属离子的配位，该竞争反应可表达为

$$(\text{—Si—O—M—O—Si—})+(\text{—Ti—O—Ti—})=(\text{—Si—O—Si—})+(\text{—Ti—O—M—O—Ti—})$$
$$(9.14)$$

Ryerson和Hess[77]、Mysen和Virgo[78]确定，在SiO_2为基的熔体中加入TiO_2时，必然促使部分SiO_2网络聚合，其作用类似P_2O_5，如下：

$$3/2(\text{—Si—O—M—O—Si—})+PO_{2.5}=3/2(\text{—Si—O—Si—})+M_{1.5}PO_4 \qquad (9.15)$$

(7) 含铁硅酸盐熔体。

Pargamin等[86]、Levy等[87]和Iwamoto等[88]采用穆斯堡尔谱研究淬火含铁硅酸盐熔体中Fe^{3+}和Fe^{2+}的配位状态时发现：铁氧化物浓度低时，铁离子呈现网络外离子行为，Fe^{3+}和Fe^{2+}均与氧呈八面体配位。随着铁氧化物浓度升高，Fe^{2+}比例降低，Fe^{3+}比例增加，更多Fe^{3+}呈现网络正离子行为。温度升高加剧网络断裂，当Fe^{3+}(八面体)/TFe保持不变时，随着温度升高，四面体配位的Fe^{3+}还原为Fe^{2+}，导致Fe^{3+}(四面体)/Fe^{3+}(八面体)比降低。

(8) 拉曼光谱。

Mysen等[40]和Virgo等[89]采用拉曼光谱研究NBO/Si比为0～4时碱和碱土金属硅酸盐熔体的激冷试样，仅观察到少量负离子的结构单元。为了与结晶态硅酸盐比较，选择NBO/Si比为0～4时，将负离子结构单元相关的研究结果列入表9.10。

表 9.10　硅酸盐熔体中负离子结构单元伸缩振动的拉曼频率

结构	结构单元	NBO/Si 比	频率/cm^{-1}	振动模式
岛	SiO_4^{4-}	4	850～880	对称伸缩
二聚体	$Si_2O_7^{6-}$	3	900～920	对称伸缩
链	$Si_2O_6^{4-}$	2	950～980	对称伸缩

续表

结构	结构单元	NBO/Si 比	频率/cm^{-1}	振动模式
层	SiO_3^{2-}	1	1050～1100	反对称伸缩
架	SiO_2	0	1060～1190	伸缩

基于白硅石晶体、玻璃及熔体等试样的 XRD 试验结果，证实熔体和玻璃结构十分相似，其结构中皆存在近程有序区域。在碱金属氧化物含量低于 10%(摩尔分数)的组成范围，硅酸盐熔体中网络结构的化学键仍以共价键为主，超过 10%之后，过量非桥氧的引入将促进孤立硅酸盐负离子的生成，由以共价键为主的网络结构转变到以离子键为主的网络结构，熔体的性质亦随之连续地变化[90]。

硅酸盐熔体拉曼光谱的研究表明[7]：玻璃与熔体间拉曼光谱虽有差异但较小，故不予区分。Brawer 和 White[91-93]曾考察拉曼光谱频率>500cm^{-1}时，硅酸盐玻璃的局部结构与拉曼光谱间关系，拉曼光谱主峰的半高宽是体系无序度的体现；玻璃拉曼光谱在高频区特征谱带的半高宽随成分改变而变化，即随着网络外离子场强的增强，其对非桥氧的吸引力增强，从而使得硅氧四面体的结构呈现明显变形，四面体间的连接松弛，体系的无序度增大。McMillan 和 Piriou[94]研究硅酸镁和硅酸钙的拉曼光谱与结构间关系时发现：若硅酸盐玻璃中 SiO_2 的摩尔分数相同，则其拉曼光谱的主要特征十分相似，但玻璃中碱性正离子的数量差异并无显著的影响。这表明，整体上拉曼光谱的特征主要取决于硅氧四面体的数量及形态，但在细节上又显示出碱性正离子作用的差异。

6. 硅酸盐熔体的结构模型

自 Warren[96]和 Zachariasen[97]提出随机网络结构模型(random network structure model)，Bockris 等[59, 98]基于硅酸盐玻璃 XRD 及硅酸盐熔体物理性质的实验测量结果提出了分立负离子模型(discrete anion model)。20 世纪 60 年代，Toop 和 Samis[99]以及 Masson 等[100-102]又提出聚合物模型(polymer model)，再一次推动硅酸盐熔体热力学基础模型的发展。20 世纪 80 年代，Ban-Ya 等[103, 104]将 Lumsden[105]提出的规则溶液模型(regular solution model)应用到炼钢过程硅酸盐熔体热力学性质的分析中，对理解氧化物熔渣热力学性质颇有启发，故本节侧重介绍氧化物熔体的结构与热力学性质间关系的一些论点。前面摘编检测方法获取的各类硅酸盐熔体结构特征的相关信息与 Zachariasen[97]提出的随机网络结构模型中对熔体结构特征的描述基本吻合，但两者均局限于定性的描述，缺乏定量的界定。Bockris[59, 98]提出的分立负离子模型对熔体负离子结构形式的演变规律给出较为详细的描述，并且与熔体的物理性质联系起来，展示出一定的规律性。为此，以下简述各熔体结构模型的基本特点。

1) 随机网络结构模型

Warren[96]和 Zachariasen[97]依据测量数据，首次提出硅酸盐熔体三维网络形变，无周期性及长程序结构的基本特征，其中 Zachariasen 的随机网络结构模型的要点如下。

氧化物形成玻璃的 Zachariasen 原则如下：①每个氧原子连接不超过两个网络正离子，

一个氧只能与两个网络正离子连接，不可能再与其他正离子成键；②网络正离子的氧配位尽量地少；③围绕网络正离子的氧配位三角形或氧配位四面体的比例尽量高；④氧配位三角形或氧配位四面体或氧配位多面体只能共角连接，不共棱或共面；⑤形成三维网络的氧多面体至少三个角相连；⑥硅酸盐熔体由随机分布的$[SiO_4]^{4-}$构成，$[SiO_4]^{4-}$中每个氧原子与两个硅原子成键，每个硅原子被四个氧原子围成四面体配位；⑦在所有方向上$[SiO_4]^{4-}$结构单元中短程有序是相同的，在三维空间上由$[SiO_4]^{4-}$构成的熔体结构并非有规律重复。

2) 分立负离子模型

Bockris 提出硅酸盐熔体的分立负离子模型，在其著作[59, 106-108]中亦有详细介绍。分立负离子模型认为：硅酸盐熔体中不是单一的负离子结构单元，而是各种硅酸盐负离子的混合物。虽然这个模型很有用，但假定组成确定范围内仅存在独特的负离子结构单元是不确切的。聚合负离子混合物的比例随组成和温度而变。由拉曼光谱得到的 NBO/Si 比及负离子共存关系等数据均支持分立负离子模型。

3) 聚合物模型

Toop 和 Samis[109]、Masson 等[100-102]和 Whiteway 等[110]认为，硅酸盐熔体由连续的、共价的分支及互联的结构单元构建，同时存在旁链与环状负离子，其由聚合度来确定。使用聚合物模型可以获得熔体 SiO_2 含量低时硅酸盐负离子的分布及其与 SiO_2 含量的函数关系，也关联到一些热力学性质，但使用该模型尚未能满足对诸多物理性质的有理化要求。

4) 模型的相似性与特殊性

由于熔渣成分及离子的复杂性，应用各种模型既有相似性又呈现出各自的特殊性。原理上熔渣模型可分为组成模型(constitutional model)和结构相关模型(structure-related model)两大类。在两类模型的框架下，众多学者相继又提出各具特色、含义不同的熔渣模型。读者若对这些或其中某种模型有兴趣，可参阅下述相关文献。

(1) 组成模型。

正规溶液模型(regular solution model)：参见 Lumsden[105]、Sommerville 等[111]、Ban-ya 和 Shim[104]的研究。

理想混合模型(ideal mixing model)：参见 Richardson[11]、Darken 和 Schwerdtfeger[112]、Kerrick 和 Darken[113]、Kapoor 和 Frohberg[114]的研究。

准理想溶液模型(quasi ideal solution model)：参见 Darken[115]的研究。

(2) 结构相关模型。

参见 Toop 和 Samis[99]、Masson 等[100-102]、Kapoor 等[116, 117]、Gaskell[118]、Yakokawa 和 Niwa[119]、Borgianni 和 Granati[120]、Lin 和 Pelton[121]的研究。

(3) 相关模型或著作。

主要包括熔渣化学性质[15]、与结构相关模型、聚合阴离子模型、晶格理论、渣结构的计算机模拟、与组成相关模型[分子理论、离子理论]。

溶液模型[121, 122]如下。

(1) 理想溶液模型：多项式模型、正规溶液理论、多项式展开、交互作用参数的形式。

(2) 亚晶格模型：一个亚晶格仅被一种物质占据、离子溶液、间隙溶液、陶瓷溶液化合物能量模型、非化学计量化合物、亚晶格模型的应用。

（3）短程有序模型：准化学模型、聚合物模型、配位簇模型、双亚晶格模型、可变簇方法。

（4）应用于渣与玻璃的模型：准化学模型、晶胞模型。

近年来，采用适宜模型，通过对二元或三元溶液数据系统的优化，发展了溶液数据库，将模型参数存储在计算机数据库，用于预测多元系溶液性质。之后合金、渣和玻璃，以及锍、盐、碳氮化物等数据库也相继建构起来。这些溶液数据库与纯物质热力学数据库及能量最小化软件共同使用，同时，与复杂体系热力学平衡相关的计算/数据库也已整套发行使用。

7. 由溶液模型计算熔渣中组分的活度

人们尝试用电子/原子比、分子间势函数、分子动力学、分子统计几何学和反应平衡的机理去描述金属固态和液态溶液的传输性质与热力学性质，进而发展出的理论模型可用于许多计算工作。以下介绍组成模型和结构相关模型用于计算熔渣中组分活度的例子[6]。

1）组成模型

（1）正规溶液模型。

正规溶液中，混合熵等于理想构型熵(ideal configurational entropy)，混合焓随组成而变，表示为

$$\Delta H = \frac{\alpha_{12} n_1 n_2 + \alpha_{13} n_1 n_3 + \alpha_{23} n_2 n_3}{n_1 + n_2 + n_3} \tag{9.16}$$

三元系单位体积中，组元 1、2 和 3 的物质的量分别为 n_1、n_2 和 n_3，温度与压力恒定时，三元系 1-2、1-3 和 2-3 中的正离子间交互作用能 α_{12}、α_{13} 和 α_{23} 均为常数，在 n_2 和 n_3 不变时，焓变对 n_1 的偏导数如下：

$$\left(\frac{\partial H}{\partial n_1}\right)_{n_2, n_3} = \frac{-\alpha_{23} n_2 n_3 + (n_2 + n_3)(\alpha_{12} n_2 + \alpha_{13} n_3)}{(n_1 + n_2 + n_3)^2} \tag{9.17}$$

可从式(9.16)得到组分 1、2 和 3 的活度系数：

$$RT \ln \gamma_1 = \alpha_{12} x_2^2 + \alpha_{13} x_3^2 + (\alpha_{12} + \alpha_{13} - \alpha_{23}) x_2 x_3 \tag{9.18}$$

$$RT \ln \gamma_2 = \alpha_{12} x_1^2 + \alpha_{23} x_3^2 + (\alpha_{12} + \alpha_{23} - \alpha_{13}) x_1 x_3 \tag{9.19}$$

$$RT \ln \gamma_3 = \alpha_{13} x_1^2 + \alpha_{23} x_2^2 + (\alpha_{13} + \alpha_{23} - \alpha_{12}) x_1 x_2 \tag{9.20}$$

活度系数 γ_i 以纯液态组分 i 为标准态，组元 1 的摩尔分数为

$$x_1 = n_1 / (n_1 + n_2 + n_3) \tag{9.21}$$

对于多元系，正规溶液模型可表示为

$$RT \ln \gamma_3 = \alpha_{13} x_1^2 + \alpha_{23} x_2^2 + (\alpha_{13} + \alpha_{23} - \alpha_{12}) x_1 x_2 \tag{9.22}$$

对于二元系，式(9.22)可简化为熟知的抛物线方程

$$RT \ln \gamma_i = \alpha (1 - x_i)^2 \tag{9.23}$$

正规溶液模型可应用于正离子 Cu^+、Ca^{2+}、Fe^{2+}、Fe^{3+}、Al^{3+}、Si^{4+}、P^{5+} 和负离子 O^{2-} 构成的聚合物熔体。用摩尔分数表示组成时，氧化物可写作 $CuO_{0.5}$、CaO、FeO、$FeO_{1.5}$、$AlO_{1.5}$、SiO_2、$PO_{2.5}$。事实上，若完全从热力学上考虑溶液的组成-性质关系，则与结构因素无关。表 9.11 给出 1300～1600℃正规溶液模型的正离子间交互作用能 α_{ij}。

George[123]首次将正规溶液模型应用到聚合物熔体，描述 PbO-B_2O_3 和 FeO-Fe_2O_3-SiO_2 渣系中组元的活度，得到的计算值与实验值吻合。Sommerville 等[111]应用正规溶液模型描述四元渣系 FeO-MnO-Al_2O_3-SiO_2 中 FeO 和 MnO 的活度与组成关系时，计算值也与实验值吻合。Ban-ya 和 Shim[104]研究铁饱和多元硅酸盐熔体中 FeO 活度时，基于渣/金、渣/气平衡测量的活度数据求得正离子间交互作用能 α_{ij}(表 9.11)，再利用它确定铁饱和 CaO-MgO-FeO-Fe_2O_3-SiO_2 熔渣中氧化铁的过剩偏摩尔吉布斯自由能与组成关系，结果如下：

$$
\begin{aligned}
RT\ln\gamma_{FeO} = &-18860x_{FeO_{1.5}}^2 - 41840x_{SiO_2}^2 - 50210x_{CaO}^2 + 12850x_{MgO}^2 \\
&- 93140x_{FeO_{1.5}}x_{SiO_2} + 45780x_{FeO_{1.5}}x_{CaO} + 17710x_{FeO_{1.5}}x_{MgO} \\
&+ 179950x_{SiO_2}x_{CaO} + 98610x_{SiO_2}x_{MgO} - 56160x_{CaO}x_{MgO}
\end{aligned}
\tag{9.24}
$$

采用假想的化学计量化合物 FeO 作为参考态，反应$(FeO)\Longrightarrow[Fe]+(O)$的平衡常数应表示为

$$
\lg\frac{a_{(O)}}{a_{(FeO)}} = -\frac{6692}{T} + 3.030
\tag{9.25}
$$

1600℃时，与铁液平衡的纯 FeO 活度 $a_{FeO} = 0.79$。图 9.6 是按式(9.25)计算铁液中氧含量与 CaO-MgO-FeO-Fe_2O_3-SiO_2 和 MgO-FeO-Fe_2O_3-SiO_2 渣平衡实验测量的铁液中氧含量的对比，而图 9.7 则是由 Ban-ya 计算固溶体中 MgO 活度数据绘制的。

表 9.11 正规溶液模型的正离子间交互作用能 α_{ij}

离子对	α_{ij}/J
Fe^{2+}—Fe^{3+}	−18660
Fe^{2+}—Na^+	19250
Fe^{2+}—Mg^{2+}	33470
Fe^{2+}—Ca^{2+}	−31380
Fe^{2+}—Mn^{2+}	7110
Fe^{2+}—Al^{3+}	−1760
Fe^{2+}—Ti^{4+}	−37660
Fe^{2+}—Si^{4+}	−41840
Fe^{2+}—P^{5+}	−31380
Fe^{3+}—Na^+	−74890
Fe^{3+}—Mg^{2+}	−2930

续表

离子对	α_{ij}/J
Fe^{3+}—Ca^{2+}	−95810
Fe^{3+}—Mn^{2+}	−56480
Fe^{3+}—Ti^{4+}	1260
Fe^{3+}—Si^{4+}	32640
Fe^{3+}—P^{5+}	14640
Na^+—Si^{4+}	−111290
Na^+—P^{5+}	50210
Mg^{2+}—Ca^{2+}	−100420
Mg^{2+}—Mn^{2+}	−61920
Mg^{2+}—Si^{4+}	−66940
Mg^{2+}—P^{5+}	−37660
Ca^{2+}—Mn^{2+}	−92050
Ca^{2+}—Ti^{4+}	−167360
Ca^{2+}—Si^{4+}	−133890
Ca^{2+}—P^{5+}	−251040
Mn^{2+}—Al^{3+}	−20720
Mn^{2+}—Ti^{4+}	−66940
Mn^{2+}—Si^{4+}	−75310
Mn^{2+}—P^{5+}	−108780
Si^{4+}—Al^{3+}	−52300
Si^{4+}—Ti^{4+}	104600
Si^{4+}—P^{5+}	83680

(2) 理想混合模型。

在一些三元硅酸盐渣系中，可用理想混合模型来描述氧化物活度与组成的关系。两个等摩尔分数的二元系 AO-SiO_2 与 BO-SiO_2 经理想混合形成三元系 AO-BO-SiO_2 时，混合焓为零，混合自由能来自两种正离子 A^{2+} 和 B^{2+} 的构型熵。伪二元系 $yAO\cdot SiO_2$–$yBO\cdot SiO_2$ 截面上 $yAO\cdot SiO_2$ 与 $yBO\cdot SiO_2$ 的活度可用式(9.26)计算：

$$a_{yAO\cdot SiO_2} = \frac{(a_{AO}^y)_t (a_{SiO_2})_t}{(a_{AO}^y)_b (a_{SiO_2})_b} = x_{yAO\cdot SiO_2}^y = \left[\frac{(x_{AO})_t (1+y)}{y}\right]^y$$

$$a_{yBO\cdot SiO_2} = \frac{(a_{BO}^y)_t (a_{SiO_2})_t}{(a_{BO}^y)_b (a_{SiO_2})_b} = x_{yBO\cdot SiO_2}^y = \left[\frac{(x_{BO})_t (1+y)}{y}\right]^y \tag{9.26}$$

式中，b 和 t 分别表示二元系(binary system)和三元系(ternary system)。同理，式(9.26)也适用于 SiO_2 质量分数高于 42%的三元渣系 CaO-FeO-SiO_2 与 CaO-MnO-SiO_2。

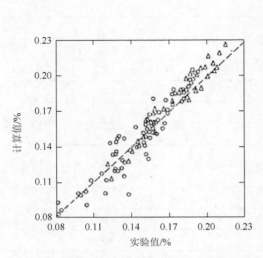

图 9.6　铁液中氧含量计算值与实验值的对比

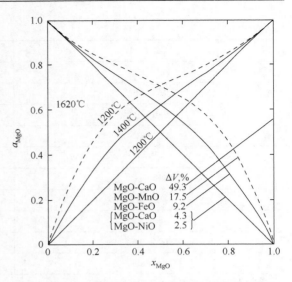

图 9.7　固溶体中 MgO 活度与摩尔分数的关系

其他学者[124-127]在研究液态硅酸盐和钛酸铁(锰)(包括正规溶液或亚硅酸盐与正钛酸盐)熔渣时也观察到类似的行为。Darken 和 Schwerdtfeger[112]给出式(9.26)的热力学证明。当硅酸盐熔渣 AO-BO-SiO$_2$ 中 A^{2+} 与 B^{2+} 半径差别很大时，对式(9.26)的理想混合偏差亦较大。Muan[128]研究硅酸盐固溶体的结果表明：当半径相近的两个正离子相互置换时，溶液呈理想混合；相反，当半径相差较大(如 Ca^{2+} 与 Fe^{2+})时，对理想混合的偏差也较大。Kerrick 和 Darken[113]指出：MgO-MO 二元系中组元的偏摩尔体积差 ΔV 亦是偏离理想混合的因素之一。Kapoor 和 Frohberg[114]建议：三元渣系 AO-BO-SiO$_2$ 中若金属 B 的电正性比 A 强，在伪二元系 BO-2AO·SiO$_2$ 截面上组元呈理想混合，氧化物 BO 的活度可表示为

$$a_{BO} = \frac{x_{BO}}{x_{AO} + x_{BO}}$$

(9.27)

在二元渣系 BO-Na$_4$SiO$_4$ 与 BO-Ca$_2$SiO$_4$(BO 指 FeO、MnO 或 PbO)中，随着 B^{2+} 和 A^{2+} 的电荷与半径差异的增大，偏离理想混合的程度亦加剧。

Choudary 等[129]也观察到：加入少量 CaO 可以降低 Na$_2$O-K$_2$O-SiO$_2$ 系的混合吉布斯自由能。原因是 Ca^{2+} 与 O^{2-} 的半径之比 $r_{Ca^{2+}}/r_{O^{2-}}$ 恰巧介于 $r_{Na^+}/r_{O^{2-}}$ 与 $r_{K^+}/r_{O^{2-}}$ 之间，Ca^{2+} 的引入弱化了 Na$_2$O-SiO$_2$ 与 K$_2$O-SiO$_2$ 结构上的差异。

(3) 准理想溶液模型。

Darken[115]建议：为区别遵循拉乌尔(Raoult)定律的理想溶液与理想混合溶液，广义地称后者为准理想溶液，可用溶液中组元的配分函数(partition function)描述其行为，并推导出二元系的热力学关系：

$$\left[\frac{\partial \mu_2^{xs}}{\partial (x_1^2)}\right]_{P,T} = -\frac{1}{2}\left[\frac{\partial^2 G^{xs}}{\partial x_2^2}\right]_{V,T} + \frac{(\bar{v}_2 - \bar{v}_1)^2 K}{2V}$$

(9.28)

式中，μ_2^{xs} 为组元 2 的化学势；G^{xs} 为溶液的过剩吉布斯自由能；$\bar{v}_2$ 为组元 2 的偏摩尔体积；V 为溶液的摩尔体积；K 为等温基体模数(等温压缩系数的倒数)。在恒温恒容条件，呈准理想溶液行为的体系符合：

$$\left[\frac{\partial \mu_2^{xs}}{\partial\left(x_1^2\right)}\right]_{p,T} = \frac{\left(\bar{v}_2 - \bar{v}_1\right)^2 K}{2V} \tag{9.29}$$

活度系数可表示为

$$\left[\frac{\partial \ln \gamma_2}{\partial\left(x_1^2\right)}\right]_{p,T} = \left(\frac{\bar{v}_2 - \bar{v}_1}{V}\right)^2 \frac{VK}{2RT} \tag{9.30}$$

γ_2 可由活度与其准理想值(quasi-ideal value)之比来表示，只是在溶液遵循 Raoult 定律的特殊情况时，准理想值为其摩尔分数 x_2，γ_2 等于 a_2/x_2，这时式(9.30)的右侧可简化为常数 α，则由微分式(9.30)得到关系 $\ln \gamma_2 = \alpha x_1^2$，这恰好为正规溶液模型的特征。显然，在计算一些三元或四元硅酸盐熔渣中氧化物活度时，或者用准理想溶液模型，或者用正规溶液模型。应用组成模型的另一个实例是基于似双相微结构(dual-phase-like microstructure)假设，可计算长石与石英液态混合时的热力学性质。

2) 结构相关模型

用结构相关模型描述二元硅酸盐熔渣已有多个实例，本节仅选几例介绍模型的特点。Toop 和 Samis[109]首次提出结构相关模型并推导出二元硅酸盐熔渣中氧化物活度与组成的关系。模型的基础是聚合-解聚反应：

$$2O^- =\!\!=\!\!= O^0 + O^{2-} \tag{9.31}$$

模型中假定聚合-解聚反应与正离子无关，三种氧离子 O^-、O^0 和 O^{2-} 随机地分布在相同的格位上，所有聚合物分子具有同样的构型，显然，做这样的假定恰恰是该模型的局限。Masson 等[100-102]在此基础上提出改进的结构相关模型，假定二元硅酸盐熔渣由正离子 M^{2+}、负离子 O^{2-} 和硅酸盐聚合负离子 $(Si_nO_{3n+1})^{2(n+1)-}$ 构成，熔渣中聚合-解聚反应如下：

$$(SiO_4)^{4-} + (Si_nO_{3n+1})^{2(n+1)-} =\!\!=\!\!= (Si_{n+1}O_{3n+4})^{2(n+2)-} + O^{2-} \tag{9.32}$$

若式中 $(SiO_4)^{4-}$、$(Si_nO_{3n+1})^{2(n+1)-}$、$(Si_{n+1}O_{3n+4})^{2(n+2)-}$ 和 O^{2-} 的摩尔分数分别为 x_1、x_n、x_{n+1} 和 x_0，在恒温恒压条件下溶液中负离子呈理想行为，式(9.32)反应的平衡常数可表示为

$$K_n = \frac{(x_{n+1})x_0}{x_1 x_n} \tag{9.33}$$

溶液中硅酸盐负离子按直链与支链两种几何形式排列，模型有三点基本假设。

(1) 二元硅酸盐熔渣 MO-SiO$_2$ 中不形成环形或三维网络，不考虑电荷平衡，模型仅适用于 MO/SiO$_2$>1 的溶液。

(2) 化学上，所有聚合离子是等同的，与离子大小无关，聚合-解聚反应的平衡常数 $K_1(n = 1)$ 与组成也无关，在 $n>1$ 时 $K_n = 1$。

(3) 可用摩尔分数计算二元硅酸盐熔渣中 MO 的活度，如下：

$$a_{MO} = x_{M^{2+}} x_{O^{2-}} \tag{9.34}$$

若熔渣中形成直链结构，MO 的活度是组成的函数，由式(9.35)计算：

$$\frac{1}{x_{SiO_2}} = 2 + \frac{1}{1-a_{MO}} - \frac{1}{1+a_{MO}\left(K_1^{-1}-1\right)} \tag{9.35}$$

若熔渣中形成支链结构，MO 活度由式(9.36)计算[112]：

$$\frac{1}{x_{SiO_2}} = 2 + \frac{1}{1-a_{MO}} - \frac{3}{1+a_{MO}\left(3K_1^{-1}-1\right)} \tag{9.36}$$

对于直链结构，在偏硅酸盐组成($x_{SiO_2} = 0.5$)时，MO 活度为零显然不真实。在 $x_{SiO_2} >$ 0.5 时，MO 活度有确定值。Masson 假设式(9.35)中的平衡常数 K_1 为不同数值，计算出硅酸盐熔渣中 SnO、FeO、PbO 和 CaO 的活度，a_{MO} 随组成 x_{SiO_2} 变化曲线如图 9.8 所示，将它与图 9.9 和图 9.10 的实验值比较，两者相近。

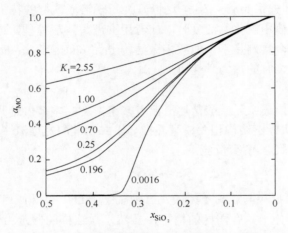

图 9.8　MO-SiO$_2$ 熔体中 a_{MO} 随组成 x_{SiO_2} 变化

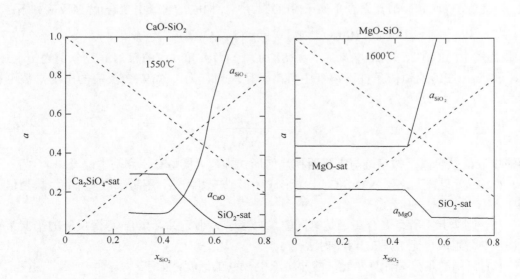

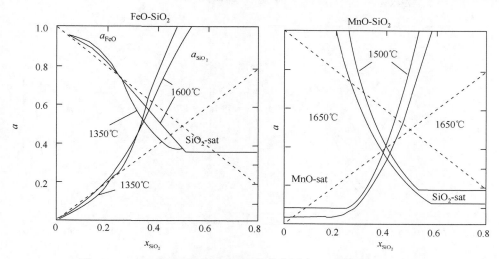

图 9.9　M(Ca, Mg, Fe, Mn)O-SiO$_2$ 熔体中活度 a_{MO} 随组成 x_{SiO_2} 变化

Masson 等[100-102]研究了多个二元硅酸盐熔渣体系，平衡常数 K_1 的取值范围很宽，溶液中(SiO$_4$)$^{4-}$数量占优势。在已知 SiO$_2$ 浓度时，按溶液中各种负离子的摩尔分数大小排列顺序为：(SiO$_4$)$^{4-}$＞(Si$_2$O$_7$)$^{6-}$＞(Si$_3$O$_{10}$)$^{8-}$。各直链和支链的平均链长 $\bar{n}$ 可由式(9.37)给出：

$$\frac{1}{\bar{n}} = \left(1 - a_{MO}\right)\left(\frac{1}{x_{SiO_2}} - 2\right) \tag{9.37}$$

在接近偏硅酸盐组成(x_{SiO_2} = 0.5)时，平均链长接近无限大。熔体中长链结构不稳定，模型不能反映偏硅酸盐组成附近的真实性。Kapoor 等[116, 117]采用统计力学方法，并结合古根海姆(Guggenheim)方程处理二元硅酸盐熔渣直链和直链中负离子的混合。Gaskell[118]基于 Masson 模型详细计算了硅酸盐熔渣的热力学性质。Yokokawa 和 Niwa[119]提出晶格模型，假设溶液中含有 m 个"SiO$_2$ 分子"、n 个"MO 分子"，$2m+n$ 个氧原子与 m 个硅原子呈四面体配位，四面体占据 $m+n/2$ 个有效格位，余下 $n/2$ 个空位，假定由几何分布因子与电荷分布因子决定正离子的格位。Borgianni 和 Granati[120]采用蒙特卡罗(Monte Carlo)方法计算了配分函数与构型熵。Lin 和 Pelton[121]基于亚晶格模型，选用二元硅酸盐熔渣 MO-SiO$_2$(M 为 Ca、Mg、Mn、Fe 和 Pb)的焓、活度及相图(包括混溶间隙)等有效数据，计算了二元硅酸盐溶液的混合焓、构型熵以及混合自由能。计算构型熵按氧与硅原子随机分布在亚晶格位置上，限制每个硅原子仅与 4 个氧原子共价成键，O^0 原子位于 2 个硅原子之间。溶液的摩尔混合焓与反应焓变呈线性关系，比例系数为氧摩尔分数的 1/2。只用一个多项式可将模型应用到整个二元溶液，组成范围从纯 MO 到纯 SiO$_2$。纯 MO 时模型简化为正硅酸盐负离子；纯 SiO$_2$ 时模型简化为三维网络。虽然该模型尚未清晰地解释溶液中各种离子的行为，但用该模型计算溶液中链长度分布的结果与 Masson 模型的计算值相当接近。

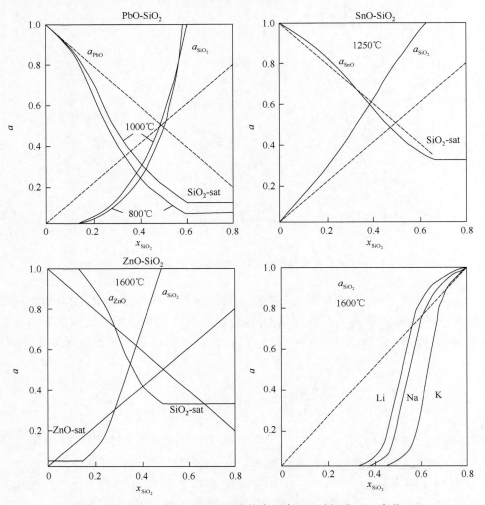

图 9.10　M(Pb, Sn, Zn)O-SiO₂ 熔体中活度 a_{MO} 随组成 x_{SiO_2} 变化

3) 小结

溶液模型计算组分活度预测溶液热力学性质经历了从理论到应用的系列探索，但仍需改进、完善与优化。

(1) 组成模型。

应用组成模型的关键是选择熔渣成分，确定按正规溶液或准理想溶液模型推导出氧化物活度系数与组成关系，或者用组元浓度表示渣/金或渣/气反应平衡常数的关系。

Schenck[130]将 2CaO·SiO₂、3CaO·P₂O₅、CaO 等组元引入熔渣成分并建立反应方程，还将炼钢过程渣/金反应整理成图表。Darken[115]指出：组成模型的重要意义在于给出熔渣中 SiO₂ 组元的合理表述形式，可采用准理想溶液模型描述恒温恒压下硅酸盐熔渣的热力学性质。基于统计力学理论，可用体积效应预测溶液对准理想溶液模型的偏离程度，但需要借助有效的等温压缩系数来验证。从实用观点看，正规溶液模型可应用于复杂熔渣体系，给出渣中氧化物活度与组成的经验式。

(2) 结构相关模型。

结构相关模型寻求聚合物熔渣热力学性质与组成间的合理关系。尽管各种模型皆有各自的针对性，相互间又存在差异，但均能给出熔渣组成与组元活度间关系，计算值与实验值吻合。大部分结构相关模型假定渣中存在直链或支链结构，涉及二聚物(dimers)、三聚物(trimers)或四聚物(tetramers)等结构单元，而拉曼光谱实验结果证明：熔渣中呈现的是简单硅酸盐结构。Mysen 等[40, 89]从硅酸盐、铝酸盐熔体和玻璃拉曼光谱提取的信息是：只有 NBO/Si 比在特殊范围内，熔体中有系列独特的负离子结构单元共存；当接近正硅酸盐成分时，单聚物结构单元大量存在；NBO/Si 比越小，单聚物越不稳定，才有二硅层状结构单元存在；仅在正硅酸盐与偏硅酸盐之间的有限组成范围内，二聚物结构单元才可能稳定存在。Glasser[19]指出：硅酸盐矿物中不存在支链，但有直链与层状结构单元存在。模型虽然是虚拟的(fictitious)，但利用模型导出熔体热力学性质与组成关系来处理数据，并外推到其他组成范围，对评估相关体系的热力学性质仍然具有价值。Nobuo 等[12]认为：随着硅酸盐熔体结构原位观察与性质测试技术的进步，将会有更实用的模型出现，然而目前技术上尚未能定量地阐释可能同时存在于硅酸盐熔体中的负离子结构。

8. 硅酸盐熔体结构与性质关系

1) 硅酸盐熔体中三种形式氧之间的平衡

已经有诸多基础结构模型可用于表述硅酸盐熔体的热力学性质，尤其是二元硅酸盐熔体[1, 131]。Fincham 和 Richardson[132]提出一种有价值的模型：

$$O^0 + O^{2-} = 2O^-, \quad K = \frac{\left[O^{2-}\right]\left[O^0\right]}{\left[O^-\right]^2} \tag{9.38}$$

式中，O^{2-}、O^-、O^0 分别表示自由氧、单键氧和双键氧。这种表达与 Lux[133]的处理方式一致，即式(9.38)相当于在熔体中加入 O^{2-} 引发纯硅酸盐网络结构改变的一种反应通式。

Temkin[134]提出离子性熔体中氧化物 MO 的活度 a_{MO} 表达式为

$$a_{MO} = a_{M^{2+}} \cdot a_{O^{2-}} = N_{M^{2+}} \cdot N_{O^{2-}} \tag{9.39}$$

式中，$N_{M^{2+}}$、$N_{O^{2-}}$ 分别为组分 M^{2+} 和 O^{2-} 的摩尔分数。式(9.39)假定：熔体中分立的正、负离子分别位于亚晶格的格位上，离子间理想混合。在硅酸盐熔体中，硅总是与氧成键并形成负离子，如 SiO_4^{4-} 和 $Si_2O_7^{6-}$ 等。若二元硅酸盐熔体中仅有一种正离子占据正离子亚晶格的格位上，式(9.38)中 $a_{M^{2+}}$ 或 $N_{M^{2+}}$ 可取值为 1，即 $a_{MO} = N_{O^{2-}}$。虽然该模型已广泛应用于解释冶金过程渣/金间反应，但假定离子理想混合是模型的缺陷，尤其在多组分硅酸盐熔体中，不同尺寸与结构的负离子不可能呈理想混合。同样，熔体中正离子间相互作用模式取决于正离子的性质与负离子的结构，正离子的摩尔分数等于其活度也需要修正。对多组分硅酸盐熔体，式(9.38)的可靠性存在质疑。式(9.38)和式(9.39)并未对负离子种类作特别的限定，而氧化物熔体热力学理论研究的问题之一是寻求两式的独特解法。目前，虽然尚无有效解决方法，但从二元硅酸盐熔体混合热力学性质处理中或许可以得到启发。

Toop 和 Samis[99, 109]基于式(9.38)和式(9.39)，从电荷平衡与质量平衡两方面讨论硅酸盐负离子的种类、活度和混合自由能：

$$2(O^0)+(O^-) = 4\,x_{SiO_2} = 硅氧键数目 \tag{9.40}$$

$$(O^{2-}) = [(1-x_{SiO_2})-(O^-)]/2 \tag{9.41}$$

式(9.40)的平衡常数 K 可写作

$$K_{TS} = [2\,x_{SiO_2}-(O^-)/2]\cdot\{[x_{MO}-(O^-)/2]/(O^-)^2\} \tag{9.42}$$

式中，x_{SiO_2} 和 $x_{MO}(=1-x_{SiO_2})$ 系指摩尔分数，设定 K_{TS} 的适宜值之后可用它作为 x_{SiO_2} 的函数来估算(O^-)，由式(9.39)和式(9.40)可得到(O^{2-})和(O^0)。图 9.11 给出 CaO-SiO$_2$ 系不同 K_{TS} 时 $N_{O^{2-}}$ 的计算值。

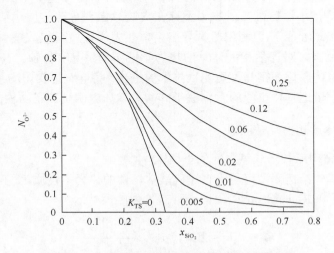

图 9.11　CaO-SiO$_2$ 系不同 K_{TS} 时三种氧浓度变化

Toop 和 Samis[109]假定：用 Temkin 模型时 MO 的活度等于(O^{2-})。在 CaO-SiO$_2$ 系，当 CaO 质量分数小于 67%时，测量取得的 MO 活度很小。可以通过 $2O^{2-}+SiO_2 \Longrightarrow SiO_4^{4-}$ 的反应平衡来调整关系。假定式(9.43)可用来处理混合吉布斯自由能 ΔG^{Mix} 的实验数据：

$$\Delta G^{Mix} = RT(x_{MO}\ln a_{MO} + x_{SiO_2}\ln a_{SiO_2}) = (O^-)\cdot\Delta G^{\ominus}/2 = (O^-)\cdot RT\ln K_{TS}/2 \tag{9.43}$$

式中，$\Delta G^{\ominus}$ 为反应 $2MO+SiO_2 \Longrightarrow 2M^{2+} + SiO_4^{4-}$ 的标准吉布斯自由能变化。图 9.12 为选取各种 K_{TS} 时计算得到的 ΔG^{Mix}，图 9.13 为根据 Toop 模型计算得到 ΔG^{Mix} 随组成的变化。

Yokokawa 等[135, 136]评述：虽然 Toop 模型对硅酸盐熔体热力学分析有贡献，但式(9.43)中含有一些不确定的因素，近似表达式中只涉及参与反应的自由氧数量，未扩展至整个浓度范围。由 ΔG^{Mix} 拟合出最佳的 K_{TS} 与从活度曲线上得到的 K_{TS} 有差异。

Gaskell[137, 138]指出：理论 ΔG^{Mix} 除了包含 O^{2-} 和 O^0 间化学反应对吉布斯自由能变化的贡献，还须包含 O^0、O^- 和 O^{2-} 随机混合时对混合吉布斯自由能的贡献，即

$$\Delta G^{Mix} = \Delta G_{chem}+\Delta G_{conf} \tag{9.44}$$

Richardson、Webb 和 Gaskel 计算 SiO$_2$-PbO 熔体中 PbO 活度与测定的活度示于图 9.14[11, 118, 132]。

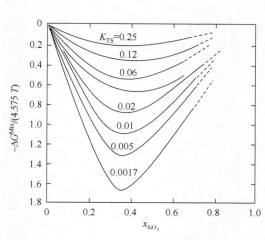

图 9.12　各种 K_{TS} 时 ΔG^{Mix} 计算结果

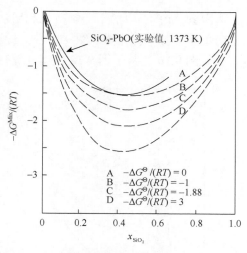

图 9.13　Toop 模型计算 ΔG^{Mix} 随组成变化

Kapoor 和 Frohberg[114]采用类似 Toop 模型的方法分析 SiO$_2$-PbO 熔体中 ΔG^{Mix} 和 $N_{O^{2-}}$。用摩尔分数替代 Toop 模型采用的成键数,相应的平衡常数 K_{KF} 与混合吉布斯自由能 ΔG^{Mix} 表达如下:

$$K_{TS} = \left(\frac{x_{MO}}{1+x_{SiO_2}} - \frac{N_{O^{2-}}}{2} \right) \left(\frac{2x_{SiO_2}}{1+x_{SiO_2}} - \frac{N_{O^{2-}}}{2} \right) N_{O^{2-}}^{-2} \tag{9.45}$$

$$\Delta G^{Mix} = RT(N_{O^{2-}}^* \ln a_{O^{2-}} + N_{O^0}^* \ln a_{O^0}) \cdot (1+x_{SiO_2}) \tag{9.46}$$

式中, $N_{O^{2-}}^*$ 和 $N_{O^0}^*$ 分别表示混合前 O^{2-} 和 O^0 的摩尔分数;MO 和 SiO$_2$ 的摩尔分数间存在如下关系:

$$N_{O^{2-}}^* = x_{MO} /(x_{MO} +2 x_{SiO_2}) \tag{9.47}$$

$$N_{O^0}^* = 2 x_{SiO_2} /(1+x_{SiO_2}) \tag{9.48}$$

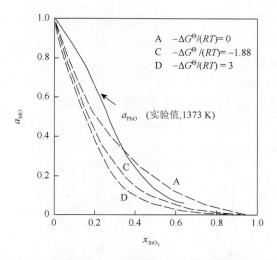

图 9.14　计算 SiO$_2$-PbO 熔体中 PbO 活度随组成变化

为得到式(9.45)中的平衡常数，利用从电中性和硅酸盐熔体中硅四面体成键总数推导出来的关系计算平衡常数。图 9.15 中，由 $K_{KF} = 1$ 时计算得到的实线与实验测定的虚线基本重合。图 9.16 是基于图 9.15 数据计算得到三种氧浓度的曲线。

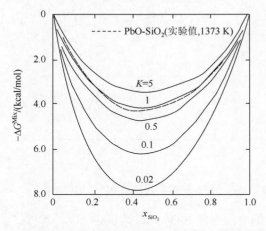

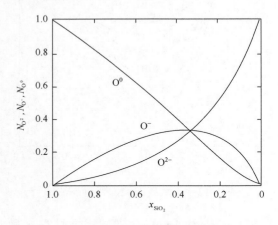

图 9.15　计算 SiO$_2$-PbO 熔体混合吉布斯自由能随组成变化

图 9.16　计算 SiO$_2$-PbO 熔体中三种氧浓度

Kapoor 等[114, 116, 117]的计算方法改善了 Toop 模型的欠缺，但仍然存在 ΔG^{Mix} 和 $N_{O^{2-}}$ 与 K_{KF} 拟合值间的矛盾。

Yokokawa 和 Niwa[135]讨论 ΔG^{Mix} 并按准晶格模型得到 MO 和 SiO$_2$ 的活度。熔体中含 n 个 MO 分子和 m 个 SiO$_2$ 分子，熔体由 $n+2m$ 个氧、M 及 Si 构成。计算假定：当 n 个 SiO$_2$ 分子在液态混合时，原子可占据晶格结点位。归纳 Yokokawa 和 Niwa 的计算，要点如下。

(1) 硅酸盐熔体中，Si 总是与 4 个 O 配位，Si 潜在的晶格结点数为 $m+1/2n$ 或为氧原子总数的 1/2，其含义是：有 $2m+n$ 个氧原子可在空间排列，因此分布在 $m+1/2n$ 晶格结点位上有 m 个(含 Si)四面体。

(2) 当邻近两个位置被 Si 原子占据时，将形成一个共价的 Si—O—Si 键。与此同时，形成四个 Si—O$^-$键或负离子终端的群(group)时就有一个 Si 的空位，若邻近两个位置是空着的，它们之间的氧原子就是 O^{2-}。

(3) 当所有 Si 原子分布确定后，M^{2+}的位置将由几何分布与电荷分布等因素来限定。

(4) 相对于 O^{2-}与 Si—O—Si，Si—O$^-$的修正能或能量是常数，其不随组成改变，这种方法最初是由 Lahiri[139]提出的。按 Yokokawa 和 Niwa[135]的观点，混合吉布斯自由能平衡常数可表达为

$$K_{YN} = \exp\{2(\omega - T\Delta S^{\ominus})/(k_B T)\} \tag{9.49}$$

$$\Delta G^{Mix} = RT\left\{\frac{3}{2}x_{MO}\ln x_{MO} - 3x_{MO}\ln\left(2x_{SiO_2}\right) + \frac{\left(1+x_{SiO_2}\right)}{2\ln\left(1+x_{SiO_2}\right)}\right.$$

$$\left. + x_{MO}\ln\left(\frac{x_{MO}-r'}{2}\right) + 2x_{SiO_2}\ln\left(2x_{SiO_2} - \frac{r'}{2}\right)\right\} \tag{9.50}$$

式中，ω 相当于每个 O⁻的 ΔH；k_B 为玻尔兹曼常数；$r' = r/(n+m)$，r 相当于 O⁻的数量；$\Delta S^{\ominus}$ 相当于从一个 Si—O—Si 键到两个 Si—O⁻键的熵变，其值与 O⁻浓度无关。MO 与 SiO₂ 活度表达如下：

$$a_{MO} = N_{O^{2-}} / [(1+x_{SiO_2})^{1/2} x_{MO}^{3/2}] \tag{9.51}$$

$$a_{SiO_2} = [(1+x_{SiO_2})/(2 x_{SiO_2})]^3 \cdot N_{O^0}^2 \tag{9.52}$$

Yokokawa 和 Niwa 的处理结果示于图 9.17 和图 9.18[135]。将同样的准晶格结构模型用于 MO 和 SiO₂，此计算结果可呈现出 ΔG^{Mix}、a_{MO} 和 a_{SiO_2} 的特点。同样假定 SiO₂ 结构为随机网络类型，MO 结构类似熔盐。在所有硅酸盐熔体中，碱性一侧呈负偏差而富 SiO₂ 一侧呈正偏差。

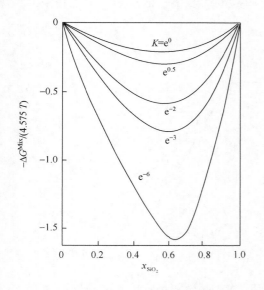

图 9.17　MO-SiO₂ 熔体混合吉布斯自由能　　　图 9.18　MO-SiO₂ 熔体中 MO 和 SiO₂ 活度

　　Yokokawa 模型的优点是不立足于式(9.39)，但对 Toop 模型和 Kapoor 模型的假定必不可少。

　　Borgianni 和 Granati[120]借助 Monte Carlo 法计算硅酸盐熔体中离子结构和自由能的同时关联 Yokokawa 模型的思路。Borgianni 和 Granati[140]强调四面体配位晶格结点 $m/2$ 个空位贡献于正离子的能量效应，这正是 Yokokawa 模型所忽略的。表 9.12 列出 Borgianni 模型计算五个硅酸盐熔体的自由能与 Yokokawa 模型的对比。

表 9.12　1800K 时 Borgianni 模型计算五个熔体混合吉布斯自由能与 Yokokawa 模型的对比(单位：J/mol)

体系	ΔG^{Mix}，Borgianni	ΔG^{Mix}，Yokokawa
CaO-SiO₂	−66976	−39730
CaO-SiO₂	−66976	−42000

续表

体系	ΔG^{Mix}，Borgianni	ΔG^{Mix}，Yokokawa
MgO-SiO$_2$	−26648	−17700
MgO-SiO$_2$	−12648	−11570
FeO-SiO$_2$	0	−6900

Kapoor、Yokokawa 与 Borgianni 三种模型均未直接考虑硅酸盐熔体负离子的种类，若硅仅占据四面体位置，估算负离子种类可从有关 O$^-$ 和 O^0 的分布信息中获得。

Toop 和 Samis[99, 109]给出估算的负离子种类，它是 Si、O$^-$ 和 O^0 浓度的函数，见图 9.19。所有可能的硅酸盐负离子种类均落在图中线上，从 SiO$_4^{4-}$ 到离子链 Si$_n$O$_{3n+1}^{(2n+2)-}$，按 Si$_2$O$_7^{6-}$ 到 Si$_3$O$_{10}^{8-}$ 半径呈逐渐增大的趋势。

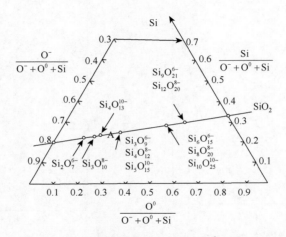

图 9.19　分立硅酸盐负离子中 O$^-$、O^0 和 Si 浓度

Kapoor 和 Frohberg[114]讨论硅酸盐负离子的分布。若考虑仅有 O$^-$ 和 O^0 围拢一个 Si 原子，硅酸盐负离子有五种类型，见图 9.20。已知 $N_{O^{2-}}$、N_{O^-} 和 N_{O^0} 时，可估算硅键的最可能分布。同时，与硅成键的单键氧的配位数为 0~4。配位数为 i 时，该类型氧配位硅的数目为 n_i，可表示为

$$\sum n_i = x_{SiO_2} N_A \tag{9.53}$$

$$\sum i n_i = (1 + x_{SiO_2}) N_{O^-} N_A \tag{9.54}$$

$$\sum (4-i) n_i = 2(1 + x_{SiO_2}) N_{O^0} N_A \tag{9.55}$$

式中，N_A 为阿伏伽德罗常数，由下述条件导出最可能的分布

$$d\ln W = -\sum \ln n_i d n_i = 0 \tag{9.56}$$

$$W = (x_{SiO_2} N_A)! \, / (n_0! \ n_1! \ n_2! \ n_3! \ n_4! \,) \tag{9.57}$$

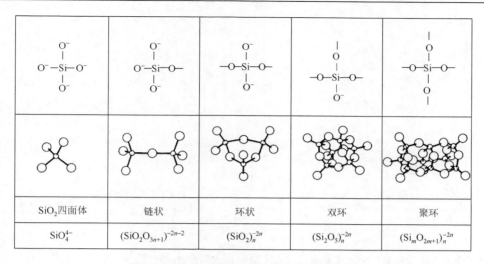

SiO₂四面体	链状	环状	双环	聚环
SiO_4^{4-}	$(SiO_2O_{3n+1})^{-2n-2}$	$(SiO_2)_n^{-2n}$	$(Si_2O_5)_n^{-2n}$	$(Si_mO_{2m+1})_n^{-2n}$

图 9.20　硅酸盐熔体中可存在的负离子结构

Hobson[141]用拉格朗日法，由式(9.53)～式(9.57)导出硅酸盐负离子相对分数 $n_i/(x_{SiO_2}N_A)$ 表达式：

$$\frac{n_i}{x_{SiO_2}N_A} = \frac{\exp\left[-\dfrac{x_{SiO_2}\cdot i}{(1+x_{SiO_2})N_{O^-}}\right]\cdot\exp\left[-\dfrac{(4-i)x_{SiO_2}}{2(1+x_{SiO_2})N_{O^0}}\right]}{\sum\exp\left[-\dfrac{x_{SiO_2}\cdot i}{(1+x_{SiO_2})N_{O^-}}\right]\cdot\exp\left[-\dfrac{(4-i)x_{SiO_2}}{2(1+x_{SiO_2})N_{O^0}}\right]} \tag{9.58}$$

Kappor 和 Frohberg[114]基于式(9.57)确定 SiO_2-PbO 熔体中硅酸盐负离子相对分数 $n_i/(x_{SiO_2}N_A)$ 为 x_{SiO_2} 函数，见图 9.21。具体处理时尚存在限制条件，将拉格朗日法应用于式(9.53)～式(9.57)不完全正确，因为形成 $Si—O^-$ 键的过程 n_i 最可能的分布取决于式(9.54)，但该式并不是独立的。Kapoor 等[117]同样质疑硅酸盐熔体中 Temkin 混合吉布斯自由能的可靠性，采用 Guggenheim[142]的假设，提出聚合物体系中直链和支链的混合吉布斯自由能。

Richardson 和 Webb 测定 SiO_2-PbO 熔体的混合吉布斯自由能，并根据 Temkin[134]和 Guggenheim[142]的假设，计算 $\Delta G^{\ominus}/(RT) = 0, -1, -1.88, -3$ 时的混合吉布斯自由能。由图 9.22 可见，在各种条件下 Guggenheim 混合吉布斯自由能均比 Temkin 混合吉布斯自由能更负，尽管两者的差异与 SiO_2-PbO 熔体混合吉布斯自由能相比较，是可忽略不计的。

Lin 和 Pelton[121]用混合熵与混合焓数据计算二元硅酸盐熔体的混合吉布斯自由能。估算熔体构型熵时，假定四面体准晶格模型中由 Si^{4+} 和 O^{2-} 构成的一种亚晶格，它与由 O^- 和 O^0 构成的另一种亚晶格不同，后者由硅原子的占据关系来确定。每个二元系中活度及混合焓皆可通过引入两个参数得到。

Pelton 和 Blander 进一步采用准化学方法使正离子与 Si^{4+} 的亚晶格吉布斯自由能达到最低，同时简化所有最邻近数均为 2，尽管在硅酸盐熔体中作这种假定物理学上是不可实现的。该方法涵盖从接近理想到对理想呈很大负偏差的众多体系，并导出热力学性质为组成函数的关系。他们的拟合数据成功之处在于方程中引入了一个可调整的参数。

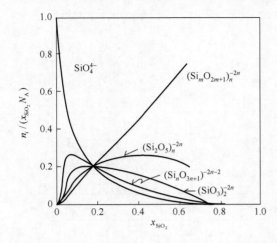 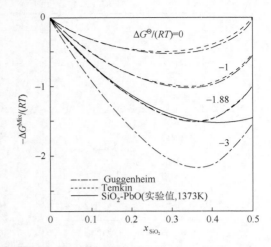

图 9.21　熔体中硅酸盐负离子相对分数与组成关系　图 9.22　实测与计算的混合吉布斯自由能与组成关系

2) 硅酸盐负离子分布与活度间关系

Masson 等[100-102]在处理二元硅酸盐熔体碱性一侧的理论方面做出了重要贡献。他们直接表达热力学性质与硅酸盐负离子分布间的关系，并假定硅酸盐熔体中含有 M^{2+}、O^{2-} 和硅酸盐负离子的一种直链形的排布。他们提出的模型基于下述反应平衡：

$$SiO_4^{4-} + Si_nO_{3n+1}^{(2n+2)-} \Longrightarrow Si_{n+1}O_{3n+4}^{(2n+4)-} + O^{2-} \tag{9.59}$$

$$K_M = \left(N_{Si_{n+1}O_{3n+4}^{(2n+4)-}} \cdot N_{O^{2-}} \right) \Big/ \left(N_{SiO_4^{4-}} \cdot N_{Si_nO_{3n+1}^{(2n+2)-}} \right) \tag{9.60}$$

式中，N 为摩尔分数。若考虑链的聚合反应(对应的反应平衡常数分别为 k_{61}、k_{62}、k_{63})，则：

$$SiO_4^{4-} + SiO_4^{4-} \Longrightarrow Si_2O_7^{6-} + O^{2-}, \quad k_{61} \tag{9.61}$$

$$SiO_4^{4-} + Si_2O_7^{6-} \Longrightarrow Si_3O_{10}^{8-} + O^{2-}, \quad k_{62} \tag{9.62}$$

$$SiO_4^{4-} + Si_3O_{10}^{8-} \Longrightarrow Si_4O_{13}^{10-} + O^{2-}, \quad k_{63} \tag{9.63}$$

假定 $k_{61} = k_{62} = k_{63} = K$，忽略离子的电荷，则

$$N_{silican} = 1 - N_{O^{2-}} = N_{SiO_4^{4-}} \Big/ \left\{ 1 - \left(K \cdot N_{SiO_4^{4-}} \right) \Big/ N_{O^{2-}} \right\} \tag{9.64}$$

若设定适当的 K_M，可用式(9.64)将 $N_{SiO_4^{4-}}$ 作为 $N_{O^{2-}}$ 的函数来估算，其他类型硅酸盐负离子可由式(9.59)来计算，结果如图 9.23 所示。SiO_2 的摩尔分数 x_{SiO_2} 如下：

$$x_{SiO_2} = \left(n \cdot N_{Si_nO_{3n+1}^{(2n+2)-}} \right) \Big/ \left\{ N_{O^{2-}} + (2n+1) \cdot N_{Si_nO_{3n+1}^{(2n+2)-}} \right\} \tag{9.65}$$

式(9.65)的分母和分子由式(9.66)和式(9.67)给出：

$$分母 = N_{O^{2-}} + \left\{ N_{SiO_4^{4-}} (3 - K_M \cdot N_{SiO_4^{4-}} / N_{O^{2-}}) / (1 - K_M \cdot N_{SiO_4^{4-}} / N_{O^{2-}}) \right\} \tag{9.66}$$

$$分子 = N_{SiO_4^{4-}} (1 - K_M \cdot N_{SiO_4^{4-}} / N_{O^{2-}})^{-2} \tag{9.67}$$

结合 Temkin 模型[134]，利用 MO 活度及平衡常数，可得到 SiO$_2$ 的摩尔分数与硅酸盐负离子的摩尔分数，如下：

$$1/x_{SiO_2} = 2+1/(1-a_{MO})-1/\{1+a_{MO}(1/K_M-1)\} \tag{9.68}$$

$$N_{Si_nO_{3n+1}^{2(n+1)-}} = \{1+3a_{MO}/[K_M\cdot(1-a_{MO})]\}^{(1-n)}\cdot\{(K_M/a_{MO})-1/(1-a_{MO})\}^{-1} \tag{9.69}$$

这种双函数线链模型存在弊端，若按式(9.69)则断裂(粒度减小)时有效格位数将随 n 而变，对单值 SiO$_4^{4-}$ 四面体聚合过程，考虑 K_M 随 n 变化或随所有链构型而变，则式(9.68)和式(9.69)可修正如下：

$$1/x_{SiO_2} = 2+1/(1-a_{MO})-1/\{1+a_{MO}(3/k_{61}-1)\}^{(1-n)} \tag{9.70}$$

$$N_{Si_nO_{3n+1}^{2(n+1)-}} = \{(3n)!\,/[(2n+1)!\,n!\,]\}(1-a_{MO})\{1+3\,a_{MO}/[K_M(1-a_{MO})]\}^{(1-n)}$$

$$\times\{1+K_M(1-a_{MO})/(3a_{MO})\}^{-2(1+n)} \tag{9.71}$$

对硅酸盐系，按式(9.68)及式(9.70)的计算结果与实验数据一致。以 CaO-SiO$_2$ 熔体为例，用式(9.71)计算负离子分布结果，如图 9.24 所示。应指出，用 Masson 模型限于 SiO$_2$ 摩尔分数小于 0.5 时才可能奏效。此外，Masson 模型中存在一些粗糙的近似。例如，仅考虑线链的形成，侧链和环形均被忽略。再如，简单地用浓度代替活度(与 Temkin 模型相似)，并且认为平衡常数与硅酸盐负离子的种类无关等，这些欠缺之处有待修正。另外，在 Masson 模型中，4 个圆圈标注的非桥氧键在聚合反应中被忽略，排除了形成侧链的可能性。

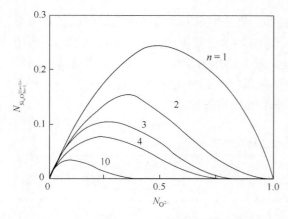
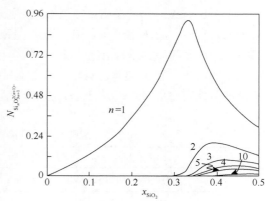

图 9.23　$K_M=1$ 时低 SiO$_2$ 熔体中硅酸盐负离子分布　　图 9.24　1873 K 下 CaO-SiO$_2$ 熔体负离子分布

Whiteway 等[110]借助 Flory[95]聚合理论，将 Masson 模型扩展到可形成侧链的范畴。用这种修正方法去处理实验数据较之前符合得更好，但未考虑环的形成仍然是其不足之处。这是因为解释硅酸盐熔体一些物理性质的特殊规律时，经常涉及环形负离子。

Pretnar[143]针对这个欠缺，提出改进的思路。假设 Si$_x$O$_{4x-f_x}^{2(2x-f_x)-}$ 仅为方石英双环形，引入 SiO$_4^{4-}$ 聚合的量度 P_p(聚合参数)：

$$P_P = \sum f_x nx / \left(2N_{SiO_2} \right) \tag{9.72}$$

$$f_x = x-1, \quad x < 5 \tag{9.73}$$

$$f_x = 2x - 1.71 \times 0.5x^{2/3}, \quad x > 6 \tag{9.74}$$

式中，x 为 SiO_4^{4-} 数量；f_x 为 O^0 数量；nx 为分子数量。Pretnar[143]结合 Toop 模型，确立了 P_p 与 N_{SiO_2} 之间的关系。由模型推导出来的负离子涉及 4 个环，同时讨论平衡常数与聚合参数 P_p 间关系。虽然该模型可应用于较宽的浓度范围，但目前尚未实验证实构型的 $Si_{10}O_{28}^{16-}$ 存在。

Yesin 借助 Baes[144]扩展 Masson 模型的论点，确认在很宽的组成范围内，链形负离子$(C = 0)$与环形负离子$(n = 2C+1)$共存于 SiO_2 含量较低范围，但链形负离子$(C = 0)$与环形负离子$(n = C+1)$共存于 SiO_2 含量较高区域，C 为交叉关联数。

Lumsden[105]提出将简单规则溶液模型用于氧化物熔体的思路。假定氧化物熔体由简单正离子和 O^{2-} 混合而成，正离子(如 Ca^{2+}、Si^{4+}、Fe^{2+})随机地分布在 O^{2-} 基体的空位中。这种由 O^{2-} 位置确定的构型与熔盐结构相似，在 SiO_2 含量低的碱性熔体中可能存在。在多元规则溶液中，正离子呈理想混合熵，组分的活度系数 γ_i 可表示为摩尔分数的函数，如下：

$$RT\ln \gamma_i = \sum \alpha_{ij} \ x_j^2 + \sum \sum (\alpha_{ij} + \alpha_{ik} - \alpha_{kj})x_j x_k \tag{9.75}$$

式中，x_j 为渣中 j 组分的摩尔分数；α_{ij} 为正离子间交互作用能。

Ban-ya 和 Shim[103, 104]应用规则溶液模型描述炼钢过程中渣/金间反应，并将必需的正离子间交互作用能及规则溶液与实际溶液间组分活度参考态的转换因子等经验数据列入表 9.11 和表 9.13。

Nagabayashi 等[145]指出：应用规则溶液模型，当渣组成和温度确定后，可以估算与金属平衡共存时，渣中溶解氧、磷、锰、铁(Fe^{2+}、Fe^{3+})等的平衡量，其误差在 ± 10%。应用规则溶液模型可估算火法冶金过程与渣/金反应相关的热力学参数，这是采用其他方法经常遇到的难点。许多实验已证实，在熔体中存在两种以上的负离子。但应注意，在 SiO_2 低含量碱性范围之外的环境不满足规则溶液模型的假定条件。

表 9.13　规则溶液活度参考态的转换因子(单位：J/mol)

反应	标准吉布斯自由能变化
$P_2O_5(l) = 2PO_{2.5}(R.S)$	$\Delta G^{\ominus} = +52720 - 230.736T$
$MgO(l) = MgO(R.S)$	$\Delta G^{\ominus} = -23300 + 1.833T$
$MgO(s) = MgO(R.S)$	$\Delta G^{\ominus} = +34350 - 16.736T$
$CaO(l) = CaO(R.S)$	$\Delta G^{\ominus} = -40880 - 16.736T$
$CaO(s) = CaO(R.S)$	$\Delta G^{\ominus} = +18160 - 23.309T$
$Na_2O(l) = 2NaO_{0.5}(R.S)$	$\Delta G^{\ominus} = -185060 + 22.866T$
$MnO(l) = MnO(R.S)$	$\Delta G^{\ominus} = -12550 + 5.406T$
$MnO(s) = MnO(R.S)$	$\Delta G^{\ominus} = +41840 + 21.025T$

反应	标准吉布斯自由能变化
$SiO_2(l) = SiO_2(R.S)$	$\Delta G^\ominus = +17450 + 2.820T$
$SiO_2(\beta-crl) = SiO_2(R.S)$	$\Delta G^\ominus = +27030 - 1.983T$
$SiO_2(\beta-tr) = SiO_2(R.S)$	$\Delta G^\ominus = +27150 - 2.054T$
$Fe_tO(l) + (1-t)Fe(s\ 或\ l) = FeO(R.S)$	$\Delta G^\ominus = -8540 + 7.142T$

3) 平衡常数 K_{TS} 和 K_M

Toop 和 Samis[109] 和 Masson[100] 将 $O^{2-} + O^0 = 2O^-$ 反应的平衡常数定义为

$$K_{TS} = \frac{(O^-)^2}{(O^{2-})(O^0)} \tag{9.76}$$

$$K_M = \left(N_{O^{2-}} N_{Si_{n+1}O_{3n+4}^{(2n+4)-}}\right) \Big/ \left(N_{SiO_4^-} N_{Si_nO_{3n+1}^{(2n+2)-}}\right) \tag{9.77}$$

为估算 K_{TS}，取物质标准状态如下：当 $K_{TS} \to 0$ 时，$O^{2-} \to MO$，$O^- \to M_2SiO_4$，$O^0 \to SiO_2$。如前所指，由 ΔG^{Mix} 得到的 K_{TS} 不同于由 $MO-SiO_2$ 系活度数据得到的 K_{TS}，这可能与粗略估算熵值有关，Yokokawa 和 Niwa[135] 认为：

$$\Delta G^\ominus = \Delta H^\ominus - T\Delta S^\ominus \tag{9.78}$$

式中，$\Delta H^\ominus$ 和 $\Delta S^\ominus$ 分别是断开 Si—O—Si 键的相对焓与熵。$\Delta S^\ominus$ 相当于单个 Si—O 对的相对熵，假设断开键之后键的振动和转动增强是合理的，但在 SiO_2 高含量区域，这样的假设太粗糙。另外，K_M 估算也具有不一致性。

Masson[100] 按下述反应估算 K_M：

$$2SiO_4^{4-} = Si_2O_7^{6-} + O^{2-} \tag{9.79}$$

$$\Delta G_{(3)}^\ominus = -RT\ln K_M \tag{9.80}$$

式(9.80)表明：用硅酸盐的生成吉布斯自由能可计算 k_{61}。但由活度测量值得到的离子分布显示：SiO_4^{4-} 数目大于 $Si_2O_7^{6-}$ 的数目。K_M 和 K_{TS} 与体系有关，例如，表 9.14 是根据 Toop 和 Samis[109] 和 Masson[146] 报道的实验数据得到的最佳拟合值。二元硅酸盐熔体中的反应可简述为

$$MO = M^{2+} + O^{2-} \tag{9.81}$$

$$O^{2-} + Si—O—Si = 2SiO^- \tag{9.82}$$

表 9.14　K_M 和 K_{TS} 的最佳拟合值

参数	CaO	PbO	ZnO	FeO	CuO
K_{TS}	0.0017	0.04	0.06	0.17	0.35
K_M	0.003	0.2	0.75	1.4	3.3

假定式(9.81)和式(9.82)中反应接近平衡(已知硅酸盐的平衡常数)，K_M 和 K_{TS} 的变化取决于式(9.80)。Yokokawa 等[136]认为，假定 MO 完全解离，将平衡常数与 O^{2-} 活度绝对值结合起来是有效方法之一。在此方法中，选择标准态为气态氧时，M^{2+} 的效应可用金属-氧亲合参数 Z/d^2 估算，故平衡常数与 MO 生成吉布斯自由能直接相关。当然，考虑部分离子化则是另外的方法。

本部分介绍了氧化物熔体热力学性质与结构间关系的几种表述方法。Masson[100, 147]的聚合物模型可以利用热力学数据，给出硅酸盐熔体中负离子的种类及其与浓度间的关系，只是还存在过于简化的欠缺(如模型中忽略环形负离子生成、未涉及组成的酸性侧等)。Masson 方法的成果与之前的相关结论是一致的，即硅酸盐熔体的各种热力学性质由聚合-解聚反应平衡所控制，它受正离子的浓度与性质制约。规则溶液模型虽然是经验模型，但由它可以提供炼钢过程的相关信息，当然这种应用也只限于熔体组成的碱性侧。应该强调，应用规则溶液模型时组成范围必须精确限定。在本部分介绍的一些实例中，未能从熔体的离子性或共价性出发，确定硅酸盐中 Si—O 键的多样性，这也与硅酸盐熔体中存在一系列变体(polymorphs)相关。应用各种模型的计算结果去分析熔体物理性质(如黏度)是可行的途径，即基于热力学模型来认识和理解氧化物熔体结构是可能的。但是，推荐采用 XRD 和中子衍射技术直接观测硅酸盐负离子及其分布，这对推动硅酸盐熔体结构与性质学术领域的进步十分必要亦可行。

9. 相图中的液相不混溶间隙

聚合物熔体的不混溶现象在火法冶金过程中十分普遍，有关研究与二元和三元氧化物和熔盐体系的相平衡密切相关[148, 149]。本部分将通过各种聚合体系的实例来分析液相不混溶的特点。

1) 简单硅酸盐熔体

在硅酸盐熔体中，液相不混溶间隙的延展与正离子 z/r 密切相关，z/r 大，离子势能高，不混溶间隙的组分范围则宽。在二元硅酸盐中，当 $z/r < 1.7$ 时，液相完全混溶。不混溶现象的出现可解释为正离子周围非桥氧离子的优先配位引发局部区域正离子分布的不均匀。Warren 和 Pincus[150]、Richardson[151]认为：热力学熵与焓对吉布斯自由能贡献的矛盾是出现不混溶现象的根源。熵随正离子的均匀分布趋向最大化，而正离子被多个非桥氧离子配位又导致自由能最小化，两者相互矛盾。硅酸盐熔体分离成不混溶的两相，一相是富 SiO_2 的高聚合熔体，另一相则是富金属氧化物的解聚体，这也导致体系自由能降低。这种热力学分析方式同样可以应用到硼酸盐和锗酸盐系，因为在这些聚合熔体的高酸性区域，环形负离子团是类似的。

2) 磷酸盐熔体

磷酸盐熔体中链形结构占主导，因此二元金属磷酸盐中液相完全混溶，但 CaO-P_2O_5-FeO 和 Na_2O-P_2O_5-FeO 三元系中存在较大的不混溶间隙，间隙在正磷酸盐一侧最宽，约含 90%FeO，另一相为含 15%FeO 的磷酸钙或磷酸钠。当 $3CaO \cdot P_2O_5$-FeO 中加入 Na_2O 时，Ca^{2+} 从富磷酸盐相向富氧化铁相转移，表明磷酸钠比磷酸钙更稳定，这与 Meadowcroft 和 Richardson[152]的研究结论一致。磷酸钠晶体或磷酸钠玻璃的生成热均比磷酸钙低约

100kJ/mol。四元系等温相边界的画法与投影类型如图 9.25 所示，这种投影图的优点是四个组分中每个组分的浓度都可从图上直接读出来。Schwerdtfeger 和 Turkdogan[153]测定 1625℃，p_{O_2} = 0.21bar，CaO-P_2O_5-FeO-Fe_2O_3 系平衡相关系与液相不混溶间隙。铁氧化状态几乎不影响等温不混溶间隙，这与 1400℃铁饱和 CaO-P_2O_5-FeO 熔体的测量结果相类似。结果发现，氧化铁和磷酸钙熔体中加入 SiO_2 使得混溶间隙的成分范围缩小，源于 Ca^{2+} 与磷酸盐链上的非桥氧离子优先配位，而 Fe^{2+} 和 Fe^{3+} 则与自由氧配位。加入 SiO_2 使硅酸盐负离子进入磷酸盐熔体的链，引起分支链和自由氧离子浓度降低。结构的变化使得 Ca^{2+} 和 Fe^{2+} 与硅磷酸盐负离子的非桥氧配位，导致液相完全混溶。测定的 1600℃，铁饱和 CaO-P_2O_5-SiO_2-FeO 熔体中的混溶间隙(图 9.26)，虚线表示两相区平衡熔体组成，曲线表示 SiO_2 平均质量分数为 2%、6%和 10%的两相区，长点曲线为不混溶开始时临界组成点的轨迹。当 SiO_2 质量分数＞15%时，碱性组成范围液相完全混溶。

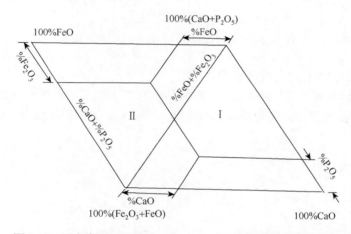

图 9.25　示意表示 CaO-P_2O_5-FeO-Fe_2O_3 二维图中组成点的投影

3) 复杂铝硅酸盐熔体

Visser 和 Koster[154]发现，在 SiO_2-$KAlSi_2O_6$(白榴石)-Fe_2SiO_4(橄榄石)系的中心部位存在一个较大的不混溶间隙。富 FeO 的液相具有高 NBO/T 值，低聚合度。富 K_2O、Al_2O_3 和 SiO_2 的液相具有较低的 NBO/T 值，因为$(KAl)^{4+}$取代四面体配位的 Si^{4+}。Visser 和 Groos[155]、Ryerson 和 Hess[77]研究表明：当 TiO_2 或 P_2O_5 溶入 SiO_2-$KAlSi_2O_6$-Fe_2SiO_4 或类似铝硅酸盐熔体时，不混溶间隙加宽，富铁液相含 Ti^{4+}、P^{5+}、碱土金属和稀土元素正离子。在 SiO_2-Ca_3PO_3 和 SiO_2-$Pb_2P_2O_7$ 系中存在很大的不混溶间隙。Wojciechowska 等[156]、Paetsch 和 Dietzel[157]、Visser 和 Groos[158]的研究表明：在 K_2O-FeO-Al_2O_3-SiO_2-P_2O_5 系中，提高压力可降低液相不混溶间隙的组成与温度范围，出现两个不混溶液相需要的最大压力随 P_2O_5 含量提高而增大。在 1175℃，熔体中 P_2O_5 质量分数为 0%时，最大压力为 6.5kbar；P_2O_5 质量分数为 0.6%时，最大压力为 8.5kbar；P_2O_5 质量分数为 3%时，最大压力为 18kbar。

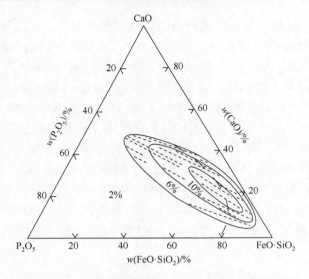

图 9.26　CaO-P$_2$O$_5$-SiO$_2$-FeO 中液相混溶间隙

4) 碱金属硼玻璃中的次液相不混溶

Shaw 和 Uiilviann[159-161]测量碱金属硼酸盐中液相不混溶数据如图 9.27 所示。图中点划线表示玻璃转变温度 T_g，它随碱金属含量增加而升高，类似碱硅酸盐玻璃中的趋势[162]。

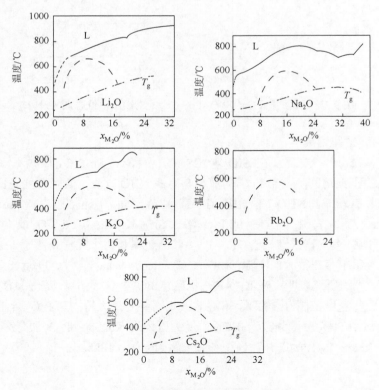

图 9.27　碱金属硼酸盐液相分离

Haller 等[163]测量 Na$_2$O-B$_2$O$_3$-SiO$_2$ 系等温亚稳不混溶结果列于图 9.28，由图可见，在 B$_2$O$_3$-SiO$_2$ 二元系中，Na$_2$O 加入量为 5%～10%，亚稳不混溶间隙将扩大。Strathdee 等[164]研究硼酸盐玻璃用作盛装核反应堆高辐射废料深埋前的包裹材料，材料中若发生相分离，玻璃将被循环地下水浸渍，导致深埋后的辐射核废物外泄。Taylor 和 Owen[165]研究 650～950℃，不同 SiO$_2$/B$_2$O$_3$ 比时，Na$_2$O 加入量对硼硅酸锌中等温亚稳不混溶限度的影响，见图 9.29。Taylor 和 Owen[166]在测定 5Na$_2$O-23B$_2$O$_3$-72SiO$_2$ 玻璃不混溶限度时发现，不混溶限度的临界温度随碱和碱土金属氧化物取代玻璃中 Na$_2$O 含量而变化。由图 9.30 可见，用碱金属氧化物 Cs$_2$O 或 K$_2$O 取代 Na$_2$O 时，随取代量增大，临界温度降低；相反，用 Li$_2$O 取代 Na$_2$O 时，随取代量增大，临界温度则升高。碱金属氧化物促进玻璃中相分离的顺序如下：Li$_2$O＞Na$_2$O＞K$_2$O＞Cs$_2$O。

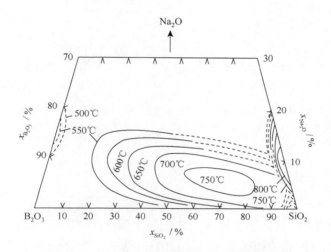

图 9.28　Na$_2$O-B$_2$O$_3$-SiO$_2$ 系等温亚稳不混溶间隙

Dimitriev 等[167]对 TeO$_2$-GeO$_2$-B$_2$O$_3$、TeO$_2$-V$_2$O$_5$-B$_2$O$_3$ 和 FeO-V$_2$O$_5$-GeO$_2$，以及含过渡金属氧化物的碲酸盐玻璃中相分离进行了研究。

9.1.4　冶金熔渣结构

由硅酸盐类化合物构成的冶金熔渣在组成、性质及结构等方面与硅酸盐熔体有诸多共通之处[30, 122]，著名冶金学家如魏寿昆[168]、邹元爔[169]、Richardson[11]、特克道根[170]、Alcock[171]、Rosenqvist[28]、Bodsworth 和 Bell[2]、Gaskell[172]、Ban-ya 和 Hino[15]等在他们的著作中均有大篇幅论述冶金熔渣结构与性质的研究成果。

冶金渣资源化的核心内容是阐述冶金熔渣完成冶金功能后，向材料功能转化的工艺条件与实施效果。

本节侧重于借鉴硅酸盐熔体与玻璃的理论及研究成果来深化对冶金熔渣结构与性质的认识和理解。

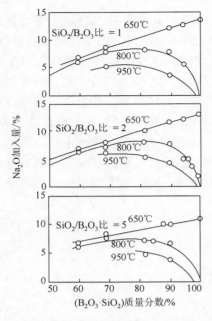

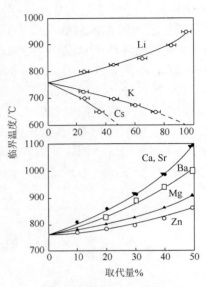

图 9.29　不同 SiO_2/B_2O_3 比硼硅酸锌中 Na_2O 加入量　图 9.30　不混溶限度的临界温度随碱和碱土金属氧
　　　对等温亚稳不混溶限度的影响　　　　　　　　　化物取代 Na_2O 含量的变化

1. 熔渣结构分子假说

最初，Schenck[130]等用分子假说去分析炼钢过程渣中组分间的化学反应。然而，渣的性质如黏度、表面张力、电导和扩散等物理量的实际测量结果表明，只有确认熔渣由离子构成才可能解释这些参数的物理意义，从而开启熔渣由无序的正、负离子构成的离子理论，并陆续构建出各类熔渣的结构模型。

2. 熔渣结构离子理论

1) 熔渣结构离子理论的要点

(1) 高温下熔渣中的氧化物完全解离，渣中存在三种类型离子：简单正离子，如 Ca^{2+}、Mg^{2+}、Fe^{2+}、Mn^{2+}、Ti^{2+}、V^{2+}、Si^{4+}、Al^{3+}、P^{5+}等；简单负离子，如 F^-、Cl^-、O^{2-}、S^{2-}等；由简单正离子与 O^{2-} 间聚合而成的聚合负离子，如 SiO_4^{4-}、TiO_4^{4-}、AlO_3^{3-}、BO_3^{3-}、PO_4^{3-}等。熔渣中 SiO_2 可聚合成具有三维结构的聚合负离子，其形式又依聚合程度不同而演变成链状 $Si_2O_7^{6-}$、环状 $Si_3O_9^{6-}$、架状 $Si_6O_{18}^{12-}$ 等复杂结构。

(2) 熔渣中的氧化物。碱性氧化物是 O^{2-} 的施主(donor)，如 $CaO{=\!=\!=}Ca^{2+}+O^{2-}$ 释放出 O^{2-}；酸性氧化物是 O^{2-} 的受主(acceptor)，如 $SiO_2+O^{2-}{=\!=\!=}SiO_4^{4-}$ 吸纳 O^{2-}；两性氧化物介于两者之间，其行为随 O^{2-} 在熔渣中的数量而变，或呈施主或呈受主。

2) 熔渣结构及性质与氧离子关系

熔渣中聚合负离子可能发生再聚合或解聚反应。当熔渣中 O^{2-} 少时发生 SiO_4^{4-} 聚合反应, 形成聚合负离子并释放出 O^{2-}; 当熔渣中 O^{2-} 多时, $Si_2O_7^{6-}$ 吸纳 O^{2-} 发生解聚反应。熔渣中 O^{2-} 数量与聚合及解聚反应密切相关, 直接影响反应方向。

渣中桥氧 O^0、非桥氧 O^- 和自由氧 O^{2-} 三种形式氧之间存在下列平衡关系:

$$O^{2-}+O^0 = 2O^-$$

3) 熔渣微观不均匀性

宏观上熔渣是均匀的, 无成分与性质偏析, 但微观上, 由于不同种类离子的半径与电荷数量差异, 正、负离子间的相互作用也不同, 这使得同号离子在异号离子间的分布也不均匀。例如, $CaO\text{-}FeO\text{-}SiO_2$ 系熔渣中可存在 Ca^{2+} 和 Fe^{2+}、O^{2-} 和 SiO_4^{4-}。Ca^{2+} 与 Fe^{2+} 的电荷数相同但前者半径较小, 它对负离子的吸引力大; 同时, O^{2-} 的电荷数较 SiO_4^{4-} 少, 且半径小, 它对正离子的吸引力比 SiO_4^{4-} 大。于是, O^{2-} 优先分布在 Fe^{2+} 周围, 而 SiO_4^{4-} 只能更多地分布在 Ca^{2+} 附近, 造成了熔渣中微观的局部区域 O^{2-} 和 Fe^{2+} 占优势, 而另外区域 SiO_4^{4-} 和 Ca^{2+} 占优势, 此即熔渣结构的微观不均匀性。

3. 炉渣结构分子与离子共存理论

1962 年, 北京钢铁学院张鉴教授首次介绍苏联学者 Чуйко 提出的分子与离子共存的炉渣理论, 并经多年不懈地研究在其专著《冶金熔体和溶液的计算热力学》中明确: 从分子与离子同时存在于熔渣的现实出发, 有必要将这种理论起名为共存理论。他提出共存理论的依据可概括如下[16]。

(1) 熔渣由简单离子(Na^+、Ca^{2+}、Mg^{2+}、Mn^{2+}、Fe^{2+}, O^{2-}、S^{2-}、F^- 等)和 SiO_2、硅酸盐、磷酸盐、铝酸盐等分子组成。

(2) 在全成分范围内分子和离子的共存是连续的。

(3) 简单离子和分子间进行着动平衡反应:

$$2(Me^{2+}+O^{2-})+(SiO_2) = (Me_2SiO_4), \quad (Me^{2+}+O^{2-})+(SiO_2) = (MeSiO_3) \qquad (9.83)$$

将 Me^{2+} 和 O^{2-} 置于括号内并加起来的原因是 CaO、MgO、MnO 和 FeO 在固态时以类似 $NaCl$ 面心立方离子晶格存在, 由固态变液态时的离子化过程不起主导作用, 即反应 $MeO = Me^{2+}+O^{2-}$ 很少进行, 这表明在固态或液态下, 自由的 Me^{2+} 和 O^{2-} 均能保持独立而不结合成 MeO 分子, 因而表示 MeO 的浓度时就不能采用离子理论的形式, 而应采用以下形式: $a_{MeO} = N_{MeO} = N_{Me^{2+}} + N_{O^{2-}}$, 正、负离子的这种性质称为它们的独立性。由于形成 Me_2SiO_4 或 $MeSiO_3$ 时需要 Me^{2+} 和 O^{2-} 的协同参加, 单独增加 Me^{2+} 或 O^{2-} 的任何一个均不能促进形成更多的硅酸盐。这就是 Me^{2+} 和 O^{2-} 在成盐时的协同性。由于协同性, 水溶液中的共同离子(common ions)在熔渣中是不会起作用的。

(4) 熔渣内部的化学反应服从质量作用定律。

9.1.5　冶金熔渣热力学

1. 氧化物活度

大部分渣中组分活度采用直接测量获得, 然而经常出现不同研究者、采用不同实验技术得到的测量结果存在较大差异的现象，读者采用时需慎重判别。本节对活度数据的误差范围不予评述或重新计算。

1) 二元氧化物熔体

二元氧化物熔体中组分的活度见图 9.31～图 9.37。

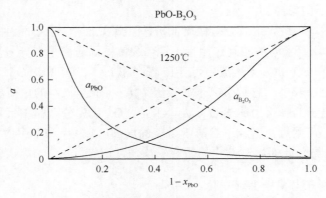

图 9.31　PbO-B$_2$O$_3$熔体中氧化物活度(一)[181]

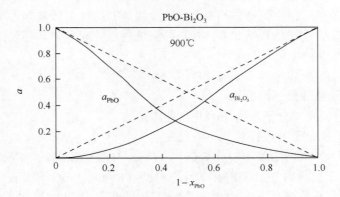

图 9.32　PbO-Bi$_2$O$_3$熔体中氧化物活度(二)[181]

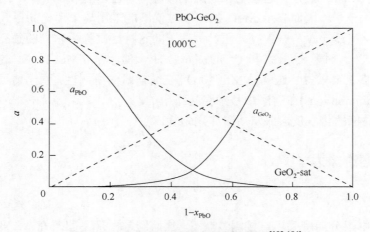

图 9.33　PbO-GeO$_2$熔体中氧化物活度[182-184]

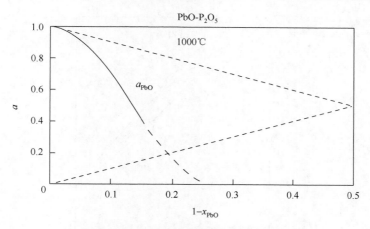

图 9.34 PbO-P$_2$O$_5$ 熔体中氧化物活度[182-184]

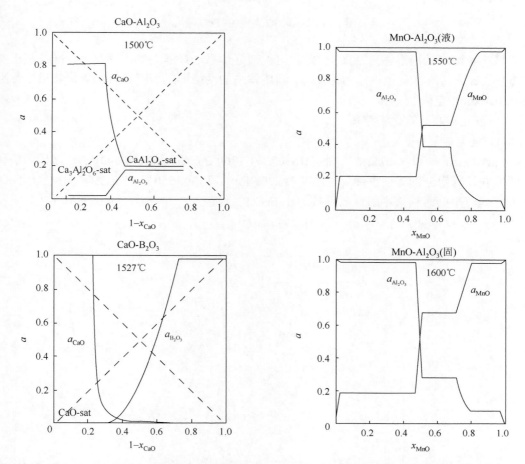

图 9.35 CaO-Al$_2$O$_3$、CaO-B$_2$O$_3$熔体中氧化物活度 图 9.36 MnO-Al$_2$O$_3$ 在液态和固态范围活度

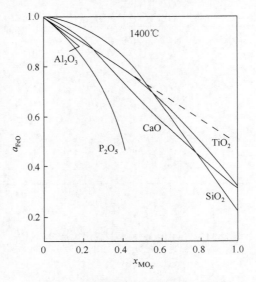

图 9.37　FeO-MO$_x$ 熔体中 FeO 活度

氧化物活度的标准态可从图上确知，但大部分体系选择固态氧化物作为标准态基于实验方便，若选纯液态氧化物作为标准态，则熔体中的网络形成和网络修饰氧化物活度标准态皆取 Raoult 定律[173-184]。

2) 三元和四元氧化物熔体

(1) 硅酸盐渣。

Turkdogan[185]和 Korakas[186]测定 1550℃和 1300℃，SiO$_2$-FeO-Fe$_2$O$_3$ 三元熔体中氧化物活度并计算组分的等活度线，见图 9.38。Taylor[187]测量 1550℃，与 CaO(或 MgO)-FeO-SiO$_2$ 三元渣平衡时铁液中氧含量并推导出 FeO 的活度：

$$a_{FeO} = [O]_{与渣平衡铁液}/[O]_{与纯液态 FeO 平衡铁液}$$

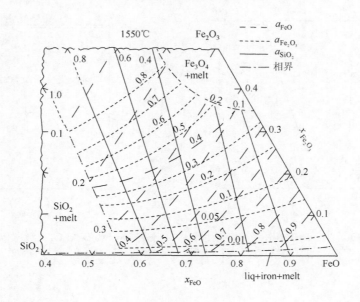

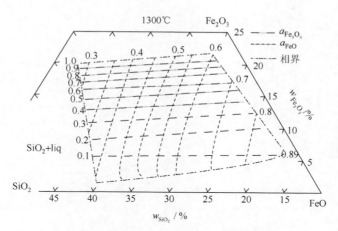

图 9.38　SiO$_2$-FeO-Fe$_2$O$_3$ 渣中氧化物等活度线

Distin 等[188]研究 1530～1960℃，与液态 FeO 平衡铁液中氧的溶解度[O]，可表示为

$$(Fe_xO) = x[Fe]+[O], \quad \lg[O] = -6329/T+2.734 \tag{9.84}$$

在 Fe-Fe$_x$O 系共晶温度(1527℃)，铁饱和纯液态 Fe$_x$O 中的 x 为 0.980。Timucin 和 Morris[189] 由气/渣平衡反应测定 FeO 活度并绘于图 9.39 中，图中还绘出 Gibbs-Duhem 积分式求得 CaO 和 SiO$_2$ 的等活度线。测量 1600℃与铁液平衡 MgO-FeO-SiO$_2$ 熔体中 FeO(l)等活度线，见图 9.40。

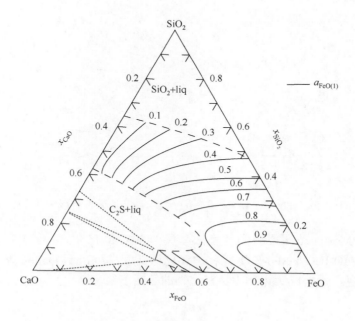

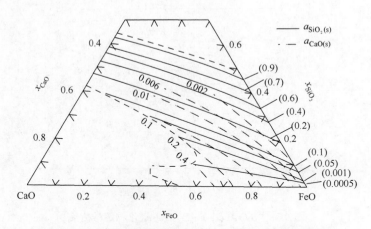

图 9.39　CaO(或 MgO)-FeO-SiO$_2$ 渣中氧化物等活度线

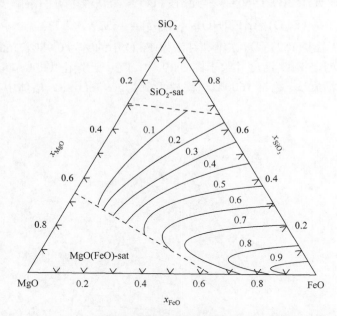

图 9.40　1600℃与铁液平衡 MgO-FeO-SiO$_2$ 熔体中 FeO 等活度线

Timucin 和 Morris[189]采用渣/气平衡法测量 1450℃和 1550℃，含 0%、5%、10%、20% 和 30%SiO$_2$ 的 CaO-FeO-Fe$_2$O$_3$-SiO$_2$ 熔体中氧化铁活度，按 Gibbs-Duhem 积分式计算 CaO、FeO 和 SiO$_2$ 活度。图 9.41 为熔体中各氧化物的等活度线。

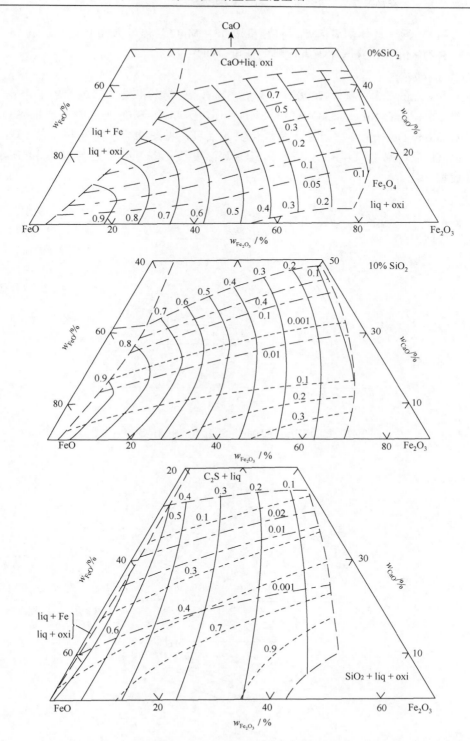

图 9.41　1550℃下 CaO-FeO-Fe$_2$O$_3$-SiO$_2$ 熔体中氧化物等活度线

Abraham 和 Richardson[178]采用渣/气平衡法测量 1500℃与 CaO-MnO-SiO$_2$ 熔渣平衡的

Mn 含量，已知混合气体中氧活度，将测量熔体中 MnO 活度绘入图 9.42。测量 1550℃与铁液平衡 FeO-MnO-SiO$_2$ 熔体中氧化物的活度，见图 9.43。

(2) 铝硅酸盐渣。

Rein 和 Chipman[190]测量 1600℃，p_{CO} = 1bar，或碳饱和或 SiC 饱和的 Fe-Si-C 熔体与三元渣 CaO-MgO-SiO$_2$、CaO-Al$_2$O$_3$-SiO$_2$ 和 MgO-Al$_2$O$_3$-SiO$_2$ 平衡时，渣中 SiO$_2$ 的活度，再用 Gibbs-Duhem 方程计算其余氧化物的活度，见图 9.44~图 9.46。含 10%、20% 和 30%MgO 的 CaO-Al$_2$O$_3$-SiO$_2$ 熔体中 SiO$_2$ 等活度线见图 9.47，它与 Kay 和 Taylor[173] 的活度数据一致。

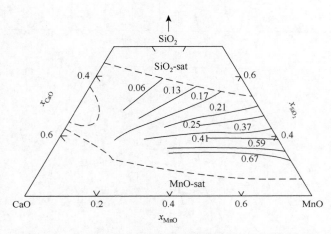

图 9.42　1500℃下 CaO-MnO-SiO$_2$ 熔体中 MnO 等活度线

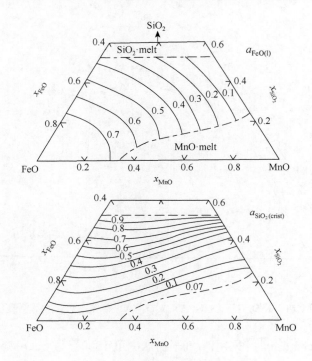

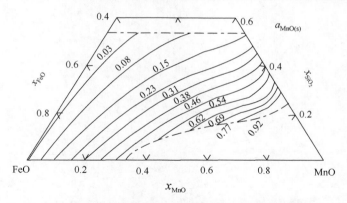

图 9.43　1550℃下 FeO-MnO-SiO$_2$ 熔体中氧化物等活度线

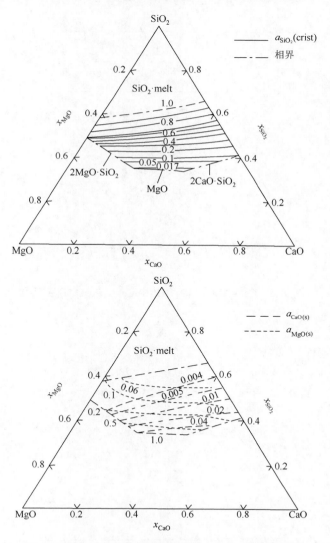

图 9.44　CaO-MgO-SiO$_2$ 熔体中 CaO、MgO 等活度线

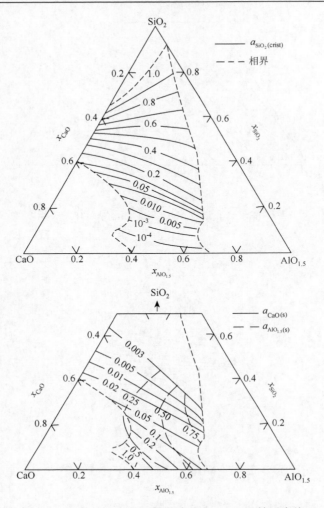

图 9.45 CaO-Al$_2$O$_3$-SiO$_2$ 熔体中 CaO、Al$_2$O$_3$ 等活度线

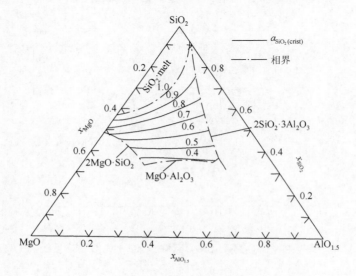

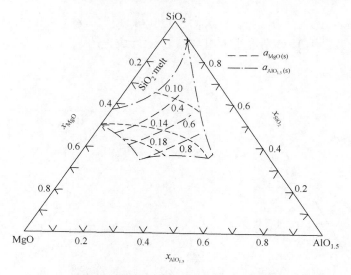

图 9.46　1600℃下 MgO-Al₂O₃-SiO₂ 熔体中氧化物等活度线

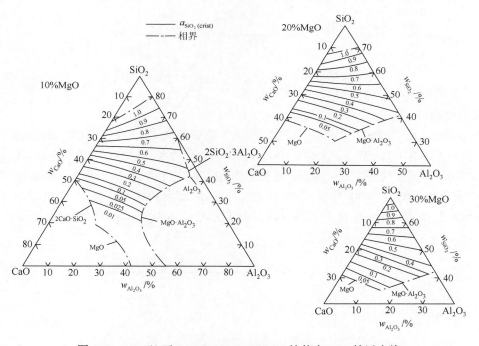

图 9.47　1600℃下 CaO-MgO-Al₂O₃-SiO₂ 熔体中 SiO₂ 等活度线

Fujisawa 和 Sakao[191]采用渣/金平衡法测量 1550℃和 1650℃，MnO-Al₂O₃-SiO₂ 渣中 MnO 与 SiO₂ 活度，基于该数据及模型，计算其余氧化物活度并与测量值比较，见图 9.48，两者十分接近。

Charles[180]通过测量 K₂O 压力确定硅酸钾及复杂铝硅酸盐中的 K₂O 活度。图 9.49(a) 为温度及组成对 K₂O 活度系数的影响，标准态为假想的纯固态 K₂O。图 9.49(b)为高炉型渣 K$_2$O-CaO-MgO-SiO$_2$-Al$_2$O$_3$ 中含 3%K$_2$O、12%Al$_2$O$_3$ 和 4.6%～10.8%MgO、碱度为 1.5 时的测量结果，其显示 K$_2$O 活度平方根与 K$_2$O 浓度成正比。

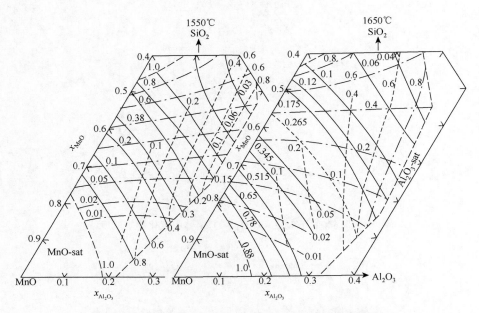

图 9.48　MnO-Al$_2$O$_3$-SiO$_2$ 渣中 MnO 和 SiO$_2$ 等活度线

(3) 钛渣。

Sommerville 和 Bell[192]测量 1475℃与固体铁平衡的 CaO-'FeO'-TiO$_2$ 和 SiO$_2$-'FeO'-TiO$_2$ 熔渣中 FeO(l)等活度线，见图 9.50(a)；1500℃，CaO-MnO-TiO$_2$ 和 SiO$_2$-MnO-TiO$_2$ 熔渣中 MnO(s)的等活度线，见图 9.50(b)；等活度线凸(凹)起可能是渣中正-正离子和负-负离子间相互作用所致。测量 1400℃，含 16%MnO 铁饱和四元系 FeO-MnO-SiO$_2$-TiO$_2$ 渣中 FeO(l)的等活度线，见图 9.50(c)；含 11%CaO 四元系 FeO-CaO-SiO$_2$-TiO$_2$ 渣中 FeO(l)的等活度线，见图 9.50(d)。

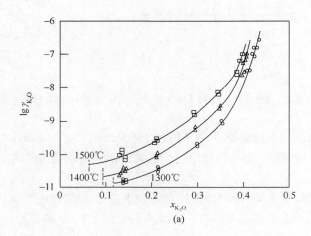

(a)

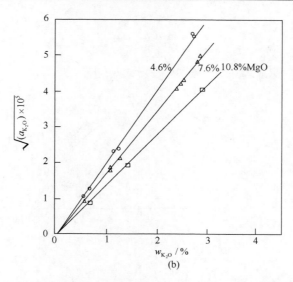

图 9.49　K_2O-CaO-MgO-SiO_2-Al_2O_3 熔体中 K_2O 活度

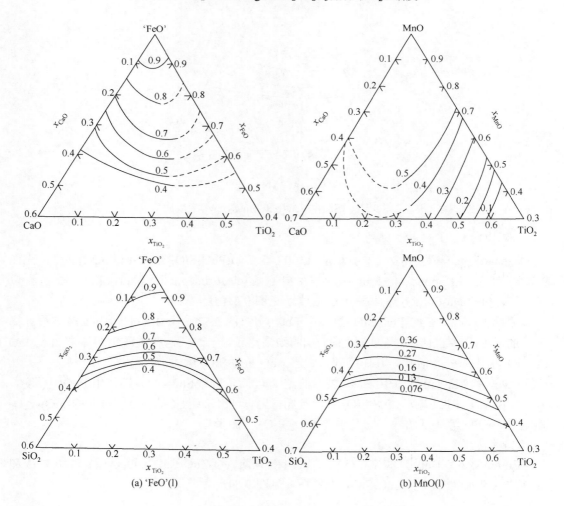

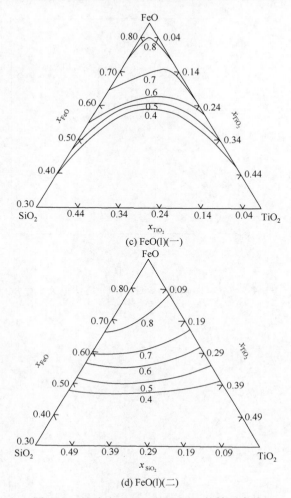

(c) FeO(l)(一)

(d) FeO(l)(二)

图 9.50　熔渣中 FeO(l)和 MnO(l)的等活度线

(4) 铅渣。

Richardson 等采用渣/气平衡测量 1200℃，CaO-PbO-SiO$_2$ 熔体中 PbO(l)活度，见图 9.51(a)[173-184]；Kapoor 和 Frohberg[193]用电磁场(electromagnetic field，EMF)技术测量 1000℃，PbO-Na$_2$O-SiO$_2$ 熔体中 PbO 活度，见图 9.51(b)。

测量 1000℃，CaO-PbO-SiO$_2$ 熔体中 PbO 活度(图 9.52(a))，由 Gibbs-Duhem 方程计算 SiO$_2$ 的活度(图 9.52(b))并与早期文献[56]的结果比较，规律一致。在硅酸铅熔体中加入 CaO 或 NiO 可提高 PbO 活度，其作用效果大于 CaO-FeO-SiO$_2$ 熔体。

Caley 和 Masson[194]采用 EMF 技术测定 1000℃，PbO-SiO$_2$-P$_2$O$_5$ 熔体中 PbO(l)活度。若熔体中增大 P$_2$O$_5$ 量，减少 SiO$_2$ 量，则明显降低 PbO 活度。图 9.53 为 PbO-SiO$_2$-P$_2$O$_5$ 熔体中 PbO 的等活度曲线，它几乎与 SiO$_2$-P$_2$O$_5$ 一侧平行。

(5) 锌渣。

Filipovska 和 Bell[195]测量 1250℃，铁饱和锌渣 FeO-ZnO-CaO-SiO$_2$-Al$_2$O$_3$ 渣中 FeO 和 ZnO 的活度系数与碱度(CaO/SiO$_2$ 比)关系，见图 9.54。

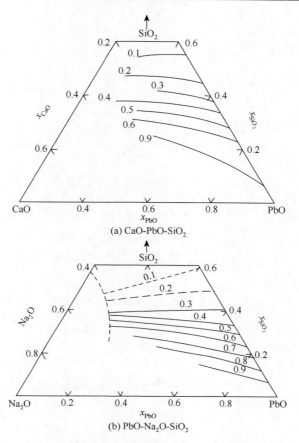

(a) CaO-PbO-SiO$_2$

(b) PbO-Na$_2$O-SiO$_2$

图 9.51　CaO-PbO-SiO$_2$ 和 PbO-Na$_2$O-SiO$_2$ 熔体中 PbO 活度

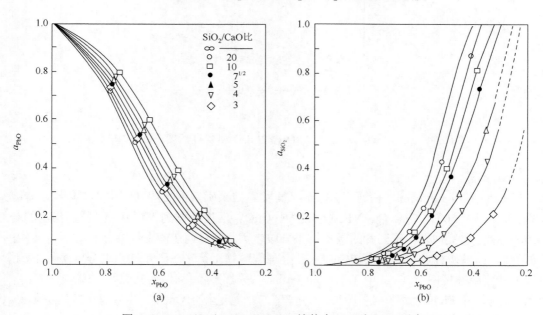

图 9.52　1000℃下 CaO-PbO-SiO$_2$ 熔体中 PbO 和 SiO$_2$ 活度

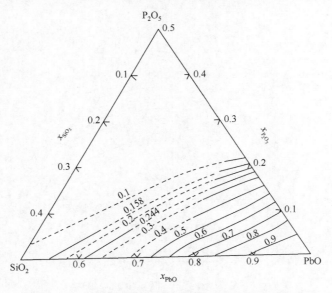

图 9.53　1000℃下 PbO-SiO$_2$-P$_2$O$_5$ 熔体中 PbO 活度

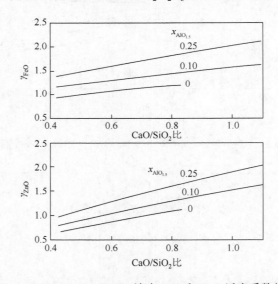

图 9.54　FeO-ZnO-CaO-SiO$_2$-Al$_2$O$_3$ 渣中 FeO 和 ZnO 活度系数与碱度关系

(6) 铜渣。

Yazawa 和 Egucchi[196]基于气/渣/金平衡实验结果确定铜溶解到渣中主要以 CuO$_{0.5}$ 形式存在。在 1250℃，CaO-Cu$_2$O-Fe$_2$O$_3$ 熔体中 CuO$_{0.5}$ 活度数据列入图 9.55。需要指出的是，当渣中铜含量高时，各研究者的测量结果分歧较大。涉及铜在液态铁酸盐和硅酸盐渣中的溶解度，许多研究者[196-199]采用 Cu-Ag 合金与硅酸铁平衡，在已知气相氧分压条件下测量 CuO$_{0.5}$(l)活度，见图 9.56。其中 Taylor 和 Jeffes[197]采用悬浮熔体方法，实验结果显示，$a_{CuO_{0.5}}$ 受温度与渣中 SiO$_2$ 含量影响不明显。研究者[200-202]测量不含 CaO 的 SiO$_2$ 饱和熔体中 CuO$_{0.5}$ 活度未列入图 9.56 中。

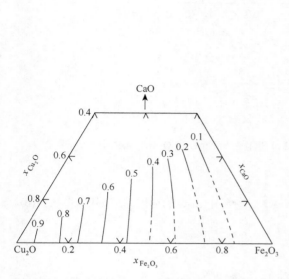

图 9.55　1250℃下 CaO-Cu₂O-Fe₂O₃ 中 CuO₀.₅ 活度

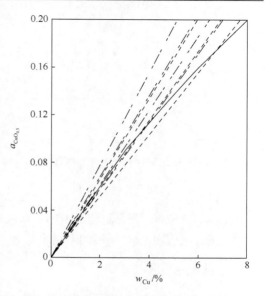

图 9.56　硅酸铁熔体中 $CuO_{0.5}$ 活度

不同线代表不同研究结果

(7) 镍渣。

Taylor 和 Jeffes[203]采用感应圈加热并将托着渣的金属悬起，测定 1350～1500℃，CO_2-CO 混合气体，与液态 Cu-Ni 合金平衡的 Cu_2O-NiO-FeO-SiO_2 熔体中 NiO 活度，见图 9.57(a)。结果表明渣中镍质量分数升至 9%且铜质量分数升到 3%时，NiO(s)活度与渣中镍质量分数成正比。当渣中含 90%FeO 时，NiO 的活度系数 $\gamma_{NiO} = 1.16$；当渣中 FeO 质量分数降至 55%时，γ_{NiO} 升至 1.28；渣中 Fe/Si 比对 a_{NiO} 作用较小。Grimsey 和 Biswas[204]测量 SiO_2 饱和 Cu_2O-NiO-FeO-SiO_2 渣中 NiO 活度明显高于文献[203]数据，见图 9.57(a)中虚线。Grimsey 和 Biswas[204, 205]用 CO_2-CO 混合气体，1300℃条件下，对其 Fe-Ni 合金与 CaO-FeO-NiO-SiO_2 渣的平衡测定时发现：当渣含 20%～40%SiO_2，CaO/SiO_2 比 $= 0$ 时，$\gamma_{NiO} = 2.6$；而 CaO/SiO_2 比$= 0.6$ 时，$\gamma_{NiO} = 4$。

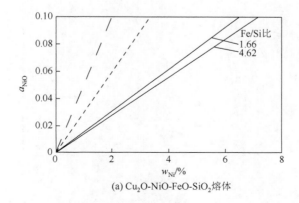

(a) Cu₂O-NiO-FeO-SiO₂熔体

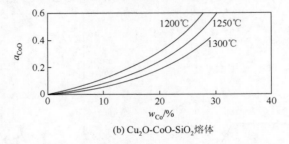

(b) Cu₂O-CoO-SiO₂熔体

图 9.57　Cu₂O-NiO-FeO-SiO₂ 熔体中 NiO 活度和 SiO₂ 饱和 Cu₂O-CoO-SiO₂ 熔体中 CoO 活度

(8) 钴渣。

Reddy 和 Healy[206]曾测量 SiO₂ 饱和 Cu₂O-CoO-SiO₂ 渣中 CoO 的活度，结果列入图 9.57(b)，由图可见，温度对 CoO 活度的影响明显。

2. 氟化物活度

在 MO-CaF₂ 渣中，研究者分别测量 FeO 活度[207]、MnO 活度、CaO[208]活度和 Li₂O 活度[209]与浓度呈线性关系，测量结果列入图 9.58。其中 Li₂O-CaF₂ 为完全互溶系，Li₂O 浓度至 80%，Li₂O 活度与浓度仍呈线性关系，之后则出现较大偏差，缘于其复合氧化物 $3Li_2O·CaF_2(T_m = 580℃)$的生成。Sommerville 和 Kay[210]测定 1450℃，CaF₂-CaO-SiO₂ 熔体中 SiO₂ 活度，按 Gibbs-Duhem 方程计算 CaO 活度。由图 9.59 可见，SiO₂ 活度随 CaF₂ 浓度与 SiO₂ 浓度变化。Grau 等[211]测定含 20%SiO₂ 的 PbO-SiO₂-PbF₂ 熔体中 PbO 活度，当 PbF₂ 置换 SiO₂ 之后 PbO 活度升高，但在低 SiO₂ 浓度范围，该作用结果恰好相反。Suito

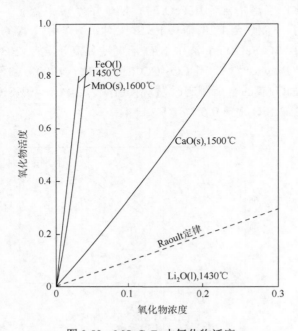

图 9.58　MO-CaF₂ 中氧化物活度

和 Gaskell[212]研究含碱金属氟化物的碱与碱土金属硅酸盐时，也发现类似文献[211]的现象，原因可能是 F 断开 Si—O—Si 链的共价键，释放出 O^{2-} 所致。Edmunds 和 Taylor[213]基于反应(9.85)测量给定 p_{CO} 时 CaF_2-CaO-Al_2O_3 熔体中 CaO 活度：

$$(CaO)+3C(gr) = CaC_2(s)+CO(g) \tag{9.85}$$

Allibert 采用质谱法研究反应(9.86)：

$$(CaO)+(CaF_2)+(AlF)(g) = 2CaF(g)+AlOF(g) \tag{9.86}$$

测定 1650℃、(AlF)(g)气氛下，CaF_2-CaO-Al_2O_3 熔体中 CaO 和 CaF_2 的活度。

Mills 和 Keene[214]认为：反应(9.86)的等活度线与等温混溶间隙不一致。他们依据有效数据经严格推导重新确定等温液相线及液相混溶间隙位置，见图 9.60，其中虚线为依据 CaF_2-CaO 二元系数据估算的 CaO 活度。

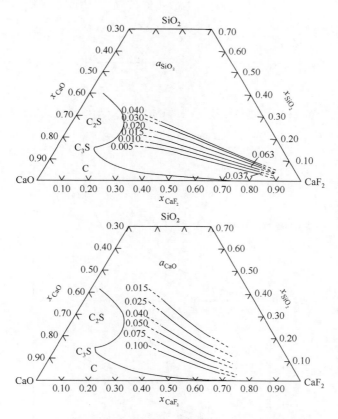

图 9.59　1450℃下 CaF_2-CaO-SiO_2 熔体中氧化物活度

Mohanty 和 Kay[215]测量 CaF_2/CaO 比等于 4 与 3 的 CaF_2-CaO-Cr_2O_3 熔体和 CaF_2-Al_2O_3-Cr_2O_3 熔体中 Cr_2O_3 的活度，分别见图 9.61 和图 9.62。测量 1500℃，CaF_2-CaO-MnO 熔体中 MnO 的等活度线，见图 9.63。Hawkins 和 Davies[207]依据气/渣平衡，测定 1450℃，铁饱和

CaF_2-CaO-FeO 熔体中 FeO 活度系数，并按 Gibbs-Duhem 方程计算 CaF_2 活度和 CaO 活度，见图 9.64 和图 9.65。同时指出：对 CaF_2/CaO 比恒定的 CaF_2-CaO-FeO 熔体，加入 Al_2O_3 将提升 γ_{FeO}，而用 SrO 取代 CaO 对 γ_{FeO} 无影响，但是 MgO 取代 CaO 则 γ_{FeO} 升高。

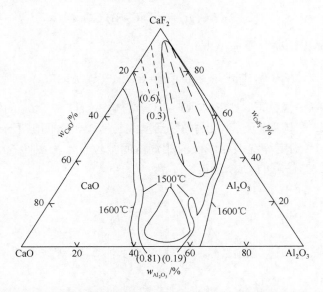

图 9.60　等温液相线及 CaF_2-CaO-Al_2O_3 熔体中 CaO 活度

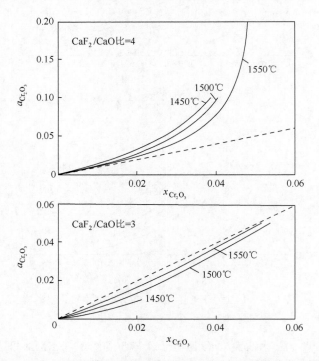

图 9.61　CaF_2/CaO 比等于 4 和 3 时 CaF_2-CaO-Cr_2O_3 熔体中 Cr_2O_3 活度

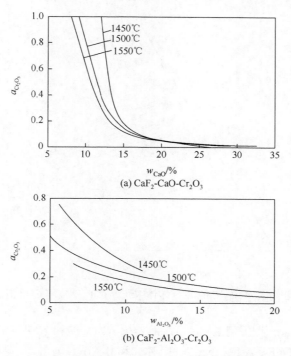

图 9.62 CaF$_2$-CaO-Cr$_2$O$_3$ 和 CaF$_2$-Al$_2$O$_3$-Cr$_2$O$_3$ 熔体中 Cr$_2$O$_3$ 活度

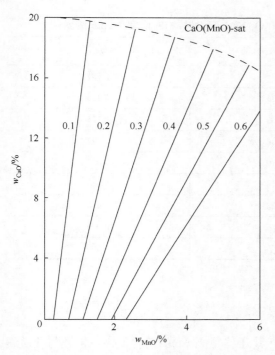

图 9.63 1500℃下 CaF$_2$-CaO-MnO 熔体中 MnO 等活度线

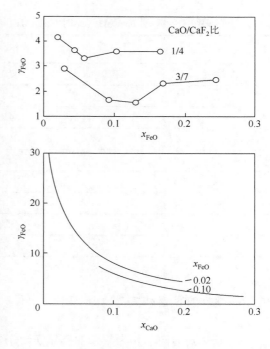

图 9.64 1450℃下铁饱和 CaF$_2$-CaO-FeO 熔体中 FeO 活度系数

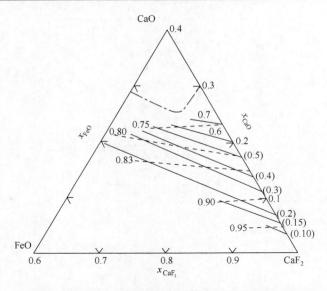

图 9.65　CaF_2-CaO-FeO 熔体中计算 CaF_2 活度和 CaO 活度

Sterten 和 Hamberg[216]采用 EMF 技术测定 β-Al_2O_3 饱和 NaF-AlF_3-Al_2O_3-Na_2O 熔体中 Na_2O 活度，熔体由 NaF、AlF_3、Na_2O·11Al_2O_3 和 β-Al_2O_3 制得，用测量得到的 Na_2O 活度数据经热力学计算获得 1005℃时 NaF 和 AlF_3 的活度，列于表 9.15。

表 9.15　不同 NaF/AlF_3 比时 NaF-AlF_3-Al_2O_3-Na_2O 熔体中 AlF_3 活度和 NaF 活度

NaF/AlF_3 比	$-\lg a_{AlF_3}$	$-\lg a_{NaF}$
3	3.335	0.501
4	4.235	0.220
6	4.750	0.115
8	5.002	0.077
10	5.179	0.057
14	5.414	0.035
17	5.528	0.030
30	5.82	0.016
75	6.27	0.006

9.1.6　冶金熔渣动力学

冶金熔渣结构单元为复杂的硅氧负离子，其迁移(黏滞流)的活化能高，扩散与传质缓慢，经常成为冶金反应动力学的限制环节，尤其当熔渣冷却、黏度逐渐增大时，渣易滞留于亚稳状态。故冶金反应动力学研究还涉及动量、热量和质量传递的"三传"内容。

1. 化学反应动力学

化学反应动力学的核心内容是反应机理和速率限制环节[217-220]。化学反应动力学或称微观动力学，它研究化学反应速率与反应物或生成物浓度、温度等参数间的关系。

化学反应动力学理论中的有效碰撞理论认为，并非所有分子碰撞均引起化学反应，仅极少数能量较大的活化分子间于一定方位的碰撞(有效碰撞)才可能引发化学反应。过渡态理论又称为活化络合物理论或绝对速度理论。该理论确认反应分两步进行：①反应物分子碰撞形成活化络合物；②活化络合物分解成为产物。

2. 多相反应动力学

1) 多相反应特征

高温冶金反应多数属于多相(复相)化学反应，发生在流体和固体之间或两个不相混溶的流体之间。多相反应发生在不同的界面上，反应物从基体相外扩散到反应产物层，再内扩散到反应界面，并在界面处发生化学反应，生成物从界面处离开，经内扩散、外扩散回到基体相等五个环节，以气/固化学反应的铁矿石气体还原为例，见图 9.66 和图 9.67；反应总速率取决于五个环节中最慢一环，称为限制环节；解析多相反应动力学首先须找出反应的限制环节，然后导出动力学方程。

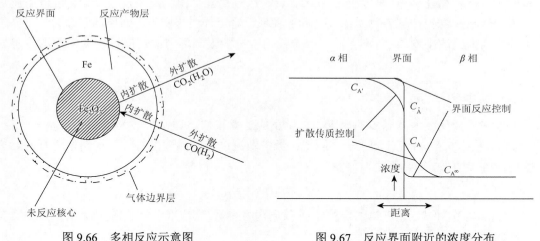

图 9.66　多相反应示意图　　　　　　图 9.67　反应界面附近的浓度分布

2) 限制环节

以一级反应为例，设物质 A 由相内扩散到相界面并发生化学反应，其速率为

$$J = -\mathrm{d}C_A^i / \mathrm{d}t \tag{9.87}$$

物质 A 的扩散量 J_A，即单位时间、通过单位截面积的物质流为

$$J_A = -K_M(C_A - C_A^i) \tag{9.88}$$

当反应达到稳态时，$J = J_A$，则

$$1/k_Z = 1/k + 1/k_M \tag{9.89}$$

反应的总阻力 $1/k_Z$ 等于界面反应阻力 $1/k$ 与传质阻力 $1/k_M$ 之和。当 $k_M \ll k$，即界面反应速率阻力可忽略时，过程为传质控制，传质为限制环节；当 $k_M \gg k$ 时，即传质阻力可忽略，过程的总速率由界面反应速率决定，界面化学反应为限制环节。

3) 确定限制环节的方法

(1) 活化能法。基于温度对多相反应速率的影响来预测。一般情况下，界面化学反应活化能大于 400kJ/mol；气相中组元的扩散活化能为 4～13kJ/mol；熔渣中组元的扩散活化能为 170～400kJ/mol。当反应活化能大于 400kJ/mol 时，过程处于界面化学反应控制。

(2) 浓度差法。当界面反应速率很快，同时有几个扩散环节存在时，其中相内与界面浓度差较大者为限制环节，各环节的浓度差相差不大，则同时对过程起作用。如果界面附近不出现浓度差或浓度差极小，则过程处于界面化学反应控制之中。

(3) 搅拌法。温度对反应速率影响不明显，若增加搅拌时速率增大，则扩散传质为限制环节。

4) 局部平衡

对于复杂反应，通过分析、计算和实验找出限制环节，近似地将限制环节的阻力等于反应总阻力。由反应过程总的推动力与限制环节阻力之比可近似地得出化学反应的速率，忽略其他进行较快步骤的较小阻力，近似地认为这些步骤达到平衡，它相对于真实的热力学平衡是一种局部平衡。作为近似处理，对于达到局部平衡的化学反应步骤，可以用通常的热力学平衡常数计算各物质浓度之间的关系。对于传质步骤，达到局部平衡时，边界层和基体相内的浓度均匀。对不存在或尚未找出唯一的限制环节的反应过程通常用准稳态处理法。

3. 扩散理论

火法冶金反应为高温多相反应，化学反应速率很快，通常扩散为限制环节。

(1) 稳态扩散(菲克(Fick)第一定律)。当扩散流以相同的速度持续、均匀地进行时，扩散场内各参数(如浓度)不随时间变化。

$$J_A = -D_A(\mathrm{d}C_A/\mathrm{d}t)$$

(2) 非稳态扩散(菲克第二定律)。扩散场内各参数(如浓度)随时间变化，系统内物质有积累或消耗。

$$\partial C_A/\partial t = D_A(\partial^2 C_A/\partial x^2 + \partial^2 C_A/\partial y^2 + \partial^2 C_A/\partial z^2)$$

(3) 对流扩散。火法冶金过程在冶金熔体(流体)中进行。流体中存在浓度梯度引起的扩散为分子扩散过程，流体流动而带动质点迁移的扩散为传输过程。两种过程的总和称为流体中的对流扩散。对流扩散引起质量传输、动量传输以及热量传输(传热)，又称为"三传"。

冶金过程与传质、传热及反应器形状、尺寸等因素关系密切。基于化学反应动力学，研究流体的流动特性、传质和传热特点等对速率的影响，又称为宏观动力学。

当黏性流体沿固体壁面(如平板)流动时，在靠近壁面的流体薄层内产生很大的速度梯度。将靠近壁面的流体薄层称为边界层(速度边界层和浓度边界层)，在浓度边界层中，同时存在分子扩散和湍流传质，见图9.68。黏滞阻力主要集中在边界层内，边界层以外速度梯度可视为理想流体。

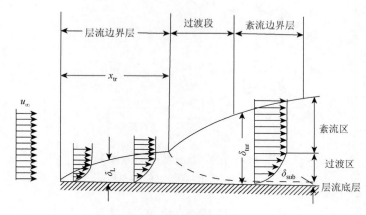

图 9.68　边界层示意图

4. 液/液相反应动力学

冶金生产中许多过程属于液/液相反应。

液/液相反应的共同特点是反应物来自不同的液相，然后在共有的相界面上发生界面化学反应，最后生成物以扩散的方式从相界面传递到不同的液相中。研究液/液相的反应规律通常应用双膜理论。

液/液相反应的限制环节一般分为两类：一类以扩散为限制环节；另一类以界面化学反应为限制环节。对两类反应过程，温度、浓度、搅拌速度等外界条件对反应速度的影响也不同，借此可判断限制环节。大量的研究实践表明，液/液相反应(尤其是高温冶金反应)的限制环节大部分处于扩散范围。

Lewis(刘易斯)和 Whitman(惠特曼)于 1924 年提出双膜传质理论，应用于两个流体相界面两侧的传质，认为相界面两侧均存在一个边界薄膜(气膜、液膜等)。物质从一相进入另一相传质过程的阻力也集中在界面两侧的膜内。薄膜中流体是静止不动的，不受流体内流动状态的影响，各相中的传质是独立进行的，互不影响。

Higbie(黑碧)认为，双膜理论关于两相界面不变的概念与实际状况不符，他提出表面更新理论，认为流体由许多微元组成，流体微元不断地穿过边界层趋向界面，在界面上与另一流体相接触，然后离开界面，见图 9.69。

用双膜理论分析金属液/熔渣反应主要按以下反应进行：[A]+(B^{z+})=(A^{z+})+[B]。整个反应包括以下步骤：①组元[A]由金属液内穿过金属液一侧边界层向金属液/熔渣界面迁移；②组元(B^{z+})由渣相内穿过渣相一侧边界层向熔渣/金属液界面迁移；③在界面上发生电化学反应；④反应产物(A^{z+})由熔渣/金属液界面穿过渣相边界层向渣相内迁移；⑤反应产物[B]由金属液/熔渣界面穿过金属液边界层向金属液内部迁移。

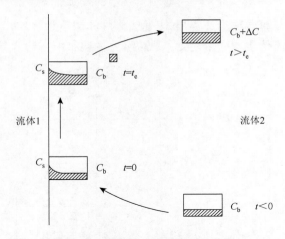

图 9.69　流体微元传质过程示意图

5. 气/固相反应动力学

冶金过程中许多反应属于气/固相反应。气体与致密固体反应物间的未反应核模型是最主要的动力学模型，获得广泛的应用。

气/固相的反应过程由下列步骤组成：①气体反应物通过气相扩散边界层到达固体物表面，称为外扩散；②气体反应物扩散到化学反应的界面，称为内扩散；③气体反应物与固体物在界面上反应，称为界面化学反应；④气体产物通过固相产物层扩散到产物层的表面；⑤气体产物通过气相扩散边界层扩散到气相内。

未反应核模型见图 9.66。由该模型导出的公式严格讲不适用于多孔隙的矿球。这是因为多孔隙的矿球内，反应气体可向球深处扩散，反应同时在各孔隙表面区进行，它不具备较简单的几何形状及在一定区域上发生反应的界面，而常集中在透气性很大的区域中，出现不均匀现象。

9.1.7　相似相溶原理及其应用

相似指溶质与溶剂在结构上相似，相溶指溶质与溶剂彼此互溶。相似相溶原理对液态与固态溶质均适用。该原理还有另外一种表述方式："结构相似者可能互溶"。

例如，氧化物 $\alpha\text{-Al}_2\text{O}_3$ 和 $\alpha\text{-Fe}_2\text{O}_3$，以及 Cr_2O_3、Ti_2O_3、V_2O_3、$\alpha\text{-Ga}_2\text{O}_3$ 和 $\alpha\text{-Rh}_2\text{O}_3$ 均呈现同一种结构类型，可描述为：氧原子立方密堆积，以金属原子填充在 2/3 的八面体间隙中。因此，每个金属原子由 6 个氧原子配位，每个氧原子有 4 个近邻金属原子，均为 6 : 4 配位。

凡是结构相似的物质，易于互溶，这是累积大量事例总结出的规律。本书研发选择性析出分离技术时，经常借助相似相溶原理去分析与理解"富集与长大的选择性"，判断过程推进的方向，对比各种物相间互溶的相似性。尤其对添加剂的选取与作用效果的分析时，常常溯源到相似相溶原理上，从各物相间结构的相似性切入。

9.2　熔渣中离子间反应

熔渣中离子间反应呈现多样性。例如，氧化-还原反应可由式(9.90)表示为

$$2/n(M^{v+})+1/2O_2 \Longrightarrow 2/n(M^{(v+n)+})+O^{2-} \tag{9.90}$$

式中，M^{v+} 和 $M^{(v+n)+}$ 为正离子的还原和氧化价态；n 为价的变化，在离子活度系数未知时，等温等压状态下反应的平衡关系可用正离子浓度比来表达：

$$k_M = (M^{(v+n)+}/M^{v+})^{2/n}(p_{O_2})^{-1/2} \tag{9.91}$$

式中，平衡常数 k_M 是由总压力、温度与聚合体系组成的函数，氧化-还原反应平衡状态可由不同离子间相互反应及熔体的聚合程度来阐述，尤其当熔体中含有过渡元素与稀土元素的离子时，离子是变价的。因此，本节拟分析各种离子间反应以及反应类型。

9.2.1　正离子间相互反应

$$2X^{(x+1)+}+2Y^{y+} \Longrightarrow 2Y^{(y+1)+}+2X^{x+} \tag{9.92}$$

反应(9.92)的平衡状态[221]仅由单一离子氧化-还原反应平衡数据的组合来预测尚不完整，这是因为熔体中两种变价正离子间相互反应具有各离子自身的特点：①熔体中两种变价正离子可发生正离子间的相互反应；②相互反应可因正离子竞争与负离子形成复合负离子来影响负离子结构；③用一种氧化-还原反应的平衡常数 k_X 或 k_Y 来描述平衡状态时，总体上须考虑各离子间的交互作用，为此引入交互作用参数 Ψ，它是温度、压力和组成的函数：

$$\lg\Psi = \lg(k_Y/k_X)-2\lg[(Y^{(y+1)+}/Y^{y+})/(X^{(x+1)+}/X^{x+})] \tag{9.93}$$

Sctireiber 等[222]引用电极电动势的能斯特(Nerst)方程使平衡常数形式更规范，并测量铝硅酸盐熔体中氧化-还原反应对 Ti-Cr、Ti-Eu 和 Cr-Eu 平衡状态的影响，以及由各单一氧化-还原反应平衡常数 k(表 9.16)得到的交互作用参数 Ψ，列入表 9.17[223]。由其他硼酸盐和硅酸盐熔体中氧化-还原反应推导出的 Ψ 列入表 9.18[75]。

表 9.16　铝硅酸盐熔体中氧化-还原平衡常数

参数	FAS		FAD	
	1500℃	1550℃	1500℃	1550℃
$\lg(Cr^{3+}/Cr^{2+})^2\,p_{O_2}^{-1/2}$	3.13	2.88	3.58	3.32
$\lg(Ti^{4+}/Ti^{3+})^2\,p_{O_2}^{-1/2}$	7.33	6.40	8.35	7.45
$\lg(Eu^{3+}/Eu^{2+})^2\,p_{O_2}^{-1/2}$	3.65	3.37	4.63	4.28

注：FAS 的成分为 SiO_2(54.2%)、Al_2O_3(9.9%)、CaO(5.6%)、MgO(30.3%)；FAD 的成分为 SiO_2(51.6%)、Al_2O_3(2.3%)、CaO(19.2%)、MgO(26.9%)

表 9.17　铝硅酸盐熔体中氧化-还原对的交互作用参数

氧化-还原对		熔体	$T/℃$	$\lg\Psi$
X	Y			
Ti	Cr	FAS	1500	0.1
		FAS	1550	1.0
		FAD	1500	−1.1
		FAD	1550	−0.3
Ti	Eu	FAS	1500	1.6
		FAS	1550	2.4
		FAD	1500	0.2
		FAD	1550	1.0
Cr	Eu	FAS	1500	3.0
		FAS	1550	2.8
		FAD	1500	2.7
		FAD	1550	3.2

表 9.18　硼酸钠和硅酸盐熔体中氧化-还原对的交互作用参数

X	Y	熔体	$T/℃$	$\lg\Psi$
Mn	Ce	Na_3BO	1000	−0.15
		NaBO	1100	0.35
		NaBO	1000	0.75
Cu	V	Na-Ca-Si-O	1300	0

Mysen 等[224]采用穆斯堡尔谱研究含铁硅酸盐熔体中氧化-还原反应的平衡数据表明：硅酸盐熔体中含有足够的碱金属可有效地维持 Fe^{3+} 的局域电荷平衡，出现四面体配位的复合正离子$(NaFe^{3+})^{4+}$。当熔体中 M^+/M^{2+} 比逐步降低(如同分步结晶)时，可导致 Fe^{3+} 由四面体配位向八面体配位过渡，改变负离子的结构。

9.2.2　负离子间相互反应

1. 氧负离子

熔体中氧负离子可受到高价正离子的极化作用，或因聚合被吸纳进入复合离子中，或从复合离子中解聚出来。熔体中三种氧负离子 O^{2-}、O^{1-} 和 O^0 的转移可改变复合离子的状态，影响离子间反应的活性及熔体的酸碱性。

2. 硅酸盐熔体中的硅氧复合负离子$(Si_xO_y^{z-})$

硅酸盐熔体中硅氧复合负离子可用 $Si_xO_y^{z-}$ 表示，其中 SiO_4^{4-} 是基础结构单元，又称为正硅酸离子。呈四面体结构的 SiO_4^{4-} 中硅原子与氧原子间以自旋相反的电子对形成共价键，键力强大，稳定性高，其中每个 O^{2-} 尚剩余 1 个负电荷。

拉曼光谱[6]可提供有关正离子-氧配位多面体的信息有限，不像流变学数据和其他物理性质那样可以依据温度或压力改变来揭示结构变化。Mysen 等[40]发现：压力从 1bar 改变到 20kbar，硅酸盐熔体与激冷玻璃试样的拉曼光谱基本相同，表明熔体结构对压力不敏感。

9.2.3　聚合-解聚反应

熔体中同一元素、不同离子尺寸的复合负离子间竞争 O^{2-} 时可发生聚合-解聚反应，引发 O^{2-} 在离子间的转移，它受熔体中氧化物酸碱性影响[225]。

聚合-解聚反应的特点如下。①以石英熔体为例，熔体中架状结构断裂称为解聚(分化)。部分石英颗粒表面带有断键，断键可与空气中水汽作用生成 Si—OH 键。②熔体中加入 Na_2O 时，断键处发生离子交换，大部分 Si—OH 键变成 Si—O—Na 键。加强非桥氧与 Si 相连的键，而桥氧键则相对减弱。③解聚过程中可生成许多新的、分立的低聚物，同时或多或少保存石英骨架的三维晶格碎片，碎片由 $[SiO_2]_n$ 表示，各种低聚物生成量和高聚物残存量由熔体组成和温度等因素决定。④解聚过程产生的低聚物可相互作用，形成级次较高的聚合物，同时释放出部分 Na_2O，称此过程为聚合。由缩聚释放出的 Na_2O 可进一步侵蚀石英骨架，使其再分化出低聚物，如此循环，最终体系出现解聚与聚合平衡的状态。⑤熔体中不同聚合程度的负离子团可并存，这是硅酸盐熔体结构远程无序的特征之一。⑥温度影响。熔体组成不变时各级聚合物均随熔体温度变化，但仍处于解聚与聚合平衡。温度升高，低聚物浓度增加；反之，温度降低，低聚物浓度降低[10]。⑦组成影响。熔体温度不变时，聚合物的种类、数量与组成相关；R 表示熔体的 O/Si 比，R 高即碱性氧化物含量上升，非桥氧因解聚而增加，低聚物也随之增多。⑧聚合物形成分三个阶段。初期：石英颗粒以解聚为主；中期：聚合并伴随着变形；后期：在确定时间和温度下，聚合与解聚达到平衡。产物中有低聚物、高聚物、吸附物、游离碱，最终的熔体由聚合程度不同的各种聚合体的混合物构成。

9.2.4　熔解反应

简单或复合化合物在高温下可发生熔解反应，即熔化-离解出正、负离子的过程[225]。例如，

$$2MnO \cdot SiO_2 = 2(Mn^{2+}) + (SiO_4^{4-}) \tag{9.94}$$

9.2.5　氧化-还原反应与耦合反应

1. 氧化-还原反应

熔体中同一元素但价态不同的离子间可进行电子交换，引发离子价态变化，称此反应为氧化-还原反应。

1) 熔体中氧化-还原反应的特点

(1) 氧化-还原反应与离子价态升降、O^{2-}生成与消失、电子得与失的电化学反应，以及离子的还原态与氧化态密切联系。

(2) 离子活度系数虽然未知，但是当它不随温度、压力与组成改变时，等温等压状态下氧化-还原反应的平衡关系可以用正离子浓度之比来表述。例如，

$$M^{n+}+1/4O_2 = M^{(n+1)+}+1/2O^{2-} \tag{9.95}$$

$$K_M = (M^{(n+1)+}/M^{n+})(p_{O_2})^{-1/4} \tag{9.96}$$

式中，K_M 为表观平衡常数，它随压力、温度及组成变化，适用于活度随浓度近似呈线性变化(活度系数守恒)的特殊情况，或反应物与产物的活度几乎随组成呈现同步变化的特定情况。

(3) $\lg(M^{(n+1)+}/M^{n+})$与体系氧分压 $\lg p_{O_2}$ 之间呈 1/4 指数关系：

$$\lg K_M = \lg(M^{(n+1)+}/M^{n+})-1/4\lg p_{O_2} \tag{9.97}$$

随氧分压 p_{O_2} 升高，$M^{(n+1)+}/M^{n+}$比增大。

$M^{(n+1)+}/M^{n+}$比与温度 T 间关系可用克拉佩龙-克劳修斯(Claperyron-Clausius)方程表述：

$$\lg(M^{(n+1)+}/M^{n+}) = -\Delta H/(2.3RT)+b \tag{9.98}$$

(4)熔体中低价态离子的氧化物呈碱性，高价态离子的氧化物呈两性或酸性。随着熔体环境的变化，氧化态与还原态离子的形式亦改变。在碱性环境中，O^{2-}充足，高价态离子稳定，有利于吸纳 O^{2-}成为大尺寸复合负离子；在酸性环境中，O^{2-}匮乏，低价态离子稳定，有利于大尺寸复合负离子释放出 O^{2-}。

2) 熔体中变价离子

熔渣的氧化性或还原性只针对存在变价离子的熔渣。含过渡元素或稀土元素可变价离子的熔渣多为复合矿冶金渣[226]。基于反应的形式，氧化-还原反应可分为 O 型、耦合型与对峙型三类。

(1) O 型氧化-还原反应[227, 228]。

在气-渣两相系，伴随氧化-还原反应不但发生离子间的电子交换，引发价态改变，而且涉及 O_2 与 O^{2-}；也就是说，电子交换与 O^{2-}得失同时出现的氧化-还原反应称为 O 型氧化-还原反应。

(2) 耦合型氧化-还原反应。

熔渣中不仅存在同一元素、不同价态的离子间的电子交换，而且发生不同(两个或两个以上)元素离子间竞争 O^{2-}的耦合反应，引发 O^{2-}转移，称此类反应为耦合型氧化-还原反应。

①耦合型氧化-还原反应的特点。

a. 反应的耦合。耦合型氧化-还原反应如下：

$$2(M^{2+})+(2x-1)(O^{2-})+1/2 O_2 = 2(MO_x)^{(2x-3)-} \tag{9.99}$$

它由下述氧化-还原与聚合-解聚两个反应耦合而成。

氧化-还原反应：$2(M^{2+})+1/2\,O_2 == 2(M^{3+})+(O^{2-})$

聚合-解聚反应：$2(M^{3+})+2x(O^{2-}) == 2(MO_x)^{(2x-3)-}$

耦合反应中 x 可为 2 或大于 2，这取决于 M—O 负离子团的聚合程度。

b. 双重作用。在温度、压力及氧离子活度一定时，M^{3+}/M^{2+} 比随熔体碱性增强而增大，这归因于氧化-还原反应与聚合-解聚反应在热力学和结构方面的双重作用，但在酸性或碱性熔体中这种双重作用效果完全不同：在酸性熔体中，有更多的 M^{2+} 去平衡负离子的电荷，熔体中硅酸盐负离子聚合程度越大，M^{3+}/M^{2+} 比降低也越大；在碱性熔体中，有更多的 O^{2-} 促进负离子解聚，硅酸盐负离子聚合程度越小，M^{3+}/M^{2+} 比亦越高。

c. 碱土金属正离子的作用。由于碱土金属正离子 M^{2+} 与硅酸盐负离子间的相互作用比过渡元素正离子 M^{3+} 更强，提高熔体碱度将增大 M^{2+} 的活度系数，也就是降低 M^{2+} 的浓度，因而 M^{3+}/M^{2+} 比增大。同理，M^{3+}/M^{2+} 比的作用呈现 Ca＞Mg 的顺序，此分析规律与实验结果一致。

d. 氧分压 p_{O_2} 作用。在氧化环境中提高 p_{O_2}，促进氧化-还原反应形成复合负离子 $MO_x^{(2x-3)-}$，提高 M^{3+}/M^{2+} 比，反应如下：

$$2(M^{2+})+(2x-1)(O^{2-})+1/2\,O_2 == 2(MO_x)^{(2x-3)-}$$

$(M^{3+}/M^{2+})^2$ 与氧分压 p_{O_2} 的平方根成正比。

e. 温度作用。氧化是放热反应，随温度升高，M^{3+}/M^{2+} 比降低，

$$2(M^{2+})+1/2O_2 == 2(M^{3+})+(O^{2-}) \tag{9.100}$$

②耦合型氧化-还原反应的实例。

Tranell 等[227]拉曼光谱证实，三元熔渣 CaO-SiO$_2$-TiO$_x$ 中发生硅-钛竞争 O^{2-} 的耦合型氧化-还原反应：

$$(TiO_4^{4-})+7/2(Si_2O_5^{2-}) \longrightarrow 7/2(Si_2O_6^{4-})+(Ti^{3+})+1/4O_2 \tag{9.101}$$

它由下述两个离子间竞争反应耦合而成：

$$(TiO_4^{4-}) \longrightarrow (Ti^{3+})+7/2(O^{2-})+1/4O_2 \tag{9.102}$$

$$7/2(O^{2-})+7/2(Si_2O_5^{2-}) \longrightarrow 7/2(Si_2O_6^{4-})$$

前者相当于 (TiO_4^{4-}) 释放 (O^{2-}) 的同时 (Ti^{4+}) 又被还原成 (Ti^{3+})；后者相当于熔体中 $(Si_2O_5^{2-})$ 吸纳 (O^{2-}) 成为 $(Si_2O_6^{4-})$。这两个竞争反应耦合的结果是：$(Si_2O_5^{2-})$ 成为尺寸更大的 $(Si_2O_6^{4-})$，(TiO_4^{4-}) 还原成尺寸更小的 (Ti^{3+})。此现象也表明：渣中 (SiO_2) 较 (TiO_2) 吸纳 O^{2-} 的趋势强。这是因为 Si^{4+} 的离子-氧参数 I 为 2.45，Ti^{4+} 的离子-氧参数 I 为 1.65。

(3) 对峙型氧化-还原反应。

熔体中两个元素（R_1 与 R_2）的离子价态各不相同（$R_1^{(m)+}$ 与 $R_1^{(m+n)+}$、$R_2^{(x)+}$ 与 $R_2^{(x+y)+}$），当发生氧化-还原反应时，为不同元素、不同价态离子间的对峙型氧化-还原反应[10, 223]：

$$y(R_1^{(m)+})+n(R_2^{(x+y)+}) \longrightarrow y(R_1^{(m+n)+})+n(R_2^{(x)+}) \tag{9.103}$$

式(9.103)可表示为两对氧化-还原反应的组合：

$$(R_1^{(m)+})+y/4O_2 \longrightarrow (R_1^{(m+n)+})+y/2(O^{2-})$$

$$(R_2^{(x)+}) + n/4O_2 \longrightarrow (R_2^{(x+y)+}) + n/2(O^{2-})$$

若熔体中离子浓度低，活度与浓度成正比，即活度系数 γ 守恒，则 $a_{R_1} \approx R_1$、$a_{R_2} \approx R_2$，表观平衡常数 K 可表示为

$$K = (R_1^{(m+n)+}/R_1^{(m)+})^y \cdot (R_2^{(x)+}/R_2^{(x+y)+})^n \tag{9.104}$$

若熔体中离子对 $R_2^{(x+y)+}$-$R_2^{(x)+}$ 与离子对 $R_1^{(m+n)+}$-$R_1^{(m)+}$ 相比较具有较高的化学势，则反应将向右进行，一些 $R_1^{(m)+}$ 将依靠消耗 $R_2^{(x+y)+}$ 而被氧化；当反应达到平衡时两反应的浓度关系为斜率为 n/y、截距为 $\lg K/y$ 的一条直线。

2. 耦合反应

Turkdogan 指出：由于熔渣的离子性和金属的非极性，一个元素从金属进入熔渣的转移过程必然伴随反应物质之间的电子交换，因此耦合反应是电化学反应。

Bamford[229]列入许多耦合氧化-还原反应的实例。Turkdogan 和 Mysen 等[224]报道：在 Na_2O-SiO_2 与 CaO-SiO_2 熔体中均含有变价正离子 Fe，当两熔体中 Na_2O/SiO_2 比与 CaO/SiO_2 比相同时，Na_2O-SiO_2 熔体中的 Fe^{3+}/Fe^{2+} 比将高于 CaO-SiO_2 熔体中的 Fe^{3+}/Fe^{2+} 比，因为 Na_2O-SiO_2 比 CaO-SiO_2 碱性强，有利于高价正离子 Fe^{3+} 存在。在 Na_2O-SiO_2 系，当 Na_2O/SiO_2 比= 0.5，1550℃时，$K_{Fe} = 67$。将图 9.70 中数据外推到 FeO_x 低浓度一侧的 CaO-SiO_2 熔体中时，CaO/SiO_2 比 ≈ 0.5，$K_{Fe} \approx 20$，低于 Na_2O-SiO_2 熔体中 $K_{Fe} = 67$。显然，从结构上的预测与实测规律一致。

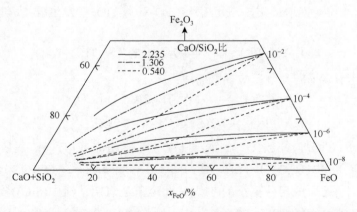

图 9.70　1550℃下不同 CaO/SiO_2 比时 CaO-SiO_2-FeO-Fe_2O_3 熔体中氧的等活度线

1) 电化学耦合反应

在电化学体系中既涉及电能又引发化学能，两者相互转换的电极反应即电化学耦合反应。由渣中某个离子(正或负)得到或失去电子进入铁液中成为不带电的中性原子，它与铁液中另一个不带电的中性原子失去或得到电子进入渣中成为离子，两者耦合而成的氧化-还原反应统称为耦合反应。

向含钛高炉熔渣中喷吹氧气是电化学耦合反应的实例。

氧气中氧原子获得电子后，还原进入熔渣中：

$$O_2(g)+4e^-=\!=\!=2(O^{2-}) \tag{9.105}$$

含钛高炉熔渣中各种低价态、变价正离子失去电子被氧化成高价态正离子：

$$4(Fe^{2+})=\!=\!=4(Fe^{3+})+4e^- \tag{9.106}$$

$$2(Ti^{2+})=\!=\!=2(Ti^{4+})+4e^- \tag{9.107}$$

向含钛高炉熔渣中喷吹氧气实施氧化改性处理时，必然伴随着渣中低价态变价正离子(如 Ti^{3+} 和 Ti^{2+})的氧化。

2) 对偶反应

两个或两个以上的体系，通过各种相互作用而彼此影响以致联合起来的现象称为耦合。化学中经常将一个不能自发进行的反应和另一个易自发进行的反应耦合起来，构成一个可以自发进行的反应。通常根据反应的 $\Delta G^{\ominus}$ 来判断反应的方向与限度，但在特殊情况下，两个体系中 $\Delta G^{\ominus}$ 一正一负，将二者的 $\Delta G^{\ominus}$ 相加后恰好为负，其结果是：$\Delta G^{\ominus}$ 为正的反应在 $\Delta G^{\ominus}$ 为负的反应的带动下也可能发生。反应形式上，两个相关反应组合在一个反应式中，称此组合反应为耦合反应；反应类型上，两个对立的反应组合在一起，若一方为氧化则另一方为还原，若一方为解聚则另一方为聚合，故称为对偶反应。

对熔渣/金属间硫的分配而言，当它向平衡状态移动时，硅和铁则开始向背离平衡状态的方向移动，这种对偶反应是电化学的。熔体/气相间同样可发生电化学对偶反应。例如，硅酸铁熔体与含组分 CO、CO_2 和 S_2 的气相间的对偶反应如下：

$$1/2S_2+2(Fe^{2+})=\!=\!=(S^{2-})+2(Fe^{3+}) \tag{9.108}$$

涉及如下两个反应：

$$1/2S_2+(O^{2-})=\!=\!=(S^{2-})+1/2O_2$$

$$1/2O_2+2(Fe^{2+})=\!=\!=(O^{2-})+2(Fe^{3+})$$

由于硫从气相转移到硅酸铁熔体的反应速率快于熔体中 (Fe^{2+}) 氧化为 (Fe^{3+}) 的反应，在反应的某个阶段，熔体中硫含量达到某个最大值。但是，从整体而言，该熔渣-金属体系并非处于平衡状态，随着熔体中铁的连续氧化，Fe^{3+}/Fe^{2+} 比相应增高。

3) 高炉内的耦合反应

高炉有三个重要的反应平衡：

$$(SiO_2)+2[C]=\!=\!=[Si]+2CO \tag{9.109}$$

$$(MnO)+[C]=\!=\!=[Mn]+CO \tag{9.110}$$

$$(CaO)+[S]+[C]=\!=\!=(CaS)+CO \tag{9.111}$$

石墨饱和铁液与 $CaO\text{-}MgO\text{-}Al_2O_3\text{-}SiO_2$ 熔渣之间硅、锰和硫的平衡反应涉及气相、铁液与熔渣三相。在动态系统中三相反应不可能同时达到平衡。因此，应考虑金属液和熔渣两相的耦合反应。

9.3　熔渣物理性质

氧化物熔体的物理性质由其结构确定，而结构又为组成、温度和压力的函数。因此，理解熔渣物理性质对掌控冶金过程渣/金间反应十分必要。各种氧化物熔体物理性质的研究结果已有诸多报道[230]，本节侧重从冶金熔渣角度汇集与归纳氧化物熔体各种物理性质的资料。采用不同冶炼工艺时渣的成分差异明显，依此可将冶炼渣分类列于表 9.19。

表 9.19　转炉渣、电炉渣组成与特点

渣	化学成分	转炉中组成/%	电炉中组成/%	冶金反应特点
酸性氧化渣	CaO+FeO+MnO SiO_2 P_2O_5	50 50 1～4	50 50	[C]、[Si]、[Mn]氧化缓慢； 不能脱 P、脱 S； 钢水中[O]较低
碱性氧化渣	CaO/SiO_2 CaO FeO MnO MgO	3.0～4.5 35～55 7～30 2～8 2～12	2.5～3.5 40～50 10～25 5～10 5～10	[C]、[Si]、[Mn]迅速氧化； 能较好脱 P； 能脱去 50%的 S； 钢水中[O]较高
碱性还原渣 (白渣)	—	—	—	脱 P 能力强； 脱 O 能力强； 钢水易增碳； 钢水易回磷； 钢水中[H]增加； 钢水中[N]增加

9.3.1　密度

熔体密度与组分的摩尔体积相关，依据它既可以解读熔体组分间的相互反应，又可以揭示氧化物熔体的结构差异，还可以分析冶炼过程的工艺特点。例如，铜火法冶炼过程中，熔体密度数据对优化熔渣和熔锍的相分离条件十分重要。

1. 过剩体积

Tomlinson 等[231]依据熔融氧化物密度测量数据，估算出熔体的摩尔体积，它由熔体中离子尺寸和排列方式等参数确定。例如，偏离摩尔体积的增量(过剩体积 ΔV)近似地可表示为正离子半径 r 三次方的函数。

2. 摩尔体积与组成关系

Ogino 确定二元系 $CaO\text{-}SiO_2$ 和 $CaO\text{-}Al_2O_3$ 的摩尔体积为组成的函数，绘于图 9.71。在 $CaO\text{-}SiO_2$ 中，当两组分混合时摩尔体积呈负偏差；但在 $CaO\text{-}Al_2O_3$ 中，当两组分混合时摩尔体积呈正偏差。此差异可能源自碱硅酸盐熔体中局域基础结构单元为硅四面体配位，而铝酸盐熔体中局域基础结构单元则是铝八面体配位。

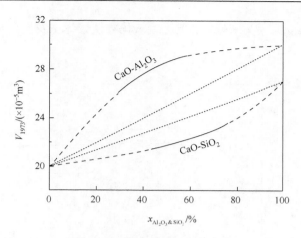

图 9.71　摩尔体积与组成关系

3. 热膨胀系数

Tomlinson 等[231]确定热膨胀系数 α 是表征温度改变引起密度变化的参数，也是离子-氧参数I的线性函数。

$$\alpha = (\partial V / \partial T)_p / V \tag{9.112}$$

4. 氧密度

Lacy[232]首次提出氧密度 ρ_{oxy} 概念。它表征单位体积中氧的数目，并在讨论氧化物熔体结构时经常用于解释熔体中离子的排列状态。按 Gaskell 和 Ward[233]建议，熔体氧密度定义为

$$\rho_{oxy} = \rho N_A N_{oxy} / M \tag{9.113}$$

式中，ρ 为基体密度；N_A 为阿伏伽德罗常数；M 为熔体的分子质量；N_{oxy} 为熔体中氧的摩尔分数。硅酸盐熔体中发生聚合使得氧密度增大，产生正偏差。

5. 排列密度

定义排列密度 ρ_{pd} 如下：

$$\rho_{pd} = \Sigma(V, N, N_A) / V_m \rho \tag{9.114}$$

式中，V 为用离子半径计算的离子体积；N 为摩尔分数；V_m 为摩尔体积。图 9.72 列出硅酸盐熔体中各种氧化物的排列密度，图中虚线表示熔体的初始排列密度(original packing density)。随着 BeO、MgO、CaO、SrO 加入，排列密度略增大。这表明：碱土金属正离子 M^{2+} 对硅酸盐正离子产生"桥"作用，并且对占据硅酸盐正离子形成的空位空间也有影响。另外，当加入 Li_2O、Na_2O、K_2O 时排列密度降低，这时碱金属正离子 M^+ 对硅酸盐正离子不起"桥"作用，导致熔体结构中空位空间增大。由图 9.72 可见：加入 CdO 和 PbO

使熔体排列密度降低，原因尚未确定，但这些氧化物使熔体中发生聚合作用是其中的部分原因。

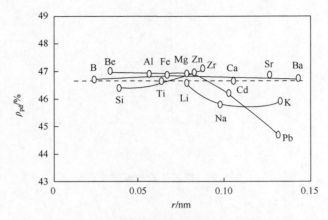

图 9.72　硅酸盐熔体中各氧化物的排列密度

6. 铁酸盐系密度

Sumita 等[234]测定 1773K，$Na_2O\text{-}Fe_2O_3$ 和 $RO\text{-}Fe_2O_3(R = Ca，Sr，Ba)$二元系密度为组成的函数，见图 9.73，它随碱性氧化物(Na_2O、CaO 和 SrO)含量增加而降低，相反，随 BaO 含量增加而升高。对图 9.74 中铁酸盐熔体热膨胀系数，Sumita 等指出：在 45%BaO 时出现热膨胀系数最低值与熔体中形成 FeO_4^{5-} 簇有关，这种簇已为 Suh 等[50]的 XRD 研究结果所证实。

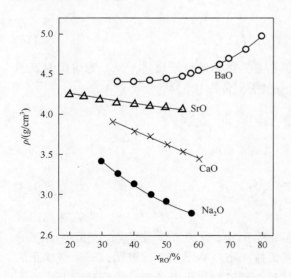

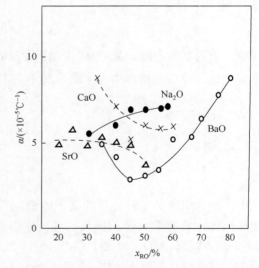

图 9.73　铁酸盐密度与碱性氧化物组成关系　　　图 9.74　铁酸盐热膨胀系数与碱性氧化物组成关系

9.3.2　黏度、电导和扩散

1. 黏度

黏度是熔渣的重要物理性质，决定熔渣黏度的主要因素是成分与温度(还包括渣中存在的固相物及其熔点)。

1) 熔体黏度

氧化物熔体黏度随温度及网络改性体与形成体的比例升高而降低。这表明网络中大尺寸复杂硅酸盐负离子形成一种流动单元，熔体黏度主要取决于负离子的形状及分布，但碱性氧化物作为网络改性体可断开网络结构中的"桥"，使负离子结构单元变短，熔体黏度降低。

2) 熔体黏度与氧化物组分关系

一般而言，温度确定时，渣中低熔点组分含量增加可使黏度降低，反之则增大。熔渣中碱性氧化物含量增加，黏度降低，而酸性氧化物 SiO_2 增加(在一定数量范围内)也可以降低碱性渣的黏度；但 SiO_2 超过一定数量后，则可能形成高熔点 $2CaO·SiO_2$($T_m = 2130℃$)，使得熔渣变稠。Suginohara 等[235]系统地测定 1273K 下 PbO-SiO_2 熔渣黏度与各种价态离子及其尺寸之间的关系，结果示于图 9.75。由图知，当熔体中部分 PbO 被碱金属氧化物(R_2O)或碱土金属氧化物(RO)取代时，熔体黏度随 R^+ 半径增加而升高，或随 R^{2+} 半径增加略降低，表明金属离子与氧离子间相互作用(O-R-O 型桥作用)对黏流及负离子尺寸和形状产生显著的影响。

由高炉渣黏度与碱度间关系可知：硅酸盐负离子的网络结构可被加入的网络改性体断开，使得熔体黏度随渣碱度升高而降低。在碱性渣中，CaO 质量分数超过 50%后渣黏度随 CaO 质量分数增加而升高；但在酸性渣中，CaO 质量分数增加则降低黏度。碱性渣中，MgO 质量分数超过 10%时，可破坏渣的均匀性使熔渣变稠。

实际熔渣中往往悬浮着 CaO 和 MgO 颗粒以及析出的 $2CaO·SiO_2$、$3CaO·P_2O_5$ 颗粒，它们对熔渣黏度的影响各不相同；数量少、尺寸大的颗粒影响不明显，反而尺寸小、数量多的颗粒呈乳浊液状使得黏度增加。1823K 下氟化物对 CaO-SiO_2 熔体黏度的降低作用比 CaO 显著，氟化物的强作用来自每个氟化物含两个 F^-，而每个氧化物只有一个 O^{2-}，这个作用因素比价态效应更显著。

3) 熔体黏度与两性氧化物关系

两性氧化物(如 Al_2O_3)在熔体碱性区的行为类似酸性氧化物，而在熔体酸性区又呈现类似碱性氧化物的行为。

4) CaO/SiO_2 质量比对熔体黏度的影响

Kozakevitch[236]给出了 CaO-SiO_2-Al_2O_3 熔体等黏度曲线，由图 9.76 可见，在 2173K，$CaO/Al_2O_3 = 1$ 的组成线附近等黏度线发生转弯。这表明，在 $CaO/Al_2O_3 > 1$ 时 Al_2O_3 为网络形成体；而在 $CaO/Al_2O_3 < 1$ 时 Al_2O_3 是网络改性体。硅酸盐熔体中 TiO_2 亦呈两性行为，但目前尚无充足数据证明 Fe_2O_3 与 Cr_2O_3 也呈现类似行为[237]。

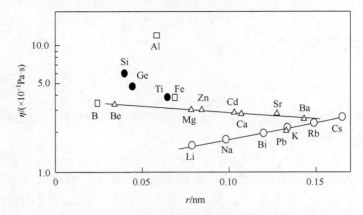

图 9.75　PbO-SiO₂ 熔渣中氧化物对黏度的影响

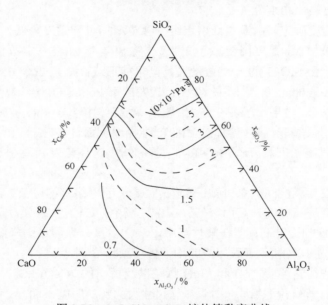

图 9.76　CaO-SiO₂-Al₂O₃ 熔体等黏度曲线

5) 熔体黏度与温度关系

(1) 氧化物熔体黏度与温度关系可表示为 Arrhenius 方程，但它的适用温度范围较窄。

$$\eta = A_\eta \exp\left(\frac{-E_\eta}{RT}\right) \tag{9.115}$$

式中，R 为气体常数；A_η 为因子；E_η 为黏流活化能。在较宽的温度范围 $\ln\eta$ 和 $1/T$ 间偏离线性。实际冶金熔渣并非均匀熔体，不服从牛顿黏滞定律，其黏度比均匀熔体大得多，故称熔渣黏度为表观黏度，它可用半经验式表示为

$$\ln\eta = B + b/T \tag{9.116}$$

式中，B 与 b 为常数，大多数硅酸盐熔体黏度呈现非 Arrhenius 行为。已有多位研究者[238-240]

证实：熔体黏度是温度、压力和基体组成的函数。对酸性渣，温度升高时聚合熔体中Si—O 键易断开，黏度下降；对碱性渣，温度升高有利于未熔化固体颗粒熔融，黏度亦下降。不同温度渣的黏度亦不同，见表 9.20。

表 9.20　熔渣和黏度的关系

渣	温度/℃	黏度/(Pa·s)
稀熔渣	1595	0.002
黏度中等渣	1595	0.02
稠熔渣	1595	0.2
FeO	1400	0.03
CaO	接近熔点	<0.05
SiO_2	1942	1.5×10^{-4}
Al_2O_3	2100	0.05

(2) $FeO\text{-}SiO_2$ 系橄榄石基渣黏度。

$FeO\text{-}SiO_2$ 系对冶炼工艺十分重要，已有众多针对该渣系黏度测定的报道[236, 241-243]，尤以二元系铁饱和一侧居多，并发现在靠近铁橄榄石($2FeO\cdot SiO_2$)附近出现黏度最大值，见图 9.77。通常有色冶炼在高氧位下运行，需要 $FeO\text{-}Fe_2O_3\text{-}SiO_2$ 系的黏度数据，特别是在远离铁饱和的组成范围来考察与 $2FeO\cdot SiO_2$ 相关的黏度最大值，以及 Fe^{2+}/Fe^{3+} 比伴随氧分压变化对熔体黏度的影响。

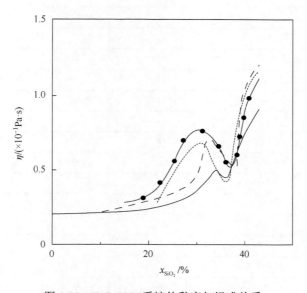

图 9.77　$FeO\text{-}SiO_2$ 系熔体黏度与组成关系

Toguri 等[241]采用旋转坩埚测量 1523～1623K 橄榄石基渣的黏度，结果列于表 9.21。

调整气氛中 CO/CO_2 比，测量整个浓度与温度范围的 Fe^{2+}/Fe^{3+} 比，并将 1573K 和 1623K 的测定结果绘制成三维拓扑黏度图，见图 9.78[241, 242]。绘制程序是：将 $FeO-Fe_2O_3-SiO_2$ 三元相图一个截面做基础平面，并标出沿 $FeO-SiO_2$ 二元系的 FeO 含量，图中还标出氧等压线、等 Fe/Si 比线，它们几乎与二元系中 $FeO-Fe_2O_3$ 线平行。图右侧垂直坐标的单位为 $10^{-3}Pa\cdot s$。加入外推和内抻线，清晰表述相互间关系。虽然温度升高则黏度降低，但在整个温度范围黏度表面是平缓连续的，图中附 XRD 测定 Fe—O 位移的平方根。

表 9.21　$FeO-Fe_2O_3-SiO_2$ 熔体黏度(单位：$\times 10^{-3}Pa\cdot s$)

Fe/Si 比	$-\lg p_{O_2}$	T/℃			
		1200	1250	1300	1350
2.77	7	—	—	104	84
	9	—	—	109	90
	11	21	139	114	95
3.09	7	—	104	96	78
	8	—	—	95	—
	9	—	—	97	—
	10	156	128	101	81
	11	—	—	103	84
3.46	7	—	78	60	52
	8	88	70	60	53
	9	87	69	61	54
	10	88	71	63	55
	11	—	—	52	46
3.67	7	71	58	—	—
	9	71	58	51	45
	10	73	60	52	46
	11	—	—	49	51
3.88	7	84	67	53	46
	10	118	92	70	55
	11	—	—	47	40
4.13	7	58	52	49	47
	9	61	49	46	44
	10	—	51	50	—
	11	—	43	41	40
4.39	7	57	48	42	40
	9	58	49	—	41
	11	60	50	44	42

续表

Fe/Si 比	$-\lg p_{O_2}$	$T/℃$			
		1200	1250	1300	1350
5.00	7	—	—	36	35
	9	62	55	44	42
	10	53	46	39	37
	11	54	48	44	41
	11	—	—	30	92
5.74	11	42	37	32	30

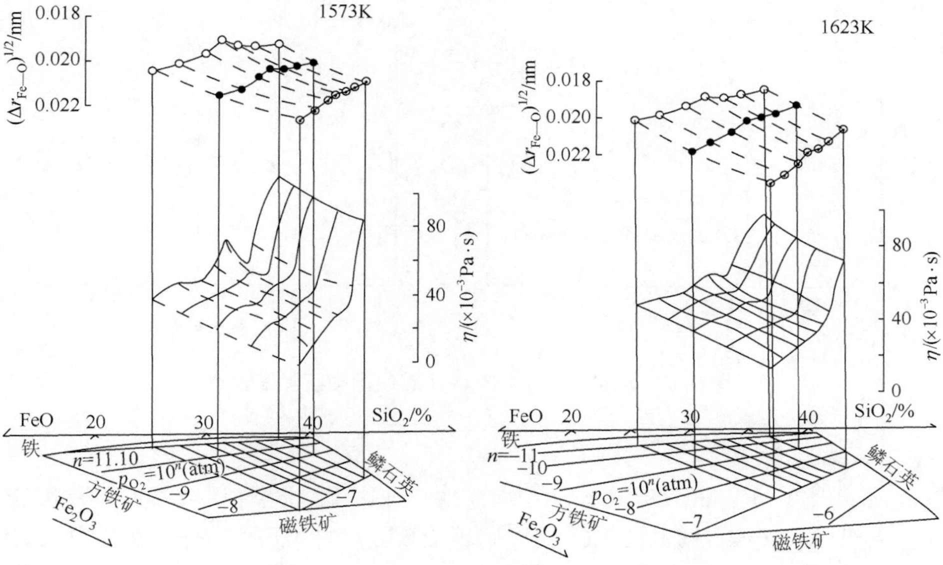

图 9.78　FeO-Fe_2O_3-SiO_2 系熔渣三维拓扑黏度图

拓扑黏度图的特点如下：①在组成远离 SiO_2 饱和一侧的黏度迅速下降，但随温度升高黏度变化较平缓；②靠近 $2FeO \cdot SiO_2$ 组成附近出现黏度峰值，当温度升至 1623K 时，峰的最高点显著降低；当氧分压增大时，黏度峰值在 1573K 和 1623K 处消失；③在 FeO 含量较高时，黏度平面下降为平台；④除在 $2FeO \cdot SiO_2$ 处黏度峰值外，氧分压对黏度的影响较小。

温度与 Fe_2O_3/FeO 比对铁橄榄石黏度的影响见图 9.79[242]，其特点如下：①随温度升高，黏度下降，在熔渣含 35%SiO_2(相当于 $2FeO \cdot SiO_2$ 处)时，随温度升高，黏度下降迅速；在温度相同时，SiO_2 含量低的熔渣黏度随温度升高降低较缓慢。②用 SiO_2 三维网络结构的解离可解释黏度变化。引入铁氧化物聚合体的硅酸盐负离子断开，黏度降低；加入足够量氧化铁时，负离子尺寸缩短到 SiO_4^{4-}；进一步加入氧化铁时不再解离，在该组成范围黏度趋于平稳。③已证实与 $2FeO \cdot SiO_2$ 相关的黏度峰值在远离铁饱和的液相区，该峰值对温度和氧分压均敏感。熔体中 $2FeO \cdot SiO_2$ 簇形成对应的黏度峰值与 Fe—O 键密切相关[243]。④氧分压高时，黏度峰值在 1573K 以上消失，表明峰值是 $2FeO \cdot SiO_2$ 基熔体中 Fe^{3+} 浓度高的缘故。

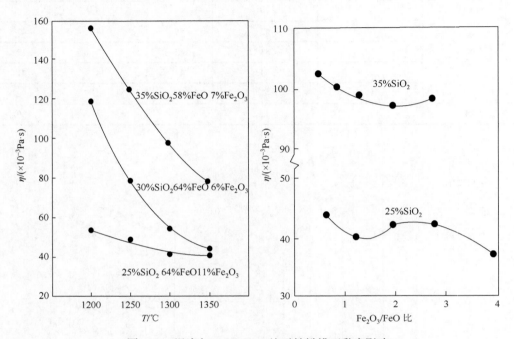

图 9.79　温度与 Fe_2O_3/FeO 比对铁橄榄石黏度影响

6)黏度反常现象

Shartsis 等[244]、Kaiura 和 Toguri[245]均发现，在碱-硼系熔体组成靠近 $Na_2O \cdot 4B_2O_3$ 及 $CaO-SiO_2$ 系组成靠近偏硅酸盐($2CaO \cdot SiO_2$)附近出现黏度峰值可由离子效应解释。①硅酸盐负离子聚合效应。在 SiO_2 含量低的范围，仅有 SiO_4^{4-} 和少量 $Si_2O_7^{6-}$ 存在，黏度逐渐增高；在生成大尺寸、复杂硅酸盐负离子的组成范围，聚合效应增强。②正离子效应取决于负离子数目，因为正离子局限在负离子单键(非桥)氧附近，随着负离子数目增多，正离子效应逐渐增强；但超出一定组成范围后正离子效应减弱。

Kucharski 等[246]持类似观点，认为在 $FeO-SiO_2$ 系组成靠近 $2FeO \cdot SiO_2$ 附近出现黏度峰值源于 Fe^{2+} 与 SiO_4^{4-} 的桥连作用，这种结构在高氧分压和高温时极易被破坏，如图 9.80 所示。$FeO-SiO_2$ 系结构是全部 SiO_2 形成 SiO_4^{4-} 四面体，全部铁均与 SiO_4^{4-} 的四个单键氧连接，这种相互关系已为 Waseda 等[48]的 XRD 结果证实，熔体中 Fe^{2+}—O^- 对的数目与晶体中 Fe^{2+}—O^- 对的数目相近。图 9.80(a)表明：在 $FeO-SiO_2$ 熔体中，正离子效应的数量级是位移平方根的函数，$(\Delta r_{i-k})^{1/2}$ 数值很小，i–k 对的关系是"相对固定"的。图 9.80(b) 中三个温度下 $(\Delta r_{Fe-O})^{1/2}$ 与 SiO_2 含量呈函数关系支持上述论点，全部 Fe^{2+} 与硅酸盐负离子的四个单键氧的连接对靠近铁橄榄石附近出现黏度反常现象起重要作用。

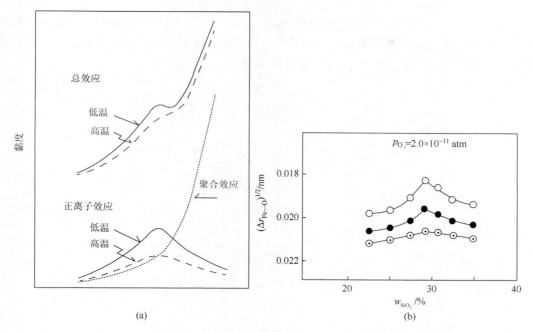

图 9.80　正、负离子效应对 FeO-SiO$_2$ 系黏度影响

7)FeO-Fe$_2$O$_3$-SiO$_2$ 系黏度

(1) 三元系黏度。

类似上述分析方法，Kaiura 等[242]观察到：Fe^{3+}含量增加时 2FeO·SiO$_2$ 分解，Fe$_2$O$_3$ 部分取代 FeO 后黏度峰值下降，尤其在 SiO$_2$ 含量低的范围。

(2) 铁酸盐熔渣加入 CaO。

日本三菱(Mitsubishi)公司铜熔炼工艺采用含 CaO·Fe$_2$O$_3$ 的转炉渣返回铜熔炼的措施，向铁酸盐熔体中加入 CaO 提升渣的黏度，见图 9.81。铁酸钙渣黏度刚好比硅酸钙渣低一个数量级。加入 CaO 使得铁酸钙熔体黏度升高的部分原因是 Fe^{3+}的配位数从 6 变为 4，形成分立的负离子，如 FeO$_4^{5-}$ 或 Fe$_2$O$_5^{4-}$，这与 Waseda 等[48]XRD 观测数据一致。可以认为在 CaO 含量低的组成范围，铁酸钙中存在简单的离子对，如 Fe^{2+}—O$^-$对(FeO$^+$)。

(3) 硅铁酸盐熔渣加入 CaO。

当氧分压与温度不同，且 Fe/Si 比分别为 3.09 和 3.88 时，加入 CaO 的硅铁酸盐熔渣黏度列入图 9.82。当 SiO$_2$ 含量高时加入 CaO 降低渣黏度明显，这可能是 CaO 断开 Si—O 键而非 Fe—O 键所致。为优化渣的组成，改善熔炼操作条件，已有诸多熔炼过程加入 CaO 降低渣黏度的报道[243]。例如，1600℃，加入 CaO 调控炼钢渣黏度为 0.02～0.1Pa·s。黏度与组成的函数关系受多种因素影响[59]，当硅铁酸盐熔渣中加入 10%碱与碱土金属氧化物时，黏度为 10^5～10^{6}Pa·s，继续加入则黏度降低，为 10^{2}Pa·s，见图 9.83。加入碱与碱土金属氧化物使硅铁酸盐熔体的网络结构断裂，黏度降低明显。

8)高钛型高炉渣黏度

诸多实验报道[247-249]高钛型高炉渣(CaO-MgO-SiO$_2$-Al$_2$O$_3$-TiO$_2$ 五元系)碱度为 1.0～

1.8，黏度为 0.1～0.2Pa·s，流动性良好的温度仅 20～30℃，具有短渣特性。渣中 TiO_2 含量增加，渣黏度降低。渣的还原度 $(\alpha = Ti^{3+}/\sum Ti)$ 对黏度影响明显，α 为 0.2～0.3 时黏度最低，当还原度增大达到一定值后黏度就开始增大。

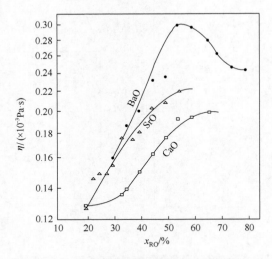

图 9.81　铁酸盐渣黏度与 RO 含量关系

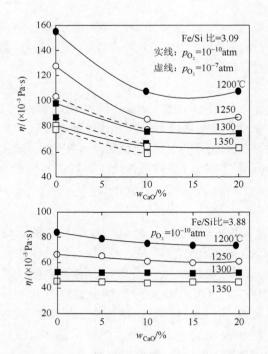

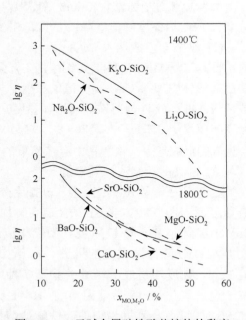

图 9.82　不同氧分压与温度时加 CaO 对硅铁酸盐　　　图 9.83　二元碱金属硅铁酸盐熔体的黏度
　　　　　熔体黏度的影响

2. 电导

电导反映熔体中正离子的移动状态，大部分氧化物熔体电导(κ)可表达为

$$\kappa = A_\kappa \cdot \exp(-E_\kappa / (RT))\tag{9.117}$$

式中，A_κ 为常数；E_κ 为激活能。碱金属硅酸盐熔体中电导活化能 E_κ 与温度关系示于图 9.84[250]，规律与黏度相似。该规律并非适用于整个温度范围，因随温度升高硅酸盐负离子解聚，熔体结构单元变小。换言之，硅酸盐负离子的断开有利于正离子迁移，这已为一些氧化物熔体满足 Walden 原则($\eta\kappa =$ 常数)的研究所证实。电导随碱性氧化物 FeO 和 CaO 含量增加而升高，相反，随酸性氧化物 SiO_2 和 P_2O_5 含量增加而降低。

1) 电导与离子-氧参数 I 关系

氧化物熔体电导 κ 与离子-氧参数 I 及原子分数相关[251]。1823K，CaO-SiO_2-Al_2O_3 熔体中 I 与 κ 间呈线性关系，κ 随 I 增大而升高。

2) 电导与离子半径间关系[235]

PbO-SiO_2 熔体中加入各种氧化物时电导与离子半径间关系如图 9.85 所示。加入碱金属氧化物 R_2O 时电导随离子半径增大而降低，但加入碱土金属氧化物 RO 时则随离子半径增大而略升。作用的差异源于 R^{2+} 的 I 值较 R^+ 大(如 $I(Ca^{2+}) = 1.7$，$I(Na^+) = 0.9$)，R^{2+} 对负离子的断裂作用较弱，因 R^{2+} 是两个单键氧间的桥，而 R^+ 是一个单键氧间的桥。

3) 电导与氟化物间关系

熔体中加入 LiF 和 CaF_2 的作用结果表明，在酸性熔体中加氟化物引起电导的升高为加氧化物时的两倍，而碱性熔体中则与加氧化物时相近，并且 LiF 和 CaF_2 的作用效果相同，显然电导的升高与氟化物的电荷无关。

Yanagase 等[252]测量 CaO-CaF_2 和 CaO-Al_2O_3-CaF_2 熔体的电导，在 CaO-CaF_2 中，电导随 CaO 含量而变化，并且随氧分压增加而升高，但加入 Al_2O_3 则使得熔体电导降低。

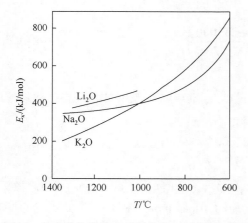

图 9.84　硅酸盐熔体电导活化能 E_κ 与温度关系

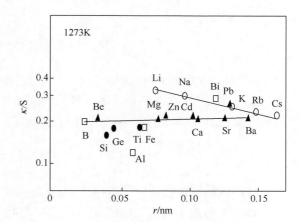

图 9.85　PbO-SiO_2 熔体中电导与离子半径关系

4) 氧化物熔体的电导

依据多种氧化物熔体电导的测定结果，归纳其特点：①氧化物熔体电导的绝对值为 $0.01\sim10/S\cdot cm$，具有正温度系数；②正离子的迁移数几乎为 1；③电导与直流电电流效率近似符合法拉第定律，但含变价离子熔体时则不符合；④熔体温度高于熔点时，其电导比低于熔点时的电导高 100 倍。上述特点表明：氧化物熔体为离子导电，但含 FeO 或过渡元素氧化物熔体常呈现半导体性质。当 FeO-SiO$_2$ 熔体组成从 $2FeO\cdot SiO_2$ 向富 FeO 区域移动时，电流效率降低，因为纯 FeO 表现为纯电子导电性质[253]。温度一定，含 Na$_2$O、CaO、SrO 和 BaO 的铁酸盐熔体电导与组成关系呈现向熔体中加入碱性氧化物使电导降低现象，约低于硅酸盐熔体电导一个数量级[52]。此现象源于铁酸盐熔体中以 FeO_4^{5-} 为主体[50]。

3. 扩散

1) 氧化物熔体扩散系数

与其他物理性质相比，氧化物熔体的扩散系数(D)数据十分有限，仅 CaO-SiO$_2$-Al$_2$O$_3$ 熔体有些报道，且主要指高炉渣 40%CaO-40%SiO$_2$-20%Al$_2$O$_3$。氧化物熔体扩散系数可用 Arrhenius 公式表示：

$$D = A \exp\left(\frac{E}{RT}\right) \tag{9.118}$$

CaO-SiO$_2$-Al$_2$O$_3$ 及氧化物熔体中 ^{45}Ca、^{31}Si 和 ^{26}Al 的自扩散系数(单位为 cm^2/s)数据[254]如下(其中 ^{45}Ca 自扩散系数见图 9.86)：

$$D_{Ca} = 6.26 \times 10^2 \exp\left(\frac{-287000}{RT}\right) \tag{9.119}$$

$$D_{Si} = 5.4 \times 10^2 \exp\left(\frac{-234000}{RT}\right) \tag{9.120}$$

$$D_{Al} = 4.7 \times 10^2 \exp\left(\frac{-251000}{RT}\right) \tag{9.121}$$

2) CaO-SiO$_2$-Al$_2$O$_3$ 熔体中氧自扩散系数

Koros 和 King[255]采用稳定同位素 ^{17}O 和 ^{18}O 测量 CaO-SiO$_2$-Al$_2$O$_3$ 熔体中氧的自扩散系数，其值均比 Ca、Al 和 Si 高。氧自扩散系数可表示为

$$D_O = 18\exp\left(\frac{-227000}{RT}\right) \tag{9.122}$$

自扩散系数数据按数值排序为 $D_O > D_{Ca} > D_{Al} > D_{Si}$，活化能为 230～290kJ/mol，该数值与黏流活化能(约 200kJ/mol)相近，而电导活化能约 100kJ/mol。图 9.87 为 CaO-SiO$_2$ 和 CaO-SiO$_2$-Al$_2$O$_3$ 熔体中氧及正离子自扩散系数。

图 9.87 表明：熔渣中主要的扩散离子是 Ca^{2+}-D_{Ca}、Al^{3+} 和 AlO_4^{5-}-D_{Al} 及 SiO_4^{4-}-D_{Si}。另外，氧位置变化的距离比正离子尺寸小，熔渣中氧为自扩散。Shiraishi 等[256]发现，在

CaO-SiO$_2$ 熔体中氧的自扩散系数比较大。表 9.22 列入高炉渣中少数离子的扩散系数，它与二元系的数量级相近。

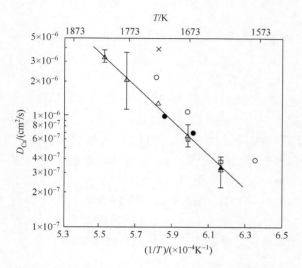

图 9.86　CaO-SiO$_2$-Al$_2$O$_3$ 熔体中 ^{45}Ca 自扩散系数
不同图例代表不同研究结果

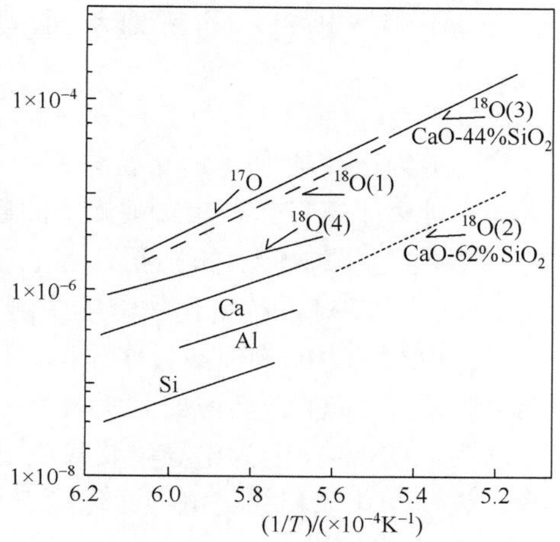

图 9.87　CaO-SiO$_2$ 和 CaO-SiO$_2$-Al$_2$O$_3$ 熔体中氧及正离子自扩散系数
不同图例代表不同研究结果

表 9.22　高炉渣中少数离子的扩散系数

离子	$D/(\text{cm}^2/\text{s})$	$E_D/(\text{kJ/mol})$	T/K	质量分数/%		
				CaO	SiO$_2$	Al$_2$O$_3$
Fe^{2+}	9.55×10^{-6}	124	1723	38	42	20
S^{2-}	8.9×10^{-7}	205	1718	50	40	10
P^{5+}	4.5×10^{-6}	—	1723	40	40	20
F$^-$	2.5×10^{-5}	—	1723	38	42	20
H$^+$	$1\times10^{-5}\sim3\times10^{-5}$	—	1873	30$\sim$50	20$\sim$40	30

　　Shiraishi 等[256]依据黏度与非桥氧数目变化估算氧扩散系数与组成间的半定量关系，提出氧扩散的旋转与交换机理。测定 1773K 时 $D_{\text{CaO-SiO}_2}$ 为 $2.3\times10^{-6}\text{cm}^2/\text{s}$，该值与 1773K 时 Ca^{2+} 的自扩散系数（$2.5\times10^{-6}\text{cm}^2/\text{s}$）的数量级相当。采用电化学方法测定 1613$\sim$1733K 时 $D_{\text{CaO-SiO}_2}=(0.8\sim8.0)\times10^{-7}\text{cm}^2/\text{s}$，并发现在 38%CaO-42%SiO$_2$-20%Al$_2O_3$ 熔体中，^{45}Ca 和 ^{59}Fe 的化学扩散系数与自扩散系数测定值之间具有相近性。Goto 等[257]对氧化物熔体中化学扩散系数与自扩散系数间关系提出若干理论模型，然而这些模型仅可作为初步的尝试，欲归纳氧化物熔体中扩散行为的基本规律与特点，还有待开展更多的系统实验研究，并积累充足的数据。

4. 黏度、电导与扩散系数间关系

基于三者实验数据，人们详细讨论了电解质溶液的各种机理，可归纳如下。

(1) 电导与黏度的关系。

离子熔体电导(κ)和黏度(η)呈现以下关系：

$$\kappa\eta = n_i(Ze)^2/(3\pi d_i) = 常数 \tag{9.123}$$

式中，n_i 为迁移数为 1 时单位体积中第 i 种离子的数目；Z 为电荷数；e 为电荷单位，d_i 为第 i 种离子直径。若第 i 种离子的迁移数不为 1，对常数需稍加修正。式(9.123)基于假定传导物是稳态流动的圆形离子，当与黏流中组分比较时，圆形尺寸相对要大些。Minowa[251, 258]对各种氧化物熔体中测定的 $\kappa\eta$ 作评估时发现：$\kappa\eta$ 为熔体组成的函数，但未对式(9.123)中的物理参数作评论。比较 CaO-SiO$_2$ 熔体电导测量值与计算值，前者大于后者，且随 CaO 含量增加而变大。在 CaO-SiO$_2$-Al$_2$O$_3$、MgO-SiO$_2$ 和 FeO-SiO$_2$ 熔体中也存在类似的现象。因为电导主要取决于尺寸较小的正离子穿越尺寸大的硅酸盐负离子的行为，它与活化能相关。电导活化能 $E_\kappa \approx 100kJ/mol$，而黏流活化能 $E_\eta \approx 200kJ/mol$。

(2) Nernst-Einstein 关系。

对离子熔体，电导 κ 与示踪扩散系数 D_i^{tr} 间的关联可表示为 Nernst-Einstein 关系：

$$\kappa/D_i^{tr} = n_i(Ze)^2/(k_B \cdot T) = 常数 \tag{9.124}$$

式中，k_B 为玻尔兹曼常数；D_i^{tr} 为迁移数为 1 时第 i 种离子的示踪扩散系数。式(9.124)基于下述假定推导出来：①电导的机理与示踪扩散机理相同；②与正离子扩散跳跃相关的函数等于一个单位；③第 i 种离子的迁移速度仅取决于第 i 种离子受到的作用力。显然，Nernst-Einstein 关系还基于传导物为圆形、第 i 种离子的迁移数为 1 的假设。

Shewmon[259]指出结晶态碱金属卤化物(如 NaCl)满足 Nernst-Einstein 关系。Bockris 和 Hooper[260]评估碱金属卤化物熔体示踪扩散系数的测量值，与按 Nernst-Einstein 关系的估算值比较，大约 20%，这种偏离与空位对示踪扩散的贡献有关(假定①不准确)。

(3) 熔体扩散系数的计算值与测量值对比。

通过对氧化物熔体扩散系数的计算值与测量值作对比后强调，硅酸盐熔体中仅 Na$^+$、Ca^{2+}和 Pb^{2+}符合正离子迁移数为 1 的假设。但是氧化物熔体的电导测量值低于由式(9.124)得出的电导计算值，这种偏离主要源于假定③无效，目前对此尚无共识。扩散活化能 $E_D = 230\sim290kJ/mol$，而电导活化能 $E_\kappa = 100kJ/mol$，两者存在如此大的差异，质疑假定的合理性。

(4) Stokes-Einstein 关系。

$$D_i^{tr} \cdot \eta = k_B \cdot T/(3\pi d_i) = 常数 \tag{9.125}$$

式(9.125)基于式(9.123)关系与 Nernst-Einstein 关系，可以预见，式(9.125)的计算值与测量值之间存在差异是必然的。

9.3.3　热传导与热扩散

氧化物熔体的高温热传导与热扩散性质对设计和优化火法熔炼及连铸工艺均十分重要。但高温熔体的热导率与扩散率的测量尚不完善，实验的难点是避免热对流、容器热泄漏以及热传导与热辐射的混合效应等多种因素的影响，故氧化物熔体热导率与扩散率测量数据的可信度欠佳是自然的，且数量相当有限。

1. 激光闪烁法

Parker 等[261]提出一种测定固态和液态材料热扩散系数的激光闪烁法。Waseda 等[262]将三层热导池与激光闪烁法结合，成功地测定了高温氧化物熔体的热扩散系数，汇总如下。

(1) 在同位素介质中传导热流可用 Fourier 公式描述[263]：

$$J = -\lambda \cdot \nabla T \tag{9.126}$$

(2) Stokes-Einstein 关系：

$$D_i^{\text{tr}} \cdot \eta = k_B \cdot T/(3\pi d_i) = 常数$$

$$\nabla(f_{P_nO_{2.5n}} \cdot \nabla T) = C_p \cdot \rho \,(\mathrm{d}T/\mathrm{d}t) \tag{9.127}$$

式中，C_p 为比定压热容；t 为时间；$f_{P_nO_{2.5n}}$ 为基体密度；将热性质 C_p、ρ 和 $f_{P_nO_{2.5n}}$ 分别作为常数处理时，式(9.127)可改写为

$$\nabla^2 T = (C_p \cdot \rho/\lambda)(\mathrm{d}T/\mathrm{d}t) \tag{9.128}$$

$$\nabla^2 T = (1/D)(\mathrm{d}T/\mathrm{d}t) \tag{9.129}$$

式中，$D = \lambda/(C_p \cdot \rho)$ 为热扩散系数。通常，测量热扩散系数需假定液态试样的热性质与温度及位置无关，同时确认测量温度不接近任何相变温度时热容与温度无关。缩短时间对传输实验有利，采用激光闪烁法的时间间隔仅为 $1\sim2\mathrm{s}$ 时，由热泄漏、热辐射和热传导造成的试样不确定性会有所降低。

Tye[263]、Eckert 和 Drake[264]、Waseda 和 Ohta[265]均指出：测量混合流体时，采用静态实验原理上存在欠缺，因为在温度梯度长时间存在的试样中，必将因热扩散而引发组分分离。低温流体中只有热传导一种形式，高温时穿过介质的能量传输可通过传导(声子)和光能波(光子)两种方式。只有透明或光学上非常薄的液态试样被介质吸收与发射的辐射热及温度分布影响可忽略；或者非透明或光学上厚的液态试样，红外线的平均穿透距离很短，介质中基体元素发射的辐射热快速地减弱，能量即刻贡献给附近的介质。在此条件下，辐射热流量的假定与热传导 Fourier 公式的形式基本相同[266]，可从测量的热导率数据中准确地减掉辐射组分 λ_r：

$$\lambda_r = 16n_r \cdot 2\sigma \cdot T/(3k_R) \tag{9.130}$$

式中，σ 为 Stefan-Boltzman 常数；n_r 为折射率；k_R 为试样的吸收系数。定量讨论高温熔体中辐射热传导需已知试样的吸收系数等光学性能数据，对半透明试样，这些数据同样是基础的。图 9.88 为含 TiO_2 和 FeO 硅酸盐吸收系数与波长关系。

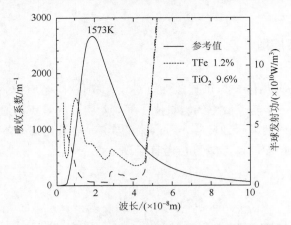

图 9.88　含 TiO_2 和 FeO 硅酸盐吸收系数与波长关系

图 9.88 给出三种硅酸盐试样的吸收系数与波长关系，并附上 1573K 黑体的半球发射功。在吸收系数为 $1\times10^{-6}\sim4\times10^{-6}$ 时，CaO/SiO_2 比的变化对吸收系数影响不明显。但对含 TiO_2 和 FeO 试样，辐射组分的贡献则需要考虑。

2. 熔体辐射组分

Ohta 等[267]对高温硅酸盐熔体辐射组分的贡献曾做过估算，考虑了试样光学性能的变化，提供透明体、灰体及能带三种近似情况下理论计算表观热扩散系数的信息。氧化物吸收系数与波长关系包括在能带的相似情况中，只是这需要冗长的计算，大部分结果汇编于表 9.23。

表 9.23　表观热扩散系数(单位：$\times10^{-7}m/s$)

粉末类型		近似值		
		透明体	灰体	能带
参考		4.90(0.03)	—	5.05
Fe	0.4%	4.90(0.09)	5.29(0.02)	5.39
Fe	1.2%	4.90(0.11)	5.44(0.01)	5.50
TiO_2	2.6%	4.90(0.04)	4.91(0.04)	5.10
TiO_2	4.9%	4.90(0.04)	4.93(0.03)	5.11
TiO_2	9.6%	4.90(0.05)	4.97(0.03)	5.13

注：括号内数值为误差的最大绝对值

3. 激光闪亮法(瞬态热丝法)

测定 $800\sim1700K$ 时 Na_2O-SiO_2 熔体的热导率，图 9.89 附上其他技术测定结果[268, 269]。图中热导率数据均在相同数量级内，去除温度依赖关系的差异，数据均相符，可归纳如下：①随机误差主要来自测定温度响应曲线时的电噪声；②接收金属板厚度的测量误差最大 0.1%，造成热导率误差 2%；③由热传导方程计算理论温度响应曲线时误差至少为 1%。

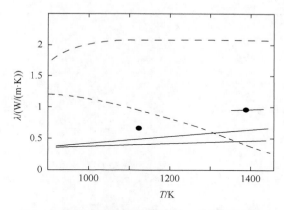

图 9.89 不同技术测量 Na₂O-SiO₂ 熔体的热导率

4. 红外检测

采用装备红外检测与激光强度跟踪的新型设备测定熔融硅酸钠和碳酸钠的热导率，硅酸钠 1133K 热导率为 0.428W/(m·K)，碳酸钠 1273K 热导率为 0.478W/(m·K)，前者与热电偶实验得到的测量值一致。

5. 周期热流法

Fine 等[270]采用周期热流法测量光学厚介质，温度直至 1773K、含 11.9%～21.4%FeO 的各种硅酸盐玻璃态和液态试样的热扩散系数，热扩散系数测量误差为 10%。测量结果表明热辐射、热传导与温度梯度呈线性关系，即 Fourier-Biot 方程[266]形式：

$$J_{tot} = \lambda_{eff} \cdot \nabla T \tag{9.131}$$

式中，J_{tot} 为在温度梯度 ∇T 时，单位时间、通过单位面积传导和辐射的总热流。

用平均链长和非桥氧数来解释硅酸盐熔体的热导率，见图 9.90 和图 9.91。这些硅酸盐熔体热导率为 0.5W/(m·K)，相比 SiO₂ 熔体热导率(2W/(m·K))偏低些。Touloukian 等[271]认为，SiO₂ 熔体网络结构可被加入的 Na₂O 或 CaO 断开。根据硅酸盐熔体 XRD 分析，SiO_4^{4-} 四面体间 Si—Si 对的配位数从 4 降到 3 是由于加入 Na₂O 或 CaO 导致纯 SiO₂ 三维网络断开，SiO_4^{4-} 四面体间连接松弛所致，但未能确定硅酸盐熔体中负离子解聚的定量信息。

6. 铁酸钙熔体的热扩散系数

已经测量 1003～1673K、含 33%～55%CaO 铁酸钙熔体的热扩散系数[42]，图 9.92 示出铁酸钙熔体热扩散系数与温度关系。与激光闪亮法结合，采用简单热导池和简单数据处理获得光学厚样或不透明样(如铁酸钙)熔体的热扩散系数，其液态或固态热扩散系数均随温度升高而下降。1633K 时铁酸钙熔体的热扩散系数与 CaO 含量相关，在含 40% CaO 时铁酸钙熔体的热扩散系数呈现最小值，在富 CaO 区热扩散系数随温度升高而升高，但不明显[42]。

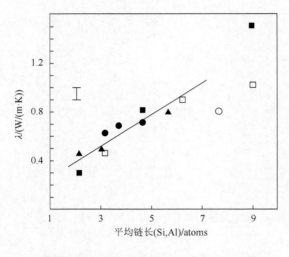

图 9.90　熔点处热导率与平均链长关系

不同图例代表不同研究结果

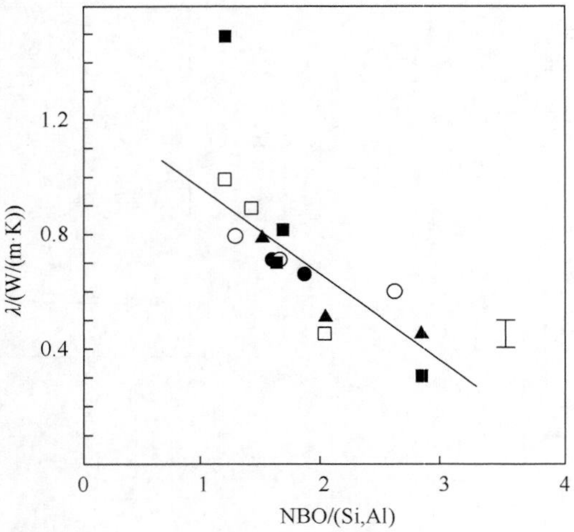

图 9.91　热导率与非桥氧数 NBO/(Si, Al)关系

不同图例代表不同研究结果

7. 组成与结构对材料热导率的影响

用光子平均自由程可以解释组成与结构对材料热导率的影响[272]，如下：

$$\lambda = C_v \cdot v \cdot l_c / 3 \tag{9.132}$$

式中，C_v 为比定容热容；v 为平均声速；l_c 为光子平均自由程；因 $D = \lambda / (C_p \cdot \rho)$，热扩散系数与 λ 成正比。结晶态光子间作用导致光子平均自由程随温度升高而下降。已知光子碰撞频率正比于光子数目，激发态光子总数正比于温度。

8. XRD 研究

采用 XRD 技术研究铁酸钙熔体结构[42]表明，随 CaO 含量升高，Fe—O 对间距离和配位数逐渐降低，Ca—O 对间关系对 CaO 含量也敏感。铁由氧的八面体配位变到四面体配位可引发 Fe—O 对的变化，形成局部一些有序结构，如 FeO_4^{5-} 和 $Fe_2O_5^{4-}$。在铁酸钙熔体中 CaO 含量高的区域热扩散系数稍微升高，亦可形成局部一些有序结构，这与铁酸钙熔体黏度随 CaO 含量增大而升高的规律一致。XRD 研究热膨胀系数的结果如图 9.93 所示。当碱金属氧化物含量达到 10% 之前，某些二元硅酸盐熔体的热膨胀系数几乎不变，超过该值后则随碱金属氧化物含量增加而增大。纯硅酸盐熔体加入碱金属氧化物时，因网络断裂，黏度明显降低，但热膨胀系数几乎不变。由此可推断：在碱金属氧化物质量分数低于 10% 时，硅酸盐熔体以共价键为主，如同纯硅酸盐熔体，但加入网络改性氧化物则导致熔体网络断裂，随机产生过量非桥氧；继续加入碱金属氧化物超过 10% 后，将形成复合且分立的硅酸盐负离子，网络结构由共价键为主变到以离子键为主。网络结构的断裂是随机的，熔体性质的变化是逐渐的。

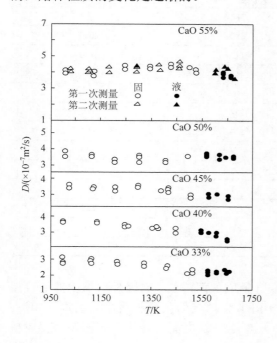

图 9.92　铁酸钙熔体热扩散系数与温度关系

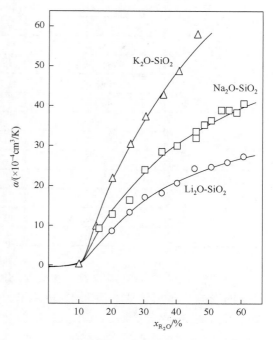

图 9.93　碱金属硅酸盐熔体的热膨胀系数

9.3.4　表面张力

1. 表面张力定义

表面张力用 σ (或 γ，单位为 N/m)表示，它是垂直作用在液面的任一直线的两侧、平行于液面的拉力。氧化物熔体的表面张力与组成原子的键型密切相关，质点之间键的强度越大，表面张力就越大。离子键物质表面张力为 0.3～0.8N/m。

表面张力的定义是：等温、可逆地与基体创造一个新表面需做功的一半。表面张力表征材料的键能。冶炼过程熔渣表面张力直接影响渣/金间分离及熔渣对耐火材料的浸透。表 9.24 为各种物质的表面张力，氧化物熔体表面张力介于共价键与离子键材料之间[273]。

表 9.24　各种物质的表面张力

键型	材料	$\gamma/(\times10^{-3}\text{N/m})$	温度/℃
金属键	Ni	1615(He)	1470
	Fe	1560(He)	1550
	Cd	600	500

键型	材料	$\gamma/(\times 10^{-3} \text{N/m})$	温度/℃
共价键	FeO	584	1400
	Al_2O_3	580	2050
	Cu_2S	410(Ar)	1130
渣	$MnO \cdot SiO_2$	415	1570
	$CaO \cdot SiO_2$	400	1570
	$Na_2O \cdot SiO_2$	284	1400
离子键	Li_2SO_4	220	860
	C_2Cl_2	145(Ar)	800
	$CuCl_2$	92(Ar)	450
分子键	H_2O	76	0
	S	56	120
	P_2O_5	37	34
	CCl_4	29	0

多种二元硅酸盐熔体的表面张力随 SiO_2 含量增加而降低，原因是熔体中的聚合反应减弱表面层附近键强；但 PbO-SiO_2 和 K_2O-SiO_2 熔体表面张力与组成关系刚好相反，表面张力随 SiO_2 含量增加而增大，因为 PbO 和 K_2O 是表面活性物，表面张力绝对值很小。

2. 表面张力与离子-氧参数 I 关系

Boni 和 Derge[273]给出了 1673K 下硅酸盐熔体表面张力与离子-氧参数 I 间的关系，见图 9.94。

1473K 下 PbO-SiO_2 熔体中加入氧化物对表面张力的影响见图 9.95。由图知，氧化物熔体表面张力与离子-氧参数 I 间呈线性关系，可简述为：网络改性氧化物均落在上升线上，而网络形成氧化物则落在下降线上，直至 B^{3+}。

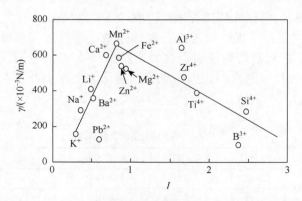

图 9.94　1673K 下硅酸盐熔体表面张力与离子-氧参数 I 间关系

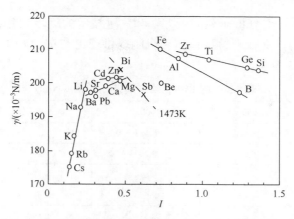

图 9.95　1473K 下加入氧化物对 PbO-SiO$_2$ 熔体表面张力的影响

3. 表面张力温度系数

许多硅酸盐熔体的表面张力呈正温度系数$(d\gamma/dT > 0)$[273]，正温度系数源于温度升高导致熔体中复杂负离子解聚。表面张力正温度系数多出现在高聚合材料中，如表 9.25 所示。

表 9.25　熔点时材料的表面张力

氧化物	$T/℃$	$\gamma/(\times 10^{-3}N/m)$	$(d\gamma/dT)/(\times 10^{-3}N/(m\cdot K))$
Al$_2$O$_3$	2050±15	690	—
P$_2$O$_5$	100	60	−0.021
B$_2$O$_3$	1000	83	0.055
GeO$_3$	1150	250	0.056
SiO$_2$	1800±50	307	0.031

Sumita 等[51]测量含 Na$_2$O、CaO、SrO 和 BaO 铁酸盐熔体的表面张力发现：含碱与碱土金属氧化物的铁酸盐熔体表面张力顺序为 Na$_2$O＜BaO＜SrO＜CaO；同时，熔体的表面张力随碱与碱土金属氧化物含量增大而增大，但 CaO-Fe$_2$O$_3$ 系表面张力几乎与组成无关。熔渣表面张力普遍小于铁液，电炉渣表面张力大于转炉渣。表面张力既与渣种类及组成相关，又受渣氧化-还原性质影响。

4. 影响熔渣表面张力的因素

通常，熔渣表面张力随温度升高而减小，但高温冶炼过程温度变化范围较窄，温度效应不明显。常见氧化物表面张力见表 9.26；各种熔体表面张力见表 9.27。

以上简述氧化物熔体物理性质及有关研究结果。鉴于结构复杂熔体的精确信息尚不充分，我们对有关熔体结构-性质关系的理解也不够深入与全面，所获知的氧化物熔体结构数据仅作为解析"熔体性质及组分行为与温度和组成等因素间关系"的基本素材。

但是，各种高温熔体结构分析研究的新方法和先进技术的逐步完善将会为定量地解析氧化物熔体的精细结构、深入理解熔体作用机制提供理论与实践方面的基础信息。

表 9.26 常见氧化物表面张力(单位：N/m)

氧化物	1300℃	1400℃	1500℃	1600℃
K_2O	0.168	0.153	—	—
Na_2O	0.308	0.297	—	—
CaO	—	0.614	0.586	0.661
MnO	—	0.653	0.641	—
FeO	—	0.584	0.560	—
MgO	—	0.512	0.502	—
SiO_2	—	0.285	0.286	0.223
Al_2O_3	—	0.640	0.630	0.448～0.602
TiO_2	—	0.380	—	—
B_2O_3	0.0336	0.960	—	—
PbO	0.140	0.140	—	—
ZnO	0.550	0.540	—	—
ZrO_2	—	0.470	—	—

表 9.27 各种熔体的表面张力

熔体	温度/℃	$\gamma/(N/m)$
CaO	1500	0.3～0.8
FeO	1400	约 1.5
Al_2O_3	2050	—
SiO_2	1500	1.7～1.9
P_2O_5	400	1.103
$MnO \cdot SiO_2$	1570	1.615
$CaO \cdot SiO_2$	1570	0.473
熔渣	1500	0.586
钢液	1500	0.584
(3%C)	—	0.690
纯铁液	1550	0.295
铜	1183	0.054
镍	1470	0.415
铅	327	0.400

9.4　熔渣化学性质

9.4.1　熔渣的碱度

1. 熔渣碱度定义

与水溶液 $pH = -\lg a_{H^+}$ 定义式相似，熔渣碱度 B 可定义为

$$B = \lg a_{O^{2-}} \tag{9.133}$$

式中，$a_{O^{2-}}$ 为氧离子活度。水溶液中 H^+ 活度 a_{H^+} 是可测定量，遵循德拜-休克尔(Debye-Hückel)理论，是一种严谨表达形式。但熔渣中 $a_{O^{2-}}$ 为不可测定量，不实用但具有理论价值。表达熔渣碱度有多种形式，如二元碱度、多元碱度、过剩碱度、光学碱度等，冶炼工艺上还分类为高炉渣、钢渣、铁合金渣的碱度等[171, 274, 275]。通常，冶金渣碱度 R 表示为：$R = \sum$ 碱性氧化物/$\sum$ 酸性氧化物。

鉴于多元渣系组分的活度数据较匮乏，通常，在应用质量作用定律时，用反应物及产物的浓度替代活度。因此，经常用组分浓度来表述渣/金反应平衡常数。1920 年 Herty 首次将熔渣碱度概念引入炼钢渣就采用简单的浓度比表示：

$$V = (\%CaO)/(\%SiO_2) \tag{9.134}$$

此外，还可用摩尔分数作为单位，或用加权的质量分数表述碱度，β 定义为

$$\beta = [(\%CaO)+1.4(\%MgO)]/[(\%SiO_2)+0.84(\%P_2O_5)] \tag{9.135}$$

例如，碱性钢渣中硅酸二钙(镁)饱和，并含 $P_2O_5 < 5\%$，碱度 β 与 V 呈 1.17 倍的线性关系，即

$$\beta = 1.17(\%CaO)/(\%SiO_2) \tag{9.136}$$

2. 熔渣中氧化物的酸碱概念

1) 氧化物的酸碱概念

依据 Lewis[276]和 Lux[133]提出的"接收电子为酸，给出电子为碱"的酸碱概念来定义熔渣中氧化物的酸碱性：碱 = 酸+O^{2-}。例如，当碱性氧化物 CaO 与酸性氧化物 SiO_2 混合时，发生酸碱中和反应：$CaO{=\!=\!=}Ca^{2+}+O^{2-}$；$SiO_2+2O^{2-}{=\!=\!=}SiO_4^{4-}$；$2CaO+SiO_2{=\!=\!=}2Ca^{2+}+SiO_4^{4-}{=\!=\!=}Ca_2SiO_4$。

2) 渣中氧化物的酸碱性

按渣中氧离子与正离子间的交互作用力定义酸碱性[28]。

参照氧化物晶体的结构参数——离子-氧参数 I(表 9.28)：

$$I = 2Z/r^2 \tag{9.137}$$

式中，r 为离子半径之和($r = r_{正} + r_{负}$)；Z 为正离子价态。表 9.29 为冶金反应涉及的酸-

碱对。氧化物有其独特的结构特征及由结构确定的性能，这种独特结构由它的离子半径、价态及对氧离子的亲和力等参数决定。酸或碱是一种相对性质，其作用仅在混合物体系中显现出来。

表 9.28   氧化物与离子参数间关系

分类	氧化物	正离子电负性	正离子半径/Å	I
碱性	K_2O	0.8	1.33	0.27
	Na_2O	0.9	0.95	0.36
	Li_2O	0.95	0.60	0.50
	BaO	0.9	1.35	0.53
	SrO	1.0	1.13	0.63
	CaO	1.0	0.99	0.70
	MnO	1.4	0.80	0.83
	FeO	1.7	0.75	0.87
	ZnO	1.5	0.74	0.87
	MgO	1.2	0.65	0.95
中性	BeO	1.5	0.31	0.37
	Cr_2O_3	1.6	0.64	0.44
	Fe_2O_3	1.8	0.60	0.50
	Al_2O_3	1.5	0.50	0.66
	TiO_2	1.6	0.68	0.85
酸性	GeO_2	1.8	0.53	0.14
	B_2O_3	2.0	0.20	0.34
	SiO_2	1.8	0.41	0.44
	P_2O_5	2.1	0.34	3.31

3) 熔渣的酸碱概念

Forland 和 Forland[277]提出

$$X—O—X+O^{2-} = 2X—O^- \tag{9.138}$$

式中，X 为 Si、B、P 等网络形成氧化物元素。渣中碱性或酸性氧化物存在多种形式，如 SiO_2 存在多种缔合形式：

$$2SiO_4^{4-} = Si_2O_7^{6-} +O^{2-} \tag{9.139}$$

更多缔合形式可由通式 $Si_mO_n^{2-}$ 表达，从 SiO_4^{4-} 到纯 SiO_2 的三维网络结构。平衡 O^{2-} 数量减少，Si 原子相连的非桥氧数目减少，酸性增强。萬谷志郎和日野光兀[278]给出冶金反应的酸-碱对(表 9.29)，论点如下。

(1) 考察 P_2O_5-PO_3^- 和 SiO_2-$Si_2O_5^{2-}$ 两对离子时，$Si_2O_5^{2-}$ 为强碱，PO_3^- 为强酸。

(2) 当 P_2O_5 与 $Na_2Si_2O_5$ 混合时，可以得到 $NaPO_3$ 和 SiO_2 两种产物，这表明在硅酸盐

熔体中凡是比 SiO_2 酸性强的氧化物，均可被 SiO_2 中和，同时放出相应的碱；凡是比 SiO_4^{4-} 碱性弱的氧化物，均可与 $Si_2O_7^{6-}$ 反应，生成相应的金属正离子和 SiO_4^{4-}。

(3) 表 9.29 中虚线之间的氧化物均易于解离，这取决于熔体组成及共存的酸-碱对。

表 9.29　冶金反应涉及的酸-碱对

	酸	共轭碱	
	P_2O_5	PO_3^-	
	Al_2O_3	AlO_2^-	
	B_2O_3	$B_8O_{13}^{2-}$	
	WO_3	WO_4^{2-}	
	$B_8O_{13}^{2-}$	$B_4O_7^{2-}$	
	SiO_2	$Si_2O_5^{2-}$	
	PO_3^-	$P_2O_7^{4-}$	
↑ 酸 度 增 加	H^+	H_2O	碱 度 增 加 ↓
	$Si_2O_5^{2-}$	SiO_3^{2-}	
	$B_4O_7^{2-}$	$BO_{2.5}^{2-}$	
	CO_2	CO_3^{2-}	
	$P_2O_7^{4-}$	PO_4^{3-}	
	SiO_3^{2-}	$Si_2O_7^{6-}$	
	$Si_2O_7^{6-}$	SiO_4^{4-}	
	Fe^{2+}	FeO	
	Mg^{2+}	MgO	
	H_2O	OH^-	
	Ca^{2+}	CaO	
	Na^+	Na_2O	

3. 冶金熔渣碱度的表述方式

1) 冶金熔渣的碱度概念

熔渣碱度是表征熔渣化学属性的复杂参数，也是反映渣中物相的性质与数量的一个综合指标，它与渣的酸碱性既有区别又密切相关。熔渣碱度是表述熔渣整体属性的量，而酸碱性系指渣中组分的个体属性的参数，两者为全局与局部之间的关系。

2) 用渣中碱性氧化物与酸性氧化物之比定义熔渣碱度

冶金实践上有多种表述碱度的方式，见表 9.30[279]。

表 9.30　各种表达熔渣碱度的方式

项目	碱度
成分比 高炉渣 碱性钢渣 铁合金渣	CaO/SiO_2 $CaO/(SiO_2+Al_2O_3)$ $CaO/(SiO_2+P_2O_5)$ $(CaO+1.4MgO)/(SiO_2+0.84P_2O_5)$
过剩碱度(方式 1)	$B = \%CaO-1.86\%SiO_2-1.91\%P_2O_5$
过剩碱度(方式 2)	$B = RO-2SiO_2-4P_2O_5-2Al_2O_3-Fe_2O_3$
酸碱比	$RO/(SiO_2+2P_2O_5+0.5Al_2O_3+0.5Fe_2O_3)$

熔渣碱度与熔渣的 CO_2 溶解度[280]或熔渣的电池电动势[279]等可测定量之间密切相关，可以针对不同应用对象与背景，间接地表述熔渣碱度，为此，研究者曾提出多种表述熔渣碱度方式，见表 9.31。

表 9.31　多种表述熔渣碱度方式

酸碱比	过量碱
$\dfrac{w(CaO)}{w(SiO_2)}$, $\dfrac{w(CaO)}{w(SiO_2)+w(P_2O_5)}$, $\dfrac{w(CaO)+w(MgO)}{w(SiO_2)+w(Al_2O_3)}$	$n_{CaO}+n_{MgO}+n_{MnO}-2n_{SiO_2}-4n_{P_2O_5}-2n_{Al_2O_3}-n_{Fe_2O_3}$ $n_{CaO}+2/3 n_{MgO}-n_{SiO_2}-n_{Al_2O_3}$

3) 用渣中 CO_2 溶解度定义碱度

1975 年 Carl[280]建议用 CO_2 溶解度与 CO_3^{2-} 容量来定义熔渣碱度，假设 CO_3^{2-} 活度系数与渣组成无关：

$$CO_2+O^{2-}=\!\!=\!\!=CO_3^{2-} \tag{9.140}$$

$$K = (\%CO_3^{2-})/[(\partial^2 G/\partial C^2)\cdot p_{CO_2}], \quad C_{CO_3^{2-}} = (\%CO_3^{2-})/p_{CO_2}$$

$$(\partial^2 G/\partial C^2) = (\%CO_3^{2-})/(K\cdot p_{CO_2}) = C_{CO_3^{2-}}/K \tag{9.141}$$

但是，CO_2 溶解度与 CO_3^{2-} 容量比受氧化物熔体中共存组分的限制，该碱度不可随意使用。可用 CO_3^{2-} 的尺寸与 O^{2-} 和 Fe^{3+} 的尺寸之比，也可用 Fe^{3+}/Fe^{2+} 比或 Cr^{6+}/Cr^{3+} 比作为碱度标识物[281, 282]。由于碱性熔渣中高价正离子对 O^{2-} 的亲和力强，高价正离子的稳定性强，但其浓度是氧分压的函数，且炼钢过程中氧分压经常变化，应用受到限制。

4) 用渣中 Na_2O 活度定义碱度

Yokokawa 等[136]用 EMF 法测定二元混合物(Na_2O-酸性氧化物)中 Na_2O 活度，定义碱度：

$$p^{\ominus} = -\lg(a_{Na_2O}/a_{Na_2O}^{\ominus}) \tag{9.142}$$

式中，a_{Na_2O} 为 Na_2O-SiO_2 中 Na_2O 活度，以该温度下纯 Na_2O(液态)活度 $a_{Na_2O}^{\ominus}$ 作为标准态。

测定结果见图 $9.96^{[136,283]}$。然而，Na_2O 既非氧化物熔体中适宜组分，又非弱碱性及低浓度，故其应用受到限制。

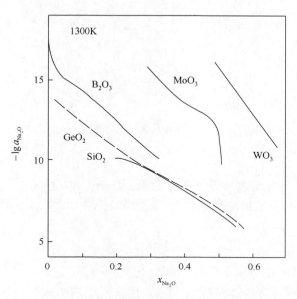

图 9.96　用 Na_2O 活度定义的碱度

5) 过剩碱度

过剩碱度可描述渣吸收酸性氧化物(如 SiO_2 和 P_2O_5)的能力，近年来用于有色熔炼的铁酸基渣和苏打基渣[284,285]，需要针对性地定义这些渣的过剩碱度，见表 9.31。

6) 光学碱度

(1) 光学碱度的概念。

Duffy 和 Ingram[286]提出 "光学碱度" 的概念。将 PbO 溶入玻璃中，基于配键的电子云膨胀效应(nephelauxetic effect)，可借助离子探针上 S-P 谱的峰值移动来检测电子云膨胀效应。当少量检索氧化物(如 PbO)加入熔剂氧化物中时，Pb^{2+} 被 O^{2-} 配位，Pb^{2+} 在最外层轨道(6s)上有一对电子，引起紫外区一个尖锐的吸收段(峰)，它取决于 O^{2-} 的有效性(活度)，当 Pb—O 键变化时可导致 Pb 外层电子轨道(6s-6p)的吸收段移动，此刻，电子云膨胀效应如图 9.97 所示：测量 Pb^{2+} 紫外吸收光谱的能量移动可反映 O^{2-} 给予 Pb^{2+} 电子的趋势，故定义 PbO 紫外吸收光谱的相对能量移动值为光学碱度。在内层核与 6s 电子轨道间存在电子密度区域，Pb^{2+} 具有一对电子在最外层轨道(6s)上，大部分内核的 "正推力" 被内层核电子屏蔽，如图 9.97(a)所示；受邻近氧作用的电子密度增强这种屏蔽，反过来，有利于 6s 轨道电子跳跃到 6p 轨道，这时氧施出电子给 Pb^{2+}，如图 9.97(b)所示。其将导致能隙缩短，诱发紫外吸引段频率移动，这种移动与氧化物系的碱度成正比。于是，这种与氧化物试样颜色变化相关的现象称为新的碱度标识。测定各种玻璃的光学碱度规律与离子-氧参数及电负性的规律(表 9.1)一致。

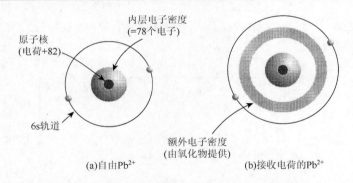

图 9.97　电子云膨胀效应与光学碱度间关系示意

(2) 电负性。

氧化物碱度取决于组分种类及正离子数量。Duffy 和 Ingram[286]发现，光学碱度与氧化物中正离子的 Pauling 电负性密切相关。基于此，每种正离子的碱度调节参数 γ_B 与其电负性 x 呈简单线性关系：

$$\gamma_B = 1.36(x-0.26) \tag{9.143}$$

式(9.143)表明氧化物中正离子的 Pauling 电负性与正离子修正 O^{2-}(活度)的能力呈线性关系，用此式可估算氧化物试样的光学碱度，但仅限于透明试样，亦不包括过渡金属氧化物。之后又发现光学碱度测定值与各正离子 Pauling 电负性推导的方程相关：

$$\Lambda_i = 0.74 / (x_i - 0.26), \quad \Lambda = \sum_i \Lambda_i x_i \tag{9.144}$$

式中，Λ_i 为氧化物组分 i 的光学碱度；x_i 为组分 i 的电负性；Λ 为多组分渣的光学碱度，又称理论光学碱度，可计算得到它。

(3) 硫容量。

180 多例情况下，渣硫容量与理论光学碱度呈良好的线性相关性，随着理论光学碱度增大，渣硫容量增高。Suito 和 Inoue[287]也报道炼钢渣类似规律，但在硫容量的 $\lg C_S$ 坐标中出现了偏离现象。

(4) 电子密度。

式(9.144)涉及电负性，对变价的过渡金属不适用，为此，Nakamura 和 Suginohara[288]采用平均电子密度 $\bar{D}$ 来修正理论光学碱度，包括取代 Pauling 电负性：

$$\bar{D} = \alpha \cdot Z / d^3 \tag{9.145}$$

式中，α 为对负离子的特殊参数；Z 为正离子电荷；d 为正负离子间距离，计算结果列入表 9.32。

表 9.32　碱度调节参数与理论光学碱度[288]

氧化物	碱度调节参数	Λ	氧化物	碱度调节参数	Λ
Li_2O	0.941	1.06	CuO	1.125	0.89
Na_2O	0.899	1.11	B_2O_3	7.389	0.42
K_2O	0.858	1.16	Al_2O_3	1.505	0.66

氧化物	碱度调节参数	Λ	氧化物	碱度调节参数	Λ
Rb_2O	0.854	1.17	Fe_2O_3	1.399	0.72
Cs_2O	0.845	1.18	Cr_2O_3	1.295	0.77
MgO	1.085	0.92	As_2O_3	1.389	0.72
CaO	1.000	1.00	Sb_2O_3	1.197	0.84
SrO	0.964	1.04	Bi_2O_3	1.087	0.92
BaO	0.927	1.08	CO_2	2.498	0.40
MnO	1.048	0.95	SiO_2	2.119	0.47
FeO	1.066	0.94	GeO_2	1.723	0.58
CoO	1.079	0.93	TiO_2	1.549	0.65
NiO	1.093	0.92	P_2O_5	2.602	0.38
ZnO	1.101	0.91	SO_3	3.481	0.29

由式(9.145)估算氧化渣的理论光学碱度不受氟化物存在的影响,该方法已应用于氟化物和氯化物系,但不适用于存在多于两种负离子的体系。

7) 熔渣碱度的其他表达式

Maekawa 和 Yokokawa[289]采用 X 射线荧光谱测定玻璃试样的折射率,从而确定碱度; Kikuchi 等[290]由 X 射线光电子谱确定硅酸盐熔体碱度; Iwamoto 等[291]、Kaneko 和 Suginohara[292]由拉曼光谱估算熔体中 O^{2-} 浓度。当然,各种方法有其优缺点,总体而言目前这些方法尚未有效且广泛地应用。

9.4.2　熔渣的氧化性

1. 熔渣氧化性定义

熔渣氧化性系指温度一定时单位时间熔渣向金属液或熔锍提供氧的数量,也称熔渣的氧化能力。表征熔渣氧化性有多种形式。

(1) 熔渣中铁氧化物是传递氧的主要载体,通常用$\sum(\%FeO)$表示熔渣氧化性,它包括(FeO)及将 Fe_2O_3 折合成(FeO)两部分之和。

(2) 熔渣氧化性用 a_{FeO} 表示更准确些: $a_{FeO} = \gamma \cdot (\%FeO)$。

(3) 熔渣氧化性用氧在渣/铁间的平衡分配比 L_O 表示: $L_O = (\%O)_{饱和}/[\%O]_{饱和}$。

2. 渣中(FeO)等活度图

按离子理论,由1600℃多元系等活度图可知:碱度较低的熔渣中 O^{2-} 浓度较低, a_{FeO} 也低。随碱度增加, O^{2-} 浓度增加, a_{FeO} 增大;继续提高碱度则生成铁酸根离子:

$$2Fe^{2+}+Ca^{2+}+3O^{2-}\Longrightarrow CaFeO_2+FeO \tag{9.146}$$

这表明 Fe^{2+} 和 O^{2-} 的浓度皆降低,使得 a_{FeO} 下降。当渣中$\sum(\%FeO)$一定、碱度低时,

a_{FeO} 随温度升高而略有减少；当碱度很低时，温度对 a_{FeO} 几乎无影响；当碱度较高 (CaO/SiO₂ 比＞1.4)时，a_{FeO} 随温度升高而减少。

9.4.3　熔渣中元素的容量

通过渣/金反应最大限度地降低金属中硫的残余量，经常运用"渣中硫容量"概念来分析问题。渣中某种元素的容量相当于渣吸纳该元素的能力。硫化物、磷酸盐、水(或氢化物)以及碳酸盐容量已广泛用于冶金渣的分析与讨论。

1. 硫容量和硫酸盐容量

熔渣中硫存在两种形态，即 S^{2-} 和 SO_4^{2-}，当 $SO_2(g)$ 分压一定时，渣中硫以何种离子形态稳定存在则由气相中氧的分压 p_{O_2} 确定。

(1) 在 $p_{O_2} < 10^{-6}$ bar 时，渣中 S^{2-} 形态稳定，如高炉炼铁过程 $p_{O_2} = 10^{-14} \sim 10^{-8}$ bar，渣中发生反应：

$$1/2S_2(g) + (O^{2-}) =\!=\!= (S^{2-}) + 1/2O_2(g) \tag{9.147}$$

由式(9.147)导出渣中硫容量 C_S：

$$C_S = (\%S)(p_{O_2} / p_{S_2})^{1/2} \tag{9.148}$$

由式(9.148)可知，气相氧分压 p_{O_2} 一定时，$(\%S)/(p_{S_2})^{1/2}$ 值越大，渣容纳硫的能力越强，故可用 C_S 来比较温度与气相氧分压给定时不同熔渣脱硫能力的差异。

(2) 在 $p_{O_2} > 10^{-4}$ bar 时，渣中 SO_4^{2-} 形态稳定，渣中反应为

$$1/2S_2(g) + (O^{2-}) + 3/2O_2(g) =\!=\!= (SO_4^{2-}) \tag{9.149}$$

由式(9.149)导出渣中硫酸盐容量 C_{SO_4}：

$$C_{SO_4} = (\%SO_4)/\left(p_{O_2}^{3/2} \cdot p_{S_2}^{1/2}\right) \tag{9.150}$$

(3) 在 p_{O_2} 为 $10^{-4} \sim 10^{-6}$ bar 时，渣中两种离子形态 S^{2-} 和 SO_4^{2-} 可同时存在。

平衡时气相的氧分压称为临界氧分压，当气相氧分压低于或高于临界氧分压时，渣中硫化物或硫酸盐稳定存在：

$$1/2O_2 + SO_2 + (O^{2-}) =\!=\!= (SO_4^{2-}) \tag{9.151a}$$

$$SO_2 + (O^{2-}) =\!=\!= (S^{2-}) + 3/2O_2 \tag{9.151b}$$

在金属精炼过程，当气相氧分压低于临界氧分压时，渣中硫化物稳定，脱硫反应如下：

$$1/2S_2 \text{ 或}[S] + (O^{2-}) =\!=\!= (S^{2-}) + 1/2O_2 \tag{9.152}$$

金属中的硫被还原为硫化物。硫在渣/铁间的分配比与渣碱度关系见图 9.98。因式(9.152)是吸热反应，故硫容量随渣碱度和温度升高而增大。

Waseda 和 Toguri[1, 293]测量渣组成范围很宽的渣中元素容量，各种渣系硫容量 C_S 如图 9.99 所示，BaO-BaF₂ 系中 C_S 最大，渣中硫溶解度直接关系脱硫要求的渣量。

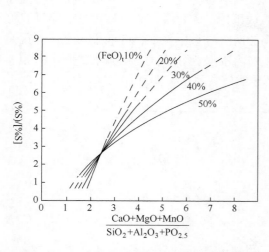

图 9.98 硫在渣/铁间的分配比与渣碱度关系

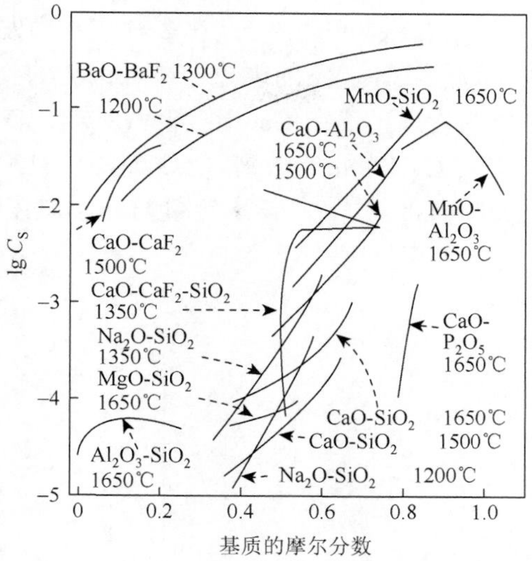

图 9.99 各种渣系的硫容量与组成关系

Simeonov 等[294]实验测量气相氧和硫分压对硫容量及渣中硫溶解度的影响，见图 9.100。

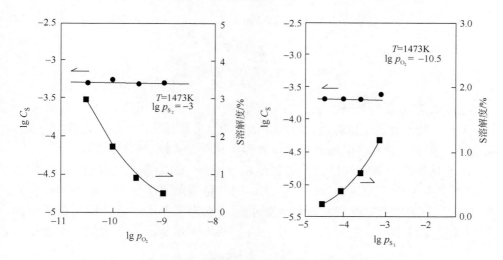

图 9.100 FeO-SiO₂-MgO 系硫容量及硫溶解度与氧分压和硫分压关系

(1) FeO-SiO₂-MgO(饱和)渣中硫溶解度及硫容量与气相氧和硫分压的关系。当硫分压恒定，氧分压由 10^{-8}bar 降至 10^{-10}bar 时，硫容量未变，但渣中硫溶解度增加；当氧分压恒定，硫分压增大时，渣中硫溶解度增加，硫容量几乎未变。

(2) FeO-SiO₂(饱和)、FeO-SiO₂-MgO(饱和)与 FeO-SiO₂-MgO(饱和)渣实验。在 CaO 质量分数为 1%~5%时硫容量不变，将 $\lg C_S$ 与温度倒数作图时二者呈线性关系，当温度升高时硫容量增大；当熔渣组成不变时直线斜率相当于硫蒸气在 FeO-SiO₂ 熔渣中溶解反应的焓变。

关于渣硫容量与其他物理量及不同渣容量之间关系有许多报道[295]，如 $\lg C_S$ 和

$\lg C_{CO_3}$、$\lg C_S$ 和 $\lg C_{PO_4}$。在多种渣系中发现磷酸盐容量与光学碱度、碳酸盐容量与光学碱度间呈线性关系的现象。在炼钢渣的整个组成范围，硫容量与光学碱度间未呈现良好的线性关系，仅在 CaO 饱和与(Mg·Fe)O 饱和的两个渣系中呈现良好线性关系；原因是渣从 SiO_2 饱和变化到 CaO 饱和的整个组成范围必然引起熔渣结构改变。例如，Nagabayash 等[295]测量水容量与光学碱度则呈非线性关系，见图 9.101。

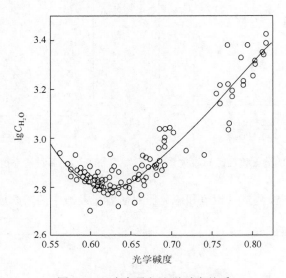

图 9.101　水容量与光学碱度关系

不恰当使用渣容量的例子如下。

(1) 虽然在相当宽的组成范围，渣的容量可能呈现良好线性，但计算容量与采用的热力学数据密切相关，例如，采用对数坐标的容量时压缩了数据的分散性。

(2) 多数情况应用容量线性关系的预测精确较差。因为在定义容量时，采用溶质的质量分数本身就基于溶质遵循 Henry 定律，即假定活度系数恒定，而在强碱性渣中情况并非如此。容量的有效性仅指溶解元素的化学状态在整个组成范围内是不变的，若某种溶解元素在渣中存在变价，则模糊了容量概念，这是因为元素的分配比受氧化态影响。

(3) 在测量与解读渣容量时，应谨慎考虑渣中组分的稳定性。例如，Na_2CO_3 与含 Na_2O 渣平衡时常常是稳定的，除非 CO_2 分压非常低，否则 Na_2CO_3 相可能析出来。在测量渣容量时特别强调渣是匀相的，且不超过其溶解度。当渣的组分之一超出它的溶解度时，若饱和相是酸性氧化物，则渣的碱度可能估算过度，因为超过饱和点的容量基本恒定；若饱和相是碱性氧化物，则渣的碱度可能估算不足。

(4) 当渣与液态金属或锍平衡时，渣中某种元素的容量是表达渣吸纳杂质能力的有用参数。由于众多研究者的努力，已有大量与渣容量相关的数据报道，但采用时须格外关注其可用性与有效性，对冶金渣更须慎用。

2. 磷容量

熔渣中磷存在 P^{3-} 和 PO_4^{3-} 两种形态，并由气相氧分压决定哪种形态稳定。

(1) 在 $p_{O_2} < 10^{-17}$ bar 的强还原气氛时，P^{3-} 形态稳定，脱磷反应为

$$1/2P_2(g)+3/2(O^{2-})=\!=\!=(P^{3-})+3/4O_2(g) \tag{9.153}$$

同样，由反应(9.153)导出渣中磷容量[295, 296]的定义式：

$$C_P = (\%P)\cdot p_{O_2}^{3/4} / p_{P_2}^{1/2} \tag{9.154}$$

由式(9.154)可知，气相氧分压 p_{O_2} 越小，则熔渣还原脱磷的能力越强。

(2) 在炼钢过程，$p_{O_2} > 10^{-8}$ bar 时，PO_4^{3-} 形态稳定，脱磷反应为

$$1/2P_2(g)+3/2(O^{2-})+5/4O_2(g)=\!=\!=(PO_4^{3-}) \tag{9.155}$$

由反应(9.155)导出渣中磷酸盐容量的定义式：

$$C_{PO_4} = \left(\%PO_4^{3-}\right) / \left(p_{O_2}^{5/4} \cdot p_{P_2}^{1/2}\right) \tag{9.156}$$

由式(9.156)可知，气相氧分压 p_{O_2} 越大，则越有利于熔渣氧化脱磷。控制氧分压一定，通过测定磷在渣/金间的分配比可确定磷容量，式(9.156)中的 p_{P_2} 可用金属相中磷含量替代。由式(9.156)知，磷酸盐容量 C_{PO_4} 随渣中氧离子活度或熔渣碱度增大而升高，也随温度降低而升高。

图 9.102 中两条几乎平行直线分别表示渣中 Ba 与 Ca 的磷酸盐和磷化物间化学反应的平衡氧分压与温度间关系。换言之，$Ca_3(PO_4)_2/Ca_3P_2$ 和 $Ba_3(PO_4)_2/Ba_3P_2$ 表示稳定性的临界条件，它是温度与氧分压的函数。在直线的上方相当于磷酸盐稳定区，下方是磷化物稳定区。图中还给出 $2CO=\!=\!=2C+O_2$ 反应的平衡氧分压 p_{O_2} 与温度 $1/T$ 关系线作参照。由图可见，在温度低于 1550℃时，PO_4^{3-} 稳定，故传统的氧化脱磷 $Ca_3(PO_4)_2$ 有效。但对高铬或高锰钢的脱磷并非如此，因 Cr 和 Mn 也会氧化。

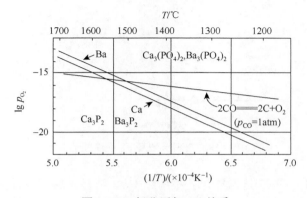

图 9.102　氧分压与 $1/T$ 关系

图 9.103 给出表示磷酸盐和磷化物的两条直线斜率分别为 5/4 和–3/4。近年来钢铁企业颇为关注还原脱磷 Ca_3P_2，但处理含 Ca_3P_2 渣时须非常慎重，因为 Ca_3P_2 与水反应产生有毒的 PH_3 及 P_2 蒸气。

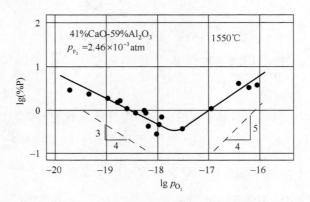

图 9.103   CaO-Al$_2$O$_3$ 中氧分压与磷容量关系

伪三元 CaO-SiO$_2$-FeO 钢渣与钢液间磷的分配比列入图 9.104。在氧气顶吹转炉(basic oxygen furnaces，BOF)末期，渣中 CaO/SiO$_2$ 比一定时，FeO 量增加，分配比 L_P 出现最大值。此现象可解释为

$$FeO = Fe + 1/2O_2(g) \tag{9.157}$$

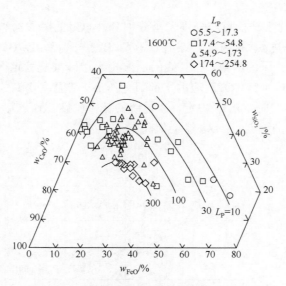

图 9.104   BOF 末期磷在钢渣-钢液间的分配比

当氧分压增大时，FeO 量增加，若不考虑 CaO 消耗，L_P 超过最大值；当氧分压足够高时，渣碱度或 $a_{O^{2-}}$ 太低，L_P 下降。正常钢渣含 10%～20%FeO，恰好相当于脱磷的最佳组成。

脱磷反应如下：

$$n[P]+5n/4O_2(g) =\!=\!= (P_nO_{2.5n}) \tag{9.158}$$

$$K = a_{P_nO_{2.5n}}/(a_P^n \cdot p_{O_2}^{5n/4}) = \{ f_{P_nO_{2.5n}}/(f_P^n \cdot [\%P]^n)\} \cdot \{(\%P_nO_{2.5n})/ p_{O_2}^{5n/4} \}$$

$$\lg\{(\%P)/[\%P]\} = (n-1)/n \cdot \lg(\%P)+1/n \cdot \lg[f_P^n / f_{P_nO_{2.5n}}]+1/n \cdot \lg K \cdot p_{O_2}^{5n/4} \cdot (nM_P)/ M_{P_nO_{2.5n}}$$

式中，$P_nO_{2.5n}$ 表示渣中磷聚合物；M 为 P 或 $P_nO_{2.5n}$ 的分子质量，假设磷在熔渣或金属相均遵循 Henry 定律。即使渣中磷高，$P_nO_{2.5n}$ 的摩尔分数仍很低，因它的分子质量大。

$$\lg\{(\%P)/[\%P]\} = 常数 \quad (n = 1)$$

$$\lg\{(\%P)/[\%P]\} = 1/2 \cdot \lg(\%P)+常数 \quad (n = 2)$$

$\lg\{(\%P)/[\%P]\}$ 随 $\lg(\%P)$ 的变化见图 9.105，其中 $(\%P)$ 和 $[\%P]$ 分别表示磷在渣和金属相中的质量分数。

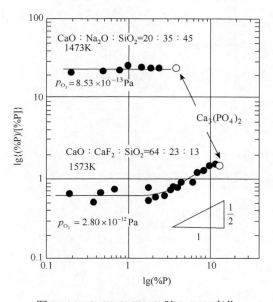

图 9.105　$\lg\{(\%P)/[\%P]\}$ 随 $\lg(\%P)$ 变化

使用含钙熔剂：当熔融 Ca 或熔剂 CaC_2-CaF_2 时，保持低氧分压，将发生如下反应。

$$Ca(l)+1/2O_2(g) =\!=\!= (CaO) \tag{9.159a}$$

$$CaC_2(s)+1/2O_2(g) =\!=\!= (CaO)+2[C] \tag{9.159b}$$

$$3/2[Ca]+[P] =\!=\!= 3/2(Ca^{2+})+(P^{3-}) \tag{9.159c}$$

1873K 下，使用各种含钙熔剂时，铁液中磷含量与钙含量呈线性关系：随钙含量增加，磷含量增大。图 9.106 给出各种二元及三元含钙熔剂中磷容量与硫容量间关系。

3. 渣中溶解碳的容量

渣中碳的溶解形式为 CO_3^{2-} 或 C_2^{2-}。

$CaCO_3$ 转变为 CaC_2 反应中，1873K 时氧分压为 9×10^{-11}bar，1573K 时氧分压为 2×10^{-14}bar。

$$2CaCO_3 \Longrightarrow CaC_2+CaO+5/2O_2(g) \tag{9.160}$$
$$\Delta G^\ominus = 1720100-436.92T$$

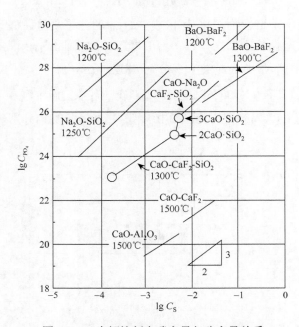

图 9.106 含钙熔剂中磷容量与硫容量关系

高炉还原渣中碳稳定存在形式为 C_2^{2-}，随着渣中(CaO)增加，$\lg C_{C_2}$ 增大，反应如下：

$$2C+O^{2-} \Longrightarrow C_2^{2-} +1/2O_2(g) \tag{9.161}$$

定义碳容量为

$$C_{C_2} = (\% C_2^{2-})\cdot p_{O_2}^{1/2} \tag{9.162}$$

图 9.107 为 1500℃下 $CaO-Al_2O_3$、$CaO-CaF_2$、$BaO-BaF_2$ 和 1350℃下 $BaO-BaF_2$ 强碱性渣中碳酸盐容量 N_{CO_2} / p_{CO_2} 随渣成分的变化[296]。

4. 氮容量

1) 氮容量的概念

由熔渣中氧化物的氮化反应推导出氮容量，它表示为

$$1/2N_2(g)+(M_xO_{1.5}) \Longrightarrow (M_xN)+3/4O_2(g) \tag{9.163}$$

当 M 为 B、Al 时，$x = 1$；当 M 为 Si、Ti 时，$x = 3/4$。

$$C_N = (\%N)\, p_{O_2}^{3/4} / p_{N_2}^{1/2} \tag{9.164}$$

氮以 N^{3-} 形式溶解于渣中，1500℃下 $CaO-CaF_2$ 渣碱性越强，则氮溶解量越大，如下：

$$1/2N_2(g)+3/2(O^{2-}) \Longrightarrow (N^{3-})+3/4O_2(g) \tag{9.165}$$

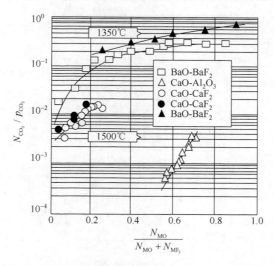

图 9.107　各种强碱性渣的碳酸盐容量与渣成分关系

对硅酸钙和铝酸盐系的实测结果显示，随 CaO 含量增加，氮的溶解度降低，这表明渣中溶解氮可能聚合到网络结构中，可表达为

$$1/2\ N_2(g)+3(O^{2-})\Longrightarrow(N^{3-})+3/4O_2+3/2(O^{2-}) \tag{9.166}$$

$$1/2\ N_2(g)+3/2(Si—O—Si)\Longrightarrow(Si—N—Si)+3/4O_2(g) \tag{9.167}$$

渣中溶解氮 $\lg(N^{3-})$ 为渣碱度或氧离子活度 $a_{O^{2-}}$ 的函数，呈现两性特点。在 1723K，CaF_2 含量一定的 CaO-SiO_2-CaF_2 渣系中，(N^{3-}) 随 SiO_2 含量增加呈现先减小而后增大现象。按此机理，与氮亲和力强的渣具有较大的氮溶解度。在含 B_2O_3 或 TiO_2 的渣系中，因氮掺入 B_2O_3 或 TiO_2 的网络结构中，氮的溶解度高于硅酸盐系，如表 9.33 所示。1873K，以 CaO 或 BaO 为基的渣中，由式(9.164)定义的氮容量 C_N 随渣中 SiO_2、TiO_x 和 Al_2O_3 含量增加而增大。

表 9.33　氮溶解反应的 ΔH(单位：kJ/mol)

元素	ΔH	元素	ΔH
B	364	Si	499
Ti	422	Al	518

2) 氰容量(CN^-)

若渣中存在碳，氮在渣中溶解的形式可为 CN^-，如下：

$$1/2N_2(g)+C+1/2(O^{2-})\Longrightarrow(CN^-)+1/4O_2(g) \tag{9.168}$$

氰容量定义为

$$C_{CN}=(\%CN^-)\,p_{O_2}^{1/4}/p_{N_2}^{1/2} \tag{9.169}$$

对含 CaO 渣，氰容量是 CaO 摩尔分数的函数，$\lg C_{CN}$ 随 x_{CaO} 增加而增大。碱性渣氰容量很大，在 $p_{CO}=0.5bar$ 时，石墨坩埚中苏打精炼渣 Na_2O-SiO_2 的 C_{CN} 随 x_{Na_2O}/x_{SiO_2} 的变化如图 9.108 所示。

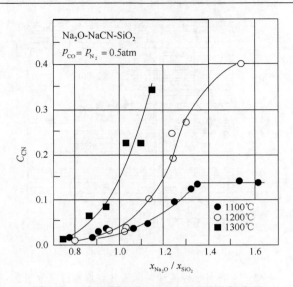

图 9.108　与石墨平衡 Na$_2$O-SiO$_2$ 渣的氰容量

5. 水容量

水蒸气在渣中的溶解状态类似氮气，可表达为
在碱性渣中，

$$(O^{2-})+H_2O(g) \Longrightarrow 2(OH^-) \tag{9.170}$$

在酸性渣中，

$$H_2O(g)+(Si—O—Si) \Longrightarrow 2(Si—OH) \tag{9.171}$$

水容量定义为

$$C_{H_2O} = (H_2O\%)/ p_{H_2O}^{1/2} \tag{9.172}$$

图 9.109 为水分压一定时，碱金属硅酸盐中水容量与碱金属氧化物摩尔分数间存在最低值。水容量与渣组成间关系在 CaO-SiO$_2$ 系中如图 9.110 所示。

6. 氧容量

自 Richardson[11]提出熔渣硫容量以来，硫容量在冶金工艺中的应用逐步扩展，后人又陆续针对性地提出磷容量、碳容量、水容量、氮容量等，唯独未涉及氧容量。

本书在研发复合矿冶金渣中有价组分选择性富集过程中涉及渣中变价元素多价态共存现象，关注熔渣中有价元素的价态及其走向，以及凝渣中它的赋存形态，为此对还原性渣实施氧化改性处理，调节有用元素的价态。在此过程，掌控熔渣吸纳氧的能力十分重要，故提出熔渣氧容量概念，作为定量表征熔渣吸纳氧的状态参数，以期指导氧化改性处理的工艺条件。针对渣中有价组分选择性富集的目标相，以及实施氧化改性的操作便利性，选择渣中 Fe 与 Ti 两种变价元素，推导出氧容量的两种定义式。

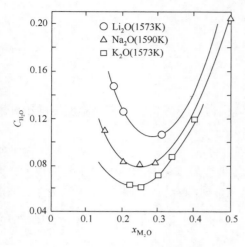

图 9.109　R_2O-SiO_2 系水容量与组成关系

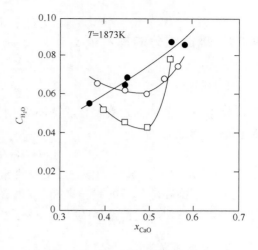

图 9.110　CaO-SiO_2 系水容量与组成关系

(1) 基于渣中铁的氧化反应，导出氧容量 C_O 的定义式为

$$(Fe_2O_3) = 2(FeO) + 1/2O_2(g) \tag{9.173}$$

$$C_O = (\%Fe^{2+})^2 \cdot p_{O_2}^{1/2} / (\%Fe^{3+}) \tag{9.174}$$

(2) 基于渣中钛的氧化反应，推导氧容量 C_O 的定义式为

$$2(TiO_2) = (Ti_2O_3) + 1/2O_2(g) \tag{9.175}$$

$$C_O = (\%Ti^{3+}) \cdot p_{O_2}^{1/2} / (\%Ti^{4+})^2 \tag{9.176}$$

有关氧容量在渣中有价组分选择性富集过程的具体应用可参见第 3～6 章。采用固体电解质氧浓差电池在线检测熔渣的氧位，可即时地表述渣的氧化状态，便于在现场判断熔渣的氧化程度，指导工艺运行。氧浓差电池所测定的是渣中局域的氧位，若渣量过大(如在现场渣罐)，则难以表征熔渣整体的氧化状态。但是，当氧化工艺采用向熔渣喷吹纯氧气(或空气)时，剧烈搅动可使得熔渣处于比较均匀的状态，用测定的氧位来表征熔渣整体的氧化状态是可行的。

可用变价氧化物的氧化态/还原态(如 $x_{TiO_2}/x_{TiO_{1.5}}$ 或 $x_{FeO_{1.5}}/x_{FeO}$)来表征熔渣的氧化状态。鉴于铁变价氧化物的分析方法成熟、简便，可靠程度高，故定义：

$$O_S = x_{FeO_{1.5}}/x_{FeO} \tag{9.177}$$

式中，O_S 为氧容量，它既反映熔渣的氧化状态，亦表示渣可容纳氧的数量，其数值越大，熔渣氧位越高，容纳氧的数量越多。为定量地描述熔渣容纳氧的能力，设定熔渣完全被氧化、达到饱和状态时渣的氧化程度为 1，按上述思路，定义：

$$O_D = (x_{FeO_{1.5}}/x_{FeO})/(x_{FeO_{1.5}}/x_{FeO})_{平衡} \tag{9.178}$$

式中，O_D 为氧化度，代表渣的氧化程度；$(x_{FeO_{1.5}}/x_{FeO})_{平衡}$ 为熔渣被完全氧化、达到饱和状态时的 $x_{FeO_{1.5}}/x_{FeO}$。显然，O_D 直接取自样品的实测结果，可靠性相对更高些。实际应用时，可根据样品分析结果计算氧容量与氧化度，判断熔渣的氧化状态、所达到的氧化程度以及进一步深度氧化的潜能。

9.4.4　熔渣组分的挥发

1. 挥发性

恒温下，某种物质凝聚相-气相平衡时的气体压力，称为该物质在该温度下的饱和蒸气压(p)，可表示为

$$\lg p = A + BT\lg T + CT + D \tag{9.179}$$

式中，A、B、C、D分别为该物质的特性常数。各种金属或化合物的蒸气压差异很大，火法冶金利用饱和蒸气压的差异来提取、精炼或提纯金属和金属化合物。在火法冶金、玻璃熔炼和煤的气化等过程常伴随挥发现象。

2. 金属挥发

1) M(g)

碱硅酸盐熔体中挥发物主要是碱金属 M，由热分解反应可确定 M(g)的蒸气压：

$$1/2(M_2O)(l) \rightleftharpoons M(g) + 1/4\ O_2(g) \tag{9.180}$$

Sanders 和 Haller[297]测量不同氧分压下熔体中 Na_2O 的活度：在 1345℃，熔体中 Na_2O(相对纯液态 Na_2O)的活度为 2×10^{-7}，当氧分压为 0.1bar 时，与熔体平衡的 Na(g)蒸气压为 3×10^{-5}bar。Neudorf 和 Elliott[298]采用电动势技术测量 1000～1100℃，Na_2O-CaO-SiO_2 熔体 Na(g)蒸气压，并外推到 1345℃，得 Na_2SiO_3 熔体中 Na_2O 活度，但其值较文献[120]低两个数量级。

2) MOH(g)

水蒸气存在时，发生熔体与水蒸气间反应，生成 MOH(g)，强化碱硅酸盐熔体的挥发：

$$1/2(M_2O)(l) + 1/2\ H_2O(g) \rightleftharpoons MOH(g) \tag{9.181}$$

在温度与组成给定时，挥发物分压之比为

$$p_{MOH}/p_M = \frac{k_2}{k_1}\ p_{O_2}^{1/4}\ p_{H_2O}^{1/2} \tag{9.182}$$

式中，k_1 与 k_2 为平衡常数。由文献[299]数据计算含 Na_2O 和 K_2O 熔体中，k_2/k_1 与温度呈线性关系，随温度升高，k_2/k_1 降低，熔体中存在水蒸气强化 Na(g)的挥发。

3) SiO(g)

(1) 固体 SiO_2 或硅酸盐熔体易被 H_2、CO、C 还原，生成 SiO(g)。工业上，在煤的气化炉和高炉的燃烧区均可能发生 SiO_2 与炭或焦生成 SiO(g)的反应：

$$SiO_2(焦灰) + C \rightleftharpoons SiO(g) + CO(g) \tag{9.183}$$

(2) 给定的温度与 CO 压力下，SiC 比 SiO_2 稳定，生成 SiO(g)：

$$SiC(焦灰) + CO(g) \rightleftharpoons SiO(g) + 2C \tag{9.184}$$

(3) 两气相 SiO(g)及 CO(g)与两凝聚相 SiO_2 和 SiC 间反应如下：

$$2SiO_2(l) + SiC(s) \rightleftharpoons 3SiO(g) + CO(g) \tag{9.185}$$

上述三类反应涉及气态物 SiO(g)和 CO(g)及三种凝聚相 SiO$_2$、SiC 和 C 中的两个,在给定 CO 压力时,该多元系可按伪二元系(两个凝聚相和一个气相构成的平衡体系)处理。

4) SiS(g)

焦炭含 6%~7%S,主要为 CaS 和 FeS,由热力学数据计算知,在高炉燃烧带 SiS(g)量最大,该区域的组成与温度有利于反应生成 SiS(g):

$$CaS(焦灰)+SiO(g)=SiS(g)+CaO \tag{9.186}$$

$$FeS(焦灰)+C+SiO(g)=SiS(g)+CO(g)+Fe \tag{9.187}$$

5) Si(OH)$_4$(g)

Cheng 和 Cutler[299]测量结果表明,在 800~1450℃的水蒸气气氛加热硅酸盐时反应生成 Si(OH)$_4$(g):

$$2H_2O(g)+SiO_2(l)=Si(OH)_4(g) \tag{9.188}$$

在压力为 0.85~28bar 时,失重速度正比于 $p_{H_2O}^{1.34}$,这是关于 Si(OH)$_4$(g)的有限信息。

碱氢氧化物与碱硼酸盐的蒸气压远高于 B$_2$O$_3$(g)的蒸气压,见图 9.111。

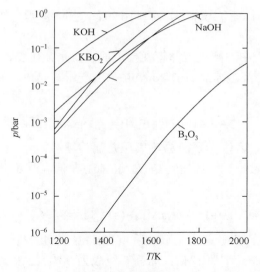

图 9.111　NaOH、KOH、KBO$_2$ 及 B$_2$O$_3$ 蒸气压

6) 氟化物

(1) SiF$_4$(g)。

熔体中加入氟化物,降低黏度,源自它引发了硅酸盐的解离反应:

$$(—Si—O—Si—)+2F^-=2(—Si—F)+O^{2-}$$

反应释放出的 O^{2-}又促进硅酸盐熔体中大尺寸负离子的解聚反应:

$$(Si—O—Si)+O^{2-}=2(Si—O)$$

导致 SiF$_4$(g)的生成,故硅酸盐熔体中生成含氟挥发物的总反应为

$$2(CaF_2)+(SiO_2)=2(CaO)+SiF_4(g) \tag{9.189}$$

在等温等压下，反应(9.189)的平衡状态可由 $SiF_4(g)$ 分压与反应物浓度表述，因未考虑组分活度系数，表观平衡常数 k_F 可随组成改变：

$$k_F = x_{CaO}^2 \cdot p_{SiF_4} / (x_{CaF_2}^2 \cdot x_{SiO_2})$$

Shinmei 等[300]采用吸附-解吸技术，测量 1450℃，含 70%～90%CaF₂ 的 CaO-SiO₂ 熔体中 $SiF_4(g)$ 的平衡分压。它随碱度增强而降低，在平均含 80%CaF₂ 的熔体中，碱度由 0.5 升至 1.0 时，$SiF_4(g)$平衡分压降低约两个数量级。这表明：在研究的组成范围，碱度增大导致活度系数 γ_{CaO}^2、$\gamma_{CaF_2}^2$、γ_{SiO_2} 增大。

Sun 等[301]研究 1450℃，CaF₂-CaO-SiO₂ 熔体中反应(9.189)，当碱度从 1.0 升至 1.3 时，假设气-液系平衡，依据反应(9.189)的实验测量数据，并结合相关的热力学数据，计算得到熔体中 $SiF_4(g)$ 的平衡分压比文献[300]的测量值高五倍。

$$(CaF_2)+H_2O(g)=\!=\!=(CaO)+2HF(g) \tag{9.190}$$

由反应(9.190)的平衡常数可知：水蒸气对氟化物-熔体间平衡分压产生影响。在 1700K，以固体 CaO 和 CaF₂ 为标准态，平衡常数 $k = p_{HF}^2 / p_{H_2O} = 2.66×10^{-3}$。温度升高则 $CaF_2(g)$蒸气压显著增加，如 1700K 为 $8.6×10^{-5}$bar，2000K 则为 $3.5×10^{-3}$bar。

(2) $NaAlF_4(g)$。

生产 Al 的电热过程中，阳极气体挥发损失的主要是氟化物，每生产 1t Al 则有 20～25kg 氟化物挥发损失。液态冰晶石的 $NaAlF_4(g)$蒸气压随 AlF_3/NaF 比增加而升高，反应如下：

$$2AlF_3(l)+Na_3AlF_6(l)=\!=\!=3NaAlF_4(g) \tag{9.191}$$

对 NaAlF₄-Na₃AlF₆ 熔体，平衡总蒸气压是温度函数，蒸气压随温度升高而增大。Grjotheim 等[302]的测量数据表明挥发物是 $NaAlF_4(g)$，在低温时还发现挥发物$(NaAlF4)_2(g)$，反应如下：

$$2NaAlF_4(g)=\!=\!=(NaAlF_4)_2(g), \quad \lg K=9594/T-6.23 \tag{9.192}$$

Sidorov 和 Kolosov[303]确定冰晶石-Al₂O₃(10%)混合物的蒸气平均分子质量，与文献[302]数据相近。Grjotheim 等[302]评估：冰晶石组成为 90%NaAlF₄、10%Na₃AlF₆ 与 NaF；与 Al₂O₃ 接触时生成 Na(g)：

$$2Na_3AlF_6(l)+Al(l)=\!=\!=3NaAlF_4(g)+3Na(g) \tag{9.193}$$

Dewing[304]测定相关反应的吉布斯自由能变化如表 9.34 所示。

表 9.34　反应的吉布斯自由能变化(单位：kJ/mol)

反应	$\Delta G^{\ominus}$ (1000℃)
$6NaF(s)+Al(l)=\!=\!=Na_3AlF_6(s)+3Na(g)$	20.08
$NaF(l)+AlF_3(s)=\!=\!=NaAlF_4(g)$	−57.53
$3NaF(l)+AlF_3(s)=\!=\!=Na_3AlF_6(s)$	−111.36

由氟化物的熔化吉布斯自由能数据结合液态冰晶石中 $NaAlF_4(g)$ 蒸气压，得到 1000℃ 下反应(9.193)的平衡常数为

$$p_{NaAlF_4} \cdot p_{Na} = 1.45 \times 10^{-4} bar^2 \tag{9.194}$$

将液态冰晶石中 $NaAlF_4(g)$ 的平衡压力 0.005bar 代入式(9.194)得 Na(g)平衡分压为 0.029bar，重量损失为冰晶石与 Al_2O_3 接触导致蒸气压升高的主要因素。由反应平衡的吉布斯自由能变化计算表明：CaF_2-富铝酸钙熔体中，CaF_2 与 Al_2O_3 反应生成 $AlF_3(g)$ 的平衡分压比 $CaF_2(g)$ 低若干数量级。

9.4.5　熔渣系的特点

熔渣系的特点如下：①熔渣是匀相体系，氧化物组分活度以纯物质为标准状态，计算组分活度时无须作标准态转换；②渣系中含过渡或稀土元素时，同一元素、不同价态的离子可同时存在，无须考虑逐级转换；③渣系为多变系，当达到平衡时，同一元素、不同价态的离子同时达到平衡，因而可由其中一种价态离子组分的活度计算其他各种价态离子组分的活度；④改变温度和/或压力而改变平衡状态时，同一元素、不同价态离子间的比例关系亦改变，换言之，通过调控温度和/或压力可以人为地增大某种价态离子的数量，减少其他价态离子的数量，反之亦然。

9.5　熔渣中变价离子

9.5.1　离子价态

复合矿冶金熔渣中有价组分(如过渡及稀土元素)多呈变价离子，对渣实施选择性析出分离技术时，须考虑渣中离子多价态共存的特点，尤其采用氧化反应调控渣中离子价态时，更需要逐一分析各变价离子的行为与走向。熔渣中离子价态受温度、总压力、组成和氧分压等因素影响，并随环境条件而变化。为此，调控过程中考察各离子价态演变的规律，掌握渣中离子赋存状态及走向，实现熔渣由冶金功能向材料功能的转换，达到选择性富集与析出的目的，对后续选择性分离渣中有价组分非常必要且重要。渣中离子价态的改变直接影响渣的性质与功能，而渣的组成、温度、环境的氧分压等条件又影响离子价态及离子间反应。离子间反应类型繁多，涉及离子的种类和价电子得失数量，但价态是本质，反应是途径。因此在讨论离子间反应时，既要关注离子各自的特性，又须考虑离子间反应规律的共性，离子价态改变与离子间反应途径密不可分。本节将分别阐述各类离子价态与形态的特点，以及离子间反应的规律(形态指离子的配位状态，或为简单正离子或为复合负离子)。

1. 离子价态概述

复合矿冶金渣中有价组分(如 V、Ti、Fe、Cr、RE)呈现同一离子、不同价态共存的现

象。当熔渣凝固时，同一元素但不同价态的离子赋存于不同的矿物相中。这直接影响有价组分选择性富集与析出的效果，它是预设渣中富集相的重要依据。理论上，渣中同一元素、不同价态离子的分布与形态皆受离子间反应的平衡状态制约，氧分压确定离子价态，渣的酸碱性又关系离子聚合或解聚的形态。以下简述渣中化学反应时离子的价态和形态、分布及走向、组分活度与活度系数等性质的变化。

2. 离子结构参数

熔渣中离子的价态与形态受其结构参数影响，其中离子-氧参数 I(表 9.1)定量地表征正离子与氧离子间的交互作用与亲和力。依据表中 I 排列次序与位置可以提取渣中各离子间交互作用的信息。例如，按表的垂直方向，从上至下 I 排列次序由大至小，从 P^{5+} 的 3.30 降至 K^+ 的 0.27。显然，P^{5+} 与氧离子的亲和力最强，渣中磷氧化物呈现强酸性；相反，K^+ 与氧离子的亲和力最弱，渣中钾氧化物的碱性最强。

当熔渣环境改变时，不同元素离子间交互作用可改变，同一元素但不同价态的离子间相互作用也可改变。利用各离子结构参数并结合渣性质的数据，可判断同一元素但不同价态离子间及不同元素离子间交互作用程度、趋势、离子走向与分布等动态规律。基于这些规律对渣中有价组分选择性富集，实现从"分散"向"集中"的转化。

9.5.2　铁离子

炼钢或炼铜过程的熔渣中存在(Fe^{2+})和(Fe^{3+})两种正离子及 $FeO_n^{(2n-3)-}$ 负离子，随着熔渣性质(酸碱性与氧化性)与渣中(O^{2-})数量及环境气氛(p_{O_2})的改变，渣中(Fe^{2+})和(Fe^{3+})的比例、价态与形态、分布及走向均变化。碱性渣中(FeO_2^-)较(Fe^{3+})数量居多，而酸性渣中(Fe^{3+})比(Fe^{2+})占优势。

1. 渣中铁的氧化态

渣中铁的氧化态取决于渣的温度、总压力、氧分压及组成等状态参数。

Gurry 和 Darken[305]、Spencer 和 Kubaschewski[306]测量 1600℃，总压力为 1bar，CO_2 和 O_2 同时存在时，添加 CaO 和 MnO 对分解反应(Fe_2O_3══$2FeO+1/2O_2$)平衡组成的影响。Larson 和 Chipman[307]研究 $CaO-FeO-Fe_2O_3$ 系氧化-还原反应，1550℃，空气+CO_2-CO 混合气，p_{CO_2}/p_{CO} 为 11.4 和 2.5，随氧分压 $\lg(p_{CO_2}/p_{CO})$ 提升，$Fe^{3+}/(Fe^{2+}+Fe^{3+})$ 比增大。Timucin 和 Morris[189]、Takeda 等[285]分别测量 $CaO(10\%\sim35\%)-FeO-Fe_2O_3$ 系，1200～1600℃，$Fe^{2+}/(Fe^{2+}+Fe^{3+})$ 比随温度、氧分压及 CaO 含量的变化，可表示为经验式：

$$\lg(Fe^{3+}/Fe^{2+}) = 0.170\lg p_{O_2} +0.018\lg(\%CaO)+5500/T-2.52$$

Fetters 和 Chipman[308]测量与铁酸钙平衡铁水中氧的溶解度，由铁液数据推导出共存熔体的特性。Larson 和 Chipman[307]测量 1550℃，p_{O_2} 为 $10^{-8}\sim10^{-2}$bar，CaO/SiO_2 比分别为 0.540、1.306 和 2.235 时，CaO、SiO_2 对 $CaO-SiO_2-FeO-Fe_2O_3$ 熔体中铁氧化态(Fe^{3+}/Fe^{2+})

的作用(图 9.112)。当温度、氧分压确定时，SiO_2 取代 CaO 的力度越大，则 Fe^{3+}/Fe^{2+}降低越多。

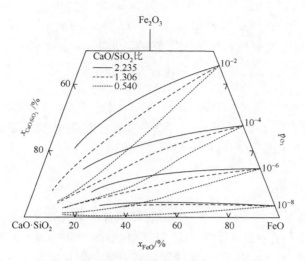

图 9.112　$CaO\text{-}SiO_2\text{-}FeO\text{-}Fe_2O_3$ 系等氧压线

Ban-ya 和 Shim[309]也观察到类似现象，测量 1600℃，$(CaO+MgO)\text{-}SiO_2\text{-}FeO\text{-}Fe_2O_3$ 系与铁液平衡、$MgO\text{-}SiO_2\text{-}FeO\text{-}Fe_2O_3$ 系与固态铁平衡、FeO-MO 系平衡。氧化铁总量用 FeO 表示。上述平衡可由耦合反应解释：

$$2(Fe^{2+})+1/2O_2 \Longrightarrow 2(Fe^{3+})+O^{2-} \tag{9.195}$$

$$2(Fe^{2+})+(2x-1)O^{2-}+1/2O_2 \Longrightarrow 2(FeO_x)^{(2x-3)-}$$

CaO 为强碱，释放(O^{2-})促进耦合反应向右进行，增大 Fe^{3+}/Fe^{2+}比；用 SiO_2 取代 CaO 时将弱化耦合反应，使 Fe^{3+}/Fe^{2+}比降低；用 MgO 取代 CaO 也使 Fe^{3+}/Fe^{2+}比降低。Bowen 和 Schairer[310]研究与铁液平衡的饱和 $FeO\text{-}SiO_2$ 熔体性质。Schuhmann 和 Ensio[311]测量 1250～1350℃，p_{CO_2}/p_{CO} 为 0.12～0.28 时，与 γ-Fe 平衡的饱和熔体性质。Michal 和 Schuhmann[312]测量 1250～1350℃，p_{CO_2}/p_{CO} 为 0.1～1.24 时，SiO_2 饱和熔体的性质。Turkdogan 和 Bills[313, 314]研究 1550℃，$p_{CO_2}=1.013bar$，$p_{CO_2}/p_{CO}=2.5$、11.4 和 75 时的 SiO_2 饱和熔体，随气相氧分压增大，Fe^{3+}/Fe^{2+}比增加；在 1200～1600℃，Fe^{3+}/Fe^{2+}比对温度不敏感源于两个矛盾作用的综合效果：当 p_{CO_2}/p_{CO} 一定时，升温促进平衡氧分压提高；但氧分压与 SiO_2 浓度一定时，随温度升高，Fe^{3+}/Fe^{2+}比降低，升温抑制氧化放热反应。对 SiO_2 饱和熔体，$\lg(p_{CO_2}/p_{CO})$ 与 $\lg(Fe^{3+}/Fe^{2+})$几乎呈线性关系，斜率为 2。对于氧化-还原反应：

$$CO_2+2(Fe^{2+}) \Longrightarrow 2(Fe^{3+})+(O^{2-})+CO \tag{9.196}$$

虽然离子活度或活度系数不可测量，但反应的等温平衡状态可表示为

$$\lg(p_{CO_2}/p_{CO})=2\lg(Fe^{3+}/Fe^{2+})+2\lg(\gamma_{Fe^{3+}}/\gamma_{Fe^{2+}})+\lg a_{O^{2-}}-\lg K \tag{9.197}$$

式中，K 为平衡常数，$\lg(p_{CO_2}/p_{CO})$ 与 $\lg(Fe^{3+}/Fe^{2+})$ 呈线性且斜率为 2，表明：SiO_2 饱和熔体中，$\gamma_{Fe^{3+}}/\gamma_{Fe^{2+}}$ 与 $a_{O^{2-}}$ 均为恒定值。在 FeO-SiO_2 熔体中同样可观察到 Fe^{3+} 不与 Si—O 负离子聚合，仍然以 Fe^{3+} 为主赋存于熔体中。Turkdogan 和 Bills[313, 314] 研究磷酸铁和磷硅酸盐熔体的组成及 p_{O_2} 变化对 Fe^{3+}/Fe^{2+} 比的影响。已知 p_{CO_2}/p_{CO} 与 SiO_2 的浓度，研究 P_2O_5 对磷硅酸盐熔体及 SiO_2 对硅酸盐熔体中铁氧化态的作用，两者均可表示为

$$\{(Fe^{3+}/Fe^{2+})_{Si-P}/(Fe^{3+}/Fe^{2+})_{Si}\}_{SiO_2, p_{CO_2}/p_{CO}} \tag{9.198}$$

在含质量分数 48%SiO_2 的熔体中，Fe^{3+}/Fe^{2+} 比是 P_2O_5 含量的单值函数。P_2O_5 使得 Fe^{3+}/Fe^{2+} 比降低程度大于 SiO_2 降低程度，该现象源自 P_2O_5 在磷硅酸盐熔体中的聚合作用比 SiO_2 在硅酸盐熔体中的聚合作用更强烈。

2. 反应平衡常数 K_{Fe}

FeO 含量高的熔体中，反应平衡常数 K_{Fe} 随熔体中氧化物含量而变化。Turkdogan 和 Bills[314] 研究 1550℃下 K_{Fe} 随三元熔体组成的变化规律，如图 9.113 所示。在铁酸盐熔体 FeO_x-CaO 和 MnO-FeO_x 中，K_{Fe} 的等值线随组成变化呈现相似的规律。在硅酸铁和磷酸铁熔体中，K_{Fe} 的等值线随组成变化见图 9.114，K_{Fe} 等值线形状(最高点与最低点)明显与铁酸盐熔体中 K_{Fe} 等值线的形状(图 9.113)相反。图 9.114 中定义 K_{Fe} 的反应为

$$CO_2 + 2(Fe^{2+}) \Longrightarrow 2(Fe^{3+}) + (O^{2-}) + CO \tag{9.199}$$

$$K_{Fe} = (Fe^{3+}/Fe^{2+})^2 \cdot (p_{CO}/p_{CO_2}) \cdot (O^{2-})$$

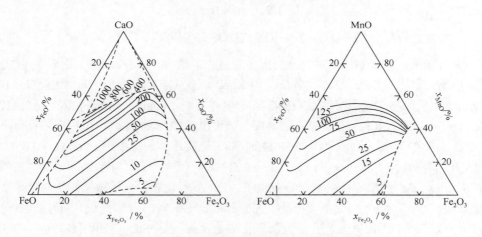

图 9.113 FeO_x-CaO 和 MnO-FeO_x 中 K_{Fe} 等值线

通常，温度确定的体系中，K_{Fe} 随熔体的解聚程度增强而增大。Yokokawa 等[315] 采用电动势法测量 800℃、铁质量分数小于 1.2%的磷酸钠熔体中铁的氧化态。对于 Na_2O/P_2O_5 比一定的熔体，$(Fe^{3+}/Fe^{2+})^2$ 正比于 $p_{O_2}^{1/2}$，K_{Fe} 随 Na_2O/P_2O_5 比增大而增加。Na_2O/P_2O_5 比为 0.5 时，K_{Fe} 约 100；而 Na_2O/P_2O_5 比为 4 时，K_{Fe} 为 5000。碱金属磷酸盐熔体中的 K_{Fe} 与

碱金属硅酸盐熔体中的 K_{Fe} 相比较，后者高于前者，差异较大，这是因为磷酸盐熔体中的聚合程度较高。

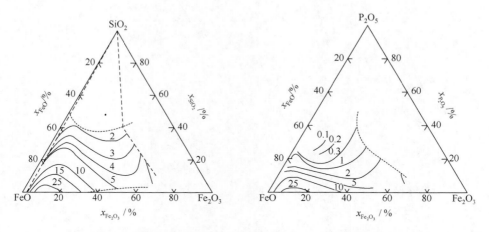

图 9.114 FeO-Fe$_2$O$_3$-SiO$_2$ 和 FeO-Fe$_2$O$_3$-P$_2$O$_5$ 中 K_{Fe} 等值线

3. 渣性质

(1) 渣中酸性组分占优势（$a_{O^{2-}}$ 小）时，FeO 释放出（O^{2-}），$Fe^{3+}/(Fe^{2+} \cdot p_{O_2}^{1/4})$ 随碱度增强而降低。提高碱度促进反应向还原方向移动，Fe^{2+} 比 Fe^{3+} 更稳定，氧化-还原反应可表示为

$$(Fe^{2+}) + 1/4O_2 = (Fe^{3+}) + 1/2(O^{2-}) \tag{9.200}$$

(2) 渣中碱性组分占优势（$a_{O^{2-}}$ 大）时，FeO 吸纳（O^{2-}），生成聚合负离子 FeO_2^-，与 Fe^{3+} 相比，FeO_2^- 占优势；$Fe^{3+}/(Fe^{2+} \cdot p_{O_2}^{1/4})$ 随碱度增强而增大。提高碱度促进反应向氧化方向移动，Fe^{3+} 比 Fe^{2+} 更稳定，氧化-还原反应可表示为

$$(Fe^{2+}) + 1/4O_2 + 3/2(O^{2-}) = (FeO_2^-) \tag{9.201}$$

(3) 渣中两性组分占优势（$a_{O^{2-}}$ 中等）时，铁氧化物显酸性，吸纳（O^{2-}），以正离子（Fe^{3+}）和聚合负离子（FeO_2^-）形式存在；$Fe^{3+}/(Fe^{2+} \cdot p_{O_2}^{1/4})$ 与碱度无关。当两性氧化物占优势时其相当于缓冲剂（buffer），提高碱度时它显酸性，吸纳（O^{2-}）；降低碱度时它显碱性，给出（O^{2-}），作用总是向弱化碱度变化引发的方向移动，遵循勒夏特列原理；氧化-还原反应表示为

$$(Fe^{2+}) + 1/4O_2 = 3/4(Fe^{3+}) + 1/4(FeO_2^-) \tag{9.202}$$

在炼钢或炼铜过程 Fe^{3+} 和 Fe^{2+} 同时存在。在氧分压固定时，CaO-FeO-Fe$_2$O$_3$ 系中 Fe^{3+}/Fe^{2+} 比随 CaO 含量增高而增大，这可解释为渣中存在 $FeO_n^{(2n-3)-}$：

$$(Fe^{2+}) + O_2 + (O^{2-}) = (FeO_3^{3-}) \tag{9.203}$$

存在卤化物的 FeO-CaF$_2$ 系中，a_{FeO} 随 FeO 含量而变化，图 9.115 给出 FeO-CaF$_2$ 系中 a_{FeO} 与 FeO 含量间关系[220, 316, 317]。

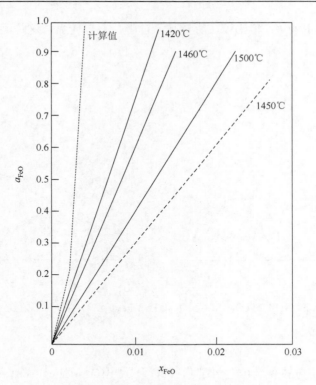

图 9.115　FeO-CaF$_2$ 系 a_{FeO} 与 x_{FeO} 关系

不同线型代表不同研究结果

在 CaO-FeO-SiO$_2$ 系，FeO 含量固定时，于 CaO/SiO$_2$比 = 2 处 a_{FeO} 具有最大值，a_{FeO} 随 CaO/SiO$_2$比 增加而增大，这可解释为 CaO-SiO$_2$ 系中正硅酸盐最稳定。Paul 和 Douglas[223, 318] 研究碱金属硅酸盐熔体中 Fe^{3+}/Fe^{2+}平衡，1400℃，空气气氛，Fe 质量分数<0.5%下，测量硅酸钠熔体中 Fe^{3+}/Fe^{2+}比随碱金属氧化物 M$_2$O 含量增加而增大，但其 Fe^{3+}/Fe^{2+}比只相当于 Johnston[319]测量值的 1/2。

9.5.3　锰离子

熔渣中 Mn^{2+}和 Mn^{3+}两种正离子及 MnO$_2^-$ 负离子可同时存在[320]，多数情况渣中 Mn^{2+} 稳定，即使在空气气氛下，CaO-MnO-SiO$_2$ 系平衡时 Mn^{3+}的数量亦较少。Mn^{3+}/Mn^{2+}比随 渣碱度增强而增大，其反应为

$$(Mn^{2+})+1/4O_2+3/2(O^{2-}) \Longrightarrow (MnO_2^-) \tag{9.204}$$

炼钢过程渣-金间锰的反应平衡为

$$2[Mn]+O_2 \Longrightarrow 2(Mn^{2+})+2(O^{2-}) \tag{9.205}$$

在 1673K，空气、CaO-MnO-SiO$_2$ 渣中 MnO 为碱性氧化物时，Mn^{3+}/Mn^{2+}比随二元碱 度增强而增大。炼钢过程呈现随渣碱度增强，表观平衡常数逐渐降低趋势。

Paul 和 Lahiri[321]研究含 0.3%Mn 的碱金属硼酸盐中锰的氧化-还原反应平衡，900～1300℃、空气气氛下的平衡数据表明：锰质量分数低于 0.3%时，Mn^{3+}/Mn^{2+} 比随碱性氧化物含量增加而增大，但随温度升高而降低，此规律与其他氧化物的行为一致。

9.5.4　铬离子

熔体中存在 Cr^{2+}、Cr^{3+} 和 Cr^{6+} 三种正离子。温度、总压力、氧分压与组成等因素影响氧化-还原反应平衡，由以下何种方程式表达反应平衡取决定于熔体中铬离子的价态：

$$2(Cr^{2+})+3(O^{2-})+5/2O_2 \Longrightarrow 2(CrO_4^{2-}) \tag{9.206}$$

$$2(Cr^{2+})+1/2O_2 \Longrightarrow 2(Cr^{3+})+(O^{2-}) \tag{9.207}$$

$$(Cr^{3+})+3/4O_2+5/2(O^{2-}) \Longrightarrow (CrO_4^{2-}) \tag{9.208}$$

熔体处于氧化气氛及碱性条件下，(Cr^{3+})按 O 型氧化-还原反应生成稳定(CrO_4^{2-})。Irmann[322]研究硼酸盐熔体，1200℃，p_{O_2} =0.02～1bar，在铬总质量分数低于 0.1%时，Cr^{6+}/Cr^{2+}比与$p_{O_2}^{3/4}$成正比。按 O 型氧化-还原反应，硼酸盐熔体中反应平衡常数k_{Cr}的实验测量值$\lg k_{Cr}$随熔体组成 MO 的增加呈现增大趋势。Nath 和 Douglas[323]研究 1400℃、空气气氛下，碱金属硼酸盐中反应平衡常数$\lg k_{Cr}$随熔体中碱金属氧化物(M$_2$O，M = K, Na, Li)变化，如图 9.116(a)所示。当温度与p_{O_2}确定时，碱金属硼化物生成自由能越负，则Cr^{6+}/Cr^{3+}比越高。对某些碱金属铝硼酸盐和硅酸钠熔体，反应平衡常数$\lg k_{Cr}$随温度的变化如图 9.116(b)和(c)所示。

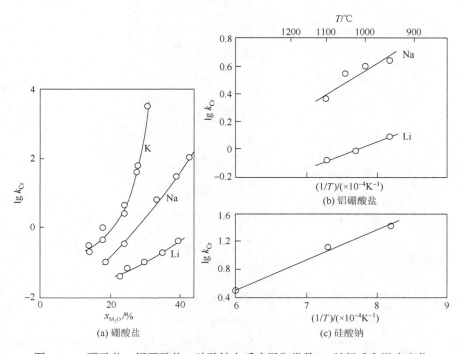

图 9.116　硼酸盐、铝硼酸盐、硅酸钠中反应平衡常数 k_{Cr} 随组成和温度变化

Maeda 和 Sano[324]测定 1500℃，CaO-Al$_2$O$_3$-SiO$_2$-CrO$_x$ 熔渣中 CrO 活度系数 lgγ_{CrO} 随 $(x_{CaO}+x_{AlO_{1.5}})/x_{SiO_2}$ 增加而线性增大，表明 CrO 在渣中呈弱碱性。

Xiao 等[325]采用 EMF 法在 1873K 温度下测定了与铬液平衡 CaO-SiO$_2$-CrO$_x$ 熔渣中 CrO$_x$ 活度，以及渣碱度对 Cr$_2$O$_3$ 和 CrO 活度系数的影响。结果表明：增强渣碱性，γ_{CrO} 增大，但对 Cr$_2$O$_3$ 作用不明显。系统研究 1863～1873K 下渣中铬的氧化态演变规律为：当渣中 Cr^{3+} 和 Cr^{2+} 共存，且在低碱度与低氧势时，与 Cr^{3+} 相比，Cr^{2+} 占优势，渣中铬的氧化态几乎由纯 Cr$_2$O$_3$ 变到 CrO。此外，文献[325]还基于规则溶液模型估算出 CrO$_x$ 活度，得到渣中一组模拟参数，与测定值比较后显示，渣中碱度降低，低价态铬含量增大，高价态铬含量降低；相反，渣碱度升高，低价态铬含量降低，高价态铬含量增大。高价态铬与碱度的演变呈同步走向。

Morita 等[326]测定 1873K、空气气氛下 CaO-MgO-SiO$_2$-CrO$_x$ 渣系中 Cr 氧化反应：

$$(Cr^{3+})+3/4O_2+5/2(O^{2-})=\!\!=\!\!=(CrO_4^{2-})$$

(Cr^{6+})以(CrO$_4^{2-}$)形式存在。Cr^{6+}/Cr^{3+} 比随渣碱度增强而呈线性增大。Morita 等[327]测定 1873K、$p_{O_2}=7.04\times10^{-6}$Pa 下，CaO-CrO$_x$-SiO$_2$ 渣系氧化反应中 Cr^{3+}/Cr^{2+} 比随渣碱度 CaO/SiO$_2$ 比增强而增大，见图 9.117。

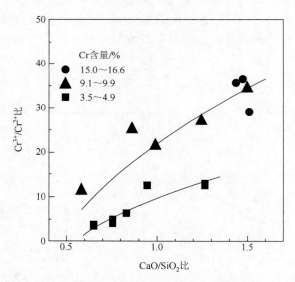

图 9.117　CaO-CrO$_x$-SiO$_2$ 渣系 Cr^{3+}/Cr^{2+} 比随渣碱度变化

9.5.5　铜离子

熔渣中 Cu$^+$ 和 Cu^{2+} 两种正离子共存，两者关系可表示为

$$Cu^++1/4O_2=\!\!=\!\!=Cu^{2+}+1/2O^{2-} \tag{9.209}$$

Nakamura 和 Sano[328]测定 1373K、空气中，含铜 Na$_2$O-SiO$_2$ 与 Na$_2$O-NaF-SiO$_2$ 渣系的 Cu^{2+}/Cu$^+$ 比随 Na$_2$O 含量增大而呈线性降低；1823K，CaO-SiO$_2$ 渣系的 Cu^{2+}/Cu$^+$ 比随 CaO 含

量增加而呈线性降低。显然，随渣中碱性组分增大，Cu^{2+}/Cu^+ 比降低。1673K，$Na_2O(17\%)$-CaO-SiO_2 渣系的 Cu^{2+}/Cu^+ 比与氧分压呈线性关系，斜率为 0.32，接近 0.25，反应如下：

$$Cu^+ + 1/4O_2 =\!=\!= Cu^{2+} + 1/2O^{2-}$$

不同渣系中，$\lg(Cu^{2+}/Cu^+)$ 与光学碱度呈线性关系，随光学碱度增强，$\lg(Cu^{2+}/Cu^+)$ 降低。

Nakasaki 等[329]研究 1473K，$\lg p_{O_2} = -3.69$(还原气氛)或 $\lg p_{O_2} = 0$(氧化气氛)下，Li_2O-CaO-MgO-ZnO-SiO_2-Al_2O_3-B_2O_3 渣中 Fe 和 Cu 质量分数低于 4% 时，Cu^{2+}/Cu^+ 比和 Fe^{3+}/Fe^{2+} 比与渣中铜、铁离子存在形态，渣中氧化物酸碱性及数量皆密切相关。该比值相当于渣中组分氧化-还原反应平衡的指示剂。

当渣中加入大量 Al_2O_3 和 ZnO 时，$Fe^{3+}/(Fe^{2+} \cdot p_{O_2}^{1/4})$ 和 $Cu^{2+}/(Cu^+ \cdot p_{O_2}^{1/4})$ 随碱度增强而降低，但继续增大碱度时，值不变。

Banerjee 和 Paul[330]测量 850～1050℃，p_{O_2} 为 10^{-5}～1bar，含 0.5%Cu 的硼酸盐中，分析铜氧化淬火样中 Cu、Cu_2O 和 Cu^0(溶解铜)。$30Na_2O$-$70B_2O_3$ 和 $25Na_2O$-$10Al_2O_3$-$65B_2O_3$ 两组熔体的测量结果列入表 9.35。

Singh 等[331]测量 950～1150℃，铝硼酸盐熔体 $15Na_2O$-$10Al_2O_3$-$75B_2O_3$ 中，控制 p_{O_2} 时 Cu^{2+}/Cu^+ 比的变化，并得到如下平衡关系：

$$\lg\{(Cu^{2+}/Cu^+)^2 \cdot p_{O_2}^{-1/2}\} = 5464/T - 2.120 \tag{9.210}$$

表 9.35 中的 k_{Cu} 数据较文献[330]测量值高 1.5 倍。

Johnston 和 Chelko[332]测量硅酸钠熔体中铜的氧化-还原反应平衡，得 1100℃ 时的反应平衡常数：

$$\lg\{(Cu^{2+}/Cu^+)^2 \cdot p_{O_2}^{-1/2}\} = 0.304 \tag{9.211a}$$

$$\lg\{(Cu^+)^2 \cdot p_{O_2}^{-1/2}\} = 4.97 \tag{9.211b}$$

对于同样的温度，硅酸盐中 k_{Cu} 约为硼酸盐中 k_{Cu} 的 1/30。未观察到固体铜饱和的硅酸盐熔体中铜的总浓度与 Cu^+ 浓度之间的差异。

表 9.35　850～1050℃硼酸盐熔体中铜氧化-还原平衡常数

反应	熔体	$\lg k_{Cu}$
$1/2(Cu_2O) + 1/4O_2 =\!=\!= (CuO)$	NB	$\lg\{[(\%CuO)/(\%Cu_2O)^{1/2}] \, p_{O_2}^{-1/4}\} = 2153/T - 1.017$
	NAB	$\lg\{[(\%CuO)/(\%Cu_2O)^{1/2}] \, p_{O_2}^{-1/4}\} = 2153/T - 1.245$
$(Cu^0) + 1/4O_2 =\!=\!= 1/2(Cu_2O)$	NB	$\lg\{[(\%Cu_2O)^{1/2}/(\%Cu^0)] \, p_{O_2}^{-1/4}\} = 3571/T - 1.572$
	NAB	$\lg\{[(\%Cu_2O)^{1/2}/(\%Cu^0)] \, p_{O_2}^{-1/4}\} = 3571/T - 2.072$
$Cu(s) =\!=\!= (Cu^0)$	NB	$\lg(\%Cu^0) = 4663/T - 2.457$
	NAB	$\lg(\%Cu^0) = 4663/T - 2.257$

注：NB 中熔体组成为 $30Na_2O$-$70B_2O_3$，NAB 中熔体组成为 $25Na_2O$-$10Al_2O_3$-$65B_2O_3$

Billington 和 Richardson[333]测量 1530℃ 时，钙铝硅酸盐熔体中铜的溶解度为 0.06%；

1100℃时，碱金属硅酸盐熔体中铜的溶解度更低，与文献[331]的结果一致，故文献[330]硼酸盐中铜溶解度的数据有疑点。

9.5.6 镍离子

CaO-CaF_2-SiO_2 渣具有强脱硫、脱磷能力，熔化性温度低，碱度范围宽。1623K，渣中 NiO 活度系数 γ_{NiO} 随碱度变化规律如下。

(1) 在碱度 CaO/SiO_2 比<2.0 时，γ_{NiO} 随碱度增强而增大，发生的反应为

$$Ni + 1/2O_2 = (Ni^{2+}) + (O^{2-}) \tag{9.212}$$

(2) 在碱度 CaO/SiO_2 比>2.0 时，γ_{NiO} 随碱度增大而降低，发生的反应为

$$Ni + 1/2O_2 + (O^{2-}) = (NiO_2^{2-}) \tag{9.213}$$

x_{NiO} 与 p_{O_2} 呈线性关系，斜率为 0.462，接近 1/2。

(3) γ_{NiO} 与渣中 CaF_2 关系：当 CaO/SiO_2 比不变时，随着 CaF_2 加入，γ_{NiO} 先增大后降低，出现峰值；当 CaO/SiO_2 比增大时，峰值向 CaF_2 高的方向移动。

(4) γ_{NiO} 与温度关系：γ_{NiO} 随 $1/T$ 增大而增大。

(5) γ_{NiO} 与 NBO/Si 关系：随 NBO/Si 增大，γ_{NiO} 先增后降，出现峰值，峰值在 NBO/Si = 4 处，相当于组成 CaO/SiO_2 比 = 2，这表明 NiO 在渣中呈两性。

9.5.7 钛离子

1. 渣中钛离子形态

熔渣中存在 Ti^{2+}、Ti^{3+} 和 Ti^{4+} 正离子及 TiO_4^{4-} 负离子，多数渣中 Ti^{4+} 和 Ti^{3+} 稳定，Ti^{2+} 含量很低，故本节只讨论 Ti^{3+} 与 Ti^{4+} 两种离子。渣中 Ti^{3+} 与 Ti^{4+} 均可与 O^{2-} 形成复合负离子，Ti^{4+} 以四配位的四面体为主，TiO_2 呈两性行为。Ti^{3+} 以六配位的八面体为主，Ti_2O_3 呈碱性。Ti^{3+} 半径 $r = 0.076$、电荷少，离子-氧参数 I 为 1.28，不如 $Ti^{4+}(r = 0.068，I = 1.85)$ 与 O^{2-} 的交互作用强，亲和力大[334]。

2. 渣中 Ti^{3+}/Ti^{4+} 比

渣中 Ti^{3+}/Ti^{4+} 比表征两种离子的相对数量关系，亦反映两者的分布特点，它是渣组成、碱度、氧分压 p_{O_2} 和温度等因素的函数。以下简述多种渣系中 Ti^{3+}/Ti^{4+} 比受各因素作用时的演变规律[335]。

1) 渣组成

(1) 渣系 TiO_x-MnO-SiO_2，1573K，氧分压很低，Ti^{3+}/Ti^{4+} 比与 $SiO_2/(MnO+SiO_2)$ 比呈线性关系，随 $SiO_2/(MnO+SiO_2)$ 比降低，Ti^{3+}/Ti^{4+} 比亦降低，即 Ti^{3+} 含量降低、Ti^{4+} 含量增多。当 Ti^{4+} 以络离子形式存在时，可表达为[336]

$$Ti^{3+} + 1/4O_2 + 5/2O^{2-} = TiO_3^{2-} \tag{9.214}$$

(2) 渣系 $CaO-MgO-SiO_2-Al_2O_3-TiO_x$[336]，$1773\sim1823K$，$p_{O_2}=10^{-11}\sim10^{-5}bar$，$Ti^{3+}/Ti^{4+}$ 比随渣碱度增大而降低，这是含过渡金属氧化物渣中较普遍的现象，可由 O 型氧化-还原反应表达：

$$(TiO_4^{4-})==(Ti^{3+})+7/2(O^{2-})+1/4(O_2) \tag{9.215}$$

(3) 渣系 $CaO-SiO_2-TiO_x$ 中，Ti^{4+} 以四配位为主，Ti^{3+} 以六配位为主；温度一定时，Ti^{3+}/Ti^{4+} 比随渣碱度增大而降低，其分布可由 O 型氧化-还原反应确定。

(4) 还原渣中，1873K，碱度 CaO/SiO_2 比为 $0.55\sim1.25$，$p_{O_2}=10^{-12}bar$，渣中含大量 Ti^{3+}。TiO_x 质量分数为 7%、14%、21%时，Ti^{3+}/Ti^{4+} 比分别为 0.19、0.12、0.17。Ti^{3+}/Ti^{4+} 比随 CaO/SiO_2 比增加而降低。

(5) 渣系 $CaO-SiO_2-TiO_x$。采用金/渣平衡技术研究加入 MgO 和 Al_2O_3 时的热力学，$1783\sim1903K$，$CO-CO_2-Ar$ 混合气，$p_{O_2}=10^{-12}\sim10^{-7}bar$，$CaO/SiO_2$ 比为 $0.55\sim1.25$，TiO_2 质量分数 7%~21%。确定氧分压、CaO/SiO_2 比对 Ti^{3+}/Ti^{4+} 比的作用：温度一定时，Ti^{3+}/Ti^{4+} 比随碱度 CaO/SiO_2 比增大而降低，Ti^{4+} 稳定；Ti^{3+}/Ti^{4+} 比随氧分压升高亦降低，但偏离理想行为；氧化-还原反应的焓变为 152kJ/mol。在氧分压、碱度、温度一定时，加入 MgO 使 Ti^{3+}/Ti^{4+} 比降低，但加入 Al_2O_3 时作用不明显。

2) 温度

Ti^{3+}/Ti^{4+} 比随温度升高而升高；高温时 Ti^{3+} 稳定，尤其渣中 TiO_x 含量较低时。

(1) 渣系 $CaO-SiO_2-TiO_x$ 中 Ti^{3+}/Ti^{4+} 比随温度升高而升高，氧化为放热反应；由实验数据回归得到 Ti^{3+}/Ti^{4+} 比与温度、氧分压、光学碱度 $\varLambda$ 间关系如下：

$$\lg(Ti^{3+}/Ti^{4+})=-5.17+0.21\lg p_{O_2}+7940/T+6.2\varLambda \tag{9.216}$$

渣系 $CaO-SiO_2-TiO_x(21\%)$ 中，Ti^{3+}/Ti^{4+} 比随碱度 CaO/SiO_2 比、氧分压增大而降低。CaO/SiO_2 比由 0.55 增至 1.25，$\gamma_{TiO_{1.5}}/\gamma_{TiO_2}$ 由 1/3 降至 1/10。

(2) 渣系 $CaO-SiO_2-TiO_x(1.3\%\sim50\%)$，$1783\sim1903K$，$CO-CO_2-Ar$ 混合气，CaO/SiO_2 比=$0.55\sim1.35$，$p_{O_2}=10^{-10}\sim10^{-5}bar$，还原反应 $TiO_2\longrightarrow TiO_{1.5}+1/4O_2$ 为吸热反应：温度高，Ti^{3+} 稳定，Ti^{3+}/Ti^{4+} 比增大，尤其在 TiO_x 含量较低时；$\gamma_{TiO_{1.5}}/\gamma_{TiO_2}$ 不随温度变化；温度与组成改变直接影响渣中钛离子的配位数[337]。

3) 氧分压

(1) 渣系 $CaO-SiO_2-TiO_x$ 中，Ti^{3+}/Ti^{4+} 比随氧分压升高而降低；渣中 TiO_x 质量分数增至 50%，$\lg(Ti^{3+}/Ti^{4+})$ 与 $\lg p_{O_2}$ 呈线性关系，直线斜率接近 -0.25。

(2) 渣系 $MnO-TiO_x$ 中，$\lg(Ti^{3+}/Ti^{4+})$ 与 $\lg p_{O_2}$ 呈线性关系，斜率为 -0.104，并非 -0.25，这与发生反应 $Ti^{3+}+1/4O_2+5/2O^{2-}==TiO_3^{2-}$ 相关，原因可能是 $\gamma_{TiO_{1.5}}/\gamma_{TiO_2}$ 随渣组成而变。

(3) 渣系 $CaO-MgO-Al_2O_3-SiO_2-TiO_x$。$\lg(Ti^{3+}/Ti^{4+})$ 与 $\lg p_{O_2}$ 呈线性关系，斜率接近 -0.25。硅酸盐熔体中过渡金属氧化物如 FeO_x、MnO_x 均对理想行为呈现偏离。

4) 碱度

渣系 $CaO-SiO_2-TiO_x$ 中碱度不变时，TiO_x 质量分数由 7%增到 14%，Ti^{3+}/Ti^{4+} 比降低；TiO_x 质量分数高于 14%时，Ti^{3+}/Ti^{4+} 比增大，比值出现最低点；TiO_x 质量分数直到 50%时，

Ti^{3+}/Ti^{4+} 比与 p_{O_2} 呈线性关系，斜率为 -0.25。

5) 价态

渣系 $CaO\text{-}SiO_2\text{-}TiO_x$ 中，Ti^{3+}/Ti^{4+} 比与钛离子价态相关。

(1) TiO_x 质量分数 $>14\%$ 时，形成的负离子比 TiO_4^{4-} 更复杂，如 $Ti_2O_7^{6-}$ 和 $Ti_2O_6^{4-}$；TiO_x 质量分数由 7% 增至 14%，Ti^{3+}/Ti^{4+} 比降低；TiO_x 质量分数由 14% 增至 21%，Ti^{3+}/Ti^{4+} 比不再降低，可能与形成复杂负离子 $Ti_2O_6^{4-}$ 相关。

(2) 渣系 $CaO(25\%\sim53\%)\text{-}SiO_2(27\%\sim46\%)\text{-}TiO_x(10\%\sim55\%)$，1873K，$CO\text{-}CO_2$ 混合气体，$p_{O_2}=10^{-12.5}\sim10^{-10}$bar（还原气氛）。$Ti^{3+}/Ti^{4+}$ 比随渣碱度降低而升高；TiO_x 质量分数为 25% 时，Ti^{3+}/Ti^{4+} 比出现最低点；Ti^{3+}/Ti^{4+} 比与 p_{O_2} 呈线性关系，斜率为 -0.25；渣中 Ti^{3+}/Ti^{4+} 比降低，$Si_2O_6^{4-}/Si_2O_5^{2-}$ 比增大。

6) 焓变

渣系 $CaO\text{-}SiO_2\text{-}TiO_x$ 在 $1783\sim1903$K，渣中 TiO_x 质量分数为 14% 时，氧化-还原反应 $Ti^{4+}\rightarrow Ti^{3+}$ 的焓变为 152kJ/mol；TiO_x 质量分数为 50% 时，焓变为 189kJ/mol。

3. 渣中钛氧化物的行为

1) 渣中钛氧化物

TiO、Ti_2O_3 呈碱性，TiO_2 呈两性，其特点如下。

(1) 渣中 Ti^{4+} 四面体配位，可与 SiO_2 间相互竞争碱性氧化合物的配位；在酸性渣中呈碱性，TiO_2 为网络修饰体。

(2) 渣中 Ti^{3+} 呈八面体配位，Ti_2O_3 为网络修饰体。

(3) 二元渣系 $CaO\text{-}TiO_2$、$MnO\text{-}TiO_2$、$FeO\text{-}TiO_2$ 中，TiO_2 活度对理想呈负偏差，Ti_2O_3 与 TiO_2 可形成理想溶液，两者的相互作用很弱。

(4) 渣系 $CaO\text{-}SiO_2\text{-}TiO_2$ 中，$TiO_{1.5}$ 与 TiO_2 含量对 SiO_2 活度有影响。当渣中 TiO_2 含量增加时，SiO_2 活度增大；当 $TiO_{1.5}$ 含量增加时，Ti^{3+}/Ti^{4+} 比升高，SiO_2 活度减小。

2) 渣系中钛氧化物

(1) 渣系 $CaO\text{-}SiO_2\text{-}TiO_x$ 为还原渣时[338]，渣中 SiO_2 含量固定，当 $TiO_{1.5}$ 质量分数由 5% 增加到 17% 时，SiO_2 活度增加；当渣中 $TiO_{1.5}$ 含量更高，Ti^{3+}/Ti^{4+} 比增大时，SiO_2 活度减小，小于以 TiO_2 为主的氧化渣中 SiO_2 的活度。

(2) 渣系 $CaO\text{-}SiO_2\text{-}TiO_x$，采用渣-金-气平衡法，$H_2\text{-}H_2O\text{-}Ar$ 混合气，Mo 坩埚，其中 Ti^{3+} 质量分数占总 Ti 量的 $16\%\sim54\%$，1873K，$p_{O_2}=10^{-12}$bar，CaO/SiO_2 比一定时，SiO_2 活度随 TiO_x 含量增加而增大。

(3) 渣系 $CaO(25\%\sim44\%)\text{-}SiO_2(30\%\sim46\%)\text{-}Ti_3O_5(1\%\sim39\%)$ 与 Fe 平衡，1873K，测量 Ti_3O_5 活度。Ti_3O_5 活度系数为 $0.39\sim1.68$，其值取决于 TiO_x 含量与渣的碱度。Ti_3O_5 活度系数随碱度增加而增大，随 SiO_2 含量增加而降低。在强还原渣中，当 Ti^{3+} 含量一定，Ti^{3+}/Ti^{4+} 比为 $0.3\sim0.6$，渣中以 TiO_2 为主时，SiO_2 活度较非强还原渣中低，这表明在强还原渣中 TiO_2 显碱性。无论还原性渣还是氧化性渣中，当 SiO_2 含量固定时，随着 TiO_x 含量增加，SiO_2 活度增大，这正是 CaO 与 TiO_x 在碱性方面呈现的差异。

(4) 渣系 CaO-MgO(10%)-SiO$_2$-Al$_2$O$_3$-TiO$_{1.5}$-TiO$_2$[339]，1773K，CO 气氛，与碳饱和铁液平衡，测定 TiO$_{1.5}$ 和 TiO$_2$ 活度，据此预测渣中生成 TiC 的可能性。测定 Fe-C-Ti 合金中 [Ti]活度系数，测定与 TiC 平衡的碳饱和铁液中 Ti 的溶解度为 1.3%，若以铁液中 1%Ti 为标准态，计算[Ti]活度系数为 0.023；若以纯固体 Ti 为标准态，计算[Ti]活度系数为 0.0013。在整个浓度范围，(TiO$_x$)含量对(TiO$_{1.5}$)和(TiO$_2$)的活度系数影响很小。

(5) 渣系 CaO(35%～50%)-MgO(10%)-SiO$_2$(25%～45%)-Al$_2$O$_3$(7%～22%)，以纯固体 TiO$_2$ 为标准态，(TiO$_{1.5}$)活度系数为 2.3～8.8，(TiO$_2$)活度系数为 0.1～0.3。基于测定的数据，确定渣中可以生成 TiC。假定渣中钛全部以(TiO$_2$)形式存在，用测量的活度系数预测 [%Ti]/(%TiO$_2$)为 0.1～0.2。

(6) 渣系 CaO-SiO$_2$-TiO$_x$，1873K，在高碱度环境中，TiO$_2$ 行为显酸性，吸纳 O^{2-}形成 TiO$_3^{2-}$；在低碱度环境中，TiO$_2$ 行为显碱性，放出 O^{2-}，以 Ti^{4+}形式存在。

(7) 渣系 CaO-Al$_2$O$_3$-SiO$_2$-TiO$_x$，当 Al$_2$O$_3$ 含量给定时，γ_{TiO_2} 随 CaO/SiO$_2$ 比增加而增大，出现最大值；TiO$_2$ 活度亦出现最大值，如图 9.118 所示。

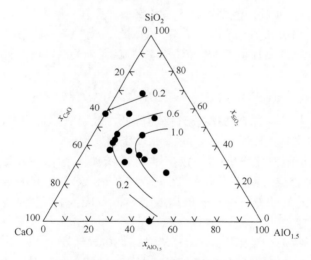

图 9.118　CaO-Al$_2$O$_3$-SiO$_2$ 渣系 γ_{TiO_2} 变化

(8) 渣系 CaO-TiO$_2$-SiO$_2$，基于 Ti^{3+}/Ti^{4+}比数据，经计算确定：lg($\gamma_{TiO_{1.5}}$ / γ_{TiO_2})与温度无关，两种活度系数的差异源于两种氧化物偏摩尔过剩熵的差异；随着 CaO/SiO$_2$ 比由 0.55 增至 1.25，$\gamma_{TiO_{1.5}}$ / γ_{TiO_2} 由 1/3 降至 1/10。

(9) 渣系 CaO(35%～50%)-MgO(10%)-SiO$_2$(25%～45%)-Al$_2$O$_3$(7%～22%)为高炉型渣[340]，以纯固体 TiO$_2$ 为标准态时，(TiO$_{1.5}$)活度系数为 2.3～8.8，(TiO$_2$)活度系数为 0.1～0.3。

3) 含钛熔渣中硅-钛间的竞争反应

CaO-TiO$_2$-SiO$_2$ 系熔体拉曼光谱研究证实：熔体中发生硅-钛间竞争 O^{2-}反应可表示为[227, 334]

$$TiO_4^{4-} + 7/2\,Si_2O_5^{2-} = 7/2\,Si_2O_6^{4-} + Ti^{3+} + 1/4 O_2 \qquad (9.217)$$

提高碱度(O^{2-})，熔体中 Ti^{3+}聚合，Si$_2$O$_6^{4-}$ / Si$_2$O$_5^{2-}$ 比增大，Ti^{3+}/Ti^{4+}比降低；硅-钛间竞

争反应为下述两组反应的耦合：$TiO_4^{4-} \rightleftharpoons Ti^{3+}+7/2O^{2-}+1/4O_2$ 相当于熔体中发生 TiO_4^{4-} 解聚反应，释放 O^{2-}；$7/2O^{2-}+7/2\,Si_2O_5^{2-} \rightleftharpoons 7/2\,Si_2O_6^{4-}$ 相当于熔体中发生 $Si_2O_5^{2-}$ 聚合反应，吸纳 O^{2-}。

$CaO-TiO_2-SiO_2$ 系硅酸盐熔体中硅-钛间竞争正离子 Ca^{2+} 的反应可表达为

$$(Si—O—Ca—O—Si)+(Ti—O—Ti) \longrightarrow (Si—O—Si)+(Ti—O—Ca—O—Ti) \quad (9.218)$$

CaO/SiO_2 比确定的熔体中，加入 TiO_2 将改变硅酸盐单体与聚合体间的比例，有利于钛聚合离子与硅酸盐单体增加，降低硅酸盐聚合离子比例。由表 9.1 中各离子结构参数可知：Ti^{4+} 半径大，I 小，不如 Si^{4+} 与 O^{2-} 间的交互作用强；仅在钛含量高且碱度高的熔体中存在充足 O^{2-} 时才有利于钛聚合离子 TiO_4^{4-} 与硅聚合离子 SiO_4^{4-} 间竞争正离子 Ca^{2+} 的配位。

4) 渣中氧化-还原反应

钛离子氧化-还原反应平衡可由 O 型氧化-还原反应表达：

$$(TiO_4^{4-}) \rightleftharpoons (Ti^{3+})+7/2(O^{2-})+1/4(O_2)$$

渣中氧化-还原反应平衡时的特点如下。①氧化-还原反应平衡与价态升降、电子得失、O^{2-} 生成与 O^{2-} 消失直接相关，渣中正离子与负离子、聚合与解聚反应均与结构相关；②比值(氧化态/还原态)与氧分压呈 1/4 次方关系，$\lg(M^{(n+1)+}/M^{n+}) = 1/4\lg p_{O_2}$，比值(氧化态/还原态)随氧分压增加而增加；③比值(氧化态/还原态)与温度 T 关系可按 Clapeyron-Clausius 方程表述：

$$\lg(M^{(n+1)+}/M^{n+}f) = -\Delta H / 2.33R \times (1/T) + b \quad (9.219)$$

氧化放热，比值(氧化态/还原态)随温度升高而降低，低温氧化态稳定，高温还原态稳定；④比值(氧化态/还原态)与组成关系，低价态钛氧化物呈碱性，高价态钛氧化物呈两性；随环境酸碱性不同，比值(氧化态/还原态)亦不同；⑤碱性环境中，O^{2-} 数量充足，有利于高价态离子吸纳 O^{2-} 聚合成大尺寸负离子，反应为 $M^{n+}+3/2O^{2-}+1/4O_2 \rightleftharpoons MO_2^{(3-n)-}$；酸性环境中，$O^{2-}$ 数量缺乏，有利于低价态离子解离放出 O^{2-}，反应为 $M^{n+}+1/4O_2 \rightleftharpoons M^{(n+1)+}+1/2O^{2-}$。

5) 渣黏度与电导

钛渣黏度与 Ti^{4+} 相关，氧化行为与 Ti^{3+} 有关，高电导涉及 Ti^{3+} 与 Ti^{4+} 间的电荷传输。渣系 $CaO-SiO_2-TiO_x$ 中的 TiO_2 可降低黏度、提高电导与硫容量，这源于 TiO_2 弱化硅酸盐网络中的 Si—O 连接；随渣温度、碱度增高，黏度减小也是同样道理。此外，渣黏度影响高炉冶炼工艺，如放渣过程的湍流可使渣内产生微小金属滴，这些液滴沉降并与渣分离的速率受黏度影响；生产上排放渣的消耗时间(死时间，dead time)也随渣黏度增大而延长[227, 341-355]。

6) 渣熔化性温度

还原性含钛渣的熔化性温度高。渣中低价态钛氧化物 Ti_2O_3 和 TiO 均提升熔化性温度，当氧化性渣中只含 TiO_2 一种氧化物时，熔化性温度降低约 140℃。基于此，对含钛高炉渣采取氧化处理，提高熔渣氧化性，促进渣中 Ti_2O_3 和 TiO 氧化为 TiO_2，可使渣的熔化性温度降低，扩大渣中目标相析晶与长大的温度范围，有利于钙钛矿相的选择性富集与长大。

含钛高炉渣变稠速度随渣中 TiO_x 含量增加而加快，随碱度增加而减缓，变稠源于还原渣中析出微小的固相碳氮化钛。渣中钛氧化物的还原反应在碱性渣中快，在酸性渣中慢，还原反应产物数量亦随渣碱度增强而增大[227, 356-358]。

淬火法研究结果表明六元 $FeO-Al_2O_3-MgO-CaO-TiO_2-SiO_2$ 渣、$MnO-Al_2O_3-MgO-CaO-TiO_2-SiO_2$ 渣及五元 $Al_2O_3-MgO-CaO-TiO_2-SiO_2$ 渣的还原状态影响其熔化性温度。当渣中 Ti^{4+} 全部被还原为 Ti^{3+} 时，熔化性温度约升高 140℃；即使渣中 FeO 和 MnO 质量分数增大到 4.5% 和 5.3%，对熔化性温度的影响也不明显。含钛高炉渣凝固过程，初晶相为尖晶石 $(MgAl_2O_4)$ 或 $MgO-Al_2O_3$ 固溶体，渣的还原状态影响初晶相中钛的含量，当 Ti^{4+} 全部被还原为 Ti^{3+} 时，尖晶石中 Ti_2O_3 质量分数增大到 14.1%。

7) 采用吸收光谱及 ESR 谱研究含钛渣

(1) 还原性渣。

采用吸收光谱及电子自旋共振(electron spin resonance，ESR)谱研究还原性硅酸盐玻璃中 Ti^{3+} 的价态变化发现，$9000cm^{-1}$ 附近的吸收谱表示渣中 Ti^{3+} 处于八面体中。拉曼光谱研究 $CaO-SiO_2-TiO_x$ 渣系的结构证实：① 二元 $CaO-SiO_2$ 渣系中，当 CaO/SiO_2 比 $= 1.25$ 时，渣中存在片状 $Si_2O_5^{2-}$、链状 $Si_2O_6^{4-}$ 及单体 SiO_4^{4-}；② 三元 $CaO-SiO_2-TiO_x$ 系还原渣的拉曼光谱研究表明，渣中 Ti^{3+} 以八面体、六配位为主，TiO_2 部分还原为 $TiO_{1.5}$ 时熔体的拉曼光谱模式不变，这表示无论氧化性还是还原性的试样中，与 Ti^{4+} 和 Si^{4+} 成键形成的结构单元为 SiO_4^{4-} 和 TiO_4^{4-} 单体、$Si_2O_6^{4-}$ 和 $Ti_2O_6^{4-}$ 链(聚合体)以及 $(Si,Ti)_2O_5^{2-}$ 片；③ 渣中存在 Ti^{3+} 可影响各结构单元的比例，无论氧化性还是还原性的试样中，这种影响主要反映在硅酸盐结构单元链上；④ 还原渣中 Ti^{3+} 含量增加时，Si^{4+} 在硅酸盐链中的比例增大；⑤ 降低 Ti^{4+}/Ti^{3+} 比，Si^{4+} 在硅酸盐链中的比例增大，比单体及片中的比例大得多，基于此可认为 Ti^{3+} 的氧化物呈碱性。

$CaO-SiO_2-TiO_x$ 渣系，在 1873K，CaO/SiO_2 比为 1.25，分别于还原气氛 $p_{O_2} = 10^{-12}bar$ 和氧化气氛 $p_{O_2} = 1bar$ 条件下制备试样的拉曼光谱数据显示：渣中 Ti^{3+} 以八面体、六配位存在，而 Ti^{4+} 以四面体、四配位存在，该结果与 TiO_x 含量对 SiO_2 活度影响的测量结果一致[343, 359]。

(2) 氧化性渣。

氧化渣中 Ti^{4+} 以四面体、四配位为主，当渣中 Ti 全部为 Ti^{4+} 时，TiO_2 含量增加时 $Ti_2O_6^{4-}$ 链的比例明显降低；当渣中 Ti^{4+} 含量降低，即 Ti^{3+}/Ti^{4+} 比增大时，$Si_2O_6^{4-}$ 链增多。渣中 Ti^{4+} 以 TiO_4^{4-} 单体、$Ti_2O_6^{4-}$ 链和 $(Si,Ti)_2O_5^{2-}$ 片三种形式存在，三种形式间关系可表达为

$$3\,Ti_2O_6^{4-}\,(链) \Longrightarrow 2\,TiO_4^{4-}\,(单体) + 2\,(Si,Ti)_2O_5^{2-}\,(片) \tag{9.220}$$

(3) 现象。

$CaO-SiO_2$ 渣中引入 TiO_2 可改变聚合与解聚两类结构单元之间的平衡，降低硅酸盐聚合类结构单元的比例。将 X 射线吸收近边结构(X-ray absorption near edge structure，XANES)与扩展 X 射线吸收精细结构(extended X-ray absorption fine structure，EXAFS)分析相结合，测量 SiO_2-TiO_2 玻璃(含 0.012%～14.7%TiO_2)中钛的配位及平均键角[359]。由测量结果知：玻璃中钛质量分数低于 0.05% 时，钛处于类尖晶石的八面体、六配位为主的物相中；当钛含量升高时，以四配位为主；当钛质量分数达到 9% 后，六配位/四配位比增大；最终钛质量分数为 15% 时，TiO_2 以第二相析出。在测量精度范围内，玻璃中 Ti—O—Si 平均键角为 159°，比透明 SiO_2 玻璃中平均键角大些。

$CaO-TiO_2-Ti_2O_3-SiO_2$ 渣系[360, 361]中，TiO_2 属两性氧化物，形成玻璃的趋势增强，该性

质与它在渣中排斥 SiO_2 并温和地吸引 CaO、MnO、FeO 的现象一致。

8) 含钛高炉渣中碳氮化钛的形成

还原条件下，含钛高炉渣中 TiO_2 可还原为钛的低价氧化物、碳化物、氮化物和/或碳氮化物。由于碳氮化钛熔点高，碳氮化钛析出可导致熔渣黏度增加[354, 362]。Ozturk 和 Fruehan[362]研究碳饱和含钛铁水，确定渣中 TiO_2 质量分数必须大于 5.3%才能形成碳氮化钛；在碳氮化钛固溶体中，TiC 和 TiN 近似呈理想行为，活度可用摩尔分数近似代替。当给定温度和氮分压时，可确定形成碳氮化钛析出物的临界活度。例如，1773K，30%CaO-37%SiO₂-10%MgO-16%Al₂O₃-7%TiO$_x$高炉渣，总压力为 5bar，其中 CO 体积分数为 35%，N_2 体积分数为 65%，渣中 $TiO_{1.5}$ 质量分数为 1.5%，金属中钛质量分数为 0.31%，渣中碳氮化钛析出时，$TiO_{1.5}$ 与 TiO_2 的临界活度分别为 0.042 和 0.0070，$TiO_{1.5}$ 和 TiO_2 的摩尔分数分别为 0.013 和 0.040。

9.5.8 钒、铌、锑离子

V、Nb 与 Sb 以负离子形式可存在于碱性渣中，如图 9.119 所示[363]。随环境氧分压变化，将发生氧化-还原反应，如 $Nb^{2+} \rightarrow Nb^{5+}$、$V^{2+} \rightarrow V^{5+}$、$Sb^{2+} \rightarrow Sb^{4+}$。

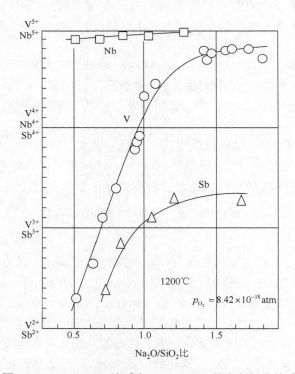

图 9.119　Na_2O-SiO_2 渣系中 V、Nb、Sb 价态与组成关系

1. 渣中钒

渣中钒存在 V^{3+}、V^{4+}和 V^{5+}三种价态，但碱性渣中钒以负离子形态为主。例如，在 Na_2O-SiO_2 渣系[364]，1473K，借助 C-CO 平衡控制氧分压时，随氧分压升高，渣中碱性增大，钒可由 V^{2+}转化为 V^{5+}；再如，CaO-CaF_2-SiO_2 渣系，1573K，$p_{O_2} = 2.8 \times 10^{-12}$Pa，渣与碳饱和铁液平衡时，渣中加入 Na_2O 对 V、Mn 在渣/金间分配的影响呈现图 9.120(b)所示的规律。

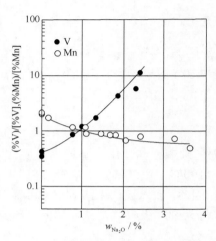

(a) 与碳饱和铁液平衡的CaO-CaF_2-SiO_2中加Na_2O
　　对渣/金间V、Mn分配的影响

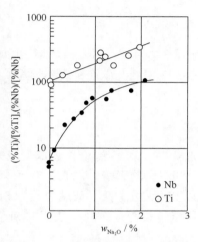

(b) Na_2O-SiO_2中Na_2O对渣/金间Ti、Nb分配的影响

图 9.120　渣中 Na_2O 的加入对渣/金间 V、Mn、Ti、Nb 分配的影响

2. 二元硅酸盐渣中钒氧化-还原反应的特点

渣中或 V^{3+}/V^{4+}共存，或 V^{4+}/V^{5+}共存，由于发生 $V^{3+}+V^{5+}$═══$2V^{4+}$反应，几乎不可能三种离子共存，只在强还原气氛($\lg p_{O_2} = -12$)的极端条件下，才可能出现 V^{3+}。可采用 ESR 结合 XRF 分析方法，研究钒的价态。假定渣中钒活度恒定，V^{3+}/V^{4+}或 V^{4+}/V^{5+}的平衡共存可表示为

$$V^{3+}+1/4O_2 ═══ V^{4+}+1/2O^{2-} \tag{9.221}$$

$$V^{4+}+1/4O_2 ═══ V^{5+}+1/2O^{2-} \tag{9.222}$$

对于 Na_2O-$2SiO_2$ 渣系，含 5%V_2O_5，1225℃，$\lg p_{O_2} = -12 \sim -2$，实测数据显示：$\lg(V^{3+}/V^{4+})$或 $\lg(V^{4+}/V^{5+}) = -1/4\lg p_{O_2}$，氧分压提高，氧化态离子数量增大。$Na_2O$-$2SiO_2$ 渣系中加入 Al_2O_3 不影响 V^{4+}/V^{5+}平衡关系。含钒酸性渣中，因 O^{2-}匮乏，低价态钒稳定，有利于氧化-还原反应放出 O^{2-}，反应可表示为

$$V^{4+}+1/4O_2 ═══ V^{5+}+1/2O^{2-}$$

含钒碱性渣中 O^{2-}充足，高价态钒稳定，有利于离子吸纳 O^{2-}聚合成大尺寸负离子，氧化-还原反应可表达为

$$M^{n+} + 3/2O^{2-} + 1/4O_2 \Longrightarrow MO_2^{(3-n)-}$$

$$VO_{n-1}^{2-n} + 1/2O^{2-} + 1/4O_2 \Longrightarrow VO_n^{1-n}$$

$$n = 3 \text{ 时}, \quad VO_2^- + 1/2O^{2-} + 1/4O_2 \Longrightarrow VO_3^{2-} \tag{9.223}$$

$$n = 4 \text{ 时}, \quad VO_3^{2-} + 1/2O^{2-} + 1/4O_2 \Longrightarrow VO_4^{3-} \tag{9.224}$$

过渡金属的氧化-还原反应可由 $M^{n+} + 1/4O_2 \Longrightarrow M^{(n+1)+} + 1/2O^{2-}$ 表达，它包含价态升降、电子得失、O^{2-} 的生消等三种含义。

3. 渣中铌

熔渣中铌几乎总为 Nb^{5+}，但在碱性渣中以负离子形式存在。在 1573K，$p_{O_2} = 2.8 \times 10^{-12}$Pa 条件下，$Na_2O$-$SiO_2$ 渣系与碳饱和铁液平衡时，渣中加入 Na_2O 会对 Ti、Nb 在渣/金间分配产生影响[364]。

4. 渣中锑

玻璃制造业中，利用锑氧化-还原反应来澄清玻璃，其作用可解释为温度 T 和氧分压 p_{O_2} 对 Sb^{5+}/Sb^{3+} 比的影响。由表 9.36 可知，1190℃，空气气氛下，Sb^{5+}/Sb^{3+} 比为 1，高温玻璃中以 Sb^{3+} 为主，低温玻璃中则为 Sb^{5+}。因此，加入玻璃中的 Sb_2O_5 可释放出氧，加快熔体的脱气；在冷却过程，残留的 Sb^{3+} 氧化为 Sb^{5+} 吸收氧，从而消除氧气泡[319]。

5. 含变价元素 Ti、V、Fe、Sn、As、Sb、Ce、Mn、Cr 的硅酸钠熔体

熔渣中变价元素质量分数 <2%，温度为 1085~1300℃，控制混合气氛中 p_{O_2}，测量熔渣中离子氧化-还原反应平衡的结果如下：①钒离子的氧化-还原反应较复杂，强还原气氛下 V^{3+}、V^{4+} 和 V^{5+} 可共存；②表 9.36 为变价元素离子氧化-还原反应平衡常数与温度的关系；③由高价离子还原到低价离子的还原顺序由易到难为：Sn、Fe、Sb、As、Ce、Mn、Cr、V、Ti。该结果与文献[365]和文献[366]报道的顺序一致[319]。

表 9.36　熔体中氧化-还原反应平衡常数与温度关系

元素	关系
Ti	$\lg(Ti^{4+}/Ti^{3+})^2 \, p_{O_2}^{-1/2} = 12565/T + 2.00$
Mn	$\lg(Mn^{3+}/Mn^{2+})^2 \, p_{O_2}^{-1/2} = 6010/T - 5.92$
Fe	$\lg(Fe^{3+}/Fe^{2+})^2 \, p_{O_2}^{-1/2} = 11950/T - 4.75$
Co	$\lg(Co^{3+}/Co^{2+})^2 \, p_{O_2}^{-1/2} = 2185/T - 3.97$
Sn	$\lg(Sn^{4+}/Sn^{3+}) \, p_{O_2}^{-1/2} = 18575/T - 4.18$
Sb	$\lg(Sb^{4+}/Sb^{2+})^2 \, p_{O_2}^{-1/2} = 11475/T - 7.50$
Ce	$\lg(Ce^{4+}/Ce^{3+})^2 \, p_{O_2}^{-1/2} = 3280/T - 1.44$

9.5.9　铈、铕、钛、铬离子

Paul 和 Douglas[367]测量空气气氛、1100℃ 及 1400℃ 下，碱金属硼酸盐和碱金属硅酸盐熔体中铈的氧化-还原反应平衡数据，见图 9.121。

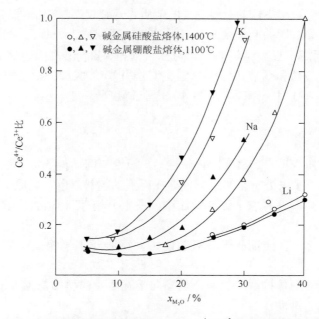

图 9.121　碱金属硼酸盐和硅酸盐熔体中 Ce^{4+}/Ce^{3+} 比随熔体组成的变化

图中 Ce^{4+}/Ce^{3+} 比在硅酸钠熔体中只相当于文献[319]报道的 1/3 左右。Sctireiber 等[222]测量碱土金属铝硅酸盐熔体中 Eu、Ti、Cr 质量分数低于 1%，1500~1550℃ 时氧化-还原反应的平衡。表 9.37 列出两组熔体中元素氧化-还原反应平衡常数与温度关系。

表 9.37　Eu、Ti、Cr 质量分数＜2%的硅酸钠熔体中氧化-还原反应平衡常数与温度关系

项目		FAS		FAD	
		1500℃	1550℃	1500℃	1550℃
参数	$\lg(Cr^{3+}/Cr^{2+})^2\,p_{O_2}^{-1/2}$	3.13	2.88	3.58	3.32
	$\lg(Ti^{4+}/Ti^{3+})^2\,p_{O_2}^{-1/2}$	7.33	6.40	8.35	7.45
	$\lg(Eu^{3+}/Eu^{2+})^2\,p_{O_2}^{-1/2}$	3.65	3.37	4.63	4.28
氧化物	SiO_2	54.2		51.6	
	Al_2O_3	9.9		2.3	
	CaO	5.6		19.2	
	MgO	30.3		26.9	

9.6　熔渣冷却过程的分相与析晶

9.6.1　熔体(渣)的分相

　　匀相熔体在确定温度下的热处理时，内部质点迁移使某些组分偏聚，形成化学组成不同且互不混溶或部分溶解的两个或两个以上液相的现象称为分相。分相区一般可从几十埃(Å)至几千埃，因而属于亚微结构的不均匀性。分相大部分发生在相图液相线以下的热力学亚稳状态。在硅酸盐和硼酸盐熔体中易发生分相[368]，大部分冶金渣属于硅酸盐熔体，且碱度较高；而硼渣则属于硼硅酸盐熔体，是低碱度酸性渣。

　　1. 熔体分相的结构因素

　　熔体分相的实质为原子、离子因化学性质、极性不同而促成原子运动的一种现象。理论上，常温下只要原子未处于平衡态，就存在析晶的趋势，也就是原子的运动趋势。当温度升高时，黏度下降，这种原子运动的加剧就发生分相[369]。硅酸盐熔体分相与三种因素相关。

　　(1) 正离子势 Z/r 表征正离子夺氧的能力，两种正离子势之差 $\Delta Z/r$ 越小，则越容易分相。

　　(2) 正离子-氧多面体构型越相似，越倾向于互溶；构型相差越大，则越倾向于分相。

　　(3) 正离子-氧的键性。

　　Warren 和 Pincus[370]研究二元硅酸盐熔体的稳定不混溶时指出：硅酸盐熔体中氧离子被 Si^{4+} 以$[SiO_4]^{4-}$形式吸引到其周围，而网络修饰正离子则倾向于优先获得非桥氧并按自身配位排列。当网络修饰离子的正离子势 Z/r 较大，且含量较多时，趋于将非桥氧吸引到自己周围，并按自身结构排列，在熔体中成为独立的离子聚集体，自发地从硅氧网络中分离出来，发生液相分离，形成一个富碱相(或富硼氧相)和一个富硅相，使得体系自由焓降低。网络修饰离子的正离子势与硅离子势之差 $\Delta Z/r$ 越小，两种离子夺氧能力越相近，争夺氧越激烈，分相的趋势亦越强烈(氧化物具有"游离"氧的能力：$K_2O = 1$，$BaO = 1$，$CaO = 0.7$，$MgO = 0.3$)，离子势还是决定分相特征液相线形状的重要因素(表 9.1)。

　　(1) $Z/r > 1.4$ 时，液相线以上产生液-液不混溶区，如 Mg^{2+}、Ca^{2+}、Sr^{2+} 等正离子。

　　(2) $1.0 < Z/r < 1.4$ 时，液相线以下存在亚稳不混溶区，如 Ba^{2+}、Li^+、Na^+ 等正离子。

　　(3) $Z/r < 1.0$ 时，熔体不发生分相，如 K^+、Rb^+、Cs^+ 等正离子。

　　Li_2O-SiO_2 玻璃分相示意图见图 9.122，正离子-氧多面体构型、大小与形状对分相影响很明显。Levin 和 Block[371, 372]指出：SiO_2 与 B_2O_3 形成氧多面体构型，如图 9.123 所示。图 9.123(b)中网络修饰正离子为满足其配位所需$[SiO_4]^{4-}$数目只有图 9.123(a)时的 1/2，而结构也较紧凑，更有利于配位。

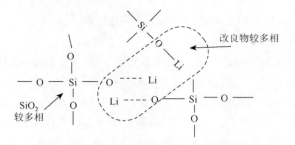

图 9.122　Li$_2$O-SiO$_2$ 玻璃分相示意图

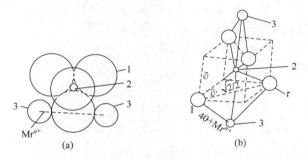

图 9.123　SiO$_2$ 与 B$_2$O$_3$ 形成结构单元的附近正离子排列

任海兰等[373]采用多核固体 MAS NMR 技术，研究 600℃ 以下 Na$_2$O-B$_2$O$_3$-SiO$_2$ 系分相微结构，得出下述结果：①随着分相处理时间的延长，富硅相中[SiO$_4$]$^{4-}$结构单元的非桥氧之间逐渐脱氧，Si 的聚集程度逐渐提高，富硅相中的[BO$_3$]$^{3-}$夺取与硅氧骨架相连的非桥氧而成为[BO$_4$]$^{5-}$结构，逐渐向[BO$_4$]$^{5-}$结构转化并进入富钠硼相，这一过程中 Na$^+$始终伴随[BO$_4$]$^{5-}$；②在分相过程中，硼的结构调整可分为两个阶段，分别是由[BO$_3$]$^{3-}$向[BO$_4$]$^{5-}$转化和[BO$_4$]进入富钠硼相，在较高温度下硼结构调整速度较快，可尽早地进入第二阶段，更快地接近分相的平衡态；③在分相过程中，富硅相与富钠硼相的成分差异逐渐扩大，分相是扩散传质的结果。

2. 熔体分相热力学

Rawson[374]认为：不混溶分相为热力学现象，基于微分相热力学理论可研究分相的原因。Clarles[375]研究二元硅酸盐系 RO-SiO$_2$ 或 R$_2$O-SiO$_2$ 中成分改变引发体系吉布斯自由能变化，导致发生分相现象。他认为：当 R^{2+}或 R$^+$数量足够多时，将发生下述反应：

$$O^0(SiO_2 \text{ 中的氧})+O^{2-}(\text{游离氧})\longrightarrow 2O^-(\text{非桥氧})$$

ΔH_m 为二元硅酸盐系 SiO$_2$ 的偏摩尔溶解热，反应过程产生两种热效应：由 SiO$_2$ 带进的部分桥氧变成非桥氧，同时消耗部分游离氧，这是放热过程，$\Delta H_m > 0$；部分 SiO$_2$ 键性不变，但环境改变引发[SiO$_4$]^{4}畸变，键角扩大，这是吸热过程，$\Delta H_m < 0$。

Masson[100]成功地应用微分相热力学理论，解释富含金属离子冶金熔渣系的分相现象；Haller 等[376]提出改进的正规溶液模型，解释 R$_2$O-nSiO$_2$ 系玻璃分相现象，得到 Simmons[377]实验结果的支持。虽然分相热力学理论逻辑性强，但缺乏足够的热力学数据来解释温度与组成在一定范围内改变引发吉布斯自由能变化反常的原因[378]。

1) 分相的热力学条件

(1) 二元系在恒温、恒压或恒温、恒容条件下，因成分起伏对熔体稳定性产生作用，通常会呈现两种分相情况：①稳定分相，分相后两相均为稳定相，即不混溶区在液相线以上，称为稳定不混溶区，如 MgO-SiO$_2$ 二元系；②亚稳分相，分相后两相均为亚稳定相，即不混溶区在液相线以下，称为亚稳不混溶区，如 Na$_2$O-SiO$_2$ 二元系。

Cahn 和 Charles[379]提出分相热力学理论，从能量角度分析 A-B 二元系自由能 G 与组成 C 及温度 T 之间的关系，判断发生分相的条件与类型：

$$G = U_0 + K(T) + NkT[C\ln C + (1-C)\ln(1-C)] \tag{9.225}$$

式中，U_0 为晶体平衡时的内能；$K(T)$ 为晶格的振动能量。

(2) 二元系混合吉布斯自由能-组成关系。

二元系混合吉布斯自由能计算：

$$x_A A(液) + x_B B(液) \longrightarrow L(x_A, x_B)$$

$$\begin{aligned} \Delta G_m &= RT(x_A \ln \alpha_A + x_B \ln \alpha_B) \\ &= RT(x_A \ln x_A + x_B \ln x_B) + RT(x_A \ln \tilde{a}_A + x_B \ln \tilde{a}_B) \\ &= \Delta G_m^I + \Delta G_m^E, \quad \alpha_A = x_A \tilde{a}_A, \alpha_B = x_B \tilde{a}_B \end{aligned} \tag{9.226}$$

式中，ΔG_m^I 为理想混合吉布斯自由能；ΔG_m^E 为过剩混合吉布斯自由能。在一定温度下，若 $\tilde{a}_i > 1$，则 $\Delta G_m^E > 0$，表示体系相对于理想状态呈现正偏差；若 $\tilde{a}_i < 1$，则 $\Delta G_m^E < 0$，表示体系相对于理想状态呈现负偏差。

二元系混合吉布斯自由能-组成曲线见图 9.124：

$$\Delta G_m = RT(x_A \ln \alpha_A + x_B \ln \alpha_B)$$

$$(\partial^2 \Delta G_m / \partial x_A^2)_{p,T} = RT(1 + \partial \ln \tilde{a}_A / \partial \ln x_A) / (x_A x_B) \tag{9.227}$$

两组分端点区域

$$(\partial^2 \Delta G_m / \partial x^2)_0 \rightarrow -\infty, \quad (\partial^2 \Delta G_m / \partial x^2)_{p,T \mid x_A \rightarrow 1} \rightarrow \infty \tag{9.228}$$

自由能-组成曲线总呈下凹状，非端点区域混合吉布斯自由能-组成曲线随体系过剩自由能正负和大小呈现不同形状：

$$\Delta G_m = RT(x_A \ln x_A + x_B \ln x_B) + RT(x_A \ln \tilde{a}_A + x_B \ln \tilde{a}_B) \tag{9.229}$$

$$(\partial^2 \Delta G_m / \partial x^2_A)_{p,T} = RT(1 + \partial \ln \tilde{a}_A / \partial \ln x_A) / (x_A x_B)$$

若 $\tilde{a}_i < 1$，体系相对理想状态呈现负偏差，$(\partial^2 \Delta G_m / \partial x^2_A)_{p,T} > 0$；若 $\tilde{a}_i > 1$，体系相对理想状态呈现正偏差，$(\partial^2 \Delta G_m / \partial x^2_A)_{p,T}$ 或正或负。

2) 分相特征

稳定状态和亚稳状态：

$$(\partial^2 G / \partial C^2)_{p,T} > 0 \text{ 或 } (\partial^2 F / \partial C^2)_{V,T} > 0 \tag{9.230}$$

式中，G 为自由能；C 为组分浓度。

(1) 稳定边界，即不稳分解(又称旋节分解)曲线：

$$(\partial^2 G / \partial C^2)_{p,T} = 0 \text{ 或 } (\partial^2 F / \partial C^2)_{V,T} = 0$$

临界点:

$$(\partial^3 G / \partial C^3)_{p,T} = 0 \text{ 或 } (\partial^3 F / \partial C^3)_{V,T} = 0 \tag{9.231}$$

(2) 不稳定状态

$$(\partial^2 G / \partial C^2)_{p,T} < 0 \text{ 或 } (\partial^2 F / \partial C^2)_{V,T} < 0 \tag{9.232}$$

在图 9.124(a)中各标注温度(T_0, T_1, T_2)时自由能与成分关系曲线分别如图 9.124(b)～(d) 所示; 自由能-组成曲线上各拐点轨迹相连的虚线 *f-g-m-n* 为不稳分解曲线, 而自由能-组成曲线上各切点轨迹相连的 *e-h-l-o* 线为双切点曲线。

①当 $T = T_0$ 时, 在全部浓度范围, 熔体具有最低自由能, 自由能曲线上只有 1 个最低 点, 即整个浓度范围内均匀熔体相是稳定的, 不发生分相。

②当 $T = T_1$ 时, 自由能曲线上有 2 个最低点(e、h)。组成在 f、g 拐点处, $\partial^2 G / \partial C^2 = 0$。 不稳-亚稳态的边界点组成在 f 与 g 之间, $\partial^2 G / \partial C^2 < 0$, 为不稳态, 即自由能曲线呈驼峰 形, 任何成分起伏将引发体系自由能下降, 匀相不稳定, 相分离不必克服势垒; 分相为不 稳分解。组成落在 f 与 e 或 g 与 h 之间, $\partial^2 G / \partial C^2 > 0$, 为亚稳态, 无限小的成分起伏将 引发体系自由能升高; 若第二相组成对应 f 与 g 间驼峰之外的组成, 则体系自由能降低, 因此, 分相必须克服成核能形式的势垒, 否则不分相, 而呈亚稳态。图 9.124(a)液相线以 上呈现非驼峰形线是稳定分相不混溶区的特点, 是典型二元相图。

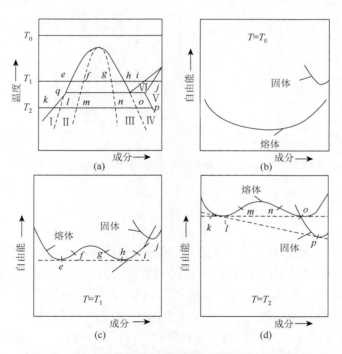

图 9.124　分相不混溶区不同温度时自由能变化与成分关系

③当 $T = T_2$ 时, 成分 p 固相与成分 k 均匀液相处于平衡, 此刻分相(成分 l、o 两相) 是亚稳的非平衡相; 如图 9.124(a)所示, 在 q 点右侧, 存在两熔体相, 冷却时得不到均匀

玻璃，只有将高温均匀熔体以极高冷却速度通过不混溶区，才可能得到均匀玻璃。熔体进入Ⅰ、Ⅳ、Ⅴ、Ⅵ区均不分相，而熔体进入Ⅱ、Ⅲ区则发生亚稳分相。图9.125(a)是液相线以下亚稳不混溶区典型相图。温度为T_1时，图9.125(b)对应液态自由能曲线具有非常宽的极小区域，公切线表明成分为b的固相与成分为a的液相处于平衡。当温度从T_1开始下降时，由于液相熵值大于固相，固相自由能曲线下降比液相快，于是与固相处于平衡的液相组成迅速向左移动，使液相线形状扁平，呈S形。S形液相线是亚稳分相的标志。温度为T_2时，图9.125(c)为液相与固相的自由能曲线，液相的自由能曲线形状表明，可能发生两相分离，但此刻温度低，熔体黏度大，分相具有亚稳态特性。温度为T_2时，组成为d的固相是稳定的(能量低)，而与之共存的液相e(能量较固相高)是亚稳的。除上述Cahn和Charles[379]提出分相热力学理论外，还有正规溶液理论、离子场强理论、化学势方法、统计热力学方法、离子反应分析方法和连续相变理论等。

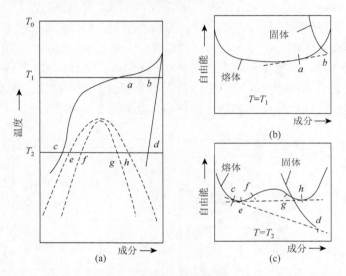

图9.125　液相线下亚稳不混溶区以及自由能变化与成分关系

3. 熔体分相动力学

1) 机理

亚稳分相存在两种机理：不稳区分相-不稳分解机理；亚稳区分相-成核生长机理。Cahn[379-383]提出：新相形成无势垒，成长仅由扩散控制，微分方程描述扩散过程为

$$\partial C / \partial t = D\Delta C - 2M\Delta^2 C + (V_C)^2 \partial D / \partial C - 2\alpha[V_C V(\Delta C)]\partial M / \partial C \tag{9.233}$$

式中，D为扩散系数；M为粒子迁移率；C为组分浓度；V为算符；t为时间；α为方程系数(随温度与成分而变)。根据扩散方程数值解得出的结论如下：初期模糊的相界面逐渐清晰，成分起伏由中心缓慢增长；两相成分差异连续扩大，以致形成分离的粒子。Burnett等[384,385]的实验数据支持该结论。不稳区分相范围：$(\partial^2 G / \partial C^2)_{p,T} < 0$，过冷的均匀液相对微小组成起伏是不稳的，起伏由小逐渐增大，初期新相界面弥散，不需要克服任何能垒，必然发生分相。亚稳区分相范围：$(\partial^2 G / \partial C^2)_{p,T} > 0$。过冷的均匀液相对微小组成起伏是

亚稳的，其分相如同析晶中的成核生长，需要克服成核能垒才能形成核，而后新相继续扩大，否则则将不分相，而呈亚稳态。

Probstein[386]、Kashchiev[387]认为：均匀相中形成新相过程按两阶段推进，即过渡期与稳定期。

(1) 过渡期：成核速率为时间的函数，表示为

$$I(t) = i \exp(t_n / t) \tag{9.234}$$

式中，i 为稳定期成核速率；t_n 为过渡时间，两者均为常数。对式(9.234)积分得新相总粒子数目：

$$N(t) = \int_0^t I(t)\mathrm{d}t \tag{9.235}$$

(2) 稳定期：成核速率恒定，不随时间而变化；积分式(9.235)确定绝热分相过程新相粒子数目 $N(t)$ 与时间的关系。

2) 示意解析

Cahn[380-383]将不稳分解机理与成核生长机理的浓度轮廓示意于图 9.126。不稳分解机理特点如下：中心点与周围介质浓度起伏不大，但波及范围较宽；负扩散，蠕虫状连通结构。成核生长机理特点如下：核与周围介质浓度差大，但波及范围窄；正扩散；液滴状孤立结构 = 富 Si 相+富 B 相。

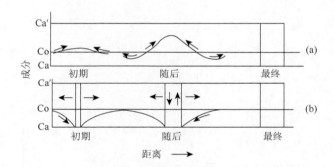

图 9.126 两种机理示意图

曾有人将分相玻璃的连通结构视为不稳分解的证明，实际并非如此，液滴相通过粗化过程也可长成连通结构[379]，如图 9.127 所示。分相的结构类型见表 9.38。

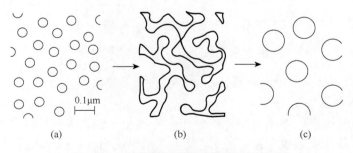

图 9.127 玻璃基质中分相过程的示意图

表 9.38　分相的结构类型

机理	成分	形貌	界面	能量	扩散	时间
成核生长	第二相组成不随时间变化	第二相呈孤立球形颗粒	分相开始有界面突变	有分相势垒	正扩散	时间长，动力学障碍大
不稳分解	第二相组成随时间向两个极端组成变化，直达平衡	第二相为高度连续性蠕虫状颗粒	分相开始界面弥散，逐渐明显	无势垒	负扩散	时间短，无动力学障碍

3) 亚微相生长速度

由文献[388]给出熔体中亚微相形成后颗粒半径 r 随时间 t 变化率：

$$\frac{dr}{dt} = \frac{2V_m \sigma D C_\infty}{RTr} \cdot \left(\frac{1}{r_m} - \frac{1}{r} \right) \tag{9.236}$$

式中，V_m 为摩尔体积；r_m 为颗粒半径平均值；σ 为表面能；D 为扩散系数；C_∞ 为具有无限大半径时微相的平衡浓度；R 为气体常数；T 为温度。依据式(9.236)作图 9.128。图中生长速度 dr/dt 为负时表示半径减小；半径为 r_m 时生长速度为零；半径为 $2r_m$ 时生长速度最大[389]。

Zarzcycki 和 Naudin[388]对 2%PbO 硼酸盐玻璃的电镜照片分析表明：热处理 2h 的微相分布如图 9.129 所示，热处理 0.5h 则得到麦克斯韦型对称分布曲线。

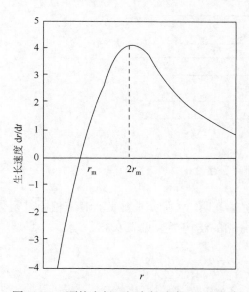

图 9.128　颗粒半径 r 与生长速度 dr/dt 关系

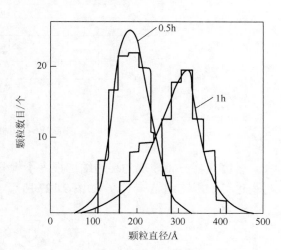

图 9.129　直径分布随时间变化

4) 硼硅酸盐熔体中出现分相可为后续成核、析晶提供驱动力

其影响具体表现如下。

(1) 分相为成核提供界面。熔体中分相产生的相界面为晶相的成核提供有利的成核位，促进后续成核优先发生在相界面上。诸多实验已证明：某些成核剂(如 P_2O_5)正是通过促进玻璃强烈分相而影响后续的结晶。

(2) 分散相原子迁移率高。分相导致两相中的一相(分散相)具有远高于母相(均匀相)的原子迁移率，分散相的高迁移率促进晶相成核。

(3) 成核剂。分相促使加入的成核剂富集于两相中一相，当成核剂从液相转变为晶相时即起晶核作用。显然，分相促进熔体向晶态转化，但分相和晶体成核、生长之间的关系十分复杂。

4. 玻璃分相的分形特征

分形理论[390, 391]诞生于 20 世纪 70 年代中期，1975 年美籍法国数学家芒德勃罗首先提出分形概念，其专著 *Form, Chance and Dimension* 和 *The Fractal Geometry of Nature* 的出版标志着分形理论正式诞生。近些年来，分形理论已迅速发展成为一门新兴的数学分支，是研究和处理自然过程不规则图形的强有力工具，目前在物理、化学、材料科学、表面科学、天文学、生物与医学、地质学、地震、计算机科学以及矿冶工程等领域取得诸多成果。

分形系指在一些简单空间上一些点的集合具有某些特殊的几何性质：①分形集具有任意小尺度下的比例细节，或者说它具有精细结构；②分形集不能用传统的几何语言来描述，它既不满足某些条件的点的轨迹，也不是某些方程的解集；③分形具有某种自相似形式，可能是近似的或者统计的自相似；④分形维数一般大于相应的拓扑维数；⑤在大多数情况下，分形集由非常简单的方法定义，可能以变换的迭代产生。现实中分形大多数为近似意义上的随机分形，自相似维数和豪斯多夫(Hausdorff)维数通常难以求得[392-396]。

玻璃分相后的形貌中，第二相呈现出不规则的分支结构，具有分形特征，采用分形理论可以实现对其微观形貌的定量描述。由于分相现象十分复杂，仅以电镜形貌来理解分相机理还有相当局限。可以采用分形理论结合计算机模拟研究相变过程的分相特征与机理。基于 Monte-Carlo 方法，利用计算机对分相过程进行模拟，预测分形维数，最终与实验结果比较，可加深对相变过程分相机理的理解。自然界的分形属于随机分形，即只是具有统计意义下的自相似，所以迄今尚无对各类随机分形均适用且严格的分形维数计算方法。

分形维数的测定可采用面积-回转半径法，它将一系列不断增大的回转半径覆盖到分形结构标度性质 $N \sim R_g^D$，其中 D 为直线斜率。分形维数测定可在图像分析仪上进行[397]。

9.6.2 熔体(渣)结构演变与析晶

1. 析晶过程

硼酸盐熔体中发生的析晶过程涉及 3-3 硼氧环中硼氧键的断裂与 6-3 硼氧环有序晶体(六配位三角形)的重建，它经历两个步骤。

(1) 纯 B_2O_3 熔体结构是$[BO_3]^{3-}$连接成的二维层状结构，弯曲折叠的硼氧层在空间通过分子间作用力连接，构成无序网络结构。高温(>800℃)下二维层状结构不稳定，$[BO_4]^{5-}$只在 1000℃ 以下形成。每个硼氧环具有约 49.40kJ/mol 的稳定能量，这可能是由于杂环中 δ 电子的离域作用以及此种杂环具有同其他稳定环一样的特性。

(2) 析晶时需要破坏 B_2O_3 熔体中 3-3 硼氧环的键，克服硼氧环的高能量、高稳定性，同时需要重新建立晶体中 6-3 硼氧环复杂的聚合结构，形成排列有序的晶体，所以 B_2O_3 熔体不易析晶，见表 9.39[398]。

表 9.39　氧化物单键强度

M_nO_m 中 M	原子价	配位数	M—O 单键强度/(kJ/mol)	在结构中的作用
B	3	3	498	网络形成体
	3	4	373	
Si	4	4	444	
P	5	4	465~389	
Al	3	6	250	网络中间体
Na	1	6	84	网络修饰体
Mg	2	6	155	

2. 熔体中网络连接程度对析晶的影响

(1) 通常网络外体(碱或碱土金属氧化物)含量越低，网络连接程度越高，熔体冷却过程中越不易调整为规则的排列，即越不易析晶。反之，网络断裂越多(非桥氧越多)，熔体越易析晶，见表 9.40。

表 9.40　成分不同的二元熔体 Na_2O-SiO_2 析晶能力随成分的变化

玻璃成分	Si/O 比	晶体的结构状态	结晶本领
SiO_2	0.5	架状结构	很难结晶
$Na_2O \cdot 2SiO_2$	0.4	层状结构	易结晶，保温 1h 表面结晶
$Na_2O \cdot SiO_2$	0.333	链状结构	极易结晶，保温 1h 全结晶
$2Na_2O \cdot SiO_2$	0.25	岛状结构	不成玻璃

(2) 当网络外体含量较高、网络断裂较严重时，加入中性氧化物(如 BeO、ZnO、Al_2O_3)可使断裂的 $[SiO_4]^{4-}$ 重新连接起来，降低析晶趋势。Al_2O_3 可显著降低玻璃析晶能力，在硼硅酸盐玻璃系 Al_2O_3 也有同样作用。

(3) 在碱金属氧化物含量少时，电场强度较大的网络外体离子(如 Li^+、Mg^{2+}、Ti^{4+}、Zr^{4+}、La^{3+})易在结构中发生局部积聚作用，使得近程有序的范围增加，析晶的倾向增大。

3. 复合负离子团的大小和排列方式与析晶的关系

熔体中氧化物不以单独的原子或离子而以 $[Si_2O_7]^{6-}$、$[Si_6O_{18}]^{12-}$、$[SiO_4]^{4-}$、$[SiO_3]_n^{2n-}$、$[SiO_{10}]_n^{4n-}$、$[BO_3]^{3-}$、$[BO_4]^{5-}$ 负离子形式存在。这些负离子可相互连接成链、环、层、架状的聚合负离子，构成网状结构。这些负离子团可能时分时合，随着温度下降，聚合过程逐渐占优势，形成大尺寸负离子团，可视它为不等数目的$[SiO_4]^{4-}$、$[BO_3]^{3-}$以不同的连接方式歪扭地聚合而成，宛如歪扭的链状、层状或架状结构。熔体冷却时容易形成硅硼酸盐碱玻璃，但 Mg 可强化架状结构的稳定性[230, 293, 388, 398]。

4. O/B 比、O/Si 比

在熔体结构中不同 O/Si 比对应不同聚合程度的负离子团。例如，当 O/Si 比为 2 时，熔体中含有大小不等、歪扭的$[SiO_2]_n$聚集团(石英玻璃熔体)；随着 O/Si 比的增加，硅氧负离子团不断变小；当 O/Si 比增至 4 时，硅氧负离子团全部拆散成为分立状的$[SiO_4]^{4-}$，此刻容易析晶。因此，析晶的倾向与熔体中聚合负离子团的聚合程度有关。聚合程度越低，越易析晶；聚合程度越高，尤其具有三维网络或歪扭链状、层状结构时，越不易析晶。因为网络或链间错杂交织，所以质点在空间位置作调整以析出对称性良好、远程有序的晶体比较困难。硼酸盐也可采用类似硅酸盐的方法，根据 O/B 比来粗略估计负离子团的大小。根据实验，形成玻璃的 O/B 比有最高限值，如表 9.41 所示。这个限值表明，熔体中负离子团只有以高聚合的歪扭链状或层状方式存在，才可能形成玻璃。

表 9.41　形成硼酸盐、硅酸盐等玻璃的 O/B 比、O/Si 比的最高限值

与不同系统配合加入的氧化物	硼酸盐系统 O/B 比	硅酸盐系统 O/Si 比
Li_2O	1.9	2.55
Na_2O	1.8	3.40
K_2O	1.8	3.20
MgO	1.95	2.70
CaO	1.90	2.30

参 考 文 献

[1]　Waseda Y，Toguri J M. The Structure and Properties of Oxide Melts[M]. Singapore：World Scientific，1998.

[2]　Bodsworth C，Bell H B. Physical Chemistry of Iron and Steel Manufacture[M]. 2nd ed. London：Longman，1972.

[3]　Liebou F. 硅酸盐结构化学——结构、成键及分类[M]. 席耀忠，译. 北京：中国建筑工业出版社，1989.

[4]　苏勉曾. 固体化学导论[M]. 北京：北京大学出版社，1987.

[5]　饶东生. 硅酸盐物理化学[M]. 北京：冶金工业出版社，1980.

[6]　Turkdogan E T. Physicochemical Properties of Molten Slags and Glasses[M]. London：The Metal Society，1983.

[7]　吴永全. 硅酸盐熔体微结构及其与宏观性质关系的理论研究[D]. 上海：上海大学，2003.

[8]　蒋国昌，吴永全，尤静林，等. 冶金/陶瓷/地质熔体离子簇理论研究[M]. 北京：科学出版社，2007.

[9]　Galasso F S. Structure and Properties of Inorganic Solids[M]. Oxford：Pergamon Press，1970.

[10]　Paul A. Chemistry of Glasses[M]. New York：Chapman and Hall，1982.

[11]　Richardson F D. Physical Chemistry of Melts in Metallurgy[M]. Salt Lake City：Academic Press，1974.

[12]　Nobuo S，Lu W K，Riboud P V. Advanced Physical Chemistry for Process Metallurgy[M]. Salt Lake City：Academic Press，1997.

[13]　Taylor M，Brown G E. Structure of mineral glasses—I. The feldspar glasses $NaAlSi_3O_8$, $KAlSi_3O_8$, $CaAl_2Si_2O_8$[J]. Geochimica et Cosmochimica Acta，1979，43(1)：61-75.

[14]　Ban-ya S，Hino M. Chemical Properties of Molten Slags[M]. Tokyo：Iron and Steel Institute of Japan，1991.

[15] 朱永峰，张传清. 硅酸盐熔体结构学：含盐浆熔体中的挥发性组成[M]. 北京：地质出版社，1996.

[16] 张鉴. 冶金熔体和溶液的计算热力学[M]. 北京：冶金工业出版社，2007.

[17] 毛裕文. 冶金熔体[M]. 北京：冶金工业出版社，1994.

[18] 谢刚. 冶金熔体结构和性质的计算机模拟计算[M]. 北京：冶金工业出版社，2006.

[19] Glasser L S D. Non-existent silicates：Zeitschrift für kristallographie-crystalline materials[J]. Zeitschrift Für Kristallographie Crystalline Materials，1979，149：291-306.

[20] 潘金生. 材料科学基础[M]. 北京：清华大学出版社，1998.

[21] Waseda Y，Shiraishi Y. Structure of molten FeO at 1420℃[J].Transactions of the Iron and Steel Institute of Japan，1978，18(12)：783-384.

[22] Nukui A，Tagai H，Morikawa H，et al. ChemInform abstract：Structural study of molten silica by an X-ray radial distribution analysis[J]. Chemischer Informationsdienst，1978，9(27)：174-176.

[23] 邱关明，黄良钊. 玻璃形成学[M]. 北京：兵器工业出版社，1987.

[24] West A R. 固体化学及其应用[M]. 苏勉曾，等，译. 上海：复旦大学出版社，1989.

[25] 杰罗德 V. 固体结构[M]. 王佩璇，译. 北京：科学出版社，1998.

[26] 冯端. 材料科学导论：融贯的论述[M]. 北京：化学工业出版社，2002.

[27] Pauling L. The Nature of the Chemical Bond [M]. 3rd ed. Ithaca：Cornell University Press，1960.

[28] Rosenqvist T. Principles of Extractive Metallurgy[M]. New York：Mcgrawhill Book Company，1974.

[29] 贺蕴秋，王德平，徐振平. 无机材料物理化学[M]. 北京：化学工业出版社，2005.

[30] Shelby J E. Introduction to Glass Science and Technology[M]. 2nd ed. Cambridge：Royal Society of Chemistry，2005.

[31] Warren B E. X-ray Diffraction[M]. Reading：Addison-Wesley，1969.

[32] Wright A C，Leadbetter A J. Diffraction studies of glass structure[J]. Physics and Chemistry of Glasses，1976，17(5)：122-145.

[33] Wong J，Angell C A. Glass Structure by Spectroscopy[M]. NewYork：MarcelDekker，1976.

[34] 赵彦钊，殷海荣. 玻璃工艺学[M]. 北京：化学工业出版社，2006.

[35] de Jong B H W S，Schramm C M，Parziale V E. Silicon-29 magic angle spinning NMR study on local silicon environments in amorphous and crystalline lithium silicates[J]. Journal of the American Chemical Society，1984，106(16)：4396-4402.

[36] Schneider J，Mastelaro V R，Panepucci H，et al. ^{29}Si MAS-NMR studies of Q(n) structural units in metasilicate glasses and their nucleating ability[J]. Journal of Non-Crystalline Solids，2000，273(1-3)：8-18.

[37] Warren B E，Biscob J. Fourier analysis of X-ray patterns of soda-silica glass[J]. Journal of the American Ceramic Society，1938，21(7)：259-265.

[38] Sprenger D，Bach H，Meisel W，et al. Discrete bond model (DBM) of sodium silicate glasses derived from XPS，Raman and NMR measurements[J]. Journal of Non-Crystalline Solids，1993，159(3)：187-203.

[39] Zhang P，Grandinetti P J，Stebbins J F. Anionic species determination in $CaSiO_3$ glass using two-dimensional ^{29}Si NMR[J]. Journal of Physical Chemistry B，1997，101(20)：4004-4008.

[40] Mysen B O，Virgo D，Scarfe C M. Relations between the anionic structure and viscosity of silicate melts：A Raman spectroscopic study[J]. American Mineralogist，1980，65(7)：690-710.

[41] You J L，Jing G C，Xu K D. High temperature Raman spectra of sodium disilicate crystal，glass and its liquid [J]. Journal of Non Crystalline Solids，2001，282：125.

[42] Suh I K，Sugiyama K，Waseda Y，et al. Structural study of the molten $CaO-Fe_2O_3$ system by X-ray diffraction[J]. Zeitschrift Für Naturforschung A，1989，44(6)：580-584.

[43] Guinier A. Theory and Techniques for X-ray Crystallography[M]. Paris：Dunod，1964.

[44] Waseda Y，Toguri J M. Materials Science of the Earth's Interior[M]. Tokyo：Terra Scientific Publishing. Company，1989.

[45] Waseda Y，Suito H. The structure of molten alkali metal silicates[J]. Transactions of the Iron and Steel Institute of Japan，1977，17(2)：82-91.

[46] Waseda Y，Toguri J M. The structure of molten binary silicate systems $CaO-SiO_2$ and $MgO-SiO_2$[J]. Metallurgical Transactions

B，1977，8(3)：563-568.

[47]　Waseda Y，Toguri J M. The Structure of the molten FeO-SiO$_2$ system[J]. Metallurgical Transactions B，1978，9(4)：595-601.

[48]　Waseda Y，Shiraishi Y，Toguri J M. The structure of the molten FeO-Fe$_2$O$_3$-SiO$_2$ system by X-ray diffraction[J]. Transactions of the Japan Institute of Metals，1980，21(1)：51-62.

[49]　Waseda Y. The Structure of Non-Crystalline Materials[M]. New York：McGraw-Hill，1980.

[50]　Suh I K，Ohta H，Waseda Y. Thermal diffusivity measurement of molten calcium ferrite slags[J]. High Temperature Materials and Processes，1989，8(4)：231-240.

[51]　Sumita S，Morinaga K J，Yanagase T. Density and surface tension of binary ferrite melts[J]. Journal of the Japan Institute of Metals and Materials，1983，47(2)：127-131.

[52]　Matano T，Sumita S，Morinaga K J，et al. Electrical conductivity and viscosity of binary molten ferrite systems[J]. Journal of the Japan Institute of Metals and Materials，1983，47(1)：25-30.

[53]　Eitel W. The Physical Chemistry of Silicates[M]. Chicago：University Of Chicago Press，1954.

[54]　Coudurier L，Hopkins D W，Wilkominsky I W. Solutions[M]. Amsterdam：Elsevier，1985.

[55]　Riebling E F. Structure of sodium aluminosilicate melts containing at least 50 mole % SiO$_2$ at 1500℃[J]. Journal of Chemical Physics，1966，44(8)：2857-2865.

[56]　Iwamoto N，Tsunawaki Y，Hattori T，et al. Raman-Spectra of Na$_2$O-SiO$_2$-Al$_2$O$_3$ and K$_2$O-SiO$_2$-Al$_2$O$_3$ Glasses[J]. Physics and Chemistry of Glasses，1978，19：141-143.

[57]　Bottinga Y，Weill D F. The viscosity of magmatic silicate liquids: A model calculation[J]. American Journal of Science，1972，272(5)：438-475.

[58]　Cukierman M，Uhlmann D R. Viscosity of liquid anorthite[J]. Journal of Geophysical Research，1973，78(23)：4920-4923.

[59]　Bockris J O，MacKenzie J D，Kitchener J A. Viscous flow in silica and binary liquid silicates[J]. Transactions of the Faraday Society，1955，51：1734.

[60]　Day D E，Rindone G E. Properties of soda aluminosilicate glasses: I. Refractive index，density，molar refractivity，and infrared absorption spectra[J]. Journal of the American Ceramic Society，1962，45(10)：489-496.

[61]　Kushiro I，Yoder H S，Mysen B O. Viscosities of basalt and andesite melts at high pressures[J]. Journal of Geophysical Research，1976，81(35)：6351-6356.

[62]　Kushiro I. Changes in viscosity and structure of melt of NaAlSi$_2$O$_6$ composition at high pressures[J]. Journal of Geophysical Research，1976，81(35)：6347-6350.

[63]　Waff H S. Pressure-induced coordination changes in magmatic liquids[J]. Geophysical Research Letters，1975，2(5)：193-196.

[64]　Lacy E D. Aluminum in glasses and in melts[J]. Physics and Chemistry of Glasses，1963，4：234-238.

[65]　Sharma S K，Virco D，Mysen B O. Raman study of the coordination of aluminum in jadeite melts as a function of pressure[J]. American Mineralogist，1979，64：779-787.

[66]　Westman A E R，Scott A E，Pedley J T. Filter paper chromatography of condensed phosphates and phosphoric acid[J]. Analytical Chemistry，1952，4(10)：35.

[67]　Westman A E R，Crowther J. Constitution of soluble phosphate glasses[J]. Journal of the American Ceramic Society，1954，37(9)：420-427.

[68]　Crowther J P，Westman A E R. The hydrolysis of the condensed phosphates: I. Sodium pyrophosphate and sodium triphosphate[J]. Canadian Journal of Chemistry，1954，32(1)：42-48.

[69]　Westman A E R，Gartaganis P A. Constitution of sodium，potassium，and lithium phosphate glasses[J]. Journal of the American Ceramic Society，1957，40(9)：293-299.

[70]　van Wazer J R. Phosphorus and Its Compounds[M]. New York：Interscience，1958.

[71]　Meadowcroft T R，Richardson F D. Structural and thermodynamic aspect of phosphate glasses[J]. Transactions of the Faraday Society，1965，61：54.

[72]　Flory P J. Random reorganization of molecular weight distribution in linear condensation polymers[J]. Journal of the American

Chemical Society，1942，64(9)：2205-2212.

[73]　Duplessis D J. Der einfluß von kieselsäure auf kondensierte phosphate[J]. Angewandte Chemie，1959，71：697.

[74]　Ohashi S，Oshima F. The chemical compositions of crystals and glasses of the $NaPO_3$-Na_2SiO_3 and $NaPO_3$-SiO_2 systems[J]. Bulletin of the Chemical Society of Japan，1963，36(11)：1489-1494.

[75]　Finn C W F，Fray D J，King T B，et al. Some aspects of structure in glassy silicophates[J]. Physics and Chemistry of Glasses，1976，17：70.

[76]　Kumar D，Ward R G，Williams D J. Infrared absorption of some solid silicates and phosphates with and without fluoride additions[J]. Transactions of the Faraday Society，1965，61：1850.

[77]　Ryerson F J，Hess P C. The role of P_2O_5 in silicate melts[J]. Geochimica et Cosmochimica Acta，1980，44(4)：611-624.

[78]　Mysen B O，Virgo D. Trace element partitioning and melt structure：An experimental study at 1 atm pressure[J].Geochimica et Cosmochimica Acta，1980，44(12)：1917-1930.

[79]　Tien T Y，Hummel F A. The system SiO_2-P_2O_5[J]. Journal of the American Ceramic Society，1962，45(9)：422-424.

[80]　Mysen B O，Ryerson F J. The influence of TiO_2 on the structure and derivative properties of silicate melts[J]. American Mineralogist，1980，65：1150-1165.

[81]　Devries R C，Roy R，Osborn E F. The system TiO_2-SiO_2[J]. British Ceramic Transactions，1954，53：525.

[82]　Tobin M C，Baak T. Raman spectra of some low-expansion glasses[J]. Journal of the Optical Society of America，1968，58(11)：1459-1461.

[83]　Chandrasekhar H R，Chandrasekhar M，Manghnani M H. Phonons in titanium doped vitreous silica[J]. Solid State Communications，1979，31(5)：329-333.

[84]　Iwamoto N，Tsunawaki Y，Fuji M S，et al. Raman spectra of K_2O-SiO_2 and K_2O-SiO_2-TiO_2 glasses[J]. Journal of Non-Crystalline Solids，1975，18(2)：303-306.

[85]　Furukawa T，White W B. Structure and crystallization of glasses in the $Li_2Si_2O_5$-TiO_2 system determined by Raman spectroscopy[J]. Physics and Chemistry of Glasses，1979，20：69.

[86]　Pargamin L，Lupis C H P，Flinn P A. Mössbauer analysis of the distribution of iron cations in silicate slags[J]. Metallurgical and Materials Transactions B，1972，3(8)：2093-2105.

[87]　Levy R A，Lupis C H P，Flinn P A. Moessbauer analysis of the valence and coordination of iron cations in SiO_2-Na_2O-CaO glasses [J]. Physics and Chemistry of Glasses，1976，17(4)：94-103.

[88]　Iwamoto N，Tsunawaki Y，Nakagawa H，et al. Investigation of calcium-iron-silicate glasses by the Mössbauer method[J]. Journal of Non-Crystalline Solids，1978，29(3)：347-356.

[89]　Virgo D，Mysen B O，Kushiro I. Anionic constitution of 1-atmosphere silicate melts：Implications for the structure of igneous melts[J]. Science，1980，208(4450)：1371-1373.

[90]　早稻田，嘉夫，Toguri，et al. The Structure and Properties of Oxide Melts：Application of Basic Science to Metallurgical Processing[M]. Singapore：World Scientific，1998.

[91]　Brawer S. Theory of the vibrational spectra of some network and molecular glasses[J]. Physical Review B，1975，11(8)：3173.

[92]　Brawer S A，White W B. Raman spectroscopic investigation of the structure of silicate glasses. I. The binary alkali silicates[J]. The Journal of Chemical Physics，1975，63(6)：2421-2432.

[93]　Brawer S A，White W B. Raman spectroscopic investigation of the structure of silicate glasses(II). Soda-alkaline earth-alumina ternary and quaternary glasses[J]. Journal of Non-Crystalline Solids，1977，23(2)：261-278.

[94]　McMillan P F，Piriou B. Raman-spectroscopic studies of silicate and related glass structure—A review[J]. Bulletin de Mineralogie，1983，106(1)：57-75.

[95]　Flory P J. Principles of Polymer Chemistry[M]. Ithaca：Cornell University Press，1953.

[96]　Warren B E. The structure of crystalline bromine[J]. Journal of the American Chemical Society，1936，58：2459-2461.

[97]　Zachariasen W H. The crystal structure of lithium metaborate[J]. Journal of the American Chemical Society，1964，17(6)：749-751.

[98]　Bockris J O, Kitchener J A, Ignatowicz S, et al. Electric conductance in liquid silicates[J]. Transactions of the Faraday Society, 1952, 48: 75-91.

[99]　Toop G W, Samis C S. Activities of ions in silicate melts[J]. Transacitions of the Metallurgical Society of AIME, 1962, 244(5): 878.

[100]　Masson C R. An approach to the problem of ionic distribution in liquid silicates[J]. Proceedings of the Royal Society of London Series A Mathematical Physical and Physical Sciences, 1965, 287(1409): 201-221.

[101]　Masson C R, Smith I B, Whiteway S G. Molecular size distributions in multichain polymers: Application of polymer theory to silicate melts[J]. Canadian Journal of Chemistry, 1970, 48(1): 201-202.

[102]　Masson C R, Smith I B, Whiteway S G. Activities and ionic distributions in liquid silicates: Application of polymer theory[J]. Canadian Journal of Chemistry B, 1970, 48(9): 1456-1464.

[103]　Nagabayashi R, Hino M, Ban-ya S. Distribution of oxygen between liquid iron and Fe_tO-(CaO+MgO)-(SiO_2+P_2O_5) phosphate slags[J]. Tetsu-to-Hagane, 1988, 74(8): 1585-1592.

[104]　Ban-ya S, Shim J D. Application of the regular solution model for the equilibrium of distribution of oxygen between liquid iron and steelmaking slags[J]. Canadian Metallurgical Quarterly, 1982, 21(4): 319-328.

[105]　Lumsden J. Thermodynamics of Molten Salt Mixtures[M]. Salt Lake City: Academic Press, 1966.

[106]　Bockris J O M, Reddy A K N. Modern Electrochemistry[M]. New York: Plenum Press, 1970.

[107]　Bockris J O, Tomlinson J W, White J L. Structure of the liquid silicates-partial molar volumes and expansivities[J]. Transactions of the Faraday Society, 1956, 52: 299.

[108]　Bockris J O, Kojonen E. The compressibilities of certain molten alkali silicates and borates[J]. Journal of the American Chemical Society, 1960, 82(17): 4493-4497.

[109]　Toop G W, Samis C S. Activities of ions in silicate melts[J]. Transaction of the Merallurgical Society of AIME, 1962, 224: 878.

[110]　Whiteway S G, Smith I B, Masson C R. Theory of molecular size distribution in multichain polymers[J]. Canadian Journal of Chemistry, 1970, 48(1): 33-45.

[111]　Sommerville I D, Ivanchev I, Bell H B. Chemical Metallurgy of Iron and Steel[M]. London: Iron and Steel Institute, 1973.

[112]　Darken L S, Schwerdtfeger K. Activities in olivine and pyroxenoid solid solutions of the system Fe-Mn-Si-O at 1150℃[J]. Transaction of the Merallurgical Society of AIME, 1966, 236: 208.

[113]　Kerrick D M, Darken L S. Statistical thermodynamic models for ideal oxide and silicate solid solutions, with application to plagioclase[J]. Geochimica et Cosmochimica Acta, 1975, 39(10): 1431-1442.

[114]　Kapoor M L, Frohberg M G. Die elektrolytische dissoziation flüssiger schlacken und ihre bedeutung für metallurgische reaktionen[J]. Archiv Für Das Eisenhüttenwesen, 1970, 41(2): 209-212.

[115]　Darken L S. Physical chemistry in metallurgy—The darken conference[C]. Pittsburgh: US Steel Corporation, 1976: 1.

[116]　Kapoor M L, Mehrotra G M, Frohberg M G. Die berechnung thermodynamischer größen und struktureller eigenschaften flüssiger binärer silicatsysteme[J]. Archiv Für Das Eisenhüttenwesen, 1974, 45(10): 663-669.

[117]　Kapoor M L, Mehrotra G M, Frohberg M G. Relationship between Thermodynamic and structure of liquid silicate systems[J]. Archiv Eisenhtittenwesen A, 1974, 45: 213.

[118]　Gaskell D R. Activities and free energies of mixing in binary silicate melts[J]. Metallurgical Transactions B, 1977, 8(1): 131-145.

[119]　Yokokawa T, Niwa K. Free energy and basicity of molten silicate solution[J]. Transactions of the Japan Institute of Metals, 1969, 10(2): 81-84.

[120]　Borgianni C, Granati P. Thermodynamic properties of silicates and of alumino-silicates from Montecarlo calculations[J]. Metallurgical Transactions B, 1977, 8(1): 147-151.

[121]　Lin P L, Pelton A D. A structural model for binary silicate systems[J]. Metallurgical Transactions B, 1979, 10(4): 667-675.

[122]　Allibert M, Gaye H. Slag Atlas[M]. 2nd ed. Dusseldorf: Verlag Stahleisen GmbH, 1995.

[123] George R S T. Physical Chemistry of Process Metallurgy[M]. New York: Interscience Publishers, 1961.

[124] Schwerdtfeger K, Muan A. Activity measurements in Pt-Cr and Pd-Cr solid alloys at 1225℃[J]. Transaction of the Merallurgical Society of AIME, 1965, 233: 1904.

[125] Bell H B J. Equilibrium between FeO-MnO-MgO-SiO$_2$ slags and molten iron at 1550℃[J]. Journal of the Iron and Steel Institute, 1963, 201: 116.

[126] Meysson N, Rist A. Étude thermodynamique des laitiers SiO$_2$-FeO-MnO[J]. Revue De Métallurgie, 1969, 66(2): 115-127.

[127] Song K S, Gaskell D R. The free energies of mixing of melts in the systems 2FeO-SiO$_2$-2MnO-SiO$_2$ and 2.33FeO-TiO$_2$-2.33MnO-TiO$_2$[J]. Metallurgical Transactions B, 1979, 10(1): 15-20.

[128] Muan A. Origin and Distribution of Elements[M]. London: Pergamon Press, 1968: 619.

[129] Choudary U V, Gaskell D R, Belton G R. Thermodynamics of mixing in molten sodium-potassium silicates at 1100℃: The effect of a calcium oxide addition[J]. Metallurgical and Materials Transactions B, 1977, 8(1): 67-71.

[130] Schenck H. Physical Chemistry of Steelmaking[M]. London: The British Iron and Steel Research Association, 1945.

[131] Chen D, Miyoshi H, Masui H, et al. NMR study of structural changes of alkali borosilicate glasses with heat treatment[J]. Journal of Non-Crystalline Solids, 2004, 345-346: 104-107.

[132] Fincham C J B, Richardson F D. The behaviour of sulphur in silicate and aluminate melts[J]. Proceedings of the Royal Society of London Series A Mathematical Physical and Physical Sciences, 1954, 223(1152): 40-62.

[133] Lux H. "Acids" and "bases" in molten mass. The determination of oxygen ions concentrations[J]. Zeit. Fur Electrochem, 1939, 45: 303.

[134] Temkin M. Mixtures of fused salts as ionic solutions[J]. Acta Physico-Chimica USSR, 1945, 20(4): 411-420.

[135] Yokokawa T, Niwa K. Free energy and basicity of molten silicate solution[J]. Transactions of the Japan Institute of Metals, 1969, 10(2): 81-84.

[136] Yokokawa T, Tamura S, Sato S, et al. Ferric-ferrous ratio in Na$_2$O-P$_2$O$_5$ melts[J]. Physics and Chemistry of Glasses, 1974, 15(5): 113-115.

[137] Gaskell D R. Thermodynamic models of liquid silicates[J]. Canadian Metallurgical Quarterly A, 1981, 20: 3.

[138] Gaskell D R. Introduction to Metallurgical Thermodynamics[M]. 2nd ed. New York: McGraw-Hill, 1981.

[139] Lahiri A K. Free energy of mixing of divalent basic oxides with silica[J]. Transactions of the Faraday Society, 1971, 67: 2952.

[140] Borgianni C, Granati P. Montecarlo calculations of ionic structure in silicate and alumino-silicate melts[J]. Metallurgical Transactions B, 1979, 10(1): 21-25.

[141] Hobson E W. The Theory of Spherical and Ellipsoidal Harmonics[M]. Cambridge: Cambridge University Press, 1955.

[142] Guggenheim E A. Mixtures[M]. Oxford: Oxford University Press, 1952.

[143] Pretnar B B. Ionic theory of silicate melts[J]. Berichte der Bunsen-Gesellschaft fur physikalische Chemie, 1968, 72: 773.

[144] Baes C F. A polymer model for BeF$_2$ and SiO$_2$ melts[J]. Journal of Solid State Chemistry, 1970, 1(2): 159-169.

[145] Nagabayashi R, Hino M, Ban-ya S. Mathematical expression of phosphorus distribution in steelmaking process by quadratic formalism[J]. ISIJ International, 1989, 29(2): 140-147.

[146] Masson C R. Thermodynamics and constitution of silicate slags[J]. Journal of the Iron and Steel Institute, 1972, 210: 89.

[147] Masson C R. Ionic equilibria in liquid silicates[J]. Journal of the American Chemical Society, 1968, 51: 134.

[148] Roedder E, Weiblen P W. Silicate liquid immiscibility in lunar magmas, evidenced by melt inclusions in lunar rocks[J]. Science, 1970, 167(3918): 641-644.

[149] Roedder E, Weiblen P W. Lunar petrology of silicate melt inclusions, Apollo 11 rocks[J]. Geochmica et Cosmochimica Acta, 1970, 1: 251.

[150] Warren B E, Pincus A G. Atomic consideration of immiscibility in glass systems[J]. Journal of the American Ceramic Society, 1940, 23(10): 301-304.

[151] Richardson F D. Slags and refining processes. The constitution and thermodynamics of liquid slags[J]. Transactions of the Faraday Society, 1948, 4: 244.

[152] Meadowcroft T R, Richardson F D. Structural and thermodynamic aspect of phosphate glasses[J]. Transactions of the Faraday Society, 1965, 61: 54.

[153] Schwerdtfeger K, Turkdogan E T. Miscibility gap in system iron oxide-CaO-P$_2$O$_5$ in air at 1625℃[J]. Transaction of the Merallurgical Society of AIME, 1967, 239: 589.

[154] Visser W, Koster A F K V. Effects of P$_2$O$_5$ and TiO$_2$ on liquid-liquid equilibria in the system K$_2$O-FeO-Al$_2$O$_3$-SiO$_2$[J]. American Journal of Science, 1979, 279(8): 970-988.

[155] Visser W, Groos A F K V. Phase relations in the system K$_2$O-FeO-Al$_2$O$_3$-SiO$_2$ at 1 atmosphere with special emphasis on low temperature liquid immiscibility[J]. American Journal of Science, 1979, 279(1): 70-91.

[156] Wojciechowska J, Berak J, Trzebiatowski W. System: CO$_2$-P$_2$O$_5$-SiO$_2$. I. Partial system 3CaO·P$_2$O$_5$·CaO·SiO$_2$-SiO$_2$[J]. Roczniki Chemii, 1956, 30(3): 743-756.

[157] Paetsch H H, Dietzel A. The system PbO-SiO$_2$-P$_2$O$_5$[J]. Glass Science and Technology: Glastechnische Berichte, 1956, 29: 345-355.

[158] Visser W, Groos A F K V. Effect of pressure on liquid immiscibility in the system K$_2$O-FeO-Al$_2$O$_3$-SiO$_2$-P$_2$O$_5$[J]. American Journal of Science, 1979, 279(10): 1160-1175.

[159] Shaw R R, Uiilviann D R. Immiscibility Phenomenon in Glasses[M]. Leningrad: Nauka, 1969.

[160] Shaw R R, Uiilviann D R. Discussions of the Faraday Society[M]. London: Faraday Society, 1971.

[161] Shaw R R, Uiilviann D R J. Subliquidus immiscibility in binary alkali borates[J]. Journal of the American Ceramic Society, 1968, 1(51): 377.

[162] Moriya Y, Warrington D H, Douglas R W. Metastable liquid-liquid immiscibility in some binary and ternary alkali silicate glasses[J]. Physics and Chemistry of Glasses, 1967, 8(1): 19-25.

[163] Haller W, Blackburn D H, Wagstaff F E, et al. Metastable immiscibility surface in the system Na$_2$O-B$_2$O$_3$-SiO$_2$[J]. Journal of the American Ceramic Society, 1970, 53(1): 34-39.

[164] Strathdee G G, Mcintyre N S, Taylor P. Proceedings of symposium on ceramics in nuclear waste management[C]. Oak Ridge: US Department of Energy, Technical Information Center, 1979: 51-79.

[165] Taylor P, Owen D G. Liquid immiscibility in the system Na$_2$O-ZnO-B$_2$O$_3$-SiO$_2$[J]. Journal of the American Ceramic Society, 1981, 64(6): 360-367.

[166] Taylor P, Owen D G. Liquid immiscibility in complex borosilicate glasses[J]. Journal of Non-Crystalline Solids, 1980, 42: 143.

[167] Dimitriev Y, Kashchieva E, Koleva M. Phase separation in tellurite glass-forming systems containing B$_2$O$_3$, GeO$_2$, Fe$_2$O$_3$, MnO, CoO, NiO and CdO[J]. Journal of Materials Science, 1981, 16(11): 3045-3051.

[168] 魏寿昆. 冶金过程热力学[M]. 上海: 上海科学技术出版社, 1980.

[169] 邹元爔. 冶金熔体热力学的若干研究[J]. 金属学报, 1982, 19(2): 128-139.

[170] 特克道根 E T. 高温工艺物理化学[M]. 魏季, 傅杰, 译. 北京: 冶金工业出版社, 1988.

[171] Alcock C B. Principles of Pyrometallurgy[M]. Salt Lake City: Academic Press, 1976.

[172] Gaskell D R. Introduction to Metallurgical Thermodynamics[M]. New York: Osborne McGraw-Hill, 1973.

[173] Kay D A R, Taylor J. Activities of silica in the lime + alumina + silica system[J]. Transactions of the Faraday Society, 1960, 56: 1372-1386.

[174] Sharma R A, Richardson F D. The solubility of calcium sulphide and activities in lime-silica melts[J]. Journal of the Iron and Steel Institute, 1962, 200: 373.

[175] Mehta S R, Richardson F D. Activities of manganese oxide and mixing relationships in silicate and aluminate melts[J]. Journal of the Iron and Steel Institute, 1965, 203: 524.

[176] Schuhmann R, Ensio P J. Thermodynamics of iron-silicate slags: Slags saturated with gamma iron[J]. JOM, 1951, 3(5): 401-411.

[177] Elliott J F, Gleiser M, Ramakrishna V. Thermochemistry for Steelmaking: Thermodynamic and Transport Properties[M]. San

Francisco：Addison-Wesley Press，1963.

[178] Abraham K P，Richardson F D. Sulfide capacities of silicate melts. Part II[J]. Journal of the Iron and Steel Institute，1960，196(3)：313-317.

[179] Kapoor M L，Frohberg M G. Die bestimmung der thermodynamischen eigenschaften des systems PbO-SiO$_2$ mit hilfe von EMK-messungen[J]. Arch fur Das Eisenhuttenwes，1971，42(1)：5.

[180] Charles R J. Activities in Li$_2$O-Na$_2$O and K$_2$O-SiO$_2$ Solutions[J]. Journal of the American Chemical Society，1967，50：631.

[181] Richardson F D. The thermodynamics of substances of interest in iron and steel making from 0℃ to 2400℃ I—Oxides[J]. Journal of the Iron and Steel Institute，1948，160：3261.

[182] Sharma R A，Richardson F D. Activities in lime-alumina melts[J]. Journal of the Iron and Steel Institute，1961，198：386.

[183] Mehrotra G M，Frohberg M G，Kapoor M L. Thermodynamic properties of the system PbO-Bi$_2$O$_3$[J]. Canadian Metallurgical Quarterly，1976，15(3)：215-217.

[184] Leuna A L，Thompson W T. Thermodynamic study of PbO-GeO$_2$ melts[J]. Canadian Metallurgical Quarterly，1976，15：227.

[185] Turkdogan E T. Activities of oxides in SiO$_2$FeO-Fe$_2$O$_3$ melts[J]. Transaction of the Merallurgical Society of AIME，1962，224：294-299.

[186] Korakas N. Magnetite formation during copper matte converting[J]. Transactions Institution of Mining and Metallurgy，1962，72：35-53.

[187] Taylor C R. Equilibria of liquid iron and simple basic and acid slags in a rotating induction furnace[J].Transactions of the American Institute of Mining and Metallurgical Engineers，1943，154：228-245.

[188] Distin P A，Whiteway S G，Masson C R. Solubility of oxygen in liquid iron from 1785℃ to 1960℃. A new technique for the study of slag-metal equilibria[J]. Canadian Metallurgical Quarterly，1971，10(1)：13-18.

[189] Timucin M，Morris A E. Phase equilibria and thermodynamic studies in the system CaO—FeO—Fe$_2$O$_3$–SiO$_2$[J]. Metallurgical Transactions，1970，1(11)：3193-3201.

[190] Rein R H，Chipman J. Activities in liquid solution SiO$_2$-CaO-MgO at 1600 degrees[J]. Transaction of the Merallurgical Society of AIME，1965，233：415.

[191] Fujisawa T，Sakao H. Equllibrlum between MnO-SiO$_2$-Al$_2$O$_3$-FeO slags and liquid steel[J]. Tetsu-to-Hagane，1977，63(9)：1504-1511.

[192] Sommerville I D，Bell H B. The behaviour of titania in metallurgical slags[J]. Canadian Metallurgical Quarterly，1982，21(2)：145-155.

[193] Kapoor M L，Frohberg M G. Activity of lead oxide in the system sodium oxide-lead oxide-silica[J]. Metallurgical Transactions B，1977，8(1)：15-18.

[194] Caley W F，Masson C R. Activities and oxygen transport in PbO-SiO$_2$-P$_2$O$_5$ melts[J]. Canadian Metallurgical Quarterly，1976，15(4)：359-365.

[195] Filipovska N J，Bell H B. Activity measurements in FeO-CaO-SiO$_2$ and FeO-CaO-Al$_2$O$_3$-SiO$_2$ slags containing ZnO saturated with iron at 1250 degrees[J]. Transactions Institution of Mining and Metallurgy，1978，87：C94-C98.

[196] Yazawa A，Egucchi M. Extractive Metallury of Copper[M]. New York：AIME，1976.

[197] Taylor J R，Jeffes J H E. Slag-metal equilibriums between liquid nickel-copper alloys and iron silicate slags of varying composition[J]. Transactions Institution of Mining and Metallurgy，1975，84：18.

[198] Elliot B J，See J B，Rankin W J. Effect of slag composition on copper losses to silica-saturated iron silicate slags[J]. Transactions Institution of Mining and Metallurgy，1978，87：C204-C211.

[199] Altman R. Influence of Al$_2$O$_3$ and CaO on solubility of copper in silica-saturated ion silicate slag[J]. Transactions Institution of Mining and Metallurgy，1978，87：C23-C28.

[200] Ruddle R W，Taylor B，Bates A P. The solubility of copper in iron silicate slag[J]. Transactions Institution of Mining and Metallurgy，1966，75：1.

[201] Toguri J M，Santander N H. The solubility of copper in fayalite slags at 1300℃[J]. Canadian Metallurgical Quarterly，1969，

8(2)：167-171.

[202] Altman R，Kellogg H H. The solubility of copper in silica-saturated iron silicate slag[J]. Transactions Institution of Mining and Metallurgy，1972，81：163-175.

[203] Taylor J R，Jeffes J H E. Slag-metal equilibriums between liquid nickel-copper alloys and iron silicate slags of varying composition[J]. Transactions Institution of Mining and Metallurgy，1975，84：136.

[204] Grimsey E J，Biswas A K. Solubility of nickel in silica-saturated iron silicate slags at 1573K[J]. Transactions Institution of Mining and Metallurgy，1976，85：200.

[205] Grimsey E J，Biswas A K. Solubility of nickel in iron-silicate slags both lime-free and with lime at 1573K[J]. Transactions Institution of Mining and Metallurgy，1977，86：1.

[206] Reddy R G, Healy G W. The solubility of cobalt in Cu_2O-CoO-SiO_2 slags in equilibrium with liquid Cu-Co alloys[J]. Canadian Metallurgical Quarterly，1981，20(2)：135-143.

[207] Hawkins R J，Davies M W. Thermodynamics of FeO-bearing，CaF_2-based slags[J]. Journal of the Iron and Steel Institute，1971：209-226.

[208] Kor G J W. Sulfide capacities of basic slags containing calcium fluoride[J]. Transaction of the Merallurgical Society of AIME，1969，245：319.

[209] Ovcharenko G I, Lepinskikh B H, Ryabov V I, et al. Activity of components in Li_2O-CaF_2 melts[J]. Russian Metallurgy，1977，4：62.

[210] Sommerville I D，Kay D A R. Activity determinations in the CaF_2−CaO−SiO_2 system at 1450℃[J]. Metallurgical Transactions，1971，2(6)：1727-1732.

[211] Grau A E，Caley W F, Masson C R. Thermodynamics of lead silica-fluoride melts[J]. Canadian Metallurgical Quarterly，1976，15(4)：267-273.

[212] Suito H，Gaskell D R. Cryoscopic studies in fluoride-oxide-silica systems：Part I. Systems containing Li^+，Na^+ and K^+[J]. Metallurgical and Materials Transactions B，1976，7：559-567.

[213] Edmunds D M，Taylor J. Reaction CaO+3C══CaC$_2$+CO and activity of lime in CaO-Al_2O_3-CaF_2 system[J]. Journal of the Iron and Steel Institute，1972，210：280.

[214] Mills K C，Keene B J. Physicochemical properties of molten CaF_2-based slags[J]. International Metals Reviews，1981，26(1)：21-69.

[215] Mohanty A K，Kay D A R. Activity of chromic oxide in the CaF_2-CaO-Cr_2O_3 and the CaF_2-Al_2O_3-Cr_2O_3 systems[J]. Metallurgical Transactions B，1975，6(1)：159-166.

[216] Sterten A，Hamberg K. The NaF-AlF_3-Al_2O_3-Na_2O system—I. Standard free energy of formation of α-aluminium oxide from emf measurements[J]. Electrochimica acta，1976，21(8)：589-592.

[217] 李文超. 冶金与材料物理化学[M]. 北京：冶金工业出版社，2001.

[218] 曲英，刘今. 冶金反应工程学导论[M]. 北京：冶金工业出版社，1988.

[219] 华一新. 冶金过程动力学导论[M]. 北京：冶金工业出版社，2004.

[220] 张家芸. 冶金物理化学[M]. 北京：冶金工业出版社，2004.

[221] Hulburt H M. Physicochemical properties of molten slags and glasses[J]. Mechanics of Materials，1984，3(2)：169.

[222] Sctireiber H D，Thanyasiri T，Lach J J，et al. Redox equilibria of Ti，Cr and Eu in silicate melts：Reduction potentials and mutual interactions[J]. Physics and Chemistry of Glasses，1978，19：126.

[223] Paul A，Douglas R W. Mutual interaction of different redox pairs in glass[J]. Physics and Chemistry of Glasses, 1966, 7: 1-13.

[224] Mysen B O，Sfifert F，Virgo D. Structure and redox equilibria of iron-bearing silicate melts[J]. American Mineralogist，1980，65：867.

[225] 黄希祜. 钢铁冶金原理[M]. 3 版. 北京：冶金工业出版社，2002.

[226] 陈家祥. 钢铁冶金学-炼钢部分[M]. 北京：冶金工业出版社，1990.

[227] Tranell G，Ostrovski O，Jahanshahi S. The equilibria partitioning of titanium between $Ti^{3+}$and Ti^{4+} valency states in

CaO-SiO$_2$-TiO$_x$ slags[J]. Metallurgical and Materials Transactions B，2002，33(1)：61-67.

[228] Banon S，Chatillon C，Allibert M. Free energy of mixing in CaTiO$_3$-Ti$_2$O$_3$-TiO$_2$ melts by mass spectrometry[J]. Canadian Metallurgical Quarterly，1981，20(1)：79-84.

[229] Bamford C R. Colour Generation and Control in Glasses[M]. Amsterdam：Elsevier Scientific Publishing，1977.

[230] Gou F，Greaves G N，Smith W，et al. Molecular dynamics simulation of sodium borosilicate glasses[J]. Journal of Non Crystalline Solids，2001，293-295：539-546.

[231] Tomlinson J W，Heynes M S R，Bockris J O. The structure of liquid silicates. Part 2. —Molar volumes and expansivities[J]. Transactions of the Faraday Society，1958，54：1822-1833.

[232] Lacy E D. The Vitreous State[M]. London：The Glass Delegate of the University of Sheffield，1955.

[233] Gaskell D R，Ward R G. Density of iron oxide-silica melts[J]. Transaction of the Merallurgical Society of AIME，1967，239：249.

[234] Sumita S，Morinaga K J，Yanagase T. The physical-properties of Na$_2$O-Fe$_2$O$_3$ and CaO-Fe$_2$O$_3$ melts[J]. Nippon Kinzoku Gakkaishi，1982(6)：983-989.

[235] Suginohara Y，Yanagase T，Ito H. The effects of oxide additions upon the structure sensitive properties of lead silicate melts[J]. Transactions of the Japan Institute of Metals，1962，3(4)：227-233.

[236] Kozakevitch P. Viscosité et éléments structuraux des aluminosilicates fondus：Laitiers CaO-Al$_2$O$_3$-SiO$_2$ entre 1600 et 2100℃ [J]. Revue De Métallurgie，1960，57(2)：149-160.

[237] Nakamura T，Morinaga K，Yanagase T. Viscosity of molten silicate containing TiO$_2$[J]. Nippon Kinzoku Gakkaishi，1977，41：1300.

[238] Dingwell D B，Virgo D. Viscosities of melts in the Na$_2$O-FeO-Fe$_2$O$_3$-SiO$_2$ system and factors controlling relative viscosities of fully polymerized silicate melts[J]. Geochimica et Cosmochimica Acta，1988，52(2)：395-403.

[239] Mysen B O. Structure and Properties of Silicate Melts[M]. Amsterdam：Elsevier Science Publishers，1988.

[240] Richet P. Viscosity and configurational entropy of silicate melts[J]. Geochimica et Cosmochimica Acta，1984，48(3)：471-483.

[241] Toguri J M，Kaiura G H，Marchant G. Extractive Metallurgy of Copper[M]. Baltimore：Port City Press，1976.

[242] Kaiura G H，Toguri J M，Marchant G. Viscosity of fayalite-based slags[J]. Canadian Metallurgical Quarterly，1977，16(1)：156-160.

[243] Ikeda K，Tamura A，Shiraishi Y，et al. On the density and viscosity of molten FeO-SiO$_2$ system[J]. Bulletin of the Research Institute of Mineral Dressing and Metallurgy Tohoku University，1973，29：24-36.

[244] Shartsis L，Capps W，Spinner S. Viscosity and electrical resistivity of molten alkali borates[J]. Journal of the American Ceramic Society，1953，36(10)：319-326.

[245] Kaiura G H，Toguri J M. The viscosity and structure of sodium borate melts[J]. Physics and Chemistry of Glasses，1976，17(3)：62-69.

[246] Kucharski M，Stubina N M，Toguri J M. Viscosity measurements of molten Fe-O-SiO$_2$, Fe-O-CaO-SiO$_2$, and Fe-O-MgO-SiO$_2$ slags[J]. Canadian Metallurgical Quarterly，1989，28(1)：7-11.

[247] 杜鹤桂. 高炉冶炼钒钛磁铁矿原理[M]. 北京：科学出版社，1996.

[248] 王喜庆. 钒钛磁铁矿高炉冶炼[M]. 北京：冶金工业出版社，1994.

[249] 马家源. 高炉冶炼钒钛磁铁矿理论与实践[M]. 北京：冶金工业出版社，2000.

[250] Tickle R E. The electrical conductance of molten alkali silicates. Part I. Experiments and results[J]. Physics and Chemistry of Glasses，1967，8：101-112.

[251] Kato M，Minowa S. Relation between the viscosity and conductivity of molten slags[J]. Tetsu-to-Hagane，1969，55(4)：260-286.

[252] Yanagase T，Morinaga K，Ohta Y，et al. 1984 International Symposium on Metallurgical Slags and Fluxes[J]. JOM，1984，36(8)：81-97.

[253] Simnad M T，Derge G，George I. Ionic nature of liquid iron-silicate slags[J]. JOM，1954，6(12)：1386-1390.

[254] Towers H，Chipman J. Diffusion of calcium and silicon in a lime-alumina-silica slag[J]. JOM，1957，9(6)：769-773.

[255] Koros P J，King T B. The self-diffusion of oxygen in a lime-silica-alumina slag[J]. Transaction of the Merallurgical Society of AIME，1962，224：299.

[256] Shiraishi Y，Nagahama H，Ohta H. Self-diffusion of oxygen in CaO-SiO$_2$ melt[J]. Canadian Metallurgical Quarterly，1983，22(1)：37-43.

[257] Goto K，Schmalzried H，Nagata K. Relation between the transport or friction coefficients of elementary ions and the interdiffusion coefficients of neutral oxide components in multicomponent slags[J]. Tetsu-to-Hagane，1975，61(13)：2794-2804.

[258] Kato M，Minowa S. Viscosity measurements of molten slag—Properties of slag at elevated temperature (part I)[J]. Transactions of the Iron and Steel Institute of Japan B，1969，9：31-38.

[259] Shewmon P G. Diffusion in Solids[M]. New York：McGraw-Hill，1963.

[260] Bockris J O，Hooper G W. Self-diffusion in molten alkali halides[J]. Discussions of the Faraday Society，1961，32：218-236.

[261] Parker W J，Jenkins R J，Butler C P，et al. Flash method of determining thermal diffusivity，heat capacity，and thermal conductivity[J]. Journal of Applied Physics，1961，32(9)：1679-1684.

[262] Waseda Y，Masuda M，Watanabe K，et al. Thermal diffusivitites of continuous casting powders for steel at high temperature[J]. High Temperature Materials and Processes，1994，13(4)：267-276.

[263] Tye R P. Thermal Conductivity[M]. Salt Lake City：Academic Press，1969.

[264] Eckert E R G，Drake R M J. Analysis of Heat and Mass[M]. New York：McGraw-Hill，1972.

[265] Waseda Y，Ohta H. Current views on thermal conductivity and diffusivity measurements of oxide melts at high temperature[J]. Solid State Ionics，1987，22(4)：263-284.

[266] Siegel R，Howell J R. Thermal Radiation and Heat Transfer[M]. NewYork：McGraw-Hill，1972.

[267] Ohta H，Masuda M，Watanabe K，et al. Determination of thermal diffusivities of continuous casting powders for steel by precisely excluding the contribution of radiative component at high temperature[J]. Tetsu-to-Hagane，1994，80(6)：463-468.

[268] Sakuraya T，Emi T，Ohta H，et al. Determination of thermal conductivity of slag melts by means of modified laser flash method[J]. Journal of the Japan Institute of Metals and Materials，1982，46(12)：1131-1138.

[269] Touloukian Y S. Thermophysical Properties of High Temperature Solid Materials[M]. New York：MacMillan，1967.

[270] Fine H A，Engh T，Elliott J F. Measurement of the thermal diffusivity of liquid oxides and metallurgical slags[J]. Metallurgical Transactions B，1976，7(2)：277-285.

[271] Touloukian Y S，Powell R W，Hoand C Y，et al. Thermophysical Properties of Mater-TPRC Data Service[M]. New York：Plenum Press，1974.

[272] Kingery W D，Bowen H K，Uhlmann D R，et al. Introduction to ceramics[J]. Journal of the Electrochemical Society，124(3)：152.

[273] Boni R E，Derge G. Surface tensions of silicates[J]. JOM，1956，8(1)：53-59.

[274] Ward R G. An Introduction to the Physical Chemistry of Iron and Steel Making[M]. London：Edward Arnold (Publishers) Ltd，1962.

[275] Hulburt H M. Physicochemical properties of molten slags and glasses[J]. Mechanics of Materials，1984，3(2)：169.

[276] Lewis G N. Acids and bases[J]. Journal of the Franklin Institute，1938，226(3)：293-313.

[277] Flood H，Forland T. The acidic and basic properties of oxides[J]. Acta Chemica Scandinavica，1947，1(6)：592-604.

[278] 萬谷志郎，日野光兀. Chemical Properties of Molten Slags[M]. Tokyo：Iron and Steel Institute of Japan，1991.

[279] Caune E，Frohberg M G，Kapoor M L. Über die basizität flüssiger schlacken der systeme CaO-SiO$_2$ und CaO-Al$_2$O$_3$[J]. Archiv Für das Eisenhüttenwesen，1978，49(6)：271-274.

[280] Carl W. The concept of the basicity of slags[J]. Metallurgical and Materials Transactions B，1975，6(3)：405-409.

[281] Lux H，Roger E. Examinations of borate enamels with the help of Cr-III/Cr-VI indicators[J]. Zeitschrift für Anorganische und Allgemeine Chemie，1942，250：159.

[282] Mori K. A new scale of basicity in oxide slags and the basicity of the slags containing amphoteric oxides[J]. Tetsu-to-Hagane，

1960，46(4)：466-473.

[283] Kohsaka S，Sato S，Yokokawa T. Measurements of molten oxide mixtures III. Sodium oxide+silicon dioxide[J]. The Journal of Chemical Thermodynamics，1979，11(6)：547-551.

[284] Yazawa A，Takeda Y. Equilibrium relations between liquid copper and calcium ferrite slag[J]. Transactions of the Japan Institute of Metals，1982，23(6)：328-333.

[285] Takeda Y，Nakazawa S，Yazawa A. Thermodynamics of calcium ferrite slags at 1200 and 1300℃[J]. Canadian Metallurgical Quarterly，1981，19(3)：297-305.

[286] Duffy J A，Ingram M D. An interpretation of glass chemistry in terms of the optical basicity concept[J]. Journal of Non-Crystalline Solids，1976，21(3)：373-410.

[287] Suito H，Inoue R. Effects of Na_2O and BaO additions on phosphorus distribution between $CaO-MgO-FetO-SiO_2$ slags and liquid iron[J]. Transactions of the Iron and Steel Institute of Japan，1984，24(1)：47-53.

[288] Nakamura R，Suginohara Y. The improved trimethylsilylation method for the analysis of silicate anions[J]. Journal of the Japan Institute of Metals，1980，44(4)：352-358.

[289] Maekawa T，Yokokawa T. X-ray fluorescence spectroscopy of inorganic solids—V. The relation between the X-ray energy shifts and the basicity of oxide glasses[J]. Spectrochimica Acta Part B Atomic Spectroscopy，1982，37(8)：713-719.

[290] Kikuchi N，Maekawa T，Yokokawa T. X-ray fluorescence spectroscopy of inorganic solids. III. $SiK\alpha$ and $K\beta$Spectra in binary silicates[J]. Bulletin of the Chemical Society of Japan，1979，52(5)：1260-1263.

[291] Iwamoto N，Makino Y，Kasahara S. Correlation between refraction basicity and theoretical optical basicity Part II. $PbO-SiO_2$, $CaO-Al_2O_3-SiO_2$ and $K_2O-TiO_2-SiO_2$ glasses[J]. Journal of Non-Crystalline Solids，1984，68(2-3)：389-397.

[292] Kaneko Y，Suginohara Y. Fundamental studies on quantitative-analysis of O^0, O^- and O^{2-} ions in silicate by X-ray photoelectron-spectroscopy[J]. Nippon Kinzoku Gakkaishi，1977，41：375.

[293] Grau A E，Masson C R. Densities and molar volumes of silicate melts[J]. Canadian Metallurgical Quarterly，1976，15(4)：367-374.

[294] Simeonov S R，Sridhar R，Toguri J M. Sulfide capacities of fayalite-base slags[J]. Metallurgical and Materials Transactions B，1995，26(2)：325-334.

[295] Nagabayash R，Hino M，Ban-ya S. Distribution of sulphur between liquid iron and Fe_tO -(CaO + MgO) - $(SiO_2 + P_2O_5)$ phosphate slags[J]. Tetsu-to-Hagane，1990，76：183.

[296] 佐野信雄，Lu W K，Riboud P V. Advanced Physical Chemistry for Process Metallurgy[M]. Salt Lake City：Academic Press，1997.

[297] Sanders D M，Haller W K. Effect of water vapor on sodium vaporization from two silica-based glasses[J]. Journal of the American Ceramic Society，1977，60(3-4)：138-141.

[298] Neudorf D A，Elliott J F. Thermodynamic properties of Na_2O-SiO_2-CaO melts at 1000 to 1100℃[J]. Metallurgical Transactions B，1980，11(4)：607-614.

[299] Cheng M C，Cutler I B. Vaporization of silica in steam atmosphere[J]. Journal of the American Chemical Society，1979，62：593.

[300] Shinmei K，Uematsu H，Maekawa T，et al. The equilibria between SiF_4(g) and $CaF_2+CaO+SiO_2$ melts at 1450℃[J]. Canadian Metallurgical Quarterly，1983，22(1)：53-39.

[301] Sun H Y，Hsi C Y，Liu L F. A study of the equilibrium between $HF-H_2O$ gas and slags of the $CaO-CaF_2$ and $CaO-SiO_2-CaF_2$ system[J]. Acta Metallrugica Sinica，1964，7：24.

[302] Grjotheim K，Kvande H，Motzfeldt K. The formation and composition of the fluoride emissions from aluminum cells[J]. Canadian Metallurgical Quarterly，1972，11(4)：585-599.

[303] Sidorov L N，Kolosov E N. Mass-spectrometric study of thermodynamic properties of system fluoride-aluminium fluoride. i. Calculations of enthalpy and free energy of formation of sodium tetrafluoroaluminate($NaAlF_4$) in gas phase[J]. Russian Journal of Physical Chemistry，1968，42：1382.

[304] Dewing E W. Thermodynamics of the system NaF-AlF₃ part I: The Equilibrium 6NaF(s)+Al=Na₃AlF₆(s)+3Na[J]. Metallurgical and Materials Transactions B, 1970, 1(6): 1691-1694.

[305] Gurry R W, Darken L S. The composition of CaO-FeO-Fe₂O₃ and MnO-FeO-Fe₂O₃ melts at several oxygen pressures in the vicinity of 1600℃[J]. Journal of the American Chemical Society, 1950, 72(9): 3906-3910.

[306] Spencer P J, Kubaschewski O. A thermodynamic assessment of the iron-oxygen system[J]. Calphad, 1978, 2(2): 147-167.

[307] Larson H, Chipman J. Oxygen activity in iron oxide slags[J]. Transactions of the AIME, 1953, 197: 1089-1096.

[308] Fetters K L, Chipman J. Equilibria of liquid iron and slags of the system CaO-MgO-FeO-SiO₂[J]. Transactions of the AIME, 1941, 145: 95.

[309] Ban-ya S, Shim J D. Application of the regular solution model for the equilibrium of distribution of oxygen between liquid iron and steelmaking slags[J]. Canadian Metallurgical Quarterly, 1982, 21(4): 319-328.

[310] Bowen N L, Schairer J F. The system, FeO-SiO₂[J]. American Journal of Science, 1932, 141: 177-213.

[311] Schuhmann R, Ensio P J. Thermodynamics of iron-silicate slags: Slags saturated with gamma iron[J]. JOM, 1951, 3(5): 401-411.

[312] Michal E J, Schuhmann R. Thermodynamics of iron-silicate slags: Slags saturated with solid silica[J]. JOM, 1952, 4(7): 723-728.

[313] Turkdogan E T, Bills P M. A thermodynamic study of FeO-Fe₂O₃-SiO₂, FeO-Fe₂O₃-P₂O₅ and FeO-Fe₂O₃-SiO₂-P₂O₅ molten systems[J]. Journal of the Iron and Steel Institute, 1957, 186: 329-339.

[314] Turkdogan E T, Bills P M. Physical Chemistry of Process Metallurgy[M]. New York: Interscience, 1961.

[315] Yokokawa T, Tamura S, Sato S, et al. Ferric-ferrous ratio in Na₂O-P₂O₅ melts[J]. Physics and Chemistry of Glasses, 1974, 15(5): 113-115.

[316] Yang L X, Belton G R. Iron redox equilibria in CaO-Al₂O₃-SiO₂and MgO-CaO-Al₂O₃-SiO₂ slags[J]. Metallurgical and Materials Transactions B, 1998, 29(4): 837-845.

[317] Matsuzaki K, Ito K. Thermodynamics of FeₜO-TiO₂-SiO₂ melts in equilibrium with solid iron[J]. ISIJ International, 1997, 37(6): 562-565.

[318] Paul A, Douglas R W. Ferrous-ferric equilibrium in binary alkali silicate glasses[J]. Physics and Chemistry of Glasses, 1965, 6: 207-212.

[319] Johnston W D. Oxidation-reduction equilibria in molten Na₂O·2SiO₂ glass[J]. Journal of the American Ceramic Society, 1965, 48(4): 184-190.

[320] Nakamura T, Sano N. Oxidation-reduction equilibria of manganese in MntO-CaO-SiO₂-Al₂O₃ melts[J]. Tetsu-to-Hagane, 1987, 73(16): 2214-2218.

[321] Paul A, Lahiri D. Manganous-manganic equilibrium in alkali borate glasses[J]. Journal of the American Ceramic Society, 1966, 49(10): 565-568.

[322] Irmann F. A study of molten borates with the Cr(VI)-Cr(III) indicator[J]. Journal of the American Chemical Society, 1952, 74(19): 4767-4770.

[323] Nath P, Douglas R W. Cr³⁺-Cr⁶⁺ equilibrium in binary alkali silicate glasses[J]. Physics and Chemistry of Glasses, 1965, 6: 197.

[324] Maeda M, Sano N. Thermodynamics of chromium oxide in molten CaO-MgO-Al₂O₃-SiO₂ slags coexisting with solid carbon[J]. Tetsu-to-Hagane, 1982, 68(7): 759-766.

[325] Xiao Y, Reuter M A, Holappa L. Oxidation state and activities of chromium oxides in CaO-SiO₂-CrOₓ slag system[J]. Metallurgical and Materials Transactions B, 2002, 33(4): 595-603.

[326] Morita K, Shibuya T, Sano N. The solubility of the chromite in MgO-Al₂O₃-SiO₂-CaO melts at 1600℃ in air[J]. Tetsu-to-Hagane, 1988, 74(4): 632-639.

[327] Morita K, Mori M, Guo M X, et al. Activity of chromium oxide and phase relations for the CaO-SiO₂-CrOₓ system at 1873K under moderately reducing conditions[J]. Steel Research International, 1999, 70(8-9): 319-324.

[328] Nakamura S，Sano N. The redox equilibria of copper ions in the molten silicate fluxes as a measure of basicity[J]. Metallurgical and Materials Transactions B，1991，22(6)：823-829.

[329] Nakasaki M，Hasegawa M，Iwase M. Variation of Fe^{3+}/Fe^{2+} and Cu^{2+}/Cu^{+} equilibrium with basicity of oxide melts[J]. Metallurgical and Materials Transactions B，2006，37(6)：949-957.

[330] Banerjee S，Paul A. Thermodynamics of the system Cu-O and ruby formation in borate glass[J]. Journal of the American Ceramic Society，1974，57(7)：286-290.

[331] Singh S P，Prasad G，Nath P. Kinetic study of Cu^{+}-Cu^{2+} equilibrium in sodium Na_2O-Al_2O_3-B_2O_3 glass[J]. Journal of the American Chemical Society，1978，61：377.

[332] Johnston W D，Chelko A. Oxidation-reduction equilibria in molten $Na_2O \cdot 2SiO_2$ glass in contact with metallic copper and silver[J]. Journal of the American Chemical Society，1966，49：562-564.

[333] Billington J C，Richardson F D. Copper and silver in silicate slags[J]. Transactions Institution of Mining and Metallurgy，1956，65：273.

[334] Ito K，Sano N .The thermodynamics of titanium in molten slags equilibrated with graphite[J]. Tetsu-to-Hagane，1981，67(14)：2131-2137.

[335] Amitani H，Morita K，Sano N. Phase equilibria for the MnO-SiO_2-Ti_2O_3 system[J]. ISIJ International，1996，36：26-29.

[336] Schreiber H D，Legere R A. Redox equilibria of Ti，Cr，and Eu in silicate melts-reduction potentials and mutual interactions[J]. Physics and Chemistry of Glasses，1978，19：126-139.

[337] Tranell G，Ostrovski O，Jahanshahi S. The equilibrium partitioning of titanium between Ti^{3+} and Ti^{4+} valency states in CaO-SiO_2-TiO_x slags[J]. Metallurgical and Materials Transactions B，2002，33(1)：61-67.

[338] Ostrovski O，Tanell G，Stolyarova V L，et al. High-temperature mass spectrometric study of the CaO-TiO_2-SiO_2 system[J]. High Temperature Materials and Processes，2000，19(5)：345-356.

[339] Morizane Y，Ozturk B，Fruehan R J. Thermodynamics of TiO_x in blast furnace-type slags[J]. Metallurgical and Materials Transactions B，1999，30(1)：29-43.

[340] 张济忠，李恒德. 氧化钼晶体的堆垛分形[J]. 材料科学进展，1992，6(4)：332-336.

[341] Pesl J，Eriç R H. High-temperature phase relations and thermodynamics in the iron-titanium-oxygen system[J]. Metallurgical and Materials Transactions B，1999，30(4)：695-705.

[342] Pistorius P C，Coetzee C. Physicochemical aspects of titanium slag production and solidification[J]. Metallurgical and Materials Transactions B，2003，34(5)：581-588.

[343] Iwamoto N，Hidaka H，Makino Y. State of Ti^{3+} ion and Ti^{3+}-Ti^{4+} redox reaction in reduced sodium silicate glasses[J]. Journal of Non-Crystalline Solids，1983，58(1)：131-141.

[344] Brown S D，Roxburgh R J，Ghita I，et al. Sulphide capacity of titania-containing slags[J]. Ironmaking and Steelmaking，1982，9(4)：163-167.

[345] Datta K，Sen P K，Gupta S S，et al. Effect of titania on the characteristics of blast furnace slags[J]. Steel Research，1993，64(5)：232-238.

[346] Chao J T. The practice of ilmenite application in the blast furnace[J]. Revue De Métallurgie，1989，86(10)：765-774.

[347] Inatani T，Aratani F，Tsuchiya N，et al. Solidification of hot-metal and formation of titanium compounds in blast-furnace hearth[J]. Stahl und Eisen，1974，94(2)：47-53.

[348] de Vries R C，Roy R，Osborn E F. Phase equilibria in the system CaO-TiO_2-SiO_2[J]. Journal of the American Ceramic Society，1955，38(5)：158-171.

[349] Ollno A，Ross H U. Liquidus-temperature measurements in the lime-titania-alumina-silica system[J]. Canadian Metallurgical Quarterly，1963，2(3)：243-258.

[350] Fine H A，Arac S. Effect of minor constituents on liquidus temperature of blast-furnace slags[J]. Ironmaking and Steelmaking，1980，4(4)：160-166.

[351] Kato M，Minowa S. Viscosity measurements of molten slag[J]. Transactions of the Iron and Steel Institute，1969，9：31-38.

[352] Handfield G，Charette G G. Viscosity and structure of industrial high TiO_2 slags[J]. Canadian Metallurgical Quarterly，1971，10(3)：235-243.

[353] Ohno A，Ross H U. Optimum slag composition for the blast-furnace smelting of titaniferous ores[J]. Canadian Metallurgical Quarterly，1963，2(3)：259-279.

[354] McRae L B，Pothast E，Jochenst P R，et al. Physico-chemical properties of titaniferous slags[J]. Journal of the South African Institute of Mining and Metallurgy，1969(6)：577.

[355] 娄太平，李玉海，李辽沙，等. 含 Ti 高炉渣的氧化与钙钛矿结晶研究[J]. 金属学报，2000，36(2)：141-144.

[356] Handfield G，Charette G G，Lee H Y. Titanium bearing ore and blast furnace slag viscosity[J]. JOM，1972，24(9)：37-40.

[357] Ohno A，Ross H U. Optimum slag composition for the blast-furnace smelting of titaniferous ores[J]. Canadian Metallurgical Quarterly，1963，2(3)：259-279.

[358] Zhilo N L. Physical properties and mineralogical composition of titaniferous blast-furnace slags[J]. Russian Metallurgy-Metally-Ussr，1969，6：4-8.

[359] Greegor R B，Lytle F W，Sandstrom D R，et al. Investigation of TiO_2-SiO_2 glasses by X-ray absorption spectroscopy[J]. Journal of Non-Crystalline Solids，1983，55(1)：27-43.

[360] Banon S，Chatillon C，Allibert M. Free energy of mixing in $CaTiO_3$-Ti_2O_3-TiO_2 melts by mass spectrometry[J]. Canadian Metallurgical Quarterly，1981，20(1)：79-84.

[361] Rao B K D P，Gaskell D R. The thermodynamic activity of MnO in melts containing SiO_2，B_2O_3，and TiO_2[J]. Metallurgical Transactions B，1981，12(3)：469-477.

[362] Ozturk B，Fruehan R J. Thermodynamics of inclusion formation in Fe-Ti-C-N alloys[J]. Metallurgical Transactions B，1990，21(5)：879-884.

[363] Tsukihashi F，Werme A，Kasahara A，et al. Vanadium，niobium and antimony distribution between carbon-saturated iron and Na_2O-SiO_2 melts[J]. Tetsu-to-Hagane，1985，71(7)：831-838.

[364] Tsukihashi F，Tagaya A Sano N. Effect of Na_2O addition on the partition of vanadium，niobium，manganese and titanium between CaO-CaF_2-SiO_2 melts and carbon saturated iron[J]. Transactions of the Iron and Steel Institute of Japan，1988，28(3)：164-171.

[365] Kühl C，Rudow H，Weyl W A. Oxydations-und reduktionsgleichgewichte in farbglasern，sprechsaal[J]. Sprechsaal，1938，71：91，104.

[366] Tress H J. A thermodynamic approach to redox equilibria in glasses[J]. Physics and Chemistry of Glasses，1960，1：196.

[367] Paul A，Douglas R W. Ferrous ferric equilibrium in binary alkali silicate glasses[J]. Physics and Chemistry of Glasses，1965，6：207-212.

[368] Greig J W. Immiscibility in silicate melts：Part I[J]. American Journal of Science，1927(73)：1-44.

[369] 徐跃萍，李家治，沈菊云. K_2O-MgO-Al_2O_3-P_2O_5-B_2O_3 系统玻璃分相和光色性之间的关系[J]. 无机材料学报，1990，5(4)：307-311.

[370] Warren B E，Pincus A G. Atomic consideration of immiscibility in glass systems[J]. Journal of the American Ceramic Society，1940，23(10)：301-304.

[371] Levin E M，Block S. Structural interpretation of immiscibility in oxide systems：I. Analysis and calculation of immiscibility[J]. Journal of the American Chemical Society，1957，40：95-113.

[372] Levin E M. The system Sc_2O_3-B_2O_3[J]. Journal of the American Ceramic Society，1967，50(1)：53-54.

[373] 任海兰，岳勇，叶朝辉，等. 钠硼硅酸盐玻璃分相过程的 NMR 研究[J]. 无机材料学报，1998，13(3)：419-422.

[374] Rawson H. Inorganic Glass-forming System[M]. Salt Lake City：Academic Press，1967：121.

[375] Clarles R J. Origin of immiscibility in silicate solutions[J]. Physics and Chemistry of Glasses，1969，10：169.

[376] Haller W，Blackburn D H，Simmons J H. Miscibility gaps in alkali-silicate binaries—Data and thermodynamic interpretation[J]. Journal of the American Ceramic Society，1974，57(3)：120-126.

[377] Simmons J H. Miscibility gap in the system PbO-B_2O_3[J]. Journal of the American Ceramic Society，1973，56(5)：284.

[378] Bolta P，Balta E. 玻璃物理化学导论(中译本)[M]. 候立松，等，译. 北京：中国建筑工业出版社，1989.

[379] Cahn J W，Charles R J. Initial stages of phase separation in glasses[J]. Physics and Chemistry of Glasses，1965，6：181.

[380] Cahn J W. The later stages of spinodal decomposition and the beginnings of particle coarsening[J]. Acta Metallurgica，1966，14(12)：1685-1692.

[381] Cahn J W. Phase separation by spinodal decomposition in isotropic systems[J]. The Journal of Chemical Physics，1965，42(1)：93-99.

[382] Cahn J W，Hilliard J E. Free energy of a nonuniform system. I. Interfacial free energy[J]. The Journal of Chemical Physics，1958，28(2)：258-267.

[383] Cahn J W，Hilliard J E. Free energy of a nonuniform system. III. Nucleation in a two-component incompressible fluid[J]. The Journal of Chemical Physics，1959，31(3)：688-699.

[384] Burnett D G，Douglas R W. Liquid-liquid phase separation in the soda-lime-silica system[J]. Physics and Chemistry of Glasses，1970，11：125.

[385] Nalson G F. Nucleation process in metastable region in a Na_2O-SiO_2 glass[J]. Physics and Chemistry of Glasses，1972，13：70.

[386] Probstein R F. Time lag in the self-nucleation of a supersaturated vapor[J]. The Journal of Chemical Physics，1951，19(5)：619-626.

[387] Kashchiev D. Solution of the non-steady state problem in nucleation kinetics[J]. Surface Science，1969，14(1)：209-220.

[388] Zarzycki J，Naudin F. A study of kinetics of the metastable phase separation in the PbO-B_2O_3 system by small-angle scattering of X-rays[J]. Physics and Chemistry of Glasses，1967，8(1)：11.

[389] Fábián M，Sváb E，Proffen T，et al. Structure study of multi-component borosilicate glasses from high-Q neutron diffraction measurement and RMC modeling[J]. Journal of Non-Crystalline Solids，2008，354(28)：3299-3307.

[390] Mandelbrot B B. The Fractal Geometry of Nature[M]. San Francisco：W. H. Freeman and Company，1982.

[391] Mandelbrot B B. Fractals. Form，Chance，and Dimension[M]. San Francisco：W. H. Freeman and Company，1977.

[392] 徐新阳. 分形凝聚理论及计算机模拟研究[D]. 沈阳：东北大学，1995.

[393] 辛厚文. 分形理论及其应用[M]. 合肥：中国科学技术大学出版社，1993.

[394] Kaye B H. 分形漫步[M]. 徐新阳，等，译. 沈阳：东北大学出版社，1994.

[395] Falconer K. 分形几何——数学基础及其应用[M]. 曾文曲，等，译. 沈阳：东北大学出版社，1991.

[396] Xia Y H，Lou T P，Sui Z T，et al. Computer simulation of phase separation in CaO-MgO-Fe_2O_3-Al_2O_3-SiO_2 glass[J]. Acta Metallurgica Sinica，1999，12(5)：1119-1124.

[397] Duan J Z，Li Y，Wu Z Q . Simulation of fractal-like structures in bilayer Pd-Si alloy films[J]. Solid State Communications，1988，65(1)：7-10.

[398] Sperry L L，Mackenzie J D. Pressure dependence of viscosity of B_2O_3[J]. Physics and Chemistry of Glasses，1968，9(3)：91-93.